Feßmann · Orth

Angewandte Chemie und Umwelttechnik für Ingenieure

Handbuch für Studium und betriebliche Praxis

ecomed Umweltinformation

Das vorliegende Werk besteht aus umweltfreundlichen und ressourcenschonenden Materialien. Da diese Begriffe im Zusammenhang mit den Qualitätsstandards zu sehen sind, die für den Gebrauch unserer Verlagsprodukte notwendig sind, wird im folgenden auf einzelne Details hingewiesen:

Einband/Ordner

Der innere Kern von Loseblatt-Ordnern und Hardcover-Einbänden besteht aus 100 % Recycling-Pappe. Neue Bezugsmaterialien und Paperback-Einbände bestehen alternativ aus langfaserigem Naturkarton oder aus Acetat-Taftgewebe.
Der Kartoneinband beruht auf chlorfrei gebleichtem Sulfat-Zellstoff, ist nicht absolut säurefrei und hat einen alkalisch eingestellten Pigmentstrich (Offsetstrich). Der Einband wird mit oxidativ trocknenden Farben (Offsetfarben) und einem scheuerfesten Drucklack bedruckt, dessen Lösemittel Wasser ist.
Das Acetat-Gewebe wird aus Acetat-Cellulose hergestellt. Die Kaschiermaterialien Papier und Dispersionskleber sind frei von Lösemitteln (insbesondere chlorierte Kohlenwasserstoffe) sowie hautreizenden Stoffen. Die Fertigung geschieht ohne Formaldehyd, und die Produkte sind biologisch abbaubar.
Im Vergleich zu den früher verwendeten Kunststoff-Einbänden mit Siebdruck-Aufschriften besteht die Umweltfreundlichkeit und Ressourcenschonung in einer wesentlich umweltverträglicheren Entsorgung (Deponie und Verbrennung) sowie einer umweltverträglicheren Verfahrenstechnik bei der Herstellung der Grundmaterialien. Bei dem wesentlichen Grundbestandteil „Zellstoff" handelt es sich um nachwachsendes Rohmaterial, das einer industriellen Nutzung zugeführt wird.

Papier

Die in unseren Werken verwendeten Offsetpapiere werden zumeist aus Sulfit-Zellstoff, einem industriell verwerteten, nachwachsenden Rohstoff, hergestellt. Dieser wird chlorfrei (Verfahren mit Wasserstoffperoxid) gebleicht, wodurch die im früher angewendeten Sulfatprozeß übliche Abwasserbelastung durch Organochlorverbindungen, die potentielle Vorstufen für die sehr giftigen polychlorierten Dibenzodioxine (PCDD) und Dibenzofurane (PCDF) darstellen, vermieden wird. Die Oberflächenverleimung geschieht mit enzymatisch abgebauter Kartoffelstärke. Bei gestrichenen Papieren dient Calciumcarbonat als Füllstoff.
Alle Papiere werden mit den derzeit üblichen Offsetfarben bedruckt.

Verpackung

Kartonagen bestehen zu 100 % aus Recycling-Pappe. Pergamin-Einschlagpapier entsteht aus ungebleichten Sulfit- und Sulfatzellstoffen.
Folienverschweißungen bestehen aus recyclingfähiger Polypropylenfolie.

Hinweis: Die ecomed verlagsgesellschaft ist bemüht, die Umweltfreundlichkeit ihrer Produkte im Sinne wenig belastender Herstellverfahren der Ausgangsmaterialien sowie Verwendung Ressourcenschonender Rohstoffe und einer umweltverträglichen Entsorgung ständig zu verbessern. Dabei ist der Verlag bestrebt, die Qualität beizubehalten oder zu verbessern. Schreiben Sie uns, wenn Sie hierzu Anregungen oder Fragen haben.

Feßmann · Orth

Angewandte Chemie und Umwelttechnik für Ingenieure

Handbuch für Studium und betriebliche Praxis

Die Deutsche Bibliothek – CIP-Einheitsaufnahme

Feßmann, Jürgen:
Angewandte Chemie und Umwelttechnik für Ingenieure : Handbuch für Studium und betriebliche Praxis / Jürgen Feßmann ; Helmut Orth. – 1. Aufl. – Landsberg/Lech : ecomed, 1999
ISBN 3-609-68350-3

Angewandte Chemie und Umwelttechnik für Ingenieure
Handbuch für Studium und betriebliche Praxis

1. Auflage
Autoren: Jürgen Feßmann, Helmut Orth

Rudolf-Diesel-Straße 3, 86899 Landsberg/Lech
Telefon: (0 81 91) 125-0; Telefax: (0 81 91) 125-492
Internet: http://www.ecomed.de

Druck und Bindung: Druckerei Laub, 74834 Elztal-Dallau
Printed in Germany: 680350/699155
ISBN: 3-609-68350-3

Vorwort

Das vorliegende Handbuch „Angewandte Chemie und Umwelttechnik für Ingenieure“ ist ein praxisorientiertes Lehrbuch für die Chemie- und Umweltschutzausbildung von Ingenieurstudenten der Fachrichtungen Maschinenbau, Fahrzeugtechnik, Elektrotechnik, Versorgungstechnik u.a.
Darüberhinaus finden Schüler von Chemie-Leistungskursen an Gymnasien oder Chemiestudenten an Fachhochschulen oder Universitäten viele nützliche Informationen über die Anwendungen von Chemie und Umweltschutz in der industriellen Praxis.
Nicht zuletzt enthält das Buch Problemlösungen für Betriebsingenieure, insbesondere aus dem Bereich der Metall- und Elektrobranche, die mit chemischen Fragestellungen in der Verfahrenstechnik, Qualitätssicherung oder Arbeits-/Umweltschutzüberwachung konfrontiert sind.

Das Handbuch vermittelt in konzentrierter Form die Grundlagen der Chemie und Umwelttechnik und schlägt rasch die Brücke zur industriellen Anwendung in der Metall- und Elektroindustrie. Bei der Darstellung des Stoffgebietes wurde deshalb auf die bewährte Einteilung eines Chemiebuches etwa in Anorganische, Organische oder Analytische Chemie verzichtet. Stattdessen ist der Text in die Hauptabschnitte Werkstoffe, Umwelttechnik/Umweltrecht, Chemische Reaktionen und Industrielle Anwendungen gegliedert. Diese Reihenfolge erweist sich für den Ingenieur als praxisnäher und nützlicher, andererseits geht dabei die grundlegende chemische Systematik verloren. Zur weiteren Vertiefung der chemische Hintergründe empfiehlt sich deshalb ein ergänzendes Lehrbuch der Allgemeinen Chemie.

Für die Mitwirkung bei der Erstellung des Buches bedanken wir uns bei dem Projektleiter des ecomed verlag Herrn Dr. B. Landgraf, sowie den Mitarbeitern und Studenten der Fachhochschule für Technik Esslingen, Herrn Dr. V. von Arnim, M. Franz und C. Stein.

Esslingen im Juni 1999

Dr. J. Feßmann, Dr. H. Orth

Teil I Werkstoffe

1 Stoffe und Zustände

1.1 Stoffe

Chemie

Chemie ist die Lehre von den **Stoffen** und **Stoffumwandlungen** in Natur und Technik, z.B. die Verbrennung von Benzin oder das Rosten von Eisen.

Physik

Physik ist die Lehre von den **Zuständen** und **Zustandsänderungen,** z.B. der freie Fall eines Körpers oder die Verdampfung von Wasser.

Reine Stoffe
Gemische

Stoffe werden unterteilt in:

Reine Stoffe	**Gemische (Dispersionen)**
Elemente	homogen (molekulardispers)
Verbindungen	kolloid (kolloiddispers)
	heterogen (grobdispers)

Elemente

Es gibt 114 (Jahr 1998) nachgewiesene Elemente. Die 90 **natürlich vorkommenden** Elemente kann man einteilen in die Klassen:

Metalle (65 Elemente)	**Halbmetalle/Halbleiter (6)**
Nichtmetalle (12)	**Edelgase (6)**
Wasserstoff	

Die Elemente können entsprechend ihren Eigenschaften in einem Periodensystem angeordnet werden. Die kleinsten Teilchen eines Elements, die die charakteristischen Eigenschaften des Elements besitzen, sind die **Atome**.

Verbindungen

Verbindungen besitzen gegenüber den aufbauenden Elementen völlig andersartige Eigenschaften, z.B. Kochsalz (NaCl) aus den Elementen Natrium (Na) und Chlor (Cl). Es gibt rund 100 000 **anorganische** und 4 bis 6 Millionen **organische** Verbindungen. Die kleinsten Teilchen einer Verbindung, die die charakteristischen Eigenschaften der Verbindung besitzen, sind die **Moleküle**.

Synthese
Analyse

Synthese ist der **Aufbau** von Verbindungen aus den Elementen oder aus einfacheren Verbindungen. Analyse ist die **Zerlegung** von Verbindungen in die einzelnen Elemente (**Elementaranalyse**).

$$\text{H} + \text{H (Elemente)} \underset{\text{Analyse}}{\overset{\text{Synthese}}{\rightleftarrows}} \text{H}_2 \text{ (Verbindung)}$$

Dispersionen

Dispersionen sind Gemische bei denen eine **disperse Phase** (Minderheitsphase) in einem **Dispersionsmittel** (Mehrheitsphase) fein verteilt ist. Dispersionen unterscheidet man nach der charakteristischen Größe der dispergierten Teilchen in:

- **grobdispers (heterogene Gemische):** Durchmesser zwischen 1 mm und 0,1 μm,
- **kolloiddispers (kolloide Gemische):** Durchmesser zwischen 0,1 μm und 1 nm,
- **molekulardispers (homogene Gemische):** Durchmesser <1 nm.

Heterogene Gemische

Heterogene (grobdisperse) Gemische sind nicht einheitliche Mischungen der reinen Stoffe, bei denen eine Phasengrenzfläche mit optischen Hilfsmitteln erkennbar ist. Heterogene Gemische sind im allgemeinen nicht stabil, sondern trennen sich teilweise spontan oder lassen sich mit mechanischen Trennverfahren trennen. Beispiele für heterogene Gemische sind in → *Tab. 1.1* zusammengestellt.

Disperse Phase/ Dispersionsmittel	Bezeichnung	Beispiele
fest/fest	Gemenge	Natürliche Gesteine, Ausscheidungsmischkristalle
fest/flüssig	Suspension	Schlämme, Lacke
fest/gasförmig	Rauch	Rauch, Rußpartikel im Abgas
flüssig/fest		Brei
flüssig/flüssig	wenig haltbare Emulsion	Öl in Wasser-Emulsion, Milch
flüssig/gasförmig	Nebel	Spraynebel
gasförmig/flüssig	wenig haltbarer Schaum	Seifenschaum, Bierschaum

Tabelle 1.1 **Heterogene Gemische** (grobdisperse Dispersionen)

Kolloide Gemische

Kolloide sind fein verteilte disperse Systeme mit Teilchendurchmesser zwischen 0,1 μm bis 1 nm. Kolloide Systeme stellen einen Übergangsbereich zwischen der homogenen und der heterogenen Mischung dar. Es sind stabile Gemische, die sich nicht von selbst entmischen. Die wichtigsten kolloiden Systeme unterscheidet man in:

Aerosole

- **Aerosole:** feine Feststoff- oder Flüssigkeitspartikel verteilen sich in einem gasförmigen Dispersionsmittel, z.B. Rauch, Nebel und Wolken.

Lyosole

- **Lyosole:** feine Feststoff- oder Flüssigkeitspartikel bzw. Gase verteilen sich in einem flüssigen Dispersionsmittel, z.B. Sole, stabile Emulsionen wie Mayonnaise oder stabile Schäume wie Eiweissschnee. Im Falle von Wasser als Dispersionsmittel spricht man von **Hydrosolen.**

Lyosole bilden sich meist bei einer begrenzten Löslichkeit eines Stoffes (z.B. Gelatine, Stärke, Seife, Naturkautschuk) in einem Lösungsmittel (z.B. Latex = Naturkautschuk in Wasser). Ihre Stabilität beruht oft auf der Zusammenlagerung gleichartiger Teilchen zu Agglomeraten, z.B. Micellen in emulgierten Öl in Wasser–Gemischen, die durch elektrostatische Abstossungskräfte in Schwebe gehalten werden. Kolloide Systeme besitzen nicht nur in der Natur, Pharmazie oder Lebensmittelherstellung, sondern auch als moderne Werkstoffe zunehmende Bedeutung.

Solzustand Gelzustand

Entzieht man lyosolen Systemen das Lösungsmittel, so findet man einen Übergang von dem Solzustand in den Gelzustand (**Koagulation**). Auch der umgekehrte Prozess, d. h. das Hinzufügen von Lösungsmittel zu einem Gel ist möglich (**Peptisation**). Im Solzustand sind die dispergierten Teilchen im Dispersionsmittel frei beweglich und besitzen keine Wechselwirkung untereinander, z.B. Eiklar. Im Gelzustand bilden die dispergierten Teilchen ein Netzwerk, in dem das Dispersionsmittel eingelagert ist, z.B. kosmetische Cremes, Jogurt. Bestimmte Gele, z.B. Jogurt oder Lacke, vermindern ihre Viskosität beim Schütteln oder Umrühren (**Thixotropie**, → *Kap. 15.2)*. Bei modernen Schwingungsdämpfungselementen verwendet man den umgekehrten Effekt bestimmter Gele, bei denen sich die **Viskosität** unter der Einwirkung von Scherkräften oder eines elektrischen Feldes sprunghaft erhöhen kann (→ *Abb. 1.1)*.

Lyosole als Mikroaktoren

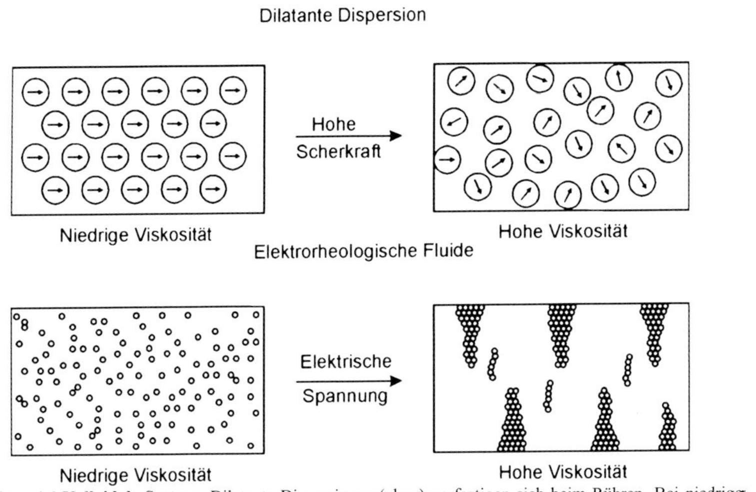

Abbildung 1.1 **Kolloidale Systeme** Dilatante Dispersionen (oben) verfestigen sich beim Rühren. Bei niedriger Schergeschwindigkeit ist die Dispersion dünnflüssig, weil die Teilchen in Schichten aneinander vorbeigleiten. Bei starker Scherung bewegen sie sich dagegen regellos und damit langsamer (höhere Viskosität). Elektrorheologische Flüssigkeiten (unten) zeigen einen sprunghaften Anstieg der Viskosität beim Anlegen eines elektrischen Feldes. Dies beruht auf der Ausbildung von ketten- oder bänderartigen Gebilden. Beide Effekte lassen sich für Mikroaktoren, z.B. für Schwingungsdämpfungselemente nutzen (→ Kap 12.5) /1/.

Homogene Gemische

Homogene Gemische sind einheitliche Mischungen der reinen Stoffe, bei denen keine **Phasengrenzfläche** zu erkennen ist. **Lösungen** nennt man homogene Gemische unterschiedlicher Phasen, z.B. Auflösung fester Salze in Wasser. Beispiele für homogene Gemische sind in → *Tab. 1.2* zusammengestellt.

Phasen	Bezeichnung	Beispiele
fest/fest	homogene Legierungen	Messing
fest/flüssige	Lösung	Kochsalzlösung
flüssig/flüssig	Flüssigkeitsgemisch	Erdöl, Benzin
flüssig/gasförmig	gelöste Gase	Sauerstoff in Wasser
gasförmig/gasförmig	Gasgemische	Luft

Tabelle 1.2 **Homogene Gemische**

Trennung von Gemischen

Die Trennung homogener, kolloider und heterogener Gemische in ihre Bestandteile (Komponenten) ist eine wichtige **verfahrenstechnische** Aufgabe. Man unterscheidet drei Klassen von Trennoperationen:

- **mechanische** Trennverfahren,
- **thermische** Trennverfahren,
- **chemisch- physikalische** Trennverfahren.

Mechanische Trennverfahren

Die mechanischen Trennverfahren sind im allgemeinen robust und preiswert. Sie trennen heterogene oder kolloide Gemische nach Dichteunterschieden oder nach Teilchengröße (→ *Tab. 1.3*). Technische Beispiele sind:

- **Kerzenfilter**, Bandfilter für die Reinigung von Betriebsflüssigkeiten,
- **Absetzbecken**, Schrägklärer, Kammerfilterpressen (Kläranlage),
- **Zentrifugen** und Dekanter für Trennung von Öl in Wasser (→ *Kap. 10.4)*.

Phasen	Dichteunterschiede	Teilchengröße
fest/gasförmig	Abscheiden	Filtration
fest/flüssig	Sedimentation	Filtration
	Zentrifugieren	Mikrofiltration
	Dekantieren	
fest/fest	Aufschwimmen (Flotieren)	Sieben
	Windsichten	
flüssig/flüssig	Scheiden	Ultrafiltration
	Zentrifugieren	
flüssig/gasförmig	Niederschlagen	

Tabelle 1.3 **Mechanische Trennverfahren**: Trennung nach Dichteunterschieden und Teilchengröße (für heterogene und kolloide Gemische)

Thermische Trennverfahren

Die thermischen Trennverfahren (Zufuhr oder Entzug von Wärmeenergie) ermöglichen insbesondere die Trennung homogener Gemische, z.B. durch Destillieren (→ *Tab. 1.4).*

Phasen	Verfahren	Beispiele
fest/flüssig	Verdampfen	Trocknen von Feststoffen
	Auskristallisieren	Abscheidung von Salzen in der Kälte
flüssig/flüssig	Destillieren	Trennen von Alkohol und Wasser
gasförmig/gasförmig	Kondensieren	Luftverflüssigung

Tabelle 1.4 **Thermische Trennverfahren** (für homogene Gemische)

Chemisch-physikalische Trennverfahren

Die chemisch–physikalischen Trennverfahren nutzen eine chemische Reaktion oder einen physikalischen Effekt zur Trennung unterschiedlicher Gemische. In verschiedenen Fällen ist der chemisch–physikalischen Vorbehandlung eine mechanische Trennung nachgeschaltet (→ *Tab. 1.5).*

Pervaporation

Die Pervaporation ist ein modernes Verfahren zur Trennung von azeotropen Flüssigkeitsgemischen. **Azeotrope** sind **Flüssigkeitsgemische**, die einen konstanten Siedepunkt aufweisen, der meist niedriger als die Siedepunkte der reinen Flüssigkeiten liegt. Azeotrope können allein durch Destillation nicht getrennt werden (Beispiele: 96% Alkohol + 4% Wasser; zahlreiche Bestandteile im Erdöl). Bei der Pervaporation wird das Flüssigkeitsgemisch verdampft und aufgrund der unterschiedlichen Diffusionsgeschwindigkeit der Dampfphase an einer porenfreien **Membran** getrennt (→ *Abb. 1.2).*

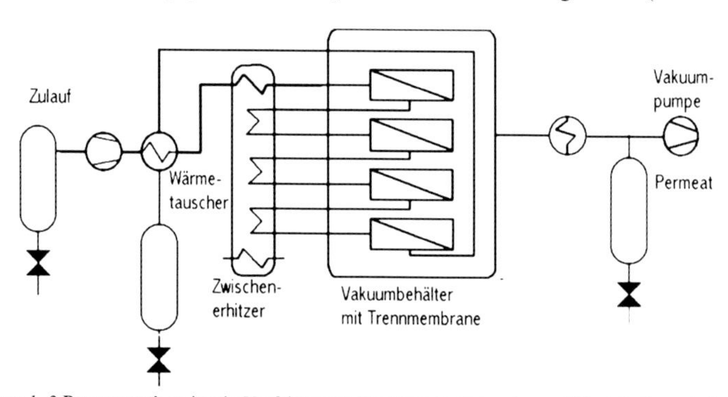

Abbildung 1. 2 **Pervaporation:** ist ein Verfahren zur Trennung auch azeotroper Flüssigkeitsgemische aufgrund der unterschiedlichen Diffusionsgeschwindigkeit der verdampfbaren Komponenten in einer porenfreien Membran (Quelle: Deutsche Carbone, Neunkirchen).

Phasen	Verfahren	Beispiele
fest/fest	Flotieren Magnetscheiden Extrahieren	Erzaufbereitung mit Tensiden Trennung von Metallabfällen unterschiedliche Löslichkeit in einem Lösemittel, z.B. Entzug von Coffein aus Kaffee durch überkritsches CO_2
fest/flüssig	Flocken, Ausfällen Ionenaustausch Umkehrosmose	Metallhydroxidfällung in Galvanikbädern, Wasserenthärtung, Entfernung von Schwermetallen, gelösten Salzen aus Wasser
fest/gasförmig	Elektrofiltrieren	Abluftreinigung von Flugasche
flüssig/flüssig	Adsorbieren Elektrophorese Extrahieren Dampfpermeation	Flüssigkeitschromatographie (HPLC) oder CKW-Entfernung aus Grundwasser mit Aktivkohle Wanderung im elektrischen Feld Öl in Wasser-Trennung mit organischen Lösemitteln Trennung von verdampfbaren azeotropen Flüssigkeitsgemischen
gasförmig/ gasförmig	Adsorbieren Absorbieren Gaspermeation	Gaschromatographie SO_2-Entgiftung von Kraftwerksabgasen Trennung von Gasgemischen an Membranen

Tabelle 1.5 **Chemisch–physikalische Trennverfahren** (für homogene und inhomogene Gemische)

1.2 Zustände

Zustandsgrößen

Die grundlegenden physikalischen Zustandsgrößen eines Systems sind:

- **Druck p** [Einheiten: 1 Pascal = 10^{-5} N m^{-2}, 1 hPa = 1 mbar, 1 MPa = 10 bar],
- **Temperatur T** [Einheiten 273,15 Kelvin = 0°Celsius],
- **Volumen V** [Einheiten 1 m^3 = 1000 Liter].

Stoffmenge

Die Einheit der Stoffmenge ist das **[mol]**. 1 mol eines jeden Stoffes enthält die Avogadrosche Zahl $\mathbf{N_A = 6{,}023\ 10^{23}}$ Teilchen. Die **Stoffmenge n** ist proportional zur wiegbaren **Masse m** [g] gemäß:

$$\mathbf{m = M \cdot n}$$

molare Masse

Die Proportionalitätskonstante ist die (materialabhängige) **molare Masse** M [g mol^{-1}], die für Elemente aus dem Periodensystem entnommen wird. Die molaren Massen von Verbindungen ergeben sich als Summe der molaren Massen der Atome.

Konzentration

Konzentrationen c werden in unterschiedlichen Einheiten angegeben:

- **c = 1 [mol l^{-1} = molar]** bedeutet 1 mol eines Stoff in 1 Liter Lösung,
- **c = 1 [g l^{-1}]** bedeutet 1 Gramm eines Stoffes in 1 Liter Lösung,
- **c = 1 [m–%, Massen–%)** bedeutet 1 Gramm in 100 Gramm Lösung,
- **c = 1 [Vol–%]** bedeutet 1 ml in 100 ml Volumen,
- **c = 1 [ppm]** bedeutet 1 Teil in 1 Million Teile, z.B. 1 ml in 1 m^3 Volumen.

Dichte

Die **Dichte** ρ ist der Quotient aus Masse m pro Volumen V [g cm^{-3}]. Die Dichte gehört zu den **intensiven** Größen, diese charakterisieren die Eigenschaften eines Materials und sind nicht von der Größe der Probe abhängig (Gegenteil: **extensive** Größen, z.B. Masse, Volumen).

Die Dichte von idealen **Gasen** errechnet sich als Quotient der molaren Masse M geteilt durch das molare Volumen V_M ($\rho = m/V = M/V_M$). Die Dichte eines **Festkörpers** hängt vom Gittertyp ab; sie nimmt im allgemeinen mit zunehmender Temperatur ab. **Wasser** hat seine größte Dichte bei 4°C (ρ nahezu gleich 1 g cm^{-3}, sog. Anomalie des Wassers). Werkstoffe mit einer Dichte <1 **schwimmen** auf dem Wasser. Die Dichte einer Flüssigkeit kann mit einem **Aräometer**, z.B. zur Messung des Ladungszustands einer Batterie, gemessen werden.

Phasen

Komponenten

Ein System kann mehrere Stoffe in mehreren Phasen enthalten. Eine **Phase** ist ein optisch unterscheidbarer und meist auch mechanisch trennbarer Teil eines Systems. Eine Phase kann mehrere Stoffe (**Komponenten)** enthalten, z.B. eine Lösung von Kochsalz in Wasser.

Aggregatzustände

Die drei grundlegenden Aggregatzustände sind: fest, flüssig, gasförmig. Weitere, seltener auftretende Aggregatzustände sind: **flüssig–kristallin** und **Plasma**. Die Änderung zwischen zwei Aggregatzuständen erkennt man an der Zugabe oder Abgabe einer **Umwandlungswärme** bei konstanter Temperatur, z.B. Zufuhr von Schmelzwärme oder Abfuhr von Erstarrungswärme bei der Umwandlung von Eis in flüssiges Wasser bei der konstanten Umwandlungstemperatur T = 0°C (→ *Abb. 1.3)*.

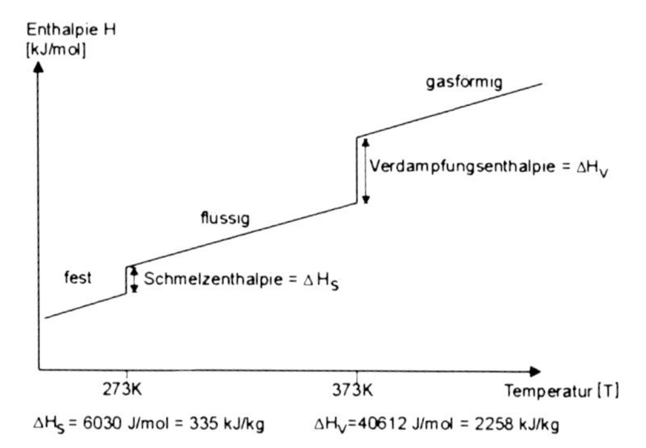

Abbildung 1.3 **Enthalpien:** Beim Übergang zwischen den Aggregatzuständen muss eine Umwandlungsenthalpie aufgebracht werden (ΔH_S = Schmelzwärme und ΔH_V = Verdampfungswärme).

Kaloriemetrie

Thermoanalyse TA, DTA, DSC

Die Messung von Wärmemengen (Enthalpie H = Wärmemenge Q bei konstantem Druck) wird in **Kalorimetern** durchgeführt. Unter dem Begriff Kaloriemetrie fasst man Verfahren zur quantitativen Bestimmung von Wärmemengen, z.B. Umwandlungswärmen, Mischungswärmen oder Reaktionswärmen zusammen. Die **Thermoanalyse (TA)**, (z.B. Differenz–Thermoanalyse, **DTA,** Differential Scanning Calorimetry, **DSC**) umfasst kalorimetrische Analyseverfahren, z.B. zur Bestimmung der chemischen Zusammensetzung von Kunststoffen. Bei der DSC werden die Messprobe und eine Vergleichsprobe nach einem vorgegebenen Zeitprogramm erwärmt. Während sich die Vergleichsprobe linear mit der Zeit erwärmt, zeigt die Messprobe aufgrund von Phasenumwandlungen, Reaktionen u. ä. eine Temperaturdifferenz zur Vergleichsprobe, deren elektronischer Ausgleich zu einem Wärmestrom führt (→ *Abb. 1.4)*.

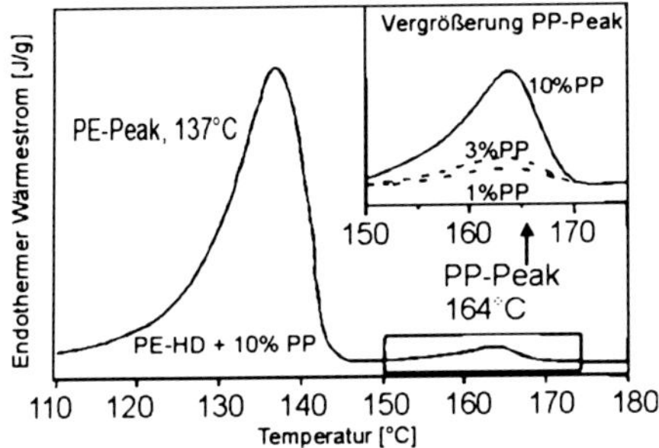

Abbildung 1. 4 **Kalorimetrie:** mit Hilfe der DSC–Aufheizkurve lässt sich die Zusammensetzung einer PE / PP–Kunststoffmischung ermitteln. Die Umwandlungstemperatur ist für die jeweilige Kunststoffart charakteristisch Die Höhe des Peaks ist ein Maß für den relativen Gehalt. / 2/.

Gasförmiger Zustand

Im **Gaszustand** sind die Teilchen im Idealfall frei beweglich und stehen nicht in Wechselwirkung untereinander. Dieser Zustand des **idealen** Gases gilt für Zustände mit geringer Teilchenzahldichte, d. h. weit entfernt vom Kondensationspunkt und bei geringem Druck. Bei realen Gasen werden das Eigenvolumen der Teilchen und die zwischenmolekularen Kräfte berücksichtigt.

Ideale Gase

Eine Zustandsänderung von idealen Gasen wird durch die thermischen Zustandsgleichungen beschrieben (→ *Abb. 1.5)*:

- **Isotherme** $p_1 \cdot V_1 = p_2 \cdot V_2$ (T = konstant; Gesetz von Boyle und Mariotte),
- **Isobare** $\frac{V_1}{T_1} = \frac{V_2}{T_2}$ (p = konstant, Gesetz von Gay–Lussac),
- **Isochore** $\frac{p_1}{T_1} = \frac{p_2}{T_2}$ (V = konstant, Gesetz von Gay–Lussac).

Isotherme
Isobare
Isochore

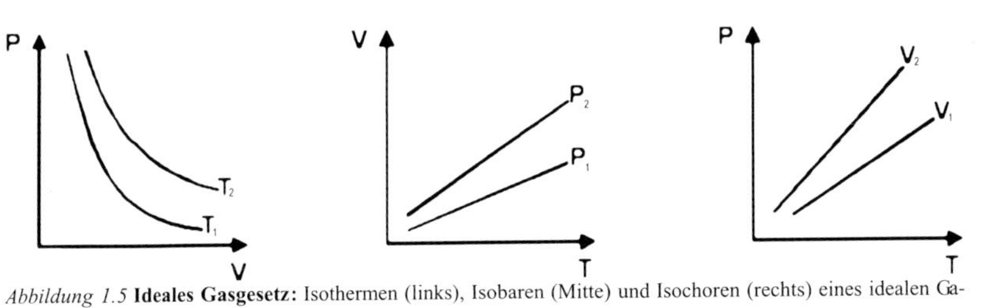

Abbildung 1.5 **Ideales Gasgesetz:** Isothermen (links), Isobaren (Mitte) und Isochoren (rechts) eines idealen Gases.

Ideales Gasgesetz

Das ideale Gasgesetz fasst die oben genannten Gesetze zusammen:

$p \cdot V = n \cdot R \cdot T$ mit R = universelle Gaskonstante

$p \cdot V_M = R \cdot T$ mit V_M = Molvolumen [l mol^{-1}]

R = 0,008314 MPa dm^3 $mol^{-1}K^{-1}$ = 0,008314 kJ $mol^{-1}K^{-1}$ = 0,08314 l bar $K^{-1}mol^{-1}$

Aufgabe

Wie groß ist das Molvolumen V_M bei 100°C und 10^{-2} MPa ?
V_M = 0,0083 MPa dm^3 $mol^{-1}K^{-1}$ · 373 K / 10^{-2} MPa = <u>310 dm^3 mol^{-1}</u>

Satz von *Avogadro*, Molvolumen

In gleichen Räumen verschiedener Gase sind bei gleichem Druck und gleicher Temperatur dieselbe Anzahl von Teilchen enthalten (Satz von *Avogadro*). Das **Molvolumen V_M** eines beliebigen Gases beträgt V_M = 22,415 l mol^{-1} bei Normalbedingungen (0°C und 0,1013 MPa = 1 atm.). Die **Dichte** ρ eines idealen Gases ist druck- und temperaturabhängig gemäß:

$$\rho = \frac{m}{V} = \frac{M}{V_M} = \frac{M \cdot p}{R \cdot T}$$

Diffusion von Gasen

Ein Gas ist bestrebt, einen ihm angebotenen Raum aufgrund von Diffusionsvorgängen (*Brownsche* Molekülbewegung) möglichst gleichmäßig auszufüllen. Die **Diffusionsgeschwindigkeit** v_D eines Gases durch eine Membran nimmt mit zunehmender Molekülgröße (M = molare Masse) ab.

Effusionsgesetz

$$v_D = \frac{\text{const}}{\sqrt{M}}$$ *Grahamsches* Effusionsgesetz

Hochreiner Wasserstoff

Das leichteste Element **Wasserstoff** diffundiert besonders schnell, z.B. auch in Metallen. Dies kann zur **'Versprödung'** von Stählen führen. Gezielte Anwendungen der unterschiedlichen Diffusionsgeschwindigkeit von Gasen sind die Herstellung von hochreinem Wasserstoff (Reinheit 99,999%) aus technischem Wasserstoff durch Trennung an einer **Palladiummembran** oder die Trennung von Luft in Stickstoff und Sauerstoff mit Hilfe einer Polymermembran (**Gaspermeation)**.

Wärmeleitfähigkeit

Die Wärmeleitfähigkeit k (sog. K–Wert) ist diejenige Wärmemenge [J], die in 1 Sekunde durch eine Materialprobe mit 1 m^2 Fläche und 1 m Dicke fließt, wenn der Temperaturunterschied zwischen den beiden Stirnflächen 1°C beträgt.

Wärmeleitfähigkeit von Gasen

Die Wärmeleitfähigkeit von **Gasen** ist **proportional** zur Diffusionsgeschwindigkeit. **Leichte** Gase, z.B. Wasserstoff, führen die Wärme besser ab als **schwere** Gase. Für besonders hohe Glühfadentemperaturen in **Hochleistungslichtquellen** werden deshalb Inertgase geringer Wärmeleitfähigkeit, z.B. Krypton und Xenon, eingesetzt.

Flüssiger Zustand

Im flüssigen Zustand stehen die Teilchen in Wechselwirkung zueinander. Im allgemeinen ist keine **Fernordnung** zu beobachten (Ausnahme Flüssigkristalle). Die Flüssigkeit steht durch ein ständiges Verdampfen und Kondensieren im thermischen Gleichgewicht mit der darüberliegenden Gasphase. Bei der Verdampfungstemperatur (**Siedetemperatur)** ist der **Dampfdruck** der Flüssigkeit gleich dem Druck der Gasatmosphäre.

Dampfdruckkuve

Die Dampfdruckkurve beschreibt bei einem **Phasengleichgewicht** den Zusammenhang zwischen der Temperatur der Flüssigkeit und dem Dampfdruck in der Gasphase (Gleichgewicht zwischen zwei oder drei Phasen, **Tripelpunkt**). Aus → *Abb. 1.6* ist ersichtlich, dass die Verdampfungstemperatur T_s von Wasser bei Atmosphärendruck (p = 0,1013 MPa) T = 100°C beträgt, während Wasser bei einem verminderten Druck von p = 30 hPa bereits bei T = 25°C verdampft.

Vakuumtrocknung

Die **Vakuumverdampfung** dient zur Trocknung temperaturempfindlicher Materialien (z.B. Lebensmittel).

Gefrierpunktserniedrigung

Bei der Auflösung von Salzen in Wasser beobachtet man eine Siedepunktserhöhung bzw. Gefrierpunktserniedrigung gegenüber dem reinen Lösungsmittel. Beispiel: Kochsalzhaltiges Wasser siedet bei höheren Temperaturen und gefriert bei niedrigeren Temperaturen als reines Wasser (**Salzstreuen** im Winter, → *Abb. 1.6 rechts)*.

Lösungen

Lösungen sind **homogene** Gemische aus mindestens zwei Komponenten mit unterschiedlicher Phase, die molekular verteilt sind, z.B. Gase in Flüssigkeiten (Sauerstoff in Wasser) oder Feststoffe in Flüssigkeiten (Salze in Wasser). Die chemisch wichtigsten Lösungen entstehen durch Auflösung eines festen Stoffes in einem flüssigen Lösungsmittel.

Dissoziation

Bei der Auflösung von **Elektrolyten** in Wasser (**Dissoziation** von Säuren, Basen oder Salzen) werden elektrisch geladene Ionen frei beweglich und leiten dann den elektrischen Strom. Der **Dissoziationsgrad** α (dimensionslose Größe $0 < \alpha < 1$) beschreibt den dissoziierten Anteil des Elektrolyten.

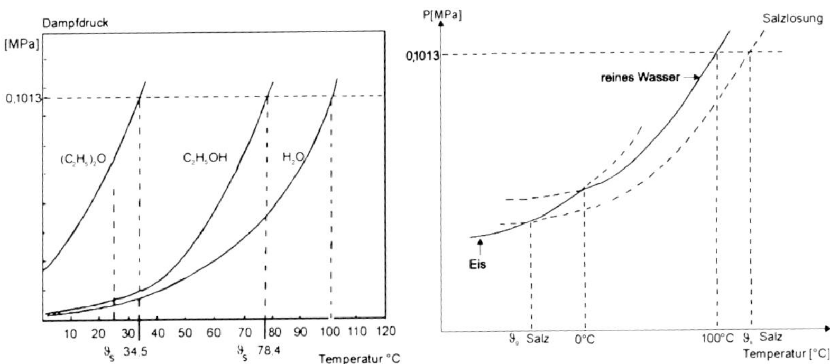

Abbildung 1.6 **Dampfdruckkurven:** Der Siedepunkt ϑ_s ist erreicht, wenn der Dampfdruck gleich dem äußeren Luftdruck ist (oben). Der Gefrierpunkt ϑ_g einer Lösung liegt niedriger als ϑ_g des reinen Lösungsmittels (Gefrierpunktserniedrigung. Die Siedetemperatur ϑ_s einer Salzlösung liegt höher als die Siedetemperatur des reinen Lösungsmittels /3/).

Osmose

Osmose ist die einseitige Diffusion von Lösungsmittelmolekülen durch eine halbdurchlässige Trennwand (**semipermeable**, wasserdurchlässige Membran) mit dem Ziel, einen bestehenden Konzentrationsunterschied zwischen zwei durch eine Membran getrennte Salzlösungen auszugleichen. Der Transport von Wasser durch die pflanzlichen Zellmembranen ist eine natürliche Erscheinung des osmotischen Effekts.

Gesetz von *van't Hoff*

Durch **Eindiffusion** des Lösungsmittels wird nach → *Abb. 1.7* ein erhöhter Binnendruck in der konzentrierteren Halbzelle aufgebaut. Für diese osmotische Druckdifferenz Π gilt im Gleichgewicht für verdünnte Lösungen eine (dem idealen Gas analoge) thermische Zustandsgleichung (Gesetz von ***van't Hoff***):

$\pi = \beta \cdot c \cdot R \cdot T$ $\qquad$ $c = \dfrac{n}{V}$ molare Konzentration

Der Faktor β ergibt sich für nicht vollständig dissoziierte Salze entsprechend:

$\beta = \alpha(z-1)+1$ $\qquad$ z = Zahl der entstehenden Teilchen bei der Dissoziation, z.B. für NaCl: z = 2 ; α = Dissoziationsgrad

Umkehrosmose

Die Umkehrosmose (**RO = Reverse Osmose**, → *Abb. 1.7)* ist ein Verfahren zur Herstellung von entsalztem Wasser, z.B. Meerwasserentsalzung oder industrielle Wasseraufbereitung. Unter Aufwendung eines äußeren Drucks P_1 (Drücke von ca. 6...8 MPa) diffundiert Wasser durch eine halbdurchlässige Membran aus einer hochkonzentrierten Salzlösung, z.B. Meerwasser, in die salzarme Halbzelle, z.B. Trinkwasser (→ *Kap. 11.3)*.

Aufgabe

Wie groß ist der osmotische Druck von Meerwasser, wenn das Meerwasser eine NaCl–Konzentration $c = 3{,}5\ g\ l^{-1}$ besitzt (Dissoziationsgrad $\alpha = 0{,}8$, Temperatur T = 20°C) ?

Faktor $\beta = 0{,}8 . (2 - 1) + 1 = 1{,}8$; $M_{NaCl} = 58{,}5\ g\ mol^{-1}$

Konzentration $c = 3{,}5\ g\ l^{-1} / 58{,}5\ g\ mol^{-1} = 0{,}60\ mol\ l^{-1}$

osmotischer Druck $\pi = 1{,}8 . 0{,}60\ mol\ l^{-1} . 0{,}00831\ MPa\ l\ mol^{-1}\ K^{-1} \cdot 293\ K$ = <u>2,63 MPa</u>

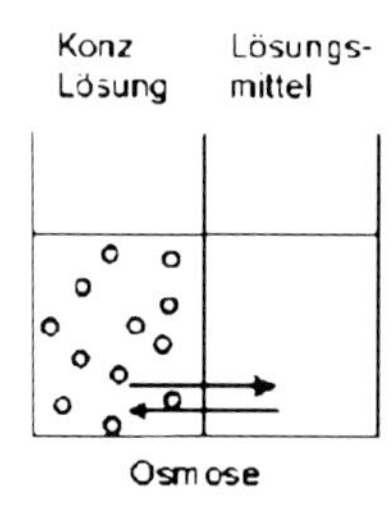

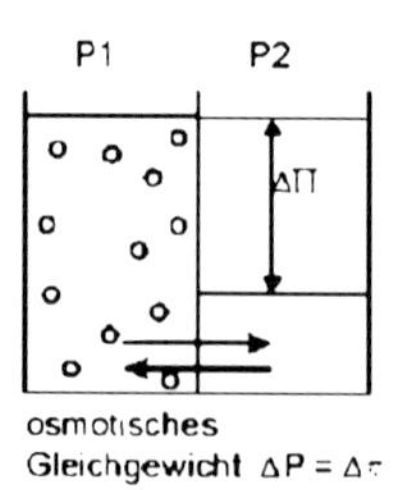

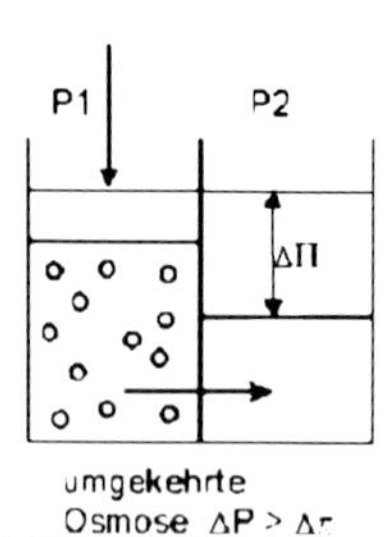

Abbildung 1.7 **Osmose und Umkehrosmose:** Wasser diffundiert freiwillig durch eine halbdurchlässige Membran (wasserdurchlässig, salzundurchlässig) von der niedriger konzentrierten in die höher konzentrierte Lösung (links). Dadurch entsteht eine osmotische Druckdifferenz (mitte). Bei der Umkehrosmose muss diese Druckdifferenz durch einen äußeren Druck P_1 überwunden werden. Dann kann aus Salzlösungen salzarmes Wasser gewonnen werden (rechts).

Fester Zustand

Im festen Zustand sind die Teilchen an Gitterplätze gebunden. Entsprechend dem vorliegenden Ordnungszustand unterscheidet man:

- **kristallin**: mit Fernordnung, z.B. Metallkristalle (→ *Abb. 1.8*), Salzkristalle,
- **amorph**: ohne Fernordnung, z.B. 'eingefrorene Flüssigkeiten', Gläser,
- **teilkristallin**: teilweise Fernordnung, z.. B. zahlreiche Kunststoffe.

Festkörper werden durch zahlreiche, materialabhängige **Messgrößen** charakterisiert:

- **mechanische Eigenschaften:** Elastizitätsmodul, Schlagzähigkeit u. a. (siehe Lehrbücher der Werkstoffkunde),
- **thermische Eigenschaften:** thermischer Ausdehnungskoeffizient, Schmelzpunkt, Siedepunkt,
- **elektrische Eigenschaften**: spezifischer Widerstand, Dielektrizitätskonstante,
- **magnetische Eigenschaften:** Permeabilität, Remanenz, Koerzitivfeldstärke.

Linearer Ausdehnungskoeffizient

Der **lineare thermische Ausdehnungskoeffizient** $\alpha = \Delta l / l_0$ ist definiert als die Längenänderung Δl pro Kelvin bezogen auf die Ausgangslänge l_0. Der **Flächenausdehnungs-** bzw. **Volumenausdehnungskoeffizient** ergibt sich durch Multiplikation von α mit dem Faktor zwei bzw. drei (gilt nur, wenn der Stoff isotrope, d. h. richtungsunabhängige Eigenschaften besitzt). Aufgrund der unterschiedlichen thermischen Ausdehnung der Feststoffe kann es zu **mechanischen Spannungen** kommen, die häufig die Ursache von Bauteilversagen ist.

Metallkristalle

Abbildung 1.8 **Metallkristalle**: Silberkristalle (REM–Aufnahme: H. Brennenstuhl, FHTE Esslingen).

Elektrische Eigenschaften

Die elektrischen Eigenschaften von Stoffen, z.. B. von Leiterwerkstoffen oder Isolierstoffen (**Dielektrika**) sind insbesondere für die Elektronik wichtig. Zur Charakterisierung der elektrischen Eigenschaften findet man u. a. folgende physikalische Messgrößen:

Spezifischer Widerstand

Der **spezifische Widerstand** ρ [Ω mm^2 m^{-1}] entspricht dem Widerstand R [Ω] eines Drahtes der Länge l = 1 m und dem Querschnitt A = 1 mm^2. Der Kehrwert von ρ ist die **spezifische elektrische Leitfähigkeit** κ (auch als **Leitwert** bezeichnet):

$$R = \frac{\rho \cdot l}{A} \qquad \kappa = \frac{1}{\rho}$$

Dielektrizitätskonstante

Bei der Einführung eines Isolierstoffes in einen Plattenkondensator steigt dessen Kapazität C bei gleichbleibender Spannung U. Die **Dielektrizitätskonstante** ε eines Isolierstoffes entspricht der Kapazität C eines Plattenkondensators mit einem Plattenabstand l = 1 m und einer Plattenoberfläche A = 1 m^2. ε ist das Produkt einer absoluten Dielektrizitätskonstante ε_o des Vakuums und einer materialabhängigen relativen Dielelektrizitätskonstante oder **Dielektriztätszahl** ε_r:

$$C = \frac{Q}{U} = \frac{\varepsilon \cdot A}{l} \qquad \varepsilon = \varepsilon_0 \cdot \varepsilon_r \qquad \varepsilon_o = 8{,}8544\ 10^{-12}\ \mathrm{A\ s\ V^{-1} m^{-1}}$$

Magnetische Eigenschaften

Permeabilitätszahl

Die magnetischen Eigenschaften von Stoffen oder stromdurchflossenen Leitern sind z.B. in Schaltrelais, Dauermagneten, Datenträgern von Bedeutung. Zur Charakterisierung von magnetischen Werkstoffen verwendet man u. a. die **Permeabilität** μ. Diese Größe entspricht der Induktivität L [H = Henry = V s A^{-1}] einer stromdurchflossenen Spule mit n = 1 Windung, die eine Spulenfläche A = 1 m^2 und eine Spulenlänge l = 1 m besitzt. μ ist das Produkt einer **absoluten Permeabilität** im Vakuum μ_o und einer materialabhängigen **relativen Permeabilität** oder **Permeabilitätszahl** μ_r:

$$L = \frac{\mu \cdot n^2 \cdot A}{l} \qquad \mu = \mu_0 \cdot \mu_r \qquad \mu_o = 1{,}237.\ 10^{-6}\ \mathrm{H\ m^{-1}}$$

Die Permeabilität μ ist auch als Proportionalitätsfaktor in der Beziehung zwischen der magnetischen **Induktion** B [T = Tesla = V s m^{-2}, früher gültig: 1 Gauss = 10^{-4} Tesla] und der magnetischen **Feldstärke** H [A m^{-1}] enthalten:

$$\mathrm{B} = \mu \cdot \mathrm{H}$$

Remanenz; Koerzitivfeldstärke

Bei der Magnetisierung von Dauermagneten bedeutet die **Remanenz** B_r [T] die magnetische Induktion, die verbleibt, wenn das äußere Magnetfeld H = 0 abgeschaltet wird. Die **Koerzitivfeldstärke** H_{cB} [A m^{-1}] ist die notwendige Feldstärke, um den Dauermagnet wieder zu entmagnetisieren: B = 0.

2. Atome und Periodensystem

2.1 Atome und Atommodelle

Elementarteilchen

Die Atome bestehen im wesentlichen aus drei Elementarteilchen:
Elektronen, Protonen und Neutronen.

Elektronen

Elektronen besitzen die sehr kleine **Masse** $m_e = 9{,}11\ 10^{-28}$ g und eine negative **Ladung** $q_e = -1{,}602\ 10^{-19}$ A s [Amperesekunden]. Freie Elektronen werden z.B. durch einen erhitzten **Glühdraht** emittiert.

Protonen

Protonen haben die **Masse** $m_p = 1{,}602\ 10^{-24}$ g, die 1836 mal größer ist als die Masse des Elektrons. Sie besitzen eine positive **Ladung** $q_p = 1{,}602.\ 10^{-19}$ A s, die betragsgleich mit der Elementarladung des Elektrons ist. Das freie Proton ist identisch mit dem Atomkern des Wasserstoffatoms und kann mittels einer **Wasserstoff–Glimmentladung** hergestellt werden.

Neutronen

Neutronen besitzen eine nahezu gleiche **Masse** m_n wie die Protonen. Neutronen verhalten sich elektrisch **neutral**.

Ordnungszahl
Atommassenzahl
Isotope

Die (elektrisch neutralen) Atome eines chemischen Elements bestehen stets aus der gleichen Zahl von Protonen und Elektronen (**Ladungsneutralität**). Die Zahl der Protonen im Atomkern entspricht der **Ordnungszahl Z** und bestimmt die Art des Elements (z.B. Z = 1 Wasserstoff, Z = 2 Helium). Im Atomkern befinden sich meist auch Neutronen. Die **Atommassenzahl A** wird gebildet als Summe der Zahl der Protonen plus der Zahl der Neutronen. Kerne mit gleicher Ordnungszahl Z (gleiche Elemente) aber unterschiedlicher Atommassenzahl A nennt man **Isotope** eines Elements X.

Schreibweise: Beispiel: Die Isotope des Wasserstoffs (Vorkommen)

$^{A}_{Z}X^{\text{Atommassenzahl}}_{\text{Ordnungszahl}}$ $^{1}_{1}H$ (99,98%) $^{2}_{1}H$ (Deuterium 0,015%) $^{3}_{1}H$ (Tritium 10^{-15} %)

***Rutherfordsches* Atommodell**

Der Atomkern ist sehr klein (Durchmesser 10^{-14} m). Die Atommasse und die positive Ladung sind im Atomkern konzentriert. Elektronen 'umkreisen' den Atomkern im Abstand von circa 10^{-10} m. Diese **Elektronenhülle** besitzt nur eine verschwindend kleine Masse (*Rutherfordsches* Atommodell).

***Bohrsches* Atommodell**

Das *Bohrsche* Atommodell gilt nur exakt für das Wasserstoffatom (ein Proton, ein Elektron). Die höheren Atome werden nicht korrekt beschrieben. Aufgrund der Anschaulichkeit wird es aber in der Ausbildung gern verwendet (→ *Abb. 2.1*).

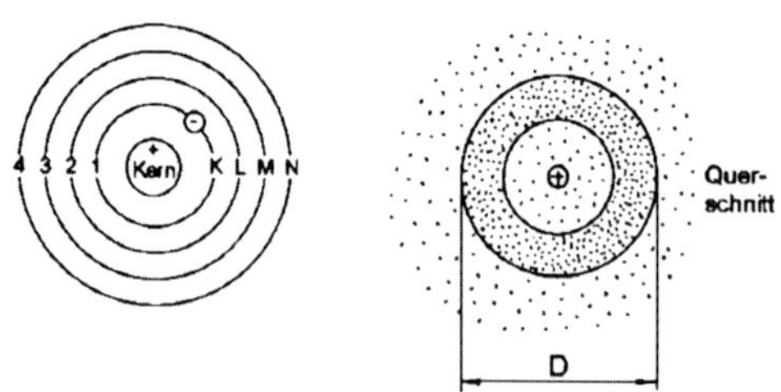

Abbildung 2.1 **Atommodelle:** Bohrsche Bahnen beim Wasserstoffatom (links), das Elektron befindet sich im Bild im Grundzustand. Orbitalmodell für ein Elektron (rechts), die dargestellte Summe von Momentaufnahmen für ein Elektron bezeichnet den Wahrscheinlichkeitsraum des Elektrons.

***Bohrsche* Postulate**

Das *Bohrsche* Atommodell baut auf zwei **Postulaten** (Annahmen) auf:

- **Das Elektron** umkreist den Atomkern nur auf bestimmten, zugelassenen Kreisbahnen. Diesen 'Schalen' entsprechen bestimmte Energiezustände. Die Energie ist abhängig vom Bahnradius. In Kernnähe befinden sich die energietieferen Zustände (niedrige potentielle Energie). Das Atom befindet sich in der Regel im Grundzustand (Elektron in der energietiefsten Bahn):

1. Schale:	n = 1	K–Schale	**Grundzustand**
2., 3.,...Schale:	n = 2, 3,	L–, M–,...–Schale	**angeregte Zustände**

Quanten

- **Das Elektron** kann nur zwischen erlaubten Bahnen 'springen' und dabei Energie portionsweise (in **Quanten)** aufnehmen oder abgeben. Diese Energie kann z.B. auch als Lichtenergie der Frequenz ν aufgenommen (absorbiert) oder abgestrahlt (emittiert) werden (→ *Abb. 2.2)*:

Lichtabsorption, -emission

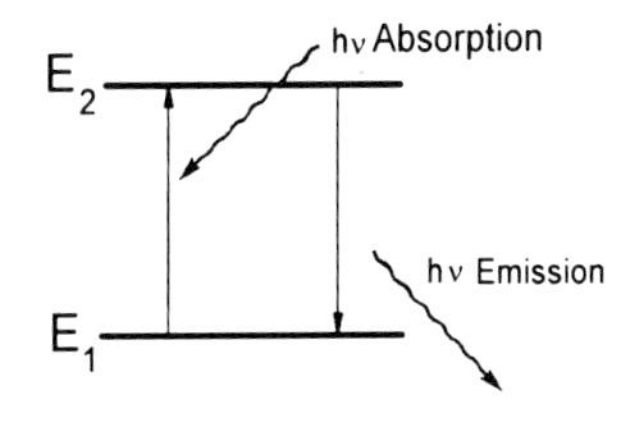

$$E = E_2 - E_1 = h \cdot \nu$$

$h = 6{,}626 \cdot 10^{-34}$ J s
Plancksche Konstante

Lichtgeschwindigkeit
$c = \lambda \cdot \nu$

Lichtspektrum

Die Auftragung der Intensität der **Absorption** bzw. der **Emission** gegen die Wellenlänge λ oder gegen die Frequenz ν ergibt ein für die Metallsorte charakteristisches **Absorptions-** bzw. **Emissionsspektrum**. Angeregte Atome emittieren ein **diskretes** Emissionsspektrum (Anwendung: z.B. in Leuchtstoffröhren, Neonröhren, Natriumdampflampen).

Spektrum der elektromagnetischen Wellen

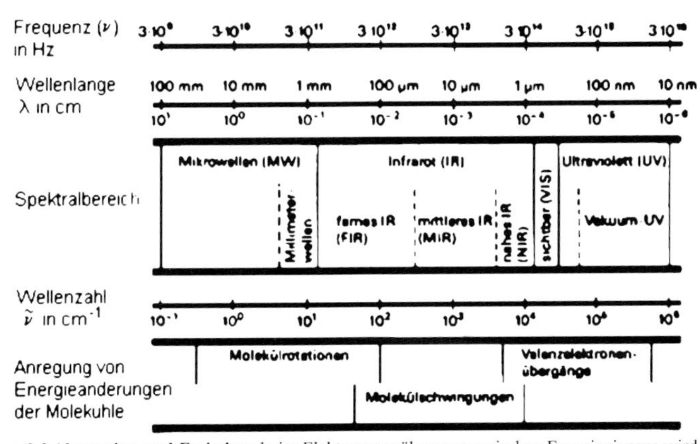

Abbildung 2.2 **Absorption und Emission:** beim Elektronenenübergang zwischen Energieniveaus wird Licht absorbiert oder emittiert (oben). Spektrum der elektromagnetischen Wellen, sichtbares Licht hat Wellenlängen zwischen 400 und 800 nm (unten), (aus: Industrielle Gasanalyse, Oldenbourg Verlag, München, 1994 /4/).

Lichtquellen

Technische Lichtquellen unterscheidet man in:

- **Temperaturstrahler** (Glühlampe, Halogenlampe),
- **Gasentladungslampen** (Leuchtstofflampe, Laser).

Temperaturstrahler

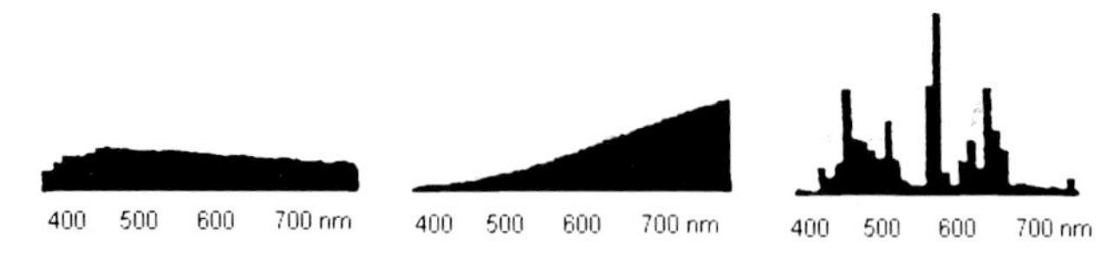

Abbildung 2.3 **Lichtquellen:** Entladungsröhren beruhen auf Lichtemissionen mit einem diskreten Spektrum. Temperaturstrahler weisen ein kontinuierliches Spektrum auf.

Bei **Temperaturstrahlern** werden die Atome in einem Festkörper durch Zufuhr von Wärmeenergie zu Schwingungen angeregt. Es erfolgt eine Lichtausstrahlung **kontinuierlich** über einen breiten Frequenzbereich (z.B. Wolfram–Glühlampe, → *Abb. 2.3)*. Das Maximum der Verteilungskurve verschiebt sich mit zunehmender Temperatur zu höheren Frequenzen (***Wiensches*** **Verschiebungsgesetz**).

Atomabsorptionsspektroskopie (AAS)

Die Atomabsorptionsspektroskopie (AAS) beruht auf der frequenzabhängigen Lichtabsorption durch das zu untersuchende Probenmaterial, das gasförmig vorliegt oder verdampfbar sein muss. Ein AAS–Spektrometer besteht nach → *Abb. 2.4* aus:

- **Lichtquelle**, die das Spektrum des interessierenden Elements ausstrahlt, z.B. einer Hohlkathodenlampe,
- **einer Absorptionsquelle**, in der die Untersuchungssubstanz atomisiert
- wird, z.B. eine Acetylengasflamme (T = 2300°C) oder ein Graphitrohr,
- **Monochromator** zur spektralen Zerlegung des Lichts,
- **Empfänger** zur Messung der Strahlungsintensität,
- **Verstärker** und Anzeigegerät.

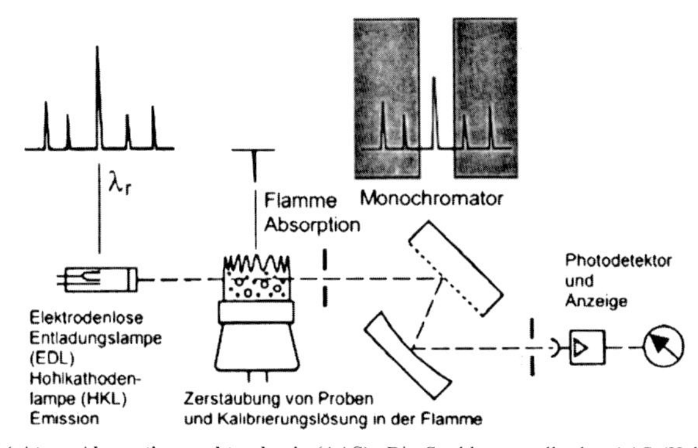

Abbildung 2.4 **Atom–Absorptionsspektroskopie (AAS)**: Die Strahlungsquelle des AAS (Hohlkathodenlampe oder Gasentladungsröhre) sendet ein Linienspektrum aus. Die energieintensivste Linie wird als Resonanzwellenlänge verwendet und von der Untersuchungsprobe, die sich in der Brennkammer befindet, absorbiert (aus: Umweltanalytik, Verlag VCH, Weinheim, 1994 /5 /).

***Lambert–Beersches* Gesetz**

Das logarithmische Verhältnis aus der Intensität des eingestrahlten Lichts I_0 und der Intensität des durchgelassenen Lichts I_d steht in einem Zusammenhang mit der Konzentration c des zu messenden Elements (Gesetz von ***Lambert*** und ***Beer***):

$$E(\nu) = \lg\left(\frac{I_0}{I_d}\right) = \kappa(\nu) \cdot c \cdot d$$

mit: E(ν) = Extinktion
κ(ν) = molarer Extinktionskoeffizient = Funktion (ν)
d = Dicke der durchstrahlten Schicht

Die Auftragung der **Extinktion E** bzw. der **Transmission T = 1 / E** gegen die Frequenz oder Wellenlänge ergibt ein elementspezifisches AAS–Spektrum. Aufgrund der elementspezifischen Lichtquelle kann bei jedem Versuch nur ein Element bestimmt werden (es gibt auch Mehrkanal–AAS für die Simultanmessung mehrerer Elemente). Die AAS ist ein Standardverfahren zum Nachweis geringer Konzentrationen (Nachweisgrenzen: Flammen–AAS <5 $\mu g\ l^{-1}$, Graphitrohr–AAS <0,5 $\mu g\ l^{-1}$, bzw. $\mu g\ kg^{-1}$ in Feststoffen) an Schwermetallen, z.B. Kupfer oder Nickel in Abwässern oder Böden.

Extinktion
Transmission

Bei der Atomemissionsspektroskopie (AES) dient das von den angeregten Atomen emittierte Licht zur Bestimmung der chemischen Zusammensetzung, z.B. einer Metalllegierung oder eines Abwassers. Der Vorteil der AES gegenüber der AAS besteht in der gleichzeitigen Bestimmung beliebig vieler Elemente in einer Messung. Die Energiezufuhr zur Anregung der Atome kann u. a. durch **Flammen** (Flammenspektren, z.B. Flüssigkeiten), **Hochspannung** (Funkenspektren, z.B. Metallegierungen) oder **Gleichstrom** (Bogenspektren bei der Schaltung der Probe als Elektrode eines Lichtbogens) erfolgen.

Atomemissionsspektroskopie (AES)

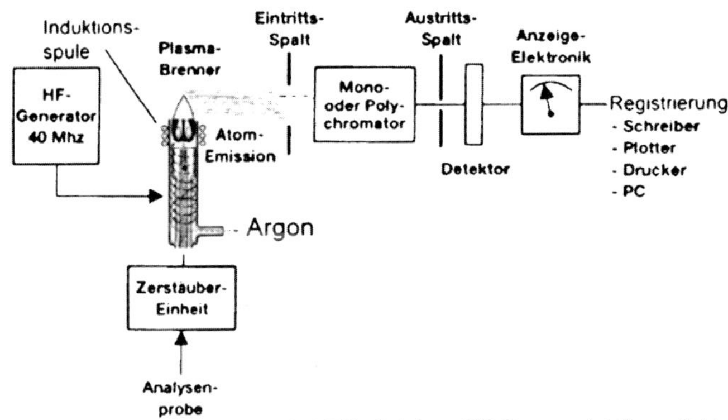

Abbildung 2.5 **Atom– Emissionsspektroskopie (AES)**: Bei einem ICP–Brenner wird die zerstäubte Analysenprobe von einem Argonstrom in ein induktiv gekoppeltes Hochfrequenzplasma (ICP) eingetragen. Durch die hohe Energiedichte werden Trägergas und Probe ionisiert. Dabei senden die angeregten Teilchen ein charakteristisches Lichtspektrum aus, das spektral zerlegt und dann detektiert wird (ICP–OES), (aus: Umweltanalytik, Verlag VCH, Weinheim, 1994 /5/). Die ionisierten Molekülbruchstücke können auch nach der Masse selektiert werden (ICP–MS).

Die Atomemission ist auch die Grundlage der sog. **Funkenprobe**, bei der eine Metallprobe gegen eine rotierende Schleifscheibe gedrückt und aus der Lichtemission auf die Zusammensetzung der Legierung geschlossen wird.

Funkenprobe

Für die chemische Laboranalytik hat sich die Anregung der Atome in einem Hochtemperaturplasma durchgesetzt. Bei einem ICP–AES–Spektrometer (**ICP = Inductively Coupled Plasma)** erhitzt eine Hochfrequenzspule die in einem Trägergas (meist Argon) enthaltene Probe auf ca. 6000...8000 K. Die ausgestrahlte Atomemission wird nach → *Abb. 2.5* mit Hilfe eines OES–Analysators (OES = Optische Emissionsspektroskopie) aufgezeichnet (**ICP–OES**, Nachweisgrenze <5 $\mu g\ l^{-1}$). Besonders hohe Nachweisempfindlichkeit erhält man duch Selektion der im ICP–Brenner entstandenen Molekülbruchstücke nach der Masse mit Hilfe eines Massenspektrometers (**ICP–MS,** Nachweisgrenze <0,01 $\mu g\ l^{-1}$).

ICP–AES

ICP–OES

ICP–MS

Orbitalmodell

Wellenfunktion

Die Grundlage des Orbitalmodells ist die ***Schrödinger*–Gleichung** (eine mathematische **Eigenwert**gleichung, analog einer stehenden Welle). Für jedes Atom gibt es unendlich viele Lösungen dieser Eigenwertgleichung. Die Lösungen der Schrödinger–Gleichung nennt man **Wellenfunktionen** ψ. Die **Orbitale** entsprechen dem **Quadrat** der Wellenfunktionen und beschreiben die **Wahrscheinlichkeit**, ein Elektron anzutreffen. Das Orbitalmodell ist im Unterschied zum Bohrschen Atommodell ein **statistisches** Modell (→ *Abb. 2.1 rechts)*. Es erweist sich als grundsätzlich ausgeschlossen, die Bewegung eines Elektrons genau vorauszuberechnen (***Heisenbergsche* Unschärferelation**).

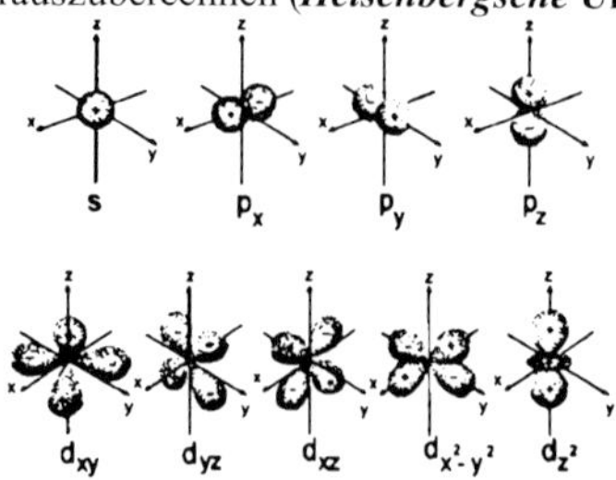

Abbildung 2.6 **Orbitalmodell:** s–, p–, und d–Orbitale /nach 6/.

Die *Schrödinger*–Gleichung ist nur für das Wasserstoffatom (**Zweiteilchenproblem**) mathematisch exakt lösbar. Die für das Wasserstoffatom errechneten Orbitale sind jedoch auch für die **höheren** Atome näherungsweise gültig. Die unendlich vielen Orbitale werden durch vier Quantenzahlen unterschieden (→ *Abb. 2.6)*:

Quantenzahlen

- **Hauptquantenzahl** n = 1, 2, 3... bzw. K–, L–, M–...–Schale
- **Nebenquantenzahl** l = 0, 1, 2, 3...n–1 bzw. s–, p–, d–, f–Orbital
- **magnetische Quantenzahl** m = - l... + l
- **Spinquantenzahl** s = - 1/2, + 1/2.

Hauptquantenzahl

Die **Hauptquantenzahl n** beschreibt im wesentlichen den Ort **maximaler Aufenthaltswahrscheinlichkeit (Abstand)** des Elektrons vom Atomkern. Die Hauptquantenzahl entspricht der Schale des *Bohrschen* Atommodells.

Nebenquantenzahl

Die **Nebenquantenzahl l** beschreibt die **räumliche Geometrie** des Orbitals. Das s–Orbital hat kugelsymmetrische Geometrie und entspricht der Form der *Bohrschen* Kugelschale. Zu jeder Hauptquantenzahl n gibt es maximal (n–1) Nebenquantenzahlen.

Magnetische Quantenzahl

Die **magnetische Quantenzahl m** beschreibt die **räumliche** Orientierung gleichartiger Orbitale in einem Magnetfeld. Ohne äußeres Magnetfeld sind die Orbitale energiegleich (entartet). Zu jeder Nebenquantenzahl l gibt es 2l + 1 unterschiedliche Orientierungen.

Spinquantenzahl

Die **Spinquantenzahl s** beschreibt die **Drehung** des Elektrons um eine Achse. Bei der Rotation im positiven Drehsinn ist s = 1/2, bei einer Rotation im negativen Drehsinn s = - ½.

Orbitalenergie

Die Orbitale lassen sich entsprechend ihrer Orbitalenergien in ein **Energietermschema** einordnen (→ *Abb. 2.7)*. Bei den **höheren** Atomen mit mehr als einem Elektron werden die Elektronen in das Energietermschema in der Reihenfolge **zunehmender Energie** eingebaut (**Aufbauprinzip**). Dabei müssen das Pauli–Prinzip und die *Hundsche* Regel beachtet werden.

Pauli–Prinzip

Nach dem *Pauli*–Prinzip müssen sich zwei Elektronen in mindestens **einer** Quantenzahl unterscheiden. Daraus folgt: Jedes Orbital kann **maximal** von **zwei** Elektronen mit unterschiedlichem Spin besetzt sein s = + 1/2, - 1/2. Die **Erklärung** des *Pauli*–Prinzips beruht auf der **maximalen Abstossung** der gleichnamig geladenen Elektronen. Nur zwei Elektronen mit unterschiedlichem Spin (magnetische Anziehung zwischen magnetischem Nord- und Südpol) dürfen sich räumlich nahe kommen und sich in demselben Orbital aufhalten.

***Hundsche* Regel**

Energiegleiche (**entartete**) Orbitale, z.B. drei p–Orbitale oder fünf d–Orbitale werden von den Elektronen so besetzt, dass eine **maximale Zahl ungepaarter Spins** erhalten wird. Die *Hundsche* Regel lässt sich dadurch erklären, dass die elektrischen Abstossungskräfte zwischen den Elektronen (unterschiedliche Orbitale) stärker sind als die magnetischen Anziehungskräfte (Paarung von Spins). Die *Hundsche* Regel wird durch den experimentell messbaren Magnetismus der Atome bestätigt. **Diamagnetische** Atome besitzen gepaarte Spins, **paramagnetische** Atome ungepaarte Spins. Die Hundsche Regel gilt nur für **freie Atome**, z.B. im Dampfzustand. Atome oder Ionen, die komplex gebunden sind, zeigen Abweichungen (**high–spin**–bzw. **low–spin–Komplexe)**.

Elektronenkonfiguration

Die Verteilung der Elektronen auf die Orbitale in der Reihenfolge zunehmender Energie nennt man Elektronenkonfiguration. Die Schreibweise (in der Reihenfolge zunehmender Energie) lautet:
$1s^2\ 2s^2\ 2p^6\ 3s^2\ 3p^6\ 4s^2\ 3d^{10}\ 4p^6\ 5s^2\ 4d^{10}\ 5p^6$ usw.

Magnetismus des Eisenatoms

In → *Abb. 2.7* dargestellt ist die Besetzung der Orbitale bzw. die Elektronenkonfiguration des Eisenatoms.

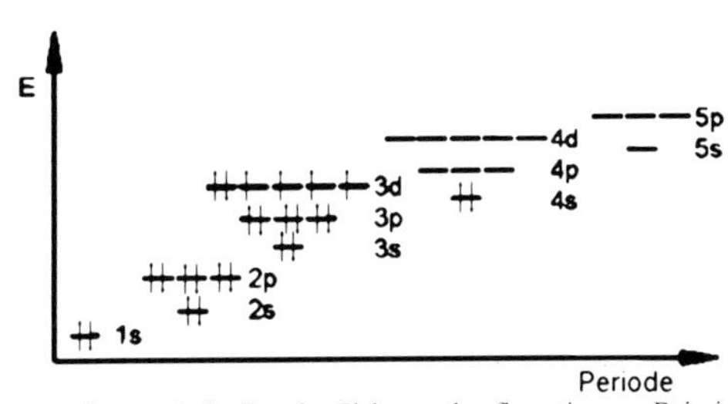

Abbildung 2.7 **Energietermschema**: Aufstellen der Elektronenkonfiguration am Beispiel des Eisen-Atoms mit 26 Elektronen [Fe = $1s^2\ 2s^2\ 2p^6\ 3s^2\ 3p^6\ 4s^2\ 3d^6$]. Eisen besitzt ungepaarte Elektronen und ist deshalb paramagnetisch.

Para- und Diamagnetismus

Aufgrund des Bahndrehimpulses und des Eigen(spin)drehimpulses der Elektronen gibt es paramagnetische Stoffe ($\mu_r > 1$) und diamagnetische Stoffe ($\mu_r < 1$). **Paramagnetische** Stoffe werden in einem inhomogenen Magnetfeld in Gebiete mit höherer Feldstärke gezogen, **diamagnetische** Stoffe in Gebiete mit niedriger Feldstärke gedrängt. Der Para- bzw. Diamagnetismus einzelner **Atome** im Gaszustand, z.B. als Metalldampf, ist messbar (Messung mit der magnetischen Waage). In **ungeordneten**, paramagnetischen **Festkörpern** wird kein makroskopischer Magnetismus beobachtet, da die einzelnen Elementarmagnete **regellos** orientiert sind. Ein makroskopischer Magnetismus tritt nur auf, wenn ein paramagnetischer Festkörper kristalline **Vorzugsrichtungen** besitzt oder diese durch ein äußeres Magnetfeld geschaffen werden können.

Ferromagnetismus

In **ferromagnetischen** Materialien ($\mu_r >> 1$, abhängig von der magnetischen Feldstärke) orientieren sich die einzelnen Elementarmagneten innerhalb sog. *Weissscher* Bereiche parallel. Diese **spontane** Magnetisierung tritt bereits ohne äußeres Magnetfeld auf und

Curie-Temperatur

kann durch ein Magnetfeld bis zu dem Wert der Sättigungsmagnetisierung gesteigert werden. Oberhalb der **Curie–Temperatur** verliert der ferromagnetische Festkörper aufgrund der Wärmebewegung seine Vorzugsorientierung und damit seinen Magnetismus (Curie–Temperaturen: α–Fe: 1043°C, Co: 1400°C, Ni: 631°C, Fe–Legierung: typ. 690°C, Co–Legierung: typ. 620°C, Co_5Sm: 720°C, $Fe_{14}Nd_2B$: 576°C).

2.2 Periodensystem

Gruppen

Die Anordnung der Elemente nach zunehmender **Ordnungszahl** (Zahl der Protonen) ergibt **Gruppen** von Elementen, deren Eigenschaften ähnlich sind. Die Gruppen entsprechen den Spalten im Periodensystem (PSE /7/). Die Elemente der gleichen Gruppe besitzen eine gleiche Zahl von Elektronen in der äußersten Schale (Außenelektronen, **Valenzelektronen,** → *Abb. 2.8)*. Die Valenzelektronen bestimmen das chemische Verhalten der Elemente.

Valenzelektronen

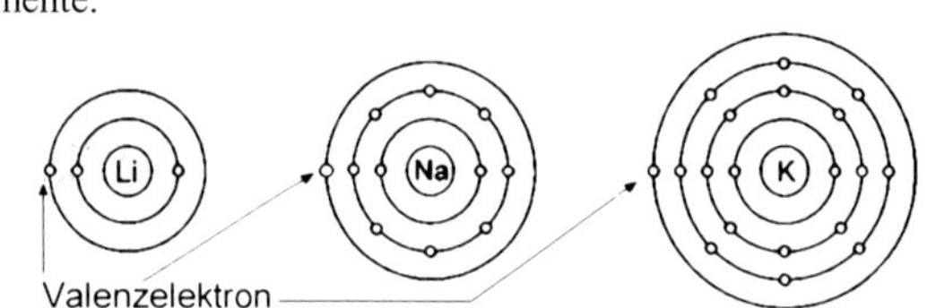

Abbildung 2.8 **Valenzelektronen**: Atome mit der gleichen Zahl an Valenzelektronen verhalten sich chemisch ähnlich, dargestellt am Beispiel der Alkalimetalle Li, Na und K.

Die Anordnung der Elemente im PSE in horizontaler Richtung (Zeilen) nennt man Perioden. Die Periodenzahl entspricht der Zahl der Elektronenschalen. Innerhalb einer Periode bzw. innerhalb einer Gruppe verändern sich die Eigenschaften der Elemente regelmäßig (→ *Abbildung im Einband).*

Hauptgruppen-elemente

Man unterscheidet drei große Bereiche im Periodensystem (PSE):

- **Hauptgruppenelemente,**
- **Nebengruppenelemente und**
- **Seltene Erden Elemente (Lanthaniden und Actiniden).**

Die Hauptgruppenelemente besitzen s–und p–Valenzelektronen, Die Nebengruppenelemente besitzen s–und d–Valenzelektronen (→ *Tab. 2.1).*

Hauptgruppe	Name	Valenzelektronen	Nebengruppe	Name	Valenzelektronen
IA	Alkalimetalle	s^1	IB	Münzmetalle	s^1
IIA	Erdalkalimetalle	s^2	IIB	Zinkgruppe	s^2
IIIA	Borgruppe	s^2p^1	IIIB	Scandiumgruppe	s^2d^2
IVA	Kohlenstoffgruppe	s^2p^2	IVB	Titangruppe	s^2d^2
VA	Stickstoffgruppe	s^2p^3	VB	Vanadiumgruppe	s^2d^3
VIA	Chalkogene	s^2p^4	VIB	Chromgruppe	s^1d^5
VIIA	Halogene	s^2p^5	VIIB	Mangangruppe	s^2d^5
VIIIA	Edelgase	s^2p^6	VIIB	Eisenmetalle/ Platinmetalle	s^2d^6 s^2d^7 s^2d^8

Tabelle 2.1 **Valenzelektronen** der Hauptgruppen- und Nebengruppenelemente

Atomradien

Die Atomradien der Elemente nehmen in der **Periode** von links nach rechts ab. **Ursache:** Innerhalb einer Periode werden die Elektronen auf der gleichen Schale eingebaut; die Anziehungskraft des Atomkerns wächst jedoch. Die Atomradien der Elemente nehmen in der **Gruppe** von oben nach unten zu. **Ursache:** Innerhalb einer Gruppe werden die Elektronen in weiter entfernte Schalen eingebaut.

Ionisierungsenergien

Die Ionisierungsenergie ist die **Energie**, die benötigt wird, um ein Elektron aus einem Atom zu entfernen: $A \rightarrow A^+ + e^-$.
Die Ionisierungsenergie nimmt in der **Periode** von links nach rechts zu. **Ursache:** Innerhalb einer Periode nimmt der Atomradius ab und deshalb die elektrostatische Anziehung der Elektronen durch den Atomkern zu.
Die Ionisierungsenergie nimmt in der **Gruppe** von oben nach unten ab (→ *Abb. 2.9)*. **Ursache:** Innerhalb einer Gruppe werden die Elektronen immer weiter vom Atomkern entfernt eingebaut. Beispiele:

- **$Na \rightarrow Na^+ + e^-$** Na besitzt eine geringe Ionisierungsenergie und gibt deshalb bevorzugt ein Elektron unter Bildung des Kations Na^+ ab.
- **$Ar \rightarrow Ar^+ + e^-$** Ar besitzt eine hohe Ionisierungsenergie. Edelgase geben kaum Elektronen ab und sind deshalb reaktionsträge.

Reaktivität

Atome mit **geringer** Ionisierungsenergie (Alkalimetalle) sind sehr **reaktionsfähig** und deshalb **gefährlich**. Die Eigenschaft der Elemente, Elektronen abzugeben oder aufzunehmen bestimmt die chemische **Reaktivität**.

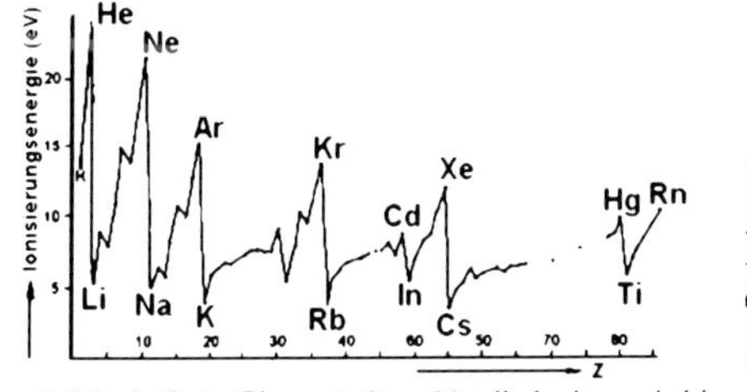

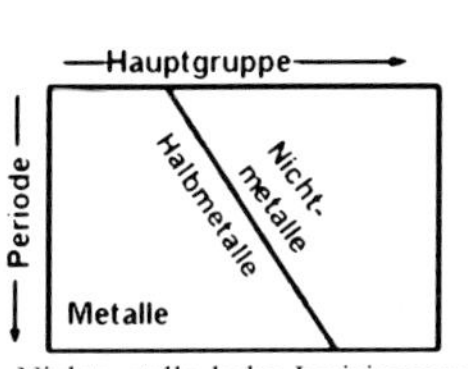

Abbildung 2.9 **Periodische Eigenschaften:** Metalle besitzen niedrige, Nichtmetalle hohe Ionisierungsenergien (links). Metalle und Nichtmetalle sind im Periodensystem durch die Halbmetalle getrennt.

Elektronegativität

Die Elektronegativität (EN) kennzeichnet die Eigenschaft eines Elements, **Elektronen** aufzunehmen. Die EN ist die **zentrale** Kenngröße zur Einschätzung der Reaktivität der Elemente (u. a. Gefährlichkeit). Die EN ist eine dimensionslose, relative Größe. Das elektronegativste Element Fluor (F) erhält die $EN_F = 4{,}1$. Die EN nimmt in der **Periode** von links nach rechts zu und in der **Gruppe** von oben nach unten ab (→ *Tab. 2.2)*. Elemente mit sehr **niedriger** oder sehr **hoher** Elektronegativität sind besonders **reaktionsfähig** und deshalb **gefährlich** (brennbar, korrosiv, teilweise giftig).

Metallische Eigenschaften

Der metallische Charakter hängt von der Bereitschaft eines Elements ab, Elektronen abzugeben (freie Elektronen leiten den Strom). Elemente mit niedriger Ionisierungsenergie und damit **geringer** Elektronegativität sind deshalb Metalle. Der metallische Charakter verändert sich im Periodensystem regelmäßig (→ *Abb. 2.9 rechts)*:

- **innerhalb einer Periode** nimmt der metallische Charakter ab,
- **innerhalb einer Gruppe** nimmt der metallische Charakter zu.

H																
2,2																
Li	Be											B	C	N	O	F
1,0	1,5											2,1	2,5	3,0	3,5	4,1
Na	Mg											Al	Si	P	S	Cl
0,9	1,2											1,5	1,8	2,1	2,5	3,0
K	Ca	Sc	Ti	V	Cr	Mn	Fe	Co	Ni	Cu	Zn	Ga	Ge	As	Se	Br
0,8	1,0	1,3	1,3	1,6	1,6	1,5	1,8	1,8	1,8	1,9	1,6	1,9	1,8	2,0	2,4	2,8
Rb	Sr	Y	Zr	Nb	Mo	Tc	Ru	Rh	Pd	Ag	Cd	In	Sn	Sb	Te	I
0,8	1,0	1,3	1,4	1,6	1,8	1,9	2,2	2,2	2,2	1,9	1,7	1,7	1,8	1,9	2,1	2,5
Cs	Ba	La-Lu	Hf	Ta	W	Re	Os	Ir	Pt	Au	Hg	Tl	Pb	Bi	Po	At
0,8	1,0	1,1-1,2	1,3	1,5	1,7	1,9	2,2	2,2	2,2	2,4	1,9	1,8	1,8	1,9	2,0	2,2
Fr	Ra															
0,7	0,9															

Tabelle 2.2 **Elektronegativitäten (EN)** im Periodensystem

Die Halbmetalle (Halbleiter) findet man in einer Diagonale im Periodensystem. Eine Zunahme der metallischen Eigenschaften ist in vielen Fällen mit einer Änderung des **Aggregatzustandes** in Richtung Gas → Flüssigkeit → Festkörper verbunden, Beispiel: Die Halogene Fluor, Chlor (Gase), Brom (Flüssigkeit), Jod (Festkörper).

Edelgasregel

Die chemischen Eigenschaften (Reaktivität) der Elemente hängen eng mit ihrer Stellung im Periodensystem zusammen. Die periodische Regelmäßigkeit wird besonders bei den Hauptgruppenelementen deutlich. Die Elemente reagieren in der Regel so, dass sie durch die Abgabe oder Aufnahme von Elektronen an einen oder von einem Reaktionspartner den Elektronenzustand des nächst niedrigeren oder nächst höheren Edelgases (**Edelgaszustand**, besonders stabiler Zustand) zu erreichen versuchen.

Alkalimetalle

Die Alkalimetalle (Li, Na, K, Rb, Cs) sind weich und metallisch glänzend. Sie geben leicht ein Elektron ab **(einwertig)** und bilden stabile **Metallkationen** (z.B. in wässriger Lösung Na^+). Aufgrund ihrer **Reaktionsfähigkeit** kommen die Alkalimetalle in der Natur nicht frei, sondern nur in Form von Verbindungen, z.B. NaCl, vor. Natrium reagiert bereits mit dem Wasserdampf in feuchter Luft und bildet Wasserstoff, der sich mit Sauerstoff in einer Knallgasreaktion entzündet:

$2\,Na + 2\,H_2O \rightarrow 2\,NaOH + H_2$ Wasserstoffentwicklung

$2\,H_2 + O_2 \rightarrow 2\,H_2O$ Knallgasreaktion

Die Alkalimetalle werden deshalb unter Petroleum aufbewahrt. Natrium–Brände können nicht mit Wasser gelöscht werden. Stattdessen eignen sich Löschmittel wie trockenes Kochsalz, trockener Sand, Zement- und Graphitpulver. Kleine Na–Mengen können durch vorsichtiges Einbringen in Alkohol oder Abbrennen auf einer Stahlunterlage vernichtet werden. größere Mengen sollten dem Hersteller zur Beseitigung übergeben werden.

Erdalkalimetalle

Die Erdalkalimetalle (Be, Mg, Ca, Sr, Ba) sind ebenfalls reaktionsfähig und geben zwei Elektronen an einen elektronegativen Reaktionspartner ab, wobei sich stabile **Metallkationen**, z.B. Ca^{2+} bilden **(zweiwertig)**. Elementares Mg wird als Leichtbauwerkstoff, z.B. im Flugzeug- und Fahrzeugbau, eingesetzt. Ca, Sr und Ba werden nur in Form ihrer Verbindungen verwendet, z.B. Kalk ($CaCO_3$), Weisspigment Barytweiss ($BaSO_4$); $Sr(NO_3)_2$ ergibt als Bestandteil von Feuerwerkskörpern eine intensive rote Leuchterscheinung. Ca^{2+}–und Mg^{2+}–Kationen übernehmen eine wichtige Rolle beim Aufbau der natürlichen **Gesteine** (Kalk, Dolomit, Basalt) und als Inhaltsstoffe von natürlichen Gewässern.

Borgruppe

Innerhalb der dritten Hauptgruppe (B, Al, Ga, In, Tl) findet ein Übergang vom **nicht-metallischen** Bor (schwach halbleitende Eigenschaften) zum **metallischen** Aluminium, Gallium, Indium und Thallium statt. Bei der Kombination mit elektronegativen Elementen (z.B. O, Cl, N) geben die Elemente der dritten Hauptgruppe zumeist drei Elektronen ab, sie sind daher dreiwertig. Typische Verbindungen sind Al_2O_3, BF_3, BN.

Kohlenstoffgruppe

Innerhalb der 4. Hauptgruppe (C, Si, Ge, Sn, Pb) findet ein Übergang von dem Nichtmetall Kohlenstoff (Diamant besitzt schwach halbleitende Eigenschaften) über die Halbmetalle (Silizium, Germanium) zu den Metallen (Zinn, Blei) statt. Bei der Reaktion mit einem **elektronegativeren** Reaktionspartner werden meist vier Elektronen abgegeben (**vierwertig**, typische Verbindungen: CO_2, $SiCl_4$). Bei Verbindungen mit **elektropositiveren** Elementen werden meist vier Elektronen aufgenommen (typische Verbindungen: Methan CH_4, Silan SiH_4). Silizium kommt in den natürlichen Gesteinen in Form von Siliziumdioxid SiO_2 (Quarz) und den Silikaten (z.B. Granit) vor. Die Alkalisalze der Kieselsäure (H_2SiO_3) sind wasserlöslich (Na_2SiO_3, **Wasserglas** als Leim). Technisch wichtige Silikate sind z.B. Glas, Email, Zement, Keramik (→ *Kap. 4.2)*.

Stickstoffgruppe

In der 5. Hauptgruppe (N, P, As, Sb, Bi) ändert sich der Aggregatzustand vom Gas und Nichtmetall Stickstoff bis zum Festkörper und Metall Wismut (Bi). Bei Reaktionen werden maximal **fünf** Elektronen **abgegeben** (bei elektronegativeren Partnern) oder **drei** Elektronen **aufgenommen** (bei elektropositiveren Partnern). Typische Verbindungen sind Phosphorpentoxid (P_2O_5) oder Ammoniak (NH_3). **Ammonium**salze enthalten das Kation NH_4^+, z.B. Ammoniumcarbonat $(NH_4)_2CO_3$. Die **Stickoxide** NO und NO_2 sind giftig. Die Summe von NO und NO_2 wird technisch als $\mathbf{NO_x}$ bezeichnet und entsteht u.a. als Schadgas beim Erhitzen von Luft in Verbrennungsprozessen (→ *Kap. 9.1, 9.2, 12.3* und *12.4)*.

Chalkogene

In der 6. Hauptgruppe (O, S, Se, Te, Po) beobachtet man einen Übergang von den Nichtmetallen Sauerstoff und Schwefel über die Halbmetalle Selen und Tellur zum Metall Polonium. Die Chalkogene **(Salzbildner)** Sauerstoff und Schwefel verhalten sich meist als elektronegative Elemente und nehmen zwei Elektronen auf (zweiwertig). Dabei bilden sie die Anionen O^{2-} (**Oxide,** z.B. Silziumdioxid SiO_2) oder S^{2-} (**Sulfide,** z.B. Pyrit FeS_2). Schwefel kommt in der Natur selten elementar vor, meist in Form der Verbindungen (Mineralien: Zinkblende ZnS, Bleiglanz PbS). Aus den sulfidischen Erzen werden die jeweiligen Metalle gewonnen. Die Schwefelkomponente wird in Schwefelsäure H_2SO_4 überführt, die in Größenordnungen von mehreren Millionen Tonnen pro Jahr hergestellt wird.

Halogene

Die siebte Hauptgruppe (F, Cl, Br, J, At) enthält sehr reaktionsfähige und damit gefährliche Elemente. Das Gas Fluor ist das elektronegativste Element. Chlorgas löst sich teilweise physikalisch in Wasser, teilweise reagiert es und besitzt deshalb als 'Chlorwasser' eine bleichende und desinfizierende Wirkung (z.B. im Freibad oder in kleinsten Mengen im Trinkwasser):

$Cl_2 + H_2O$	→	HCl + HOCl	Salzsäure und unterchlorige Säure
HOCl	→	HCl + [O]	Bildung des Sauerstoffradikals im Sonnenlicht

Bei der **Desinfektion** mit Chlorgas Cl_2 besteht die Gefahr einer Reaktion mit organischen Huminstoffen unter Bildung von CKW–Verbindungen. Bei Verwendung von (explosionsgefährlichem) ClO_2–Gas besteht diese Gefahr nicht. Die Halogene besitzen eine hohe Elektronegativität und nehmen typischerweise ein Elektron auf **(einwertig)**. Dabei werden die natürlich vorkommenden Fluoride, Chloride, Bromide und Jodide F^-, Cl^-, Br^-, J^- gebildet.

Edelgase

Die Edelgase (He, Ne, Ar, Kr, Xe, Rn) sind sehr reaktionsträge. Sie gehören zu den wenigen Elementen, die in der Natur (Atmosphäre) atomar vorkommen.

Helium

Helium ist leichter als Luft und deshalb in der Erdatmosphäre nur zu einem sehr geringen Anteil enthalten. Es wird vor allem aus bestimmten heliumreichen Erdgaslagerstätten gewonnen. Die anderen Edelgase stellen rund 1% der Erdatmosphäre dar und werden durch Luftverflüssigung erhalten. Helium dient als Ballonfüllung, als Tieftemperaturflüssigkeit (Siedepunkt -269°C) oder als Atemgas für Taucher (20% O_2 + 80% He).

Neon

Neon sendet in Neonröhren unter vermindertem Druck (Glimmentladung) ein rotes Licht aus (Werbezwecke). In **Leuchtstofflampen** mit tageslichtähnlichem Licht (falsch als 'Neonröhren' bezeichnet) senden verdampfte Metalle (meist Quecksilber bei 6 hPa) ein UV–Licht aus, das durch eine spezielle Leuchtstoffschicht (z.B. Verbindungen der Seltenen Erden) an der Röhreninnenseite in weisses Licht umgewandelt wird.

Argon

Argon ist das häufigste und damit preisgünstigste Edelgas und wird als Schutzgas zum **Schweißen** verwendet (**Corgon** = Schutzgas aus Argon, Kohlendioxid und Sauerstoff für das Metall–Aktivgas–Schweißen, MAG). Als **Füllgas** in Glühlampen ermöglicht Ar eine Steigerung der Temperatur des Wolfram–Glühfadens auf 2400°C (typische Glühlampengasfüllung 93% Ar, 7% N_2).

Halogenlampen

Eine weitere Steigerung der Glühfadentemperatur und damit eine höhere Lichtausbeute erreicht man in **Halogenlampen** durch eine Füllung mit Halogen (meist Jod oder Brom in Form von giftigem Methyljodid CH_3J bzw. Methylbromid CH_3Br). Das verdampfende Wolfram des Glühfadens wird durch Jod in $\mathbf{WJ_2}$ umgewandelt, das an dem heissen Glühfaden wieder in W und J_2 zerfällt. Dadurch wird die Lebensdauer der Halogenlampe erhöht. Damit sich das Wolfram nicht an der Glaswand niederschlägt, hat die Kolbenwand eine Temperatur von ca. 600°C (Brandgefahr). Aus Temperaturgründen besitzt eine Halogenlampe nur ca. 1% des Volumens einer konventionellen Glühbirne und ist aus Quarzglas gefertigt. Quarzglas ist für **UV–Strahlung** durchlässig. Halogenlampen ohne Schutzglas sollen nur für indirekte Beleuchtung oder in genügendem Abstand (ca. 2 m) verwendet werden. Bei Abständen von ca. 30 cm und einer Bestrahlungsdauer von ca. 1 h wurden bei 50 W–Reflektorlampen beginnender Sonnenbrand und erhöhtes **Hautkrebsrisiko** nachgewiesen.

Xenon

Xenon findet Einsatz in speziellen Xe-Hochdrucklampen und als Prozessgas in UV–Excimerlasern *(→ Abb. 2.10)*. Die Prozessgase sind Xe (λ = 172 nm), KrCl (λ = 222 nm) oder XeCl (λ = 308 nm). Excimerlaser sind entwickelt worden für:

- **Trocknung** von Lacken und Klebstoffen,
- **Schadstoffabbau**, z.B. in Abwasser,
- **Strukturierung** und Dünnschichttechnik in der Mikroelektronik.

Narkosemittel

Xenon soll in Zukunft als Trägergas für Narkosemittel **(Anästhetika)** Verwendung finden /5/. Als **Narkosemittel** werden derzeit noch ozonschädigende Fluorchlorkohlenwasserstoffe (FCKW, z.B. Isoflurane, Enflurane, Halothan) verwendet, die einem **Trägergas** (meist Lachgas N_2O) zugesetzt sind. Da für die FCKW in absehbarer Zeit keine praktikablen Ersatzstoffe in Aussicht stehen, sollen diese zumindest durch Aktivkohleadsorption zurückgehalten und recycliert werden. Xenon ist als Ersatzstoff für das ozonschädigende und treibhausrelevante N_2O vorgesehen. Aus Kostengründen (Xenon kostet 1000 mal so viel wie Lachgas) muss Xenon durch fraktionierte Kondensation zurückgewonnen und aufbereitet werden.

Xenon Excimer–Laser

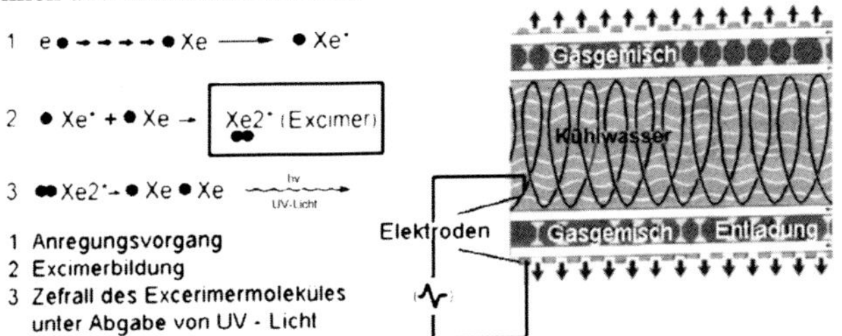

Abbildung 2.10 **Excimer–UV–Lampen**: In einer Vakuum–Hochspannungsentladung werden Edelgase oder Edelgasverbindungen durch Elektronenzusammenstösse angeregt (gekennzeichnet mit *) und bilden dann energetisch angeregte Dimere (Excimere). Beim Zerfall der Excimere wird hochfrequentes UV–Licht emittiert (Quelle: Heraeus Noblelights, Hanau).

Radon

Die gesundheitlichen Gefahren durch das gasförmige Element Radon werden in → *Kap. 15.1* behandelt.

3. Kovalente Bindung, Gase, Flüssigkeiten

3.1 Werkstoffe

Werkstoffklassen

Werkstoffe ist eine Sammelbezeichnung für alle festen Stoffe, aus denen sich technische oder funktionelle **Gebrauchsgegenstände** herstellen lassen. Keine Werkstoffe sind **Betriebstoffe** (z.B. Brenn- und Treibstoffe) oder **Hilfsstoffe** (z.B. Schmiermittel). Von Seiten der Anwendungstechnik unterscheidet man vier Werkstoffklassen. Die Verbundwerkstoffe sollen die teils gegensätzlichen Eigenschaften der erstgenannten drei grundlegenden Werkstoffklassen vereinigen:

- **anorganische nichtmetallische Werkstoffe,**
- **metallische Werkstoffe,**
- **organische Werkstoffe,**
- **Verbundwerkstoffe**

Werkstoffe können natürlichen oder künstlichen Ursprungs sein (→ *Tab. 3.1*).

Werkstoffklassen	natürlich	künstlich
anorganisch nichtmetallisch	Granit, Diamant	Porzellan, Schneidkeramik
metallisch	Gold	Aluminium, Stahl, Messing
organisch	Celulose, Kautschuk	Thermoplaste, Duroplaste, Elastomere
Verbundwerkstoffe	Holz, Bambus	kohlefaserverstärkte Polymere, Cermets

Tabelle 3.1 **Natürliche** und **künstliche Werkstoffe**

Struktur

Die Werkstoffe bestehen als Festkörper aus einer großen Zahl untereinander chemisch gebundener Atome. Die Atome können räumlich regelmäßig in einem Gitter oder unregelmäßig angeordnet sein:

- **kristallin,** d. h. räumlich regelmäßiges Kristallgitter, Beispiele: Metalle, Keramiken,
- **amorph**, d. h. ungeordneter Aufbau, Beispiele: Glas, z. T. Kunststoffe,
- **teilkristallin**, d. h. teilgeordnet, Beispiele: Polyethylen, Polyamid.

Gefüge

isotrope/ anisotrope Eigenschaften

Nur bei **Einkristallen** (z.B. Silizium–Einkristall) beobachtet man ein vollständig gleichmäßiges Kristallwachstum bis zu makroskopischen Größenordnungen (Zentimeter bis Meter). Die meisten technischen Materialien sind **multikristallin**, d. h. sie bestehen aus zahlreichen **Kristalliten** (Körnern), die an Korngrenzen zusammenstossen. Der Verband der Körner heisst **Gefüge**. Die Körner sind im allgemeinen statistisch regellos orientiert (Gefüge mit räumlich gleichartigen, **isotropen** Eigenschaften). Durch bestimmte Herstellungsprozesse, z.B. Walzen, werden die Kristallite ausgerichtet und erhalten eine **Textur** (Gefüge mit räumlichen Vorzugsrichtungen und damit **anisotropen** Eigenschaften, → *Abb. 3.1*).

Aus chemischer Sicht unterscheidet man drei grundlegende Bindungstypen: kovalente, ionische und metallische Bindung. Die klassischen Werkstoffe können jeweils einem bestimmten Bindungstyp zugeordnet werden:

- **anorganische, nichtmetallische Werkstoffe:** → ionische bis kovalente Bindung,
- **metallische Werkstoffe** → metallische Bindung,
- **organische Werkstoffe** → kovalente Bindung.

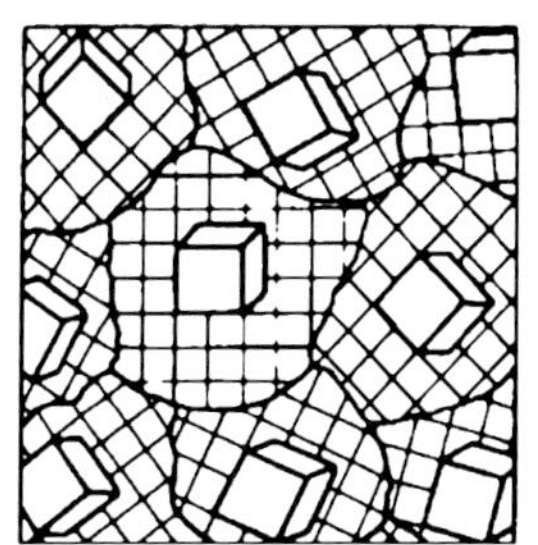
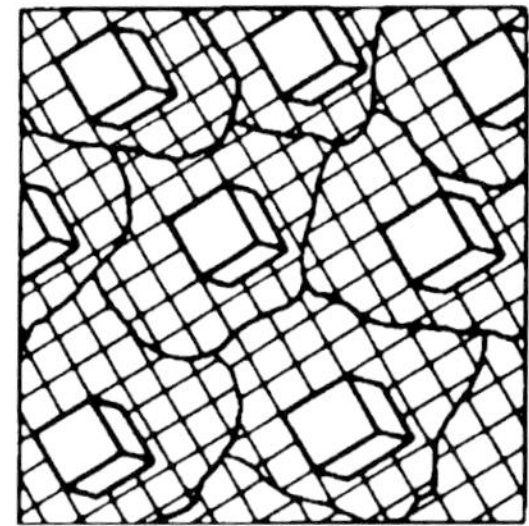

Abbildung 3.1 **Gefüge** mit nicht ausgerichteten Kristalliten, der Werkstoff ist isotrop (links). Werkstoff mit ausgerichteten Kristalliten, die Eigenschaften sind anisotrop (mit Textur, rechts), (aus: Werkstoffkunde, VDI Verlag, Düsseldorf, 1995 /9/).

Zahlreiche moderne Werkstoffe können nicht eindeutig einem bestimmten Bindungstyp zugeordnet werden, sondern besitzen Eigenschaften von Übergangsbereichen zwischen den verschiedenen Bindungstypen. Mit Hilfe des Modells der chemischen Bindung lassen sich die Eigenschaften der Werkstoffe erklären und verallgemeinern.

3.2 Kovalente Bindung

Chemische Bindung

Die chemische Bindung zwischen zwei Atomen, z.B. zwei H–Atomen, beruht in erster Näherung auf der:

- **elektrostatischen Anziehung** zwischen den positiv geladenen Atomkernen und den negativ geladenen Elektronen der beiden Atome;
- **elektrostatischen Abstossung** zwischen den gleichnamig geladenen Atomkernen der beiden Atome;
- **elektrostatischen Abstossung** zwischen den Elektronen der beiden Atome.

Die Atome nähern sich bis zu einem Zustand niedrigster Energie. Dieser entspricht dem **Gleichgewichtsabstand d** der chemischen Bindung (Größenordnung 0,01 bis 0,1 nm, → *Abb. 3.2*).

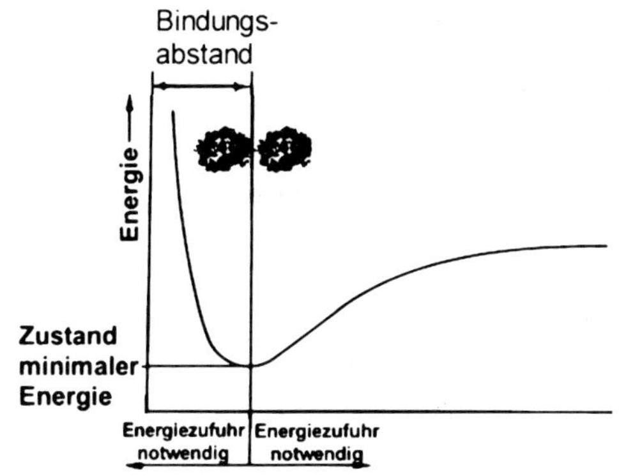

Abbildung 3.2 **Chemische Bindung**: Die Energie nimmt bei der Annäherung zweier H–Atome beim Gleichgewichtsabstand d ein Minimum an (Bindungsenergie).

Bei nichtmetallischen Elementkristallen, z.B. Diamant oder Schwefel, bei Flüssigkeiten und bei Gasen wird meist eine kovalente Bindung beobachtet. Die kovalente Bindung

(**Atombindung, Elektronenpaarbindung**) wird aus zwei Elektronen gebildet, die von jeweils einem der beiden Bindungspartner zur Verfügung gestellt werden. Die Bindungselektronen halten sich bevorzugt zwischen den Bindungspartnern auf (**lokalisierte** Elektronen).

$H^{\cdot} + H^{\cdot}$ → H–H = H_2

Lewis–Valenzstrichformel Summenformel

Typische Beispiele sind:

- **Nichtmetallatome** verbinden sich zu zweiatomigen Molekülen, z. B den Gasen Wasserstoff H–H, Chlor Cl–Cl,
- **Kohlenstoffatome** verbinden sich untereinander zu räumlichen Strukturen, z.B. Diamant, Graphit,
- **Kohlenstoffatome** verbinden sich mit Atomen ähnlicher Elektronegativität, z.B. H–Atomen zu organischen Kohlenwasserstoffen, z.B. Benzin, Polyeth(yl)en ($EN_C = 2{,}5$, $EN_H = 2{,}1$).

Strukturformel

Summenformel

In **Strukurformeln** werden die beiden Bindungselektronen durch einen Lewis-Valenzstrich symbolisiert. In chemischen **Reaktionsgleichungen** verwendet man einfacher die Summenformel. **Nichtbindende** Elektronenpaare sind einsame oder freie Elektronenpaare. Moleküle oder Atome mit ungepaarten Elektronen nennt man **Radikale**. Beispiele:

Kovalente Bindung

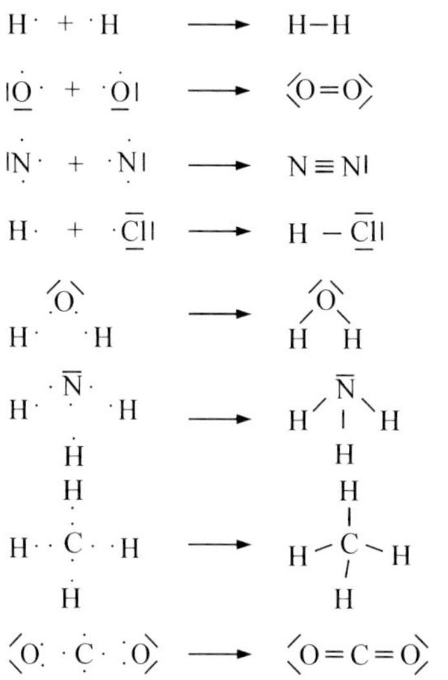

Reaktion		Produkt	Bezeichnung
H· + ·H	→	H–H	Einfachbindung
|O· + ·O|	→	⟨O=O⟩	Doppelbindung
|N· + ·N|	→	N≡N|	Dreifachbindung
H· + ·Cl|	→	H – Cl|	Chlorwasserstoff (HCl)
H· ·O· ·H	→	H–O–H	Wasser (H_2O, gewinkel Bindungswinkel 105°)
H· ·N· ·H, ·H	→	H–N(–H)–H	Ammoniak (NH_3, pyramidal)
H· ·C· ·H, H·, ·H	→	CH_4 (H–C–H, H, H)	Methan (CH_4, tetraedrisch, Bindungswinkel 109°)
⟨O· ·C· ·O⟩	→	⟨O=C=O⟩	Kohlendioxid (CO_2, linear)

Molekülgeometrie

Die Molekülgeometrie wird durch die abstossende Wirkung der **bindenden** und **nichtbindenden** Elektronenpaare festgelegt, so dass ein weitgehend symmetrisches Gebilde entsteht.

Nichtbindende Elektronenpaare

Nichtbindende Elektronenpaare benötigen einen größeren Raum als bindende Elektronenpaare. Für den Fall eines Zentralatoms Z, das mit gleichartigen Nachbaratomen (**Liganden L**) umgeben ist und nichtbindende Elektronenpaare besitzt, gelten im allgemeinen die in → *Tab. 3.2* festgelegten Molekülgeometrien.

Z:L-Verhältnis	Zahl der nichtbindenden Elektronenpaare	Molekülgemetrie	Beispiel
ZL_2	0	linear	CO_2
ZL_2	1	gewinkelt	SO_2
ZL_2	2	gewinkelt	H_2O
ZL_2	3	linear	XeF_2
ZL_3	0	ebenes Dreieck	BCl_3
ZL_3	1	Pyramide	NH_3
ZL_3	2	T-Gestalt	ClF_3
ZL_4	0	Tetraeder	CH_4
ZL_4	1	verzerrter Tetraeder	SF_4
ZL_4	2	Quadrat	XeF_4
ZL_5	0	Oktaeder	SF_6
ZL_6	1	verzerrtes Oktaeder	XeF_6
ZL_7	0	fünfseitige Doppelpyramide	JF_7

Tabelle 3.2 **Molekülgeometrien** von Molekülen mit kovalenten Atombindungen

Nomenklatur von Molekülen

Die Benennung (Nomenklatur) mehratomiger Moleküle folgt den Regeln:

- **Das elektropositivere Element** wird zuerst genannt. Es folgt das elektronegativere Element, das im allgemeinen die Endung '-id' erhält. Man verwendet die Bezeichnungen:

H^-	Hydrid	F^-	Fluorid	Cl^-	Chlorid	Br^-	Bromid
J^-	Jodid	O^{2-}	Oxid	S^{2-}	Sulfid	Se^{2-}	Selenid
Te^{2-}	Tellurid	N^{3-}	Nitrid	P^{3-}	Phosphid	C^{4-}	Carbid

- **Die Zahl der gleichnamigen Atome** in einem Molekül wird durch griechische Vorsilben benannt. Falls Verwechslungen ausgeschlossen sind, kann auf die Vorsilbe verzichtet werden.
  1 = mono (CO Kohlenmonoxid) 2 = di (CO_2 Kohlendioxid)
  3 = tri (BF_3 Bortrifluorid) 4 = tetra (CCl_4 Kohlenstofftetrachlorid)
  5 = penta (P_2O_5 Diphosphorpentoxid) 6 = hexa (SF_6 Schwefelhexafluorid).

Edelgasregel

Die Atome sind bestrebt, durch Hinzufügen der Bindungselektronen eines Reaktionspartners möglichst Edelgaskonfiguration (Edelgaszustand = **8 Valenzelektronen = Oktettregel**) zu erreichen.

Wertigkeit

Die Wertigkeit ist die Zahl der möglichen Bindungen, die ein Atom bilden kann. Die Wertigkeit ist identisch mit der Oxidationszahl, die man erhält, wenn die Elektronen jeder Bindung innerhalb eines Moleküls jeweils dem elektronegativeren Element zugeordnet werden. Die Wertigkeit wird als römische Ziffer angegeben. Beispiele:

- **S(IV)O_2** Schwefel ist in Schwefeldioxid vierwertig.
- **H_2S(-II)** Schwefel ist in Schwefelwasserstoff zweiwertig.
- **Cr(VI)O_3** Chrom ist in Chromtrioxid sechswertig.

Die maximale Wertigkeitsstufe ergibt sich als die Zahl der Elektronen, die bis zum nächst höheren oder nächst niedrigeren Edelgas abgegeben oder aufgenommen werden müssen, z.B.:

- **Stickstoff**: Wertigkeiten zwischen – III bis + V
- **Schwefel**: Wertigkeiten zwischen – II bis + VI.

polare Bindung

Steigt die Elektronegativitätsdifferenz zwischen den Atomen einer Bindung, gelangt man in den Bereich der polaren (polarisierten) Atombindung:

- **reine kovalente Atombindung** EN <0,5
- **polare Atombindung** 0,5 < EN <1,8
- **ionische Bindung** EN >1,8

Partialladungen

Die elektronegativen bzw. elektropositiven Pole einer polarisierten Bindung werden durch **Partialladungen** δ^+, δ^- gekennzeichnet. Diese **permanenten** Dipole machen sich als dielektrische Eigenschaften bemerkbar und werden durch die Dielektrizitätszahl ε_r charakterisiert.

Permanente Dipole

$\delta+$ H—Cl $\delta-$	$\delta+$ H–O–H $\delta-$	$\delta+$ H_3C–OH $\delta-$
$e_r = 1,0$	$e_r = 80,4$	$e_r = 33,6$

***Van der Waals*–Kräfte**

Neben der kovalenten Bindung (Hauptvalenzkräfte) gibt es auch wesentlich schwächere **zwischenmolekulare** Kräfte (Nebenvalenzkräfte, *Van der Waals*–Kräfte). Man unterscheidet:

- **Dipol–Dipol–Kräfte,** *Keesom*–Kräfte: wirken zwischen Molekülen mit permanenten Dipolen,
- **Induktionskräfte**, *Debye*–Kräfte: wirken zwischen Ionen und Dipol–Molekülen,
- **Dispersionskräfte,** *London*–Kräfte: wirken zwischen unpolaren Molekülen.

Dipol–Dipol–Kräfte

Zwischen den Molekülen mit polarer Atombindung wirken **Dipol–Dipol–Kräfte**. Aufgrund dieser zwischenmolekularen Kräfte bilden Stoffe mit polarer Atombindung oft **Flüssigkeiten**. Die Dipol–Dipol–Kräfte zwischen positiv polarisiertem Wasserstoff und einem negativ polarisierten Atom großer Elektronegativität, z.B. Sauerstoff, nennt man **Wasserstoffbrückenbindung** (→ *Abb. 3.3*). Diese Wechselwirkungen sind rund 10 mal schwächer als die Atombindungen innerhalb des Wassermoleküls. Beim Verdampfen von Wasser müssen die Wasserstoffbrückenbindungen durch Zufuhr von Wärmeenergie aufgebrochen werden. Mit den Dipol–Dipol–Kräften erklärt man u. a.:

- **die Zunahme des Siedepunkts** und der Viskosität von Flüssigkeiten mit zunehmendem Dipolcharakter,
- **die zunehmende Wasserlöslichkeit** von polaren Verbindungen.

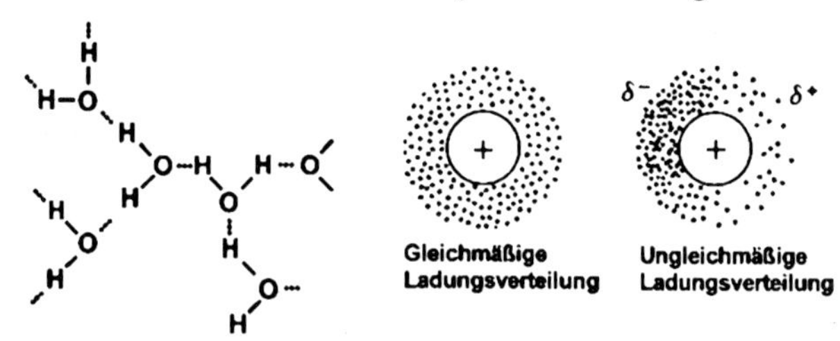

Abbildung 3.3 **Zwischenmolekulare Kräfte:** Wasserstoffbrückenbindung zwischen H_2O–Molekülen als permanenten Dipolen (links). Dispersionskräfte zwischen induzierten Dipolen (rechts).

Dispersionskräfte

Induzierte Dipole

Neben Wechselwirkungen zwischen permanenten Dipolmolekülen gibt es auch zwischenmolekulare Kräfte zwischen **unpolaren** Atomen oder Molekülen. Diese Dispersionskräfte werden als Wechselwirkungen zwischen **induzierten** (nicht permanenten) Dipolen von Atomen oder Molekülen erklärt (→ *Abb. 3.3* rechts).

Die Dispersionskräfte sind um so größer, je leichter die Elektronen verschiebbar (**polarisierbar**) sind. Die Stärke der Dispersionskräfte nimmt deshalb innerhalb einer Gruppe des PSE von oben nach unten zu, z.B.: Cl_2 (gasförmig), Br_2 (flüssig), I_2 (fest). Mit den Dispersionskräften erklärt man u. a.:

- **die Verflüssigung** auch unpolarer Stoffe, z.B. der Edelgase,
- **die Zunahme des Siedepunkts** und der Viskosität mit der Molekülgröße, z.B. in der homologen Reihe der Kohlenwasserstoffe,
- **die Zunahme des Siedepunkts** innerhalb einer Gruppe des Periodensystems (mit Ausnahmen).

3.3 Stoffe mit kovalenter Bindung, Gase, Flüssigkeiten

Kovalent gebundene Stoffe

Die große **Mehrheit** der chemischen Verbindungen enthält kovalente Bindungen. Die natürlichen und synthetischen Verbindungen der **organischen** Chemie sind im wesentlichen kovalent gebunden. **Anorganische** Gase, Flüssigkeiten und ein Teil der anorganischen Festkörper sind Beispiele für Stoffe mit kovalenter bzw. polarer Bindung. Im nachfolgenden werden Stoffe mit kovalenter Bindung in folgender Reihenfolge behandelt:

- **Gase:** Sauerstoff, brennbare Gase,
- **Flüssigkeiten:** Wasser, Lösemittel (→ *Kap. 16.4, 16.5*),
- **Feststoffe**: Kunststoffe (→ *Kap. 6*), Diamant, Hartstoffe (→ *Kap. 4.2*),

Feststoffe mit kovalenter Bindung können aufgrund der Art, Zahl und räumlichen Orientierung der Bindungen sehr unterschiedliche werkstoffliche Eigenschaften besitzen, z.B. zählt **Diamant** als Festkörper mit rein kovalenten Bindungen zu den anorganischen nichtmetallischen Werkstoffen, während Kunststoffe zu den organischen Werkstoffen zählen.

Gase

Typische kovalente Bindungen findet man bei den Gasen H_2, O_2, N_2, Cl_2, die in der Natur als **zweiatomige** Moleküle vorkommen. Diese besitzen Edelgaskonfiguration und gehen kaum Wechselwirkungen mit Nachbarmolekülen ein. Diese **geringen** zwischenmolekularen Kräfte sind die Ursache für den gasförmigen Zustand. Edelgase kommen atomar vor (→ *Kap. 2.2*). Die **Reinheit** von kommerziell erhältlichen Gasen wird durch eine Ziffernfolge, z.B. Argon 4.8 = Reinheit 99,998 Vol.% gekennzeichnet. Die erste Ziffer entspricht der Anzahl der Neunerstellen in der Reinheitsanalyse, die zweite Ziffer entspricht dem absoluten Wert der letzten von neun abweichenden Stelle.

Reinheit von Gasen

Gas	Siedepunkt [°C]	Dichte [g m^{-3}]	Wärmeleitfähigkeit [W $m^{-1}K^{-1}$]
Wasserstoff H_2	-253	0,09	0,18
Sauerstoff O_2	-183	1,43	0,025
Ozon O_3	-112	2,14	0,019
Stickstoff N_2	-196	1,24	0,026
Helium He	-269	0,18	0,15
Argon Ar	-186	1,78	0,018
Luft	-191	1,29	0,026
Kohlenmonoxid CO	-191	1,25	0,025
Kohlendioxid CO_2	-78	1,98	0,016
Wasserdampf H_2O	100	0,60	0,025
Ammoniak NH_3	-33	0,77	0,024
Methan CH_4	-164	0,72	0,033

Gas	Siedepunkt [°C]	Dichte [g m^{-3}]	Wärmeleitfähigkeit [W $m^{-1}K^{-1}$]
Ethin C_2H_2	-81	1,17	0,021
Ethen C_2H_4	-104	1,26	0,017
n-Butan C_4H_{10}	-0,5	2,70	0,016
Erdgas	-162	0,83	0,030
Stadtgas	-196	1,24	0,026
Chlor Cl_2	-35	3,21	0,009

Tabelle 3.3 **Gase** und einige ihrer physikalischen Eigenschaften (nach: Kraftfahrtechnisches Taschenbuch, Firma Bosch, Stuttgart /10/)

Luft, Sauerstoff

Bodennahe Luft besteht aus:

- Stickstoff 78 Vol.-%
- Edelgase 1 Vol.-%
- Sauerstoff 21 Vol.-%
- Kohlendioxid 0,03 Vol.-%

Luft kann unter Druck (200 bar) in Stahlflaschen oder als flüssige Luft gelagert werden. Da Stickstoff einen niedrigeren Siedepunkt (-196°C) als Sauerstoff (-183°C) besitzt, kann Luftsauerstoff durch flüssigen Stickstoff ausgefroren werden (Überdruckgefahr beim Entfernen einer N_2–Kühlfalle !). Reiner Sauerstoff kann explosionsartig reagieren, z.B. mit Fetten und Ölen.

Rechtshinweis: UVV VBG 62: Sauerstoff

Sauerstoff-sensoren

Die Sauerstoffmessung hat eine große technische Bedeutung (z.B. Abgasmessungen in Kraftfahrzeugen und Feuerungsanlagen, Sauerstoff in biotechnologischen Prozessen, gelöster Sauerstoff im Wasser). Die folgenden Messverfahren für Sauerstoff sind in der Praxis verbreitet und werden im Text behandelt:

- **paramagnetische Sauerstoffsensoren,**
- **Wärmeleitfähigkeitssensoren,**
- **Festkörper–Gassensoren (Lambda–Sonde**, → *Kap. 12.5*),
- **elektrochemische Sauerstoffsensoren** (→ *Kap. 15.1*).

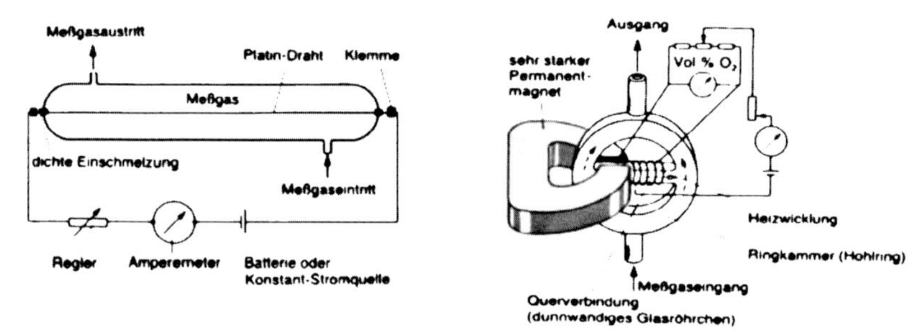

Abbildung 3.4 **Gassensoren**: Paramagnetischer Sauerstoff wird in ein Magnetfeld hineingezogen. Dadurch kommt es in der Querverbindung zum Auftreten eines "magnetischen Windes", dessen Strömung sich durch das Abkühlen einer Heizspule bemerkbar macht (rechts). Wärmeleitfähigkeitssensoren beruhen auf den unterschiedlichen Wärmeleitfähigkeiten in Gasmischungen, insbesondere wenn Wasserstoff eine Mischungskomponente ist (links), (aus: Mess- und Analyseverfahren, Vogel Verlag, Würzburg, 1992 /11/).

Paramagnetischer Sauerstoffsensor

Sauerstoffmoleküle besitzen ausgeprägte **paramagnetische** Eigenschaften. Nahezu alle anderen technisch wichtigen Gase (Ausnahme: Stickoxide) sind diamagnetisch. Paramagnetischer Sauerstoff wird in ein Magnetfeld hineingezogen, wodurch ein **'magnetischer Wind'** entsteht (→ *Abb. 3.4*). Das Messverfahren eignet sich für die **stationäre** Sauerstoffmessung ohne Referenzgas (absolute Sauerstoffmessung, Gegensatz zur potentiometrischen Lambda–Sonde). Es gibt praktisch keine **Querempfindlichkeiten**. Beispiele sind:

- **Luftüberwachung** auf Sauerstoffmangel, z.B. in Straßentunnels, Untertage–Bergbau,
- **Optimierung** von Feuerungsanlagen, Abgasprüfständen von Motoren,
- **Belüftung** von biotechnologischen Fermentationsprozessen.

Wärmeleitfähigkeitssensor

In einem Wärmeleitfähigkeitssensor wird die unterschiedliche **Wärmeleitfähigkeit** von Gasen zur Ermittlung der Zusammensetzung von Gasen bzw. zur Überwachung von Gasatmosphären ausgenutzt (→ *Tab. 3.3* und → *Kap. 1.2*). Das zu messende Gas strömt an dem temperaturgeregelten Wärmeleitfähigkeitssensor vorbei und **kühlt** diesen entsprechend der Gaszusammensetzung ab (→ *Abb. 3.4, links*). Dadurch wird ein **Heizstrom** ausgelöst, der gemessen wird. Wärmeleitfähigkeitssensoren werden insbesondere für die Überwachung zweikomponentiger Gasmischungen mit deutlich unterschiedlichen Wärmeleitfähigkeiten eingesetzt, z.B. mit Wasserstoff:

- Überwachung von Schutzgasöfen (H_2 in Luft, 0... 0,5 Vol.-% H_2),
- Gichtgasüberwachung in Hochöfen (H_2 in CO_2, CO, N_2 und H_2O, 0...0,5 Vol.-% H_2),
- Rauchgasuntersuchungen von Feuerungsanlagen (CO_2 in Luft, 0...5 Vol.-% CO_2),
- Überwachung brennbarer Gase.

Brennbare Gase

Nichtmetallatome mit ähnlicher Elektronegativität bilden oft außergewöhnlich reaktionsfähige Verbindungen (leichtflüchtige Flüssigkeiten oder Gase) mit hohem Gefahrenpotential. Diese werden teilweise in der Halbleitertechnik eingesetzt z.B.:

- **Silan SiH_4** Abscheidung von amorphem Silizium und Siliziumdioxid,
- **Diboran B_2H_6** Dotiergas für Bor–Dotierung, p–Halbleiter,
- **Phosphin PH_3** Dotiergas für Phosphor–Dotierung, n–Halbleiter.

Mit zunehmender **Molekülgröße** steigt der Siedepunkt und das Brand- und Explosionspotential nimmt im allgemeinen ab, z.B.:

- **Methan** CH_4, Gas in Erdgas,
- **Oktan** C_8H_{18}, Flüssigkeit in Benzin,
- **Oktadecan** $C_{18}H_{38}$, Festkörper in Paraffin.

Gassensoren für brennbare Gase

Gassensoren zur Messung gefährlicher oder umweltschädlicher Gase unterteilt man nach dem Messprinzip in:

- **katalytische Wärmetönungssensoren,**
- **optische Gassensoren** (Infrarot, UV, Fluoreszenz, → *Kap. 4.3* und *9.1*),
- **Festkörper–Gassensoren** (Halbleiter, Ionenleiter, → *Kap. 4.3* und *12.5*).
- **elektrochemische Gassensoren** (potentiometrisch, amperometrisch, → *Kap. 15.1*),

Wärmetönungssensor

Eine nichtselektive Erkennung von brennbaren Gasen, z.B. für den Ex–Schutz, kann mit Wärmetönungssensoren (**Pellistoren**) durchgeführt werden. Dabei katalysiert ein geheizter **Katalysator** (z.B. bestimmte Metalloxide oder Metalle der Platingruppe) die **Verbrennung** des brennbaren Gases mit Luftsauerstoff (→ *Abb. 3.5*). Die entstehende Wärme führt zu einer auswertbaren **Widerstandsänderung** am Heizdraht. Der Sensoreffekt muss mit einem genügenden Sicherheitsabstand unterhalb der unteren Explosionsgrenze einsetzen. Anwendungen sind z.B.:

- **Überwachung** von **CO,**
- **Überwachung** von **Kohlenwasserstoffen, Wasserstoff** u. a.

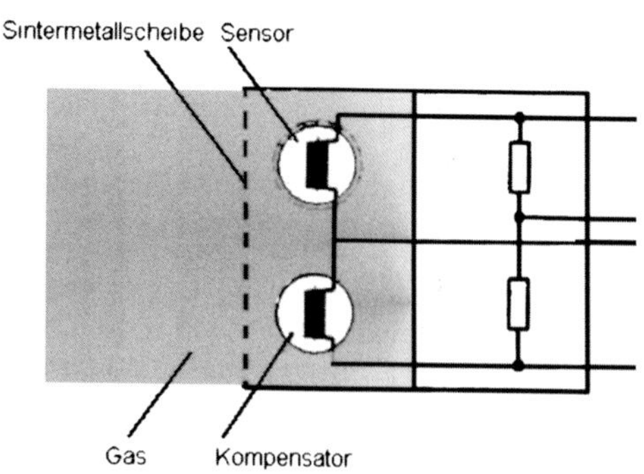

Abbildung 3.5 **Katalytischer Wärmetönungssensor**: gemessen wird die bei der katalytischen Verbrennung oxidierbarer Gase freiwerdende Wärme /nach 12/.

Flüssigkeiten Lösemittel

$CH_3{-}CH_2{-}OH$
Ethanol

Toluol

Dioxan

Butylacetat

Flüssigkeiten mit **rein kovalenter** Atombindung sind **unpolare**, organische Lösemittel. Anorganische Lösemittel (z.B. Wasser) besitzen **polare** Bindungen, d. h. die Molekülstruktur bildet einen **permanenten Dipol**. Eine Zunahme der zwischenmolekularen Dipol–Dipol–Kräfte, z.B. beim Übergang von Methan zu Methanol, macht sich durch steigende Siedepunkte (Übergang von Gasen zu Flüssigkeiten, → *Tab. 3.4*) bemerkbar. Für die Auflösung von Stoffen in Lösemitteln gilt der Grundsatz **'Gleiches löst Gleiches'** d. h.:

- **polare Lösemittel** (z.B. Wasser, Ethanol, Aceton oder Dioxan) lösen polare Stoffe, z.B. Salze,
- **unpolare Lösemittel** (z.B. Toluol, Testbenzin oder Ethylacetat) lösen unpolare Stoffe, z.B. Öle.

Lösungsvermittler sind Moleküle, die ein polares und ein unpolares Molekülende besitzen, z.B. Alkohole, Tenside.

Flüssigkeit	Dichte [g cm^{-3}]	Schmelzpunkt [°C]	Siedepunkt [°C]	Wärmeleitfähigkeit [W m^{-1} K^{-1}]
Aceton $(CH_3)_2CO$	0,79	-95	56	0,16
Methanol CH_3OH	0,79	-98	65	0,20
Ethanol C_2H_5OH	0,79	-117	78,5	0,17
Glykol $C_2H_4(OH)_2$	1,11	-12	198	0,25
Gefrierschutzmischung 23% Glykol	1,03	-12	101	0,53
Wasser H_2O	1,00	0	100	0,60
Benzin	0,72...0,75	-50...-35	25...210	0,13
Dieselöl	0,81...0,85	-30	150...360	0,15
Petroleum	0,76...0,86	-70	>150	0,14
Rüböl	0,91	0	300	0,17
Schmieröl	0,91	-20	>300	0,13

Tabelle 3.4 **Flüssigkeiten** und einige ihrer physikalischen Eigenschaften (nach /10/)

Chromatographie

Unter **Chromatographie** versteht man allgemein ein Analyseverfahren, bei dem ein Stoffgemisch meist durch unterschiedliche Adsorption in die einzelnen Komponenten getrennt wird, die dann in einer zeitlichen Reihenfolge aus der Trennsäule austreten (**Eluat**) und durch einen geeigneten Detektor nachgewiesen werden. Die wichtigsten Chromatographie–Verfahren sind:

- **Gaschromatographie (GC)** für Gasgemische und unzersetzt verdampfbare Flüssigkeitsgemische,
- **Hochleistungs–Flüssigkeits–Chromatographie (HPLC** = High Performance Liquid Chromatography) für hochsiedende oder leicht zersetzliche Flüssigkeitsgemische,
- **Dünnschicht–Chromatographie (DC)** für die qualitative Analyse von Flüssigkeitsgemischen.

HPLC

Gaschromatographie (GC)

Die Gaschromatographie (GC) ist ein wichtiges Verfahren zur Trennung und zum Nachweis verdampfbarer Flüssigkeitsgemische geworden und wird z.B. zur Analyse komplexer CKW–oder Aromaten–Gemische bei der **Altlastenerkundung** eingesetzt. Ein Gaschromatograph besteht nach → *Abb. 3.6* aus:

- einer **Trägergasversorgung** (1), einer Brenngasversorgung (2, für FID),
- einem **Injektor** (3), einem **Probenaufgabesystem** für flüssige und gasförmige Proben (4),
- einer **Ofeneinheit** mit Trennsäule (5),
- einem **Detektor** (6) und einer **Auswerteeinheit** (7,8).

In einem Gaschromatograph strömt das mit einem Trägergas vermischte Probegas als **mobile** Phase an einer **stationären** Phase vorbei. Die stationäre Phase besteht in der Regel aus einer hochsiedenden Flüssigkeit, die als dünne Schicht auf einem festen, indifferenten Trägermaterial aufgebracht ist (GLC = Gas Liquid Chromatography, Trägermaterial meist Al_2O_3). Die Trennung der Gase erfolgt aufgrund der unterschiedlichen Absorption/Adsorption der Gas- bzw. Dampfkomponenten in der stationären Phase. Das zeitlich verzögerte Austreten der getrennten Gase aus der Trennsäule wird durch einen geeigneten Sensor bzw. Detektor angezeigt (z.B. **FID** = Flammenionisationsdetektor, **WLD** = Wärmeleitfähigkeitsdetektor, **PID** = Photoionisationsdetektor oder **MS** = Massenspektrometer). Trägt man die Signalintensität des Detektors gegen die Verweilzeit (**Retentionszeit**) in der Kapillarsäule auf, ergibt sich ein probenabhängiges **GC–Spektrum (Chromatogramm)**.

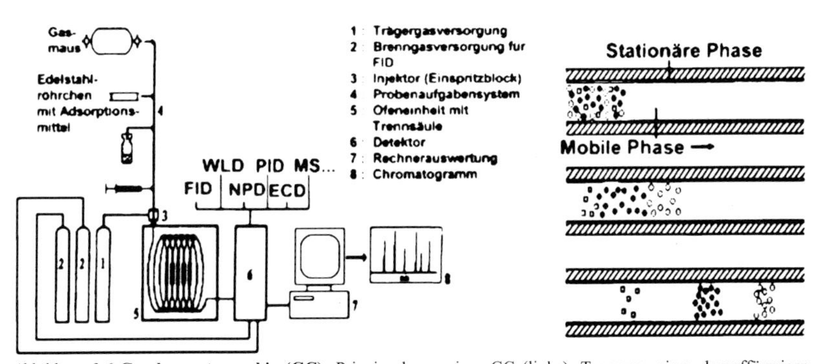

Abbildung 3.6 **Gaschromatographie (GC)**: Prinzipschema eines GC (links). Trennung eines dampfförmigen Stoffgemisches in einer Kapillarsäule und zugehöriges Chromatogramm (rechts).

Flüssigkristalle

Flüssige Kristalle sind Flüssigkeiten mit **anisotropen** (richtungsabhängigen) Eigenschaften, wie dies eigentlich für Kristalle üblich ist. Zwischen dem Zustand des geordneten Festkörpers und der **isotropen** (richtungsunabhängigen) Flüssigkeit existiert bei den Flüssigkristallverbindungen eine weitere, sogenannte **Mesophase** (Flüssigkristallphase), bei der die im Kristall vorhandene Fernordnung teilweise verloren gegangen ist.

Flüssigkristalline Zustände treten bevorzugt bei Molekülstrukturen mit stäbchen- oder scheibchenförmiger Gestalt auf (**Mesogene** = (mesophasenbildende Moleküle).

scheibchenförmige und stäbchenförmige Molekülform

Thermotrope bzw. Lyotrope Flüssigkristalle

Bei den **thermotropen** Flüssigkristallen wird die Mesophase durch eine Temperaturveränderung eingestellt. **Lyotrope** Flüssigkristallphasen entstehen, wenn bestimmte Verbindungen mit Wasser oder anderen polaren Lösungsmitteln vermischt werden. Dies ist der Fall bei den meisten **Tensiden** und Seifen, die innerhalb bestimmter Konzentrationsbereiche in Wasser lyotrope Phasen bilden. Entsprechend dem **Ordnungszustand** unterscheidet man folgende flüssigkristalline Phasen (→ *Abb. 3.7*):

- **nematisch** (stäbchenförmige Molekülform),
- **smektisch** (seifenähnliche Molekülform) oder
- **cholesterisch** (gewendelte Molekülform).

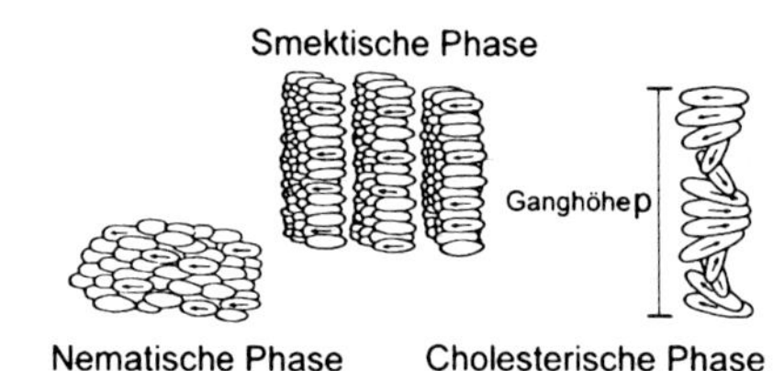

Abbildung 3.7 **Flüssigkristalle**: Nematische (links) smektische (mitte) und cholesterische Phasen (rechts) (nach /13/.)

Nematische bzw. Smektische Flüssigkristalle

Bei **nematischen** Flüssigkristallen erhält man aufgrund des meist stäbchenförmigen Molekülbaus einen eindimensionalen Ordnungszustand (parallele Anordnung). Bei **smektischen** Flüssigkristallen sind die Anziehungskräfte in einer Raumrichtung wesentlich schwächer als in den beiden anderen. Es bilden sich zweidimensionale Ordnungszustände. Tensidlösungen bilden oft smektische Phasen (Micellen). Neuere **smektische** Flüssigkristalle mit ferromagnetischen Eigenschaften können als Material für Flachbildschirme Verwendung finden.

ferromagnetische Mesogene

Cholesterische Flüssigkristalle

Bei **cholesterischen** Flüssigkristallen sind die Molekülachsen helixartig angeordnet. Der Aufbau kann durch ein äußeres Magnetfeld aufgehoben werden und die cholesterische Phase erhält dann die Eigenschaft eines nematischen Flüssigkristalls. Cholesterische Phasen zeigen hohe opische Aktivität und dienen der **Temperaturanzeige** durch Farbänderungen, z.B. **Messstreifen** zur Temperaturüberwachung von Maschinenelementen, Leiterplatten u. a. Die Farben entstehen infolge Streuung des Lichts an den geordneten Molekülebenen der cholesterischen Schicht. Flüssigkristalline Pigmente können in Lacken zur Erzeugung eines **Flip–Flop**–Effekts dienen: Je nach Betrachtungswinkel sieht die Farbe unterschiedlich aus, z.B. grün oder blau.

LCD

Als Material für **Flachbildschirme** (**LCD** = Liquid Crystal Display) zur Übertragung elektrischer und optischer Informationen, insbesondere von Zahlen und Bildern dienen meist nematische Phasen. Das Display besteht dabei aus zwei Glasplatten, die mit einer **transparenten** Leitschicht (meist Indium/ Zinnoxid, **ITO** = Indium–Tin–Oxide) bedampft sind. Zwischen den Glasplatten befindet sich eine dünne Schicht des Flüssigkristalls. Durch Anlegen eines elektrischen Feldes kann die Molekularanordnung des Flüssigkristalls umorientiert werden. Ein **polarisierter** Lichtstrahl kann durch diese Anordnung durchgelassen oder ausgelöscht werden (→ *Abb. 3.8*). Zur Darstellung einer Information, z.B. von Zahlen, werden zahlreiche Flüssigkristallelemente **matrixartig** auf dem Display angeordnet und einzeln angesteuert.

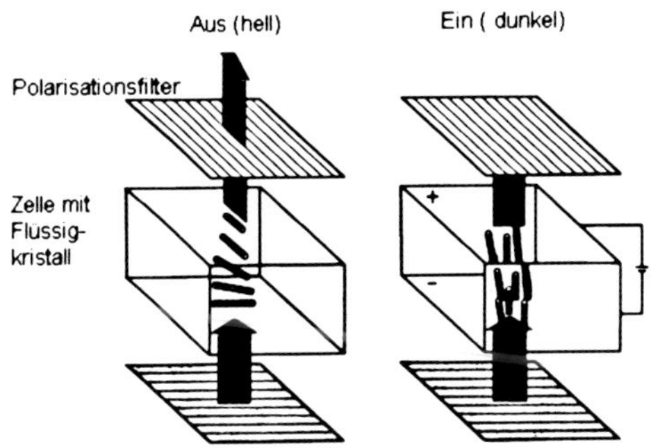

Abbildung 3.8 **LCD–Displays**: Nematische Flüssigkristalle drehen die Polarisationsebene des Lichts, so dass es einen nachgeschalteten Polarisationsfilter (Analysator) passieren kann (links). Beim Anlegen eines elektrischen Feldes orientieren sich die Flüssigkristalle um und das Licht wird nicht mehr durchgelassen–die Zelle bleibt dunkel (rechts), (aus: Chemie der Zukunft, Verlag VCH, Weinheim, 1996 /14/).

Feststoff	Dichte $[g\,cm^{-3}]$	Schmelzpunkt [°C]	Wärmeleitfähigkeit $[W\,m^{-1}K^{-1}]$	Ausdehnungskoeffizient $[\exists 10^{-6}\,K^{-1}]$
Aluminium	2,7	660	237	23
Beton	1,8...2,2		1	
Bronze $CuSn_6$	8,8	910	64	15,5
Chrom	7,19	1875	94	6,2
Diamant	3,5	3820	-	1,1
Eis 0°C	0,92	0	2,33	51
Eisen	7,87	1535	0,45	12,3
Gips	2,3	1200	0,45	-
Glas (Fenster)	2,4...2,7	~700	0,45	8
Grauguss	7,25	1200	56	10,5
Hartgummi	1,2...1,5	-	0,16	5090
Hartmetall	14,8	<2000	81,4	57
Holz (Buche)	0,72	-	0,17	440
Kochsalz	2,15	802	-	-
Kork	0,1...0,3	-	0,04...0,06	-
Kupfer	8,96	1085	401	17
Leder	0,86...1	-	0,14...0,16	-

Feststoff	Dichte [g cm^{-3}]	Schmelzpunkt [°C]	Wärmeleitfähigkeit [W m^{-1}K^{-1}]	Ausdehnungskoeffizient [∃10^{-6} K^{-1}]
Marmor	2,6...2,8	-	0,84	-
Papier	0,7...1,2	-	0,14	-
Phenolharz	1,8	-	0,7	1530
Polystyrol	1,05	-	0,17	70
Porzellan	2,3...2,5	1600	1,6	45
Sand (Quarz)	1,5...1,7	1500	0,58	-
Stahl (rostfrei)	7,9	1450	14	16
Weichgummi	1,08	-	0,14	-
Zink	6,51	1852	22,7	5,8

Tabelle 3.5 **Werkstoffe** mit kovalenter, ionischer oder metallischer Bindung und einige ihrer physikalischen Eigenschaften (nach /10/)

Festkörper

Reine kovalente Bindungen treten in vergleichsweise wenigen anorganischen Festkörpern auf, wenn die Zahl der möglichen Bindungen (Wertigkeit) die Ausbildung eines **räumlichen Atomgitters** erlaubt. Beispiele sind die Elementkristalle der III. und IV. Hauptgruppe, z.B. elementares Bor (B), Kohlenstoff (C) und Silizium (Si), die aufgrund der hohen **Gitterenergie** außergewöhnliche Eigenschaften, z.B. eine hohe Härte aufweisen. **Kovalente** Bindungen (oft mit polarem Anteil) sind die Grundlage der organischen Festkörper (**Naturstoffe, Kunststoffe**). In → *Tab. 3.5* werden einige physikalische Eigenschaften von Werkstoffen mit kovalenter, ionischer oder metallischer Bindung verglichen.

Infrarot–Messtechnik

Durch die Absorption von IR–Licht mit Wellenlängen zwischen 1 bis 10 μm können die Atome in Festkörpern, Flüssigkeiten und Gasen zu Schwingungen angeregt werden, deren Energie von der Art der Bindungsatome und ihrer relativen Lage zueinander abhängt. Bestimmte Frequenzen des eingestrahlten IR–Lichts werden dann geschwächt. Die IR–Messechnik verwendet im wesentlichen drei Verfahren:

NDIR

- **Nichtdispersive IR–Messung (NDIR)**: IR–Messung ohne spektrale Zerlegung, Anwendung zur Überwachung einzelner Gase (→ *Kap. 9.1*),
- **Dispersive IR–Spektroskopie (IR)**: IR–Messung mit spektraler Zerlegung durch einen Gittermonochromator, Anwendung für wissenschaftliche Geräte mit hoher Auflösung,
- **Fouriertransformations–IR Spektroskopie (FTIR):** IR–Messung mit spektraler Zerlegung durch die mathematische Analyse eines Interferenzmusters, Anwendung für schnelle Routinemessungen.

FTIR

Die **dispersive** IR–Spektroskopie bzw. FTIR–Spektroskopie ist ein Standardverfahren für die **qualitative** (Nachweis der Art) und **quantitative Analyse** (Nachweis der Menge) zahlreicher Stoffe und Stoffgemische. Wichtige Anwendungen beziehen sich auf die Messung von Gasen (z.B. Kohlendioxid), Flüssigkeiten (z.B. Mineralöle) oder Festkörpern (z.B. Kunststoffe).

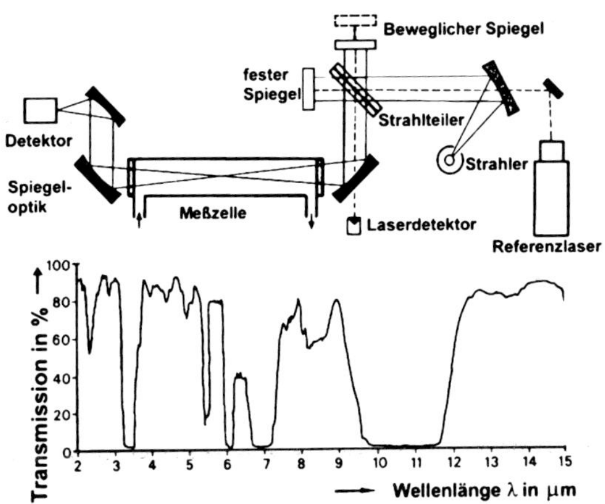

Abbildung 3.9 **Infrarot (IR)–Spektroskopie:** Das IR-Licht einer Strahlungsquelle wird in einen Messstrahl und einen Vergleichsstrahl geteilt. Der Messstrahl durchquert die Probe und wird teilweise absorbiert. Die Signalauswertung erfolgt rechnerisch mittels Fouriertransformation (FTIR, oben). IR–Spektrum des Kunststoffs Polypropylen (unten), (aus: Industrielle Gasanalyse, Oldenbourg Verlag, München, 1994 /4/).

IR–Spektrum

In einem IR–Spektrometer erzeugt ein **Infrarotstrahler** ein kontinuerliches IR–Spektrum im Wellenlängenbereich zwischen 760 nm und 0,5 mm. IR–Dunkelstrahler sind meist erhitzte, leitfähige Keramiken wie SiC oder ZrO_2/ Y_2O_3; es werden auch erhitzte Wolframdrähte verwendet, deren Strahlung durch ein Metall- oder Keramikrohr zu niedrigeren Frequenzen verschoben ist. Beim Durchstrahlen einer Messpobe werden die Atome in einem Molekül zu Schwingungen angeregt, wodurch bestimmte, charakteristische IR–Frequenzen absorbiert werden (→ *Abb. 3.9, oben*). Die Auftragung der Intensität des durchgelassenen IR–Lichts gegen die Wellenlänge ergibt ein stoffspezifisches **IR–Spektrum**, das für viele praxisrelevante chemische Stoffe tabelliert ist (IR–Spektrum des Kunststoffs Polypropylen in → *Abb. 3.9* unten, IR–Spektrum von natürlichen und mineralischen Ölen in → *Kap. 10.1*). **IR–Sensoren** werden in → *Kap. 4.3*, das **NDIR–Messverfahren** in→ *Kap. 9.1* behandelt.

IR–Technik

Die **technische Anwendung** von IR–Strahlen geht über die chemische Analysetechnik hinaus. Weitere Praxisanwendungen sind:

- **IR–Erwärmung:** Einbrennen von Lacken, Wärmequelle für das IR–Löten,
- **Temperaturmessung:** berührungslose Temperaturmessung,
- **Sensortechnik:** Objektüberwachung, Nachtsichtgeräte u. a.

4. Anorganische nichtmetallische Werkstoffe, Keramiken, Halbleiter

4.1 Ionische Bindung

Ionische Bindung

Treten stark elektropositive und stark elektronegative Elemente zu einer Bindung zusammen, beobachtet man einen vollständigen Übergang von Elektronen. Es werden positiv geladene **Kationen** und negativ geladene **Anionen** gebildet (→ *Abb. 4.1*).

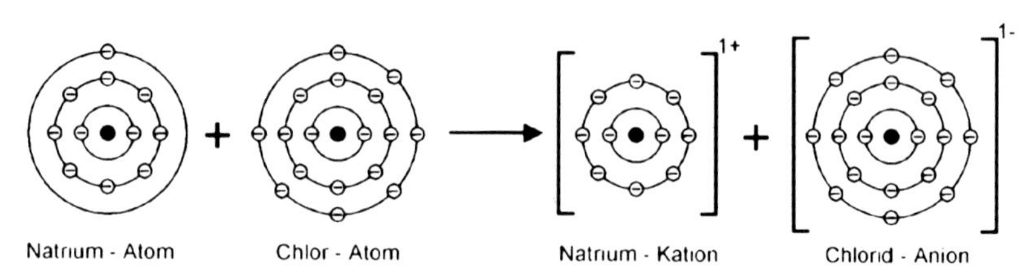

Abbildung 4.1 **Ionisches Bindungsmodell:** Durch Elektronenübertragung werden positiv geladene Kationen und negativ geladene Anionen gebildet.

Ionenwertigkeit

Die Ionenwertigkeit I ist die Zahl der bei der Ionenbildung aus dem neutralen Atomzustand abgegebenen bzw. aufgenommenen Elektronen. Sie ist identisch mit der Ladung der Kationen und Anionen. Die Ionenwertigkeit der Hauptgruppenelemente ergibt sich aus ihrer Stellung im Periodensystem (z.B. 1. Hauptgruppe: Na^+ I = + 1). Die Nebengruppenelemente treten häufig in wechselnden Ionenwertigkeiten auf, die nicht mehr mit der Edelgasregel erklärbar sind. Beispiele:
Ionenwertigkeit: Al^{3+}: I = + 3; O^{2-} **:** I = - 2.
Ionenwertigkeit Fe^{2+}, Fe^{3+} I = +2, +3

Die Summe aller Ladungen, z.B. in einem Festkörper oder einer Lösung, muss Null ergeben. Diese **Elektroneutralitätsbedingung** legt die chemische Zusammensetzung (Summenformel) der ionischen Festkörper fest. Beispiele:
$Fe^{2+}O^{2-}$ Eisen(II)oxid $Fe_2^{3+}O_3^{2-}$ Eisen(III)oxid

Koordinationszahl

Ionengitter

Die elektrostatische Anziehung der Ionen wirkt **kugelsymmetrisch** in alle Raumrichtungen. (Gegensatz: gerichtete kovalente Bindung). Die ionische Bindung erlaubt deshalb die Ausbildung ausgedehnter Festkörper **(Ionengitter)**. Die Koordinationszahl ist die Zahl nächster Nachbarn in einem Ionengitter. In → *Abb. 4.2* sind drei Ionengitter mit unterschiedlicher Koordinationszahl dargestellt.

Ionische Festkörper

Das ionische Bindungsmodell erklärt die Eigenschaften der ionischen Festkörper:

- **hohe Schmelz- und Siedepunkte, hohe Härte** (Erklärung: Kugelsymmetrisches Kraftfeld führt zu einer hohen Gitterenergie, die beim Schmelzen oder Verformen zugeführt werden muss);
- **hohe Sprödigkeit, leichte Spaltbarkeit** (Erklärung: Bei übermäßiger Verformung stehen sich gleichnamig geladene Netzebenen gegenüber und stossen sich ab (→ *Abb. 4.3*));
- **hoher elektrischer Widerstand**, aber **leitfähig** in der **Schmelze** und in **wässriger Lösung** (Erklärung: Im Festkörper befinden sich keine freien Elektronen. Die elektrische Leitfähigkeit in der Schmelze oder in der Lösung erfolgt durch positiv und negativ geladene Ionen).

Gittertyp, Koordinationszahl	Polyeder	Radienverhältnisse r_A/r_B
Zinkblende ZnS 4	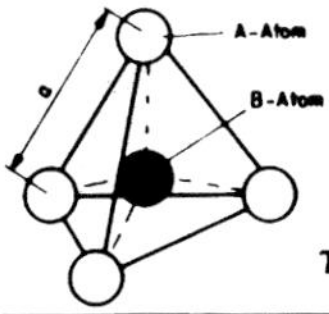 A-Atom, B-Atom, a — Tetraeder	0,22 ... 0,41
Natriumchlorid NaCl 6	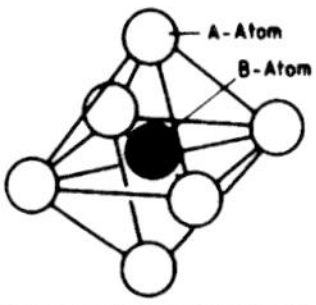 A-Atom, B-Atom — Oktaeder	> 0,41 ... 0,73
Cäsiumchlorid CsCl 8	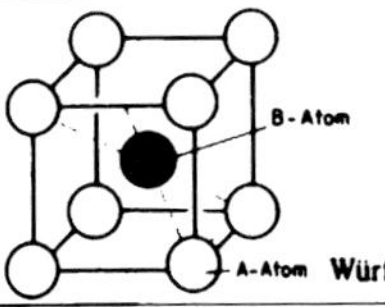 B-Atom, A-Atom — Würfel	> 0,73

Abbildung 4.2 **Ionengitter** (ZnS, NaCl,CsCl) (aus: Chemie, Vieweg Verlag, Braunschweig, 1990 (nach /15/.)

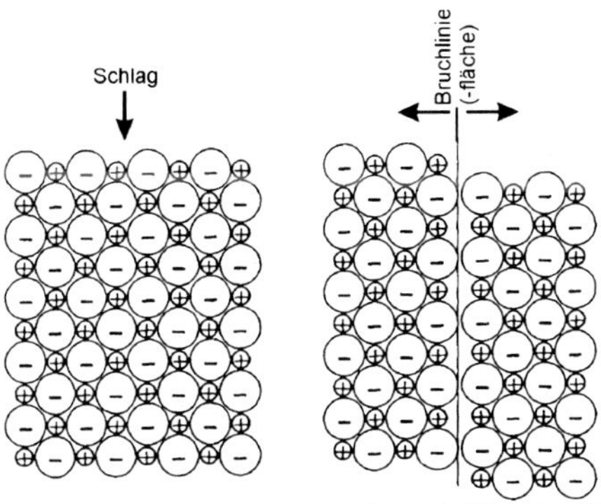

Abbildung 4.3 **Sprödigkeit und Spaltbarkeit ionischer Festkörper**: Bei Krafteinwirkung stehen sich gleichnamige Ladungen gegenüber.

Hydratation

Die Hydratation ist die Auflösung eines Salzes in Wasser. Durch die Ausbildung von Wasserstoffbrückenbindungen wird dabei Energie gewonnen (→ *Abb. 4.4*). Ein Salz ist in Wasser löslich, wenn die freiwerdende **Hydratationsenergie** größer ist als die zuzuführende **Gitterenergie** der Ionenbindung. Ein Salz löst sich in Wasser unter Abkühlung der Lösung, wenn die Hydratationsenergie eben kleiner als die Gitterenergie ist und die benötigte Restwärme dem Wasser entzogen wird. Die Hydratationsenergie steigt mit zunehmender Ionenladung und abnehmendem Ionenradius.

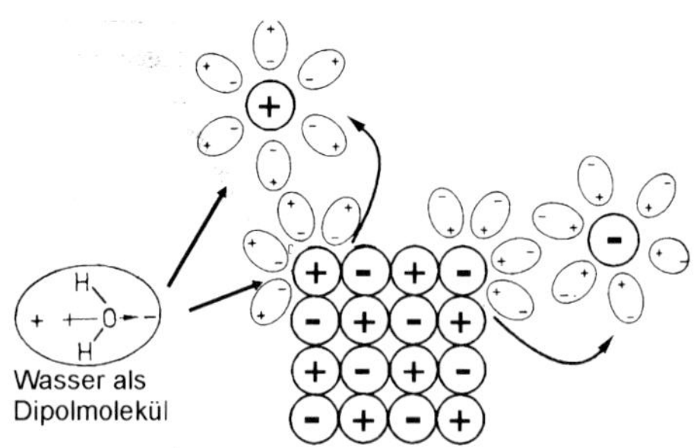

Abbildung 4.4 **Hydratation eines Salzes**: Die polaren Wassermoleküle umgeben Kationen und Anionen mit einer Hydrathülle.

Mineralien
Salze

Festkörper mit ionischer Bindung treten in der Natur als Mineralien und Gesteine auf. Stoffe mit einem **ionischen** Kristallgitter nennt man Salze. Nicht alle salzartigen Stoffe sind **Werkstoffe**, sondern auch **Betriebsstoffe** (z.B. Galvaniksalze) oder **Hilfsstoffe** (z.B. Korrosionsschutzmittel). Diese werden nicht im Kapitel Werkstoffe behandelt. Die im folgenden Kapitel dargestellten anorganischen nichtmetallischen Werkstoffe sind in vielen Fällen keine reinen Salze, sondern besitzen auch starke kovalente Bindungsanteile.

Nomenklatur

Bei der Bezeichnung von ionischen Stoffen wird zuerst das Kation und dann das Anion genannt. Es gibt eine Reihe von Kationen und Anionen, die aus verschiedenen Elementen zusammengesetzt sind und teilweise historisch bedingte Namen tragen (→ *Tab. 4.1*).

Formel	Bezeichnung	Formel	Bezeichnung	Formel	Bezeichnung
NH_4^+	Ammonium	NO_2^-	Nitrit	BrO_3^-	Bromat
H_3O^+	Oxonium	NO_3^-	Nitrat	JO_3^-	Jodat
ClO_3^-	Chlorat	HSO_4^-	Hydrogensulfat	OH^-	Hydroxid
ClO_4^-	Perchlorat	SO_4^{2-}	Sulfat	CN^-	Cyanid
MnO_4^-	Permanganat	$S_2O_3^{2-}$	Thiosulfat	CO_3^{2-}	Carbonat
AsO_3^{3-}	Arsenit	PO_4^{3-}	Phosphat	$C_2O_4^{2-}$	Oxalat
AsO_4^{3-}	Arsenat	HPO_4^{2-}	Hydrogenphosphat		
CrO_4^{2-}	Chromat	$H_2PO_4^-$	Dihydrogenphosphat		
$Cr_2O_7^{2-}$	Dichromat				

Tabelle 4.1 Häufig vorkommende **Kationen und Anionen.**

4.2 Anorganische nichtmetallische Werkstoffe

Stoffklassen

Die anorganischen nichtmetallischen Werkstoffe werden in fünf Stoffklassen eingeteilt und in diesem Kapitel in der folgenden Reihenfolge behandelt:

- **anorganische nichtmetallische Kristalle / Naturstoffe,**
- **Keramiken,**
- **anorganische Gläser,**
- **anorganische Bindemittel** (z.B. Zement, wird nicht behandelt),
- **Kohlenstoff.**

Silikate

Silizium ist nach Sauerstoff das zweithäufigste Element der Erde und bildet die Grundlage des anorganischen Naturgeschehens und zahlreicher anorganischer nichtmetallischer Werkstoffe (Kohlenstoff bildet andererseits die Grundlage des organischen Naturgeschehens und der Kunststoffe). **Silikate** liegen in der Natur (z.B. in Gesteinen) als hochvernetzte Gitter mit Silizium–Sauerstoff–Bindungen (Siloxan–Bindungen–Si–O–Si–) vor. Die Silikate bestehen aus inselartigen SiO_4^{4-}–Tetraedern, die **kettenartig**, **schichtartig** oder **raumnetzartig** vernetzt sein können (→ *Abb. 4.5*). Die Silikatanionen werden durch hydratisierte Metallkationen der Elemente Mg, Al, Na, K, Ca u. a. neutralisiert.

Silikat–Faserstruktur

Silikate mit **Faser-** bzw. **Blattstruktur** (ein- bzw. zweidimensional vernetzte Siloxan-Bindungen) besitzen eine leichte Beweglichkeit zwischen den Fasern bzw. Schichten (Spaltbarkeit, Quellbarkeit), z.B.:

- **Chrysotil** $[Mg_6(OH)_6][Si_4O_{11}] \cdot H_2O$ = 3 MgO * 3 $Mg(OH)_2$ * 4 SiO_2 * H_2O faserförmiger Asbest,
- **Kaolinit** $[Al_4(OH)_8]$ $[Si_4O_{10}]$ = 2 Al_2O_3 * 2 SiO_2 * 2 H_2O ; blatttartiger Ton, quellbar, gebrannt: Grundbestandteil von Porzellan,
- **Montmorillonit** $[Al_2(OH)_2](Si_4O_{10}]$ = Al_2O_3 * 4 SiO_2 * H_2O ; dehydratisiert: Bentonit; quellbar, anorganisches Bindemittel, z.B. beim Metallgießen,
- **Talk** $[Mg_3(OH)_2][Si_4O_{10}]$ = 3 MgO * 4 SiO_2 * H_2O ; blattartiger Speckstein, quellbar, gebrannt: Steatit,
- **Glimmer** $[Me_5][AlSi_3O_{10}]$ = 5 Me_2O * Al_2O_3 * 6 SiO_2; blattartige Grundstruktur der Glimmer, spaltbar, Me = Metall(I)

Silikat–Blattstruktur

Silikat–Raumnetzstruktur

Silikate mit **Raumnetzstruktur** (dreidimensional vernetzte Siloxan–Bindungen) sind oft sehr harte Werkstoffe. Eine vollständig regelmäßige Anordnung wird im SiO_2–Kristall (Quarz, Diamantgitter) ausgebildet. Bei den **Alumosilikaten** ist ein gewisser Anteil der SiO_4–Tetraeder durch AlO_4–Tetraeder ersetzt. In der chemischen Formel ist Aluminium dann **anionisch** gebunden, z.B. in:

- **Kalifeldspat** (Orthoklas) $K[AlSi_3O_8]$ = K_2O * Al_2O_3 * 6 SiO_2 ; Bestandteil von Granit, Anwendung: Flussmittel bei der Porzellanherstellung,
- **Cordierit** $Mg_2Al_3[AlSi_5O_{18}]$ = 2 MgO * 2 Al_2O_3 * 5 SiO_2 ; Bestandteil von Gneis, Anwendung: Abgaskatalysatoren,
- **Alkali–Zeolithe** $(Ca,Na_2)[Al_2Si_4O_{12}]$. 6 H_2O ; das Kristallwasser wird beim Brennen ausgetrieben, dadurch verbleiben Hohlräume, Anwendung: Ionenaustauscher, Molekularsiebe.

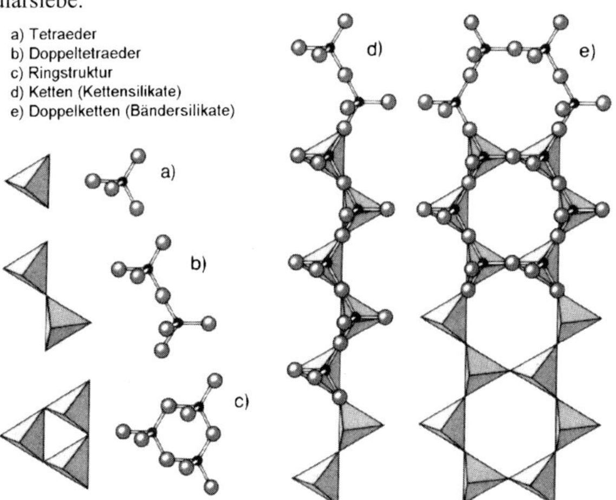

Abbildung 4.5 **Silikate:** Isolierte Silikattetraeder, Silikatketten und -bänder (aus: Korrosion/ Korrosionsschutz Fonds der Chemischen Industrie, Frankfurt).

Asbest
Asbestersatz

Asbestfasern waren die wichtigsten anorganischen Faserwerkstoffe. Der Einsatz von **Asbest** ist heute nahezu vollständig **verboten** (→ *Kap. 8.1*). Es gibt weitere Fasergruppen, die teilweise als **Ersatz** für Asbest oder zur Herstellung von Faserverbundwerkstoffen empfohlen werden:

- **anorganische amorphe Fasern** (künstliche Mineralfasern, z.B. Glasfasern),
- **anorganische kristalline Fasern** (Kohlenstoff-, Kaliumtitanat-, Siliziumcarbid (SiC)–Fasern),
- **organische Fasern** (Polyester-, Polyaramid-, Polyacrylnitrilfasern).
- **metallische kristalline Fasern** (Stahlfasern).

Künstliche Mineralfasern (KMF)

Anorganische amorphe Fasern werden insbesondere in Zusammenhang mit dem Arbeitsschutz unter dem Begriff künstliche Mineralfasern (KMF) zusammengefasst. KMF werden nach → *Tab. 4.2* im allgemeinen entsprechend der Herkunft der Rohstoffe bezeichnet.

Bezeichnung	Produktformen	Ausgangsmaterial
Glasfaser	Seide, Faser, Wolle	Geschmolzenes Glasgemenge (Sand, Soda, Kalk u.a.)
Schlackenfaser	Faser, Wolle	Schmelzen metallurgischer und nichtmetallurgischer Schlacken
Gesteinsfaser	Faser, Wolle	Schmelzen natürlicher Gesteine (Steinwolle)
Keramikfaser	Faser	Reine Tonerde (AL_2O_3 * H_2O), Quarzsand (SiO_2), Kaolin

Tabelle 4.2 **Künstliche Mineralfasern:** Bezeichnung nach den Rohstoffen und Produktformen

Faserherstellung

KMF werden aus mineralischen Rohstoffen (Glas, Gesteinen, → *Tab. 4.2*) oder speziellen keramischen Stoffen bei ca. 2000°C erschmolzen und im erhitzten Zustand zu amorphen (glasartigen) Fasern weiterverarbeitet. Das Zerfaserungsverfahren bestimmt den mittleren Faserdurchmesser, der aus gesundheitlichen Gründen möglichst groß sein sollte (→ *Abb. 4.6*):

- **Düsenziehverfahren:** für Endlosfasern, Faserdurchmesser 5...24 µm,
- **Schleuderverfahren:** für Isolierwolle, Faserdurchmesser 2...9 µm,
- **Blasverfahren**: für keramische Fasern, Faserdurchmesser 1,2...3 µm.

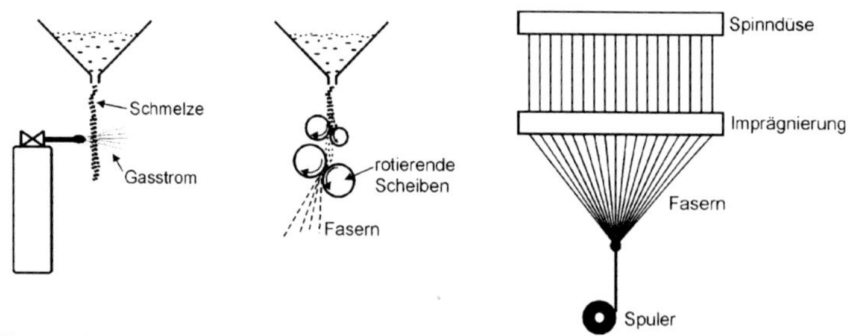

Abbildung 4.6 **Künstliche Mineralfasern**: Verfahren zur Zerfaserung der Keramikschmelze (nach /16/)

90% der KMF (Jahresproduktion in Deutschland nahezu 500 000 t) werden überwiegend für Wärmeisolationzwecke und zur Herstellung faserverstärkter Kunststoffe, z.B. auch Bremsbeläge, eingesetzt. Die gesundheitlichen Risiken von Mineralfasern werden in → *Kap. 8.1* behandelt.

Granit

Harte Gesteine wie Granit sind in vielen Fällen natürlich vorkommende Gemenge mehrerer dreidimensional vernetzter Raumnetzsilikate. Sie werden technisch, u. a. als Trägerplatten für empfindliche Messgeräte eingesetzt. Granit ist ein Erstarrungsgestein (heterogenes Gemenge), das durchschnittlich zu 70% aus Quarz sowie Feldspat und Glimmer besteht.

Porzellan

Hartporzellan ist der bekannteste silikat- bzw. tonkeramische Werkstoff und wird seit alters her (Ursprungsland China) durch eine Mischung von 50% Tonen (Kaolin = Porzellanerde, enthält blattartigen Kaolinit) mit ca. 25% Quarz und 25% Feldspat (Flussmittel) hergestellt. Technische Anwendungen in der Elektrotechnik sind z.B. Hochspannungsisolatoren von Freileitungen.

Steatit

Steatit wird aus blattartigen Magnesiumsilikaten (**Talk, Speckstein**) gewonnen und bei 1300°C gebrannt. Sondersteatit enthält Ba–Carbonat als Flussmittel. Steatit wird als Isolierstoff in der Elektrotechnik eingesetzt und unterscheidet sich von Porzellan durch eine höhere Festigkeit, geringere dielektrische Verluste und einen linearen Ausdehnungskoeffizienten vergleichbar den Metallen.

Cordierit

Cordierit $Mg_2[Al_4Si_5O_{18}]$ ist ein raumnetzartiges Mg–Al–Silikat. Er ist natürlicher Bestandteil von Gneis. Als keramisches Sinterprodukt (aus 2 MgO * 2 Al_2O_3 * 5 SiO_2) hat Cordierit besondere Bedeutung bei der Herstellung wabenartiger **Monolith–Abgaskatalysatoren** erlangt (→ *Kap. 12.4*).

Zeolithe

Zeolithe sind natürlich vorkommende, heute aber in großen Mengen künstlich hergestellte, dreidimensional **raumnetzartig** verknüpfte **Alumosilikate** der allgemeinen Formel $Na_x[Al_xSi_yO_{2x+2y}]$. z H_2O. Zeolithe sind **Käfigmoleküle** mit genau definierter Porengröße, die durch Austreiben des Kristallwassers (Erhitzen im Vakuum, → *Abb. 4.7*) erhalten werden. Sie haben wichtige Anwendungen gefunden als:

- **Ionenaustauscher** (Ersatzstoff für Phosphate in Waschmittel),
- **Molekularsiebe** (Trennung nach Molekülgröße).

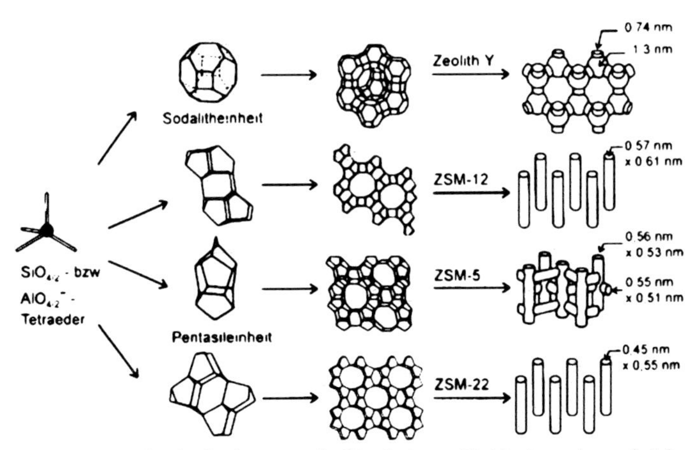

Abbildung 4.7 **Zeolithe** Käfigartige Strukturen von Zeolithen besitzen zahlreiche Anwendungen (mit freundlicher Genehmigung: Dr. Ernst, Institut für Technische Chemie der Universität Stuttgart).

Zeolithe ermöglichen eine umweltfreundliche **Enthärtung** (Entzug von Ca^{2+}–Ionen) von Wasser. Beim Regenerieren eines Zeolith–Ionenaustauschers, z.B. in Spülmaschinen wird die unten stehende Enthärtungsreaktion durch einen Überschuss an **Regeneriersalz** (hochreines Kochsalz) umgekehrt:

$$Na_2[Al_2Si_4O_{12}] + Ca^{2+} \rightarrow \quad Ca[Al_2Si_4O_{12}] + 2\,Na^+$$

Molekularsiebe

Zeolithe ermöglichen als **Molekularsiebe** eine umweltfreundliche **Trennung** unterschiedlicher Gase (z.B. Stickstoff und Sauerstoff aus Luft), eine **Trocknung** von Gasen (Abtrennung von Wasserdampf) oder ein **Recycling** (z.B. Lösemittelrückgewinnung und Benzindampfadsorption in Tankanlagen). Innovative Anwendungen betreffen die Einlagerung von Farbstoffen, Metallen und Halbleitern in Zeolith–Wirtskristalle und daraus resultierende **katalytische**, **optische** und **elektronische Effekte** /17/.

Keramikherstellung

Keramiken sind Festkörper mit ionischer und/oder kovalenter Bindung, die im allgemeinen aus **anorganischen nichtmetallischen Pulvern** hergestellt werden. Sie werden bei gewöhnlichen Temperaturen unter Einsatz eines Bindemittels geformt und anschließend bei Temperaturen zwischen 900 bis 2000°C hartgebrannt (**gesintert**). Dabei kommt es zu einer Volumenreduktion (**Schrumpfung**) um bis zu 25%. Das Herstellungsverfahren umfasst nach → *Abb. 4.8* folgende Schritte:

- **Rohkörperherstellung** (Grünling) mittels Pressen, Gießen, Spritzen; Einsatzstoffe sind in der Regel Keramikpulver, die mit Bindemitteln (z.B. Wasser) versetzt sind,
- **Trocknung** (Vorbrand zum Verdampfen des Bindemittels),
- **Grünbearbeitung** mit mechanischen Verfahren wie Bohren oder Drehen,
- **keramischer Brand** (ca. 200...300°C unter dem Schmelzpunkt, bei Al_2O_3 Brenntemperatur = 1700...1800°C),
- **Nachbearbeitung** aufgrund von Volumenschwund durch Läppen oder Polieren mit Diamantwerkzeugen (kostenintensiv).

Normenhinweis: VDI Richtlinie 2585: Emissionsminderung Keramische Industrie

Keramikeinteilung

Die keramischen Werkstoffe unterteilt man nach → *Tab. 4.3* in die drei Klassen: **Silikatkeramik**, **Oxidkeramik** und **Nichtoxidkeramik**. Die oben behandelten, traditionellen keramischen Werkstoffe sind silikatkeramischer Natur; moderne, als **Sonderkeramik** oder **Ingenieurkeramik** bezeichnete Werkstoffe sind oxidischer oder nichtoxidischer Natur.

Silikatkeramik	Oxidkeramik	Nichtoxidkeramik
Porzellan/Tonzeug	Aluminiumoxid	Kohlenstoff
Steatit	Zirkondioxid	Borcarbid/-nitrid
Cordierit	Perowskite	Titancarbid/-nitrid
	Ferrite	Siliziumcarbid/-nitrid
	Supraleiter	Aluminumnitrid

Tabelle 4.3 **Einteilung der keramischen Stoffe**

Oxidkeramik

Oxid- und Nichtoxidkeramiken sind moderne **ingenieurkeramische** Werkstoffe für den Maschinenbau und die Elektronik. Ihre Vorteile sind in → *Tab. 4.4* zusammengestellt.

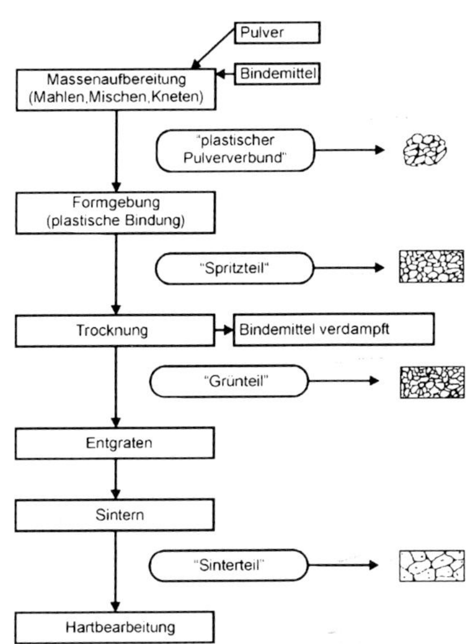

Abbildung 4.8 **Keramikherstellung**: technische Keramik wird aus Pulvern vermischt, geformt und gebrannt (gesintert, nach /18/).

vorteilhafte Eigenschaft	Anwendung
Härte	Schleifscheiben, Sandstrahldüsen
Verschleissbeständigkeit	Schneidwerkzeuge, Fadenführer, Armaturenteile
Korrosionsbeständigkeit	Chemische Apparate, Schweissdüsen, Membranen
Lebensmittelechtheit	Trinkwasserarmaturen
Körperverträglichkeit	Medizinische Implantate
Temperaturbeständigkeit	Abgasbauteile, Wärmetauscher
Niedriges Gewicht	Turboladerrotor, Motorenteile
Elektrische Isolation	Chipcarrier, Kondensatoren
Ionenleitfähigkeit	Sauerstoff-Sensoren
Optische Transparenz	Hochtemperaturgläser

Tabelle 4.4 **Ingenieurkeramik:** Vorteilhafte Eigenschaften und Anwendungen

Aluminiumoxid

Aluminiumoxid (Al_2O_3) in Form von Sinterkorund ist der am meisten verbreitete oxidkeramische Werkstoff (**Korund = α–Al_2O_3**, **Schmirgel** = Mischkristall mit Fe). Al_2O_3 besitzt einen hohen Schmelzpunkt (2050°C), hohe Härte, hohe Korrosionsbeständigkeit gegen Säuren und Metallschmelzen, gute Lebensmittelbeständigkeit, einen hohen Isolationswiderstand und eine gute Wärmeleitfähigkeit. Al_2O_3 wird eingesetzt für:

- **Maschinenbau**: Schneidwerkzeuge, Gleitringdichtungen, chemischer Apparatebau, Sanitärarmaturen, Filterelemente,
- **Elektrotechnik**: Gehäuse für Thyristoren oder Elektronenröhren, Substratmaterial für die Hybridtechnik (auch als Folienmaterial).

Keramikmembrane

Keramikmembranen mit hoher Festigkeit und Korrosionsbeständigkeit (z.B. für die **Mikrofiltration**, Porenweite 0,1...1,2 µm und **Ultrafiltration**, Porenweite 0,005... 0,1 µm bestehen aus einem dickwandigen Trägerkörper (Porenweite ca. 10 µm) und der jeweiligen Funktionsschicht (→ *Kap. 11.3*). Für Keramikmembranen werden hauptsächlich Al_2O_3 oder SiC verwendet.

Zirkondioxid

Zirkondioxid (ZrO_2) kommt in unterschiedlichen Modifikationen vor, die unterschiedliche Dichte besitzen. Beim Abkühlen von der Sintertemperatur kann es aufgrund von Volumenausdehnung zur Rissbildung im Material kommen. Durch Zugabe von CaO, MgO oder Y_2O_3 lassen sich die kubische oder tetragonale ZrO_2–Hochtemperaturmodifikationen stabilisieren.

ZrO_2	$\xleftrightarrow{1000\text{-}1200°C}$	ZrO_2	$\xleftrightarrow{2350°C}$	ZrO_2
Monoklin		tetragonal		kubisch
$\rho = 5,6$ g cm^{-3}		$\rho = 6,1$ g cm^{-3}		$\rho = 6,27$ g cm^{-3}

Y_2O_3–stabilisiertes ZrO_2 ist ein wichtiger oxidkeramischer Ionenleiter, z.B. für den Einsatz in der Lambdasonde (→ *Kap. 12.5*). ZrO_2–Keramik wird weiterhin technisch für hochverschleissbeständige Textilbauteile, Katalysatorträger oder Zündkerzen eingesetzt.

Keramische Elektronikwerkstoffe

Oxidkeramische Materialien haben insbesondere in der Elektronik breite Anwendung gefunden, die beispielhaft in folgender Reihenfolge behandelt werden:

- **Isolierstoffe** bzw. **Dielektrika** (Isolatoren hoher Durchschlagfestigkeit und hoher Temperaturfestigkeit, Keramikkondensatoren),
- **Sensor-** und **Aktormaterialien** (Piezosensoren, Schallwandler),
- **Ferromagnetika** (Dauermagnete, magnetische Datenspeicher),
- **Supraleiter,**
- **Festkörper–Laser,**
- **Halbleiter** (→ *Kap. 4.3*).

Isolierstoffe

Oxidkeramiken sind die wichtigsten keramischen Isolierstoffe, z.B. Porzellan, Elektro(E)–Glas, Glimmer. Keramische Isolierstoffe werden aufgrund der besseren Verarbeitbarkeit und niedrigen Kosten zunehmend durch polymere Werkstoffe ersetzt. Zahlreiche oxidkeramische Werkstoffe besitzen Halbleitereigenschaften oder erreichen halbleitende Eigenschaften durch Dotierung. Diese werden im → *Kap. 4.3* 'Halbleiter' behandelt.

Festkörpersensoren

Oxidkeramische Werkstoffe zählen zu den wichtigsten Sensormaterialien. Die Wirkungsweise von **Sensoren** (Detektoren) beruht grundsätzlich auf der Umwandlung einer mechanischen, physikalischen oder chemischen Messgröße mittels eines sensortypischen Effekts in ein elektronisches Signal. Keramische Festkörper- und Halbleitermaterialien, die als Sensoren nutzbar sind, bezeichnet man allgemein als **Festkörpersensoren.** Sie finden vielseitigen Einsatz zur Überwachung von:

- **mechanischen Messgrößen**
  - magnetische Sensoren für Abstand, Drehzahl u. a. (siehe unten und → *Kap.* 12.5),
  - piezokeramische Sensoren für Druck, Beschleunigung oder Schwingungen, Füllstand (siehe unten und → *Kap.* 12.5),
- **physikalischen Messgrößen**
  - Temperatursensoren (→ *Kap.* 5.4 und *5.5*),
  - optische Sensoren für Abstand oder Strahlungsabsorption (→ *Kap.* 4.3 und *9.1*),
- **chemischen Messgrößen**
  - Ionenleiter-, Halbleitersensoren für Gase (→ *Kap. 4.3* und *12.5*).

Perowskite

$CaTiO_3$ (**Perowskit**) ist der namensgebende Vertreter einer Gruppe von Doppeloxiden mit der allgemeinen Formel $ABO_3 = AO * BO_2$. Zahlreiche Perowskit–Kristalle (A = Pb, Ca, Ba und B = Ti, Zr, Sn, Nb) können außergewöhnliche elektrische Eigenschaften besitzen, z.B. werden **ferroelektrische** und **piezoelektrische** Effekte beobachtet. Das Kristallgitter von $BaTiO_3$ weist nach → *Abb. 4.9* (links) eine verzerrte Symmetrie und damit dipolare Eigenschaften auf. Innerhalb größerer **Domänen** orientieren sich die Dipole gleichartig (Analogie zu den *Weißschen* Bezirken beim Ferromagnetismus). Ohne äußeres elektrisches Feld sind die Vorzugsrichtungen der Domänen regellos orientiert, erst beim Einschalten eines elektrischen Feldes wachsen die Domänen, deren Direktor in Richtung des elektrischen Feldes weist, auf Kosten anderer Bereiche (Ionenpolarisation, → *Abb. 4.9* rechts). Die Dielektrizitätskonstante wächst deshalb mit zunehmendem elektrischen Feld. Diese Werkstoffe bezeichnet man in Analogie zum Ferromagnetismus als **ferroelektrische** Materialien. $BaTiO_3$ besitzt deshalb eine hohe **Dielektrizitätszahl** $\varepsilon_r = 3000...10000$ und wird in **Keramikkondensatoren** eingesetzt (einfache Keramikkondensatoren z.B. TiO_2 mit $\varepsilon_r = 100$).

Ferroelektrika

Piezokeramiken

Die verzerrte Kristallsymmetrie ist auch die Ursache für die piezoelektrischen Eigenschaften von $BaTiO_3$. Beim **piezoelektrischen Effekt** entstehen bei der mechanischen **Verformung** des Kristalls in Richtung der Kraftresultierenden elektrische Oberflächenladungen. Damit lassen sich mechanische Kräfte in ein elektronisches Signal umformen. Umgekehrt lassen sich Piezokristalle durch ein elektrisches Wechselfeld zu mechanischen Eigenschwingungen anregen, deren Frequenz aus den Abmessungen des Schwingquarzes genau berechenbar ist (**reziproker piezoelektrischer Effekt**). Die wichtigsten Piezokeramiken beruhen heute auf Perowskit–Strukturen, insbesondere auf der **PZT–Keramik** (**PZT** = Blei–Zirkonat–Titanat $\mathbf{Pb(Zr_x,Ti_{1-x})O_3}$). Andere piezokeramische Materialien sind: Quarz, Seignettesalz (Kaliumnatriumtartrat, Salz der Weinsäure), Lithiumtantalat ($LiTaO_3$), $BaTiO_3$, CdS, ZnO. Auch organische Materialien wie Rohrzucker oder organische Polymere wie PVDF–, PVF–oder PVC–Kristalle zeigen piezoelektrische Effekte.

Weinsäure (Tartrate = Salze der Weinsäure)

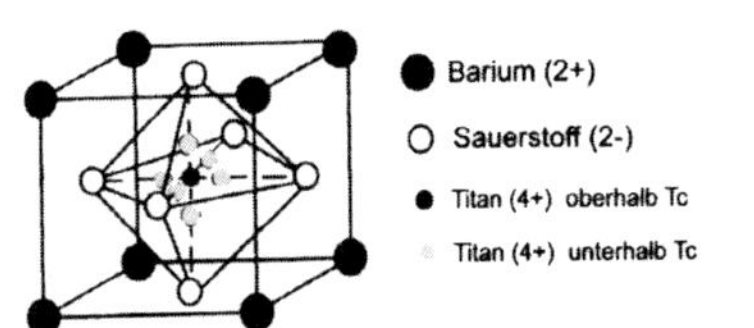

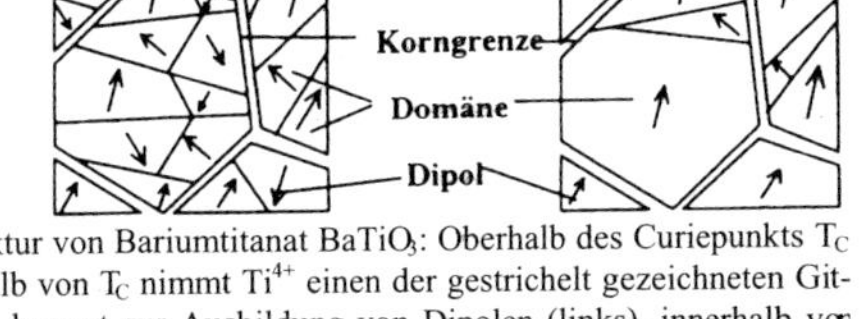

Abbildung 4.9 **Piezokeramik**: Perowskit–Gitterstruktur von Bariumtitanat $BaTiO_3$: Oberhalb des Curiepunkts T_C sitzt das Ti–Ion im Zentrum des Oktaeders. Unterhalb von T_C nimmt Ti^{4+} einen der gestrichelt gezeichneten Gitterplätze ein. Die Kristallsymetrie wird verzerrt, es kommt zur Ausbildung von Dipolen (links), innerhalb von Domänen findet man eine einheitliche Ausrichtung der Dipole. Beim Anlegen eines elektrischen Feldes findet ein Wachstum der Domänen statt (Ferroelektrizität); (nach: Technischer Einsatz neuer Aktoren, Expert Verlag, Renningen, 1995 /19/).

Piezosensoren, Piezoaktoren

Piezokeramiken haben zahlreiche Anwendungen als Sensoren und Aktoren gefunden. Dazu gehören folgende Anwendungen (weitere Beispiele in→ *Kap. 12.5*):

- **Sensoren**, d. h. Wandlung von mechanischen Kräften in elektrische Spannungen: Tonaufnehmer, Mikrofone, Schallsensoren (Echolot), Drucksensoren, Beschleunigungssensoren, Medizintechnik,
- **Aktoren** d. h. Wandlung von elektrischen Spannungen in mechanische Kräfte: Ultraschallschwinger, Quarzuhr, Hochfrequenzfilter,
- **Kombination Aktor/ Sensor** bei Kombination von Ultraschallsender und -empfänger: Messung von Abständen, Schichtdicken, Füllstand, Durchfluss, Konzentration (Schallgeschwindigkeit ist abhängig von der Konzentration).

Pyroelektrische Sensoren

Unter dem pyroelektrischen Effekt versteht man das Auftreten von Oberflächenladungen als Folge einer Temperaturveränderung des Materials. Alle pyroelektrischen Materialien, z.B. Lithiumtantalat ($LiTaO_3$) oder Blei–Zirkon–Titanat verhalten sich auch piezoelektrisch. **Pyroelektrische Sensoren** können mittels Dünnschichttechnik miniaturisiert werden und dienen als IR–Sensoren z.B. in Videokameras (Bildverarbeitung mittels Zeilensensoren, Flächensensoren, → *Kap. 4.3*).

Keramische Magnetwerkstoffe

Magnetische Effekte zeigen sowohl **metallische** als auch **keramische** Werkstoffe. Als magnetische Werkstoffe auf **oxidkeramischer** Basis haben überwiegend die Ferrite technische Anwendung gefunden. Man unterscheidet Hartmagnete und Weichmagnete. Von Materialien für Dauermagneten **(Hartmagnete)** wird eine hohe Remanenz B_r [T = Tesla] gefordert. **Weichmagnetische** Materialien sollen das Magnetfeld einer elektrischen Spule, z.B. in Generatoren, Transformatoren oder Relais verstärken. Diese Materialien sollen eine hohe Permeabilitätszahl μ_r und eine niedrige Koerzitivfeldstärke (leichte Umorientierbarkeit) besitzen (→ *Tab. 4.6*).

Werkstoff	Permeabilitätszahl μ	Remanenz [T]	Koerzitivfeldstärke [A m^{-1}]
Weichmagnete			
Elektroblech	5000	1,2	10...100
Siliziumstähle	10000...20000	0,50...1,0	10...50
Nickelstähle	40000...100000	0,3...0,6	2...20
Ferrite	10...7000	-	-
Hartmagnete			
AlNiCo 9/5	4...5	550	44
FeAlVCr 4/11	2...8	800	24
Ferrite	1...2	100...400	100...400

Tabelle 4.6 **Keramische und metallische Weich- und Hartmagnete** (nach: Kraftfahrtechnisches Taschenbuch, Firma Bosch /10/)

Ferrite

Ferrite sind stark magnetische Mischoxide spezieller Metalle (Me = Zn, Ni, Ba) mit Eisenoxid Fe_2O_3 der allgemeinen Formel x MeO * y Fe_2O_3. In bestimmten Ferriten können auch zwei unterschiedliche Metalle Me vorkommen. Ein natürlich vorkommender Ferrit ist **Magnetit** $Fe_3O_4 = FeO * Fe_2O_3$. Man unterscheidet:

- **Ferrite** mit **Spinell–Struktur Me(II)O * Fe_2O_3** sind weichmagnetische Werkstoffe mit hoher Permeabilität. Me(II) kann Ni^{2+}, Co^{2+}, Cu^{2+}, Mn^{2+}, Mg^{2+}, Zn^{2+}oder mehrere dieser Kationen sein. Die weichmagnetischen Ferrite (z.B. (Ni, Zn)O * Fe_2O_3) lassen sich leicht umorientieren und werden deshalb als Spulenkern in der Nachrichtentechnik oder als Datenspeichermaterial eingesetzt. Gegenüber den magnetischen Metalllegierungen (z.B. FeNi, FeCo, amorphe Metalle = metallische Gläser) haben sie den Vorteil geringerer Wirbelstromverluste.
- **Hexagonale Ferrite** mit der **allgemeinen Zusammensetzung Me(II)O * 6 Fe_2O_3** (mit Me(II) = Ba^{2+}, Sr^{2+}, Pb^{2+}) sind hartmagnetische Dauermagnete mit hoher Koerzitivfeldstärke. Sie eignen sich z.B. für Dauermagnete in Lautsprechern, Kleinstmotoren, oder Fernsehröhren (Alternative: magnetische Metalllegierungen, z.B. FeAlNiCo oder FeCoVCr oder Magnete auf Basis von Seltene Erden Elemente, z.B. Co_5Sm, $Co_{17}Sm_2$, Fe_{14},Nd_2B).
- **Granat–Ferrite** der **allgemeinen Formel 3 $Me_2(III)O_3$ * 5 Fe_2O_3** (mit Me(III) = Seltenerdelement z.B. Y) werden in gewissem Umfang in Bauelementen der Höchstfrequenztechnik eingesetzt.
- **Einfache Metalloxide** wie **γ–Fe_2O_3 und CrO_2** dienen zur Datenspeicherung auf Magnetbändern.

Magnetische Sensoren

Magnetische Festkörper eignen sich als Sensormaterialien für vielseitige Anwendungen, insbesondere zur Messung mechanischer Größen wie Lage, Drehzahl oder Geschwindigkeit. Beispiele sind:

- **Reedschalter** (→ *Abb. 4.10*) als Sensoren,
- **magnetoresistive Sensoren, Magnetdioden,**
- **Hall–Sensoren** (→ *Kap. 12.5*).

Reed–Sensoren

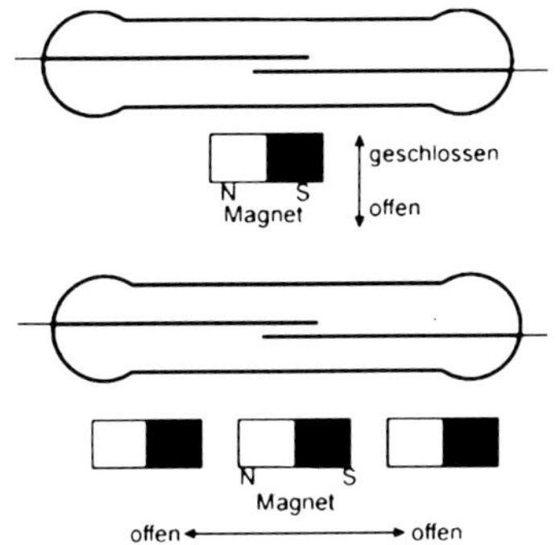

Abbildung 4.10 **Magnetischer Näherungssensor**: Reed-Kontakte schließen, wenn sich ein magnetisches Material nähert (nach /20/)

Der **Reed–Sensor** in → *Abb. 4.10* enthält zwei Federn aus einem ferromagnetischen Material, das zur Vermeidung von Korrosion in ein schutzgasgefülltes Glasgehäuse eingeschlossen ist. Bei der Annäherung eines externen Magneten werden in dem Federelement gleichnamige oder entgegengesetzt gerichtete Magnetpole induziert, der magnetische Schalter öffnet sich oder schließt sich (Anwendung: Näherungssensor, Positionssensor, Winkelsensor).

Keramische Supraleiter

Eine Vielzahl elektrischer Materialien wird in der Nähe des absoluten Nullpunktes supraleitend (Widerstand geht gegen Null). Technisch eingesetzt werden NbTi–Legierungen mit einer Sprungtemperatur von 9 K. Beim Einsatz dieser Materialien, z.B. als Supramagnete muss mit (teuerem) flüssigem Helium gekühlt werden. Eine beträchtliche Erhöhung der Sprungtemperatur gelang durch die Entwicklung oxidkeramischer **YBaCu–Supraleiter**, z.B. der Zusammensetzung $YBa_2Cu_3O_7$ (Sprungtemperatur 92 K = -181 °C). Diese Sprungtemperatur kann durch Kühlung mit (preiswertem) flüssigem Stickstoff (Verdampfungstemperatur -196 °C) erreicht werden. Keramische Supraleiter haben erste Anwendungen in **Squids** (Superconducting Quantum Interference Device) zur Messung extrem schwacher magnetischer Felder, z.B. von Hirnströmen, gefunden.

Festkörper-Laser

Herkömmliche Lichtquellen emittieren **inkohärentes** Licht, d. h. Licht aus Wellen verschiedener Schwingungsrichtung und Phase, da jedes Atom oder Molekül unabhängig von anderen emittiert. Beim **Laser** (Light Amplification by Stimulated Radiation) erhält man durch eine erzwungene Ausstrahlung **kohärentes** Licht einer einzigen Frequenz oder einiger weniger Frequenzen. Als lichtemittierende Substanzen/ Werkstoffe kommen in Frage:

- **Festkörper**: z.B. Rubin–Laser (**Rubin** = Al_2O_3 mit Cr^{3+} verunreinigt) oder Nd : YAG–Laser (**Nd : YAG** = mit ca. 1% Nd dotierter Yttrium–Aluminium–Granat–Kristall 5 A_2O_3 * 3 Y_2O_3),
- **Flüssigkeiten**: z.B. Farbstoff–Laser, durchstimmbarer, d. h. frequenzvariabler Laser,

- **Gase**: z.B. Helium–Neon–Laser, Kohlendioxid–Laser, Edelgas–Ionen–Laser, Excimer–Laser mit Gasen wie XeF, XeCl, KrF, ArF.

Rubin–Laser

Bei einem Rubin–Laser besitzen die Cr^{3+}–Ionen nach → *Abb. 4.11* mehrere ausgezeichnete Energieniveaus W_1, W_2, W_{31} bzw. W_{32}, von denen das Grundniveau W_1 im Normalfall mit Elektronen besetzt ist. Durch Aufnahme der von einer Lichtquelle eingestrahlten Energie W_3–W_1 gehen die Elektronen in die Energieniveaus W_{31} oder W_{32} über; von dort fallen sie rasch und strahlungslos auf das Energieniveau W_2. Auf W_2 besitzen die Elektronen eine längere Verweilzeit ($t = 10^{-3}$ sec), weshalb sich nach weiterer Lichteinstrahlung (**'Pumpen'**) mehr Elektronen auf dem Niveau W_2 als auf W_1 befinden (**Besetzungsinversion**). Der unter Strahlungsemission verlaufende Übergang von W_2 nach W_1 wird durch Photonen induziert. Die Frequenz des ausgestrahlten Laserlichts ist kleiner als die des eingestrahlten Lichtes, es tritt jedoch eine Verstärkung der Lichtintensität ein. Der Rubinkristall wird dabei in der Form eines **optischen Resonators** ausgebildet (Länge des Kristalls ist ein Mehrfaches der Wellenlänge des Laserlichts) und an einem Ende verspiegelt. Das andere Ende, aus dem der Laserstrahl austritt, ist halbdurchlässig.

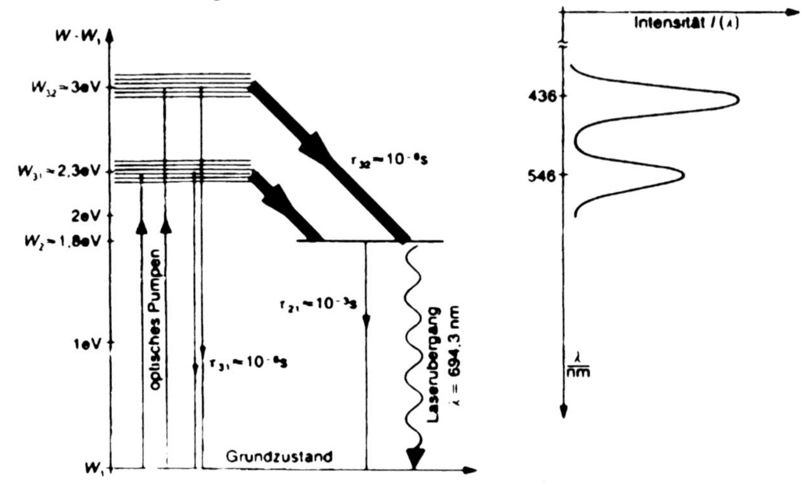

Abbildung 4.11 **Wirkungsweise eines Rubin–Lasers**: Rubin ist ein mit Cr^{3+}-Ionen dotierter Al_2O_3–Kristall. Gezeigt ist das Termschema der Cr^{3+}–Ionen (Drei–Niveau–Laser), (aus: Lasertechnik, Vogel Verlag, Würzburg 1991 /21/).

Nichtoxidkeramik

Nichtoxidische Keramiken haben eine bemerkenswerte Anwendungsbreite, insbesondere als hochtemperatur- und verschleissbeständige Bauteile beim Bau von Motoren, Gleit- und Wälzlagern, Turbinen oder als Vollkeramikwerkzeuge gefunden. Nichtoxidkeramiken bilden die technisch wichtigen **Hart-** bzw. **Schneidstoffe**.

Hartstoffe

Hartstoffe erhält man in vielen Fällen durch die Kombination von Elementen der III. und IV. Hauptgruppe (z.B. B, Al, Si) oder Übergangsmetallen der IV. bis VI. Nebengruppe (z.B. Ti, Zr, V, Nb, Cr, W) mit den Nichtmetallelementen Kohlenstoff (**Carbide**), Stickstoff (**Nitride**), Bor (**Boride**), Sauerstoff (**Oxide**) oder Silizium (**Silizide**). Hartstoffe besitzen aufgrund einer hohen Gitterenergie eine hohe Härte (→ *Tab. 4.7*). Sie kristallisieren oft im Diamantgitter (z.B. SiC) und werden im Hinblick auf den vorherrschenden Bindungstyp eingeteilt in:

- **Hartstoffe** mit **kovalenten Eigenschaften**: z.B. Diamant, BN_{kub}

- **Hartstoffe** mit **(vorwiegend) ionischen Eigenschaften**: z.B. Al_2O_3, Si_3N_4 (elektrisch nicht leitend),
- **Hartstoffe** mit **(vorwiegend) metallischen Eigenschaften**: z.B. TiC, TiN, WC, W_2C (elektrisch leitend),
- **Hartstoffe** mit **(vorwiegend) halbleitenden Eigenschaften**: z.B. SiC, B_4C (elektrisch halbleitend).

Stoff	Vickers-härte	Stoff	Vickers-härte
Diamant	8000	Aluminiumoxid Al_2O_3	2100
kubisches Bornitrid (CBN)	5000	Chromcarbid Cr_7C_3	2100
Borcarbid B_4C	3700	Zirkonoxid ZrO_2	1200
Siliciumcarbid SiC	3500	Chromnitrid CrN	1100
Titanborid TiB_2	3450	Titancarbid TiC	2200
gehärteter Stahl	900	Baustahl	100

Tabelle 4.7 **Anorganische nichtmetallische Hartstoffe**: Die Vickershärte HV 50 wird durch Eindrücken einer vierseitigen Diamantspitze mit einer Prüfmasse von 50 g in einen Prüfkörper ermittelt

Bestimmte **ionische** Carbide oder Nitride, z.B. der Erdalkalimetalle, sind keine Hartstoffe. Sie lösen sich in Wasser unter Bildung von Kohlenwasserstoffen, z.B.:

Calciumcarbid $CaC_2 + 2\,H_2O \rightarrow Ca(OH)_2 + C_2H_2$ Ethin(Acetylen)

Schneidstoffe

Die Bedeutung der Hartstoffe beruht auf ihrer Verwendung als **Schneidstoffe** bei der Zerspanung mit geometrisch bestimmter Schneide (Bohren, Drehen, Fräsen) oder geometrisch unbestimmter Schneide (Schleifen, Polieren, Strahlen, → *Kap.17.1*). Man unterteilt die Schneidstoffe nach → *Tab. 4.8* in metallische, keramische und Verbund–Schneidstoffe.

metallisch	Verbundschneidstoffe	anorganisch, nichtmetallisch
Werkzeugstähle	Hartmetalle (W_2C/Co)	oxidisch (Al_2O_3, ZrO_2)
Schnellarbeitsstähle	Cermets (TiCN/Ni-Mo)	nichtoxidisch (Si_3N_4, TiN, TiC, CBN), Diamant

Tabelle 4.8 **Einteilung der Schneidstoffe.**

Siliziumcarbid

Siliziumcarbid (SiC) ist hart und verschleissbeständig und wird deshalb u. a. als Schleifmittel (**Carborundum**, Mohs–Härte 9,6) eingesetzt. SiC besitzt eine ähnlich hohe Wärmeleitfähigkeit wie typische Metalle (ca. 100 W $m^{-1}K^{-1}$), gleichzeitig weist es jedoch eine hohe thermische und chemische Beständigkeit auf (→ *Abb. 4.12*). Eine wichtige Anwendung von SiC sind deshalb Wärmetauscher insbesondere in korrosiver Umgebung, z.B. saurer Rauchgase. Bei einem Demonstrationsprojekt in einem Solarkraftwerk in Südspanien erhitzten in einem Heliostat fokussierte Sonnenstrahlen den keramischen SiC–Wärmetauscher auf über 1100°C. Über den heissen Wärmetauscher wird Luft geblasen, die sich dabei auf 780°C erhitzt und über eine Turbine Strom erzeugt.

Keramische Wärmetauscher

Wolframcarbid

Die **Wolframcarbide** (WC oder W_2C) sind die wichtigsten Carbide, sie sind hart wie Diamant (Markenname: Widia) und finden Einsatz in Hartmetallwerkzeugen. **Bornitrid** (BN) kristallisiert in einer hexagonalen, graphitanalogen und in einer kubischen, diamantanalogen Gitterstruktur. Hexagonales BN ist ein Hochtemperaturschmierstoff, während kubisches CBN (c = cubic) nach Diamant der zweit härteste Stoff ist (Anwendung für Schneidwerkzeuge, Schleifmittel). Die Hartstoffe TiN bzw. TiC besitzen vor allem Bedeutung als goldgelbe bzw. bräunliche verschleissbeständige Werkzeugbe-

Titannitrid, Titancarbid

schichtungen, die aus der Gasphase abgeschieden werden (PVD–, und CVD–Verfahren, → *Kap. 17.7*).

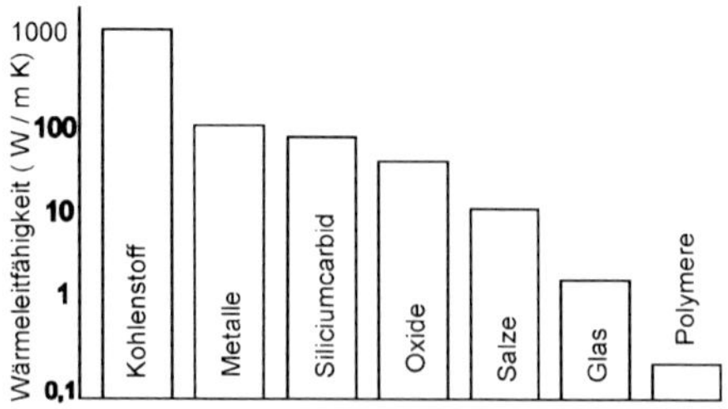

Abbildung 4.12 **SiC** besitzt eine ähnliche Wärmeleitfähigkeit wie Metalle.

Strukturkeramik im Motorenbau

Der große Durchbruch für Strukturkeramik im Motoren- oder Turbinenbau ist bisher (noch) ausgeblieben. Die Nachteile der Keramik sind:

- **Bruchgefahr** aufgrund Sprödigkeit,
- mangelnde **Bearbeitbarkeit** aufgrund hoher Härte,
- nicht ausreichend reproduzierbare **Toleranzen** aufgrund des Sinterprozesses,
- hohe **Kosten** für die Einzelfertigung.

An extrem hochbeanspruchten oder besonders heissen Stellen werden jedoch zunehmend vorwiegend nichtoxidische Keramikbauteile eingesetzt. Dies sind z.B.:

- **SiC** in Gleitlagern von chemisch resistenten Pumpen,
- **Si_3N_4** in Wälzlagern, insbesondere Lagerkugeln aus Keramik (Hybridtechnik),
- **SiC** in Brennkammern von Gasturbinen, Wärmetauschern, korrosionsbeständigen Abgasrohren,
- **Aluminiumtitanat Al_2O_3. TiO_2** im Auslasskanal des Zylinderkopfes (Portliner), insbesondere bei Turboladern,
- **Si_3N_4** als Brennkammern von Dieselfahrzeugen (Entwicklung).

Glas

Glas ist ein anorganisches Schmelzprodukt, das im wesentlichen ohne Kristallisation erstarrt. **Glaskeramik** ist ein anorganisches Schmelzprodukt mit Keimbildnern, das zuerst zu einem Glas erstarrt und durch eine anschließende thermische Behandlung in verschiedenen Phasen auskristallisiert. Glaskeramik besitzt höchste Temperaturwechselbeständigkeit (Ceran–Herdplatten).

Einfaches Flaschenglas erhält man aus einer Schmelze von Quarzsand (SiO_2), Kreide ($CaCO_3$)und Natriumcarbonat (Na_2CO_3). Alkali- und Erdalkalioxide (Na_2O, CaO) setzen als Flussmittel den Schmelzpunkt auf ca. 1000°C herab und verbessern damit die Verarbeitbarkeit. Mit steigendem Na_2O–Gehalt sinkt aber die chemische Widerstandsfähigkeit und der elektrische Isolationswiderstand. Das Glas wird zur Beseitigung von Einschlüssen und gelösten Gasen weiter bis ca. 1500°C erhitzt (**geläutert**) und dann langsam unter Vermeidung von thermischen Spannungen abgekühlt.

Glaseinteilung

Gläser können nach ihrer technischen Anwendung oder nach ihrer chemischen Zusammensetzung eingeteilt werden in:

- **Behälterglas:** Hohlglas, Flaschenglas; chemische Zusammensetzung: Natron–Kalk–Gläser,
- **Flachglas:** Maschinen-, Spiegel-, Floatglas, Anwendung: Glasscheiben; chemische Zusammensetzung: meist Natron–Kalk–bzw. Borosilikatgläser,

- **Elektroglas:** Einschmelzglas, Lötglas; Anwendung: Glühlampenkolben, Fernsehbildschirme; chemische Zusammensetzung: Alumosilikatglas, Magnesiaglas,
- **Wirtschaftsglas:** Kristallglas, Bleikristallglas; Anwendung: Haushalt, Glühlampen; chemische Zusammensetzung: Bleiglas, Kali–Kalk–Glas,
- **Apparateglas:** technisches Glas; Anwendung: Laborgeräte, Hitzegläser, Duran- bzw. Pyrexglas; chemische Zusammensetzung: Borosilikat- oder Alumoborosilikatglas (Jenaer Glas),
- **Optisches Glas**: Brillenglas, Flintglas, Kronglas; Anwendung: Brillen, Kameras; chemische Zusammensetzung: Flintglas (bleihaltig), Kronglas (bleifrei),
- **Faserglas:** Anwendung: Glasfasern für glasfaserverstärkte Kunststoffe und Elektronikanwendungen; chemische Zusammensetzung z.B. Alumo–Borosilikatglas.

Quarzglas

Farbgläser

Die chemische Zusammensetzung einiger technisch anwendbarer Gläser ist in → *Tab. 4.9* zusammengestellt. **Quarzglas** ist optisch transparent bis in den UV–Bereich. Bei **Trübgläsern** (Milchglas) werden fluorhaltige Salze (z.B. Flussspat CaF_2) zugegeben, die bei der Erstarrung der Schmelze als kleine Kristallite auskristallisieren. **Farbgläser** erhält man durch Zumischung geringster Mengen (<0,1%) an Schwermetalloxiden, z.B. Kobaltoxid (blau bis violett), Chromoxid (grün), Manganoxid (violett), Kupferoxid (rot / blaugrün), Eisenoxid (grün / braun), kolloidales Gold (rubinrot), Selen (orange bis rot).

Normenhinweise: DIN 1259: Glas, Begriffe für Glasarten und Glasgruppen
VDI Richtlinie 2578: Emissionsminderung Glashütten

Glasart	SiO_2	B_2O_3	Al_2O_3	PbO	CaO	MgO	BaO	Na_2O	K_2O
Behälterglas (A-Glas)	73	-	1,5	-	10	0,6	-	14	0,9
Flachglas	72	-	1	-	9	4	-	15	-
Glühlampenglas	73	-	1	-	5	4	-	17	-
Fernsehkolbenglas	67	-	4	-	-	-	13	8	8
Laborgeräteglas	81	13	2	-	-	-	4	-	-
Bleikristallglas	60	1	-	24	-	-	1	1	13
Faserglas (E-Glas)	54	10	14	-	18	4	-	-	-
Quarzglas	100	-	-	-	-	-	-	-	-

Tabelle 4.9 **Gläser** und ihre typische chemische Zusammensetzung.

Floatglas

Flachglas wird als **Maschinenglas** (Ziehverfahren), **Spiegelglas** (Gießverfahren) oder als **Floatglas** hergestellt. Bei dem modernen Floatglasverfahren fließt (floatet) die Glasschmelze mit einer Temperatur von 1100°C auf eine geschmolzene Zinnbad–Oberfläche der Temperatur 600°C, von der es durch Spezialwalzen abgehoben wird.

Sicherheitsglas

Normales Flachglas ist sehr unelastisch und zerbricht bei relativ geringen Krafteinwirkungen in viele scharfkantige Splitter. **Einscheiben–Sicherheitsglas,** z.B. für einfache Autofenster, wird im plastischen Temperaturbereich durch ein entsprechendes Werkzeug geformt und dann gesteuert abgekühlt. Dabei entstehen Druckspannungen an der Oberfläche und Zugspannungen im Materialkern, wodurch das Glas eine höhere Festigkeit erhält. Beim Glasbruch entstehen stumpfkantige Glaskrümel. **Verbund–Sicherheitsglas** besteht aus zwei Glasscheiben, die durch eine organische Kunststoffschicht bei hohem Druck und Temperatur verbunden werden.

Glasrecycling

Flaschenglas und technische Gläser sollten aufgrund der unterschiedlichen Zusammensetzung beim Recycling nicht vermischt werden. Zur Herstellung von einer Gewichtseinheit Glas wird die Hälfte an Primärenergie benötigt wie zur Herstellung von Stahl. Beim Mehrwegsystem kann Glas bis zu **50 mal** wiederbefüllt werden und als Bruchglas vollständig wiederverwertet werden. Dieser günstigen Ökobilanz steht das hohe Transportgewicht (Energieverbrauch) von Glas gegenüber Kunststoffen entgegen.

Lichtwellenleiter (LWL)

Der Einsatz von Glasfasern (aber auch Polymerfasern) als Lichtwellenleiter (LWL) in der Optik oder Medizintechnik (z.B. Endoskope) bzw. in der Kommunikationstechnik (z.B. Glasfaserkabel) expandiert beträchtlich. Bei der Datenübertragung werden digitale elektronische Impulse in optische Laserpulse (Wellenlänge 800 bzw. 1300 nm) umgesetzt, in einem Lichtwellenleiter transportiert und beim Empfänger mittels einer Photodiode wieder in elektronische Signale umgewandelt.

Das in den Lichtwellenleiter eingekoppelte Licht breitet sich in der Faser als unterschiedliche Lichtwellentypen (**Moden**) je nach seiner Wellenlänge, Polarisation oder Ausbreitungsrichtung aus. Mehrmoden–LWL mit einem Kerndurchmesser zwischen 50...200 µm können mehrere Tausend dieser Lichtmoden gleichzeitig übertragen. Die Zusammenfassung vieler Glasfasern zu Lichtwellenleiterkabeln ermöglicht eine leistungsstarke Datenübertragung mit den Vorteilen:

- **hohe Datenübertragungsrate** (Taktfrequenz bis 10 GHz),
- **geringe Dämpfung** (2...10 Dezibel pro km; ca. 100...1000 mal geringer als bei Kupfer).

Eine Lichtleitfaser wird hergestellt, indem hochreine Quarzfäden von der Oberfläche ausgehend mit GeO_2 oder B_2O_3 dotiert werden. Ein Verfahren ist z.B. die **CVD–Beschichtung** mit dem Prozessgas $SiCl_4 + O_2$, wobei $GeCl_4$ oder BCl_3 als Dotiergas zugemischt wird (→ *Kap. 17.7*). Die Faserränder erhalten dadurch einen höheren Brechungsindex als das Faserinnere. Eingestrahltes Licht wird in der Faser durch Totalreflexion weitergeleitet (→ *Abb. 4.13*).
Normenhinweis: VDI/VDE -Richtlinie 3692: Lichtwellenleitertechnik

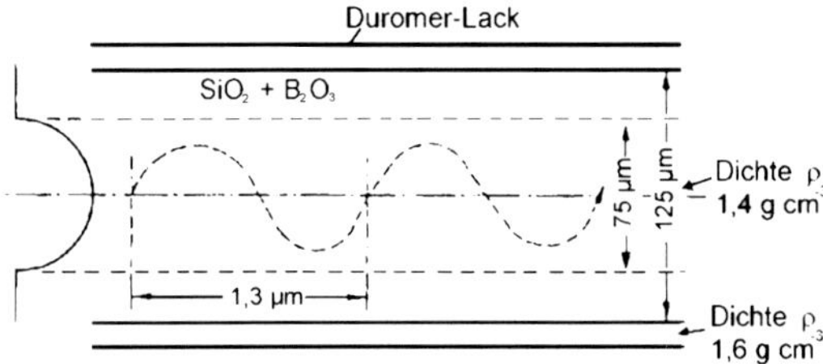

Abbildung 4.13 **Glasfasern:** Weisen durch Dotierung einen Gradienten des Brechungsindexes auf. Dadurch kommt es zur Totalreflexion des Lichtes in der Faser.

Kohlenstoff

Kohlenstoff besitzt im Gegensatz zu zahlreichen anderen Werkstoffen, die in diesem Kapitel behandelt wurden, keine ionischen Bindungsanteile. Aufgrund ähnlicher Werkstoffeigenschaften (Härte, elektrische Isolation u. a.) werden Werkstoffe auf **Kohlenstoffbasis** zu den **anorganischen nichtmetallischen** Werkstoffen gezählt und in diesem Kapitel behandelt.

Diamant

sp^3–Hybridisierung

Das Kohlenstoffatom kann vier Elektronen aufnehmen oder vier Elektronen abgeben. Kohlenstoff (C) ist das flexibelste Element im Periodensystem und deshalb Grundlage der organischen Chemie. Es kommt in den drei Modifikationen Diamant, Graphit und Fullerene vor. Im Diamant bildet das C–Atom vier gleichartige Bindungen (**sp^3–Hybridisierung**) aus, die sich zu einem tetraederförmiges Diamantgitter anordnen (→ *Abb. 4.14*).

Auch andere, sehr harte Stoffe wie Silizum und Siliziumcarbid (Carborundum) kristallisieren im Diamantgitter. Diamant ist in mehrfacher Hinsicht ein extremer Stoff, er besitzt:

- eine sehr hohe **Härte** (Mohssche Härte 10, Vickershärte 8000),
- eine sehr gute **Wärmeleitfähigkeit** (fünfmal größer als Kupfer),
- einen sehr hohen **elektrischen Widerstand**,
- eine geringe **thermische Ausdehnung,**
- eine hohe **Lichttransparenz** vom UV–bis in den IR–Bereich.

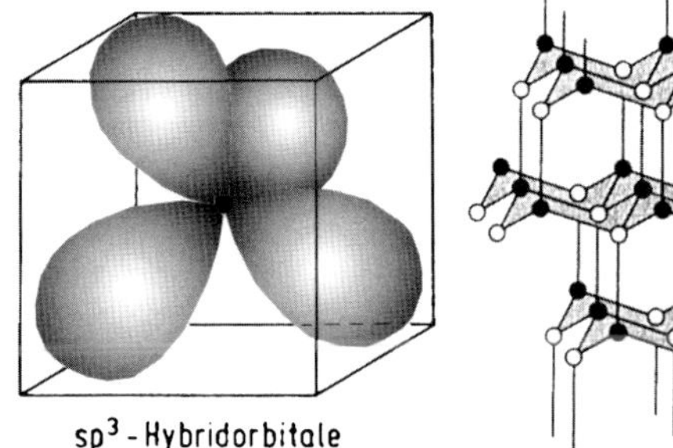

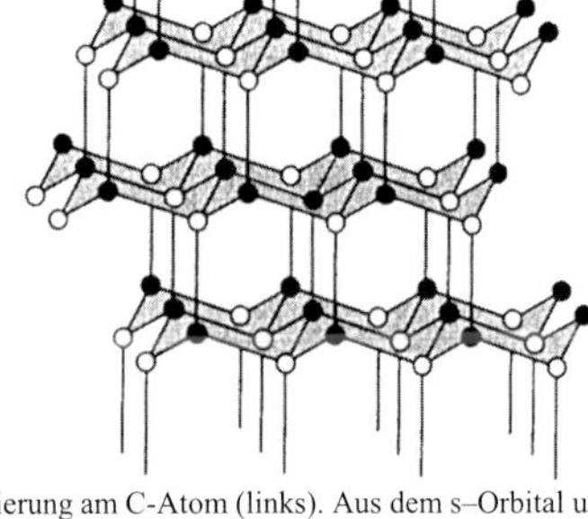

Abbildung 4.14 **Diamantgitter** (rechts), sp^3-Hybridisierung am C-Atom (links). Aus dem s–Orbital und den drei p–Orbitalen werden vier gleichartige Hybridorbitale gebildet.

Industriediamanten

Diamant ist nicht hitzestabil. Bei Temperaturen über 800°C oxidiert er an Luft zu CO_2. Neben natürlichen Diamanten (Brillanten = geschliffene Diamanten) werden heute überwiegend künstliche Diamanten (hergestellt bei hohen Temperaturen von 2400°C und hohen Drücken von 10 000 MPa) eingesetzt. Diese dienen als:

- **Hartstoffe** auf Schleifscheiben oder Bohrkronen bzw. in Polierpasten,
- **PKD–Werkzeuge**, d.h. beschichtete Werkzeuge, die fein verteilte polykristalline Diamantpartikel (PKD) in einer Metallmatrix (Kobalt) enthalten.

Die gelungene Abscheidung von **kristallinen** Diamantschichten aus der Gasphase (→ *Kap. 17.7*) ermöglicht innovative Materialien für z.B.:

- **effektive Wärmeabfuhr** in der Mikroelektronik (Trägermaterial, Kühlfolie),
- **optische Elemente** für Laserdioden, kratzfeste Fenster,
- **kratzfeste Hartstoffbeschichtung,** z.B. für Computerfestplatten.

Graphit sp^2–Hybridisierung

Im Graphit bildet der Kohlenstoff drei gleichartige Bindungen (**sp^2–Hybridisierung**) mit einem Bindungswinkel von 120°. Die verbleibenden p–Orbitale senkrecht zur sp^2–Ebene überlagern sich in dem Graphitgitter und bilden ein Energieband, in dem die p–Elektronen analog einem Metall frei beweglich sind (**Π–Elektronen** = delokalisierte p–Elektronen). Graphit ist deshalb ein elektrischer Leiter und hat metallischen Glanz. Aufgrund der Schichtstruktur ist Graphit weich und besitzt Schmiereigenschaften (**Festschmierstoff**, → *Abb. 4.15*).

Natürlicher Graphit wird in großen Mengen bergmännisch abgebaut. Bei **künstlichem** Graphit unterscheidet man:

- **Hartbrandkohle** und
- **Elektrographit**.

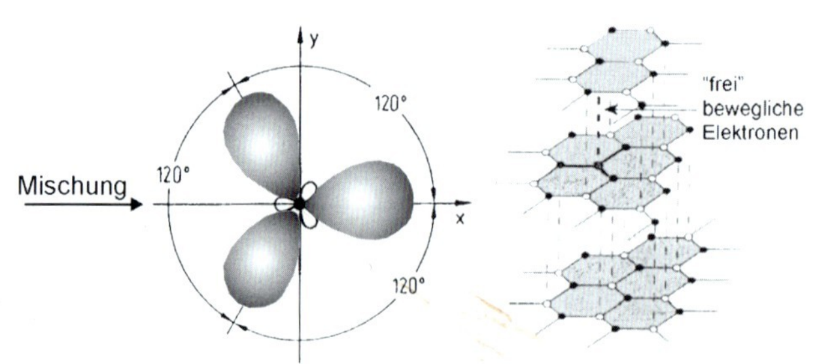

Abbildung 4.15 **Graphitgitter** (rechts), sp^2-Hybridisierung am C–Atom (links). Aus dem s–und zwei p–Orbitalen werden drei gleichartige Hybridorbitale gebildet. Ein restliches p–Orbital (nicht eingezeichnet) verbleibt senkrecht zur Zeichenebene.

Hartbrandkohle

Hartbrandkohle entsteht durch Brennen (Karbonisieren bei 1300°C) von 'grünen' Formkörpern, die analog dem keramischen Sinterprozess aus einem kohlenstoffhaltigen Pulver (z.B. Petrolkoks, Pechkoks, Graphit, Ruß) und einem Bindemittel (z.B. halbflüssige Teerpeche, Bitumen, Kunstharze) geformt werden (→ *Abb. 4.16*). Hartbrandkohle unterscheidet sich von Elektrographit durch:

- größere **Festigkeit**,
- geringere **Wärmeleitfähigkeit** und höheren elektrischen Widerstand.
- **Einsatzgebiete** sind: Auskleidung von Hochöfen, Elektroden für die Al–Herstellung, Maschinenelemente.

Elektrographit

Elektrographit entsteht durch Erhitzen von Hartbrandkohle auf 2800°C und hat folgende Eigenschaften:

- hohe **elektrische Leitfähigkeit**, hohe **Wärmeleitfähigkeit**,
- hohe **Temperaturwechselbeständigkeit**.
- **Einsatzgebiete** sind: Elektroden für Lichtbogenöfen, Reaktorgraphit, Chemieapparate, Kohlebürsten für die Elektrotechnik.

Normenhinweis: VDI Richtlinie 3467 Emissionsminderung: Herstellung von Kohlenstoff (Hartbrandkohle) und Elektrographit

Ruß

Ruß ist besonders lockerer Graphit geringer Dichte, z.B. Schornsteinruß, Dieselmotorruß, Acetylengasruß und entsteht bei der unvollständigen Verbrennung. Solche Produkte enthalten oft beträchtliche Anteile krebserregender polycyclischer aromatischer Kohlenwasserstoffe (PAK; Schornsteinfegerkrebs als Berufskrankheit). Industriellen Ruß (**Furnaceruß**) erhält man durch eine unvollständige Verbrennung aromatenreicher Öle in geschlossenen Anlagen bei Temperaturen um 1000...1300°C. Ein möglicher Anteil an PAK oder aromatischen Nitroverbindungen kann durch Extraktion mit organischen Lösemitteln entzogen werden. 95% des industriell gewonnenen Rußes wird als schwarzes Farbpigment bzw. als Füllstoff den Elastomeren, z.B. **Reifenkautschuk,** zugesetzt.

Rechtshinweise: TRGS 900: MAK Graphitstaub 6 mg m^{-3}

Fullerene

Fullerene sind 'fussballähnliche' Käfigverbindungen aus durchkonjugierten C–Fünf- bzw. Sechsringen. Sie bestehen ausschließlich aus Kohlenstoff und stellen somit neben Diamant und Graphit eine dritte Kohlenstoffmodifikation (Allotropie) dar. Sie sind in organischen Lösemitteln, z.B. Toluol, löslich und eignen sich daher für eine Anreicherung mittels Extraktion, und eine Reihe chemischer Umsetzungen. C_{60}–Fullerene (**Buckminsterfullerene**, → *Abb. 4.16*) werden durch Verdampfen von Graphit in einer Heliumatmosphäre bei einem Druck von p = 133 hPa mit einer Ausbeute von 15% hergestellt und aus dem Reaktionsgemisch mit Toluol extrahiert. Die bisherige Reinigung von Fullerenen ist reichlich teuer. Fullerene lassen sich mit Metallionen dotieren und werden dann stromleitend. Man hofft, daraus einlagige Leiterbahnen für gedruckte Schaltungen herstellen zu können und somit eine weitere Mikrominiaturisierung (**quantum size effect**) zu erreichen. Es werden weitere Anwendungen von Fullerenen diskutiert, z.B. Schmiermittel für Präzisionsmaschinen, molekulares Kugellager, Katalysatoren, elektronische Eigenschaften z.B. für farbige Flachbildschirme.

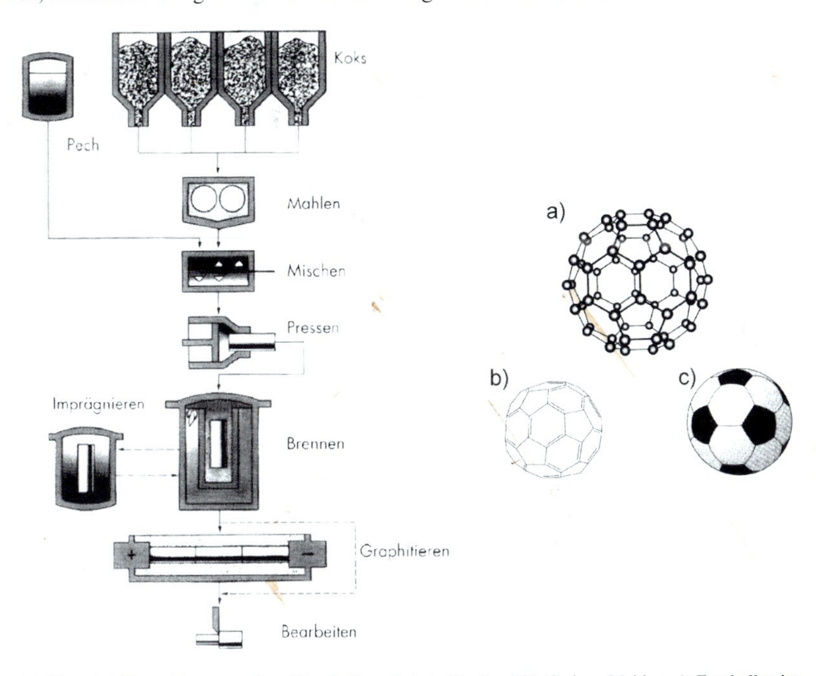

Abbildung 4.16 **Herstellung von Graphitprdukten** (links), (Quelle: SGL Carbon, Meitingen); **Fussballartige Buckminster-Fullerene** (rechts), (aus: Die chemischen Elemente, Wissenschaftliche Verlagsgesellschaft, Stuttgart, 1996 /7/).

Steinkohlenteer, Teeröl, Pechkoks

Teere sind halbfeste, schwarze Produkte, die bei der trockenen Destillation von **Steinkohle** oder natürlichen C–haltigen Stoffen (Holz, Torf) entstehen. Niedrigsiedende Destillate bezeichnet man als **Teeröle**, die höhersiedenden Rückstände als **Teerpech** (Anwendung: Straßenbau, Dachabdeckung, Holzschutz). Aufgrund des hohen Gehaltes an carcinogenen PAK ist der Einsatz von Teerölen als Holzschutzmittel im allgemeinen verboten. Nach einer 15...20 stündigen Entgasung (Verkokung) von Steinkohle bei hohen Temperaturen (600...1400°C) bleibt **Pechkoks** (Einsatz bei der Eisenherstellung) zurück.

Rechts- und Normenhinweise: GefstoffV, Anhang IV, Nr.13 und dort beschriebene Ausnahmeregelungen, DIN 55946 Bitumen und Steinkohlenteerpech.

Bitumen, Asphalt Petrolkoks

Bitumen erhält man durch eine schonende Behandlung des Rückstands der **Erdöldestillation** (oxidative Vernetzung). Durch eine Vermischung von Bitumen mit Mineralstoffen erhält man **Asphalt** (kommt auch als Naturstoff vor). Asphalt hat einen wesentlich geringeren PAK–Gehalt als Steinkohlenteer. Eine Entgasung des Erdöldestillationsrückstands führt zu **Petrolkoks**, der zu industriell nutzbaren Graphitwerkstoffen, z.B. für Kohleelektroden (Aluminiumherstellung, Erodierelektroden), Festschmierstoffen oder Bleistiften weiterverarbeitet wird.

Pyrolyse

Ruß, Teer, Bitumen, Holzkohle u.a. sind Produkte, die durch thermische Zersetzung unter Luftausschluss oder Sauerstoffmangel (**Pyrolyse**) von organischem Material entstehen. Bei diesen Herstellungsprozessen oder bei ungewollten Pyrolyseprozessen (z.B. Zigarettenrauch, Verkohlung von Kunststoffen, Verbrennungen in Heizungsanlagen und Motoren, Gießen von Eisen und Stahl) ist mit dem Auftreten von teils krebserzeugenden polyaromatischen Kohlenwasserstoffen (PAK) zu rechnen. Auch bei der Nahrungszubereitung, z.B. Grillen von Fleisch, Erhitzen von Frittierfett, können PAK entstehen.

Polyaromatische Kohlenwasserstoffe (PAK)

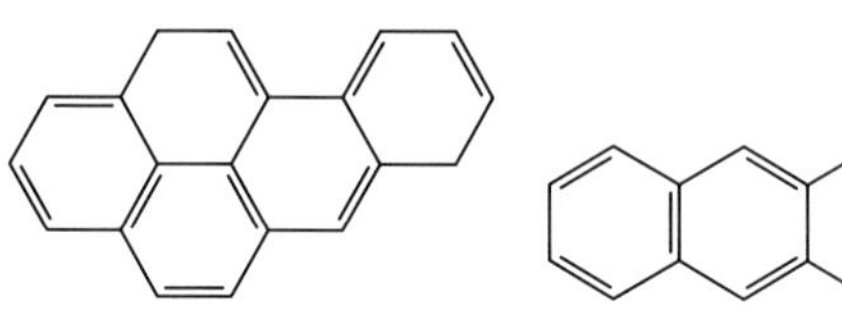

PAK: Pyren (nicht krebserzeugend) | Benzo[a]pyren 3,4 Benzpyren (krebserzeugend) | Benzo[a]anthracen

Benzo[a]pyren

Als Leitsubstanz für den Arbeitsschutz von PAK gilt der Stoff **Benzo[a]pyren**. Bei festen Stoffen ist in vielen Fällen ein Höchstgehalt von 50 ppm Benzo[a]pyren festgelegt, z.B. dürfen Teerprodukte mit mehr als 50 ppm nicht als Bindemittel für den Straßenbau oder als Fugenvergussmasse verwendet werden.

Rechtshinweise: TRGS 901, Anhang IV, Nr. 23: Benzo[a]pyren als Staub, TRK–Wert im allgemeinen 0,002 mg m^{-3}, TRGS 551: Pyrolyseprodukte aus organischem Material.

Aktivkohle

Aktivkohle ist eine Mischung aus Graphit und amorphem Kohlenstoff mit großer innerer Oberfläche mit bis zu 25% mineralischen Anteilen. Aktivkohle erhält man bei der Verkohlung nahezu aller kohlenstoffhaltiger Materialien, z.B. pflanzlichen (z.B. Holz), tierischen (z.B. Knochen) oder mineralischen (z.B. Koks) Rohstoffen. Es bieten sich zwei Aktivierungsmöglichkeiten an:

- **Gasphasenaktivierung** und
- **chemische Aktivierung**.

Bei der **Gasphasenaktivierung** werden bereits verkokte Rohstoffe in einer Wasserdampfatmosphäre oxidiert. Bei der Teilvergasung entsteht ein hochporöses, aktives Kohlenstoffgerüst:

$C + H_2O \rightarrow CO + H_2$ (700...1100°C)

Die **chemische Aktivierung** verläuft unter Zugabe von wasserentziehenden Stoffen (z.B. mit $ZnCl_2$, H_3PO_4 oder H_2SO_4) zu unverkohlten Materialien (z.B. Sägemehl), die dann bei 400...800°C behandelt werden. Die technische (und medizinische) Bedeutung von Aktivkohle beruht auf der Adsorption von organischen Schadstoffen an der außerordentlich großen inneren Oberfläche (Fläche ca. **500...1500 m^2 g^{-1}** Aktivkohle, → *Abb. 4.17*).

Aktivkohle wird zur Behandlung von Abgasen oder Abwässern eingesetzt, z.B.:

- **Entchlorung, Entozonisierung** von Trinkwasser, Brauchwasser (Schwimmbad) und Abluft (Ozonfilter),
- **Adsorption** von Lösemitteln in Abgasen (z.B. Reinigung von Lackierabluft),
- **Entfernung** von Farbstoffen und CKW, z.B. aus Textilabwässern oder Deponiesickerwasser.

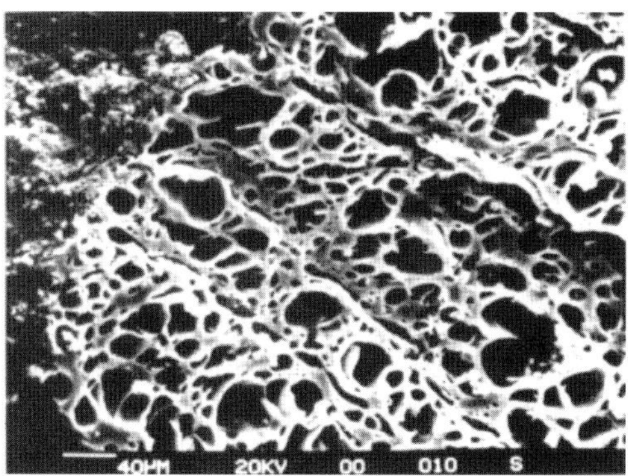

Abbildung 4.17 **Aktivkohle:** besitzt eine Porenstruktur mit möglichst großer Oberfläche (Quelle: Firma Lurgi, Frankfurt).

Glasartiger Kohlenstoff

Kohlenstoff–Fasern und glasartiger Kohlenstoff (**glassy carbon, GC**) sind hochtemperaturbeständige Materialien (einsetzbar bis über 1000°C). Kohlenstoff–Fasern gewinnt man durch eine Temperaturbehandlung und Streckung nicht schmelzbarer Kunststoff–Fasern, z.B. Zellulose, PAN oder Pechfasern bei ca. 900...1500°C unter Inertgasatmosphäre. Dreidimensionale, hochtemperaturbeständige Werkstücke (Glaskohlenstoff, z.B. für Tiegel) können durch Formgebung aus Duroplasten (z.B. Phenol–Formaldehyd–Harze) und anschließender Pyrolyse in einer Stickstoffatmosphäre bei 1000°C erhalten werden.

Kohlefaser–Werkstoffe (CFK)

Kohlefaserverstärkte Kunststoffe (**CFK**) sind C–faserverstärkte Duroplaste (meist Epoxid–Harze). Entsprechende Werkstücke besitzen mechanische Eigenschaften, die Stahl vergleichbar sind–bei einem über 50% reduzierten Gewicht. CFK–Komponenten werden zunehmend in der Luftfahrttechnik (z.B. als Seiten- und Höhenleitwerke, Tragflächenklappen, Hitzeschild des space shuttle), im Automobil–Leichtbau oder für Sportartikel (Tennisschläger, Stabhochsprung) eingesetzt.

4.3 Halbleiter

Rohsilizium

Das technologisch wichtigste Halbleitermaterial ist hochreines Silizium (Si), das durch ein dreistufiges Reinigungsverfahren gewonnen wird. Im ersten Schritt entsteht **Rohsilizium** durch Reduktion von Quarz (SiO_2) mit Kohle bei Temperaturen über 2100°C:

$$SiO_2 + 2\,C \rightarrow Si + 2\,CO$$

Trichlorsilan

Rohsilizium wird bei 300°C mit Salzsäure zu Trichlorsilan ($SiHCl_3$) umgesetzt, das durch Destillation (Siedepunkt von $SiHCl_3$: 32°C) von Verunreinigungen befreit wird:

$$Si + 3\,HCl \rightarrow SiHCl_3 + H_2$$

H
Si
Cl Cl Cl

Trichlorsilan

CVD–Abscheidung von Si

In einem Gasphasenprozess (**CVD = Chemical Vapor Deposition**) wird reinstes, **amorphes** Silizium in einer Wasserstoffatmosphäre bei Temperaturen um 1000°C auf Si–Dünnstäben niedergeschlagen (→ *Abb. 4.18*).

$$4\,SiHCl_3 + 2\,H_2 \rightarrow 3\,Si + SiCl_4 + 8\,HCl$$

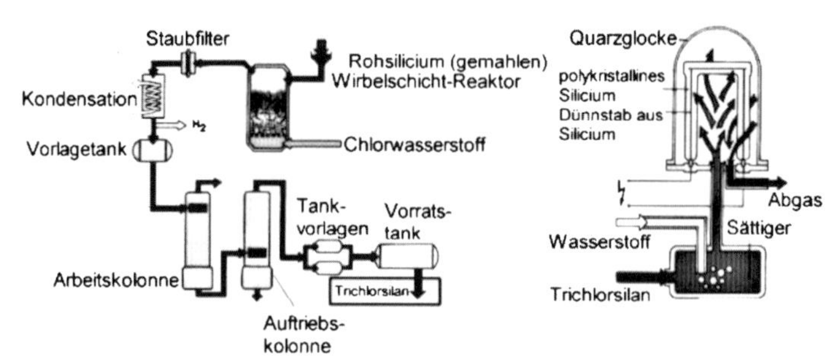

Abbildung 4.18 **Herstellung von polykristallinem Reinst–Silizium**: Raffination von Trichlorsilan (links), CVD–Abscheidung von Silizium aus $SiHCl_3$ (rechts), (aus: Chemie–Grundlage der Mikroelektronik, Fonds der Chemischen Industrie, Frankfurt).

Das Abfallprodukt $SiCl_4$ wird nach einer Hydrierung in den Prozess zurückgeführt oder dient als Ausgangsstoff zur Herstellung Si–organischer Verbindungen (**Silikone**).

Polykristallines Silizium

Nach einem Umschmelzprozess erhält man aus amorphem Si ein polykristallines Material, das z.B. für Solarzellen verwendet wird. Polykristallines Si ist aufgrund der Korngrenzen (diese wirken als elektrische Widerstände) noch nicht als Werkstoff für die Mikroelektronik geeignet. Für die Herstellung von **monokristallinem** Silizium (**Einkristall**) kann man drei verschiedene Techniken der Kristallaufzucht einsetzen:

Epitaxie

- Wachstum aus der **Schmelze,**
- Wachstum aus der **Lösung (Flüssigphasenepitaxie),**
- Wachstum aus der **Gasphase (Gasphasenepitaxie).**

Silizium–Einkristalle

Zur Herstellung **massiver** Si–Einkristalle sind **Schmelzverfahren** am produktivsten, wobei die Kristallisation bevorzugt an einem eingebrachten Impfkristall einsetzt. Man unterscheidet zwei Verfahren (→ *Abb. 4.19*):

- **Tiegelziehen** (Czochralsky–Verfahren)
- **Zonenziehen** (ohne Tiegel).

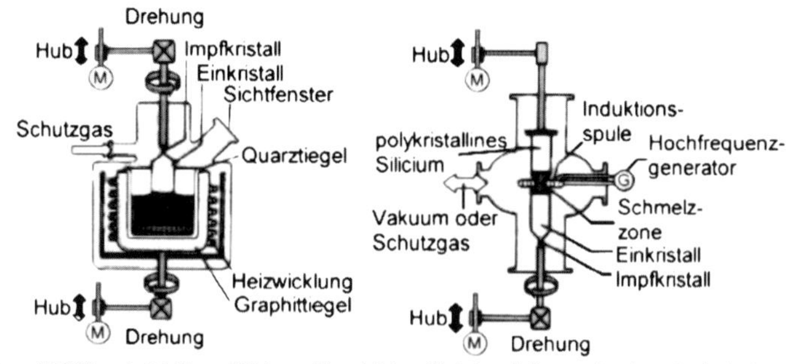

Abbildung 4.19 **Monokristallines Silizium**: Tiegelziehen (links) und Zonenschmelzen (rechts), (aus: Chemie–Grundlage der Mikroelektronik, Fonds der Chemischen Industrie, Frankfurt).

Tiegelziehen

Zonenziehen

Beim **Tiegelziehen** werden Si–Einkristalle mit einem Durchmesser von ca. 10 cm mit einer Ziehgeschwindigkeit zwischen 0,3...6 cm h^{-1} aus der Si–Schmelze gezogen. Höhere Reinheiten erzielt man mit dem **Zonenziehen**, da hierbei die Verschmutzung durch das Tiegelmaterial entfällt. Auch beim Zonenziehen verwendet man einen Impfkristall, die Geschwindigkeiten der Induktionsspule beträgt ca. 10... 20 cm h^{-1}. Die Herstellung von Einkristallen aus der **Lösung** oder aus der **Gasphase** hat nur im Rahmen der Halbleiterfertigung für das epitaktische Wachstum von Halbleiterschichten auf Si–Scheiben (**Wafer**) Bedeutung.

Eigenhalbleiter

Halbleiter besitzen im Unterschied zu Metallen am absoluten Nullpunkt **keine freien Elektronen**. Bei Energiezufuhr, z.B. durch Wärme oder Licht, erhöht sich bei Halbleitern die Zahl der Ladungsträger n exponentiell. Dadurch **sinkt der Widerstand** von Eigenhalbleitern im Gegensatz zu den Metallen im allgemeinen mit zunehmender Temperatur.

Ladungsträgerzahl: $n = n_0 \cdot \exp\left[\frac{\frac{1}{2}E_g}{kT}\right]$ mit E_g = Bandlücke

Bei einem Halbleiter sind im allgemeinen folgende Bedingungen erfüllt /19a/:

Halbleitercharakteristika

- **spezifischer Widerstand** ρ [Ω m]: Metalle $<10^{-7}$, Halbleiter $10^{-5}...1$, Isolator $>10^8$ Ω m;
- **Ladungsträgerzahl n_0** [cm^{-3}]: Metalle $>10^{22}$, Halbleiter $10^{21}...10^{10}$, Isolatoren $<10^9$ cm^{-3};
- **negativer Temperaturkoeffizient** des Ohmschen Widerstands.

Halbleitermaterialien

Zahlreiche Elemente oder Verbindungen besitzen halbleitende Eigenschaften:

Elementhalbleiter

- **Elementhalbleiter**
  - der IV. Hauptgruppe: Si, Ge (kristallisieren im Diamantgitter)
  - der V. Hauptgruppe: As, Sb,
  - der VI. Hauptgruppe: Se, Te,

Verbindungshalbleiter

- **Verbindungshalbleiter**
  - IV–IV–Halbleiter: SiC (kristallisiert im Diamantgitter),
  - III–V–Halbleiter: AlP, AlAs, AlSb, GaP, GaAs, GaSb, InP, InAs, InSb (kristallisieren meist im diamantanalogen ZnS–Gitter),
  - II–VI–Halbleiter: MgS, BaO, ZnO, ZnS, ZnSe, ZnTe CdS, CdSe, CdTe, HgS, HgSe, HgTe (kristallisieren oft im ZnS–Gitter),
- **Sonstige binäre Verbindungshalbleiter**
  - halbleitende Oxide: Cu_2O, TiO_2, PbO, NiO, Titanate,
  - halbleitende Sulfide, Selenide, Telluride: PbS, PbSe, PbTe, In_2Se_3, Bi_2Se_3, In_2Se_3, Sb_2S_3,
  - halbleitende Boride, Carbide und Nitride der Übergangsmetalle Ti, Zr, Hf, Nb, Ta
- **ternäre Verbindungshalbleiter**
  - $CuGaS_2$, $CuInSe_2$, $ZnSiP_2$, $AgBiSe_2$,
- **halbleitende Ionenkristalle**
  - KCl, $NaNO_3$, AgCl, AgBr,
- **halbleitende organische Kristalle**:
  - Phthalocyanine, Methylenblau, Kristallviolett und andere Farbstoffe.

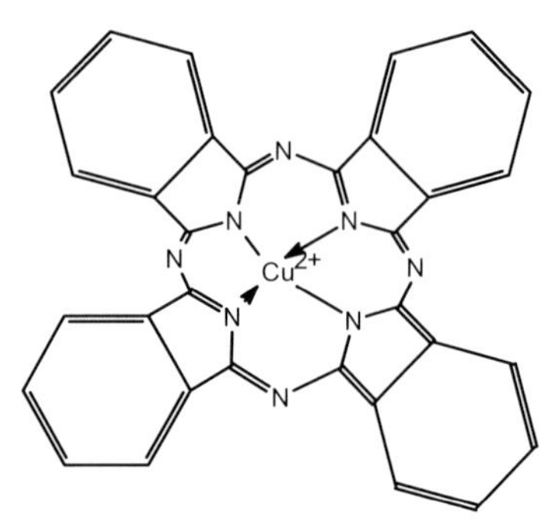

Cu–Phthalocyanin

Halbleiter-synthese

Weitere halbleitende Materialien lassen sich durch gezielte Materialsynthese erzeugen durch:

- **Abweichung** vom genauen stöchiometrischen Verhältnis, z.B. TiO_{2-x}
- **Dotierung** mit **Fremdatomen** anderer Oxidationsstufen, z.B. Kaltleiter,
- **Mischung** von **Metallionen** mit unterschiedlichen Oxidationsstufen, z.B. Cu(I), Cu(II) oder Fe(II), Fe(III).

Bändermodell

Valenzband

Leitungsband

Bandlücke

Bei der mathematischen Beschreibung eines aus vielen Atomen bestehenden Festkörpers verbreitern sich die einzelnen (diskreten) Energieniveaus der Atome zu **Energiebändern**, die mit Elektronen besetzt werden. Das äußerste besetzte Energieband nennt man **Valenzband**. Das darüberliegende, nicht besetzte oder nur teilweise besetzte Energieband ist das **Leitungsband**. Das Bändermodell erklärt die Unterschiede zwischen einem Isolator, Halbleiter und Metall aus dem unterschiedlichen Energieabstand **(Bandlücke, band gap E_g)** zwischen Valenzband und Leitungsband. Die Bandlücke von Halbleitern ist typischerweise E_g = 1 eV, maximal E_g = 3 eV (Abgrenzung zu den Isolatoren). Einzelne Bandlücken sind:

- Germanium (Ge) : E_g = 0,67 eV, Wellenlänge λ = 1,8 µm (IR–Licht),
- Silizium (Si): E_g = 1,12 eV, λ = 1,1 µm (IR–Licht),
- Galliumarsenid (GaAs): E_g = 1,42 eV, λ = 0,87 µm (sichtbares Licht)
- Cadmiumsulfid (CdS): E_g = 2,42 eV, λ = 0,51 µm (UV–Licht).

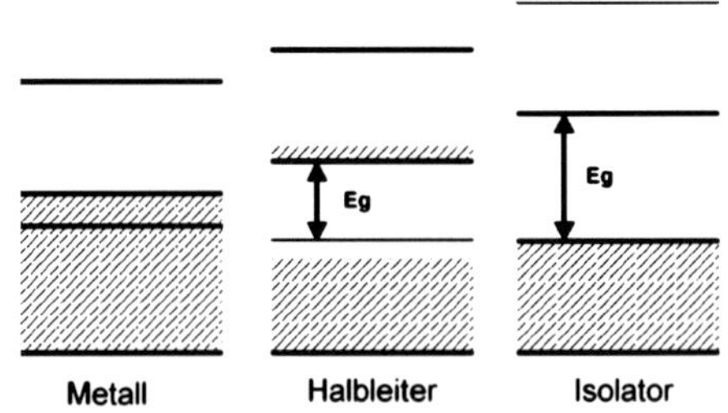

Abbildung 4.20 **Bändermodell** für ein zweiwertiges Metall, Halbleiter und Isolator.

Bei einem **einwertigen Metall** befinden sich unabhängig von der Temperatur freie Elektronen im Leitungsband. Bei **zweiwertigen** Metallen überlappen Valenzband und Leitungsband (→ *Abb. 4.20*). Zum Ablösen der Elektronen vom Atomrumpf und damit zur Auslösung eines Stromflusses bedarf es bei Metallen nur der Zuführung einer geringen Energiemenge, z.B. in Form eines elektrischen Feldes. Bei einem **Halbleiter** kann die Bandlücke durch **Energiezufuhr**, z.B. durch Wärme, (Thermoschalter), Licht (Photovoltaik) oder elektrische Felder (Zener–Diode) überwunden werden. Bei einem Isolator ist die verbotene Zone (Bandlücke) aufgrund der starken Bindung der Elektronen an den Atomrumpf besonders groß.

Eigenleitung

Die **Eigenleitfähigkeit** der Halbleiter bei zunehmender Temperatur ist bei den meisten elektronischen Anwendungen nicht erwünscht und begrenzt die zulässige Einsatztemperatur, z.B. Ge: T_{max} = 90...100°C, Si: T_{max} = 150... 200°C, GaAsT_{max} = 300...350°C. Technologisch wichtiger ist die Einstellung einer definierten **Störstellenleitfähigkeit** bereits bei Raumtemperatur durch die Zugabe von Fremdstoffen (typische Störstellenkonzentrationen von 10^{14} bis 10^{19} cm^{-3}). Dadurch lassen sich gezielt bestimmte Halbleitereigenschaften einstellen.

Störstellenleitung

Dotierung
n–Leitung

Durch Dotierung mit Elementen der **V. Hauptgruppe** (z.B. P, As) erhält man einen Elektronenüberschuss gegenüber dem Silizium–Wirtskristall *(→ Abb. 4.21*, **n–Leitung**, Leitfähigkeit durch Elektronen e^-). Die **Elektronendonatoratome D** verbleiben als ortsfeste, positiv geladene Teilchen D^+ (z.B. P^+, As^+) gemäß:

$D \rightarrow D^+ + e^-$.

p–Leitung

Durch Dotierung mit Elementen der **III. Hauptgruppe** (z.B. B, In) erhält man einen Elektronenmangel gegenüber dem Silizium–Wirtskristall (→ *Abb. 4.21*, **p–Leitung**, Leitfähigkeit durch Defektelektronen, Löcher h^+). Die **Elektronenakzeptoratome A** verbleiben als ortsfeste, negativ geladene Teilchen A^- (z.B. B^-) gemäß:

$A \rightarrow A^- + h^+$

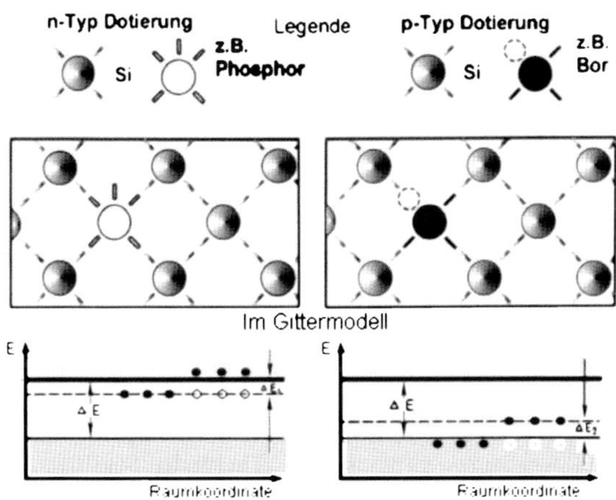

Abbildung 4.21 **Halbleiterdotierungen**: die grauen Bänder bezeichnen das Valenzband und das Leitungsband des Si–Wirtskristalls.
n–Dotierung mit Phosphor (links): die nicht verbreiterten Donatorniveaus der vereinzelten P–Atome liegen wesentlich höher als das Valenzband des Si–Wirtskristalls. Bei T >0 K befinden sich ein Teil der P–Überschusselektronen im Leitungsband des Si–Wirtskristalls;
p–Dotierung mit Bor (rechts); die nicht verbreiterten Akzeptorniveaus der vereinzelten B–Atome liegen wenig höher als das Valenzband des Si–Wirtskristalls. Bei T >0 K fehlen im Valenzband des Si–Wirtskristalls Elektronen (Defektelektronen, 'Löcher')

Majoritätsladungsträger

Im allgemeinen sind im Halbleiterkristall sowohl Donatoren als auch Akzeptoren enthalten. Der Leitungstyp richtet sich dann nach der **überwiegenden** Dotierung:

- **n–Halbleiter**: die Zahl der Donatoren $N_D > N_A$, Elektronen sind die Majoritätsladungsträger, Defektelektronen sind die Minoritätsladungsträger,
- **p–Halbleiter:** die Zahl der Akzeptoren $N_A > N_D$, Defektelektronen sind die Majoritätsladungsträger, Elektronen sind die Minoritätsladungsträger.

Dotierverfahren

Zur Dotierung von Halbleitern verwendet man mehrere Verfahren:

- **Legierungsbildung**: Die Dotierstoffe werden der Schmelze zugesetzt, aus der ein Einkristall gezogen wird. Eine Legierungsbildung ergibt sich auch u. U. ungewollt durch Wärmeprozesse an Metall–Halbleiterübergängen. Besonders leicht diffundieren Cu, Ag und Au in Silizium.
- **Diffusion**: Das wichtigste Verfahren zur Grunddotierung eines Halbleiters verwendet gasförmige Dotierstoffe, z.B. PH_3, B_2H_6, die bei 800...1100°C in den Festkörper diffundieren.

Ionenimplantation

- **Ionenimplantation**: Bei diesem Verfahren werden die meist gasförmigen Dotierstoffe auf hohe Energien bis 200 kV beschleunigt und in den Halbleiter eingeschossen. Unter Anwendung von Maskentechniken können selektiv dotierte Bereiche auf einem Si–Wafer erzeugt werden (Grundschritt zur Herstellung von integrierten Schaltungen, IC = Integrated Circuits).

Halbleiteranwendungen

Halbleiter haben eine vielseitige Anwendung als **elektronische Bauelemente** und **Sensoren** gefunden. Die gewünschten Effekte werden durch reine Halbleitermaterialien, durch die Kombination unterschiedlich dotierter Halbleiter (pn–Übergang) oder durch Halbleiter/Metall–oder Halbleiter/Isolator–Übergänge erzielt.
Beispiele für Sensoreffekte **reiner Halbleiter** sind:

- **Halbleiter–Temperatursensoren**: temperaturabhängige Widerstände, Thermistoren,
- **Halbleiter–Gassensoren**: SnO_2–Sensor,
- **Halbleiter–Strahlungssensoren**: Photoleiter, IR–Sensoren,
- **Halbleiter–Magnetfeldsensoren:** Hall–Effekt.

Beispiele für die Nutzung von **pn–Übergängen** sind:

- **Halbleiter–Bauelemente** : Diode, Transistor, Feldeffekttransistor (FET),
- **Halbleiter–Strahlungssensoren:** Photodiode, Phototransistor, IR–Sensoren,
- **Photovoltaikzellen** zur Stromerzeugung.

Beispiele für **Halbleiter/Metall**–bzw. **Halbleiter/Isolator**–Übergänge sind:

- **Schottky–Diode**
- **MOS–Feldeffekttransistor** (MOS = Metal–Oxide–Semiconductor).

Thermistor

Thermistoren sind Bauelemente, deren elektrischer Widerstand erheblich durch die Temperatur beeinflusst werden (Thermistor = **Thermally Sensitive Resistors)**. Die **Einsatzfälle** sind z.B. Temperaturfühler (Sensorik), Temperaturschutz (z.B. in Trafos, Motoren), Schalter (Verzögerung beim Schalten von Relais oder Leuchtstofflampen).
Man unterscheidet:

- **Heissleiter** mit negativem Temperaturkoeffizienten: NTC–Thermistor (NTC = Negative Temperature Coefficient) und
- **Kaltleiter** mit positivem elektrischem Temperaturkoeffizienten: PTC–Thermistor (PTC = Positive Temperature Coefficient).

Heissleiter

Heissleiter leiten den elektrischen Strom in der **Hitze besser** als in der Kälte (Eigenleitfähigkeit der Halbleiter). Ein Heissleiterwerkstoff besteht aus nichtleitenden Metalloxiden, die durch Zugabe von geringen Mengen höher- oder niederwertiger Oxide halbleitend werden, z.B. ein heterogenes Gemisch aus Fe_2O_3 (Ferrit) mit wenig TiO_2 oder NiO bzw. ZnO mit wenig Li_2O. Die Materialien werden nach den Methoden der **Oxidkeramikherstellung** aus Pulvern definierter Zusammensetzung durch Sinterung bei ca. 1300...1400°C erzeugt.

Kaltleiter

Kaltleiter leiten den Strom in der **Kälte besser** als in der Hitze (analog den Metallen). Der wichtigste Kaltleiterwerkstoff ist Bariumtitanat $BaTiO_3$ (Titankeramik, → *Kap. 4.2*), das ursprünglich ein Isolator ist. Ersetzt man einzelne Ba–oder Titanionen durch Ionen höherer Wertigkeit (z.B. Antimon Sb) entsteht n–leitendes $BaTiO_3$. Das Dotieren gibt dem Kaltleiter eine gewisse Leitfähigkeit bereits bei Zimmertemperatur (ca. R = 30 Ω). $BaTiO_3$ ist ein **ferroelektrischer** Stoff, d. h. die Kristallite besitzen einen Ordnungsgrad und die Elektronen können deshalb über die Korngrenzen fließen (→ *Kap.4.2*). Beim Erreichen der Curie–Temperatur (für $BaTiO_3$ T_C = 115°C) steigt der elektrische Widerstand um 3 bis 4 Zehnerpotenzen, da die Kristallite nun ungeordnet sind und jede Korngrenzen eine Potentialschwelle darstellt. Diese Widerstandsänderung lässt sich beispielsweise für den Bau von Temperaturschaltern ausnutzen. Durch die Wahl anderer Kationen (z.B. Strontium Sr oder Blei Pb) ist die Curie–Temperatur und dadurch der Sensoreffekt in weiten Grenzen variierbar.

Festkörper–Gassensoren

Festkörper–Gassensoren enthalten definitionsgemäß einen Festkörper als Sensorelement und verwenden keine flüssigen Hilfsphasen (Abgrenzung zu elektrochemischen Gassensoren). Festkörper–Gassensoren unterscheidet man in:

- **Halbleiter–Gassensoren**,
- **Ionenleiter–Gassensoren** (z.B. Lambda–Sonde),

Bei **halbleitenden Gassensoren** findet ein gasabhängiger elektrischer Ladungstransport durch **Elektronen** statt. Bei **ionenleitenden Gassensoren** sind positiv oder negativ geladene **Gasionen** für den Ladungsfluss verantwortlich. Dieser Ionentransport im Festkörper setzt in der Regel höhere Temperaturen voraus (Lambda–Sonde: Betriebstemperaturen >350°C, ionenleitende Festkörper–Sensoren in → *Kap. 12.5*).

Halbleiter–Gassensoren

Bei **Halbleiter–Gassensoren** verändert sich der Leitwert im Halbleiter in Abhängigkeit von einem an der Oberfläche adsorbierten Gas. Die Leitfähigkeitsänderungen betreffen in der Regel die Oberflächenleitfähigkeit, es sind jedoch auch Sensoren mit einer Veränderung der Volumenleitfähigkeit, z.B. TiO_2, als Sauerstoffsensor bekannt. Als Materialien für Halbleiter–Gassensoren eignen sich u. a.:

- **Metalloxide**: z.B. SnO_2 ZnO, WO_3, TiO_2,
- **Ferrite:** z.B. Fe_3O_4,
- **Titanate:** z.B. $BaTiO_3$ und
- manche **organische Halbleiter:** z.B. Phthalocyanine.

Die halbleitenden Verbindungen werden im Hinblick auf den jeweiligen Anwendungsfall meist zusätzlich durch Fremdatome dotiert. Bei dem Halbleiter–Gassensor nach → *Abb.4.22* wird das Sensormaterial z.B. mit Dickschichtverfahren auf ein nichtleitendes Al_2O_3–Keramiksubstrat aufgetragen und durch ein zusätzliches Heizelement auf typische **Arbeitstemperaturen** zwischen 250°C und 450°C aufgeheizt. Die erhöhte Arbeitstemperatur ist nicht im Hinblick auf den Halbleitereffekt notwendig, sondern soll die Ausbildung einer **stationären** Schicht adsorbierter Gasmoleküle an der Halbleiteroberfläche vermeiden. Der wesentliche Anwendungsfall für Halbleiter–Gassensoren ist die **Sicherheitsmesstechnik**. **SnO_2–Sensoren** werden für die Überwachung **reduzie-**

render, brennbarer Gase wie CO, CH_4, SiH_4 eingesetzt und wurden bereits über 50 Millionen mal gebaut (Figarosensor für Erdgasüberwachung).

SnO_2–Sensoren

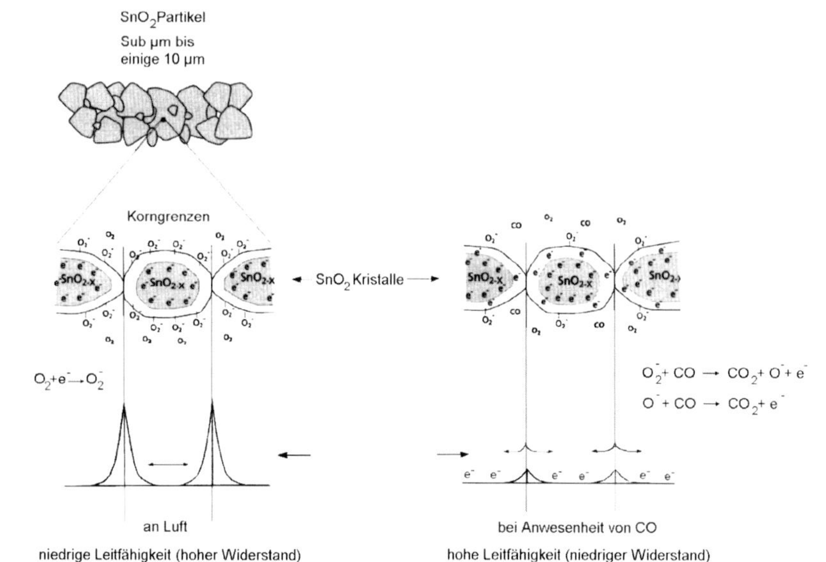

Abbildung 4.22 **SnO_2–Halbleiter–Gassensor**: Der Elektronenübergang (Widerstand) über die Grenzfläche zwischen den SnO_2–Kristalliten wird durch reduzierende Gase beeinflusst (nach: Figaro–Sensoren, Firma Unitronic Düsseldorf).

Die Funktionsweise eines SnO_2–Sensors ist aus → *Abb. 4.22* ersichtlich. Dotiertes SnO_2 ist ein n–leitendes Material, d. h. es besitzt Elektronenleitfähigkeit. Bei Anwesenheit von Luftsauerstoff werden der SnO_2–Oberfläche Elektronen entzogen, dies bewirkt eine Steigerung des elektrischen Widerstands an der Halbleiteroberfläche:
$O_2 + 4\,e^- \rightarrow 2\,O^{2-}$

Gassensoren für reduzierende Gase

Bei Anwesenheit eines reduzierenden Gases, z.B. CO werden die gebildeten Sauerstoffanionen (O^{2-}) zur Oxidation der Schadgase verbraucht, wobei die Elektronen wieder frei werden und zur Halbleiteroberfläche zurückfließen. Der Oberflächenwiderstand sinkt: $O^{2-} + CO \rightarrow CO_2 + 2\,e^-$

Gassensoren für oxidierende Gase

Für die Überwachung **oxidierender** Gase verwendet man besser organische Halbleiter, bevorzugt p–leitende **Phthalocyanine**. Dies sind aromatische Ringsysteme mit einer hohen Elektronendichte oberhalb der Molekülebene. Oxidierende Gase entziehen dem Phthalocyanin–Ringsystem Elektronen, wodurch positive Ladungsträger im p–Halbleiter erzeugt werden und der Leitwert steigt.

Selektivität

Die **Empfindlichkeit** von Halbleiter–Gassensoren ist oft sehr gut und die Ansprechzeiten sind kurz. In stark schmutzbeladener oder korrosiver Umgebung (z.B. KFZ–Abgaskanal) sind Halbleitersensoren jedoch ungeeignet. Ein weiteres Problem ist die mangelnde **Selektivität**, d. h. Querempfindlichkeit zu anderen Gasen. Verbesserte Selektivität bei der Messung von Gasgemischen kann durch vorgeschaltete Filter (→ *Tab. 4.10*) oder durch die rechnerische Verarbeitung mehrerer Sensorsignale erzielt werden.

Filtermaterial	Wirkungen
Aktivkohle	adsorbiert SO_2, NO_2, lässt CO durch
Kieselgel	adsorbiert Kohlenwasserstoffe und H_2O, lässt H_2 durch
Chromsäure	hält SO_2 zurück, nicht aber CO und NO_2
Molekularsiebe	adsorbieren H_2, lassen H_2S durch, adsorbieren H_2O

Tabelle 4.10 **Filtermaterialien**: Verbesserung der Selektivität von Halbleiter–Gassensoren durch Filtermaterialien.

Strahlungssensoren

Strahlungssensoren wandeln elektromagnetische Strahlung in elektronische Signale um. Bauelemente mit optischen Sensoren sind: Belichtungsmesser, IR–Alarmsysteme, Lichtschranken, CCD–Bildsensoren (CCD = Charged Coupled Device), Video–Mikroskope u. a. Die Wirkungsweise von Strahlungssensoren (Lichtsensoren, IR–Sensoren) beruhen auf unterschiedlichen Strahlungseffekten, insbesondere:

- **thermoelektrische Effekte** (Bolometer, pyroelektrische Sensoren),
- **photo(licht-)elektrische Effekte**
  - **äußere Photoeffekte** (erzeugte Ladungsträger verlassen die Materie),
  - **innere Photoeffekte** (erzeugte Ladungsträger verlassen **nicht** die Materie).

Thermoelektrische Sensoren

Bei Strahlungssensoren mit **thermoelektrischer Wirkungsweise** wird elektromagnetische Strahlung, bevorzugt infrarote Strahlung, von einem Empfänger in Wärme umgewandelt. Die unterschiedliche Temperatur bewirkt ein elektrisches Sensorsignal. Ein **Bolometer** enthält zwei oder mehrere mit fein verteiltem Platin geschwärzte Pt–Stäbe, deren elektrischer Widerstand sich in Abhängigkeit von der durch Strahlungswärme verursachten Temperaturerhöhung verändert. **Pyroelektrische Sensoren** werden bei piezokristallinen Materialien (→ *Kap. 4.2*) behandelt.

Bolometer

Photoelektrische Sensoren

Für die Strahlungsmessung im sichtbaren (VIS = visable, d.h. sichtbar) und UV–Bereich, aber auch zunehmend im IR–Bereich des Lichtspektrums verwendet man bevorzugt optische Sensoren auf der Basis photoelektrischer (lichtelektrischer) Effekte. Darunter versteht man Wechselwirkungen zwischen Strahlung und Materie, die nicht auf einem Temperatureffekt beruhen. Photoelektrische Bauelemente unterscheidet man in:

- **photoemissiv**: Elektronen werden bei Lichteinstrahlung freigesetzt und verlassen das Material (äußerer Photoeffekt),
- **photoresistiv**: Der elektrische Widerstand des Halbleiters ändert sich bei Lichteinstrahlung,
- **photovoltaisch**: Bei Lichteinstrahlung wird eine Spannung erzeugt. Diese kann eine Steuerspannung (Photodiode, Phototransistor = passive Bauelemente) modulieren oder erzeugt einen Stromfluss (Photozelle, Photoelemente = aktive Bauelemente).

Photoemissive Sensoren

Beim **äußeren Photoeffekt** treten aus einer bestrahlten Metalloberfläche (z.B. Cs–Verbindungen) Elektronen aus, die durch eine Gegenelektrode als Strom gemessen werden. Derartige **Photozellen** werden als aktive Bauelemente, z.B. für Lichtschranken, verwendet. Ein **Photomultiplier** entsteht, wenn das einfallende Licht zwischen mehreren metallischen Sensoroberflächen reflektiert wird und dadurch eine mehrfache Menge an Sekundärelektronen für die Strommessung erzeugt werden (→ *Abb. 4.23*).

Photomultiplier

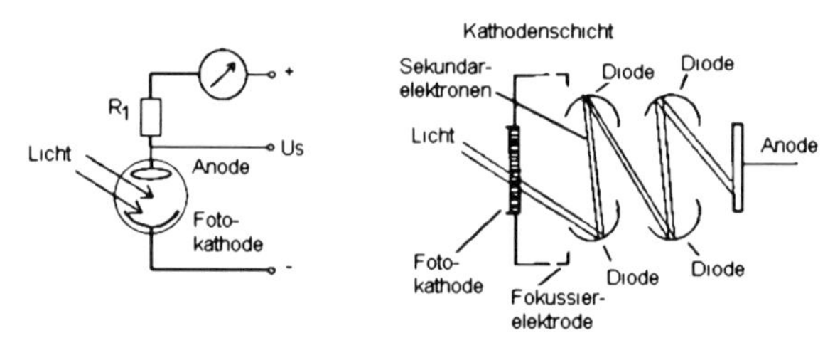

Abbildung 4.23 **Photozelle** nach dem äußeren lichtelektrischen Effekt (links) und Photomultiplier (rechts), (nach /20/).

Photowiderstände

Bei **Photowiderständen** bzw. **Photoleitern** (graues Selen, PbS oder CdS) ändert sich der elektrische Widerstand durch Bestrahlung um etwa den Faktor 1000. Die technisch eingesetzten Halbleitermaterialien absorbieren entsprechend ihrer Bandlücke in unterschiedlichen Wellenlängenbereichen (UV–Strahlung bis IR–Strahlung, → *Abb. 4.24*). Photowiderstände sind rein passive Bauelemente, d. h. sie erzeugen keine eigene Spannung. Sie werden als Lichtsensoren für einfache Beleuchtungsschaltgeräte wie Dämmerungsschalter, Lichtschranken oder automatische Raumlichtanpassung verwendet.

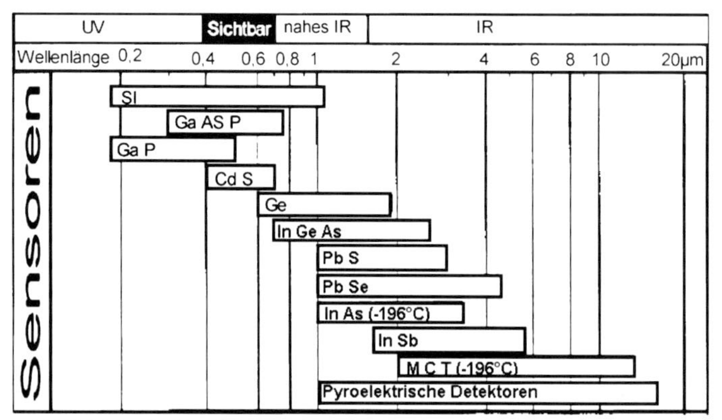

Abbildung 4.24 **Halbleitende Materialien** für IR–Sensoren und Solarzellen, (Quelle: Firma Hamamatsu, Herrsching)

Photodiode
Phototransistor

Benötigt man höhere Empfindlichkeit, werden die Halbleitermaterialien als **pn–Übergang** geschaltet. Beim Bestrahlen eines pn–Übergangs werden zusätzliche Ladungsträger erzeugt, wodurch eine äußere Steuerspannung moduliert und dadurch ein Stromfluss gesteuert wird. Beispiele für passive Bauelemente sind **Photodiode** bzw. **Phototransistor**, wobei der Beleuchtungszustand des pn–Übergangs zur Schaltung anderer elektrischer Funktionen dient.

pn–Übergang

Werden n–und p–leitende Halbleiter in Kontakt gebracht, besteht an der **pn–Grenzfläche** ein Konzentrationsgefälle, das eine **Diffusion** von Ladungsträgern zur Folge hat. Nach → *Abb.4.25* kommt es im **stromlosen Zustand** zu einer Wanderung von Elektronen aus dem teilgefüllten Leitungsband des n–Halbleiters in das leere Leitungsband des p–Halbleiters (eine analoge Wanderung der Löcher findet zwischen den jeweiligen Valenzbändern statt). Aufgrund der Rekombination von Überschusselektronen mit Defektelektronen ist die pn–Grenzfläche weitgehend ladungsträgerfrei. Im n–leitenden Gebiet verbleibt eine positive Raumladung der Donatoratome D^+ und im p–leitenden Gebiet

pn–Übergang im stromlosen Zustand

eine negative Raumladung der Akzeptoratome A^-. Durch die Raumladungen (Breite des Raumladungsgebiets ca. 1 µm) wird ein elektrisches Feld erzeugt, das die weitere Wanderung von e^- oder h^+ zur pn–Grenzfläche verhindert. Ohne äußere Spannung fließt nur ein minimaler Strom (Minoritätsladungsträger) über den pn–Übergang. Dieser Gleichgewichtszustand ist in der → *Abb. 4.25 (oben rechts)* dargestellt.

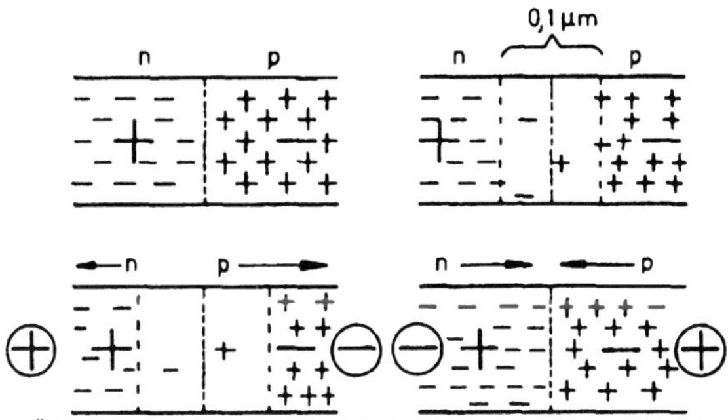

Abbildung 4.25 **pn–Übergang**: ohne Spannung (oben), in Sperrichtung gepolt (unten links), in Durchlassrichtung gepolt (unten rechts).

pn–Übergang mit Steuerspannung

Durch Anlegen eines elektrischen Feldes in Sperrrichtung wird der Verarmungsbereich in → *Abb.4.25* (unten links) vergrößert. Es fließt kein Strom über den pn–Übergang. Bei einer Umpolung des elektrischen Feldes in Durchlassrichtung wird die Potentialschwelle des pn–Übergangs oberhalb einer charakteristischen Durchbruchsspannung überwunden. Es fließt ein Strom, die Strom–Spannungskennlinie eines pn–Übergangs entspricht einer Diodencharakteristik (Anwendung z.B. Gleichrichtung von Wechselspannung).

Ein oder mehrere pn–Übergänge sind die Grundlage der meisten Halbleitereffekte in elektronischen **Bauelementen**, z.B.

- **Diodeneffekt,**
- **Transistoreffekt** (nicht behandelt),
- **Feldeffekttransistoreffekt.**

Feldeffekttransistor (FET)

Feldeffekttransistoren (FET) benötigen wesentlich niedrigere Schaltleistungen als bipolare Transistoren. Beim FET liegt zwischen **Source** und **Drain** (jeweils n–leitend) eine Spannung. Das mittlere p–leitende Gebiet ist über eine isolierende Metalloxid–Zwischenschicht (**Metalloxid–Semiconductor** = **MOS–FET**) mit einer Steuerelektrode **(Gate)** verbunden. Ist das Gate unbeschaltet, fließt nur ein geringer Sperrstrom (**selbstsperrend**). Wird das Gate positiv geschaltet, werden Elektronen (Minoritätsladungsträger) aus dem p–leitenden Material an die Oberfläche gezogen. Dieser **Feldeffekt** führt dazu, dass in einer schmalen Oberflächenschicht die Elektronen überwiegen und dann ein n–Kanal zwischen Source und Drain hergestellt ist (→ *Abb.4.26* mitte). Der fließende Strom lässt sich über die Gatespannung nahezu **verlustlos** steuern, da über die isolierende Zwischenschicht keine Elektronen abfließen können.

MOS–FET

Die MOS–FET–Technologie ist nicht nur die Grundlage moderner **Halbleiter–Mikroprozessoren**, sondern auch innovativer Sensorentwicklungen (**ChemFET**). Bei dem in → *Abb.* 4.26 (rechts) dargestellten Gassensor (GasFET) ist die Gateelektrode mit einem gassensitiven Material beschichtet. Durch die Reaktion mit dem Messgas wird die Kennlinie der Gateelektrode beeinflusst.

ChemFET

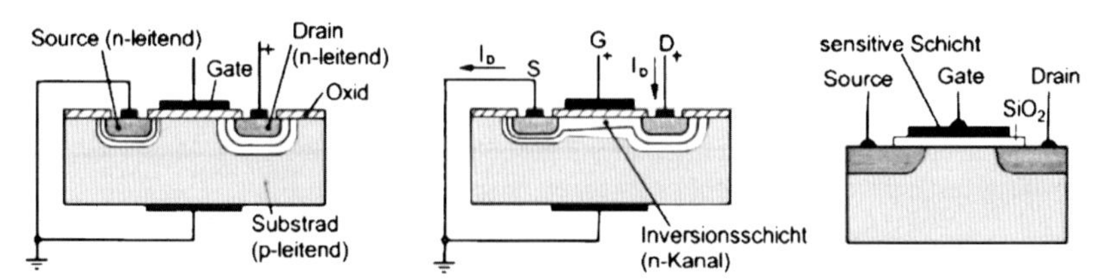

Abbildung 4.26 **Feldeffekttransistor MOS–FET**: ohne Gate-Spannung sind Source und Drain durch Sperrschichten isoliert (links). Eine positive Gate–Spannung hat einen n-leitenden Kanal zwischen Source und Drain hergestellt (mitte) (nach: Halbleiter-Technologie, Vogel Verlag, Würzburg, 1980 /22/). Anwendung des MOS-FET als H_2–GasFET–Sensor mit palladiumbeschichteter Gateelektrode /23/.

Photovoltaikzelle

Ein mit Licht bestrahlter pn–Übergang kann auch als aktives Bauelement die Funktion eines **Stromgenerators** übernehmen und wird dann als **Photovoltaikzelle** bezeichnet. Diese werden, z.B. zur Lichtmessung in Kameras oder als Solarzelle zur Stromerzeugung aus regenerativen Energien eingesetzt. Für das Auftreten und die technische Nutzung des photovoltaischen Effekts müssen mehrere Voraussetzungen erfüllt sein:

- **Absorption:** Die Lichtstrahlung muss von dem Material absorbiert werden.
- **Ladungsträgerbildung:** Die Lichtabsorption muss zur Bildung von beweglichen negativen oder positiven Ladungsträgern führen.
- **Ladungsträgertrennung:** Es müssen innere elektrische Felder (pn–Übergang, Metallkontakte) existieren, die die Ladungsträger trennen.
- **Rekombination:** Die Ladungsträger dürfen nicht rekombinieren, z.B. an Korngrenzen.

Solarzellen

Die Wirkungsweise wird am Beispiel einer Solarzelle nach → *Abb. 4.27* dargestellt. Solarzellen sind Photovoltaikzellen, die im Bereich des **sichtbaren** Lichts besonders gut absorbieren. Das derzeit hauptsächlich verwendete monokristalline Siliziummaterial absorbiert im sichtbaren Bereich nicht optimal (Bandlücke im Bereich der IR–Wellenlänge von 1,13 µm). Die **Eindringtiefe** des Lichtes, d. h. die Materialdicke, nach der die Lichtintensität auf den e–ten Teil gesunken ist, beträgt für Silizium d = 16 µm. Insbesondere für Dünnschicht–Solarzellen müssen deshalb vorteilhafterweise Materialien mit höherem Absorptionskoeffizient (z.B. GaAs, CdTe, $CuInSe_2$ = CIS) verwendet werden.

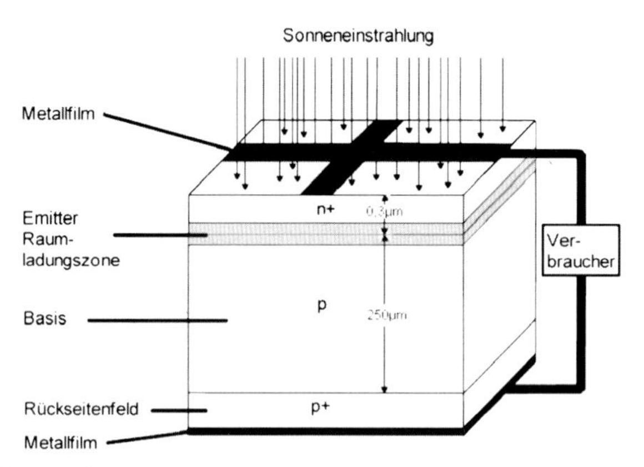

Abbildung 4.27 **Photovoltaikzelle**

Bei einer kommerziellen Si–Solarzelle wird Licht durch eine relativ dünne (Dicke ca. 1,4 µm) n–leitende Zone eingestrahlt und bis in die Tiefe der p–leitenden Zone absorbiert. Die entstehenden **Elektronen–Loch–Paare** diffundieren bis in den Bereich des pn–Übergangs (Voraussetzung: möglichst **defektfreies** Kristallgitter). Damit die freien Ladungsträger nicht wieder rekombinieren, sollten die Wege im Halbleiter relativ **kurz** sein (Schichtdicke bis maximal 300 µm). Die Ladungsträgerpaare werden im elektrischen Feld des pn–Übergangs getrennt. Elektronen werden in das n–leitende Halbleitermaterial gezogen, Defektelekronen wandern im p–leitenden Gebiet. Durch die geeignete Ausgestaltung der Halbleiter–Metallkontakte (**Schottky–Kontakte**) werden die Ladungsträger aus dem Halbleiterinnern an die Oberfläche gezogen. Für die Vorderseitenmetallisierung der n–leitenden Zone verwendet man im allgemeinen Aluminium (3–wertig, Elektronenakzeptor), für die Rückseitenmetallisierung Silber oder Ag–Al–Legierung (Elektronendonator). Wird über die Metallkontaktierungen ein äußerer Stromkreis geschlossen, kann von einem Verbraucher eine Spannung von ca. 0,7 V (für Si–Zellen) abgegriffen werden. Der theoretische Wirkungsgrad von Solarzellen ist aufgrund unvermeidlicher Wärmeverluste u. a. begrenzt und beträgt für Si ca. 28% (ohne Fokussierung). Kommerziell erhältliche, monokristalline Si–Zellen erreichen derzeit Wirkungsgrade zwischen 15 bis 16%. Ähnliche Wirkungsgrade erreicht man auch mit polykristallinem Si–Material, wenn die Längen der einkristallinen Si–Kristallite mindestens den Abstand zwischen den metallischen Kontaktfingern überschreiten.

Metallkontakte

Wirkungsgrad

5 Metallische Werkstoffe

5.1 Metallische Bindung

Metallische Bindung

Treten Atome mit geringer Elektronegativität zu einem Atomverband zusammen, so können Elektronen in ein sogenanntes **Elektronengas** abgegeben werden, das frei zwischen den Atomrümpfen beweglich ist (→ *Abb. 5.1* oben). Die Kräfte zwischen dem Elektronengas und den Atomrümpfen sind räumlich gerichtet (Gegensatz Atombindung). Deshalb können dreidimensionale Festkörper (**Metallgitter**) aufgebaut werden.

Metallgitter

Es gibt drei technisch wichtige Metallgitter (→ *Abb. 5.1* unten):

- **kubisch raumzentriert (krz),** W–Typ,
- **kubisch flächenzentriert (kfz),** Cu–Typ und
- **hexagonal (hex),** Mg–Typ.

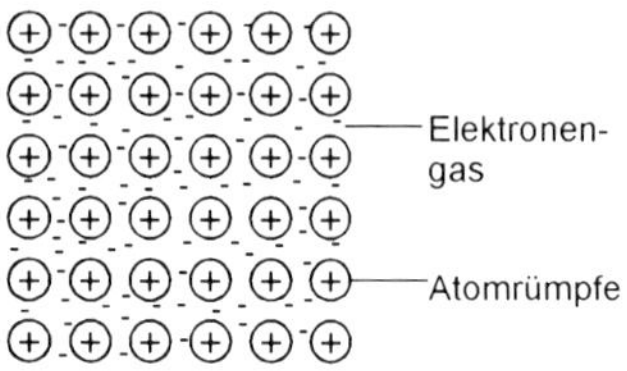

	kubisch-flächenzentriert (Cu-Typ)	kubisch-raumzentriert (W-Typ)	hexagonal (Mg-Typ)
Elementarzelle	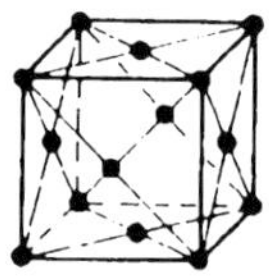	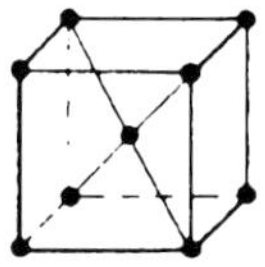	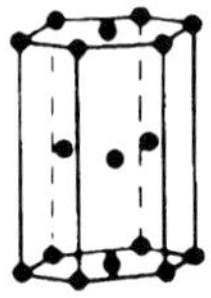
Beispiele	Aluminium Blei Gold Silber Kupfer	Chrom Molybdän Niob Tantal Vanadium	Magnesium Cadmium Beryllium Zink Titan
Verformbarkeit	sehr gut	gut	gering

Abbildung 5.1 **Metallische Bindung, Metallgitter:** Die Elektronen sind zwischen den positiv geladenen Atomrümpfen frei beweglich (Elektronengasmodell, oben). Die drei meist vorkommenden Metallgitter (unten), (nach Chemie, Vieweg Verlag, /15/).

Metalleigenschaften

Durch das Elektronengasmodell lassen sich folgende Eigenschaften der Metalle gut erklären:

- Metalle besitzen **hohe Schmelz- und Siedepunkte** sowie hohe mechanische Festigkeit; Erklärung: Hohe Gitterenergie durch dreidimensional gerichtete Kräfte.

Verformbarkeit

- Metalle sind **mechanisch verformbar** und **duktil**; Erklärung: Das Elektronengas verhindert eine großflächige Annäherung gleichartig geladener Atomrümpfe (→ *Abb. 5.2*).

Leitfähigkeit Glanz

- Metalle besitzen **hohe elektrische** und **thermische Leitfähigkeit** sowie metallischen **Glanz**; Erklärung: Freie Elektronen ermöglichen einen Ladungs- und Energiefluss. Freie Elektronen reflektieren teilweise das einfallende Licht (metallischer Glanz) oder absorbieren das Licht in einem gewissen Frequenzbereich (Farbe der Metalle). Die elektrische Leitfähigkeit nimmt mit zunehmender Temperatur ab.

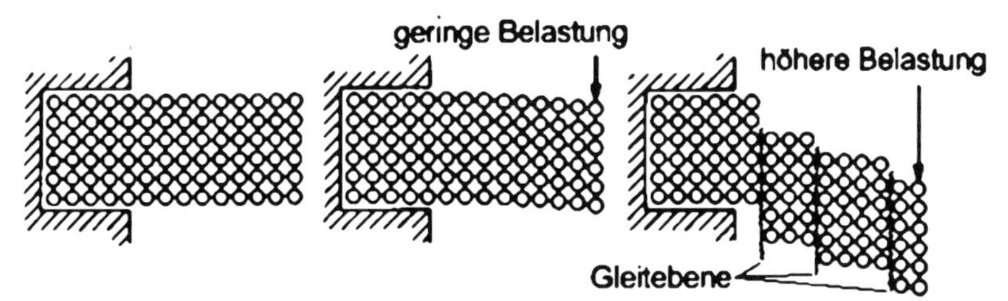

Abbildung 5.2 **Verformung eines Metallstabes**: Unverformt (links), elastisch verformt (mitte) und plastisch verformt (rechts), (nach: Werkstoffkunde, VDI Verlag, Düsseldorf, 1994 /9/)

Legierungen

Legierungen werden durch Zusammenschmelzen von zwei oder mehreren Metallen gewonnen. Man unterscheidet drei **Grundtypen** an Legierungen:

- **eutektische Legierungen,**
- **Mischkristall–Legierungen,**
- **Intermetallische Phasen.**

Eutektische Legierungen

Bei **eutektischen Legierungen** sind die Mischungskomponenten im Festkörper nicht mischbar, sondern kristallisieren in eigenen kleinsten Kristalliten mit verschiedenen Gitterstrukturen getrennt voneinander aus. Eutektische Legierungen haben oft ein feines Gefüge mit zahlreichen Kristalliten und lassen sich deshalb gut bearbeiten. Sie besitzen einen relativ niedrigen Schmelzpunkt, der tiefer liegt als der jeweilige Schmelzpunkt der Einzelkomponenten.

Mischkristalle

Mischkristall–Legierungen sind durch eine vollständige oder teilweise Mischbarkeit der Metalle im festen Zustand gekennzeichnet. Bei **vollständiger** Mischbarkeit ergeben sich **homogene** Legierungen, d. h. die gemischten Metalle bilden eine gemeinsame Phase (feste Lösungen, **Substitutionsmischkristalle**, z.B. Messing). Substitutionsmischkristalle werden am ehesten gebildet, wenn:

- die **Atomradien** der legierten Metalle ähnlich sind (Abweichung 10..15%),
- die **Legierungskomponenten** im selben Gittertyp kristallisieren,
- die **Elektronegativität** sehr ähnliche Werte besitzt,
- die **Zahl der Valenzelektronen** der Komponenten gleich ist.

Ausscheidungsmischkristalle

Bei einer **begrenzten** Mischbarkeit der Metalle im festen Zustand kann es zur Ausbildung von Mischkristallen und Ausscheidungen der reinen Legierungskomponenten an den Korngrenzen kommen. Derartige **Ausscheidungsmischkristalle** sind als **heterogene** Legierungen durch verschiedene Phasen zu erkennen, deren Gefüge z.B. beim Schleifen sichtbar wird (z.B. Stahl, nähere Einzelheiten siehe Lehrbücher der Werkstoffkunde).

Intermetallische Phasen

Da die Bedingungen für eine vollständige Mischbarkeit selten erfüllt sind, findet man in homogenen Legierungen, z.B. Messing, zusätzlich **intermetallische Phasen** mit definierter stöchiometrischer Zusammensetzung. Nach Hume und Rothery ist die Struktur der gebildeten Phase nach → *Tab. 5.1* bestimmt durch das Verhältnis der Gesamtzahl der Valenzelektronen zur Gesamtzahl der Atome. Bei den Elementen Cu, Ag, Au werden je ein, bei Zn, Hg, Cd jeweils zwei Valenzelektronen berechnet. Intermetallische Phasen spielen insbesondere bei metallurgischen Verbindungsprozessen, z.B. beim **Schweißen** oder **Löten** eine wichtige Rolle. Ihr Auftreten kann technisch erwünscht oder unerwünscht sein und lässt sich durch die Wahl der Prozessparameter steuern.

21:14 = 3:2, β-Phasen (krz)	21:13, γ-Phasen (kompliziert)	21:12 = 7:4, ε-Phasen (hex)
CuBe, CuZn, Cu_3Al, Cu_5Sn	Cu_9Al_4, Cu_5Zn_8, $Cu_{21}Sn_8$	$CuBe_3$, $CuZn_3$, Cu_3Ge, Cu_3Sn
AgMg, AgZn, AgCd	Ag_5Zn_8, Ag_5Cd_8, Ag_5Hg_8	Ag_5Al_3, $AgZn_3$, $AgCd_3$, Ag_3Sn
AuMg, AuZn, AuCd	Au_5Zn_8, Au_5Cd_8	Au_5Al_3, $AuZn_3$, $AuCd_3$

Tabelle 5.1 **Hume–Rothery–Phasen** und ihre Zusammensetzung (Beispiel: Valenzelektronenzahl : Zahl der Atome = 3 : 2 = β–Phase)

Temperaturabhängigkeit des spezifischen Widerstands

Der spezifische elektrische Widerstand der Metalle **nimmt** mit steigender Temperatur **zu** (→ *Abb. 5.3*). Erklärung: Mit zunehmender Temperatur behindern die stärker schwingenden Atomkerne mehr und mehr die Wanderung freier Elektronen in einem elektrischen Feld. Im Unterschied zu Halbleitern gibt es bei Metallen auch am absoluten Nullpunkt **freie** Elektronen.

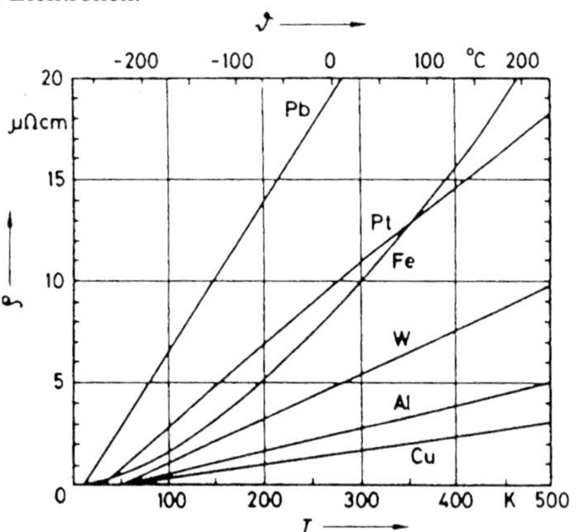

Abbildung 5.3 **Spezifischer Widerstand**: Bei Metallen nimmt der spezifische Widerstand mit wachsender Temperatur zu.

5.2 Eisen- und Stahlherstellung, Gießen, Härten

Stahlerzeugung

Die Erzeugung von hochwertigem Stahl verläuft über mehrere Stufen, die im folgenden Text nicht vollständig dargestellt werden können. Dies sind:

- **Erzeugung** von **Roheisen,**
- **Erzeugung** von **Rohstahl**,
- **Raffination (Frischen)** und **Nachbehandlung** (**Desoxidation**) von Rohstahl, Endprodukt Stahl,
- **Legieren** und **Umschmelzen** von Stahl.

Roheisen

Die Rohstoffe zur Eisenherstellung sind natürlich vorkommende Eisenerze unterschiedlicher Mineralogie:

- **oxidisch**: Hämatit (Fe_2O_3, Roteisenstein, Fe–Gehalt 40...65%), Limonit ($2\,Fe_2O_3 \cdot 3\,H_2O$, Brauneisenstein, Fe–Gehalt <60%), Magnetit (Fe_3O_4, Magneteisenstein).
- **carbonathaltig: Siderit (**$FeCO_3$, Spateisenstein, Fe–Gehalt 25... 30%),
- **sulfidisch**: Markasit (FeS_2, Fe–Gehalt 50%), Pyrit (FeS_2, Eisenkies, Fe–Gehalt 45%).

Sulfidische Eisenerze werden durch **Abrösten** in die oxidische Form übergeführt:

$4\,FeS_2 + 11\,O_2 \rightarrow 2\,Fe_2O_3 + 8\,SO_2$

Roheisenherstellung

Die Reduktion des Eisenoxids zu **Roheisen** wird nach zwei Verfahren durchgeführt:

- **Hochofenprozess:** 93...95% der Weltproduktion; Produkt ist flüssiges Gusseisen,
- **Direktreduktionsprozess:** Produkt ist fester 'Eisenschwamm'.

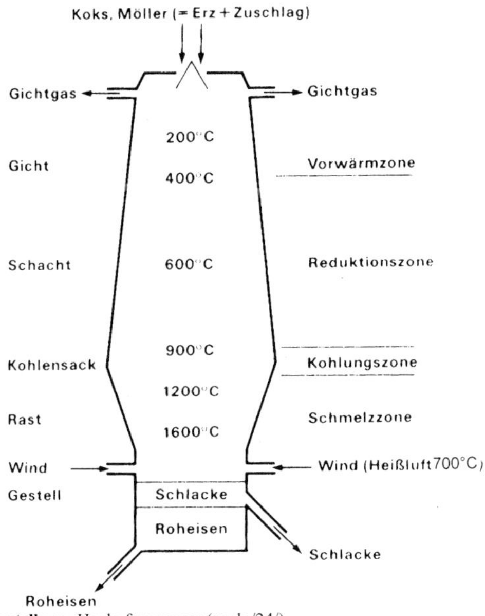

Abbildung 5.4 **Stahlherstellung**: Hochofenprozess (nach /24/)

Hochofenprozess

Beim **Hochofenprozess** wird der Hochofen von oben lagenförmig abwechselnd mit Koks, Eisenerzen und speziell ausgewählten **Zuschlagstoffen** beschickt (→ *Abb. 5.4*). Enthalten die Eisenerze saure Verunreinigungen, z.B. SiO_2, wird ein basischer Zuschlagstoff wie Kalk ($CaCO_3$) zugesetzt. Von unten wird vorerwärmte Luft eingeblasen, die mit Koks zu Kohlenmonoxid (CO) verbrennt und dadurch die Prozesswärme zur Erschmelzung des Eisens freisetzt. CO reduziert die oxidischen Eisenerze. In der nächsten Koksschicht wird das entstandene CO_2 wieder zu CO reduziert, das dann erneut mit Eisenerzen reagieren kann:

$Fe_2O_3 + 3\,CO \rightarrow 2\,Fe + 3\,CO_2$

$CO_2 + C \rightleftharpoons 2\,CO$ **(Boudouard–Gleichgewicht)**

Das entstehende Eisen nimmt Kohlenstoff (C) unter Bildung von Eisencarbid Fe_3C auf (**Aufkohlung**), wodurch sein Schmelzpunkt auf 1300...1500°C herabgesetzt wird:

$3\,Fe + 2\,CO \rightarrow Fe_3C + CO_2$ Aufkohlung des Eisens im festen Zustand

$3\,Fe + C \rightarrow Fe_3C$ Aufkohlung von Eisen im flüssigen Zustand

Das Eisen schmilzt und wird alle drei bis vier Stunden durch den **Abstich** abgelassen. Das **Roheisen** ist aufgrund seines hohen Kohlenstoffgehalts (3...5% C) spröde, sehr hart, nicht schmiedbar und kaum spanend bearbeitbar.

Roheisen wird entsprechend seinem Siliziumgehalt weiter veredelt:

- **weisses** (siliziumarmes, manganreiches) Roheisen wird zu **Hartguss**, **Temperguss** oder **Stahl,**
- **graues** (siliziumreiches) Roheisen wird zu lamellarer, globularer oder sphärolithischer **Grauguss**.

Direktreduktionsprozess

Beim zweiten Verfahren zur Herstellung von Roheisen, dem **Direktreduktionsprozess,** werden feste Eisenerzgranulate durch 900°C heisse Reduktionsgase ($CO + H_2$) im festen Zustand (d. h. ohne Schmelze) reduziert. Der sauerstoffarme **'Eisenschwamm'** enthält einen relativ geringen Kohlenstoffgehalt von circa 0,4... 2% C und wird meist direkt in Elektroöfen weiter veredelt.

Rohstahl

Die Weiterverarbeitung von Roheisen zu **Rohstahl** hat in erster Linie die Einstellung eines definierten Gehalts an **Kohlenstoff** sowie die Verminderung sonstiger Verunreinigungen des Roheisens zum Ziel. Qualitätsmerkmale von Stählen sind:

- der **Kohlenstoffgehalt:** Stahl hat einen Gehalt <2 m–% C, Gusseisen >2m–% C.
- der **Phosphor-** und **Schwefelgehalt:** Grundstähle enthalten einen maximalen P–oder S–Gehalt von 0,05 m–%.

Frischen

Die **Rohstahlherstellung** umfasst die **oxidative** Abtrennung von Kohlenstoff und anderen Verunreinigungen aus dem Roheisen. Dieses sogenannte **Frischen** beruht darauf, dass die Verunreinigungen im Roheisen (C, Mn, S, P) eine größere Affinität zu Sauerstoff haben als zu Eisen. Die entstehenden Oxide sind bei höheren Temperaturen flüchtig oder werden chemisch zu einer **Schlacke** gebunden (Verwendung der Schlacke im Straßenbau, in Zementwerken). Durch die exotherme Reaktion mit Sauerstoff wird der Kohlenstoffgehalt unter 0,05% gesenkt. Zuschlagstoffe wie Soda (Na_2CO_3) oder Kalk ($CaCO_3$) ermöglichen die Abtrennung von P–, S–Verunreinigungen in einer auf dem flüssigen Metall schwimmenden Schlacke gemäß folgender Reaktionsgleichungen:

$$Si + O_2 + 2\,CaO \rightarrow Ca_2SiO_4$$
$$2\,Mn + O_2 \rightarrow 2\,MnO$$
$$4\,P + 6\,CaO + 5\,O_2 \rightarrow 2\,Ca_3(PO_4)_2$$
$$2\,S + 2\,CaO + 3\,O_2 \rightarrow 2\,CaSO_4$$

Rohstahlherstellungsverfahren

Die klassischen Verfahren der Rohstahlherstellung (Siemens/Martin–oder Thomas/Bessemer–Verfahren) haben heute weitgehend an Bedeutung verloren. Die wesentlichen Verfahren zur Rohstahlgewinnung sind heute:

- **Blasstahlverfahren,**
- **Elektrostahlverfahren.**

Blasstahlverfahren

Bei den modernen Blasstahlverfahren wird **Sauerstoff** in elementarer Form in einen Konverter (birnenförmiger Behälter, der mit feuerfesten Steinen ausgekleidet ist) eingeblasen (→ *Abb. 5.5*). Nach der Art des Sauerstoffeintrags (**Frischen**) werden die zwei wesentlichen Verfahren unterschieden:

- **Aufblasverfahren, LD–Verfahren** (LD = Linz–Donau) oder
- **Bodenblasverfahren, OBM–Verfahren** (OBM = Oxygen–Bodenblasen–Maxhütte).

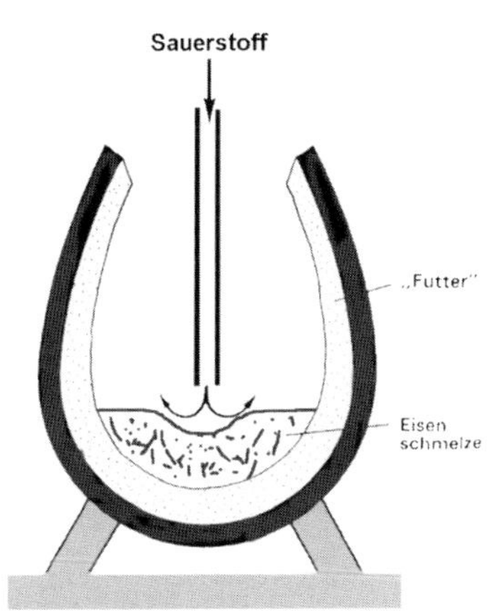

Abbildung 5.5 **Stahlherstellung** nach dem Blasstahlverfahren.

Elektrostahlverfahren

Neben dem Blasstahlverfahren hat sich in Deutschland vor allem die Herstellung von **Elektrostahl** in 'Mini–Stahlwerken' durchgesetzt. Bei diesem Verfahren werden Roheisen, Eisenschwamm oder Eisenschrott im Lichtbogen- oder Induktionsofen **umgeschmolzen.** Bei einer oxidierenden Arbeitsweise (**Frischen** durch Zugabe von Eisenschrott) werden Kohlenstoff und andere Verunreinigungen (z.B. P, S) oxidiert und teilweise als Schlacke ausgetragen.

Desoxidieren

Im Anschluss an das Frischen muss überschüssiger Sauerstoff gebunden werden. Dieser Desoxidationsprozess (**Feinen**) wird durch Zugabe von sauerstoffbindenden Metallen, z.B. Al, Mn oder Ferrosilizium, ausgeführt. Die Desoxidation beseitigt Gasblasen, der Stahl erstarrt **'beruhigt'** und bildet ein gleichmäßiges Gefüge aus, z.B. für Vergütungs- oder Werkzeugstähle. Andere Desoxidationsprozesse sind das **Entgasen** unter Schutzgas oder Vakuum. Nach dem Sauerstoffentzug können auch sehr oxidationsempfindliche Legierungselemente, z.B. Mn, Ti, Zr, V, zugesetzt werden **(Legieren)**. Ein abschließendes **Umschmelzen** in einem Elektroofen führt zu einer hohen Reinheit und Homogenität des Gefüges.

Legieren

Immissionsschutz

Anlagen zur Eisenerzeugung oder zum Erschmelzen von Stahl und Gusseisen sind im allgemeinen immissionsschutzrechtlich genehmigungsbedürftig. Die Emissionen unterliegen den allgemeinen und zusätzlich anlagenbezogenen Grenzwerten der TA Luft (→ *Kap. 9.3*). Schwerpunkte schädlicher Emissionen bei Schmelzanlagen sind Stäube, Metallstäube und -dämpfe und anorganische Gase wie SO_2, NO_x, HF.
Normenhinweise: VDI–Richtlinie 3465: Auswurfbegrenzung Elektrolichtbogenöfen

Metallgießerei

Während die Stahlherstellung meist auf wenige große Firmenstandorte konzentriert ist, wird die Herstellung von Gussteilen auch in zahlreichen mittelständischen Firmen praktiziert. Gießverfahren unterscheidet man technologisch in:

- Gießverfahren mit **verlorener Form** (Sandguss),
- Gießverfahren mit **Dauerformen** (Kokillen-, Druck-, Schleuderguss).

Gießen mit Dauerformen

Bei **Gießverfahren** mit **Dauerformen** werden die flüssigen Metalle in eine metallische oder sandartige Dauerform (Kokille) eingefüllt, die nach dem Erkalten des Metalls geöffnet und erneut (bis zu 200 000 mal) wieder verwendet werden kann. Dieses weniger umweltbelastende Gießverfahren ist aus Kostengründen auf große Serien relativ kleiner Bauteile beschränkt.

Gießen mit verlorener Form

Häufig müssen **Gießverfahren mit verlorener Form** eingesetzt werden, wobei die Sandformen nach dem Erkalten des Metalls zerstört werden, wodurch große Mengen an Gießereisandabfällen entstehen. Beim häufig praktizierten **Nassgussverfahren** wird ein **Modell** durch Einformen mit einem Formstoff (Formsand mit Bindemittel Bentonit) nachgebildet. Die verdichtete, herstellungsfeuchte (grüne) Sandform härtet beim Eingießen der Metallschmelze (→ *Abb. 5.6*).

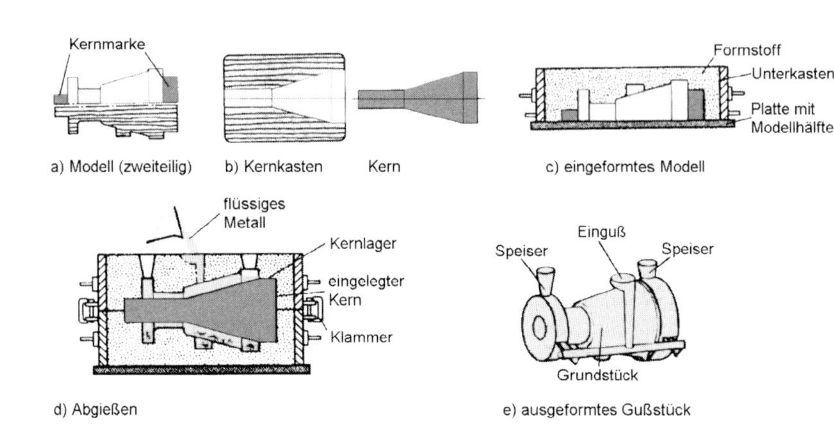

Abbildung 5.6 **Herstellung eines Gussstücks in verlorenenen Formen: a.** Modell, **b.** Einformen des Modells mit Formsand, **c.** Kernherstellung aus Formsand, **d.** Abgießen des flüssigen Metalls in die Form mit eingelegtem Kern, **e.** Ausformen durch Zerstören der Form und des Kerns (das Modell bleibt erhalten), (aus: Fachkunde Metall, , Verlag Europa Lehrmittel /25/).

Emissionen in Gießereien

In einer Metallgießerei ist mit dem Auftreten zahlreicher Gesundheits- und Umweltprobleme zu rechnen:

- **Emissionen** aus Schmelzöfen (Kupolofen, Elektrolichtbogenofen, Induktionsofen),
- **gesundheitsschädliche Einsatzstoffe** bei der Formen- und Kernmacherei,
- **Emissionen** beim Aushärten der Formen und Abgießen des flüssigen Metalls,
- **Emissionen** beim Entformen (Trennen), Sandaufbereitung, Putzen der Gusswerkstücke,
- **Abfälle** durch verlorene Sandformen und -kerne (Altsande).

Gießereien sind im allgemeinen immissionsschutzrechtlich **genehmigungsbedürftige** Anlagen. Die Emissionen unterliegen den allgemeinen und zusätzlich anlagenbezogenen Grenzwerten der **TA Luft** (→ *Kap. 9.3*). Neben den von der Stahlherstellung bekannten Emissionen aus Schmelzöfen sind besonders bei der Formen- und Kernherstellung gesundheitsschädliche Einsatzstoffe und dadurch hervorgerufene Emissionen von Bedeutung.

Einsatzstoffe

Zur Herstellung von Sandformen und -kernen werden im allgemeinen gesundheitsschädliche **Einsatzstoffe** verwendet:

- **Formsande:** nahezu ausschließlich Quarzsand,
- **Formbindemittel:** anorganische oder organische Bindemittel,
- **Begasungsmittel**: CO_2, Amine u. a.,
- **Formüberzugsstoffe:** Schlichten, Trennmittel.

Formsande

Die größte Gesundheitsgefährdung in Gießereien geht von der Verwendung von **Quarzsand** aus. Die Gesundheitsgefahren durch silikoseverursachenden Feinstaub steigen bei Quarzsand zu den feinen Korndurchmessern hin, wobei in kommerziellen Produkten folgende Korngrößenverteilungen auftreten:

- **Quarzsand grob:** 25% >0,5 mm, 65% zwischen 0,25 und 0,5 mm, 10% zwischen 0,125 und 0,25 mm,
- **Quarzsand mittel:** 5% >0,5 mm, 60% zwischen 0,25 und 0,5 mm, 35% zwischen 0,125 und 0,25 mm,
- **Quarzsand fein:** 25% zwischen 0,25 und 0,5 mm, 65% zwischen 0,125 und 0,25 mm und 10% zwischen 0,063 und 0,125 mm,
- **Quarzsand feinst:** 5% zwischen 0,25 und 0,5 mm, 70% zwischen 0,125 und 0,25 mm, 20% zwischen 0,063 und 0,125 mm, 5% <63 µm.

Rechtshinweis: TRGS 900: MAK Quarzstaub 0,15 mg m^{-3} und zusätzlich: quarzhaltiger Feinstaub >1% Quarzgehalt: MAK 4 mg m^{-3}

Bindemittel

Nach dem Einsatz von Formbindemitteln unterscheidet man folgende Verfahren:

- **mechanisch wirkende Bindemittel** (Kaolinit, Bentonit, → *Kap. 4.2*),
- **anorganisch härtende Bindemittel** (Wasserglas / CO_2),
- **organisch härtende Bindemittel** (heisshärtend, kalthärtend).
- **ohne Bindemittel** (Vakuumformverfahren, umweltschonend).

Mechanisch wirkende Bindemittel

Die wichtigsten **mechanisch wirkenden** Bindemittel sind Bentonitmineralien, die als Schichtsilikate (→ *Kap. 4.2*) quellfähig sind und dadurch eine **mechanische** Verklammerung des Formsands bewirken (**Nassgussverfahren**). Bentonite verlieren bei Temperaturen über 500°C ihr Kristallwasser und damit ihre Quellfähigkeit. Ein Teil der Bentonite wird beim Gießprozess **'totgebrannt'** und muss beim Recycling der **Gießereialtsande** abgetrennt werden. Zur leichteren Entformbarkeit sind dem Bentonit ca. 1...2% Glanzkohlenstoffbildner (Steinkohlestäube, Bitumen, Harze, Öle, Kunststoffe: schädliche Emissionsprodukte PAK) zugemischt.

Anorganisch härtende Bindemittel

Das wichtigste **anorganisch härtende** Bindemittel ist Wasserglas ($Na_2O * n\ SiO_2 * m\ H_2O$), das zu 2...5% dem Formsand zugemischt wird. Durch Begasung mit CO_2 findet innerhalb weniger Sekunden eine Umsetzung von Wasserglas zu **Soda** ($Na_2CO_3 * 10\ H_2O$) und gelförmiger Kieselsäure statt:

$Na_2O.\ n\ SiO_2.\ m\ H_2O + CO_2 \rightarrow Na_2CO_3 \cdot 10\ H_2O + n\ SiO_2.\ (m-10)\ H_2O$

Das Wasserglas/CO_2–Verfahren ist umweltschonend, erbringt jedoch nicht immer technologisch zufriedenstellende Ergebnisse.

Organisch härtende Bindemittel

Die **organisch härtenden Bindemittel** werden meist unter der Einwirkung eines **Reaktivgases** ohne Erwärmung, d. h. kaltgehärtet. Geläufige Verfahrensvarianten dieser sog. **Coldbox–Verfahren** sind:

- **Amin–Verfahren:** Das 2–Komponenten–Bindemittel besteht aus Phenolharz und Polyisocyanat. Die Aushärtung wird durch katalytisch wirkende Reaktivgase wie Triethylamin (TEA), Dimethylethylamin (DMEA) und Dimethylisopropylamin (DMIA) beschleunigt.
- **Methylformiat–Verfahren:** Das Bindemittel ist Phenolharz, das Reaktivgas Methylformiat (Ameisensäuremethylester) wirkt als Härter.
- **SO_2–Verfahren:** Die Bindemittel Epoxidharze, Furanharze oder Phenolharze härten durch die katalytische Wirkung von Schwefelsäure (H_2SO_4), die bei der Begasung mit SO_2 unter Mitwirkung von Peroxiden entsteht. SO_2 und Peroxide sind gesundheitsschädlich.

$N(C_2H_5)_3$

Triethylamin

$H-C(=O)-OCH_3$

Methylformiat

Das Reaktivgas muss nach der Begasung durch Neutralisation entsorgt werden. Amine sind **gesundheitsschädlich**, Methylformiat besitzt gegenüber Aminen einen höheren MAK–Wert und ist deshalb eher empfehlenswert.

CH_3–C_6H_4–SO_3H

p–Toluol–sulfonsäure

CH_2OH (Furanring)

Furfuryl-(2)-alkohol

Es gibt auch Herstellungsverfahren mit **organisch härtenden** Bindemitteln **ohne Begasung**, die teilweise ohne Erwärmung, meist jedoch erst in der Hitze reagieren:

- **Kaltharzverfahren**: Bindemittel sind Phenolharze, Furanharze oder Alkydharze. Als katalytisch wirkende Säure wird z.B. Para–Toluolsulfonsäure bzw. Phosphorsäure verwendet.
- **Croning–Verfahren (Maskenformverfahren)**: Das Bindemittel Phenolharz wird in der Hitze bei ca. 450°C ausgehärtet.
- **Hotbox–Verfahren:** Die Bindemittel Phenolharz, Furanharz oder Aminoharz werden unter Zugabe eines sauren Katalysators (Ammoniumsalze) in der Hitze bei ca. 180...340°C ausgehärtet.

Bei den beiden letztgenannten, **heisshärtenden** Verfahren treten teilweise beträchtliche Emissionen der Monomere Phenol, Formaldehyd, Furfurylalkohol auf, die meist durch eine thermische Nachverbrennung entsorgt werden. Heisshärtende Verfahren werden im allgemeinen nicht empfohlen.

Rechtshinweise: TRGS 900: MAK–Werte Triethylamin 10 ppm, Trimethylamin kein MAK–Wert (Sicherheitswert 25 ppm), Dimethylethylamin 5 ppm, Methyllormiat 100 ppm. TA Luft: Triethylamin, Trimethylamin, Dimethylethylamin Emissionsklasse I, Formaldehyd Klasse I, Methylformiat Klasse II, Amine in der Abluft max. 5 mg m^{-3}.

Schlichten

$CH_3—(CH_2)_{16}—COOH$

Stearinsäure
Stearate = Salze der Stearinsäure)

Formüberzugsstoffe (**Schlichten**, Schwärzen) werden auf die Form- oder Kernoberfläche aufgetragen, um eine Reaktion zwischen Grundwerkstoff und Formstoff zu vermeiden. Die meist als Suspension vorliegenden Überzugsstoffe werden durch Streichen, Sprühen oder Tauchen in Schichtdicken zwischen 0,1 und 2 mm aufgetragen. Die Schlichten bestehen aus:

- **Wirkstoff**: Koks, Graphit, Glimmer, Talkum,Magnesit u. a.,
- **Verdünnungsmittel**: Wasser, Alkohol
- **Stabilisator:** Tone, Zellulose, Stearate,
- **Bindemittel (Haftvermittler)**: Stärke, Lignin, Harze, Kunststoffe.

Gießereialtsande

Jährlich werden in Deutschland ca. 4 Mill. t Gussteile im wesentlichen aus Eisen und Stahl sowie aus den Nichteisen (NE)–Metallen Al und Cu hergestellt. Der überwiegende Anteil der **Eisenguss**produktion arbeitet mit verlorenen Formen, während über 85% der **NE–Metalle** in Dauerformen gegossen werden. Die verwendeten Form- und Kernsande werden heute weitgehend im Kreislauf gefahren. Trotzdem fallen jährlich (Jahr 1991) in Deutschland über 1,5 Mill. t Gießereialtsande an, die überwiegend auf Hausmülldeponien entsorgt werden /26/. Dieser Entsorgungsweg ist aufgrund des überhöhten Kohlenstoffgehalts in Zukunft nicht mehr zulässig. Folgende Abfallverminderungsstrategien werden praktiziert:

- **Zumischung** von Recyclingsand zu Neusand, recyclinggerechte Formkonstruktion,
- **mechanische Aufbereitung** von bentonitgebundenen Altsanden,
- **thermische Aufbereitung** von kunstharzgebundenen Altsanden,
- **Verwertung** in der Ziegel- und Zementindustrie und als Straßenbaumaterial.

Wärmebehandlung

Durch eine **Wärmebehandlung** des Stahls können das Gefüge und damit die Werkstoffeigenschaften von Stahl grundsätzlich verändert werden. Wärmebehandlungen haben die **Ziele**:

- Verbesserung der **mechanischen Stahleigenschaften** (Normalglühen, Härten, Vergüten),
- Verbesserung der Eigenschaften der **Stahloberfläche** (Einsatz-, Nitrier-, Flamm-, Induktionshärten),
- Verbesserung der **Zerspanbarkeit** oder **Kaltumformbarkeit** (Weichglühen, Grobkornglühen),
- Abbau **innerer Spannungen** in umgeformten Werkstücken (Spannungsarmglühen).

Wärmebehandlungsprozesse

Jede Wärmebehandlung umfasst die Schritte **Erwärmen, Halten, Abkühlen** (*→ Abb. 5.7*). Die folgenden Wärmebehandlungen werden im Text behandelt:

- **Glühen** (Herstellung eines thermodynamischen Gleichgewichtszustands),
- **Härten** (Durchhärten, Herstellung eines Nichtgleichgewichtszustands durch rasche Abkühlung),
- **Anlassen** (Erwärmen zum Abbau innerer Spannungen),
- **Randschichthärten** (Härten der Randschicht ohne zusätzliche Reaktivstoffe),
- **Thermochemische Diffusionsverfahren** (Härten der Randschicht mit zusätzlichen Reaktivstoffen).

Glühen

Durch eine **Glühbehandlung** sollen mechanische Spannungen (Spannungsarmglühen bei 580...650 °C), grobkörnige Gefüge (Normalglühen bei 750...850 °C) oder Konzentrationsunterschiede (Diffusionsglühen bei 1000...1100 °C) aufgrund einer mechanischen Bearbeitung oder chemischer Umwandlungen beseitigt werden.

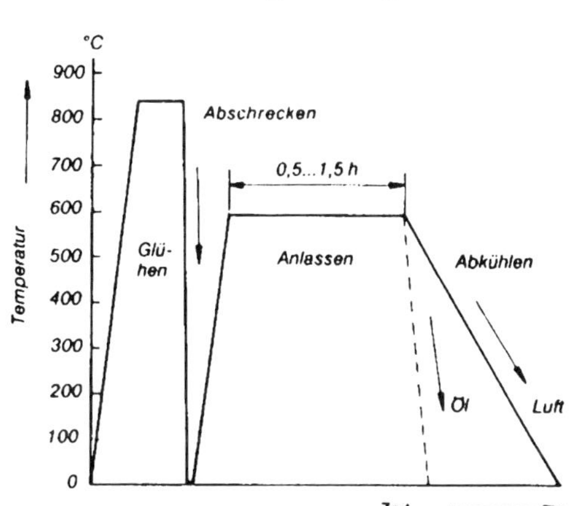

Abbildung 5.7 **Wärmebehandlung**: Die Temperaturführung vieler Wärmebehandlungen besteht aus den Prozessschritten Glühen, Abschrecken (Härten) und Anlassen.

Härten

Unter Härten versteht man eine Wärmebehandlung von Eisenwerkstoffen (Stahl, Gusseisen) mit dem Ziel, einen als **Martensit** bezeichneten, sehr harten und zähen Gefügezustand einzustellen. Beim Härten muss über die **Härte-** oder **Austenitisiertemperatur** erwärmt werden. Während der Haltezeit wandelt sich der bei gewöhnlichem Stahl vorliegende Gefügezustand [**Perlit** = feindisperse **Mischung** aus 85% **Ferrit (α–Fe)** und 12% **Eisencarbid (Fe_3C, Zementit)**] in einen als Austenit bezeichneten Gefügezustand um (**Austenit** = nichtmagnetische Einlagerungsverbindung von Kohlenstoff in flächenzentriertem γ–Fe). Durch rasches Abkühlen (**Abschrecken**) auf Raumtemperatur, z.B. Eintauchen in Wasser oder Öl bleibt Martensit erhalten (**Martensit** = metastabile, feste

Perlit

Austenit

Martensit

Lösung von Zementit in α–Fe). Die Härtesteigerung um den Faktor 40 bis 250 beruht auf inneren Spannungen im Kristallgitter (**Ausscheidungshärtung**). Wird der gehärtete Stahl auf über 200°C **angelassen**, findet ein Spannungsabbau durch eine teilweise Umwandlung von Martensit in Perlit und andere Gefüge statt. Das **Bainitisieren** ist ein spezielles Härteverfahren, bei dem anstelle von Martensit der Gefügezustand **Bainit** angestrebt wird, der durch eine etwas geringere Härte, aber höhere Zähigkeit als Martensit gekennzeichnet ist.

Bainitisieren

Austenitisiertemperatur

Die Austenitisiertemperatur hängt vom **Kohlenstoffgehalt** ab. Die niedrigste Härtetemperatur beträgt T = 723°C für Eisen mit einem C–Gehalt von 0,8%. Mit zunehmendem Kohlenstoffgehalt des Stahles müssen höhere Härtetemperaturen gewählt werden, z.B. bei Federstahl 850°C. Hochlegierte Stähle benötigen zur Auflösung der **Sondercarbide** (W_2C, VC) teilweise Härtetemperaturen über 1000°C, z.B. Schnellarbeitsstahl 1100°C).

Durchhärten

Beim **Durchhärten** der Werkstücke ist eine **chemische** Veränderung der Randschicht im allgemeinen nicht beabsichtigt (siehe thermochemische Diffusionsverfahren unten).

Tauchhärten

Beim konventionellen Härten (**Tauchhärten**) werden die Werkstücke in festen, flüssigen oder gasförmigen Wärmeüberträgern erhitzt. Als **Wärmmittel** kommen in Betracht:

Wärmmittel

- **flüssige Wärmmittel:** Salzschmelzen zur Verhinderung einer Abkohlung, Oxidation u. a. in der Randschicht,
- **gasförmige Wärmmittel:** Schutzgase, Luft, Stickstoff, Argon,
- **gasförmige Wärmmittel unter vermindertem Druck:** Vakuum.

Abkühlmittel

Als **Abkühlmittel** kommen in Betracht:

- **flüssige Abkühlmittel**
  - Wasser: schroffeste Abschreckung, enthält zusätzlich Salze, Nitrite, Tenside u.a.,
  - Öle: milde Abschreckung durch Mineralöle, natürliche Öle u. a.,
  - Salzbäder: milde Abschreckung durch nitrithaltige Salzschmelzen u. a.,
- **gasförmige Abkühlmittel**
  - Luft, Stickstoff: mildeste Abschreckung durch Luft, Schutzgas u. a.

Salzbadhärten

Aufgrund der Giftigkeit der Einsatzchemikalien (Cyanide, Nitrite) werden Salzbäder (**Salzbadhärten**) zunehmend durch gasförmige Wärmmittel (**Gas- oder Vakuumhärten**) ersetzt. In einzelnen Fällen können Salzbäder weiterhin notwendig sein, um eine Abkohlung des Werkstoffs während des Härtevorgangs zu vermeiden (Kohlenstoff diffundiert). Die Umwelt- und Entsorgungsprobleme entstehen durch den Eintrag von giftigen Salzen in die Abschreckbäder bzw. in die nachgeschalteten Waschlösungen.

Rechts- und Normenhinweise: DIN 17022 Verfahren der Wärmebehandlung
Anhang 40 Abwasserverordnung und Erläuterungen

Anlassen

Das abgeschreckte Martensit–Gefüge ist im allgemeinen zu hart und spröde. Durch eine Anlassbehandlung bei Temperaturen zwischen 100 und 600°C werden mechanische Spannungen abgebaut und Diffusionsvorgänge ermöglicht. Im allgemeinen sinkt die Härte mit zunehmender Anlasstemperatur. Die Anlasstemperatur kann nach der **Anlassfarbe** (Dicke der Oxidschicht, → *Kap. 17.4*) beurteilt werden.

Oberflächenhärten

Bei einer Reihe von Maschinenbauteilen werden verschleissbeständige, **harte Oberflächen** bei gleichzeitig **zähem Grundkörper** gefordert (z.B. Zahnräder, Wellen, Motorenteile). Bei Oberflächenhärteverfahren darf nur die Randschicht des Werkstücks gehärtet werden. Man unterscheidet:

- **Randschichthärten** (Härten ohne chemische Veränderung der Randschicht) und
- **thermochemische Diffusionsbehandlung** (Härten mit einer chemischen Veränderung der Randschicht).

Randschichthärten

Beim **Randschichthärten** ohne chemische Veränderung der Randschicht wird eine dünne Außenschicht eines Werkstückes aus härtbarem Stahl rasch erwärmt und durch sofortiges Abschrecken gehärtet. Die lokale Erwärmung der Außenschicht gelingt mit einer Induktionsspule (**Induktionshärten**), Brennergasen (**Flammhärten**) oder Teilchenbeschuss (**Elektronenstrahlhärten** oder **Laserstrahlhärten**).

Thermochemische Diffusionsbehandlung

Bei thermochemischen **Diffusionsbehandlungen** wird zuerst in der oberflächennahen Randschicht durch Diffusion von Kohlenstoff und/oder Stickstoff ein **Konzentrationsgradient** eingestellt, der in das Werkstoffinnere abfällt. Man unterscheidet die beiden Verfahrensweisen:

- **Einsatzhärten, Carbonitrieren** (mit nachfolgender Wärmebehandlung, d.h. Härten) und
- **Nitrieren, Nitrocarburieren** (ohne nachfolgende Wärmebehandlung).

Einsatzhärten

Unter dem **Einsatzhärten** versteht man das **Aufkohlen (Carburieren)** bzw. **Carbonitrieren** und anschließende **Härten** spezieller **Einsatzstähle** (→ *Abb. 5.8*). Beim Aufkohlen wird Kohlenstoff, beim Carbonitrieren Kohlenstoff und Stickstoff in die Randschicht eingelagert. Ein höherer Kohlenstoffgehalt bewirkt eine höhere Randschichthärte (C–Gehalt wird von 0,2% auf 0,8% aufgekohlt). Eine zusätzliche Stickstoffeinlagerung (Carbonitrieren) bewirkt eine weitere Härtesteigerung und eine höhere Anlassbeständigkeit. Da Kohlenstoff langsamer als Stickstoff diffundiert, sind die typischen Prozesstemperaturen relativ hoch:

Aufkohlen

- **Aufkohlen** (Carburieren)
  - Prozesstemperatur 800...1000°C
  - feste Aufkohlungsmittel: Pulver, Granulate aus Koks,
  - flüssige Aufkohlungsmittel: Salzschmelzen mit Alkalicyaniden und Zusätzen von Alkali- und Erdalkalichloriden.
  - gasförmige Aufkohlungsmittel: Kohlenwasserstoffe oder Spaltgase aus flüssigen oder gasförmigen (C, O, H)–haltigen organischen Verbindungen, z.B. Methanol / H_2 oder CO / H_2–Mischung.

Carbonitrieren

- **Carbonitrieren**
  - Prozesstemperatur 700...900°C,
  - gasförmige Carbonitriermittel: Aufkohlungsgase und zusätzlich Ammoniak NH_3.
  - flüssige Carbonitriermittel: Alkalicyanid, Alkalicyanat, Alkalicarbonat, Erdalkalichlorid.

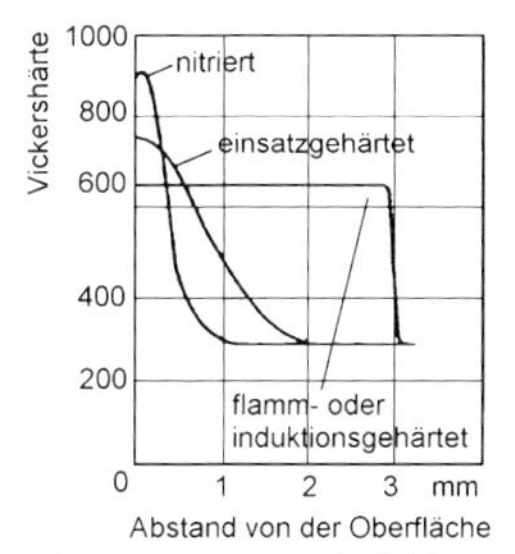

Abbildung 5.8 Schematischer **Vergleich** der **Nitrierhärte** und **Nitrierhärtetiefe** bei unterschiedlichen Oberflächenhärteverfahren

Doppelhärten

Die meist verwendete Verfahrensweise ist das **Direkthärten**, dies ist die Aufkohlung oder Nitrierung speziell ausgewählter Stähle und anschließende rasche Abkühlung. Andere Verfahrensvarianten umfassen einen weiteren Härtevorgang (**Doppelhärten**).

Nitrierhärten

Die Härtesteigerung beim **Nitrierhärten** (Nitrieren und Nitrocarburieren) beruht **nicht** auf der **Martensitbildung**, sondern auf der Diffusion von Stickstoff und Bildung von äußerst **harten Nitridverbindungen** in der Randschicht spezieller **Nitrierstähle** (*→ Abb.5.9*). Da Stickstoff **leichter** als Kohlenstoff diffundiert, sind die Prozesstemperaturen niedriger als beim Einsatzhärten und betragen typischerweise zwischen 480 und 550°C. Aufgrund der niedrigen Prozesstemperaturen bleiben die Werkstücke **verzugsfrei**, die mechanischen Eigenschaften des Kernmaterials sind nach einer Nitrierbehandlung unverändert. Da die Härtesteigerung nicht auf der Bildung metastabiler Zustände (Martensit) beruht, kann **langsam** abgekühlt werden, wodurch **innere** Spannungen im Werkstück weitgehend vermieden werden. Weitere Wärmebehandlungen (Anlassen) sind entbehrlich. Die behandelten Bauteile (z.B. Motorventile, Nockenwellen) erhalten durch die Nitrierbehandlung eine härtere, verschleissbeständigere und meist korrosionsbeständigere Oberfläche. Nitrierte Bauteile besitzen verbesserte **Einlauf**–und **Notlaufeigenschaften**.

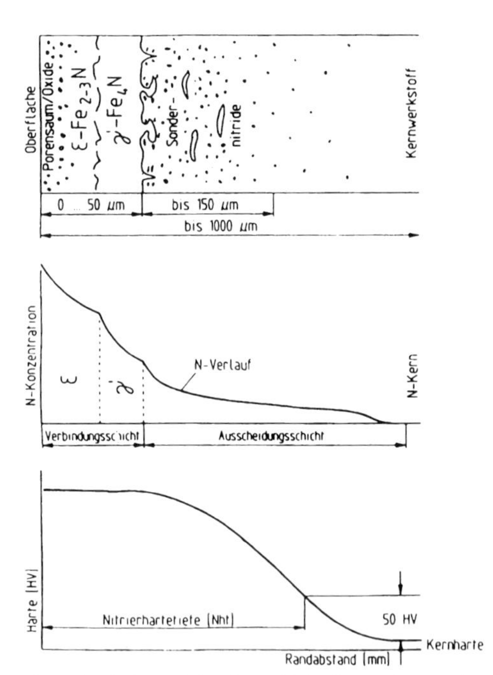

Abbildung 5.9 **Thermochemische Diffusionsbehandlung**: Verbindungsschicht und Ausscheidungsschicht beim Stahlnitrieren (oben und mitte). Die Nitrierhärtetiefe ist der Abstand von der Randschicht, bei dem die Härte 50 HV über der Härte der Kernzone liegt (unten), (Quelle: Firma Ipsen, Kleve).

Nitrieren

Für das **Nitrieren** verwendet man nahezu ausnahmslos **gasförmige** Nitriermittel. Das **Gasnitrieren** wird bei Normaldruck in einer Ammoniakatmosphäre bei 500...520°C durchgeführt. Dabei spaltet **Ammoniak** unter der **katalytischen** Wirkung der metallischen Werkstückoberfläche atomaren Stickstoff ab, der in die Werkstückoberfläche eindringt. Die Behandlungsdauer beträgt ca. 5... 90 h und ist wesentlich länger als beim Salzbadnitrieren: $2\ NH_3 \rightarrow 2\ N_{ads} + 3\ H_2$

Verbindungsschicht

Ausscheidungsschicht

Stickstoff diffundiert in den Stahl und bildet bereits nach kurzer Behandlungszeit (10...60 min, Schichtdicke ca. 8 µm) eine poröse **Verbindungsschicht** aus Eisennitriden (γ–Nitrid, Fe_4N bzw. ε–Nitrid, $Fe_{2...3}N$). Bei längerer Behandlungszeit wird eine innere **Ausscheidungschicht** (**Diffusionsschicht**) aufgebaut, deren Eigenschaften massgeblich vom Gehalt an Legierungsmetallen (Bildung von **Sondernitriden**) bestimmt wird. Die gewählte Behandlungszeit und die Prozesstemperatur entscheidet im wesentlichen über die erreichbare **Nitrierhärtetiefe,** dies ist der Randabstand, bei dem die Härte 50 HV (Vickershärte) über der Kernhärte liegt (in der Praxis ca. 300... 700 µm, → *Abb. 5.9*).

Plasmanitrieren

Bei der Verwendung von **Stickstoff** muss das Nitriergas durch ein Plasma **aktiviert** werden (Ionitrieren, Plasmanitrieren). Dabei werden die Werkstücke in einer beheizten Vakuumkammer elektrisch auf ca. 400°C vorerwärmt. Beim Anlegen einer negativ gepolten Hochspannung an die Werkstücke (bis 1000 V, DC–Gleichspannung oder gepulste DC–Spannung) werden die reaktiven Prozessgase (z.B. 80% N_2 / 20% H_2–Mischung) als Folge einer Glimmentladung im Unterdruckbereich (Prozessdruck ca. 100...300 hPa) zu einem sogenannten **Plasma** ionisiert (→ *Kap. 17.3*). Die positiv geladenen Gasionen bombardieren die Werkstücke und diffundieren in das Werkstoffinnere. Die Wasserstoffbeimischung dient zur Verhinderung der Oxidbildung an der Oberfläche, da diese ein Eindringen des Stickstoffs behindern würde. Das Verfahren ist vergleichsweise **umweltfreundlich**, da es völlig abfallfrei arbeitet und außer Wasserstoff keine gefährlichen Einsatzstoffe verwendet (→ *Abb. 5.10*).

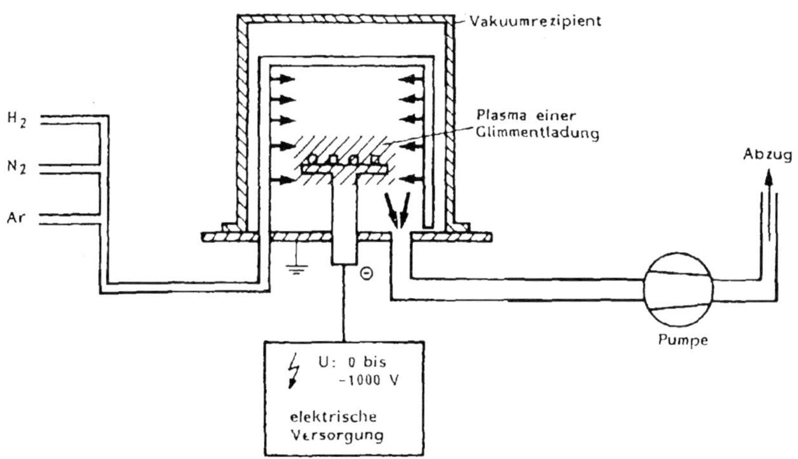

Abbildung 5.10 **Plasmanitrieranlage** mit gepulster Hilfsspannung (Biasspannung).

Nitrocarburieren

Für das **Nitrocarburieren** verwendet man einerseits gasförmige Nitrocarburiermittel (z.B. kohlenstoffhaltige Gase und Ammoniak). Andere Nitrocarburiermittel sind flüssige Salzschmelzen (**Salzbadnitrieren**), die Kaliumcyanid (KCN) und Kaliumcyanat (KOCN) bei einer Temperatur von T= 500...600°C enthalten. Dabei zersetzt sich KOCN gemäß: $3\ KOCN \rightarrow KCN + K_2CO_3 + C + N_2$

Cyanide und Cyanate bzw. in bestimmten Fällen Bariumsalze sind giftig und umweltschädlich. Es wird empfohlen, auf das Salzbadnitrieren–soweit technisch möglich–zu verzichten.

Eisenschrott-recycling

Das Einschmelzen von Eisenschrott spart 60% an Primärenergie gegenüber der Herstellung aus Eisenerzen. Im Durchschnitt werden 40% des erzeugten Rohstahls aus Eisenschrott produziert. Bei der Eisenschrottaufbereitung stört Kupfer und Zinn (z.B. Sn–beschichtete Weissblechdosen), da diese Metalle in der Eisenschmelze verbleiben und die Stahleigenschaften negativ beeinflussen. Leichtflüchtige Verunreinigungen wie Zink (z.B. Zn–beschichtete Stahlbleche) verdampfen bei der Stahlschmelze und werden im Stahlwerkstaub niedergeschlagen.

Altautorecycling

Jährlich fallen in Deutschland ca. 2,5 Mill. Kraftfahrzeuge mit einem Durchschnittsalter von 10...12 Jahren zur Entsorgung an. Diese enthalten wertvolle Werkstoffe: 68 Massen–% Eisen, 10% Kunststoffe, 5% Aluminium, 3% Cu, Pb, Zn und 14,5% Reststoffe (Reifen, Glas, Polsterung, Lackierung). Bei der üblichen Autoverwertung werden wiederverwertbare Teile, z.B. Reifen, Motor, Getriebe) und wassergefährdende Betriebsstoffe (Öle) entnommen. Das 'ausgeschlachtete' Altauto wird dann **geschreddert** und die Eisenbestandteile durch einen Hubmagneten separiert. Eisen wird in Stahlwerken wiederverwertet, während der verbleibende Shreddermüll (ca. 25% Massenprozent des Fahrzeugs, insgesamt ca. 500 000 t pro Jahr in Deutschland) derzeit überwiegend deponiert wird. Die Automobilindustrie hat sich verpflichtet, neu in Verkehr gebrachte Autos für einen Zeitraum von mindestens 12 Jahren nach der Erstzulassung kostenlos zurückzunehmen und einer Verwertung zuzuführen. Der nicht verwertbare Anteil soll von derzeit 25% bis zum Jahr 2002 auf 15% und danach auf 5% (Jahr 2015) reduziert werden. Die gesetzlichen Rahmenbedingungen sind in der **Altauto–Verordnung** (AltautoV) festgelegt. In Zukunft können Altautos ohne Shredderung zu Paketen verpresst und in Stahlwerken bei hohen Temperaturen–einschließlich der nicht verwertbaren Kunststoffe–eingeschmolzen werden. Die organischen Bestandteile ersetzen fossile Brennstoffe und dienen zusätzlich als Reduktions- und Aufkohlungsmittel bei der Stahlherstellung.

5.3 Eisenwerkstoffe

Metallische Werkstoffe

Die Eigenschaften der **metallischen** Werkstoffe sind Gegenstand der Werkstoffkunde und können hier nur in Auszügen behandelt werden. Die metallischen Werkstoffe werden in diesem Kapitel in der folgenden Reihenfolge behandelt:

- **Eisenwerkstoffe**
  - Stahl,
  - Gusseisen
- **Nichteisenwerkstoffe (NE–Metalle)**
  - Leichtmetalle (Dichte <5 g cm^{-3}),
  - Schwermetalle (Dichte >5 g cm^{-3}).

Eisen

Eisen tritt in unterschiedlichen Modifikationen (Erscheinungsformen) auf, die bei langsamem Abkühlen der Schmelze durchlaufen werden:

- **δ–Eisen, δ–Ferrit**: krz–Gittertyp, Fp. 1536°C,
- **γ–Eisen, Austenit:** Umwandlungspunkt 1392°C,
- **α–Eisen, α–Ferrit**: Umwandlungspunkt 911$^{°C}$.

Eisen bildet eine passivierende Fe_2O_3–Oxidschicht und ist deshalb in trockener Luft beständig. In feuchter Luft und in CO_2–und lufthaltigem Wasser rostet Eisen unter Bildung einer schuppigen Eisen(III)–Oxidhydratschicht $Fe_2O_3 . H_2O$.

Stähle

Das wichtigste Legierungselement für Eisen ist Kohlenstoff. Entsprechend dem Kohlenstoffgehalt unterscheidet man:

- **Gusseisen** enthält >2% C. Bauteile aus Gusseisen sind spröde und müssen durch Gießen oder spanabhebende Bearbeitung geformt werden.
- **Stahl** enthält <2% C. Stahl ist zäh und immer warm umformbar, bei niedrigem C–Gehalt auch kalt umformbar. Durch Wärmebehandlung (Vergüten, Härten) lässt sich seine Festigkeit erheblich steigern.

Stahleinteilung

Es können unterschiedliche Einteilungskriterien für Stahl gewählt werden:

- **Gebrauchsanforderungen:** Grundstahl, Qualitätsstahl, Edelstahl,
- **chemische Zusammensetzung:** unlegierter, niedriglegierter, hochlegierter Stahl,
- **Herstellung:** LD–Stahl (Stahl nach dem LD–Verfahren, Oxygenstahl), Elektrostahl
- **Verwendung:** Baustahl, Vergütungsstahl, Einsatzstahl, Nitrierstahl, Werkzeugstahl,
- **Eigenschaften:** warmfeste Stähle, kaltzähe Stähle, nichtrostende Stähle, weichmagnetische Stähle.

Normenhinweis: DIN EN 10020 Einteilungskriterien für Stähle

Stahlbezeichnung

Für die **werkstoffbezogene** Stahlbezeichnung ordnet man die Stähle entsprechend der Legierungszusammensetzung in vier Gruppen:

- **unlegierte Stähle** dürfen folgende Anteile an Eisenbegleitstoffen nicht überschreiten: Al 0,10%, Cr 0,30%, Cu 0,40%, Mn 1,65%, Mo 0,08%, Ni 0,30%, Si 0,50%, W 0,10%.
- **niedriglegierte Stähle** besitzen einen Gesamtgehalt an Legierungselementen <5%.
- **hochlegierte Stähle** besitzen einen Gesamtgehalt an Legierungselementen >5%.
- **Schnellarbeitsstähle**.

Unlegierte Stähle

Für **unlegierte** Stähle gelten die Werkstoffbezeichnungen:

- **Kennbuchstaben C**
- **Multiplikationsfaktor** 100 für das Element C

Beispiel: Werkstoff C 45 enthält 0,45% Kohlenstoff.

Niedriglegierte Stähle

Für **niedriglegierte** Stähle gelten die Werkstoffbezeichnungen:

- **Multiplikationsfaktor** 100 für das Element C (vorangestellt),
- **Multiplikationsfakor** 4 für die Elemente Co, Cr, Mn, Ni, Si,
- **Multiplikationsfakor** 10 für die Elemente Al, Be, Cu, Mo, Nb, Pb, Ta, Ti, V, Zr.

Beispiel: Werkstoff 15 CrNiMo 10 4 enthält 0,15% C, 2,5% Cr, 1% Ni, Spuren Mo.

Hochlegierte Stähle

Für **hochlegierte** Stähle gelten die Werkstoffbezeichnungen:

- **vorgesetzter Buchstabe X**,
- **Multiplikationsfaktor** 100 für C–Gehalt,
- **Multiplikationsfaktor** 1 für die Legierungselemente, z.B. Cr, Ni.

Beispiel: Werkstoff X 5 CrNi 18 10 enthält 0,05% C, 18% Cr, 10% Ni.

Schnellarbeitsstähle

Für **Schnellarbeitsstähle** gelten die Werkstoffbezeichnungen:

- **vorgesetzter Buchstabe HS** (HS = High Speed),
- **Multiplikationsfaktor** 1 für die Legierungselemente W, Mo, V, Co
- **Bindestrich** zwischen jeder Konzentrationsangabe [Massen–%].

Beispiel: Werkstoff HS 6–5–2 enthält 6% W, 5% Mo und 2% V.
Normenhinweis: DIN EN 10027: Bezeichnungssysteme für Stähle

Baustähle

Im folgenden Text werden die Stähle entsprechend ihrer **Verwendung** eingeteilt. Typische Baustahlerzeugnisse sind Fahrzeugkarrosserien (kalt gewalzter Bandstahl), Rohre, Bauträger usw. Aufgrund des geringen Kohlenstoffgehalts (**C–Gehalt** von **0,06** bis **0,3%**) lassen sich Baustähle im allgemeinen gut schweißen. Eine Erhöhung der Festigkeit lässt sich durch die Einstellung eines besonders feinkörnigen Gefüges (**Feinkornstähle**) oder Zugabe von Legierungselementen wie Mn, Cr, Ni, B erreichen. Ein normaler Baustahl ist im allgemeinen **nicht** für eine **Wärmebehandlung** vorgesehen, z.B. Baustahl St 37 (Stahl mit einer Mindestzugfestigkeit von 370 $N\,mm^{-2}$).

Vergütungsstähle

Vergütungsstähle erhalten ihre Gebrauchseigenschaft durch eine **Wärmebehandlung (Vergüten)**, die in der Regel aus dem **Härten** und einem anschließenden **Anlassen** (Temperaturbehandlung zur Verminderung innerer Spannungen) bestehen. Vergütungsstähle eignen sich für Bauteile hoher Festigkeit wie Wellen, Achsen, Zahnräder. Vergütungsstähle besitzen einen **C–Gehalt** von **0,25** bis **0,65%** und können sein:

- **unlegiert** (z.B. C 45 unlegierter Stahl mit 0,45% C–Gehalt) oder
- **legiert** (z.B. 42 CrMo 4 niedriglegierter Stahl mit 0,42% C, 1% Cr und 0,2% Mo).

Werkzeugstähle

Werkzeugstähle (**C–Gehalt** von **0,5** bis **2%**) besitzen hohe Härte, Verschleissbeständigkeit und Zähigkeit. Man unterscheidet je nach Einsatztemperatur:

- **Kaltarbeitsstähle** (Einsatztemperatur <200°C),
- **Warmarbeitsstähle** (Einsatztemperatur >200°C),
- **Schnellarbeitsstähle** (Einsatztemperatur bis max. 600°C).

Schnellarbeitsstähle

Bekannte Werkzeugstähle sind C60 (unlegierter Stahl mit 0,60% C) oder 100 Cr 6 (Kaltarbeitsstahl mit 1% C und 1,5% Cr). **Schnellarbeitsstähle** besitzen gegenüber einfachen Werkzeugstählen eine besonders hohe Einsatztemperatur (Anlassbeständigkeit). Dies ist auf einen hohen Gehalt an Kohlenstoff und anderen Legierungselementen wie Wolfram, Molybdän, Vanadium und Kobalt zurückzuführen. Schnellarbeitstähle werden schmelzmetallurgisch oder pulvermetallurgisch (siehe: Hartmetalle) hergestellt.

Sekundärhärtemaximum

Beim Anlassen von Warm- und Schnellarbeitsstählen beobachtet man bei Anlasstemperaturen um 600°C einen erneuten Anstieg der Härte (**Sekundärhärtemaximum**). Dies ist auf die Ausscheidung von sehr harten Sondercarbiden (WC, NbC) zurückzuführen. Die **Einsatztemperatur** des Werkzeugs darf keinesfalls die Anlasstemperatur überschreiten.

Edelstähle

Die umgangssprachliche Gleichsetzung von Edelstählen mit nichtrostenden Stählen ist nicht korrekt. **Edelstähle** sind unlegierte oder legierte Stahlsorten, die im allgemeinen für eine **Wärmebehandlung** bestimmt sind und an die **besonders hohe Anforderungen** gestellt werden. Zugesetzte Legierungselemente beeinflussen die Stahleigenschaften im allgemeinen entsprechend → *Tab. 5.2.*

Rostfreie Stähle

Rostfreie Stähle sind legierte Edelstähle mit einem **Chromgehalt >12%**. Durch die gleichmäßig verteilten Chromatome wird eine geschlossene, wenige nm dicke Chromoxidschicht an der Oberfläche erzeugt, die das Werkstück vor Korrosion schützt. Für die Korrosionsbeständigkeit ist der Oberflächenzustand des Bauteils von besonderer Bedeutung. Es stören:

- **Kratzer** und **Riefen** oder andere Kaltverformungen (Aufbau von Spannungen),
- **Rückstände** der spanabhebenden Bearbeitung, insbesondere sollen Werkzeuge für die konventionelle Stahlbearbeitung nicht gleichzeitig für die Bearbeitung von nichtrostenden Stählen verwendet werden,
- **Oberflächenschichten**, z.B. Zunder, Anlauffarben vom Schweißen.

Eigenschaft	C	Si	Mn	P	S	Cr	Mo	Ni	V
Zugfestigkeit	+	+	+						+
Härte	+	+				+	+	+	
Warmfestigkeit						+	+		+
Schweissbarkeit	-	-			-				
Korrosionbeständigkeit				+		+		+	
Verschleissbeständigkeit				+					
Zerspanbarkeit	-			+	+				

Tabelle 5.2 Einfluss von **Legierungselementen** auf die Eigenschaften von Stahl (Legierungselemente wirken: + Eigenschaft wird verbessert,–Eigenschaft wird verschlechtert)

Passivierung

Zur Entfernung der Verschmutzungen und zur Verstärkung des Oxidfilms (**Passivierung**) werden nichtrostende Stähle im allgemeinen in starken, oxidierenden Säuren gebeizt. Bei hohen **Chloridkonzentrationen** (insbesondere im sauren pH–Bereich) beobachtet man bei nichtrostenden Edelstählen in der Praxis oft Lochfraß (**pitting**), weil die kleinen Chloridionen durch die Poren des Passivfilms an die Metalloberfläche vordringen und dort Korrosion verursachen. Bekannte nichtrostende Stähle sind z.B.:

- **X 5CrNi18 10**, Edelstahl 1.4301 mit 0,05% C, 17...19% Cr und 8...10% Ni (Produktnamen: V 2A, Nirosta, Cromargan) oder
- **X 5CrNiMo17 12 2,** Edelstahl 1.4401 mit 0,05% C, 16,5...18,5% Cr, 10,5...13, 5% Ni und 2... 2,5% Mo (Produktname: V 4A).

Gusseisen

Gusswerkstoffe werden durch den Buchstaben **'G'** vor der Werkstoffbezeichnung gekennzeichnet. Die folgende Zahl bezeichnet die Zugfestigkeit (z.B. G–25 = Grauguss mit der Zugfestigkeit 25 N mm^{-2}). Gusseisen erhält man als:

- **weisses Gusseisen** (manganhaltig, siliziumarm, rasche Abkühlung, metastabiler Zustand) und
- **graues Gusseisen** (siliziumreich, langsame Abkühlung unter Ausscheidung von Graphit, stabiler Zustand).

Hartguss
Temperguss

Weisses Gusseisen (**Hartguss GH**) ist spröde und schwer zu bearbeiten. Eine Verbesserung der Gebrauchs- und Bearbeitungseigenschaften wird durch eine nachfolgende Temperbehandlung erzielt. Eine Entkohlung bei 1000°C mit Eisenoxiden ergibt weissen **Temperguss (GTW)**, der zur Herstellung von dünnwandigen Teilen (z.B. Schlüsseln, Beschlägen) geeignet ist. **Schwarzer Temperguss (GTS)** wird durch mehrtägiges Glühen der Gussteile in Sand erhalten. Dabei wird nicht entkohlt, sondern es scheidet sich Graphit aus (Anwendung: dickwandigere Teile, z.B. Kolben, Zahnräder u. a.). Typische Werkstoffe sind:

- **GTW–40**: weisser Temperguss mit 3,1% C, 0,6% Si, 0,4% Mn, 0,2% S,
- **GTS–35**: schwarzer Temperguss mit 2,5% C, 1,3% Si, 0,4% Mn, 0,1% S.

Grauguss

Graues Gusseisen (**Grauguss GG**) enthält lamellenförmig ausgeschiedene Graphitpartikel oder kugelförmigen Graphit (**globularer Grauguss, Sphäroguss GGG**). Aufgrund der eingelagerten Graphitausscheidungen ist Grauguss weniger fest, jedoch auch weniger schlagempfindlich. Wegen der guten Dämpfungs- und Schmierungseigenschaften des Materials wird GG z.B. für Getriebegehäuse, Zylinderblöcke oder Gleitlager eingesetzt. Grauguss mit hohem Phosphorgehalt eignet sich aufgrund der dünnflüssigen Schmelze zur Herstellung von Heiz- und Kühlkörpern. Grauguss mit Kugelgraphit (GGG) besitzt eine hohe Festigkeit und kann gut bearbeitet werden. Beispiele für Anwendungen sind: Kurbelwelle, Kolben, Ventile, Walzen u. a. Typische Werkstoffe sind:

- **GG–25**: Grauguss mit 3,3% C, 2% Si, 0,8% Mn, <0,3% P,
- **GGG–40**: globularer Grauguss mit 3,6% C, 2,2% Si, 0,4% Mn, 0,05% Mg.

Pulvermetallurgie (PM)

Metastabile Phasen, z.B. Stahl, besitzen oft außergewöhnliche Eigenschaften. Eine moderne Technologie zur Herstellung von (metastabilen) Werkstoffen, die durch **Erschmelzen** nicht zugänglich sind, ist die Verpressung von Metallpulvern bei hohen Drücken (ca. 100 MPa) und Temperaturen unterhalb der Schmelztemperatur (**Sintern** bei 1100°C, Haltezeit 1...6 h). Die Verfahrenstechnik dieser Pulvermetallurgie (PM) ist vergleichbar der Herstellung keramischer Formkörper (→ *Kap. 4.2*). Die Eigenschaften von PM–Werkstoffen können durch die Korngröße der eingesetzten Pulver variiert werden. PM–Werkstoffe können sehr dicht und sauerstoffarm hergestellt sein und als PM–Werkzeuge für höchste Verschleissbeanspruchung dienen. Für hohe Temperaturbelastung (z.B. für die Weltraumtechnik) lassen sich hochschmelzende Legierungen, z.B. **Boride, Silicide, Carbide** von **Wolfram, Tantal** oder **Niob,** herstellen.

Metallpulver

Die Herstellung von Metallpulvern erfolgt nach folgenden **Herstellungsverfahren**:

- **mechanisch**: durch Mahlen oder Zerstampfen in speziellen Mühlen,
- **physikalisch**: durch Zerstäuben flüssiger Metalle mit Druckluft, Wasserdampf oder Ultraschall,
- **chemisch**: durch Behandlung der Metalle oder Metalloxide mit reaktiven Gasen, z.B. Reduktion der Oxide mit Wasserstoff oder durch kontrollierten Wasserentzug nach dem Sol–Gel–Verfahren. Metallpulver wirken oft außerordentlich toxisch und sind oft leicht brennbar.

Sintermetalle

Pulvermetallurgisch (**PM**) hergestellte Werkstoffe bezeichnet man oft als **Sintermetalle.** Weite Verbreitung finden auch besonders porös eingestellte Sintermetalle, z.B. für selbstschmierende Lager, Filterelemente für Rußpartikel in Dieselmotoren oder Katalysatorträger. Werden poröse Sinter–Gleitlager (Werkstoffe: Sinterstahl mit Cu–Zusätzen, Sinterbronze Sn/Cu mit Al–oder Pb–Zusätzen) in heissem Öl getränkt (imprägniert), kann diese Ölmenge oft für eine **Dauerschmierung** ausreichen.

Hartmetalle

Hartmetalle sind **Metall–Keramik–Verbundwerkstoffe**, die durch pulvermetallurgische Verfahren hergestellt werden. Die **keramische Komponente** bewirkt hohe Härte und Warmformbeständigkeit. Das **metallische Bindemittel** (<20%) verbessert die Zähigkeit und Schlagfestigkeit. Bei den bekanntesten Hartmetallen (Widia, Stellit) wird **Wolframcarbid** (W_2C) als Hartstoff gemeinsam mit dem Bindemittel **Kobalt** (Co) vermahlen, gepresst und anschließend bei 1300...1600°C im Vakuum gesintert. Andere Hartstoffe sind Titancarbid (TiC), Tantalcarbid (TaC), Chromcarbid (Cr_2C_3). Das wichtigste Einsatzgebiet von Hartmetallen ist die Verwendung als Schneidwerkzeuge für die Bearbeitung schwer zerspanbarer Werkstoffe, z.B. Gusseisen, Porzellan, Gestein, Holz oder glasfaserverstärkte Kunststoffe. Hartmetalle können durch Hartlöten gut mit einem weicheren Grundkörper verbunden werden (Anwendung als Bohrzähne, Sägezähne, Erdschaufeln von Bulldozern).

Cermets

Cermets (engl. **cer**amics + **met**als) sind allgemein Metall–Keramik–Verbundwerkstoffe z.B. mit SiC oder Al_2O_3 verstärktes Aluminium. Im Bereich der Hartstoffe versteht man unter Cermets keramisch–metallische Verbundwerkstoffe, die **ohne** die relativ teuren Elemente Co, Ta, W auskommen, z.B. Ti(C,N) in Ni/Mo–Bindermatrix. Das Ziel ist in der Regel eine Steigerung der Warmfestigkeit von Werkstoffen, z.B. bei Schneidwerkzeugen. Cermetpulver kann u. a. durch Flammspritzen als Verkleidung (z.B. auf Brennkammern von Düsentriebwerken) aufgebracht werden.

5.4 Nichteisenmetalle

Bei den Nichteisenmetallen unterscheidet man im Hinblick auf ihre technische Anwendung: Leichtmetalle, Schwermetalle und Edelmetalle.

Leichtmetalle

Leichtmetalle ist eine Sammelbezeichnung für Metalle geringer Dichte (Dichte <5 g cm^{-3}), z.B. die Alkalimetalle und ein Teil der Erdalkalimetalle. Die technisch wichtigsten Leichtmetalle sind: Aluminium, Magnesium und Titan.

Schwermetalle

Für die **Schwermetalle** (Dichte >5 g cm^{-3}) findet man folgende fachsprachlichen Bezeichnungen:

- **Buntmetalle**: Cd, Co, Cu, Ni, Pb, Sn, Zn,
- **Seltene Metalle:** Be, Ga, Ge, Hf, Ti, U, Zr,
- **Stahlveredler**, Legierungselemente: Cr, Mn, Ni, Mo, Nb, Ta, Ti, V, W u. a.

Edelmetalle

Zu den **Edelmetallen** zählen die Elemente Au, Ag, Hg, Re und die Platinmetalle Ru, Rh, Pd, Os, Ir, Pt.

Aluminium

Der Ausgangsstoff zur Herstellung von Aluminium ist das **Bauxit**, ein Residualgestein tropischer Verwitterung mit einer Zusammensetzung Al_2O_3 (60%), Fe_2O_3 (30%), SiO_2 (5%), TiO_2 (3%) und H_2O (bis 30%). Bauxit wird mit Natronlauge in lösliches $Na[Al(OH)_4]$ überführt (aufgeschlossen, Verfahren nach Bayer, → *Abb. 5.11*) und nach der Abtrennung von Verunreinigungen als reine Tonerde (Al_2O_3. H_2O) gefällt. Der zurückbleibende 'Rotschlamm' wurde früher überwiegend deponiert, inzwischen wird er jedoch vermehrt als Baumaterial eingesetzt. Die Gewinnung von elementarem Al wird durch den hohen Schmelzpunkt von Al_2O_3: T = 2050°C erschwert.

Al–Herstellung

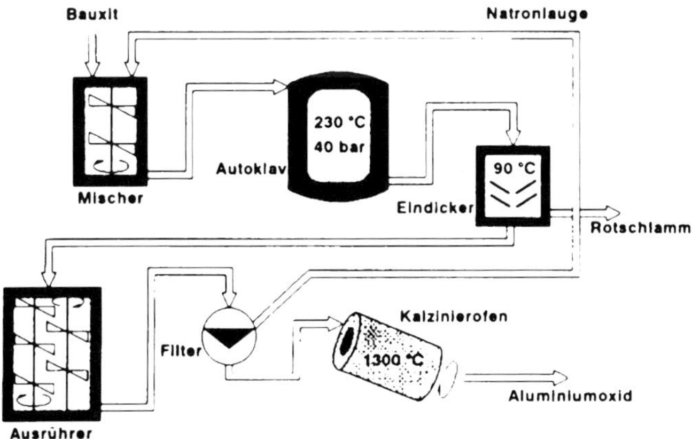

Abbildung 5.11 **Primäraluminium**: Aufbereitung von Bauxit zu Aluminiumoxid (Quelle: Aluminiumzentrale Düsseldorf)

Hall–Herault–Prozess

Bei dem wichtigsten Al–Herstellungsverfahren (**Hall–Herault–Prozess**) erniedrigt synthetisch hergestellter **Kryolith ($AlF_3 \cdot 3\ NaF$)** als Flussmittel den Schmelzpunkt des eutektischen Gemisches auf 950...970 °C. Bei der **Schmelzflusselektrolyse** mit **Graphitanoden** wird das Anodenmaterial durch den entstehenden Sauerstoff zu CO_2 umgesetzt und verbraucht (→ *Abb. 5.12*):

$$2\ Al_2O_3 + 3\ C \quad \rightarrow \quad 2\ Al + 3\ CO_2$$

Alcoa–Prozess

Das fluorhaltige Flussmittel verursacht umweltschädliche **Fluorid**–Emissionen. Bei dem weniger bedeutenden **Alcoa–Verfahren** wird $AlCl_3$ (hergestellt aus Al_2O_3 + recyclierbarem Cl_2) als Ausgangsmaterial für eine Elektrolyse verwendet. Das Verfahren ist umweltfreundlicher (weniger Energie, kein Flussmittel, keine Fluorid–Emissionen).

Sekundäraluminium

Sekundäraluminium (Umschmelzaluminium) wird aus dem Recycling von Aluminiumbauteilen gewonnen. Dieser Umschmelzprozess kann auch zur Reinigung von Hüttenaluminium erforderlich sein (Raffination zur Herstellung von Rein- bzw. Reinstaluminium). Bei der Herstellung von Sekundäraluminium wird Altaluminium oder Aluminiumkrätze (Abfall beim Al–Gießen) im Salztrommelofen eingeschmolzen (Al–Schmelzpunkt 660 °C) und dabei durch eine flüssige Salzdecke (NaCl, KCl) vor Oxidation geschützt. Die **Salzschlacke** wird wiederaufbereitet oder muss als Sondermüll entsorgt werden.

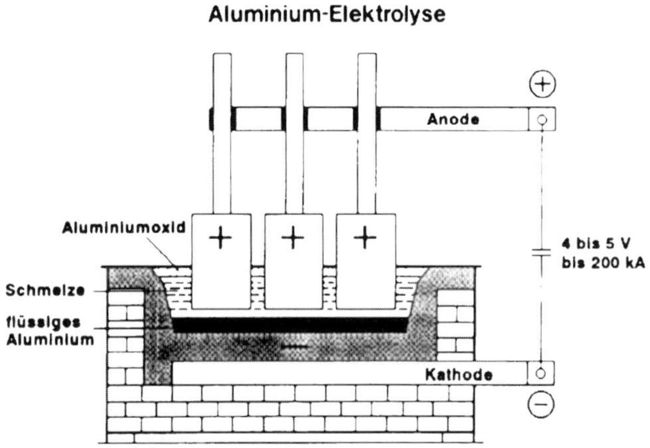

Aluminium-Elektrolyse

Abbildung 5.12 **Elektrolyse** von Al–Oxid und Zuschlagsstoffen zu Primäraluminium (Quelle: Aluminium–Zentrale, Düsseldorf).

Reines Aluminium

Die Vorteile des Werkstoffs Al sind:

- **mechanisch:** geringe Dichte, hohe Festigkeit,
- **fertigungstechnisch:** gute Umformbarkeit, gute Spanbarkeit,
- **chemisch:** hohe Korrosionsbeständigkeit, lebensmittelverträglich,
- **optisch, dekorativ:** hoher Reflektionsgrad, Einfärbbarkeit,
- **elektrisch:** hohe elektrische und thermische Leitfähigkeit, magnetische Neutralität.

Anodisieren

Al ist aufgrund einer dichten Al_2O_3–Passivierungsschicht (natürliche Schichtdicke d = 10 nm) gut korrosionsbeständig. Die Oxidschutzschicht kann auf elektrochemischem Weg verstärkt werden (**Anodisieren, Eloxieren,** → *Kap. 17.4*). Al löst sich in nichtoxidierenden Säuren und in Laugen:

$2\,Al + 6\,HCl \rightarrow 2\,AlCl_3 + 3\,H_2$

$2\,Al + 2\,NaOH + 6\,H_2O \rightarrow 2\,Na[Al(OH)_4] + 3\,H_2$

Lebensmittel-beständigkeit

Reines Aluminium ist sehr korrosionsbeständig und wird bevorzugt eingesetzt, wenn **Lebensmitteltauglichkeit** (z.B. Verpackungsfolien, Geschirr) und hohe **optische Reflexion** (z.B. Spiegel, Beleuchtungsreflektoren) gefordert werden. Bei der Zubereitung saurer (z.B. Sauerkraut), basischer oder stark salzhaltiger Speisen können geringe Mengen an Al–Ionen gelöst werden. Eine hohe Al–Aufnahme wurde mit bestimmten Krankheiten (z.B. Alzheimer Krankheit) in Verbindung gebracht. Obwohl sich dieser Verdacht (derzeit) nicht bestätigt hat, ist bei Al–Gefässen Vorsicht angebracht, da diese oft oberflächenbeschichtet sind (z.B. chromatiert, meist gelblich erscheinende Beschichtung). Aluminiumprofile werden von **basischen** Baumaterialien, z.B. Mörtel oder Kalk, angegriffen und sind aus diesem Grund meist mit einer Schutzfolie versehen. Die Zugabe von Legierungsbestandteilen (aushärtbare Al–Legierungen, z.B. mit Cu, Mg, Zn, Si) verbessert in vielen Fällen die Festigkeit, führt jedoch in der Regel zu einer geringeren Korrosionsbeständigkeit. Aluminiumpulver (für **Metallic–Lackierungen** oder als **Korrosionsschutzpigmente**) kann brennbar sein. Al–Staub beim Schleifen, Bürsten und Polieren kann zu Staubexplosionen führen.

Al–Pulver

Rechtshinweise: UVV VBG 56: Herstellen und Bearbeiten von Al–Pulvern, VBG 57a: Wärmebehandlung von Al und Al–Knetlegierungen in Salpeterbädern, ZH 1/32: Richtlinien zur Vermeidung der Gefahren von Staubbränden und Staubexplosionen beim Schleifen, Bürsten und Polieren von Al und Al–Legierungen.

Al–Legierungen

Al–Legierungen lassen sich bezüglich ihrer mechanischen Eigenschaften einteilen in:

- **nicht aushärtbare** Legierungen, z.B. AlMg, AlMgMn, AlMn,
- **aushärtbare** Legierungen, z.B. AlMgSi, AlCuMg, AlZnMg.

Aushärtbare Al–Legierungen

Bei aushärtbaren Al–Legierungen gibt es zwei Mechanismen zur Festigkeitssteigerung:

- **Kaltverfestigung** und
- **Kaltaushärten, Warmaushärten.**

Die **Kaltverfestigung** wird durch einen **Formgebungsprozess** (z.B. das Walzen, Ziehen, Hämmern) verusacht, wodurch Versetzungen im Kristallgitter entstehen. Beim **Aushärten** werden durch ein Lösungsglühen >500°C möglichst viele der zur Aushärtung führenden Fremdatome gelöst. Danach wird auf Raumtemperatur abgeschreckt, wodurch ein Nichtgleichgewichtszustand eingefroren wird. Längeres Auslagern bei Raumtemperatur (**Kaltaushärten**, ca. 3... 5 Tage) oder bei höheren Temperaturen (**Warmaushärten** bei ca. 125...175°C, ca. 3...12 h) führt zur Ausscheidung von Fremdatomen und dadurch zum Anstieg der Festigkeit.
Gehärtete Al–Legierungen dürfen **nicht wieder erwärmt werden**, da die Festigkeitswerte ab ca. 180°C abnehmen und ab 350°C ganz aufgehoben werden. Ausgehärtete Al–Legierungen können deshalb nicht ohne Festigkeitseinbussen geschweisst und gelötet werden.

Al–Legierungen teilt man nach **fertigungstechnischen** Gesichtpunkten ein in:

- **Al–Knetlegierungen** (Verarbeitung: Umformen)
- **Al–Gusslegierungen** (Verarbeitung: Gießen)

Aluminium–Knetlegierungen

Al–Knetlegierungen werden nach einem Umformverfahren, z.B. Strangpressen, Walzen, Ziehen, Schmieden verarbeitet. Nicht aushärtbare AlMg–Legierungen, z.B. AlMg3 (mit 3% Mg) werden zu korrosionsbeständigen Blechen oder Fassadenelementen verarbeitet. Durch eine Wärmebehandlung aushärtbare Al–Legierungen können Festigkeitswerte von Stahl bei dreifach vermindertem Gewicht (z.B. für den Flugzeugbau, **Dura-**

luminium (AlCu4Mg 1) mit 4% Cu, 0,7% Mg, 1% Mn und 0,5% Si) erreichen. Neue besonders leichte Flugzeuglegierungen bestehen aus **Al–Lithium** (AlLiCu mit 3% Li und 1,5% Cu).

Aluminium–Gusslegierungen

Bei Aluminium–Gusslegierungen besteht neben hoher Festigkeit zusätzlich die Forderung nach einer guten Gießbarkeit (Vorsilbe **G = Guss, GK = Kokillenguss, GD = Druckguss**). Komplexe Formteile, z.B. Motoren- und Getriebegehäuse, werden aus der Legierung GK–AlSi12 (Silumil bis 14% Si) bzw. GD–AlSi9Cu3 gefertigt.
Normenhinweis: DIN 1725: Bezeichnung von Al–Legierungen

Al–Kolben

Beim verbreiteten Hubkolbenmotor bewegt sich ein Kolben in einem Zylinder, die Abdichtung zwischen den beiden Bauteilen erfolgt durch Kolbenringe. Der Kolben muss einem großen Temperaturgefälle (ca. 300°C am Kolbenboden, ca. 120°C im Kolbenschaft) standhalten (→ *Abb. 5.13*). Der **thermische Ausdehnungskoeffizient** des Kolbens muss dem Zylinder- bzw. Laufbuchsen–Werkstoff angepasst sein. Als Werkstoffe für **Kolben** von Verbrennungsmotoren werden heute nahezu ausschließlich hochsiliziumhaltige Al–Legierungen verwendet, die zusätzlich Cu und Ni zur Steigerung der Warmfestigkeit enthalten:

- **AlSi12CuMgNi**: Standardlegierung mit 11...13% Si
- **AlSi18CuMgNi**: Sonderlegierung mit 17...19% Si, geringste Wärmeausdehnung
- **AlCu4NiMg**: Sonderlegierung für höchste Wärmeleitfähigkeit.

Kolben werden teilweise auch galvanisch (z.B. mit Chrom oder Zinn / Eisen) oberflächenbeschichtet.

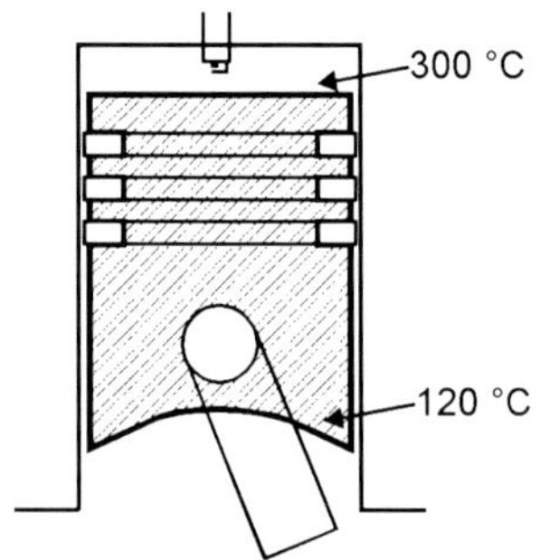

Abbildung 5.13 **Tribosystem Zylinder/Kolben/ Kolbenringe** und KFZ–Aluminium–Zylinderblock (Quelle: Firma Mahle, Stuttgart)

Al–Zylinder

Zylinderblöcke für Dieselmotoren werden aufgrund der hohen Drücke und Temperaturen auch heute ausschließlich aus **Grauguss** gefertigt. Für Ottomotoren werden dagegen zunehmend **Aluminiumzylinder** verwendet. Zylinderlaufflächen aus Aluminium neigen jedoch im Gegensatz zu gehonten Grauguss–Oberflächen zum Fressen. Die Zylinderlauffläche muss deshalb speziell oberflächenbehandelt werden /27/. Realisierte Serienlösungen sind:

- **Einsetzen** oder **Eingießen** einer Graugussbuchse in den Al–Zylinder,
- **Verwendung der harten**, übereutektischen AlSi18–Legierung und chemisches Teilätzen von Al,
- **galvanische Beschichtung** der Zylinderlaufbahn mit einer verschleissbeständigen Ni–SiC–Schicht.

Aluminium im Fahrzeugbau

Aluminium hat einen breiten Einsatz im Automobilbau gefunden. Insbesondere im Bereich von Motor, Getriebe und Achsen (Guss- und Schmiedeteile) sind zahlreiche Anwendungsmöglichkeiten bereits realisiert. Steigerungen des Al–Anteils sind vor allem im **Fahrwerk- und Karosseriebereich** zu erwarten /28/. Erste Serienfahrzeuge mit Al–Profilrahmen auf der Basis von AlMg–oder AlMgSi–Werkstoffen sind auf dem Markt. Probleme beim Al–Einsatz sind aber u. a.:

- **Verbindungstechnik** zwischen Al–Bauteilen und zwischen Aluminium und Stahl (Schweißen, Löten sind problematisch),
- **Korrosionsschutz** (Lackierung, Spaltkorrosion, Lokalelementbildung),
- **Reparaturfähigkeit**, z.B. bei Rahmenkonstruktionen.

Aluminium–Rycycling

Beim Recycling von Aluminium (Sekundäraluminium durch Umschmelzen) wird nur **5% der Energie** wie zur Herstellung von Primäraluminium aus Bauxit verbraucht. Das Al–Recycling wird durch die Vermischung unterschiedlicher Al–Legierungen, z.B. Al–Knet- und Gusslegierungen erschwert. Deshalb werden beim Al–Recycling oft Branchenlösungen angestrebt. Beispielsweise beträgt der durchschnittliche Al–Gehalt eines Automobils derzeit 5 Massen–% und besteht zu 70...90% aus Gusslegierungen auf der Basis AlSiCu. Sekundäraluminium aus Automobilen wird deshalb zu Gusslegierungen verarbeitet, da Si und Cu nicht mit vertretbarem Aufwand aus der Schmelze entfernt werden können.

Primärenergiebedarf

Der Primärenergiebedarf für die Herstellung von 1 t Aluminium ist rund vier mal so hoch wie für die Herstellung von Stahl (Ursache: hoher Stromverbrauch bei der Elektrolyse, ca. **2% des Gesamtstromverbrauchs** in Deutschland für die Al–Herstellung). Vergleicht man jedoch den Energiebedarf zur Herstellung eines bestimmten **Volumens**, so reduziert sich der Energiemehraufwand zur Herstellung eines Al–Bauteils auf das Doppelte im Vergleich zum selben Stahlbauteil (Dichte Al = 1/3 Dichte Stahl, → *Abb. 5.14*). Der Energiebedarf zur Herstellung eines Bauteils aus Sekundäraluminium oder aus Stahlschrott ist nahezu gleich. Berücksichtigt man, dass bei einem Fahrzeug 90% der Energie während des Fahrbetriebs und nur 10% für die Herstellung verbraucht werden, **spart** der Ersatz von Stahl durch Aluminium beim PKW mehr Energie **ein**, als zur Herstellung des Aluminiums aufgewendet wurde. Für **stationäre** Al–Anwendungen, z.B. Verpackung oder Bauprofile, kann diese Ökobilanz jedoch weniger positiv ausfallen.

Die Primäraluminiumherstellung durch Schmelzflusselektrolyse unter Verwendung von Graphitelektroden ist mit einem hohen Kohlendioxidausstoss verbunden. Pro hergestellte Tonne Primäraluminium werden durchschnittlich emittiert:

- durch **Stromerzeugung** aus fossilen Energieträgern: ca. 32 t CO_2
- durch **Graphitverbrauch**: 1,5... 2,2 t CO_2
- durch **CF_4–Bildung** : äquivalent 15... 20 t CO_2

Tetrafluormethan (CF_4)

Aluminiumwerke werden oft an Standorten mit kostengünstiger Wasserkraft (z.B. Norwegen) installiert. Eine aktuelle Erkenntnis /29/ ist die Umweltgefahr durch Bildung des in der Atmosphäre praktisch nicht abbaubaren Gases Tetrafluormethan (**CF_4**, Halbwertszeit in der Atmosphäre 10 000...50 000 Jahre) bei der Reaktion (unbeabsichtigte Reaktion, **Anodeneffekt**) zwischen den Graphitelektroden und dem Flussmittel Kryolith (Na_3AlF_6) gemäß:

$3\,C + 4\,AlF_3 \rightarrow 3\,CF_4 + 4\,Al.$

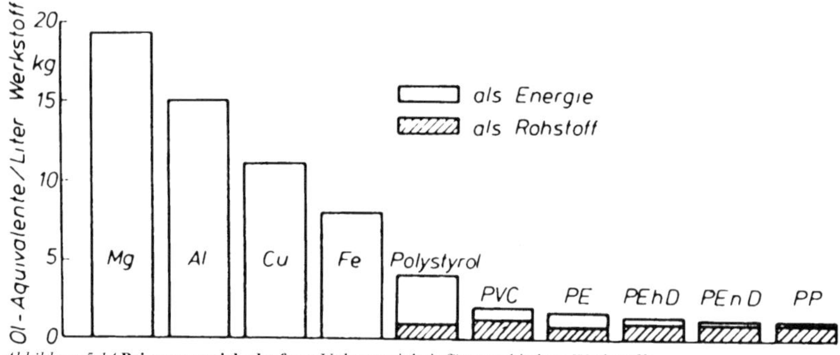

Abbildung 5.14 **Primärenergiebedarf** pro Volumeneinheit für verschiedene Werkstoffe.

Nickelwerkstoffe

Hochnickelhaltige Werkstoffe sind Sonderlegierungen für spezielle Einsatzfälle, die auf folgenden Eigenschaften von Nickel beruhen:

- ausgeprägte **magnetische Eigenschaften,**
- **Korrosionsbeständigkeit** gegenüber **Salzwasser,**
- **Korrosionsbeständigkeit** gegenüber **Heissgasen.**

Beispiele von praxisrelevanten Nickellegierungen sind:

- **Mumetall:** Ni 77%, Fe 14%, Cu 5%, Mo 4%; für antimagnetische Abschirmugen,
- **Monel 400:** Ni 65%, Cu 33%, Fe 2%; für salzwasserbeständige Seeschifffahrtskomponenten,
- **Nimonic 90:** Ni 53%, Cr 20%, Co 18%, Ti 2,5%, Al 1,5%, Fe 1,5%; für hohe Festigkeit und Temperaturbeständigkeit, z.B. von Düsentriebwerken,
- **Inconel 718:** Ni 53%, Fe 19%, Cr 19%, Nb, Mo, Ti; für heissgaskorrosionsfeste Gasturbinen, Pumpen, Atomreaktorkomponenten, maximale Dauereinsatztemperatur bis 700°C,
- **Hastelloy C:** Ni 57%, Mo 17%, Cr 16%, Fe, W, Mn; für korrosionsfeste Heissgassysteme, z.B. in Müllverbrennungsanlagen, Dauereinsatztemperatur $<1090^\circ$C.

Kupfer

Kupfer wird meist aus sulfidischen Erzen (z.B. Erze mit einem Kupfererzgehalt von 2%, Kupfererze) wie Kupferkies ($CuFeS_2$) oder Kupferglanz (Cu_2S) mit Hilfe umfangreicher Aufbereitungsverfahren gewonnen. Durch teilweise Röstung und Mischung von sulfidischem und oxidischem Kupfer in einem geeigneten Verhältnis wird **Rohkupfer** gewonnen:

Rohkupfer

$2\ Cu_2O + Cu_2S \rightarrow 6\ Cu + SO_2$

Elektrolytkupfer

Das 94...97% ige Rohkupfer wird durch **elektrolytische Raffination** zu **Elektrolytkupfer (E–Cu)** veredelt. E–Cu enthält herstellungsbedingt einen gewissen O–Gehalt und ist geeignet für Elektronikanwendungen und für Cu–Halbzeug oder Gussstücke ohne hohe Anforderungen an die Schweiss- oder Lötbarkeit. Aufgrund des Sauerstoffgehalts von 0,02% O_2 treten Probleme auf, wenn Wasserstoff aus Schweiss- oder Schutzgasen bei höheren Temperaturen in das Kupfergitter diffundiert und mit den Oxiden zu Wasser reagiert, wodurch das Korngefüge des Kupfers aufgebrochen wird (**Wasserstoffkrankheit** von Kupfer).

Wasserstoffkrankheit

Sauerstofffreies Kupfer

Sauerstofffreies Kupfer erhält man durch **Desoxidation**, meist mit Phosphor, oder mit Hilfe eines speziellen Schmelzverfahrens unter **Schutzgas** ($CO + N_2$) oder **Vakuum**. Ein hoher P–Gehalt setzt die elektrische Leitfähigkeit herab. Nach → *Tab. 5.3* besitzt

SE–Cu
SF–Cu
OF–Cu
Grünspan

SE–Cu einen geringen Phosphorgehalt und eine hohe elektrische Leitfähigkeit. **SF–Cu** zeichnet sich durch eine sehr gute Hartlötbarkeit und Schweissbarkeit aus, die elektrische Leitfähigkeit ist jedoch vermindert (Anwendung: gut löt- und schweissbare Heiz- und Kühlkörper). Sauerstofffreies Kupfer, nicht desoxidiertes **OF–Cu** besitzt höchste Leitfähigkeit und kann hart- und weichgelötet werden.
Kupfer ist in trockener Luft relativ beständig, gegenüber nichtoxidierenden Säuren und Alkalien (Einsatz z.B. als Wasserleitungen, Dachrinnen, Braukessel). Oxidierende Säuren wie Salpetersäure lösen Kupfer auf (Ätzen von Kupfer). Kupfer ist nicht geeignet zur Lagerung von säurehaltigen Lebensmitteln, z.B. Wein und Fruchtsäften (Bildung von giftigem **Grünspan** = $Cu(OOCCH_3)_2 * Cu(OH)_2 * H_2O$ mit Essigsäure).
Normenhinweis: DIN 1708 Kupfer

DIN 1708	ISO	chemische Zusammensetzung
Kathodenkupfer		
KE-Cu	Cu-CATH	Cu >99,9%
Sauerstoffhaltiges Cu		
E-Cu 57	-	Cu >99,9%, O = 0,005...0,04%
E1-Cu 58	Cu-ETP	Cu >99,9%, O = 0,005...0,04% elektrolytisch
E2-Cu58	Cu-FRHC	Cu >99,9%, O = 0,005...0,04% feuerraffiniert
Sauerstofffreies Kupfer, nicht desoxidiert		
OF-Cu	Cu-OF	Cu >99,95% im Vakuum erschmolzen
Sauerstofffreies Kupfer, mit Phosphor desoxidiert		
SE-Cu	-	Cu >99,9%, P = 0,003%
SW-Cu	Cu-DLP	Cu >99,9%, P = 0,005...0,014%
SF-Cu	Cu-DHP	Cu >99,9%, P = 0,015...0,04%

Tabelle 5.3 **Kupfer:** Bezeichnungen und Legierungszusammensetzung

Cu–Oxid
Patina

Bei längerer Auslagerung an Luft, insbesondere bei höheren Temperaturen, bilden sich rotbraune Kupfer(I)oxid (Cu_2O)–Deckschichten. Diese müssen z.B. beim **Löten** durch säurehaltige Flussmittel entfernt werden. An feuchter Luft bildet sich unter Bindung weiterer Luftbestandteile Kupfer–**'Patina'** verschiedener Zusammensetzung:

- $\mathbf{CuCO_3 \cdot Cu(OH)_2}$ (aus CO_2 in Städten),
- $\mathbf{CuSO_4 \cdot Cu(OH)_2}$ (aus SO_2 in Industrieumgebung) oder
- $\mathbf{CuCl_2 \cdot 3\,Cu(OH)_2}$ (aus Cl^- in Meeresnähe).

Kupferlegierungen
Messing
Bronze
Neusilber

Kupferlegierungen sind teilweise seit Jahrtausenden bekannt:

- **Cu–Zn–Legierungen** (**Messing**, z.B. CuZn39Pb3, G–CuZn33Pb) sind korrosionsbeständig und werden z.B. für Wasser- und Gasarmaturen eingesetzt (G = Gusslegierungen).
- **Cu–Sn–Legierungen** (**Bronzen,** z.B. CuSn12, G–CuSn10ZnPb) besitzen eine höhere Festigkeit als Messinge und bieten oft gutes Gleitverhalten mit Notlaufeigenschaften, z.B. für Pumpen, Federn, Gleitelemente im Motorenbereich. Dabei härtet der **Sn**–Zusatz das Cu (bis max. 12%), während **Pb** die Gleiteigenschaften verbessert.
- **Cu–Al–Legierungen** (**Aluminiumbronze,** z.B. CuAl5, G–CuAl10Ni) und
- **Cu–Ni–Legierungen** (**Neusilber** z.B. CuNi12Zn24) sind besonders korrosionsbeständig und sind Werkstoffe für Münzen, Seefahrt, chemischer Apparatebau.

Werkstoffe der Elektrotechnik

Kupfer ist das bevorzugte Metall in der Elektrotechnik. Metalle im allgemeinen werden in der Elektrotechnik eingesetzt als:

- **Leiterwerkstoffe,**
- **Kontaktwerkstoffe,**

- **Widerstandswerkstoffe.**

Leiterwerkstoffe

Die elektrische Leitfähigkeit von Kupfer wird nach → *Abb. 5.15* nur von Silber übertroffen. E–Cu und SE–Cu (entoxidiert) wird für Stark- und Schwachstromkabel verwendet. Für Anforderungen mit hoher Festigkeit und Verschleissbeständigkeit, z.B. für Fahrleitungen, Schweisselektroden oder Spulenwicklungen in Elektromotoren, werden Cu–Werkstoffen geringe Gehalte anderer Elemente, z.B. Ag (z.B. CuAg0,5), Cr (z.B. CuCr0,6) oder Be (z.B. CuBe1,7), zulegiert. Bei Anwendungen im Freien mit hoher Korrosionsbelastung werden anstelle von Cu eher Al–Leiterwerkstoffe verwendet (z.B. E–Al, 99,5% Al). Bei hohen **konstruktiven Belastungen** (z.B. Freileitungen) wird die aushärtbare Legierung AlMgSi0,5 (Aldrey) verwendet. In → *Abb. 5.15* (oben) wird die elektrische Leitfähigkeit von Leiterwerkstoffen und Isolatoren verglichen.

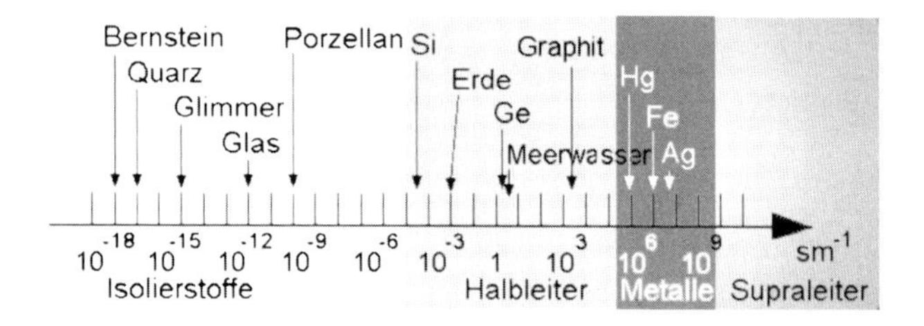

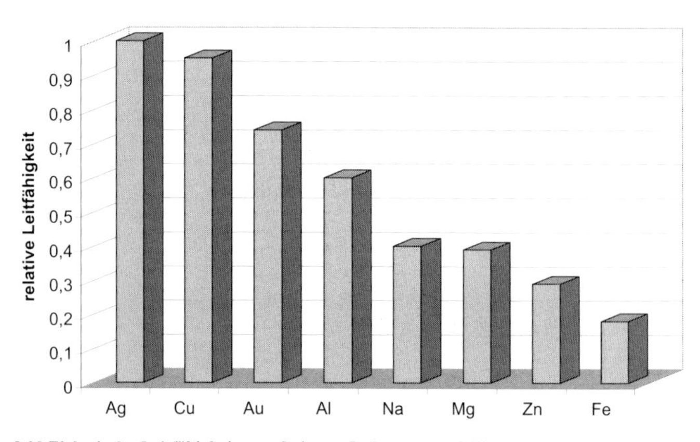

Abbildung 5.15 **Elektrische Leitfähigkeit von Leitern, Isolatoren und Elektrolyten** (oben). Relative elektrische Leitfähigkeit der Leiterwerkstoffe im Vergleich zu Ag = 1 (unten).

Kontaktwerkstoffe

Kontaktwerkstoffe, z.B. in elektrischen Schaltern, müssen in erster Linie hohe **elektrische Leitfähigkeit** und **Korrosionsbeständigkeit** (kein Oxidfilm, da elektrischer Widerstand) aufweisen. Nur in wenigen Fällen werden die reinen (weichen) Edelmetalle wie Au (Feingold 99,95% Au), oder Ag (Feinsilber 99,95%) eingesetzt. Hartsilber (z.B. AgNi, Silber–Prägung 850 enthält 85% Ag, 15% Fremdmetalle) und Hartgold (z.B. AuCu, AuAgCu) enthalten 10...30% andere Legierungselemente. Für hohe Schaltleistungen muss ein **elektrischer Verschleiss** (durch Ausbildung von Lichtbögen) berücksichtigt werden. Bei Kontakten mit gleitender Beanspruchung (Schleifkontakte in Potentiometern, Kollektoren, Bürsten) tritt ein **mechanischer Verschleiss** auf, der im einfachsten Fall den regelmäßigen Austausch, z.B. von Graphitkontakten, erfordert.

Widerstandswerkstoffe

Widerstandswerkstoffe benötigen zum Einsatz als **Heizleiter** die Zulegierung korrosionsbeständiger Elemente, z.B. FeCr25Ni20 oder FeCr25Al5 als Heizelemente in Widerstandsöfen und Gebläsen. In der Mess- und Regeltechnik benötigt man **Präzisionswiderstände** mit einem über weite Temperaturbereiche konstanten Temperaturkoeffizient (z.B. Nichrome NiCr20 oder Konstantan CuNi44 Mn1). Pastenartige Schichtwiderstände (Au–, Ag–oder Sn/Pb–Pasten mit glasartigen Füllstoffen) werden in der **Dickfilmtechnik (Hybridtechnik)** durch ein Einbrennverfahren aufgebracht und durch einen Laser auf einen bestimmten Widerstandswert 'getrimmt'.

Temperatursensoren

Ein massgebliches Anwendungsgebiet von Präzisionswiderständen sind **Temperatursensoren**. Diese wandeln Wärme in ein elektrisches Signal um. Zahlreiche physikalische Eigenschaften von Metallen oder Halbleitern ändern sich mit der Temperatur und eignen sich damit als Sensoreffekt. Praktisch eingesetzte Temperatursensoren (Thermometer) sind im Überblick (→ *Abb. 5.16*) zusammengestellt:

- **Widerstandsthermometer:** verändern den elektrischen Widerstand eines Metalls,
- **Thermoelemente:** verändern die Thermospannung zwischen zwei Metallen,
- **Halbleiter-Temperatursensoren:** Si, NTC–, PTC–Widerstände (→ *Kap. 4.3*)
- **Schwingquarze:** verändern ihre Schwingfrequenz mit der Temperatur (für höchste Genauigkeit)
- **weitere Temperaturmessverfahren:** Quecksilberthermometer (Volumenänderung), Infrarotthermometer (berührungslose Temperaturmessung), Temperatur–Messstreifen (irreversibler Farbumschlag bestimmter chemischer Substanzen, z.B. von Flüssigkristallen).

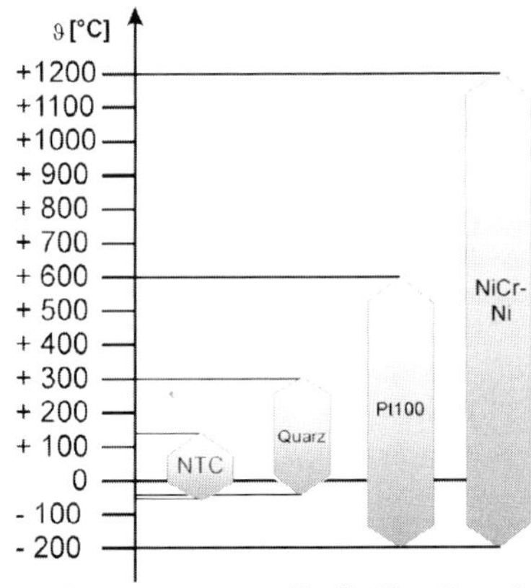

Abbildung 5.16 **Messbereiche** von **Temperatursensoren** (Quelle: Firma Testo, Lenzkirch).

Widerstandsthermometer

Widerstandsthermometer beruhen auf der Veränderung des elektrischen Widerstands der Metalle bei Temperaturerhöhung. Aufgrund ihres günstigen Langzeitverhaltens verwendet man gerne Platinmetalle. Der bekannte **Pt 100**–Temperatursensor ist ein Platinfühler mit einem Nennwiderstand von 100 Ω bei 0°C.

Thermoelemente

Verbindet man zwei Metalle unterschiedlicher Elektronegativität miteinander, bildet sich an der Berührungsstelle eine **Potentialdifferenz**. Um absolute Temperaturen messen zu können, braucht man eine zweite Kontaktstelle mit bekannter Referenztemperatur, die in kommerziellen Thermofühlern elektronisch simuliert wird. Die **Thermospannung** U_{th} ist dann näherungsweise proportional der Temperaturdifferenz ΔT. Man verwendet die Materialpaarungen nach → *Tab. 5.4*.

Thermoelement	Typ	max. Einsatztemperatur [°C]
Fe-CuNi (Konstantan)	J	750
Cu-CuNi	T	350
NiCr-Ni	K	1200
NiCr-CuNi	E	900
NiCrSi-NiSi	N	1200
Pt10Rh-Pt	S	1600
Pt13Rh-Pt	R	1600
Pt30Rh-Pt6Rh	B	1700

Tabelle 5.4 **Materialien für Thermoelemente**

6. Organische Werkstoffe, Kunststoffe

6.1 Kunststoffe, Grundlagen

Polymere

Polymere entstehen durch chemische Reaktion zwischen Monomeren zu ausgedehnten Makromolekülen. Die polymeren Werkstoffe können als Fasern (**Kunstfasern**) oder als Formteile (**Kunststoffe**) vorliegen. Diese werden mit Kurzzeichen und Kennbuchstaben bezeichnet. Kurzzeichen sind z.B.:

Kurzzeichen

- **PE = Polyethylen,**
- **PET = Polyethylenterephthalat,**
- **SB = Styrol–Butadien–Copolymer.**

Kennbuchstaben

Nachgestellte **Kennbuchstaben** weisen auf besondere Eigenschaften hin (→ *Tab. 6.1*), z.B.:

- **PVC–HI = Polyvinylchlorid hochschlagzäh,**
- **PE–HD = Polyethylen hoher Dichte.**

Normenhinweis: **DIN 7728/ISO 1043:** Kennbuchstaben und Kurzzeichen für Polymere
DIN 1629: Kennbuchstaben und Kurzzeichen für Elastomere.

Zeichen	Eigenschaft	Zeichen	Eigenschaft
C	chloriert	N	normal, Novolak
D	Dichte	P	weichmacherhaltig
E	verschäumt, verschäumbar	R	erhöht, Resol
H	hoch	U	ultra, weichmacherfrei
I	schlagzäh	V	sehr
L	linear, niedrig	W	Gewicht
M	Masse, mittel, molekular	X	vernetzt, vernetzbar

Tabelle 6.1 **Kennbuchstaben** werden dem Kurzzeichen nachgestellt und kennzeichnen besondere Eigenschaften von Polymeren

Makromoleküle

Makromolekulare Stoffe umfassen neben den Kunststoffen noch weitere Stoffklassen, die teilweise ebenfalls als Werkstoffe Verwendung finden, hier jedoch nur am Rande behandelt werden. Nach der Rohstoffbasis unterscheidet man makromolekulare Stoffe in:

- **natürliche makromolekulare Stoffe**: Cellulose, Naturkautschuk, Proteine, Stärke,
- **abgewandelte Naturstoffe**: Naturgummi durch Vulkanisation, Kunstseide, Papier,
- **vollsynthetische Kunststoffe:** Polyethylen, Polyamid, PTFE.

Polymerherstellung

Polymere werden aus **Monomeren** durch Polymerisationsreaktionen gebildet. Neben der Herstellung von Kunststoffen gelten die unten beschriebenen Reaktionsmechanismen analog auch für andere organische Polymerisationsprozesse, z.B. für die Aushärtung von Lacken oder Klebstoffen. Man unterscheidet:

- **Polymerisation** (heute besser: Additionspolymerisation mit Kettenmechanismus),
- **Polyaddition** (heute besser: Additionspolymerisation mit Stufenmechanismus),
- **Polykondensation** (heute besser: Kondensationspolymerisation).

Polymerisation

Bei einer Additionspolymerisation mit Kettenmechanismus (Polymerisation) müssen die Monomere eine oder mehrere reaktionsfähige Doppelbindungen besitzen. Zur Auslösung der Polymerisation sind meistens **erhöhte Temperatur**, ein **Polymerisationsbeschleuniger** oder **UV–Licht** notwendig. Je nach der Art des Polymerisationsbeschleunigers unterscheidet man:

- **Radikal–Kettenreaktion**: mit Radikalstartern, z.B. Dibenzoylperoxid,
- **Ionen–Kettenreaktion**: mit anionischen Startern, z.B. Natriumamid ($NaNH_2$), Natriumalkoholat (NaOR) oder kationischen Startern, z.B. Säure, Aluminiumtrichlorid ($AlCl_3$), Zinntetrachlorid ($SnCl_4$),
- **Metallkomplex–Kettenreaktion**: mit Ziegler–Natta–bzw. Metallocen–Katalysatoren.

Radikal–Kettenmechanismus

Im nachfolgenden Beispiel wird ein Radikal–Kettenmechanismus zur Herstellung von Polypropylen über drei Stufen beschrieben:

Kettenstart

Dibenzoylperoxid

Startreaktion (Initiation)

Die Startreaktion kann durch ein Molekül ausgelöst werden, das in der Hitze leicht unter Radikalbildung zerfällt, z.B. Dibenzoylperoxid. Bestimmte Redoxsysteme, z.B. Fe^{2+}/Wasserstoffperoxid (H_2O_2) reagieren bereits bei Raumtemperatur unter Bildung des Hydroxylradikals $OH^{\cdot}$ (dieser Redoxpolymerisation in der Kälte folgt z.B. die Kaltvulkanisation → *Kap. 6.3*).

Radikalstarter: R–R → 2 R z.B. Bruch der Peroxid–Bindung–O–O–

Wachstumsreaktion (Propagation)

$$R\cdot + \underset{\text{Propen}}{CH_2{=}C(H)(CH_3)} \longrightarrow R{-}CH_2{-}C(H)(CH_3)\cdot$$

Kettenwachstum

$$R{-}CH_2{-}C(H)(CH_3)\cdot + CH_2{=}C(H)(CH_3) \longrightarrow R{-}CH_2{-}C(H)(CH_3){-}CH_2{-}C(H)(CH_3)\cdot$$

usw.

Kettenabbruch
Rekombination

Abbruchreaktion (Termination)

Die Kettenreaktion wird abgebrochen u.a durch:

- Rekombination zweier Radikale, z.B. zu

$$2\ R{-}CH_2{-}C(H)(CH_3)\cdot \longrightarrow R{-}CH_2{-}C(H)(CH_3){-}C(H)(CH_3){-}CH_2{-}R$$

Disproportionierung

- Disproportionierung zweier Radikale, z.B. zu

$$2\ R{-}C(H)(CH_3)\cdot \longrightarrow R{-}CH_2{-}CH_3 + R{-}CH{=}CH_2$$

Kettenübertragung

- Kettenübertragung auf eine bereits auspolymerisierte Kette R_BH. Bei R_B kann nun eine weitere Polymerkette (z.B. Seitenkette) anwachsen.

R_A-CH_2-CH • + R_BH → R_A-CH_2-CH_2-H + R_B • Anwachsen einer Seitenkette

Regler

Eine Kettenübertragung auf einen zugesetzten '**Regler**' LH (z.B. spezielle Lösemittel), löst durch Bildung des Radikals L den Start einer neuen Kette aus. Über die Menge des zugesetzten Reglers kann die Kettenlänge und damit die molare Masse gesteuert werden.

Polyaddition

Unter einer Additionspolymerisation mit Stufenmechanismus (Polyaddition) versteht man die Anlagerung elektronenreicher (**nucleophiler**) Molekülgruppen an elektronenarme (**elektrophile**) Molekülzentren, wobei ein Proton wandert.
Als Beispiel wird die Additionsreaktion zur Herstellung von Polyurethan(PUR)–Werkstoffen (Kunststoffen, Schaumstoffen, Lacken oder Klebstoffen) aus **bifunktionellen** Dialkoholen (Diolen) und Diisocyanaten betrachtet:

$$n\ HO–CH_2–CH_2–OH \quad + \quad n\ O=C=N–CH_2–CH_2–N=C=O \rightarrow$$

nucleophiles Diol (Ethylenglykol) — elektrophiles Diisocyanat (Ethylendiisocyanat)

$$H\left[O-CH_2-CH_2-O-\overset{O}{\overset{\|}{C}}-NH-CH_2-CH_2-NH-\overset{O}{\overset{\|}{C}}\right]_n O-CH_2-CH_2-OH$$

Polyurethan

Polykondensation

Unter einer Kondensationspolymerisation (Polykondensation) versteht man die Reaktion zwischen einer elektronenreichen (**nucleophilen**) Molekülgruppe und einem elektronenarmen (**elektrophilen**) Molekülzentrum unter Abspaltung eines kleineren Moleküls (meist H_2O). Voraussetzung für eine Kondensationspolymerisation zu linearen Kettenmolekülen sind **bifunktionelle** Monomere, d. h. Monomere mit zwei reaktionsfähigen Gruppen. Monomere mit drei reaktionsfähigen Gruppen (**trifunktionell**) ermöglichen eine räumliche Vernetzung (**Verharzung**) der Kettenmoleküle und damit den Aufbau von **Duroplasten (Kondensationsharze)**.
Als Beispiel ist die Herstellung von thermoplastischen Polyestern durch eine Kondensationspolymerisation dargestellt. Da die Kondensationsreaktionen auch zu einem gewissen Grade reversibel verlaufen können, sind Polykondensate in wässrigen (besonders alkalischen oder sauren) Medien oft chemisch weniger beständig oder neigen zur Quellung.

$$n\ HO-CH_2-CH_2-OH + n\ HO-\overset{O}{\overset{\|}{C}}-(CH_2)_4-\overset{O}{\overset{\|}{C}}-OH \longrightarrow$$

nucleophiler Dialkohol (Ethylenglykol) — elektrophile Dicarbonsäure (Adipinsäure)

$$HO\left[CH_2-CH_2-O-\overset{O}{\overset{\|}{C}}-(CH_2)_4-\overset{O}{\overset{\|}{C}}-O\right]_n CH_2-CH_2-OH + (2n-1)\ H_2O$$

Polyester

Copolymere

Homopolymere sind Polymere aus **gleichartigen** Monomerbausteinen. Copolymere bzw. Terpolymere sind Polymere zwischen zwei oder drei **unterschiedlichen** Monomeren A, B bzw. A, B, C, (z.B. ABS = **A**crylnitril–**B**utadien–**S**tyrol–Terpolymer).

Bei der Propf–Copolymerisation werden Monomere B an die auspolymerisierte Hauptkette AAAAA anpolymerisiert (gepropft). Block- und Propfcopolymere besitzen wichtige Anwendungen als thermoplastische Elastomere (TPE, siehe unten):

- **alternierende Copolymere** ABABABABAB..
- **statistische Copolymere** ABBAABAABB..
- **Block–Copolymere** AAAABBBBAA..
- **Propf–Copolymere** AAAAAAAAAAAAAA

$(B)_m$ $(B)_n$ $(B)_o$

Kunststoffmischungen, Blends

Unterschiedliche Kunststoffe sind aufgrund der langen Molekülketten im allgemeinen nur schlecht mischbar. Kunststoffmischungen (**Blends**) sind dann mehrphasig, z.B. kann die Minderheitsphase als kugel- oder lamellenförmige Teilchen in der Mehrheitsphase dispergiert sein. Als **Kunststofflegierungen** bezeichnet man gelegentlich besonders gut verträgliche Kunststoffmischungen, die z.B. durch Propf–Copolymerisation hergestellt werden. Polymerblends bzw.–legierungen besitzen große Bedeutung als thermoplastische Elastomere (TPE, → *Kap. 6.3*).

Struktur der Kunststoffe

Zur Beschreibung der **Struktur** von Kunststoffen unterscheidet man:

- **Primärstruktur** bzw. **Sekundärstruktur:** Aufbau der Polymerkette und geometrische Form der Polymerkette (z.B. gefaltete Kette, Helix).
- **Tertiärstruktur:** Fernordnung, Überstruktur, Ordnungszustand vieler Polymerketten.

Primärstruktur

Die **Primärstruktur** bestimmt wesentlich die mechanischen, thermischen und chemischen Eigenschaften eines Kunststoffs. Sie ist die wichtigste Einflussgröße für die Bildung von Überstrukturen, d. h. von Ordnungszuständen (Sekundärstruktur: Nahordnung, Tertiärstruktur: Fernordnung).

Tertiärstruktur

Die **Tertiärstruktur** beschreibt den Ordnungszustand beim Zusammentreffen einer Vielzahl von Polymerketten. Die Tertiärstruktur ist eng mit dem Auftreten unterschiedlicher Zustände und Phasen in Kunststoffen verbunden:

- **Gelzustand**: Ausbildung von Polymerknäueln, die untereinander nicht vernetzt sind.
- **Glaszustand**: Die Polymerketten sind vollkommen regellos verteilt (amorph). Unterhalb der Glasübergangstemperatur T_g sind Bewegungen der Polymerkette eingefroren, oberhalb T_g ist eine gewisse Beweglichkeit der Ketten vorhanden.
- **Kristallzustand**: Es tritt eine räumlich regelmäßige oder eine teilweise regelmäßige (teilkristalline) Anordnung der Polymerketten auf. Oberhalb des Kristallitschmelzpunkts T_s wird der kristalline Ordnungszustand verlassen und das Polymer wird beweglich.

Kennzeichen der Primärstruktur

Charakteristische **Kennzeichen** der Primärstruktur sind:

- **Art** der **Bindungen** in der Polymerhauptkette bzw. -Seitenketten (Polarität der Bindungsatome, alipahtische/cyclische/aromatische Molekülgruppen),
- **mittlerer Polymerisationsgrad,**
- **Verzweigungsgrad,**
- **Taktizität**
- **Art** der **Bindungen zwischen** den **Polymerketten (Hauptvalenzen** bzw. **Nebenvalenzen).**

Im folgenden wird der Einfluss der Primärstruktur auf die Eigenschaften von Kunststoffen in der oben genannten Reihenfolge dargestellt.

Polarität von Kunststoffen

Kunststoffe mit **polaren** Bindungen (hohe Elektronegativitätsdifferenzen zwischen den Bindungsatomen innerhalb der Polymerkette, Hauptvalenzen) besitzen relativ starke Dipol–Dipol–Wechselwirkungen (Nebenvalenzen) zwischen den Polymerketten. Allgemein gilt, dass mit steigender Polarität der Bindung folgende Eigenschaften der Kunststoffe zunehmen:

- **Festigkeit, Steifigkeit, Härte, Temperaturbeständigkeit**,
- **Quellbarkeit** in **Wasser/Feuchte**, **chemische Beständigkeit** gegen Treibstoffe/ Mineralöle,

- **Benetzbarkeit** mit **Wasser**, **Schweissbarkeit**, **Klebbarkeit**, **Lackierbarkeit**, **Haftung** auf Metallen.

Beispiel für polare und unpolare Kunststoffe sind:
- **sehr stark polar**: Polyamid, Polyurethane, viele Duroplaste,
- **erheblich polar**: Styrol–Acrylnitril–Copolymer, Acrylnitril–Butadien–Styrol–Terpolymer, Polyvinylchlorid, Polyester, Polyimid,
- **wenig polar**: Copolymere mit Ethylen oder Tetrafluorethylen,
- **nicht polar**: Polyethylen, Polypropylen, Polystyrol, Polytetrafluorethylen.

Kettenlänge

Die Länge der Polymerketten kann unterschiedlich sein. Die (mittlere) molare Masse ist bei Kunststoffen mit dem **mittleren Polymerisationgrad n** (n = mittlere Zahl der Monomere in den Makromolekülen) verknüpft gemäß:

$$n = \frac{\text{mittlere molare Masse des Kunststoffs}}{\text{molare Masse des Monomers}}$$

Mittlerer Polymerisationsgrad

Die molare Masse der meisten technisch verwendeten Monomere ist etwa M = 100 g mol^{-1}. Die mittlere molare Masse der einzelnen Kunststoffe kann sehr unterschiedlich sein ($M_{Polyamid}$ = 20 000 g mol^{-1}, $M_{Polystyrol}$= 180 000 bis 1 000 000 g mol^{-1}). (M wird bei Kunststoffen experimentell, z.B. durch Lichtstreuung, Sedimentation in einer Ultrazentrifuge, osmotische Druck- oder Viskositätsmessungen bestimmt). Mit zunehmender Kettenlänge verändern sich die Eigenschaften der Kunststoffe im allgemeinen:
- Die **mechanische Festigkeit** sowie die thermische und chemische Beständigkeit steigt.
- Die Kunststoffschmelzen werden **zähflüssiger** und sind deshalb **schwerer** zu verarbeiten.
- Die **Kristallisation** wird mit zunehmender Kettenlänge **schwieriger**, der **amorphe** Zustand überwiegt.

Seitenketten Verzweigungsgrad

Zahl, Länge und räumliche (sterische) Anordung der Seitenketten (z.B. durch Propfcopolymerisation einstellbar) besitzen einen großen Einfluss auf die **Dichte** und **Kristallinität** eines Kunststoffs. Eine geringe Zahl und eine geringe Länge der Seitenketten ermöglicht eine dichte Packung der Ketten und damit höhere Kristallinität. Der **Verzweigungsgrad** wird angegeben als mittlere Zahl der Verzweigungen pro Monomereinheiten in der Hauptkette, z.B. pro 1 000 Monomereinheiten (siehe Beispiel PE–HD bzw. PE–LD).

Taktizität

Die räumliche Anordnung der Seitenketten (**Taktizität**) bestimmt weiterhin die Gebrauchseigenschaften von Kunststoffen. Voraussetzung für das Auftreten von taktischen und ataktischen Polymerkonfigurationen ist:
- Die Kettenbausteine müssen in zwei **spiegelbildlichen (enantiomeren)** Isomeren vorliegen,
- Die Monomere müssen so gebaut sein, dass bei der Polymerisation stets eine eindeutige **Kopf–Schwanz–Orientierung** (z.B. $CH_2 = CH–CH_3$ oder $CH_2 = CH–Cl$; jedoch nicht: $CH_3–CH = CH–CH_3$) eintritt.

Isotaktisch, Syndiotaktisch, Ataktisch

Bei Monomeren mit **einer** Seitengruppe, z.B. Polypropylen, Polyvinylchlorid, unterscheidet man (→ *Abb. 6.1*):
- **isotaktisch**: d. h. sämtliche Seitenketten liegen auf einer Seite der Kette,

- **syndiotaktisch**: d. h. die Seitenketten liegen abwechselnd ober- und unterhalb der Kette und
- **ataktisch**, d. h. die Lage der Seitengruppen ist statistisch verteilt.

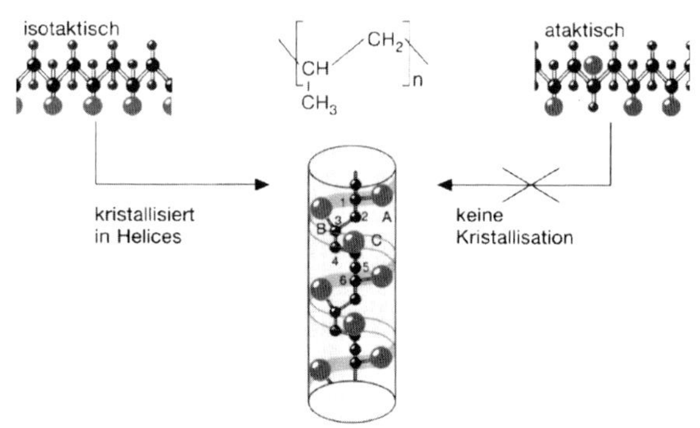

Abbildung 6.1 **Taktizität:** Polypropylen bildet einen isotaktischen und ataktischen Strukturtyp. Nur isotaktisches PP kann eine Helixstruktur ausbilden, die sich gut in ein Kristallgitter einbauen lässt (teilkristalliner Kunststoff) (aus: Polymere, Firma BASF Ludwigshafen).

Die Zahl der Seitenketten und die Taktizität beeinflussen die Gebrauchseigenschaften im allgemeinen:

- Mit zunehmendem Verzweigungsgrad sinkt die **Dichte** und **Kristallinität**. Die Festigkeit lässt nach, gleichzeitig steigt jedoch die Zähigkeit.
- Eine **ataktische** Anordnung verhindert die Ausbildung eines kristallinen Ordnungszustands. Amorphe Kunststoffe besitzen niedrige Erweichungstemperaturen. Mit zunehmendem Kristallisationsgrad steigt die maximale **Einsatztemperatur**.

Thermisches Verhalten

Die Art der Bindung **zwischen** den Polymerketten ist mit das wesentliche Unterscheidungsmerkmal der Kunststoffe und beeinflusst wesentlich ihr thermisches Verhalten. Man unterscheidet:

- **Thermoplaste,**
- **Duroplaste,**
- **Elastomere** und
- **thermoplastische Elastomere.**

Thermoplaste

Bei den hauptsächlich in Kunststoff–Formteilen verwendeten Thermoplasten findet man kettenförmige Polymere, die innerhalb der Polymerketten durch kovalente Bindungskräfte (**Hauptvalenzen**) verbunden sind, während zwischen den Polymerketten schwächere zwischenmolekulare Kräfte (Van der Waals–Kräfte, **Nebenvalenzen**) wirken. Thermoplaste können durch Erwärmen in einen fließfähigen thermoplastischen Zustand gelangen (Überwindung der Nebenvalenzkräfte) und dann unter Druck geformt werden. Nach Gebrauch lassen sich Thermoplaste wieder einschmelzen und erneut formen, sie sind deshalb grundsätzlich stofflich wiederverwertbar. Die wichtigsten Thermoplaste sind aus → *Tab. 6.2* zu entnehmen.

Thermoplaste lassen sich entsprechend ihrem Kristallisationsgrad einteilen in:

- **amorphe** Thermoplaste (regellose Ketten, glasartiger Zustand),
- **teilkristalline** Thermoplaste (teilweise regelmäßige Kristallstukturen).

Kurzzeichen der Thermoplaste

Name	Kurzzeichen	Kritallisationsgrad
Acryl-Butadien-Styrol	ABS	amorph
Polyamid	PA	teilkristallin
Polyacrylnitril	PAN	amorph
Polycarbonat	PC	amorph
Polyethersulfon	PES	amorph
Polyethylen	PE	teilkristallin
Polyethylenterephthalat	PETP	teilkristallin
Polymethylmethacrylat	PMMA	amorph
Polyoxymethylen	POM	teilkristallin
Polypropylen	PP	teilkristallin
Polystyrol	PS	amorph
Polytetrafluorethylen	PTFE	teilkristallin
Polyvinylchlorid	PVC	amorph
Styrol-Acrylnitril	SAN	amorph

Tabelle 6.2: **Thermoplaste und ihre Kurzzeichen**

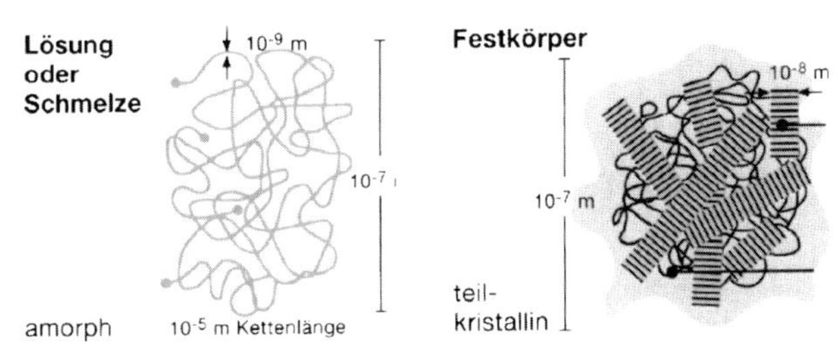

Abbildung 6.2 **Thermoplaste**: Amorphe Thermoplaste sind wie in einer unterkühlten Schmelze regellos ungeordnet. Die Ausbildung straker Nebenvalenzkräfte ist nicht möglich. Bei teilkristallinen Thermoplasten ordnen sich die Polymerketten teilweise parallel (Striche symbolisieren die Vorzugsrichtung). Aufgrund der engeren Molekülpackung steigen die Nebenvalenzkräfte (aus: Polymere, Firma BASF Ludwigshafen).

Kristallisationsgrad

Der **Kristallisationsgrad** beschreibt eine Eigenschaft der Tertiärstruktur. Aufgrund der Kettenlänge, Taktizität, Größe und Zahl der Seitenketten usw. kann die Einordnung der Polymerketten in ein regelmäßiges Kristallgitter behindert sein. In diesem Fall findet man sowohl in der Schmelze als auch im Festkörper eine regellose, amorphe Strukture (→ *Abb. 6.2* links). Die Kunststoffe erscheinen 'glasklar'. Im allgemeinen sind Kunststoffe jedoch teilgeordnet, da dadurch ein Energiegewinn erzielt wird. In teilkristallinen Kunststoffen findet man Vorzugsrichungen, beispielsweise verlaufen diese in → *Abb. 6.2* (rechts) sternförmig. Die Ausbildung von kugelförmigen sog. **'Sphärolithen'** ist ein typisches Erscheinungsbild von teikristallinen Kunststoffen bei mikroskopischer Betrachtung. Neben der Primärstruktur beeinflusst insbesondere auch das **Herstellungsverfahren** der Polymere (z.B. Ziehen, Verspinnen) die Kristallinität eines Materials.

Sphärolithe

Der Kristallisationsgrad beeinflusst die Gebrauchseigenschaften folgendermaßen:

- Je höher die Kristallinität, desto **dichter** sind die Kunststoffe. Daraus folgen höhere Festigkeitswerte und höhere Temperaturbeständigkeit.
- Höhere Kristallinität führt zu **verringerter Lichttransparenz** (Korngrenzen streuen das Licht).

Mechanische Eigenschaften der Kunststoffe Spannungs-Dehnungs-Diagramm

Die mechanischen Eigenschaften der Kunststoffe unterscheiden sich im Spannungs–Dehnungs–Diagramm von dem Verhalten der anderen Werkstoffklassen (→ *Abb. 6.3*). Bei spröden Werkstoffen kommt es beim Aufbringen einer Zugspannung zu einer elastischen Materialdehnung. Bei einem als **Zugfestigkeit** bezeichneten Spannungs–Maximalwert tritt bei einer maximalen Dehnung (**Bruchdehnung**) ein spröder Bruch ein. Kunststoffe besitzen allgemein eine niedrigere Zugfestigkeit und eine höhere Bruchdehnung als Keramiken und Metalle.

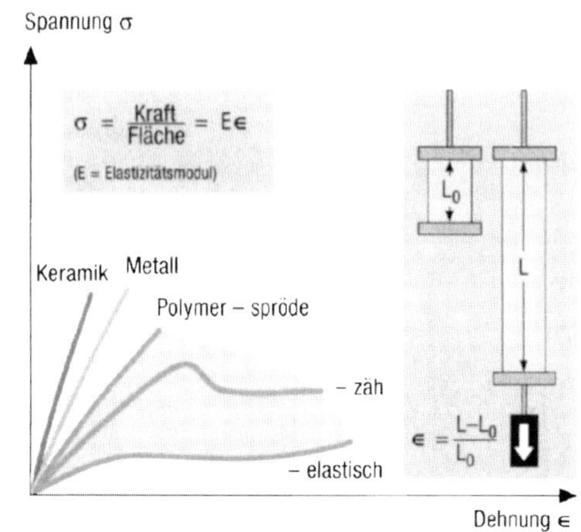

Abbildung 6.3 **Spannungs–Dehnungs–Diagramm** für Keramiken, Metalle und Polymere (aus: Polymere, Firma BASF Ludwigshafen)

Amorphe Thermoplasten

Glasübergangstemperatur

Trägt man die Zugfestigkeit und Bruchdehnung in Abhängigkeit von der Temperatur auf, so erhält man für amorphe Thermoplaste ein thermisches Verhalten nach → *Abb 6.4*. Beim Erhitzen beginnt bereits weit unterhalb des eigentlichen Schmelzpunktes eine Erweichung des Materials. Beim Überschreiten der **Glasübergangstemperatur (GT =** T_g) werden die zwischenmolekularen Kräfte zwischen den Polymerketten aufgrund von Wärmeschwingungen gelockert. Das Material wird jedoch noch nicht flüssig, da die Polymerketten eng verfilzt sind. Der Zustand besitzt elastische Eigenschaften (weichelastisch, thermoelastisch), da sich die verknäuelten Polymerketten beim Nachlassen einer Verformung wieder in die Ausgangslage zurückziehen. Bei weiterer Temperatursteigerung gleiten die Polymermoleküle immer stärker in ihrer vollen Länge aneinander ab. Das Material beginnt plastisch zu fließen, d. h. bei einer mechanischen Verformung wirken keine ausreichenden Rückstellkräfte mehr (thermoplastisch). Oberhalb der Schmelztemperatur (ST, Fließtemperatur) ist dieser Prozess vollständig, das Material ist eine hochviskose Flüssigkeit. Bei der **Zersetzungstemperatur (ZT)** werden schließlich chemische Bindungen aufgebrochen, der Kunststoff wird zerstört. Der nutzbare Temperaturbereich für amorphe Kunststoffe liegt **unterhalb** von GT, bei PVC z.B. zwischen -10°C bis + 50°C.

Thermisches Verhalten amorpher Thermoplaste

Teilkristalline Thermoplaste

Thermisches Verhalten teilkristalliner Thermoplaste

Bei **teilkristallinen** Thermoplasten liegt eine kristalline und amorphe Phase nebeneinander vor. Beim Erhitzen über die **Glasübergangstemperatur (GT)** werden die amorphen Bereiche **weichelastisch**, während die kristallinen Bereiche fest bleiben. Teilkristalline Kunststoffe besitzen deshalb in diesem Temperaturbereich **zähelastische** Eigenschaften. Nach → *Abb. 6.5* bleiben hohe Werte für die Zugfestigkeit über einen breiten Temperaturbereich konstant, mechanische Verformungen werden elastisch aufgenommen. Erst wenn die **Kristallitschmelztemperatur (KST =** T_S) der kristallinen Phase überschritten ist, werden die von amorphen Thermoplasten bekannten weichelastischen und thermoplastischen Zustände durchschritten. Der nutzbare Temperaturbereich bei teilkristallinen Polymeren liegt zwischen **GT** und **KST** und beträgt z.B. bei PE–LD -15...+85°. Die **Formgebung** amorpher und teilkristalliner Thermoplaste erfolgt oberhalb der Fließtemperatur ST (in der Regel <250°C). Ein definierter Kristallisationsgrad lässt sich bei teilkristallinen Kunststoffen durch die Wahl einer geeigneten Abkühlgeschwindigkeit und durch ein mechanisches Verstrecken einstellen.

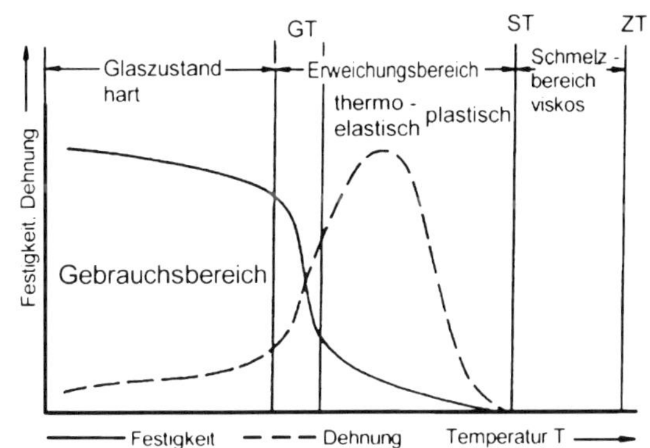

Abbildung 6.4 **Temperaturverlauf** der mechanischen Eigenschaften Zugfestigkeit und Bruchdehnung bei amorphen Thermoplasten; oberhalb der Glasübergangstemperatur (GT) sinkt die Zugfestigkeit stark ab (ST = Schmelztemperatur, ZT = Zersetzungstemperatur).

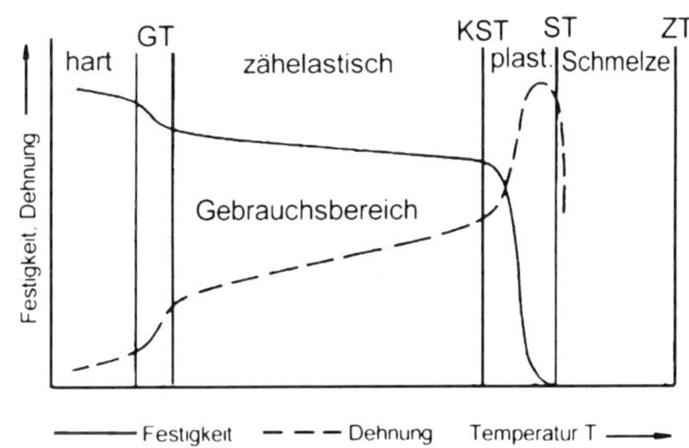

Abbildung 6.5 **Temperaturverlauf** der mechanischen Eigenschaften Zugfestigkeit und Bruchdehnung bei teilkristallinen Thermoplasten; oberhalb der Glasübergangstemperatur GT verbleibt ein zäh-elastischer Bereich mit hoher Zugfestigkeit. Diese sinkt erst beim Überschreiten der Kristallitschmelztemperatur KST (ST = Schmelztemperatur, ZT = Zersetzungstemperatur).

Duroplaste

Duroplaste entstehen durch eine dreidimensionale Vernetzung (Verharzung, **Härtung,** → *Abb. 6.6*) aus Hochpolymeren mit reaktionsfähigen Gruppen. Die Verharzung kann z.B. **durch Hitze** (1–K–Harz, K = Komponenten) oder durch Zugabe eines **Härters** (2–K–Harz) ausgelöst werden. Duroplastische Ausgangsmaterialien nennt man Kunstharze, ihr bevorzugter Einsatzfall sind Gießharze, Pressmassen, hochwiderstandsfähige Lacke und Klebstoffe.

Abbildung 6.6 **Duroplaste** besitzen kovalente Bindungen zwischen den Polymerketten

Thermisches Verhalten der Duroplaste

Das thermische Verhalten der Duroplaste in → *Abb. 6.7* ist durch konstante mechanische Eigenschaften in einem breiten Temperaturbereich gekennzeichnet. Duroplaste können auch durch starke Temperaturerhöhung nicht mehr zum Schmelzen gebracht werden, es erfolgt höchstens Zersetzung. Duroplaste können deshalb nur eingeschränkt werkstofflich recycliert werden (vermahlene Altkunststoffe als Füllstoffe). Bei Duroplasten mit Kondensationspolymerisation (z.B. PUR–Duroplasten) ist ein rohstoffliches Recycling möglich und bereits Stand der Technik. Technische Duroplaste enthalten zur Verbesserung der Gebrauchseigenschaften oft **Füllstoffe** (z.B. Gips, Gesteinsmehl, Glasfasern für faserverstärkte Kunststoffe).

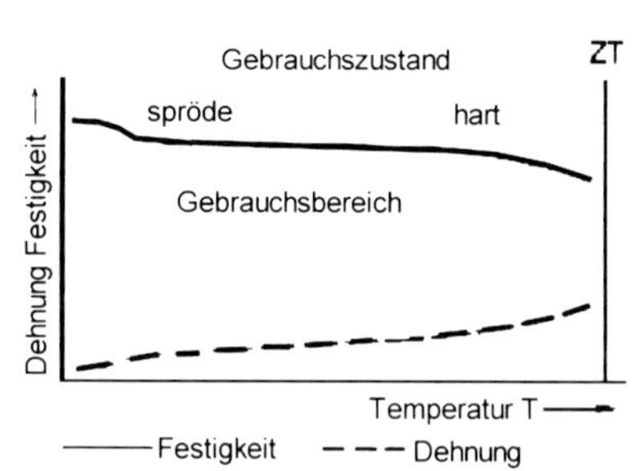

Abbildung 6.7 **Thermisches Verhalten** von Duroplasten: In einem breiten Temperaturbereich bleiben hohe Werte für die Zugfestigkeit erhalten (ZT = Zersetzungstemperatur). Bei vielen duroplastischen Materialen wird dieses Schema durch eine Glasübergangstemperatur ergänzt, wie sie für amorphe Thermoplasten charakteristisch ist.

Kurzzeichen der Duroplaste

Häufig eingesetzte Duroplaste (→ *Kap. 6.3*) sind z.B.:

- **Epoxid (EP)**
- **Phenol–Formaldehyd (PF)**
- **Polyurethan (PUR)**
- **Melamin–Formaldehyd (MF),**
- **Harnstoff–Formaldehyd (UF),**
- **Ungesättigte Polyester (UP).**

Elastomere

Elastomere lassen sich bei Raumtemperatur und beim Erwärmen gummielastisch verformen, d. h. bei Zugverformung erfolgt eine elastische Rückfederung (Rückstellvermögen). Bei Elastomeren sind die fadenförmigen Makromoleküle durch wenige Zwischenbindungen (**Spacer**) **weitmaschig** vernetzt (→ *Abb. 6.8*). Die Vernetzung ist irreversibel, eine stoffliche Verwertung von Elastomeren ist deshalb nur eingeschränkt möglich.

Thermisches Verhalten der Elastomere

Bei Elastomeren liegt die Glasübergangstemperatur GT unter 0°C. Elastomere sind bei tiefen Temperaturen (T <GT) hartelastisch, im Gebrauchsbereich (T >GT) weichelastisch (gummieleastisch, → *Abb. 6.9*). Sie sind nicht schmelzbar, unlöslich, aber in Lösemitteln quellbar. Das Material bleibt bis zur Zersetzungstemperatur (ZT) im elastischen Zustand.

Kurzzeichen der Elastomere

Häufig eingesetzte Elastomere (→ *Kap. 6.3*) sind z.B.:

- **Butadien–Rubber (BR)**
- **Isoprene–Rubber (IR)**
- **Natural–Rubber (NR)**
- **Silikon–Rubber (SIR).**
- **Chlorbutadien–Rubber (CR),**
- **Acrylnitril–Butadien–Rubber (NBR),**
- **Styrol–Butadien–Rubber (SBR),**

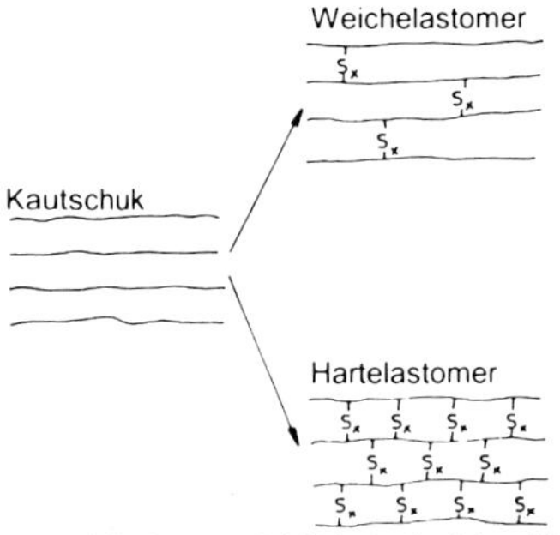

Abbildung 6.8 **Elastomere** besitzen spezielle Spacer–Moleküle (meist Schwefel–Brücken), die die Polymerketten vernetzen. und dem Material gummieleastische Eigenschaften verleihen (Quelle: Elastomere, Firma Reiff, Reutlingen).

Chemische Eigenschaften der Kunststoffe

Die **chemischen Eigenschaften** von Kunststoffen sind vor allem hinsichtlich ihrer Beständigkeit unter verschiedenen Umgebungsbedingungen von Interesse. Dies sind:

- Beständigkeit gegenüber **wässrigen Medien, Lösemitteln, Chemikalien**,
- Beständigkeit gegenüber **Witterungseinflüssen, Licht** und **energiereicher Strahlung**,
- Beständigkeit gegenüber **Lebensmitteln** bzw. **physiologischen Medien**,
- Beständigkeit gegenüber **Verbrennung (Brandverhalten).**

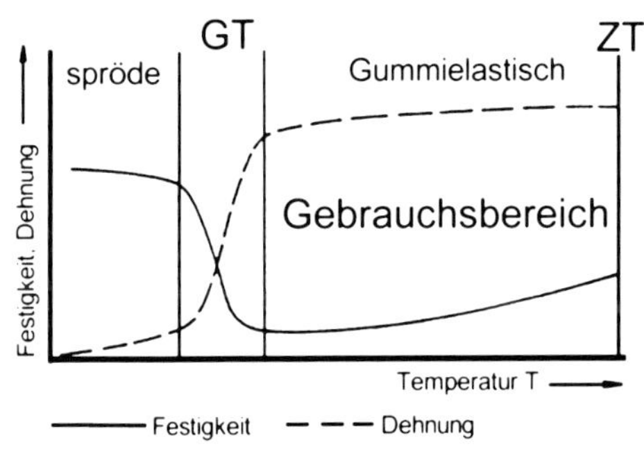

Abbildung 6.9 **Thermisches Verhalten** von Elastomeren: Unterhalb der Glasübergangstemperatur (GT) ist das Elastomer hart und spröde. Bei T >GT sinkt die Zugfestigkeit sprunghaft. Bei weiterer Temperatursteigerung steigt die Zugfestigkeit jedoch wieder leicht an, da die Vernetzungsbrücken ein vollständiges Abgleiten der Moleküle und damit einen Übergang in den plastischen Zustand verhindern (ZT = Zersetzungstemperatur).

Lösemittelbeständigkeit

Die Lösemittelbeständigkeit (z.B. Quellung, Auflösung) ist stark von den Herstellbedingungen (z.B. Kristallinität, Vernetzungsgrad) abhängig. Eine allgemeine Regel gilt jedoch für die Polarität eines Kunststoffes:

- **Unpolare Kunststoffe** (z.B. PE) sind chemisch beständig gegen polare Lösemittel (z.B. Aceton). Sie sind jedoch unbeständig gegenüber unpolaren Lösemitteln (z.B. CKW).

- **Polare Kunststoffe** (z.B. PA) sind gegen unpolare Lösemittel chemisch beständig (z.B. Benzin, Mineralöl). Wird PE–Kunststoff zur Lagerung von Benzin oder Mineralöl verwendet, muss oft eine spezielle Oberflächenvorbehandlung (sulfoniert, fluoriert) gewählt werden.

Hydrolyse

Kunststoffe, die durch Kondensationsreaktionen entstanden sind, reagieren empfindlich gegenüber **Hydrolyse** (Wasseraufnahme, besonders bei höheren Temperaturen) oder in saurem/ basischem Milieu. In → *Tab.6.4* (siehe unten) ist die chemische Beständigkeit wichtiger Kunststoffe gegen eine Reihe von Lösemitteln zusammengestellt.

Alterung

Die Alterung von Polymeren besitzt **werkstoffbezogene** (innere) oder **umgebungsbezogene** (äußere) Ursachen /30/.
Werkstoffbezogene Alterungsursachen können sein:
- **unvollständige Polymerisation,**
- **Eigenspannungen** durch den Abkühlvorgang oder durch die molekulare Orientierung,
- **begrenzte Mischbarkeit** einzelner Komponenten, z.B. Additive.

Umgebungsbezogene Alterungsursachen können sein:
- **chemische Lösemittel**, z.B. Wasser (Quellung),
- **Sauerstoff, Ozon** oder andere **Chemikalien**,
- **ionisierende Strahlung** (Gamma-, Röntgen-, Elektronen-, Ionenstrahlen) oder UV–Strahlung,
- **Wärme, Temperatur** (Temperaturwechsel),
- **mechanische Spannungen** im Einsatz (Spannungsrisskorrosion), mechanische Scherbeanspruchung der Schmelze.

Bewitterung

Bei Freiluftbewitterung ist mit einem komplexen Zusammenwirken mehrerer Alterungsmechanismen, z.B. UV–Licht, Sauerstoffoxidation, Lösemittel und Temperatur zu rechnen. Die '**Korrosion**' der Kunststoffe ist deshalb ein komplexer Vorgang. Zwei wichtige **Mechanismen** der Schädigung (Alterung) von Kunststoffen sind:
- **Photolyse:** Schädigung durch die alleinige Wirkung von Licht (z.B. bei PVC, UP–Harzen) und
- **Photooxidation:** Schädigung durch das gleichzeitige Einwirken von Licht, Luftsauerstoff und/oder Feuchte (z.B. bei Polyolefinen, Polyamiden).

Photolyse

Bei der **Photolyse** wird **UV–Licht** stark von olefinischen Doppelbindungen oder Carbonylgruppen u. a. absorbiert, wodurch bevorzugt C–H–Bindungen am benachbarten (α–ständigen) C–Atom gebrochen werden (Radikalbildung):

$$\sim\sim CH_2-CH=CH-CH_2 \sim\sim \xrightarrow{h\cdot\nu} \sim\sim CH_2-CH=CH-\dot{C}H \sim\sim + H\cdot$$

Die entstehenden Radikale können in einer Kettenreaktion unter weiterem Abbau oder durch Rekombination unter Vernetzung (Farbveränderungen) weiterreagieren. Auch Polymere ohne Doppelbindungen (z.B. PE, PP, PVC) sind in der Regel aufgrund von Katalysatorresten oder Strukturdefekten unbeständig gegen UV–Licht. Diese Kunststoffe müssen bei der Verwendung im Außenbereich durch Lichtschutzmittel stabilisiert werden.

Photooxidation

Die **Photooxidation** ist der bevorzugte Alterungsmechanismus bei Anwesenheit von **Luftsauerstoff.** Die Reaktion folgt einem Radikalkettenmechanismus:

Kettenstart: R–H → R• + H• (Spaltung der Polymere R-H durch Licht, siehe oben)

Aus den lichtinduzierten Radikalen R˙ bilden sich durch Reaktion mit Luftsauerstoff Hydroperoxide (ROOH):
Kettenfortpfanzung : R• + O_2 → ROO•
ROO• + R–H → ROOH + R˙ usw.

Hydroperoxide sind instabil und zerfallen bevorzugt unter Lichteinstrahlung, Wärme oder Schwermetallkatalyse.
Kettenverzweigung: ROOH → R–O• + •OH

Die Bruchstücke R–O. und. OH setzen die Kettenreaktion fort (siehe Reaktion (1) und (2) unten) oder sie stabilisieren sich unter Kettenspaltung. Insbesondere die zuletzt genannte Kettenspaltung (siehe Reaktion (3) unten) führt zu einem Abbau der Polymere:

OH• + RH → R• + H_2O Kettenfortpflanzung (1)

H–C(–O•) + R–H → H–C(–OH) + R• Kettenfortpflanzung (2)

H–C(–O•) → C(=O)–H + •C Kettenfortpflanzung (3) (Polymerabbau)

Der dargestellte Mechanismus der Photodegradation gilt in ähnlicher Form für viele **anderen organischen Materialien** (Öle, Lacke, biologische Materialien).

Lichtschutzmittel

O OH
C

o-Hydroxybenzophenon

Zur Verhinderung der **Photodegradation** (Photoabbau) von Kunststoffen verwendet man Lichtschutzmittel. Man unterscheidet UV–Absorber und Radikalfänger:

- **UV–Absorber:** Absorbieren die UV–Strahlung und wandeln diese in Wärmestrahlung um, z.B. Ruß, Farbstoffe, Moleküle mit Doppelbindungen. Ein wichtiger UV–Absorber ist o–Hydoxybenzophenon.
- **Radikalfänger (Antioxidantien):** Fangen reaktionsfähige Radikale ab und bilden energiearme Radikale (die Stabilisierung der Radikale gelingt oft durch Resonanz zu einem aromatischen System), Sie verhindern so eine Fortsetzung der Kettenreaktion (primäre Antioxidantien, Radikalfänger, z.B. Amine) oder zersetzen Peroxide (sekundäre Antioxidantien).

Die wichtigsten Radikalfänger sind heute Aminverbindungen (HALS = Hindered Amin Light Stabilizers). Ein gesundheitsverträglicherer Radikalfänger ist z.B. Vitamin E (α–Tocopherol), das in Kombination mit Vitamin C (Ascorbinsäure) bereits in kleinsten Mengen wirkt.

<u>Normenhinweis:</u> **DIN 50035, Teil 2:** Begriffe auf dem Gebiet der Alterung von Materialien, polymere Werkstoffe

OHC–N–$(CH_2)_6$–N–CHO
N N
H H

CH_2OH
HO HC O
O
H
HO OH

CH_3 CH_3 CH_3 CH_3 CH_3 CH_3
O
CH_3

Uvinol 4050 (BASF) HALS–Lichtschutzmittel

L-Ascorbinsäure (Vitamin C)

α–Tocopherol (Hauptbestandteil von Vitamin E)

vorwiegend Vernetzung	vorwiegend Abbau
Polyethylen, Polypropylen	Polyisobutylen
Polyvinylchlorid, chloriertes Polyethylen	Polyvinylidenchlorid
Polystyrol, Polyacrylnitril, Polymethylacrylat	Polytetrafluorethylen
Polyvinylacetat, Polyamid, Polyester	Polychlortrifluorethylen
Polyoxymethylen, Polysiloxane	Polymethylstyrol, PMMA
natürlicher Kautschuk, Polybutadien	Cellulose, Celluloseacetat
Chloropren-Kautschuk	Cellulosenitrat
Butadien-Styrol-Copolymere	Butylkautschuk
Styrol-Acrylnitril-Copolymere	
Butadien-Acrylnitril-Copolymere	

Tabelle 6.3 **Strahlungsinduzierte Reaktionen** in Makromolekülen /31/.

Ionisierende Strahlung

Durch die Bestrahlung von Hochpolymeren mit Gamma-, Röntgen-, Elektronen- oder Ionenstrahlen entstehen im Bereich der Eindringtiefe der Strahlung in großem Umfang ionisierte und radikalische Fehlstellen. Da die Rekombination der Radikale durch mangelnde Diffusion im Kunststoff behindert ist, kann man oft Wochen nach der Bestrahlung noch Radikale feststellen. Die aktiven Zentren an der Kunststoffoberfläche sättigen sich durch Vernetzung oder Abbau. Polymere ohne H–Atome in **α–Stellung** zu einer funktionellen **Gruppe** (z.B. PTFE, PMMA) neigen zum strahlungsbedingten **Abbau**. Insbesondere beim Einsatz von hochwertigem PTFE–Material (Teflon, Hostaflon) ist die mangelnde Strahlungsresistenz zu beachten. Polymere mit **seitenständigen H–Atomen** (z.B. Poylstyrol, Polyethylen, Polypropylen) neigen unter Bestrahlung zur **Vernetzung**, was sich durch eine Steigerung der mechanischen Festigkeitswerte bemerkbar macht (→ *Tab. 6.3*). **Strahlungsvernetzte Kunststoffe** werden mit dem **Kennzeichen X** ausgezeichnet, z.B. PE–X = nachvernetztes PE).

6.2 Technische Thermoplasten, Anwendungen

Gebrauchseigenschaften

Die Gebrauchseigenschaften der Kunststoffe lassen sich durch die Primärstruktur und dadurch beeinflusste Änderungen der Tertiärstruktur gezielt einstellen. Darüberhinaus gibt es weitere Möglichkeiten zur Steuerung des Eigenschaftsprofils, z.B.:

- **Copolymerisation** von unterschiedlichen Monomeren,
- **homogene** und **heterogene Polymermischungen** (Blends),
- Zugabe von **Additiven** (Weichmacher, Füllstoffe u. a.)
- **mechanische Formgebungsverfahren** (Strecken, Verspinnen).

Standardkunststoffe

Aus anwendungstechnischer Sicht werden Kunststoffe eingeteilt in:

- **Standardkunststoffe** (Massenkunststoffe, commodities): gute Gebrauchseigenschaften und günstiger Preis (z.B. PE, PP, PVC, PS),
- **Technische Kunststoffe**: erhöhtes Anforderungsprofil, höherer Preis (z.B. PA, POM, PC, PET, Duroplaste),
- **Spezialkunststoffe**: spezielle Aufgaben (z.B. PMMA, PTFE),
- **Hochleistungskunststoffe**: hohe mechanische und thermische Belastungen, hoher Preis (z.B. PI, PPS, PSU, PEEK, LCP).

Technische Kunststoffe

Im folgenden Text und in der → *Tab. 6.4* werden die Kunststoffe in der Reihenfolge Standardkunststoffe, technische Kunststoffe, Spezialkunststoffe und Hochleistungskunststoffe behandelt.

Polyethylen (PE)

$-[CH_2-CH_2]_n-$

Polyethylen

Polyethylen (**PE**, besser: Polyethen, Handelsnamen: Hostalen, Lupolen) wird aus dem Monomer Ethen entweder nach einem Hochdruck- oder einem Niederdruckverfahren synthetisiert. Beim Hochdruckverfahren findet die Polymerisation in der Gasphase, beim Niederdruckverfahren an der Oberfläche spezieller Katalysatoren statt.

Kurzzeichen	Gebrauchstemp. Kurz/dauernd [°C]	Beständigkeit gegen Benzin	Diesel	Alkohol	Eigenschaften, Anwendungen
Massenkunststoffe					
PE-LD	80/60	x	+	+	Folie, Spielzeug, Kabel
PE-HD	100/80	x	+	+	Behälter, Rohre
PP	130/110	x	+	+	Haushalt, Batteriekästen
PVC-P	80/70	-	0	0	Kunstleder, Schläuche
PVC-U	70/60	+	+	+	Fenster, Rohre, Behälter
PS	80/60	-	0	0	Formteile, Verpackungen
Technische Kunststoffe					
SAN	90	0	x	0	Formteile, oft transparent
SB	75	-	-	x	schlagzähe Gehäuseteile
ABS	80	0	x	+	hoher Glanz, schlagzäh
PA6	170/120	+	+	+	zäh, abriebfest, reibungsarm
PET	180/120	+	+	+	chemisch beständig, Getränkeflaschen
PBT	160/120	+	+	+	verschleissfest, chemisch beständig
PC	130/125	+	+	0	schlagzäh, steif, transparent
POM	150/100	+	+	+	chem. beständige Bauteile
Spezialkunststoffe					
PMMA	80	+	x	0	glasklar, wetterbetändig
PTFE	300/260	+	+	+	wärme-, chem. beständig
FEP/PFA	250/205	+	+	+	Gleitelemente, beständige Beschichtungen
Hochleistungskunststoffe					
PPS	270/240	+	+	+	wärmebeständig, Bauteile
PI	480/260	+	+	+	beständig, hart, Folien

Tabelle 6.4 **Eigenschaften technisch gebräuchlicher Thermoplast–Kunststoffe**: + gut beständig, x bedingt beständig, 0 wenig beständig,–nicht beständig /10 und 30a/.

PE–LD

PE–LD (Polyethylen, low density, früher LDPE, Weich–PE) wird bevorzugt nach einem Radikalkettenmechanismus bei hohen Drücken (140...200 MPa) und Temperaturen um 200°C gewonnen. Bei dieser Gasphasenpolymerisation wird das entstehende Reaktionsprodukt als klebrige Masse aus dem Reaktor abgelassen. Nach dem oben beschriebenen **Hochdruckverfahren** entstehen stark verzweigte Polymere (ca. 8...40 Verzeigungen pro 1000 C–Atome) mit niedriger Dichte (Kristallinität 40...55%). PE–LD ist relativ weich, beständig gegen die meisten Lösemittel und auch für Verpackungen von **Lebensmitteln** zugelassen. **PE–LLD** (polyethylen, linear low density, früher LLDPE) ist ein mittelstark verzweigtes PE, das kostengünstig nach einem Niederdruckverfahren hergestellt wird.

PE–LLD

PE–HD

PE–HD (Polyethylen, high density, früher HDPE, Hart–PE) besitzt gegenüber PE–LD eine höhere Dichte und Festigkeit. Es wird bevorzugt nach dem **Niederdruckverfahren**

bei Drücken von ca. 0,5 MPa und Temperaturen zwischen 60 und 150°C durch Polymerisation gasförmiger Ethen–Monomere an festen, metallorganischen Ziegler–Natta–Katalysatoroberflächen hergestellt. Es ist üblicherweise ein Lösungsmittel vorhanden, z.B. langkettige Kohlenwasserstoffe, in dem das entstehende PE–Polymer unlöslich ist (**Suspensionspolymerisation**). PE–HD besitzt weniger Verzweigungen (1...10 Verzweigungen pro 1000 C–Atome, Kristallinität 60...80%).

Polypropylen (PP)

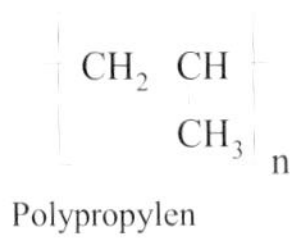

Polypropylen

Polypropylen (**PP**, Handelsnamen Hostalen PP, Luparen, Vestolen P) wird im wesentlichen nach dem Niederdruckverfahren mit Hilfe von Metallkomplex–Katalysatoren hergestellt. Durch die verwendeten Ziegler–Natta–Katalysatoren lässt sich die Reaktion weitgehend stereospezifisch zum **isotaktischen** Polypropylen lenken. Dieses ist aufgrund seines regelmäßigen Aufbaus zu einem hohen Kristallisationsgrad befähigt (teilkristalliner Thermoplast). Isotaktisches PP weist eine wesentlich höhere Härte, Steifigkeit und Wärmebeständigkeit als Hart–PE auf. PP ist gegen die meisten Lösemittel außerordentlich beständig (außer CKW bei höheren Temperaturen). Weitere Eigenschaftsverbesserungen können durch Zugabe von Additiven und mechanischen Füllstoffen (z.B. Glasfasern) erzielt werden. PP findet dann Einsatz in hochbeanspruchten technischen Bauteilen wie Elektrogerätegehäuse, Rohrleitungen, Verpackungen ('Knisterfolie') und Textilfasern. PP ist schwer benetzbar; das Aufbringen einer Oberflächenbeschichtung (z.B. Bedrucken, Kleben oder Lackieren) ist deshalb ohne Vorbehandlung nicht möglich (z.B. durch Beflammen, Corona–Entladung oder Plasmabehandlung, → *Kap. 17.3*).

PP/EPDM

Aufgrund einer gewissen Versprödung von PP bei Temperaturen <0°C werden im Automobilbereich anstelle von reinem PP eher **schlagzähe PP/EPDM–Polymerblends** eingesetzt, z.B. für KFZ–Stossfänger. PP/EPDM gehört zur Klasse der mehrphasigen, thermoplastischen Elastomere (**TPE**) mit einer harten PP–Gerüstphase mit eingelagerten EPDM–Kautschukpartikeln. EPDM ist ein statistisches Terpolymer aus PE, PP und wenig Diene (EPDM = **E**thylen–**P**ropylen–**D**ien und Poly**m**ethylen). Die Dien–Komponente (Diene = Moleküle mit zwei Doppelbindungen z.B. Hexadien) ist **vulkanisierbar** und verleiht dem Werkstoff elastomere Eigenschaften.

Polyolefine

Polyolefine sind Polymerisationsproduke aus linearen oder cyclischen (ringförmigen, aber nicht aromatischen) Monomeren, die olefinische C = C–Bindungen und keine Heteroatome, z.B. Cl, O, N, enthalten. Die **halogenfreien** und **recyclingfreundlichen** Polyolefine PE und PP sind **ökologisch** und **ökonomisch** sehr interessant. Sie werden möglicherweise diejenigen Kunststoffe verdrängen, die aufwendiger herzustellen (z.B. PC) und weniger günstig wiederverwertbar sind (z.B. PVC). Die Zielsetzung derzeitiger Entwicklungen ist, immer mehr Aufgaben auf möglichst **wenige** Kunststoffe zu konzentrieren, die dann aber mit sehr **unterschiedlichen** Eigenschaftsprofilen hergestellt werden können. Die Polyolefine sind die häufigsten Kunststoffe im Verpackungsbereich (PUR ist der häufigste Kunststoff im Automobilbereich).

Ziegler–Natta–Katalysatoren

Metallocen–Katalysatoren

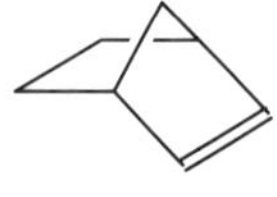

Norbornen

Zur Polymerisation von Olefinen verwendet man heute überwiegend metallorganische **Ziegler–Natta–Katalysatoren**. Diese haben den wesentlichen Nachteil, dass sie auf feste Trägermaterialien (z.B. $MgCl_2$) aufgebracht sind und daher als Heterogenkatalysatoren wirken. Die Reaktionsgeschwindigkeit ist bei **heterogenen** Reaktionen durch Diffusions- und Oberflächenprozesse begrenzt. Ausserdem sind die katalytischen Eigenschaften stark von dem verwendeten Festkörper bestimmt. Durch die Entwicklung neuartiger, löslicher **Metallocen**katalysatoren (z.B. **Ansa**–Verbindungen, ansa = lat. Henkel) lassen sich die Kunststoffeigenschaften, wie Steifigkeit, Härte, Schlagzähigkeit, chemische und thermische Stabilität, weiter verbessern und genau einstellen. Im Hinblick auf die **Recyclingfähigkeit** wird vorteilhafterweise stets **derselbe Rohstoff** verwendet. Mit dem in → *Abb. 6.10* dargestellten Metallocen–Katalysator lässt sich PP mit gezielter Taktizität herstellen. Diese neuartigen Katalysatoren ermöglichen auch die Synthese von bisher unbekannten Copolymeren zwischen linearen (PE, PP) und cyclischen Olefinen (z.B. Norbornen) mit einem einstellbaren Eigenschaftsprofil (**COC** = **Cyclo–Olefin–Copolymere**). Die COC weisen z.B. eine hohe Wärmeformbeständigkeit bis 170°C auf /32/.

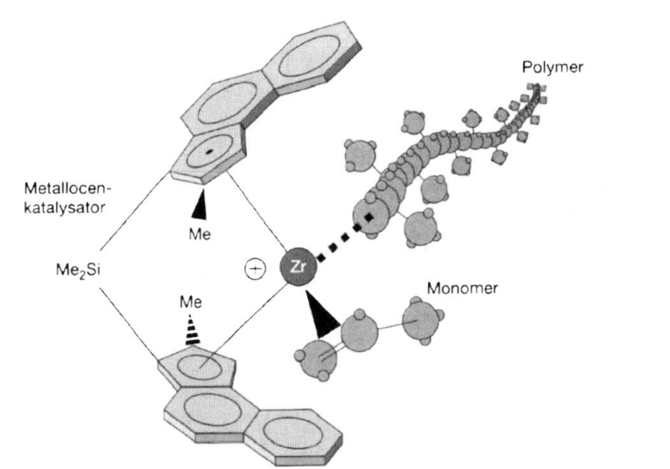

Abbildung 6.10 **Metallocen–Katalysatoren**: Herstellung von isotaktischem Polypropylen (Quelle: Polymere, Firma BASF Ludwigshafen).

Polystyrol (PS)

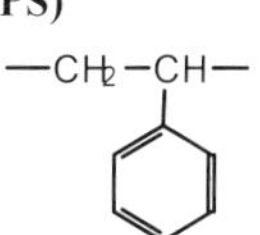

Polystyrol

Polystyrol (**PS**, Handelsnamen Vestyron, Styroflex) ist der klassische Spritzgusskunststoff für billige Massenteile, z.B. Joghurtbecher. Die Polymerisation von flüssigem Styrol zu Polystyrol kann bereits im Reagenzglas beobachtet werden. Man unterscheidet als Herstellungsmethoden:

PS-Polymerisationsverfahren

- **Substanzpolymerisation** (Massepolymerisation): Unverdünntes Styrol polymerisiert in der Hitze, bei Lichtbestrahlung oder Initiatorzugabe. Ein Problem ist die Selbstbeschleunigung der Reaktion durch die entstehende Reaktionswärme.
- **Lösungspolymerisation**: Das Monomer ist in einem selbst nicht polymerisierbaren Lösungsmittel gelöst. Ein Vorteil ist die verbesserte thermische Regulierbarkeit der Reaktion.
- **Suspensionspolymerisation**: Das Monomer wird in Wasser eingerührt und bildet dabei wasserunlösliche Tröpfchen. Der Starter ist in den Monomertröpfchen löslich. Das entstehende Polymer fällt aus.
- **Emulsionspolymerisation**: Das Monomer wird in Wasser mit Hilfe von Emulgatoren emulgiert. Der Starter ist wasserlöslich.

PS–Spritzgussverfahren

Polystyrol wird meist im **Spritzgussverfahren** weiterverarbeitet (→ *Abb. 6.11*). Dabei wird der Kunststoff durch eine Schnecke oder einen Kolben in den beheizten Teil der Maschine befördert. Das plastifizierte Material wird dann unter hohem Druck durch die Düse in eine Form gespritzt. Nach kurzer Abkühlzeit wird die Form geöffnet und das Formteil entnommen. Die Spritztemperatur sollte nicht zu hoch gewählt werden, da dabei **gesundheitsschädliche** Styroldämpfe entweichen können.

Verarbeitungs-verfahren für Polymere

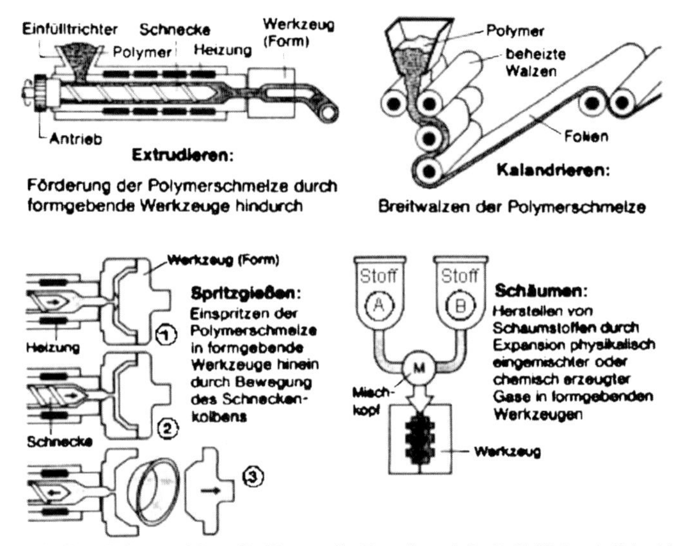

Abbildung 6.11 **Verarbeitugsverfahren für Kunststoffe**: Extrudieren (z.B. für Hohlkörper), Kalandrieren (z.B. für bahnenförmige Formteile), Spritzgießen (z.B. für massive Teile), Schäumen (z.B. für 2 K–Schaumstoffe) (aus: Kunststoffe, Verband der kunststofferzeugenden Industrie, Frankfurt)

PS ist gegen wässrige Lösungen (Säuren, Laugen) beständig, nicht jedoch gegen viele organische Lösemittel. PS ist ungiftig und für die **Verpackung von Lebensmitteln** zugelassen. Bei UV–Bestrahlung unter Anwesenheit von Luftsauerstoff vergilbt PS. **Wärmedämmstoffe** aus PS besitzen hervorragende **Isoliereigenschaften** gegen Wärme und Kälte und können in einem breiten Temperaturbereich zwischen -200°C bis + 80°C benutzt werden. Sie kommen in zwei Qualitäten auf den Markt. Als Standard–Qualität für die Innenraumdämmung wird expandierter Partikelschaum (**EPS**, besser PS–E, Handelsname: Styropor) verwendet. Extrudierter Polystyrol–Hartschaum (**XPS**, besser PS–X) ist stark belastbar und nimmt kaum Feuchtigkeit auf. Es wird bevorzugt zur Dämmung von erdberührendem Mauerwerk oder Flachdächer eingesetzt.

PS–Schaumstoffe

Rechts- und Sicherheitshinweise: **TRGS 900**: Styrol MAK 20 ppm, Gefahrensymbol Xi, Xn. **Arbeitsschutz**: Berufsgenossenschaftliches Merkblatt ZH1/289 Styrol; **TA Luft:** Grenzwert 100 mg m^{-3} bei einem Massestrom >2 kg h^{-1}

PS–Copolymere PS–Blends

PS–Copolymere und PS–Blends besitzen eine höhere Zähigkeit, Festigkeit und Wärmeformbeständigkeit als das Homopolymer Polystyrol. Über zwei Drittel der erzeugten Polystyrol–Kunststoffe sind modifiziert. Ihr Einsatz reicht von Gebrauchsgegenständen wie technische Gehäuse oder Kunststoffmöbel bis zur KFZ–Ausrüstung. Polystyrole sind nach den Polyolefinen und Polyvinylchlorid die drittgrößte Kunststoffgruppe. Die drei wichtigsten Vertreter der modifizierten Polystyrole sind **SAN, SB** und **ABS**.

SAN

SAN ist ein **statistisches** Styrol–Acrylnitril–Copolymer, das glasklar durchscheint und für Tafeln, Gehäuse, Tonbandspulen verwendet wird. **SB** (Handelsname: Styrolux) ist ein schlagzähes Styrol–Butadien–**Propfcopolymer**; sog. **schlagzähes Polystyrol** (**HIPS**, besser: PS–HI) ist ein spezielles SB–Polymer, das man durch Einrühren von auspolymerisierten Kautschukpartikeln (vor allem Polybutadien) in monomeres Styrol und anschließende PS–Polymerisation erhält.

Schlagzähes HIPS

ABS

ABS gehört wie SB zu den Zweiphasensystemen mit einer harten Gerüstmatrix und darin eingelagerten kautschukartigen Partikeln, die dem Material seine charakteristische

Zähigkeit verleihen, z.B. als Werkstoff für hochbelastbare Kunststoffgehäuse, Kleinmöbel, Schutzhelme oder KFZ–Ausrüstung. **ABS** (= Acrylnitril–Butadien–Styrol) enthält einem Mischung zwischen einer **thermoplastischen** SAN–Gerüstphase und eingelagerten **elastischen** Polybutadienkautschukpartikeln (TPE = thermoplastisches Elastomer). ABS ist 5 bis 10 mal schlagzäher als Polystyrol; es lässt sich besonders gut galvanisch metallisieren (Verwendung als gut galvanisierbarer Kunststoff, z.B. von Sanitätsarmaturen).

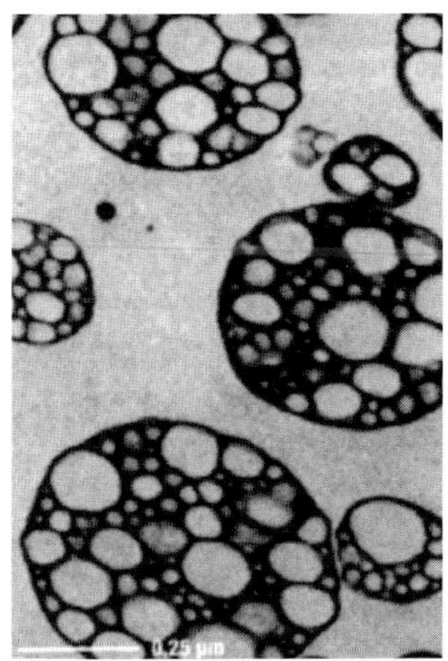

Abbildung 6.12 **Schlagzähes Polystyrol HIPS** enthält eine harte PS–Phase (grau) mit eingelagerten gummiartigen Butadienteilchen (dunkel), (aus: Polymere, Firma BASF Ludwigshafen)

Antistatika

PS und PS–Coploymere gehören neben PE und PP zu den wichtigesten Kunststoffen für Lebensmittelverpackungen. Aufgrund der elektrischen Isolationswirkung bildet sich auf deer Kunststoffverpackung rasch eine unansehnliche Staubschicht, was durch Zugabe sog. **Antistatika** verhindert wird. Diese sind meist organische Salze, die dem Kunststoff eine gewisse elektrische Leitfähigkeit verleihen:

- **anionische** Antistatika: Alkylsulfate, Alkylsulfonate, Alkylphosphate
- **kationische** Antistatika: organische Ammonium-, Phosphonium, Sulfoniumsalze

$$RO-\overset{\overset{O}{\|}}{\underset{\underset{O}{\|}}{S}}-O^-Me^+ \qquad R-\overset{\overset{O}{\|}}{\underset{\underset{O}{\|}}{S}}-O^-Me^+ \qquad R-\overset{\overset{R}{|}}{\underset{\underset{R}{|}}{S^+}}\ X^-$$

Me–Alkylsulfat ($Me^+ = Na^+$) Me–Alkylsulfonat ($Me^+ = Na^+$) Sulfonium–X ($X^- = Cl^-$ oder NO_3^-)

Schaumstoffe
Treibmittel

Schaumstoffe, z.B. Styropor–Formteile, entstehen durch Einarbeitung spezieller **Treibmittel** (z.B. Luft, Pentan, CO_2) bei der Polymerisation von Polystyrol. Beim Erwärmen des Polymerisats verdampft das Treibmittel. Es gibt verschiedene **Verfahren** zur Schaumerzeugung:

- **mechanisch**: Eintrag von gasförmigen Treibmitteln durch Dispergieren von verdichteten Gasen (z.B. Luft, N_2, CO_2 bei Hochdruck 20 MPa) in der Polymerschmelze,
- **physikalisch**: Verdampfen eines flüssigen Treibmittels, z.B. Pentan (C_5H_{12}) oder Wasser bei der Styroporherstellung,

- **chemisch**: Zersetzung eines Treibmittels bei höheren Temperaturen unter Freisetzung von Gasen, z.B. Verschäumen von PUR für KFZ–Armaturen.

Integral–Schaumstoffe

Zum Verschäumen eignen sich Thermoplaste wie PE, PP und PS oder Duroplaste wie PUR oder Formaldehyd–Harze. Schaumstoffe werden für Polster (weich), Verpackung (hart) oder Verkleidungen (flexibler) verwendet. Flexible sog. **Integral–Schaumstoffe** besitzen im Kern und am Rand des Werkstücks eine ungleiche Porenverteilung, die in Richtung Oberfläche in die Form des **kompakten** Kunststoffs übergeht, z.B. für KFZ–Armaturenverkleidungen. Die Verwendung von **FCKW** als Treibmittel ist durch die FCKW / Halon–Verbotsverordnung verboten worden. Fluorhaltige Ersatzstoffe, z.B. weniger ozonschädliche H–FCKW (R 142b) sind im Einsatz, jedoch nicht mehr Stand der Technik. Beim Kauf von Dämmstoffen sollte auf die Aufschrift '**FCKW–frei und FKW frei**' geachtet werden.

FCKW–Treibmittel

Normenhinweis: **DIN 7726**: Schaumstoffe: Begriffe und Einleitung

Polyvinylchlorid (PVC)

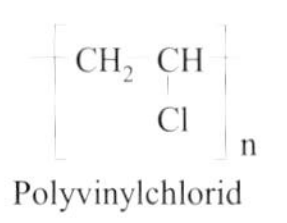

Polyvinylchlorid

Polyvinylchlorid (**PVC,** Handelsname: Vestolit, Vingflex) gewinnt man nach verschiedenen Polymerisationsverfahren (Masse-, Emulsions- oder Suspensionspolymerisation). Bei der meist eingesetzten Suspensionspolymerisation (**PVC–S)** wird das giftige, krebserregende Gas Vinylchlorid (**VC)** unter einem Druck von 0,5...1,5 MPa in eine 35...80°C heisse, wässrige Lösung eingeleitet, die einen Polymerisationsbeschleuniger enthält. Dabei entstehen kugelförmige Granulate, die nach Trocknung als feinkörniges PVC–Pulver gewonnen werden (Korngröße im allgemeinen 15... 300 µm, bei Emulsionsverfahren, E–PVC, Korngrößen 0,1...1 µm). PVC–Feinstaub ist **gesundheitsschädlich**.

Rechts- und Normenhinweise: **TRGS 900**: VC–Monomer TRK 2 ppm (Neuanlagen), 3 ppm (Altanlagen), Gefahrensymbol F+ und T; PVC-Pulver MAK 5 mg m^{-3}; **TA Luft:** VC–Monomer Grenzwert 5 mg m^{-3} bei einem Massestrom größer 0,25 kg h^{-1}., **Bedarfsgegenständeverordnung**: VC–Gehalt <0,1 ppm in Bedarfsgegenständen. **VDI–Richtlinie 2446**: Emissionsminderung Vinylchlorid

PVC–Verarbeitung

Das PVC–Rohmaterial wird mit weiteren Zusatzstoffen (**Additiven**) versetzt und meist durch Pressen, Walzen (**Kalandrieren**) oder Strangpressen (**Extrudieren**) verarbeitet (→ *Abb. 6.11*). Bei der thermoplastischen Formgebung von PVC–Bauteilen bei Temperaturen zwischen 110 und 140°C müssen Werkzeuge und mit der Polymerschmelze in Berührung kommende Maschinenteile gegen **Salzsäure** (HCl) widerstandfähig sein. Bei der mechanischen Bearbeitung von PVC oder im Brandfall ist ebenfalls mit dem Entweichen von HCl–Gas zu rechnen. Die wichtigsten **PVC–Materialien** sind:

PVC–Materialien

- **Hart–PVC (PVC–U),**
- **Weich–PVC (PVC–P,**
- **Schlagzähes PVC (PVC–HI**: hergestellt durch Copolymerisation oder Mischungen, Blends),
- **Nachchloriertes PVC (PVC–C**: Anhebung des Chlorgehalts auf 60...70% durch Nachbehandeln mit Chlorgas).

Weich–PVC (PVC–P)

Die Gebrauchseigenschaften von PVC unterscheiden sich wesentlich entsprechend ihrem Gehalt an **Weichmachern**, die in die Kunststoffschmelze eingerührt und dann auf ca. 165...170°C erhitzt werden (**'Gelieren'**). **Hart–PVC** (PVC–U = weichmacherfrei) enthält keine oder nur geringe Zusätze an Weichmachern und wird, z.B. für Rohrleitungen, Fensterprofile, Halbzeug zur spanenden oder umformenden Bearbeitung, eingesetzt. **Weich–PVC** (PVC–P = weichmacherhaltig) enthält ca. 30...50% Weichmacher. 80% der gesamten Produktionsmenge an Weichmachern wird zur Herstellung von Weich–PVC verbraucht. Weich–PVC wird z.B. als geschmeidiges Material für Freizeitartikel, Zeltbahnen, Aufblasartikel, Plastikschuhe oder Fussbodenbeläge eingesetzt. Gieß- und streichfähige Dispersionen (**Plastisole**) ergeben PVC–Beschichtungen (z.B.

auf Textilien als Kunstleder, Regenbekleidung). PVC ist neben PE und verschiedenen Kautschukarten das bevorzugte Material für Starkstromkabelisolierungen (→ *Abb. 6.13*).

PVC–Additive

Kaum ein anderer Kunststoff ist so vielseitig verwendbar wie PVC. Die Vielzahl der Anwendungsgebiete ist auf die Zugabe von **Additiven** (Zusatzstoffe) zurückzuführen, die homogen in die PVC–Kunststoffstruktur eingebaut werden. Der Gesamtgehalt an Additiven beträgt in Hart–PVC oft ca. 10...15%, bei Weich–PVC bis >50%. Zusatzstoffe in PVC sollen folgende **Kunststoffeigenschaften** verbessern:

- **Geschmeidigkeit** (Weichmacher), **Gleiteigenschaften** (Gleitmittel)
- **chemische Beständigkeit** (Stabilisatoren für Licht, Oxidation, Wärme),
- **mechanische Festigkeit** (Füllstoffe),
- **dekoratives Aussehen** (Farbstoffe, Farbpigmente),
- **Flammwidrigkeit** (Flammschutzmittel).

Weichmacher

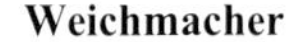

Weichmacher sollen dem Kunststoff Zähigkeit und Elastizität geben, dabei aber nicht ausgasen. Weichmacher sind **dipolare** Flüssigkeiten, die sich wie ein Lösungsmittel zwischen die polaren Gruppen zweier Polymerketten schieben und dadurch Auflockung und Gleitfähigkeit bewirken (→ *Abb. 6.13* rechts). Weichmacher sind z.B.:

- **Phthalsäureester,** z.B. Dioctylphthalat DOP = Di–(2–ethylhexyl)-phthalat DEHP,
- **Fettsäureester**, z.B. von Dicarbonsäuren wie Adipinsäure, Sebazinsäure,
- **Phosphorsäureester**, z.B. Triphenylphosphat, ortho–Trikresylphosphat (TCF, Gefahrensymbol T, nicht mehr in Gebrauch).

Phthalsäureester

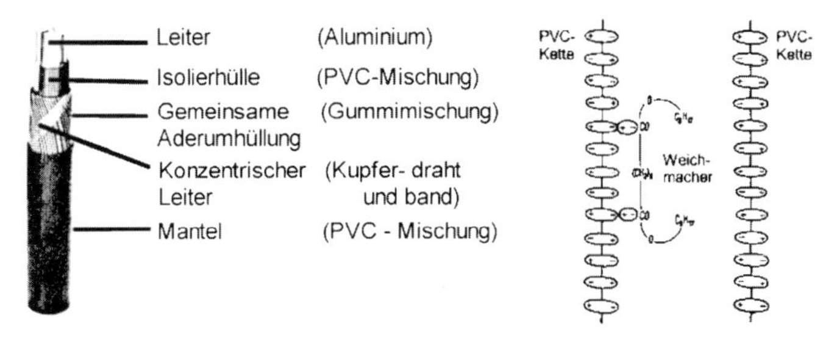

Abbildung 6.13 **PVC**: Aufbau eines PVC–Starkstromkabels (links); Weichmacher sind hochviskose Flüssigkeiten, die sich zwischen die Polymerketten einlagern (rechts)

$HOOC-(CH_2)_4-COOH$ Adipinsäure

$HOOC-(CH_2)_8-COOH$ Sebazinsäure

Triphenylphosphat (TPP)

Obwohl Weichmacher–Flüssigkeiten einen hohen Siedepunkt besitzen (z.B. DOP: Siedepunkt 216°C bei 7 mbar) können sie beim Erhitzen insbesondere neuwertiger Kunststoffartikel (z.B. Erwärmung elektrischer Geräte auf Gebrauchstemperatur) **ausgasen**. Insbesondere bei Billigprodukten sollte auf eine ausreichende Lüftung geachtet werden. Einatmen oder orale Aufnahme des hauptsächlich verwendeten Weichmachers **Dioctylphthalat (DOP)** in praxisüblichen Mengen wird im allgemeinen als wenig gesund-

Dioctylphthalat (DOP)

heitsbedenklich angesehen. Aufgrund von Berichten über eine vermutete krebserzeugende Wirkung (nachgewiesen nur bei Verabreichung unüblich hoher Dosen an Nagetiere) wurde DOP in verschiedenen Ländern verboten–insbesondere zur Verwendung in Kinderspielzeug. Eine mögliche Gesundheitsgefährdung kann durch die **Wanderung** von Weichmachern in Materialien entstehen, die mit Weich–PVC in Berührung kommen, z.B. Gummi, Lacke, Fette in Lebensmitteln. PVC–Folien sind deshalb nicht geeignet zur Verpackung insbesondere fetthaltiger Lebensmittel und Kleinkinderspielzeug, das in den Mund genommen oder verschluckt werden kann.
Neben der oben beschriebenen '**äußeren**' Weichmachung ermöglicht die Copolymerisation von Vinylchlorid (z.B. mit Vinylacetat) oder die Herstellung von Blends, z.B. mit Chlorelastmeren eine 'innere' Weichmachung.
Rechts- und Normenhinweise: **TRGS 900**: Dioctylphthalat (DOP), MAK 10 mg m^{-3}, keine Gefahrstoffkennzeichnung, **TA Luft**: DOP Emissionsklasse II, 100 mg m^{-3} Luft bei einem Massenstrom >2 kg h^{-1}, **DIN 7723**: Weichmacher Kennbuchstaben und Kurzzeichen.

Wärmestabilisatoren

Neben **Lichtschutzmitteln** (→ *Kap. 6.1*) ist bei der Verarbeitung von PVC die Zugabe von 1...3% **Wärmestabilisatoren** unerlässlich. Bei den üblichen Verarbeitungstemperaturen von 180°C spaltet sich nämlich HCl–Gas ab, das die weitere Zersetzung katalysiert. Der PVC–Kunststoff versprödet und verfärbt sich dann. Die Wärmestabilisatoren nehmen HCl–Gas auf oder sättigen durch HCl–Abspaltung entstehende Doppelbindungen ab, wodurch die katalytische Reaktion gestoppt wird. **Beispiele** für Wärmestabilisatoren sind:

- **anorganische Stabilisatoren:** Oxide, Carbonate, Stearate von Ca, Ba, Co, Pb,
- **organische Stabilisatoren:** organische Zinn–Verbindungen, epoxidiertes Sojaöl.

Die Ca–und Mg–Stearate sind neben Silikonen und natürlichen Wachsen die wichtigsten **Gleitmittel**, die ein Ankleben der Kunststoffmasse an die metallischen Werkzeugoberflächen verhindert und dadurch die Verarbeitung erleichtert.

Knäpp die Hälfte der produzierten PVC–Bauteile (z.B. viele Kabelisolierungen, Abwasserrohre, Fenster- und Bauprofile) enthalten **bleihaltige** Wärmestabilisatoren (meist schwerlösliches Bleisulfat und Bleistearat), die insbesondere im Hinblick auf die Einhaltung bestimmter elektrischer Eigenschaften und thermischer Langzeitstabilität zugesetzt werden /33/. Die Verwendung von **Cadmiumverbindungen** als Stabilisator oder Farbpigment in PVC ist heute in Deutschland **verboten**, jedoch insbesondere bei Importprodukten nicht auszuschließen.
Rechtshinweis: **GefStoffV**: Anhang IV, Nr. 17

Füllstoffe

Füllstoffe sollen die mechanischen bzw. thermischen Eigenschaften verbessern. z.B.:

- **anorganische Füllstoffe** (z.B. Kreide, Silikate (Tone, Glimmer), Gips, Kaolin, Schwerspat, $BaSO_4$),
- **organische Füllstoffe** (z.B. Holzmehl, Cellulosepulver, Ruß),
- **Fasern** (z.B. Glasfasern, Kohlefasern, Aramidfasern).

Der bedeutendste Füllstoff ist **Kreide** (Calciumcarbonat) mit einem Anteil am Gesamtverbrauch von mehr als 50%. Füllstoffe werden durch **Kennbuchstaben** hinter den Kurzzeichen ausgewiesen. Dabei bezeichnet der erste Buchstabe den Füllstoff (C= Kohlenstoff, G = Glas, K = Kalk, M = Mineral, Metall) und der zweite Buchstabe die Verarbeitungsform (S = Schnitzel, F = Faser, P = Pulver, B = Kugel). Beispiele: UP–GP = ungesättigte Polyester glasfaserverstärkt; PP–MP 30 Polypropylen mit 30% Mineralfasern, POM–GB Polyoxymethylen mit Glaskugeln.

Eine typische PVC–Verarbeitungsrezeptur ist in → *Tab. 6.4* enthalten.

PVC–Rezeptur

Inhaltsstoff	PVC-hart	PVC-weich	PVC-Paste
PVC	92 kg	100 kg	100 kg
chloriertes PVC	8 kg	-	-
Weichmacher	1	48	48
Stabilisatoren:			
Ba/Ca-Salze	1	2,3	-
Co-Salze	0,5	-	-
Pb-Stearat	0,2	-	2
Gleitmittel (Wachs)	0,2	0,3	-
Füllstoffe:			
Kreide	3	3...15	-
TiO_2	2	-	4
Farbstoff	(-)	0,3	(-)

Tabelle 6.4 **Typische PVC–Verarbeitungsrezepturen:** die Additivmengen werden in [kg] angegeben, bezogen auf 100 kg PVC–Vorlage

Ökologische Auswirkungen

H H
C = C
H Cl

Vinylchlorid (VC)

Aus ökologischer und gesundheitlicher Sicht hat der Einsatz von PVC folgende Nachteile:

- **krebserregende Wirkung** der Ausgangskomponente VC,
- hohe Zusätze an **Stabilisatoren** (z.B. Weichmacher, schwermetallhaltige Stabilisatoren),
- Entstehung von **giftigen Gasen** oder **Schwermetallstäuben** (Salzsäure, Phosgen, Dioxine(?), Blei) im Brandfall oder in Müllverbrennungsanlagen,
- Probleme beim **Recycling** von Mischkunststoffen aufgrund HCl–Bildung.

Obwohl ein Zusammenhang zwischen PVC–Beschickung und Dioxin–Emissionen in Müllverbrennungsanlagen nicht eindeutig nachgewiesen werden konnte, verbleibt ein Risiko. Einzelne Industriebranchen (z.B. PVC–Fensterbau) bieten inzwischen branchenweite Recyclinglösungen an, die jedoch nur zögernd angenommen werden. Verschiedene Vorschriften fordern inzwischen die Chlorfreiheit bestimmter Kunststoffprodukte–meist hinsichtlich des Brandschutzes. Nach einem schweren Brandunfall auf einem Flughafen (Düsseldorf 1996) wird der Einsatz von **PVC–Kabelisolierungen** zunehmend kritisiert.

Brandgase

Die akut giftige Wirkung von Brandgasen auf Menschen beruht in erster Linie auf der Bildung von **Kohlenmonoxid** bei unvollständiger Verbrennung kohlenstoffhaltiger Substanzen. Bei Kunststoffen oder Naturprodukten mit Heteroatomen (Cl, N, S) ist mit dem Auftreten weiterer giftiger Gase zu rechnen (→ *Tab. 6.5*).

Schwerentflammbare Kunststoffe

Schwerentflammbare Kunststoffe sind nach dem Entfernen einer Flamme selbstverlöschend z.B. PTFE, PA, PC, PUR, PVC. Diese Kunststoffe spalten in der Hitze **nichtbrennbare** Gase ab (Kohlendioxid bei PC, Salzsäure bei PVC) oder bilden Radikale, die den Verbrennungsprozess behindern. **Hart–PVC** (weichmacherfrei) mit einem Chlorgehalt über 30% ist im allgemeinen selbstverlöschend. Ein hoher Weichmachergehalt kann allerdings die Zugabe von Flammschutzadditiven notwendig machen.

Kunststoff	gefährliche, flüchtige Zersetzungsprodukte
ungesättigte Polyester (styrolvernetzt)	Styrol, niedrige Styrolpolymere, Kohlenmonoxid
Epoxid- und Melaminharze	abhängig vom Typ und Füllmaterial, Ammoniak, Amine, Formaldehyd, Kohlenmonoxid
Polyurethane	Cyanate, Isocyanate, Amine, Blausäure, Ammoniak, Alkohole
Polyvinylchlorid	Chlorgas, Chlorwasserstoff, Ruß, Phosgen, Chlorkohlenwasserstoffe, Kohlenmonoxid
Polyacrylnitril	Acrylnitril, Ammoniak, Blausäure, Kohlenmonoxid
Phenolharze	Formaldehyd, Ameisensäure, Phenol, Kohlenmonoxid

Tabelle 6.5 **Gefährliche flüchtige Zersetzungsprodukte** bei der Verbrennung von Kunststoffen. (Quelle: Gefahrstoffe im Betrieb, Maschinen- und Metallbaugenossenschaft, Düsseldorf, 1992).

Nicht schwerentflammbare Kunststoffe

Bei **nicht schwerentflammbaren** Kunststoffen (z.B. PE, PP, PS, PAN, POM) wird oft durch Liefervorschriften oder DIN–Normen eine bestimmte Flammwidrigkeit vorgeschrieben (**Bezeichnung FR** = mit Flammschutzmittel). Nach verschiedenen spektakulären Brandschäden, insbesondere durch Defekte an elektrischen Anlagen, ist der (insbesondere halogenfreie) Flammschutz von Kunststoffen heute ein aktuelles Entwicklungsgebiet. Man unterscheidet folgende Verfahren zum Flammschutz:

- Zugabe **halogenhaltiger organischer Flammschutzmittel**,
  z.B. $Br–CH_2–(CH_2)_3–CH_2–Br$ 1,5 Dibrompentan
- Zugabe **phosphorhaltiger organischer Flammschutzmittel (halogenfrei, meist Phosphorsäureester)** z.B.
  $(Br–CH_2–CBrH–CH_2–O)_3–P = O$ Tris- (2,3 dibrompopyl) phosphat
- Zugabe **anorganischer Flammschutzmittel**, z.B. Sb_2O_3, roter P, $Mg(OH)_2$, $Al(OH)_3$, $ZnO*B_2O_3*$ 2 H_2O
- **Copolymerisation** mit weniger entflammbaren Polymeren z.B. aromatische Kunststoffe wie Polyphenylenether (PPE),
- Verwendung (teurer) **nicht entflammbarer Kunststoffe** (z.B. **schwefelhaltiger Polymere**).

Halogenhaltige Flammschutzmittel

Da bei der Verbrennung reaktive O·, OH· und H·⁻Radikale eine wichtige Rolle spielen, sind die meisten Flammschutzmittel **Radikalfänger**, die eine Fortsetzung der Kettenreaktion behindern (z.B. Verbindungen mit Brom, Chlor, Phosphor, Schwefel und Stickstoff). Bei den klassischen bromhaltigen Flammschutzmitteln wird Bromwasserstoffgas (HBr) abgespalten, die gebildeten Bromradikale sind relativ stabil und stoppen die Kettenreaktion (→ *Abb. 6.14*). Wenn jedoch brennbares Material aus der Nachbarschaft den Brand nährt, können insbesondere brom- und chlorhaltige Flammschutzmittel giftiges und korrosives HBr–oder HCl–Gas bilden, das die Brandfolgen eher verschlimmert.

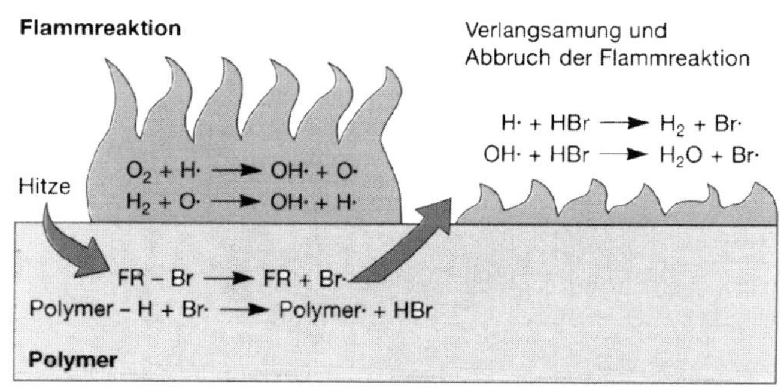

Abbildung 6.14 **Bromhaltige Flammschutzmittel** sind flammwidrig, weil sie stabile Br.–Radikale bilden, die die Radikalkettenreaktion der Verbrennung nicht fortsetzen (aus: Polymere, Firma BASF Ludwigshafen).

Halogenfreie Flammschutzmittel

Die wichtigsten halogenfreien Alternativen zu halogenhaltigen Flammschutzmitteln sind **organische Phosphorsäureester**. Obwohl diese Stoffe oft selbst gut brennbar sind, findet jedoch im Brandfall eine Reaktion zwischen P und dem sauerstoffhaltigen Polymermaterial statt, wobei ein glasartiger, nicht brennbarer P–O–Überzug entsteht. **Anorganische Salze** wie $Mg(OH)_2$ oder $Al(OH)_3$ wirken flammhemmend, weil sie in der Hitze H_2O abspalten.

Polyoxymethylen (POM)

$-CH_2-O-CH_2-$
Polyoxymethylen (POM)

Polyoxymethylen (Polyacetal, **POM**, Handelsname Delrin, Hostaform, Ultraform) ist ein hochwertiger, technischer Kunststoff mit der stabilen Etherbindung C–O–C in der Hauptkette. Die Etherbindung verleiht dem Polymer einerseits **polare** Eigenschaften, gleichzeitig ist POM jedoch gegenüber **Hydrolyse** (Wasseraufnahme) weitgehend stabil. POM–Teile weisen eine hohe Beständigkeit gegenüber den meisten polaren und unpolaren Lösemitteln auf. POM besitzt sehr günstige mechanische Eigenschaften (Härte, Festigkeit, Schlagzähigkeit) in einem breiten Temperaturbereich zwischen -50°C bis +100°C. POM–Kunststoffe gewinnen trotz höherer Kosten im Automobilbereich zunehmend Marktanteile und werden (wegen ihrer Lichtempfindlichkeit meist mit Ruß gefüllt), z.B. für Türgriffe, Verkleidungen und Fensterdichtungen, eingesetzt. POM brennt unter Freisetzung von Formaldehyd.

Polyphenylenether (PPE)

Es gibt zahlreiche weitere, meist sehr temperaturstabile Polymere mit Ether–Bindungen (–C–O–C–). **Polyphenylenether (PPE)** besitzt aromatische Ringe in der Hauptkette und hat deshalb eineDauergebrauchstemperatur von T = 140°C (Standard gefüllt mit 30% Glasfasern). Durch Copolymerisation mit Polyamiden oder Polystyrol lassen sich gezielt hochtemperaturbeständige und flammwidrige Kunststoffe für den Einsatz in Kraftfahrzeugen oder in der Elektronik erzeugen (PPE + PS, Markenname Noryl, Vestoran).

O

Polyphenylenether (PPE)

Polyamide (PA)

Polyamide (**PA**, Handelsname: Nylon, Vestamid, Ultramid), **Polyester** (**SP**, Polyethylenterephthalat PET oder Polybutylenterephthalat PBT, Handelsname: Ultradur) und **Polycarbonat** (**PC**, Handelsname: Makrolon, Lexan) sind technische Kunststoffe, die durch eine Kondensationspolymerisation entstanden sind:

PA 66

PA 66 aus Diamin (Hexamethylendiamin und Dicarbonsäure Adipinsäure)

$$\left[-NH-(CH_2)_6-NH-\overset{O}{\overset{\|}{C}}-(CH_2)_4-\overset{O}{\overset{\|}{C}}- \right]_n$$

Polyester (PET, PBT)

PET aus Dialkohol (Ethylenglykol) und Dicarbonsäure (Terephthalsäure = 1,4-Benzodicarbonsäure)

$$\left[-O-(CH_2)_2-O-\overset{O}{\overset{\|}{C}}-C_6H_4-\overset{O}{\overset{\|}{C}}- \right]_n$$

Polycarbonat (PC)

O=C(Cl)Cl

Phosgen

PC aus Dialkoholen (Ethylenglykol) und Kohlensäureester oder Phosgen

$$\left[-O-(CH_2)_2-O-\overset{O}{\overset{\|}{C}}- \right]_n$$

PA–Bezeichnung

Polyamide werden aus einer Kondensationsreaktion zwischen Diaminen und Dicarbonsäuren hergestellt. Man unterscheidet sie, indem an die Bezeichnung PA die Zahl der Kohlenstoffatome des Diamins und anschließend die Zahl der Kohlenstoffatome in der Dicarbonsäure angehängt wird. Beispielsweise enthält PA 66 sechs C–Atome in der Diaminkomponente und sechs C–Atome in der Dicarbonsäurekomponente. Polyamide können 2...6% Wasser aufnehmen, wodurch ihre mechanischen, thermischen und elektrischen Eigenschaften stark beeinflusst werden.

Normenhinweis: **DIN 7728** Bezeichnung von Polyamiden

Anwendungen

Polyamide und Polyester sind hornartig durchscheinende Massen mit einer relativ kleinen molaren Masse zwischen 10 000 und 20 000. Sie bestehen aus verknäuelten Fadenmolekülen, man kann daher Bänder und Fäden um das vier- bis fünffache **recken**. Dabei kommt es zur Ausbildung von Wasserstoffbrückenbindungen zwischen den geordneten Kettenmolekülen, wodurch ein starker Anstieg der Zug- und Biegefestigkeit beobachtet wird (Nylonfäden). Einige **Anwendungen** von Polyamid, Polyester und Polycarbonat sind:

- **PA**: Fasern, Formteile von hoher Festigkeit und chemischer Beständigkeit, Laufrollen, Elektrogehäuse, Heizöltanks.
- **PET**: Fasern, Getränkeflaschen, Spritzgussteile mit geringem Abrieb.
- **PC**: Compact Disks, Computergehäuse, sterilisierbare Medizingeräte.

Polyesterharze

Das Kurzzeichen **SP** für Polyester (SP = Saturated Polyester) ist im Bereich der Kunststoffherstellung wenig, jedoch stärker im Bereich der Lackherstellung verbreitet. Dort werden Polyester als **vernetzbare Präpolymere** hergestellt, die zu Duroplast–Formteilen, Lackierungen und Verklebungen ausgehärtet werden. Beispiele sind:

- **Alkydharze (AK** = Alkyd = Alkohol + Acid) bestehen aus Dicarbonsäuren (z.B. Phthalsäure), mehrwertigen Alkoholen (z.B. Glycerin) und gesättigten oder ungesättigten Fettsäuren (z.B. Ölsäure, → *Kap. 16.5*)
- **Ungesättigte Polyester (UP)** entstehen aus der Kondensationspolymerisation zwischen ungesättigten Carbonsäuren und Alkoholen.

PET–Recycling

Die Umkehrung der Kondensationsreaktion ist die Grundlage des **rohstofflichen** Recyclings von Polyestern und Polyamiden. PET–Getränkeflaschen können z.B. durch **Methanolyse** (Behandlung mit Methanol) in die Ausgangskomponenten zerlegt werden. Aus dem gleichen Grund sind PA, PET und andere Kondensationsprodukte in einer (heissen) wässrigen Lösung unbeständig und quellen:

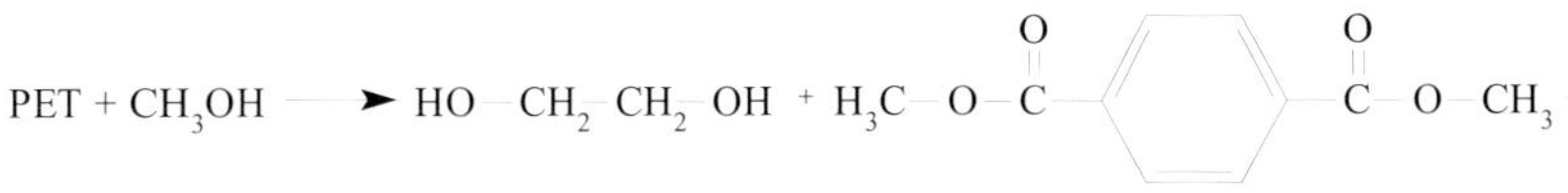

$$PET + CH_3OH \rightarrow HO-CH_2-CH_2-OH + H_3C-O-\overset{O}{\overset{\|}{C}}-C_6H_4-\overset{O}{\overset{\|}{C}}-O-CH_3$$

Metanhol Ethylenglykol Dimethylterephthalat (Ester der Terephthalsäure)

Aramide

Aramide (**ar**omatische Poly**amid**e) gelten als Hochleistungskunststoffe, die besonders hohe thermische Beständigkeit (bis 250°C), Festigkeit und Elastizität besitzen und zur Herstellung von Präzisionsformteilen oder zu hochbelastbaren Fasern verarbeitetwerden. Aramid–Fasern (z.B. Poly-(1,4)-Phenylenterephthalamid, Markenname: **Kevlar**) sind als Füllstoffe in faserverstärkten Kunststoffen, z.B. für Sportartikel, Reifen und Transportbändern enthalten. Spritzgussteile aus Aramid können Leichtmetall–Druckgussteile ersetzen und sind zudem leichter.

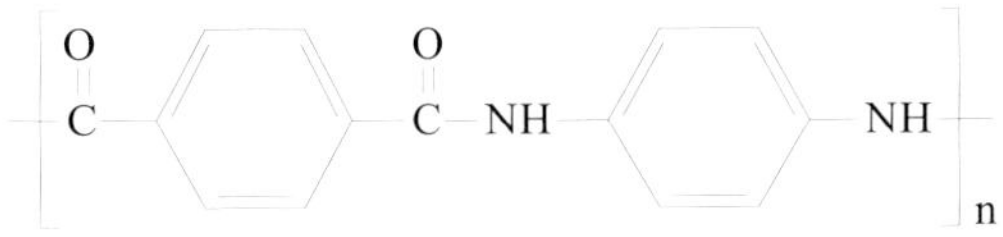

$$\left[-\overset{O}{\overset{\|}{C}}-C_6H_4-\overset{O}{\overset{\|}{C}}-NH-C_6H_4-NH-\right]_n$$

Poly-(1,4)-Phenylenterephthalamid

Fluorpolymere

Fluorpolymere sind **Spezialkunststoffe** für die Anwendung in einer hochkorrosiven und temperaturbelasteten Umgebung. Das wichtigste Fluorpolymer ist Polytetrafluorethylen (**PTFE**, Handelsname Teflon, Hostaflon TF). PTFE wird als Pulver gewonnen. Die thermoplastischen Eigenschaften des Polymerisats sind sehr wenig ausgeprägt, so dass PTFE nicht mit den üblichen Formgebungsverfahren der Kunststofftechnologie, z.B. Extrudieren, verarbeitet werden kann. PTFE–Bauteile werden mit **pulvermetallurgischen** Verfahren (Herstellung eines Formpresslings, Sinterung bei 350...380°C) gefertigt. Eine **Überhitzung** von PTFE oberhalb 400°C ist **gefährlich**, da eine Zersetzung zu außerordentlich umweltschädlichen und giftigen Abbauprodukten eintritt, z.B. Perfluorisobuten, Fluorphosgen (auch bei PTFE–beschichteten Bratpfannen möglich). Diese Gase können auch im **Brandfall** entstehen, obwohl PTFE selbst nicht brennbar ist.

Polytetrafluorethylen (PTFE)

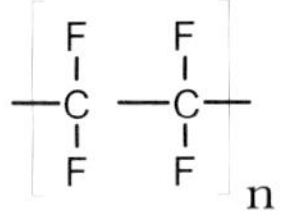

$$\left[-CF_2-CF_2-\right]_n$$

Polytetrafluorethylen

PTFE Eigenschaften

Einige weitere **Materialeigenschaften** von PTFE sind:

- Der nutzbare **Temperaturbereich** ist außerordentlich breit zwischen -200...+260°C.
- PTFE ist aufgrund der **stabilen C–F–Bindungen** gegenüber fast allen Medien beständig (außer elementarem Fluor, geschmolzenen oder komplex gebundenen Alkalimetallen).
- **Einsatz:** z.B. für korrosionsbeständige Maschinenteile, Gebrauchsgegenstände wie beschichtete Bratpfannen, regenabweisende Kleidung. Weitere, meist weniger stabile Fluorpolymere ersetzen teilweise aus Kostengründen oder aus verarbeitungstechnischen Gründen das teuere PTFE. In → *Tab. 6.6* sind die gebräuchlichsten Fluorpolymere zusammengestellt.

	Name und Formel	Eigenschaften
	Reine Polymere	
PVF	Polyvinylfluorid (PVF) $-[CHF-CH_2]_n-$	Einsatztemperaturen -70...+100°C
PVDF	Polyvinylidenfluorid (PVDF) $-[CF_2-CH_2]_n-$	Einsatztemperatur -30...+140°C, Einbrennlackierungen, Folien
PCTFE	Polychlortrifluorethylen (PCTFE) FCKW! $-[CFCl-CF_2]_n-$	härter als PTFE, preisgünstiges Fluorpolymer, Einsatztemperatur -255...150°C, weniger beständig als PTFE
	Copolymere	
	Tetrafluorethylen (TFE) $-[CF_2-CF_2]_n-$	In dieser Tabelle nur als Copolymerkomponente verwendet (siehe PTFE)
ETFE	Ethylen/TFE-Copolymer (ETFE) $-[CH_2-CH_2-...-CF_2-CF_2]_n-$	Thermoplastische Verarbeitung bei 260...320°C möglich, schlechtere Eigenschaften gegenüber PTFE, Einsatztemperatur -190...+150°C.
FEP	TFE/Hexafluorpropylen-Copolymer (FEP) $-[CF_2-CF_2-...-CFCF_3-CF_2]_n$	ähnlich PTFE, aber thermoplastisch formbar, Einsatztemperatur -100...+205°C, ergibt im Gegensatz zu PTFE porenfreie Überzüge für korrosionsbeständige Maschinenteile.
PFA	TFE/Perfluoralkoxy-Copolymer (PFA) $-[CFOC_3F_7-CF_2-...-CF_2CF_2]_n-$	teilkristalliner Thermoplast, zum Spritzgießen geeignet, ähnliche Eigenschafte wie PTFE, Einsatztemperatur -190...+260°C
FPM	Hexafluorpropylen-Vinylidenfluorid-Copolymer (FPM) $-[CFCF_3-CF_2-...-CF_2-CH_2]_n-$	hochtemperatur- und chmikalienbeständiges Elastomer (Markenname: Viton), Einsatztemperatur bis 200°C, peroxidische Vernetzung über H-Atome, Gleitringe, O-Ringe, Membrane
	Vergleich	
	Polytetrafluorethylen (PTFE) $-[CF_2-CF_2]_n-$	Einsatztemperatur -200...+300°C

Tabelle 6.6 **Fluorpolymere** und ihre Eigenschaften

PAN

$-[CH_2-CH(CN)]_n-$

Polyacrylnitril

PMMA

$-[CH_2-C(CH_3)(COOCH_3)]_n-$

Polymethylmethacrylat

Hochleistungskunststoffe

Polyacrylnitril (**PAN**, Handelsname Orlon, Dralon) lässt sich aus einem Lösemittel zu Fasern verspinnen. Kunststoffe mit organisch gebundenem Stickstoff, z.B. PAN, PA und PUR, können im Brandfall giftige Blausäure freisetzen. Polymethacrylsäuremethylester (Polymethylmethacrylat, **PMMA**, Handelsname Plexiglas) ist als UV–und röntgendurchlässiges, organisches Sicherheitsglas bekannt. Durch Si–organische Verbindungen kann es kratzfest beschichtet werden und dient dann u. a. als formbare Verglasungen in Fahrzeugen und Uhrgläsern. Kunststoffe mit günstigen mechanischen Eigenschaften und Einsatztemperaturen **über 150°C** werden als Hochleistungskunststoffe bezeichnet. Die hohe Wärmestabilität und Festigkeit wird auf das Einfügen von **Heteroatomen** (Nichtkohlenstoffatome O, N, S) in der Hauptkette erklärt (höhere Dipol–Dipol–Kräfte zwischen den Ketten). Noch höhere Temperaturfestigkeit erzielt man durch Einbau sterisch (räumlich) **gehinderter Ringsysteme** in die Polymerhauptkette. **Polyetheretherketone (PEEK)** sind mechanisch hochbelastbar, chemisch außerordentlich beständig und warmfest bis 250°C. **Polyimid (PI,** Markenname Vespel, Kapton) hat als Werkstoff für flexible Leiterplatten erhöhte Bedeutung gewonnen. Die Dauergebrauchstemperatur von 260°C ist eher durch Oxidation und Zersetzung als durch thermische Umwandlungen begrenzt (PI ist unschmelzbar). Eine weitere Erhöhung der Temperaturfestigkeit wird durch Füllstoffe erzielt. Andere Polyimide sind: **Polyamidimid PAI, Polyetherimid PEI**.

Polyether–Ether–Keton (PEEK)

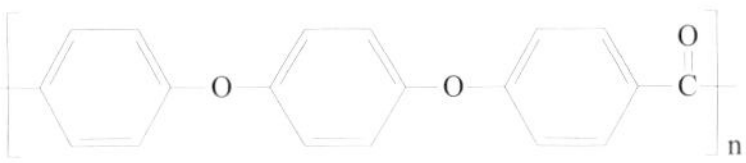

PEEK

Polyaryl imid (PI) (Mellithsäureimid)

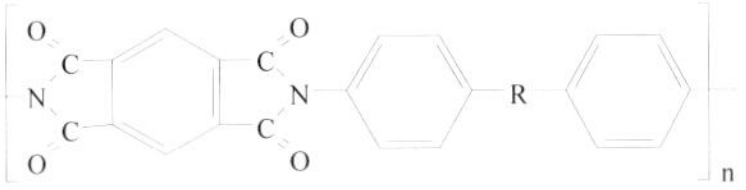

PI

Schwefelhaltige Kunststoffe

Hochleistungskunststoffe mit Schwefelbausteinen, z.B. Polyphenylensulfid (**PPS**), Polysulfon (**PSU**) und Polyethersulfon (**PES**) besitzen hohe Dauergebrauchstemperaturen und erweisen sich als schwer entflammbar. Sie können die Flammfestigkeit üblicher Gebrauchskunststoffe durch Zulegieren verbessern (Ersatz von umweltschädlichen Br–Verbindungen).

- **PPS:** Dauergebrauchstemperatur 230°C,
- **PSU:** Dauergebrauchstemperatur 150°C,
- **PES(U):** Dauergebrauchstemperatur 200°C.

PPS

Polyphenylensulfid (PPS)

PSU

Polysulfon (PSU)

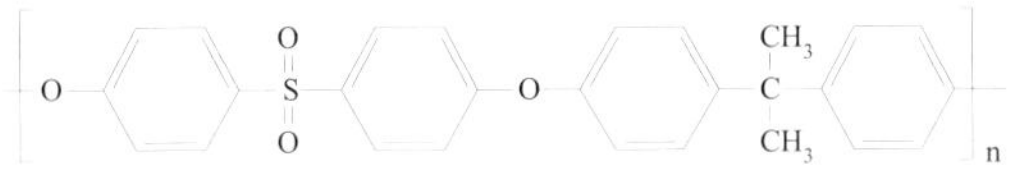

PES

Polyethersulfon (PES oder PESU)

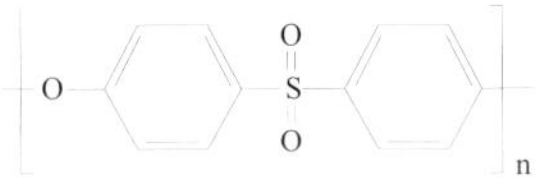

Flüssigkristalline Polymere (LCP)

Flüssigkristalline Polymere (**LCP = Liquid Crystal Polymer**, Handelsname Vectra) sind hochtemperaturbeständige aromatische Polyamide (Aramide) und aromatische Polyester. LCP–Polymere gehen beim Erhitzen über die Schmelztemperatur nicht in den Zustand der isotropen (ungerichteten) Schmelze über, sondern bilden einen **flüssigkristallinen** Zustand, der durch (**anisotrope**) Teilordnung innerhalb einer Vorzugsrichtung gekennzeichnet ist. Beim Abkühlen bleibt der flüssigkristalline Zustand erhalten, wodurch die mechanischen Eigenschaften in der Orientierungsrichtung um mehrere hundert Prozent gegenüber dem ungeordneten Zustand erhöht sind. LCP besitzen ähnliche Eigenschaftsprofile wie **faserverstärkte** Kunststoffe (z.B. GFK). Aufgrund der geringen thermischen Ausdehnung finden LCP derzeit bevorzugte Einsatzmöglichkeiten in der Elektronik z.B. für Leiterplatten, Steckverbinder oder Vergussmassen. Weitere wichtige Vorteile sind:

- **LCP besitzen** günstige **mechanische Eigenschaften und hohe Temperaturbeständigkeit** (Dauergebrauchstemperaturen: 200...250°C). Daüberhinaus weisen LCP weitgehende Chemikalienbeständigkeit und Flammwidrigkeit auf (keine giftigen Gase im Brandfall).
- **Thermotrope LCP** können mit den bekannten **Formgebungsverfahren** der Kunststofftechnik verarbeitet werden.
- Bei LCP ergibt sich im Gegensatz zu GFK kein **Werkzeugverschleiss** durch Glasfasern. Weiterhin erweist sich das Recycling als unproblematisch.

6.3 Technische Duroplaste und Elastomere, Anwendungen, Kunststoffrecycling

Harze

Harze sind die Rohstoffe für die Herstellung von **Duroplast**- und **Elastomerkunststoffen** und dienen als Bindemittel in **Lacken** und **Klebstoffen**. Harz ist der Oberbegriff für feste bzw. halbflüssige makromolekulare Stoffe mit einer ungeordneten, glasartigen Struktur. Harze sind in Wasser unlöslich, jedoch meist in verschiedenen organischen Lösemitteln löslich. Sie kommen meist als **feste Granulate** oder in Lösemittel gelöste **flüssige Zubereitungen** in den Handel. Von Seiten der **Rohstoffbasis** unterschiedet man Harze als:

- **Naturharze** (Kolophonium, Naturkautschuk),
- **abgewandelte Naturharze** (Nitrocellulose),
- **Kunstharze** (härtbar: PF, UF, MF, UP, EP).

Die Harze können **a.** härtbar oder **b.** nicht härtbar sein. Voraussetzung für die Härtbarkeit ist das Vorhandensein von reaktiven funktionellen Gruppen in den Harzen (Vorpolymeren, **Präpolymeren**).

Härtbarkeit von Harzen

Nicht härtbare Harze enthalten keine reaktionsfähigen Gruppen. Die aus entsprechenden Granulaten hergestellten Kunststoffformteile besitzen thermoplastische Eigenschaften (→ *Kap. 6.2*). Nichthärtbare Harze sind auch in **physikalisch** trocknenden Lacken enthalten (→ *Kap. 16.5*).

Härtbare Harze enthalten reaktionsfähige Gruppen, die untereinander vernetzen können (härten bzw. vulkanisieren). Die entstehenden Kunststoffteile besitzen duroplastische oder elastomere Eigenschaften. Härtbare Harze sind auch die Basis für **chemisch** trocknende Lacke (→ *Kap. 16.5*) **Selbsthärtende Harze** enthalten die reaktionsfähigen Gruppen in demselben Makromolekül. Sie vernetzen bei Temperaturerhöhung oder UV–Bestrahlung (1–K–Harze). **Nicht selbsthärtende Harze** bedürfen der Zugabe eines **Härters**, der die Vernetzung bewirkt. In diesem Fall handelt es sich um ein 2–K–Harz.

Härter

Typische **Härtersubstanzen** sind:

- **Styrol bzw. Styrolderivate** für Harze mit Doppelbindungen (z.B. ungesättigte Polyester),
- **Diamine, Polyamine, Dialkohole, Polyalkohole** für Harze mit elektrophilen Gruppen (elektronenanziehende funktionelle Gruppen sind z.B. Epoxide oder Isocyanate),
- **Formaldehyd, Isocyanate** bzw. **Isocyanatderivate** für Harze mit nucleophilen Gruppen (elektronenspendende funktionelle Gruppen sind z.B. Alkoholgruppen in PF oder in hydroxylierten Acrylat- oder Polyesterharzen).

Verharzungsreaktion

Der Vernetzungsprozess beim Aushärten von Harzen (Verharzung) verläuft nach den bekannten Reaktionmechanismen der Kunststoffherstellung (→ *Kap. 6.1*):

- **Polymerisation:** Vernetzung von Doppelbindungen (z.B. ungesättigte Polyester, Alkydharze),
- **Polykondensation:** Vernetzung von Alkoholgruppen (z.B. Phenol–Formaldehydharze),
- **Polyaddition:** Vernetzung zwischen elektrophilen (elektronenarmen) und nucleophilen (elektronenreichen) Molekülgruppen (z.B. Polyurethanharze, Epoxidharze).

Die Fertigungstechnik zur Verarbeitung der Harze unterscheidet sich je nach dem, ob Wasser bei der Aushärtung frei wird:

- **Hochdruckharze** härten bei höheren Temperaturen, meist **Hochdruckharze** nach einem Kondensationsmechanismus. Dabei wird Wasser frei, das unter hohem Druck (Pressen) ausgetrieben werden muss. Beispiele: Phenol–Formaldehyd (PF), Harnstoff–Formaldehyd (UF), Melamin–Formaldehyd (MF). Typische Anwendungen sind Presswerkstoffe.

Reaktionsharze

- **Reaktionsharze** härten nach dem Zusammenfügen der Harzkomponente mit einem Härter oft bereits bei Raumtemperatur (meist nach einem Additionsmechanismus) aus. Es werden keine Spaltprodukte freigesetzt. Beispiele: Polyurethan (PUR), Epoxid (EP), Ungesättigte Polyester (UP). Typische Anwendung von Reaktionsharzen sind z.B. Vergussharze für die Elektronik.

Streichmassen
Klebstoffe
Lackrohstoffe

Harze sind nicht allein Vorprodukte der Kunststoffherstellung, sondern auch:
- **Gieß-, Streich- und Spachtelmassen**, z.B. zur Beschichtung von Fußböden, Fugenverguss, als Bindemittel in Spanplatten, Textilbeschichtung, Eingießen von Elektronikbauteilen, Kunstharzlaminate (z.B. Leiterplatten);
- **Klebstoffe**, z.B. Holzleim, 2–K–Kleber;
- **filmbildender Lackrohstoff** (Bestandteil des **Bindemittel**), z.B. für Dispersionsfarben, Druckfarben

Normenhinweis: DIN 55 958 Harze Begriffe

Phenol–Formaldehyd–Harze (PF)

Phenol–Formaldehyd–Harze (**PF**, Handelsname Bakelite), **Harnstoff–Formaldehyd–Harze** (**UF**) und **Melamin–Formaldehyd–Harze** (**MF**, Handelsname Resopal) gewinnt man durch Kondensation einer Phenol- bzw. Aminkomponente mit einer Aldehydkomponente, meist Formaldehyd. Man unterscheidet:
- **Phenolharze**: Monomerkomponente Phenol bzw. Phenolderivate (Kresol, Alkylphenole, Bisphenole),
- **Aminoharze**: Monomerkomponente Harnstoff (Urea) oder Melamin (Verknüpfung über die Aminogruppen).

Formaldehyd

Phenol

Bei der Herstellung und beim Einsatz von formaldehydhaltigen Harzen sind Sicherheitsvorkehrungen einzuhalten. Formaldehyd steht unter dem Verdacht, krebserregend zu sein (Carcinogen Klasse C 3). Dies ist insbesondere auch bei einer anwendungsbedingten **Erhitzung** von formaldehydhaltigen Duroplast–Werkstoffen (z.B. Schleifscheiben) zu beachten.

Rechtshinweise: **TRGS** 512, 513, 522, Arbeitsschutz: Merkblatt ZH 1/296
TRGS 900: MAK Formaldehyd 0,5 ppm

Harnstoff

Die Härtbarkeit und der Aushärtungszustand von PF–Harzen lässt sich durch die Wahl des Mischungsverhältnisses der Ausgangskomponenten und die angewendete Härtungstemperatur steuern als:
- **Harze im A–Zustand (Resole, Novolake),**
- **Harze im B–Zustand (Resitole),**
- **Harze im C–Zustand (Resite).**

Melamin

Harze im A–Zustand: Die Harze im A–Zustand (Ausgangszustand) sind wenig vernetzte Harze. Sie sind flüssig und schmelzbar und löslich in organischen Lösemitteln. Je nach Mischungsverhältnis der Ausgangskomponenten erhält man zwei Produkte (→ *Abb. 6.15*):

Resole

Resole erhält man bei einem Formaldehydüberschuss und basischen Katalysatoren. Resole enthalten reaktionsfähige **Methylolgruppen** ($-CH_2-OH$). Diese sind selbsthärtend und können insbesondere bei Säurekatalyse zu sehr widerstandsfähigen Resiten weiterverarbeitet werden. Resole können jedoch auch als sog. **'Polyole'** in 2–K–Lacken u. ä. verwendet werden. Sie besitzen dort die Aufgabe eines Härters, z.B. für Epoxid- oder

Polyurethanharze. Die Lagerstabilität von Resolen ist aufgrund der Gefahr einer Selbstvernetzung im allgemeinen begrenzt.

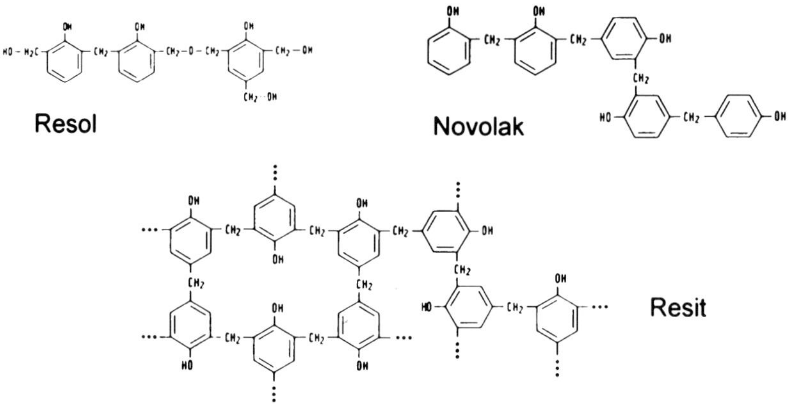

Resol

Novolak

Resit

Abbildung 6.15 **Phenol–Formaldehyd–(PF) Harze**: Resole enthalten freie Methylol–Gruppen und sind selbsthärtend. Novolake enthalten keine freien Methylolgruppen (nicht selbsthärtend, nach /30/).

Novolake

Novolake erhält man bei einem Phenolüberschuss und sauren Katalysatoren. Novolake enthalten keine reaktionsfähigen Gruppen. Sie finden als Lackrohstoffe für physikalisch härtende Lacke Verwendung. Sollen Novolake vernetzt werden, benötigen sie einen Härter (z.B. Formaldehyd oder einen Formaldehydabspalter (z.B. Hexamethylentetramin, Urotropin). Die Vernetzung erfolgt dann meist bei höheren Temperaturen in Einbrennöfen. Ohne Härterzugabe sind Novolake jedoch lagerstabil (nicht selbsthärtende Phenolharze).

Harze im B–Zustand: Im Zwischenzustand (B–Zustand) sind die Harze höher vernetzt. Diese sog. **Resitole** sind unschmelzbar, jedoch in der Wärme formbar und quellbar in Lösemitteln.
Harze im C–Zustand: Die Harze im Endzustand (sog. **Resite**) sind unschmelzbar und unlöslich in Lösemitteln.

Pressharze
Spanplatten

In der Praxis werden die Harze vor der Aushärtung meist mit anwendungsspezifischen **Füllstoffen** vermischt, z.B. Holzspäne oder Holzfasern für Spanplatten oder Faserplatten bzw. Korund für Schleifscheiben. PF–bzw. MF/UF–Harze sind die wichtigsten Bindemittel für **Holzwerkstoffe** (Spanplatten, Furnierplatten, Faserplatten). **Hartpapier** (Handelsname: Pertinax) und **Hartgewebe** sind in PF–Harzen getränkte Zellstoffbahnen, die z.B. in Isolationen Anwendung finden (thermische Beanspruchbarkeit bis 200°C). MF–Pressharze sind lebensmittelgeeignet und können bis 150°C z.B. als widerstandfähige Beschichtung für Küchenmöbel, Labormöbel u. ä. dauerbeansprucht werden. Nach der **Chemikalienverbotsverordnung** dürfen Holzwerkstoffe nicht in Verkehr gebracht werden, wenn die Formaldehyd–Konzentration in der Luft eines Prüfraumes 0,1 ppm übersteigt.

Neben Schichtpressstoffen sind zahlreiche weitere **Anwendungen** von Formaldehyd–Harzen bekannt z.B.:

- **Formteile**: Lenkräder, Griffe für Töpfe, Möbelprofile,
- **Bindemittel**: Trenn- und Schleifscheiben, Bremsbeläge, Gießereikerne, Lackrohstoff, Klebstoff (Holzleim), Schaumstoff,

- **Faserverstärkte Werkstoffe**, z.B. GFK, CFK.

Rechts- und Normenhinweise: **ChemVerbotsV**, Anhang Kap. 3; **DIN 16 914**: Phenolharze Begriffe und Eigenschaften

Polyurethane (PUR)

Die Herstellung der Polyurethane (**PUR**, Handelsname: Vulkollan, Moltopren) folgt im Gegensatz zu den oben beschriebenen PF–Harzen einem Polyadditionsmechanismus. Dabei wird kein Wasser frei. Die **Rohstoffe** zur Herstellung von kettenförmigen PUR–Polymeren sind:

- **Monomerkomponente Diisocyanate**: Hexamethylendiisocyanat (**HDI**) oder 2, 6-Diisocyanattoluol bzw. Toluylendiisocyanat (**TDI**) oder Diphenylmethan-4,4-diisocyanat bzw. Methylenbis(phenylisocyanat) (**MDI**), (Handelsname: Desmodur, Lupranat),
- **Monomerkomponente Dialkohole (Diole)**: Dialkohole können auch langkettige Polyester oder Polyether mit endständigen OH–Guppen sein (Polyole; Handelsname: Desmophen, Lupranol).
- **Katalysatoren:** z.B. tertiäre Amine oder organische Zinnverbindungen,
- **Additive** und **Hilfsstoffe**: z.B. Alterungsschutzstoffe, Flammschutzmittel.

$OCN–(CH_2)_6–NCO$
Hexamethylendiisocyanat (HDI)

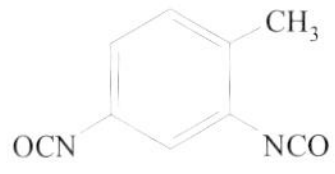

CH$_3$ OCN NCO
Toluylendiisocyanat (TDI)

Durch die folgende Polyaddition entstehen Kettenmoleküle:

$$n\ O{=}C{=}N{-}R{-}N{=}C{=}O \quad + \quad n\ HO{-}R'{-}OH \longrightarrow \left[-\overset{O}{\overset{\|}{C}}-NH-R-NH-\overset{O}{\overset{\|}{C}}-O-R'-O- \right]_n$$

Isocyanat Dialkohol

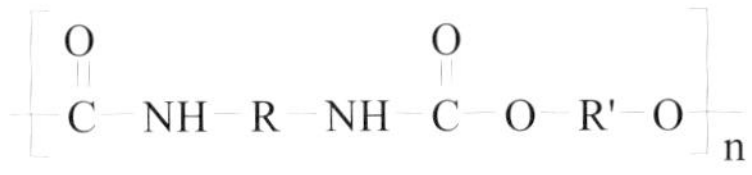

Polyurethan

PUR–Harze

Polyurethane kommen in der Regel nicht als kettenförmige Thermoplaste in den Handel, sondern als niedermolekulare, hochviskose Präpolymere, die in einer Härtungsreaktion zu duroplastischen Werkstoffen vernetzt werden, z.B. zu PUR–Formkörpern und Schaumstoffen, Lacken und Klebstoffen. In diesem Fall besitzen die Kettenmoleküle **seitenständige,** reaktionsfähige Gruppen, die in der Hitze (**1–K–Systeme**) oder nach Zugabe eines Härters (**2–K–Systeme**) vernetzen. Als **Stammkomponente** in PUR–Harzen bezeichnet man Präpolymere mit mehreren **seitenständigen OH–Gruppen**, z.B. Trialkoholen (**Triole**, das einfachste Triol ist Glycerin). Hochmolekulare **Polyole** stehen z.B. als Polyester, Polyether, PF–Resole oder als Epoxid–Addukte zur Verfügung. Auch Triamine und Polyamine, MF–Resole können als Stammkomponente wirken

Stammkomponente (Polyole)

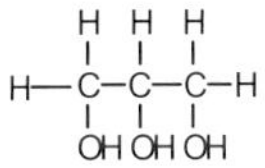

H H H
H—C—C—C—H
OH OH OH

Glycerin

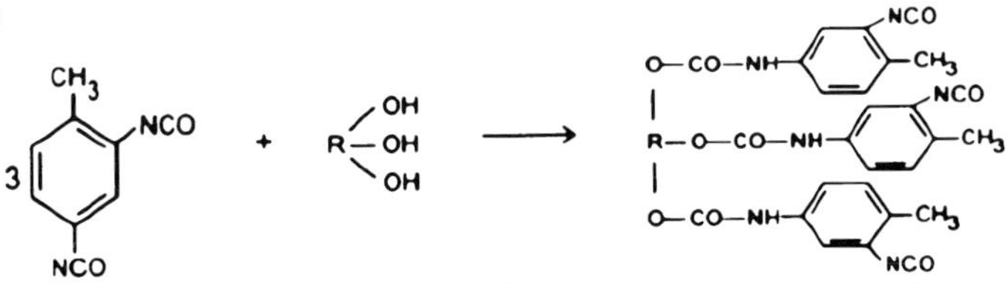

CH$_3$ NCO 3 NCO + R(OH)$_3$ ⟶ R–(O–CO–NH–C$_6$H$_3$(CH$_3$)–NCO)$_3$

monomeres Toluyldiisocyanat + niedermolekulares Polyol → Triisocyanat–Addukt (hochmolekulares Härter–Präpolymer)

Härterkomponente

Als **Härter** für PUR–Harze bezeichnet man Moleküle, die vernetzbare Isocyanatgruppen tragen. Aus Sicherheitsgründen verwendet man im technischen Bereich keine niedermolekularen flüchtigen Isocyanate, sondern hochmolekulare Präpolymere, z.B. das oben dargestellte Triisocyanataddukt. In den häufig gebrauchten **1–K–PUR–Systemen** (z.B. in PUR–Einbrennlacken) können Isocyanatgruppen in verkappter Form enthalten sein (PUR–Lacke, → *Kap.16.5*). Diese Gruppen sind bei niedriger Temperatur blokkiert, bei höheren Temperaturen und Verdampfen des Lösemittels werden die Gruppen unter Abspaltung des Blockierungsmittels aktiviert.

PUR–Schaumstoffe

Zur Herstellung von PUR–Schaumstoffen verwendet man PUR–Harze mit freien Isocyanatgruppen. Indem bei der Aushärtung eine geringe Wassermenge (z.B. 5% H_2O) zugemischt wird, kommt es zur Vernetzung unter Freisetzung von CO_2 :

$$\begin{array}{c} C-C \\ | \\ NCO \\ \\ NCO \\ | \\ C-C \end{array} \quad + \; H_2O \;\longrightarrow\; \begin{array}{c} C-C \\ | \\ H\;\; N \\ \quad\quad C = O \\ H\;\; N \\ | \\ C-C \end{array} \quad + \; CO_2$$

Bei der PUR–Herstellung ist zu beachten, dass Diisocyante, Amine und organische Zinnverbindungen **gesundheitsschädlich** sind.

Rechts- und Sicherheitshinweise: **TRGS 900**: TDI, MDI, HDI: MAK 0,01 ppm, Gefahrensymbol T; sek. und tertiäre Amine: MAK Triethylamin 10 ppm, Gefahrensymbol Xn, F; organische Zinnverbindungen, z.B. Zinndioctoat, Dibutylzinnlaurat: MAK Summe 0,1 mg m^{-3}. **Arbeitsschutz:** ZH 1/34 Isocyanate; Merkblatt, ZH1/297: Organozinn–Verbindungen; **BIA–Handbuch**: Sicherheit und Gesundheitsschutz am Arbeitsplatz, Amine am Arbeitsplatz.

PUR in der Fahrzeugtechnik

PUR ist der meist verwendete Kunststoff für die Fahrzeugtechnik, z.B. für :

- **Kunststoffe** (Formmassen, z.B. Armaturenverkleidung, Stossfänger),
- **Schaumstoffe** (Sitze, Polster),
- **PUR- Elastomere** (Kabel),
- **Klebstoffe** (1–oder 2–K–Systeme),
- **Anstrichstoffe, Lacke.**

Reaktionsspritzgießen (RIM)

$$\begin{array}{c} O \\ \| \\ C \\ R-NH \quad NH-R \end{array}$$

Polyharnstoff

PUR–Recycling

Bei dem modernen Reaktionsspritzgießen (**RIM = Reaction Injection Moulding**) werden die Reaktionsausgangsstoffe (Polyol + Diisocyanat) getrennt in eine auf 40...100°C erhitzte Form eingespritzt (→ *Abb. 6.16*). Die Reaktionszeiten liegen im Bereich weniger Sekunden. Anstelle von Polyolen können beim RIM–Verfahren auch Polyamine unter Bildung von thermostabilen Polyharnstoffen verarbeitet werden. Durch beigefügte Füllstoffe oder Verstärkungsfasern kann die Steifigkeit erhöht werden. Die günstigen Recyclingeigenschaften von PUR sind vor allem für die Automobilindustrie interessant. PUR–Formteile können **werkstofflich** wiederverwertet werden, indem Altkunststoffe vermahlen und als Füllstoffe den Neuteilen beigemischt werden. Ein **rohstoffliches** Recycling von PUR–Formteilen unter Rückgewinnung der Diolkomponente ist durch eine thermische Behandlung in Alkoholen (z.B. Glykol, Butandiol) möglich. Es wurde gezeigt, dass sogar Verbundmaterialien, z.B. PKW–Instrumententräger (enthält PP–Glasfaser–Trägermaterial, PUR–Schaum und ABS/PVC–Dekorfolien) zu neuwertigen Sekundärprodukten aufarbeitbar sind /34/.

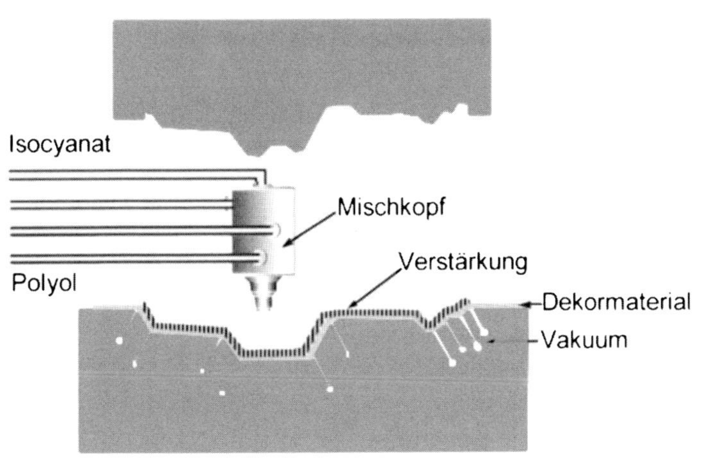

Abbildung 6.16 **RIM–Verfahren** zur Herstellung von PUR–Formkörpern, z.B. KFZ–Armaturenverkleidung (Quelle: Firma Pebra, Ebersbach).

Epoxide (EP)

Epoxidharze (**EP**, Handelsname Araldit, Epicote) und ungesättigte Polyester (UP) sind neben PUR die typischen **2–K–Reaktionsharze,** z.B. zur Herstellung von **faserverstärkten** Kunststoffen (GFK–Materialien), Klebstoffen, Lacken oder Gießharzen in der Elektronik. Bei den EP–Reaktionsharzen gibt es folgende Komponenten:

- **EP–Harze** (Stammharz, Stammkomponente),
- **Härter** (Warmhärter, Kalthärter),
- **Beschleuniger** und **Katalysatoren** (Amine, Borverbindungen),
- **Füllstoffe, Pigmente, Farbstoffe,**
- **Lösemittel.**

EP–Harze

Käufliche **EP–Harze** sind flüssige, langkettige Harzprodukte, die durch abwechselnde Additions- und Kondensationsschritte aus reaktionsfähigen Monomeren (z.B. Epichlorhydrin und Bisphenol A) gefertigt wurden. Entsprechend dem Mischungsverhältnis der Monomeren ergeben sich Addukte mit unterschiedlichen Eigenschaften:

- **Grosser Überschuss** an **Epichlorhydrin**: Es bilden sich kurzkettige, flüssige Diepoxide mit endständigen Epoxidgruppen (Verwendung als Komponente für aminhärtbare Epoxidharze, → *Abb. 6.17*), — **Diepoxide**
- **Mischungsverhältnis Epichlorhydrin : Bisphenol = 1,6 : 1**: Es bilden sich langkettige, feste EP–Präpolymere mit Hydroxylgruppen und Epoxidendgruppen (Verwendung als Gießharze, z.B. in der Elektronik, Leiterplattenfertigung, → *Kap. 18.1*), — **EP–Präpolymere**
- **Grosser Überschuss** an **Bisphenol**: Es bilden sich kurzkettige Polymere mit Hydroxylgruppen (Polyole, Anwendung als Lackrohstoffe z, B. für PUR–Vernetzung). — **Polyole**

Enthalten die **Voraddukte** (Präpolymere) reaktionsfähige Epoxidringe (Oxirane) und Hydroxylgruppen, so neigen sie zur Selbstvernetzung. Ein Lösemittel (meist leichtflüchtige, kurzkettige Epoxidverbindungen, Reaktivverdünner) verhindert eine vorzeitige Vernetzung.

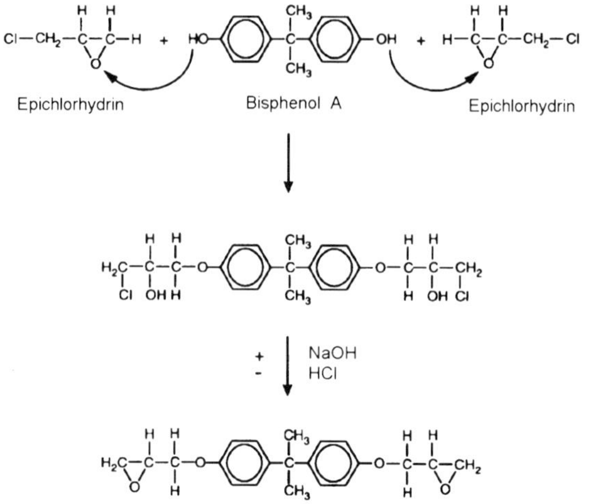

Epichlorhydrin Bisphenol A Epichlorhydrin

NaOH
HCl

Abbildung 6.17 **Epoxid–Harze:** Bei einem großen Epichlorhydrin–Überschuss entstehen flüssige Diepoxide mit reaktiven Epoxidringen (bei einem geringeren Epichlorhdrin–Überschuss bilden sich langkettige EP–Harze, die reaktive Hydroxylgruppen und endständige Epoxidgruppen tragen. Diese Harze werden als Lackrohstoffe oder Gießharze in der Elektronik eingesetzt).

Stammkomponente

Präpolymere mit dem reaktionsfähigen Epoxidring bezeichnet man als Stammkomponente (EP–Stammharz). Die Härtung des EP–Harzes erfolgt beim Verdampfen des Lösemittels durch Zugabe einer Härterkomponente entweder bereits bei Raumtemperatur (**Kalthärter**, z.B. Diamine) oder erst bei höheren Temperaturen (**Warmhärter**, z.B. durch Dicarbonsäureanhydrid). Härter sind bifunktionelle Moleküle, die Epoxidgruppen in verschiedenen Ketten untereinander vernetzen können. Insbesondere bei Warmhärtern werden oft zusätzlich **Beschleuniger oder Katalysatoren** in kleinen Mengen eingesetzt. Im Unterschied zu den Beschleunigern werden Katalysatoren bei der Vernetzungsreaktion nicht verbraucht. Die Vernetzungsreaktion mit Diaminhärter folgt dem Schema einer Additionspolymerisation:

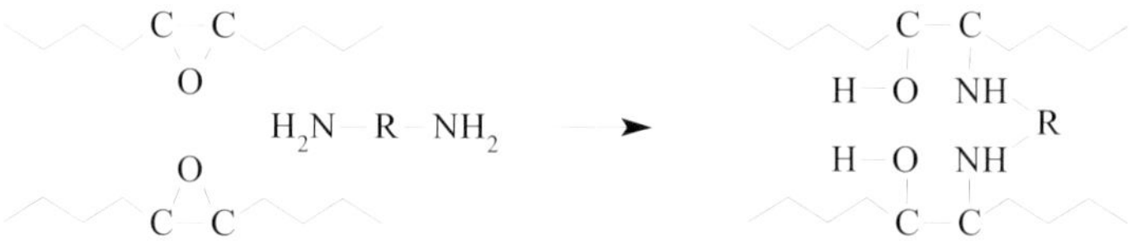

Härterkomponente

NH_2–R–NH_2
Diamine

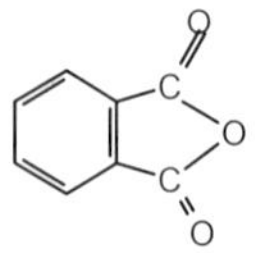

Phthalsäureanhydrid

H_2N – R – NH_2

Gesundheitsschutz

Beim Aushärten von Epoxidharzen werden keine **Abgasprodukte** erzeugt. Jedoch können die zum Einsatz kommenden **Lösemittel** (meist EP–haltige **Reaktivverdünner)** oder beim Erwärmen austretende **Härterkomponenten** gesundheitsschädlich sein. Für die **Kalthärtung** von Epoxidharzen werden überwiegend Amine eingesetzt, z.B. im Oberflächensektor (Korrosionsschutzbeschichtung, Kunstharzmörtel, -beton), als Klebstoffe, Elektronikgießharze und beim Formenbau sowie in faserverstärkten Kunststoffen.

Aminhärter

$H_2N-CH_2-CH_2-NH_2$

Ethylendiamin

Als **Härter** für Epoxidharze erlangte zuerst das leichtflüchtige 1,2-Diaminoethan (Ethylendiamin) Bedeutung. Heute werden Epoxidharze mit folgenden Aminen gehärtet (weitere Informationen → *Kap. 16.5*):

- **aromatischen Aminen** (z.B. 4,4'-Diaminodiphenylmethan),

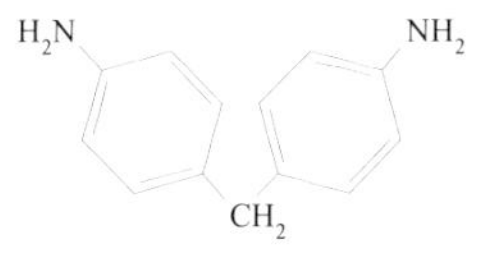

4,4'-Diaminophenylmethan (T)

- **aliphatischen Polyaminen** (z.B. Diethylentriamin, Dipropylentetramin)
- **cycloaliphatischen Polyaminen** (z.B. 3,3'-Dimethyl- 4,4'- diaminocyclohexylmethan).

Amine haben eine besonders wichtige **gesundheitliche** Bedeutung:

- **flüssige Amine** können Verätzungen oder Hautallergien bewirken,
- **gasförmige Amine** können Schädigungen des Lungengewebes hervorrufen,
- **aromatische Amine** sind teilweise krebserregend.

Beim Arbeiten mit Epoxidharzen, z.B. als Gießmasse, Klebstoff, Lackbindemittel oder Basismaterial für faserverstärkte Harze muss auf ausreichende Belüftung geachtet werden.

Sicherheitshinweise: **TRGS 900**: 1,2 Diaminoethan MAK 10 ppm, Gefahrensymbol C, Xn. **Arbeitsschutz:** ZH1/126 Epichlorhydrin, ZH 1/301 Merkblatt Epoxidharze; ZH 1/450 Epoxide in der Bauwirtschaft. BIA–Handbuch, Sicherheit und Gesundheitsschutz am Arbeitsplatz, Amine am Arbeitsplatz.

Ungesättigte Polyester (UP)

Ungesättigte Polyester–Polymere (**UP**) erhält man durch Polykondensation zwischen Dicarbonsäuren mit Dialkoholen, wobei die Monomere **Doppelbindungen** enthalten. Handelsfähige UP–Harze sind flüssige oder feste Stoffe, die aus einer Mischung ungesättigter Polyester–Präpolymere mit **weiteren Vernetzungsmonomeren** mit freien Doppelbindungen bestehen. Die wichtigste Monomerkomponente ist **Styrol** mit einem Anteil von 30...50% am Gesamtgewicht.

Verharzungsreaktion Härter/Beschleuniger

Die kommerziell erhältliche **UP–Harz**–Mischung wird beim Anwender in der Regel durch Zugabe eines Härters (meist **organische Peroxide**) und eines Beschleunigers nach einem **Polymerisationsmechanismus** vernetzt:

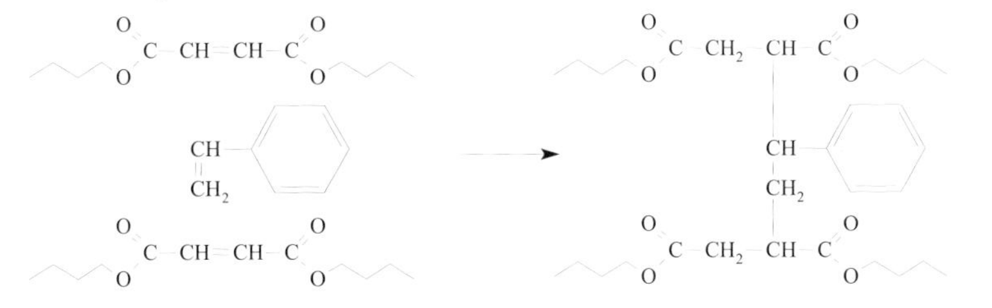

UP-Präplymere mit Vernetzungsmonomer (Styrol)

Ausgehärtetes UP-Harz nach zugabe eines Härters

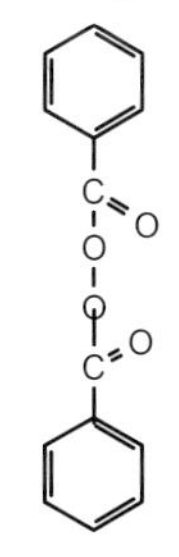

Dibenzoylperoxid

Für warmhärtende oder kalthärtende UP–Harze gibt es unterschiedliche Härter/Beschleunigersysteme:

- **Ketonperoxid–Härter** + Kobaltseifen als **Beschleuniger** (bei Raumtemperatur),
- **Dibenzoylperoxid–Härter** + Amin als Beschleuniger (bis zu einer Verarbeitungstemperatur um 80°C),

- **Dibenzoylperoxid–Härter** ohne Beschleuniger (bei höheren Temperaturen).

Organische Peroxide

Organische Peroxide sind außerordentlich **gesundheitsschädlich** (teilweise krebserregend). Härter und Beschleuniger müssen stets nacheinander eingerührt werden, da sonst die Gefahr einer **explosiven Zersetzung** der Peroxide besteht.

Rechts- und Normenhinweise: **TRGS 900**: Dibenzoylperoxid MAK 5 mg m^{-3}, Gefahrensymbol E, Xi; ZH 1/301 Polyester und Epoxidharze; **Arbeitsschutz**: ZH 1/284 Merkblatt Organische Peroxide; ZH1/289 Styrol; **VDI 2010** Blatt 2 und 3: Reaktionsharze UP–Harze und EP–Harze

Faserverstärkte Kunststoffe

Faserverstärkte Kunststoffe sind Verbundwerkstoffe aus Fasern und aushärtbaren Reaktionsharzen. Als Fasern werden verwendet:

- **Glasfasern** (Textilglas, meist E–Glas),
- **Kohlenstofffasern,**
- **anorganische nichtmetallische Fasern** (z.B. Bor, Bornitrid, Quarz),
- **metallische Fasern** (z.B. Stahl, Aluminium, Magnesium),
- **organische Naturfasern** (z.B. Hanf, Jute, Sisal),
- **organische Kunstfasern** (z.B. Polyester, Polyamid, PAN, Aramid).

Die Fasern können entweder nicht ausgerichtet oder entsprechend der zu erwartenden Belastung verwebt sein. Durch Eintauchen des Gewebes in ein aushärtbares Epoxid- oder Polyesterharz entstehen formbare, flächige Formmassen (z.B Gewebe, Matten, **prepregs**), die durch Handlaminieren, Pressen oder Wickeln in die endgültige Form gebracht und danach ausgehärtet werden. → *Abb. 6.18* zeigt gebrochene Glasfasern in einem GFK–Material nach dem Freiätzen der organischen Polymermatrix.

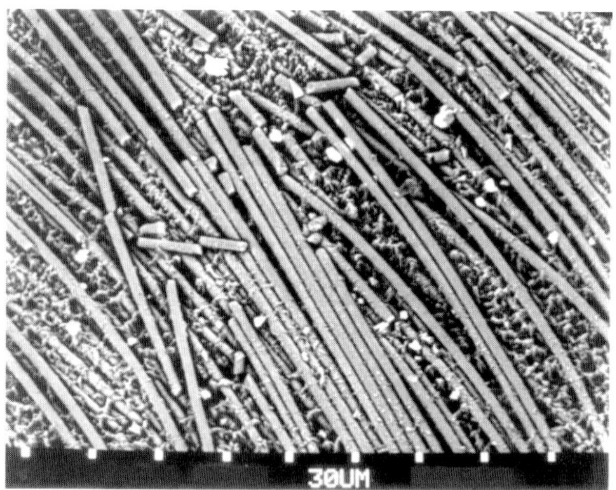

Abbildung 6.18 **GFK–Kunststoffe**: Gebrochene Glasfasern in einem Schadensfall. Die Polymermatrix wurde mit einem Suerstoffplasma freigeätzt (REM–Aufnahme: H. Brennenstuhl, FHTE Esslingen).

Faserverbund–Kunststoffe eignen sich besonders für die **Leichtbauweise** von Flugzeugen und Automobilen; so sparen Blattfedern von Nutzfahrzeugen aus glasfaserverstärktem Kunststoff 60% an Gewicht gegenüber Stahlblattfedern. Nachteilig für Faserverbund–Kunststoffe ist, dass (derzeit) ein **werkstoffliches** Recycling nicht möglich ist, selbst eine **thermische** Verwertung von glasfaserverstärkten Kunststoffen erbringt keinen Energiegewinn.

Normenhinweise: **DIN 16 913**: Verstärkte Reaktionsformmassen, Begriffe, Einteilung, Kurzzeichen; **VDI 2010**: Faserverstärkte Reaktionsharzformstoffe

Technische Elastomere

Technische Elastomere werden nach der Art der Kautschukkomponente eingeteilt (→ *Kap. 6.1*). **Kautschuk** nennt man das noch **unvernetzte** Präpolymer der Elastomerherstellung, das noch reaktionsfähige Gruppen in der Polymerkette enthält (meist Doppelbindungen, aber auch Isocyanat- oder Alkoholgruppen). Durch eine weitmaschige Vernetzung (**Vulkanisation**) des plastischen Ausgangsmaterials erhält man ein Produkt mit **elastischen** Eigenschaften. Je engmaschiger die Vernetzung, um so härter wird das Material, bis hin zum **Hartgummi** (Ebonit). Der wichtigste Kautschuk ist Naturkautschuk (**NR** = Natural Rubber), ein linear angeordnetes cis–Polyisopren. NR wird aus dem Milchsaft (Latex mit 40% Feststoffgehalt und 60% Wasser) des Kautschukbaumes gewonnen. Das Vulkanisationsprodukt von Naturkautschuk nennt man **Gummi.**

Vulkanisation

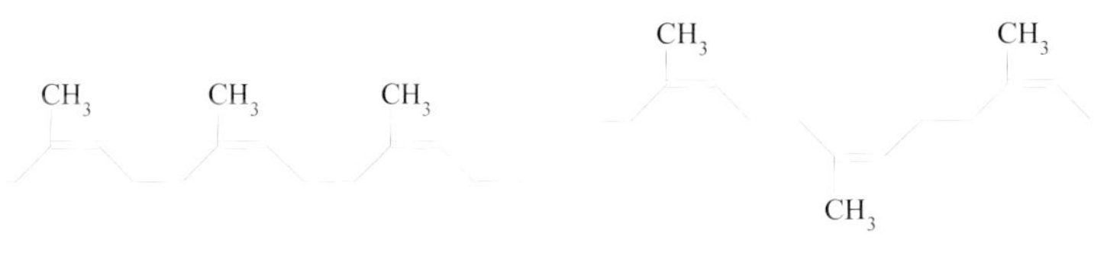

cis–Polyisopren (Kautschuk) trans–Polyisopren (Guttapercha)

Synthesekautschuk

Synthesekautschuke (**SR** = Synthetical Rubber,→ *Kap. 6.1*) entstehen, wenn Moleküle mit zwei (Dienen) oder **mehreren Doppelbindungen** zumeist in einer Emulsion (**Latex**) polymerisiert werden, wodurch pro Molekül eine Doppelbindung verbraucht wird. Die noch verbleibenden Doppelbindungen sind reaktionsfähig und können nach der Zugabe eines Vulkanisiermittels und weiterer Hilfsmittel in der Hitze vernetzen (Heissvulkanisation).

Vulkanisationsprozess

Typische Vulkanisationsprozesse werden unter erhöhtem Druck und Temperatur in geschlossenen Formen durchgeführt, wobei gleichzeitig die **Formgebung** stattfindet. Die Vulkanisationstemperatur beträgt üblicherweise zwischen 170...220°C. Die Drücke in den Pressen erreichen bis zu 10 MPa cm^{-2}. Zur Materialschonung ist es wünschenswert, die Vulkanisationstemperaturen weitgehend abzusenken. Die **vulkanisationsfähige** Kautschukmischung enthält eine oder mehrere, meist in organischen Lösemitteln gelöste Kautschukarten, als wesentliche, vernetzbare Komponenten. Weiterhin sind zahlreiche, teilweise sehr reaktive (und damit gefährliche) **Einsatzchemikalien** enthalten:

Vulkanisationskomponenten

- **Kautschukkomponente** (siehe technische Elastomere),
- **Vulkanisationschemikalien** (bestehend aus Vulkanisiermittel, Vulkanisationsbeschleuniger, Beschleunigeraktivatoren, Vulkanisationsverzögerer),
- **Verstärkungsstoffe** (Fasern),
- **Füllstoffe, Additive**.

Elementarer Schwefel

Das am häufigsten verwendete Vulkanisiermittel ist elementarer **Schwefel**. Er eignet sich zur Vernetzung aller Makromoleküle mit Doppelbindungen. Die Reaktion ist jedoch träge, man verwendet daher zusätzlich Vulkanisationsbeschleuniger und Beschleunigeraktivatoren (→ *Tab. 6.7*). Die Vorteile der Schwefelvulkanisation sind:

- **Kosten, Wirtschaftlichkeit,**
- **Regelbarkeit** durch Zugabe von Beschleunigern und Verzögerern,
- **Vernetzungsgrad** durch Menge an Schwefel und Beschleuniger einstellbar (Weichgummi ca. 0,2...5% S, Hartgummi 25...50% S, bezogen auf Kautschuk).

Vulkanisationsbeschleuniger verkürzen einerseits die Reaktionszeit und bewirken andererseits eine Eigenschaftsverbesserung des Vulkanisats bei Einsparung von Schwefel. Vulkanisationsbeschleuniger sind organische Stoffe, die Schwefel lösen (Beispiele: organische Schwefelverbindungen, organische Stickstoffverbindungen, Aldehyd–Amin–Kondensationsprodukte). Sie bedürfen des Zusatzes von **Beschleunigeraktivatoren**, z.B. Zinkoxid (ZnO), Magnesiumoxid (MgO) oder Zinkstearat.

Peroxid–Vernetzer

$CH_3-C(=O)-OOH$

Acetylperoxid

$CH_3-C(CH_3)_2-OOH$

t- Butylperoxid

$CH_3-(CH_2)_{10}-C(=O)-OOR$

Laurylperoxid

Bei Makromolekülen **ohne** Doppelbindungen, z.B. Silikonkautschuk, Ethylen–Propylen–Copolymer u. a.) kann keine Schwefelvernetzung angewendet werden. In diesen Fällen wird meist mit **organischen Peroxiden (**ROOR) vernetzt. Organische Peroxide sind Gefahrstoffe (brandfördernd, teilweise ätzend und sensibilisierend = allergieauslösend). Bei einzelnen Peroxiden (z.B. Acetylperoxid, t- Butylperoxid, Dilaurylperoxid) wurden im Tierversuch die Bildung von Tumoren nachgewiesen.

KFZ–Reifen

Eine typische Mischung für die Herstellung der **Laufflächen** von Autoreifen enthält die in → *Tab. 6.7* zusammengestellten Inhaltsstoffe:

- **Verstärkungsmittel** (Nylon-, Stahl-, Aramidfasern verbessern die Steifigkeit und Abriebbeständigkeit),
- **Füllstoffe** (Ruß (schwarz), Kieselsäure (weiss), Kreide, Tonerde, Hartgummistaub zur Verbilligung),
- **Alterungsschutzstoffe (**gegen Sauerstoffoxidation, Ozon, Hitze, Feuchtigkeit, UV–Strahlung und mechanische Ermüdung: meist Abkömmlinge von Phenol oder Aminen),
- **Flammschutzmittel** (z.B. Antimontrioxid (Sb_2O_3) oder halogenierte Verbindungen),
- **Weichmacher (**meist Mineralöle oder Paraffine zur Einstellung der Härte),
- **Verteiler (**z.B. Stearinsäure zur gleichmäßigen Verteilung der Mischung),
- **Haftvermittler (**für die Gummi–Metallfaser–Verbindung, z.B. Formaldehydharze, Isocyanate).

Mischungsbestandteile	Massenanteil [kg]	Prozentanteile [%]
Kautschuk (SBR, BR-Verschnitt)	100,0	39,0
Füllstoffe (Ruß)	90,0	35,1
Weichmacher (mineralöle)	50,0	19,4
Verarbeitungshilfsstoffe	3,0	1,2
Alterungsschutzstoffe	4,0	1,5
Vernetzungsmittel (Schwefel)	2,0	0,8
Beschleuniger (organische Peroxide)	1,7	0,7
Dispergatoren (Stearinsäure)	44,0	1,5
Aktivator (Zinkoxid)	44,0	1,5
Summe	256,7	100,0

Tabelle 6.7 **Reifen**: Zusammensetzung der Laufflächenmischung eines PKW–Reifens (Quelle: Firma Reiff, Reutlingen).

Emissionen in der Gummiherstellung

Emissionen bei der Gummiherstellung können außerordentlich schädlich sein. Bei Kautschukarbeitern wird ein leicht erhöhtes Risiko von **Krebskrankheiten** beobachtet. Jedoch auch bei der Lagerung von Gummiartikeln (z.B. Reifen) können hohe Emissionen durch flüchtige, unvollständig umgesetzte Einsatzchemikalien oder Lösemittel auftreten. Die wesentlichen Emissionen werden frei, wenn die Kautschukmischung unter erhöhtem Druck und Temperatur in geschlossenen Formen zu formstabilen Gummiteilen vernetzt. Hierbei können **flüchtige Anteile** der Kautschukmischung (z.B. organische Lösemittel), aber auch neu entstandene **Reaktionsprodukte** (z.B. Nitrosamine) aus den Gummiteilen abdampfen. Für den Anlagenbediener gesundheitsschädliche Emissionen treten insbesondere beim **Öffnen** der Formen auf. Aufgrund des hohen Anteils **stickstoffhaltiger** Einsatzchemikalien sind insbesondere hohe Konzentrationen an krebserregenden **Nitrosaminen** ein wesentliches Gesundheitsproblem der Gummiherstellung /35/ (auch in Reifenlagern möglich).

Elastomer–Copolymere

Elastomere mit planbarem Eigenschaftsprofil können u. a. durch **Copolymerisation** eines festgelegten Anteils an Molekülen mit nur **einer** Doppelbindung und Molekülen mit **zwei** Doppelbindungen erhalten werden. Nach diesen Grundkomponenten der Kautschukmischung wird das Elastomer bezeichnet.

```
H       H                    H       Cl
  C = C       H                C = C       H
H       C = C                H       C = C
      H       H                    H       H
```

Butadien

Chloropren

Typische Eigenschaften von technischen Elastomeren sind in → *Tab. 6.8* zusammengestellt.

Bezeichnung von Elastomeren

Kurzzeichen	Temperaturbereich [°C]	Witterung	Chemische Beständigkeit gegen: Ozon	Benzin	Diesel	Mineralöl	Bremsflüssigkeit
NBR	-20...+120	x	-	x	x	+	+
SBR	-50...+110	0	-	-	-	-	+
IIR	-40...+125	x	x	-	-	-	-
CR	-40...+110	x	x	x	x	x	0
EPDM	-50...+150	+	+	-	-	-	+
FPM	-25...+250	+	+	+	+	+	-
FMQ	-60...+200	+	+	+	+	+	-
NR	-55...+90	0	-	-	-	-	+
AU/EU	-25...+80	x	x	-	-	0	-
VMQ	-60...+200	+	+	-	-	x	+

Tabelle 6.8 **Eigenschaften technisch gebräuchlicher Elastomere**, + gut beständig, x bedingt beständig, 0 wenig beständig, - nicht beständig /10/.

Elastomer-Verwendung

Einige beispielhafte Anwendungen sind:

- **Styrol–Butadien–Rubber (SBR**, Markenname Buna), z.B. für Autoreifen,
- **Nitril–Butadien–Rubber (NBR**, Markenname Perbunan), z.B. für benzin- und ölfeste Dichtungen,
- **Isopren–Isobuten–Rubber (IIR)**, z.B. für Fahrradschläuche,
- **Chloropren–Rubber (CR**, Markenname Neopren), z.B. für schwer entflammbare Kabelummantelungen,
- **Ethylen–Propylen–Elastomer (EPDM)**, z.B. für KFZ–Stossfänger, Fensterdichtungen, Faltenbälge (für Gangschaltung),
- **Polyesterurethan–Kautschuk (AU)**, **Polyetherurethan–Kautschuk (EU)**, z.B. für Schwingungsdämpfer, Laufrollen, Skistiefel, Kabelisolierungen,
- **Fluorkautschuk (FPM**, Markennamen Viton, Kalrez) und **Fluorsilikonkautschuk (FSIR)**, z.B. für chemikalienbeständige Schläuche, Vakuumdichtungsringe.

$$-CH_2-C(CH_3)_2-$$

Polyisobuten (PIB)

Altreifen

Jährlich fallen in Deutschland rund 650 000 t Altreifen zur Entsorgung an. Sie werden derzeit überwiegend energetisch durch **Verbrennung in Zementwerken** genutzt (35% des Abfallaufkommens). Weitere Entsorgungswege sind: Runderneuerung 17%, Export 18%, Recyclat 10%, der Rest ist unbekannt /36/. Fein zerkleinerte Recyclate können als **Hartgummipulver** dem Reifenneumaterial zugesetzt oder als Gummigranulat, z.B. für

Fahrbahnbeläge (Zuschlag zu Bitumen) oder Spezialfussböden (Fallschutz auf Spielplätzen) verwendet werden. Im Versuchsstadium ist ein **Pyrolyseverfahren** in geschmolzenem Zinn, wobei aus Altreifen Öl, Gas, Edelstahl und Rußmischung zurückgewonnen werden.

Thermoplastische Elastomere (TPE)

Die thermoplastischen Elastomere (TPE) vereinigen die Eigenschaften von Thermoplasten und Elastomeren. Die meisten TPE sind **Zwei–Phasensysteme**, die sich aus einer elastischen **Weichphase** und einer thermoplastischen **Hartphase** zusammensetzen. Die Weichphase bestimmt das elastische Verhalten und die Kälteflexibilität, die Hartphase ist für Festigkeit und Formbeständigkeit des Werkstoffes verantwortlich. TPE erhält man auf zwei unterschiedlichen Wegen aus einer Thermoplast- und einer Elastomerkomponente als:

- **Mischung** von Thermoplast- und Elastomerkomponente oder als
- **Blockcopolymer**, **Pfropfcopolymer**.

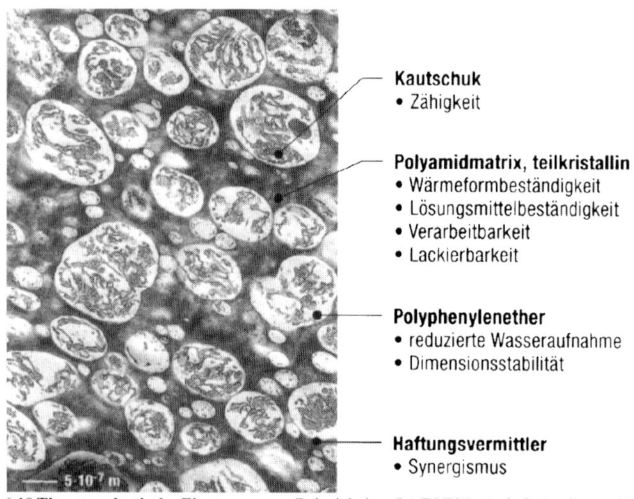

Abbildung 6.19 **Therrmoplastische Elastomere** am Beispiel einer PA/PPE/Kautschuk–Legierung. Polyamid bildet die Hartphase, in die PPE/Kautschuk-Partikel eingelagert sind (Quelle: BASF, Ludwigshafen).

Wie → *Abb. 6.19* für den Fall eines Blockcopolymers zeigt, ordnen sich die **Hartsegmente** aufgrund zwischenmolekularer Wechselwirkungen untereinander zu einer teilkristallinen Phase. Die **Weichsegmente** bilden amorphe Anordnungen. Weitere Beispiele für TPE sind: PP–EPDM–Blend, PUR–Kautschuke (AU, EU) und Fluor–Elastomere (FPM, FSIR).

Silkone

Im Gegensatz zu den übrigen Kunststoffen, die aus Kohlenstoffketten aufgebaut sind, bestehen Silikone aus einer **anorganischen** Siloxankette (–Si–O–Si–O–), wobei die Si–Atome mit organischen Restgruppen verbunden sind. Die Silikone vereinigen deshalb **anorganische** und **organische** Werkstoffeigenschaften. Siloxan–Ketten mit **zwei** organischen Resten je Si-Atom bilden (unvernetzte) Kettenmoleküle für Silikonöle /37/:

Silikonöle

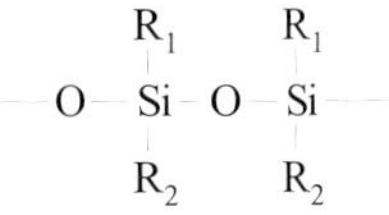

$$-O-\underset{R_2}{\overset{R_1}{Si}}-O-\underset{R_2}{\overset{R_1}{Si}}-$$

Silikonöle

Silikone können sehr flexibel den unterschiedlichen Anforderungen angepasst werden:

- **flüssige Silikone (Silikonöle, Silikonfette)** mit vorwiegend linearem Aufbau, Polymerisationsgrad ca. 3000;
- **harzartige Silikone**, bestehend aus teilweise vernetzten oder weiter vernetzbaren Siloxanketten,
- **kautschukelastische Silikone** mit extrem langen Ketten (Polymerisationsgrad über 4000) mit schwacher Vulkanisationsvernetzung.

Silikonharze

Silikonharze besitzen sehr gute Isoliereigenschaften bis +300°C. Sie sind witterungsbeständig und wenig brennbar und werden u. a. als Vergussmassen für Halbleiter in der Elektronik, als Klebstoffe oder als Schaumstoffe auf dem Bau eingesetzt. Siloxan–Ketten mit einer freien, reaktiven Gruppe können dreidimensional vernetzen (verharzen) und nehmen dazu **Wasser auf**.

Silikonkautschuk

Silikonkautschuk (SIR oder FSIR) benötigt keine Weichmacher, Alterungsschutzstoffe oder sonstige Zusätze und ist deshalb für medizinische Anwendungen besonders wertvoll (z.B. Katheder, Schönheitsoperationen). Silikon–Kautschuk wird von polaren Lösemitteln (besonders Säuren und Basen) langfristig angegriffen. Silikonkautschuk erhält man durch eine weitmaschige Vernetzung über C–C–Brücken. Als Vernetzer verwendet man Peroxide (**Heissvernetzung**) oder es sind olefinische Doppelbindungen in den unvernetzten Ketten vorhanden (**Kaltvernetzung** mit Katalysator).

Silikonvernetzer

Silikonverharzung

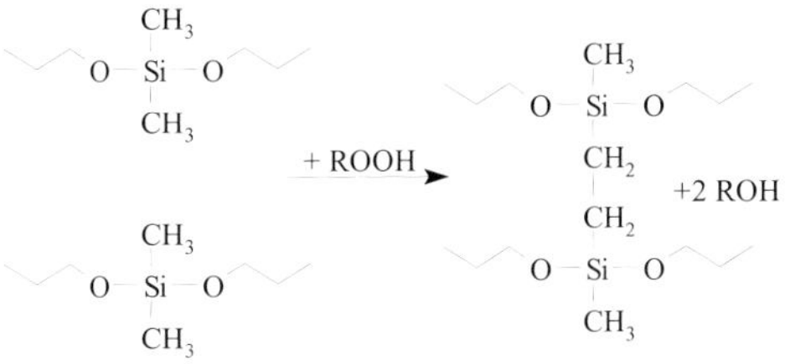

$$2\ \left(-O-\underset{CH_3}{\overset{CH_3}{Si}}-O-\right) \xrightarrow{+ROOH} -O-\underset{CH_2-CH_2-\overset{}{Si}(CH_3)(-O-)_2}{\overset{CH_3}{Si}}-O- \; +2\ ROH$$

Silikonverharzung durch Heissvernetzung mit Peroxiden. Silikonkautschuk erhält man durch Vernetzung langkettiger C–C–Brücken.

Kunststoffrecycling

Beim Recycling von Kunststoffen unterscheidet man:

- **werkstoffliche**
- **rohstoffliche** und
- **thermische** Verwertung.

Werkstoffliches Recycling

Beim **werkstofflichen** Recycling bleibt das Material als Werkstoff erhalten. Das werkstoffliche Recycling bewährt sich besonders für sortenreine Thermoplaste (z.B. PE, PP, PS, PVC), die eingeschmolzen und neu verwendet werden können. Die thermische und mechanische Beanspruchung bei der Wiederaufbereitung bewirkt jedoch eine teilweise Spaltung der Kettenmoleküle und einen entsprechenden Abfall der mechanischen Eigenschaften. Selbst sortenreines Recyclat kann deshalb nur in beschränkten Mengen (unter 30%) dem Neuprodukt zugegeben werden. Verbundwerkstoffe, z.B. GFK, können (derzeit) nicht werkstofflich verwertet werden. **Gemischte** thermoplastische Kunststoffe können aufgrund der stark unterschiedlichen Verarbeitungstemperaturen kaum gemeinsam verarbeitet werden. Beispielsweise zersetzt sich PVC unter Salzsäureentwicklung bereits bei der hohen Verarbeitungstemperatur von Polyamid. 90...95% der Kunststoffabfälle im Hausmüll bestehen aus den vier Sorten PE, PP, PS und PVC. Diese können aufgrund ihres unterschiedlichen Gewichts mittels Schwimm–Sinkbecken, Windsichtern, Hydrozyklonen oder Zentrifugen getrennt werden.

Rohstoffliches, chemisches Recycling

Unter **rohstofflichem** (chemischen) Recycling versteht man die chemische Zerlegung der Makromoleküle in niedermolekulare Bestandteile. Das rohstoffliche Recycling wird als am meisten aussichtreich zur Verarbeitung von Mischkunststoffabfällen aus Sammlungen des Dualen Systems Deutschland (**DSD**) angesehen. Folgende Verfahrensweisen haben sich etabliert:

- **Hydrierung**: Wasserstoffgas hydriert die auf 400°C aufgeheizte Kunststoffschmelze, es entsteht ein synthetisches Öl (Kohleölanlage Bottrop),
- **Synthesegasgewinnung**: Verarbeitung von brikettiertem Kunststoff mit Sauerstoff und Wasserdampf bei über 1000°C, das entstehende Synthesegas wird zu Methanol weiterverarbeitet (Verwertungszentrum Schwarze Pumpe),

Reduktionsverfahren

- **Reduktionsverfahren:** Zumischung von Kunststoffen zur Stahlgewinnung, die Kunststoffe dienen als Reduktionsmittel (→ *Abb. 6.20*, Bremer Stahlwerke),
- **Parak–Verfahren**: Cracken von Kunststoffen bei 400°C und Destillieren ergibt nach weiterer Reinigung Paraffine, die als Schmieröle eingesetzt werden (Paraffinwerke Webau).

Grüner Punkt Abfälle

Derzeit werden ca. 2/3 der gesamten Abfälle aus Kunststoffverpackungen ('Grüner Punkt Abfälle', 560 000 t, Jahr 1995) in Stahlwerken vewertet. Dabei spalten sich kleingehäckselte Altkunststoffe bei 2000°C im Hochofen in die Bestandteile Kohlenmonoxid CO und Wasserstoff H_2. Beide Gase reduzieren Eisenoxid zu elementarem Eisen und verbrennen dabei zu CO_2 und Wasser. Bisher wurde anstelle von Altkunststoffen bis zu 100 kg Schweröl pro Tonne erzeugten Eisens eingesetzt. Chemische Recyclingverfahren werden auch zur Aufbereitung von Additionspolymeren und Kondensationspolymeren eingesetzt, z.B. lassen sich Polyamide und Polyester durch Hydrolyse (Wasseraufnahme) spalten. PUR–Kunststoffe lassen sich durch eine Alkoholyse recyclieren.

Thermische Verwertung

Die **thermische** Verwertung (Verbrennung) von Kunststoffen ist insbesondere bei Verbundwerkstoffen (faserverstärkte Kunststoffe, Verbund mehrerer Kunststoffarten) oder bei niederwertigen Gemischen die vernünftigste Lösung. Insbesondere im Verpackungsbereich ist es in vielen Fällen technisch möglich und ökologisch sinnvoll:

- auf Kunststoffe zu **verzichten** oder Naturmaterialien zu wählen oder
- Verbundmaterialien zu **vermeiden**.

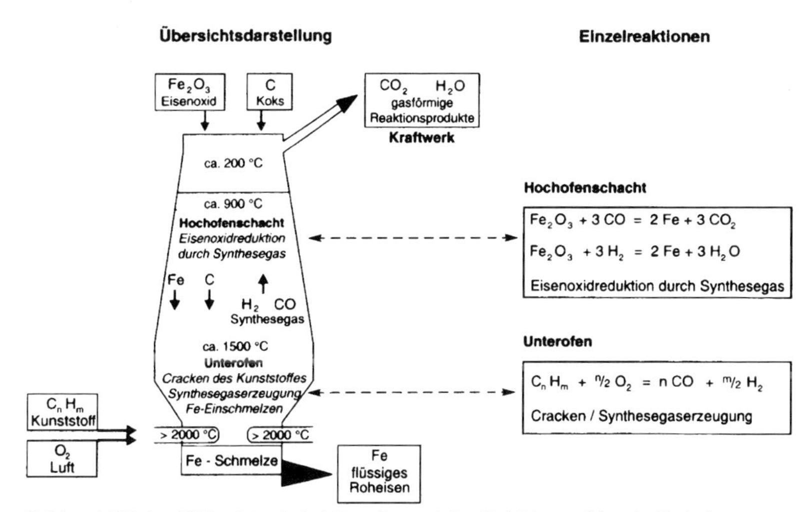

Abbildung 6.20 **Rohstoffliches (chemisches) Recycling** nach dem Reduktionsverfahren im Hochofen

Teil II Umweltrecht und Umwelttechnik

7. Einführung in das Umweltrecht

Prinzipien

Die Umweltgesetzgebung beruht auf den drei grundlegenden Prinzipien:

- **Vorsorgeprinzip:** Umweltbelastungen sollen durch Einsatz vorbeugender Maßnahmen vermieden werden. Eine Gefahrenabwehr allein reicht nicht aus.

Verursacherprinzip

- **Verursacherprinzip:** Der Verursacher trägt die Verantwortung und Kosten zur Vermeidung, zur Beseitigung und zum Ausgleich von Umweltbelastungen.
- **Kooperationsprinzip:** An der Lösung von Umweltproblemen sollen alle gesellschaftlichen Gruppen einschließlich der direkt Betroffenen mitwirken.

Rechtsaufbau

Die Rechtsvorschriften lassen sich grundsätzlich einteilen nach:

- **Verwaltungsrecht,**
- **Zivilrecht,**
- **Strafrecht**

Umweltgesetze

→ *Tab. 7.1* zeigt die Zuordnung wichtiger Umweltgesetze zu den drei Rechtsbereichen. Im weiteren Verlauf des Textes wird auf das **Umweltverwaltungsrecht** abgehoben.

Umweltverwaltungsrecht	Umweltzivilrecht	Umweltstrafrecht
Bundes-Immissionsschutzgesetz (BImSchG)	Bürgerliches Gesetzbuch (BGB)	Strafgesetzbuch (StGB §324-330)
Kreislaufwirtschafts- und Abfallgesetz (KrW/AbfG)	Umwelthaftungsgesetz (UHG)	
Wasserhaushaltsgesetz (WHG)		
Chemikaliengeetz (ChemG)		

Tabelle 7.1 **Aufbau des Umweltrechts** in drei Rechtsbereiche

Umweltverwaltungsrecht

Das Umweltverwaltungsrecht (Öffentliches Recht = Verwaltungsrecht und Strafrecht) regelt die Beziehungen zwischen dem Staat und dem einzelnen Bürger sowie den Verwaltungsträgern untereinander. Die Normenpyramide in → *Abb. 7.1* zeigt den Aufbau des Verwaltungsrechts in internationales Recht, deutsche Gesetze, Verordnungen und Verwaltungsvorschriften.

EG–Recht

Man unterscheidet EG–Verordnungen und EG–Richtlinien. Eine **EG–Verordnung** gilt in den EG–Mitgliedstaaten verbindlich und unmittelbar, d. h. es ist keine nationale Umsetzung notwendig. Sie hat Vorrang vor dem nationalen Recht. **EG–Richtlinien** sind Rahmengesetze, die die EG–Mitgliedstaaten in eigenes Recht umsetzen müssen. Dabei gibt es jedoch Spielräume, insbesondere hinsichtlich der Form und Mittel der Umsetzung.

Grundgesetz

Im **Grundgesetz** der Bundesrepublik Deutschland vom 12. März 1951 ist die Verteilung der Gesetzgebungskompetenz zwischen Bund und Bundesländern festgelegt (Artikel 74 Grundgesetz). Danach kann der Bund Vollregelungen treffen für die Bereiche:

- **Nutzung der Kernenergie**
- **Tierschutz**
- **Abfallbeseitigung**
- **Luftreinhaltung**
- **Lärmbekämpfung**

Normenpyramide

Abbildung 7.1 **Normenpyramide**

Rahmengesetze

Der **Vollzug** der Bundesgesetze (Einrichtung von Behörden, Überwachung) ist in der Regel Aufgabe der Bundesländer (Art. 83 Grundgesetz). Durch Bundesgesetz nicht geregelte Angelegenheiten können durch länderspezifische Gesetze (z.B. Landesabfallgesetze) ergänzt werden. Der Bund erlässt neben den oben genannten Umweltbereichen zusätzlich Rahmengesetze für folgende Bereiche:

- **Wasserhaushalt**
- **Natur** - und **Landschaftspflege**

Formelle Gesetze Verordnungen

Die formellen **Gesetze** (G) werden von den Gesetzgebungsorganen, den Parlamenten, verabschiedet. **Verordnungen** (V) (materielle Gesetze) werden von der Bundesregierung oder den Länderregierungen auf der Grundlage der (formellen) Gesetze in Kraft gesetzt. Sie konkretisieren die allgemein gehaltenen Gesetze für zahlreiche technische Anwendungsfälle (z.B. 1. Verordnung zum Bundesimmissionsschutzgesetz = 1.**BImSchV** = Verordnung über Kleinfeuerungsanlagen). Verordnungen sind allgemein gültiges Recht. **Verwaltungsvorschriften** (VwV) sind rein behördenintern wirkende Anweisungen einer höheren an eine nachgeordnete Verwaltungsbehörde. Verwaltungsvorschriften (z.B. technische Anleitungen TA Luft, TA Lärm) regeln im Detail den Entscheidungsspielraum einer Behörde (z.B. Grenzwerte bei einer Genehmigung) gegenüber den Bürgern oder Firmen. VwV werden für den einzelnen Betrieb erst rechtsrelevant, wenn behördliche Auflagen zu erfüllen oder Genehmigungen einzuholen sind. **Satzungen** sind rechtlich bindende Vorschriften, die von bestimmten Körperschaften des öffenlichen Rechts (z.B. Städte, Landkreise u. a.) im Rahmen ihrer Zuständigkeit erlassen werden, z.B. Abfallsatzung des Landkreises, Kläranlagensatzung der Gemeinde.

Verwaltungsvorschriften

Satzungen

Verwaltungsaufbau

Die Verwaltung des Umweltschutzes ist durch die **föderale** Ordnung (Bund, Länder) in der Bundesrepublik Deutschland gekennzeichnet. Neben staatlichen Stellen nehmen **Selbstverwaltungsorgane** (Kreise, Gemeinden, Berufsverbände) wichtige Aufgaben des Umweltschutzes wahr (→ *Tab. 7.2*).

staatliche Verwaltungsebene	Selbstverwaltungsebene Körperschaften öffentlichen Rechts
Bund Länder	Kreise, Gemeinden, Berufsgenossenschaften, Industrie- und Handelskammern bzw. Handwerkskammern

Tabelle 7.2 **Staatliche Verwaltungsebene** und Selbstverwaltungsebene

Fachbehörden

Die Verwaltungen sind oft getrennt in:

- **Allgemeine Verwaltungsbehörden** und
- **Fachbehörden**

Vollzug

Behörden der **allgemeinen Verwaltung** haben Vollzugsaufgaben. Bei Entscheidungen müssen diese oft die Fachbehörden (Träger öffentlicher Belange) oder die Verbände (z.B. Naturschutzverbände) anhören. **Fachbehörden** haben in erster Linie planende, beratende und überprüfende, jedoch keine vollziehenden Aufgaben.

Bundesverwaltungen

In vielen Fällen des Umweltschutzes **erlässt** der Bund **Rahmengesetze**, während der **Vollzug** der Gesetze Aufgabe der Länder ist. Der Bund überwacht den länderspezifischen Vollzug der Bundesgesetze (→ *Tab. 7.3*). Dabei können auch Streitigkeiten entstehen, z.B. bei Stillegung von Atomkraftanlagen, Errichtung von Sondermüllverbrennungsanlagen u. a.

Allgemeine Verwaltungsbehörde Bundesministerium für Umwelt-, Naturschutz und Reaktorsicherheit	Fachbehörde Umwelbundesamt (Berlin)
Aufgaben Luftreinhaltung, Lärmschutz, Reaktorsicherheit, Abfall- undWasserwirtschaft, Naturschutz, Gefahrstoffe	Aufgaben Forschungsförderung, Umweltdatenbak, Planungshilfen, Ausarbeitung von Gesetzen, Verordnungen, VwV

Tabelle 7.3 **Bundesbehörden** mit Umweltkompetenz

Landesverwaltungen

Die Landesumweltministerien sind in der Regel die obersten Umweltbehörden mit Vollzugsgewalt (→ *Tab. 7.4*).

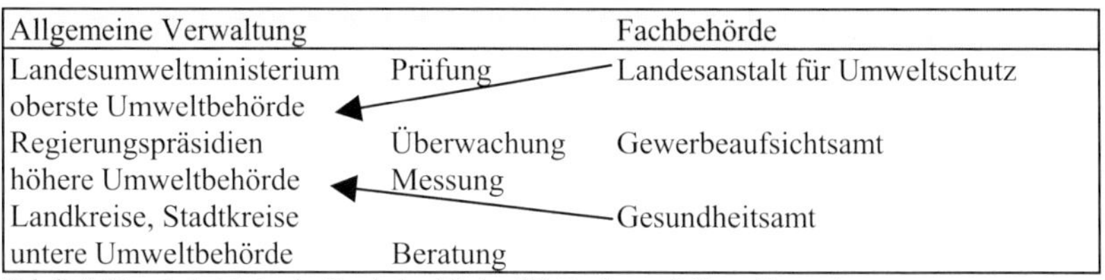

Allgemeine Verwaltung		Fachbehörde
Landesumweltministerium	Prüfung	Landesanstalt für Umweltschutz
oberste Umweltbehörde		
Regierungspräsidien	Überwachung	Gewerbeaufsichtsamt
höhere Umweltbehörde	Messung	
Landkreise, Stadtkreise		Gesundheitsamt
untere Umweltbehörde	Beratung	

Tabelle 7.4 **Landesbehörden** im Bundesland Baden-Württemberg mit Umweltkompetenz

Kreisverwaltungen

Im Grundgesetz ist festgelegt, dass den Gemeinden oder Gemeindeverbänden (Kreise) das Recht gewährleistet sein muss, alle Angelegenheiten der örtlichen Gemeinschaft im Rahmen der Gesetze in eigener Verantwortung zu lösen (**Selbstverwaltung**, § 28 GG). Die Verwaltungen der Landkreise oder der Stadtkreise erfüllen deshalb eine **Doppelfunktion**: Zum einen nehmen sie Aufgaben aufgrund der Selbstverwaltung wahr. Zum anderen führen sie die vom Staat übertragenen Aufgaben als untere Verwaltungsbehörde aus. Beispiel:

- **Landkreise** oder **Stadtkreise** sind die untere Naturschutzbehörde bzw. untere Wasserschutzbehörde (**Weisungsaufgaben**).
- **Gemeinden** oder **Kreise** entscheiden selbständig über den Bau von Kläranlagen oder Müllbehandlungsanlagen (**Selbstverwaltung**).

Vollzug des Umweltschutzes

Die wesentlichen Vollzugsbehörden (Genehmigungen, Anordnungen) für den Umweltschutz sind (in Baden–Württemberg) die **Landratsämter** der Landkreise oder die **Rathäuser** der Stadtkreise (z.B. Stuttgart) als untere Umweltbehörde. Die Städte bzw. Gemeinden in einem Landkreis besitzen vergleichsweise wenig Kompetenz bei der Überwachung des industriellen Umweltschutzes. Vor einer Entscheidung muss das Umweltschutzamt die Stellungnahme der Fachbehörden einholen. Im Falle einer öffentlichen Auslegung muss die Öffentlichkeit (z.B. auch die Umweltschutzverbände) beteiligt werden. Die **Fachbehörden** (z.B. Gewerbeaufsichtsamt) kontrollieren die Betriebe, z.B. durch Abluft- oder Abwassermessungen. Werden dabei Übertretungen von Grenzwerten festgestellt, wird das Landratsamt als vollziehende untere Umweltschutzbehörde benachrichtigt. Anordnungen, Bussgelder usw. können nur von einer Behörde der allgemeinen Verwaltung (**Vollzugsgewalt**) getroffen werden. Die Arbeit der **Berufsverbände** oder anderer **Körperschaften** ist von Bedeutung, z.B. bei der Ausarbeitung technischer Normen (z.B. VDI–Normen) oder Überwachung des Arbeitsschutzes (**Berufsgenossenschaften**). Im folgenden wird die Aufgabenverteilung der Verwaltungen am Beispiel der vier wesentlichen Umweltbereiche Immissionsrecht, Abfallrecht, Wasserrecht und Gefahrstoffrecht kurz dargestellt.

Berufsverbände

Immissionschutzrecht

Das 'Gesetz zum Schutz vor schädlichen Umwelteinwirkungen durch Luftverunreinigungen, Geräusche, Erschütterungen und ähnliche Vorgänge (**Bundesimmissionsschutzgesetz, BImSchG**)' ist die Grundlage des Immissionsschutzes. Es wird durch 26 Verordnungen konkretisiert (Stand Jahr 1997). Eine dieser Verordnungen (9. BImSchV) regelt das Genehmigungsverfahren für genehmigungspflichtige Anlagen (die in der 4. BImSchV festgelegt sind). Die Länder führen den Vollzug des BImSchG durch. Die zuständigen Fachbehörden sind die **Gewerbeaufsichtsämter**. Für die Genehmigung und Überwachung umweltrelevanter Anlagen sind unterschiedliche Behörden zuständig, z.B.:

- **Landesumweltministerium:** Kühltürme von Kernreaktoren,
- **Regierungspräsidium:** Kraftwerke, große Feuerungsanlagen, Müllverbrennungsanlagen u. a..
- **Landratsamt:** Mehrzahl der genehmigungsbedüftigen Anlagen und alle nicht genehmigungsbedürftigen Anlagen.

Abfallrecht

Das 'Gesetz zur Förderung der Kreislaufwirtschaft und Sicherung einer umweltfreundlichen Beseitigung von Abfällen (**Kreislaufwirtschafts- und Abfallgesetz, KrW-/AbfG**)' ist die Grundlage des Abfallrechts. Das neue KrW/ AbfG und die zugehörigen Verordnungen gelten in vollem Umfang ab 1. Januar 1999 (→ *Kap. 11.2*) Die Zuständigkeit für den Vollzug der Abfallgesetze hat der Bund den Ländern überlassen. Diese regeln die Zuständigkeiten in eigenen Landesabfallgesetzen. Zuständig sind z.B. in Baden–Württemberg:

- **Landesumweltministerium:** Aufstellung von Abfallbeseitigungsplänen;
- **Regierungspräsidium:** Genehmigung von Abfallbehandlungsanlagen;
- **Landkreise:** entsorgungspflichtige Körperschaft, ausgenommen Sondermüll; Betrieb von Abfallentsorgungsanlagen; Genehmigungen für Transport von Sondermüll u. a.

Beispielsweise sind in Baden–Württemberg die **Stadt-** und **Landkreise** die entsorgungspflichtigen Körperschaften für den Haus- und Gewerbemüll. Im Einzelfall kann diese Aufgabe an einzelne Gemeinden im Kreisgebiet übertragen sein. Für die Entsorgung von **besonders überwachungsbedürftigen Abfällen (Sondermüll)** ist der Verursacher selbst zuständig. Der Nachweis über die geordnete Beseitigung oder Verwertung von Abfällen muss gegenüber der Kreisverwaltung oder dem Regierungspräsidium erbracht werden. Die oberste Abfallbehörde ist in jedem Bundesland das Landesumweltministerium oder eine vergleichbare Behörde.

Wasserrecht

Die Grundlage des Wasserrechts ist das 'Gesetz zur Ordnung des Wasserhaushalts (**Wasserhaushaltsgesetz, WHG**)' sowie die Wassergesetze der Bundesländer. Diese Gesetze regeln unterschiedliche Bereiche wie den Betrieb von Abwasserbehandlungsanlagen, den Umgang mit wassergefährdenden Stoffen, die Ausweisung von Wasserschutzgebieten. Es sind verschiedene Behörden zuständig:

- **Landratsamt:**
  - untere Wasserschutzbehörde,
  - wasserrechtliche Genehmigungen, z.B. Kanalbau,
  - Überwachung von Abwasserbehandlungsanlagen (auch betriebliche Anlagen) in fachlicher Zusammenarbeit mit den Fachbehörden,
  - Überwachung des Umgangs mit wassergefährdenden Stoffen, z.B. Tanklager in Zusammenarbeit mit TÜV, Dekra oder Gewerbeaufsichtsamt.
- **Städte und Gemeinden:**
  - beseitigungspflichtige Körperschaft für Abwasser,
  - Bau und Betrieb von Abwasserbehandlungsanlagen (Kläranlagen).

Gefahrstoffrecht

Die Grundlage des Gefahrstoffrechts ist das '(Bundes) Gesetz zum Schutz vor gefährlichen Stoffen (**Chemikaliengesetz, ChemG**)'. Nach dem Chemikaliengesetz hat der Hersteller bzw. der Einführer eines Stoffes die Pflicht zur Anmeldung oder Prüfung dieses Stoffes. Die Anmeldung ist bei unterschiedlichen Behörden vorgeschrieben, z.B. bei der Bundesanstalt für Arbeitssicherheit (Dortmund) oder beim Bundesumweltamt (Berlin). Das Chemikaliengesetz wird durch zahlreiche Verordnungen präzisiert. Die für die betriebliche Praxis wichtigsten Verordnungen sind die 'Verordnung über gefährliche Stoffe' (**Gefahrstoffverordnung, GefStoffV**) und die **Chemikalienverbotsverordnung** (**ChemVerbotsV**). Der Vollzug und die Überwachung des Gefahrstoffrechts sind Aufgabe der Kreisverwaltungen bzw. der staatlichen Gewerbeaufsichtsämter (analog Immissionsschutz). Der Arbeitsschutz wird u. a. auch von den **Berufsgenossenschaften (BG)** überwacht.

8. Umweltgefährdende Stoffe

8.1 Gefahrstoffe

Gefahrstoffe

Gefahrstoffe sind durch folgende **Gefährlichkeitsmerkmale** ausgezeichnet:

- **explosionsfördernd,**
- **brandfördernd,**
- **hochentzündlich,**
- **leichtentzündlich,**
- **entzündlich**
- **sehr giftig, giftig,**
- **giftig,**
- **mindergiftig,**
- **ätzend,**
- **reizend,**
- **sensibilisierend,**
- **krebserzeugend,**
- **fruchtschädigend,**
- **erbgutverändernd,**
- **chronisch schädigend,**
- **umweltgefährdend.**

Der Umgang mit Gefahrstoffen gehört nach der Lärmschwerhörigkeit zu den häufigsten **Berufskrankheiten** (→ *Tab. 8.1)*.

Rang	Bezeichnung	Prozent
1	Lärmschwerhörigkeit	37%
2	Hauterkankungen	13%
3	Silikose	10%
4	Asbestose	8%
5	Allergische Atemwegserkrankungen	6%
6	Tropenkrankheit	3%
7	Asbestose mit Lungenkrebs	3%
8	Mesotheliom (Bauchfellkrebs durch Asbest)	2%
9	Sehnenscheiden	2%
10	Infektionskrankheiten	1%
	Rest	10%

Tabelle 8.1 **Häufigste anerkannte Berufskrankheiten** (Quelle: Jahresbericht des Hauptverbands der gewerblichen Berufsgenossenschaften HVBG 1994)

Gefahrstoffklassen

Die Mehrzahl der gefahrstoffbedingten Berufserkrankungen wird durch die folgenden **Gefahrstoffklassen** verursacht:

- **krebserzeugende Stoffe,**
- **Feinstäube,**
- **allergieauslösende Stoffe bzw. hautreizende Stoffe.**

Krebsentstehung

Krebs ist gekennzeichnet durch eine Entartung der Zellen hinsichtlich:

- der **Zellform** und
- des **Zellstoffwechsels**.

Die gesunde Zelle **veratmet** die Nährstoffe, z.B. Glucose:

$$C_6H_{12}O_6 + 6\ O_2 \rightarrow 6\ CO_2 + 6\ H_2O$$

Die Krebszelle dagegen **vergärt** die Glucose zu Milchsäure:

$$C_6H_{12}O_6 \rightarrow 2\ C_3H_6O_3$$

Diese enzymatische 'Entgleisung' liefert nur ein Drittel der Energie (verglichen mit der Verbrennung) und geht mit einer starken Zellvermehrung einher. Krebs kann durch verschiedene Faktoren ausgelöst werden, z.B. durch energiereiche Strahlung oder durch eine Reihe von Substanzen, die eine Veränderung der Zellenzyme oder der DNA (Erbinformation) und somit des Zellstoffwechsels bewirken. Für die Entstehung der Krankheit gibt es zwei Theorien:

- Die **Ein–Molekül–Ein–Treffer–Theorie** besagt, dass ein einziges Cancerogen–Molekül genügt, um Krebs auszulösen, vorausgesetzt, das Molekül trifft die entscheidende Stelle in der Zelle.
- Die **Grenzwerttheorie** besagt, dass ein Cancerogen unterhalb eines Grenzwerts als unschädlich zu betrachten ist.

Cancerogene

Der bekannte amerikanische Krebsforscher *Ames* (**Ames–Schnelltest** für mutagenes Potential) hat gezeigt, dass auch die tägliche Nahrung (selbst Obst und Gemüse) viele, **natürlich vorkommende Cancerogene** (krebserzeugende Stoffe, auch Carcinogene genannt) enthält. Die Aufnahme dieser Nahrungsmittel konnte jedoch nicht in Zusammenhang mit einer erhöhten Krebshäufigkeit gebracht werden. Ob ein Mensch an Krebs erkrankt, hängt wesentlich vom Vorhandensein sogenannter **Onkogene** im **Erbgut** und vom **körpereigenen Abwehrsystem** ab, das durch Reparaturmechanismen Krebszellen erkennt und eliminieren kann. Die Ursachen der Krebsentstehung werden beim Durchschnitt der Bevölkerung u. a. auf Faktoren der **täglichen Lebensgestaltung**, insbesondere der **Nahrungszubereitung** zurückgeführt (→ *Abb. 8.1*). Sicher scheint /38/, dass das Erhitzen von Lebensmitteln die Entstehung von Krebs begünstigt, u. a. in Form von:

Onkogene

Nahrungszubereitung

- **Röstkaffee** (hoher Gehalt an Cancerogenen),
- **erhitztem Fleisch** (insbesondere Grillfleisch und Grillhähnchen),
- auf **Gasherden ohne** Abzug erhitzte Speisen (Heizgase enthalten NO_x → Nitrosamine in Lebensmitteln).

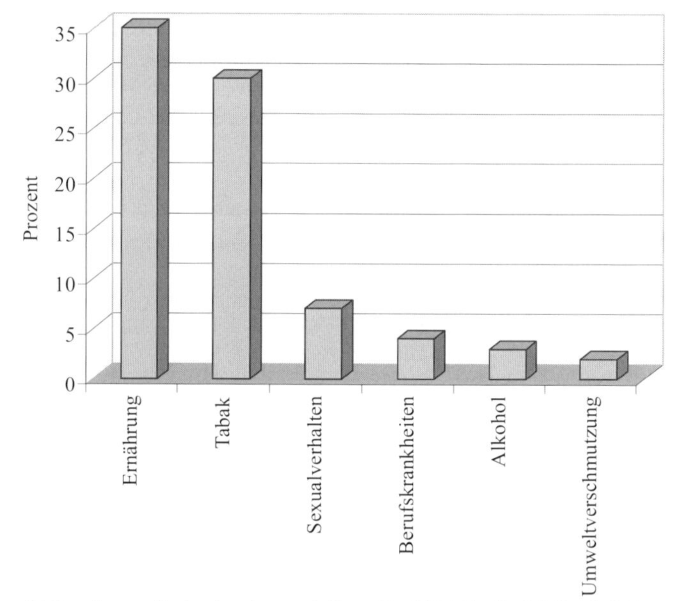

Abbildung 8.1 **Ursachen von Krebserkrankungen** in Deutschland 1991 (Quelle: BG Chemie /39/)

Krebsgefahren am Arbeitsplatz

Die Gefahren durch **krebserzeugende Stoffe am Arbeitsplatz** dürfen nicht unterschätzt werden, da diese im Einzelfall für den Betroffenen das weitaus höchste Krebsrisiko darstellen können. Über den Anteil der arbeitsplatzbedingten Krebserkrankungen gibt es unterschiedliche Angaben. Nach Schätzungen eines Nachrichtenmagazins /40/ sterben jährlich ca. 20 000 Menschen in Deutschland an einer Krebserkrankung, die durch gesundheitsschädliche Arbeitsstoffe ausgelöst wurde (10% der gesamten Krebserkrankungen). Die Auswirkungen krebserzeugender Stoffe sind meist erst **viele Jahre, Jahrzehnte** oder erst in der **nächsten Generation** sichtbar. Bei der überwiegenden Zahl der anerkannten berufsbedingten Krebserkrankungen trat die Krankheit erst **30 bis 45 Jahre nach Beginn** der erstmaligen Exposition auf. Bei über 95% der Fälle waren die Erkrankten über ein Jahr, oft Jahrzehnte, der schädigenden Einwirkung ausgesetzt. → *Tab. 8.2* weist Asbest und aromatische Amine als Schwerpunkte der berufsbedingten Krebsursachen im Bereich der Chemie aus.

Ursachen arbeitsbedingter Krebserkrankungen

Stoff	Zahl der Fälle	Stoff	Zahl der Fälle
Chrom	8	Quarz	3
Arsen	14	Asbest	33
Aromatische Amine	114	Nickel	3
Halogenkohlenwasserstoffe	3	Kokereigase	5
Benzol	16	Holzstaub	4
halogenierte Alkyloxide	19	Ruß, Teer	10
ionisierende Strahlung	7		

Tabelle 8.2 **Berufsbedingte Krebserkrankungen** im Bereich der BG Chemie 1991–1993 (Quelle: Berufsgenossenschaft Chemie /39/)

Wirkungsweise von Cancerogenen

Die Wirkungsweise krebserzeugender Stoffe (Cancerogene) kann sehr unterschiedlich sein und ist Gegenstand der aktuellen Forschung. Viele körperfremde Substanzen werden im Körper oxidiert und abgebaut. Die Metaboliten (Abbauprodukte) können sehr reaktiv und dadurch toxisch sein (z.B. Benz[a]pyren oder Nitrosamine als Pro–Cancerogen). In anderen Fällen katalysieren z.B. Asbestfasern die Freisetzung von aktiviertem Sauerstoff (OH–Radikale) durch eingeschleppte Bakterien (Makrophagen). Die Rolle der Radikale steht im Einklang mit der Beobachtung, dass bestimmte radikalstabilisierende Substanzen, z.B. Vitamine (Radikalfänger, bei Lichtschutzmittel → *Kap. 6.1*) eine krebshemmende Wirkung besitzen. In jedem Fall muss das letztendlich gebildete Carcinogen (z.B. ein Radikal) sehr reaktionsfähig sein, das mit der DNS–Kette reagieren kann (→ *Abb. 8.2*).

Asbestfaser

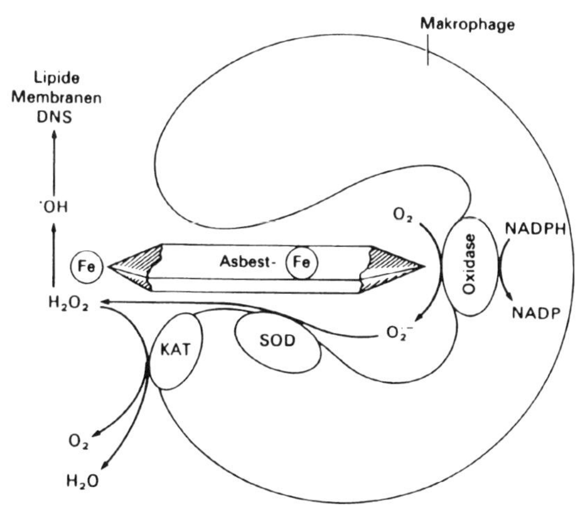

Abbildung 8.2 **Krebsentstehung bei Asbest**: bei dem vermuteten Reaktionsmechanismus produzieren Makrophagen unter Einfluss der Asbestfaser verstärkt Sauerstoff, der zu Hydroxyl-Radikalen weiterreagiert. Diese reaktiven OH–Radikale verändern Erbsubstanz DNS, Membranen und Lipide in ihrer Nähe (mit freundlicher Genehmigung: Prof. Dr. F. Elstner, TU München /41/).

Cancerogene Arbeitsstoffe

Die in → *Tab. 8.3* enthaltenen Gefahrstoffe sind beim Menschen oder im Tierversuch als krebserzeugend bekannt, oder es wird zumindest ein krebserzeugendes Potential vermutet. Eine vollständige Liste der krebserzeugenden Gefahrstoffe und weitere Erläuterungen sind in der jährlich erscheinenden MAK–und BAT–Werte Liste der Deutschen Forschungsgemeinschaft enthalten.

Stoff	Anwendung	Vorschriften
Kategorie C1: Beim Menschen krebserzeugend		
Asbest	Brandschutzmaterial	Zubereitungen mit einem Asbestgehalt über 0,1% sind verboten; GefStoffV Anhang IV Nr. 1; TRGS 901 Nr. 1; TRGS 519
Benzol	Lösemittel, Kraftstoff	Zubereitungen mit einem Benzolgehalt über 0,1% sind verboten, Ausnahme: Benzol in Treibstoffen (max. 5%) und Verwendung in geschlossenen Anlagen; GefStoffV Anhang IV Nr. 4, TRGS 901 Nr. 15
Buchen- und Eichenholzstaub	Holzbearbeitung	TRGS 901 Nr. 20, TRGS 553
Dieselmotoremissionen	Wartungshallen, Motorenprüfstände, Gabelstapler	TRGS 901 Nr. 27, TRGS 554
Nickeloxide, Chromoxide	Staub oder Rauch, z.B. beim Schweißen von Edelstahl	UVV VBG 15 Chromoxide
Vinylchlorid	PVC-Synthese	GefStoffV Anhang IV Nr. 15
Kategorie C2: Im Tierversuch krebserzeugend		
Cadmium oder Cd-Verbindungen	Beschichtungen, Akkus Farbpigmente	Der Einsatz von Cadmium zur Färbung, Stabilisierung von Kunststoffen oder als Oberflächenschutz von Metallen ist verboten. Ausnahme: Sicherheitsteile, GefStoffV Anhang IV Nr. 17
Benz[a]-pyren	Pyrolyseprodukte z.B. Teeröle, Pech	Teeröle dürfen nicht als Holzschutzmittel verwendet werden (zahlreiche Ausnahmen), GefStoffV Anhang IV Nr. 13, TRGS 551
Kategorie C3: krebserzeugende Wirkung möglich		
Kobalt	Hartmetalle, Katalysatoren, Magneteherstellung	TRGS 901 Nr. 12
Formaldehyd	Antibakterizid, Reinigungsmittel, Kunstharze	Spanplatten, die zu einer Formaldehydkonzentration über 0,1 ppm in einem Prüfraum führen, sind verboten. Reinigungsmittel mit Formaldehydgehalt >0,2% sind verboten.
Tetrachlorethen (PER)	Chemische Reinigung, CKW-Reiniger	GefStoffV Anhang IV Nr. 11

Tabelle 8.3 **Krebserzeugende** bzw. **-verdächtige Stoffe** (Eingruppierung nach EG–Stoffliste /45/, zugehörige TRK–bzw. MAK–Werte → *Tab. 8.4* und → *Tab. 8.7*)

Akumulation

Fremdstoffe, die nur langsam ausgeschieden werden, neigen zur Akkumulation im Körper. Als Maß für die Ausscheidung gilt die biologische **Halbwertszeit $t_{1/2}$**, nach der die

Konzentration im Körper auf die Hälfte gesunken ist. Erfolgt nur eine einmalige Aufnahme oder wird die Zufuhr beendet, klingt die zuletzt im Körper befindliche Konzentration c_n innerhalb der Zeitspanne t_a auf die Mindestkonzentration c_{min} ab:

$$t_a = \frac{t_{1/2}}{\ln 2} \cdot \ln\left(\frac{c_n}{c_{\min}}\right)$$

Bei ständiger Aufnahme (**Resorption**) eines Fremdstoffes mit der Konzentration c_o im zeitlichen Abstand t_M stellt sich eine Grenzkonzentration G ein /43/:

$$G = \frac{c_0}{1 - \exp\left(\frac{t_M \cdot \ln 2}{t_{1/2}}\right)}$$

Wird die Grenzkonzentration nicht erreicht, lässt sich die Konzentration des Fremdstoffes nach n Tagen berechnen entsprechend (→ *Abb. 8.3*):

$$c_n = \frac{c_0 \cdot (1 - K^N)}{1 - K} \qquad K = \exp\left(-\frac{t_M \cdot \ln 2}{t_{1/2}}\right) \text{ und } n = t_n/t_M$$

t_n = Zeit bei der n–ten Aufnahme

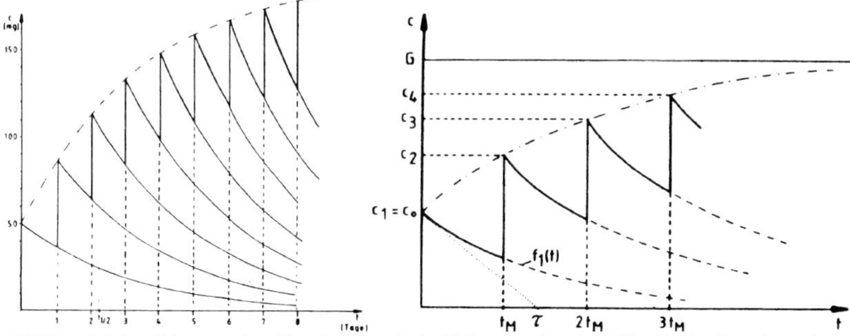

Abbildung 8.3 **Anreicherung** eines Fremdstoffes mit der Halbwertszeit $t_{1/2}$ = 54 Stunden im Organismus innerhalb 8 Tagen (links); Erreichen einer Grenzkonzentration bei regelmäßiger Einnahme eines Fremdstoffes (recht /43/)

Aufgabe

Es erfolgt täglich (t_M = 24 Stunden) eine durchschnittliche Aufnahme von c_0 = 50 mg eines Fremdstoffes, der innerhalb einer Halbwertszeit $t_{1/2}$ = 54 Stunden ausgeschieden wird. Wie hoch ist die Konzentration im Körper nach 12 Tagen und wie hoch ist die erreichbare Grenzkonzentration ?

n = t/t_M = 12 Tage/1Tag = 12; c_o = 50 mg; K = exp [- (24 h · ln2 / 54h)] = 0,73590
c_{12} = 50mg * (1+ K + K^2 +K^3 +... K^{11}) = <u>184,6 mg l^{-1}</u>
G = 50/1 * [exp(- 24·ln 2)] / 54 = <u>186,32 mg l^{-1}</u>

Asbest

Asbeste sind silikatische Naturstoffe von filziger, faserartiger Struktur (zur Struktur: → *Kap. 4.2*). Der wirtschaftlich wichtigste **Chrysotil**–Asbest (weisser Asbest) ist bis 1500°C temperaturbeständig und wurde in erster Linie als Asbestzement (Wellplatten, Entlüftungs-, Entwässerungsrohre), weiterhin als Hitzeschutztextilien, Reibbeläge (Bremsbeläge) und Dichtungen (Zylinderkopfdichtungen) eingesetzt. Die gesundheitlichen Gefahren:

- **Asbestose** (verläuft wie Lungenentzündung),
- **Asbestose** verbunden mit **Lungenkrebs** sowie

- **Ripp-** und **Bauchfellkrebs** (Mesotheliom)

sind in erster Linie die Folge der faserartigen (**fibrogenen**) Struktur des Materials (→ *Abb. 8.4*).

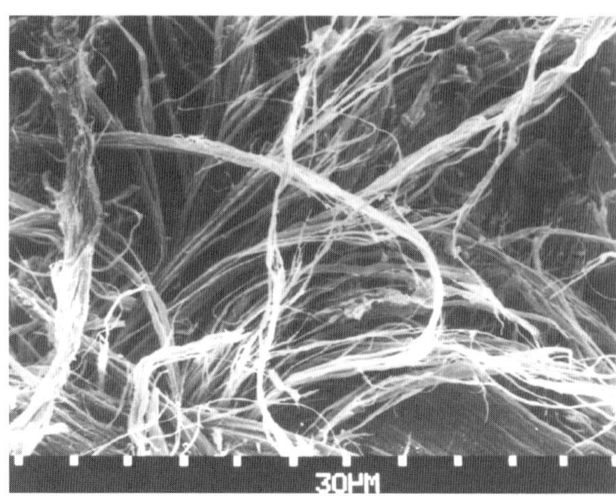

Abbildung 8.4 **Faserstruktur von Chrysotil–Asbest** (REM–Aufnahme: H. Brennenstuhl, FHTE Esslingen)

Asbestverwendung

Die Fasern können in die Lungenbläschen gelangen und sich dort verhaken. Asbestfasern sind außergewöhnlich **biobeständig**, d. h. sie werden in den Lungen nicht abgebaut und sind dann eine ständige Quelle von Entzündungen. Aufgrund der breiten Verarbeitung von Asbest bis in die siebziger Jahre ist derzeit ein starker Anstieg der durch Asbest bedingten Berufskrankheiten zu verzeichnen. Brems- und Kupplungsbeläge, Spachtelmassen und Unterbodenschutz von Altfahrzeugen können Asbestfasern enthalten. Seit 1988 ist der Einbau asbestfreier Bremsbeläge vorgeschrieben. Heute dürfen Asbestprodukte bis auf wenige Ausnahmen **nicht hergestellt und in Verkehr gebracht werden**. Gefahren bestehen heute insbesondere im Baubereich bei **Abbruch-, Sanierungs- und Instandhaltungsarbeiten** aufgrund des früher üblichen Zusatzes von Asbestzement, z.B. zu Eternitplatten. Als Ersatzprodukte für Asbest werden empfohlen: Flachs, Hanf, hochschmelzende Kunststoffe (PTFE, Silikone), Kohlenstoffprodukte. Andere natürliche und künstliche Mineralfasern können ebenfalls krebserzeugend sein.

Ersatzprodukte für Asbest

Rechtshinweise: **GefStoffV**: Anhang III, Nr. 1, Anhang 4, Nr.1; **ChemVerbotsV**, Anhang Nr. 2; **TRGS 901**: Anhang, TRK = 250 000 Fasern m^{-3} (1995); **TRGS 519**: Asbest: Abbruch-, Sanierungs-, oder Instandhaltungsarbeiten; **VBG 119**: Gesundheitsgefährlicher mineralischer Staub; ZH 1/616; ZH 1/512, BIA–Handbuch: Sicherheit und Gesundheitsschutz am Arbeitsplatz.

Künstliche Mineralfasern

Unter künstlichen Mineralfasern (**KMF**) versteht man aus mineralischen Rohstoffen hergestellte amorphe, glasartige Fasern (zur Struktur und Herstellung → *Kap. 4.2*). KMF sind definitionsgemäß **Gefahrstoffe**, wenn sie eine Länge >5 µm, einen Durchmesser <3 µm und ein Verhältnis Länge / Durchmesser >3 : 1 besitzen. Im allgemeinen gilt eine Einstufung in die Gefahrenstufe **C2** (im Tierversuch als krebserzeugend erwiesen). Seit 1993 gilt ein **TRK–Wert** von $0{,}5 * 10^6$ KMF m^{-3}. Ein krebserzeugendes Potential ist insbesondere dann vorhanden, wenn KMF–Fasern eine ausreichende **Biobeständigkeit** in der Lunge haben (sehr beständig sind Si–, bzw- Al–Oxide). Die Hersteller von KMF versuchen, Fasern mit unkritischen Abmessungen oder geringerer Biobeständigkeit, aber ausreichenden Werkstoffeigenschaften zu synthetisieren. Auch **organische** Fasern, z.B. Aramid, Polypropylen und Cellulose können biobeständig sein und sind deshalb als potentiell **gefährlich** anzusehen.

KMF–Verwendung

Die vier Hauptformen künstlicher Mineralfasern (→ *Kap. 4.2*) sind: Endlosfasern (Textilglasfasern), Mineralwolle (Isolierwolle), keramische Fasern (SiC, Al_2O_3) und Spezialfasern (Glasmikrofaser). Man findet sie hauptsächlich in folgenden Einsatzgebieten:

- **Wärmedämmung**: Hier werden überwiegend Fasern aus Mineralwolle verwendet. Der Einsatz erfolgt als lose Wolle oder durch Zugabe von Bindemittel in Bahnen, Matten oder Filzen. Es wird empfohlen, nur gebundene Mineralwolleprodukte zu verwenden. Der jährliche Verbrauch in Deutschland beträgt ca. 400 000 t. **Mineralwolle**
- **Glasfaserverstärkte Kunststoffe (GFK)** werden überwiegend als Textilfasern mit einem unkritischen Durchmesser zwischen 6...16 µm hergestellt und eignen sich zum textilen Verweben. Der jährliche Verbrauch beträgt in Deutschland ca. 130 000 t. **GFK**
- **Reibbeläge (Bremsbeläge) Dichtungen, Hochtemperaturwerkstoffe** bestehen überwiegend aus Mischfasern (Mineralwolle und Textilglas). **Bremsbeläge**

Zahlreiche Hersteller bieten inzwischen mineralische Fasern an, die nicht mehr in den Definitionsbereich gefährlicher KMF fallen.

Rechtshinweise: **TRGS 901**, Anhang Nr 41: TRK 500 000 Fasern m^{-3}, auf Baustellen 1000 000 Gesamtfasern m^{-3}; **VBG 119**: Gesundheitsgefährlicher mineralischer Staub; ZH 1/294: Regeln für Sicherheit und Gesundheitsschutz beim Umgang mit künstlichen Mineralfasern; BIA–Handbuch: Sicherheit und Gesundheitsschutz am Arbeitsplatz.

Stäube

Stäube sind in der Luft feinverteilte Feststoffe (Rauche) mit Korngrößen bis 200 µm, wobei Partikeldurchmesser zwischen 0,4 und 4 µm als **lungenschädlich** betrachtet werden. Stäube können in zweifacher Hinsicht für den Menschen schädlich sein: Einerseits haben sie, je nach Beschaffenheit und Korngröße, eine unmittelbare physiologische Wirkung, andererseits können sie durch Adsorption an der Oberfläche als Träger für Fremdstoffe dienen und diese in die Lunge transportieren. Für die Beurteilung der Gesundheitsgefahren durch Stäube sind folgende Parameter wichtig:

- **Staubkonzentration** in der Atemluft (Massenkonzentration in mg m^{-3}),
- **spezifische Schädlichkeit** (Schadstoffgehalt),
- **Dauer der Einwirkung** (Expositionszeit),
- **Teilchengröße**.

Unterscheidung Stäube

Stäube kann man nach dem **Partikeldurchmesser** einteilen in:

- **Grobstaub:** Korngröße >10 µm
- **Feinstaub:** Korngröße 1... 10 µm
- **Feinststaub, Kolloidstaub:** Korngröße <1 µm.

Gesundheitlich besonders kritisch ist Feinstaub, da er bis in der Lunge vordringen und dort verbleiben kann.

Gesamtstaub

Nach DIN EN 481 und im Sinne des Gefahrstoffrechts unterscheidet man heute bei Stäuben folgende Fraktionen (→ *Abb. 8.5*):

- **einatembare Fraktion** (früher: **Gesamtstaub)**: Masse aller Schwebstoffe, die durch Mund oder Nase eingeatmet werden,
- **Nasen–Rachen–Kehlkopfstaub:** Masse der Partikel, die im Nasen-, Rachen- und Kehlkopfraum abgelagert wird und nicht über den Kehlkopf hinaus vordringt,
- **Tracheo–Bronchialstaub:** Masse der eingeatmeten Partikel, die in die Luftröhre (**Trachee**) eindringt, aber die Flimmerhärchen (**Cilien**) in der Luftröhre nicht passieren kann,
- **Alveolarstaub** (früher **Feinstaub):** Masse der Partikel, die die Flimmerhärchen passiert und bis in die Lungenbläschen (**Alveolen**) vordringen kann und dort auch verbleibt. **Alveolarstaub**

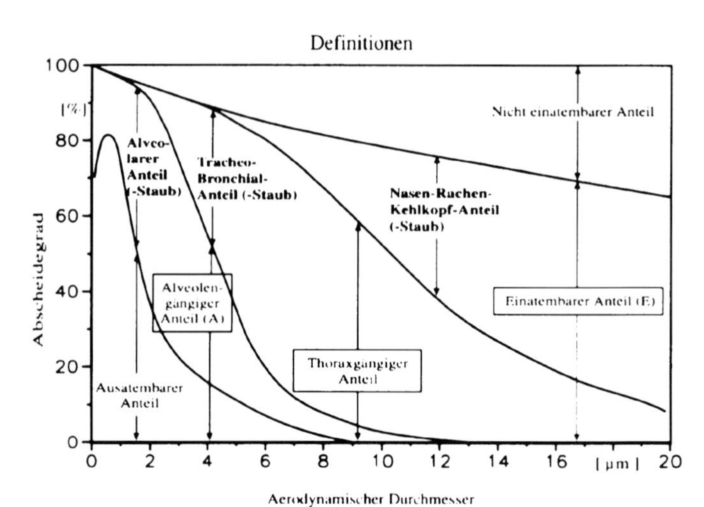

Abbildung 8.5 **Staubanteile** in Abhängigkeit vom **aerodynamischen** Durchmesser der Teilchen (aus: MAK–und BAT–Werte, Verlag VCH, Weinheim 1995 /42/).

Feinststaub

Feinstaub

Bei gewerbehygienischen Untersuchungen unterscheidet man oft nach Gesamtstaub und Feinstaub. Unter **Gesamtstaub** (heute besser: **einatembarer Staub**) versteht man den Anteil des Staubs, der eingeatmet werden kann, also mindestens in den Nasen–Rachen–Raum gelangt. **Feinstaub** ist teilweise lungengängig; der in den Lungen verbleibende Anteil nennt man Alveolarstaub. Je kleiner die Staubpartikel sind (Feinststaub), desto höher ist auch der Staubanteil, der wieder ausgeatmet wird.

Feinstäube unterscheidet man nach ihrer **physiologischen** Wirkung in:

- **inerte Feinstäube,**
- **fibrogene Feinstäube,**
- **toxische Feinstäube.**

Inerte Stäube

Fibrogene Stäube

Toxische Stäube

Inerte Feinstäube treten in der metallverarbeitenden Industrie, z.B. bei der Herstellung und Bearbeitung von Keramikwerkstoffen, beim Sandstrahlen, in Gießereien oder bei der Herstellung von Kunststoffen (Füllstoffe) auf. Auch inerte Feinstäube sind grundsätzlich gesundheitsschädlich (→ *Tab. 8.4*). **Fibrogene Stäube** führen zu Veränderungen des Lungengewebes, den Staub–Lungenerkrankungen (Fibrosen). Am häufigsten durch fibrogene Stäube hervorgerufene Lungenerkrankungen sind die Quarzstaub–Lungenerkrankung (**Silikose**) und die Asbeststaub-Lungenerkrankung (**Asbestose**). **Toxische Stäube** können nach der Aufnahme im Körper aufgrund ihrer Giftwirkung Schädigungen an anderen Organen als der Lunge verursachen. In Betracht kommen hier die Schwermetallstäube, z.B. Blei, Chrom, Mangan, Vanadium u. a. Krebserzeugende Stäube bilden: Arsen, Asbest, Beryllium, Chromate und Nickel.

Rechtshinweise: **TRGS 900**, **TRGS 901**: MAK–und TRK–Werte; **VBG 119** Gesundheitsgefährlicher mineralischer Staub.

Staubmessung

Die Bestimmung von Staubemissionen erfolgt mit:

- **diskontinuierlichen** und
- **kontinuierlichen Verfahren.**

MAK–Werte für Stäube

Stoff	MAK/TRK-Wert	Stoff	MAK/TRK-Wert
Feinstaub allgemein	6	Siliziumcarbid (faserfrei)	4
Quarzstaub	0,15	Kobalt	0,5
quarzhaltiger Feinstaub	4	Nickelstaub	0,5
PVC-Staub	5	Kupferstaub	1,0

Tabelle 8.4 **MAK/TRK–Werte für Stäube** ([mg m^{-3}], Auswahl, Stand 1996)

Diskontinuierliche Staubmessverfahren

Diskontiniuierliche Staubmessverfahren sind u. a.:

- **Gravimetrische Bestimmung:** Messung der Masse des Staubes, der nach dem Durchsaugen eines definierten Gasvolumens auf einem Glaswolle–Filter verbleibt,
- **Visuelle Verfahren** nach ***Ringelmann*:** Optischer Vergleich der Schwärzung eines Filterpapiers mit der *Ringelmann*–Grauwertskala. Diese besteht aus sechs Feldern mit unterschiedlich dichten Rasterlinien.
- **visuelles Verfahren** nach dem **Schwärzungsgrad:** Die Schwärzung eines Filterpapiers wird mit einer zehn Schwärzungsgrade enthaltenden Rußzahl–Vergleichsskala (z.B. *Bacharach*–Skala) nach DIN 51402 verglichen.

Kontinuierliche Staubmessverfahren

Kontinuierliche Verfahren zur Staubmessung werden bei der MAK–Wert–Überwachung oder in der Umweltmesstechnik eingesetzt. Man verwendet:

- **Staubsammelgeräte** oder
- **Streulichtphotometer.**

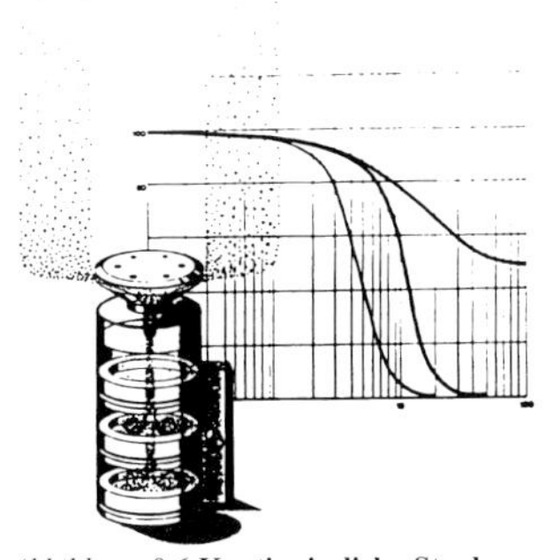

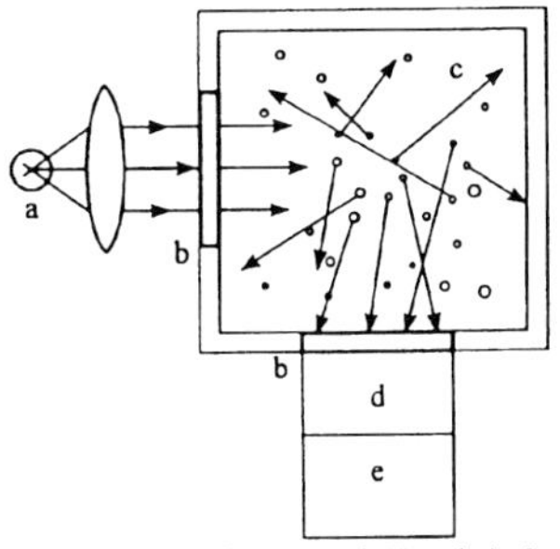

Abbildung 8.6 **Kontinuierliche Staubmessgeräte**: Staubsammler (links, Quelle: Firma Hund, Wetzlar), Streulichtphotometer (rechts): a = Lichtquelle, b = lichtdurchlässiges Fenster in der Rohrwand, c = Gas mit einzelnen Staubpartikeln, d = Photozelle, e = elektronische Auswertung (aus: Chemie für Ingenieure, VDI–Verlag, Düsseldorf, 1993 /44/).

Staubsammler

Bei **Staubsammelgeräten (Impaktor**, → *Abb. 8.6*) wird die staubhaltige Luft durch ein Filtersystem mit zunehmend feineren Poren gesaugt, so dass eine Fraktionierung des Staubes in verschiedene **Korngrößenklassen** möglich ist. Die Masse der einzelnen Filterböden muss vor und nach der Messung durch Auswiegen bestimmt werden.

Streulichtphotometer

Streulichtphotometer sind direkt anzeigende Messgeräte mit besonderer Emfindlichkeit für Partikeldurchmesser zwischen 0,2 μm und 8 μm. Sie arbeiten nach dem Prinzip der Lichtstreuung (Gesetz von *Raleigh*, → *Abb. 8.6* rechts). Die Intensität des gestreuten Lichts hängt ab von:

- der **Wellenlänge** des Primärlichts,
- der **Größe** und Form der Partikel,
- den **optische Eigenschaften** des Partikelmaterials (Brechungsindex, Reflexionsverhalten).

Kalibrierung

In der Praxis muss also mit einem Staubsammelgerät oder aufgrund von Erfahrungswerten kalibriert werden. Streulichtphotometer sind deshalb nur für orientierende Messungen und Standardüberwachungen von Stäuben bekannter Zusammensetzung geeignet.

Allergien

Allergien sind Überempfindlichkeitsreaktionen, die erst nach wiederholten (oft jahrelangen) Kontakten mit Stoffen entstehen (**Sensibilisierung,** z.B. durch Hautkontakt oder Einatmen). Durch Chemikalien verursachte Allergien gehören zu den häufigsten Berufskrankheiten. Bei bestimmten Berufsgruppen treten Berufsallergien gehäuft auf, z.B. Bäcker (Mehl), Friseure (Formaldehyd) und Metallarbeiter (Kühlschmiermittel, Metalle). Auch in der Gefahrstoffliste (EG–Stoffliste, Kennzeichen 'S') sind bestimmte Stoffe als Allergene gekennzeichnet *(→ Tab. 8.5, → Kap.8.2)*.

Sensibilisierende Stoffe

Stoff	Häufigkeit	Einsatz
Nickel	12%	Schrauben, Türgriffe, Münzen, Schmuck, Schlüssel
Parfüm	12%	Duftstoffe
Cobalt	7%	Hartmetallschleifen, Metallpulver
Chrom	5%	Zement, gegerbte Lederhandschuhe
Holzteer	5%	Imprägnierung von Holz
Perubalsam	4%	Bestandteil von Parfümen
Kolophonium	4%	Lackkomponente, Lötflussmittel
Formaldehyd	3%	Leime, Kunstharze, Spanplatten

Stoffklasse	Nachgewiesene Allergene
Metalle	Chrom (Chromate: Farbpigmente), Cobalt, Nickel
Monomere/Harz	Epoxide (Klebstoffe, Gießharze), Isocyanate/Diisocyanate (Klebstoffe, PUR-Monomere), Acrylate (Monomere der Acrylharze), Diamine (Monomere der Polyamid-Synthese), Kolophonium
Lösemittel	Formalin (Formaldehyd), Terpentin
Amine	Piperazin (verboten in Kühlschmierstoffen)
Andere	verschiedene tropische Hözler, Getreidemehlstäube und Schädlingsbekämpfungsmittel

H
N
N
H
Piperazin

Tabelle 8.5 **Ursachen berufsbedingter Allergien** (oben, nicht repräsentative Untersuchung /46/). **Nachgewiesene Allergene** (unten, Auszug EG-Stoffliste /45/)

8.2 Gefahrstoffrecht

Gefahrstoffverordnung

Die Gefahrstoffverordnung (GefStoffV) regelt:

- das **Inverkehrbringen** und die **Kennzeichnung** von gefährlichen Stoffen
- den **Umgang** mit gefährlichen Stoffen.

Die GefStoffV bezieht sich auf eine 'Liste der gefährlichen Stoffe und Zubereitungen (**EG–Stoffliste**)', die von der Europäischen Gemeinschaft für über 2000 chemische Stoffe aufgestellt wurde. In dieser Stoffliste sind die jeweils anzuwendenden Gefahrensymbole aufgeführt /45/.

Gefahrensymbole

Zur Kennzeichnung von Gefahrstoffen müssen die gesetzlich festgelegten **Gefahrensymbole** verwendet werden, die bei jeder Chemikalien–Bezugsquelle als Aufkleber erworben werden können. Das Gefahrensymbol ist deshalb das Erkennungsmerkmal für einen Gefahrstoff (→ *Abb. 8.7*). Beispiele für Gefahrstoffe und die vorgeschriebenen Gefahrensymbole sind in → *Tab. 8.6* zusammengestellt.

Gefahrensymbole

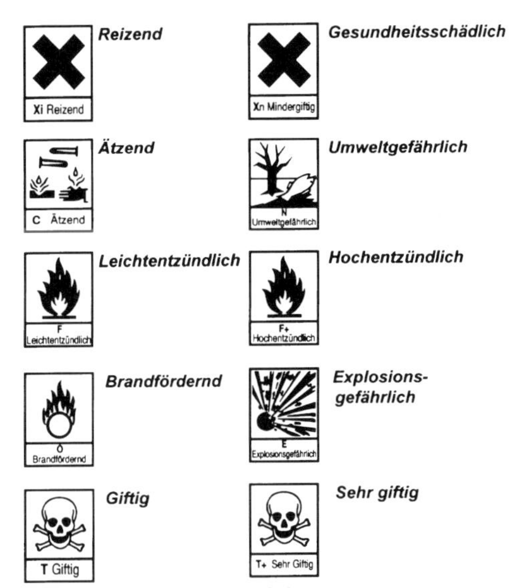

Abbildung 8.7 Gesetzlich vorgeschriebene **Gefahrensymbole**

Gefahrensymbol	Beispiele
sehr giftig T^+	Phosgen, Blausäure, Natriumcyanid, Strychnin, Nikotin
giftig	Phenol, Methanol, Chlor, Quecksilber, Formaldehyd
mindergiftig Xn	Toluol, Xylol, Tetrachlorethen, Styrol
ätzend C	Salzsäure, Ameisensäure, Schwefelsäure, Natronlauge
reizend Xi	Kaliumdichromat, Adipinsäure
explosionsfähig E	Pikrinsäure, Nitroglycerin, Trinitrotoluol (TNT)
brandfördernd O	Natriumchlorat, Salpetersäure, Wasserstoffperoxid
hochentzündlich F^+	Ethin (Acetylen), Butan, Diethylether
leichtentzündlich F	Aceton, Toluol, Ethylacetat, Ethanol, Isopropanol, Natrium, Metallstäube (z.B. Zink, Aluminium u.a.)
umweltschädlich N	Polychlorierte Biphenyle (PCB), Tetrachlormethan, DDT

Tabelle 8.6 **Gefahrstoffe und ihre Kennzeichnung** (Auswahl, Kennzeichnung nach EG-Stoffliste /45/)

R–Sätze
S–Sätze

Jeder Gefahrstoff ist mit bestimmten **Hinweisen** auf besondere Gefahren (R–Sätze) und Sicherheitsratschläge (S–Sätze) gekennzeichnet. Die Gefahrensymbole, R–und S–Sätze sind im Anhang I, Nr. 3 der GefStoffV aufgelistet.

Kennzeichnung von Gefahrstoffen

Gefahrstoffe müssen entsprechend dem in → *Abb. 8.8* dargestellten Muster gekennzeichnet werden durch:

- **Produktbezeichnung**
- **Hersteller, Lieferant**
- **Gefahrensymbole**
- **R–und S–Sätze**

- **besondere Kennzeichen** z.B. Krebsgefahr.

Rechtshinweise: **GefStoffV** § 5–13, Anhang II, Anhang III **TRGS 200**: Einstufung und Kennzeichnung von Stoffen und Zubereitungen

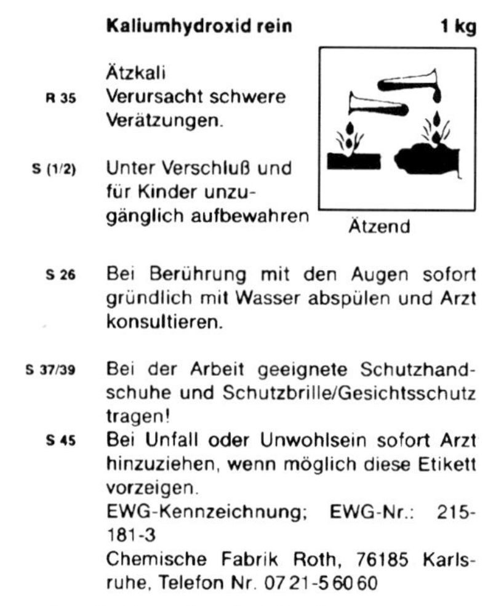

Abbildung 8.8 **Kennzeichnung** eines Gefahrstoffs nach GefStoffV

Aufbewahrung von Gefahrstoffen

Giftstoffe

Lagerung

Gefahrstoffe müssen so aufbewahrt und gelagert werden, dass sie die menschliche Gesundheit und die Umwelt nicht gefährden. Es sind Vorkehrungen gegen Missbrauch oder Fehlgebrauch zu treffen. **Strafbar** macht sich, wer Gefahrstoffe in **Lebensmittelgefässen,** z.B. Nitroverdünnung in Sprudelflaschen, aufbewahrt. **Giftstoffe (Kennzeichnung T, T^{+})** müssen unter **Verschluss** aufbewahrt werden. Eine Lagerung im Sinne der GefStoffV liegt **nicht** vor, wenn:

- die Stoffe sich im **Produktionsgang** oder im **Arbeitsgang** befinden,
- die Stoffe **transportbedingt zwischengelagert** werden,
- die Stoffe in einer **Menge <200 kg** vorliegen.

Rechtshinweise: **GefStoffV** § 24 ; TRGS 514: Lagern sehr giftiger und giftiger Stoffe in Verpackungen und ortsbeweglichen Behältern; **TRGS 515**: Lagern brandfördernder Stoffe in Verpackungen und ortsbeweglichen Behältern.

Sicherheitsdatenblatt

Lieferanten von Gefahrstoffen müssen unaufgefordert ein Sicherheitsdatenblatt erstellen und dem Produkt beilegen. Das Sicherheitsdatenblatt muss vom Kunden aufbewahrt werden und dient als Grundlage zur Erstellung von internen **Betriebsanleitungen** für die Beschäftigten. Der Inhalt des Sicherheitsdatenblatts ist EG–weit vereinheitlicht (Richtlinie 91/155/ EWG) und enthält u. a. Informationen über:

- **Stoffbezeichnung**, Hersteller, Lieferant des Gefahrstoffs,
- **wesentliche Inhaltsstoffe**, physikalische Daten und Gefahren,
- **Verhalten im Störfall** (z.B. Erste Hilfe, Brand),
- **Hinweise zu Transport, Ökologie** und **Entsorgung**.

Rechtshinweise: **GefStoffV** § 14 und Anhang I, Nr. 5
TRGS 220: Sicherheitsdatenblatt für gefährliche Stoffe und Zubereitungen

Gefahrstoffverordnung

In der Gefahrstoffverordnung sind die Pflichten des Arbeitgebers beim Umgang mit Gefahrstoffen festgelegt:

- **Ermittlungspflicht** (§16 GefStoffV),
- **Schutzpflicht** (§17 GefStoffV),

- **Überwachungspflicht** (§18 GefStoffV),
- **Informationspflicht** (§ 19, § 20 GefStoffV).

Ermittlungspflicht

Ein Arbeitgeber ist verpflichtet, die von einem Gefahrstoff ausgehenden Risiken zu prüfen und gegebenenfalls **ungefährlichere Ersatzstoffe** zu beschaffen. Als Grundlage für die Ermittlungspflicht können die Kennzeichnung der Stoffe und Sicherheitsdatenblätter dienen. Der Arbeitgeber ist verpflichtet, ein Verzeichnis (**Kataster**) der im Betrieb verwendeten Gefahrstoffe zu erstellen.

Gefahrstoffverzeichnis

Dieses **Gefahrstoffverzeichnis** muss u. a. folgende Angaben enthalten:
- **Bezeichnung** des Gefahrstoffs,
- **Einstufung** des Gefahrstoffs,
- **Mengenbereich** des Gefahrstoffs im Betrieb,
- **Arbeitsbereiche**, in denen mit dem Gefahrstoff umgegangen wird.

Rechtshinweise: **GefStoffV** § 16; TRGS 222: Gefahrstoffverzeichnis.

Verbote und Beschränkungen

Entsprechend der GefStoffV gelten (vollständige oder eingeschränkte) **Herstellungs- oder Verwendungsverbote** u. a. für folgende Stoffe:
- Asbest
- Arsen und seine Verbindungen
- Teeröle
- Benzol
- Cadmium und seine Verbindungen
- DDT
- Zinnorganische Verbindungen
- Pentachlorphenol (PCP)
- aliphatische Chlorkohlenwasserstoffe
- Vinylchlorid
- Quecksilber und Hg–Verbindungen
- polychlorierte Biphenyle (PCB)
- Kühlschmierstoffe (wenn nitrosierende Komponenten enhalten sind)

Rechtshinweise: § **15 GefStoffV**, Anhang IV; ChemVerbotsV (unvollständig).

Schutzpflicht

Ein Arbeitgeber, der mit Gefahrstoffen umgeht, hat die zum Schutz des menschlichen Lebens, der menschlichen Gesundheit und der Umwelt erforderlichen Maßnahmen nach den Vorschriften der Gefahrstoffverordnung und deren Anhänge sowie den für ihn geltenden Arbeitsschutz- und Unfallverhütungsvorschriften zu treffen. Im übrigen sind die **allgemein anerkannten sicherheitstechnischen, arbeitsmedizinischen** und **hygienischen Regeln** (z.B. TRGS, DIN–Normen, Unfallverhütungsvorschriften u. a.) zu beachten. Zu den allgemein anerkannten Regeln der Technik beim Umgang mit Gefahrstoffen gehören die über 50 **Technischen Regeln für Gefahrstoffe (TRGS)**. Die Arbeitsverfahren sind so zu gestalten, dass keine gefährlichen Gase oder Schwebstoffe **frei** werden und Arbeitnehmer **keinen Hautkontakt** mit gefährlichen flüssigen oder festen Stoffen haben–soweit dies nach dem Stand der Technik möglich ist. Die **MAK–, TRK–, und BAT–Werte sind einzuhalten**, indem technische, organisatorische und hygienische Schutzmassnahmen ergriffen werden. Bei technischen Maßnahmen muss die folgende Reihenfolge eingehalten werden:

TRGS

Schutzmaßnahmen

- **technische Maßnahmen** zur Erfassung von Gasen oder Dämpfen, z.B. Kapselung von Anlagen,
- **lüftungstechnische Maßnahmen**,
- **persönliche Schutzausrüstung**.

Persönliche Schutzausrüstung

Ein ständiges Tragen von **persönlicher Schutzausrüstung** (z.B. Atemschutzgeräte) ist nur zulässig, wenn sich alle anderen technischen Maßnahmen als nicht ausreichend erwiesen haben und Tageszeitbegrenzungen und arbeitsmedizinische Vorsorgeuntersuchungen eingehalten werden.

Rechtshinweise: **GefStoffV** § 17; **TRGS 003**: Allgemein anerkannte sicherheitstechnische, arbeitsmedizinische und hygienische Regeln; **TRGS 300**: Sicherheitstechnik; ZH 1/471: Allgemeine Arbeitsschutzmassnahmen für den Umgang mit Gefahrstoffen.

Unfallverhütungsvorschriften (UVV)

Insgesamt 36 Berufsgenossenschaften (Selbstverwaltungsorgane der pflichtversicherten Unternehmen) erlassen detaillierte **Unfallverhütungsvorschriften (UVV)**. Ein Verstoss gegen die UVV kann als **Ordnungswidrigkeit** bzw. im Falle eines **Strafprozesses** als **grobe Fahrlässigkeit** geahndet werden. Die rund 130 UVV sind nach VBG–Nummern (VBG = Verband gewerblicher Berufsgenossenschaften) geordnet. Über 50 UVV behandeln den korrekten Umgang mit Gefahrstoffen. Beispiele sind:

- **UVV VBG 15 Schweißen, Schneiden und verwandte Verfahren,**
- **UVV VBG 48 Strahlarbeiten,**
- **UVV VBG 61 Gase.**

ZH1/...–Schriften BG–Regeln

Die gewerblichen Berufsgenossenschaften (BG) geben mehrere hundert Richtlinien, Sicherheitsregeln, Grundsätze und Merkblätter (**ZH1/...–Schriften**) heraus. Die seit dem Jahr 1993 erscheinenden '**Regeln für Sicherheit und Gesundheitsschutz bei der Arbeit (BG–Regeln)**' enthalten Zusammenstellungen von Inhalten aus EG–Richtlinien, internationalen Übereinkommen, deutschen und europäischen Normen und berufsgenossenschaftliches Erfahrungsgut. Sie geben einen zusammenfassenden Überblick über den Stand des Arbeitsschutzes in einem speziellen Arbeitsgebiet. Beispiele sind:

- **ZH1/ 248** Regeln für Sicherheit und Gesundheitsschutz beim Umgang mit Kühlschmierstoffen,
- **ZH1/ 294** Regeln für Sicherheit und Gesundheitsschutz beim Umgang mit künstlichen Mineralfasern.

Überwachungspflicht Sichere Unterschreitung

Sofern mit dem Auftreten von Gefahrstoffen zu rechnen ist, muss der Arbeitgeber regelmäßig ermitteln, ob die MAK–und TRK–Werte sicher unterschritten werden. Eine dauerhaft **sichere Unterschreitung** des Grenzwerts liegt z.B. vor, wenn die Schichtmittelwerte nicht größer **als 1/4 des Grenzwerts** sind. Die Ermittlung der Konzentrationen kann aufgrund zuverlässiger Berechnungen oder aufgrund von Messungen durchgeführt werden. Die Messergebnisse müssen im allgemeinen 30 Jahre (bei krebserregenden Stoffen 60 Jahre) aufbewahrt werden.

Rechtshinweise: **GefStoffV** § 18; TRGS 420: Verfahrens- und stoffspezifische Kriterien für die dauerhaft sichere Einhaltung von Luftgrenzwerten; **TRGS 402**: Ermittlung und Beurteilung der Konzentration gefährlicher Stoffe in der Luft am Arbeitsplatz; **TRGS 403**: Bewertung von Stoffgemischen in der Luft am Arbeitsplatz.

MAK–Wert

Der MAK–Wert (**Maximale Arbeitsplatzkonzentration**) ist die höchstzulässige Konzentration eines Arbeitsstoffes (**Gas, Dampf, Schwebstoff**), bei der nach dem gegenwärtigen Erkenntnisstand auch bei langdauernder Exposition (8 Stunden täglich, 40 Stunden wöchentlich) **keine Gefahr für die Gesundheit eines Arbeitnehmers** besteht. Der MAK–Wert wird als **Schichtmittelwert** gemessen. Der Arbeitgeber ist verpflichtet, die Einhaltung der MAK–Werte regelmäßig zu prüfen und die Arbeitnehmer bzw. den Betriebsrat darüber zu informieren. Für die routinemäßige Überprüfung von MAK–Werten werden preisgünstige Geräte (z.B. Gasspürpumpe mit Prüfröhrchen, Staubmessgerät) angeboten (→ *Abb. 8.9*). Die MAK–Werte werden jährlich durch eine unabhängige Kommission neu bewertet. Gesetzlich gültig sind die MAK–Werte, die gemeinsam mit den TRK–Werten als **TRGS 900** veröffentlicht sind. MAK–bzw. TRK–Werte werden meist in Einheiten [ppm = parts per million = ml Schadstoff pro m^3 Luft

MAK–Messgeräte

meist in Einheiten [ppm = parts per million = ml Schadstoff pro m^3 Luft am Arbeitsplatz oder in mg m^{-3}] angegeben.
Rechtshinweise: **TRGS 900**: Grenzwerte in der Luft am Arbeitsplatz, MAK–und TRK–Werte.

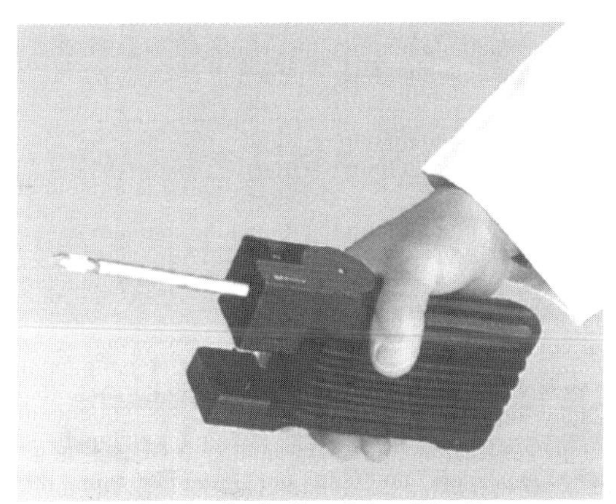

Abbildung 8.9 **Gasspürpumpe**, Prüfröhrchen(Quelle: Firma Dräger, Lübeck).

TRK–Werte

Für krebserzeugende Arbeitsstoffe können keine MAK–Werte aufgestellt werden, da keine niedrigst tolerierbare Dosis angegeben werden kann. In diesem Fall verwendet man die **Technische Richtkonzentration**. Der TRK–Wert gibt die Konzentration eines schädlichen Stoffes (Gas, Dampf, Schwebstoff) in der Luft am Arbeitsplatz an, die nach dem Stand der Technik erreicht werden darf und die als Anhalt für die zu treffenden Schutzmassnahmen dient. Die Einhaltung der TRK–Werte soll das Risiko einer Beeinträchtigung der Gesundheit vermindern, vermag dieses jedoch nicht vollständig auszuschließen. Die TRK–Werte sind in der **TRGS 900** enthalten und werden in der **TRGS 901** begründet. Beispiele für MAK–und TRK–Werte sind in → *Tab. 8.7* zusammengestellt.
Rechtshinweise: **TRGS 901**: Technische Richtkonzentrationen für gefährliche Stoffe (Begründungen); **TRGS 900**: Grenzwerte in der Luft am Arbeitsplatz, MAK–und TRK–Werte.

MAK–Werte für Arbeitsstoffe

Stoff	MAK	Stoff	TRK
Salzsäure	5 ppm = 7 mg m^{-3}	Asbest	250000 Fasern m^{-3}
Ammonika	50 = 35	Asbestsanierung	500000 Fasern m^{-3}
Chlor	0,5 = 1,5	künst. Mineralfasern	500000 Fasern m^{-3}
Kohlenmonoxid	30 = 33	Vinylchlorid	2 ppm (3 ppm für Altanlagen)
Aceton	500 = 1200	Ottokraftstoffe	2,5 ppm
Ethanol	1000 = 1900	Dieselmotoremissionen	0,2 mg m^{-3}
Nikotin	0,07 = 0,5	Benzol	2,5 ppm
Formaldehyd	0,5 = 0,6	Nickelerze	0,5 mg m^{-3}
Toluol	50 = 190	Nickelaerosole	0,05 mg m^{-3}
		Cobaltpulver (Hartmetallherstellung)	0,5 mg m^{-3}
		Chromoxid	0,2 mg m^{-3}
		Benz[a]pyren (in Kokereien)	0,005 mg m^{-3}
		Buchen-/Eichenholzstaub	2 mg m^{-3}

Tabelle 8.7 **MAK- und TRK-Grenzwerte** (Auswahl, Stand 1996)

BAT–Werte

Zahlreiche Substanzen reichern sich im Körpergewebe an. Dazu zählen bestimmte Schwermetalle oder Chlorkohlenwasserstoffe. Für diese Stoffe ist die Biologische Arbeitsstoff–Toleranz (BAT) der Wert, der im Rahmen von ärztlichen Vorsorgeuntersuchungen im Blut, Harn u. a. nicht überschritten werden darf. Die BAT–Werte sind in der **TRGS 903** festgelegt und als Beispiele in → *Tab. 8.8* zusammengestellt.
Rechtshinweise: **TRGS 903** Biologische Arbeitstoleranzwerte, BAT - Werte

Stoff	BAT-Wert
Blei	700 µg l^{-1} (Blut)
Bleitetraethyl	25 µg l^{-1} (Blut)
Quecksilber	50 µg l^{-1} (Blut)
Fluorwasserstoff	7 mg l^{-1} (Blut)
Perchlorethen	1 mg l^{-1} (Blut)
Toluol	1,7 mg l^{-1} (Blut)

Tabelle 8.8 **BAT–Werte** (Auswahl, Stand 1996).

Auslöseschwelle

Wird die Auslöseschwelle (identisch mit dem MAK–, TRK–bzw. BAT–Grenzwert) von Stoffen, die im Anhang VI der GefStoffV genannt sind, **kurzzeitig** überschritten, müssen weitergehende Maßnahmen zum Schutz der Gesundheit von Arbeitnehmern ergriffen werden.

Gefahrstoffe mit MAK–Wert

Bei Gefahrstoffen mit **MAK–Wert** sind diese Maßnahmen:

- **arbeitsmedizinische Vorsorgeuntersuchungen,**
- **Beschäftigungsbeschränkungen,**
- **Mitteilungspflicht** an die betroffenen Arbeitnehmer und die Betriebsräte.

Gefahrstoffe mit TRK–Wert

Bei Gefahrstoffen mit **TRK–Wert** umfassen die Maßnahmen:

- **persönliche Schutzausrüstung** muss zur Verfügung stehen (jedoch nicht getragen werden)
- **Arbeitszeitregelung,**
- **Anzeige** an die zuständige Behörde (Gewerbeaufsichtsamt und Berufsgenossenschaft)

Wird der TRK–Wert **dauerhaft überschritten**, muss persönliche Schutzausrüstung zur Verfügung gestellt und benutzt werden.
Rechtshinweise: **GefStoffV** § 28 und Anhang VI; **TRGS 100**: Auslöseschwelle für gefährliche Stoffe.

Besondere Vorschriften

Besondere Gefahren und damit Vorschriften bestehen für Stoffe, die:

- **krebserzeugend (cancerogen, Kennzeichen C** nach EG–Bezeichnung),
- **erbgutverändernd (mutagen, Kennzeichen M),**
- **fruchtschädigend (teratogen, Kennzeichen R),**
- **allergieauslösend (sensibilisierend, Kennzeichen S)** sind.

Krebserzeugende Arbeitsstoffe

Die Verwendung von krebserzeugenden Stoffen am Arbeitsplatz ist zu vermeiden, wenn dies zumutbar und technisch möglich ist, auch wenn dies mit **Änderungen** des Produktionsprozesses verbunden ist. Die Verwendung oder Freisetzung krebserzeugender Stoffe muss den **Behörden angezeigt** werden (§ 37 GefStoffV). Krebserzeugende Stoffe sind in der TRGS 905 aufgelistet und werden in drei Kategorien eingeteilt (**C = cancerogen**):

- **C1:** Stoffe die beim Menschen bekanntermassen krebserzeugend wirken,
- **C2:** Stoffe, die aufgrund von Tierversuchen als krebserzeugend für den Menschen angesehen werden,
- **C3:** Stoffe, die aufgrund möglicher krebserzeugender Wirkung Anlass zu Besorgnis geben.

Für den Umgang mit krebserzeugenden und erbgutverändernden Gefahrstoffen sind zusätzliche Vorschriften in der GefStoffV enthalten.

Rechtshinweise: **GefStoffV** Kap. 6 und Anhänge, **ChemVerbotsV** und Anhänge; **TRGS 500** Schutzmassnahmen beim Umgang mit krebserzeugenden Gefahrstoffen; **TRGS 900**, 102: TRK–Werte und Anhänge; **TRGS 905**: Krebserzeugende Arbeitsstoffe; **UVV VBG 113** Umgang mit krebserzeugenden Gefahrstoffen.

Informationspflicht

Arbeitnehmer, die mit Gefahrstoffen umgehen, müssen in jedem Fall durch eine **Beriebsanweisung** über die auftretenden Gefahren und Schutzmasnahmen unterwiesen werden. Die Unterweisung muss vor der Beschäftigung und darüberhinaus einmal **jährlich** stattfinden. Inhalt und Zeitpunkt der Unterweisung muss schriftlich festgehalten und durch **Unterschrift bestätigt** werden. Betriebs- und Personalräte müssen umfassend über den Umgang mit Gefahrstoffen unterrichtet und beteiligt werden.

Betriebsanweisungen

Für den Umgang mit Gefahrstoffen muss der Arbeitgeber arbeitsbereich- bzw. stoffbezogene Betriebsanweisungen erstellen. Diese müssen u. a. Informationen enthalten zu:

- **Arbeits- / Tätigkeitsbereich:** Umfang des Arbeits- / Tätigkeitsbereichs, verwendete Arbeitsstoffe, Gefährdungen, Auflagen am Arbeitsplatz, Schutzmassnahmen (technische, hygienische, persönliche), Maßnahmen bei Stör- / Unfällen;
- **Stoff / Stoffgruppe:** Kennzeichnung, Brand- / Explosionsschutz, Erste Hilfe, ärztliche Vorsorgeuntersuchungen, MAK–/TRK–Werte, sachgerechte Entsorgung.

Betriebsstörungen

Die Pflicht zur Erstellung von Betriebsanweisungen gilt auch für **nicht kennzeichnungspflichtige Stoffe**, wenn bei der **Verarbeitung** oder als Folge einer **Betriebsstörung** Gefahrstoffe auftreten können, z.B.:

- **Arbeiten mit kristalliner Kieselsäure** (Silikose verursachend),
- **Schweisselektroden** (krebserzeugende Schweissrauche),
- **Metallschleifen** (gesundheitsgefährliche Stäube).

Rechtshinweise: **GefStoffV** § 20; **TRGS 555**: Betriebsanweisungen und Unterweisungen nach § 20 GefStoffV; ZH1/ 93: Sicherheitslehrbrief Umgang mit Gefahrstoffen sowie weitere Sicherheitslehrbriefe für zahlreiche Berufsgruppen; ZH1/124: Betriebsanweisungen für den Umgang mit Gefahrstoffen; ZH1/172: Sicherheit durch Betriebsanweisungen.

Abfälle als Gefahrstoffe

Handelt es sich bei **Abfällen um Gefahrstoffe**, so gelten die Vorschriften der GefStoffV bezüglich Kennzeichnung, Ermittlungspflicht und Unterweisungspflicht sinngemäß. Die Kennzeichnung von Abfällen umfasst:

- **Bezeichnung** des Abfalls,
- **Gefahrensymbole** und **Gefahrenbezeichnung,**
- **R**–und **S–Sätze** (soweit für die Entsorgung von Bedeutung),
- **Name** und **Anschrift** des Abfallerzeugers,
- für brennbare Stoffe**: VbF–Klasse,**
- für ätzende Stoffe: **saure / basische Reaktion,**
- Hinweise zur **Entsorgung, z.B.** Abfallschlüsselnummer,
- Hinweise zum **Transport**, z.B. GGVS–Zeichen.

Die **Ermittlungspflicht** umfasst die Ermittlung und Dokumentation (**Abfallkataster**) der oben genannten Daten. Die **Unterweisungspflicht** umfasst die Erstellung von abfallbezogenen Betriebsanweisungen für z.B.:

- das **innerbetriebliches Einsammeln** von gefährlichen Abfällen,
- den **Umgang mit gefährlichen Abfällen** in innerbetrieblichen Zwischenlagern.

Rechtshinweise: **TRGS 201**: Kennzeichnung von Abfällen beim Umgang mit Gefahrstoffen; weitere Bestimmungen nach dem Abfallrecht.

8.3 Brennbare Stoffe

Gefahrendreieck

Die für einen Verbrennungsvorgang notwendigen Faktoren sind in dem Gefahrendreieck nach → *Abb. 8.10* festgehalten: Zündquelle, Sauerstoff und brennbarer Stoff. Zur Verhinderung von Verbrennungsvorgängen (Brandschutz) muss mindestens einer dieser drei Faktoren eliminiert werden.

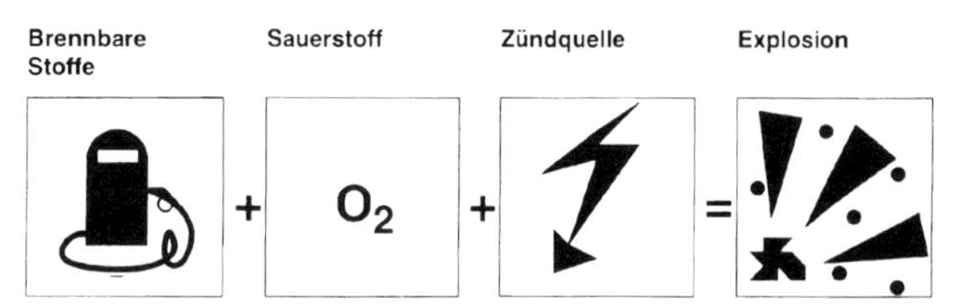

Abbildung 8.10 **Gefahrendreieck:** im Brandfall müssen alle drei Faktoren zusammentreffen. Beim Brandschutz muss mindestens ein Faktor eliminiert werden (aus: Exploionsschutz, Firma Juchheim, Fulda).

Zündquellen

Zündquellen können sein:

- **heisse Oberflächen** (Temperatur oberhalb der Zündtemperatur),
- **Flammen** und **heisse Gase,**
- **mechanisch erzeugte Funken** (Reib-, Schlagfunken),
- **elektrostatische Aufladung,**
- **elektrischer Strom,**
- **adiabatische Kompression** (z.B. Ölnebel in Kompressoren),
- **Katalysatoren** (z.B. feinverteiltes Platin),
- **selbstentzündliche Stoffe** (z.B. auch Ölputzlappen, feuchter Koks, Heu).

Explosionsgrenzen

Explosionen sind besonders **schnell verlaufende** Verbrennungsreaktionen mit Ausbreitungsgeschwindigkeiten von 1...1000 m s^{-1}. Sie können mit dem Auftreten von **Stosswellen** verbunden sein. Entflammbare Gase und Flüssigkeiten können nur zur Explosion gebracht werden, wenn sie innerhalb eines gewissen Mischungsverhältnisses mit Luft vorliegen. Diese Konzentrationen bezeichnet man als **untere** und **obere Explosionsgrenze** (→ *Abb. 8.11* und → *Tab. 8.9*). Eine Explosion ist nicht möglich, wenn zuviel Sauerstoff (**mageres** Gemisch) oder zuviel Brennstoff (**fettes** Gemisch) vorhanden ist. Vorbeugender **Explosionsschutz** ist darauf gerichtet, **explosive Atmosphären** zu **vermeiden**. Gezielte technische Nutzung erfahren Explosionen dagegen in **Verbrennungsmotoren**.

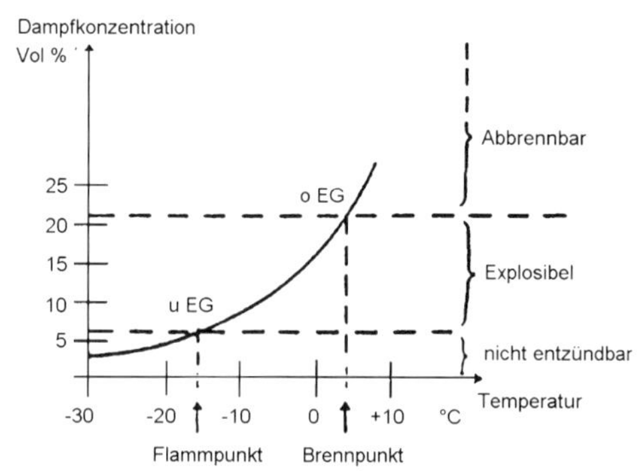

Abbildung 8.11 **Obere und untere Explosionsgrenze:** Die Temperatur, bei der die untere Explosionsgrenze überschritten ist, nennt man Flammpunkt. Die Temperatur bei der oberen Explosionsgrenze nennt man Brennpunkt.

Zündtemperatur

Die **Zündtemperatur** ist die niedrigste Temperatur einer erhitzten Wand, bei der ein Gas / Luft–Gemisch **ohne Fremdzündung** entzündet wird und die dabei freiwerdende Reaktionswärme den Verbrennungprozess weiter aufrecht erhält (→ *Tab. 8.9*). Vorbeugender Explosionsschutz ist darauf gerichtet, die **Zündtemperatur** zu **unterschreiten**. In Feuerungsanlagen oder in Dieselmotoren muss dagegen die Zündtemperatur überschritten sein.

Stoff	Flammpunkt [°C]	Zündtemperatur [°C]	Explosionsgrenzen [Vol%]	
			untere	obere
Aceton	-18	540	2,5	13
Benzin	<-21	250	1,3	6
Benzol	-11	555	1,2	8
n-Butan	-60	365	1,5	8,5
n-Butanol	29	340	1,4	11,3
Butylacetat	25	370	1,2	7,5
Diethylether	-49	180	1,7	36
Diesel/Heizöl	>55	220	0,6	6,5
Ethanol	13	425	3,4	15
Ethin (Acetylen)	-	305	1,5	82
Ethylacetat	-4	460	2,1	11,5
Methan	-	650	5	15
Methanol	11	455	5,5	44
Methylenchlorid	-	605	13	22
Perchlorethen	-	-	-	-
Propan	-	470	2,1	9,5
Toluol	5	535	1,2	7
Wasserstoff	-	560	4	75,5
o-Xylol	30	465	1	7

Tabelle 8.9 **Flammpunkt, Zündtemperatur**, obere und untere Explosionsgrenze einiger brennbarer Flüssigkeiten und Gase an Luft (die Flammpunkte der brennbaren Gasen liegen bei sehr niedrigen Temperaturen und sind nicht aufgelistet).

Verteilungsgrad

Verbrennungsreaktionen sind Oberflächenreaktionen. Entscheidend für die **Entflammbarkeit** ist deshalb oft der **Verteilungsgrad** (z.B. bei Mehl-, Staubexplosionen). Der feinstmögliche Verteilungsgrad ist der gasförmige Zustand. Vorbeugender Explosionsschutz ist darauf gerichtet, Stäube zu vermeiden.

Flammpunkt

Brennbare Flüssigkeiten brennen nicht selbst an der Oberfläche, sondern ihr **Dampf** brennt in Gemisch mit Luft. Die Zündfähigkeit von brennbaren **Flüssigkeiten** wird nach dem Flammpunkt beurteilt. Der **Flammpunkt (FP)** ist die niedrigste Temperatur einer Flüssigkeit, bei der sich über der Flüsigkeit Dämpfe in solcher Menge bilden, dass ein zündfähiges Gas / Luft–Gemisch erstmalig und kurzzeitig aufflammt (bei 0,1013 MPa, **Fremdzündung notwendig**). Der **Brennpunkt (BP)** einer Flüssigkeit ist die niedrigste Temperatur, bei der das gebildete Gas / Luft–Gemisch nach Fremdzündung entflammt und in eine stabile (langsame) Verbrennung übergeht. Der Brennpunkt liegt im allgemeinen ca. 60 K über dem Flammpunkt und ist mit der Temperatur an der oberen Explosionsgrenze gleichzusetzen.

Brennpunkt

Verordnung über brennbare Flüssigkeiten (VbF)

Die **Verordnung über brennbare Flüssigkeiten (VbF)** gilt für gewerbliche und wirtschaftliche Zwecke, in deren Gefahrenbereich Arbeitnehmer beschäftigt sind (z.B. Tankstellen, Lösemittellager, Verkaufsflächen). Brennbare Flüssigkeiten werden nach VbF in die **Gefahrenklasse A I, B, A II** und **A III** eingeteilt (→ *Tab. 8.10* oben). Flüssigkeiten der Gefahrenklasse B können im Brandfall gut mit Wasser gelöscht werden. Flüssigkeiten der Gefahrenklasse A müssen im Brandfall mit Pulver- oder Schaumlöschern gelöscht werden.

Lagerung brennbarer Flüssigkeiten

Die Lagerung von brennbaren Stoffen ist gegenüber den Behörden anzeigepflichtig oder erlaubnispflichtig, wenn die gelagerten Mengen die in → *Tab. 8.10* (unten) angeführten Grenzen übersteigen (Auszug aus der VbF). Unzulässig ist die Lagerung von brennbaren Flüssigkeiten:

- in **Durchgängen und Durchfahrten,**
- in **Treppenräumen,**
- in **allgemein zugänglichen Fluren,**
- in **Schankräumen,**
- auf **Dächern** von Wohnhäusern, Krankenhäusern, Bürohäusern und ähnlichen Gebäuden sowie in deren Dachräumen,
- in **Arbeitsräumen** (außer die an **einem Arbeitstag** verbrauchte Menge).

Flüssigkeit	VbF	Beispiele
Flammpunkt <21°C	AI	Benzin, Petrolether, Toluol (nicht wasserlöslich)
Flammpunkt <21°C	B	Ethanol, Aceton (wasserlöslich)
Flammpunkt <55°C	AII	Xylol
Flammpunkt <100°C	AIII	Diesel, Heizöl EL, viele Kaltreiniger

Art des Gefässes	Gefahrenklasse	Menge [l]	Regelung
zerbrechlich	AI	60...200	Anzeige
		>200	Erlaubnis
	AII oder B	200...1000	Anzeige
		>1000	Erlaubnis
sonstige Gefässe	AI	450...1000	Anzeige
		>1000	Erlaubnis
	AII oder B	3000...5000	Anzeige
		>5000	Erlaubnis

Tabelle 8.10 **Brennbare Flüssigkeiten:** Gefahrenklassen nach VbF (oben); Anzeige und Erlaubnis nach VbF für die Lagerung brennbarer Flüssigkeiten in einem Lagerraum über oder unter Erdgleiche (unten, Auszug)

TRbF

Einrichtungen zum Umgang mit brennbaren Flüssigkeiten (z.B. Tauchpumpen, Rührwerke, Messgeräte u. a.) müssen eine Bauartzulassung der Physikalischen Bundesanstalt, Braunschweig besitzen. Die VbF wird weiter durch rund 40 **Technische Regeln zum Umgang mit brennbaren Flüssigkeiten (TRbF)**, z.B. für Tankstellen, Tanks auf Fahrzeugen oder Lager detailliert. Aufsichtsbehörde ist das Gewerbeaufsichtsamt.

Brennbare Gase

Beim **Umgang mit gefährlichen Gasen** ist der Stand der Technik einzuhalten. Der Umgang umfasst entsprechend der **UVV VBG 61 'Gase'** u. a. den Betrieb von Anlagen (Dichtheit), das gesamte Betriebsgeschehen, Brandschutzmassnahmen und Schutzabstände. Zu den erfassten Anlagen zum Umgang mit gefährlichen Gasen (im Druckbereich zwischen Vakuum bis 0,01 MPa Überdruck) gehören z.B. Kokereien, Anlagen zum Aufbringen von Schutzgasatmosphäre, Gasnitrieranlagen, Plasmaätzanlagen. Die Unfallverhütungsvorschrift UVV VBG 61 enthält:

UVV VBG 61

- Eine Auflistung der **Gefahrenmerkmale** von Gasen entsprechend der Gefahrstoffverordnung (brennbar, giftig, ätzend, krebserzeugend, brandfördernd, wassergefährdend, chemisch instabil). Gase, die schwerer sind als Luft, können durch Sauerstoffverdrängung zu einer Gefahr (Erstickung) werden. Die Gefahrenmerkmale einiger Gase sind in → *Tab. 8.11* (oben) zusammengefasst.

- Eine Auflistung **nicht geeigneter Werkstoffe** für bestimmte Gase (→ *Tab. 8.11* unten).

Gase	Gefährlichkeitsmerkmal
Ozon O_3	sehr giftig, ätzend, brandfördernd, chemisch instabil
Kohlenmonoxid CO	brennbar, giftig, fruchtschädigend
Stickstoffdioxid NO_2	sehr giftig, brandfördernd, schwach wassergefährdend
Ammoniak NH_3	giftig, fruchtschädigend, wassergefährdend
Schwefeldioxid SO_2	giftig, schwach wassergefährdend
Wasserstoff H_2	brennbar
CO_2, Argon Ar	Gase schwerer als Luft

Gas	Ungeeignete Werkstoffe
O_3	Zinn, Schmiermittel, Fette, Wachse, zahlreiche Kunststoffe
CO	Eisen, Kobalt, Nickel, Mangan (bei Drücken über 35 bar)
NO_2	ferritischer Stahl, Ethen-Polymerisate, Schmierstoffe
NH_3	Cu und Cu-Legierungen, Zn und Zn-Legierungen
SO_2	Nickel, Nickellegierungen, Molybdän
H_2	Titan, Palladium, Zirkonium

Tabelle 8.11 **Gefährliche Gase**: Gefahrenmerkmale (oben) und ungeeignete Werkstoffe (unten, nach UVV VBG 61)

Gasflaschen

Um Verwechslungen vorzubeugen sind Gasflaschen entsprechend → *Tab. 8.12* **farblich** gekennzeichnet.

Gas	Flaschenfarbe	Bemerkung
Sauerstoff	blau	Gewinde nicht fetten
brennbare Gase (außer Ethin)	rot	Linksgewinde
Ethin	gelb	
Stickstoff	grün	
nichtbrennbare Gase	grau	außer Stickstoff

Tabelle 8.12 **Kennfarben von Gasflaschen** (neue Kennzeichnung in Vorbereitung)

Staubexplosionen

Stäube sind feinverteilte Festkörper mit einer Korngröße ca. <500 µm. Zu den Stäuben zählen auch Produkte wie Pulver, Puder oder Mehl. Brennbare Stäube sind Stäube, die bei der Reaktion mit **Luftsauerstoff exotherm**, d. h. unter Wärmefreisetzung reagieren. Von besonderer Bedeutung sind die **Konzentration** und der **Verteilungsgrad** der Staubpartikel. Staubbrände und Staubexplosionen können sich bei folgenden Vorgängen ereignen:

- **Mahlen** und **Trocknen** von **Kohle**, Befüllen von Kohlestaubsilos,
- **Absaugen** oder **Fördern** von **Holzstaub**, z.B. in Filter- und Abscheideanlagen,
- **Umschlagen** und **Silieren** von **Getreide,**
- **Mahlen**, **Mischen** oder **Fördern** von **organischen Pulvern**, z.B. Getreide, Zucker, Kunststoffe, Farbstoffe u. a.,
- **Sprühtrocknen organischer Produkte**, z.B. Milch,
- **Trocknen, Granulieren** oder **Beschichten** in Wirbelschichtapparaturen,
- **Schleifen** von **Leichtmetallen** und deren Legierungen,
- **Herstellen** und **Verarbeiten** von **Metallpulvern**.

Maßnahmen des Explosionsschutzes beruhen u.a. auf:

Explosionsschutz

- **Vermeidung brennbarer Stäube** (Korngröße, Zumischung von Inertstoffen),
- **Vermeidung von Zündquellen** (offene Flammen, z.B. Schweißbrenner, heisse Oberflächen, statische Elektrizität),
- **Unterschreitung kritischer Temperaturen** (Zündtemperatur, Schweltemperatur oder Glimmtemperatur),
- **Unterschreitung kritischer Sauerstoffkonzentrationen** (obere und untere Explosionsgrenze, Schutzgas),
- **konstruktive Maßnahmen** (Explosionsdruckentlastung, Explosionsunterdrükkung).

Normenhinweis: **VDI–Richtlinie 2263**: Staubbrände und Staubexplosionen

8.4 Wassergefährdende Stoffe

Wassergefährdende Stoffe

Wassergefährdende Stoffe sind Stoffe, die geeignet sind, nachhaltig die physikalische, chemische und biologische Beschaffenheit eines Wassers **nachteilig** zu verändern.

WGK

Das **Gefährdungspotential** einer Flüssigkeit wird durch die **Wassergefährdungsklasse (WGK)** beschrieben (→ *Tab. 8.13*). Bei einem unbekannten Stoff (Altlasten) ist grundsätzlich von WGK 3 (stark wassergefährdend) auszugehen.

WGK	Bezeichnung	Beispiele
0	im allgemeinen nicht wassergefährdend	Aceton, Ethanol
1	schwach wassergefährdend	Salzäure, Heizöl S, viele Farben, Lacke, Klebstoffe
2	wassergefährdend	Ammoniak, Chlor, Heizöl EL, Diesel, Ottokraftstoffe, Motor- und Getriebeöl
3	stark wassergefährdend	Altöle, Öle unbekannter Herkunft, CKW (Tri, Per), Chromsäure, Cyanide

Tabelle 8.13 **Wassergefährdungsklassen** für wassergefährdende Stoffe

VwVwS

In der **Verwaltungsvorschrift wassergefährdende Stoffe (VwVwS)** sind die WGK von über 1300 Stoffen aufgelistet. Darüberhinaus enthält die Vorschrift eine einfache Bestimmungsregel zur Selbsteinstufung der WGK neuer Stoffe durch den Hersteller. Bei den in → *Tab. 8.14* genannten Stoffgruppen ist mit einer Wassergefährdung zu rechnen.

Wassergefährdende Stoffe	Beispiele
Schwermetallkationen	Arsen, Antimon, Barium, Beryllium, Bor, Blei, Cadmium, Chrom, Kobalt, Kupfer, Nickel, Molybdän, Quecksilber, Selen, Silber, Tellur, Thallium, Titan, Uran, Vanadium, Zink, Zinn
Anionen	Cyanide, Fluoride, Chromate, Nitrite
Säuren und Basen	Ammoniak, Salzsäure
Kohlenwasserstoffe	Schmiermittel, Öle, Kühlschmiermittel, Treibstoffe
Biozide	Desinfektionsmittel, Schädlingsbekämpfungsmittel
Chlorkohlenwasserstoffe	CKW, z.B. Tri, Per, Chloroform
Metallorganische Verbindungen	organische Silizium-, Zinn- und Phosphorverbindungen

Tabelle 8.14 **Wassergefährdende Stoffe** nach VwVwS (Beispiele)

Das **Gefährdungspotential einer Lagerung** wird bestimmt durch die:

Gefährdungspotential

- **Art des wassergefährdenden Stoffes** (WGK, Migrationsverhalten),
- **Art der Anlage, Anlagenvolumen,**
- **Standortgegebenheiten** (Standort, Untergrund, Wasserschutzgebiet).

Das Sicherungssystem umfasst technisch/ organisatorische Maßnahmen:

Sicherungssystem

- **Art der Anlagengestaltung** (z.B. Auffangwanne, Beschichtungen, Füllstandsanzeige mit Warnsignalen, Leckanzeige),
- **Zuverlässigkeit der Anlage** (Prüfzeichen, Bauartzulassung),
- **Infrastruktur** (Verantwortliche, laufende Kontrollen, Alarmplan),
- **Beachtung des Zusammenlagerungsverbots**.

Die gesetzliche Grundlage für den Umgang mit wassergefährdenden Stoffen ergibt sich aus dem § 19 des **Wasserhaushaltsgesetzes (WHG)**. Es gilt:

§ 19 WHG

- Anlagen zum Umgang mit wassergefährdenden Stoffen müssen mindestens den **allgemein anerkannten Regeln der Technik** entsprechend gebaut und betrieben werden. Eine Verunreinigung der Gewässer oder eine sonstige nachteilige Veränderung darf nicht zu besorgen sein. Das gleiche gilt für innerbetriebliche Rohrleitungen, in denen wassergefährdende Stoffe transportiert werden.
- Anlagen zum Umgang mit wassergefährdenden Stoffen bedürfen grundsätzlich einer **baurechtlichen Zulassung** oder müssen ein **Prüfzeichen** besitzen (außer bei Anlagen einfacher oder herkömmlicher Art).
- Anlagen zum Umgang mit wassergefährdenden Stoffen müssen von einer **Fachfirma** erstellt, regelmäßig instandgehalten und gereinigt werden. Der Betreiber der Anlage kann selbst als **Fachbetrieb** anerkannt werden, wenn er die erforderlichen Qualifikationen nachweist.

Zulassung Prüfzeichen

Fachfirma nach § 19 WHG

Anlagen zum Umgang mit wassergefährdenden Stoffen unterteilen sich in:

LAU–Anlagen, HBV–Anlagen

- Anlagen zum Lagern, Abfüllen und Umschlagen **(LAU–Anlagen)** oder
- Anlagen zum Herstellen, Behandeln und Verwenden **(HBV–Anlagen)**.

Die konkreten Anforderungen sind in Verwaltungsvorschriften der Länder festgehalten **(Anlagenverordnung zum Umgang mit wassergefährdenden Stoffen, VAwS)**. Die Vorschriften der VAwS besitzen für Betriebe, die z.B. mit großen Mengen an Schmierstoffen und Altölen umgehen, weitreichende Konsequenzen:

Anlagenverordnung (VAwS)

- Anlagen müssen so beschaffen sein, dass wassergefährdende Stoffe **nicht austreten** können. Sie müssen dicht, standsicher und gegen die zu erwartenden mechanischen, thermischen oder chemischen Einflüsse widerstandsfähig sein (z.B. keine zerbrechlichen Gefässe).
- Die Anlagen müssen in einem **dichten** und **beständigen Auffangraum** stehen, soweit sie nicht doppelwandig sind. Im allgemeinen sind Auffangwannen vorzusehen, deren Auffangvolumen das größte gelagerte Gebinde, mindestens jedoch 10% der gelagerten Gesamtmenge sicher aufnehmen kann.
- **Auffangwannen** dürfen nur auf regengeschützten, ebenen und befestigten Flächen (z.B. Asphalt, Beton) aufgestellt werden.
- **Auffangräume** dürfen **keine Abflüsse** besitzen.
- Es ist eine **Betriebsanleitung** mit Überwachungs-, Instandhaltungs- und Alarmplan zu erstellen.

Auffangräume

Kataster

In vielen Fällen muss ein Verzeichnis (**Kataster**) über die im Betrieb befindlichen Anlagen zum Umgang mit wassergefährdenden Stoffen geführt werden. Diese Anforderungen entsprechend den allgemein anerkannten Regeln der Technik müssen auch bei

Kleinmengen

der Lagerung von **Kleinmengen** wassergefährdender Stoffe eingehalten werden. Entsprechend der Wassergefährdungsklasse und der gelagerten Menge kann ein **gestuftes Sicherungssystem (Stufen A, B, C, D)** vorgeschrieben sein. Einzelheiten sind in den VAwS–Vorschriften der Bundesländer enthalten.

9 Luftverunreinigungen, Abluft

9.1 Luftverunreinigungen, Messverfahren

Luftverunreinigungen

Luftverunreinigungen gelangen als feste, flüssige oder gasförmige Stoffe (insbesondere durch Rauch, Ruß, Staub, Gase, Aerosole, Dämpfe oder Geruchsstoffe) in die Luft. Sie können natürlichen oder technogenen (**anthropogenen**) Ursprungs sein. 'Klassische' Luftschadstoffe sind z.B.:

- **Stäube:** Feinstaub, Asbest, Blei u. a.,
- **Dämpfe:** VOC (Volatile Organic Compounds = flüchtige organische Verbindungen, z.B. Benzin),
- **Gase**: CO, NO_x, SO_2, Ozon u. a.

Konzentrationsangaben

Konzentrationsangaben für Luftschadstoffe sind:

- mg m^{-3} = Milligramm pro Kubikmeter; µg m^{-3} = Mikrogramm pro Kubikmeter;
- ppm = parts per million = ml m^{-3} = ml pro Kubikmeter;
- ppb = parts per billion = ml pro 1000 m^{-3},
- ppt = parts per trillion = ml pro 1 000000 m^{-3}.

Volumenstrom- bzw. Massenstromangaben sind:

- m^3 h^{-1} Kubikmeter pro Stunde,
- kg h^{-1} Kilogramm pro Stunde.

Emissionen

Emissionen sind die von einer Anlage (auch einem Verkehrsmittel) ausgehenden Luftverunreinigungen, Geräusche, Erschütterungen, Licht, Wärme, Strahlen und ähnliche Erscheinungen. Emissionen werden am Ort der Entstehung, z.B. am Auspuff eines Fahrzeugs gemessen. **Emissionsquellen** werden, z.B. bei statistischen Angaben, häufig folgenden Kompartimenten zugeordnet:

- **Verkehr,**
- **Industrie,**
- **Haushalte und Kleinverbraucher,**
- **Kraftwerke.**

Emissionsgrenzwerte

Emissionsgrenzwerte für umweltrelevante Produktionsanlagen, Feuerungsanlagen u. a. sind in den Verordnungen (**BImSchV**) und Verwaltungsvorschriften (TA Luft) zum Bundesimmissionsschutzgesetz festgelegt (→ *Kap. 9.3*).

Immissionen

Immissionen nennt man die **Einwirkungen** von Luftverunreinigungen, Lärm, Strahlung u. a. auf zu schützende Objekte, z.B. Menschen, Vegetation, Bauten. Immissionen werden **am Ort** des Objekts gemessen, d. h. oft weit entfernt von der Emissionsquelle.

Immissionsgrenzwerte

Immissionsgrenzwerte (IW = Immissionswerte) sind in der TA Luft festgelegt. Sie besitzen nur für die Nachbarschaft von **genehmigungsbedürftigen Anlagen** rechtliche Bedeutung. EG–weit gültige Immissionsgrenzwerte für Schwefeldioxid, Stickoxide und Staub sowie Schwellenwerte für **Ozon** sind in der **22. BImSchV** festgelegt. Bei Überschreiten der Immissionswerte müssen die Behörden tätig werden; bei Überschreiten des Schwellenwertes für Ozon muss eine Unterrichtung der Bevölkerung erfolgen.

Innenräume

Weitere (nicht verbindliche) Immissionswerte enthalten die Empfehlungen der VDI–Kommission Reinhaltung der Luft (**MIK = Maximale Immissionskonzentration**, VDI–Richtlinie 2310) und die Luftqualitätsleitlinien der Weltgesundheitsorganisation (**WHO**). Immissionswerte betreffen im allgemeinen den Bereich der Außenluft. Sie können jedoch auch als Bewertungsmassstab für Luftveruneinigungen in **Innenräumen** (Wohnräumen) herangezogen werden. Die maximalen Arbeitsplatzkonzentrationen

räumen) herangezogen werden. Die maximalen Arbeitsplatzkonzentrationen (**MAK–Werte**) können ebenfalls als spezielle (arbeitsplatzbezogene) Immissionsgrenzwerte aufgefasst werden. Sie berücksichtigen jedoch nicht die Schutzbedürfnisse von Kindern, Kranken oder Senioren.

Messverfahren

Die Messverfahren zur Bestimmung von Emissionen und Immissionen sind in zahlreichen gesetzlichen und untergesetzlichen Regelungen festgelegt (EG–Richtlinien, BImSchV, VDI–Richtlinien). Man unterscheidet:

- **diskontinuerliche** Messverfahren und
- **kontinuierliche** Messverfahren.

Diskontinuierliche Messverfahren für Gase

Prüfröhrchen

OH
HO OH

Pyrogallol

Diskontinuerliche Messverfahren nutzen meist spezifische chemische Reaktionen der Gase und werten, z.B. Farbänderungen, Volumen- oder Gewichtsänderungen aus. Farbänderungen sind die Grundlage von halbquantitativen **Prüfröhrchen**–Gasmessverfahren, die vor allem zur periodischen Überwachung von MAK–Grenzwerten genutzt werden (→ *Kap.8.2*). Volumenänderungen durch Absorption der Gaskomponente in verschiedenen Absorberflüssigkeiten sind die Grundlage der **Volumetrischen Analyse** von Gasgemischen nach **Orsat**. Bei der Rauchgasanalyse muss beispielsweise CO_2, O_2, und CO bestimmt werden. Die Absorberflüssigkeiten sind dann: KOH–Lösung für CO_2, alkalische Pyrogallol–Lösung für O_2 und ammoniakalische Cu(I)chlorid–Lösung für CO.

Kontinuierliche Messverfahren für Gase

Kontinuierliche Messverfahren eignen sich für die ständige, automatisierte Überwachung von Schadgasen, z.B. in Tunnels, Luftmessstationen, KFZ–Abgasmesssystemen u. a. Besondes geeignet sind hierfür die in → *Tab. 9.1* genannten physikalischen Gasmessverfahren.

Gas	Messverfahren/Messprinzip	Messbereich
CO	NDIR-Spektroskopie	0...5 Vol%
CO_2	NDIR-Spektroskopie	0...20 Vol%
C_nH_m	Flammenionisationsdetektor	0...10000 ppm
NO_x	Chemolumineszenz	0...10000 ppm
NO	NDIR-Spektroskopie	0...3000 ppm
NO_2	NDUV-Spektroskopie	0...300 ppm
N_2O	NDIR-Spektroskopie	0...300 ppm
O_3	NDIR-Spektroskopie	0...3000 ppm
H_2O	NDIR-Spektroskopie	0...10 Vol%
SO_2	NDUV-Spektroskopie	0...5000 ppm
O_2	Paramagnetismus	0...21 Vol%

Tabelle 9.1 **Physikalische** Messverfahren in automatischen Messstationen zur Überwachung von Immissionswerten

Im folgenden Text werden die wesentlichen Luftschadstoffe, ihre Wirkungen und einige Messverfahren erläutert. Weitere Messverfahren von Gasen / Dämpfen oder Stäuben sind an anderer Stelle in diesem Text beschrieben (Sauerstoffsensoren → *Kap. 3.3*, Festkörpersensoren → *Kap. 5.5*, Lambda–Sonde → *Kap. 12.5*, Staubmessung → *Kap. 8.1*)

Kohlendioxid

Kohlendioxid (CO_2) ist ein Stoffwechselprodukt von Mensch und Tier (die ausgeatmete Luft beim Menschen enthält ca. 4 Vol-% CO_2) und kommt zu rund 0,035 Vol-% in der natürlichen Erdatmosphäre vor. Die zunehmenden Emissionen von CO_2 aus Verbrennungsprozessen ist eine Gefahr für das Erdklima (**Treibhauseffekt**). Der CO_2–Gehalt in **geschlossenen** Räumen, z.B. Grossraumbüros, Versammlungsräumen, Hörsälen usw. entscheidet wesentlich über das Wohlbefinden und die Aufmerksamkeit der Raumbenutzer (empfohlener Wert für **Innenräume 0,1 Vol–% CO_2**). Hohe CO_2–Gehalte sind für den Menschen gesundheitsschädlich bis tödlich:

CO_2–Richtwert

- **8... 10 Vol–% CO_2**: Kopfschmerzen, Schwindel,
- **>10 Vol–% CO_2**: Bewusstlosigkeit,
- **>15 Vol–% CO_2**: Krämpfe, Tod; Gefahr in Gärkellern, Bergwerken u. a.

Rechtshinweise: **MAK–Grenzwert**: 5000 ppm = 0,5 Vol-% bzw. 9000 mg m^3.

Kohlenmonoxid

Kohlenmonoxid (CO) entsteht bei der **unvollständigen** Verbrennung von organischer Substanz (z.B. Kohle und Erdölprodukten). Es wird von Luftsauerstoff unter exothermer Reaktion zu CO_2 oxidiert. Diese auch explosiv verlaufende Reaktion (Explosionsgrenzen 12,5...74 Vol-%) dauert jedoch unter **atmosphärischen** Bedingungen ca. 1 bis 2 Monate. CO ist für den Menschen giftig, da es die Sauerstoffaufnahme durch Hämoglobin verhindert (Tod nach **15 min. 0,3 Vol–% CO**). Die normale Gasmaske schützt nicht vor CO, da Aktivkohle nur Gase mit einer molaren Masse über 45 g mol^{-1} adsorbiert. Man benötigt deshalb einen Zusatzfilter, der ein Mischoxid Mn_2O_3. CuO (Hopkalit) enthält, das die Oxidation von CO zu CO_2 bei Raumtemperatur katalysiert.

CO–Grenzwerte

Rechtshinweise: **MAK–Grenzwert**: 30 ppm bzw. 33 mg m^{-3} ;
TA Luft–Grenzwerte: 10 mg m^{-3} (IW 1 Mittelwert), 30 mg m^{-3} (IW 2 Spitzenwert);
MIK–Wert (Schutz des Menschen, VDI): 10 mg m^{-3} (Dauerwert), 30 mg m^{-3} (1/2 h–Spitzenwert);
WHO–Leitwerte: 10 mg m^{-3} (8 h–Dauerwert), 30 mg m^{-3} (1 h–pitzenwert).

CO–bzw. CO_2–Messverfahren

Kontinuierliche Messverfahren für CO oder CO_2 sind:

- **Infrarot–Sensor** (NDIR–Absorption),
- **Wärmeleitfähigkeitssensor** (→ *Kap. 3.3*),
- **Wärmetönungssensor** (→ *Kap. 3.3*).
- **Elektrochemischer Sensor** (→ *Kap. 15.1*),
- **Halbleitersensor** (→ *Kap. 4.3*).

NDIR–Sensor

Das **Standard**–Messverfahren zur Überwachung und zum Nachweis von CO und CO_2 ist die **nichtdispersive NDIR–Messung**. Im Gegensatz zur konventionellen IR–Spektroskopie (→ *Kap. 3.3*) wird die absorbierte IR–Strahlung nicht spektral, sondern durch die erzeugte **Wärme** ausgewertet. In dem in → *Abb. 9.1* dargestellten NDIR–Sensor durchströmt das Gas eine **Messküvette**, die mit IR–Licht (Heizwendel) bestrahlt wird. Eine ebenfalls mit IR–Licht bestrahlte **Vergleichsküvette** enthält das zu messende Gas in bekannter Konzentration. Durch **Absorption**, z.B. für CO bei λ = 4,67 µm, wird die IR–Strahlung in der Messküvette sowie in der Vergleichsküvette unterschiedlich geschwächt. Der **Detektor** besteht aus zwei **gasdicht** verschlossenen Räumen, die mit dem zu messenden Gas (z.B. CO) gefüllt sind. Je nach Absorptionsgrad in der Mess- bzw. Vergleichsküvette erwärmen sich die Gase in den beiden Detektorräumen **unterschiedlich**, was durch unterschiedliche physikalische Effekte nachgewiesen werden kann (z.B. Lageänderung einer elektrisch leitfähigen **Membran**, die Teil einer Kondensatorschaltung ist oder Strömungsmessung des höher erwärmten Gases in den kühleren Detektorteil, nicht dargestellt). Dasselbe Messprinzip lässt sich auf **alle infrarotaktiven** Gase ausdehnen, es ist automatisierbar und ausreichend **selektiv** (wenig Querempfindlichkeit zu anderen Gasen).

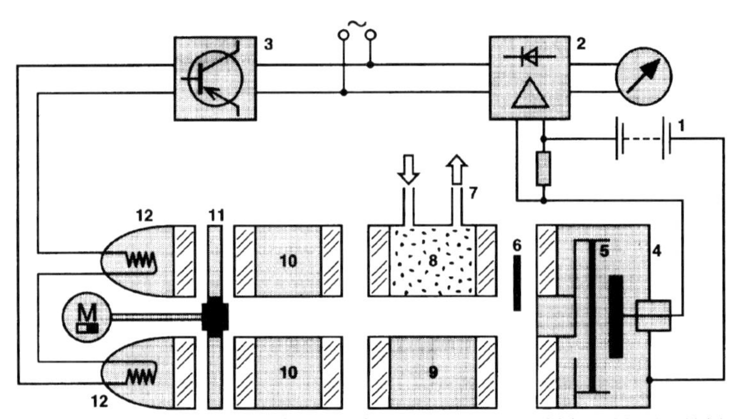

Abbildung 9.1 **Nichtdispersives (NDIR) Infrarot–Verfahren** zur Messung von CO bzw. CO_2, (1 = Gleichspannungsquelle, 2 = Verstärker, 3 = Netzstabilisierung, 4 = Empfängerküvette, 5 = Metallmembran, 6 = Blende, 7 = Abgas, 8 = Messküvette, 9 = Verleichsküvette, 10 = Filterküvette, 11 = Blendenrad, 12 = Strahlungsquelle) (Quelle: Firmenschrift Dieseleinspritztechnik, Firma Bosch, Stuttgart).

CO_2–Sensoren

Weitere kontinuierliche Messverfahren für CO und CO_2 sind:
Die unterschiedliche **Wärmeleitfähigkeit** von CO_2 und Luft kann für höhere CO_2–Konzentrationen (z.B. zur Überwachung von Feuerungsanlagen) als Messeffekt ausgewertet werden. Bereits seit langem ist ein **elektrochemischer CO_2–Sensor** bekannt, bei dem die pH–Wertänderung beim Einleiten des sauren CO_2–Gases in eine Carbonatlösung erfasst wird. Eine wenig selektive CO–Überwachung ermöglicht ein **Wärmetönungssensor**. Dieses Messverfahren ist im Prinzip auf alle brennbaren Gase anwendbar. Ein **amperometrischer CO–Gassensor** für den Personenschutz beruht auf der Diffusion von CO durch eine gaspermeable Membran und einer elektrochemischen Reaktion an einer katalytisch aktivierten Arbeitselektrode (→ *Kap. 15.1).* Die weniger genauen, **diskontinuierlichen** Messverfahren mit **Prüfröhrchen** verwenden Farbreaktionen der Gase mit Feststoffen z.B.:

CO–Sensoren

CO- bzw. CO_2-Prüfröhrchen

$5\,CO + I_2O_5 \rightarrow$	$I_2 + 5\,CO_2$	Farbumschlag weiss nach braungrün
$CO_2 + N_2H_4 \rightarrow$	$NH_2–NH–COOH$	Farbumschlag von weiss nach violett

Normenhinweise:
VDI 2455 Immissionsmessung von CO nach dem IR–Verfahren
VDI 2459 Emissionsmessung von CO nach dem IR–Verfahren

Schwefeldioxid

Schwefeldioxid (SO_2) entstammt der Verbrennung **schwefelhaltiger** Brennstoffe, z.B. Braunkohle, und dem Abrösten schwefelhaltiger Metallerze (Sulfide). SO_2 ist gut wasserlöslich und bildet dabei schweflige Säure (H_2SO_3). Der größte Teil des atmosphärischen SO_2 oxidiert in feuchter Luft zu SO_3, das mit Wasser zusammen Schwefelsäure (H_2SO_4) bildet (Saurer Regen). Die Emissionsminderung von SO_2 hat in den letzten Jahren große Fortschritte gemacht und wird heute weitgehend beherrscht. Die Kombination von SO_2 und Schwebstaub (**Saurer Smog**, London–Smog) ist besonders gesundheits- und umweltschädlich. Aus diesem Grund hängen die gesetzlichen SO_2–Immissionsgrenzwerte in der 22. BImSchV von den Schwebstaubkonzentrationen ab.

SO_2–Grenzwerte

Rechtshinweise: **MAK–Grenzwert**: SO_2 2 ppm bzw. 5 mg m^{-3}.
22. BImSchV–Immissionswerte: Jahreswerte SO_2 0,080 mg m^{-3} bzw. 0,12 mg m^{-3} bei einer Schwebstaubkonzentration größer bzw. kleiner 0,15 mg m^{-3}. Spitzenwerte: SO_2 0,25 mg m^{-3} bzw. 0,35 mg m^{-3} bei einer Schwebstaubkonzentration größer bzw. kleiner 0,35 mg m^{-3}.
MIK–Wert (Schutz der Vegetation, VDI): SO_2 0,4 mg m^{-3} (Kurzzeitwert, empfindliche Pflanzen), 0,08 mg m^{-3} (Dauerwert).

MIK–Wert (Schutz des Menschen, VDI): SO_2 1 mg m^{-3} (1/2 h–Spitzenwert), 0,3 mg m^{-3} (24h–Dauerwert).
WHO–Leitwerte: SO_2 0,1 mg m^{-3} (24h–Wert), 0,03 mg m^{-3} (Jahresmittel).

SO_2–Messverfahren

Kontinuierliche Messverfahren für SO_2 sind:

- **Elektrochemische Sensoren** (Leitfähigkeit, pH–Sensoren, amperometrische Sensoren),
- **NDIR–Absorption,**
- **UV–Fluoreszenz.**

SO_2–Leitfähigkeit

Automatische SO_2–Standardmessgeräte registrieren die veränderte **elektrische Leitfähigkeit** oder den **pH–Wert**, die nach der Absorption von SO_2 in einer wasserstoffperoxidhaltigen Lösung gemessen werden.

$$SO_2 + H_2O_2 \rightarrow H_2SO_4$$
$$H_2SO_4 + 2\,H_2O \rightarrow 2\,H_3O^+ + SO_4^{2-}$$

SO_2–NDUV

Als weitere kontinuierliche SO_2–Messverfahren gewinnen die physikalischen Methoden, z.B. das **NDIR–Messprinzip** (IR–Absorptionsbande bei 7,5 µm) oder die **UV–Fluoreszenz** (bei dem optisch angeregte SO_2–Moleküle eine Fluoreszenzstrahlung außenden) zunehmende Bedeutung. Das **manuelle Referenzverfahren** zur SO_2–Messung ist die Absorption und Farbreaktion von SO_2 mit chemischen Substanzen (z.B. Tetrachlormercurat oder Jod). Der Nachweis erfolgt **photometrisch**. Dieselben Farbreaktionen können auch für **Prüfröhrchen** ausgenutzt werden:

SO_2–Prüfröhrchen

$SO_2 + Na_2[HgCl_4]$ + Methylrot $\rightarrow Na_2[Hg(SO_3)_2] + 4\,HCl$ gelb nach orange
$SO_2 + I_2 + 2\,H_2O \rightarrow H_2SO_4 + 2\,HI$ graublau nach weiss.

Normenhinweise:
VDI 2451 Immissionsmessung für SO_2
VDI 2462 Emissionsmessung für SO_2

Stickoxide

Die wichtigsten Stickstoffoxide sind **Stickstoffmonoxid (NO**, farbloses Gas, giftig), **Stickstoffdioxid (NO_2**, braunes Gas, giftig) und **Distickstoffoxid (N_2O**, farbloses Gas). Die Summe von NO und NO_2 wird als **NO_x** bezeichnet. Die Summe der umweltrelevanten, gasförmigen Stickstoffverbindungen (NO_x plus die anorganischen Säuren HNO_3 und HNO_2 plus die organischen Nitrate, z.B. Peroxynitrate) werden neuerdings als **NO_y** bezeichnet /47/. **Stickoxide** zählen wohl zu den entscheidenden Luftverschmutzungen. Sie entstehen bei natürlichen Vorgängen, z.B. bakteriellen Umsetzungen in Böden, elektrischen Entladungen, Waldbränden, zum großen Teil aber als Folge technischer Prozesse, z.B. **Verbrennungen** in Kraftwerken und Motoren, Herstellung von Salpetersäure u. a. Global gesehen hat der Mensch den natürlichen Stickstoffstoffwechsel auf mehr als den doppelten Durchsatz angehoben. Von den anthropogenen NO_x–Emissionen entfallen 70% auf den Verkehrsbereich und 20% auf größere Feuerungsanlagen. Bei den Emissionen aus **Kraftfahrzeugen** dominiert **NO**, das durch Luftsauerstoff oder unter Mitwirkung anderer Luftverschmutzungen langsam unter exothermer Reaktion zu NO_2 oxidiert wird. NO_2 ist die wesentliche **Vorläufersubstanz** des Photochemischen Smogs (Ozonbildung im Sommer).

NO_x

NO_y

N_2O

Distickstoffoxid (N_2O, Lachgas) entstammt im wesentlichen der bakteriellen Reduktion von Düngernitraten und ist am Treibhauseffekt beteiligt. Neuerdings wird über ein Anwachsen der atmosphärischen N_2O–Konzentration als Folge einer Zunahme der Zahl von **Katalysatorfahrzeugen** berichtet. Die Bundesrepublik Deutschland hat sich völkerrechtlich (Genfer Luftreinhalteabkommen) verpflichtet, die NO_x–Emissionen bis zum Jahr 1998 um 30% gegenüber dem Basisjahr 1986 zu verringern. Maßnahmen hierzu sind:

- **verschärfte Grenzwerte** für Fahrzeuge mit Verbrennungsmotoren
- **Entstickung der Abgase** von Grossfeuerungsanlagen.

NO–, NO_2– Grenzwerte

Rechtshinweise: **MAK–Grenzwert**: NO_2 5 ppm bzw. 9 mg m^{-3}, NO 25 ppm bzw. 30 mg m^{-3}
22. BImSchV Immissionswerte: NO_2 0,2 mg m^{-3} (Spitzenwert);
TA Luft–Immissionswerte: NO_2 0,08 mg m^{-3} (IW 1 Mittelwert), 0,2 mg m^{-3} (IW 2 Spitzenwert) ;
MIK–Wert (Schutz des Menschen, VDI): NO_2 0,2 mg m^{-3} (1/2 h–Wert), 0,1 (24h–Wert); NO 1 mg m^{-3} (1/2 h–Wert), 0,5 mg m^{-3} (24h–Wert);
WHO–Leitwert (Schutz der Vegetation): NO_2 0,095 mg m^{-3} (4 h–Wert), 0,03 mg m^{-3} (Jahreswert);
WHO–Leitwert (Schutz des Menschen): NO_2 0,4 mg m^{-3} (1 h–Wert), 0,015 mg m^{-3} (24 h–Wert).

NO–, NO_2– Messverfahren

Kontinuierliche Messverfahren für Stickoxide sind:

- **Chemolumineszenz–Verfahren,**
- **NDIR–oder UV–Absorption,**
- **Elektrochemische Sensoren (pH–Sonde, amperometrischer NO–Sensor).**

Chemolumineszenz

Das Standard–Messverfahren zum Nachweis von NO ist die **Chemolumineszenz**, dies ist eine chemisch bewirkte Leuchterscheinung durch Reaktion von NO mit zugemischtem Ozon:
$NO + O_3 \rightarrow NO_2 + O_2^{\bullet}$ (O_2^{*} = angeregtes O_2–Molekül, das Licht außendet)

Zur NO_x–Bestimmung wird eventuell vorhandenes NO_2 in einem vorgeschalteten Konverter zuerst in NO umgewandelt (→ *Abb. 9.2*). Aus der Differenz der Messergebnisse mit und ohne Konverter lässt sich der NO_2–Gehalt berechnen.

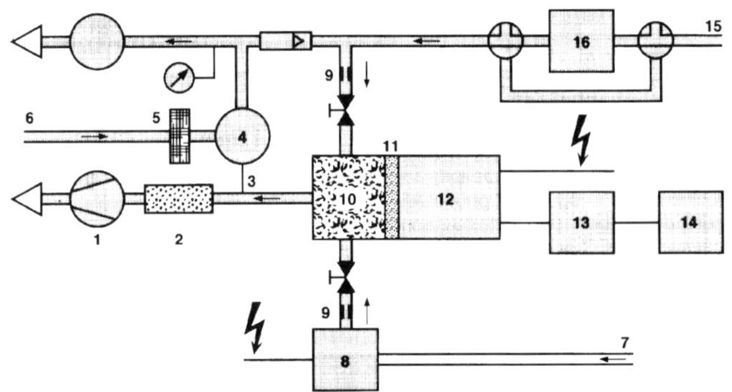

Abbildung 9.2 **Chemolumineszenz**–Verfahren zur NO_x–Messung (1 = Hochvakuumpumpe, 2 = Molekularsieb, 3 = Referenzleitung, 4 = Mengenregler, 5 = Filter, 6 = Luft, 7 = Sauerstoff, 8 = Ozongenerator, 9 = Kapillare, 10= Reaktionskammer, 11 = optisches Filter,12 Photovervielfacher, 13 = Verstärker, 14 = Anzeigegerät, 15 = Abgas 16 = NO/NO_2–Konverter), (Quelle: Firmenschrift Dieseleinspritztechnik, Firma Bosch, Stuttgart).

NO–UV
NO–NDIR

NO–Prüfröhrchen

Als weitere kontinuierliche Messverfahren für NO / NO_2 werden vor allem optische Verfahren auf der Basis von **UV**–oder **NDIR–Absorption** bevorzugt (IR–Absorptionsbande von NO bei 5,45 µm). Kostengünstigere **potentiometrische** oder **amperometrische** Messsonden erfassen die Verschiebung des pH–Wertes bzw. einen Stromfluss, wenn NO_2–bzw. NO–Gas durch eine gasdurchlässige Membran in den Sensor eindringt. Das manuelle **Referenzverfahren** beruht auf der Absorption und anschließenden Farbreaktion von NO_2 mit geeigneten Reagentien (z.B. Verfahren nach Saltzman). Die Farbreaktion wird **photometrisch** ausgewertet und findet auch in **Prüfröhrchen** Verwendung:
NO_2 + Diphenylbenzidin → blaugraues Reaktionsprodukt

Normenhinweise: **VDI 2453**: Immissionsmessung von NO und NO_2
VDI 2456: Emissionsmessung von NO und NO_2

Kohlenwasserstoffe (HC) VOC

Kohlenwasserstoffe **(HC = hydrocarbons)** sind die Hauptbestandteile in Kraftstoffen und halogenfreien Lösemitteln. Der Begriff **VOC (VOC = Volatile Organic Compounds)** umfasst neben leichtflüchtigen Kohlenwasserstoffen (Alkane, Alkene, Aromaten) auch halogenorganische CKW–Lösemittel, die bei 20°C einen Dampfdruck kleiner 1 hPa bzw. bei Atmosphärendruck einen Siedepunkt kleiner 150°C besitzen. VOC–Emissionen stammen überwiegend aus dem **Kraftfahrzeugbereich** (53% der VOC–Gesamtemissionen aus unverbranntem Benzin, Verlusten bei der Herstellung, beim Umschlag und Tanken von Treibstoffen) sowie aus dem Einsatz von **Lösemitteln** (33% der VOC–Gesamtemissionen aus Lackierungs-, Reinigungs-, Bedruckungs- und Verklebungsvorgängen). VOC–Emissionen beschleunigen die Oxidation von NO zu NO_2 und damit die **Ozonbildung** bei Sonneneinstrahlung. Die Bundesrepublik hat sich völkerrechtlich verpflichtet, die VOC–Emissionen bis zum Jahr 1999 um 30% gegenüber dem Basisjahr 1988 zu verringern. Maßnahmen hierzu sind u. a.:

- Schärfere **Emissionsgrenzwerte** für KFZ mit Verbrennungsmotoren,
- **Emissionsgrenzwerte** für **Tankanlagen**, Einführung des Gaspendelverfahrens für Tankstellen, dies umfasst die Absaugung und Kondensation des verdrängten Kraftstoff–Luft–Gemisches beim Tanken,
- **Reduzierung** des **Lösemittelgehalts**, z.B. durch Wasserlacke,
- **schärfere Emissionsgrenzwerte** für Lackieranlagen.

HC–Messverfahren

Kontinuierliche Messverfahren für Kohlenwasserstoffe sind:

- **Flammenionisationsdetektor, Photoionisationsdetektor,**
- **Wärmetönungssensor,**
- **NDIR–Absorption.**

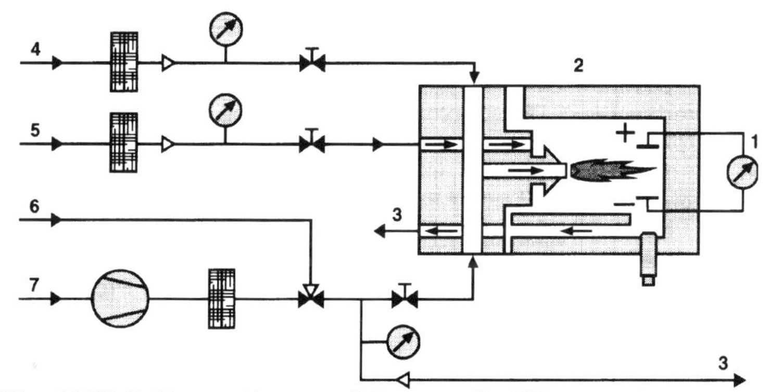

Abbildung 9.3 **FID–Verfahren** zur Messung von Kohlenwasserstoffen (HC). (1 = Anzeige, 2 = Brenner, 3 = Auslass, 4 = Wasserstoff, 5 = HC freie Luft, 6 = Eichgas, 7 = Abgas), (Quelle: Firmenschrift Dieseleinspritztechnik, Firma Bosch, Stuttgart).

Flammenionisationsdetektor (FID)

Der **Flammenionisationsdetektor (FID)** ist das Standardmessverfahren zur quantitativen Bestimmung von HC–Verbindungen und VOC im Feldversuch und gleichzeitig der meist verwendete Standard–Messdetektor bei der **Gaschromatographie**. Die gasförmigen Probekomponenten werden nach → *Abb. 9.3* in einer Wasserstoffflamme in thermische Ionen verwandelt und bilden in einem Spannungsfeld von 150...300 V zwischen zwei Elektroden einen der Konzentration der HC–Verbindungen proportionalen Strom von 10^{-13} bis 10^{-5} A aus (Angabe in mg C m^{-3} Abgas).

FID–Kalibrierung Die FID–Bestimmung von Kohlenwasserstoffen als Summenparameter ist mit Unsicherheiten behaftet, da die (meist unbekannte) Anzahl der C–H–Bindungen als Multiplikationsfaktor in den gemessenen Detektorstrom eingeht. Bei der Kalibrierung des Sensors mit **n–Heptan** halten sich die Abweichungen in tolerierbaren Grenzen. CO, CO_2 und H_2O wird nicht detektiert. Chlorhaltige Kohlenwasserstoffe CKW werden besser mit dem **Elektroneneinfangdetektor (ECD)** nachgewiesen. Zur selektiven Bestimmung einzelner Kohlenwasserstoffe in einem Stoffgemisch muss eine Gaschromatographiesäule (→ *Kap. 3.3*) vor den FID–Detektor geschaltet werden.

Normenhinweise:
VDI 3482: Immissionsmessung von CH mit der Gaschromatographie (GC)
VDI 3483: Immissionsmessung von CH mit dem FID
VDI 2466: Emissionsmessung von CH mit der IR–Spektroskopie
VDI 3481: Emissionsmessung für CH mit dem FID
VDI 2457: Emissionsmessung für halogenorganische und aromatische Verbindungen.

Ozon Ozon (O_3) ist eines der stärksten **Oxidationsmittel**, das viele Metalle bereits bei Zimmertemperatur oxidiert und zahlreiche organische Verbindungen zerstört, wie Gummi, Textilien, Leder, Anstriche. Circa 10% der Bevölkerung reagiert empfindlich auf Ozon. Ab einer Dauerkonzentration von ca. 0,3 bis 0,4 mg m^{-3} ist mit dauernden **gesundheitlichen** Schäden zu rechnen. Bestimmte Nutzpflanzen (z.B. Tabak) reagieren sehr empfindlich auf Ozon. Es ist das wesentliche Reizgas des Sommersmogs (**Photosmog, Los Angeles–Smog**, teilweise mit Ozonkonzentrationen bis 0,7 mg m^{-3}). Bodennahes Ozon ist darüberhinaus ein **Treibhausgas** und trägt heute zu 7 bis 10% zum Treibhauseffekt bei.

Ozon lässt sich im Labor durch **stille elektrische Entladungen** bei 10 kV in einem Ozonisator erzeugen. Auch die Absorption **energiereicher UV–Strahlung** durch Sauerstoff bei Wellenlängen unter 200 nm führt über die Zwischenstufe des atomaren Sauerstoffs zu Ozon. Die Verunreinigungen der Luft durch Ozon entstammen jedoch nicht direkten Ozonemissionsquellen, sondern werden aus **Vorläufersubstanzen**–insbesondere Stickoxiden und Kohlenwasserstoffen–auf dem Wege einer photochemischen Reaktion gebildet (→ *Kap. 9.2*).

Ozon–Grenzwerte **Rechtshinweise: MAK–Wert**: 0,2 mg m^{-3}, Verdacht auf krebserzeugendes Potential,
BImSchG § 40: Ozon 0,24 mg m^{-3} für Verkehrsbeschränkungen (gemessen an **drei Messstationen).**
22. BImSchV–Schwellenwerte für Ozonimmissionen: 0,11 mg m^{-3} (Mittelwert zum Schutz der menschlichen Gesundheit); 0,2 mg m^{-3} (1 h–Mittelwert) bzw. 0,065 mg m^{-3} (24 h–Wert zum Schutz der Vegetation); 0,18 mg m^{-3} (1 h–Mittelwert zur Unterrichtung der Bevölkerung); 0,36 mg m^{-3} (1h–Wert zur Auslösung eines Warnsystems).
MIK–Werte (Schutz des Menschen, VDI): 0,12 mg m^{-3} (1/2 h–Wert);
MIK–Werte (Schutz der Vegetation, VDI): 0,3 mg m^{-3} (1/2h–Wert für empfindliche Pflanzen); 0,08 mg m^{-3} (24 h–Wert für empfindliche Pflanzen).
WHO–Leitwerte (Schutz des Menschen): 0,15 - 0,2 mg m^{-3} (1h–Wert), 0,1 - 0,12 mg m^{-3} (8 h–Wert).
WHO–Leitwerte (Schutz der Vegetation): 0,2 mg m^{-3} (1h–Wert), 0,065 mg m^{-3} (24 h–Wert), 0,06 mg m^{-3} (Jahresmittelwert).

Ozon–Messverfahren Kontinuierliche Messverfahren für Ozon sind:

- **UV–Absorption,**
- **Chemilumineszenz,**
- **Elektrochemische Sensoren** (Summe der oxidierenden Gase).

Ozon–NDUV Für stationäre Ozonmessungen in der Außenluft kommen hauptsächlich zwei Verfahren zum Einsatz. Das Standardverfahren ist die **UV–Absorption** einer gasdurchflossenen Messküvette bei Einstrahlung von monochromatischem Licht der Wellenlänge λ = 254 nm. Die Ozonkonzentration wird gegen eine Vergleichsküvette gemessen, die vom selben Gas durchströmt wird, das aber vorher einen Ozonfilter (z.B. Aktivkohle) passiert hat. Die Extinktion E folgt dem Lambert–Beerschen Gesetz (→ *Kap. 10.1*). Beim **Chemolumineszenz**–Verfahren reagiert Ozon mit verschiedenen organischen oder anorganischen Stoffen, wobei angeregte Atome oder Moleküle entstehen, die unter Abgabe von Licht in den Grundzustand zurückgehen. Die Lichtintensität ist ein Maß für das vorhandene Ozon. Ein Beispiel ist die Reaktion mit Ethen:

Ozon–Chemolumineszenz

$C_2H_4 + O_3 \rightarrow 2\ HCHO^* + O$ $HCHO^*$ angeregter Formaldehyd
$HCHO^* \rightarrow HCHO + h\nu$

Einfache Ozonmessgeräte enthalten **amperometrische** Ozon–Sensoren, in denen die Reaktion von Ozon mit Kaliumjodid gemessen wird. Diese Reaktion ist jedoch nicht selektiv und wird von anderen oxidierenden Gasen ebenfalls ausgelöst. **Photometrisch** auswertbare, manuelle Messverfahren mit **Prüfröhrchen** nutzen ähnliche Farbreaktionen von Ozon, z.B. mit Kaliumjodid (KJ) oder Indigosulfonsäure:

Ozon–Prüfröhrchen

O_3 + Indigo → Isatin   Farbumschlag: hellblau nach weiss

Normenhinweise: **VDI 2468** Immissionsmessverfahren für Ozon

Chloride (Cl^-) können als Bestandteil von partikelförmigen Luftverunreinigungen auftreten. Chlorwasserstoff (HCl) ist ein schädliches Reizgas, das bei verschiedenen chemischen Prozessen, insbesondere aber bei der Verbrennung chlorhaltiger Materialien (Müllverbrennung, PVC–Brände) freiwerden kann. HCl kann nach einer Absorption in Wasser elektrochemisch mit **chloridselektiven** Elektroden gemessen werden (→ *Kap. 15.1*).

Chloride Chlorwasserstoff

Rechtshinweise: **MAK–Grenzwert**: HCl 5 ppm bzw. 7 mg m^{-3}.
TA Luft–Immissionswerte: HCl 0,1 mg m^{-3} (IW 1 Mittelwert), 0,2 mg m^{-3} (IW 2 Spitzenwert).
MIK–Werte (Schutz der Vegetation, VDI): HCl 1,2 mg m^{-3} (Tageswert, empfindliche Pflanzen); 1,25 mg m^{-3} (Monatsmittelwert für empfindliche Pflanzen).

HCl–Grenzwerte

Fluoride (F^-) können als staubförmige Partikel, z.B. bei der Aluminium-, Porzellan- oder Glasherstellung, aus Gießereien und Ziegeleien emittiert werden. Geringste Fluorkonzentrationen–insbesondere Fluorwasserstoff (HF)–sind schädlich für empfindliche Pflanzen (Fluorose). HF kann nach einer Absorption in Wasser elektrochemisch mit **fluoridselektiven** Elektroden gemessen werden (→ *Kap. 15.1*).

Fluoride Fluorwasserstoff

Rechtshinweise: **MAK–Grenzwert**: HF 3 ppm bzw. 2 mg m^{-3}
TA Luft–Immissionswerte: HF 0,001mg m^{-3} (IW 1 Mittelwert), 0,003 mg m^{-3} (IW 2 Spitzenwert).
MIK–Werte (Schutz der Vegetation): HF 0,001 mg m^{-3} (Tageswert für empfindliche Pflanzen), 0,00015 mg m^{-3} (Dauerwert für empfindliche Pflanzen).

HF–Grenzwerte

Partikelförmige Luftverunreinigungen können feste oder flüssige Bestandteile (Stäube, Rauch, Dunst, Nebel, Aerosole) enthalten. Staubemittenten sind z.B. Feuerungsanlagen, Hütten- und Metallwerke, Zementwerke, kohleverarbeitende Anlagen. Viele Industriestäube besitzen Partikeldurchmesser von 0,1 bis 100 µm. Weitere Informationen zu Stäuben und Verfahren zur Staubmessung sind in → *Kap. 8.1* enthalten.

Stäube

Grenzwerte: **MAK–Grenzwert**: Feinstaub 5 mg m^{-3}.
22. BImSchV–Immissionswerte: Schwebstaub 0,15 mg m^{-3} (Jahresmittelwert), 0,3 mg m^{-3} (Spitzenwert).
TA Luft–Immissionswerte: Schwebstaub 0,15 mg m^{-3} (IW 1 Mittelwert), 0,3 mg m^{-3} (IW 2 Spitzenwert).
TA Luft–Immissionswerte: Gesamtstaub 0,35 g $m^{-2}d^{-1}$ (IW 1 Mittelwert), 0,65 mg $m^{-2}d^{-1}$ (IW 2 Spitzenwert)
MIK–Werte (Schutz des Menschen, VDI): Schwebstaub 0,3 mg m^{-3} (1/2 h–Wert), 0,2 mg m^{3} (24 h–Wert), 0,1 mg m^{-3} (1 Jahr–Wert).

Staub–Grenzwerte

Gerüche

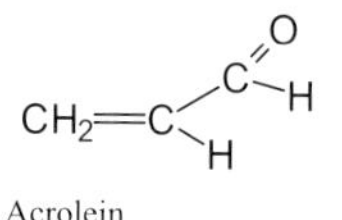

Acrolein

Gerüche entstehen durch das Verdunsten (unterhalb der Siedetemperatur) oder Verdampfen (bei der Siedetemperatur) von Flüssigkeiten, die einen Eigengeruch haben, z.B. Kohlenwasserstoffe, Alkohole, Säuren, Ester, Ether, Ketone, Aldehyde, Amine, Schwefelverbindungen. Auch durch Zersetzung organischer Stoffe können übelriechende Substanzen in die Umgebung gelangen, z.B. Spaltprodukte aus Kunststoffen und Kunstharzen, Acrolein aus erhitztem Fett u. a.. Die Geruchsmessung erfolgt mittels **Olfaktometrie** mit verschiedenen Testpersonen; als Testgerät dient das Olfaktometer. Es besteht aus einem metallischen Rohr mit Hülle, in die eine Versuchsperson ihre Nase steckt. Zuerst wird synthetische Luft eingeleitet und in steigendem Masse Abluft zugemischt, bis die Versuchsperson den Geruch wahrnimmt. Zur Geruchsbeseitigung verwendet man vielfach Gewebefilter, Aktivkohlefilter oder Biofilter sowie Absorptionssysteme mit Wasser als Waschflüssigkeit. Besonders gefährlich sind giftige Gase, deren **Geruchsschwellenwert höher** als der MAK / TRK–Grenzwert liegt (→ *Tab. 9.2*).

Normenhinweis: VDI 3881 Olfaktometrie

Stoff	Gefahrensymbol	Geruchsschwellenwert [ppm]	MAK/TRK-Grenzwert [ppm]
Acrolein	giftig	0,2	0,1
Benzol	giftig	5	2,5/1
Diethylamin	reizend	0,02	10
Methylmercaptan	sehr brennbar	0,02	05
Phenol	giftig	0,05	5
Phosgen	sehr giftig	1	0,1 (Vorsicht!)
Styrol	mindergiftig	0,05	20
Tetrachlorethen	mindergiftig	5	50
Toluol	mindergiftig	2	50
2,4 Diisocyanattoluol	giftig	2	0,01 (Vorsicht!)

Tabelle 9.2 **Geruchsschwellenwerte** und MAK / TRK–Grenzwerte

9.2 Auswirkungen von Luftverunreinigungen

Luftverungreinigungen

Die Erdatmosphäre besteht aus verschiedenen Schichten mit unterschiedlichen Temperaturen (→ *Abb. 9.4*). Sie wird durch Sonnenlicht mit einem kontinuierlichen Lichtspektrum bestrahlt. Photochemisch bedeutsam ist der UV–Anteil (Wellenlängen zwischen 10 und 400 nm) des Sonnenlichts. Man unterscheidet:

UV–Strahlung

- **UV–A** (400...320 nm, hautschädigend <340 nm, künstliche Bräunung),
- **UV–B** (320...280 nm, hautschädigend),
- **UV–C** (280...200 nm, hautkrebserzeuggend),
- **Vakuum–UV** (<200 nm, wird von Luftsauerstoff unter Ozonbildung absorbiert).

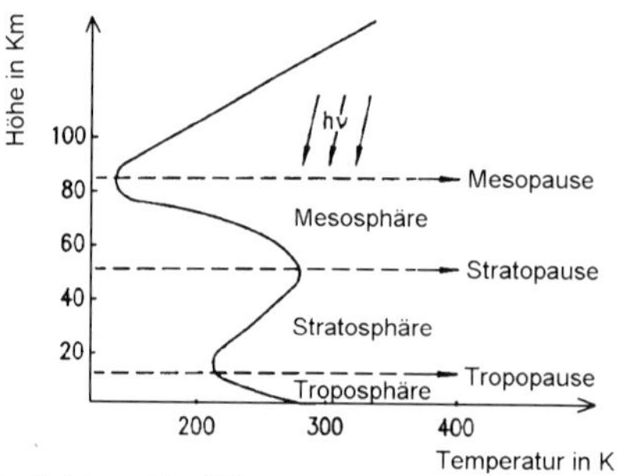

Abbildung 9.4 **Schichtung** der Erdatmosphäre /47/

Stratosphärisches Ozongleichgewicht

In der **Stratosphäre** besteht ein natürliches **Ozongleichgewicht**, das die Erde wirksam vor UV–Strahlung aus dem Weltraum schützt. Dabei absorbiert stratosphärischer **Sauerstoff** UV–Strahlung der Wellenlänge **<200 nm** unter Spaltung des Moleküls in reaktionsfähige Sauerstoffatome. Diese verbinden sich mit weiteren Sauerstoffmolekülen und einem dritten Stosspartner (meist reaktionsträger Stickstoff) zu Ozon. Letzteres selbst absorbiert ultraviolettes Licht im Wellenlängenbereich zwischen 200 und 320 nm (UV–C und UV–B) und zerfällt dabei wieder zu Sauerstoff. Bildung und Zerfall von Ozon sind somit in der Stratosphäre in einem natürlichen Gleichgewicht (zusammen mit Sauerstoffradikalen):

$O_2 + h\nu \rightarrow O\bullet + O\bullet$ (Wellenlänge unter 200 nm)

$O\bullet + O_2 + M \rightarrow O_3 + M$ (M = inerter Stosspartner, meist Stickstoff

$O_3 + h\nu \rightarrow O_2 + O\bullet$ (Wellenlänge 200 bis 320 nm).

Troposphärisches Gleichgewicht

In den bodennahen Luftschichten, der **Troposphäre,** herrscht ebenfalls ein natürliches Gleichgewicht. In schadstofffreier Luft absorbiert das aus der Stratosphäre eindiffundierende Ozon Licht der Wellenlänge <320 nm und zerfällt dabei in Sauerstoffatome. Diese reagieren jedoch im Unterschied zum stratosphärischen Gleichgewicht rasch mit troposphärischem Wasserdampf zu stark **oxidierend** wirkenden **OH–Radikalen**. Deren Konzentration ist in der Troposphäre relativ hoch (etwa $5 \cdot 10^5$ Teilchen cm^{-3}), OH–Radikale spielen eine wichtige Rolle beim Abbau oder Umbau der gasförmigen Schadstoffemissionen. Das natürliche Gleichgewicht in der Tropospäre wird also nicht durch Ozon, sondern durch OH–Radikale bestimmt:

$O_3 + h\nu \rightarrow O_2 + O\bullet$ (Wellenlänge <320 nm)

$O\bullet + H_2O \rightarrow 2\,OH\bullet$

Troposphärischer Schadgasabbau

Industrielle Schadgase werden überwiegend in der **Troposphäre**, d. h. unterhalb 12 km Höhe **abgebaut** (Ausnahme: Langlebige Verbindungen, z.B. Fluorchlorkohlenwasserstoffe FCKW). Infrage kommen folgende Prozesse:

- **Physikalische Prozesse**:
  - Aufnahme bei Wolken- und Nebelbildung sowie Anlagerung an Regentropfen,
  - Adsorption an Oberflächen, z.B. Vegetation,
  - Sedimentation,
- **Chemische Prozesse:**
  - Photolyse, z.B. Spaltung unter Lichteinwirkung,
  - homogene Gasreaktionen mit anderen Gasteilchen,
  - heterogene chemische Reaktionen an Aerosolteilchen.

Homogene Gasreaktionen

Man hat festgestellt, dass **homogene Gasreaktionen** mit freien Radikalen (O•, OH•, HO_2.) oder reaktiven Spurenstoffen (O_3, photolytisch angeregter O_2) der **vorherrschende Abbaumechanismus** für Schadgase in der Atmosphäre ist. In der Regel sind die Reaktionen durch Sonnenlicht der Wellenlänge >320 nm, das bis in den Bereich der Troposphäre vordringt, **aktiviert**. Der Abbau verläuft in der Regel nach einem radikalischen Kettenmechanismus, bei dem nach einigen Zwischenschritten die gleichen Radikale zurückgebildet werden (katalytische Wirkung).

CO–Abbau

Kohlenmonoxid (CO) und HC–Verbindungen werden in einer **stickoxidfreien** Atmosphäre zu CO_2 oxidiert (CO_2 wird durch den Regen ausgewaschen). Beim HC–oder CO–Abbau wird **Ozon verbraucht**; Beispiel CO–Abbau:

$CO + OH. \rightarrow CO_2 + H\bullet$

$H^{\cdot} + O_2 \rightarrow HO_2\bullet$

$HO_2\bullet + O_3 \rightarrow OH\bullet + 2\,O_2$

Gesamtbilanz: $CO + O_3 \rightarrow CO_2 + O_2$ (Katalytischer Prozess)

NO–Abbau

Der NO–Abbau ist an die Oxidation anderer Spurengase (z.B. CO, CH_4 oder VOC) gekoppelt. Dort gebildete HO_2–Radikale (siehe oben) oxidieren bevorzugt NO zu NO_2:

$NO + HO_2\bullet \rightarrow NO_2 + OH\bullet$

Bei **Nacht** und ohne Sonneneinstrahlung wird NO_2 ausgewaschen und aus der Atmosphäre entfernt, z.B. als HNO_2.

Ozonbildung durch NO

Bei **Tag** und Sonneneinstrahlung absorbiert NO_2 jedoch das Sonnenlicht (Wellenlänge <400 nm) besonders stark und zerfällt wieder zu NO. Die entstehenden **Sauerstoffradikale** reagieren mit Sauerstoffmolekülen zu **Ozon**:

$NO + HO_2\bullet \rightarrow NO_2 + OH\bullet$ ($HO_2\bullet$ aus CO–bzw. HC–Abbau)

$NO_2 + h\nu \rightarrow NO + O\bullet$ (Wellenlänge <400 nm)

$O\bullet + O_2 \rightarrow O_3$

Gesamtbilanz: $NO_2 + O_2 + h\nu \rightarrow NO + O_3$

Bei Sonneneinstrahlung und in Gegenwart anderer Schadgase wird demnach NO nicht abgebaut, sondern NO wirkt als **Katalysator** für die Bildung von Ozon. Folglich wird beim Abbau von NO in Gegenwart von CO oder CH_4 **Ozon gebildet**. Diese Reaktion ist die wichtigste Quelle für **troposphärisches** (bodennahes) Ozon.

Ozonabbau

In den **Ballungsgebieten sinkt** die Ozonkonzentration über Nacht durch Abbaureaktionen mit anderen Schadgasen, z.B. CO, NO, VOC gemäß:

$NO + O_3 \rightarrow NO_2 + O_2$ (NO_2 wird z.B. als HNO_3 ausgetragen)

$CO + O_3 \rightarrow CO_2 + O_2$

In **industriefernen, ländlichen** Regionen können dagegen **konstant hohe** Ozonkonzentrationen auftreten, da der Ozonabbau über Nacht aufgrund niedriger Konzentrationen der anderen Schadgase gehemmt ist.

Photosmog

Der Sommersmog (Photosmog) entsteht bei Inversionswetterlagen (kein vertikaler Luftaustausch, wenn höhere Luftschichten wärmer als bodennahe Luftschichten sind) bei **gleichzeitig** hohen Emissionsraten an **Kohlenwasserstoffen** (HC) und **Stickoxiden** (NO_x) unter Sonneneinstrahlung. Neben Ozon werden aus gesättigten Alkanen $R–CH_3$ (z.B. Benzinbestandteile, Lösemittel u. a.) eine Vielzahl reaktionsfähiger Luftschadstoffe, sog. **Photooxidantien,** gebildet. Dies sind oxidierend wirkende Moleküle oder Molekülbruchstücke, die durch Lichteinstrahlung gebildet werden, z.B. neben Ozon, OH–Radikale, Peroxide, geruchsintensive Aldehyde oder stark pflanzenschädliche Peroxynitrate.

$R–CH_2–OO\bullet$	$R–CH_2O\bullet$	RCHO	$R–CO–OO–NO_2$
Peroxyradikale	Alkoxyradikale	Aldehyden	Peroxyacetylnitrat (PAN)

Beim Photosmog beobachtet man den in → *Abb. 9.5* dargestellten zeitlichen Verlauf der Schadgaskozentrationen. Die vom morgendlichen **Berufsverkehr** emittierten Schadgase HC und NO nehmen rasch ab, dafür steigen die Konzentrationen an Aldehyden, Ozon und anderen Photooxidantien stark an.

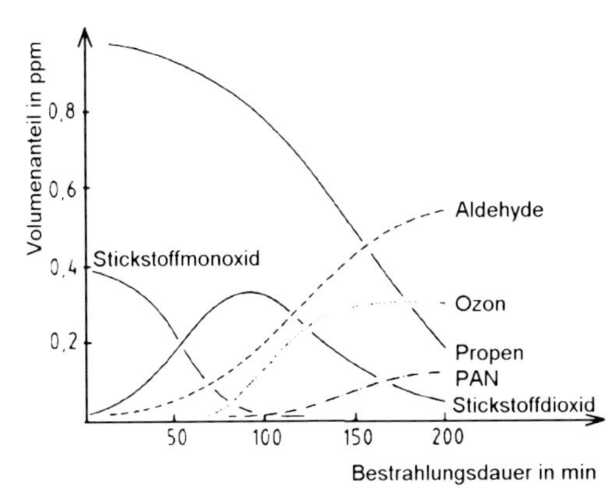

Abbildung 9.5 **Photochemischer Smog**: Der Verlauf der Schadgase zeigt hohe Konzentrationen an NO bzw. VOC (Propen). Bei längerer Bestrahlungsdauer werden zunehmend Ozon und weitere Photooxidantien (Aldehyde, PAN) gebildet. Stickstoffdioxid NO_2 erscheint nur vorübergehend, da es bei der Ozonbildung abgebaut wird (aus: Chemie und Umwelt, Vieweg Verlag, Braunschweig, 1991, /47/).

Ozongesetz

Für bodennahes Ozon gelten die Schwellenwerte der **22. BImSchV** (entsprechend EG–Richtlinie 92/72/EWG), wonach ab einem Stundenmittelwert von 0,18 mg m^{-3} eine Unterrichtung der Bevölkerung erfolgen und ab 0,36 mg m^{-3} ein Warnsystem ausgelöst werden muss. Behördliche Verkehrsbeschränkungen sind nach dem bundesweit gültigen Ozongesetz (**§ 40 BImSchG**) ab Stundenmittelwerten von 0,24 mg m^{-3} (am gleichen Tag, an drei Messstationen, die 50 km voneinander entfernt liegen) möglich. Die **23. BImSchV** wendet sich an die Landesbehörden und ermöglicht regionale Verkehrsbeschränkungen, wenn folgende Konzentrationswerte überschritten sind:

- **NO_2**: 0,16 mg m^{-3} (gemessen als zwei aufeinanderfolgende Halbstundenmittelwerte);
- **Ruß**: 0,008 mg m^{-3};
- **Benzol**: 0,010 mg m^{-3}.

Saurer Regen

Stickoxide und Schwefeldioxid reagieren auch ohne Sonnenlicht (d. h. auch nachts) insbesondere zu Säuren:

Stickoxidabbau:

$NO_2 + O_3 \rightarrow NO_3 + O_2$

$NO_3 + NO_2 \rightarrow N_2O_5$

$N_2O_5 + H_2O \rightarrow 2\,HNO_3$ Salpetersäure

Schwefeldioxidabbau:

$SO_2 + 1/2\,O_2 + H_2O \rightarrow H_2SO_4$ Schwefelsäure

Die Oxidation von **Schwefeldioxid** mit Sauerstoff verläuft besonders rasch an katalytisch wirksamen, schwermetallhaltigen Staub- und Rußteilchen unter Anwesenheit von fein verteilten Wassertröpfchen. Eine Mischung aus SO_2, Rußteilchen und Nebel wird insbesondere durch die Verfeuerung stark **schwefelhaltiger** Brennstoffe in der feuchtkalten Jahreszeit verursacht (London–Smog). Aufgrund des Eintrags von Salpetersäure, Schwefelsäure, aber auch Salzsäure (verursacht z.B. durch Verbrennung chlorhaltiger Verbindungen oder CKW–Emissionen) erreicht Regenwasser in vielen Fällen pflanzenschädigende pH–Werte zwischen pH 3 und 4 (**Saurer Regen**).

Waldsterben

Das **Waldsterben** (neuartige Waldschäden) wird im wesentlichen durch Luftschadstoffe (z.B. Ozon) sowie den sauren Regen verursacht. Die genauen Zusammenhänge sind komplex und oft noch nicht im Detail geklärt. Man geht von folgenden Ursachen aus:

- **direkte Schädigung** der Blätter oder Nadeln durch Schadgase bzw. saure Regen- oder Nebeltröpfchen,
- **Versauerung** des Bodens und damit Auswaschung von Metallionen, z.B. Al,
- **Schädigung des Wurzelgeflechts** durch Säure und Metallionen,
- **Eintrag von Ammonium und Nitrat** und dadurch ausgelöste Überdüngung des Waldbodens.

Überdüngung

Eine **Überdügung** entsteht durch Ammoniak (NH_3,) das von Klärwerken und landwirtschaftlichen Düngemassnahmen (z.B. Gülle) an die Luft abgegeben wird und zusammen mit den sauren Luftschadstoffen HNO_3 und H_2SO_4 Ammoniumsalze NH_4NO_3 und $(NH_4)_2SO_4$ bildet.. Das Ergebnis dieser ungewollten Stickstoffdüngung ist ein verstärktes Baumwachstum, bei dem die Nachlieferung von Bodenwasser sowie von Kalium und Magnesium nicht Schritt halten kann und der Baum dadurch Mangelerscheinungen zeigt.

Stratosphärischer Ozonabbau

Das Ozongleichgewicht in der **Stratosphäre** wird durch reaktionsträge Spurengase A–X gestört (A–X = **N_2O, FCKW,** auch **H_2O** u. a. **mit X = NO, Cl, OH)**. Diese in der Tropospäre stabilen und deshalb nicht ausgewaschenen Spurengase werden in der Stratosphäre unter der Einwirkung von UV–Licht abgebaut. Reaktionsfähige Abbauprodukte X dieser Spurengase schädigen den Ozongürtel der Erde durch einen **katalytischen Ozonabbau** gemäß:

$O_3 + X\bullet \rightarrow O_2 + XO$ (X. = Cl., NO., OH.)

$XO + O\bullet \rightarrow O_2 + X\bullet$ ($O^{\cdot}$ aus Ozongleichgewicht)

Bilanz: $O_3 + O\bullet \rightarrow 2\ O_2$ (katalytischer Ozonabbau)

Ozonabbau durch N_2O

Distickstoffmonoxid (N_2O, Lachgas) ist in der Tropospäre stabil und diffundiert bis in die Stratosphäre, wo es mit photolytisch angeregten Sauerstoffradikalen O * unter Bildung von NO reagiert. NO katalysiert schließlich den Ozonabbau. Auch jede andere NO–Quelle in der Stratosphäre wirkt ozonschädigend, z.B. hochfliegende Überschallflugzeuge wie die 'Concorde':

$N_2O + O^* \rightarrow 2\ NO\ (50\%)$ und $N_2 + O_2\ (50\%)$

$O_3 + NO \rightarrow O_2 + NO_2$

$NO_2 + O\bullet \rightarrow O_2 + NO$

Ozonabbau durch FCKW

Fluorchlorkohlenwasserstoffe (FCKW) werden in der Stratosphäre durch Sonnenlicht **photolysiert** und bilden Chlorradikale. Die FCKW haben die Funktion eines stabilen Transportmittels; das Freisetzen der Chloratome erfolgt in einer Höhe, wo sich die katalytische Wirkung voll entfalten kann. Ein Chlorradikal zerstört bis zu **10 000 Ozonmoleküle**, bevor es anderweitig abgebaut wird:

$CF_3Cl + h\nu \rightarrow CF_3\bullet + Cl\bullet$ Photolyse von Trifluorchlormethan (R 11)

$CF_2Cl_2 + h\nu \rightarrow CF_2Cl\bullet + Cl\bullet$ Photolyse von Difluordichlormethan (R 12)

$O_3 + Cl\bullet \rightarrow ClO + O_2$

$ClO + O\bullet \rightarrow Cl\bullet + O_2$

Schadstoffsenken

In der Stratosphäre gibt es auch **Senken**, die das grenzenlose Anwachsen der Cl–, ClO– und NO–Konzentrationen vermeiden. Die wichtigste Senke sind **wasserstoffhaltige** Moleküle, insbesondere HO_2–Radikale. Bei der Reaktion mit $HO_2^{\cdot}$ entstehen Säuren wie HCl und HNO_3 oder Chlornitrat, das üblicherweise ausgewaschen wird:

$Cl\bullet + HY \rightarrow HCl + Y\bullet$ (HY = CH_4, H_2, HO_2)

$Cl\bullet + HO_2\bullet \rightarrow HCl + O_2$
$NO + HO_2\bullet \rightarrow HNO_3$
$ClO + NO_2 \rightarrow ClONO_2$ Chlornitrat

Ozonloch

Das Ozonloch über dem **Nord-** und **Südpol** bildet sich nach den polaren Wintern, in denen keine photochemische Aktivität möglich ist. Die Cl–und NO–Radikale werden entsprechend den oben genannten **Senkenreaktionen** z.B. zu HCl, HNO_3 oder $ClONO_2$ abgebaut. Diese Gase adsorbieren in der Zeit der **Polarnacht** an kondensierte Eiskristalle und reagieren dabei in katalytischen Dunkelreaktionen:

Polares Ozonloch

$ClONO_2 + HCl \rightarrow Cl_2 + HNO_3$
$ClONO_2 + H_2O \rightarrow HOCl + HNO_3$

Sobald der Polarfrühling anbricht, werden Cl_2 und HOCl durch das Sonnenlicht zersetzt und es entstehen hohe Konzentrationen an **Chlorradikalen**, die Ozon abbauen.

Treibhauseffekt

Der Treibhauseffekt beruht auf der Absorption der irdischen Wärmerückstrahlung in den Weltraum durch bestimmte Spurengase. Diese **Treibhausgase** besitzen eine starke **Absorptionsbande** im Infrarotbereich der **terrestrischen Ausstrahlung** (Wellenlängen 8...10 µm). Kurzwellige Strahlung aus dem Weltraum mit Wellenlängen zwischen 0,2 und 2 µm kann demnach auf der Erdoberfläche auftreffen, während langwellige Wärmestrahlung die Erdatmosphäre nicht mehr verlassen kann. Nach → *Abb. 9.6* absorbiert Wasser sowohl die auftreffende Solarstrahlung als auch die ausgestrahlte terrestrische Wärmerückstrahlung. Die Wärmebilanz für H_2O ist demnach weitgehend ausgeglichen. CO_2 absorbiert dagegen nur die terrestrische Rückstrahlung. Es ist deshalb ein typisches Treibhausgas.

Treibhausgase

Entsprechend ihren Absorptionseigenschaften wird den Treibhausgasen ein **Treibhauspotential (THP,** engl. Greenhouse Warming Potential GWP, berechnet z.B. auf 100 Jahre) zugeordnet. Die wesentlichen treibhausrelevanten Spurengase sind in → *Tab. 9.3* zusammengestellt: CO_2, CH_4, N_2O, O_3 und FCKW.

Flugverkehr

VOC–Verbindungen und **Stickstoffoxide NO_x** in der **Troposphäre** tragen durch ihre Ozonbildung zum Treibhauseffekt bei. Nach Berechnungen bewirken z.B. Stickoxid–Emissionen des Flugverkehrs die 30fache Treibhauswirkung gegenüber jener in Bodennähe, da sie in Flughöhen zwischen 9 und 13 km eine 1000fache Lebensdauer besitzen. Abgaswasserdampf und Kondensstreifen (Eiskristalle) des Flugverkehrs sind zusätzlich treibhausrelevant und gefährden die Ozonschicht. Die Bundesrepublik Deutschland hat sich verpflichtet, die klimarelevanten Treibhausgase bis zum Jahr 2005 um 25...30% gegenüber dem Basisjahr 1987 zu reduzieren.

Treibhauspotential (THP)

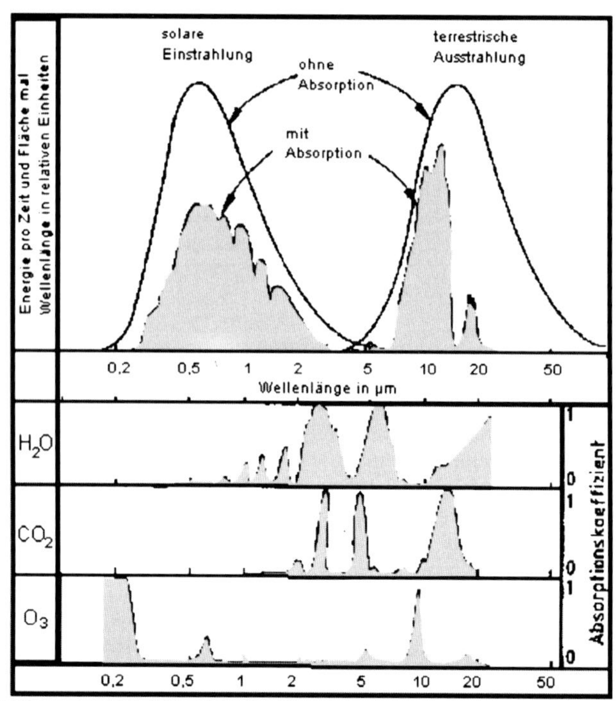

Abbildung 9.6 **Spurengase** H_2O, CO_2 und O_3: absorbieren im IR–Bereich zwischen 2... 20 µm. Ein Treibhausgas, z.B. CO_2, absorbiert bevorzugt im Bereich der terrestrischen Ausstrahlung, nicht jedoch im Bereich der solaren Einstrahlung (nach: Chemie und Umwelt, Vieweg Verlag, Braunschweig, 1991 /47/).

Stoff	Herkunft	Halbwerts-dauer [a]	Treibhaus-potential (THP)	Treibhaus-effekt [%]
CO_2	Verbrennung kohlenstoffhaltiger Materialien, irdische Exhalationen	120	1	55
CH_4	Reisfelder, Erdgas, Sumpf-, Grubengas, Rinderzucht	10	21	5
N_2O	bakterielle Umsetzung von Nitrat, Katalysatorfahrzeuge	150	290	5
O_3	troposphärisches O_3 durch Photosmog	-	2000	10
FCKW/ FKW	Treibgase, Kältemittel, Halbleiterherstellung	60...130	1500...7300	25

Tabelle 9.3 **Klimarelevanten Emissionen und Treibhauseffekt**, bezogen auf die Bundesrepublik Deutschland (Treibhauspotential CO_2 = 1), (Quelle: Bericht der Bundesregierung an die EG–Kommission, Juni 1992)

9.3 Immissionsschutzrecht

BImSchG

Die Regelungsbereiche im Bundesimmissionsschutzgesetz (BImSchG) sind:

- **anlagenbezogen**: Errichtung und Betrieb von umweltrelevanten Anlagen,

- **produktbezogen:** Beschaffenheit von Anlagen, Stoffen, Brennstoffen, Treibstoffen, Schmierstoffen,
- **verkehrsbezogen:** Beschaffenheit und Betrieb von Fahrzeugen, Bau von Straßen und Schienenwegen,
- **gebietsbezogen**: Überwachung von Luftverunreinigungen, Luftreinhaltepläne, Lärmminderungspläne.

BImSchV

Für die **betriebliche Praxis** sind verschiedene Verordnungen und Verwaltungsvorschriften zum BImSchG wichtig:
Für die betriebliche Praxis wichtige Verordnungen:

- **1. BImSchV** Emissionsbegrenzung von Kleinfeuerungsanlagen,
- **2. BImSchV**: Emissionsbegrenzung von leichtflüchtigen Halogenkohlenwasserstoffen,
- **3. BImSchV**: Begrenzung des Schwefelgehalts in leichtem Heizöl und Diesel,
- **4. BImSchV**: Genehmigungsbedürftige Anlagen,
- **5. BImSchV**: Bestellung eines Immissionsschutzbeauftragten,
- **9. BImSchV**: Grundsätze des Genehmigungsverfahrens,
- **11. BImSchV**: Erstellung von Emissionserklärungen,
- **12. BImSchV**: Störfallverordnung,
- **13. BImSchV**: Emissionsbegrenzung Grossfeuerungsanlagen,
- **17. BImSchV**: Verbrennungsanlagen für Abfälle und ähnliche brennbare Stoffe,
- **20. BImSchV**: Begrenzung von HC–Emissionen beim Umfüllen und Lagern von Ottokraftstoffen,
- **21. BImSchV**: Begrenzung von HC–Emissionen beim Betanken von Fahrzeugen,
- **22. BImSchV**: Immissionsgrenzwerte,
- **23. BImSchV**: Immissionswerte für Verkehrsbeschränkungen.

VwV zum BImSchG (TA Luft)

Für die betriebliche Praxis wichtige Verwaltungsvorschriften (VwV):

- **Erste Allgemeine Verwaltungsvorschrift** zum BImSchG, Technische Anleitung Luft (TA Luft),
- **Allgemeine Verwaltungsvorschrift** zum § 16 Gewerbeordnung, Technische Anleitung Lärm (TA Lärm).

Genehmigungsbedürftige Anlagen

Die Errichtung und der Betrieb von Anlagen, die in besonderem Masse schädliche Umwelteinwirkungen hervorrufen können, müssen behördlich **genehmigt** sein. Die genehmigungsbedürftigen Anlagen sind in der **4. BImSchV** festgelegt. Entsprechend der Leistungsgrenze oder dem Anlagenumfang kann das **volle** oder **vereinfachte** Genehmigungsverfahren vorgeschrieben sein.
Genehmigungsbedürftige Anlagen können z.B. sein:

- **Kraftwerke, Feuerungsanlagen**, Kühltürme, Anlagen zur Erzeugung von Brennstoffen,
- Anlagen zur Herstellung von **Zement, Glas,** Keramiken, Teer,
- Anlagen zur **Stahlerzeugung, Gießereien**, Akkumulatoren,
- Anlagen zur Herstellung von **Chemikalien,** Pflanzenschutzmitteln, Treibstoffen, Schmierstoffen,
- Anlagen zum Beschichten mit **Lacken, Kunststoffen** oder Harzen,
- Anlagen zur Herstellung von **Zellstoff** oder Holzfaserplatten,
- Anlagen zur Herstellung von **Nahrungsmitteln**, Futtermitteln, landwirtschaftlichen Erzeugnissen,
- Anlagen zur Verwertung oder **Beseitigung von Abfällen,**

- Anlagen zur **Lagerung von Mineralölen** und Chemikalien.

Betreiberpflichten

Betreiber genehmigungsbedürftiger Anlagen müssen nach § 5 BImSchG die folgenden fünf **Grundpflichten** wahrnehmen:

- **Schutzpflicht** (Pflicht zur behördlichen Prüfung und Genehmigung bestimmter Anlagen),
- **Vorsorgepflicht** (Pflicht zur Einhaltung des **Stands der Technik** bei der Emissionsbegrenzung),
- **Entsorgungspflicht** (Pflicht zur Vermeidung oder Verwertung von Abfällen),
- **Wärmenutzungspflicht** (Pflicht zur Nutzung von Abwärme),
- **Pflichten nach Stilllegung** (Pflicht zur Vermeidung schädlicher Umwelteinwirkungen nach der Stilllegung einer Anlage oder eines Betriebes).

Stand der Technik

Für die **Emissionsbegrenzung** ist die Einhaltung des **Stands der Technik** vorgeschrieben. Dieser wird im BImSchG folgendermaßen definiert (weitere Definition → *Kap. 10.2*):

Stand der Technik im Sinne des BImSchG ist der Entwicklungsstand fortschrittlicher Verfahren, Einrichtungen und Betriebsweisen, der die praktische Eignung einer Maßnahme zur Begrenzung von Emissionen gesichert erscheinen lässt. Bei der Bestimmung des Standes der Technik sind insbesondere vergleichbare Verfahren, Einrichtungen und Betriebsweisen heranzuziehen, die mit Erfolg im Betrieb erprobt wurden.

TA Luft

Der Stand der Technik zur Emissionsbegrenzung ist für die einzelnen Industriebranchen in der **Verwaltungsvorschrift TA Luft** festgelegt. Auch **nicht genehmigungsbedürftige** Anlagen müssen grundsätzlich den Stand der Technik und damit die Grenzwerte der TA Luft einhalten. Die Technische Anleitung Luft richtet sich an die **Genehmigungsbehörden** zur Festlegung bundesweit einheitlicher Standards für genehmigungspflichtige Anlagen. Die TA Luft enthält:

- **allgemeine Emissionsgrenzwerte,**
- **Vorschriften** zur Messung von Emissionen,
- **anlagenbezogene Regelungen** für bestimmte Industriebranchen,
- **Immissionswerte** (IW–Werte),
- **Ermittlung** von Immissionskenngrößen,
- **Ermittlung** von Schornsteinhöhen mittels Ausbreitungsmessungen.

Emissionsgrenzwerte nach TA Luft

Die **allgemein gültigen Emissionsgrenzwerte** nach TA Luft umfassen nach → *Tab. 9.4* Regelungen für folgende Emissionenen:

- **Gesamtstaub,**
- **staubförmige anorganische Stoffe,**
- **dampf- und gasförmige anorganische Stoffe,**
- **organische Stoffe,**
- **krebserzeugende Stoffe.**

Anlagenbezogene Grenzwerte

Anlagenbezogene Emissionsgrenzwerte legen den Stand der Technik bei der Emissionsbegrenzung für **genehmigungspflichtige** Anlagen fest. Die Behörden können im Einzelfall über die in der TA Luft festgelegten Grenzwerte hinausgehen. Weitere Informationen über den Stand der Technik bei der Emissionsbegrenzung in verschiedenen Industriebranchen enthält das **VDI–Handbuch** 'Reinhaltung der Luft'.

Gesamtstaub Grenzwert <50 mg m^{-3} bei einem Massenstrom >0,5 kg h^{-1} Grenzwert <150 mg m^{-3} bei einem Massenstrom <0,5 kg h^{-1}		
anorganische Stäube	Grenzwert [mg m^{-3}]	bei einem Massenstrom [g h^{-1}]
Klasse I, z.B. Cd, Hg, Tl	0,2	>1
Klasse II, z.B. As, Co, Ni, Se, Te	1	>5
Klasse III, z.B. Sb, Pb, Cr, Zn, F, Cu, Mn, Pt, Pd, Rh, V, Sn	5	>25
Anorganische Gase		
Klasse I, z.B. AsH_3, ClCN, Phosgen, PH_3	1	>10
Klasse II, z.B. Br_2 bzw. Br- Verbindungen, HCN, F_2, HF, H_2S	5	>50
Klasse III, z.B. Cl_2 bzw. Cl-Verbindungen	30	>300
Klasse IV, z.B. Schwefeloxid, Stickoxide	500	>5000
Organische Gase		
Klasse I, z.B. Acetaldehyd, Anilin, Phenol, versch. Amine, Formaldehyd	20	>100
Klasse II, z.B. Styrol, Trichlorethen, Perchlorethen, Xylol	100	>2000
Klasse III, z.B. Aceton, Ethylacetat, Olefine, Paraffinkohlenwasserstoffe	150	>3000
Krebserregende Stoffe		
Klasse I, z.B. Asbest, Benzo[a]pyren	0,1	>0,5
Klasse II, z.B. As_2O_3, Chromate, Ni-, Co-Stäube	1	>5
Klasse III, z.B. Acrylnitril, Benzol, Vinylchlorid	5	>25

Tabelle 9.4 **Allgemeine Emissionsgrenzwerte nach TA Luft**

9.4 Luftreinhaltungstechnik

Abluftreinigung

Abluft kann je nach Verarbeitungs- und Herstellungsprozess staubförmige Feststoffe, leichtflüchtige Dämpfe oder Gase enthalten. Die Verfahren der Abluftreinigung lassen sich einteilen in:

- **mechanische** Verfahren: z.B. Gewebefilter, Hydrozyklon,
- **thermische** Verfahren: z.B. Kondensation, Ausgefrieren,
- **physikalische** Verfahren: z.B. Elektrofilter, Adsorption, Absorption,
- **chemische** Verfahren: z.B. Rauchgasreinigung, Nachverbrennung.

Die Verfahren zur Abtrennung von Stäuben werden im Rahmen dieses Textes nicht weiter behandelt /48/.

Lösemittelrückgewinnung

Abluftreinigungsverfahren für organische Lösemittel und Treibstoffe werden betrieben mit dem Ziel:

- **Wertstoffe** aus dem Abgas zurückzugewinnen (**regenerative** Verfahren) oder
- **Schadstoffe** im Abgas zu eliminieren (**oxidative** Verfahren).

Die **Wertstoffrückgewinnung** ist im Sinne der Abluftvermeidung und Ressourceneinsparung besonders wichtig. Sie lässt sich insbesondere dann ökonomisch betreiben, wenn die Abluftinhaltsstoffe **sortenrein** sind und in **hoher** Konzentration anfallen. Einen hohen technischen Stand hat die Abluftreinigung von VOC–Emissionen (Herkunft: Lacke, Kunststoffe, Treibstoffe) oder von Gerüchen (Herkunft: chemische Industrie, Nahrungsmittel, Gießerei u. a.) erreicht. In Abhängigkeit von der **Schadgasbeladung** verwendet man unterschiedliche Recyclingverfahren nach → *Tab. 9.5*.

Abluft mit niedriger Beladung (<20 g m^{-3}) und meist großen Volumenströmen	
Regenerative Verfahren	Oxidative Verfahren
Absorption (1...50 g m^{-3})	Thermische Verbrennung (>10 g m^{-3})
Adsorption (1...25 g m^{-3})	Katalytische Verbrennung (3...10 g m^{-3})
	Regenerative Oxidation (>1 g m^{-3})
	Biofilter 0,2...3 g m^{-3})
Abluft mit hoher Beladung (>20 g m^{-3}) und meist kleinen Volumenströmen	
Regenerative Verfahren	Oxidative Verfahren
Kondensation (>50 g m^{-3})	Thermische Verbrennung
Membrantrennung (>20 g m^{-3})	Gasmotor (Kraft-Wärme-Kopplung)
Absorption	

Tabelle 9.5 **Abluftreinigungsverfahren für organische Gase** und Dämpfe bei niedriger und hoher Beladung (unten) an Schadstoffen. (In Klammer stehen empfohlene Werte für die Eingangsbeladung)

Kondensation

Gase können bis zu einer gewissen **Sättigung** dampfförmige Stoffe aufnehmen. Der maximale Anteil in der Gasphase $x = p_i / p$ (Sättigungsbeladung) ist abhängig vom **Dampfdruck p_i** und dem Gesamtdruck p. Niedrigsiedende Flüssigkeiten haben einen hohen Dampfdruck. Der Dampfdruck p_i ist abhängig von der Temperatur. Die Temperatur, bei der sich die Sättigungskonzentration einstellt, wird **Taupunkt** genannt. Bei einer Abkühlung unter den Taupunkt muss so viel Dampf kondensieren, bis die Sättigungskonzentration bei der niedrigeren Temperatur wieder erreicht ist. Die Kondensationsverfahren sind für die Reinigung hochbeladener Volumenströme relativ hochsiedender Lösemittel geeignet und ermöglichen eine stoffliche Rückgewinnung. Für Gase mit einem hohen Dampfdruck (z.B. NH_3, SO_2) können die Grenzwerte der TA Luft durch Tiefkühlung bis -100°C jedoch nicht eingehalten werden.

Absorption

Physisorption
Chemisorption

Unter einer Absorption versteht man das Lösen eines Stoffes, des **Absorptivs**, in einer Flüssigkeit, dem **Absorbens** (**Absorberflüssigkeit**). Reagieren die gelösten Stoffe und die Absorberflüssigkeit nicht miteinander, spricht man von physikalischer Abgaswäsche (**Physisorption**, Absorption im engeren Sinn), andernfalls von chemischer Abgaswäsche (**Chemisorption**). Die physikalische Absorption ist ein umkehrbarer Gleichgewichtsvorgang.

Absorptiv	Absorbens	Prozess bzw. Produkt
SO_2	Natriumslulfit	Wellmann-Lord-Verfahren
	Calciumhydroxid	Gips
	PEG	Linde-Solinox-Verfahren
HCl	Wasser	Salzsäuregewinnung
NH_3	Wasser	Ammoniak-Gewinnung
	Schwefelsäure	Ammoniumsulfat
	Salpetersäure	Ammoniumnitrat
NO, NO_2	Wasser	Salpetersäure
Lösungsmittel	PEG	Lösungsmittel

Tabelle 9.6 **Absorptionsverfahren** zur Abluftreinigung (PEG = Polyethylenglykol)

Absorptionsmittel

Die wichtigsten Absorptionsmittel sind Wasser, Laugen (für saure Abgase) und Säuren (für basische Abgase, NH_3). Hochsiedende Polyethylenglykole (PEG) haben sich zur Absorption von Lösemitteln bewährt *(→ Tab. 9.6)*.

Adsorptionsisotherme

Bei der Adsorption werden adsorptive Schadstoffe an einem **Adsorbens**–bevorzugt poröse Feststoffe mit einer großen inneren Oberfläche–adsorbiert. Als Adsorbentien werden hauptsächlich granulierte **Aktivkohle**, in geringerem Masse Silicagel, Aluminiumoxid, Molekularsiebzeolithe oder polymere Harze eingesetzt. Die Adsorption ist ein Gleichgewichtsvorgang zwischen der Beladung des Adsorbens und der Konzentration c_i eines Stoffes in der Gasphase. Entsprechend den in *→ Abb. 9.7* dargestellten **Adsorptionsisothermen** lässt sich ein Adsorbens um so höher beladen, je höher die Konzentration des Schadgases im Gasraum ist. Nach *Freundlich* gilt in vielen Fällen eine empirische Gleichung, die sich am besten in einem doppellogaritmischen Diagramm darstellen lässt (Ermittlung der Konstanten n aus der Geradensteigung):

$$a_i = \alpha \cdot c_i^{1/n} \qquad a_i = \frac{m_i \cdot 100}{m_A} [m-\%]$$

a: Beladung = adsorbierte Masse des Stoffs, bezogen auf die Masse m_A der Aktivkohle α: temperaturabhängiger Adsorptionskoeffizient, bei niedrigeren Temperaturen wird meist eine höhere Beladung erreicht, c_i : Konzentration des Stoffes i im Gasraum, n: temperaturabhängige Konstante.

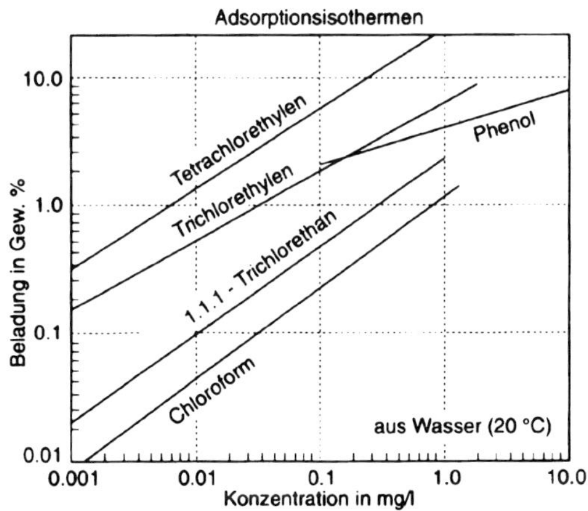

Abbildung 9.7 **Adsorptionsisotherme** für verschiedene Lösemittel (doppelt logarithmisch): Je niedriger die Schadgaskonzentration in der Gasphase, desto niedriger ist die Beladung des Aktivkohle–Adsorbens (nach /49/)

Aktivkohle

Verschiedene Anwendungen der Adsorption sind in *→ Tab. 9.7* zusammengestellt. Die Adsorption ist ein **exothermer** Vorgang und führt zur Erhitzung des Adsorptionsmittels. Insbesondere bei Aktivkohle und hochbeladenen Gasen besteht **Brandgefahr.**

Adsorptionsrad

Technische **Adsorptionsanlagen** werden oft als Tandemanlagen ausgeführt. Während eine Adsorbersäule beladen wird, erfolgt die Regenerierung der beladenen, zweiten Säule, z.B. durch thermische Desorption mit überhitztem Wasserdampf oder Inertgas. Eine weitere kontinuierlich zu betreibende Anlage ist das Adsoptionsrad nach *→ Abb. 9.8*.

Trennaufgabe	Adsorbens	Regenerierung
Rückgewinnung von Lösemitteln	Aktivkohle	mit Wasserdampf oder Heissgas
Abtrennung von H_2S und Mercaptanen aus Erdgas	Molekularsieb	mit Heissgas
Abscheidung von SO_3 aus Rauchgas	Aktivkoks	mit Heissgas
Entfernung von CKW aus Stripper-abgasen z.B. Altlastensanierung	Aktivkohle	Hochtemperatur-Entsorgung

Tabelle 9.7 **Adsorptionsverfahren** zur Abluftreinigung.

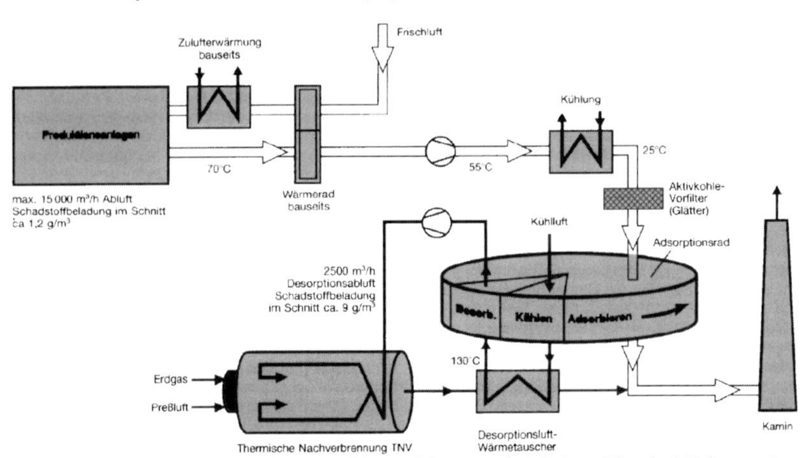

Abbildung 9.8 **Adsorptionsrad** zur kontinuierlichen Reinigung wenig beladener Lösemittel–Volumenströme z.B. aus Lackierereien (Quelle: Firma Eisenmann, Böblingen).

Gaspermeation

Die **Gaspermeation** ist ein Membranverfahren zur Gastrennung, das auf der unterschiedlichen Löslichkeit der Gase in einer (porenfreien) Membran beruht. In einer Silikongummi–Membran ist die Löslichkeit von Pentan rund 200 mal größer als die von Sauerstoff oder Stickstoff. Die Gaspermeation wird erfolgreich insbesondere zur Trennung von **organischen** Dämpfen (z.B. Treibstoffe, VOC) oder von Gasen (z.B. Luft) eingesetzt. Das Verfahrensprinzip der Gaspermeation ist analog dem der **Pervaporation** (Trennung eines Flüssigkeitsgemisches, → *Kap. 1.1*).

Oxidation

Die Verbrennung mit Luft wird bei hohen Volumenströmen mit relativ niedriger VOC–Beladung eingesetzt, z.B. bei der Abluft von Lackieranlagen, Chemieproduktion, Gummiherstellung. Man unterscheidet nach → *Abb. 9.9* im wesentlichen drei oxidative Nachverbrennungsverfahren:

- **thermisch, elektrisch,**
- **katalytisch,**
- **regenerativ.**

Thermische Nachverbrennung

Die klassische **thermische** Verbrennung findet in einer 800°C heissen Verbrennungszone statt. Geringere Energiekosten werden durch eine **katalytische** Nachverbrennung bei 300... 400°C unter Einsatz eines Oxidationskatalysators (z.B. Al_2O_3 oder Pt/Pd–beschichteter Cordierit) begünstigt. Bei der **regenerativen** thermischen Oxidation werden verschiedene Schüttschichten intervallweise durch die exotherme Verbrennungsreaktion erhitzt und anschließend zur Vorerwärmung des Abgases wieder abgekühlt. Der Energieaufwand für die Stützfeuerung wird so auf ein Minimum reduziert. Bei der Verbrennung saurer oder basischer Abgase muss der Oxidation in vielen Fällen eine Nasswäsche nachgeschaltet sein.

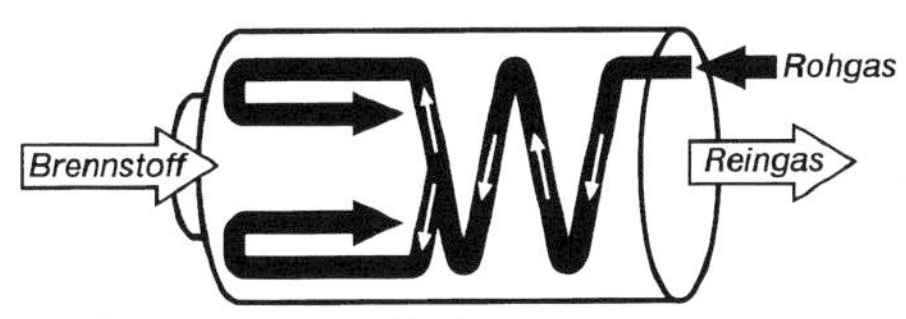

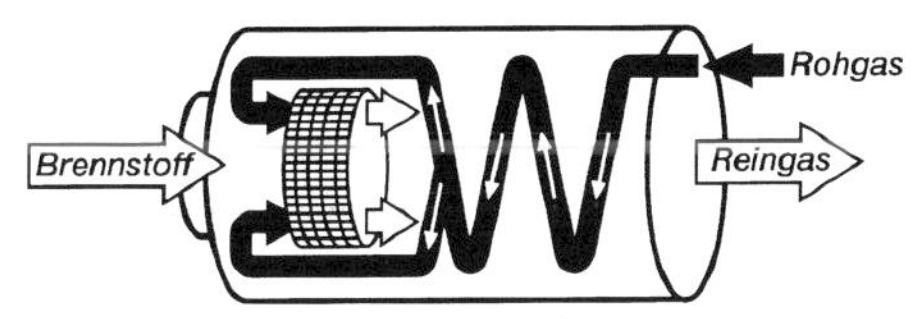

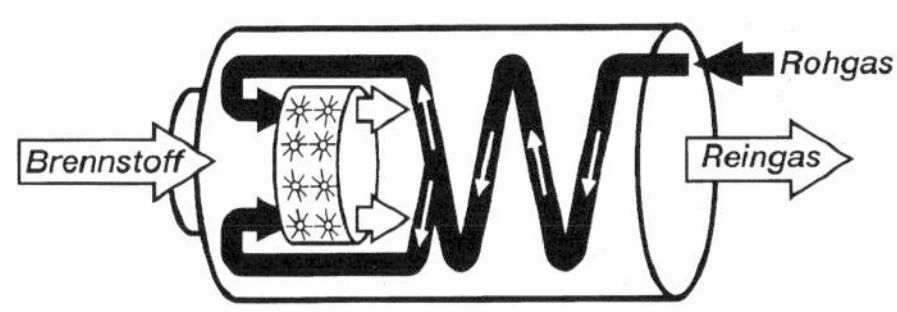

Abbildung 9.9 **Thermische Abluftverbrennung** zur Reinigung von lösemittelbeladener Abluft: Thermische (TNV), katalytische (KNV) und elektrische (ENV) Nachverbrennung (Quelle: Firma Eisenman, Böblingen).

9.5 Rauchgasreinigung

Rauchgase

Die Verbrennung fossiler Brennstoffe führt zur Bildung von Staub, Schwefel- und Stickoxiden. Die Rauchgase eines modernen **Steinkohlekraftwerks** haben beispielhaft die untenstehende Zusammensetzung, in Klammer stehen die Grenzwerte für ein modernes Steinkohlekraftwerk (13. BImSchV, Feuerungswärmeleistung >300 MW):

- **Stickstoff** ca. 77,5%, **Kohlendioxid** ca. 16%, **Sauerstoff** ca. 6%,
- **Stickoxide** ca. 0,04% = 650 mg m^{-3} (Grenzwert 200 mg m^{-3}),
- **Schwefeldioxid** ca. 0,1% = 2000 mg m^{-3} (Grenzwert 400 mg m^{-3}, Entschwefelungsgrad >85%),
- **Staub** ca. 6,5 g m^{3} (Grenzwert 50 mg m^{-3}).

Rauchgasreinigung

Die **Rauchgasreinigung** erfolgt über **drei Stufen**, die meist in der Reihenfolge Entstickung, Entstaubung, Entschwefelung geschaltet sind (→ *Abb. 9.10*). Diese **high dust–Schaltung** hat energetische Vorteile, da die katalytische Entstickung eine erhöhte Reaktionstemperatur benötigt. Der Nachteil ist eine hohe Staubbelastung des DeNOx–Katalysators.

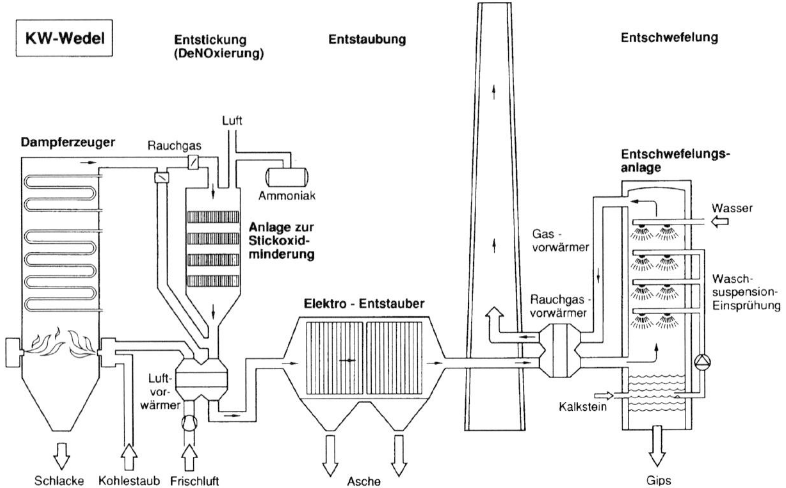

Abbildung 9.10 **Rauchgasreinigung** bei einem Kraftwerk: High Dust–Stellung der Entstickung direkt nach dem Verbrennungsraum. Es folgen die Reinigungsschritte Entstaubung und Entschwefelung (Quelle: Hamburgische Electricitätswerke HEW).

Brennstoff NO_x

Die hohen Verbrennungstemperaturen in konventionellen Feuerungsanlagen (ca. 1000...1200°C bei Rostbefeuerung) führen dazu, dass neben dem im Brennstoff chemisch gebundenen Stickstoff (**Brennstoff–NO_x**, z.B. 2 m–% N in Kohle) auch ein Teil des Stickstoffs aus der Feuerungsluft (**Thermisches NO_x**) zu NO_x oxidiert wird Die Emissionsminderung von NO_x zielt deshalb in erster Linie auf verbrennungstechnische Verbesserungen zur **Senkung** der Feuerungstemperaturen unterhalb 1000°C. Durch **Wirbelschichtverbrennung** (→ *Abb. 9.11*) und Feuerungstemperaturen **unter 800°C** können die NO_x–Abluftgrenzwerte teilweise ohne weitere Rauchgasreinigung eingehalten werden.

$DeNO_x$

Erweist sich eine nachgeschaltete Entstickung als notwendig, sind Absorptionsverfahren nicht geeignet, da das NO/NO_2–Gleichgewicht bei >500°C weitgehend auf Seiten von NO liegt: $NO + \frac{1}{2} O_2 \leftrightarrow NO_2$

SCR
SNCR

Im Abgas der meisten Verbrennungsreaktionen liegt folglich im wesentlichen NO vor, das kaum wasserlöslich ist. Denkbar sind Entstickungsverfahren mit vorgeschalteter Oxidation zum wasserlöslichen NO_2 (z.B. mit Ozon). Im großtechnischen Einsatz haben sich heute die Verfahren der Selektiven Katalytischen Reduktion **(SCR–Verfahren** (Entstickung,→ *Abb. 9.10*) und der Selektiven Nicht–Katalytischen Reduktion **(SNCR–Verfahren)** durchgesetzt.

Beim **katalytischen SCR–Verfahren** wird in das trockene Rauchgas **Ammoniak** eingedüst und die Mischung über einen $V_2O_5/WO_3/TiO_2$–Katalysator (**DeNOx**–Katalysator) geleitet. Innerhalb eines Temperaturfensters von 280...360°C erfolgt die Reduktion der Stickoxide zu elementarem Stickstoff:

$$x\ NH_3 + NO_x + x/4\ O_2 \rightarrow 3/2\ x\ H_2O + (x+1)\ /\ 2\ N_2$$

Unterhalb 280°C verläuft die Reaktion mit unzureichender Geschwindigkeit. Der Katalysator hat eine Betriebslebensdauer von 30 000...40 000 Stunden, es erfolgt schließlich eine Desaktivierung durch Schwermetallreaktionen und durch mechanische Verschmutzung. Beim **nichtkatalytischen SNCR–Verfahren** wird **Harnstoff** in den Feuerungsraum eingedüst:

$x/2\ H_2NCONH_2 + NO_x + x/4\ O_2 \rightarrow x\ H_2O + (x+1)/2\ N_2 + x/2\ CO_2$

Entstaubung

Die Entstaubung erfolgt meist mit Hilfe eines **Elektrofilters**: Negativ geladene Sprühelektroden mit hoher Spannung (ca. 10...30 kV) vermitteln den Staubteilchen des vorbeiziehenden Rauchgases eine negative elektrische Ladung, weshalb sie von den entgegen gesetzt geladenen (geerdeten) Platten des Elektrofilters angezogen und von dort durch ein Klopfwerk abgetragen werden. Die Wirksamkeit des Elektrofilters beträgt 99,97%. Die Flugasche ist oft durch Dioxine belastet und muss unter besonderen Vorkehrungen abgelagert (Sonderdeponien) werden.

Entschwefelung

Steinkohle kann je nach Herkunft bis 5% **Schwefel** in Form von Pyrit (FeS_2) enthalten. Der Schwefelgehalt in schwerem Heizöl beträgt etwa 1%, bei Rückstandsölen von Raffinerien bis 3%, der Schwefel liegt hier in Form organischer Verbindungen (z.B. Thiophen) vor. Bei der Verbrennung entsteht in jedem Fall gesundheits- und umweltschädliches Schwefeldioxid (SO_2) und etwas SO_3. Die großtechnischen Entschwefelungsverfahren beruhen im wesentlichen auf der **Adsorption/Chemisorption** und werden entsprechend dem Aggregatzustand des Adsorbens eingeteilt in:

- **Waschverfahren**: nasses Absorbens,
- **Sprühabsorptionsverfahren**: halbtrockenes Adsorbens,
- **Trockenadditiv–Verfahren**: trockenes Adsorbens.

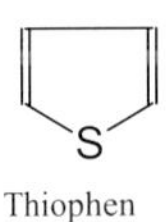

Thiophen

Nicht-/ Regenerative Entschwefelung

Man unterscheidet **nichtregenerative** (ohne Rückgewinnung des Adsorbens) und **regenerative** Verfahren (mit Rückgewinnung des Adsorbens, → *Tab. 9.8*). In Deutschland werden 90% der Kraftwerke nichtregenerativ entschwefelt.

Verfahren	Adsorbens	Endprodukt bzw. Verwendung
Nichtregenerativ		
Kalkstein-Verfahren (nass)	$CaCO_3$	$CaSO_4$, Deponie, Verwertung
Kalkmilch-Verfahren (nass)	$Ca(OH)_2$	$CaSO_4$, Deponie, Verwertung
Ammoniak-Verfahren (nass)	NH_3	$(NH_4)_2SO_4$, Düngemittel
Degussa-Verfahren (nass)	H_2O_2	H_2SO_4, Schwefelsäure
Sprühabsorption (halbtrocken)	$Ca(OH)_2$	$CaSO_3$, Deponie, Verarbeitung
Trockenadditiv (trocken)	$CaCO_3$, CaO	Schlacke, Steinherstellung
Uhde-Verfahren (trocken)	Aktivkoks	SO_2, SO_3, Schwefel, H_2SO_4
Regenerativ		
Wellman-Lord-Verfahren (nass)	Na_2SO_3	SO_2, Schwefel, Schwefelsäure
Magnesium-Verfahren (nass)	$Mg(OH)_2$	SO_2, Schwefel, Schwefelsäure
Doppelalkali-Verfahren (nass)	NaOH, KOH	SO_2, Schwefel, Schwefelsäure

Tabelle 9.8 **SO_2–Abgasreinigungsverfahren**; nicht regenerative (oben) und regenerative (unten) Verfahren

Kalkstein-Verfahren

Beim häufig angewendeten (nicht regenerativen) **Kalkstein–Verfahren** (Entschwefelung,→ *Abb.9.10)* wird das in Wasser aufgeschlämmte Absorptionsmittel $CaCO_3$ mit SO_2 und Luftsauerstoff zu Gips–Anhydrit ($CaSO_4$) umgesetzt, der in der Bauindustrie als REA–Gips (**REA = Rauchgasentschwefelungsanlage**) abgesetzt oder deponiert wird:

$2\ CaCO_3 + SO_2 + 1/2\ O_2 + H_2O \rightarrow CaSO_4 + Ca^{2+} + 2\ HCO_3^-$

Trockenadditivverfahren

Beim **Trockenadditivverfahren (Direktentschwefelung)** binden größere Mengen Kalk ($CaCO_3$) oder Branntkalk (CaO) das entstehende SO_2 auf trockenem Wege, wodurch Abwasserprobleme vermieden werden. Die **Sprühadsorption** ist ein halbtrockenes Verfahren, wobei die Schadstoffe an feuchtes $Ca(OH)_2$ oder Aktivkohle adsorbiert werden. Trockene und halbtrockene Techniken werden bevorzugt in kleineren Kraftwerken und Altanlagen eingesetzt, die Einhaltung niedriger Grenzwerte kann problematisch sein. Mit dem Trockenadditiv–Verfahren und kombinierter **Wirbelschichtverbrennung** lässt sich eine beträchtliche Emissionsminderung von Schwefeldioxid und gleichzeitig Stickoxiden erreichen. Dabei wird Kohle und Kalk vermischt, fein gemahlen und von eingeblasener Luft in einer zirkulierenden Wirbelschicht in der Schwebe gehalten. Bei Verbrennungstemperaturen um 800...1000°C wird SO_2 gebunden, während die NO_x–Emissionen aufgrund der niedrigen Feuerungstemperatur vergleichsweise gering sind. Darüberhinaus wird entstehendes NO von flüchtigen Reaktionsprodukten der Kohleverbrennung zu N_2 reduziert (→ *Abb. 9.10*).

Wirbelschicht-verbrennung

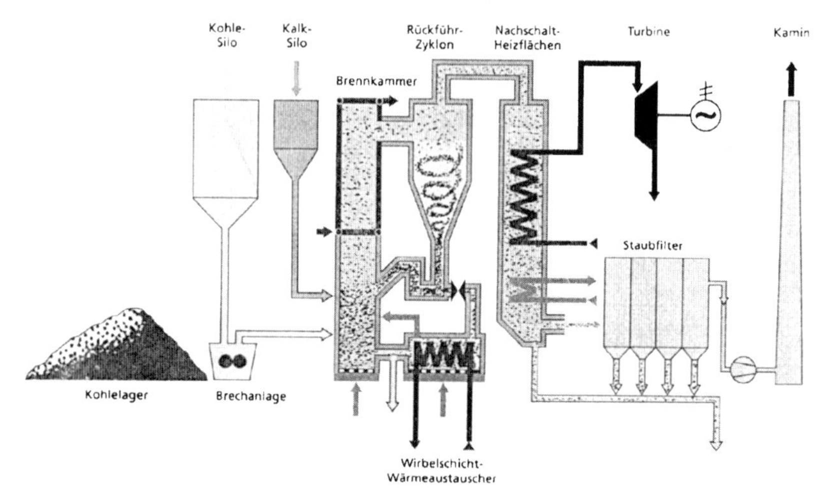

Abbildung 9.10 **Heizkraftwerk mit zirkulierender Wirbelschicht**, welche über einen Zyklon rückgeführt wird. Die Entschwefelung wird im Trockenadditivverfahren durch Zumischung von Kalk durchgeführt (Quelle: Firma Lurgi AG, Frankfurt).

Sulfacid-Verfahren

Eine gleichzeitige Entschwefelung und Entstickung ermöglicht ebenfalls ein mehrfach in Deutschland realisiertes Adsorptionsverfahren an **Aktivkoks**. Dabei wird in einem Aktivkoks–Adsorber bei Temperaturen zwischen 90 und 150°C SO_2 zu Schwefelsäure umgesetzt und NO durch eingeblasenen Ammoniak NH_3 zu N_2 reduziert (Sulfacid (Uhde)–Verfahren). Ein Teil der Aktivkohle wird in der folgenden Desorberstufe verbraucht (deshalb nicht regeneratives Verfahren) und der wesentliche Teil des Adsorbens wird zu einer erneuten Beladung zurückgeführt. **Regenerative** Entschwefelungsverfahren wurden in Deutschland dagegen bisher nur vereinzelt realisiert.

10 Wasser und Abwasser

10.1 Wasserinhaltsstoffe

Wassergewinnung

Für die Wassergewinnung seitens der öffentlichen Wasserversorgung wird überwiegend Grundwasser verwendet (1987):

Grundwasser	62,7%	Quellwasser	11,8%
Uferfiltrat	4,9%	See- und Talsperrenwasser	9,3%
Flusswasser	0,5%	angereichertes Grundwasser	9,8%

Der Eigenverbrauch der Wasserwerke und Leitungsverluste betragen 11,6%. **Grundwasser** ist in lockeren Poren (Kies, Sand) und Gesteinsklüften (Granit, Kalk) gespeichert. Die Oberfläche des Grundwassers bildet den Grundwasserspiegel. Bei einer Übernutzung des Grundwassers kann eine Absenkung des Grundwasserspiegels eintreten (Folge: Bodensetzungen, Absterben von Pflanzen). **Uferfiltrat** wird bei einer engen Kommunikation zwischen Oberflächenwasser und Grundwasser gebildet. Bei Gewässerverschmutzungen besteht die Gefahr, dass Schadstoffe in das Grundwasser eindringen. **Seen-** und **Talsperrenwasser**, z.B. aus dem Bodensee, versorgt in Baden-Württemberg 1/3 der Haushalte. Das Wasser wird aus 60 m Seetiefe emporgepumpt und ist praktisch schadstofffrei. Es ist eine ökologisch verträgliche Wassergewinnung, die 1,1% der Menge des Rheinabflusses entspricht. **Angereichertes Grundwasser** erhält man durch 'Verregnen' von Flusswasser oder Überstauen von Wiesen und Ackerflächen.

Trinkwasserversorgung

Die gesetzlichen Anforderungen an Trinkwasser regelt die **Trinkwasserverordnung** (TVO). Trinkwasser muss frei von Krankheitserregern, z.B. **Colibakterien** oder **Coliformen** Keimen, sein. Die **Gesamtkeimzahl** (Kolonienzahl) darf den Richtwert von 100 Kolonien je ml nicht überschreiten. Weitere Grenzwerte nach TVO sind in → *Tab. 10.1* zusammengefasst.

Parameter	Grenzwert	Parameter	Grenzwert
pH-Wert	6,5 - 9,5	Leitwert	2000 $\mu S\ cm^{-1}$
Ammonium	0,5	Natrium	150
Chloride	250	Eisen	0,2
Fluoride	1,5	Silber	0,01
Sulfate	240	Kupfer (nach 12h)	3
Nitrate	50	Zink (nach 12h)	5
Nitrit	0,1	Nickel	0,05
Cyanide	0,05	Chrom	0,05
CKW gesamt	0,01	Blei (nach 12h)	0,04
Pestizide gesamt	0,0005	Phosphor (P_2O_5)	5
Tenside	0,2	Ozon	0,05
Mineralöle	0,01	Chlor	0,3

Tabelle 10.1 **Grenzwerte nach Trinkwasserverordnung (TVO)** Konzentrationsangaben in [$mg\ l^{-1}$], (Auszüge)

Trinkwasserbelastung

Wesentliche **Probleme** der Trinkwasserversorgung sind u. a.:

- **Pestizideintrag** von schwer abbaubaren Pflanzenschutzmitteln,

- **chlorierte Kohlenwasserstoffe** aus industriellen Prozessen,
- **Nitratbelastung** durch Überdüngung (z.B. Gülle).

Qualitätsmerkmale von Wasser

Die **Qualität** von Wasser und Abwasser wird mit unterschiedlichen **Messgrößen** gekennzeichnet:

- **physikalisch:** Temperatur, Geruch, Farbe, Trübung,
- **anorganisch:** Salze, Schwermetalle, pH–Wert, elektrische Leitfähigkeit,
- **organisch:** BSB, CSB, TOC, AOX, Pestizide, Mineralöle
- **biologisch:** Fischgiftigkeit u. a.

Summengrößen

Chemische Messgrößen können eine Einzelsubstanz oder eine Stoffklasse betreffen. Insbesondere die letztgenannten **Summenparameter** werden im Text erläutert.

Wassertemperatur

Elektrische Leitfähigkeit

pH-Wert

Biologische und chemisch–physikalische Vorgänge sind oft **temperaturabhängig** (z.B. bakterielle Abbauprozesse, Löslichkeit von Gasen in Wasser). Kritische Gewässersituationen entstehen bei Wassertemperaturen >30°C, insbesondere bei einem Sauerstoffgehalt <4 mg l^{-1}. Die **elektrische Leitfähigkeit** ist ein **Summenparameter**, der den Gehalt an **gelösten** Stoffen, z.B. Salzen und Säuren, angibt. Durch Leitfähigkeitsmessungen kann Korrosion erkannt werden. Gemessen wird der Widerstand zwischen zwei Messelektroden unter Wechselspannungsbetrieb (→ *Kap. 15.1*). Die Einheit der (spezifischen) elektrischen Leitfähigkeit ist [μS cm^{-1} = Mikrosiemens cm^{-1}, Siemens S = Ω^{-1}]. Die Leitfähigkeit in Trinkwasser darf Werte bis 2 mS cm^{-1} annehmen. Der **pH–Wert** gibt die Wasserstoffionenkonzentration (H_3O^+) einer Lösung wieder. Der pH–Wert natürlicher Gewässer liegt je nach Härtegrad zwischen pH = 6 und 8,5. Bei pH <5 ist die Selbstregulierung der Gewässer gestört. Durch einen sauren pH werden darüber hinaus **Schwermetalle** aus Böden und Sedimenten **mobilisiert** (z.B. Schädigung von Pflanzenwurzeln durch sauren Regen).

Sauerstoffgehalt

Der Sättigungswert von Sauerstoff in Wasser ist **temperaturabhängig** (O_2–Gehalt: 14,6 mg l^{-1} bei 0°C, 9,1 mg l^{-1} bei 20°C). Der Sauerstoffgehalt wird chemisch nach dem Verfahren von *Winkler* und elektrochemisch mit einem Oximeter (→ *Kap. 15.1*) bestimmt.

BSB

Der biochemische bzw. biologische Sauerstoffbedarf (BSB, Einheit [g O_2 l^{-1}]) gibt an, wieviel **Sauerstoff** in einer bestimmten Zeit (innerhalb 5 Tagen: BSB_5) unter konstanten Bedingungen (20°C, Dunkelheit) von den im Wasser lebenden Organismen verbraucht wird, um **biologisch abbaubare** Substanzen zu oxidieren (DIN 38 409–H 51). Typische BSB_5–Werte sind in → *Tab. 10.2* zusammengestellt.

CSB

Verhältnis CSB/BSB

Der chemische Sauerstoffbedarf (CSB, Einheit [g O_2 l^{-1}]) ermittelt den **Sauerstoffbedarf aller oxidierbaren** Verbindungen in Wasser (konstante Bedingungen 148°C, 2 h). Der CSB ist immer größer als der BSB. Das Verhältnis CSB : BSB bestimmt den Grad der Verschmutzung durch biologisch schwer abbaubare Substanzen (→ *Tab. 10.2*). Messtechnisch wird mit einem starken Oxidationsmittel (z.B. $K_2Cr_2O_7$) unter Verwendung eines Ag–Katalysators nach folgender summarischer Reaktionsgleichung oxidiert:

CSB–Messung

$$\underset{\text{Organische Substanz (z.B. Formaldehyd)}}{3\,CH_2O} + 2\,Cr_2O_7^{2-} + 16\,H^+ \xrightarrow{\text{Ag–Katalysator}} 3\,CO_2 + 11H_2O + 4\,Cr^{3+}$$

Bestimmt wird der **verbleibende** Gehalt an $K_2Cr_2O_7$ (durch Titration mit Fe^{2+}nach DIN 38409, Teil 41 bzw. Teil 43 oder photometrisch). Durch Zugabe von Hg^{2+}–Ionen werden Cl^-, Br^-, J^- und S^{2-}–Ionen gebunden (**maskiert**), die ebenfalls einen CSB–Beitrag ergeben würden. Andere oxidierbare Ionen (z.B. NH_4^+, Fe^{2+}) werden bei der CSB–Messung miterfasst. Der **Permanganat–Verbrauch** ist ebenfalls ein Maß für den CSB mit dem Oxidationsmittel Kaliumpermanganat ($KMnO_4$).

Wasserherkunft	typische BSB_5 Werte [mg O_2 l^{-1}]
Reines Flusswasser	1-3
stark verschmutztes Flusswasser	5-8
Ablaufwerte einer Kläranlage	<20
häusliches Abwasser	200-300

CSB:BSB	Bewertung
<1,7	leichter und vollständiger Abbau
1,7-10	unvollständiger Abbau, mögliche Ursachen: verzögerte mikrobielle Anpassung, schwer abbaubare Stoffe, teilweise toxische Verbindungen
>10	kein Abbau; mögliche Ursachen: nicht abbaubare Stoffe, toxische Verbindungen

Tabelle 10.2 **Typische BSB_5-Werte** (oben); Verhältnis CSB:BSB in unterschiedlichen Wässern (unten)

TC, TOC, TIC

Der **organische** Kohlenstoffgehalt (**TOC** = Total Organic Carbon) und **DOC** (Dissolved Organic Carbon) sind moderne Summenparameter zur Charakterisierung der **organischen** Belastung eines Abwassers. Das TOC–Messverfahren vermeidet–im Gegensatz zum CSB–giftige Einsatzstoffe und erfasst ausschließlich Kohlenstoff. Der TOC wird als Differenz **TOC = TC–TIC** des **Gesamt**kohlenstoffgehalts (**TC** = Total Carbon) und des **anorganischen** Kohlenstoffgehalts (**TIC** = Total Inorganic Carbon) bestimmt. Den TC erhält man, wenn die Probe in einem Ofen verbrannt und das dabei gebildete Kohlendioxid (CO_2) infrarotspektroskopisch gemessen (DIN 38 409–H3) wird. Der anorganische Anteil TIC (z.B. Carbonate) wird durch Ansäuern einer zweiten Probe und Messung des freiwerdenden CO_2 bestimmt. Der DOC unterscheidet sich vom TOC durch eine Filtration der Probe.

Mineralöle

AOX

LHKW

Mineralöle werden nach DIN 38 409–H18 mit einem **Infrarot (IR)–Spektrometer** bestimmt (→ *Kap. 3.3*). Adsorbierbare organische Halogenverbindungen (**AOX**) werden an **Aktivkohle** adsorbiert und dann verbrannt (DIN 38 409–H 14). Dabei entsteht aus Chlorkohlenwasserstoffen (CKW) HCl–Gas, das in Wasser eingeleitet und als **Chloridionen** bestimmt wird. Leichtflüchtige CKW (LHKW) bezeichnet die Summe von Trichlorethen (Tri), Perchlorethen (Per), 1,1,1- Trichlorethan und Dichlormethan, gerechnet als Chlor. Weitere Summenparameter sind z.B. **Gesamtstickstoff, Phenole, Tenside**.

Schwermetallsalze

Salze und salzartige Stoffe, die Minerale, bauen die Gesteine auf; sie sind die Baustoffe der **unbelebten** Natur. Bestimmte Salze sind in geringen Konzentrationen für biologische Organismen lebensnotwendig (**Spurenelemente**). Erhöhte Konzentrationen bestimmter Kationen oder Anionen können jedoch gesundheitsschädlich, giftig oder krebserregend sein. Hohe **Schwermetallgehalte** in Gewässern oder im Boden gehören zu den schwerwiegendsten **Umweltproblemen** unserer Zeit. Ihre Ursachen sind vielfältig:

- **unsachgemäßer Umgang** mit wasserlöslichen Salzen (z.B. mangelhafte Abwasserbehandlung von Galvanikbädern);
- **Korrosion von metallischen Überzügen** (z.B. Zinkschichten und organischen Korrosionsschutzbeschichtungen mit giftigen Farbpigmenten, z.B. Bleimennige);

- **Eintrag von Luftschadstoffen** in die Ökosysteme.

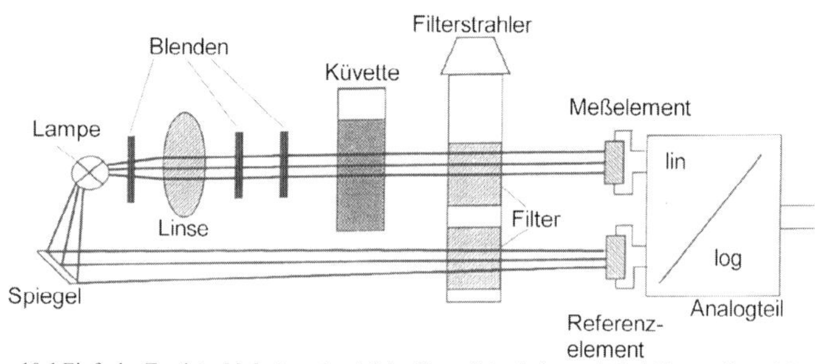

Abbildung 10.1 Einfache **Zweistrahlphotometer** (nicht dispersiv) arbeiten mit Farbfiltern, die auf das Absorptionsmaximum des Farbstoffs abgestimmt sind.

Photometrie

Das **Standardverfahren** zur Bestimmung von Kationen und Anionen in wässriger Lösung ist die Photometrie (→ *Abb. 10.1*). Dabei wird ein genau abgemessenes Probevolumen in eine **Küvette** dosiert, die ein **Farbreagenz** enthält. Es findet eine möglichst spezifische Farbreaktion zwischen dem Kation bzw. Anion und dem Farbreagenz statt, die durch die Absorption von Licht bei ausgewählten Wellenlängen nach dem Gesetz von **Lambert–Beer** (→ *Kap. 2.1*) ausgewertet wird (→ *Abb. 10.2*). Der Reaktionstyp der meisten Farbreaktionen ist eine **Komplexbildung** (→ *Kap. 13.1*). Das in → *Abb. 10.1* dargestellte Zweistrahl–Photometer gibt es in sehr kompakter Bauweise (auch als tragbare Version) und gehört zur Grundausrüstung jedes analytischen Labors. Für die **Spurenanalyse** werden empfindlichere Analyseverfahren bevorzugt, z.B. die Atomabsorptions–Spektroskopie (AAS → *Kap. 2.1*).

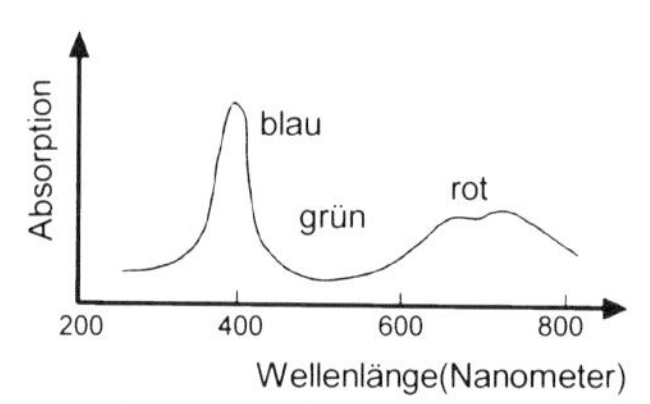

Abbildung 10.2 **Absorptionsspektrum** eines Nickelsalzes zeigt Absorptionsbanden im blauen und roten Spektralbereich. Die Farbe der Salzlösung erscheint deshalb grün.

Alkalimetall/ Erdalkalimetall-kationen

Alkalimetallsalze sind meist leicht löslich und kommen oft natürlich vor, z.B. Kochsalz (NaCl). Hochreines Kochsalz (**Siedesalz**) wird zum Regenerieren von Ionentauschern (z.B. in Spülmaschinen) eingesetzt. **Calcium**(Ca^{2+})–und **Magnesium**(Mg^{2+})–Kationen sind die natürlich vorkommenden Träger der **Wasserhärte**. Sie bilden mit in Wasser gelöstem Hydrogencarbonat (HCO_3^-) ein **temperaturabhängiges** Gleichgewicht. Dieses **Kalk–Kohlensäure–Gleichgewicht** hat **zentrale** Bedeutung für die Korrosion in Wasserverteilungssystemen (→ *Kap. 14.5*). Bei Temperaturen oberhalb 60°C fällt schwerlöslicher Kalk ($CaCO_3$) aus. Ca^{2+}–und Mg^{2+}–Ionen bilden auch andere **schwerlösliche** Niederschläge, z.B. Ausfällung von **Kalkseifen** aus Waschlösungen:

$Ca^{2+} + 2\ HCO_3^- \leftrightarrow CaCO_3 + CO_2 + H_2O$ Kalk–Kohlensäure–Gleichgewicht

Lösliche **Bariumsalze** ($BaCl_2$, $Ba(NO_3)_2$ Grünfeuer) sind gesundheitsschädlich. Schwerlösliches $BaSO_4$ (Baryt, Schwerspat) ist ungiftig und ist als Verschnittmittel für **Pigmente** (Permanentweiss) in weissen Anstrichstoffen und Papieren enthalten.

Gesamthärte

Die Gesamthärte entspricht dem Gehalt an **Mg^{2+}–und Ca^{2+}–Ionen** und wird mit Teststäbchen oder genauer durch Titration bestimmt. Die Angabe der Wasserhärte erfolgt in internationalen oder nationalen Härtegraden:

- **internationale Härteangabe**: Einheit [mmol l^{-1}] Erdalkaliionen,
- **deutsche Härteangabe**: Einheit [°d] Grad deutscher Härte (mit 1°d = 5,6 mmol l^{-1} Erdalkaliionen).

Wasser wird in vier Härtebereiche eingeteilt:

- **weiches** Wasser 1...7°d,
- **mittelhartes** Wasser 7...14°d,
- **hartes** Wasser 14...21°d,
- **sehr hartes** Wasser >21°d.

Wasserenthärtung

Verfahren zur **Wasserenthärtung** sind:

- **thermische Enthärtung:** Verdampfen zu 'Aqua Dest.',
- **chemische Enthärtung**: Phosphate, Komplexbildner, besser Zeolithe,
- **physikalische Enthärtung:** Ionenaustausch, Umkehrosmose zu vollentsalztem (VE)–Wasser.

Cd^{2+}–, Hg^{2+}–, Pb^{2+}–Kationen

Die Schwermetallkationen **Cadmium** (Cd^{2+}), **Quecksilber** (Hg^{2+}), und **Blei** (Pb^{2+}) sind giftig (teilweise krebserregend) und **reichern** sich in der Nahrungskette, in bestimmten Organen und in Fettgewebe an. Der Einsatz von **Cd** (als Oberflächenbeschichtung, Farbpigment, Stabilisator in Kunststoffen) ist **verboten**. Es sollen bevorzugt **Cd–freie** Akkumulatoren (z.B. Ni–Ni–Hydrid, → *Kap. 15.3*) und Cd–freie Hartlötmittel in Umlauf kommen. **Hg** wird nur noch in **Ausnahmefällen** verwendet (Thermometer, Knopfzellen, Amalgamzahnfüllung). Mögliche Gesundheitsrisiken durch Amalgamzahnfüllungen sind umstritten (**Amalgame** = flüssige oder feste Legierungen des Quecksilbers mit anderen Metallen). Die Verwendung von Quecksilber u. a. zum **Imprägnieren** von Holz oder Textilien ist **verboten**. **Pb**–Verbindungen sind in der Regel giftig. Seit dem Übergang zu bleifreiem Benzin nimmt die Bleibelastung ab. **Gesundheitsrisiken** ergeben sich beim Einatmen von bleihaltigen Stäuben, z.B. beim Abbürsten oder Abbrennen von mit **Pb–Mennige** (Pb_3O_4) beschichteten Stahlteilen. Die Verwendung bestimmter Bleipigmente in Farben ist **verboten** ($PbCO_3$, $Pb(HCO_3)_2$, $PbSO_4$). Eine wesentliche Quelle des Bleieintrags in die Umwelt ist die unsachgemäße Entsorgung von Pb–Akkumulatoren.

Rechtshinweis: **GefStoffV** Anhang IV, Nr. 6, 7 und 17

Ni^{2+}–, Cu^{2+}–, Zn^{2+}–Kationen

Einzelne **Nickelverbindungen** sind beim Menschen als **krebserregend** (NiO, $Ni(CO)_4$) oder krebsverdächtig ($NiSO_4$, $Ni(OH)_2$, $NiCO_3$) nachgewiesen. Nickelmetall (z.B. in Münzen, Türgriffen, Modeschmuck) verursacht bei empfindlichen Personen eine **allergische** Reaktion. **Cu–Konzentrationen** von 1 bis 3 mg l^{-1} sind gesundheitsschädlich (problematisch: Kupferwasserleitungen). Cu^{2+} wirkt bakterizid und beeinträchtigt die Reinigungsleistung der biologischen Reinigungsstufe in Kläranlagen (→ *Tab. 10.3*). Kupfersalze (z.B. Galvaniksalze $CuCl_2$, $CuSO_4$) sind als mindergiftig eingestuft. Blaues Cu–Vitriol ($CuSO_4$ * 5 H_2O) enthält Kristallwasser, es ist eines der ältesten Pflanzenschutzmittel (Weinbau) und sollte nicht eingeatmet werden. **Zinksalze** wie $ZnCl_2$ und $ZnSO_4$ sind als ätzend bzw. reizend eingestuft (Anwendung als **Flussmittel** beim Löten, → *Kap. 18.1*). **Zinkweiss** (ZnO) ist als Farbpigment z.B. auch in kosmetischen Cremes und Puder, verbreitet. Der wesentliche Zn–Eintrag ergibt sich aus der Korrosion verzinkter Stahlteile.

Me-Kationen	Biologischer Belebtschlamm in Kläranlagen	Fische in Gewässer
Cd^{2+}	1,5	3...20
Fe^{3+}	100	0,09...2
Cu^{2+}	1	0,08...0,8
Ni^{2+}	6	25...25
Zn^{2+}	1...3	0,1...2
NaCl	8000...9000	7000...15000

Tabelle 10.3 **Schwermetalle**: Schädlichkeitsgrenzen von Metallionen für wasserlebende Organismen, Konzentrationen in [mg l–^{1}]

Fe^{2+}–, Fe^{3+}–, Al^{3+}–Kationen

Eisen(Fe^{2+}, Fe^{3+})–und **Aluminium** (Al^{3+})–Kationen entstehen z.B. beim Rosten oder Entrosten (Beizen) der Metalle. Eisen kommt im Trinkwasser und im menschlichen Körper vor, z.B. gebunden an Hämoglobin, Atmungsenzymen, Katalasen und Peroxidasen. Eine übermäßige Aufnahme von Al–Ionen aus **Alu–Kochgeschirr** sollte vermieden werden. Fe^{3}–und Al^{3+}–Salze werden in der Abwasserbehandlung zur chemischen **Phosphatfällung** (chemische Reinigungsstufe, → *Kap. 10.4*) eingesetzt.

Chloride (Cl^-)

Der natürliche Chloridgehalt in Gewässern liegt bei 20 mg l^{-1}. Chloridgehalte >200 mg l^{-1} sind eine Gefahr für die Trinkwasserversorgung und die landwirtschaftliche Nutzung. Chlorid wirkt stark **korrosiv**, z.B. auf **Edelstahl** und **Aluminium**. Chloride werden, z.B. im KCl–Bergbau, in der Abwasserbehandlung oder durch **Streusalz** im winterlichen Straßenverkehr freigesetzt.

Ammonium (NH_4^+)

Der Stickstoffeintrag in Böden und Gewässer durch **Ammonium (NH_4^+)** und **Nitrat (NO_3^-)** stammt aus Düngesalzen der Landwirtschaft, aus dem tierischen und menschlichen Stickstoffstoffwechsel oder aus NO_x–Luftschadstoffen. Ammonium belastet den Vorfluter durch **Sauerstoffzehrung** (Oxidation $NH_4^+ \rightarrow NO_3^-$). Unbelastete Oberflächengewässer haben eine NH_4^+–Konzentration <0,1 mg l^{-1}. Im **alkalischen** pH–Bereich pH >10 (z.B. in stehenden Gewässern) entsteht aus Ammonium das giftige Ammoniak:
$NH_4^+ + OH^- \rightarrow NH_3 + H_2O$.

Durch die biologische **Nitrifikation** wird Ammonium in den Böden sowie durch Bakterien in der Kläranlage zu Nitrat oxidiert (**biologische Klärstufe**). Ammonium wird nach einer Farbreaktion mit einem **Photometer** bestimmt und in der Abwassertechnik oft als **Ammoniumstickstoff NH_4–N** angegeben, d. h. die Zahlenangabe betrifft nur den in Ammonium gebundenen Stickstoffanteil.

Nitrat (NO_3^-)

Unbelastete Gewässer besitzen nur einen geringen Gehalt an **Nitrat**–Anionen **NO_3^- (natürlicher** Nitratgehalt **<1 mg l^{-1}**, Grenzwert nach TVO **50 mg l^{-1}**). Nitrat wird durch Bakterien leicht zu Nitrit (NO_2^-) umgewandelt. Dies erklärt die konservierende Wirkung (Nitrat–**Pökelsalz**, Lebensmittelzusatzstoffe E 251, E 252) und gleichzeitig die akuten oder **langfristigen** Gesundheitsgefahren durch hohe Nitratwerte im Trinkwasser. Nitrat lässt sich photometrisch bestimmen und wird in der Abwassertechnik oft als **Nitratstickstoff NO_3–N** angegeben, d. h. die Zahlenangabe betrifft nur den in Nitrat gebundenen Stickstoff.

Nitrit (NO_2^-)

Nitrit–Anionen (**NO_2^-**) haben **oxidierende** oder **reduzierende** Eigenschaften. Sie wurden früher häufig Korrosionsschutzmitteln (z.B. Kühlschmiermitteln) zugesetzt. Bei gleichzeitiger Anwesenheit von **Aminen** können jedoch–insbesondere in der Hitze–krebserregende **Nitrosamine** gebildet werden. Bei der **Beschaffung** sollte auf die **Nitritfreiheit** der Betriebsmedien geachtet werden. Weiterhin zugelassen ist der Einsatz als **Konservierungsstoff** von Fleisch (Nitrit–**Pökelsalz**, Lebensmittelzusatzstoff E 249, E 250), da Nitrit als das wirkungsvollste vorbeugende Mittel gegen **Fleischvergiftungen** gilt. **Gesundheitsschädlich** ist der übermäßige Genuss von erhitztem, gepökeltem Fleisch, z.B. Schinken oder Salami, insbesondere, wenn eiweisshaltige Beilagen miterhitzt werden, z.b. Schinken–Käse–Toast oder Pizza.

Phosphat (PO_4^{3-})

Orthophosphat (PO_4^{3-}) gibt den gelösten, unmittelbar **pflanzenverfügbaren** Phosphoranteil an, während **Gesamtphosphor** die Summe aller Phosphate (lösliche und unlösliche Phosphate und organische Phosphorverbindungen) erfasst. Nicht belastete Gewässer enthalten Gesamtphosphorgehalte von 10... 50 $\mu g\ l^{-1}$. Phosphate aus landwirtschaftlichen **Düngemitteln**, menschlichen und tierischen Ausscheidungen und industriellen Einsatzstoffen (z.B. Enthärter in **Waschmitteln**) sind umweltschädlich und führen zur Überdüngung von Gewässern (Eutrophierung z.B. Algenblüte). Phosphate können nach einer Farbreaktion photometrisch bestimmt werden. Sie werden in der Abwassertechnik oft als **Phosphatphosphor** (PO_4–P) angegeben. Gesamtphospor erhält man nach einer Vorbehandlung (**Aufschluss**) der Probe mit Schwefelsäure.

Düngemittel

Die natürlichen Düngemittel (Hornmehl, Knochenmehl) enthalten als Hauptnährstoffe Stickstoff und Phosphor. Holzasche enthält zusätzlich Kalium. Mineraldünger sind anorganische Dünger, die Nährstoffe in konzentrierter Form enthalten und deshalb leicht überdosiert werden. Einige Düngemittel sind:

- **Ammoniumnitrat (NH_4NO_3)**: unter bestimmten Bedingungen explosiv,
- **Kalksalpeter** ($Ca(NO_3)_2$), **Kalisalpeter** (KNO_3),
- **Kalkstickstoff ($CaCN_2$)**: giftig bei der Aufbringung,
- **Superphosphat**: Gemisch $Ca(H_2PO_4)_2$, $CaSO_4$,
- **Thomasmehl**: Rückstand aus der Stahlgewinnung, 15% Phosphat, 40...50% Kalk.

Cyanid (CN^-)

Cyanid–Anionen (CN^-) sind sehr **giftig** und starke Komplexbildner, insbesondere für Gold, Silber und Kupfer. Kaliumcyanid–Lösung (**KCN = Zyankali**) löst Goldanoden bei der galvanischen **Vergoldung** als $[Au(CN)_2]^-$. Galvanikbäder mit freiem Cyanid (z.B. Gold, Silber, Kupfer, Zink) sind immer alkalisch eingestellt. Eine Zugabe von Säure ist nicht zulässig, da dadurch die giftige **Blausäure (HCN)** freigesetzt wird (**Unfallgefahr**):

$CN^- + HCl \rightarrow HCN + Cl^-$ (Gleichgewicht rechts)

Chromat (CrO_4^{2-})

Chromat–Anionen (CrO_4^{2-}) werden bei der galvanischen **Verchromung** eingesetzt. Zahlreiche Chromate wurden früher häufig als gelbe bis rote **Farbpigmente** verwendet, sind jedoch inzwischen als gesundheitsschädlich, teilweise **krebserzeugend** (z.B. gelbes $ZnCrO_4$) erkannt. Anstrichstoffe sollten grundsätzlich chromatfrei sein.

Carbonat (CO_3^{2+})

Carbonat–(CO_3^{2-}) und **Hydrogencarbonat–(HCO_3^-)** Anionen sind in natürlichen Gewässern gelöst enthalten. HCO_3^- bildet sich z.B. beim Einleiten von CO_2–Gas in Wasser unter leicht saurer Reaktion (**Saurer Sprudel**):

$CO_2 + 2\ H_2O \rightarrow HCO_3^- + H_3O^+$

Sulfat (SO_4^{2-})

Sulfat–Anionen (**SO_4^{2-}**) sind natürlich vorkommend (bes. in Grundwässern aus Gipsgestein) und in praxisüblichen Konzentrationen unkritisch.

10.2 Abwasserrecht

Wassergesetzgebung

Die Wassergesetze und -verordnungen werden sowohl vom Bund (Rahmengesetze), als auch von den Ländern erlassen. Der Vollzug der Wassergesetzgebung ist Aufgabe der Länder (Landratsämter als untere Wasserrechtsbehörde). Die **Kommunen** sind die **beseitigungspflichtigen** Körperschaften für Abwasser. Den **Betrieb** von öffentlichen Kläranlagen regeln kommunale **Satzungen**.

Für die **betriebliche** Praxis sind unterschiedliche Bereiche der Wassergesetzgebung relevant:

- **Trinkwasser** (Frisch- oder Brauchwasserversorgung aus betriebseigenen Brunnen),
- **Grundwasser** (Schutz vor wassergefährdenden Stoffen),
- **Sickerwasser** (Sickerwassereinleitung aus betriebseigenen Deponien oder Altlasten),
- **Abwasser** (Direkt- oder Indirekteinleitung von betrieblichem Abwasser).

Vorsorgeprinzip

Das wichtigstes Prinzip des Wasserschutzes ist das **Vorsorgeprinzip**. Anlagen zum Umgang mit wassergefährdenden Stoffen müssen so betrieben werden, dass eine **nachteilige** Veränderung eines Gewässers oder des Grundwassers nicht zu **besorgen** ist. Der Umgang mit **wassergefährdenden** Stoffen ist in → *Kap. 8.4* beschrieben. Im folgenden wird die **Abwassergesetzgebung** dargestellt.

Abwassergesetzgebung

Direkteinleiter sind Betriebe, die betriebliche Abwässer direkt in ein Oberflächengewässer (Flüsse, Seen) einleiten. **Indirekteinleiter** leiten in eine öffentliche Kläranlage ein. Direkt- und Indirekteinleiter sind von unterschiedlichen Rechtsvorschriften betroffen:

Direkteinleiter

- Direkteinleiter
  - Wasserhaushaltsgesetz (WHG)
  - Abwasserverordnung (auch Indirekteinleiter)
  - Abwasserabgabengesetz

Indirekteinleiter

- Indirekteinleiter
  - Indirekteinleiterverordnung (Bundesländer)
  - Eigenkontrollverordnung (Bundesländer)
  - kommunale Satzung (Bezug zu ATV 115)

Wasserhaushaltsgesetz (WHG)

Das Wasserhaushaltsgesetz (WHG) ist ein umfassendes Bundesgesetz und regelt unterschiedliche '**Benutzungen**' eines Gewässers, z.B. das Aufstauen von Flüssen oder das Einbringen oder Einleiten von Stoffen u. a. Die **Benutzung** eines Gewässers erfordert grundsätzlich die Erlaubnis oder Bewilligung einer Behörde. Für die **betriebliche** Praxis wichtig ist insbesondere:

- Das **Einbringen** oder **Einleiten** von Stoffen in ein Gewässer (**§ 7a WHG** als Grundlage der Abwassergesetzgebung).
- Der **Umgang** mit **wassergefährdenden Stoffen** (**§ 19 WHG** als Grundlage des Grundwasserschutzes).

§ 7a WHG

Abwässer aus kommunalen, industriellen und gewerblichen Direkteinleitern dürfen nur in ein Gewässer eingeleitet werden, wenn die **Abwassermenge** und die **Schmutzkonzentration** so vermindert ist, wie dies nach Anwendung des **Standes der Technik** möglich ist (§7a WHG). Die Differenzierung der Anforderungen zwischen Abwasser mit **gefährlichen** Inhaltstoffen und Abwasser mit **nicht gefährlichen** Inhaltstoffen ist inzwischen entfallen (6. Novelle zum WHG, 1996). Im Abwasserbereich gilt wie im Immissionsschutz- und Abfallrecht grundsätzlich die Einhaltung des **Standes der Technik**. Unter Übernahme der europäischen Definition wird unter dem Begriff 'Stand der Technik' nun die '**beste verfügbare Technik**' verstanden (→ *Abb. 10.3*). Der Stand der Technik wird durch die **Abwasserverordnung** und ihre branchenspezifischen Anhänge festgelegt (früher Rahmenabwasserverwaltungsvorschrift).

Beste verfügbare Technkik

Stand von Wissenschaft und Forschung ist der Entwicklungsstand, der aufgrund neuester wissenschaftlicher Erkenntnisse als technisch durchführbar angesehen wird, jedoch bisher technisch nicht umgesetzt ist (Anwendung z.B. Atomanlagen).

Stand von Wissenschaft und Forschung

Abbildung 10.3 **Technische Standards** in der Wassergesetzgebung: im **Abwasserbereich** ist die Einhaltung des Standes der Technik, beim Umgang mit **wassergefährdenden Stoffen** sind die allgemein anerkannten Regeln der Technik vorgeschrieben.

Stand der Technik (S.d.T.) im Sinne des WHG ist der Entwicklungsstand technisch und wirtschaftlich durchführbarer fortschrittlicher Verfahren, Einrichtungen und Betriebsweisen, die als **beste verfügbare Techniken** zur Begrenzung von Emissionen praktisch geeignet sind. Der Stand der Technik reicht von der Abwasser- und Stoffvermeidung über Stoffsubstitution, neue Produktionstechniken, Erfassung von diffusen Quellen über die neuesten Verfahren zur Abwasserteilstrom- und Mischwasserreinigung bis hin zur schadlosen Abfallbeseitigung dieser Stoffe. Die Anforderungen an das Abwasser können auch für den Ort des Anfalls (**Teilstrombehandlung**) oder vor einer Vermischung festgelegt werden.

Stand der Technik

Allgemein anerkannte Regeln der Technik (a.a.R.d.T.) bezeichnen Regeln, die sich in der Praxis voll durchgesetzt haben und fachliches Allgemeingut geworden sind. Dies sind z.B. DIN–Normen, VDI–Normen, Normen von Berufsverbänden, Verwaltungsvorschriften.

Allgemein anerkannte Regeln der Technik

Der **Stand der Technik** für über 50 Industriebereiche ist in den Anhängen der Abwasserverordnung (AbwV) bzw. der Rahmen–Abwasser–Verwaltungsvorschrift (VwV) festgelegt. Die AbwV ist die jüngere Gesetzgebung, die allmählich die frühere Verwaltungsvorschrift ablösen soll. Anforderungen an die Qualität von Abwasser gelten u. a. für folgende Industriebereiche:

AbwasserV (AbwV) und Anhänge

- **Anhang 1** Gemeinden (kommunale Kläranlagen),
- **Anhang 3** Milchverarbeitung,
- **Anhang 26** Steine und Erden,
- **Anhang 31** Wasseraufbereitung,
- **Anhang 40** Metallverarbeitung, Metallbearbeitung,
- **Anhang 49** Mineralölhaltiges Abwasser (Tankstellen),
- **Anhang 51** Ablagerung von Siedlungsabfällen (Deponiesickerwasser),
- **Anhang 54** Halbleiterherstellung.

Ort der Vermischung

Nach der Abwasserverordnung gelten unterschiedliche **Grenzwerte** für:

- die **Einleitungsstelle** (d. h. in ein Gewässer);
- den **Ort vor der Vermischung** (d. h. nach der Abwasserbehandlungsanlage, vor Einleitung in ein Gewässer oder in eine Kläranlage);
- den **Ort des Anfalls** (d. h. nach den Prozess- bzw. Spülbädern, vor Zusammenführung der Abwässer in einer Abwasserbehandlungsanlage).

Abwassergrenzwerte

Ein abwassererzeugender Betrieb ist in der Regel ein Indirekteinleiter. Die Grenzwerte für die Einleitungsstelle sind für **Indirekteinleiter** nicht relevant (für Indirekteinleiter ist jedoch die IndirekteinleiterV der Bundesländer und die kommunalen Satzungen zu beachten, siehe unten). Als Beispiel sind in → *Tab. 10.4* einige Abwassergrenzwerte des Anhangs 40: Metallbearbeitung, Metallverarbeitung aufgeführt.

Allgemeine Anforderungen

Neben der Festsetzung von Grenzwerten für Schadstoffe im abgeleiteten Abwasser beschreiben die Anhänge **allgemeine Anforderungen**, die die Fertigungseinrichtungen betreffen. Pflicht ist es, Schadstoffemissionen bereits am Entstehungsort zu vermeiden, so z.B. durch Maßnahmen zur:

- **Rückhaltung** der Wirkstoffe,
- **Verlängerung** der Standzeit der Wirkbäder,
- **Mehrfachnutzung** der Spülwässer und
- **Rückgewinnung** ausgeschleppter Badinhaltsstoffe aus den Spülbädern.

Grenzwerte nach Anhang 40 AbwV

Vor der Vermischung d.h. am Ablauf der Behandlungsanlage						
Parameter	Galvanik	Beizerei	Härterei	Werkstätte	Leiterplatten	Lackiereie
AOX	1	1	1	1	1	1
Blei	0,5	-	-	0,5	0,5	0,5
Chrom	0,5	0,5	-	0,5	0,5	0,5
Cyanid	0,2	-	1	0,2	0,2	-
Kupfer	0,5	0,5	-	0,5	0,5	0,5
Nickel	0,5	0,5	-	0,5	0,5	0,5
Zinn	2	-	-	-	2	-
Zink	2	2	-	2	-	2
An der Einleitungsstelle in das Gewässer (Direkteinleiter)						
Aluminium	3	3	3	3	3	3
NH_4-N	100	30	50	30	50	-
CSB	400	100	400	400	600	300
Eisen	3	3	3	3	3	3
NO_2-N	-	5	5	5	-	-
HC	10	10	10	10	10	10
PO_4-P	2	2	2	2	2	2
G_F	6	4	6	6	6	6

Tabelle 10.4 **Abwassergrenzwerte** in der Metallindustrie (Auszug aus Anhang 40 Metallverarbeitung / bearbeitung, Konzentrationen in [mg l^{-1}]); oben: Grenzwerte am Ablauf der betrieblichen Behandlungsanlage unten: zusätzliche Grenzwerte bei der Einleitung in ein Gewässer (HC = Kohlenwasserstoffe, G_F = Fischgiftigkeit)

Indirekteinleiter müssen den **Stand der Technik** (Produktionsweise, Abwasservorbehandlung; Grenzwerte nach → *Tab. 10.4*) einhalten, bevor das Abwasser in eine kommunale Kläranlage eingeleitet werden darf. Zusätzlich enthalten die **Indirekteinleiterverordnungen (IndV)** der einzelnen Bundesländer niedrige **Schwellenwerte** (Konzen tration, Fracht), bei deren Überschreitung eine **Genehmigung** meist beim Landratsamt einzuholen ist. Die Genehmigung ist in der Regel mit Auflagen, z.B. zur **Eigenkontrolle** durch regelmäßige Abwasseranalysen verbunden. Die Untersuchungsergebnisse müssen den Behörden in der Regel monatlich ohne weitere Aufforderung zugesandt werden. Einige Schwellenwerte aus der IndV des Bundeslandes Baden–Württemberg sind in → *Tab. 10.5* enthalten.

Parameter	Schwellenwert	Parameter	Schwellenwert
Blei	0,2	Nickel	0,2
Cadmium	0,02	Silber	0,1
Chrom gesamt	0,2	Zink	0,5
Kupfer	0,3	AOX	0,5

Tabelle 10.5 **Schwellenwerte** für eine behördliche Genehmigung (Auszug aus IndVO Baden–Württemberg,1990), Konzentrationen in [mg l^{-1}].

Kommunale Satzungen

In Abhängigkeit von den örtlichen Gegebenheiten können kommunale Betreiber von Kläranlagen weitere Grenzwerte in einer kommunalen **Kläranlagen–Satzung** festlegen. Als **Mindestanforderungen** sind die in→ *Tab. 10.4* genannten gesetzlichen Abwassergrenzwerte einzuhalten. Viele kommunale Satzungen richten sich nach der Empfehlung der Abwassertechnischen Vereinigung (**Arbeitsblatt ATV 115**, → *Tab. 10.6*). Gemeinden können **Starkverschmutzerzuschläge,** z.B. für BSB_5, CSB, P, N, erheben.

ATV 115

EigenkontrollV

Für alle Abwasseranlagen (Ausnahmen: häusliche Abwässer <8 m^3 d^{-1} und Leichtstoffabscheider <10 l s^{-1}) gelten die Eigenkontrollverordnungen (EigenkontrollVO) der Bundesländer. Sie verpflichten Abwassereinleiter zu:

- Erfassung der **Herkunft** von Abwasser und der eingesetzten Betriebsmittel (**Abwasserkataster**),
- Führung eines **Betriebstagebuchs** mit täglichen, monatlichen usw. Eintragungen,
- Durchführung **regelmäßiger Messungen** (mit Rückstellproben),
- **Dichtigkeitsprüfung** von Abwasserleitungen,
- **Meldepflicht** bei Betriebsstörungen.

In den **Anhängen** der EigenkontrollV werden Anforderungen für die Bereiche Regenwasserbehandlung, öffentliche Kläranlagen und industrielle Einleiter aufgestellt.

Parameter	Richtwert	Parameter	Richtwert
Temperatur	35°C	Antimon	0,5
pH-Wert	6,5...10	Arsen	0,5
verseifbare Öle und Fette	250	Blei	1
Kohlenwasserstoffe gelöst	20	Cadmium	0,5
AOX	1	Chrom	1
LHKW	0,5	Cr(VI)	0,2
NH_4-N	100 bzw. 200	Kupfer	1
NO_2-N	10	Nickel	1
Sulfat	600	Silber	1
Fluorid	50	Zinn	5
Phosphat	50	Zink	5
Al keine Begrenzungen		Fe keine Begrenzungen	

Tabelle 10.6 **Richtwerte** für die Einleitung in eine öffentliche Kläranlage, Konzentrationen in [mg l^{-1}] (Auszug aus den Empfehlungen des Arbeitsblattes ATV 115, Jahr 1994; die Richtwerte gelten nur, wenn keine weitergehenden Anforderungen an das Abwasser entsprechend den Anhängen der Abwasserverordnung gestellt werden).

10.3 Abwasserverminderung durch moderne Spültechnik und Ionenaustauscher

Vermeiden, Vermindern, Verwerten

In der Abwasser- und Abfallgesetzgebung gilt die Prioritätenreihenfolge: **VVV = Vermeiden, Vermindern, Verwerten**. Mit den folgenden technischen Maßnahmen kann Abwasser **vermieden** werden:

- **Vermeiden** von **wässrigen Prozessen** zugunsten von trockenen Verfahren (soweit technisch möglich und ökologisch sinnvoll). Beispiele: Gasnitrieren anstelle von Salzbadnitrieren, Pulverlackierung anstelle von Galvanik, mechanische Entrostung anstelle von chemischem Beizen.
- **Vermeiden** von **Abwasser** durch **Konzentrieren** (Eindampfen) und Entsorgen des Konzentrats als Sondermüll. Beispiele: abwasserfreie Reinigung und Entfettung, abwasserfreie Galvanik.

Abwasserverminderung

Viele Betriebe verfügen über ein erhebliches Potential zur Verminderung von Abwasser; dies führt rasch zu **Kosteneinsparungen**. Die Menge an schadstoffhaltigem Abwasser kann reduziert werden, wenn der Austrag der **Wirkstoffe** aus dem Prozessbad und der Eintrag von **Fremdstoffen** in das Prozessbad minimiert wird. Ist ein gewisser Eintrag von Fremdstoffen (z.B. Ölen, Stäuben bei der Oberflächenreinigung) technisch unvermeidlich, sind Badpflegemaßnahmen (Recycling) zur **Standzeitverlängerung** unumgänglich. Moderne Abwasser- und Abfallverminderungsstrategien zielen in zwei Richtungen:

Abwasserarme Spültechnik

- **Abwasserarme Spültechnik**: Werkstücke und Werkstückträger verschleppen Wirkstoffe in die Spülbäder. Dies verursacht einen hohen Spülwasserverbrauch. Eine Mehrfachnutzung der Spülwässer vermindert den Frischwasserverbrauch.

Standzeitverlängerung

- **Standzeitverlängerung von Wirkbädern**: Eingeschleppte Verunreinigungen beeinträchtigen die Qualität der Wirkbäder. Dies führt zu einem frühzeitigem Verwerfen des Wirkbäder und hohem Abwasser- oder Abfallaufkommen.

Im folgenden wird eine moderne, abwasserfreie **Spültechnik** vorgestellt. In den nächsten Kapiteln (→ *Kap.10.4* und → *Kap.11.3*) werden beispielhafte Pflegemaßnahmen für Prozessbäder (Standzeitverlängerung, Recycling) beschrieben.

Verschleppungen minimieren

Die Verschleppung von Wirkstoffen aus dem Prozessbad in die Spülbäder hat einen erheblichen Spülwasserbedarf zur Folge. Konstruktive und verfahrenstechnische Maßnahmen zur Verminderung von **Ausschleppungen** sind, z.B.:

- **Abtropfen lassen** (mindestens 20 Sekunden), Abstreifen, Abblasen, Abschleudern.
- **Konstruktion und Chargierung** der Werkstücke und Warenträger so durchführen, dass keine schöpfenden Hohlkörper entstehen; Warenträger pflegen.
- **Prozessbäder** mit geringerer Oberflächenspannung, geringerer Viskosität, höherer Temperatur und geringerer Wirkstoffkonzentration vermindern die Verschleppungen.
- **Hydrophobierung** der Oberflächen, z.B. durch Zugabe eines Korrosionsschutzmittels.

Spültypen

In der industriellen Praxis sind drei **Spültypen** relevant:

- **Standspüle (Sparspüle),**
- **Fließspüle,**
- **Kaskadenspüle.**

Spülkriterium

Die wichtigste Größe zur Kennzeichnung der Qualität eines Spülprozesses ist das **Spülkriterium Sk = c_o/c**. Es bezeichnet das Verhältnis der Konzentration des Wirkstoffs bzw. Schadstoffs c_o bei der Einschleppung in das Wirkbad geteilt durch die Konzentration c desselben Stoffes nach der Verdünnung im Spülbad. Ein typisches Spülkriterium liegt in der Praxis zwischen k = 500 und 1000. Eine Standspüle (**Sparspüle**) ist mit Wasser gefüllt, hat aber keinen Wasserdurchfluss. Die eingeschleppten Stoffe konzentrieren sich auf, d. h. es lässt sich **kein zeitlich konstantes** Spülkriterium einstellen. Unter einer vereinfachten Annahme (gilt nur für geringe Konzentrationen eingeschleppter Stoffe, vollständige Gleichungen in /50/) findet man für die zeitabhängige Konzentration c (t) einen linearen Zusammenhang:

Standspüle

$$c(t) = \frac{c_0 \cdot V \cdot t}{V_{Bad}} \qquad \tau = \frac{c_{\max} \cdot V_{Bad}}{c_0 \cdot V} = \frac{c_{\max} \cdot V_{Bad}}{m_0}$$

Standzeit einer Standspüle

Aus der oben stehenden Beziehung ergibt sich eine praktische Faustformel zur Ermittlung der näherungsweisen **Standzeit** τ einer Standspüle, bis die maximal tolerierbare Konzentration c_{max} des verschleppten Stoffes erreicht ist. Die Standzeit eines Standbades ist demnach proportional zur maximal tolerierbaren Schadstoffkonzentration und dem Badvolumen V_{Bad} sowie umgekehrt proportional zur Konzentration c_o des Prozessbades und der Verschleppung V.

Aufgabe

Die Formel zur Ermittlung der Standzeit kann auch für ein Prozessbad verwendet werden, in das Öl eingeschleppt wird (z.B. durch verschmutzte Bauteile). Wie groß ist die Standzeit eines Entfettungsbades mit dem Volumen $V_{Bad} = 1\ m^3$, wenn pro Stunde m_o = 10 g h^{-1} Öl eingeschleppt werden und die maximal tolerierbare Ölkonzentration im Entfettungsbad $c_{max} = 1\ g\ m^{-3}$ Badvolumen beträgt ?

$$\text{Standzeit}\ \tau = \frac{1\,g\,m^{-3} \cdot 1\,m^3}{10\,g\,h^{-1}} = 10\,h$$

Fließspüle

Bei einer Fließspüle findet ein **konstanter** Wasserdurchfluss mit dem Volumenstrom Q [$l\ h^{-1}$] statt. Die eingeschleppte Masse m_o und die mit dem Spülwasser abgeführte Masse m des verschleppten Stoffes stehen in einem stationären Gleichgewicht. Es lässt sich ein **zeitlich konstantes** Spülkriterium (Sk) einstellen:

$m_o = m$ Gleichgewichtsbedingung
$c_o * V = c * Q$ (gilt für V <<Q; genauer: Q + V anstelle von Q)
$Sk = c_o / c = Q / V$ Spülkriterium für eine Fließspüle

Um ein typisches Spülkriterium Sk = c_o/c = 500 bis 1000 zu erreichen, muss die Spülwassermenge Q 500 bis 1000 mal größer sein als die Verschleppung V. Eine **Halbierung** der Ausschleppung bedeutet demnach einen **halbierten** Spülwasserbedarf.

Kaskadenspülung

Bei der Kaskadenspülung wird das Spülwasser mehrfach genutzt und fließt entgegen der Richtung der Warenträgerbewegung. Das **zeitlich konstante** Spülkriterium ist in diesem Fall (ohne Beweis) gegeben als:
$Sk = c_o / c = (Q / V)^n$ Spülkriterium in einer Kaskadenspülung (n = Zahl der Kaskaden)

Aufgabe

Ein einfache Aufgabe zeigt das enorme Wassereinsparungspotential durch eine Kaskade. Um ein Spülkriterium von 1000 zu erreichen, benötigt man an Frischwasser (Verschleppung sei $V = 10\ l\ h^{-1}$):
Einfachspüle: 1000 = Q / 10; Q = 10 000 l h^{-1}
Dreifachkaskade: $1000 = (Q / 10)^3$; $Q = 1000^{1/3} * 10 = 100\ l\ h^{-1}$
Wassereinsparung: 10 000–100 = 9 900 Liter h^{-1}

Aufgabe

Bei einer Kaskadenspülung wird die Ware mit einer Anfangskonzentration $c_0 = 1\ g\ l^{-1}$ eingebracht. Die Verschleppung betrage $V = 10\ l\ h^{-1}$, der Spülwasserfluss $Q = 100\ l\ h^{-1}$. Das Spülkriterium soll 10 000 betragen. Wie groß ist die Konzentration c ? Wieviele Stufen muss die Kaskade mindestens aufweisen ?

$c_0 / c = 10\ 000$, $c = 1\ g\ l^{-1} / 10000 = \underline{0{,}1\ mg\ l^{-1}}$

Zahl der Kaskaden n: $10\ 000 = (100 / 10)^n$; $\lg 10\ 000 = n \lg 10$; $\underline{n = 4}$

Abwasserfreie Spültechnik

Eine Spültechnik nach dem Stand der Technik kombiniert den Einsatz einer **Standspüle** (Sparspüle, Rückführung der Verschleppungen über eine Konzentrierungsstufe in das Wirkbad; in → *Abb. 10.4* als Doppelkaskadenspülung ausgeführt) mit der Kreislaufführung der letzten VE–Spülstufe über einen **Ionenaustauscher (IAT)**. Damit lässt sich im Prinzip eine **abwasserfreie** Spültechnik realisieren.

Ionenaustauscher

Ionenaustauscher kommen in folgenden Prozessen zum Einsatz:

- **Teilentsalzung** oder **Vollentsalzung** von Wasser,
- **Spülwasserkreislaufführung,**
- **Rückgewinnung** von Stoffen aus **Spülwässern,**
- **Regeneration** von **Wirkbädern,**
- **Endreinigung behandelter Abwässer** mit selektiv arbeitenden Ionenaustauschern.

Ionenaustauscherharze

$H_2C{=}CH$ / $CH{=}CH_2$

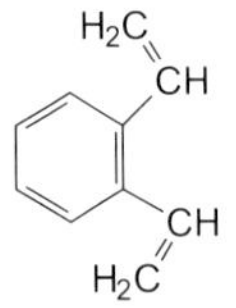

Divinylbenzol

Ionenaustauscherharze sind in Wasser nicht lösliche, quellbare Kunstharze mit austauschbaren, ionenaktiven Gruppen. Sie sind damit **Elektrolyte** in **fester bzw. gelartiger** Form. Man unterscheidet Kationen- und Anionenaustauscherharze *(→ Abb. 10.5)*. Die **Skelettstruktur** der Ionenaustauscher wird meist durch Copolymerisation zwischen Polystyrol (oder Polyacrylsäure) und Divinylbenzol als Vernetzungskomponente hergestellt. Der Grad der Vernetzung über Divinylbenzolbrücken bestimmt den **Quellungsgrad** des Austauscherharzes mit Wasser. Es werden Ionenaustauscher mit Trokkensubstanzgehalten zwischen 10% (gelatinös) und 50% (harte Kügelchen) eingesetzt. Mit zunehmender Vernetzung werden die Harze unempfindlicher gegen Oxidation. Die Ionenaustauschreaktion umfasst die **Diffusion** des betreffenden Ions zur und durch die semipermeable Ionenaustauschermembran. Die treibende Kraft ist der Konzentrationsunterschied (osmotischer Druck). Der Ionenaustausch innerhalb des Harzgels ist eine **chemische Gleichgewichtsreaktion**, d. h. der Ionenaustausch kann auch wieder rückgängig gemacht werden (**Regeneration**):

$$\text{Harz}^- \text{–} H^+ + Na^+ \quad \xrightarrow[\leftarrow \text{ Regeneration}]{\text{Beladung}} \quad \text{Harz}^- \text{–} Na^+ + H^+$$

Metallkationen (z.B. Ca^{2+}) können Kationenaustauschermembranen durchdringen und in das Innere des gelartigen Harzes diffundieren. Dort werden sie gegen H_3O^+ oder andere Metallkationen ausgetauscht. **Nichtmetallanionen** (z.B. Cl^-) können Anionenaustauschermembranen selektiv durchdringen und werden gegen OH^- ausgetauscht. Entgegengesetzt geladene Teilchen werden von der Kationen- bzw. Anionenaustauschermembran jeweils elektrostatisch abgestossen.

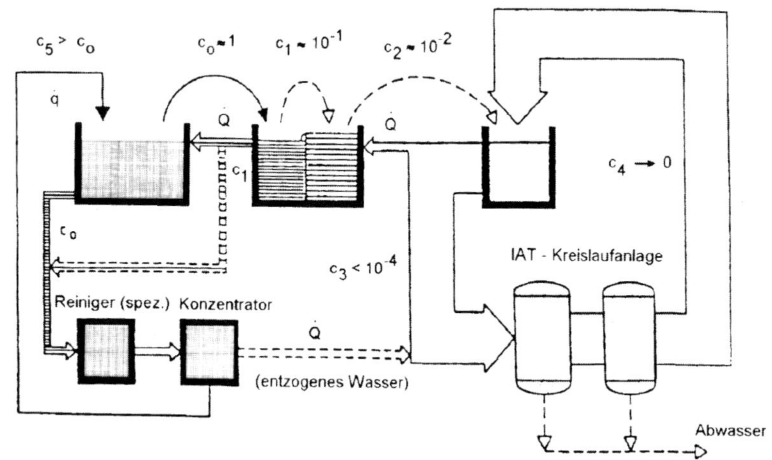

Abbildung 10.4 **Abwasserfreie Spültechnik** mit Vorspülkaskade und Fließspüle mit Kreislaufführung: Aus dem Prozessbad (links) gelangt die Ware in die Vorspüle, die als Doppelkaskade ausgelegt ist. Diese wird nur von einem geringen Volumenstrom Q durchströmt. Das letzte Spülbecken (rechts) ist als Fließspüle ausgelegt, deren Salzgehalt durch Kreislaufführung über einen Ionentauscher IAT konstant niedrig gehalten wird (aus: Mindestanforderungen an das Einleiten von Abwässer in Gewässer, Bundesanzeiger, Köln, 1993 /51/).

Stark saurer Kationenaustauscher

Die **stark sauren Kationenaustauscher** sind Harze auf Polystyrolbasis mit Sulfonaustauschersäuregruppen **($-SO_3H$)** am Benzolring des Styrols. Durch eine ausgewogene Vernetzung sind sie gegen Oxidationsmittel gut beständig. Sie sind im gesamten pH–Bereich und bei Temperaturen bis 120°C einsetzbar. Die Reaktionsgleichung zeigt, dass beim Ionenaustausch die freie Säure HCl gebildet wird:

$R\text{–}SO_3^- H^+ + LiCl \quad \rightarrow \quad R\text{–}SO_3^- Li^+ + HCl$

Teilentsalzung

Beim Ionenaustausch mit einem stark sauren Kationenaustauscher wird aus Hydrogencarbonatsalzen freie **Kohlensäure** gebildet, die leicht in CO_2 und H_2O zerfällt (**Teilentsalzung** durch **Entcarbonisierung**).

$R\text{–}SO_3^- H^+ + Na^+ HCO_3^- \rightarrow \quad R\text{–}SO_3^- Na^+ + CO_2 + H_2O$

Affinitätsreihe

Die einzelnen Kationen haben verschiedene Affinitäten zum Austausch gegen Protonen. Die Affinität steigt mit:

- **zunehmender Ionenwertigkeit** und
- **kleinerem Ionenradius** (bei gleicher Ionenwertigkeit).

Folgende **Affinitätsreihe** wird für **stark saure** Kationenaustauscher angegeben:
$Ti^{4+} > Cr^{3+} > Al^{3+} > Ba^{2+} > Pb^{2+} > Fe^{2+} > Ca^{2+} > Ni^{2+} > Cd^{2+} > Cu^{2+} > Zn^{2+} > Mg^{2+} > Ag^+ > Cu^+ > K^+ > NH_4^+ > Na^+ > H^+$
Durchströmt ein natürliches Wasser (das Na^+-, Mg^{2+}- und Ca^{2+}- Ionen enthält) einen stark sauren Ionenaustauscher in der H–Form, so wird das **Ende des Beladungszyklus** durch das Auftreten von Na^+ im **Eluat** angezeigt.

Schwach saurer Kationenaustauscher

Schwach saure Kationenaustauscher besitzen Carboxylgruppen (–COOH) als ionenaustauschende Gruppe und verhalten sich auch wie schwache Säuren. Aufgrund einer ausgeprägten Affinität zu H–Protonen können sie nicht in saurer Lösung eingesetzt werden. In der Praxis findet man folgende **Affinitätsreihe** für **schwach saure** Kationenaustauscher:
$H^+ > Cu^{2+} > Pb^{2+} > Fe^{2+} > Zn^{2+} > Ni^{2+} > Ca^{2+} > Mg^{2+} > NH_4^+ > K^+ > Na^+$

Schwach saure Kationenaustauscher in der **Na–Form** binden Na–Ionen im Abwasser nicht mehr. Sie können deshalb als selektiver Kationenaustauscher (**Selektivionenaustauscher**), z.B. zur Abtrennung von Ca^{2+}oder Cu^{2+}aus natürlichen Gewässern, eingesetzt werden (z.B. auch Enthärtung von Trinkwasser in Spülmaschinen).

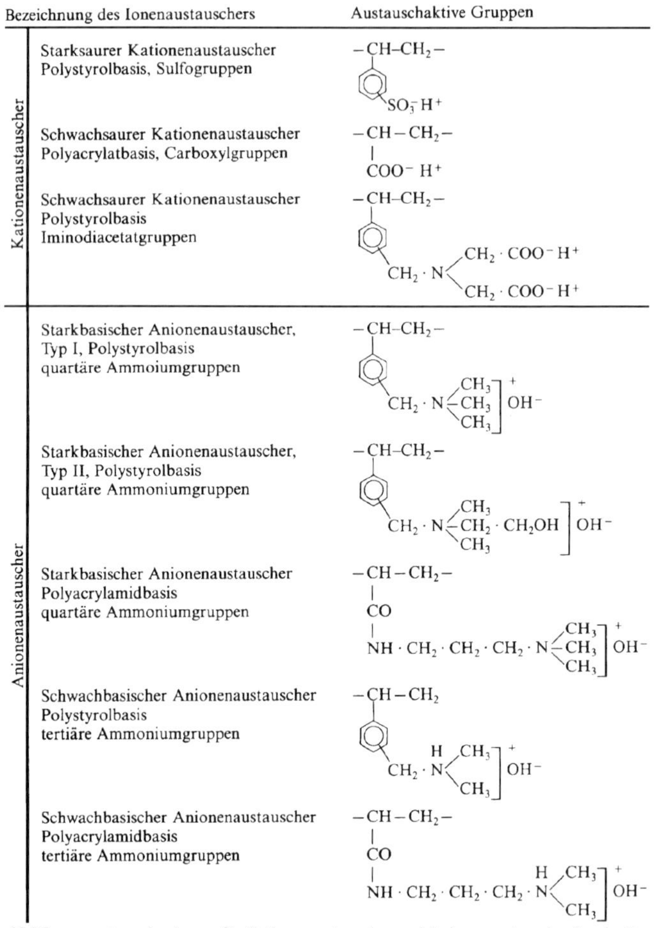

	Bezeichnung des Ionenaustauschers	Austauschaktive Gruppen
Kationenaustauscher	Starksaurer Kationenaustauscher Polystyrolbasis, Sulfogruppen	$-CH-CH_2-$, Benzolring mit $SO_3^- H^+$
	Schwachsaurer Kationenaustauscher Polyacrylatbasis, Carboxylgruppen	$-CH-CH_2-$ $\mid$ $COO^- H^+$
	Schwachsaurer Kationenaustauscher Polystyrolbasis Iminodiacetatgruppen	$-CH-CH_2-$, Benzolring mit $CH_2 \cdot N(CH_2 \cdot COO^- H^+)_2$
Anionenaustauscher	Starkbasischer Anionenaustauscher, Typ I, Polystyrolbasis quartäre Ammoiumgruppen	$-CH-CH_2-$, Benzolring mit $[CH_2 \cdot N(CH_3)_3]^+ OH^-$
	Starkbasischer Anionenaustauscher, Typ II, Polystyrolbasis quartäre Ammoniumgruppen	$-CH-CH_2-$, Benzolring mit $[CH_2 \cdot N(CH_3)_2(CH_2 \cdot CH_2OH)]^+ OH^-$
	Starkbasischer Anionenaustauscher Polyacrylamidbasis quartäre Ammoniumgruppen	$-CH-CH_2-$ $\mid$ CO $\mid$ $[NH \cdot CH_2 \cdot CH_2 \cdot CH_2 \cdot N(CH_3)_3]^+ OH^-$
	Schwachbasischer Anionenaustauscher Polystyrolbasis tertiäre Ammoniumgruppen	$-CH-CH_2$, Benzolring mit $[CH_2 \cdot NH(CH_3)_2]^+ OH^-$
	Schwachbasischer Anionenaustauscher Polyacrylamidbasis tertiäre Ammoniumgruppen	$-CH-CH_2-$ $\mid$ CO $\mid$ $[NH \cdot CH_2 \cdot CH_2 \cdot CH_2 \cdot NH(CH_3)_2]^+ OH^-$

Abbildung 10.5 **Ionenaustauscherharze** für Kationenaustauscher und Anionenaustauscher (nach: Handbuch der Abwassertechnik, Hanser Verlag, München, 1991 /52/).

Stark basischer Anionenaustauscher

Stark basische Anionenaustauscher in der OH–Form sind vernetzte Polystyrolharze mit quarternären Ammoniumgruppen $[R–N(CH_3)_3^+]$. Stark basische Anionenaustauscher in der OH–Form binden die Anionen der schwachen und starken Säuren:

$$[R–N(CH_3)_3]^+ OH^- + Cl^- \rightarrow [R–N(CH_3)_3]^+ Cl^- + OH^-$$

Die **Affinitätsreihe** für **stark basische** Anionenaustauscher lautet:
$NO_3^- > CrO_4^{2-} > PO_4^{3-}$ >Oxalat $> NO_2^- > Cl^-$ >Formiat >Citrat >Tartrat >Phenolat $> F^-$ >Acetat $> HCO_3^- > HSiO_3^- > CN^- > H_2BO_3^- > OH^-$
Anionenaustauscher werden durch starke Laugen regeneriert.

VE–Wasser

Die Reihenschaltung eines stark sauren Kationen- und eines stark basischen Anionenaustauschers erlaubt die Herstellung von neutralem, **voll entsalztem (VE–) Wasser** (→ *Abb. 10.6*):

- **Kationenautauscher:** R–H + NaCl → R–Na + HCl 1. Stufe
- **Anionenaustauscher:** R'–OH + HCl → R'–Cl + H_2O 2. Stufe
- **Gesamtaustausch:** R–H + R'–OH → R–Na + R'–Cl + H_2O

Mischbettionenaustauscher

Anstelle einer zweistufigen Ionentauscheranlage werden Kationen- und Anionenaustauscherharze oft in einem Mischbett vermischt. Dieser **Mischbettionenaustauscher** entspricht einer unendlichen Zahl hintereinandergeschalteter Kationen- und Anionenaustauscher. Bei der **Regenerierung** darf die Regeneriersäure nur mit dem Kationenaustauscherharz und die Regenerierlauge nur mit dem Anionenaustauscherharz in Kontakt kommen. Mischbettionenaustauscher werden oft in kleineren Anlagen zur Herstellung von VE–Wasser z.B. insbesondere im Labor eingesetzt. Die erschöpften Ionenaustauscherpatronen werden meist extern regeneriert.

Regeneration

Die Beladung eines Ionentauschers ist ein Konzentrierungsprozess (z.B. die Entfernung von Schwermetallkationen aus verdünnten Spülwässern). Ist der Ionenaustauscher nach einiger Zeit voll beladen, muss er regeneriert werden. Bei der Regeneration des Ionenaustauschers muss meist mit einem starken Überschuss an Säure oder Lauge gearbeitet werden. Das **Eluat** enthält eine konzentrierte Salzlösung, die wiederaufarbeitbar ist oder entsorgt werden muss. Im Haushalt verwendet man zum Regenerieren von Ionenaustauschern in Spülmaschinen hochreines Kochsalz (Siedesalz):

$$(R{-}SO_3^{-})_2\,Ca^{2+} + 2\,Na^+ \underset{\leftarrow \text{ Beladung}}{\overset{\text{Regeneration}}{\longrightarrow}} 2\,R{-}SO_3^-\,Na^+ + Ca^{2+}$$

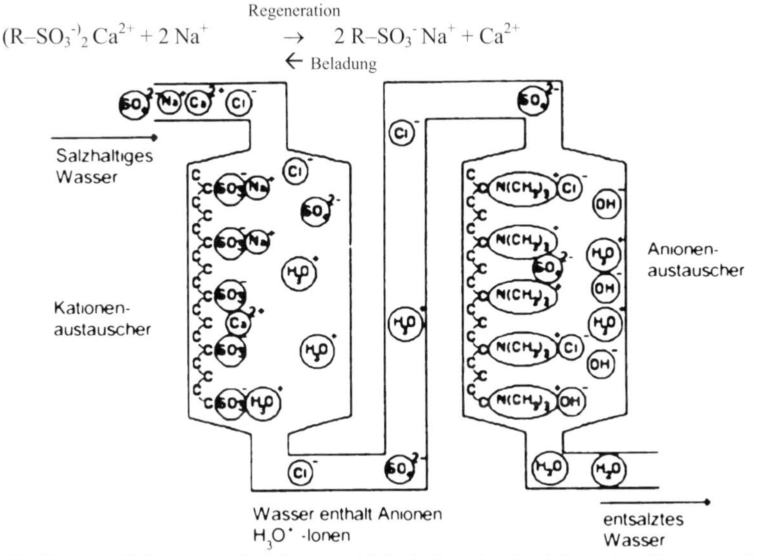

Abbildung 10.6 **Vollentsalztes (VE–) Wasser** wird durch Hintereinanderschaltung eines Kationen- und eines Anionenaustauschers oder durch einen Mischbettionentauscher hergestellt.

Austauschkapazität

Die **Austauschkapazität** eines Harzes wird in Einheiten [val l^{-1}] angegeben. Die **Äquivalentkonzentration [val l^{-1}]** wird aus der Stoffmengenkonzentration [mol l^{-1}] durch Division mit der Ionenwertigkeit berechnet, z.B. 1 val Ca^{2+} = 0,5 mol wiegen 20 g. Bei einer Austauschkapazität von z.B. 1 val pro Liter Harzvolumen können 200 Liter eines Spülwassers mit einer Konzentration von 5 mval l^{-1} gereinigt werden. Beim Regenerieren von 1 Liter Kationenharz und 1 Liter Anionenharz fallen (erfahrungsgemäß) 6 Liter saures und ca. 10 Liter alkalisches Abwasser an, das die konzentrierte Salzmenge enthält. Wird das gereinigte Abwasser wiederum dem Spülprozess zugeführt, ergibt sich eine Wassereinsparung von 200 Liter–16 Liter = 184 Liter.

Aufgabe

In einer Galvanik fallen 20 m^3 Abwasser pro Tag an. Der Ionenaustauscher soll so dimensioniert werden, dass eine Regenerierung nur einmal am Tag (abends) notwendig ist. Das Abwasser enthält 159 mg l^{-1} Kupfer. Wieviel Liter Harz muss der Ionenaustauscher enthalten, wenn der Hersteller eine Austauschkapazität von 1 val l^{-1} Harzvolumen angibt.

Äqivalentkonzentration Cu^{2+}: 159 mg l^{-1} / 31,8 mg $mval^{-1}$ = 5 mval l^{-1}
Gesamtbeladung für einen Regenerationszyklus: 20 000 l * 5 mval l^{-1} = 100 val
Volumen an Harz: 100 val / 1 val l^{-1} = 100 Liter Harz

In → *Abb. 10.7* sind zusammenfassend drei wesentliche **Anwendungsbereiche** von Ionenaustauschern in einer Fertigung dargestellt:

- **Aufbereitung** von Prozessbädern (z.B. Chromsäure–Recycling),
- **Entsalzung** für die Spülwasserkreislaufführung,
- **Endbehandlung** von Abwasser durch Selektivionenaustauscher.

Ionenaustauscher in der Fertigung

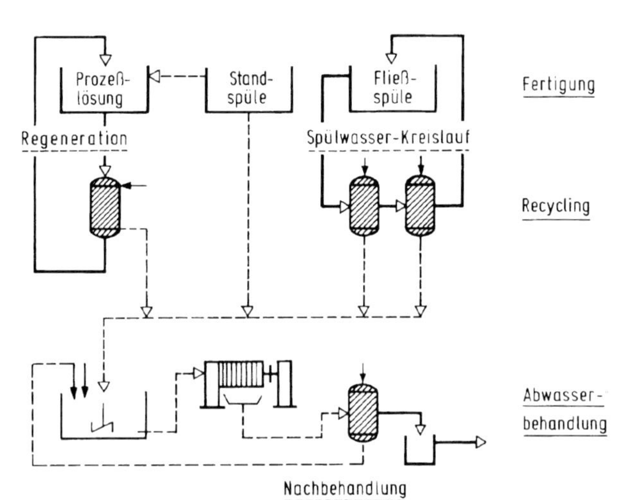

Abbildung 10.7 **Einsatz von Ionenaustauchern in der Abwassertechnik** (aus: Handbuch der Abwassertechnik, Hanser Verlag, München, 1991 /52/).

10.4 Abwassertechnik

Kommunale Abwasserbehandlung

In der traditionellen Abwasserbehandlung, z.B. in kommunalen Kläranlagen, unterscheidet man drei Klärstufen:

- **1. Klärstufe**: mechanische Vorreinigung, Abtrennung von Feststoffen,
- **2. Klärstufe**: biologische Reinigung, Abbau organischer und sauerstoffzehrender Abwasserinhaltsstoffe,
- **3. Klärstufe**: Stickstoff- und Phosphorelimination mit biologischen und chemischen Verfahren.

Mechanische Klärstufe

Nach dem Abtrennen gröberer Bestandteile in einem **Sandfang** erfolgt eine Sedimentation der Sinkstoffe in einem **Absetzbecken**. Der abgesetzte Schlamm wird gemeinsam mit dem überschüssigen Belebtschlamm der biologischen Reinigungsstufe abgezogen und in einer **Kammerfilterpresse** entwässert. Der entwässerte Schlamm gelangt in einen **Faulturm**, wo er unter Mitwirkung **anaerober** (nicht Sauerstoff verbrauchender) Mikroorganismen und bei sich selbst einstellender höherer Temperatur zu **Klärschlamm** vergoren wird. Dabei entsteht ein energiereiches **Biogas** (70% CH_4 und 30% CO_2, Spuren von H_2S), das als Faulgas zu Heizzwecken oder über Wärme–Kraft–Kopplung zur Stromerzeugung genutzt werden kann /48a/.

KlärschlammV

Der Klärschlamm wird deponiert, verbrannt oder kann–unter Einhaltung der Grenzwerte der Klärschlammverordnung (AbfKlärV, → *Tab. 10.8*)–an die Landwirtschaft abgegeben werden.

Parameter	Grenzwert	Parameter	Grenzwert
Blei	900	Kupfer	800
Cadmium	10/5	Nickel	200
Chrom	900	Quecksilber	8
AOX	500	Zink	2500/2000

Tabelle 10.8 **Grenzwerte nach AbfKlärV** (Jahr 1992), Konzentrationen in [mg kg^{-1} Trockensubstanz Klärschlamm], Grenzwerte Cd: 5 mg kg^{-1} und Zn: 2000 mg kg^{-1} gelten für leichte Böden mit pH 5 bis 6.

Biologische Klärstufe

Das mechanisch geklärte Abwasser enthält noch Schwebstoffe und gelöste Verunreinigungen, die in der biologischen Reinigungsstufe gereinigt werden durch:

- **aerobe (sauerstoffveratmende) Verfahren oder**
- **anaerobe Verfahren.**

Aerober Abbau

Bei Vorliegen schwach belasteter Abwässer mit hohen Mengenströmen (z.B. kommunale Kläranlage) wird der Kohlenstoffabbau durch **aerobe Bakterien,** (z.B. der Gattung *Pseudomonas*) meist in Form eines **Belebtschlamms** bewerkstelligt. Dabei dispergiert man unter erheblichem Energieverbrauch Luftsauerstoff in einem Belebungsbecken. Rund 50% der organischen Abfallstoffe wird von den Bakterien zum eigenen Wachstum (Biomasse) aufgenommen, die anderen 50% dienen den Bakterien zur Energiegewinnung, wobei CO_2 und H_2O entsteht:

organische Schadstoffe + O_2 → Biomasse + CO_2 + H_2O + Energie

Turmbiologie

Die Mikroorganismen sind also zugleich **Katalysator** und **Reaktionsendprodukt**. Nachteilig bei aeroben Verfahren ist die hohe Biomasseproduktion, die als **Klärschlamm** entsorgt werden muss. Aufgrund der beengteren Platzverhältnisse sind industrielle, biologische Abwasserbehandlungsanlagen oft als leistungsfähige **Turmbiologie** ausgelegt (→ *Abb. 10.8*).

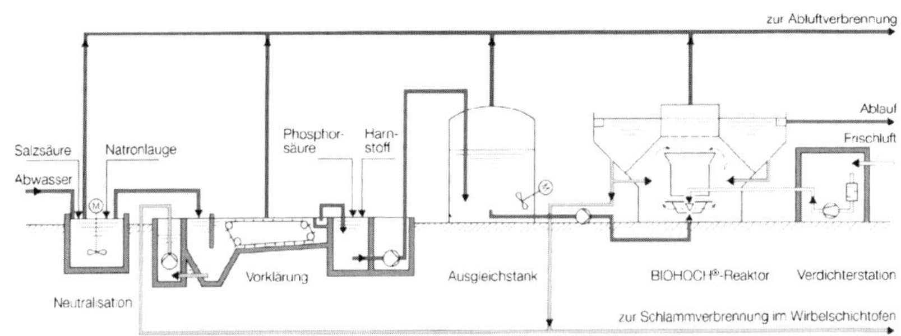

Abbildung 10.8 **Biohochreaktor** zur industriellen, aeroben Abwasserbehandlung: Beengte Platzverhältnisse fordern die Hochbauweise (Quelle: Firma Krupp–Uhde, Dortmund).

Anaerober Abbau

Bei Vorliegen hoch belasteter Abwässer, z.B. Industrieabwässer aus der Lebensmittelindustrie oder der Landwirtschaft, kann das **anaerobe Verfahren** bevorzugt werden. Vorteilhafterweise entsteht beim anaeroben Verfahren nur sehr wenig Biomasse (ca. 1...5% der eingesetzten Schadstoffe), während 90...95% des Kohlenstoffs in nutzbares Biogas (meist Methan CH_4, Spuren von Schwefelwasserstoff H_2S) umgewandelt wird. Aufgrund der geringeren Biomasseproduktion sind die Bakterien beim anaeroben Verfahren meist an **Tropfkörpern** (Gesteine, Kunststoffe) fixiert.

Dritte Klärstufe

Die dritte Klärstufe dient der Elimination von **Stickstoff und Phosphor**, die als Pflanzenwuchsstoffe gewässerschädigend sind (Algenblüte). Eine wichtige Verunreinigung in kommunalem Abwasser ist **Harnstoff**, der durch das Enzym Urease zu NH_3 und CO_2 hydrolisiert wird (Nitrogenase):

$H_2NCONH_2 + H_2O \rightarrow 2\ NH_3 + CO_2$

Nitrifikation

Nitrifikation nennt man den aeroben Umbau von Ammoniak (NH_3) oder Ammonium (NH_4^+) zu Nitrat (NO_3^-). Dieser Vorgang spielt auch beim Stickstoffstoffwechsel der Pflanzen eine wichtige Rolle. In einem ersten Schritt wird NH_3 durch *Nitrosomonas*–Bakterien unter Verwendung von Luftsauerstoff (aerob) zu Nitrit (NO_2^-) und dann weiter unter katalytischer Wirkung von *Nitrobacter*–Bakterien zu Nitrat oxidiert. In der Praxis findet die Nitrifikation im Belebungsbecken gemeinsam mit dem C–Abbau statt:

$2\ NH_4^+ + 3\ O_2 \rightarrow 2\ NO_2^- + 4\ H^+ + 2\ H_2O$ + Energie *Nitrosomonas*–Bakterien

$2\ NO_2^- + O_2 \rightarrow 2\ NO_3^-$ + Energie *Nitrobacter*–Bakterien

Denitrifikation

Nitrate sind Pflanzenwuchsstoffe und im Überschuss schädlich für die Gewässer (Eutrophierung). Der Nitrifikation schließt sich heute in der Regel eine Denitrifikation an. Die **Denitrifikation** ist eine mikrobiologische Reduktion oxidierter Stickstoffverbindungen, insbesondere von Nitrit und Nitrat zu elementarem **Stickstoff (N_2)**, wobei gleichzeitig **organische Verunreinigungen**, wie Methanol, Essigsäure u. a., zu CO_2 und H_2O oxidiert ('veratmet') werden.

Methanol: $5\ CH_3OH + 6\ NO_3^- \rightarrow 5\ CO_2 + 3\ N_2 + 6\ OH^- + 7\ H_2O$

Die entstehenden OH^-–Ionen neutralisieren sich mit den H^+–Ionen der Nitrifikationsstufe. Zur Denitrifikation ist eine Vielzahl im Klärschlamm vorhandener Bakterien befähigt, z.B. *Micrococcus, Pseudomonas, Denitrobazillus* u. a. Für die Stoffwechselvorgänge können sie **entweder** den im Wasser gelösten **Luftsauerstoff** heranziehen oder den chemisch gebundenen Sauerstoff aus **Nitrat**- und **Nitritionen**. Da die Sauerstoffatmung energetisch **bevorzugt** ist, erfolgt die gewünschte Nitrat–Atmung nur unter weitgehend **sauerstofffreien** Bedingungen (d. h. außerhalb des Belebungsbeckens).

Voraussetzung für die Denitrifikation ist weiterhin die Anwesenheit von biologisch **gut abbaubaren** Verbindungen, wie Ethanol, Aceton, Essigsäure, Milchsäure, Wasserstoff, Sulfid, damit die Reduktion nicht auf der Stufe des (giftigen) Nitrits stehen bleibt. In der Praxis findet die Denitrifikation deshalb meist **vor dem Belebungsbecken** statt und wird durch einen Teilstrom aus der Nitrifikationsstufe gespeist (→ *Abb. 10.9*). Im Falle einer **nachgeschalteten** Denitrifikation muss u.U. organisches Substrat zudosiert werden. Die Denitrifikation verläuft optimal bei 30°C.

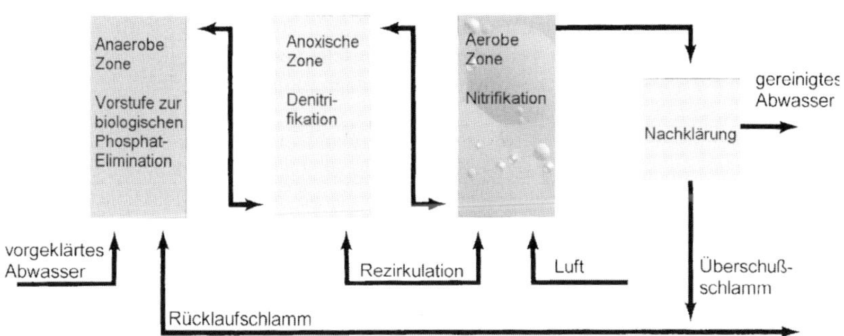

Abbildung 10.9 **Nitrifikation/Denitrifikation:** Die Nitrifikation findet im Belebungsbecken unter aeroben Bedingungen statt, das Denitrifikationsbecken ist vorgeschaltet und wird aus der Rezirkulation gespeist (anoxisch = ohne Sauerstoff). Vorgeschaltet ist eine biologische Phosphatelemination unter anaeroben Bedingungen (Quelle Firma Krupp–Uhde, Dortmund).

Phosphatelimination

Die Entfernung der gewässerschädigenden Phosphate erfolgt teilweise ebenfalls auf mikrobiologischem Wege, indem spezielle **Bakterien** den Phosphor in ihre Biomasse aufnehmen und damit in den Klärschlamm überführen. In→ *Abb. 10.9* ist die anaerobe Phophatelimination vor der Nitrifikation/ Denitrifikationstufe eingezeichnet. Zur sicheren Einhaltung der Grenzwerte (**Phosphor**: **2 mg l^{-1}** unter 100 000 Einwohnergleichwerten (EGW) bzw. **1 mg l^{-1}** über 100 000 EGW) ist stets eine **chemische** Phosphatfällung mit Eisen- oder Aluminiumsalzen vorgesehen:

$Fe^{3+} + PO_4^{3-}$ → $FePO_4$ schwerlöslich

$Al^{3+} + PO_4^{3-}$ → $AlPO_4$ schwerlöslich.

Simultanfällung

Die Fällungschemikalien können an verschiedenen Zugabestellen dosiert werden:

- **Vorfällung**: Dosierung vor dem Vorklärbecken, Sedimentation im Vorklärbecken verbessert, Erleichterung für überlastete Kläranlagen;
- **Simultanfällung**: Dosierung vor oder nach dem Belebungsbecken, Sedimentation des Belebtschlamms im Nachklärbecken ist verbessert;
- **Nachfällung**: Dosierung nach dem Nachklärbecken, zusätzliches Absetzbecken erforderlich, Einhaltung niedrigster Grenzwerte möglich.

Industrielle Abwasserbehandlung

Die wichtigsten abwassertechnischen Probleme in der Metall- und Elektroindustrie verursachen Feststoffe, Öle, CKW, organische Schadstoffe, gelöste Schwermetalle und Anionen (→ *Tab. 10.9* oben). Für die Abwasserreinigung in der Metall- und Elektronikindustrie unterscheidet man folgende Abwasserbehandlungsverfahren (→ *Tab. 10.9 unten*):

- **mechanisch / physikalische,**
- **biologische,**
- **chemisch / thermische,**
- **elektrochemische Verfahren.**

Verfahren nach dem Stand der Technik

Die **chemischen** und **elektrochemischen** Behandlungsverfahren werden an anderer Stelle im Text behandelt (Ionenaustausch: → *Kap. 10.3*, Membranverfahren / Filtration / Umkehrosmose / Elektrodialyse: → *Kap. 11.3*, Fällung/Flockung: → *Kap. 13.2*, Oxidation/Reduktion: → *Kap. 13.3*, Elektrolyse: → *Kap. 15.2*).

Problemstellung	Verfahren nach dem Stand der Technik
Feststoff-/Schwebstoff-Schlammabtrennung	Sedimentation, Filtration, Zentrifugierung
Öl-Wasser-Trennung	Ölabscheider, Koaleszenzabscheider, Ultrafiltration, Verdampfen, organische Spaltchemikalien (Spaltung mit Säuren oder Salzen ist nicht mehr Stand der Technik)
Chlorkohlenwasserstoffe	Adsorption an Aktivkohle, Desorption durch Luftstrippen bzw. Dampstrippen, Oxidation, adaptierte Biologie
organische oder anorganische Schadstoffe	Nanofiltration, chemische Entgiftungsreaktionen, Oxidation, anodische Oxidation, Neutralisation und Fällung
Salze, gelöste Kationen und Anionen	Umkehrosmose, Verdampfung, Kristallisation, Ionenaustausch, Neutralisation und Fällung, Elektrodialyse, Elektrolyse

Mechanisch/Physikalisch	biologisch	chemisch/ thermisch	elektrochemisch
Sedimentation	aerob	Ionenaustausch	Elektrolyse
Filtration	anaerob	Neutralisation	Elektrodialyse
Zentrifugierung	Belebtschlamm	Fällung	
Verdampfung	Tropfkörper	Flockung	
Verdunstung		Oxidation	
Kristallisation		Reduktion	
Umkehrosmose		Zementation	
Adsorption/Desorption		Verbrennung	

Tabelle 10.9 **Industrielle Abwasserbehandlungsverfahren** für häufig auftretende Abwasserprobleme in der Metall- und Elektroindustrie (oben) sowie Einteilung der industriellen Abwasserbehandlungsverfahren (unten)

Mechanische Abwasserbehandlung

Die mechanischen Abwasserbehandlungsverfahren werden in der Industrie am häufigsten eingesetzt. Dazu zählen:

- **Sedimentieren**
- **Flotieren,**
- **Filtrieren,**
- **Zentrifugieren,**
- **Magnetscheiden.**

Schrägklärer

Schrägklärer beschleunigen den Sedimentationsvorgang durch angeströmte Prallflächen. Die Abscheidewirkung hängt vom Plattenabstand und von der angeströmten Plattenfläche ab. Der Anströmwinkel beträgt oft ca. 50...60 Grad, die Absetzzeit variiert zwischen 5 Minuten bis 1 Stunde. Ein Schrägklärer kann Teil einer **Neutralisationsstufe** sein (→ *Abb. 10.10*). Der abgezogene **Dünnschlamm** (Wassergehalt ca. 97%) wird anschließend in einer **Kammerfilterpresse** auf einen Wassergehalt um 60...65% entwässert. Eine weitere Entwässerung (Gewichtseinsparung bei der Deponierung) kann nur durch ein **Trocknungsverfahren** erzielt werden.

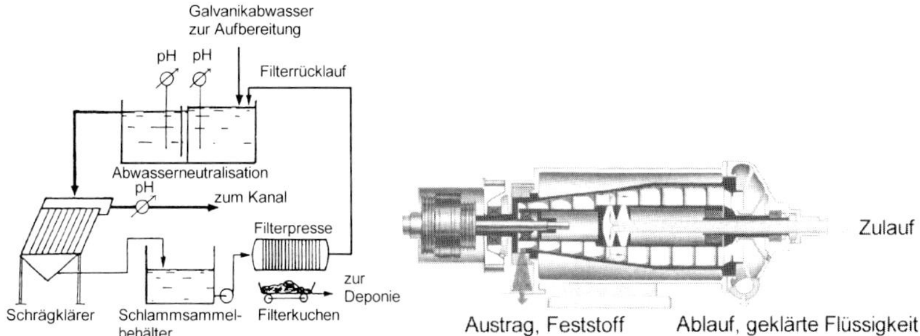

Abbildung 10.10 **Schrägklärer** können Teil der Abwasserbehandlung einer Galvanik sein (links /53/). Die schwermetallbeladenden Abwässer werden neutralisiert und dabei ausgefällt. Der Rückstand des Schrägklärers besteht aus einem stark wasserhaltigen Dünnschlamm. **Dekanter** (rechts) (Quelle: Firma Westfalia Separator, Oelde).

Zentrifugen Dekanter

Zentrifugen und Dekanter besitzen aufgrund der vergleichsweise hohen Kosten eine geringe Bedeutung für die Abwasserbehandlung. Ihre Anwendungsgebiete sind eher **Feststoffabtrennung** und **Recycling** (z.B. Späne- und Fremdölabtrennung aus Kühlschmierstoffen). Aus einer Flüssigkeit können drei Phasen (eine Feststoffphase und zwei Flüssigphasen) abgetrennt werden. Die Suspension wird dabei auf eine rotierende Trommel (Drehzahl ca. 10 000 U min^{-1}) gebracht. Die Zentrifugalkraft bewirkt eine vielfach erhöhte **Sedimentationsgeschwindigkeit** und damit eine rasche Phasentrennung. Die getrennten Flüssigkeitsphasen werden abgezogen. Bei hohem Feststoffgehalt sind eher Dekanter (Zentrifuge mit liegender Trommel, → *Abb. 10.10*) zu bevorzugen. Beim Einsatz von Zentrifugen für die Öl–Wasser–Trennung verbleibt ein Ölgehalt von typischerweise 500 mg l^{-1}. **Tensidstabilisierte Emulsionen** können durch eine Zentrifuge nicht getrennt werden.

Leichtstoff-abscheider

Leichtstoffabscheider sind Vorrichtungen zum Abtrennen von Flüssigkeiten, die spezifisch leichter als Wasser sind (**Benzin, Heizöl**). Ein Leichtstoffabscheider, z.B. für Tankstellen, Waschanlagen u. a. besteht aus einem Schlammfang, Leichtstoffabscheider und Endkontrollschacht (nach DIN 1999). Für höhere Abscheideleistungen kann ein Koaleszenzabscheider zugeschaltet sein. In einem Leichtstoffabscheider verlangsamt sich die Strömung einer Öl–Wasser–Emulsion. Dabei können die Leichtstoffe auftreiben. Der Ölabscheidegrad eines Leichtstoffabscheiders muss **>97%** sein. In einem **Koaleszenzabscheider** unterstützen Koaleszenzelemente (dies sind Ringe, Hohlkörper, Drahtgesticke mit großer, ölähnlicher, oleophiler Oberfläche) das Zusammenfließen von Kleinstöltröpfchen zu größeren Öltropfen (Koaleszenz), die dann leichter an die Flüssigkeitsoberfläche auftreiben. Es werden Abscheideleistungen mit einem Ölgehalt **<10 mg l^{-1}** (Grenzwert Kohlenwasserstoffe, Anhang 40 AbwV) erreicht. Voraussetzung ist jedoch, dass die Öl–Wasser–Emulsion nicht durch Tenside stabilisiert ist. Der physikalisch gelöste Anteil an Kohlenwasserstoffen/Mineralölen kann durch Leichtstoffabscheider nicht abgeschieden werden (→ *Abb. 10.11*).

Koaleszenz-abscheider

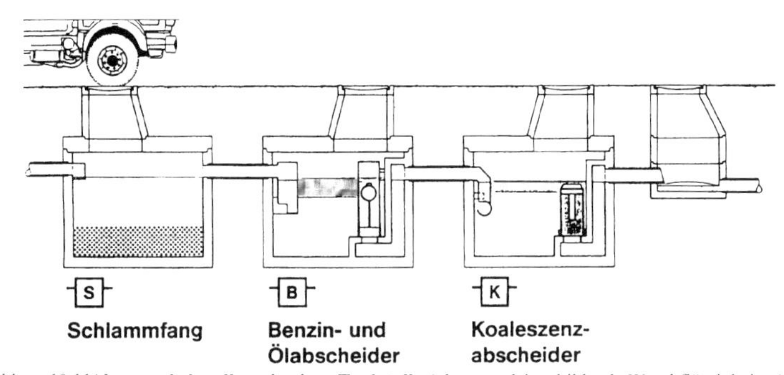

Abbildung 10.11 **Abwasserbehandlung in einer Tankstelle** (ohne emulsionsbildende Waschflüssigkeiten)

Flotation

Unter Flotation versteht man die Trennung eines Öl–Wasser–Gemisches durch Gasblasen. In einem **zweistufigen** Verfahren werden stabile Emulsionen, z.B. durch **organische Polyelektrolyte** in die zwei Phasen Öl und Wasser gespalten. Es bilden sich feinverteilte Öltröpfchen, die sich an eingebrachte Gasblasen anheften und von diesen an die Flüssigkeitsoberfläche getrieben werden. Die Gasblasen müssen eine große Oberfläche besitzen durch:

- **Druckentspannungsflotation**: Gasblasen entstehen durch Injektion eines Wasser–Luft–Gemisches, das Luft im Überschuss (unter Druck) enthält;
- **Elektroflotation**: Gasblasen entstehen durch Wasserelektrolyse.

Die **Druckentspannungsflotation** gilt als besonders robust und lässt sich besonders wirtschaftlich für größte Emulsionsbecken (bis 100 m^3) betreiben. Das Verfahren wird zunehmend durch die **Ultrafiltration** (sichere Einhaltung der Grenzwerte, geringerer Platzbedarf, keine Chemikalien, → *Kap. 11.3*) abgelöst.

Filtrationsverfahren

Filtrationsverfahren sind außerordentlich vielseitig und durch die Einführung von **mikrometer**feinen oder **selektiv durchlässigen** (semipermeablen) Membranen sehr innovativ. Sie werden nach → *Abb. 10.12* unterteilt in :

- **Sieb-, Kuchenfiltration (Dead End),**
- **Tiefenfiltration,**
- **Querstromfiltration (Cross Flow).**

Sieb-, Kuchenfiltration

Bei der **Sieb-** bzw. **Kuchenfitration** ist der Durchmesser der abzutrennenden Teilchen größer als die Porenweite des Filtermediums. Im Verlauf der Filtration wird ein Filterkuchen aufgebaut, wodurch der Filtratstrom im Lauf der Zeit nachlässt (Dead End). Beispielhafte Ausführungsformen sind die in → *Abb. 10.12* (unten) dargestellten **Beutel-** oder **Kerzenfilter**, **Vakuumtrommelfilter** oder **Bandfilter**. Die Betrebungen sind darauf gerichtet, **regenerierbare Filtermedien** z.B. Rückspülfilter zu verwenden.

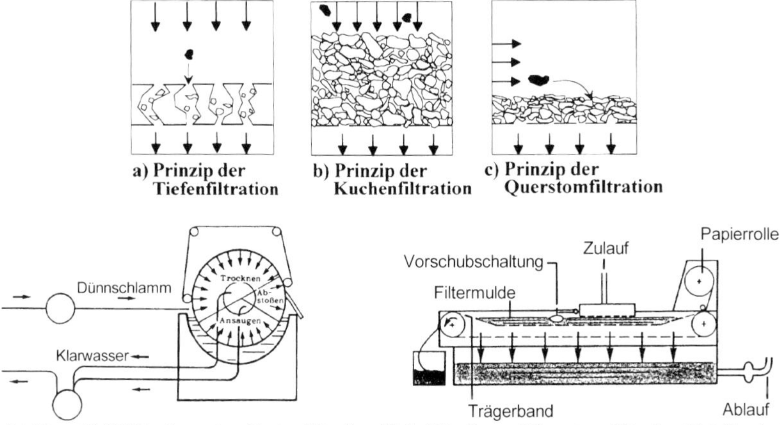

Abbildung 10.12 **Filtrationsarten: Kuchenfiltration**, **Tiefenfiltration** und **Querstromfiltration** (Siebfiltration), (oben, mit freundlicher Genehmigung: Dr. D. Kracht, Leipzig). Bei der **Kuchenfiltration** sind die Partikel größer als die Porenweiten des Filterkuchens; Kuchenfiltration mit Vakuumtrommelfilter oder Bandfilter (unten).

Tiefenfilter

Bei **Tiefenfilter** sind die abzutrennenden Teilchen kleiner als die Poren des Filtermediums. Sie dringen in das Filterbett ein und werden dort durch Adsorption festgehalten. Bei Vorliegen höherer Feststoffkonzentration neigen Tiefenfilter zu frühzeitiger **Verstopfung.** Eine Rückspülung ist in der Regel nicht möglich. Ausführungsformen sind: Tiefenfilter aus Fasergestricken und Sintermetallen, Kiesfilter, Anschwemmfilter. **Kiesfilter** werden zur Endreinigung nach einer Neutralisationsfällung verwendet und erreichen eine Filterfeinheit von 0, 5 µm Teilchendurchmesser. Kiesfilter sind **rückspülbar**.

Kiesfilter

Anschwemmfilter

Anschwemmfilter werden zur Feinreinigung (Filterfeinheit bis 0,5 µm), insbesondere größerer Mengen an Betriebsflüssigkeiten (bevorzugt Schleifemulsionen) eingesetzt. Als Filterhilfsstoffe dienen Sand, Holzmehl, Cellulose, Kieselgur. Der Filtrationsprozess verläuft entsprechend dem in → *Abb. 10.13* dargestellten Mechanismus:

- **Anschwemmen** des Filterhilfsmittels auf einem Trägermaterial (Aufbau des Tiefenfilters),
- **Überleiten** der Schmutzlösung, bis ein bestimmter Differenzdruck erreicht ist,
- **Abschwemmen** und Beseitigen des Filterhilfsstoffs (Nachteil: Entstehung von Sondermüll).

11 Abfall

11.1 Abfallinhaltsstoffe

Abfälle

Im gewerblichen Bereich unterscheidet man folgende Abfälle:

- **Abfälle zur Beseitigung** bzw. **Abfälle zur Verwertung** sind Begriffe nach dem Kreislaufwirtschafts- und Abfallgesetz (KrW-/AbfG), (frühere Bezeichnung: **Abfälle** bzw. **Reststoffe**).
- **Besonders überwachungsbedürftige Abfälle (Sonderabfälle)** sind Abfälle, die den Menschen oder die Umwelt besonders gefährden (z.B. Lackabfälle, Galvanikschlämme). Sie werden durch eine Rechtsverordnung festgelegt. Entsorgungspflichtig ist der Abfallerzeuger.
- **Überwachungsbedürftige Abfälle** sind alle übrigen Abfälle zur Beseitigung, die nicht mit dem Hausmüll entsorgt werden können. Darüberhinaus sind bestimmte Abfälle zur Verwertung überwachungspflichtig (z.B. Kabelabfälle, Bleiakkumulatoren, Autoreifen). Diese verwertbaren Abfälle werden durch eine Rechtsverordnung festgelegt. Entsorgungspflichtig ist der Abfallerzeuger.
- **Hausmüllähnliche Gewerbeabfälle** sind Gewerbeabfälle, die mit dem Hausmüll entsorgt werden können (z.B eingetrocknete Lackreste). Entsorgungspflichtig sind die Stadt- und Landkreise.
- **Verpackungabfälle** sind Abfälle, die der VerpackungsV unterliegen (z.B. Transportverpackungen).

Sonderabfälle

Besonders überwachungsbedürftige Abfälle (Sonderabfälle) sind für die verarbeitende Industrie im Hinblick auf das **Gefährdungspotential**, die **strafrechtliche Bedeutung** und die **Kosteneinsparungspotentiale** von besonderer Bedeutung. Durch konsequente Abfallvermeidung konnte die Menge der Sonderabfälle in den letzten Jahren um ein Drittel gesenkt werden.

EAK–Abfallschlüsselnummern

Abfälle zur Beseitigung oder zur Verwertung werden mit dem Inkrafttreten des KrW/AbfG nach dem **europäischen Abfallkatalog (EAK)** (englisch: EWC = European Waste Catalogue) bezeichnet. Die früher üblichen, fünfstelligen Abfallschlüsselnummern (LAGA–Code) müssen ab dem Jahr 1999 durch neue sechsstellige **EAK–Schlüsselnummern** ersetzt sein. Insgesamt enthält der EAK–Abfallkatalog **645** unterschiedliche Abfallsorten, die **20** EAK–Gruppen (Industrieprozessen) zugeordnet werden. Eine eindeutige Zuordnung zwischen EAK–und LAGA–Schlüsselnummern ist nicht immer möglich. Über Einzelheiten informiert ein **Umsteigekatalog** der Länderarbeitsgemeinschaft Abfall (LAGA). In → *Tab. 11.1* sind einige häufig vorkommende Abfälle der Metallindustrie aus unterschiedlichen EAK–Gruppen aufgelistet:

EAK-Gruppen

- **EAK–Gruppe 8**: Abfälle aus Herstellung, Zubereitung, Vertrieb und Anwendung von Überzügen (Farben, Lacken, Email), Dichtungsmassen und Druckfarben,
- **EAK–Gruppe 12**: Abfälle aus Prozessen der mechanischen Formgebung und Oberflächenbehandlung von Metallen, Keramik, Glas und Kunststoffen,
- **EAK–Gruppe 13**: Ölabfälle,
- **EAK–Gruppe 14**: Abfälle aus Metallentfettung und Maschinenwartung,
- **EAK–Gruppe 15**: Verpackungen, Aufsaugmassen, Wischtücher, Filtermaterial, Schutzkleidung.

EAK/LAGA–Schlüssel-

EAK-Abfallschlüsselnr.	LAGA-Abfallschlüsselnr.	Verwertungs-, Entsorgungshinweis
150104 Metall	35104 Eisenbehältnisse mit schädlichen Restinhalten.	Entleerte, spachtelreine Eisenbehältnisse sind kein Sondermüll und können als Schrott verwertet werden. Behältnisse mit eingetrocknetem Lack, Kleber, Spachtelmasse werden als hausmüllartiger Gewerbeabfall entsorgt.
150201 Aufsaug- und Filtermaterialien	54209 feste fett- und ölverschmierte Betriebsmittel	Ölverschmierte Putztücher können einem Putztuchrecycling (extern) zugeführt werden.
130202 nicht chlorierte Maschinen, Getriebe- und Schmieröle	Verbrennungsmotoren und Getriebeöle 54113 Maschinen und Turbinenöle	Rückgabe an den Lieferanten. Altöl und Getriebeöl bekannter Herkunft kann aufgearbeitet werden (Zweitraffination).
120109 Bearbeitungsemulsionen, halogenfrei	54402 Bohr- und Schleifemulsionen	Öl-Wasser-Gemische; Rückgabe an den Lieferanten selten möglich; Abfälle extern entsorgen oder einer betriebsinternen Öl/Wasser-Spaltung zuführen.
120111 Bearbeitungsschlämme	54710 Schleifschlämme ölhaltig	Abfälle aus der mechanischen Formgebung, Abfallverminderung durch Abpressen, Zentrifugieren; ölarmer Rückstand kann als Metallschrott entsorgt werden.
120111 Bearbeitungsschlämme	54707 Erodierschlämme	Abfälle aus Erodierverfahren, wie Schleifschlämme; Abfallverminderung durch Ionenaustauscher, schwermetallhaltiges Harz wird meist vom Lieferanten zurückgenommen.
130505 andere Emulsionen	54405 Kompressorkondensat	Betriebsinterne Öl-Wasser-Trennung mit einfachen Geräten möglich und wirtschaftlich
140103 andere Lösemittel und Lösemittelgemische	55335 Kaltreiniger, frei von halogenierte Lösemitteln	Lösemittel aus der Metallentfettung; Rückgabe an Lieferanten oft möglich; Verwendung von Recyclaten verstärken.
080108 wässrige Schlämme, die Farbe oder Lack enthalten	55503 Lack und Farbschlamm	Lack- und Farbschlamm aus der Nasslackierung, Abfallverminderung durch Optimierung der Auftragstechnik; Lackrecycling durch Ultrafiltration des wässrigen Oversprays

Tabelle 11.1 **Abfallschlüsselnummern** nach EAK–Code (EAK = Europäischer Abfallkatalog) und LAGA–Code (LAGA = Länderarbeitsgemeinschaft Abfall)

Vermischungsverbot

Abfälle mit unterschiedlichen Schlüsselnummern dürfen grundsätzlich nicht vermischt werden (**Vermischungsverbot**). Zahlreiche Institutionen (Landesgewerbeämter, Industrie- und Handelskammern, Handwerkskammern, Abfallberatungsagenturen) informieren über den korrekten Umgang mit Sondermüll und abfallarme Produktionsweisen.

11.2 Abfallrecht

Abfallrecht Übersicht

Die Abfallgesetzgebung wird im wesentlichen durch Bundesgesetze bestimmt. Der Vollzug ist Aufgabe der Bundesländer. Gemeinsam mit dem KrW-/ AbfG sind eine Reihe von **Durchführungsverordnungen** für den Umgang mit Industrieabfällen in

Kraft getreten. Die aktuellen, gesetzlichen Regelungen auf dem Gebiet des Abfallrechts sind:

- **Gesetze**

- Kreislaufwirtschafts- und Abfallgesetz (KrW-/ AbfG)
- Landesabfallgesetze (LAbfG)

- **Verordnungen** Verordnungen nach dem KrW-/AbfG:

- Europäische Abfallkatalog- Verordnung (EAK–Verordnung)
- Bestimmungsverordnungen (BestAbfV)
- Nachweisverordnung (NachwV)
- Verordnung über Abfallwirtschaftskonzepte und Abfallbilanzen (AbfKoBiV)
- Transportgenehmigungsverordnung (TgV)
- Entsorgerfachbetriebsverordnung (EfbV)

andere abfallrelevante Verordnungen:

- Altölverordnung (AltölV)
- Halogenkohlenwasserstoffabfallverordnung (HKWAbfV)
- Verpackungsverordnung (VerpackV)

- **Verwaltungsvorschriften**

- Technische Anleitung (TA Abfall = Sonderabfall)
- Technische Anleitung (TA Siedlungsabfall).

KrW-/AbfG

Das Kreislaufwirtschafts- und Abfallgesetz KrW-/AbfG beinhaltet die Grundsätze (§ 4–7 KrW-/AbfG):

- **Abfälle sind in erster Linie zu vermeiden**, insbesondere durch Verminderung ihrer Menge und Schädlichkeit.
- **Maßnahmen zur Abfallvermeidung** sind insbesondere die anlageninterne Kreislaufführung von Stoffen, die abfallarme Produktgestaltung sowie ein auf den Erwerb abfall- bzw. schadstoffarmer Produkte gerichtetes Konsumentenverhalten.

Grundsätze des KrW-/AbfG

- **Abfälle sind in zweiter Linie stofflich zu verwerten** oder zur Gewinnung von Energie zu nutzen.
- **Die stoffliche Verwertung** beinhaltet die Substitution von Rohstoffen durch Sekundärrohstoffe.
- **Zur Vermeidung oder Verringerung von Abfällen** kann durch Rechtsverordnung festgelegt werden: **Kennzeichnungspflicht, Rücknahme- und Pfandpflicht, Recyclingpflicht** u. a.

VVV

Der Grundsatz der Abfallwirtschaft lässt sich kurz als **VVV = Vermeiden, Vermindern, Verwerten.** ausdrücken. 'Die Pflicht zur Verwertung von Abfällen ist einzuhalten, soweit dies technisch möglich und wirtschaftlich zumutbar ist, insbesondere wenn für einen gewonnenen Stoff oder die gewonnene Energie ein Markt vorhanden oder geschaffen werden kann. Die Verwertung von Abfällen ist auch dann technisch möglich, wenn dazu eine Vorbehandlung erforderlich ist' (§ 5 KrW-/ AbfG).

Landesabfallgesetz

Die Landesabfallgesetze legen u. a. die **Beseitigungspflicht** fest. Für Hausmüll und hausmüllartige Gewerbeabfälle sind, etwa in Baden–Württemberg, die Stadt- oder Landkreise. beseitigungspflichtig Diese können Entsorgungsverbände gründen. Einzelne Bundesländer (NRW, Brandenburg, Hamburg, Niedersachsen und Berlin) verpflichten bestimmte Betriebe (die über 500 kg besonders überwachungsbedürftige Abfälle pro Jahr entsorgen) zur Vorlage eines betrieblichen **Abfallwirtschaftskonzepts** und einer jährlichen **Abfallbilanz**. Diese Regelung wurde in das KrW-/AbfG übernommen und ist nun bundesweit Pflicht.

Abfallbestimmungsverordnungen

Die Verordnungen zur Bestimmung der Überwachungsbedürftigkeit von Abfällen nach § 41, KrW / AbfG unterscheiden fünf Arten von Abfällen:

- **Abfälle zur Beseitigung:**
  - besonders überwachungsbedürftige Abfälle zur Beseitigung,
  - alle übrigen Abfälle zur Beseitigung sind grundsätzlich überwachungsbedürftig,
- **Abfälle zur Verwertung:**
  - besonders überwachungsbedürftige Abfälle zur Verwertung,
  - überwachungsbedürftige Abfälle zur Verwertung,
  - alle übrigen Abfälle zur Verwertung sind grundsätzlich nicht überwachungsbedürftig.

Zwei Verordnungen regeln die Bestimmung der Überwachungsbedürftigkeit von Abfällen:

- **Verordnung** über die Bestimmung **besonders überwachungsbedürftiger** Abfälle,
- **Verordnung** über die Bestimmung **überwachungsbedürftiger** Abfälle.

Besonders überwachungsbedürftige Abfälle

Die Verordnung über die Bestimmung **besonders überwachungsbedürftiger Abfälle** enthält im Anhang eine Liste von **255 besonders überwachungsbedürftigen Abfallarten** (größtenteils übernommen aus dem europäischen HWC–Verzeichnis, HWC = Hazard Waste Catalogue). Die früher gültige **Abfallbestimmungsverordnung (Jahr 1990)** enthielt 332 besonders überwachungsbedürftige Abfallarten.

Überwachungsbedürftige Abfälle

Die Verordnung über die Bestimmung **überwachungsbedürftiger Abfälle** enthält im Anhang eine Liste von **79 überwachungsbedürftigen Abfallarten** zur Verwertung. Bei diesen neu aufgenommenen **Abfällen** zur Verwertung handelt es sich um Abfälle, z.B. Autoreifen, die sich erfahrungsgemäß in einer **'Grauzone'** befinden und oft nur einer Scheinverwertung zugeführt werden. Es müssen grundsätzlich Nachweise über den Verbleib dieser Abfälle geführt werden.

Nachweisverordnung

Die Verordnung über Verwertungs- und Beseitigungsnachweise regelt die Verfahrensweise bei der Durchführung, Überwachung und Nachweisführung einer Abfallbeseitigung oder -verwertung. Für einen Abfallerzeuger, der pro Jahr in Summe **<2000 kg besonders überwachungsbedürftige** Abfälle zur Beseitigung oder Verwertung erzeugt, setzt sich die Nachweisführung zusammen aus:

- **Vorabkontrolle:** Nachweis über die Zulässigkeit einer Entsorgung und
- **Verbleibskontrolle**: Nachweis über eine durchgeführte Entsorgung.

Kleinerzeuger

Für **Kleinerzeuger** (<2000 kg pro Jahr) **entfällt** die Vorabkontrolle, während die Verbleibskontrolle (Führung von Nachweisen über die durchgeführte Entsorgung) zwingend ist.

Vorabkontrolle

Für die **Vorabkontrolle** kann der Abfallbesitzer unter drei Verfahren wählen:

- **Grundverfahren** (Entsorgungsnachweis),
- **privilegiertes Verfahren** (Entsorgung durch einen zertifizierten Entsorgungsfachbetrieb),
- **Sammelverfahren** (Sammelentsorgung durch einen Abfalleinsammler).

Entsorgungsnachweis

Der Entsorgungsnachweis ist das **Grundverfahren** zur Sondermüllentsorgung, wenn ein Abfallerzeuger <2000 kg Sonderabfälle pro Jahr erzeugt. Das Verfahren umfasst die **Überwachung** durch die **Abfallbehörden**. Der Entsorgungsnachweis ist zeitlich befristet und besteht aus den drei Teilen:

- **Verantwortliche Erklärung** des Abfallerzeugers (Abfallschlüssel, Gefahren, Verwertbarkeit),
- **Annahmeerklärung** des Abfallentsorgers (prüft die Eignung der Entsorgungsanlage),
- **Bestätigung** der zuständigen Behörde des Abfallentsorgers.

Privilegiertes Verfahren Entsorgungsfachbetriebe

Das privilegierte Verfahren der Entsorgung in **zertifizierten Entsorgungsfachbetrieben** ist im KrW-/AbfG neu enthalten. Auch beim privilegierten Verfahren ist ein Entsorgungsnachweis durch Austausch der verantwortlichen Erklärung des Abfallbesitzers und der Annahmeerklärung des Abfallentsorgers zu führen. Im Zuge der Verwaltungsvereinfachung entfällt jedoch eine **behördliche Genehmigung**. Durch eine Entsorgung in einem Entsorgungsfachbetrieb kommt der Abfallbesitzer auch der gesetzlich geforderten **Sorgfaltspflicht** bezüglich der Zuverlässigkeit des Abfallentsorgers nach. Als **zertifizierte Entsorgungsfachbetriebe** gelten solche, die das **Gütezeichen** einer anerkannten Entsorgergemeinschaft führen oder einen **Überwachungsvertrag** mit einem technischen Überwachungsverein abgeschlossen haben. Die Anforderungen an Entsorgungsfachbetriebe werden in der **Entsorgungsfachbetriebsverordnung** (EfbV) und Entsorgergemeinschaftenrichtlinie festgelegt.

Sammelentsorgung

Eine Sammelentsorgung von Abfällen, z.B. Öl–Wasser–Gemische in Tankfahrzeugen, ist nur zulässig, wenn die Abfälle von ihrer Beschaffenheit her **ähnlich** sind, d. h. die gleiche Schlüsselnummer und denselben Entsorgungsweg aufweisen. In diesem Fall entfällt für den Abfallerzeuger die Vorabkontrolle, da der Abfalleinsammler den Entsorgungsnachweis führt. Eine Sammelentsorgung von **besonders überwachungsbedürftigen Abfällen** ist im allgemeinen nur möglich, wenn eine Obergrenze von 15 t bzw. 20 t pro Jahr und Abfallart nicht überschritten werden. Bei einer Sammelentsorgung von **überwachungsbedürftigen Abfällen** gibt es keine Mengenobergrenze.

Verbleibskontrolle

Die **Verbleibskontrolle** über jeden durchgeführten Entsorgungsvorgang wird dokumentiert durch:

- **Begleitschein** oder
- **Übernahmeschein.**

Begleitschein

Jeder Entsorgungsvorgang **besonders überwachungsbedürftiger Abfälle** wird durch **Begleitscheine** dokumentiert. Die Sammlung der Begleitscheine ergibt ein **Nachweisbuch**. Ein Begleitschein besteht aus 6 Durchschlägen. Diese dienen in einem vorgeschriebenen Verfahren der Dokumentation des Abfallerzeugers, des Abfallbeförderers, des Abfallentsorgers und der Überwachungsbehörden. Die Begleitscheine müssen vom Abfallerzeuger den Behörden periodisch zugesendet und **drei Jahre** aufbewahrt werden.

Übernahmeschein

Der **Übernahmeschein** dient der **vereinfachten** Nachweisführung über den Verbleib von Abfällen, wenn die Mengen <2000 kg Summe der bersonders überwachungsbedürftigen Abfälle oder 5 t pro Abfallschlüssel überwachungsbedürftiger Abfälle unterschreitet. Übernahmescheine werden von den Behörden nicht regelmäßig kontrolliert, müssen jedoch auf Verlangen vorgelegt werden. Ein Übernahmeschein dient auch zur Nachweisführung bei einer Sammelentsorgung.

Andienungspflicht

In einzelnen Bundesländern besteht eine grundsätzliche oder teilweise Andienungspflicht, d. h. die Entsorgung muss über eine staatliche oder halbstaatliche Gesellschaft durchgeführt werden, die öffentliche oder private Entsorger als Vertragspartner beauftragt. Beispielsweise müssen nach der Andienungsverordnung in Baden–Württemberg alle besonders überwachungsbedürftigen Abfälle einer staatlichen Behörde überlassen werden, ausgenommen sind Kleinerzeuger mit <500 kg Sondermüll pro Jahr.

Verordnung über Abfallwirtschaftskonzepte

Nach der Verordnung über **Abfallwirtschaftskonzepte und Abfallbilanzen** müssen Betriebe mit:

- **>2000 kg besonders überwachungsbedürftige Abfälle** (gesamt) pro Jahr oder
- **>2000 t überwachungsbedürftige Abfälle** je Abfallschlüssel pro Jahr

den Behörden Dokumente über den Verbleib von Abfall und die Konzepte zur Abfallvermeidung vorlegen. Dies sind:

- **eine Abfallbilanz** und
- **ein Abfallwirtschaftskonzept** (erstmalig zum 31. 12. 1999).

Abfallbilanzen und Abfallwirtschaftskonzepte sind standortbezogen zu erstellen. Die Darstellung ist formlos, es sollten jedoch Aussagen zu folgenden Punkten enthalten sein:

Abfallbilanz

- **Abfallbilanz**
  - Angaben über Art und Menge der überwachungsbedürftigen und besonders überwachungsbedürftigen Abfälle,
  - Angaben über den Verbleib der Abfälle,
  - Angaben über die Notwendigkeit der Beseitigung.

Abfallwirschaftskonzept

- **Abfallwirtschaftskonzept**
  - Angaben über die getroffenen und geplanten Maßnahmen zur Vermeidung, Verwertung oder Beseitigung von Abfällen entsprechend den Anforderungen des KrW-/AbfG,
  - Angaben über Standort- und Anlagenplanung bei Eigenentsorgern.

Abfallcontrolling

Die Abfallbilanz vergleicht die betriebsintern erfassten Abfälle mit den extern entsorgten. Bei der betriebsinternen Erfassung kann getrennt werden in:

- **Abfälle zur Beseitigung** und **Abfälle zur Verwertung,**
- **besonders überwachungsbedürftige Abfälle,**
- **überwachungsbedürftige Abfälle.**

Die Entsorgung der Abfälle ist aus Daten der Buchhaltung, z.B. Begleitscheine oder Übernahmescheine zu entnehmen. Abfallerfassung und Abfallentsorgung sollen in der Abfallbilanz im Gleichgewicht sein. Die Auswertung der Abfallerfassung ist eine wichtige Aufgabe des innerbetrieblichen Controlling. Aus den Daten der Erfassung/Sammlung kann u. U. auf die Abfälle pro Abteilung/Kostenstelle, Abfälle pro Produktionsanlage oder Abfälle pro Arbeitsprozess geschlossen werden. Eine **finanzielle** Beteiligung der Abteilungen/Kostenstellen an den Kosten der Abfallentsorgung kann Wunder bewirken. Im folgenden Text werden weitere betriebsrelevante abfallrechtliche Bestimmungen außerhalb des KrW/AbfG behandelt.

Altöle

Nach der Abfallgesetzgebung sind **Altöle**:

- **gebrauchte halbflüssige oder flüssige Stoffe**, die ganz oder teilweise aus Mineralöl oder synthetischen Ölen bestehen, einschließlich
- **ölartiger Rückstände** aus Behältern,
- **Emulsionen** und Öl–Wasser–Gemischen.

Für Endverbraucher von Motoren- und Getriebeölen gilt eine **kostenlose Rücknahmepflicht** bei Verkaufsstellen von Ölen, z.B. Tankstellen, bis zu der dort **maximal** abgegebenen **Gebindegröße**. Altöle werden entsprechend dem **Entsorgungsweg** in drei Kategorien eingeteilt:

Entsorgungswege von Altölen

- **aufbereitbare Altöle,**
- **Altöle zur thermischen Verwertung** (in behördlich genehmigten Gewerbeverbrennungsanlagen),
- **Altöle zur Beseitigung** (in Sondermüllverbrennungsanlagen).

Altölverordnung

Die **Altölverordnung (AltölV)** regelt im wesentlichen die Rücknahme und Aufbereitung **aufbereitbarer** Altöle. Dies sind Altöle mit einem Chlorgehalt <0,2% Chlor oder einem PCB–Gehalt <4 ppm PCB, z.B.:

Aufbereitbare Altöle

- **Verbrennungsmotoren- und Getriebeöle,**
- **mineralische Maschinen-, Turbinen- und Hydrauliköle,**
- **andere Öle, soweit keine schädlichen Stoffe enthalten sind.**

Nichtaufbereitbare Altöle

Die **Immissionsschutz-** und **Abfallgesetzgebung** regeln die Behandlung **nicht aufbereitbarer** Altöle. Eine Verbrennung in gewerblichen Verbrennungsanlagen ist zulässig, wenn der PCB–Gehalt <10 ppm PCB ist und der Heizwert >30 MJ kg^{-1} beträgt. Dies sind z.B.:

- **Altöle mit einem Fremdstoffgehalt <10%**, z.B. Spaltöle von Kühlschmierstoffen,
- **Rückstände aus Öl- und Fettabscheidern.**

PCB, PCT

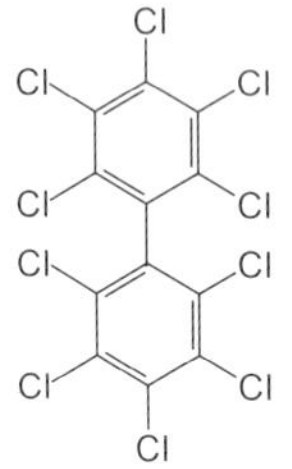

Polychloriertes Biphenyl

Altöle, die die oben genannten Bedingungen nicht erfüllen, müssen in **Sondermüllverbrennungsanlagen** oder in Feuerungsanlagen, welche die Anfordrungen der 17. BImSchV erfüllen, beseitigt werden.

Synthetische Öle auf der Basis von **polychlorierten Biphenylen** (PCB) oder **polychlorierten Terphenylen** (PCT) wurden früher in Transformatoren, Kondensatoren oder Hydraulikanlagen eingesetzt. Aufgrund ihrer krebserregenden Wirkung ist die Herstellung und Verwendung von PCB seit 1989 verboten. Bei der Aufbereitung von chlorhaltigen Ölen und Kühlschmierstoffen können PCB bzw. PCT unbeabsichtigt gebildet werden.

Chlorparaffine

Aus diesem Grund soll auf den Einsatz von **Chlorparaffinen** in Kühlschmierstoffen insbesondere beim Tiefziehen generell **verzichtet** werden.
Rechtshinweise: **GefStoffV** Anh. IV, Nr. 14, **ChemVerbotsV**, Anh. Kap. 13

Verpackungsverordnung

Die **Verpackungsverordnung** (Verordnung über die Vermeidung von Verpackungsabfällen, VerpackV) unterscheidet drei Verpackungsarten:

Transportverpackungen

- **Transportverpackungen** (z.B. Fässer, Kanister, Paletten, geschäumte Schalen, die die Ware beim Transport schützen) müssen vom Hersteller oder Vertreiber zurückgenommen und einer stofflichen Verwertung außerhalb der öffentlichen Entsorgung zugeführt werden. Die Rücknahme erfolgt am Ort der tatsächlichen Übergabe, d. h. der Hersteller muss die Verpackung beim Kunden abholen.

Umverpackungen

- **Umverpackungen** (z.B. Kartonagen, Folien, die zur Abgabe der Waren z.B. in Selbstbedienungsläden dienen) müssen von dem Vertreiber zurückgenommen werden (Aufstellung von Sammelgefäßen für Umverpackungen auf dem Betriebsgelände).

Verkaufsverpackungen

- **Verkaufsverpackungen** (z.B. Becher, Dosen, Flaschen) müssen in den Verkaufsläden zurückgenommen werden. Diese Verpflichtung entfällt, wenn sich der Hersteller oder Vertreiber an einem flächendeckenden Sammel- und Verwertungssystem (DSD, **Grüner Punkt**) beteiligt.

Für dieses System sind bestimmte Mindest–Verwertungsquoten (bezogen auf die eingesammelte Menge) vorgeschrieben: Glas 75%, Weissblech 70%, Aluminium 60%, Karton/ Papier 70%, Kunststoff 60%, Kartonverbund 60% (gültig ab dem Jahr 1998). Der

Grüne Punkt auf Verpackungen soll signalisieren, dass sie wiederverwertet werden. In der Praxis erwies sich der Grüne Punkt im Hinblick auf die **Abfallvermeidung** bisher als wenig erfolgreich.

Betriebsbeauftragte/r für Abfall

Die Verordnung über **Betriebsbeauftragte für Abfall** bestimmt die Bestellung eines betriebsangehörigen Betriebsbeauftragten für Abfall bei:

- **Abfallbeseitigungsanlagen**,
- **Betriebe mit >500 kg besonders überwachungsbedürftige Abfälle** pro Jahr, z.B. Mineralölherstellung, Galvaniken, Lackierereien u. a.

Zahlreiche Firmen bestellen auch ohne gesetzlichen Zwang einen Betriebsbeauftragten für Abfall. Die Rechtsstellung entspricht dem Umweltschutzbeauftragten.

TA Abfall

Technische Anleitungen (TA) sind detaillierte Ausführungsrichtlinien, die sich im wesentlichen an die staatlichen Überwachungsbehörden richten. Die **TA Abfall** (besser: **TA Sonderabfall**, Zweite Allgemeine Verwaltungsvorschrift zum KrW-/AbfG) schreibt einheitliche Standards für die Sonderabfallbehandlung vor. Wichtig für den betrieblichen Umgang ist die Zuordnung von Abfällen zu bestimmten Entsorgungswegen:

- **Hausmüllverbrennung (HMV)**,
- **Sonderabfallverbrennung (SAV)**,
- **Hausmülldeponie (HMD)**,
- **Sonderabfalldeponie (SAD)**,
- **Chemisch–physikalische Behandlung (CPB)**,
- **Untertagedeponie (UTD)**,
- **Sonstige (z.B. Monodeponie)**.

TA Siedlungsabfall

Die **TA Siedlungsabfall** (3. Allgemeine Verwaltungsvorschrift) schreibt die flächendeckende Einführung der **Kompostierung** von Bioabfällen vor. An den zu deponierenden Restmüll werden seit 1993 konkrete Anforderungen (Deponiezuordnungskriterien) gestellt (→ *Kap. 11.4*)

Abfallverbringungsverordnung

Das **Abfallverbringungsgesetz** (AbfVerbG) regelt die grenzüberschreitende Verbringung von Abfällen. Es ist ein Ausführungsgesetz zu europäischen Vereinbarungen (EG–Abfallverbringungsverordnung, Jahr 1993) und zu internationalen Abkommen (Baseler Übereinkommen, Jahr 1989). Im Grundsatz hat eine Beseitigung von Abfällen im Inland Vorrang vor einer Beseitigung in anderen EG–Staaten. Diese hat wiederum Vorrang vor einer Beseitigung in Nicht–EG–Staaten.

11.3 Abfallvermeidung und Recycling durch Membranverfahren

Membranverfahren

Membranverfahren kennzeichnen die Weiterentwicklung der klassischen Filtrationstechnik (→ *Kap. 10.4*) bis in den Bereich nanometerfeiner Porenweiten. Darüber hinaus eröffnen porenfreie Membranen mit selektiven Permeationseigenschaften (z.B. **Umkehrosmosemembranen, Ionenaustauschermembranen**) der Membrantechnik innovative Einsatzgebiete nicht nur in der Umwelttechnik. Durch **Standzeitverlängerung** von Prozessbädern und Endbehandlung von flüssigen Abfällen leistet die Membrantechnik einen wichtigen Beitrag zur Abfallverminderung. Folgende Membranverfahren haben im Bereich der Metallverarbeitung technische Bedeutung erlangt (→ *Abb. 11.1*):

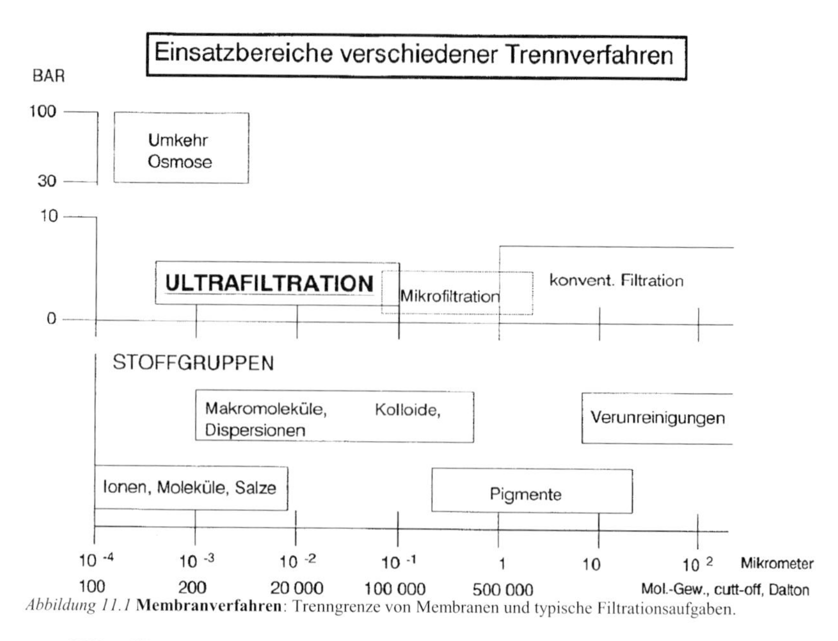

Abbildung 11.1 **Membranverfahren**: Trenngrenze von Membranen und typische Filtrationsaufgaben.

Einsatz von Membranverfahren

- **Mikrofiltration** z.B. zur Standzeitverlängerung von Waschbädern,
- **Ultrafiltration** zur Aufbereitung von Lackoverspray aus der Nassabscheidung,
- **Nanofiltration** zur Herstellung hochreinen Wassers für die Halbleiterherstellung,
- **Umkehrosmose** zur Herstellung von Spülwasser mittels kombinierter Ultrafiltration/Umkehrosmose,
- **Konzentrationsdialyse, Elektrodialyse** zur Aufbereitung von Säure- und Laugebädern.

Querstromfiltration

Feed
Permeat
Retentat

Im Gegensatz zur konventionellen Kuchen- oder Tiefenfiltration (**Dead End**, z.B. Kaffeefilter) strömt das zu trennende Gemisch bei der Mikro-/Ultrafiltration tangential an einer Membran vorbei (**Cross Flow, Querstromfiltration**). Dadurch wird der Aufbau eines leistungsvermindernden Filterkuchens vermieden und ein zeitlich kontinuierlicher Filtrationsvorgang ermöglicht. Die Filtrationslösung (**Feed**) wird im Kreislauf geführt und dabei aufkonzentriert. Das Konzentrat bezeichnet man als **Retentat**, das Filtrat als **Permeat** *(→ Abb. 11.2)*.

Membranmaterialien

Die wichtigsten **Membranmaterialien** sind:

- **Polymere:** Cellulose, Celluloseacetat, Polysulfon, Polyethersulfon, Polyaramid, Polytetrafluorethylen,
- **Keramik:** Aluminiumoxid, Siliziumcarbid, Kohlenstoff.

Membranherstellungsverfahren

Die wichtigsten **Herstellungsverfahren** für Polymermembranen sind:

- **Phaseninversion,**
- **Verstrecken von teilkristallinen Polymeren** (für PTFE, PE, PP),
- **Kernspurverfahren** (Hochenergieionenbeschuss dünner Polymerfolien),
- **Sinterverfahren für Keramikmembrane** (Aufschlämmen von Pulvern bzw. Feststoffabscheidung durch einen Sol–Gel–Prozess und nachfolgende Wärmebehandlung).

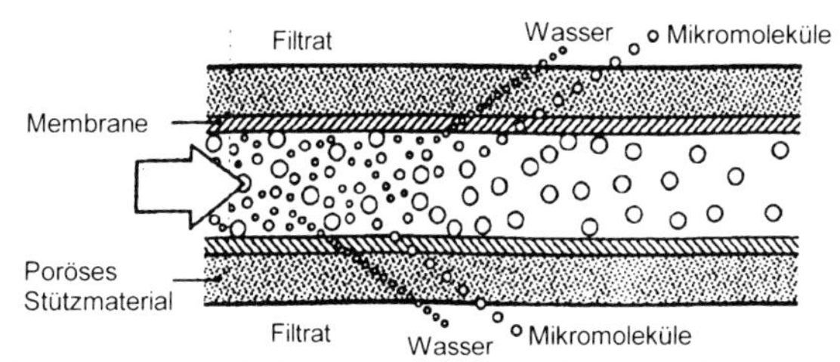

Abbildung 11.2 **Querstromfiltration**: im Gegensatz zur konventionellen Kuchenfiltration (Dead End) bildet sich bei der Querstromfiltration (Cross Flow) kein oder nur ein in geringem Maße leistungsvermindernder Filterkuchen aus.

Phaseninversion

Die **Phaseninversion** ist das wichtigste Verfahren zur Herstellung polymerer Ultrafiltrations-, Mikrofiltrations- und Umkehrosmosemembranen. Bei dem Verfahren ist das Polymer anfangs homogen in einem Lösungsmittel gelöst. Durch eine Veränderung der Prozessbedingungen (z.B. Verdampfen von Lösungsmittel, Temperaturerhöhung oder Zugabe eines Fällungsmittels) wird die Ausfällung des Polymers und dadurch die Bildung eines Zweiphasensystems eingeleitet. Das Lösungsmittel lagert sich in die Poren des sich ausbildenden Polymergerüsts ein. Beim Aushärten des Polymers verdunstet das Lösungsmittel und die Porenstruktur bleibt zurück.

Stofftrennungsprozess bei Membranen

Die Stofftrennung in Membranen beruht auf zwei unterschiedlichen **Mechanismen:**
- **Diffusion** in **porenfreien Membranen**: Stofftrennung durch unterschiedliche Löslichkeit bzw. elektrostatische Wechselwirkungen, z.B. Umkehrosmose, Diffusionsdialyse, Elektrodialyse (→ *Tab. 11.2*),
- **Konvektion** in **mikroporösen Membranen**: Stofftrennung durch unterschiedliche Moleküldurchmesser.

Membrantyp	MF porös	UF porös	NF dicht	RO dicht
Trennung	Siebeffekt	Siebeffekt	Löslichkeit und Diffusion	
Drücke [MPa]	<0,5	<1	1...2	2...20
Stofftrennung	suspendierte feste Stoffe, z.B. Salze, Metallhydroxide	makromolekulare Stoffe, z.B. Bakterien, Öl-Wassertrennung	hochmolekulare organische Stoffe, CSB-Absenkung	niedermolekulare Stoffe z.B. Schwermetallkationen

Tabelle 11.2 **Membranverfahren:** Transportmechanismus, Betriebsdrücke und Anwendungsbeispiele im Bereich der Metallverarbeitung (MF = Mikro-, UF = Ultra-, NF = Nanofiltration, RO = Umkehrosmose)

Asymmetrische Membranen

Mikroporöse Membranen verhalten sich wie **Siebfilter** und trennen ein Stoffgemisch nach Teilchen**größe** (Mikrofiltration, Ultrafiltration). Sie bestehen im allgemeinen aus Verbundmaterialien (**Compositemembran**), d. h. aus einer dünnen, aktiven Oberflächenschicht und einem stabilen mechanischen Stützkörper (asymetrische Membranen). Die aktive Schicht stellt die erforderliche Trenngrenze und Trennschärfe der Membran ein, während die Stützschicht eine wesentlich gröbere Porenstruktur besitzt (→ *Abb. 11.3*).

Anforderungen an Membranen

Folgende **Anforderungen** werden an Membranen gestellt:
- **hohe Filtratleistung** (Permeatleistung),
- **gute Trennschärfe** (Selektivität),

- **hohe mechanische** Stabilität (Rückspülung),
- **hohe Temperatur**- und Chemikalienbeständigkeit (Lebensdauer).

Trenngrenze bei UF–Membranen

Für **Ultrafiltrationsmembranen** wird die **Trenngrenze (cut off)** in Einheiten des Molekulargewichts **[Dalton]** angegeben. Eine Trenngrenze von 100 000 Dalton bezeichnet beispielsweise eine Membran, von der 95% der Moleküle einer Testlösung (meist Polyethylenglykole mit einstellbarer Kettenlänge) mit einem definierten mittleren Molekulargewicht von M = 100 000 g mol^{-1} zurückgehalten werden.

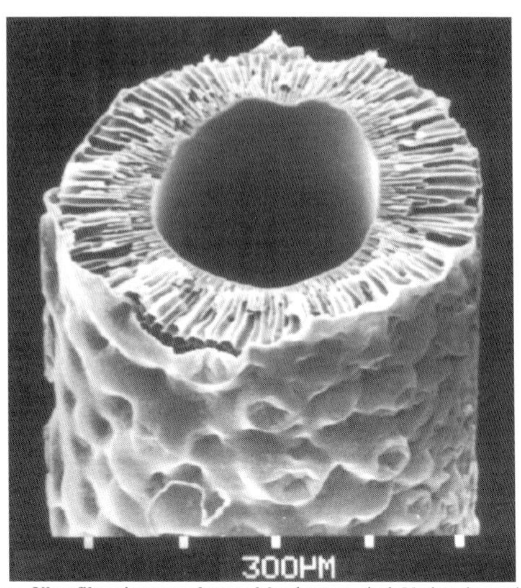

Abbildung 11.3 **Polymer–Ultrafiltrationsmembran**: Membranen sind Verbundmaterialien mit einer dünnen Trennschicht und einer nicht aktiven Stützschicht (REM–Aufnahme: H. Brennenstuhl, FHTE Esslingen).

Trenngrenze bei MF–Membranen

Bei **Mikrofiltrationsmembranen** wird die Trenngrenze in **Mikrometer** angegeben. Mikrofiltrationsmembranen mit einer Trenngrenze von 0,1 µm halten 95% der Molelüle einer Testlösung (meist Polystyrolsuspensionen) mit einem definierten mittleren Moleküldurchmesser von 0,1 µm zurück. Die Trenngrenze stimmt mit dem mittleren Porendurchmesser der Membran überein.

Permeatleistung, Flux

Die Leistungsfähigkeit einer Membran wird meist in Liter Permeat pro Stunde und Quadratmeter Filterfläche (Permeatleistung, Flux) angegeben. Die Permeatleistung wird durch **membranbezogene** und **mediumbezogene** Einflussgrößen beeinflusst. Zum Vergleich unterschiedlicher Membranen (**membranbezogen**) wird einheitlich auf Wasser als Betriebsmedium bezogen (**Wasserflux**, Einheit [l h^{-1} m^{-2}]). Die Einflussgrößen auf den Wasserflux folgen einer Beziehung, die aus dem Gesetz von *Hagen–Poiseuille* zur Beschreibung einer laminaren Strömung durch ein Rohr abgeleitet wurde /54/:

Wasserflux

$$V = \frac{\varepsilon \cdot d^2 \cdot \Delta p}{32 \cdot \eta \cdot l}$$

V = Wasserflux, ε = Porosität der Membran
d = mittlerer Porendurchmesser
Δ p = transmembrane Druckdifferenz
η = Viskosität, l = Dicke der Membran.

Membranbezogene Einflussgrößen auf den Flux

Der Wasserflux steigt demnach mit zunehmender **Porosität** der Membran, zunehmendem **Porendurchmesser** und steigender **Druckdifferenz** zwischen der Feed- und der Permeatseite (→ *Abb. 11.4*). Andererseits nimmt der Wasserflux mit zunehmender Viskosität (z.B. abnehmender **Temperatur** des Wassers) und einer höheren **Membranschichtdicke** ab. Die Forderung nach möglichst dünnen Membranen mit hohen Fluxleistungen stösst an technische Grenzen, insbesondere muss die mechanische Stabilität erhalten bleiben. Ein typischer Wert für den Wasserflux einer Mikrofiltrationsmembran der Porenweite 1 µm beträgt 10 m^3 h^{-1} m^{-2}.

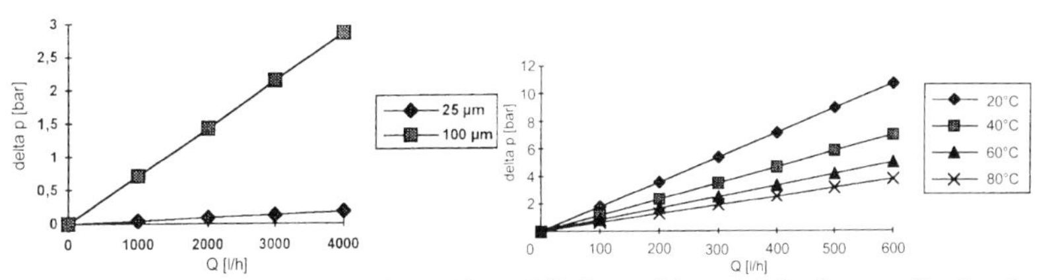

Abbildung 11.4 **Membranbezogene Einflussgrößen** auf die Permeatleistung bei der Querstromfiltration. Der Wasserflux steigt mit abnehmender Membrandicke und zunehmendem transmembranen Druck (links). Der Wasserflux steigt mit zunehmender Temperatur (rechts, mediumbezogen).

Mediumbezogene Einflussgrößen auf den Flux

Das Filtrationsmedium (**mediumbezogen**) hat durch die Ausbildung eines leistungsvermindernden Filtrationskuchen einen maßgeblichen Einfluss auf die Permeatleistung. Mit zunehmender **Schmutzkonzentration** sinkt die Filtrationsleistung, während mit einer höheren **Überströmgeschwindigkeit** oder einer **Rückspülung** von der Membranrückseite (z.B. mit Druckimpulsen) dem Filterkuchenaufbau entgegengewirkt wird (→ *Abb. 11.5*). Standzeitprobleme ergeben sich immer dann, wenn die Partikeldurchmesser einer Schmutzkomponente in der **Größenordnung** der Membranporenweite liegt.

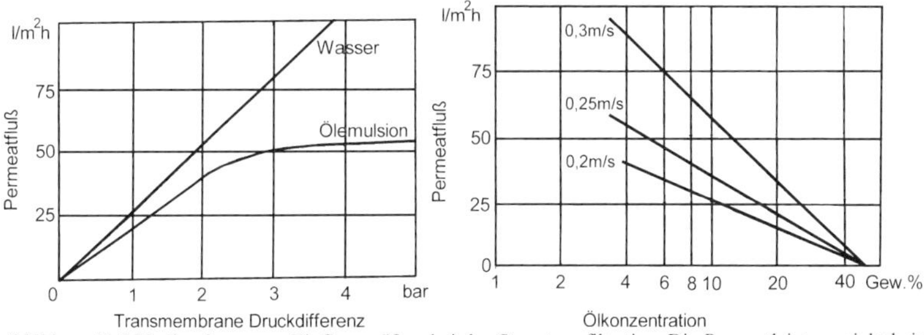

Abbildung 11.5 **Mediumbezogene Einflussgrößen** bei der Querstromfiltration. Die Permeatleistung sinkt beim Übergang von Wasser zu Öl–Wasser–Emulsion als Betriebsmedium (links). Die Permeatleistung steigt mit zunehmender Überströmgeschwindigkeit und sinkt mit zunehmender Aufkonzentration eines Öl–Wasser–Gemisches (rechts), Ursache: Aufbau eines leistungsvermindernden Filterkuchens.

Filtrationsmodule

Um eine hohe Filtrationsleistung zu erzielen, muss eine möglichst große Filterfläche auf kleinstem Raum untergebracht werden. Die Membranen werden deshalb zu kompakten Einheiten (**Modulen**) zusammengefasst (→ *Abb. 11.6*):

Rohrbündelmodul

- **Rohrbündelmodule:** Mehrere Membranrohre befinden sich in einem Druckrohr. Vorteil: geeignet für Keramikmembranen und hohe Schmutzkonzentrationen; Nachteil: relativ geringer Flux.

Hohlfasermodul

- **Hohlfasermodule:** Mehrere Tausend Hohlfasern mit einem Durchmesser von 0,4...1,5 mm sind zusammengefasst und an den Enden mit Kunstharz vergossen.

Vorteile: geeignet für Polymermembrane und hohe Fluxleistungen; Nachteile: Verblockungsgefahr, nicht rückspülbar.

Flachmodul

- **Flachmodule:** Membranfolien sind auf Stützmatten ausgelegt. Vorteile: gut zerlegbar und sterilisierbar, übliche Bauweise in der Medizin- und Lebensmitteltechnologie.

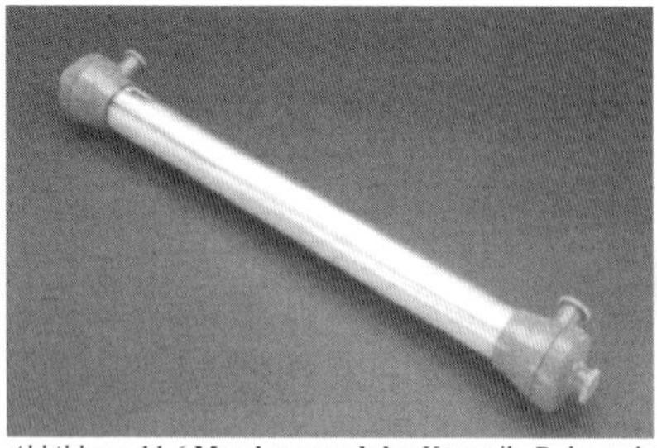

Abbildung 11.6 **Membranmodule:** Keramik–Rohrmodul (rechts), (Quelle: Firma Atech, Essen), Polymer–Hohlfasermodul (Quelle: Firma Hoechst Frankfurt).

Mikrofiltration von Entfettungsbädern

Die **Mikrofiltration** (Porendurchmesser 0,1...1 µm) ist u. a. zur Standzeitverlängerung von Entfettungsbädern geeignet. Durch die Membrane wird das Öl abgetrennt, reichert sich im Retentat zu Ölkonzentrationen von 20 bis 40% an, und muss im allgemeinen als Sondermüll entsorgt werden. Im Idealfall werden alle Reinigerkomponenten von der Membran durchgelassen und gelangen ins Reinigerbad zurück (→ *Kap. 15.4*). Durch Einsatz einer **Mikrofiltration** können jedoch die Einleitegrenzwerte für Kohlenwasserstoffe in ein Gewässer oder eine Kläranlage **nicht eingehalten** werden. In diesem Fall werden **Ultrafiltrationsmembranen** mit einer Porengröße von 0,01 µm verwendet. Die Ultrafiltration gilt inzwischen als Stand der Technik bei der innerbetrieblichen Öl–Wasser–Spaltung (→ *Abb. 11.7*). Das **Spaltwasser** erreicht Einleitequalität für Kohlenwasserstoffe (<10 mg l^{-1} KW). Bei einem hohen Schwermetallgehalt wird eine Umkehrosmoseeinheit nachgeschaltet. Das **Spaltöl** wird oft durch Verdampfertechniken weiter aufkonzentriert und kann dann verbrannt werden. Eine innerbetriebliche Öl–Wasser–Spaltung lässt sich **wirtschaftlich** ab einem Abfallvolumen von ca. 30 m^3 Öl–Wasser–Gemisch pro Jahr betreiben und leistet einen wesentlichen Beitrag zur Abfallverminderung in der metallverarbeitenden Industrie.

Ultrafiltration zur Öl–Wasser–Spaltung

Kombination UF/RO Verdampfer

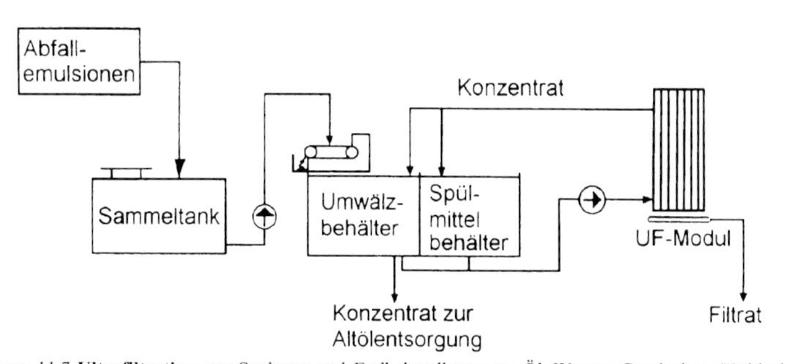

Abbildung 11.7 **Ultrafiltration** zur Spaltung und Endbehandlung von Öl–Wasser–Gemischen (Kühlschmieremulsionen, Kompressorkondensat). Das Spaltwasser besitzt Einleitequalität. Das Spaltöl kann durch Verdampfen weiter aufkonzentriert und dann einer thermischen Verwertung zugeführt werden (aus: Mindestanforderungen an das Einleiten von Abwässer in Gewässer, Bundesanzeiger, Köln, 1993).

Verblockung

Nach einer gewissen Betriebsdauer tritt erfahrungsgemäß ein kontinuierlicher oder abrupter Abfall der Permeatleistung einer Membran ein (erreichbare Standzeiten bei Entfettungsbädern ca. 1 Jahr). Diese Verblockung kann unterschiedliche Ursachen haben:

Fouling

- **Fouling:** Unter diesem Begriff fasst man alle **Alterungsmechanismen** von polymeren Membranmaterialien zusammen. Der wichtigste Foulingmechanismus (**Biofouling**) beruht auf der Adsorption eines festhaftenden Belags von Mikroorganismen, die einen leistungsmindernden **Biofilm** ausbilden, der nach längerer Betriebsdauer sogar durch die Membran hindurchwachsen kann. Andere Alterungsmechanismen sind z.B. die Aufquellung des Membranmaterials durch Lösemittel (organic fouling) oder die Adsorption und Einlagerung von Partikeln in die Membranstruktur (particle fouling).

Scaling

- **Scaling:** Dieser Verblockungsmechanismus wird beim Aufkonzentrieren von Salzen beobachtet, wenn die Löslichkeitsgrenze überschritten wird und dann schwerlösliche anorganische Niederschläge die Membranporen verstopfen, z.B. bei der Umkehrosmose.

Eine wesentliche Ursache der Membranverblockung beim Recycling von Entfettungsbädern können schwerlösliche **Ca–Verbindungen** sein, die aus einer mangelnden Enthärtung des Ansetzwassers herrühren. Feinverteilter Kalk bzw. Kalkseifen bilden mit eingeschleppten Ölen eine klebrige Masse, die einen nicht rückspülbaren Belag auf der Membran ausbilden können.

Aufgabe

100 m^3 Reinigungsabwässer mit einem Ölgehalt von 2% werden jährlich von einem externen Entsorger abgeführt und mit DM 450 pro m^3 Abwasser berechnet. Mit einer Mikrofiltrationsanlage wird der Ölgehalt auf 40% aufkonzentriert. Wie stark vermindern sich die Entsorgungskosten ?

Entsorgungskosten ohne Mikrofiltration DM 45 000.- pro Jahr
Aufkonzentrierung durch Mikrofiltration Verhältnis 2% zu 40%
Badvolumen 100 m^3, Volumen des Konzentrats 5 m^3
Entsorgungskosten mit Mikrofiltration DM 2 250.- pro Jahr
Einsparung: DM 42 750.- pro Jahr

Umkehrosmose

Bei der Umkehrosmose (**RO = Reverse Osmose**) werden–im Unterschied zu den Filtrationsverfahren–**porenfreie** Membranen eingesetzt. Eine Trennung sehr feiner Teilchen, z.B. Salze, erfolgt aufgrund der unterschiedlichen **Diffusionsgeschwindigkeit** in der Membran. Der Betriebsdruck ist deshalb auch wesentlich höher (ca. 4...6 MPa) als bei den Filtrationsverfahren (Druck ca. 0,2...0,4 MPa). Die RO wird großtechnisch zur Meerwasserentsalzung und in der verarbeitenden Industrie, bevorzugt zur Herstellung von hochreinem, entsalztem Wasser eingesetzt (→ *Kap. 1.2*, → *Abb. 1.7*).

Dialyse

Die Dialyse ist ein physikalisches Verfahren zur Abtrennung niedermolekularer Teilchen aus einer Dispersion durch eine porenfreie, halbddurchlässige (semipermeable) Membran. Der Stofftransport wird durch einen Konzentrationsunterschied (**Diffusionsdialyse, Säuredialyse**) oder durch Anlegen eines elektrischen Feldes (**Elektrodialyse**) ausgelöst. Oft werden Salze aus einer wässrigen Lösung entzogen, z.B. beim 'Entgiften' von Blut in einer künstlichen Niere. Bei der **Säuredialyse** wird aus einer sauren Salzlösung die Säure zurückgewonnen (Anwendung: Regenerieren von Beizsäuren). Die großen Metallkationen werden an einer Anionenaustauschermembran zurückgehalten, während die kleinen H^+–Ionen und die Anionen passieren können (→ *Abb. 11.8*).

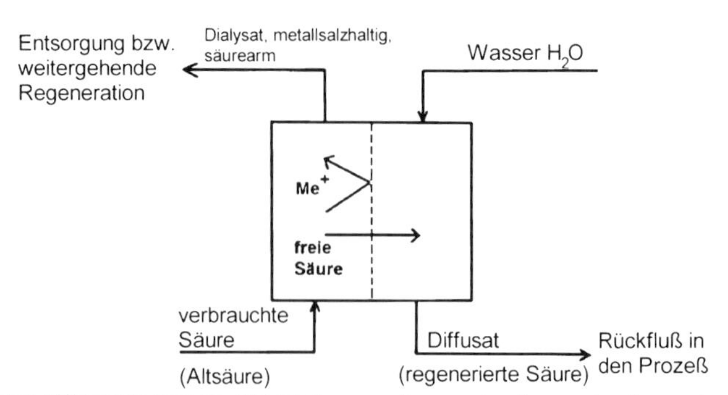

Abbildung 11.8 **Diffusionsdialyse:** Die Metallkationen werden von einer Ionenaustauschermembran zurückgehalten und aufkonzentriert. Die Säure wird regeneriert und kann wieder eingesetzt werden.

Elektrodialyse

Die **Elektrodialyse** wird hauptsächlich zur Süsswassergewinnung aus Brackwasser (Salzgehalt ca. 1 g l^{-1}) eingesetzt. In der Abwassertechnik kann das Verfahren zur Entsalzung oder Kreislaufführung von Prozessbädern benutzt werden. Im Prinzip besteht eine Elektrodialysezelle aus **drei** Räumen, die durch eine Kationen- und eine Anionenaustauschermembran voneinander getrennt sind. Aus dem mittleren Zellraum (→ *Abb. 11.9* werden Kationen und Anionen unter der Wirkung eines angelegten elektrischen Feldes entfernt (Ladungsneutralität, entsalztes Wasser). In den Nachbarräumen reichern sich die Salze an. Im Fall einer kochsalzhaltigen Lösung wird an der Kathode Wasserstoff und an der Anode Chlor abgschieden. In der technischen Ausführung werden 100...200 Dreikammereinheiten hintereinander geschaltet. Die Gesamtspannung beträgt mehrere Hundert Volt. Erreichbar sind Anreicherungen bis 200 g l^{-1} Kochsalz.

Elektrodialyse zur Salzabreicherung

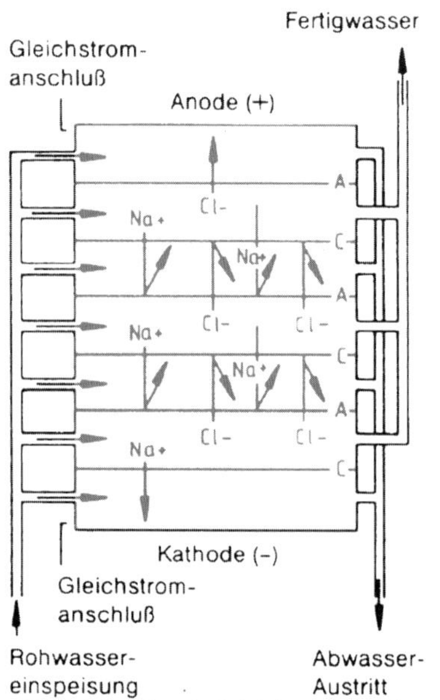

Abbildung 11.9 **Elektrodialyse:** Hierbei sind abwechselnd Anionenaustauschermembrane A und Kationenaustauschermembranen C geschaltet. Dadurch können salzhaltige Prozesslösungen zurückgewonnen werden (rechts aus: Mindestanforderungen an das Einleiten von Abwässer in Gewässer, Bundesanzeiger, Köln, 1993).

11.4 Abfallbehandlung

Abfalldeponierung

Bei der Deponierung von Abfall entsteht durch **anaerobe** Vergärungsprozesse ein Deponiegas, das hauptsächlich aus Methan und Kohlendioxid besteht und für Heizzwecke oder zur Erzeugung elektrischer Energie (Blockheizkraftwerk) genutzt werden kann. Der Abbau des organischen Materials erfolgt in vier **Phasen**:

- **Aerobe Phase**: Sauerstoffverbrauchende Bakterien werden aktiv und zehren innerhalb von Wochen/Monaten den in Hohlräumen eingeschlossenen Sauerstoff auf. Unlösliche organische Verbindungen werden zu wasserlöslichen organischen Produkten abgebaut.
- **Anaerobe Versäuerungsphase**: Aerobe und anaerobe Bakterien herrschen für einige Monate vor, organische Säuren entstehen.
- **Anaerobe acetogene Phase**: Acetogene Mikroorganismen (Essigsäurebildner) wandeln die organischen Säuren und Alkohole bevorzugt in Essigsäure, Wasserstoff und Kohlendioxid um. Dieser Zustand kann Monate bis Jahre dauern. Der chemische Zustand des Mülls stabilisiert sich.
- **Anaerobe methanogene Phase**: Anaerobe Mikroorganismen bauen Essigsäure unter Luftausschluss in ein als **Deponiegas** oder **Biogas** bezeichnetes Gasgemisch mit einer durchschnittlichen Zusammensetzung von 55% CH_4, 40% CO_2 und 5% N_2 um. Deponiegas hat denselben Heizwert wie Stadtgas.

Deponiegas

Glühverlust

Aufgrund der unkontrollierten Entstehung von Deponiegas und Deponiesickerwasser muss selbst eine geschlossene Deponie jahrzehntelang überwacht werden. Nach der TA Siedlungsabfall ist deshalb ab dem Jahr 2005 eine Ablagerung von Abfall auf Hausmülldeponien nur noch möglich, wenn der organische Anteil im Abfall (bestimmt als **Glühverlust**) **3%** bzw. **5%** (je nach Deponieklasse) nicht überschreitet. Diese Forderung ist (derzeit) nur durch eine thermische Vorbehandlung des Abfalls einzuhalten. **'Kalte Verfahren'** der Restabfallbehandlung (mechanisch, biologisch) sind derzeit in der Entwicklung.

Kalte Rotte

Thermische Abfallbehandlung

Man unterscheidet folgende thermische Abfallbehandlungsverfahren:

- **Verbrennung** (Rostfeuerung),
- **Vergasung** (Thermoselect, Konversionsverfahren),
- **Verschwelung, Pyrolyse** (Schwelbrennverfahren).

Alternative Verfahren zur Müllverbrennung haben derzeit nur eine **geringe** praktische **Bedeutung**, sie werden jedoch als eine wichtige **Option** für die Zukunft betrachtet (z.B. Thermoselect, Schwelbrennverfahren).

Abfallverbrennung

Ein Tonne Müll hat einen durchschnittlichen Brennwert von 17 000 MJ und ersetzt etwa 250 Liter hochwertiges Heizöl. Von einer Tonne Müll verbleiben nach der Verbrennung ca. 348 kg Reststoffe, die zu 92% als Schrott und Schlacke verwertet werden können. 8% der Reststoffe (Filterstäube, Eindampfrückstände, entsprechen 3% der Ausgangsmasse und 1,5% des Ausgangsvolumens) sind nicht verwertbar und müssen auf Monodeponien oder Untertage abgelagert werden.

Feuerungstechnik

Nach der **Feuerungstechnik** unterscheidet man:

- **Verbrennung auf dem Rost** (konventioneller Standard),
- **Verbrennung im Drehrohrofen** (eher für Sonderabfälle),
- **Verbrennung in der Wirbelschicht** (nur für vorbehandelten Müll, Klärschlämme).

Rauchgasreinigung

Die Rauchgasreinigung einer Abfallverbrennungsanlage besteht aus den drei Stufen Entstaubung, Entschwefelung, Entstickung. Im Unterschied zu der Anordnung in einem Kohlekraftwerk (→ *Abb. 9.10*) ist die DeNOx–Katalysatorstufe am Ende der Rauchgasreinigung angeordnet. Dies ist energetisch ungünstig (Stützfeuerung, **low dust–Schaltung**), erweist sich jedoch als notwendig im Hinblick auf eine Reduzierung der **Dioxinemissionen**. Dioxine werden im allgemeinen in einer speziellen DeNOx–Katalysatorstufe gemeinsam mit NO_x abgebaut.

Emissionsgrenzwerte nach 17. BImSchV

An die Rauchgasreinigung von Abfallverbrennungsanlagen werden höhere Anforderungen gestellt als an ein Kohlekraftwerk. In der 17. Verordnung zum Bundesimmissionsschutzgesetz (**17. BImSchV**) sind Emissionsgrenzwerte für Abfallverbrennungsanlagen festgelegt (→ *Tab. 11.2*). **Dieselben** Anforderungen gelten auch für genehmigungspflichtige Anlagen, in denen feste oder flüssige Produktionsabfälle, Sonderabfälle u. ä. mitverbrannt werden. Im Einzelfall können die Behörden weitergehende Grenzwerte festlegen.

Stoff	Tagesmittelwert [mg m^{-3}]	Stoff	Tagesmittelwert [mg m^{-3}]
Kohlenmonoxid	50	Schwefeldioxid	50
Gesamtstaub	10	Stickstoffoxide	200
Chlorwasserstoff	10	Cadmium, Thallium*	0,05
Fluorwasserstoff	1	Quecksilber*	0,05
Summe Dioxine, Furane	0,1 ng TE m^{-3}	Summe Schwermetalle	0,5
organische Stoffe	10		

Tabelle 11.3 **Grenzwerte für Abfallverbrennungsanlagen** entsprechend 17. BImSchV (Jahr 1990), (* = Kurzzeitwerte, TE = Toxizitätsäquivalent → *Tab. 11.4*)

Dioxinentstehung

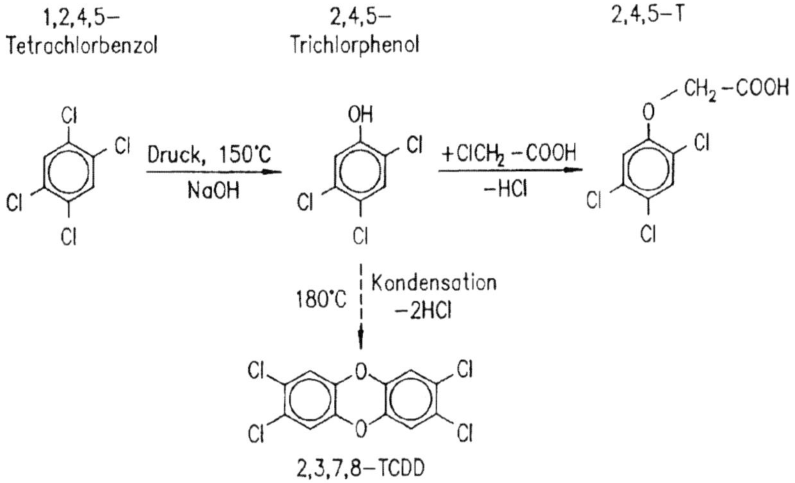

1,2,4,5-Tetrachlorbenzol
Druck, 150°C
NaOH
2,4,5-Trichlorphenol
+ClCH₂–COOH
–HCl
2,4,5-T
180°C
Kondensation
–2HCl
2,3,7,8–TCDD

Abbildung 11.10 **Dioxin–Entstehung**: Bei der Herstellung des Herbizids Trichloressigsäure wurde 1976 in Seveso/Oberitalien ein Reaktionsbehälter überhitzt, wodurch erhebliche Mengen an 2,3,7,8- TCDD gebildet wurden und austraten (aus: Chemie und Umwelt, Vieweg Verlag, Braunschweig, 1991).

Dioxine

Polychlorierte Dibenzodioxine (PCDD, 75 Einzelverbindungen) und polychlorierte **Dibenzofurane** (PCDF, 135 Einzelverbindungen) sind Stoffklassen mit außerordentlich akuter Toxizität und krebserzeugender Wirkung. Die in der → *Tab. 11.4* dargestellten, stärksten niedermolekularen Giftstoffe werden auch als **Ultragifte** bezeichnet. Die be-

Ultragifte

kannteste und gefährlicheste Dioxinverbindung ist **2,3,7,8-Tetrachlordibenzo- p- dioxin (TCDD).** In → *Abb. 11.10* ist die mögliche Bildung von TCDD bei der Herstellung von Trichloressigsäure bei überhöhten Temperaturen (Sevesounfall 1976) dargestellt.

Schleichende Eintragswege

Die Dioxine sind sehr persistente Verbindungen, d. h. sie werden in der Natur nur schwer abgebaut (**Umweltgifte**). PCDD und PCDF entstehen als unerwünschte Nebenprodukte bei der Herstellung chlorhaltiger Substanzen oder bei der Verbrennung organischer Stoffe in Anwesenheit von Chlorträgern (auch Kochsalz NaCl). Es sind zahlreiche, eher 'schleichende' Eintragswege von Dioxinen in die Umwelt entdeckt worden, z.B.:

- in der **Flugasche** von Müllverbrennungsanlagen,
- bei der **Zellstoff-** und Papierherstellung,
- im **Kieselrot** von Sportplätzen,
- im **Klärschlamm** aus gewaschenen Textilfarbstoffen

Grenzwert für Dioxine

Toxizitätsäquivalent

Dioxine können jedoch auch in Abfallverbrennungsanlagen spontan **vernichtet** werden, z.B. durch eine Hochtemperaturverbrennung >1200°C oder einer Pyrolyse unter Luftausschluss bei Temperaturen <350°C. Der Dioxineintrag in die Umwelt hat zu einer umfangreichen Gesetzgebung geführt u. a. zu einem Grenzwert von **0,1 ng TE m^{-3}** im Abgas von Abfallverbrennungsanlagen (**TE = Toxizitätsäquivalent** = Summenangabe, die auf toxikologisch festgelegten Umrechnungsfaktoren für die einzelnen Dioxine beruht, → *Tab. 11.4*). Die **Belastung** des Verbrauchers durch Emissionen aus Abfallverbrennungsanlagen ist nach Angaben des Umweltbundesamtes als **verschwindend gering** einzuschätzen. Eine Beeinträchtigung der Gesundheit des Menschen ist bei einer täglichen Dioxinaufnahme unter $1 \cdot 10^{-12}$ g kg^{-1} Körpergewicht nicht zu erwarten (Bundesgesundheitsblatt 2.2.1987). Stoffe, Zubereitungen und Erzeugnisse dürfen nicht in **Verkehr gebracht** werden, wenn bestimmte Dioxingrenzwerte überschritten sind, z.B. 1 µg kg^{-1} TCDD (ChemVerbotsV). **Arbeitsverfahren**, in denen Dioxine anfallen, müssen den Behörden gemeldet werden (GefStoffV). Am Arbeitsplatz gilt ein **TRK**–Grenzwert von 50 Pikogramm TE m^{-3}.
Rechtshinweise: **17. BImSchV** ; **ChemVerbotsV** Anhang Abschnitt 4; **GefStoffV** Anhang V, Nr. 3; **TRGS 901**, Kap. 42 /54/

Giftstoffe im Vergleich zu Dioxin

Giftige Substanz	Minimale tödliche Dosis [µg kg^{-1}]	Struktur der Dioxine	Toxizitätsäquivalent
Butulinustoxin (Fleischvergiftung)	0,00003	2, 3, 7, 8 Cl_4DD	1
Tetanustoxin	0,0001	1, 2, 3, 7, 8 Cl_5DD	0,5
Diphterietoxin	0,3	1, 2, 3, 4, 7, 8 Cl_6DD	0,1
TCDD	1	1, 2, 3, 6, 7, 8 Cl_6DD	0,1
Bufotoxin	390	1, 2, 3, 7, 8, 9 Cl_6DD	0,1
Curare	500	1, 2, 3, 4, 7, 7, 8 Cl_7DD	0,01
Strychnin	500	OCDD = Cl_5DD	0,001
Muscarin	1100		
Natriumcyanid	10000		

Tabelle 11.4 **Dioxine**: tödliche Dosis giftiger Substanzen im Vergleich zu TCDD, Konzentrationsangabe in µg Giftstoff kg^{-1} Körpergewicht, LC_{50} = tödliche Dosis, bei der 50% der Versuchstiere (Meerschweinchen) sterben /55/. Toxizitätsäquivalente von Dioxinen: die Toxizität von 2,3,7,8- TCDD = Cl_4DD wird TE = 1 gesetzt /49/

Teil III Chemische Reaktionen

12. Reaktionen in der Gasphase, Verbrennungen

12.1 Reaktionstechnik, Thermodynamik

Chemische Gleichungen

Chemische Reaktionen sind im allgemeinen umkehrbar. Die Zahl der Atome links und rechts der Reaktionspfeile müssen gleich sein (Erhaltung der Masse). Reaktionskoeffizienten (**stöchiometrische Umsatzzahlen** ν_A, ν_B) sollen die Reaktionsgleichung ausgleichen:

ν_A A + ν_B B → ν_C C + ν_D D A, B Ausgangsstoffe, Edukte
← C, D Reaktionsstoffe, Produkte

Stöchiometrie

Die mathematische Berechnung chemischer Reaktionen ist ein Teilgebiet der Stöchiometrie. Die Vorgehensweise wird am folgendem Beispiel einer Verbrennungsreaktion deutlich. Verbrennungsreaktionen sind in der Regel vollständig von links nach rechts verlaufende Reaktionen (Gleichgewichtskonstante K >>1).

Aufgabe

Bei der Verbrennung von Methanol (CH_3OH) entstehen Kohlendioxid und Wasser (Alternative zum Benzin bei Verbrennungsmotoren). Welches Volumen an Luft wird benötigt, um 1 Liter Methanol unter Normalbedingungen vollständig zu verbrennen (Dichte Methanol ρ = 0,79 g cm^{-1}) ?
Reaktionsgleichung $2\ CH_3OH + 3\ O_2 \rightarrow 2\ CO_2 + 4\ H_2O$
Zur Verbrennung von 2 mol Methanol werden 3 mol Sauerstoff benötigt.
Masse Methanol in 1 Liter: $m = \rho \cdot V = 0{,}79\ g\ cm^{-3} \cdot 1000\ cm^3 = 790\ g$
Stoffmenge Methanol: $n = 790\ g / 32\ g\ mol^{-1} = 24{,}68\ mol$ mit molare Masse $M = 32\ g\ mol^{-1}$
Stoffmenge Sauerstoff: $n = 3/2 \cdot 24{,}68\ mol = 37\ mol\ O_2$
Volumen Sauerstoff: $V = 37\ mol \cdot 22{,}4\ l\ mol^{-1} = 828{,}8\ l$
Sauerstoff besitzt einen Volumenanteil in Luft von 21%.
Volumen Luft: $V = 828{,}8\ l \cdot 1 / 0{,}21 = \underline{3946{,}6\ l\ Luft}$

Reaktionswärme

Chemischen Reaktionen sind mit Energieumsetzungen verbunden, die meist als Reaktionswärme in Erscheinung treten. Die bei einer chemischen Reaktion unter konstantem Volumen umgesetzte **Reaktionswärme Q** [Einheit kJ mol^{-1}] wird durch ein Kalorimeter gemessen. Die Messungen müssen so durchgeführt werden, dass das System vor und nach der Reaktion dieselbe Temperatur (isotherm) hat. Reaktionswärmen bei konstantem Druck bezeichnet man auch als **Reaktionsenthalpie ΔH_R** pro Formelumsatz (→ *Abb.12.1*) Es gilt:

Reaktionsenthalpie

- **exotherme Reaktionen** verlaufen unter Wärmeabgabe ($Q = \Delta H_R < 0$),
- **endotherme Reaktionen** unter Wärmeaufnahme ($Q = \Delta H_R > 0$).

Insbesondere bei Verbrennungsreaktionen wird die Reaktionsenthalpie oft auf 1 mol, 1 kg oder ein 1 m^3 des brennbaren Stoffes bezogen (**Heizwert, Brennwert** → *Kap. 12.2.*).

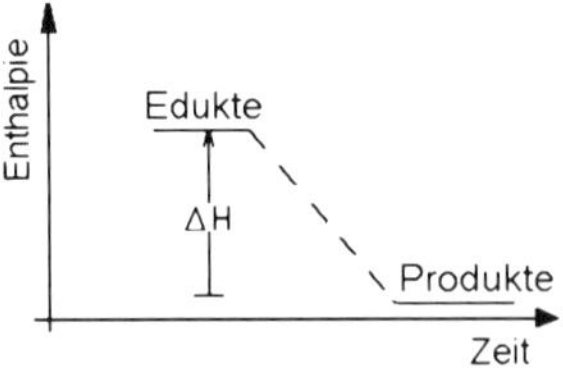

ΔH <0, exotherm. Das System verliert Energie. Wärme wird frei; meist frei willig verlaufende Reaktionen, z.B.: $C + O_2 \rightarrow CO_2$

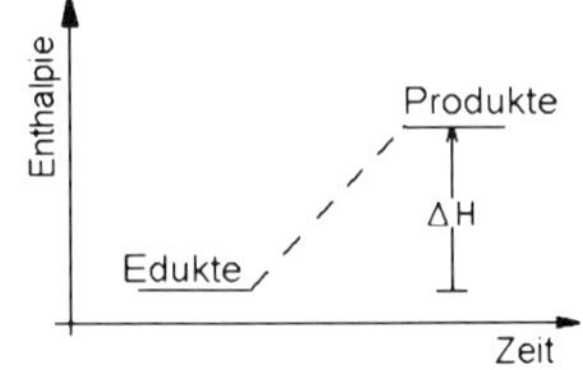

ΔH >0, endotherm. Das System benötigt Energiezufuhr; Wärme wird verbraucht; meist nicht freiwillig verlaufende Reaktionen, z.B.: $C + H_2O \rightarrow CO + H_2$

Abbildung 12.1 **Exotherme und endotherme Reaktionen**.

Aufgabe

Die Reaktionsenthalpie für die Reaktion zwischen Wasserstoff und Chlor beträgt $\Delta H = -184$ kJ mol^{-1} pro mol umgesetztes Edukt. Welche Energiemenge wird freigesetzt, wenn jeweils 112 cm^3 Wasserstoff und Chlor bei Normalbedingungen reagieren (Reaktionsgleichung) ?
Reaktionsgleichung: $Cl_2 + H_2 \rightarrow$ 2 HCl d. h. aus 1 mol Cl_2 bzw. 1 mol H_2 entstehen 2 mol HCl.
112 cm^3 H_2 enthalten: n = 0,112 dm^3 / 22,4 dm^3 mol^{-1} = 0,005 mol H_2
112 cm^3 Cl_2 enthalten ebenfalls: 0,005 mol Cl_2
Reaktionswärme Q = n · ΔH = 0,005 mol. (–184 kJ mol^{-1}) = -0,92 kJ

Standardbidungsenthalpien

Für bestimmte Anwendungen, z.B. Verbrennungsreaktionen bei hohen Temperaturen, ist eine **theoretische** Vorausberechnung der abzuführenden Wärme vorteilhaft. Für derartige Berechnungen wird die **Reaktionsenthalpie ΔH_R** nach dem ***Hess'schen*** Satz als Differenz der Bildungsenthalpien H^B_i der Produkte und der Edukte geschrieben:

$$\Delta H_R = \sum \nu_i \cdot H_i^B \text{ (Produkte)} - \sum \nu_i \cdot H_i^B \text{ (Edukte)}$$

ΔH_R: Reaktionsenthalpie pro Formelumsatz

$$\Delta H_{R,298} = \sum \nu_i \cdot H_{i,298}^B \text{ (Produkte)} - \sum \nu_i \cdot H_{i,298}^B \text{ (Edukte)}$$

$\Delta H_{R,298}$: Reaktionsenthalpie im Standardzustand

Die Bildungsenthalpien der Verbindungen sind von Druck und Temperatur abhängig. In Tabellenwerken (→ *Tab.12.1*) findet man die **Standardbildungsenthalpien H^B_{298}**, dies sind die Enthalpien, die bei der **Bildung** der Verbindungen aus den **Elementen** im Standardzustand (thermodynamische **Standardtemperatur 25°C**, **Standarddruck 0,1013 MPa**) frei oder verbraucht wird. Die Enthalpien der **Elemente** im Standardzustand sind definitionsgemäß $H_{298} = 0$. Werte für H^B_{298} beziehen sich immer auf den **Aggregatzustand**, in dem das Element oder die Verbindung im Standardzustand **stabil** vorliegt, z.B. H_2O(fl) bei 25°C, 0,1013 MPa. In der Praxis werden folglich die Reaktionsenthalpien im Standardzustand aus Tabellenwerken entnommen und diese dann mit Hilfe der Molwärmen auf andere Temperaturen umgerechnet (siehe unten).

Zustandsfunktionen

In → *Tab. 12.1* sind thermodynamische Daten, insbesondere zur Berechnung von Verbrennungsreaktionen, zusammengestellt. Die einzelnen Zustandsfunktionen Enthalpie H, Entropie S und freie Enthalpie G werden im Text erläutert.

Aufgabe

Die Reaktion $CO_2 + H_2 \rightarrow CO + H_2O$(fl) wird zum globalen Recycling von CO_2 mittels (elektrolytisch bzw. photovoltaisch gewonnenem) Wasserstoff diskutiert. Aus dem entstehenden CO könnten mit weiterem H_2 Treibstoffe synthetisiert werden. Wie groß ist die freiwerdende oder verbrauchte Reaktionswärme bei 25°C.
Die Reaktionsenthalpie im Standardzustand ΔH_{298} entspricht der Differenz der Bildungsenthalpien der Produkte H^B_{298}(Produkte) weniger der Edukte H^B_{298} (Edukte). Mit den Werten aus → *Tab. 12.1* folgt:
$\Delta H_{298} = H^B_{298,CO} + H^B_{298,H2O} - H^B_{298,CO2} - H^B_{298,H2}$
$\Delta H_{298} = -110{,}4 - 285{,}5 + 393{,}1 + 0 = -2{,}8$ kJ mol^{-1} Die Reaktion ist schwach exotherm.

Temperaturabhängigkeit

Bei Verbrennungsreaktionen interessiert nicht die Reaktionswärme bei der Standardtemperatur 25°C, sondern bei der **Verbrennungstemperatur**. Für die **Umrechnung** der Reaktionsenthalpie von T = 298 K auf eine Temperatur T gilt nach ***Kirchhoff***:

$$\Delta H_r = \Delta H_{298} + \sum \nu_i \int_{298}^{T} c_p \text{ (Produkte) } dT - \sum \nu_i \int_{298}^{T} c_p \text{ (Edukte) } dT$$

Molwärme

Die Molwärme $\mathbf{C_p}$ oder molare Wärmekapazität ist die Wärmemenge, die einer Stoffmenge von 1 mol eines Stoffes bei **konstantem Druck** zugeführt wird, um die Temperatur um ein Grad zu erwärmen.

Stoff	Standardbildungsenthalpie H^B_{298} [kJ mol^{-1}]	Standardentropie S_{298} [J K^{-1} mol^{-1}]	freie Standardbildungsenthalpie G^B_{298} [kJ mol^{-1}]
H_2	0	130,4	0
O_2	0	204,8	0
N_2	0	191,3	0
C	0	5,4	0
S	0	31,8	0
$CO_{(g)}$	-110,4	197,3	-137,1
$CO_{2(g)}$	-393,1	213,2	-394,0
$CH_{4(g)}$	-74,8	186,0	-50,7
$C_2H_{4(g)}$	52,3	219,3	68,1
$C_2H_{2(g)}$	226,5	200,6	209,0
$C_2H_{6(g)}$	-84,6	229,3	-32,9
$C_3H_{8(g)}$	-103,7	296,6	-23,4
n - $C_4H_{10(g)}$	-126,0	309,7	-15,7
$CH_3OH_{(fl)}$	-277,4	160,5	-174,6
$C_2H_5OH_{(fl)}$	-277,4	160,5	-174,6
$H_2O_{(fl)}$	-285,5	69,8	-237,0
$NH_{3(g)}$	-46,1	192,3	-16,6
$NO_{(g)}$	+90,3	210,3	86,5
$NO_{2(g)}$	33,8	240,2	51,8
$SO_{2(g)}$	-296,4	247,9	-300,1
$SO_{3(g)}$	-394,8	256,2	-369,9
Verdampfungsenthalpie $H_2O(fl \rightarrow g)$ $\Delta H_v = 40{,}6$ kJ mol^{-1}		Verdampfungsentropie $\Delta S_v = 108{,}7$ J K^{-1} mol^{-1}	

Tabelle 12.1 **Thermodynamische Daten** für die Berechnung von Verbrennungsreaktionen. Zur Berechnung von Entropiedifferenzen ΔS_{298} werden die angegebenen Werte der Standardentropien S_{298} verwendet (nach /56/).

Gase	a	b · 10^{-3}	c · 10^{-6}
H_2	48,3	-0,84	2,0
O_2	25,7	13,0	-3,8
N_2	27,3	5,2	-0,04
CO	26,8	6,9	-0,8
CO_2	21,5	63,6	-40,5
CH_4	17,4	60,6	1,1
C_2H_4	11,3	121,9	-37,8
C_2H_6	5,34	177,5	-68,6
n - C_4H_{10}	-0,05	386,7	-200,5
$CH_3OH_{(g)}$	18,35	101,4	-28,6
$C_2H_5OH_{(g)}$	14,9	208,3	-71,0
$H_2O_{(g)}$	30,3	9,6	1,17
NH_3	25,8	32,5	-3,0
SO_2	25,7	57,7	-38,0
SO_3	15,0	151,7	-120,4
Flüssigkeit			
$H_2O_{(fl)}$	$C_p = 75{,}4$		

Tabelle 12.2 **Molwärmen** von Gasen [Dimension J K^{-1} mol^{-1}]. Die Tabelle ist von 298 K bis 2000 K anwendbar (nach /56/).

Molwärme von Flüssigkeiten und Gasen

Bei den Phasenumwandlungspunkten, z.B. 0°C bzw. 100°C für Wasser, muss die **Schmelzwärme** bzw. die **Verdampfungswärme** bei konstanter Temperatur zugeführt werden. Die Molwärmen der **Flüssigkeiten** sind über einen weiten Temperaturbereich weitgehend konstant, die Molwärmen der **Gase** werden durch eine **Näherungsgleichung** $C_p = a + bT + cT^2$ mit Werten nach → *Tab. 12.2* approximiert.

Aufgabe

Wie groß ist die Reaktionswärme der Reaktion: $CO_2 + H_2 \rightarrow CO + H_2O$ bei 1000°C ?

Integration für Näherungsgleichung:

$$\int_{298}^{T} c_p dT = a \cdot (T - 298) + \frac{b}{2} \cdot \left(T^2 - 298^2\right) + \frac{c}{3} \cdot \left(T^3 - 298^3\right)$$

für CO:

$$\int_{298}^{1273} c_p dT = 26{,}8 \cdot (1273 - 298) + \frac{6{,}9 \cdot 10^{-3}}{2} \cdot \left(1273^2 - 298^2\right) - \frac{0{,}8 \cdot 10^{-6}}{3} \cdot \left(1273^3 - 298^3\right) = 30{,}87 \frac{\text{kJ}}{\text{mol}}$$

für H_2O:

$$\int_{298}^{1273} c_p dT = \int_{298}^{373} c_{p(fl)} dT + \Delta H_v + \int_{373}^{1273} c_{p(g)} dT = 75{,}4 \cdot (373 - 298) + 40600 +$$

$$30{,}3 \cdot (1273 - 373) + \left(\frac{9{,}6 \cdot 10^{-3}}{2}\right) \cdot (1273^2 - 373^2) + \left(\frac{1{,}17 \cdot 10^{-6}}{3}\right) \cdot (1273^3 - 373^3) = 81{,}42 \frac{\text{kJ}}{\text{mol}}$$

für H_2:

$$\int_{298}^{1273} c_p dT = 48{,}3 \cdot (1273 - 298) - \frac{0{,}84 \cdot 10^{-3}}{2} \cdot \left(1273^2 - 298^2\right) + \frac{2 \cdot 10^{-6}}{3} \cdot \left(1273^3 - 298^3\right) = 47{,}81 \frac{\text{kJ}}{\text{mol}}$$

für CO_2:

$$\int_{298}^{1273} c_p dT = 21{,}5 \cdot (1273 - 298) + \frac{63{,}6 \cdot 10^{-3}}{2} \cdot \left(1273^2 - 298^2\right) - \frac{040{,}5 \cdot 10^{-6}}{3} \cdot \left(1273^3 - 298^3\right) = 42{,}18 \frac{\text{kJ}}{\text{mol}}$$

temperaturabhängiger Anteil: $\sum \nu_i \cdot \int_{298}^{1273} c_p dT = 22{,}3 \frac{\text{kJ}}{\text{mol}}$

Reaktionswärme bei 1000°C: $\Delta H_{1273} = \Delta H_{298} + \sum \nu_i \int_{298}^{1273} c_p dT = -2{,}8 \frac{\text{kJ}}{\text{mol}} + 22{,}3 \frac{\text{kJ}}{\text{mol}} = 19{,}5 \frac{\text{kJ}}{\text{mol}}$

Die Reaktion ist bei 1000°C endotherm.

Chemische Thermodynamik

Die Thermodynamik (**Wärmelehre**) beschäftigt sich mit der Wechselwirkung von thermodynamischen Systemen und dem Einfluss von Temperatur, Druck und Zusammensetzung auf die Zustände dieser Systeme. Die **technische Thermodynamik** ist ein Teilgebiet, das die Vorgänge in Wärmekraftmaschinen untersucht; die **chemische Thermodynamik** befasst sich mit chemischen Reaktionen. Die meisten Berechnungen in der chemischen (Gleichgewichts-) Thermodynamik beantworten zwei Fragen:

- Ist eine Reaktion bei gegebenen Ausgangskonzentrationen $[A_o]$, $[B_o]$, $[C_o]$, $[D_o]$ und gegebener Temperatur **thermodynamisch erlaubt**, d. h. läuft die Reaktion **freiwillig** ab ?
- Welcher **Gleichgewichtszustand (Endzustand)** der Reaktion wird erreicht, d. h. welche **maximalen Produktkonzentrationen** (Gleichgewichtskonzentrationen) $[C_{gl}]$, $[D_{gl}]$ sind möglich?

Hauptsätze der Thermodynamik

Die Thermodynamik klärt die **grundsätzliche Zulässigkeit** einer Reaktion. Den **tatsächlichen Verlauf** der Reaktion beschreibt jedoch die **chemische Kinetik**. Die Geschwindigkeit zur Einstellung eines Gleichgewichtszustandes kann sehr unterschiedlich sein (Millisekunden bis Jahrtausende).

Die Grundsätze der Thermodynamik sind in drei Hauptsätzen festgelegt:

1. Hauptsatz

- **1. Hauptsatz** oder **Energieerhaltungssatz**: Die einem System zugeführte Wärmemenge Q kann zum Teil in Arbeit W verwandelt werden, der Rest dient zur Änderung der inneren Energie ΔU (*R. Mayer*):
  $Q = \Delta U - W$

2. Hauptsatz

- **2. Hauptsatz** oder **Entropiesatz**: Die Umwandlung von Wärme in eine andere Energieart, z.B. mechanische Arbeit, gelingt nur teilweise. Der Rest verbleibt als Wärme, d. h. ungeordnete Bewegung der Moleküle. Dieser Energieanteil Q ist gleich dem Produkt aus Temperatur T und Entropiedifferenz ΔS. Die Entropie S ist ein Maß für die Unordnung eines Systems. Die freie Energie bzw. freie Enthalpie G entspricht dem frei in andere Energieformen umwandelbaren Energieanteil:
  $Q = T \cdot \Delta S$ $\quad\Delta G = W$
  $\Delta G = \Delta U - T \cdot \Delta S$ Gibbs–Helmholtz–Gleichung für konstantes Volumen
  $\Delta G = \Delta H - T \cdot \Delta S$ Gibbs–Helmholtz–Gleichung für konstanten Druck

3. Hauptsatz

- **3. Hauptsatz**: Die Entropie eines Idealkristalls ist beim absoluten Nullpunkt gleich Null (*W. Nernst*).

Freie Reaktionsenthalpie

Die **freie Reaktionsenthalpie ΔG_R** einer Reaktion: $\nu_A\, A + \nu_B\, B \rightarrow \nu_C\, C + \nu_D\, D$ (mit ν_A, ν_B = stöchiometrische Umsatzzahlen) ist definiert (ohne Beweis):

$$\Delta G_R = \sum \nu_i G\,(\text{Produkte}) - \sum \nu_i G\,(\text{Edukte}) = \Delta G_{0,T} + RT \ln\left(\frac{[C]^{\nu C} \cdot [D]^{\nu D}}{[A]^{\nu A} \cdot [B]^{\nu B}}\right)$$

$$\Delta G_{0,298} = \sum \nu_i G^B_{298}\ (\text{Produkte}) - \sum \nu_i G^B_{298}\,(\text{Edukte})$$

Die **freie Reaktionsenthalpie ΔG_R** besitzt einen **konzentrationsunabhängigen Anteil $\Delta G_{0,T}$** (Index 0 = konzentrationsunabhängig), der jedoch temperaturabhängig ist. Aus Tabellenwerken ist **$\Delta G_{0,298}$** (das ist die freie Reaktionsenthalpie bei der Standardtemperatur 298 K) leicht als Differenz aus den Werten der freien Standardbildungsenthalpien **G^B_{298}** der Produkte und der Edukte berechenbar (→ *Tab. 12.1)*. Die freie Reaktionsenthalpie **$\Delta G_{0,T}$** bei der Temperatur T erhält man dann bei bekanntem $\Delta G_{0,298}$ durch Addition eines temperaturabhängigen Anteils, der wiederum die Molwärmen der Produkte und Edukte enthält (genaue Berechnung: siehe Aufgabe unten).

Freiwillig verlaufende Reaktionen

Die freie Reaktionsenthalpie **ΔG_R** ist von großer Bedeutung für die Frage, ob **Reaktionen freiwillig** ablaufen können oder nicht:

- **ΔG_R <0**: Reaktion läuft bei gegebener Temperatur und Druck **freiwillig** ab**,**
- **ΔG_R = 0**: Reaktion befindet sich **im Gleichgewicht,**
- **ΔG_R >0**: Reaktion läuft bei gegebener Temperatur und Druck **nicht freiwillig** ab.

Aus diesem Grund können auch **endotherme** Reaktionen ($\Delta H > 0$) freiwillig ablaufen, wenn sie mit einem großen Entropiegewinn verknüpft sind (Gewinn an Unordnung, Widerspruch zum Prinzip von *Thomson* und *Berthelot*, das besagt: nur exotherme Reaktionen laufen freiwillig ab).

Reaktionsgleichgewicht

Die Reaktion läuft **solange** ab (d. h. die Konzentrationen [A], [B], [C] und [D] in der Definitionsgleichung für ΔG_R ändern sich **solange)**, bis $\Delta G_R = 0$ ist. Dann ist der Gleichgewichtszustand mit den **Gleichgewichtskonzentrationen** $[A_{gl}]$, $[B_{gl}]$, $[C_{gl}]$ und $[D_{gl}]$ erreicht:

$$\Delta G_R = 0 = \Delta G_{0,T} + RT \cdot \ln\left(\frac{[C_{gl}]^{\nu C} \cdot [D_{gl}]^{\nu D}}{[A_{gl}]^{\nu A} \cdot [B_{gl}]^{\nu B}}\right)$$ Gleichgewichtszustand

Gleichgewichtskonstante

Daraus folgt das Gesetz von ***van't Hoff*** für die **Gleichgewichtskonstante**:

$$\Delta G_{0,R} = -RT \ln K \qquad \text{mit} \quad K = \left(\frac{[C_{gl}]^{\nu C} \cdot [D_{gl}]^{\nu D}}{[A_{gl}]^{\nu A} \cdot [B_{gl}]^{\nu B}}\right)$$ Gleichgewichtskonstante

$$K = \exp\left(\frac{-\Delta G_{O,T}}{RT}\right)$$

Messung der reien Reaktionsenthalpie

Im Verlauf einer Reaktion verändert sich die freie Reaktionsenthalpie also von einem Anfangswert ΔG_R (Anfangskonzentrationen: $[A_o]$, $[B_o]$, $[C_o]$ und $[D_o]$) zu einem Endwert $\Delta G_R = 0$ (Gleichgewicht). Die aktuellen Werte ΔG_R während des Reaktionsablaufs sind oft schwer zu messen (Messung: siehe unten) und in der Praxis oft wenig interessant. Anwendungstechnisch wichtiger sind theoretische Vorausberechnungen der Gleichgewichtskonstanten mit den Werten nach → *Tab. 12.1*. Folgende Aufgabenstellungen können auftreten:

- Bestimmung der **freien Reaktionsenthalpie ΔG_R** durch Konzentrationsmessungen:

  $$\Delta G_R = \Delta G_{O,T} + RT \cdot \ln\left(\frac{[C]^{\nu C} \cdot [D]^{\nu D}}{[A]^{\nu A} \cdot [B]^{\nu B}}\right)$$

  $\Delta G_{0,298}$ wird aus Tabellenwerken entnommen und von der Standardtemperatur auf die Temperatur T umgerechnet. [A], [B], [C] und [D] werden als aktuelle Konzentrationen der Edukte und Produkte während dem Reaktionsablauf gemessen.
- Bestimmung der **freien Reaktionsenthalpie ΔG_R** durch EMK–Messungen (bei elektrochemischen Reaktionen):

  $\Delta G_R = -z \cdot F \cdot \Delta E$ ***Nernst***, Messung der EMK ΔE,

  $\Delta G_0 = -z \cdot F \cdot \Delta E_o$

  Die Differenz der Normalpotentiale ΔE_0 ist aus der elektrochemischen Spannungsreihe errechenbar (→ *Tab. 13.6)*.
- Bestimmung des **konzentrationsunabhängigen Anteils $\Delta G_{0,T}$** durch Messung der Gleichgewichtskonstanten K:

  $\Delta G_{0,T} = -RT \ln K$ ***van't Hoff***

  Messung der Gleichgewichtskonstanten aus Gleichgewichtskonzentrationen oder umgekehrt theoretische Berechnung von K aus tabellierten Werten für $\Delta G_{0,298}$
- Bestimmung des **konzentrationsunabhängigen Anteils** $\Delta G_{0,T}$ durch Messung des Löslichkeitsprodukts L (bei Fällungsreaktionen):

  $\Delta G_0 = -RT \ln L$

  Messung des Löslichkeitsprodukts (→ *Tab. 13.4)* oder umgekehrt theoretische Berechnung von L aus tabellierten Werten für $\Delta G_{0,298}$.

Massenwirkungsgesetz

Bei einer Reaktion setzen sich die Edukte A und B mit den Anfangskonzentrationen $[A_o]$ und $[B_o]$ mit einer charakteristischen Reaktionsgeschwindigkeit in das chemische Gleichgewicht. Nach dem Ablauf der Reaktion findet man die Gleichgewichtskonzentrationen $[A_{gl}]$, $[B_{gl}]$, $[C_{gl}]$, $[D_{gl}]$. Nach dem **Massenwirkungsgesetz (MWG)** gilt: Das Verhältnis der Edukt- und der Produktkonzentrationen im Gleichgewicht entspricht einer (temperaturabhängigen) **Gleichgewichtskonstanten K_c** :

$$K_c = \frac{[C_{gl}]^{\nu C} \cdot [D_{gl}]^{\nu D}}{[A_{gl}]^{\nu A} \cdot [B_{gl}]^{\nu B}}$$ (bei Gasreaktionen: Verwendung von K_p und Partialdrücken)

Die Gleichgewichtskonstante kann aus den gemessenen Gleichgewichtskonzentrationen experimentell ermittelt werden oder sie wird aus Tabellenwerken (→ *Tab. 12.1*) berechnet. Bei einer wirtschaftlichen chemischen Reaktion muss das chemische Gleichgewicht möglichst weit auf der Seite der Reaktionsprodukte liegen:

- **K_c >>1** d. h. **$\Delta G_{0,T}$ <<0:** Gleichgewicht liegt auf der Seite der Endprodukte, praktisch vollständig ablaufende Reaktion, z.B. Verbrennungsreaktionen,
- **K_c = 1** d. h. **$\Delta G_{0,T}$ = 0:** Gleichgewicht liegt zu je 50% auf Seiten der Ausgangsverbindungen und der Endprodukte,
- **K_c <<1** d. h. **$\Delta G_{0,T}$ >>0:** Gleichgewicht liegt auf der Seite der Ausgangsstoffe, unvollständig verlaufende Reaktion.

Die Lage des Gleichgewichts kann aus thermodynamischen Daten nach → *Tab. 12.1* vorausberechnet werden. Für die Gleichgewichtskonstante im **Standardzustand** gilt:

$$\Delta G_{0,298} = -RT \ln K_{298} \qquad K_{298} = \exp\left(\frac{-\Delta G_{0,298}}{RT}\right)$$

Aufgabe

Wie groß ist die Gleichgewichtskonstante der Essigsäureherstellung aus CH_4 und CO_2 bei 25°C (Essigsäure H^B_{298} = 418,6 kJ. mol^{-1}, S_{298} = 159,1 J mol^{-1} K^{-1}) ?

Reaktionsgleichung $CH_4 + CO_2 \rightarrow CH_3COOH$

ΔH_{298} = - 418,6 - (-74,8 - 393,1) = + 49,3 kJ mol^{-1}

ΔS_{298} = 159,1 - (186,0 + 213,2) = - 240,1 J mol^{-1} K^{-1}

$\Delta G_{0,298}$ = ΔH298 - T · ΔS_{298} = + 49,3–298 · (- 0,2401) = 120,8 kJ mol^{-1}

K_{298} = exp[- $\Delta G_{0,298}$ / RT] = exp [-120,8 / 0,008314 · 298] = $\underline{6{,}7 \cdot 10^{-22}}$

$\Delta G_{0,298}$ hat einen hohen positiven Wert, d. h. die Gleichgewichtskonstante K_{298} ist sehr viel kleiner eins. Das Gleichgewicht liegt bei der Standardtemperatur praktisch vollständig auf der Seite der Edukte.

Temperaturabhängigkeit der Gleichgewichtskonstante

Für Verbrennungsreaktionen beispielsweise interessiert meist nicht die Lage des Gleichgewichts K_{298} unter Standardbedingungen, sondern der Wert der Gleichgewichtskonstante **K_T** bei **beliebigen Temperaturen** und Drücken. Es gilt die Umrechnung:

$$\Delta G_{0,T} = -RT \ln K_T \qquad K_T = \exp\left(\frac{-\Delta G_{0,T}}{RT}\right)$$

Aufgabe

Berechnen Sie die Lage des Gleichgewichts für die Reaktion $CO_2 + H_2 \rightarrow CO + H_2O$ bei 25°C und 1000°C.

Gleichgewichtskonstante bei 25°C:

$\Delta G_{0,298}$ = (- 137,1 - 237,0) - (- 394,0) = + 19,9 kJ mol^{-1}

$K_{0,298}$ = exp [- ΔG_o/RT] = exp [- 19,9 / 0,008314 · 298] = exp [- 8,03] =$3{,}2 \cdot 10^{-4}$

Das Gleichgewicht liegt bei 25°C nahezu vollständig auf der Seite der Edukte.

Integration zur Berechnung von Kp bei 1000°C:

Integrationsformel (ohne Beweis)

$$\Delta G_{0,1273} = \Delta G_{0,298} + \sum v_i \int_{298}^{1273} c_p dT - T \cdot \sum v_i \int_{298}^{1273} \frac{c_p}{t} dT \qquad \text{mit} \qquad \sum v_i \int_{298}^{1273} c_p dT = 22{,}3 \frac{\text{kJ}}{\text{mol}}$$

Integration Allgemein:

$$\int_{298}^{1273} \frac{c_p}{T} dT = a \cdot (\ln T - \ln 298) + b \cdot (T - 298) + \frac{c}{2} \cdot (T^2 - 298^2)$$

für CO:

$$\int_{298}^{1273} \frac{c_p}{T} dT = 26{,}8 \cdot (\ln 1273 - \ln 298) + 6{,}9 \cdot 10^{-3} \cdot (1273 - 298) - \frac{0{,}8 \cdot 10^{-6}}{2} \cdot (1273^2 - 298^2) = 44{,}84 \frac{\text{J}}{\text{K} \cdot \text{mol}}$$

für H_2O:

$$\int_{298}^{1273} \frac{c_p}{T} dT = \int_{298}^{373} \frac{c_{p(fl)}}{T} dT + \Delta S_V + \int_{373}^{1273} \frac{c_p}{T} dT$$

$$= 75{,}4\cdot(\ln 373-\ln 298)+108{,}7+30{,}3\cdot(\ln 1273-373)+9{,}6\cdot 10^{-3}\cdot(1273-373)$$

$$-\frac{1{,}17\cdot 10^{-6}}{2}\cdot(1273^2-373^2)=172{,}9\frac{\mathrm{J}}{\mathrm{K}\cdot\mathrm{mol}}$$

für H_2:

$$\int_{298}^{1273}\frac{c_p}{T}dT=48{,}3\cdot(\ln 1273-\ln 298)-0{,}84\cdot 10^{-3}\cdot(1273-298)+\frac{2\cdot 10^{-6}}{2}\cdot(1273^2-298^2)=70{,}5\frac{\mathrm{J}}{\mathrm{K}\cdot\mathrm{mol}}$$

für CO_2:

$$\int_{298}^{1273}\frac{c_p}{T}dT=21{,}5\cdot(\ln 1273-\ln 298)+63{,}6\cdot 10^{-3}\cdot(1273-298)-\frac{40{,}5\cdot 10^{-6}}{2}\cdot(1273^2-298^2)=63{,}2\frac{\mathrm{J}}{\mathrm{K}\cdot\mathrm{mol}}$$

$$T\sum v_i\int_{298}^{1273}\frac{c_p}{T}dT=1273\,\mathrm{K}\cdot 84{,}04\frac{\mathrm{J}}{\mathrm{K}\cdot\mathrm{mol}}=106{,}98\frac{\mathrm{kJ}}{\mathrm{mol}}$$

Freie Reaktionsenthalpie bei 1000°C

$$\Delta G_{0,1273}=\Delta G_{0,298}+\sum v_i\int_{298}^{1273}c_p dT-T\cdot\sum v_i\int_{298}^{1273}\frac{c_p}{t}dT=+19{,}9+22{,}3-(+106{,}17)=-64{,}78\frac{\mathrm{kJ}}{\mathrm{mol}}$$

Gleichgewichtskonstante bei 1000°C: $K_{p,1273}=\exp\left(\frac{-\Delta G_{0,1273}}{RT}\right)=459{,}4$

Bei 1000°C liegt das Gleichgewicht auf Seiten der Produkte. Durch Temperaturerhöhung von 25°C auf 1000°C kann das Gleichgewicht auf die Seite der Produkte verschoben werden.

Prinzip des kleinsten Zwangs

Die oben dargestellten thermodynamischen Berechnungen bringen das Prinzip des kleinsten Zwanges **qualitativ** zum Ausdruck. Wird auf ein im Gleichgewicht befindliches System durch Änderung der äußeren Bedingungen (Konzentration, Druck, Temperatur) ein Zwang ausgeübt, so verschiebt sich die Lage des Gleichgewichts derart, dass das System dem Zwang ausweicht **(Prinzip von *Le Chatelier* und *Braun*):**

- **Konzentrationsabhängigkeit des MWG**:
  Wird ein Reaktionsprodukt ständig dem Gleichgewicht entzogen (z.B. durch Verdampfung oder Ausfällung), kann ein vollständiger Umsatz zu den Produkten stattfinden. Beispiele:
  $BaCl_2 + H_2SO_4 \rightarrow BaSO_4 + 2\,HCl$ HCl–Gas entweicht
  $AgNO_3 + KCl \rightarrow KNO_3 + AgCl$ AgCl–Festkörper fällt aus.
- **Temperaturabhängigkeit des MWG:**
  Bei unvollständig verlaufenden (endothermen oder schwach exothermen) Reaktionen (z.B. CO_2 + H_2, siehe Aufgabe oben) bewirkt eine Temperaturerhöhung eine Gleichgewichtsverschiebung zu den Produkten. Bei exothermen Reaktionen (z.B. NH_3–Synthese, Verbrennungsreaktionen) erfolgt bei Temperaturerhöhung eine Gleichgewichtsverschiebung in Richtung zu den Edukten.
- **Druckabhängigkeit des MWG**
  Bei einer Reaktion unter Volumenabnahme (z.B. NH_3–Synthese) bewirkt eine Druckerhöhung eine Gleichgewichtsverschiebung zu den Produkten; (bei Volumenzunahme: Gleichgewichtsverschiebung zu den Edukten).

Die Lage des Gleichgewichts und die Geschwindigkeit seiner Einstellung (Reaktionsgeschwindigkeit) bestimmt die **Wirtschaftlichkeit** einer chemischen Reaktion. Bei exothermen Reaktionen beschleunigen höhere Temperaturen die Reaktionsgeschwindigkeit, setzen allerdings gleichzeitig die erreichbare Ausbeute herab. Es muss deshalb ein Temperaturoptimum gesucht werden (→ *Tab. 12.3*). In der Praxis findet beispielsweise die exotherme NH_3-Synthese bei folgenden Bedingungen statt:

- **Druck:** 20...100 MPa, • **Temperatur:** 400...500°C,
- **Katalysator:** Eisenkatalysator mit Al–, Ca–, und K–Oxiden.

Temperatur [°C]	NH_3-Anteil [%] bei 20 MPa	Druck [MPa]	NH_3-Anteil [%] bei 400°C
200	85	0,1	0,4
300	64	10	26
400	36	30	46
500	19	60	66
600	8	100	80

Tabelle 12.3 **Prinzip des kleinsten Zwanges**: Niedrige Temperaturen und hohe Drücke begünstigen die Ausbeute bei der NH_3–Synthese

Umsatz
Ausbeute

Unvollständig verlaufende Reaktionen sind durch einen Umsatz oder eine Ausbeute <100% gekennzeichnet. Der **Umsatz** ergibt sich als Differenz der Konzentration eines Eduktes [A] vor und nach der Reaktion bezogen auf die Anfangskonzentration [A_o] dieses Stoffes:

$$\text{Umsatz}[\%] = \frac{[A_0]-[A]}{[A_0]}\cdot 100\%; \qquad \text{Ausbeute}[\%] = \frac{\nu_A}{\nu_E}\cdot\frac{[E]-[E_0]}{[A_0]}\cdot 100\%$$

Die **Ausbeute** oder der **Bildungsgrad** bezeichnet den Anteil der Ausgangskonzentration [A_o], der in das Endprodukt [E]–[E_o] umgesetzt wurde. Die maximal mögliche (stöchiometrische) Ausbeute ist aus der Gleichgewichtskonstanten der Reaktion berechenbar (siehe Aufgabe unten). Die gemessene (praktische) Ausbeute ist in der Regel, z.B. aufgrund von Nebenreaktionen, geringer als die stöchiometrisch errechnete Ausbeute.

Aufgabe

Wie groß ist die maximal mögliche (stöchiometrische) Ausbeute für eine Reaktion $A + B \rightarrow C + D$ mit der Gleichgewichtskonstanten K ?

Ausbeute = $[C_{gl}] / [A_o]$ Die Konzentration des Produkts am Reaktionsanfang sei $[C_o] = 0$.

Gleichgewichtskonstante: $K = [C_{gl}]\cdot[D_{gl}] / [A_{gl}]\cdot[B_{gl}]$

Bei stöchiometrischem Einsatz: $[C_{gl}] = [D_{gl}]$ und $[A_{gl}] = [B_{gl}]$

Aus dem Formelumsatz: $[C_{gl}] = [A_o] - [A_{gl}]$

Gleichgewichtskonstante: $K = [C_{gl}]^2 / [A_{gl}]^2 = ([A_o] - [A_{gl}])^2 / [A_{gl}]^2$

Gleichgewichtskonzentration: $[A_{gl}] = [A_0]/(1+\sqrt{K})$

Ausbeute = $([A_o] - [A_{gl}]) / [A_o] = 1 - \frac{[A_{gl}]}{[A_0]} = 1 - 1/(1+\sqrt{K}) = \sqrt{K}/(1+\sqrt{K})$

Beispiel: Gleichgewichtskonstante K = 1, dann Ausbeute = 1 / (1 + 1) = 0,5 · 100% = 50%

Reaktionskinetik

Oft setzen sich im Prinzip freiwillig verlaufende Reaktionen nicht in das Gleichgewicht, da sie **kinetisch gehemmt** sind, z.B. Verbrennungsreaktionen benötigen einen Zündfunken. Die **Reaktionsgeschwindigkeit v** ist definiert als die Änderung der Konzentration eines Edukts $v = -d[A] / dt$ oder eines Produkts $v = d[C] / dt$ nach der Zeit (→ *Abb. 12.2*) Das **Geschwindigkeitsgesetz** hängt von der Zahl der Reaktionspartner ab:

$d[A] / dt = -k \cdot [A]$ Geschwindigkeitsgesetz 1. Ordnung
Beispiel: $O_3 \rightarrow O_2 + O$

$d[A] / dt = -k \cdot [A] \cdot [B]$ Geschwindigkeitsgesetz 2. Ordnung
Beispiel: $H_2 + J_2 \rightarrow 2\ HJ$

Geschwindigkeitskonstante

Die **Geschwindigkeitskonstante k** ist exponentiell von der Temperatur und von der Aktivierungsenergie E_A abhängig:
$k = A \cdot \exp[-E_A / RT]$ **Arrhenius–Gleichung**, A = Konstante

Regel von *van't Hoff*

Die exponentielle Abhängigkeit der Reaktionsgeschwindigkeit von der Temperatur erklärt die experimenell gefundene **Regel von *van't Hoff***: Die Reaktionsgeschwindigkeit erhöht sich bei einer Temperaturerhöhung um 10°C um einen Faktor 2 bis 4. Anwendungen sind die Reaktionsbeschleunigung durch erhöhte Temperaturen beim Kochen, Wäschewaschen oder Aushärten eines Lackes.

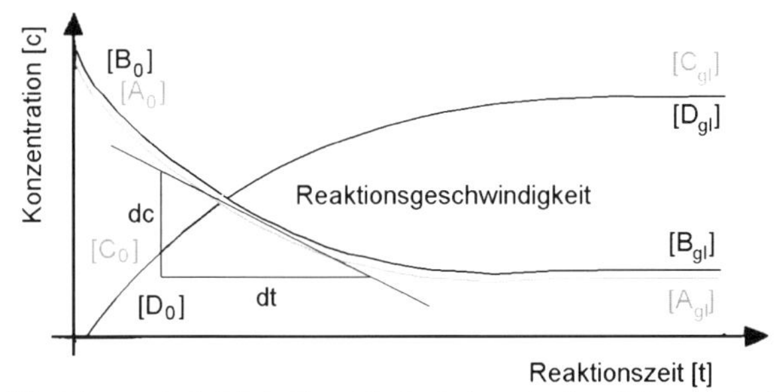

Abbildung 12.2 **Reaktionsgeschwindigkeit**: Entspricht der Steigung in einer Auftragung der Konzentrationen der Reaktionspartner A + B → C + D gegen die Reaktionszeit t. Nach einer spezifischen Reaktionsdauer wird das chemische Gleichgewicht erreicht.

Aktivierungsenergie

Die Aktivierungsenergie $\mathbf{E_A}$ ist die Energie, die zur Überwindung einer Reaktionshemmung notwendig ist. Sie wird im Verlauf der Reaktion wieder zurückgewonnen. Reaktionen mit hoher Aktivierungsenergie sind **kinetisch gehemmt**. Insbesondere **Gasreaktionen** verlaufen aufgrund unzureichender **Stosshäufigkeit** der Reaktionspartner oft sehr langsam und benötigen eine Aktivierung, z.B. einen Zündfunken bei einem brennbaren Gemisch. Die Höhe der Aktivierungsenergie kann u. a. durch eine feine Verteilung der Reaktionspartner (**große Oberfläche** für Reaktionen) oder durch einen **Katalysator** erniedrigt werden. Der Katalysator in → *Abb. 12.3* ermöglicht für die Reaktion A → B, einen alternativen Reaktionsweg über die Zwischenstufen X und Y mit niedrigerer Aktivierungsenergie.

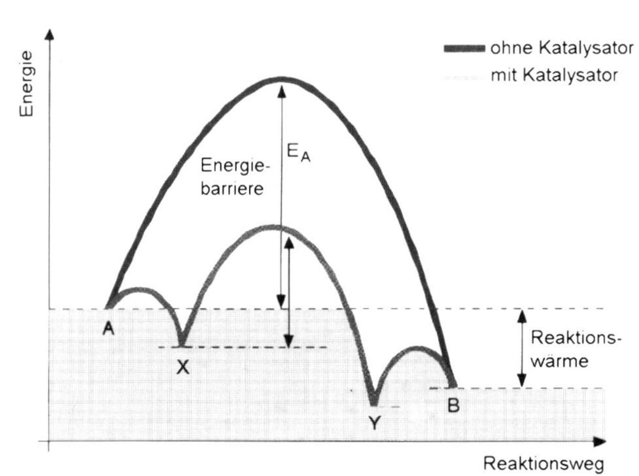

Abbildung 12.3 **Energieverlauf** bei einer Reaktion mit und ohne Katalysator: das Edukt A wird auf einem alternativen Reaktionsweg über die Zwischenprodukte X und Y zum Produkt B umgesetzt (Quelle: Firmenschrift Katalyse, BASF AG, Ludwigshafen, 1994).

Katalysator

Ein Katalysator ist ein Stoff, der die Reaktionsgeschwindigkeit **beschleunigt** und nach der Reaktion wieder **unverändert** zur Verfügung steht. Die **Lage des chemischen Gleichgewichts** wird durch einen Katalysator nicht verändert. Es gibt **homogene** Katalysatoren (Reaktionspartner und Katalysator bilden eine einheitliche Phase) und **heterogene** Katalysatoren. Bei der heterogenen Katalyse sind die Prozesse an der Phasengrenzfläche im allgemeinen **geschwindigkeitsbestimmend**. Beispiele für heterogene Katalysatoren sind:

- **KFZ–Abgaskatalysator** mit Edelmetallen Pt, Pd, Rh,
- **Knallgasreaktion** an Platinkontakten,
- **Schwefelsäureherstellung** mit Vanadinpentoxid V_2O_5,
- **DeNOx–Katalysator** mit V_2O_5 in TiO_2 / WO_3–Matrix (→ *Kap.9.4*).

12.2 Brennstoffe, Verbrennung in Feuerungsanlagen

Brennstoffe

Der Begriff 'Brennstoffe' ist eine **Sammelbezeichnung** für feste, flüssige oder gasförmige Stoffe, die mit Luftsauerstoff unter Abgabe von Wärme **wirtschaftlich** verbrannt werden können. Verbrennungsreaktionen sind **Redoxreaktionen**. Bei einem **vollständigen** Umsatz werden die Produkte **Kohlendioxid** und **Wasser** gebildet:

Kohlenwasserstoffe

Fossile, flüssige und gasförmige Brennstoffe bestehen nahezu ausschließlich aus Kohlenwasserstoffen (KW). Man unterscheidet folgende KW:

- **kettenförmige (aliphatische) KW**
  - gesättigte KW (Alkane, Paraffine)
  - ungesättigte KW (Alkene, Olefine, Alkine)
- **ringförmige (cyclische) KW**
  - gesättigte KW (Cycloalkane, Naphtene)
  - ungesättigte KW (Cycloalkene)
  - aromatische KW (Aromaten)

Alkane

Gesättigte Kohlenwasserstoffe der allgemeinen Formel C_nH_{2n+2} bestehen nur aus vierwertigem Kohlenstoff und Wasserstoff. Sie werden auch als **Paraffine** bezeichnet. Man unterscheidet unverzweigte **n**–Alkane (n = normal) und verzweigte **i**–Alkane (i = iso). Gesättigte **Cycloalkane** werden in der Fachsprache oft als **Naphthene** bezeichnet. Mit zunehmender Kettenlänge steigt der Siedepunkt (→ *Tab. 12.4*). Alkane und Cycloalkane gehören zu den wesentlichen Inhaltstoffen von Kraftstoffen und Motorenölen.

Isomere

Isomere sind Moleküle mit gleicher Bruttoformel, aber unterschiedlicher Strukturformel. Die unten dargestellten **Konstitutionsisomeren** besitzen oft sehr unterschiedliche physikalische und chemische Eigenschaften.

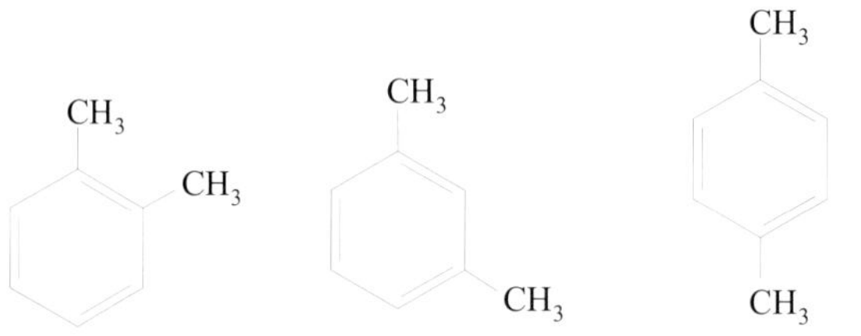

Stellungsisomerie

1,2–Xylol (ortho) 1,3–Xylol (meta) 1,4–Xylol (para)

$CH_3-CH_2-CH_2-CH_2-CH_3$

n–Pentan

$CH_3-CH-CH_2-CH_3$
$\quad\quad\;\, |$
$\quad\quad CH_3$

i–Pentan

Strukturisomerie

$CH_2=CH-CH_2-CH_3$

1–Buten

$CH_3-CH=CH-CH_3$

2–Buten

Doppelbindungsisomerie

Name	Summen-formel	Schmelzpunkt [°C]	Siedepunkt [°C]	Aggregatzustand bei 25°C	Vorkommen	Verwendung
Methan	CH_4	-182,6	-161,7	gasförmig	Ergas, Biogas	Heizgas
Ethan	C_2H_6	-172,0	-88,6	gasförmig	Ergas	Heizgas, Ethenherstellung
Propan	C_3H_8	-187,1	-42,2	gasförmig	Ergas	Kohlehydrierung, Heizgas
Butan	C_4H_{10}	-135,0	-0,5	gasförmig	Erdgas, Erdöl	Flüssiggas, Campinggas
Pentan	C_5H_{12}	-129,7	36,1	flüssig	Erdöl	Benzin
Hexan	C_6H_{14}	-94,0	68,7	flüssig	Erdöl	Benzin
Heptan	C_7H_{16}	-90,5	98,4	flüssig	Erdöl	Benzin
Oktan	C_8H_{18}	-56,8	125,6	flüssig	Erdöl	Benzin
Nonan	C_9H_{20}	-53,7	150,7	flüssig	Erdöl	Benzin
Dekan	$C_{10}H_{22}$	-29,7	174,0	flüssig	Erdöl	Benzin
Undekan	$C_{11}H_{24}$	-25,6	195,8	flüssig	Erdöl	Benzin
Dodekan	$C_{12}H_{26}$	-9,6	216,3	flüssig	Erdöl	Diesel, Heizöl
Tridekan	$C_{13}H_{28}$	-6,0	230	flüssig	Erdöl	Diesel, Heizöl
Tetradekan	$C_{14}H_{30}$	5,5	251	flüssig	Erdöl	Diesel, Heizöl
Pentadekan	$C_{15}H_{32}$	10,0	268	flüssig	Erdöl	Diesel, Heizöl
Hexadekan	$C_{16}H_{34}$	18,1	280	flüssig	Erdöl	Diesel, Heizöl
Heptadekan	$C_{17}H_{36}$	22,0	303	flüssig	Erdöl	Diesel, Heizöl
Oktadekan	$C_{18}H_{38}$	28,0	308	fest	Erdöl	Paraffine
Nonadekan	$C_{18}H_{38}$	32,0	330	fest	Erdöl	Kerzen, Straßenbelag
Eicosan	$C_{19}H_{40}$	36,4		fest	Erdöl	Kerzen, Straßenbelag
Heneicosan	$C_{20}H_{42}$	40,4		fest	Erdöl	Kerzen, Straßenbelag
Docosan	$C_{21}H_{44}$	44,4		fest	Erdöl	Kerzen, Straßenbelag

Tabelle 12.4 **Homologe Reihe der Alkane** /nach 7/

Alkene
Alkine

Alkene bestehen aus **ungesättigten Kohlenwasserstoffen** mit Doppelbindungen der allgemeinen Formel C_nH_{2n}. Sie werden auch als **Olefine** bezeichnet. **Diene** sind Alkene mit zwei Doppelbindungen. **Alkine** sind ungesättigte KW mit einer Dreifachbindung.

$CH_2=CH_2$

Ethen (Ethylen)

$CH_2=CH-CH_3$

Propen (Propylen)

$CH_2=CH-CH=CH_2$

Butadien

$HC\equiv CH$

Ethin (Acetylen)

Ethen

Das wichtigste Alken ist das Gas **Ethen** (Ethylen) als Ausgangsverbindung zur Herstellung zahlreicher chemischer Produkte, z.B. der Massenkunststoffe PE, PS und PVC. Ethen und Propen werden in Europa aus höhersiedenden Erdölfraktionen (Naphtha = Rohölfraktion mit Siedebereich 150...200°C) durch thermisches Cracken bei 800...900°C unter Zusatz von Wasserdampf (**Steamcracken**) gewonnen.

Aromaten

Aromaten besitzen alternierende (**konjugierte**) Doppelbindungen. Die Π–Elektronen in den unten dargestellten '***Kekule'***–Formeln sind frei beweglich (**delokalisiert).** Diesen Effekt nennt man **Mesomerie**. Aromaten treten in vielen Naturstoffen (z.B. Aromastoffen) auf. Technisch finden sie Anwendung u. a. in Kraftstoffen, Lösemitteln, Kunststoffen oder Farben. Bestimmte Aromaten, z.B. Benzol, Benzo[a]pyren und andere polyaromatische Kohlenwasserstoffe (PAK) haben sich als **krebserregend** erwiesen (→ *Kap.4.2*).

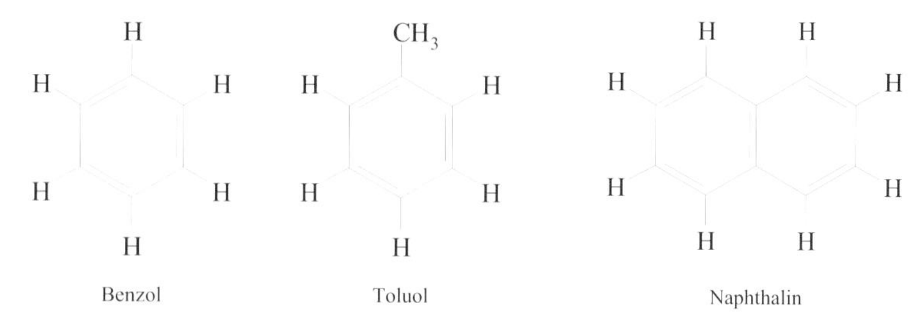

Benzol Toluol Naphthalin

Brennstoffe

Die technisch überwiegend genutzten fossilen Brennstoffe sind:

- **Kohle,**
- **Erdöl**
- **Erdgas.**

Steinkohle
Braunkohle

Steinkohle wird in Deutschland im Untertagebau, **Braunkohle** im Tagebau gefördert. Kohle enthält flüssige und gasförmige Komponenten, die bei einer Erhitzung unter Luftausschluss (Entgasung, Verkokung) abgespalten werden. Die gasförmigen Produkte werden als **Stadtgas** oder Kokereigas an Haushalte abgegeben. Als fester Rückstand verbleibt kohlenstoffreicher Hüttenkoks, der zur Herstellung von Kohleelektroden verwertet wird. Technische **Gasmischungen**, die überwiegend aus **Kohle** hergestellt werden, sind:

Kohlevergasung

Stadtgas

- **Stadtgas**–besteht aus ca. 50% Wasserstoff (H_2), 20% Methan (CH_4), 20% Kohlenmonoxid (CO) sowie Reste aus Stickstoff (N_2), Kohlendioxid (CO_2) und Schwefelwasserstoff (H_2S). Der Geruch nach H_2S warnt vor Undichtigkeiten im Gasleitungsnetz.

Generatorgas

- **Generatorgas**–eine Mischung aus ca. 34% CO und 60% N_2 und ein Rest CO_2. Man erhält es beim Heissblasen eines Ofens unter verminderter Luftzufuhr gemäß: $2\,C + O_2 \rightarrow 2\,CO$

Wassergas

- **Wassergas**–besteht aus ca. 40% CO, 50% H_2 sowie geringen Anteilen von N_2 und CO_2. Man erhält es durch Einblasen von Wasserdampf über erhitzte Kohle gemäß: $C + H_2O \rightarrow CO + H_2$

Halbwasser-, Kraftgas

- **Halbwasser-** oder **Kraftgas**–eine Mischung aus Wassergas und Generatorgas der Zusammensetzung 30% CO, 5% CO_2, 15% H_2 und 50% N_2. Man erhält es durch gleichzeitiges Einblasen von Luft und Wasser über fossile Brennstoffe, z.B. Kohle, Erdöl–Rückstände, Holz.

Die oben genannten technischen Gasmischungen dienen insbesondere als **Synthesegas** (siehe unten) zum Aufbau zahlreicher chemischer Grundstoffe, z.B. Ammoniak oder Methanol. Sie sind wichtige Quellen für die Gewinnung der technischen Gase Wasserstoff und Kohlendioxid. Als **Brenngase** besitzen sie neben Erdgas (90% Marktanteil) nur geringe Bedeutung.

Erdöl

Erdöl enthält im wesentlichen Alkane, Cycloalkane und Aromaten. Das geförderte Rohöl wird nach dem Entwässern und Entsalzen einer fraktionierten **Destillation** in Fraktioniertürmen unterworfen. Bei einer typischen Verdampfungstemperatur von ca. 350°C sammeln sich Siedefraktionen mit ähnlichem Siedepunkt in unterschiedlicher Höhe in der Destillationskolonne und werden von dort abgezogen (→ *Abb. 12.4*). Die schwer verdampfbaren Schweröle müssen in einer zweiten Siedekolonne unter **vermindertem Druck** getrennt werden (Vakuumdestillation).

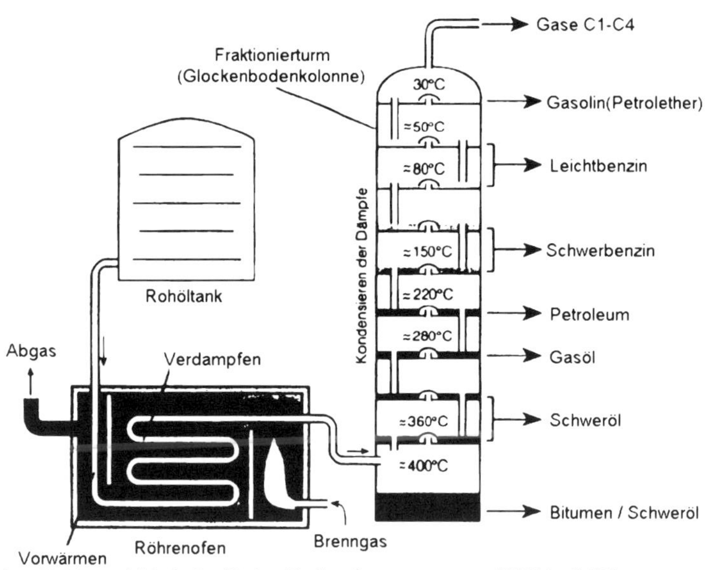

Abbildung 12.4 **Atmosphärische Destillation**: Verdampfungstemperatur ca. 350°C (nach /57/).

Atmosphärische Destillation

Die vier wesentlichen **Siedeschnitte** bei der atmosphärischen Destillation sind (→ *Tab. 12.5*):

- **Gase**: Methan, Ethan, Propan, Butan u. a.,
- **Rohbenzin, Chemiebenzin** (Naphta): Siedetemperatur bis 220°C,
- **Diesel, leichtes Heizöl:** Siedetemperatur 220...360°C,
- **Rückstand der atmosphärischen Destillation** (schweres Heizöl, Motorenöl, Bitumen): Siedetemperaturen >360°C (Vakuumdestillation).

Bei Raumtemperatur **flüssige** Kohlenwasserstoffe können andere, eigentlich feste Kohlenwasserstoffe in physikalisch gelöster Form enthalten. Die Löslichkeit hängt allerdings von der Temperatur ab, so dass es beim Abkühlen zu einer Auskristallisation der meist paraffinischen Feststoffe kommen kann. Dadurch kann die **Pumpfähigkeit** des Kraftstoffs oder Mineralöls beeinträchtigt werden (z.B. Dieselkraftstoff im Winter). Die Winterbeständigkeit wird durch Messgrößen wie den Cloudpoint bzw. die Filtrierbarkeit charakterisiert.

Veredelung

Die durch fraktionierte Destillation gewonnenen Brennstoffe **(straight–run–Benzin)** entsprechen weder mengen- noch qualitätsmäßig den vom Markt gestellten Anforderungen. Es schließen sich weitere Verarbeitungs- und Veredelungsvorgänge an. Man unterscheidet:

- **Konvertierung**: Umwandlung von Destillationsprodukten, z.B. Cracken, Reformieren,
- **Raffination**: Reinigung der Destillationsprodukte von Verunreinigungen, insbesondere Schwefel, z.B. durch Hydrofining.

Fraktionen	C-Atome	Siedebereich [°C]	Anwendung
Gase			
Brenngase	C_1, C_2	-161...-80	Methan, Ethan
Flüssigase	C_3, C_4	-45...-6	Verdichtung zu Flüssiggas
Benzine			
Petrolether	C_5, C_6	40...70	Lösemittel für Harze, Kautschuk
Leichtbenzin	C_6, C_7	70...90	Kraftstoffe, Reformingbenzin
Mittelbenzin	C_8...C_{10}	90...150	Vergaserkraftstoff für Ottomotoren
Schwerbenzin	C_{10}...C_{12}	150...220	Chemiebenzin, Naphtha
Flugbenzin	C_{11}...C_{15}	180...270	Kerosin, Petroleum, Crackbenzin
Diesel			
Gasöl	C_{12}...C_{20}	200...360	Dieselkraftstoff, leichtes Heizöl
Rückstände			
Schweröl	C_{20}...C_{40}	360...550	schweres Heizöl, Motorenöl, Cracken
Bitumen	$>C_{40}$	>550	Straßenbau, Dachpappe

Tabelle 12.5 **Siedefraktionen** von Erdöl. Die Rückstände der atmosphärischen Destillation werden unter Vakuum weiterbehandelt /nach 13, 44/

Cracken

Beim Cracken (**Spalten, Zerbrechen**) verfolgt man das Ziel, höhersiedende Erdölfraktionen (z.B. Petroleum, Gasöl, Schweröl) in niedersiedende, kurzkettige Alkane zu spalten. Man unterscheidet:

- **thermisches Cracken** von Petroleum oder Gasöl bei Temperaturen >500°C,
- **katalytisches Cracken** unter Verwendung eines Katalysators (meist Al_2O_3),
- **hydrierendes Cracken (Hydrocracken** mit Katalysatoren) von hochsiedenden Schwerölen ergibt hochwertige, schwefelfreie Benzine.

Reformieren

Sowohl Destillations- als auch Crackbenzine werden einem anschließenden Reforming–Prozess (**Umformen** bei unveränderter Zahl der C–Atome) unterworfen. Dabei werden Kohlenwasserstoffe niedriger Oktanzahl (Leicht-, Mittelbenzine, Siedefraktion 80... 150°C) in solche höherer Oktanzahl (iso–Alkane, Cycloalkane, Aromaten) durch Überleitung über (meist Platin–) Katalysatoren umgebaut. Derartige Veredelungsschritte können auch mit einer Reinigung (Raffination) verbunden sein:

$(CH_3)_2C=CH_2$

Isobuten

- **Isomerisieren:** n–Alkane werden zu iso–Alkanen umgebaut;
- **Cyclisieren:** Kettenförmige Alkane werden zu Cycloalkanen umgebaut;
- **Alkylieren:** Aus gasförmigen Alkenen und Isobutan entstehen höhere, verzweigte Alkane hoher Klopffestigkeit;
- **Polymerisieren:** Aus gasförmigen Alkenen (z.B. Isobuten) entsteht klopffestes Isooktan.

Raffination

Derartige Veredelungsschritte können auch mit einer Reinigung (Raffination) verbunden sein:

- **Hydrieren:** Alkene werden durch Anlagerung von Wasserstoff zu Alkanen umgebaut;
- **Hydrofining:** Durch Druckbehandlung mit einem wasserstoffhaltigen Gas (Druck 5 MPa, Temperatur 300...350°C, Katalysator) werden schwefelhaltige Verbindungen entfernt.

Erdgas

Erdgas enthält 80 bis 90% **Methan**. Es wird in Gasheizungen eingesetzt, wobei aus Sicherheitsgründen ein geruchsintensives Gas zugemischt wird. Technische Erdgasprodukte können u. a. Ethin (Acetylen) oder Wassergas sein:

$CH_4 \rightarrow C_2H_2 + H_2$ Ethinherstellung bei T >1500°C

$CH_4 + H_2O \rightarrow CO + 3\ H_2$ Wassergasherstellung bei T >800°C.

Synthesegas

Die oben formulierte Wassergasbildung ist ein Beispiel für die Herstellung von Synthesegasen, die auch im Hinblick auf den Umweltschutz zunehmende Bedeutung besitzen. Als **Synthesegas** bezeichnet man Gasmischungen, die als Ausgangsprodukt für die Herstellung chemischer Grundstoffe dienen können, z.B.:

- H_2 Herstellung des Grundstoffs: Wasserstoffperoxid
- CO Herstellung des Grundstoffs: Phosgen für PUR–Synthese
- H_2 / CO 1:1 Herstellung von Oxoalkoholen für Weichmacher bzw. Konvertierung zu Methanol oder Einsatz als Reduktionsmittel
- H_2 / CO_2 2:1 Herstellung: Methanol für Essigsäure, MTBE, Formaldehyd
- H_2 / N_2 3:1 Herstellung: Ammoniak für Düngemittel

Kohlenstoffhaltige Synthesegase besitzen auch für den Umweltschutz erhebliche Bedeutung (z.B. zur Verwertung kohlenstoffhaltiger Rückstände, d. h. Abfallverwertung oder zur Beseitigung umweltschädlicher Emissionen:

Steam-Reforming

- $CH_4 + H_2O \rightarrow CO + 3\ H_2$ **Steam–Reforming**: endotherme Reaktion, (850°C, Ni–Kat); Verwertung von Erdgas, Crack- oder Pyrolysegase.
- $CO + H_2O \rightarrow CO_2 + H_2$ **Konvertierung**: exotherme Reaktion (350°C) zur Erhöhung des H_2–Anteils.
- $C_nH_{2n+2} + n/2\ O_2 \rightarrow n\ CO + n{+}1\ H_2$ **Partielle Oxidation**: exotherme Reaktion (900..1000°C, Sauerstoffmangel); Verwertung von Destillationsrückständen, Teer, Kunststoffen. Bei letzteren dient das Synthesegas als Reduktionsmittel in der Eisenherstellung (Kunststoffrecycling, → *Kap. 6.3*).
- $CH_4 + CO_2 \rightarrow 2\ CO + 2\ H_2$ **CO_2–Reforming**: endotherme Reaktion; Verwertung von umweltschädlichen CO_2–Emissionen denkbar.

CO_2–Reforming

Kennwerte für Brennstoffe

Für technische Brennstoffe sind in der Regel Mindestanforderungen in technischen Normen festgelegt. So enthält DIN 51603 Mindestanforderungen an flüssige Brennstoffe mit folgenden Kennwerten:

- Dichte, • Schwefelgehalt, • Viskosität, • Koksrückstand,
- Heizwert, • Wassergehalt, • Siedeverlauf, • Pourpoint
- Flammpunkt, • Asche.

Pourpoint

Der **Pourpoint** (Fließpunkt) hat in Normen den früher verwendeten **Stockpunkt** weitgehend ersetzt. Der **Stockpunkt** ist die Temperatur, bei dem eine Flüssigkeit beim Abkühlen in 3°C–Schritten eben zu fließen aufhört. Der **Pourpoint** ist die Temperatur, bei dem eben noch Fließen beobachtet wird (Pourpoint = Stockpunkt + 3°C).

Wärmewerte

Wärmewert ist eine Sammelbezeichnung für Heizwert und Brennwert. Diese sind charakteristische Größen zur Berechnung der aus einer Verbrennungsreaktion freiwerdenden Wärme *(→ Tab. 12.6)*.

Heizwert
Brennwert

Der **Heizwert H_u** (unterer Heizwert) ist die auf die Brennstoffmenge bezogene Wärmemenge (Reaktionsenthalpie), die bei einer vollständigen Verbrennung bei Standardbedingungen (p = 0,1013 MPa, T = 298 K) frei wird. Das bei der Verbrennungsreaktion entstehende Wasser im Abgas wird als dampfförmig betrachtet. Der **Brennwert H_o**

(oberer Heizwert) entspricht dem Heizwert mit dem Unterschied, dass das Wasser flüssig vorliegt. Der Brennwert unterscheidet sich vom Heizwert deshalb um den Betrag der Kondensationswärme (-enthalpie) des Wassers:

- **Heizöl EL**: Brennwert 44,79 MJ kg^{-1}, Heizwert 42,7 MJ kg^{-1}, Kondensationsenthalpie des Wassers 2,09 MJ kg^{-1}
- **Erdgas H**: Brennwert 41,1 MJ m^{-3}, Heizwert 37,5 MJ m^{-3}, Kondensationsenthalpie des Wassers 3,6 MJ m^{-3}.

natürliche Brennstoffe	Heizwert H_u [MJ kg^{-1}]	veredelte Brennstoffe	Heizwert H_u [MJ kg^{-1}]
feste Brennstoffe			
Holz	15,3	Holzkohle	29,0
Braunkohle	22,0	Steinkohlenkoks	28,5
Steinkohle	30,0	Brikett	20,0
Anthrazit	33,0		
flüssige Brennstoffe und Kraftstoffe			
Erdöl (roh)	42,6		
Ottokraftstoff	43,5	Dieselkraftstoff	42,7
Heizöl EL	42,7	Heizöl L	37,8
Heizöl S	39,9	Rapsölmethylester (RME)	37,2
Methanol	19,7	Ethanol	26,8
gasförmige Brennstoffe und Kraftstoffe [MJ m^{-3}]			
Erdgas	31,7	Stadtgas	16,3
Klärgas	16,0	Wassergas	15,1
Erdgas L	33,3	Erdgas H	37,5
Propan	94,6	Butan	123,8

Tabelle 12.6 **Unterer Heizwert** für verschiedene Brennstoffe und Kraftstoffe /10, 58 und DIN 51 850/. Der Heizwert ist auf die Standardbedingungen p = 0,1013 MPa und T = 298 K bezogen. Die Gasvolumina sind auf denselben Druck, jedoch auf T = 273 K bezogen.

Brennwertkessel

Brennwertkessel haben einen um 10% höheren Wirkungsrad als atmosphärische Heizkessel. Es entsteht ein säurehaltiges Kondensat (saure Rauchgase), das bei größeren Heizkesseln vor der Einleitung in die Kanalisation neutralisiert werden muss (gesetzliche Pflicht ab einer Brennerleistung >200 kW).

Aufgabe

Die oben angegebenen Heizwerte müssen oft in andere Einheiten umgerechnet werden. Berechnungen und Umrechnungen von Heizwerten und Brennwerten für Gase sind in DIN 51 857 enthalten.

- **1 MJ = 1 / 3,6 kWh**
- **1 MJ kg^{-1} = ρ · 1 MJ l^{-1}** wenn ρ [kg l^{-1}]
- **1 t Steinkohleneinheiten (SKE)** = 29,3076 GJ = 8,141 MWh.

Wie groß ist der Heizwert H_u von Heizöl EL in kWh l^{-1} ?

H_u = 42,7 MJ kg^{-1} = 11,86 kWh kg^{-1} = 11,86 · 0,82 = 9,73 kWh l^{-1}

Feuerungsanlagen

Feuerungsanlagen sind Anlagen, in denen durch Verfeuerung von Brennstoffen **Wärme** erzeugt wird. Die Wärmeenergie kann (z.B. in einem Dampfkraftwerk) in elektrischen Strom umgewandelt werden. **Heizungsanlagen** dienen der ausschließlichen Bereitstellung von Wärme, z.B. für Wohnstätten. Die verwendeten Energieträger sind fossile Brennstoffe, oder im Falle einer elektrischen Heizung, ein gewisser Anteil an Nuklearenergie. Die Wärme wird vom Heizkessel direkt an den Verbraucher oder indirekt an einen Wärmetauscher (Zentralheizungen) abgegeben. In Heizkesseln verwendet man unterschiedliche Feuerungstechniken:

- Heizkessel mit **Rostfeuerung** für feste Brennstoffe,
- **Atmosphärische Öl-** oder **Gasbrenner, Gebläsebrenner** (Verbrennungsluftzufuhr mit Gebläse),

- **Öl**–oder **Gas–Brennwertkessel** (Kondensationswärme des Wassers wird genutzt).

Rauchgas

Das aus einer Heizungsanlage mit flüssigen oder gasförmigen Brennstoffen emittierte Rauchgas hat folgende durchschnittliche Zusammensetzung:

- **Stickstoff**: Öl- oder Gasfeuerungen ca. 78...80%,
- **Kohlendioxid**: Ölfeuerungen 12,5...14%, Gasfeuerungen 10...12%,
- **Sauerstoff**: Ölfeuerungen 2...5%, Gasfeuerungen 2... 3%,
- **Kohlenmonoxid**: Ölfeuerungen 80...150 ppm, Gas 40...100 ppm,
- **Stickoxide**: Öl- oder Gasfeuerungen 50...110 ppm,
- **Schwefeldioxid**: Ölfeuerungen 140...220 ppm, Gasfeuerungen keine,
- **unverbrannte Kohlenwasserstoffe**: Öl <50 ppm, Gasfeuerungen keine,
- **Ruß**: Rußzahl 0 oder 1.

Berechnung von Rauchgasmengen

Zur **Berechnung** der aus einer Heizungsanlage emittierten Rauchgasmengen geht man von der **nutzbaren Wärmemenge Q** [kWh] aus. Diese ist dem Verbraucher bekannt oder kann einfach gemessen werden. Zur Ermittlung des notwendigen Brennstoffeinsatzes (**Primärenergie**) muss mit einem Faktor multipliziert werden, der aufgrund von **Verlusten** durch Energieumwandlung und Verteilung in der Regel größer eins ist (Ausnahme: Wärmepumpe). Für Wärme- und Abgasrechnungen können die Werte der → *Tab. 12.7* in Einheiten [kg $kW^{-1}h^{-1}$ Primärenergie] verwendet werden.

Heizungsart	Primärenergieeinsatz	CO_2 [kg kW h^{-1}]	NO_2 [g kWh^{-1}]	SO_2 [g kWh^{-1}]	Staub [g kWh^{-1}]
Strom (Energiemix)	294%	0,18	0,18	0,09	0,014
Heizöl	125%	0,26	0,16	1,1	0,04
Erdgas	119%	0,21	0,14	0,02	-
Gas-Brennwert	104%	0,21	0,14	0,02	-
Gas-Wärmepumpe	71%	0,21	0,14	0,02	-

Tabelle 12.7 **Emissionsrechnungen** für durchschnittliche Heizungsanlagen (Quelle: Brennwertnutzung, Haus der Wirtschaft, Stuttgart 1994). Die Emissionsangaben für Strom schwanken in Abhängigkeit vom Anteil an Kernenergie des Stromerzeugers (Quelle: Neckarwerke, Esslingen).

Aufgabe

Ein Einfamilienhaus erfordert einen Heizenergiebedarf von 26 000 kWh pro Jahr. Wie groß sind die Schadstoffemissionen beim Einsatz eines durchschnittlichen Gas–Brennwertkessels ?
Primärenergieeinsatz 26 000 kWh ·104 = 27040 kWh pro Jahr
CO_2: 5678 kg pro Jahr; NO_X: 3,8 kg pro Jahr; SO_2: 0,54 kg pro Jahr.

Wirkungsgrad

Der Wirkungsgrad einer Feuerungsanlage (Kesselwirkungsgrad η) entspricht dem Verhältnis von nutzbarer Wärme (**Nennwärme Q_N**) zu **Brennstoffwärme Q_B** (aus dem Heizwert bestimmt): Kesselwirkungsgrad $\eta = Q_N / Q_B = 1 - qA$.

Maximaler Wirkungsgrad

Der maximale Verbrennungswirkungsgrad wird erfahrungsgemäß erzielt, wenn bei leichtem Luftüberschuss (λ = 1...1,1) der **Abgaswärmeverlust qA** auf den kleinsten Wert gebracht wird. In der Nähe dieses Betriebspunktes erreicht die CO_2–Konzentration ihr Maximum (vollständige Verbrennung) und der CO–Gehalt geht gegen Null (→ *Abb.12.5*). Die wesentliche Stellgröße ist die Steuerung der Verbrennungsluftmenge im Verhältnis zur eingesetzten Brennstoffmenge (Luftzahl λ, → *Kap.12.3*).

Rauchgas-messungen

Direkt messbare Größen bei der Rauchgasmessung in Heizungsanlagen sind:

- **Rußzahl:** Schwärzung eines Filterpapiers nach einer bestimmten Anzahl an Pumpenhüben, Rußzahlen von 0 bis 9, eine Erhöhung der Rußzahl um eine Einheit entspricht einer Abnahme des Reflexionsvermögens um 10% (nach Bacharach, DIN 51402).

- **Temperaturen:** Verbrennungslufttemperatur (VT, Messung in der Ansaugöffnung zum Brenner); Abgastemperatur (AT, Messung im Abgaskanal),
- **Druck**: Kaminzug (Messung des Unterdrucks im Kamin; das Abgas ist heisser und besitzt eine geringere Dichte als die Außenluft),
- **Gase:** O_2, CO, CO_2, NO_x (Messung durch elektrochemische Gassensoren, → *Kap. 15.1*).

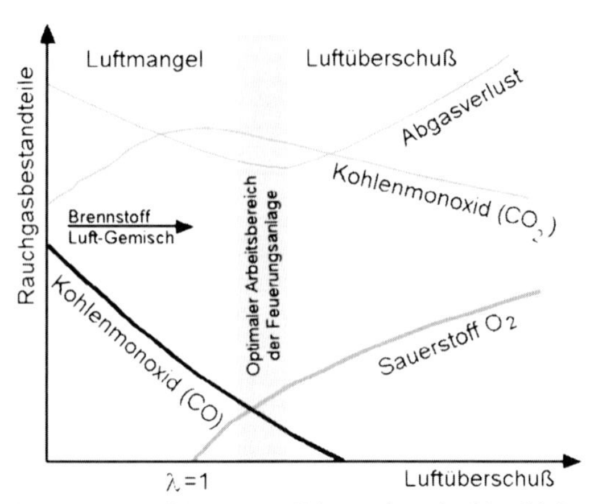

Abbildung 12.5 **Optimale Betriebsbedingungen** von Heizungsanlagen in Abhängigkeit von der Luftzahl: ein optimaler Verbrennungswirkungsgrad wird erreicht, wenn bei leichtem Luftüberschuss der Abgasverlust auf den kleinsten Wert gebracht wird (Quelle: Firma Testo, Lenzkirch).

Abgaswärmeverlust

Die CO_2–Konzentration einer gut eingestellten Heizung soll möglichst hoch sein (vollständige Verbrennung). Es gibt tabellierte, brennstoffabhängige Werte für die maximal mögliche CO_2–Konzentration (1. BImSchV, Anlage III). Aus den oben genannten Messgrößen (VT, AT, O_2–Konzentration) lässt sich der Abgasverlust qA rechnerisch (nach DIN 4702 oder 1. BImSchV, Anhang III) ermitteln. qA ist das wichtigste Qualitätskriterium für eine gut eingestellte Heizung. Der Abgaswärmeverlust entspricht dem Wärmeverlust Q_A im Abgas bezogen auf den Heizwert H_u des Brennstoffes:
$qA = Q_A / H_u$

Genehmigungspflicht

Feuerungsanlagen sind gemäß der 4. BImSchV (nach dem vereinfachten Verfahren) genehmigungsbedürftig, sofern ihre **Feuerungsleistung** (Brennstoffeinsatz pro Stunde) die Werte nach → *Abb. 12.6* übersteigt. Diese Leistungsgrenzen gelten auch für getrennte Anlagen, sofern ein enger räumlicher oder betrieblicher Zusammenhang gegeben ist (insbesondere dann, wenn sie auf **demselben Betriebsgelände** liegen).

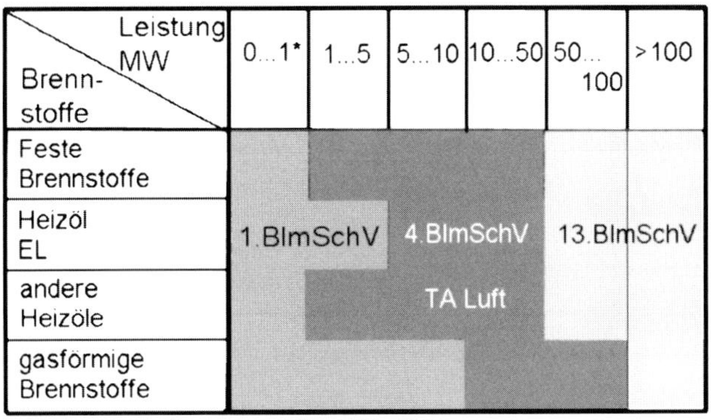

Brennstoffe \ Leistung MW	0...1*	1...5	5...10	10...50	50...100	>100
Feste Brennstoffe						
Heizöl EL	1.BImSchV		4.BImSchV		13.BImSchV	
andere Heizöle			TA Luft			
gasförmige Brennstoffe						

* -bei Glas und Öl : ab 0,004 MW (4kW)
-bei Festbrennstoffen: ab 0,015 MW (15kW)

Abbildung 12.6 **Genehmigungspflicht** für Feuerungsanlagen (Quelle: Firma Testo, Lenzkirch)

Grenzwerte

Grenzwerte für Feuerungsanlagen sind in den Verordnungen zum BImSchG enthalten:

- **1. BImSchV: KleinfeuerungsanlagenV** (Feuerungsleistung <50 MW),
- **13. BImSchV: GrossfeuerungsanlagenV** (Feuerungsleistung >50 MW).

Die Grenzwerte für Gross- und Kleinfeuerungsanlagen sind sehr detailliert und können nicht vollständig beschrieben werden. Sie orientieren sich an der Art der eingesetzten Brennstoffe, an der Feuerungstechnik und am Alter der Anlagen. Für **Kleinfeuerungsanlagen** mit Öl- oder Gasheizungen gilt nach der 1. BImSchV:

- Die **Schwärzung** durch staubförmige Emissionen darf bestimmte Rußzahlen, z.B. die Werte 0, 1 oder 2 nicht übersteigen.
- Der **Abgaswärmeverlust qA** ist entsprechend → *Tab. 12.8* begrenzt.
- Die Anlagen müssen regelmäßig durch den **Bezirksschornsteinfeger** überwacht werden.

Grenzwerte für Kleinfeuerungsanlagen

Seit dem 1. 11. 1996 gelten neue Grenzwerte für Kleinfeuerungsanlagen. Altanlagen müssen innerhalb eines festgelegten Zeitraumes nachgerüstet werden (maximal bis zum Jahr 2004). Weitere Emissionsgrenzwerte ergeben sich aus der Forderung des BImSchG, dass die Emissionsbegrenzung in Feuerungsanlagen dem **Stand der Technik** entsprechen muss. Dieser ist in DIN 4702 festgelegt. Danach gelten für CO und NO_x die Grenzwerte der → *Tab. 12.8.*

Feuerungswärme-leistung [kW]	Tag der Einrichtung oder wesentlichen Änderung			
	bis 31.12.1982	ab 1.1.1982	ab 1.10.1988	ab 1.1.1998
4 bis 25	15	14	12	11
>25...50	14	13	11	10
>50	13	12	10	9

Gerätetyp	Feuerungswärmeleistung [kW]	NO_2 [mg kWh^{-1}]	CO [mg kWh^{-1}]
Ölzerstäuberbrenner	<350	260	110
	>350	260	110
Gebläse-Gasbrenner	<350	150	100
	>350	200	100
Gas-Brennwertkessel	<120	120	80
	>120	120	80
Gas-Brenwertkessel Blauer Engel, RAL UZ 61	<30	65	50

Tabelle 12.8 **Zulässige Abgaswärmeverluste** [%] nach 1. BImSchV (Stand 1.11.1996 oben); **Grenzwerte** für Öl–bzw. Gas–Kleinfeuerungsanlagen, gemäß DIN 4202 und RAL UZ 61 (unten, Quelle: Handbuch Feuerungstechnik /58/)

12.3 Kraftstoffe, Verbrennung in Verbrennungsmotoren

Kraftstoffe

Kraftstoffe sind Brennstoffe, die zum Betrieb von **Verbrennungsmotoren** bestimmt sind. In einem Verbrennungsmotor wird der Kraftstoff C_nH_{2n+2} mit Luftsauerstoff (O_2) vermischt und verbrannt. Durch die Einstellung geeigneter Betriebsbedingungen des Motors (z.B. Kraftstoff–Luftverhältnis, Verbrennungstemperatur u. a.) soll ein möglichst vollständiger Umsatz der Reaktion und damit ein hoher Wirkungsgrad des Motors erzielt werden:

$$C_nH_{2n+2} + (3/2\ n + 1/2)\ O_2 \rightarrow n\ CO_2 + (n+1)\ H_2O$$

Vollständige Verbrennung

Bei idealer (vollständiger) Verbrennung enthält das Abgas außchließlich N_2, CO_2, H_2O und Edelgase. Aufgrund nichtidealer Verbrennungsprozesse (z.B. mangelnde Durchmischung des Kraftstoff–Luftgemisches) treten im Abgas eines Motors **ohne Katalysator** folgende Schadgase auf:

Abgase

- **Kohlendioxid (CO_2):** ca. 3...12 Vol% CO_2,
- **Kohlenmonoxid (CO):** ca. 100...2000 CO,
- **Kohlenwasserstoffe (HC** = Hydrocarbons**):** ca. 50...600 ppm HC,
- **Stickoxide (NO_x):** ca. 1000...5000 ppm NO_x,
- **Schwefeldioxid (SO_2)**: treibstoffabhängig (stärker bei Dieselabgasen),
- **Partikel:** 20...150 mg m^{-3} (nur bei Dieselabgasen).

Verbrennungsreaktion

Die Verbrennungsreaktion von Kraftstoff mit Luftsauerstoff führt zu einer großen Anzahl komplizierter Verbrennungsprodukte. Besser untersucht und übersichtlicher ist die Knallgasreaktion zwischen **Wasserstoff** und **Sauerstoff** als **Modellreaktion**. Alle Verbrennungsreaktionen in der Gasphase folgen einem ähnlichen **radikalischen** Kettenmechanismus:

- **Kettenstart (Zündung):** $H_2 + O_2 \rightarrow 2{\bullet}OH$
- **Kettenfortpflanzung**: ${\bullet}OH + H_2 \rightarrow H_2O + {\bullet}H$
- **Kettenverzweigung:** ${\bullet}OH + H_2 \rightarrow {\bullet}OH + {\bullet}O$
  ${\bullet}O + H_2 \rightarrow {\bullet}OH + {\bullet}H$
- **Kettenabbruch:** ${\bullet}H \rightarrow \frac{1}{2} H_2$
  heterogene Abbruchreaktion durch Energieübertragung auf die Wand oder
  ${\bullet}H + O_2 + M \rightarrow {\bullet}HO_2 + M$
  homogene Abbruchreaktion durch Energieübertragung auf einen inerten Stosspartner M, z.B. Stickstoff.

Zündverzugszeit

Kettenabbruchreaktionen können vor allem bei unvollständigen Verbrennungsreaktionen (z.B. unter Sauerstoffmangel oder bei kaltem Motor) auftreten. Als Folge können u.U. giftige oder umweltschädliche Abbauprodukte emittiert werden. Kettenstart und–fortpflanzung entspricht den Vorgängen bei der Zündung eines Kraftstoff–Luftgemisches. Die Kettenverzweigung erfolgt innerhalb einer Induktionszeit (**Zündverzugszeit**), während der sich die Zahl freier Radikale ohne erkennbare Temperaturerhöhung stark vergrößert. Dann tritt der explosionsartige Verlauf der Verbrennungsreaktion klar zutage.

Explosion

Unter einer Explosion versteht man eine Verbrennungsreaktion, die mit einer schlagartigen Volumenzunahme bzw. Druckzunahme (bei konstantem Volumen) verbunden ist. Die Volumenzunahme ist zurückzuführen **a.** auf die Entstehung gasförmiger Reaktionsprodukte und **b.** auf die Reaktionswärme der exothermen Reaktion. Der schlagartige Verlauf der Volumenfreisetzung wird erklärt durch **a.** das lawinenartige Anwachsen freier Radikale während der Kettenverzweigung und **b**. das exponentielle Wachstum der Reaktionsgeschwindigkeit (Arrhenius–Gleichung), wenn die Reaktionswärme nicht mehr rasch genug an die Kammerwände abgegeben werden kann. Bei den hohen Drükken in Verbrennungsmotoren ist der letztgenannte Prozess der sog. **thermischen Explosion** bestimmend.

Thermische Explosion

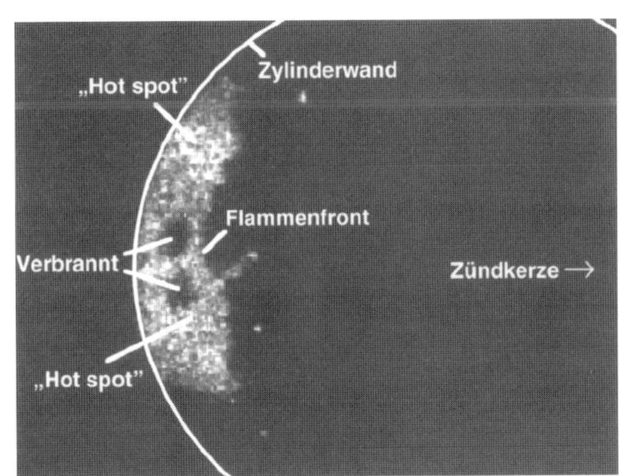

Abbildung 12.7 **Klopfende Verbrennung**: Mittels einer speziellen Aufnahmetechnik (Laser–Fluoreszenzspektroskopie) können 'hot spots' (Stellen der Selbstentzündung des Kraftstoffs, bevor die Flammenfront eintrifft) sichtbar gemacht werden (Quelle: Prof. Dr. Warnitz, Universität Heidelberg /59).

Deflagration
Detonation

Man unterscheidet zwei Arten von Explosionen: **Deflagration** und **Detonation**. Die **Deflagration** ist die übliche Form der Explosion. Dabei breitet sich die Flammenfront (Reaktionsfront) mit der Diffusionsgeschwindigkeit der Radikale aus (Geschwindigkeit ca. 50...100 cm s^{-1}). Bei starken Explosionen eilt der Flammenfront eine Druckwelle mit Geschwindigkeiten bis über 1000 m s^{-1} voraus (**Detonation**). Durch die adiabatische Kompression dieser Stosswellen kommt es zur Selbstentzündung des Kraftstoff–Luftgemisches bevor die Flammenfront eintrifft. Dies macht sich in einem Motor durch sog. **Klopfen** bemerkbar. Eine klopfende Verbrennung in einem Motorzylinder ist in → *Abb. 12.7* mittels einer speziellen Aufnahmetechnik dargestellt.

Theoretischer Luftbedarf

Der **theoretische** Luftbedarf L_0 [kg Luft pro kg Kraftstoff] zur vollständigen Verbrennung eines Kraftstoffs errechnet sich nach der Formel /60/:

$$L_0 = \frac{1}{23} \cdot \left[\frac{8}{3} \cdot \frac{C}{100} + \frac{8 \cdot H}{100} - \frac{O}{100} \right]$$

(C, H, O = Massenprozent der Atome Kohlenstoff, Wasserstoff und Sauerstoff)

L_0 liegt für die meisten Kraftstoffe zwischen **14,7** und **14,9 kg** Luft pro kg Kraftstoff (→ *Tab. 12.9*).

Kraftstoff	C [Massen%]	H [Massen%]	Luftbedarf L_0 [kg Luft kg^{-1} Kraftstoff]
Methan	75,0	25,0	17,4
Butan	82,8	17,2	15,6
i-Oktan	84,2	15,8	15,2
Ottokraftstoff Super	86,5	13,5	14,7
Ottokraftstoff Normal	85,5	14,5	14,9
Dieselkraftstoff	86,3	13,7	14,8

Tabelle 12.9 **Theoretischer Luftbedarf L_0** verschiedener Kraftstoffe /60/

Aufgabe

Welches Volumen an Luft benötigt man theoretisch für die Verbrennung von 1 Liter Ottokraftstoff normal (Dichte des Kraftstoffs 0,73 g cm^{-3}) ?
1 Liter Ottokraftstoff normal wiegt: m = 730 g
Zur Verbrennung von 730 g Kraftstoff benötigt man (→ *Tab. 12.9*): m = 0,73 · 14,9 = 10, 877 kg Luft
Dichte der Luft bei Normbedingungen: ρ = (0,79 · 28 + 0,21 · 32) / 22400 = 0,0013 g cm^{-3}
Volumen Luft: V = 10877 g / 0,0013 g cm^{-3} = 8367 Liter Luft bei Normalbedingungen.

Tatsächlicher Luftbedarf

Der tatsächliche Luftbedarf L für die Verbrennung eines Kraftstoffs in einem Motor kann in der Praxis höher oder niedriger als der theoretisch errechnete Wert L_0 liegen. Man unterscheidet:

- **magere Gemische:** $\lambda = L / L_0 > 1$,
- **fette Gemische:** $\lambda < 1$.

Luftzahl

Die Luftzahl λ kann bei **Ottomotoren** zwischen λ = 0,9 und 1,3 liegen. Sie ist das entscheidende Kriterium für einen optimalen Verbrennungsvorgang und niedrige Abgaswerte. **Dieselmotoren** werden dagegen mit einem **hohen** Luftüberschuss λ = 1,2 bis 2 betrieben. Dadurch lassen sich **relativ niedrige** Abgaswerte bei modernen Dieselmotoren auch **ohne Abgasbehandlung** einhalten.

Viertakt–Ottomotor

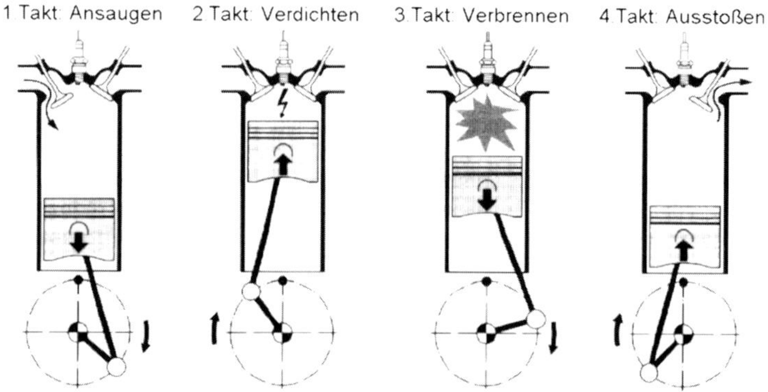

Abbildung 12.8 **Zündvorgänge in einem Viertakt–Ottomotor** (Quelle: Firmenschrift Abgastechnik, Firma Bosch, Stuttgart).

Füllungsgrad

Bei den geläufigen **Hubkolbenmotoren** findet die Verbrennung in einem Zylinder statt, dessen Arbeitsvolumen sich durch einen beweglichen Kolben periodisch verändert. Bei jedem Arbeitszyklus wird das **Hubvolumen** V_H an Luft bzw. Kraftstoff–Luftgemisch eingesaugt und wieder ausgestossen (Viertakt–Ottomotor, → *Abb. 12.8*). Bei gegebenem Hubvolumen kann die Masse der eingesaugten Verbrennungsgase variieren (**Füllungsgrad** = Verhältnis der tatsächlich angesaugten Gasmasse zur theoretisch möglichen Gasmasse im Hubraumvolumen). Praktische Füllungsgrade sind 50... 80%. Bei vorgegebener Luftzahl bewirkt ein höherer Füllungsgrad eine **Leistungssteigerung**. Die Motorleistung wird deshalb durch die **Dichte** der Ansaugluft beeinflusst, z.B.:

- **heisse Motor-** oder **Außentemperaturen:** Leistungsverlust (Abhilfe: Motorkühlung, Ladeluftkühlung),
- **Kompression** der **Ansaugluft (Aufladung):** Leistungssteigerung durch Turbolader, Leistungsverlust bei **zunehmender Höhe** über dem Meeresspiegel.

Verdichtung

Das Arbeitsvolumen ändert sich während eines Arbeitszyklus periodisch zwischen dem **Verdichtungsvolumen** V_C (oberer Umkehrpunkt des Kolbens) und dem Volumen des gesamten Verbrennungsraumes $V_H + V_C$ (unterer Umkehrpunkt des Kolbens). Je höher das **Verdichtungsverhältnis** ε zwischen diesen beiden Volumina ausfällt, desto besser wird der Kraftstoff ausgenutzt. Bei einer höheren Verdichtung verläuft die Verbrennungsreaktion vollständiger, was sich als Leistungssteigerung des Motors bzw. als Kraftstoffeinsparung bemerkbar macht. Aufgrund des verbesserten Wirkungsgrades (Verhältnis der Kraftstoffenergie zur nutzbaren Arbeit) **sinkt** die **Abgastemperatur** bei höherer Verdichtung. Das maximal erreichbare Verdichtungsverhältnis ist beim Ottomotor aufgrund der **Klopfgefahr** (Selbstentzündung des Kraftstoffes) geringer als beim Dieselmotor:

- **Ottomotor:** Verdichtungsverhältnis 7 : 1 bis 13 : 1, Wirkungsgrad ca. 22% bis 32%, höherer Kraftstoffverbrauch, Abgastemperaturen bei Volllast ca. 750 bis 850°C;
- **Dieselmotor:** Verdichtungsverhältnis ca. 13 : 1 bis 22 : 1, Wirkungsgrad ca. 28% bis 42%, niedrigerer Kraftstoffverbrauch, Abgastemperaturen bei Volllast ca. 500 bis 600°C.

Ottomotor

Der Ottomotor ist durch die **Fremdzündung** eines Kraftstoff–Luftgemisches mittels einer Zündkerze gekennzeichnet. Die Gemischbildung erfolgt **homogen**, meist außerhalb des Verbrennungsraumes, entweder in einem separaten **Vergaser** oder der Kraftstoff wird in den Luftansaugkanal eingespritzt (**i = injection**). Eine sichere Zündung erfolgt nur innerhalb der **Explosionsgrenzen** des Kraftstoff–Luftgemisches λ = 0,65 (untere Grenze) und λ = 1,3 (obere Grenze, Explosionsgrenzen → *Tab. 8.9*). Die höchsten Verbrennungsgeschwindigkeiten und damit **optimale Leistung** erhält man bei ca. **5...10%** Luftmangel (fettes Gemisch). Die Anpassung des Motors an wechselnde Lasten erfolgt durch Steuerung / Drosselung des Ansaugluftvolumens und Regelung der dazu optimalen Kraftstoffmenge.

Zündung beim Ottomotor

Beim **Viertakt–Ottomotor** wird das Kraftstoff–Luftgemisch während der Abwärtsbewegung des Kolbens in den Zylinder eingesaugt. Bei der Aufwärtsbewegung des Kolbens erfolgt eine Verdichtung und Erwärmung des brennbaren Gasgemisches (Kompressionsdruck 2...3 MPa), wobei die Kompressionsendtemperatur von 400...500°C die **Selbstentzündungstemperatur** des Gemisches nicht überschreiten darf. Kurz **vor** Erreichen des oberen Totpunkts (Umkehrpunkt des Kolbens) wird das Gemisch durch eine **Zündkerze** gezündet. Durch die Verbrennungswärme (Gastemperaturen 700 bis 900°C) und in zweiter Linie durch die entstehenden Verbrennungsgase entsteht ein hoher Druck, der den Kolben nach unten bewegt und dabei Arbeit an dem Kurbeltrieb leistet.

Klopfende Verbrennung

Die **klopfende** Verbrennung beruht auf einer Selbstentzündung der hoch verdichteten Verbrennungsgase (**Entzündung ohne Zündkerze**), was insbesondere am Ende des Kompressionsvorganges und unter Vollast auftreten kann. Dabei ist das Gemisch schon so heiss, dass die zunehmende Verdichtung beim Kompressionsvorgang bereits **vor** der Flammenfront **Selbstentzündungen** verursacht. Dies macht sich durch einen steilen Druckanstieg und ein helles, metallisches Klingeln bemerkbar. Die Druckspitzen schädigen den Motor (insbesondere auch die Motorlager). Die **Klopfneigung** kann durch **konstruktive** Maßnahmen am Motor (z.B. Gestaltung des Brennraumes, Auswahl der Werkstoffe, Kühlung u. a.) vermindert werden. Eine zweite Gegenmaßnahme gegen das Klopfen ist die Verbesserung der Klopffestigkeit von **Kraftstoffen** durch Zugabe von **'Klopfbremsen'**, z.B.:

Klopfbremsen

- **Antiklopfadditiven**, z.B. Bleiverbindungen,
- **isomeren-** und **aromatenreiche** Benzinfraktionen.

Bleihaltige Antiklopfmittel

Der Einsatz von verbleiten **Antiklopfmitteln** (Tetraethylblei $Pb[OC_2H_5]_4$ in verbleitem Benzin) ist aufgrund der umweltschädlichen Wirkungen gesetzlich begrenzt (**Grenzwert 13 mg Pb** l^{-1}). Bei Altfahrzeugen dienen Bleiadditive zusätzlich zur Schmierung der Einlass- und Auslassventile. Blei–Verbindungen 'vergiften' jedoch einen Abgaskatalysator. Anstelle von schwermetall- oder halogenhaltigen Antiklopfmitteln werden heute eher **isomeren-** und **aromatenreiche** Benzinsorten mit verbesserter Klopffestigkeit zugesetzt. **Klopffeste** Kohlenstoffverbindungen bilden möglichst **stabile Radikale**, die eine Fortsetzung der Selbstentzündungsreaktion behindern. **Stabile** Radikale erkennt man an der Nachbarschaft eines ungepaarten Elektrons zu einem Benzolring (**Mesomerieeffekt, M–Effekt**) oder zu C–Atomen mit möglichst vielen Alkylgruppen (**Induktionseffekt, I–Effekt**). Den Stabilisierungseffekt durch benachbarte Alkylgruppen nennt man + I–Effekt (Alkylgruppen stellen aufgrund ihrer geringen Elektronegativität Elektronen zur Verfügung). Beispielsweise steigt die Stabilität von Butyl–Radikalen in der Reihenfolge primäre, sekundäre zu tertiäre Butyl–Radikale:

Stabile Radikale als Klopfbremsen

$CH_3-CH_2-CH_2-CH_2^{\bullet}$ (prim. Butyl–)

$CH_3-CH_2-\dot{C}H-CH_3$ (sek. Butyl)

$CH_3-C^{\bullet}(CH_3)-CH_3$ (tert. Butyl–Radikal)

→ zunehmende Klopffestigkeit →

Oktanzahl

Die **Klopffestigkeit** eines Ottokraftstoffs wird durch die Oktanzahl (OZ) bestimmt. Es gibt zwei verschiedene Prüfmethoden für die Oktanzahl, die Motor–Methode (**MOZ**) und die Research–Methode **(ROZ)**. Im allgemeinen wird der ROZ–Wert (Stadtverkehr) angegeben. Die Oktanzahl wird an einem genormten Motorprüfstand ermittelt, in dem die Zusammensetzung eines Testgemisches aus **i–Oktan** (OZ = 100) und **n–Heptan** (OZ = 0) solange variiert wird, bis das Motorverhalten des Testgemisches demjenigen des natürlichen Kraftstoffs entspricht. Ottokraftstoff Normal weist z.B. eine Oktanzahl ROZ = 91 auf, d. h. ein Testgemisch aus 91% i–Oktan und 9% n–Heptan simuliert das Verhalten dieses Benzins. Es sind auch Oktanzahlen >100 möglich. In diesem Fall wird ein Testgemisch von i–Oktan und Tetraethylblei ($Pb[C_2H_5]_4$) verwendet (→ *Tab. 12.10*).

$$
\begin{array}{ccccc}
 & CH_3 & & CH_3 & \\
CH_3 & CH & CH_2 & C & CH_3 \\
 & & & CH_3 &
\end{array}
$$

Iso–Oktan = 2.2.4- Trimethylpentan (OZ 100: bei der Kettenspaltung innerhalb der Verbrennung entstehen stabile tert. Butylradikale)
Normenhinweis:
DIN ISO 5163 Oktanzahlen nach der Motor–Methode
DIN ISO 5164 Oktanzahlen nach der Research–Methode

Oktanzahlen von Kraftstoffen

Verbindung	Summen-formel	Gruppe	Siede-punkt [°C]	Dichte [g cm^{-3}]	ROZ
n-Pentan	C_5H_{12}	n-Alkan	36	0,62	62
n-Hexan	C_6H_{14}	n-Alkan	69	0,66	25
Cyclohexan	C_6H_{12}	Cycloalkan	81	0,78	83
n-Heptan	C_7H_{16}	n-Alkan	98	0,69	0
n-Oktan	C_8H_{18}	n-Alkan	126	0,70	-18
Isooktan	C_8H_{18}	iso-Alkan	99	0,6	100
n-Hexadecan (Cetan)	$C_{16}H_{34}$	n-Alkan	288	0,77	-67
Benzol	C_6H_6	Aromat	80	0,88	98
Toluol	C_7H_8	Aromat	111	0,86	120
Methanol	CH_3OH	Alkohol	65	0,80	109
Ethanol	C_2H_5OH	Alkohol	78	0,79	109
Methyl-t-Butylether, MTBE	$C_5H_{12}O$	Ether	55	0,74	114
Ottokraftstoff Normal			70...130	0,73	91
Ottokraftstoff Super				0,75	95
Ottokraftstoff Super Plus				0,74	98

Tabelle 12.10 **Oktanzahlen** verschiedener Kraftstoffe und Kraftstoffkomponenten /60/

Benzin

Benzin ist eine Sammelbezeichnung für ein Gemisch aus ca. 150 Kohlenwasserstoffverbindungen mit leicht flüchtigen **C6...C10**–Alkanen, Cycloalkanen, Alkenen und Aromaten im Siedebereich zwischen **70** und **150°C** (Flammpunkt <-21°C, Gefahrenklasse AI nach VbF). Die Komponenten sollen eine **geringe Zündwilligkeit** besitzen, d. h. **klopffest** sein. Die Zusammensetzung von Motorenbenzin hängt von der geographischen Herkunft des Erdöls ab. Benzin für den europäischen Markt besteht aus /61/:

- **53% Alkane (Paraffine)** und **Cycloalkane (Naphthene),**
- **38% Aromaten (inkl. Benzol), • 9% Alkene (Olefine), • <1% Additive.**

Benzinadditive

Die verschiedenen Kraftstoffsorten unterscheiden sich meist nur durch die Auswahl der Additive. Diese können sein:

- **Rückstandsumwandler**: verhindern Ablagerungen im Brennraum (z.B. P–Verbindungen),
- **Korrosionsschutzstoffe**: verhindern Korrosion im Brennraum, verbessern die Schmierung (z.B. polare Fettsäurederivate),
- **Alterungsschutzstoffe**: verhindern Oxidation und Polymerisation von Kraftstoff bei der Lagerung (z.B. Aminverbindungen, Radikalfänger → *Kap. 6.1*),
- **Einlasssystem–Reinigungsstoffe (Detergents)**: verhindern Ablagerungen im Einlasssystem d. h. Drosselklappe, Einspritzventile, Einlassventile (z.B. langkettige Ester, Amine). Das wichtigste Detergents ist heute Polyisobutenamin (PIBA)

$$CH_3-C(CH_3)_2-(CH_2)_{16}-CH_2-CH(CH_3)-CH_2-CH_2-NH_2$$

Polyisobutenamin (PIBA)

Genormte Ottokraftstoffe

Ottokraftstoffe sind Kraftstoffe, die für den Betrieb von Ottomotoren geeignet sind. Die 10. BImSchV schreibt vor, dass unverbleite Ottokraftstoffe Mindestanforderungen nach **DIN EN 228** und verbleite Ottokraftstoffe nach **DIN 51 600** erfüllen müssen. Nach → *Tab. 12.11* müssen Benzine eine **Mindestklopffestigkeit** aufweisen: unverbleites Normalbenzin 91 ROZ, Super 95 ROZ, Super Plus 98 ROZ. Das **Siedeende** charakterisiert die Verdampfbarkeit (Vergasung) eines Kraftstoffes. Dieser Wert ist insbesondere in der kalten Jahreszeit von Interesse, da schwerflüchtige Kraftstoffe leicht an die Zylinderwandungen kondensieren können und dann Startprobleme und eine Verdünnung des Motorenöls hervorrufen. Der **Gemischheizwert** des brennbaren Kraftstoff–Luftgemisches bestimmt die Leistung des Motors. Der Wert beträgt für die meisten technisch relevanten Kraftstoffe 3500... 3700 kJ m^{-3}.

Anforderungen	Kenngröße	Einheit
Klopffestigkeit		
Super min.	95/85	ROZ/MOZ
Normal min.	91/82,5	ROZ/MOZ
Super plus min.	98/88	ROZ/MOZ
Dichte	725...780	kg m^{-3}
Schwefel max	0,05	Massen%
Benzol max	5	Vol%
Blei max	13	mg l^{-1}
Flüchtigkeit		
Dampfdruck im Sommer min./max.	35/70	kPa
Dampfdruck im Winter min./max.	55/90	kPa
Siedeende max.	215	°C

Tabelle 12.11 **Anforderungen an Ottokraftstoffe** gemäß DIN EN 228 (Auszüge, weitere Anforderungen bezüglich: Abdampfrückstand, Korrosionswirkung u. a.)

Benzol
MTBE

$$CH_3-C(CH_3)_2-O-CH_3$$

Methyl- tertiär- butylether (MTBE)

Benzine für den europäischen Markt haben einen mittleren **Benzolgehalt** von 2,3%. Aufgrund der krebserregenden Wirkung von Benzol werden alternative Verbindungen mit hoher Oktanzahl gesucht. Bei **Super Plus** Kraftstoffen (ROZ = 98) wird die hohe Oktanzahl nicht durch eine Erhöhung des Benzolanteils, sondern durch Zugabe des (sauerstoffhaltigen) Ersatzstoffes **Methyl- tertiär- butyl- ether (MTBE)** erzielt. Sogenanntes **'Ökobenzin'** (in Deutschland nicht genormt) enthält einen Benzolgehalt von max. 1%. Bei der Verbrennung von MTBE enstehen jedoch vermehrt gesundheitsschädliche Aldehyde.

Alkohole
Bioalkohol

Alkohole wie **Methanol** oder **Ethanol** werden in einigen Ländern dem Ottokraftstoff beigemischt, um teuere Importkraftstoffe zu sparen. In jüngster Zeit erhalten sie als **Alternativ–Kraftstoffe** ('Bioalkohol') und **Oktanzahlverbesserer** vermehrt Aufmerksamkeit. Ihr chemisches oder physikalisches Verhalten unterscheidet sich von den Kohlenwasserstoffen (KW):

- **Alkohole** besitzen im Vergleich zu KW einen niedereren Heizwert. Das Tankvolumen muss vergrößert werden.

- **Alkohole** besitzen einen definierten Siedepunkt und keinen Siedebereich wie die KW. Dies führt zu größeren Problemen bei tiefen und hohen Außentemperaturen.
- **Alkohole** besitzen ein unterschiedliches Löseverhalten für Kunststoffbauteile (Zuleitungen, Dichtungen u.a.)
- **Alkohole** und KW sind nicht in jedem Mischungsverhältnis mischbar. Bei einem Alkoholanteil von 15...20 Vol% im Ottokraftstoff wird über einen problemlosen Fahrbetrieb berichtet.

Die **Benzinzusammensetzung** wirkt sich stark auf die Schadstoffkomponenten CO, NO_x und HC im Abgas eines Otto–Motors aus. Die Zumischung von Alkohol oder MTBE bewirkt eine Abnahme der CO–bzw. HC–Emissionen bei gleichzeitigem Anstieg gesundheitsschädlicher Aldehyd–Emissionen /61/.

R—C(=O)—H

Aldehyde

Erdgasmotoren

Viertakt–Ottomotoren können mit geringen Änderungen auf den Betrieb mit Erdgas umgerüstet werden. **Stationäre**, erdgasbetriebene Ottomotoren finden zunehmend als Kraft–Wärme–Kopplungsmodule in **Blockheizkraftwerken** Anwendung. Nach der Einführung eines verminderten Mineralölsteuersatzes für erdgas- und flüssiggasbetriebene Fahrzeuge (seit 1. 1. 1996) wird Erdgas zunehmend als Kraftstoff für Fahrzeuge, insbesondere **Nutzfahrzeuge in Ballungsgebieten**, interessant. Erdgas kann getankt werden als:

- **Druck–Erdgas** (CNG = Compressed Natural Gas), Kompressionsdruck 25 MPa oder als
- **flüssiges Erdgas** (LNG = Liquified Natural Gas), Kühltemperatur -161°C.

In der Regel werden Druckgasflaschen eingesetzt, die ein vierfach erhöhtes Tankgewicht gegenüber konventionellen Fahrzeugen bewirken. Im allgemeinen dürfen Erdgasfahrzeuge Tiefgaragen benutzen, da Erdgas leichter als Luft ist und sich im Gegensatz zu flüssigem **Autogas** (verflüssigtes Propan, Butan bei einem Druck von 0,5...1 MPa) nicht am Boden ansammelt. Erdgas verbrennt rußfrei und weitaus emissionsärmer als konventionelle Kraftstoffe. Mit einem geregelten Katalysator zur Abgasreinigung können die gültigen Abgasgrenzwerte um über 50% unterschritten werden (Emissionen CO 47%, HC 50%, NO_x 50%, Partikel 27% geringer als die Abgasgrenzwerten nach Euro II für einen Ottomotor).

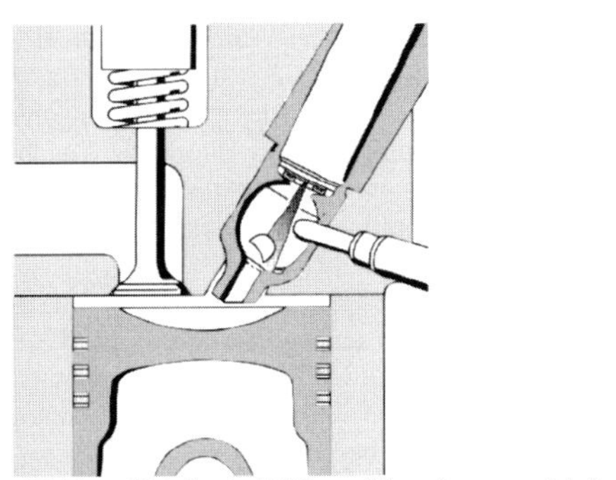

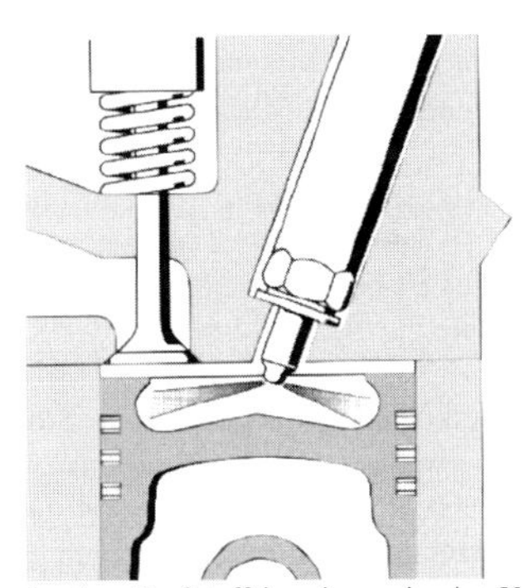

Abbildung 12.9 **Gemischbildung (Einspritzvorgang) beim Dieselmotor**: Kraftstoffeinspritzung in eine Vorkammer (links); Direkteinspritzung (rechts), (Quelle: Firmenschrift Dieseleinspritztechnik, Firma Bosch, Stuttgart)

Dieselmotor

Zündung beim Dieselmotor

Der Dieselmotor arbeitet mittels **Selbstentzündung** des in den Verbrennungsraum eingespritzten Kraftstoffs. Die Selbstentzündung ist nicht an das Vorliegen bestimmter Explosionsgrenzen gebunden. Die Gemischbildung erfolgt **inhomogen** im Verbrennungsraum (**Direkteinspritzung**) oder in einer Vorkammer (**Vorkammer- oder Nebenkammereinspritzer**, → *Abb. 12.9*). Durch eine hohe Verdichtung des Gasvolumens im Motorzylinder (Druck 3...5,5 MPa, Kompressionsendtemperatur 700...900°C) erhitzt sich das Kraftstoff–Luftgemisch auf Temperaturen, die über der **Selbstentzündungstemperatur** des Dieselkraftstoffs liegen (Zündtemperaturen → *Tab. 8.9*). Bei der Verbrennung wird eine Gastemperatur zwischen 1500...2200°C und ein Verbrennungsdruck zwischen 5 und 8 MPa erreicht. Dieselmotoren sind deshalb mechanisch stabiler als Ottomotoren ausgelegt und damit **schwerer.** Die Anpassung des Dieselmotors an wechselnde Lasten erfolgt über die eingespritzte Kraftstoffmenge. Die optimale Luftmenge wird eingeregelt und beträgt meist $\lambda > 1{,}3$.

Zündverzug

Nageln beim Dieselmotor

Zwischen dem Einspritzbeginn (Beginn der Gemischaufbereitung) und der Selbstentzündung des Dieselkraftstoffs liegt eine gewisse Zeit, die als **Zündverzug** bezeichnet wird. Ist der Zündverzug zu groß, z.B. aufgrund der schlechten Entflammbarkeit des Kraftstoffs, sammelt sich im Verbrennungsraum eine größere Kraftstoffmenge, die bei der verspäteten Zündung mit starker Drucksteigerung verbrennt. Diese klopfende Verbrennung macht sich durch ein dieseltypisches, **nagelndes** Motorengeräusch bemerkbar. Eine 'harte' Verbrennung lässt sich einerseits **konstruktiv** und andererseits durch einen Kraftstoff mit hoher **Zündwilligkeit** verbessern. Dieselkraftstoffe mit hoher Zündwilligkeit enthalten deshalb chemische Verbindungen, die **keine stabilen** Radikale bilden. Hochwertige **Ottokraftstoffe** mit hoher Oktanzahl **vermindern** die Zündwilligkeit eines Dieselkraftstoffs. Klopfen beim Ottomotor und Nageln (Klopfen) beim Dieselmotor sind für den Motor schädlich. Sie treten in unterschiedlichen Belastungsbereichen auf:

- **Klopfen beim Ottomotor:** hohe Belastung, hohe Drehzahlen, hohe Temperaturen,
- **Nageln beim Dieselmotor:** geringe Belastung, niedrige Drehzahlen, Leerlauf, kalte Außentemperaturen.

Cetanzahl

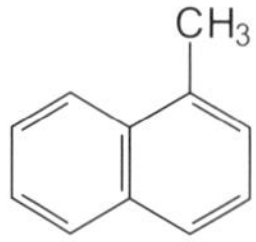

CH_3

α–Methyl- naphthalin (CZ = 0)

Die Cetanzahl (CZ) bezeichnet die **Zündwilligkeit** eines Dieselkraftstoffs. Sie wird bestimmt als das Mischungsverhältnis eines Testgemisches aus den Verbindungen **n–Hexadecan** $C_{16}H_{34}$ (Cetan, CZ = 100) und **α-Methylnaphthalin** (CZ = 0), die auf einem Motorenprüfstand dasselbe Verbrennungsverhalten besitzen, wie der zu untersuchende Dieselkraftstoff. Kraftstoffe mit hoher OZ haben eine niedrige CZ. Durch die Zugabe von 10% Ottokraftstoff zu Dieselkraftstoff vermindert sich die Cetanzahl um ca. CZ = 5. Dies ist bei einer möglichen **Vermischung** von Ottokraftstoff mit Dieselkraftstoff zu beachten (z.B. Verbesserung der Kältebeständigkeit eines Dieselkraftstoffs im Winter).

Dieselkraftstoff

Dieselkraftstoff bezeichnet ein Stoffgemisch verschiedener schwerflüchtiger **C_{12}... C_{20}**–Kohlenwasserstoffe mit einem Siedepunkt zwischen **220** und **360°C** (Flammpunkt 70...100°C, Gefahrenklasse AIII nach VbF) und besitzt eine ähnliche Zusammensetzung wie **Heizöl EL**. Die langkettigen Kohlenwasserstoffe sind besonders zündwillig (**Zündtemperaturen: Diesel 350°C, Benzin Normal 300°C, Super 400°C, Flugbenzin 500°C**). Diesel hat einen höheren Aromaten- und einen geringeren Olefingehalt als Benzin:

- **Alkane und Cycloalkane 51%,**
- **Aromaten 46%, • Olefine 2%, • Additive <1%.**

Dieselkraftstoffadditive

Additive für Dieselkraftstoff sind u. a.:

- **Zündbeschleuniger** (z.B. reaktionsfähige Nitrite, Nitrate),
- **Filtrierbarkeitsverbesserer** (Kälteverhalten, z.B. kurzkettige PE–bzw. PP–Polymere).

Durch Zündbeschleuniger–Additive lässt sich ein besseres Verbrennungsverhalten erreichen, was weniger Partikelemissionen beim Dieselmotor nach sich zieht. Die Additive sind jedoch teilweise **explosionsfähig** (z.B. Amylnitrit, Amylnitrat /62/) und hinsichtlich ihrer Umweltauswirkungen (teilweise schwermetallhaltig) vorerst nur unzureichend untersucht.

Amylnitrit = n–Pentylnitrit $CH_3–CH_2–CH_2–CH_2–CH_2–O–N = O$

Schwefelgehalt

Der Schwefelgehalt von Diesel und Heizöl darf ab 1. 10. 1996 den Wert **0,05%** nicht übersteigen (3. BImSchV, früher 0,2% Schwefel). Normaler Dieselkraftstoff besitzt eine Mindest–Cetanzahl von **CZ = 49** (nicht genormter Super–Dieselkraftstoff: CZ >52). Gemäss 10. BImSchV muss Dieselkraftstoff die Mindestanforderungen nach **DIN EN 590** einhalten (→ *Tab. 12.12*).

Genormter Dieselkraftstoff

Anforderungen	Kenngrößen	Einheiten
Flammpunkt min.	55	°C
Wasser max.	200	mg kg^{-1}
Schwefelgehalt	0,05	Massen%
Für gemäßigtes Klima		
Dichte	820...860	kg m^{-3}
Viskosität (40°C) min./max.	2...4,5	mm^2 s^{-1}
Cetanzahl min.	49	
Filtrierbarkeit (CFPP) Klasse E	-15	°C

Tabelle 12.12 **Anforderungen an Dieselkraftstoff** gemäß DIN EN 590 (Auszüge, weitere Anforderungen betreffen Koksrückstand, Aschegehalt u.a., CFPP = cold filter plugging point)

Winterbeständigkeit

Ein wichtiges Qualitätsmerkmal von Dieselkraftstoff ist das Kälteverhalten im Winter. Bei niedrigen Temperaturen kristallisieren gelöste feste, vorzugsweise paraffinische Kohlenwasserstoffe aus und können dadurch zu Störungen der Kraftstoffversorgung führen. Die **Filtrierbarkeit** (oder der **Cloudpoint** bzw. **Trübungspunkt**) gibt die Temperatur an, bei der Auskristallisierungen erstmals auftreten. Verbesserungen der Kältebeständigkeit von Diesel ohne Veränderungen der Cetanzahl können durch Zumischung von **Petroleum** erreicht werden (Filtrierbarkeit: reiner Diesel -16°C, mit 20% Petroleum -18°C, mit 40% Petroleum -20°C, reines Petroleum -30°C).

Rapsölmethylester (RME) Biodiesel

Eine direkte Verwendung von hochviskosem **Rapsöl** als Kraftstoff für Verbrennungsmotoren ist nur in speziellen **Pflanzenölmotoren** möglich. Durch Umesterung von Rapsöl mit Methanol erhält man **Rapsöl–Methylester (RME, 'Biodiesel')** mit ähnlichen physikalischen (z.B. Viskosität) und chemischen Eigenschaften (Verbrennungsverhalten, CZ = 54) wie konventionelle Dieselkraftstoffe. RME löst jedoch im Gegensatz zu Diesel zahlreiche Dichtungs- und Lackmaterialien (Einsatz von Fluorkautschuk als Dichtungsmaterial). Für den Einsatz von RME sollte eine Freigabe des Kraftfahrzeugherstellers vorliegen.

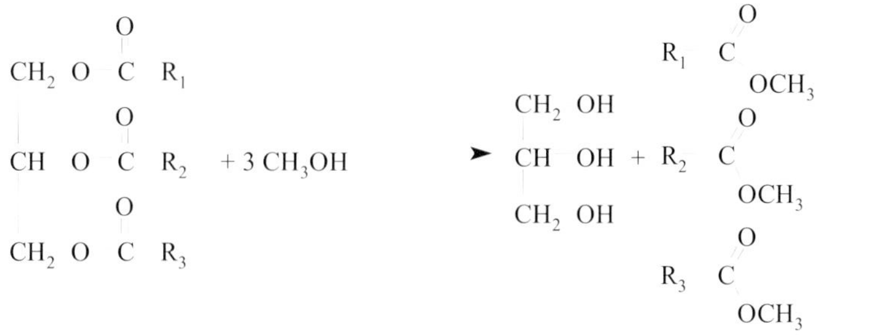

$$\begin{array}{l} CH_2-O-C(=O)-R_1 \\ | \\ CH-O-C(=O)-R_2 \\ | \\ CH_2-O-C(=O)-R_3 \end{array} + 3\,CH_3OH \rightarrow \begin{array}{l} CH_2-OH \\ | \\ CH-OH \\ | \\ CH_2-OH \end{array} + \begin{array}{l} R_1-C(=O)-OCH_3 \\ R_2-C(=O)-OCH_3 \\ R_3-C(=O)-OCH_3 \end{array}$$

Natürliches Öl z.B. Rapsöl — Methanol — Glycerin — Rapsölmethylester (RME)

Umweltverträglichkeit von RME

Die **Umweltbilanz** für RME besitzt Vor- und Nachteile /63/. Als **positive** Gesichtspunkte sind hervorzuheben:
- **CO_2–neutrale Abgasbilanz** bei der Verbrennung, CO_2–Kreislauf,
- niedrigere **Wassergefährdungsklasse (WGK)**, WGK 1 (Diesel WGK 2),
- vernachlässigbarer **S–Gehalt, weniger Partikel** und **PAK** im Abgas.

Das Umweltbundesamt kommt in einer Umweltverträglichkeitsstudie zu dem Ergebnis, dass der Einsatz von RME aus der Sicht des Umweltschutzes **keine** ins Gewicht fallenden Vorteile aufweist. Folgende **negative** Gesichtpunkte werden hervorgehoben:
- **Gefahr von Monokulturen mit Pestizideinsatz**, erhebliche Belastung für Boden, Grundwasser und Artenvielfalt aufgrund Aufgabe von Stilllegungsflächen, verstärkte Emissionen von treibhausrelevantem Lachgas (N_2O).
- **Entzug von Flächen für die Lebenmittelsproduktion**; bei einem Rapsanbau auf 15% der Ackerflächen in Deutschland könnte nur 5% des Dieselbedarfs gedeckt werden.
- **Verbrennung** von Biodiesel führt zur Emission **geruchsintensiver** und **gesundheitsschädlicher Aldehyde (z.B. Acrolein)**, die in Deutschland bisher nicht gesetzlich geregelt ist.

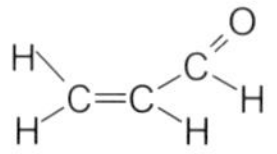

$$H_2C=CH-CH=O$$

Acrolein (Propenal) sehr giftig

In jedem Fall ist ein nachgeschalteter Oxidationskatalysator empfehlenswert.

12.4 Abgasbehandlung in Verbrennungsmotoren

Anforderungen

An einen Motor werden teilweise sich widersprechende Anforderungen gestellt, zwischen denen durch gegenseitige Anpassung ein optimaler Kompromiss gefunden werden muss:
- **hohe Leistung, • niedriger Kraftstoffverbrauch, • geringe Abgaswerte.**

Einflussfaktoren auf die Abgasentstehung

Neben der in → *Kap. 12.3* behandelten **Kraftstoffzusammensetzung** beeinflussen zahlreiche **weitere** Faktoren die **Schadstoffkonzentrationen** im Abgas. Dazu zählen u. a. die folgenden Einflussgrößen:
- die **Motorkonstruktion** (Verdichtungsverhältnis, Brennraumform, Ventilsteuerung, Kraftstoffeinspritzung, Zündsystem u. a.),
- die **Betriebsbedingungen** (Drehzahl, Motorlast, Geschwindigkeit, Beschleunigung u. a.),
- das **Kraftstoff–Luftgemisch** (Luftzahl λ, Gemischhomogenisierung),

- die **Abgasbehandlung**.

Konstruktive Einflussgrößen

Die konstruktiven Merkmale eines **schadstoffarmen** Motors können im Rahmen dieses Textes nicht behandelt werden. Einige konstruktive Maßnahmen zur Senkung des Schadstoffausstosses können sein:
- Leerlaufdrehzahl senken,
- kompakte Brennraumgestaltung,
- Saugraumgestaltung, Saugrohrvorwärmung,
- Kraftstoffeinspritzung,
- niedrige Verdichtung,
- später Zündzeitpunkt,
- überschneidende Ventilsteuerzeiten.

Betriebsbedingungen

Die Betriebsbedingungen für einen **kraftstoffsparenden** und schadstoffarmen Motorbetrieb sind einem Kraftfahrzeugbesitzer weitgehend bekannt und können in diesem Text nicht behandelt werden. Folgende Betriebsbedingungen beeinflussen maßgeblich den Schadstoffausstoss:
- Drehzahl,
- Motorlast (Leerlauf, Teillast, Vollast),
- Fahrgeschwindigkeit, Fahrbeschleunigung ('Kavalierstart'),
- Kaltstart, Warmlauf,
- Fahrzeugwartung u. a.

Kraftstoff-Luftgemisch

Das Kraftstoff–Luftverhältnis beeinflusst sowohl die technischen **Leistungsdaten** eines Motors als auch die Wirksamkeit einer nachgeschalteten **Abgasreinigung**. Bei einem modernen Ottomotor mit **Kraftstoffeinspritzung** wird das Benzin–Luftgemisch durch die Zuführung einer genau dosierten Menge an Kraftstoff in den Luftansaugkanal hergestellt. Eine feine Verteilung des Kraftstoffs (Tröpfchendurchmesser 10...50 μm) sichert eine möglichst vollständige Verbrennung.

Kraftstoffverbrauch

Das Kraftstoff–Luftgemisch, d. h. die **Luftzahl** λ hat entsprechend → *Tab. 12.13* einen wesentlichen Einfluss auf die **Motorleistung** und den **Kraftstoffverbrauch**. Die Motorleistung ist bei einem leicht fetten Gemisch **maximal**, der Kraftstoffverbrauch ist bei einem mageren Gemisch **minimal.**

Luftzahl λ	Kennzeichen	Auswirkungen
>1,35	zu magere Gemische	Motor wird heiss, knallt im Vergaser, schlechte Leistung
1,35...1,1	Magergemische	Motor arbeitet am wirtschaftlichsten, geringster Verbrauch
1,1...0,9	angefettete Gemische	Motor entwickelt höchste Leistung, höherer Kraftstoffverbrauch
0,9...0,66	zu fette Gemische	Motor rußt, schlechte Leistung, Knallen im Auspuff

Tabelle 12.13 **Motorleistung und Kraftstoffverbrauch** und ihre Abhängigkeit von der Luftzahl λ /64/

Abgase von Ottomotoren

Die **Luftzahl** λ beeinflusst neben dem Kraftstoffverbrauch auch die **Schadgaswerte** (→ *Abb. 12.10)*:

- **Kohlenmonoxid:** Mit zunehmender Luftzahl (magere Gemische) nimmt der CO–Gehalt im Abgas ab. Einer zu starken Abmagerung des Gemisches sind jedoch Grenzen gesetzt, da aufgrund der unvollständigen Verbrennung die maximale Lleistung des Motors nicht mehr erreicht wird.

- **Unverbrannte Kohlenwasserstoffe:** Mit zunehmender Luftzahl nimmt der HC–Gehalt im Abgas bis zu Werten λ = 1,1 bis 1,2 ab. Bei zu mageren Gemischen steigt die HC–Konzentration wieder an, da sich die Luftzahl der Zündgrenze des Brenngemisches λ >1,3 nähert. Grosse HC–Mengen entweichen zusätzlich über das Kurbelgehäuse,Tankentlüftung und das Luftfiltersystem bei abgestelltem Motor.
- **Stickoxide:** Die NO_x–Konzentration erreicht bei optimaler Verbrennung ein Maximum, da die Reaktion zwischen Luftstickstoff und Luftsauerstoff durch hohe Verbrennungstemperaturen begünstigt wird. Eine Erniedrigung der Brennkammertemperaturen führt grundsätzlich zu geringeren NO_x–Emissionen.
- **Kraftstoffverbrauch:** Der Kraftstoffverbrauch verläuft entsprechend den HC–Emissionen, da unverbrannte Kohlenwasserstoffe immer einen höheren Kraftstoffverbrauch verursachen.

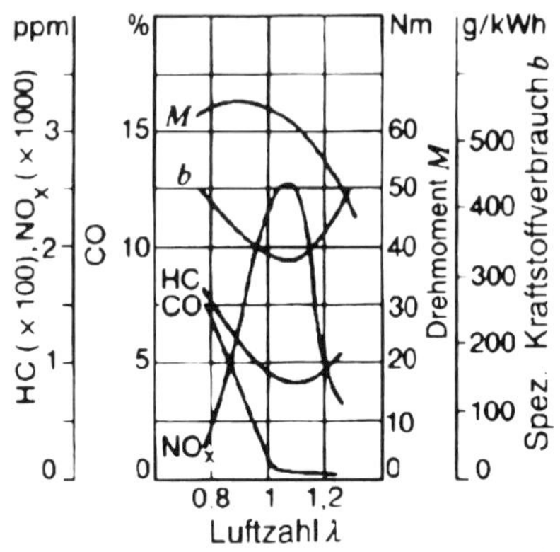

Abbildung 12.10 **Schadgaswerte im Abgas eines Ottomotors** ohne Katalysator in Abhängigkeit von der Luftzahl λ: Die Werte gelten im Teillastbereich eines Ottomotos bei konstant gehaltener mittlerer Drehzahl und Zylinderfüllung; zusätzlich ist der Verlauf des Drehmoments (M = Maß für die Motorleistung) und des Kraftstoffverbrauchs (b) angegeben (aus: Kraftfahrtechnisches Taschenbuch, Firma Bosch, Stuttgart /10/).

Magermotor

Magermotoren sind ein modernes Konzept für **kraftstoffsparende** Motoren (Kraftstoffeinsparung ca. 10...20%). Um eine stabile Verbrennung bei hohem Luftüberschuss (λ = 1,2...1,5) zu erreichen, muss eine **Ladungsschichtung** im Verbrennungsraum erzeugt werden. Dabei befindet sich in der Nähe der Zündkerze ein fettes Gemisch, das in jedem Fall entflammbar ist. Die gezündete Verbrennung breitet sich, z.B. im Fall eines zweigeteilten Brennraums, dann auch in Bereiche mit magerem Gemisch aus. Eine Schichtladung kann auch durch Direkteinspritzung von Benzin in den Brennraum (analog Dieseleinspritzung) erzielt werden. Mit Magermotoren erhält man **niedrige CO**–bzw. **HC**–Abgaswerte, jedoch (derzeit) noch relativ **hohe NO_x**–Emissionen.

Aufladung
Turbolader

Als Aufladung bezeichnet man die Vorverdichtung der angesaugten Luft mit einem Aufladegebläse (**Lader**). Beim **Abgasturbolader** treibt das Wärmegefälle des austretenden Abgases eine Abgasturbine an, die ihrerseits mit einem Radiallader zur Vorverdichtung der Ansaugluft verbunden ist. Turbolader ermöglichen eine höhere Motorleistung bei gleichem Hubraum. Eine weitere Leistungssteigerung lässt sich durch Kühlung der Ladeluft (**Intercooling**) erreichen, wodurch gleichzeitig die NO_x–Abgaswerte günstig beeinflusst werden. Obwohl Turbolader für Otto- und Dieselmotoren tauglich sind, liegt das Schwergewicht des Einsatzes derzeit bei Dieselmotoren. Durch Aufladung können insbesondere Emissionen von **Dieselrußpartikeln** bei hoher Last und hohen Drehzahlen vermindert werden.

Intercooling

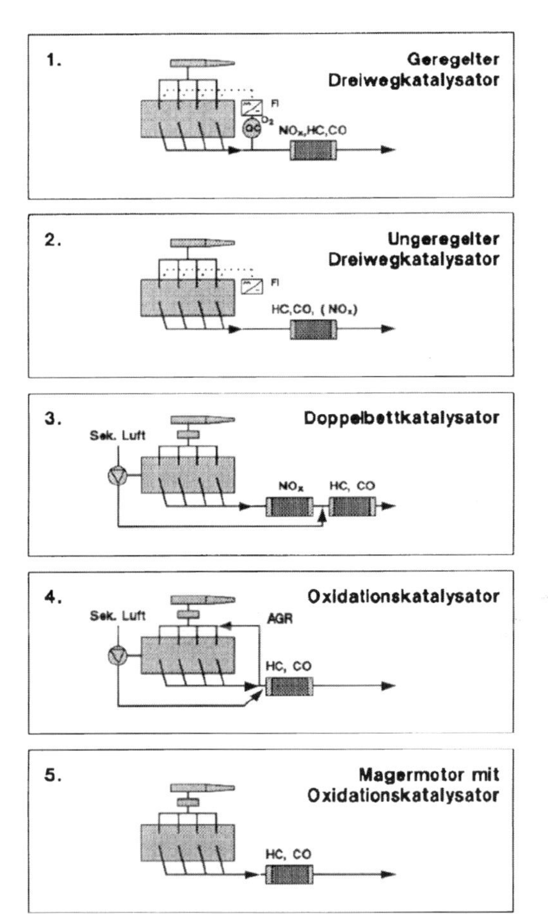

Abbildung 12.11 **Katalysatorkonzepte** zur Abgasreinigung (Quelle: Firma Degussa, Hanau).

Abgasbehandlung von Ottomotoren

Zur Abgasbehandlung von Ottomotoren werden u. a. eingesetzt:

- **Abgasrückführung** in den Motor (Ziel: Reduktion von NO_x aufgrund niedrigerer Verbrennungstemperaturen; das rückgeführte Abgas verhält sich wie Inertgas),
- **Sekundärlufteinblasung** in das Abgas (Ziel: Reduktion von HC und CO durch thermische Nachverbrennung; rasche Aufheizung eines Katalysators während des Leerlaufs oder in der Startphase),
- **katalytische Abgasreinigung**.

Katalytische Abgasreinigung Geregelter Katalysator (G-Kat)

Für die katalytische Abgasreinigung gibt es verschiedene **Katalysatorkonzepte**, die teilweise nur einen Oxidationskatalysator bzw. einen Doppelkatalysator mit Sekundärlufteinblasung vorsehen *(→ Abb. 12.11)*. Der **geregelte Katalysator (G–Kat** mit λ – Regelung, → *Abb.12.11 oben*) ist derzeit das effektivste Abgasreinigungssystem für Ottomotoren, mit dem die drei Schadgase CO, HC und NO_x gleichzeitig um mehr als 90% reduziert werden können. In → *Abb. 12.12* ist die Lage des Abgaskatalysators und der λ–Sonde (→ *Kap.12.4*) im Abgassystem eines Fahrzeugs eingezeichnet.

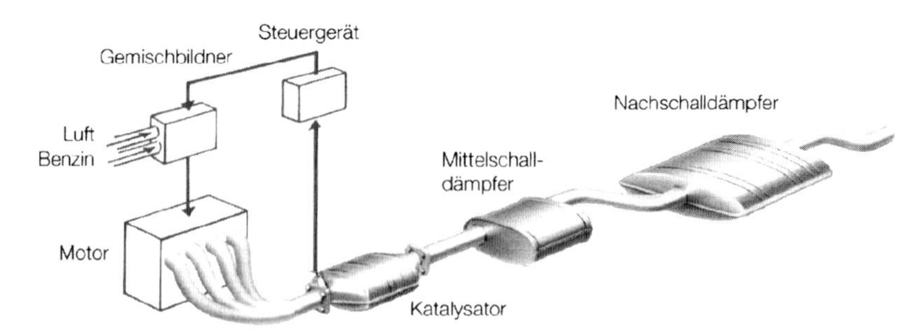

Abbildung 12.12 **Abgaskatalysator** und λ–Sonde und ihre Lage im Abgassystem eines Ottomotors, (Quelle: Firma Eberspächer, Esslingen).

Katalysator-materialien

Das **Trägersystem** eines Abagskatalysators besteht derzeit überwiegend aus einem keramischen Monolithkörper (**Cordierit** = Sintermaterial aus MgO, Al_2O_3 und SiO_2 mit einem Schmelzpunkt >1400°C), der von Tausenden von Kanälen wabenartig durchzogen ist. Das Trägermaterial wird mit einer keramischen Beschichtung **(wash coat** aus Al_2O_3 und **Promotoren**, das sind meist Oxide der Seltenen Erden, z.B. CeO_2) versehen, deren hauptsächliche Aufgabe in einer Vergrößerung der aktiven Oberfläche um einen Faktor 7000 besteht (ein 1–Liter–Monolith weist eine geometrische Fläche von ca. 20 000 m^2 auf). Durch eine abschließende galvanische Beschichtung mit einer Kombination der Edelmetalle **Platin** bzw. **Palladium** und **Rhodium** (Gesamtmenge pro Katalysator ca. 2 g Edelmetalle, Verhältnis Pt : Rh ca. 5 : 1) sowie mit **Oxiden unedler Metalle** wird eine katalytisch aktive Oberfläche erzeugt (→ *Abb. 12.13*).

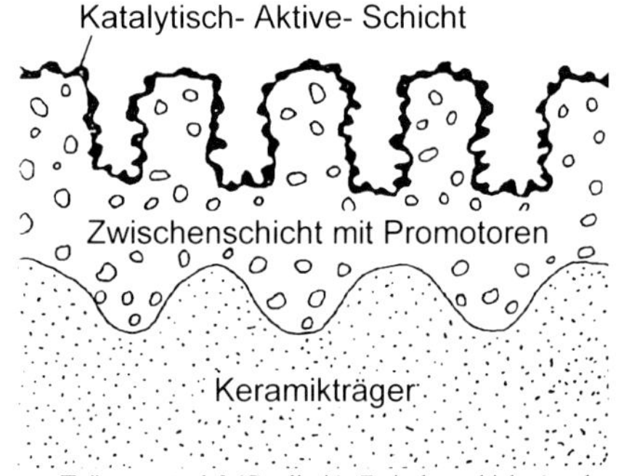

Abbildung 12.13 **Katalysator- Trägermaterial** (Cordierit), Zwischenschicht (wash coat) und katalytisch aktive Edelmetall–Beschichtung, die auf einer möglichst großen Oberfläche verteilt ist (nach /65/).

Reaktionen am Katalysator

Der Katalysator beschleunigt Oxidations- oder Reduktionsreaktionen, da sich die Reaktionspartner an der katalytisch aktiven Oberfläche **häufiger** treffen als in dem Gasvolumen. Bei einem geregelten Katalysator müssen **oxidative** und **reduktive** katalytische Reaktionen **gleichzeitig** mit ausreichender Reaktionsgeschwindigkeit ablaufen. Als **Oxidationsmittel** zur Verbrennung von CO und HC dient Luftsauerstoff. Als **Reduktionsmittel** für NO_x dienen elektronenspendende Abgasbestandteile, z.B. CO und HC. Platin, Palladium und Metalloxide katalysieren Oxidationsreaktionen, Rhodium katalysiert Reduktionsreaktionen:

Oxidation am Katalysator

- **Oxidation von CO bzw. HC** durch Luftsauerstoff am Pt–Kat, wenn λ = 1 und bei mageren Gemischen:

$C_mH_n + (m+n/4)\ O_2 \rightarrow m\ CO_2 + n/2\ H_2O$
$2\ CO + O_2 \rightarrow 2\ CO_2$
$H_2 + ½\ O_2 \rightarrow H_2O$

- **Oxidation von CO und HC** durch Wasser am Me–Oxid–Kat, wenn λ <1 d. h. fetten Gemischen:
  $C_mH_n + 2m\ H_2O \rightarrow m\ CO_2 + (m + n/2)\ H_2$
  $CO + H_2O \rightarrow CO_2 + H_2$ (Wassergasgleichgewicht)

Reduktion am Katalysator

- **Reduktion von NO** durch CO, HC oder H_2 am Rh–Kat, wenn λ = 1 oder bei fetten Gemischen :
  $2\ NO + 2\ CO \rightarrow N_2 + 2\ CO_2$
  $2\ (m + n/4)\ NO + C_mH_n \rightarrow (m + n/4)\ N_2 + n/2\ H_2O + m\ CO_2$
  $2\ NO + 2\ H_2 \rightarrow N_2 + 2\ H_2O$
- **Nebenreaktionen**, Beispiele:
  $2\ SO_3 + O_2 \rightarrow 2\ SO_3$
  $2\ NO + 3\ H_2 \rightarrow 2\ NH_3 + 2\ H_2O$
  $SO_2 + 3\ H_2 \rightarrow H_2S + 2\ H_2O$

Ein möglichst vollständiger Schadstoffabbau bei gleichzeitiger Unterdrückung unerwünschter Nebenreaktionen wird im wesentlichen erzielt durch:

- die **optimale Betriebstemperatur** des Katalysators bei ca. 600...800°C und
- ein **optimales Kraftstoff–Luftgemisch** im Abgas vor dem Katalysator.

Betriebsbedingungen des Katalysators

Der Katalysator wird durch die Wärme der **Motorabgase** auf eine optimale **Betriebstemperatur** zwischen 400...800°C gebracht. Während der Aufheizphase und bei wechselnden Abgastemperaturen (Leerlauf: Abgastemperatur 200...250°C; Teillast bei mittlerer Drehzahl und Belastung: T = 550...650°C und Volllast mit maximaler Drehzahl und Beschleunigung: T = 750...850°C) kann sich der Katalysatorwirkungsgrad verschlechtern. Dies kann sich durch das Auftreten **fauliger Gerüche** (Nebenreaktionen) bemerkbar machen. Eine Überhitzung des Katalysators über **850...950°C** schädigt die Oberflächenporosität und führt schließlich zu seiner Zerstörung (→ *Tab. 12.14*).

Temperatur [°C]	Auswirkungen auf den Katalysator
200	keine Aktivität
400	Anspringen eines neuen Katalysators
600	Arbeitsbereich eines wenig gealterten Katalysators
800	Arbeitsbereich eines stärker gealterten Katalysators
1000	Übergangsbereich, beginnender Aktivitätsverlust
1200	Überhitzung, Sinterung der PT/Rh-Schicht, Ablösen des wash coat.

Tabelle 12.14 **Katalysatorverhalten** in Abhängigkeit von der Katalysatortemperatur /65/

Mögliche Schädigungsursachen sind: Motorüberlastung, Fehlzündungen, Entzündungen im Katalysator (z.B. beim Anschleppen eines Katalysatorfahrzeugs). Durch **thermische Alterung** (Sinterung der Edelmetalle sowie des Al_2O_3–wash coat) ist die Lebensdauer eines Katalysators begrenzt und erreicht unter günstigen Umständen ca. 100 000 Fahr–km.

λ–Fenster

Der Schadstoffabbau erfolgt besonders effektiv, wenn das Kraftstoff–Luftgemisch die **Luftzahl** λ = 1 bei einer **Regelungsabweichung <1%** besitzt (λ–Fenster λ = 1 ± 0,005). Der starke Anstieg der NO_x–Konzentration nach dem Katalysator bei Werten λ

>1 (→ *Abb. 12.14 mitte*) ist auf das Fehlen von reduzierend wirkenden CO–bzw. HC–Komponenten im Abgas zurückzuführen.

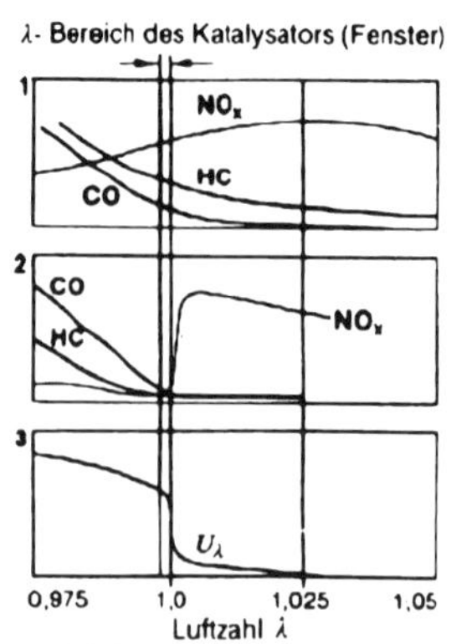

Abbildung 12.14 **Abgaskonzentrationen** bei einem Ottomotor in Abhängigkeit von der Luftzahl λ (1: ohne Katalysator, 2: mit Katalysator, 3: Verlauf des Spannungssignals), (Quelle: Kraftfahrtechnisches Taschenbuch, Firma Bosch Stuttgart /10/).

Abgase von Dieselmotoren

Dieselmotoren arbeiten im allgemeinen mit **großem Luftüberschuss λ >1,3**. Dies bewirkt eine vollständige Verbrennung mit niedrigem Kraftstoffverbrauch und günstigen Abgaswerten (→ *Abb. 12.15*). Da beim Dieselmotor die Gemischbildung und die Verbrennung **gleichzeitig** ablaufen, bilden sich im Verbrennungsraum Zonen mit **unterschiedlichen** λ–Werten (0,3 <λ <1,3). Zonen mit **fettem** Gemisch sind für die höheren **Partikelemissionen** des Dieselmotors gegenüber dem Ottomotor verantwortlich. Eine optimale Verbrennung wird durch eine möglichst feine Zerstäubung (Partikelgröße 1...5 μm) des Kraftstoffs mittels **Hochdruckpumpen** (Einspritzdruck >100 MPa) erzielt.

Emissionsvergleich

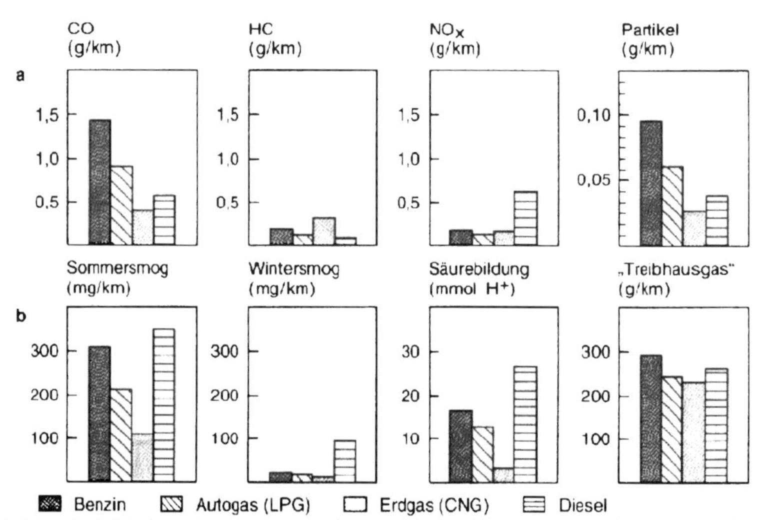

Abbildung 12.15 **Schadgasemissionen und - wirkungen** beim Betrieb von Motoren gleicher Leistung mit Benzin (mit Katalysator), Diesel (ohne Katalysator), Autogas und Erdgas (jeweils mit Katalysator), (Quelle: Kraftfahrtechnisches Taschenbuch, Firma Bosch, Stuttgart).

Tröpfchenverbrennung

Die Verbrennung des eingespritzen Dieselkraftstoffs folgt einem sog. Tröpfchenmechanismus /59/:

- **Aufheizphase**: Wärme wird von der Gasphase auf die Tröpfchen übertragen, die Tröpfchen heizen sich auf und verdampfen teilweise.
- **Verdampfungsphase**: Die Tröpfchen verdampfen und der Brennstoffdampf wandert durch Diffusion in die Gasphase. Dort stellt sich ein brennbares Gemisch ein.
- **Verbrennungsphase**: Das Gemisch zündet von selbst, die Verbennung erfolgt um die Tröpfchen in Form einer Diffusionsflamme.

Der beschriebene Verbrennungsmechanismus ist die Ursache des ausgeprägten Zündverzuges bei Dieselmotoren. Der Zündverzug wird vermindert u. a. durch höhere Temperaturen (schnellere Diffusion) und kleinere Tröpfchendurchmesser (höhere Gesamtoberfläche der Tröpfchen, leichtere Verdampfbarkeit). Aufgrund dieses Diffusionsmechanismus erfolgt die Verbrennung an der Tröpfchenoberfläche **gleichzeitig** in kraftstoffreichen und kraftstoffarmen Zonen. Bei kraftstoffreichen Flammen beobachtet man eine starke Bildung von Acetylen (C_2H_2), das die entscheidende Vorläufersubstanz zur Ausbildung von krebserregender PAK (Polyaromatische Kohlenwasserstoffe) darstellt:

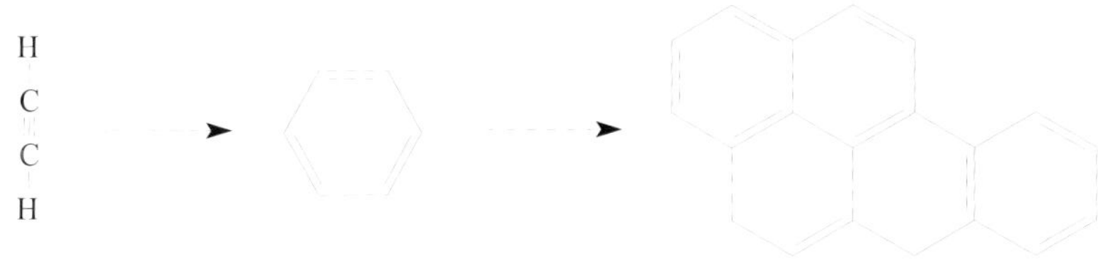

Acetylen Benzol 3,4- Benzpyren (polyaromatischer Kohlenwasserstoff)

Partikelbildung beim Dieselmotor

Die **Rußbildung** in Dieselmotoren erfolgt als weiteres Ringwachstum–entsprechend der Reaktionsgleichung oben–und Entzug von Wasserstoffatomen in der Hitze. Das 'Rußen' von Flammen (auch beim Hausbrand) kann vermieden werden, wenn der entstehende Ruß in einer heissen Flammenzone nachoxidiert wird. Ist der Ruß zu kalt ($T < 1500$ K, kalte Dieselmotoren), dann ist die Oxidation zu langsam und es kommt zu starken Rußemissionen.

Inhaltsstoffe von Dieselpartikeln

Die Partikelemissionen sind ein typisches Problem des Dieselmotors. Die Dieselrußpartikel bestehen zum größten Teil aus fein verteiltem **Ruß** mit großer Oberfläche, an die un- oder teilverbrannte, teilweise krebserregende Kohlenwasserstoffe (**Aldehyde, PAK**) adsorbiert sind. Ein besonderes Problem sind adsorbierte **Sulfatpartikel**, die aus dem Schwefelgehalt des Dieselkraftstoffs stammen. Sulfatpartikel können irreversibel die Känale eines nachgeschalteten Partikelfilters verstopfen, weshalb hier die Verwendung von besonders schwefelarmem Dieselkraftstoff empfehlenswert ist. Die Analyse von Dieselruß ergibt folgende typische Zusammensetzung:

- **Kohleruß** (ca. 40%),
- **unverbrannter Kraftstoff** (ca. 10%),
- **unverbrannter Schmierstoff** (ca. 20%),
- **Sulfate** und **gebundenes Wasser** (ca. 15%),
- **Metallverbindungen, sonstiges** (ca. 15%).

Gesundheitsgefahren durch Dieselpartikel

Dieselrußpartikel haben einen Durchmesser zwischen 0,01 und 10 µm und sind deshalb lungengängig; sie sind als **krebserregend** eingestuft. Der Umgang mit Dieselmotoren (Werkstatthallen, LKW–Laderäume, Verkehrstunnel u. a.) ist durch die **Gefahrstoffgesetzgebung** geregelt (→ *Kap. 8.2*).

Rechtshinweise: TRGS 900: Dieselemissionen TRK–Wert 0,1 mg m^{3}
TRGS 901, Anhang 27: Begründung für TRK–Werte; TRGS 554: Dieselmotoremissionen.

Abgasbehandlung beim Dieselmotor

Durch konstruktive Maßnahmen (Abgasrückführung, Turbolader u. a.) lassen sich niedrige Abgaswerte einhalten, die bei Diesel–PKW in der Regel unterhalb der derzeit gültigen Grenzwerte liegen. Eine **weitergehende Abgasbehandlung** kann insbesondere für **Diesel–Nutzfahrzeuge** notwendig werden. Diese unterscheidet sich aufgrund des verfahrensbedingten Luftüberschusses **grundsätzlich** vom geregelten Katalysator. Folgende Abgasbehandlungsverfahren für Diesel–KFZ lassen sich unterscheiden /66/:

- **Partikelabscheidung,**
- **Oxidationskatalysator** für **CO, HC** und **Gerüche (Aldehyde),**
- **Reduktionskatalysator** für **Stickoxide.**

Partikelabscheidung

Zur Abscheidung von **Partikeln** wurden keramische Filterkerzen entwickelt, die aufgrund des Sauerstoffüberschusses zu einem gewissen Grad selbstreinigend sind. In regelmäßigen Zeitabständen muss der Filter aber durch Abbrennen bei 600°C unter Verwendung eines zusätzlichen Brenners regeneriert werden *(→ Abb. 12.16 links)*.

Elektroabscheider

Eine Partikelabscheidung **ohne Abgasdruckverlust** ist mit einem Elektroabscheider möglich. Die aus einer Sprühelektrode austretenden Elektronen lagern sich an die Feststoffpartikel an und führen durch Agglomeration (Zusammenballung) zu einer Teilchenvergrößerung. Danach lassen sich die Partikel durch einen Zyklon abtrennen, in dessen Drehströmung die Partikel durch Zentrifugalkräfte an die Außenwand geschleudert werden und von dort zur Rußentsorgung wandern.

Oxidationskatalysator

Ein **Oxidationskatalysator** mit Edelmetallen oder Metalloxiden reduziert CO, HC und unangenehme Gerüche. Eine Reduktion der **Stickoxidemissionen** von Dieselmotoren scheitert am verfahrensbedingten Sauerstoffüberschuss. Ein Verfahren, das allerdings bisher nur für **stationäre** Dieselmotoren (→ *Abb. 12.16 rechts*) Anwendung gefunden hat, ist die Selektive Katalytische Reduktion (**SCR–Verfahren**, → *Kap.9.4*) mit eingedüster Ammoniak- bzw. Harnstofflösung als Reduktionsmittel.

SCR–Abgasbehandlung

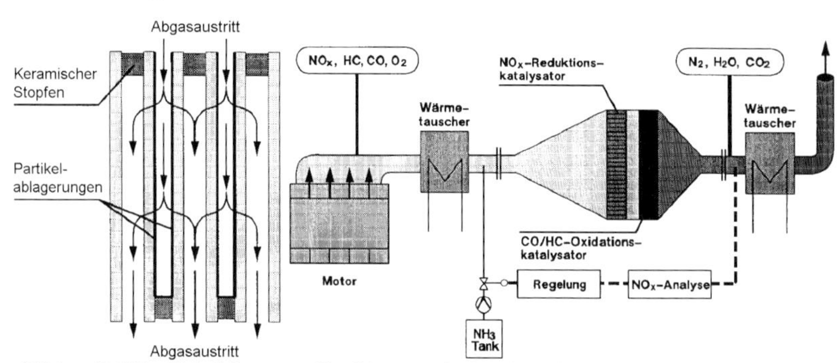

Abbildung 12.16 **Partikelreinigung von Dieselabgasen** mit einem keramischen Filterelement mit Keramikstopfen (oben); **Abgasreinigungskonzept** mit kombiniertem Reduktions- und Oxidationskatalysator zur Emissionsverminderung von überstöchiometrisch betriebenen Gas-, Diesel- oder Ottomotoren (Quelle: Firma Degussa, Hanau).

Abgasgrenzwerte für CO, HC, NOx

In den Anlagen zur **Straßenverkehrszulassungsordnung** sind gemäß § 47 StVZO Abgasgrenzwerte und die Pflicht zu regelmäßigen **Abgassonderunteruchungen (ASU)** festgelegt. Die in → *Tab. 12.15* dargestellten **Grenzwerte** (Stand 1998) gelten in der Europäischen Gemeinschaft für alle neu zugelassenen Personen–Kraftfahrzeuge unabhängig von der Hubraumgröße. Fahrzeuge der Norm Euro 3 (verbindlich ab dem Jahr 2000) verursachen nur noch rund ein Dreißigstel der Emissionen eines PKWs der frühen 80er Jahre. Abgasgrenzwerte für **Kohlendioxid (CO_2)** sind bisher nicht verabschiedet. Die Europäische Gemeinschaft hat das Ziel formuliert, bis zum Jahr 2005 einen mittleren CO_2–Emissionswert (Mittelwert aller Neuzulassungen) von **120 g CO_2 pro 100 km** anzustreben, was einem Durchschnittsverbrauch von 5,2 l Benzin oder 4,6 l Diesel pro 100 km entspricht. Die deutsche Automobilindustrie hat zugesagt (Quelle: Umwelt 9, 1996), den mittleren Flottenverbrauch von 7,32 Liter pro 100 km (Jahr 1995) auf 5,76 Liter pro 100 km (Jahr 2005) zu senken. Um diesen Flottenverbrauch zu erreichen, muss ein wesentlicher Anteil an Kleinwagen mit einem **100–km**–Verbrauch von 3 l auskommen.

Abgasgrenzwerte für CO_2

Schadstoff	Euro 1 (ab 1992/93)	Euro 2 (ab 1996/97)	Euro 3 (ab 2000)	Euro 4 (ab 2005)
Personenkraftwagen (Benzin) in g km^{-1}				
CO	3,16	2,2	1,5	1,0
HC + NO_x	1,13	0,5	1,5	1,0
HC	-	-	0,2	0,1
NO_x	-	-	0,15	0,08
Personenkraftwagen (Diesel) g km^{-1}				
CO	3,16	1,0	0,64	0,50
HC + NO_x	1,13	0,7	0,56	0,30
NO_x	-	-	0,50	0,25
Partikel	0,18	0,08	0,05	0,025

Tabelle 12.15 Europäische Abgas**grenzwerte für Emissionen aus Kraftfahrzeugen** (Stand 1998; Quelle: Umwelt, 8, 1998)

12.5 Sensoren und Aktoren in der Fahrzeugtechnik, Adaptronik

Bezeichnung von Sensoren

Der Einsatz von Sensoren in Kraftfahrzeugen ist besonders weit fortgeschritten. Ein Sensor ist eine Messvorrichtung, die eine mechanische, physikalische oder chemische Messgröße in ein **elektronisches Signal** umwandelt. Sensoren können ohne (**aktive** Sensoren) oder mit einer Hilfsenergie (**passive** Sensoren) einsatzfähig sein. Die **Bezeichnung** von Sensoren richtet sich nach:

- **dem Messprinzip**, z.B.:
  - IR–Sensoren, Halbleitersensoren (optisches, elektronisches Messprinzip)
  - resistive, kapazitive, piezoresistive Sensoren (elektronisch),
  - Hall–Effekt, Paramagnetismus (magnetisch),
  - potentiometrisch, amperometrisch, Leitfähigkeit (elektrochemisch).
- **der Messgröße,** z.B.:
  - Sauerstoff, brennbare Gase, NO_x, Feuchte (chemische Messgröße),
  - Abstand, Beschleunigung (mechanisch),
  - Druck, Temperatur (physikalisch).

Sensoren in Fahrzeugen

Die Aufmerksamkeit richtet sich in diesem Text naturgemäß auf die **chemischen** Sensoren. In Kraftfahrzeugen finden neben chemischen Sensoren insbesondere auch Sensoren für **mechanische** und **physikalische** Messgrößen Verwendung, z.B.:

- **Druck** (Drucksensoren, z.B. Dehnungsmessstreifen, Halbleiter–Drucksensoren),
- **Beschleunigung** (Beschleunigungssensoren, z.B. Airbag–Sensor)
- **Abstand** (kapazitive oder optoelektronische Näherungssensoren, Ultraschallsensoren),
- **Temperatur** (Temperatursensoren, z.B. Widerstandsthermometer, NTC–, PTC–Elemente),
- **Gase und Feuchte** (Gassensoren, Feuchtesensoren, z.B. λ–Sonde)

λ–Sonde

Der bekannteste Sensor am Kfz ist die λ–Sonde, die über die Regelung der Luftzahl entscheidend die Wirksamkeit einer Abgasbehandlung beeinflusst. Die λ–Sonde misst den **Sauerstoffgehalt** im 400...800°C heissen Abgasstrom. Das **Sensormaterial** besteht aus mit MgO–, CaO–oder Y_2O_3–stabilisierter ZrO_2–Keramik (→ *Kap. 4.2*). Ohne Fremdatomzugabe würde der ZrO_2–Sinterkörper beim Abkühlen verschiedene Phasenübergänge durchlaufen und dabei aufgrund mechanischer Spannungen zerstört werden. Insbesondere Y_2O_3 stabilisiert die kubische ZrO_2–Hochtemperaturphase. Darüberhinaus zeigen Y^{3+}–dotierte ZrO_2–Kristalle eine erhöhte Sauerstoffionenleitfähigkeit, da die Gitterplätze der vierwertigen Zr^{4+}–Ionen teilweise durch dreiwertige Y^{3+}–Ionen ersetzt sind. Die Sensoroberflächen sind nach → *Abb. 12.16* beidseitig mit Platin beschichtet.

An den Edelmetalloberflächen stellt sich die potentialbildende Reaktion ein:
O_2 (Gas) + 4 e^- (Pt) ←→ 2 O^{2-} (ZrO_2) Elektrodenreaktion

Potentialbildung bei der λ–Sonde

Ab einer Temperatur T = 350°C wird das Sensormaterial ZrO_2 sauerstoffionenleitend. Wird nun die Vorderseite (dem Abgas ausgesetzte **Messelektrode**) und die Rückseite (**Referenzelektrode**) des Sensors unterschiedlichen Sauerstoffpartialdrücken ausgesetzt, misst man eine sauerstoffabhängige Potentialdifferenz ΔE (Spannung U), die der ***Nernstschen* Gleichung** für eine Konzentrationszelle folgt (→ *Kap. 13.3*):

$$U = \Delta E = \frac{RT}{4F} \cdot \ln\left(\frac{p_{O_2,\mathrm{Messgas}}}{p_{O_2,\mathrm{Referenzgas}}}\right)$$

Potentialdifferenz bei unterschiedlichem Sauerstoffpartialdruck p_{O2}

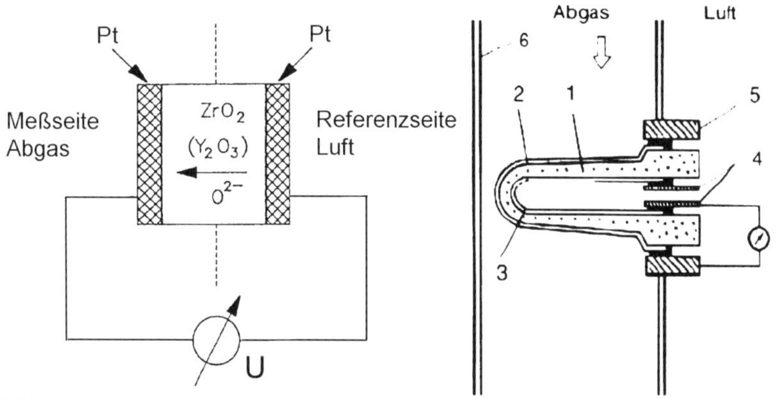

Abbildung 12.16 **Prinzip einer potentiometrischen Lambdasonde** (links) und Einbau in den Abgaskanal (rechts, 1 = ZrO_2–Festelektrolyt, 2 = Pt–Außenelektrode, 3 = Pt–Innenelektrode, 4 = Kontakte, 5 = Gehäusekontaktierung, 6 = Abgasrohr(, (Quelle: Firma Bosch /10/).

Potentiometrische λ–Sonde

Das Referenzgas ist die Umgebungsluft. Diese sog. **potentiometrische λ–Sonde** erfasst besonders empfindlich den Übergang von einem fetten zu einem mageren Gemisch. Beim Auftreten von **überschüssigem** Sauerstoff bei $\lambda > 1$ ändert sich sprunghaft ihre Ausgangsspannung von 1000 mV (fettes Gemisch) auf 100 mV (mageres Gemisch). Die **Ansprechzeiten** der λ–Sonde liegen im Temperaturbereich um T = 350°C bei einigen Sekunden und verkürzt sich beim optimalem Betriebspunkt bei T = 600°C auf <50 ms. Die λ–Sonde muss deshalb beim Start entweder **vorgeheizt** werden oder die λ–Regelung bleibt bis zum Erreichen der Mindestbetriebstemperatur von 350°C ausgeschaltet.

Amperometrische λ–Sonde

Neben der oben beschriebenen potentiometrischen λ–Sonde gibt es auch amperometrische λ–Sonden (→ *Kap. 15.1*). Diese arbeiten vorteilhafterweise ohne Referenzgas und können auch im Magerbereich $\lambda > 1$ eingesetzt werden. Selektive Sensoren für die **Schadgase** CO, HC und NO_x für den **mobilen** Einsatz in Fahrzeugen stehen erst am Anfang der Markteinführung. Diese werden bevorzugt mit den Methoden der **Dickschichttechnik** hergestellt. Es handelt sich meist um Halbleitersensoren mit Volumenleitfähigkeit, z.B. TiO_2, $SrTiO_3$. (→ *Kap. 4.3*) Die Messprinzipien für die **stationäre** CO–, NO_x–und HC–Messung werden in → *Kap. 9.1* behandelt.

Feuchtesensoren Hygrometer

Eine weitere chemische Messgröße ist der Wassergehalt der Luft (Feuchte). Der Wassergehalt der Luft ist stark temperaturabhängig. Die absolute Feuchte [g m^{-3}] gibt die Masse an Wasser in 1 m^3 Luft oder Gas an. Die relative Feuchte [% rF] gibt an, wieviel Prozent der maximal möglichen Wasserdampfkonzentration momentan in der Luft vorhanden sind. Übliche Feuchtegehalte sind 70...90% rF. Der Taupunkt ist die Temperatur, bei der Wasser auskondensiert. Feuchtesensoren (**Hygrometer–Sensoren**) beruhen auf folgenden Sensoreffekten:

- **Haar–Hygrometer**: Längenänderungen von Haaren in Abhängigkeit von der Feuchte,
- **Absorptions–Hygrometer**: Volumenausdehnung hygroskopischer Stoffe,
- **Leitfähigkeits–Hygrometer**: Leitfähigkeitsänderungen von Salzlösungen, organischen Harzbeschichtungen oder halbleitenden porösen Keramikstrukturen, z.B. Fe_2O_3 oder CrO_2,
- **kapazitive Feuchtesensoren**: Kapazitätsänderungen (Standard für wartungsfreien Feuchtesensor),
- **Taupunkt–Hygrometer**: Abkühlung eines Spiegels, bis Kondensation von Wasser beginnt.

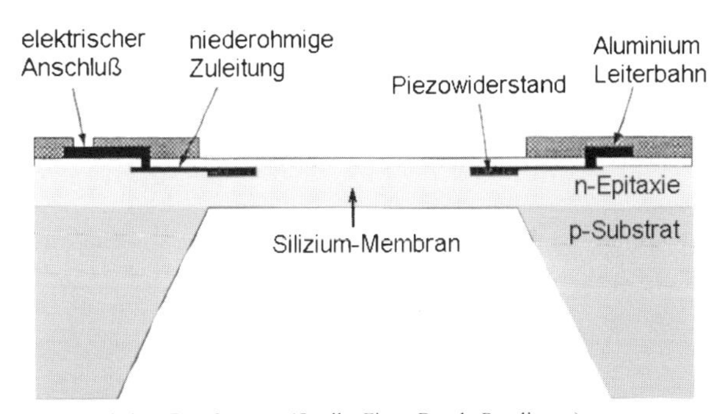

Abbildung 12.17 **Piezoresistiver Drucksensor** (Quelle: Firma Bosch, Reutlingen).

Drucksensoren

Im folgenden Text sind in Kürze einige Sensorprinzipien für **physikalische** Messgrößen zusammengestellt. Zur **Druckmessung** gibt es zahlreiche Messprinzipien. Drucksensoren in Fahrzeugen lassen sich durch Einsatz von mikroelektronischen und mikromechanischen Fertigungsverfahren stark miniaturisieren. In → *Abb. 12.17* ist ein Halbleiter–Drucksensor mit in eine Siliziummembran eingebetteten, druckabhängigen Widerständen dargestellt. **Resistive Drucksensoren** beruhen z.B. auf mechanischen Dehnungsmessstreifen (DMS), deren elektrischer Widerstand sich proportional zur Längenänderung des Messstreifens ändert. **Piezoresistive Drucksensoren** (**Piezowiderstände**) ändern ihren Widerstand in Abhängigkeit vom Druck. Sie werden mit Halbleiterherstellungsverfahren in die Siliziummembran eingebettet. Einsatzgebiete von Drucksensoren in der Kfz–Elektronik sind z.B. Zündzeitpunktsteuerung, Benzin–Luftgemischregelung, Überwachung von Brems-, Hydraulik- oder Reifendruck u. a.

Piezoresistive Drucksensoren

Beschleunigungs-sensoren

Beschleunigungssensoren enthalten stets eine **träge Testmasse**, die bei einem Beschleunigungs- oder Verzögerungsvorgang ausgelenkt wird, was zu einem Sensorsignal führt. In der Fahrzeugtechnik verwendet man überwiegend folgende Sensoreffekte:

- **magnetische Beschleunigungssensoren** (Hall–Effekt, Federelement mit Reed–Kontakt),
- **piezeelektrische Beschleunigungssensoren,**
- **kapazitive Beschleunigungssensoren.**

Hall–Sensoren

Viele Beschleunigungssensoren nutzen den **Hall–Effekt**. Bei diesem Effekt entsteht in einem stromdurchflossenen Leiter, der sich in einem Magnetfeld befindet, senkrecht zur Stromrichtung und senkrecht zur Richtung des Magnetfelds eine Hall–Spannung. Verändert sich die Richtung des Magnetfeldes, z.B. aufgrund der Auslenkung einer magnetischen Testmasse, so führt dies zu einer Veränderung der Hall–Spannung. **Piezoelektrische** Beschleunigungssensoren können als Biegeelemente unterschiedliche Beanspruchungen, wie Druck, Zug, Biegung oder Scherung in ein Spannungssignal umwandeln. **Kapazitive** Beschleunigssensoren erfassen die Auslenkung einer Testmasse als Veränderung der Kapazität (→ *Abb.12.18*). Einsatzgebiete bei Kfz sind Sensoren für Anti–Blockiersysteme (ABS), Klopfwarnsysteme und **Airbag–Auslösung**.

Kapazitive Beschleunigungs-sensoren

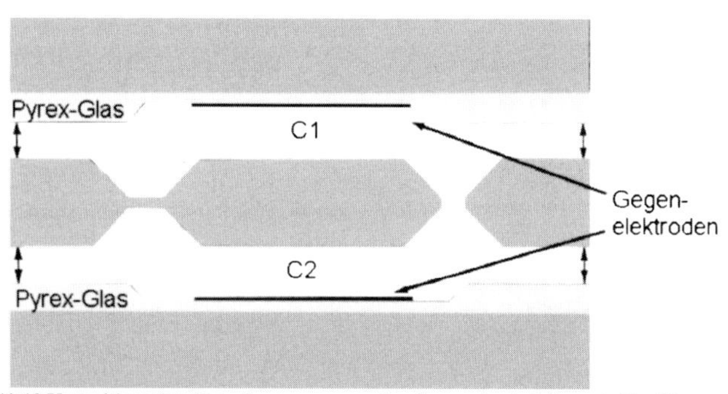

Abbildung 12.18 **Kapazitiver Beschleunigungssensor** mit mikromechanisch hergestellter Biegemasse (Quelle: Firma Bosch, Reutlingen).

Airbag

Der Airbag enthält einen **Sprengstoff**, der beim Aufprall gezündet wird und unter Gasbildung zerfällt. Das Gas bläht den Airbag in etwa 30 ms auf. Als Sprengstoff dient meist **Natriumazid (NaN_3)**. Natriumazid verpufft bei der Zündung im Labor zu Natrium und gasförmigem Stickstoff, der als Füllgas für den Airbag dient:

$$2\,NaN_3 \rightarrow 2\,Na + 3\,N_2$$

In einem sicherheitstauglichen **Gasgenerator** muss das freigesetzte brennbare Natrium durch Zusätze gebunden werden. Dazu verwendet man z.B. die Reaktionen /67/ :

$$10\,NaN_3 + 2\,KNO_3 + 5\,SiO_2 \rightarrow 5\,Na_2O \cdot K_2O \cdot 5\,SiO_2 + 16\,N_2 \text{ oder}$$

$$2\,NaN_3 + CuO \rightarrow Na_2O + Cu + 3\,N_2$$

Der Azid–Sprengsatz selbst wird mit einer leicht entzündlichen **Anzündladung** aus Schwarzpulver oder Nitrocellulose gezündet. Bei der Explosion von Nitrocellulose spielt sich etwa folgende Reaktion ab:

$$C_6H_7(ONO_2)_3O + 11/4\,O_2 \rightarrow 6\,CO_2 + 7/2\,H_2O + 3/2\,N_2$$

Abstandssensoren

Abstandssensoren in Fahrzeugen (z.B. als Einparkhilfen) sind **piezokeramische** Sensoren, die die Zeitspanne zwischen Außenden und Empfang eines Ultraschallsignals messen, das an dem betreffenden Objekt reflektiert wurde. Andere Sensorprinzipien für Näherungssensoren (z.B. in der Automatisierungstechnik) beruhen auf Wirbelströmen (**kapazitive Näherungsschalter**) oder auf optoelektronischen Signalen **(Lichtschranke**).

Temperatur-, Füllstandssensoren

Für die Messung und Überwachung von Temperatur und Füllstand werden im Kfz überwiegend Widerstandsthermometer und Thermistoren (NTC–Heissleiter und PTC–Kaltleiter, → *Kap. 5.5*) eingesetzt. Anwendungen im Kfz sind:

- **Widerstandsthermometer:** Temperaturüberwachung in Ölbad, Kühlwasser u. a.,
- **NTC–Heissleiter:** Durchflussmessung, Kühleffekt bewirkt Widerstandserhöhung,
- **PTC–Kaltleiter:** Überstrom-, Überlastschutz, Grenztemperaturfühler am Motor, Überlaufsicherung von Tanks, da das steigende Flüssigkeitsniveau eine Abkühlung bewirkt.

Aktoren

Aktoren wandeln elektrische Steuersignale geringer Leistung in eine prozesssteuernde Energieform hoher Leistung (meist mechanische Energie) um. Aktoren können sein:

- **elektromechanische Wandler**, z.B. Schalter, Piezokeramik,
- **elektromagnetische Wandler**, z.B. E–Motor, Spule, Magnetventil,
- **elektrothermische Wandler**, z.B. Bimetall, Zünder,
- **elektrofluidische Wandler**, z.B. Hydraulikventile (mit Flüssigkeiten, meist Öl), Pneumatikventile, (mit Gasen, meist Pressluft).

Adaptronik

Unter Adaptronik versteht man die Verbindung von Elekronik und adaptiven Werkstoffen zu einem adaptronischen System. Dieses zeichnet sich durch **anpassungsfähige (adaptive)** Eigenschaften aus, die sich **selbstregulierend** unterschiedlichen Betriebsbedingungen anpassen. Die Anpassung erfolgt nicht mittels des klassischen Regelkreises aus Sensor, Steuerung und Stellglied, sondern beruht auf den adaptiven Eigenschaften des Werkstoffes. Die zugrundeliegenden Werkstoffe sind z.B. Piezokeramiken, Magneto–und Elektrostriktiva oder Formgedächtnislegierungen. Einsatzmöglichkeiten adaptronischer Systeme am Fahrzeug beziehen sich derzeit bevorzugt auf die Bekämpfung von Vibrationen, darüberhinaus aber auch auf wichtige Fahrzeugkomponenten wie Bremsen, Kupplung und Ventile /68/.

Formgedächtnislegierungen

Bestimmte Legierungen (z.B. Ni/Ti–Legierungen) zeigen spontane Formänderungen, wenn sie thermischen Zyklen ausgesetzt werden. Der Effekt beruht auf dem reversiblen Übergang zwischen zwei Atomgitterstrukturen (**Austenit–Typ** zu **Martensit–Typ**) in Abhängigkeit von Temperatur und/oder mechanischer Kraft. Die Umwandlungstemperaturen können zwischen -100°C und +100°C eingestellt werden. Anwendungen sind, z.B.:

- **Befestigungs-** und **Verbindungstechnik:** Der Formgedächniszyklus–Abkühlen, Verformen, Installieren, Erwärmen–ermöglicht eine metallische 'Schrumpfschlauchverbindung' mit hochwertigen Eigenschaften (Gasdichtheit, Korrosionsbeständigkeit, Temperaturbeständigkeit),
- **temperaturabhängige Aktoren**, z.B. Federelemente für Thermostatventile, Hebevorrichtung für den Lesekopf von Plattenlaufwerken.

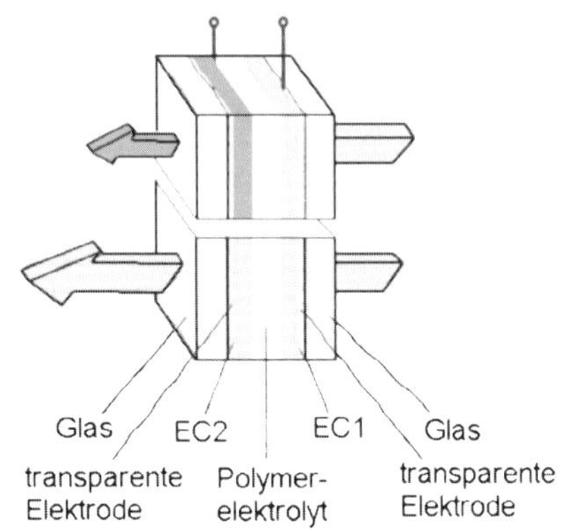

Abbildung 12.19 **Elektrochrome Zelle**: Zwei Glasscheiben sind mit einer transparenten leitfähigen ITO–Schicht versehen. Die elektrochromen Schichten (EC1, EC2) verändern ihre Lichtdurchlässigkeit beim Anlegen eines elektrischen Feldes. Der Polymerelekrolyt ist H^+–ionenleitend (Quelle: Firmenschrift DaimlerChrysler AG).

Elektrochrome Werkstoffe

Elektrochrome Werkstoffe ändern ihre optischen Eigenschaften bei Anlegen einer geringen elektrischen Spannung. Elektrochrome Verglasungen, z.B. in Gebäuden, Kraft- und Bahnfahrzeugen oder Flugzeugen ermöglichen einen verbesserten Klima- oder Blendschutz durch Steuerung der Lichtdurchlässigkeit der Verglasung. Elektrochromes Verhalten kann man bei vielen Werkstoffen beobachten (Übergangsmetalloxide, organische Verbindungen), deren Farbe sich durch die Aufnahme oder Abgabe von Elektronen verändert (Redoxreaktion, → *Kap. 13.2*). Der bekannteste elektrochrome Werkstoff ist Wolframtrioxid WO_3. Bei dem elektrochromen Element in → *Abb. 12.19* sind zwei elektrochrome Schichten (EC1 und EC2) zwischen zwei Glasscheiben eingebettet, die mit einer transparenten leitfähigen Schicht aus Indium–Zinn–Oxid (ITO) beschichtet sind. Die erste EC1–Schicht ändert ihre Farbe bzw. Lichtdurchlässigkeit durch Aufnahme von Elektronen (Reduktion, z.B. WO_3, MoO_3, Nb_2O_5, V_2O_5). Die zweite EC2–Schicht ändert ihre Lichtdurchlässigkeit durch Abgabe von Elektronen (Oxidation, z.B. NiO_x, IrO_x, CoO_x, Polyanilin). Beim Anlegen einer elektrischen Spannung kommt es zu einem Elektronentransport und folgenden Reaktionen:

EC1–Schicht: transparent $WO_3 + x\,H^+ + x\,e^- \leftrightarrow H_xWO_3$ dunkel
EC2–Schicht: transparent $Ni(OH)_2 \leftrightarrow NiOOH + H^+ + e^-$ dunkel

Elektrochrome Verglasungen

Die Elektronen wandern über den äußeren Stromkreis, die H^+–Ionen müssen durch eine spezielle ionenleitende Polymermembran zwischen den EC–Schichten transportiert werden. Beim Abschalten der Spannung verharrt das elektrochrome Element ohne weiteren Energieverbrauch auf dem erreichten Energieniveau.

Rheologische Flüssigkeiten

Rheologische Flüssigkeiten sind meist Zwei–Phasensysteme (**Gele**), deren **Viskosität** sich unter dem Einfluss mechanischer, elektrischer oder magnetischer Kräfte verändert. Gele bestehen aus einem Feststoff (z.B. Polymere mit vernetzten Molekülketten), der kolloidal in einer Flüssigkeit (Lösungsmittel) verteilt ist. Im allgemeinen bilden Dispersionen (**strukturviskose Dispersionen**) im Ruhezustand eine gewisse Ordnung aus, die bei Einwirkung einer äußeren Kraft oder Bewegung zerstört wird, wodurch es zum **Viskositätsabfall** kommt. Wichtige rheologische Flüssigkeiten für die Adaptronik sind:

- **dilatante Dispersionen,**
- **elektrorheologische Flüssigkeiten (ERF)** und
- **magnetorheologische Flüssigkeiten (MRF).**

Elektrorheologische Flüssigkeiten (ERF)

Dilatante Dispersionen (→ *Abb. 1.1* und → *Kap. 16.2*) ordnen sich unter dem Einfluss einer Kraft oder einer Bewegung, wodurch es zu einem raschen **Viskositätsanstieg** kommen kann. Elektrorheologische Flüssigkeiten (**ERF**) werden beim Einschalten einer Hochspannung schlagartig zähflüssig und kehren nach Abschalten sofort in den dünnflüssigen Ausgangszustand zurück. Der Effekt beruht darauf, dass Feststoffteilchen mit hoher Dielektrizitätszahl zu 30...50% Anteil in einer nichtpolymeren Trägerflüssigkeit dispergiert oder gelöst sind. Im elektrischen Feld lagern sich die Feststoffpartikel zu Ketten zusammen (→ *Abb. 1.1*). Die Viskosität lässt sich über die elektrische Feldstärke auf beliebige Werte zwischen leichtflüssigem und starrem Zustand einstellen. Bei magnetorheologischen Flüssigkeiten (**MRF**) bilden ferromagnetische Feststoffteilchen (z.B. Ferrite) beim Anlegen eines Magnetfeldes kettenförmige Strukturen parallel zu den magnetischen Feldlinien. Die Flüssigkeit erstarrt. Beim Abschalten des Magnetfelds brechen die Ketten zusammen und das Fluid wird sofort wieder flüssig. In der Anwendung von ERF und MRF gibt es einen wesentlichen Unterschied: elektrische Felder sind **spannungsgesteuert**, magnetische Felder **stromgesteuert**. Anwendungen von ERF und MRF sind: Kupplungen, Ventile für Hydrauliksysteme, Schwingungsdämfung (Stossdämpfer, Motorlager).

Magnetorheologische Flüssigkeiten (MRF)

Piezoaktoren

Piezokeramische Materialien erleiden im Kristall eine Ladungsverschiebung, wenn sie mechanisch verformt werden (→ *Kap. 4.2*). Die Ladungsverschiebung kann als Spannung abgegriffen werden, was bei **piezokeramischen Sensoren** genutzt wird. Umgekehrt ändert ein Piezokristall beim Anlegen einer Spannung seine Form. Dieser 'inverse Piezoeffekt' ist die Grundlage von **piezokeramischen Aktoren**. An erster Stelle stehen ferroelektrische Sinterkeramiken, insbesondere **Blei–Zirkonat–Titanat**–Verbindungen (**PZT = $Pb[Zr,Ti]O_3$**). Das piezoelektrische Verhalten wird ihnen beim keramischen Herstellungsprozess durch Anlegen eines elektrischen Feldes der typischen Feldstärke 3 kV mm^{-1} künstlich eingeprägt. Piezoaktoren sind in der Technik z.B. als Mikrostellglieder für Windrotorblätter, Linearantriebe, Dosiereinrichtungen, Kraftstoffeinspritzsysteme, Ultraschallerzeuger u. a. eingeführt.

Magnetostriktive Aktoren

Unter dem Einfluss starker magnetischer Felder können ferromagnetische Kristalle Volumenänderungen zeigen. Dieser als **Magnetostriktion** bezeichnete Effekt kommt dadurch zustande, dass sich die *Weiss'schen* Bereiche in Magnetisierungsrichtung drehen und dadurch die Korngrenzen verschieben. Besonders interessant für Aktoren ist der **'*Joule*–Effekt'**, worunter man die Längenänderung eines ferromagnetischen Werkstoffs bei konstantem Volumen versteht. Seltenerdmetall–Legierungen, z.B. die Terbium–Dysprosium–Eisen–Legierung $Tb_{1-x}Dy_xFe_2$ (x = 0,27) zeigen Dehnungen bis zu 2 mm m^{-1}. Diese Aktoren eignen sich vor allem zur Erzeugung starker Kräfte auf kleinstem Weg (Mikrosteller, Ultraschallerzeuger).

Chemomechanische Sensoren

Chemomechanische Aktoren sind **Funktionsgele**, bei denen sich das Volumen eines Gels durch Quellen oder Schrumpfen verändert, vergleichbar dem menschlichen **Muskel**, bei dem ebenfalls chemische Energie nahezu isotherm in mechanische Energie überführt wird. Besonders interessant sind **elektrochemomechanische** Aktoren, bei denen durch ein elektrisches Signal eine Volumenänderung hervorgerufen wird. Geeignete Materialien sind z.B. Gele auf Basis von Polyacrylamid, Polyvinylalkohohol u. a., deren Volumenänderung auf eine veränderte elektrostatische Abstossung zwischen den Polymerketten beruht /68/.

13. Reaktionen in flüssiger Phase

13.1 Säure–Base–Reaktionen, Neutralisation

Säure-Base Definition

Eine Definition für Säuren und Basen stammt von *Arrhenius*:

- **Säuren** sind Stoffe, die in wässriger Lösung H^+–Ionen (Protonen) abgeben:
  $HCl + H_2O \rightarrow H_3O^+ + Cl^-$
- **Basen** sind Stoffe, die in wässriger Lösung OH^-–Ionen (Hydroxid–Ionen) abgeben:
  $NaOH + H_2O \rightarrow Na^+ + OH^- + H_2O$

Nach *Brönstedt* gilt:

- **Säuren** sind **Protonenspender (Protonendonoren),**
- **Basen** sind **Protonenempfänger (Protonenakzeptoren),** Laugen sind wässrige Lösungen von Basen.

Protolyse

Säure–Base–Reaktionen sind Protonenübertragungsreaktionen (**Protolyse**). Dabei gibt eine Säure an eine Base ein Proton ab. Die Säure selbst wird zu ihrer konjugierten Base. Die Base wird durch die Aufnahme eines Protons zur konjugierten Säure. Die Säure und ihre konjugierte Base bzw. die Base und ihre konjugierte Säure nennt man Säure–Base–Paar (→ *Tab. 13.1*):

HCl	+ H_2O	→	Cl^-	+ H_3O^+
Säure	Base		konjugierte Base	konjugierte Säure

Säure–Base–Paare

Säure	konjugierte Base
Perchlorsäure $HClO_4$	Perchlorat ClO_4^-
Ammonium NH_4^+	Ammoniak NH_3
Schwefelsäure H_2SO_4	Hydrogensulfat HSO_4^-
Hydrogensulfat HSO_4^-	Sulfat SO_4^{2-}
Essigsäure CH_3COOH	Acetat CH_3COO^-

Tabelle 13.1 **Konjugierte Säure–Base–Paare** (Beispiele).

Amphotere

Amphotere sind Stoffe, die als Säure oder als Base wirken können. Sie sind deshalb zur Eigendissoziation fähig. Unter **Dissoziation** versteht man den Zerfall eines elektrisch neutralen Stoffes in Ionen unter Einfluss eines Lösungmittels, meist Wasser. Bei der **Eigendissoziation** ist das Lösungsmittel der Stoff selbst, z.B. die Eigendissoziation von Wasser:

$H_2O + H_2O \rightarrow H_3O^+ + OH^-$

Neutralisation

Die wichtigste Säure–Base–Reaktion ist die Neutralisation. Darunter versteht man die Reaktion zwischen Säuren und Laugen, wobei Salz und Wasser entsteht. Im erweiterten Sinne ist auch die Reaktion zwischen Metalloxid und Säure eine Neutralisation:

$H_2SO_4 + Ca(OH)_2 \rightarrow CaSO_4 + 2\ H_2O$

$H_2SO_4 + CaO \rightarrow CaSO_4 + H_2O$

Starke Säuren Salzsäure

Salzsäure (HCl) wird bei der Einleitung von gasförmigem Chlorwasserstoffgas in Wasser gebildet und ist als 38 m–%-ige konzentrierte ('rauchende') Salzsäure (Dichte 1,19 g cm^{-3}) im Handel. Bei der Neutralisation von starken Laugen mit Salzsäure entstehen chloridhaltige Salze. Eine Säure–Base–Reaktion ist auch das **Beizen** von Metallen mit HCl (**chemisches Entrosten**). Stoffe, die Metalloxidschichten entfernen, werden als **Flussmittel** bezeichnet (z.B. beim Schweißen oder Löten). Salzsäure wirkt auf unedle Metalle außerordentlich korrodierend. Diese **'Säurekorrosion'** ist keine Säure–Base–Reaktion, sondern eine Redoxreaktion (→ *Kap. 13.3*):

$HCl + NaOH \rightarrow NaCl + H_2O$ Neutralisation, Bildung von Chloriden
$Fe_2O_3 + 6\ HCl \rightarrow 2\ FeCl_3 + 3\ H_2O$ Beizen der Metalle (Säure–Base–Reaktion)
Eisenoxid (wasserunlöslich) → Eisenchlorid (wasserlöslich)
$Zn + 2\ HCl \rightarrow ZnCl_2 + H_2$ Säurekorrosion (Redoxreaktion)

Schwefelsäure

Schwefelsäure (H_2SO_4) ist eine Flüssigkeit (Fp. 10°C), die als 98 m–%-ige konzentrierte H_2SO_4 (Dichte 1,836 g cm^{-3}) im Handel ist. H_2SO_4 entsteht aus der Oxidation des gasförmigen, sauren Oxids SO_2 in Anwesenheit von Wasser. Die Säure ist zweibasig und bildet bei der Neutralisation Hydrogensulfat–und Sulfat–Salze. Schwefelsäure ist nicht nur eine starke Säure, sondern auch ein starkes Oxidationsmittel, das organische Stoffe verkohlt (Entzug von Wasserstoff):

$H_2SO_4 + NaOH \rightarrow NaHSO_4 + H_2O$ 1. Neutralisationsstufe, Hydrogensulfat
$NaHSO_4 + NaOH \rightarrow Na_2SO_4 + H_2O$ 2. Neutralisationsstufe, Sulfat

Salpetersäure

Salpetersäure (HNO_3) ist eine farblose Flüssigkeit (Kp. 85°C), die als 70 m–%-ige konzentrierte ('rauchende') HNO_3 (Dichte 1,41 g cm^{-3}) m Handel ist. HNO_3 entsteht bei der Oxidation der gasförmigen, sauren Stickoxide NO oder NO_2 in Anwesenheit von Wasser. Die Säure bildet bei der Neutralisation Nitratsalze. Verdünnte HNO_3 beizt Metalloberflächen (z.B. Kupfer). Konzentrierte HNO_3 ist nicht nur eine starke Säure, sondern auch ein starkes Oxidationsmittel, das alle wesentlichen Metalle außer Gold und Platin auflöst (Ätzen von Kupfer):

$HNO_3 + NaOH \rightarrow NaNO_3 + H_2O$ Neutralisation, Nitrate
$CuO + 2\ HNO_3 \rightarrow Cu(NO_3)_2 + H_2O$ Beizen von Kupfer, Wirkung als Flussmittel
$3\ Cu + 8\ HNO_3 \rightarrow 3\ Cu(NO_3)_2 + 2\ NO + 4\ H_2O$ Ätzen von Kupfer, Redoxreaktion, Gefahr durch nitrose Gase NO/NO_2.

Schwache Säuren
Kohlensäure

Kohlensäure (H_2CO_3) ist nicht wasserfrei erhältlich, sondern entsteht in geringem Maß, wenn das gasförmige, saure Kohlendioxid (CO_2) in Wasser eingeleitet wird. Der wesentliche CO_2–Anteil ist nur physikalisch in Wasser gelöst. Kommerziell erhältlicher 'Kohlensäureschnee' in Gasflaschen besteht aus festem CO_2 unter hohem Druck, z.B. für Feuerlöscher. Die zweibasige Säure bildet Hydrogencarbonat–und Carbonat–Salze. Kohlensäurehaltige Wässer lösen Kalk aus Kalkgestein. Beim Erhitzen von Leitungswasser über 60°C fällt der Kalk wieder als **Kesselstein** aus:

$CO_2 + H_2O \rightarrow H_2CO_3$ Kohlensäure, z.B. in saurem Sprudel
$H_2CO_3 + NaOH \rightarrow NaHCO_3 + H_2O$ 1. Neutralisationsstufe, Hydrogencarbonat
$NaHCO_3 + NaOH \rightarrow Na_2CO_3 + H_2O$ 2. Neutralisationsstufe, Carbonat

$$Ca(HCO_3)_2 \underset{<60^\circ C}{\overset{60^\circ C}{\rightleftharpoons}} CaCO_3 + H_2O + CO_2$$ **Kalk–Kohlensäure-Gleichgewicht**

Kalk–Kohlensäure–Gleichgewicht

Das Kalk–Kohlensäure–Gleichgewicht erklärt:

- die Ausfällung von wasserunlöslichem Kalk (Kesselstein) aus hartem (hydrogencarbonathaltigem) Wasser oberhalb 60°C,
- die Auflösung von Kalkgestein ($CaCO_3$) in CO_2–haltigem Wasser unterhalb 60°C; $Ca(HCO_3)_2$ ist wasserlöslich.

Basen
Natronlauge

Natriumhydroxid (NaOH) ist ein Feststoff, der von dem basischen Na_2O–Oxid abstammt. In Wasser dissoziert NaOH unter Abgabe von Hydroxidionen. Die wässrige NaOH–Lösung heißt **Natronlauge**.

Calciumhydroxid ($Ca(OH)_2$) ist ein Feststoff (gelöschter Kalk), der sich in Wasser schlecht löst. $Ca(OH)_2$ entsteht aus dem basischen Oxid CaO (gebrannter Kalk) durch 'Löschen' mit Wasser. Eine wässrige Suspension von $Ca(OH)_2$ wird als **'Kalkmilch'** bezeichnet und ist ein preiswertes Neutralisationsmittel, z.B. zur Neutralisation von sauren Rauchgasen. Beim **'Abbinden'** von Kalkmörtel [Kalkmörtel= $Ca(OH)_2$ mit Sand und Wasser vermischt] wird CO_2 aufgenommen und Wasser freigesetzt:

Calciumhydroxid

Kalkmilch

$Ca(OH)_2 + SO_2$	$\rightarrow$	$CaSO_3 + H_2O$	Neutralisation saurer Rauchgase
$CaCO_3$	$\xrightarrow{900\text{-}1100°C}$	$CaO + CO_2$	Herstellung von gebranntem Kalk (CaO)
$CaO + H_2O$	$\rightarrow$	$Ca(OH)_2$	Löschen von Kalk
$Ca(OH)_2 + CO_2$	$\rightarrow$	$CaCO_3 + H_2O$	Abbinden von Kalkmörtel

Ammoniak (NH_3) ist ein gut wasserlösliches Gas. Eine ca. 10 m–%-ige wässrige Lösung (**'Salmiakgeist'**) reagiert schwach alkalisch und findet Verwendung zu Reinigungszwecken.

Ammoniak

Konzentrationsangaben bei Säuren und Basen erfolgen meist in den Einheiten Massen–%, Molarität [mol l^{-1}], Molalität [mol kg^{-1}] oder Normalität [val l^{-1}]. Die Umrechnung ist aus der folgenden Aufgabe ersichtlich:

Aufgabe

Wieviel Massen–% -ig ist eine 1 molare Salzsäure (Dichte der 1 molaren HCl: $\rho = 1{,}039$ g cm^{-3}) ?
Masse von 1 Liter 1 molarer HCl: $m = 1{,}039$ g $cm^{-3} \cdot 1000$ $cm^3 = 1039$ g
molare Masse HCl: $M = 36{,}5$ g mol^{-1}
Masse HCl in 1 Liter 1 molarer HCl: m = 36,5 g reine HCl
36,5 g reine HCl sind in 1039 g Lösung enthalten.
Konzentrationsangabe in Massen–%: $\frac{1039g}{100\%} = \frac{36{,}5g}{x\%}$; $x\% = 3{,}5\%$

Bei Konzentrationsrechnungen mit Verdünnungen gilt, dass die Masse m_A oder die Stoffmenge n_A eines Stoffes vor der Verdünnung (A = Anfang) durch die Zugabe eines Lösungsmittels (Verdünnung meist mit Wasser) nicht verändert wird (E = Ende). Veränderlich sind aber die Anfangs- und Endkonzentrationen c_A, c_E sowie die Gesamtmassen $m_{ges,A}$ und $m_{ges,E}$ und die Gesamtvolumina V_A, V_E:

Verdünnungen

- **Rechnen mit c [m–%]**, Massenbilanz : $m_A = m_E$;
  Einsetzen der Definitionsgleichung ergibt: $c_A \cdot m_{ges,A} = c_E \cdot m_{ges,E}$
  [mit c_A, c_E in m–%].
- **Rechnen mit c [mol l^{-1}]**, Stoffmengenbilanz: $n_A = n_E$;
  Einsetzen der Definitionsgleichung: $c_A \cdot V_A = c_E \cdot V_E$
  [mit c_A, c_E in mol l^{-1}].

Ein Liter einer 1 molaren HCl wird auf 10 Liter verdünnt ? Wie groß ist die Endkonzentration ?
$c_A \cdot V_A = 1$ mol $l^{-1} \cdot 1$ l $= c_E \cdot V_E = c_E \cdot 10$ l; $c_E = \underline{0{,}1 \text{ mol } l^{-1}}$

Aufgaben

Wieviel ml konzentrierte 36% HCl (Dichte $\rho = 1{,}18$ g ml^{-1}) sind zur Herstellung von 500 g einer 2% HCl–Lösung erforderlich ?
$c_A \cdot m_{ges,A} = 36\% \cdot m_{ges,A} = c_E \cdot m_{ges,E} = 2\% \cdot 500$ g
$m_{ges,A} = 2\% \cdot 500$ g / $36\% = 27{,}77$ g
Volumen der konz. HCl: $V = 27{,}77$ g / $1{,}18$ g $ml^{-1} = \underline{23{,}53 \text{ ml}}$

Die **Säurestärke pK_s** bzw. die **Basenstärke pK_b** ist ein Maß für die Stärke von Säuren und Basen (→ *Tab. 13.2*). Bei starken Säuren bzw. starken Basen liegt die Lage des Gleichgewichts der Säurereaktion bzw. der Basenreaktion mit Wasser völlig auf der Seite der Produkte. Die Konzentration von Wasser wird als konstant betrachtet:

Säurestärke
Basenstärke

- **Beispiel starke Säure:** $HCl + H_2O \rightarrow H_3O^+ + Cl^-$ $K_c >> 1$

Säurekonstante: $K_s = K_c \cdot [H_2O] = \frac{[H_3O^+] \cdot [Cl^-]}{[HCl]}$

Säurestärke: $pK_s = -\lg K_s$ **Starke Säuren** besitzen einen pK_s <<1.

- Beispiel s**chwache Base:** $NH_3 + H_2O \rightarrow NH_4^+ + OH^-$ $K_c < 1$

  Basenkonstante: $K_b = K_c \cdot [H_2O] = \frac{[OH^-] \cdot [NH_4^+]}{[NH_3]}$

  Basenstärke $pK_b = -\lg K_b$ **Starke Basen** besitzen einen pK_b <<1.

Für die Eigendissoziation des Wassers gilt das **Ionenprodukt** K_w des Wassers:

$H_2O + H_2O \rightarrow H_3O^+ + OH^-$

$K_w = K \cdot [H_2O]^2 = [H_3O^+] \cdot [OH^-] = 10^{-14} [mol^2\, l^{-2}]$ (bei 25°C)

Neutralpunkt

Aus dem Ionenprodukt des Wassers folgt:

- Am **Neutralpunkt** gilt für die Konzentration von H_3O^+–und OH^-–Ionen: $[H_3O^+] = [OH^-] = 10^{-7}$ mol l^{-1}
- Das **Produkt** aus **Säurekonstante K_s** und **Basenkonstante K_b** eines konjugierten Säure–Base–Paares ist gleich dem Ionenprodukt des Wassers
  $K_w = K_s \cdot K_b$ oder $pK_s + pK_b = 14$.

Tabelle der Säurestärken

Säure	Konjugierte Base	$+ H^+$	pKs
Perchlorsäure $HClO_4$	Perchlorat ClO_4^-	$+ H^+$	-10
Salzsäure HCl	Chlorid Cl^-	$+ H^+$	-7
Schwefelsäure H_2SO_4	Hydrogensulfat HSO_4^-	$+ H^+$	-3
Salpetersäure HNO_3	Nitrat NO_3^-	$+ H^+$	-1,3
Chlorsäure $HClO_3$	Chlorat ClO_3^-	$+ H^+$	-1
Wasserstoffion H_3O^+	H_2O	$+ H^+$	0
Hydrogensulfat HSO_4^-	Sulfat SO_4^{2-}	$+ H^+$	1,9
Schwefelige Säure H_2SO_3	Hydrogensulfit HSO_3^-	$+ H^+$	1,8
Phosphorsäure H_3PO_4	Dihydrogenphosphat $H_2OO_4^-$	$+ H^+$	2,1
Flusssäure HF	Fluorid F^-	$+ H^+$	3,5
Essigsäure CH_3COOH	Acetat CH_3COO^-	$+ H^+$	4,8
Kohlensäure H_2CO_3	Hydrogencarbonat HCO_3^-	$+ H^+$	6,4
Schwefelwasserstoff H_2S	Hydrogensulfid HS^-	$+ H^+$	7,0
Hydrogensulfit HSO_3^-	Sulfit SO_3^{2-}	$+ H^+$	6,9
Dihyd.-phosphat $H_2PO_4^{2-}$	Hydrogenphosphat HPO_4^-	$+ H^+$	7,2
Hypochlorige Säure HClO	Hypochlorit ClO^-	$+ H^+$	7,5
Ammonium NH_4^+	Ammoniak NH_3	$+ H^+$	9,3
Blausäure HCN	Cyanid CN^-	$+ H^+$	9,3
Hydrogencarbonat HCO_3^-	Carbonat CO_3^{2-}	$+ H^+$	10,3
Wasserstoffperoxid H_2O_2	Peroxid-Anion HO_2^-	$+ H^+$	11,6
Hydrogenphosphat HPO_4^{2-}	Phosphat PO_4^{3-}	$+ H^+$	12,3
Hydrogensulfid HS^-	Sulfid S^{2-}	$+ H^+$	12,9
Wasser H_2O	Hydroxid OH^-	$+ H^+$	14
Ammoniak NH_3	Amid NH_2^-	$+ H^+$	23
Hydroxid OH^-	Oxid O^{2-}	$+ H^+$	36

Tabelle 13.2 **pK_S–Werte** starker und schwacher Säuren (nach /68/)

Lage des Gleichgewichts einer Säure–Base–Reaktion

Die Gleichgewichtskonstante einer bestimmten Säure–Base–Reaktion kann aus den pK_S–Werten nach → *Tab. 13.2* berechnet werden. Es gilt:

$$K_c = \frac{K_{s1} \cdot K_{b2}}{K_w}$$

K_{s1} = Säurekonstante der protonenabgebenden Teilreaktion 1
K_{b2} = Basenkonstante der protonenaufnehmenden Teilreaktion 2

$$K_c = \frac{K_{s1}}{K_{s2}}$$

K_{s2} = Säurekonstante der protonenaufnehmenden Teilreaktion 2

Daraus folgt: Die Gleichgewichtskonstante ist $K_c > 1$, wenn eine **starke** Säure mit einer **starken** Base reagiert, so dass gilt: $K_{s1} \cdot K_{b2} > K_w$. Eine andere Formulierung besagt: Die Lage des Gleichgewichts einer Säure–Base–Reaktion liegt auf Seiten der Produkte, wenn durch die Reaktion aus einer **starken** Säure eine **schwache** Säure entsteht: ($K_c = K_{s1}/K_{s2} > 1$, weil $K_{s1} > K_{s2}$). Beispiele sind:

- **Austreiben von Blausäure:** $HCl + CN^- \rightarrow HCN + Cl^-$
  Blausäure (HCN) ist schwächer als Salzsäure (HCl). Aus Cyanidsalzen wird durch Zugabe von Salzsäure giftige Blausäure frei. Es besteht Unfallgefahr bei Zugabe von starken Säuren in cyanidhaltige Prozessbäder.
- **Auflösen von Kalkstein:** $CH_3COOH + CO_3^{2-} \rightarrow HCO_3^- + CH_3COO^-$
  Hydrogencarbonat (HCO_3^-) ist eine schwächere Säure als Essigsäure (CH_3COOH). Kesselstein kann mit Essigsäure gelöst werden.

Aufgabe

Wie groß ist die Gleichgewichtskonstante der Reaktion: $HCl + CN^- \rightarrow HCN + Cl^-$?
$K_c = K_{HCl} \cdot K_{CN^-} / K_w = K_{HCl} / K_{HCN} = 10^7 / 10^{-9,7} = \underline{10^{16,7}}$
Das Gleichgewicht liegt vollständig auf der Seite der Produkte.

pH–Wert pOH–Wert

Die wichtigste Messgröße beim Umgang mit Säuren und Basen ist der **pH–Wert** (→ *Abb. 13.1*). Der pOH–Wert ist eine abgeleitete Größe. pH–Wert und pOH–Wert können auch negative Werte annehmen. Die **Definitionen** lauten:

$pH = -\log [H_3O^+]$, $pOH = -\log [OH^-]$, $pH + pOH = 14$

pH–Messung

pH–Werte werden mit Farbindikatoren oder mit elektrochemischen pH–Messgeräten (Glaselektrode, → *Kap. 15.1*) gemessen. Zur Kalibrierung von pH–Messgeräten dienen genormte Eichflüssigkeiten mit folgenden Referenzwerten:

- **0,05 m KH- Tartrat**–Lösung: pH = 4,01
- **0,025 m KH_2PO_4** / 0,025 m Na_2HPO_4–Puffer: pH = 6,86
- **0,01 m Borax**–Lösung: pH = 9,18
- **gesättigte $Ca(OH)_2$**–Lösung: pH = 12,45.

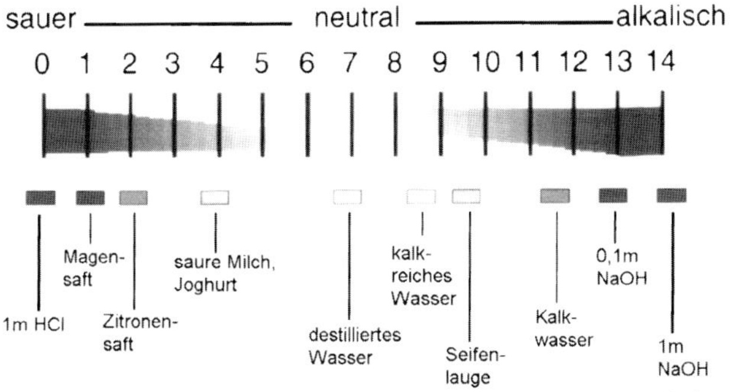

sauer — neutral — alkalisch
0 1 2 3 4 5 6 7 8 9 10 11 12 13 14
1m HCl
Magen-saft
Zitronen-saft
saure Milch, Joghurt
destilliertes Wasser
kalk-reiches Wasser
Seifen-lauge
Kalk-wasser
0,1m NaOH
1m NaOH

Abbildung 13.1 **pH–Werte** unterschiedlicher Säuren und Laugen (Quelle: Firma Testo, Lenzkirch).

Berechnung von pH–Werten

pH–Werte von **starken** und **schwachen Säuren HB** und **Basen B** lassen sich mit den folgenden Formeln berechnen ($[HB_o]$ = Säurekonzentration am Anfang, $[B_o]$= Basenkonzentration am Anfang):

- **starke Säure** $pH = -\lg [HB_o]$
- **starke Base** $pOH = -\lg [B_o]$
- **schwache Säure** $pH = \frac{1}{2} (pK_S - \lg [HB_o])$
- **schwache Base** $pOH = \frac{1}{2} (pK_b - \lg [B_o])$

Aufgaben

Wie groß ist die Wasserstoffionenkonzentration bei einem pH–Wert von 3,25 ? Wie groß ist der pOH–Wert ?
$[H_3O^+] = 10^{-3,25}$ mol l^{-1} ; pOH = 10,75
Welchen pH–Wert hat eine 0,05 molare Bariumhydroxidlösung?
$[OH^-] = 2 \cdot 0{,}05$ mol l^{-1} ; pOH = -log 0,1 = 1, pH = 13

Äquivalenzpunkt

Bei einer Neutralisation ist am **Äquivalenzpunkt** die Stoffmenge an Säure n_{HA} und Lauge n_{B-} gleich groß. Äquivalenzbedingung: $n_{HA} = n_{B-}$
Der Äquivalenzpunkt muss nicht notwendigerweise mit dem **Neutralpunkt** pH = 7 übereinstimmen. Dies gilt nur für die Neutralisation einer **starken** Säuren mit einer starken Base und umgekehrt. Bei der Neutralisation von **schwachen** Basen mit starken Säuren oder umgekehrt starken Basen mit **schwachen** Säuren ist der Äquivalenzpunkt identisch mit dem **pH–Wert** des **entstehenden Salzes**.

Neutralisationsreaktionen

In den beiden folgenden Aufgaben ist die stöchiometrische Behandlung von Neutralisationsreaktionen dargestellt:

Abwasser darf in eine kommunale Kläranlage nur eingeleitet werden, wenn der pH–Wert zwischen pH = 6 und pH = 8 liegt. 1 m^3 einer starken Säure (z.B. HCl) mit einem pH = 3 soll neutralisiert werden. Wieviel kg (festes) Natriumhydroxid sind dafür notwendig ?

Reaktion: $HCl + NaOH \rightarrow NaCl + H_2O$
Wasserstoffionenkonzentration bei pH = 3: $c_{H3O+} = 10^{-pH} = 10^{-3}$ mol l^{-1}
Stoffmenge an H_3O^+ in 1 m^3 Säure: $n_{H3O+} = 1$ mol H_3O^+
Neutralitätsbedingung: $n_{OH-} = n_{H3O+} = 1$ mol NaOH
Masse von 1 mol NaOH: $m_{NaOH} = n_{NaOH} \cdot M_{NaOH} = \underline{0{,}040 \text{ kg}}$

Aufgabe Titration

Auf welchen pH–Wert muß bei der Neutralisation einer 0,1 m Essigsäure mit Natronlauge titriert werden? (**Titration** ist ein Begriff aus der quantitativen Analyse und bedeutet die definierte Zugabe des abgemessenen Volumens eines Stoffes bekannter Konzentration bis der Äquivalenzpunkt erreicht ist).

$CH_3COOH + NaOH \rightarrow CH_3COONa + H_2O$
$pK_{s,Essigsäure} = 4{,}75$,
$pK_{b,Acetat} = 9{,}25$ pK_b–Wert des zugehörigen Salzes
pOH = 1/2 (9,25–lg 0,1) = 5,125, $\underline{pH = 8{,}875}$

pH–Indikatoren

Indikatorname	pH-Wert am Umschlags-punkt	Farbe der sauren Form	Farbe am Umschlagspunkt	Farbe der basischen Form
Dimethylgelb	3,9	rot	orange	gelb
Methylorange	4,0	rot	orange	gelb-orange
Methylrot	5,8	rot	orange	gelb
p-Nitrophenol	6,0	farblos	hellgelb	gelb
Lackmus	6,8	rot	blau-rot	blau
Neutralrot	7,0	rot	rosa-rot	gelb-orange
Phenolphthalein	7,0	farblos	schwach-rosa	rot
Thymolphthalein	10,0	farblos	bläulich	blau

Tabelle 13.3 **pH–Indikatoren** und ihre Umschlagspunkte

pH–Indikatoren (→ *Tab. 13.3*) sind Farbstoffe, deren Säureform eine andere Farbe zeigt als die Basenform. Bei einem sauren pH–Wert überwiegt die Farbe der sauren Form (HB), bei einem basischen pH–Wert die Farbe der basischen Form (B^-).

$$HB + H_2O \rightarrow B^- + H_3O^+$$

saure Form — basische Form

Lewis–Säure–Base–Begriff

Der Säure–und Basenbegriff wurde von *Lewis* zusätzlich zu H_3O^+–Ionen auf andere Stoffe ausgedehnt. Demnach gilt:

- **Lewis–Säuren** sind **Elektronenakzeptoren**, d. h. Stoffe mit Elektronenlücken, z.B. Ag^+, Cr^{3+} u. a.,
- **Lewis–Basen** sind **Elektronendonatoren**, d. h. Stoffe mit freien Elektronenpaaren, z.B. ROH, H_2O, NH_3

Komplexbildungsreaktion

Im **Gegensatz** zu **Redoxreaktionen** werden die Elektronen jedoch **nicht vollständig** dem Reaktionspartner überlassen. Es kann demnach auch **kein Stromfluss** beobachtet werden. Der Lewis–Säure–Basebegriff ist besonders für **Komplexbildungsreaktionen** nützlich, die unter diesem Gesichtspunkt zu den Säure–Base–Reaktionen gezählt werden können.

Zentralatom, -ion Liganden

Komplexe Moleküle nennt man große Moleküle, die aus mehreren, für sich stabilen Molekülbausteinen aufgebaut sind. Sie setzen sich meist aus einem **Zentralatom** oder **-ion** (Lewis–Säure) und **Liganden** (Lewis–Base) zusammen:

$$Cu^{2+} + 4\,NH_3 \rightarrow [Cu(NH_3)_4]^{2+}$$

Zentralion (hellblau) — Ligand (farblos) — Komplexion (tiefblau, wasserlöslich)

Koordinationszahl

Die **Koordinationszahl** gibt an, wieviel Liganden das Zentralatom oder -ion umgeben. Die Anzahl der Liganden wird mit **griechischen** Zahlwörtern bezeichnet. Für Galvanikprozesse wichtige Liganden sind /69/:

- Cl^- : -chloro (nicht: -chlorid), z.B. $Na_2[PtCl_6]$ Natriumhexachloroplatinat
- F^- : -fluoro (nicht: -fluorid), z.B. $Zn[BF_4]$ Zinktetrafluoroborat
- CN^- : -cyano (nicht: -cyanid), z.B. $K_3[Fe(CN)_6]$ Kaliumhexacyanoferrat(III)
- OH^-: -hydroxo (nicht: -hydroxid), z.B. $Na_2[Zn(OH)_4]$ Natriumtetrahyroxo zinkat.

Bedeutung von Komplexen

Komplexen kommt in der Natur und Technik eine große Bedeutung zu:

- **biologische Substanzen:** roter Blutfarbstoff (Hämoglobin = Fe–Komplex), grüner Blattfarbstoff (Chlorophyll = Mg–Komplex), Vitamine (Vitamin B_{12} = Co–Komplex) u. a.
- **Farbstoffe:** Metall–Farbstoffe haben ein Schwermetall als Zentralatom, photometrische Farbreaktionen (→ *Kap. 10.1*),
- **technische Einsatzstoffe:** Hilfsstoffe in Galvanikbädern, Reinigern, Lacken.

Komplexbildner

Phosphatenthärter

$P_2O_7^{4-}$ Pyrophosphat (-anion)

$P_nO_{3n+1}^{(n+2)-}$ Polyphosphat (-anion)

Komplexbildner sind geladene oder elektrisch neutrale, anorganische oder organische Verbindungen, die eine oder mehrere **nucleophile** (elektronenreiche) funktionelle Gruppen besitzen (Lewis–Basen). Technische Komplexbildner bilden in vielen Fällen mehrere Komplexbindungen zu einem Zentralatom aus (**mehrzähniger Ligand, Chelatkomplex**). Ein wesentliches Einsatzgebiet von Komplexbildnern ist die Bindung von Schwermetallen, insbesondere der Härtebildner Ca^{2+} und Mg^{2+}(**chemische Enthärtung**). **'Harte'** Komplexbildner (z.B. **EDTA, NTA)** sollten nicht verwendet werden, da sie biologisch schwer abbaubar sind und somit in Gewässer gelangen können (Mobilisierung von Schwermetallen aus abgelagerten Gewässersedimenten). **'Weiche'** Komplexbildner mit guter biologischer Abbaubarkeit sind: Weinsäure, Citronensäure, Gluconsäure. Chemische Enthärter auf **Phosphatbasis** schädigen die Gewässer durch Überdüngung. Heute werden in Waschmitteln bevorzugt Zeolithe (→ *Kap. 4.2*) als chemische Enthärtungsstoffe eingesetzt.

Beispiele für Komplexbildner

H OH
HOOC C C COOH
OH H

Weinsäure (Salze und Ester = Tartrate)

COOH
HOOC CH_2 C CH_2 COOH
H

Citronensäure (Salze und Ester = Citrate)

H H OH H
$HOCH_2$ C C C C COOH
OH OH H OH

D–Gluconsäure (Salze und Ester = Gluconate)

CH_2 CH_2OH
$HOCH_2$ CH_2 N
CH_2 CH_2OH

Triethanolamin (TEA)

13.2 Fällungsreaktionen, Schwermetallfällung

Fällungsreaktionen Gravimetrie

Bei einer Fällungsreaktion entsteht aus zwei löslichen Salzen eine **schwerlösliche** Verbindung. Bestimmte Fällungsreaktionen dienen als einfache **Nachweisverfahren** für Kationen und Anionen (Auswiegen des schwerlöslichen Niederschlags, Gravimetrie). Beispiele:

- **Chloridnachweis:**
  $NaCl + AgNO_3$ → $AgCl$ + $NaNO_3$
  löslich löslich → schwerlöslich (milchig trüb) + löslich
- **Sulfatnachweis:**
  $Na_2SO_4 + BaCl_2$ → $BaSO_4$ + 2 NaCl
  löslich löslich → schwerlöslich (milchig trüb) + löslich
- **Calciumnachweis:**
  $CaCl_2 + Na_2SO_4$ → $CaSO_4$ + 2 NaCl
  löslich löslich → Gips (weisslich trüb) + löslich

Aufgabe

In einem Volumen von 120 ml $BaCl_2$–Lösung wurde durch Fällung 0,0227 g AgCl gefunden. Welche Konzentration [mol l^{-1}] besitzt die $BaCl_2$–Lösung ?
$BaCl_2 + 2\ AgNO_3 \rightarrow 2\ AgCl + Ba(NO_3)_2$
Aus 1 mol $BaCl_2$ werden 2 mol AgCl ausgefällt; molare Masse AgCl: $M_{AgCl} = 143{,}32$ g mol^{-1}
0,0227 g AgCl enthalten: $n_{AgCl} = 0{,}0227 / 143{,}32 = 2 \cdot 10^{-4}$ mol
In 120 ml Lösung sind enthalten: $1 \cdot 10^{-4}$ Mol $BaCl_2$ entsprechend Reaktionsgleichung.
Konzentration $BaCl_2$: $c = 0{,}0001$ mol / 0,12 l = $\underline{8{,}3 \cdot 10^{-4}}$ mol l^{-1}.

Löslichkeitsprodukt

Die Anwendung des Massenwirkungsgesetzes auf schwerlösliche Niederschläge führt zur Ableitung des **Löslichkeitsprodukts**. Bei der Ausfällung (z.B. von $BaSO_4$) verbleibt ein geringer Rest in Lösung, der vollständig dissoziiert ist. Diese als **'Löslichkeit'** bezeichnete $BaSO_4$–Konzentration [$BaSO_4$] ist eine Konstante, da sie mit dem Überschuss–Bodenkörper im Gleichgewicht steht:

$BaSO_4 \rightarrow Ba^{2+} + SO_4^{2-}$

$K = [Ba^{2+}] \cdot [SO_4^{2-}] / [BaSO_4]$ Gleichgewichtskonstante

$L = [BaSO_4] \cdot K = [Ba^{2+}] \cdot [SO_4^{2-}]$ Löslichkeitsprodukt

Löslichkeit, Sättigungskonzentration

Das Löslichkeitsprodukt L ist der maximale Wert des Ionenprodukts von Kation und Anion eines Salzes (→ *Tab. 13.4*). Ein Überschreiten des Löslichkeitsprodukts führt zur **Ausfällung** des betreffenden Salzes. Das Ionenprodukt beschreibt deshalb die **Sättigungskonzentration (Löslichkeit)**, bis zu welcher sich ein schwerlöslicher Stoff in Wasser auflöst.

Tabelle der Löslichkeitsprodukte

Salz	L	Salz	L	Salz	L
$Ba(OH)_2$	$4,3 \cong 10^{-3}$	$BaCO_3$	$1,9 \cong 10^{-9}$	AgJ	$8,5 \cong 10^{-17}$
Li_2CO_3	$1,7 \cong 10^{-3}$	$SrCO_3$	$1,6 \cong 10^{-9}$	$Fe(OH)_2$	$6,9 \cong 10^{-17}$
$Sr(OH)_2$	$4,2 \cong 10^{-4}$	$BaSO_4$	$1,5 \cong 10^{-9}$	$Ni(OH)_2$	$3,2 \cong 10^{-17}$
$MgCO_3$	$2,6 \cong 10^{-5}$	AgCl	$1,7 \cong 10^{-10}$	$Zn(OH)_2$	$1,8 \cong 10^{-17}$
$CaSO_4$	$2,4 \cong 10^{-5}$	CaF_2	$1,7 \cong 10^{-10}$	FeS	$3,7 \cong 10^{-19}$
$Ca(OH)_2$	$3,0 \cong 10^{-6}$	$ZnCO_3$	$6,3 \cong 10^{-11}$	$Cu(OH)_2$	$1,6 \cong 10^{-19}$
CuCl	$1,0 \cong 10^{-6}$	Ag_2CO_3	$4,1 \cong 10^{-12}$	ZnS	$1,1 \cong 10^{-24}$
$SrSO_4$	$7,6 \cong 10^{-7}$	$Mg(OH)_2$	$1,5 \cong 10^{-12}$	SnS	$1,1 \cong 10^{-24}$
$NiCO_3$	$1,4 \cong 10^{-7}$	$Mn(OH)_2$	$6,8 \cong 10^{-13}$	PbS	$3,4 \cong 10^{-28}$
PbF_2	$3,6 \cong 10^{-8}$	AgBr	$5,0 \cong 10^{-13}$	$Cr(OH)_3$	$6,7 \cong 10^{-31}$
AgOH	$2,0 \cong 10^{-8}$	$PbCO_3$	$1,8 \cong 10^{-14}$	$Al(OH)_3$	$1,9 \cong 10^{-33}$
MgF_2	$6,4 \cong 10^{-9}$	AgCN	$1,6 \cong 10^{-14}$	$Fe(OH)_3$	$2,3 \cong 10^{-39}$
$CaCO_3$	$4,7 \cong 10^{-9}$	$Pb(OH)_2$	$4,2 \cong 10^{-15}$	Ag_2S	$5,5 \cong 10^{-51}$

Tabelle 13.4 **Löslichkeitsprodukte** einiger Salze bei Standardtemperatur [Einheit entsprechend der Salzzusammensetzung $mol^2\ l^{-2}$, $mol^3\ l^{-3}$, $mol^4\ l^{-4}$], /68/.

Aufgaben

Wie groß kann die Ba^{2+}–Konzentration in einer 0,01 molaren Sulfatlösung werden, bevor Ausfällung eintritt ?
$[Ba^{2+}] = 1,5 \cdot 10^{-9}\ mol^2\ l^{-2} / 0,01\ mol\ l^{-1} = \underline{1,5 \cdot 10^{-7}}\ mol\ l^{-1}$

Welche Konzentration an Blei-Ionen ist im Wasser einer mit $PbCO_3$–beschichteten Wasserleitung zu erwarten, wenn der Carbonatgehalt im Wasser 0,02 mol l^{-1} beträgt ?
$[Pb^{2+}] = 1,8 \cdot 10^{-14}\ mol^2\ l^{-2} / 0,02\ mol\ l^{-1} = \underline{9 \cdot 10^{-13}}\ mol\ l^{-1}$

Neutralisationsfällung

Bei der Neutralisation saurer Lösungen mit Lauge werden die Schwermetalle ausgefällt. Jedes Metallhydroxid hat einen spezifischen pH–Wert, bei dem die gelöst verbleibende Metallionenkonzentration den geringsten Wert hat. Die minimalen Werte liegen zwischen pH = 7 und 10. Da sich bei einer weiteren Dosierung von Lauge einige Hydroxide (**amphotere** Hydroxide $Al(OH)_3$, $Cr(OH)_3$, $Zn(OH)_2$) wieder auflösen, muss bei der **Schwermetallfällung** auf die Einstellung eines optimalen pH–Werts geachtet werden (→ *Abb. 13.2*):

Al^{3+}	$+ 3\ OH^-$	→	$Al(OH)_3$	schwerlöslich
$Al(OH)_3$	$+ OH^-$	→	$Al(OH)_4^-$	Komplexanion, wasserlöslich

Löslichkeit der Me–Hydroxide

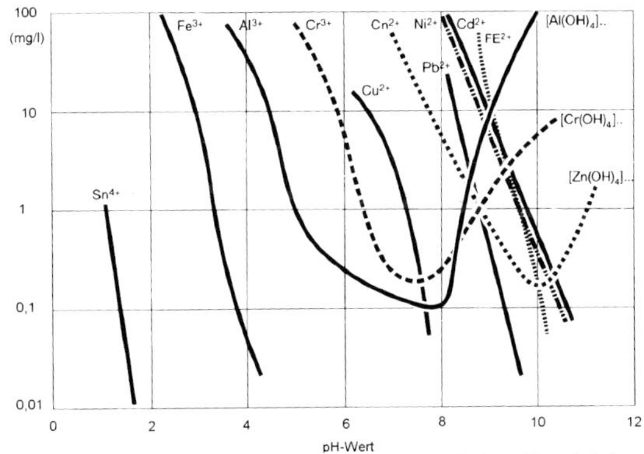

Abbildung 13.2 **Schwermetallfällung**: Löslichkeit der Metallhydroxide in Abhängigkeit vom pH-Wert. Amphotere Hydroxide zeigen bei einem bestimmten pH–Wert ein Minimum der Löslichkeit (Quelle: Firma Eisenmann, Böblingen).

Schwermetall-grenzwerte

Neutralisation und Schwermetallfällung gehören zu den wichtigsten chemischen Verfahren der Abwasserbehandlung. Die Schwermetallgrenzwerte nach Anhang 40 Abwasserverordnung werden in dem in → *Abb. 13.3* angegebenen pH–Bereich eingehalten. Als **Neutralisationsmittel** wird meist Natronlauge NaOH oder Kalkmilch $Ca(OH)_2$ verwendet. Kalkmilch ist preiswert und bildet Flocken, an die sich die ausgefällten Schwermetallhydroxide adsorbieren können. Dadurch wird eine bessere Sedimentation und Filtrierbarkeit des Feststoffs erreicht.

Simultanfällung

Enthält Abwasser unterschiedliche Schwermetallkationen, muss ein geeigneter pH–Wert für die **Simultanfällung** gefunden werden. Bei Anwesenheit **mehrerer** Metallkationen beobachtet man oft eine geringere Restlöslichkeit als theoretisch nach dem Löslichkeitsprodukt zu erwarten ist. Das leichter fällbare Metallkation begünstigt in diesen Fällen durch Mischhydroxidbildung und Adsorption die Fällung des schwieriger fällbaren Metallkations. Bei Anwesenheit von **Neutralsalzen** steigt demgegenüber oft die Löslichkeit. Werden die Abwassergrenzwerte nicht eingehalten, muss ein Selektivionenaustauscher nachgeschaltet werden. In → *Abb. 13.4* ist eine Abwasserbehandlungslinie mit Neutralisationsstufe, Schlammabscheidung, Kiesfilter und Selektivionenaustauscher dargestellt.

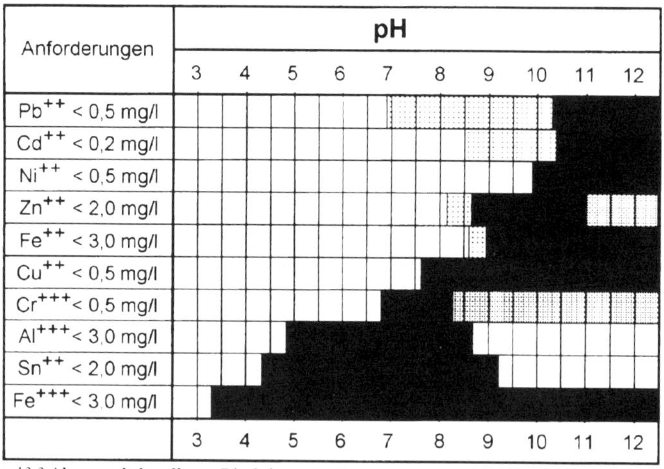

Abbildung 13.3 **Abwasserbehandlung**: Die Schwermetallgrenzwerte des Anhang 40 Abwasserverordnung werden in dem schwarz markierten pH–Bereich eingehalten. Der Fällungs–pH–Bereich wird bei Verwendung von Na_2CO_3 oder $Ca(OH)_2$ als Fällungsmittel erweitert (grau schraffiert), (aus: Mindestanforderungen an das Einleiten von Abwasser in Gewässer, Bundesanzeiger, Köln, 1993 /51/).

Aufgabe

Bei welchem pH–Wert wird der Abwassergrenzwert für Kupfer ($c = 0{,}5$ mg l^{-1}) erreicht ?

Löslichkeitsprodukt $L = [Cu^{2+}] . [OH^-]^2$ Reaktion $Cu^{2+} + 2\,OH^- \rightarrow Cu(OH)_2$

Konzentration Kupfer: $[Cu^{2+}] = 0{,}0005 / 63{,}5 = 7{,}9 \cdot 10^{-6}$ mol l^{-1}

Konzentration Hydroxid: $[OH^-] = 1{,}6 \cdot 10^{-19} / 7{,}9 \cdot 10^{-6} = 1{,}4 \cdot 10^{-7}$ mol l^{-1}

pH–Wert: $pH = 14 - pOH = 14 + \lg(1{,}4 \cdot 10^{-7}) = \underline{7{,}1}$

Sulfidfällung

Insbesondere bei Anwesenheit von **Komplexbildnern** lassen sich die Schwermetallgrenzwerte in manchen Fällen nicht einhalten. In diesen Fällen können Na_2S oder andere Schwefelverbindungen als Fällungschemikalien eingesetzt werden. Die Restlöslichkeit der Sulfide ist meist um eine oder mehrere Zehnerpotenzen niedriger als die der Hydroxide. In manchen Fällen wird ein **zweistufiges** Verfahren, zuerst Hydroxidfällung und dann Sulfidfällung angewandt.

Flockung

Die gefällten Schwermetallhydroxide schweben anfänglich als feinste Partikel in der Lösung. Die **kolloidale** Verteilung (Durchmesser um 1 µm) erschwert die Feststofftrennung nach den klassischen Verfahren wie Sedimentation, Filtration oder Flotation. Zur Verbesserung der Ausfällung können **Flockungshilfsmittel** zudosiert werden. Die Flockung besteht aus den beiden Teilschritten:

- **Koagulation:** Bildung von Mikroflocken durch Entstabilisierung der meist negativ geladenen, hydratisierten Metallhydroxidpartikel (kolloiddispers),
- **Flockulation:** Zusammenführen mehrerer Mikroflocken zu Makroflocken.

Abwasserbehandlungslinie

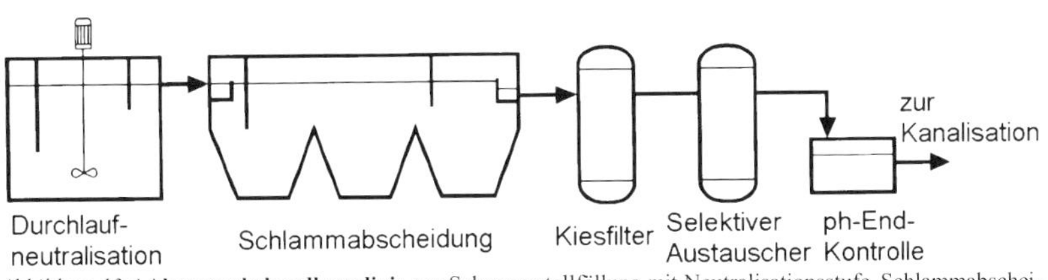

Abbildung 13.4 **Abwasserbehandlungslinie** zur Schwermetallfällung mit Neutralisationsstufe, Schlammabscheidung, Kiesfilter und Selektivionenaustauscher (Quelle: Firma Eisenmann, Böblingen).

Flockungshilfsmittel
Anorganische Flockungshilfsmittel

Die eingesetzten Flockungshilfsmittel unterstützen die Koagulation und/oder die Flockulation:

- **anorganische Flockungsmittel** unterstützen die Koagulation, indem sie die elektrostatische Abstossung der meist negativ geladenen kolloidalen Teilchen aufheben. Es sind stark positiv geladenen Metallkationen, z.B. Fe(III)–Salze, Al–Salze, kaolinit- bzw. bentonitartige Tone ($Al_2O_3 \cdot 4\ SiO_2 \cdot H_2O \cdot n\ H_2O$) im Einsatz. Nach der Koagulation können sich Öle, Trübstoffe und andere, insbesondere organische Schadstoffe an die gebildeten Mikroflocken adsorbieren und werden dabei ausgefällt (Einschlussfällung). Dieselben Hilfsstoffe unterstützen auch die Trennung von Öl–Wasser–Emulsionen, deren Stabilität ebenfalls auf der elektrostatischen Abstossung beruht.
- **Organische Flockungsmittel** unterstützen die Koagulation und die Flockulation. Es sind meist organische Makromoleküle mit vielen anionenaktiven oder kationenaktiven funktionellen Gruppen. Sie können mehrere Mikroflocken binden und zu einer Makroflocke zusammenführen. Organische Flockungshilfsmittel sind z.B. nichtionische Polymere (Polyvinylalkohole, Polyacrylamide), anionische Polymere (Polyacrylate), und kationische Polymere (polymere quaternäre Ammoniumsalze). Organische Flockungshilfmittel sind meist weniger wirkungsvoll als anorganische Salze, weshalb meist eine Kombination eingesetzt wird.

Organische Flockungshilfsmittel

C C
COONa n

anionenaktive Polyacrylate

Nachteile der Flockung

Die Schwermetallfällung und der Einsatz von Flockungshilfsmitteln ist umstritten und hat folgende **Nachteile**:

- Durch **Simultanfällung** entstehen **vermischte Schwermetallschlämme**, die meist nicht oder nur schwer recyclierbar sind und als kostenintensiver Sondermüll entsorgt werden müssen. In manchen Fällen ist die Verwertung als Zuschlagstoff für die Baustoffindustrie möglich.
- Durch Flockungshilfsmittel werden die **Schlammrückstande** weiter vergrößert.
- Anorganische Flockungshilfsmittel führen zur **Gewässeraufsalzung**.
- Organische Flockungshilfsmittel können stark wassergefährdend sein (z.B. WGK = 2 oder 3). Bei einer Überdosierung besteht die Gefahr einer **Wassergefährdung**.

Abwasservermeidung

Moderne Strategien zur Vermeidung oder Verminderung von schwermetallhaltigen Schlämmen zielen deshalb auf:

- **Vermeidung** der **Vermischung** von schwermetallhaltigen Prozessbädern untereinander oder mit Spülwässern,
- **Recycling** und damit **Standzeitverlängerung** der Prozessbäder oder Spülwässer unter Ausschleusung der Schwermetalle, meist mit physikalischen Verfahren, z.B. Verdampfung, Ionenaustausch, Elektrolyse, Membranverfahren (→ *Kap. 10.3* und → *Kap. 11.3*).

13.3 Redoxreaktionen, Ätzreaktionen, Entgiftungsreaktionen

Oxidation
Reduktion

Die Definition der Oxidation und Reduktion war früher (nach *Lavoisier*):

- **Oxidation** ist eine **Aufnahme** von **Sauerstoff** und
- **Reduktion** ist ein **Entzug** von **Sauerstoff.**

Die Definition von Oxidation und Reduktion lautet heute:

- **Oxidation** ist eine **Abgabe** von **Elektronen** und
- **Reduktion** ist eine **Aufnahme** von **Elektronen.**

Reduktionsmittel
Oxidationsmittel

Bei Redoxreaktionen gibt ein **Reduktionsmittel** (Red1) an ein **Oxidationsmittel** (Ox2) Elektronen ab. Das Reduktionsmittel (Red1) wird dabei selbst zu seinem korrespondierenden Oxidationsmittel (Ox1) oxidiert. Das Oxidationsmittel (Ox2) wird durch Aufnahme von Elektronen zu seinem korrespondierenden Reduktionsmittel (Red2) reduziert. Redoxreaktionen sind **Elektronenübertragungsreaktionen**. Die fließenden Elektronen können bei einer räumlichen Trennung von Oxidation und Reduktion als elektrischer **Strom** gemessen und technisch genutzt werden (z.B. in Batterien, elektrochemische Sensoren). Ein Beispiel ist das Ätzen von Kupfer mit Fe(III)–Salzen:

$$Cu + 2\,Fe^{3+} \rightarrow Cu^{2+} + 2\,Fe^{2+}$$

$$Red1 \quad Ox2 \rightarrow Red2 \quad Ox1$$

Oxidation: $Cu \rightarrow Cu^{2+} + 2\,e^-$ $\quad Red1 \rightarrow Ox1 + 2\,e^-$

Reduktion: $Fe^{3+} + e^- \rightarrow Fe^{2+}$ $\quad Ox2 + e^- \rightarrow Red2$

Redoxpaare

Oxidationsmittel (Ox) sind Stoffe, die **Elektronen aufnehmen**. Dazu gehören Stoffe mit hoher Elektronegativität, z.B. die Nichtmetalle O_2, Cl_2, F_2. **Reduktionsmittel (Red)** sind Stoffe, die **Elektronen abgeben**. Dies sind Stoffe mit geringer Elektronegativität, z.B. die Metalle Fe, Al aber auch Kohlenstoff (C) und Wasserstoff (H_2). Das Reduktionsmittel (Red1) und sein korrespondierendes Oxidationsmittel (Ox1) bilden ein **Redoxpaar** (→ *Tab. 13.5*, analog zu Säure–Base–Paaren).

Oxidationsmittel	$z \cong e^-$	korrespondierendes Reduktionsmittel
Na^+	e^-	Na
Fe^{3+}	e^-	Fe^{2+}
Fe^{2-}	$2\,e^-$	Fe
O_2	$4\,e^-$	$2\,O^{2-}$
Cl_2	$2\,e^-$	$2\,Cl^-$

Tabelle 13.5 **Korrespondierende Redoxpaare** (Beispiele).

Oxidationszahlen

Oxidationszahlen **(OZ)** sind ein gedankliches Hilfsmittel bei der korrekten Formulierung von Redoxreaktionen. Die OZ der Atome in einem Molekül sind erhältlich, wenn die Bindungselektronen in einer kovalenten/polaren Bindung jeweils vollständig dem elektronegativeren Partner zugeschlagen werden. OZ verdeutlichen deshalb die **Ladungsverteilung** innerhalb einer Verbindung. Zur Bestimmung der OZ gelten folgende Regeln:

Regeln für Oxidationszahlen

- Die OZ aller **Elemente** definitionsgemäß gleich Null.
- Die **Summe** aller OZ in einer Verbindung ergibt die tatsächliche, elektrische Ladung des Moleküls oder Ions.
  Die OZ vieler **Hauptgruppenelemente** sind aus dem Periodensystem ablesbar (z.B. Alkalimetalle OZ = +I, Erdalkalimetalle OZ = +II, Wasserstoff meist OZ = +I, Sauerstoff meist OZ = -II, Halogene oft OZ = -I). Beispiele

  OZ von neutralen Verbindungen: $\overset{+I\ -I}{NaCl}$ $\overset{+I\ -I}{HCl}$ $\overset{+II\ -II}{MgO}$

  OZ von Kationen und Anionen: $\overset{+VI\ -II}{SO_4^{2-}}$ $\overset{+III,}{Al^{3+}}$ $\overset{+IV\ -II}{CO_3^{2-}}$

- OZ von **Hauptgruppenelementen** mit **mittlerer Elektronegativität**: Bestimmte Hauptgruppenelemente (z.B. Kohlenstoff, Stickstoff oder Schwefel) können in Verbindungen mit unterschiedlichen OZ auftreten. Es gilt die Regel: Die maximale OZ_{max} entspricht der Gruppennummer im Periodensystem (PSE). Die minimale Oxidationszahl OZ_{min} entspricht der Differenz: PSE–Gruppennummer minus 8. Beispiele:

  $\overset{-III\ +I}{NH_3}$ $\overset{0}{N_2}$ $\overset{+II\ -II}{NO}$, $\overset{+I\ +V\ -II}{HNO_3}$, $\overset{+I\ -II}{H_2S}$, $\overset{0}{S_6}$, $\overset{+IV\ -II}{SO_2}$, $\overset{+I\ +VI\ -II}{H_2SO_4}$
- OZ von **Übergangselementen:** Übergangsmetalle und ihre Verbindungen wechseln oft leicht die Oxidationsstufe. Diese Stoffe sind besonders geeignete Oxidations- oder Reduktionsmittel. Beispiele:

  $\overset{II}{Fe^{2+}} \rightarrow \overset{+III}{Fe^{3}}$ $\overset{+III}{Cr^{3+}} \rightarrow \overset{+VI-II}{CrO_4^{2-}}$ $\overset{+II}{Mn^{2+}} \rightarrow \overset{+VII\ -II}{MnO_4^{-}}$

Erhöhung/Erniedrigung der Oxidationszahl

Die **Oxidation** erkennt man an einer **Erhöhung** der OZ. Das Oxidationsmittel nimmt Elektronen auf und vermindert deshalb seine OZ. Die **Reduktion** erkennt man an einer **Erniedrigung** der OZ. Das Reduktionsmittel gibt Elektronen ab und erhöht deshalb seine OZ. Beispiel:

$$\overset{0}{Zn} + 2\,\overset{+I\ -I}{HCl} \rightarrow \overset{+II\ -I}{ZnCl_2} + \overset{0}{H_2}$$

Zn wird oxidiert, es ist das Reduktionsmittel (Red). HCl wird reduziert, es ist das Oxidationsmittel (Ox).

Starke Oxidationsmittel Chlorgas, Hypochlorit

Starke Oxidationsmittel sind **Chlorgas (Cl_2)** oder festes **Na–Hypochlorit (NaOCl)**. Sie finden Anwendung zur Desinfektion von Trink- und Badewasser oder zur Entgiftung von giftigen Einsatzstoffen, z.B. Cyanid CN^- in Galvanikbädern. Der zuverlässigen Wirkung steht als Nachteil die unbeabsichtigte Bildung von halogenorganischen CKW–Verbindungen entgegen.

Sauerstoff, Ozon, Wasserstoffperoxid

Sauerstoff, Ozon und Wasserstoffper(super)oxid sind umweltfreundlichere Oxidationsmittel, da sie in Sauerstoff und Wasser zerfallen. Sie finden Anwendung als Alternative zur Cl_2– bzw. NaOCl–Bleiche, z.B. von Papier (chlorfrei gebleichtes Papier). **Ozon** wird vor Ort durch eine Hochspannungsentladung oder durch UV–Licht hergestellt. O_3 ist ein aggressives Gas, riecht charakteristisch und greift viele organische Materialien (z.B. auch Gummidichtungen) an.

Kombination H_2O_2/UV

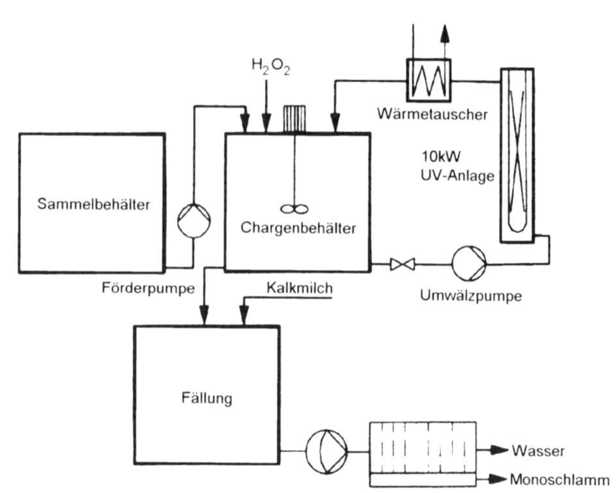

Abbildung 13.5 **Oxidation von schwerabbaubaren, organischen Verbindungen** (meist CKW) durch eine Kombination von H_2O_2 und UV–Bestrahlung.

H_2O_2–Zerfall

Wasserstoffperoxid ist nur stabil in Verdünnung mit Wasser (max. 50% H_2O_2). Es zerfällt bei höheren Temperaturen, Licht oder Schwermetallkatalyse entsprechend:
$2\ H_2O_2 \rightarrow 2\ H_2O + O_2$
H_2O_2 bildet im Gegensatz zu NaOCl an den bisher bekannten Redoxelektroden (siehe unten) kein eindeutiges Potential aus und kann deshalb nur schwierig messtechnisch erfasst werden. In Entgiftungsreaktionen wird anstelle der H_2O_2–Konzentration meist die Konzentrationen der Reaktionspartner oder der pH–Wert gemessen. Die Reaktivität von H_2O_2 wird durch die Kombination **H_2O_2/UV–Bestrahlung** erhöht (Zerstörung resistenter CKW–Verbindungen in Deponiesickerwässern, → *Abb. 13.5*).

Säuren als Oxidationsmittel

Säuren wie HCl, H_2SO_4 und HNO_3 können als Oxidationsmittel wirken. Insbesondere sauerstoffhaltige Säuren sind starke Oxidationsmittel. Die gezielte Oxidation der Metalle in wässrigen Lösungen nennt man **Ätzen**; die unfreiwillige Oxidation der Metalle (z.B. in Säuren) nennt man (elektrolytische) **Korrosion**. Beispiel: Säurekorrosion von unedlen Metallen in verdünnten Säuren:

$2\ \overset{0}{Fe} + 6\ \overset{+I\ -I}{HCl} \rightarrow 2\ \overset{+III\ -I}{FeCl_3} + 3\ \overset{0}{H_2}$ Eisen wird oxidiert, Salzsäure wird reduziert.

Kohlenstoff als Reduktionsmittel

Kohlenstoff ist das billigste Reduktionsmittel zur Gewinnung reiner Metalle und Halbleiter aus den natürlich vorkommenden Erzen (Oxide, Sulfide), z.B. die Herstellung von Fe, Cu, Si:

$Fe_2O_3 + 3\ C \rightarrow 2\ Fe + 3\ CO$ (Hochofenprozess)
$SiO_2 + 2\ C \rightarrow Si + 2\ CO$
$CuO + C \rightarrow Cu + CO$

Wasserstoff als Reduktionsmittel

Wasserstoff ist ein Reduktionsmittel für Gasreaktionen, z.B.:
$O_2 + 2\ H_2 \rightarrow 2\ H_2O$ (Knallgasreaktion)
$N_2 + 3\ H_2 \rightarrow 2\ NH_3$ (Haber–Bosch–Synthese)
Inerte Schutzgase (z.B. **Formiergas)** für das Schutzgasschweißen oder -härten bestehen aus Stickstoff und enthalten einen geringen Anteil an Wasserstoff (<5%), um Sauerstoff zu binden.

Hydrogensulfit

Wasserlösliche Reduktionsmittel, z.B. **Na–Hydrogensulfit ($NaHSO_3$)** oder

Fe^{2+}–Salze, finden Anwendung beispielsweise bei der Entgiftung von chromathaltigem Galvanikabwasser.

Aufgabe

Stöchiometrisches Rechnen mit Redoxreaktionen: Wieviel g Zink muß in Salzsäure gelöst werden um 8 g Wasserstoff zu entwickeln ? $Zn + 2\ HCl \rightarrow ZnCl_2 + H_2$.
Stoffmenge in 8 g H_2: n = 8 / 2,016 = 3,97 mol H_2
Aus 1 mol Zn wird nach der Reaktionsgleichung 1 mol H_2 entwickelt
3,97 mol Zn wiegen: m = 3,97 mol · 65,38 g mol^{-1} = 259,44 g

Thermodynamik von Redoxreaktionen

Redoxreaktionen in **wässriger Lösung** haben große technische Bedeutung, z.B. für Ätz- und Entgiftungsreaktionen, Korrosion und elektrochemische Elemente. Da bei Redoxreaktionen Elektronen ausgetauscht werden, bestimmt man anstelle von Konzentrationen (oder pH–Werten) besser **elektrische Messgrößen** (Spannung U, Stromstärke I). Die Thermodynamik von Redoxreaktionen in wässriger Lösung lässt sich besonders einfach durch **Spannungsmessungen** messtechnisch verfolgen. In → *Abb. 13.6* wird gezeigt, dass Spannungsmessungen bei Redoxreaktionen in wässrigen Lösungen nur durchgeführt werden können, wenn die Teilreaktionen Oxidation und Reduktion örtlich getrennt in Halbzellen stattfinden.

Elektromotorische Kraft (EMK)

Die Reaktion: $Zn + Cu^{2+} \rightarrow Cu + Zn^{2+}$ findet statt, wenn ein Zinkstab in eine Cu^{2+}–Lösung taucht. Die dabei ausgetauschten Elektronen verbleiben auf derselben Zink–Metalloberfläche. Es ist keine Spannung und kein Stromfluss messbar (Kurzschluss). Wenn die Redoxteilreaktionen jedoch örtlich getrennt in **Halbzellen** verlaufen, sind elektrische Messungen möglich. Die im Ruhezustand der Zelle (ohne Stromfluss, messtechnisch durch Anlegen einer gleich großen Gegenspannung) gemessene Spannung nennt man die **elektromotorische Kraft ΔE (EMK)**.

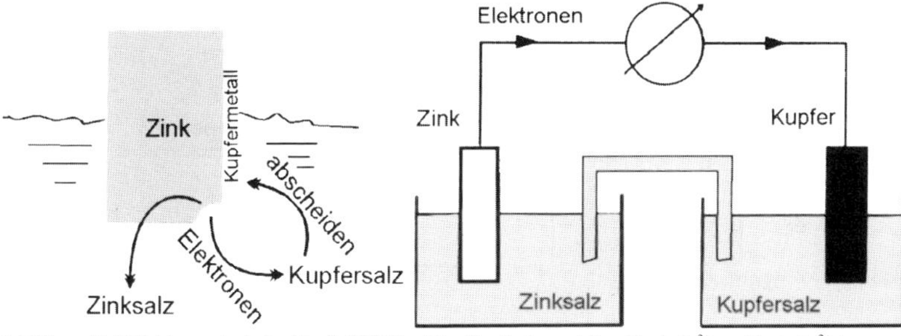

Abbildung 13.6 **Elektromotorische Kraft (EMK)**: Dieselbe Redoxreaktion $Zn + Cu^{2+} \rightarrow Cu + Zn^{2+}$ kann auf zwei Wegen durchgeführt werden: **1.** durch Eintauchen eines Zinkstabes in eine Cu^{2+}–Lösung (EMK ist nicht messbar, elektrischer Kurzschluss, links), **2.** durch Schaltung einer Cu / Cu^{2+}–Halbzelle gegen eine Zn / Zn^{2+}–Halbzelle, welche durch ein halbdurchlässiges Diaphragma (Membran, poröse Keramik) getrennt sind (rechts, Daniell–Element, EMK ist messbar).

Redoxpotentiale

Für die **theoretische Beschreibung** der EMK kann diese als Differenz zweier Redoxpotentiale geschrieben werden. Das **Redoxpotential E** ist ein Maß für die Bereitschaft eines Redox–Paares (Halbzelle), Elektronen aufzunehmen oder abzugeben. Redoxpotentiale können nicht absolut gemessen werden. Zum Vergleich der Redoxpotentiale unterschiedlicher Halbzellen muss stets gegenüber derselben **Bezugselektrode** gemessen werden. Die wichtigste Bezugselektrode für **theoretische** Berechnungen ist die Standard–Wasserstoffelektrode H_2 / H^+(→ *Abb. 13.7*) :

$EMK = \Delta E = E_{Cu} - E_{Zn}$ EMK für das Daniell–Element (→ *Abb. 13.6*)

$EMK = \Delta E = E_{H2} - E_{Zn}$ Redoxpotentialmessung geg. H_2–Elektrode (→ *Abb. 13.7*).

***Nernstsche* Gleichung**

Für die Konzentrationsabhängigkeit des Redoxpotentials E gilt die *Nernstsche* Gleichung. Das **Normal-** oder **Standardpotential** E_0 ist eine konzentrationsunabhängige, stoffspezifische Größe:

$$E = E_0 + \frac{RT}{zF} \cdot \ln\left(\frac{[\mathrm{Ox}]}{[\mathrm{Red}]}\right)$$

$$E = E_0 + \frac{0{,}059}{z} \cdot \lg\left(\frac{[\mathrm{Ox}]}{[\mathrm{Red}]}\right)$$

z = Zahl der ausgetauschten Elektronen
F = 96485 As mol^{-1} = Faradaykonstante
E_0 = Normalpotential, Standardpotential
[Ox] = Konzentration der oxidierten Form
[Red] = Konzentration der reduzierten Form Faktor 0,059 bei Standardtemperatur 298 K

Potential der Metallelektrode

Im Fall einer **Metallelektrode**, die in ihr Salz eintaucht, gilt die vereinfachte Nernstsche Gleichung. Das Potential E ist identisch mit dem Normalpotental E_0, wenn die Salzlösung die Konzentration [Ox] = 1 mol l^{-1} hat:

$$E = E_0 + \frac{0{,}059}{z} \cdot \lg[\mathrm{Me}^{2+}] \quad \text{für: } \mathrm{Me} \rightarrow \mathrm{Me}^{z+} + z\,e^-$$

Potential der Wasserstoffelektrode

Das Normalpotential $E_{0,H2}$ einer **Wasserstoffelektrode** wird definitionsgemäß Null gesetzt. Für das Redoxpotential einer Wasserstoffelektrode gilt dann:
$E = 0{,}059 \cdot \lg [H^+] - 0{,}059/2 \cdot \lg p_{H2}$ für: $H_2 \rightarrow 2\,H^+ + 2\,e^-$

Wenn die Säurekonzentration $[H^+]$ =1 mol l^{-1} und der Wasserstoff–Partialdruck p_{H2} = 1 bar (1 bar = 0,1 MPa) ist, beträgt der Wert des Redoxpotentials E = 0 (**Standard–Wasserstoffelektrode,** → *Abb. 13.7*).

Standard–Wasserstoffelektrode

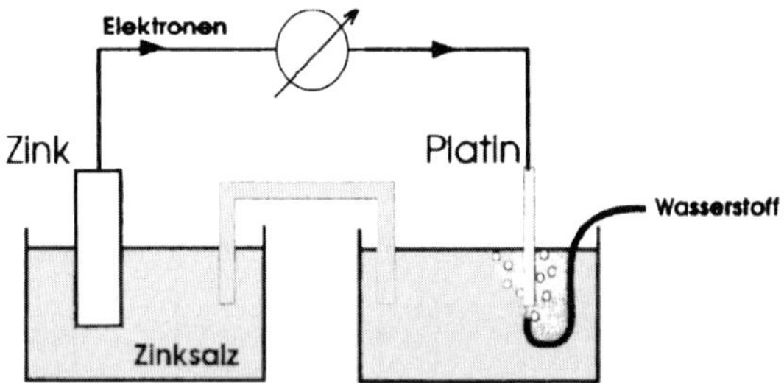

Abbildung 13.7 **Das Redoxpotential** einer Zn / Zn^{2+}–Halbzelle wird gegenüber einer Standard–Wasserstoffelektrode gemessen (H_2–Druck p = 1 bar, Säurekonzentration 1 mol l^{-1}).

Elektrochemische Spannungsreihe

Die Auflistung der **Normalpotentiale** verschiedener Halbzellen–gemessen gegen eine Wasserstoffelektrode–ergibt die in → *Tab. 13.6* dargestellte elektrochemische Spannungsreihe. Diese stellt das Analogon zur Tabelle der Säurestärken pK_s (→ *Tab. 13.2*) bei Säure–Base–Reaktionen dar:

- **Starke Reduktionsmittel** besitzen ein negatives Normalpotential. Metalle mit negativem Normalpotential bezeichnet man als **unedel**.
- **Schwache Reduktionsmittel** besitzen ein positives Normalpotential. Metalle mit positivem Normalpotential bezeichnet man als **edel**. Die korrespondierenden Salze der edlen Metalle wirken stark oxidierend bzw. korrodierend.

Freiwillig verlaufende Redoxreaktionen

Aus der Thermodynamik (→ *Kap. 12.1*) folgt:

- Eine Reaktion verläuft **freiwillig**, wenn $\Delta G < 0$.
- Der **Gleichgewichtszustand** ist erreicht, wenn $\Delta G = 0$.
- Das **Gleichgewicht** liegt auf Seiten der **Produkte**, wenn $\Delta G_0 < 0$.

Werte der elektrochemischen Spannungsreihe

Red → Ox	+ z e⁻	E_0[V]	Red → Ox	+ z e⁻	E_0[V]
Metalle (in saurer Lösung)					
$K \rightarrow K^+$	$+ e^-$	-2,92	$Ca \rightarrow Ca^{2+}$	$+ 2e^-$	-2,80
$Na \rightarrow Na^+$	$+ e^-$	-2,71	$Mg \rightarrow Mg^{2+}$	$+ 2e^-$	-2,40
$Al \rightarrow Al^{3+}$	$+ 3e^-$	-1,69	$Mn \rightarrow Mn^{2+}$	$+ 2e^-$	-1,05
$Zn \rightarrow Zn^{2+}$	$+ 2e^-$	-0,76	$Cr \rightarrow Cr^{3+}$	$+ 3e^-$	-0,51
$Fe \rightarrow Fe^{2+}$	$+ 2e^-$	-0,44	$Cd \rightarrow Cd^{2+}$	$+ 2e^-$	-0,40
$Co \rightarrow Co^{2+}$	$+ 2e^-$	-0,28	$Ni \rightarrow Ni^{2+}$	$+ 2e^-$	-0,25
$Sn \rightarrow Sn^{2+}$	$+ 2e^-$	-0,14	$Pb \rightarrow Pb^{2+}$	$+ 2e^-$	-0,13
$H_2 \rightarrow 2\,H^+$	$+ 2e^-$	0,00	$Cu \rightarrow Cu^{2+}$	$+ 2e^-$	0,35
$Ag \rightarrow Ag^+$	$+ e^-$	0,81	$Hg \rightarrow Hg^{2+}$	$+ 2e^-$	0,86
$Au \rightarrow Au^{3+}$	$+ 3e^-$	1,42	$Pt \rightarrow Pt^{2+}$	$+ 2e^-$	1,60
Nichtmetalle					
$H_2 + 2\,OH^- \rightarrow 2\,H_2O$	$+ 2e^-$	-0,84	$S^{2-} \rightarrow S$	$+ 2e^-$	-0,51
$2\,I^- \rightarrow I_2$	$+ 2e^-$	0,59	$4\,OH^- \rightarrow O_2 + 2\,H_2O$	$+ 4e^-$	0,40
$2\,Br^- \rightarrow Br_2$	$+ 2e^-$	1,07	$6\,H_2O \rightarrow O_2 + 4\,H_3O^+$	$+ 4e^-$	1,24
$2\,Cl^- \rightarrow Cl_2$	$+ 2e^-$	1,36	$2\,F^- \rightarrow F_2$	$+ 2e^-$	2,85
komplizierte Systeme					
$Fe^{2+} \rightarrow Fe^{3+}$	$+ 2e^-$	0,77	$6\,H_2O + NO \rightarrow NO_3^- + 4\,H_3O^+$	$+ 3e^-$	0,95
$12H_2O + Cr^{3+} \rightarrow CrO_4^{2-} + 8H_3O^+$	$+3e^-$	1,36	$Pb^{2+} + 6\,H_2O \rightarrow PbO_2 + 4\,H_3O^+$	$+ 2e^-$	1,46
$12H_2O + Mn^{2+} \rightarrow MnO_4^- + 8H_3O^+$	$+5e^-$	1,51			

Tabelle 13.6 **Elektrochemische Spannungsreihe**: Normalpotentiale gemessen gegen die Standard–Wasserstoffelektrode bei 25°C /nach 62/

Der Zusammenhang zwischen der **Thermodynamik** und der **EMK** ist nach *Nernst* gegeben (ohne Beweis):

$$\Delta G = -z \cdot F \cdot \Delta E \qquad \Delta G_0 = -z \cdot F \cdot \Delta E_0 = -R \cdot T \cdot \ln K$$

$$\Delta E_0 = \frac{RT}{zF} \cdot \ln K \qquad K = \exp \frac{zF \cdot \Delta E_0}{RT} = 10^{\frac{z \cdot \Delta E_0}{0{,}059}}$$

Um Übereinstimmung mit der Thermodynamik zu erzielen, muss die Reaktionsgleichung von Redoxreaktionen stets so geschrieben werden, dass sie **freiwillig** von links nach rechts abläuft. Die EMK wird als Differenz der Redoxpotentiale des Reduktionsprozesses abzüglich dem Oxidationsprozess berechnet:

$\Delta E = E_{Red} - E_{Ox}$. Dann gilt:

- Eine Reaktion verläuft **freiwillig**, wenn $\Delta E > 0$.
- **Der Gleichgewichtszustand** ist erreicht, wenn $\Delta E = 0$.
- Das **Gleichgewicht** liegt auf Seiten der **Produkte**, wenn $\Delta E_0 > 0$.

Zellspannung

Die EMK steht in Zusammenhang mit der freien Reaktionsenthalpie ΔG, sie entspricht der **Zellspannung** (Klemmenspannung) einer **galvanischen Zelle (Batterie)**. Die Zellspannung $U = \Delta E = -1 / zF \cdot \Delta G$ verändert sich im Verlauf der Lebensdauer einer Batterie, ausgehend vom geladenen Zustand $U > 0$. Wenn der Gleichgewichtszustand der Zellreaktion erreicht ist ($\Delta G = 0$), ist die Zellspannung auf Null gesunken und die Batterie ist entladen ($U = \Delta E = 0$).

Lage des Gleichgewichts von Redoxreaktionen

Für die Lage des Gleichgewichts einer Redoxreaktion gilt:

Das Gleichgewicht einer Redoxreaktion liegt auf Seiten der Produkte (Gleichgewichtskonstante $K > 1$), wenn $\Delta E_0 > 0$ ist, d. h. aus einem **starken** Reduktionsmittel (unedeles Metall) ein **schwaches** Reduktionsmittel (edeles Metall) entsteht (analog: wenn aus einem starken ein schwaches Oxidationsmittel entsteht):

- **Beispiel:** Ein Eisenstab taucht in eine Cu^{2+}–Lösung ein:
  $Fe + Cu^{2+} \rightarrow Fe^{2+} + Cu$ Gleichgewicht rechts, edleres Cu entsteht, Abscheidung von Kupfer auf dem Eisenstab (**Zementation**),
- **Beispiel:** Ein Silberstab taucht in eine Cu^{2+}–Lösung ein:
  $2\,Ag + Cu^{2+} \rightarrow 2\,Ag^{+} + Cu$ Gleichgewicht links, edlerer Silberstab löst sich nicht.

Aufgabe

Wie groß ist die Gleichgewichtskonzentration von Zinkionen in Wasser von pH = 7 (Druck H_2: p = 1 bar) ?

$Zn + 2\,H^{+} \rightarrow Zn^{2+} + H_2$

Gleichgewichtsbedingung: $\Delta E = E_{H2} - E_{Zn} = 0$

$E_{Zn} = -0{,}76 + 0{,}059 / 2 \cdot lg\,[Zn^{2+}] = E_{H2} = 0{,}059 \cdot lg\,[H^{+}]$

$0{,}059/2 \cdot lg\,[Zn^{2+}] = 0{,}76 + 0{,}059 \cdot(-7)$

$0{,}029\,lg\,[Zn^{2+}] = +\,0{,}347$

$lg\,[Zn^{2+}] = 0{,}347 / 0{,}029 = 11{,}96$

$[Zn^{2+}] = \underline{9{,}1 \cdot 10^{11}\ mol\ l^{-1}}$.

Zink löst sich in neutralem Wasser **theoretisch** vollständig auf. In der **Praxis** verhält es sich jedoch stabil. Die Korrosionsstabilität von Zn beruht auf der Passivierung (Oxidschichtbildung) der Oberfläche.

Aufgabe

Wie ist der Wert der Gleichgewichtskonstante für das Daniell–Element ?

$Zn + Cu^{2+} \rightarrow Cu + Zn^{2+}$

Gleichgewichtskonstante: $K = 10^{[z / 0{,}059 \cdot (E0,Cu - E0,Zn)]}$

$E_{0,Cu} - E_{0,Zn} = 0{,}34 - (-0{,}76) = 1{,}1$

$K = 10^{[2 / 0{,}059 \cdot 1{,}1]} = 10^{37{,}28} = \underline{1{,}9 \cdot 10^{37}}$

Zink geht praktisch vollständig in Lösung. Der Gleichgewichtszustand wird in der Praxis nie erreicht.

Ätzreaktionen

Redoxreaktionen in wässriger Lösung werden in der Ingenieurpraxis u.a. eingesetzt als:

- **Ätzreaktionen,**
- **Abwasserentgiftungsreaktionen.**

Unter chemischem Ätzen versteht man **chemisches Abtragen** (ohne elektrolytische Unterstützung) bestimmter Bereiche eines Werkstücks durch ein **flüssiges Ätzmittel**. Im Gegensatz zum Beizen (**Oberflächentechnik**) werden beim chemischen Abtragen dickere Schichten abgetragen (**Formgebung**, → *Kap. 17.2*). Die wichtigsten Ätzmittel für Metalle sind Säuren. Aluminium lässt sich sowohl sauer als auch alkalisch ätzen:

$Al + 3\,H^{+} \rightarrow Al^{3+} + 3/2\,H_2$

$Al + OH^{-} + 3\,H_2O \rightarrow Al(OH)_4^{-} + 3/2\,H_2$

Au–Ätzen

Gold bildet mit NaCN als Ätzmittel einen stabilen Cyanokomplex $[Au(CN)_2]^{-}$. Aufgrund der gefährlichen Einsatzstoffe und der Freisetzung von Schwermetallionen sollen chemische Abtragungsverfahren nur in technisch begründeten Fällen eingesetzt werden.

Redoxelektrode

Eine Redoxelektrode misst das Oxidations- oder Reduktionspotential in einer Lösung. Sie ist eine wichtige **Messvorrichtung** zur Überwachung von Ätz- oder Entgiftungsreaktionen. Die Redoxelektrode ist eine Platinsonde, die in die Messlösung eintaucht. In vielen Fällen ist sie–mit einer integrierten Ag/AgCl–Bezugelektrode–als **Einstabelektrode** aufgebaut (→ *Kap. 15.1*).

Abwasserentgiftung

Technisch wichtige Einsatzfälle von Abwasserentgiftungsreaktionen sind:

- **Eliminierung** von **Cyanid**, **Nitrit** und **Chromat** aus Prozessbädern oder Spülwässern in Galvanik-, Härterei-, Brünierbädern u. a.,
- **Zerstörung** von **CKW** in Deponiesickerwässern,
- **Voroxidation schwer abbaubarer Stoffe** vor einer biologischen Weiterbehandlung (chemische Industrie),
- **Absenkung** des **CSB** bei der Einleitung in ein Gewässer (Direkteinleiter),
- **Desinfektion** von Abwasser.

Entgiftung durch Oxidation

Entgiftungsreaktionen sind in der Regel **Oxidationsreaktionen** mit folgenden Oxidationsmitteln:
- **Natriumhypochlorit (NaOCl),**
- **Sauerstoff** (unter Druck und bei erhöhter Temperatur),
- **Wasserstoffperoxid (H_2O_2**, auch UV–aktiviert),
- **Ozon (O_3**, auch UV–aktiviert).

Oxidationsmittel für die Abwasserentgiftung

Oxidationsmittel	Redoxpotential [mV]	relatives Potential [%] zu Cl_2
Fluor F_2	3,06	2,25
Hydroxylradikal OH	2,80	2,05
Sauerstoffatom O	2,42	1,78
Ozon O_3	2,08	1,52
Wasserstoffperoxid H_2O_2	1,78	1,30
Hypochlorsäure HClO	1,49	1,10
Chlor Cl_2	1,27	1,00
Chlordioxid ClO_2	1,27	0,93
Sauerstoff O_2	1,23	0,90

Tabelle 13.7 **Redoxpotentiale gebräuchlicher Oxidationsmittel.**

Die Stärke eines Oxidationsmittels ergibt sich aus dem Redoxpotential nach → *Tab. 13.7.* Besonders hohe Redoxpotentiale werden von **instabilen Radikalen** (z.B. Hydroxylradikalen) erreicht, die durch eine katalytische Reaktion oder durch UV–Aktivierung intermediär gebildet werden gemäß:

$H_2O_2 \rightarrow 2 \bullet OH$ Schwermetallkatalyse, UV–Licht.

Reduktionsmittel für die Abwasserentgiftung

Im Fall von **Reduktionsreaktionen werden** folgende Reduktionsmittel verwendet:
- **Natriumhydrogensulfit (Bisulfit, $NaHSO_3$),**
- **Schwefeldioxid (SO_2)** oder **Na–Dithionit ($Na_2S_2O_4$),**
- **Eisen(II)salze**, z.B. Grünsalz ($FeSO_4 \cdot 7\ H_2O$).

Cyanid–Entgiftung

Giftige **Cyanid–Anionen (CN^-)** werden insbesondere in galvanischen Prozessbädern und in der Härterei eingesetzt. **Freie** CN^-–Anionen sind **akut giftig**. Eine weitere Gefahr besteht durch die ausgeprägte Affinität von CN^-–Anionen zu Schwermetallkationen, wobei wasserlösliche **Cyanokomplexe** gebildet werden. Teilweise enthalten Galvanikbäder **prozessbedingt** hohe Konzentrationen dieser Cyanokomplexe oder diese entstehen **unbeabsichtigt** durch in Lösung gehende Schwermetallkationen. Cyanokomplexe können sehr stabil sein, sie werden dann in Kläranlagen nicht abgebaut und können somit eine hohe Schwermetallfracht in Gewässer eintragen. Cyanide und Cyanokomplexe müssen deshalb durch **Oxidation** vor der Einleitung in eine Kläranlage zerstört werden. Aufgrund der Giftigkeit der Einsatzstoffe und der problematischen Einhaltung von Abwassergrenzwerten sollte der Einsatz von Cyaniden–soweit technisch möglich–**vermieden** werden.

Cyano–Komplexe

Cyanokomplexe sind unterschiedlich leicht oxidativ abbaubar:
- **Cadmium-** $[Cd(CN)_4]^{2-}$ und **Zinkcyanokomplexe** $[Zn(CN)_4]^{2-}$ leicht abbaubar,
- **Kupfercyanokomplexe** $[Cu(CN)_4]^{3-}$ bzw. $[Cu(CN)_4]^{2-}$ schwerer abbaubar,
- **Nickel-** $[Ni(CN)_4]^{2-}$ und **Silbercyanokomplexe** $[Ag(CN)_2]^-$ sehr schwer abbaubar,
- **Eisencyanokomplexe** $[Fe(CN)_6]^{4-}$ praktisch nicht mehr zu zerstören.

Cyanidentgiftung mit Hypochlorit

Das meistgenutze Entgiftungsverfahren für Cyanide war bis vor kurzem die Oxidation mit **Na–Hypochlorit (NaOCl, Natronbleichlauge 12%)**. Über die Zwischenstufe des giftigen Chlorcyangases ($ClCN$) entsteht bei hohen pH–Werten **Cyanat** (OCN^-, Faktor 1000 geringere Giftigkeit als CN^-), das je nach pH und Temperatur zu Ammonium und Carbonat hydrolisiert:

$CN^- + OCl^- + H_2O$	$\rightarrow ClCN + 2\ OH^-$	giftiges Chlorcyan (ClCN), 1. Stufe,
$ClCN + 2\ OH^-$	$\rightarrow OCN^- + Cl^- + H_2O$	weniger giftiges Cyanat OCN^-, 2. Stufe,
$OCN^- + 2\ H_2O$	$\rightarrow CO_3^{2-} + NH_4^+$	Carbonat, Ammonium

In der Praxis besteht ein höherer Hypochlorit–Bedarf, da das Cyanat mit überschüssigem NaOCl zu Stickstoff reagiert:

$$2\ OCN^- + 3\ OCl^- + H_2O \quad \rightarrow \quad N_2 + 2\ HCO_3^- + 3\ Cl^-$$

Überwachung der Cyanid–Oxidation

Für den vollständigen Abbau von Cyanid benötigt man demnach 2,5 mol NaOCl pro mol CN^-. Die Reaktion verläuft über zwei Stufen. Die Emissionen an sehr giftigem ClCN müssen durch einen hohen pH–Wert (pH >12) und eine Badtemperatur von T <38°C niedrig gehalten werden. Es wird empfohlen, die zu entgiftende CN^-–Konzentration auf 1 mg l^{-1} zu begrenzen. Die Reaktionszeiten betragen typischerweise 40...60 Minuten. Das Reaktionsende lässt sich durch eine **Redoxelektrode** (Überschuss an NaOCl) und eine pH–Elektrode (Verseifung von ClCN) feststellen. Das wesentliche Problem der NaOCl–Entgiftung ist die Bildung von AOX, sofern organische Substanzen, z.B. Tenside oder Glanzbildner in dem Abwasser enthalten sind (Grenzwert **AOX = 1 mg l^{-1}** nach Anhang 40 Abwasserverordnung).

Cyanidentgiftung mit Peroxoverbindungen

Die **Cyanidentgiftung** mit Peroxoverbindungen (35...50% **Wasserstoffperoxid H_2O_2** oder **Peroxomonoschwefelsäure H_2SO_5** (*Carosche* Säure bzw. ihre Salze, Caroate) bietet den Vorteil, dass keine giftige ClCN–Zwischenverbindung entsteht und deshalb die maximale CN^-–Konzentration nicht beschränkt sein muss. Zur Vermeidung von HCN–Emissionen wird ebenfalls im alkalischen Bereich (pH >10) gearbeitet. H_2O_2 ist ein vergleichsweise **umweltfreundliches** Oxidationsmittel, da keine Aufsalzung des Abwassers eintritt. Die Reaktionsgeschwindigkeit der Cyanidentgiftung mit H_2O_2 bei Raumtemperatur ist jedoch **relativ gering**. Die messtechnische Überwachung der H_2O_2–Entgiftung mit Redoxelektroden ist bisher nicht möglich:

$$NaCN + H_2O_2 \quad \rightarrow \quad NaOCN + H_2O$$

Eine **Beschleunigung** der Abbaureaktion wird erreicht durch:

- **Schwermetallkatalyse** (Cu^{2+}–bzw. Ag^+–Katalysatoren),
- **UV–Strahlung** bei einer Wellenlänge von 254 nm,
- **Caroat = $KHSO_5$,** Salze der Caroschen Säure (H_2SO_5).

Bei der **Schwermetallkatalyse** tritt die katalytische **Selbstzersetzung** von H_2O_2 als Konkurrenzreaktion bei sinkenden Cyanidgehalten zunehmend störend in Erscheinung und kann eine Entgiftung unter den Grenzwert verhindern. Die **UV–Aktivierung** ist nur bei relativ sauberen Abwässern ohne UV–absorbierende Abwasserinhaltsstoffe möglich. Die **Oxidation mit $KHSO_5$** kann bereits bei Raumtemperatur mit genügender Geschwindigkeit durchgeführt und durch Katalysatoren noch wesentlich beschleunigt werden. Es lassen sich auch die meisten komplexen Cyanide zerstören. Das Verfahren führt jedoch zur Aufsalzung und ist relativ teuer.

Cyanidentgiftung mit anodischer Oxidation

Als **geeignetes Verfahren** zur Cyanid–Entgiftung wird heute die **anodische Oxidation** und eine nachgeschaltete chemische Entgiftung empfohlen:

- **anodische Oxidation** der CN^-–Hauptmenge,
- **Oxidation mit H_2O_2** bei pH = 11,
- **Restoxidation** mit Kaliumperoxomonosulfat $KHSO_5$ (Caroat).

Es gelten folgende Einschränkungen: Bei der anodischen Oxidation dürfen keine Chloride anwesend sein (AOX–Bildung). Bei der H_2O_2–Oxidation dürfen keine Schwermetalle anwesend sein (H_2O_2–Zersetzung). Der Prozess kann nur in einer Chargenbehandlungsanlage durchgeführt werden (Überwachung).

Nitritentgiftung mit H_2O_2

Die Nitritentgiftung kann oxidativ oder reduktiv durchgeführt werden. Während früher überwiegend mit NaOCl oxidiert wurde, verwendet man heute nahezu ausschließlich **Wasserstoffperoxid** bei pH = 3 bis 4. Die Reaktionszeiten betragen typischerweise 15 min.:

$HNO_2 + NaOCl \rightarrow HNO_3 + NaCl$ pH = 3...4

$HNO_2 + H_2O_2 \rightarrow NO_3^- + H^+ + H_2O$ pH = 4

Nitritentgiftung mit Amidosulfonsäure

Während die Nitritentgiftung durch NaOCl mit Hilfe einer Redoxelektrode verfolgt werden kann, ist der Potentialsprung bei der Verwendung von H_2O_2 nicht ausgeprägt. Da die Salpetersäure (HNO_3) eine stärkere Säure als die salpetrige Säure (HNO_2) ist, sinkt der pH–Wert im Verlauf der Reaktion, weshalb eine **pH–Wert–Messung** zur Steuerung der Reaktion eingesetzt wird vorausgesetzt, das Abwasser enthält nur wenig puffernde Substanzen. In selteneren Fällen wird Nitrit reduktiv mit Amidosulfonsäure behandelt:

$NO_2^- + NH_2SO_3H \rightarrow N_2 + H_2SO_4 + H_2O$ bei pH = 3...4.

O
H₂N — S — OH
O

Amidosulfonsäure

Chromatentgiftung

Bei der Chromatentgiftung muss das giftige, 6–wertige Chromat(VI) in die 3–wertige Form Chrom(III) überführt werden. In dieser Wertigkeit fällt es bei der Neutralisation als Hydroxid aus und kann als Schlamm ausgetragen werden. Als Reduktionsmittel im sauren pH–Bereich (pH <2,5) eignet sich **Na–Hydrogensulfit ($NaHSO_3$)**. Die Reaktion lässt sich mit einer **Redoxelektrode** verfolgen und dauert typischerweise 15 min. Bei alkalischen Ausgangslösungen (pH >10) wird die Entgiftung oft mit **Fe(II)–Salzen** durchgeführt (Nachteil: hoher Schlammanfall). Während der Reaktion wird Säure verbraucht (siehe Reaktionsgleichung), die nachdosiert werden muss:

$Na_2Cr_2O_7 + 3\ NaHSO_3 + 4\ H_2SO_4 \rightarrow Cr_2(SO_4)_3 + 3\ NaHSO_4 + 4\ H_2O$ (pH <2,5)

$Na_2Cr_2O_7 + 6\ FeSO_4 + 7\ H_2SO_4 \rightarrow Cr_2(SO_4)_3 + 3\ Fe_2(SO_4)_3 + Na_2SO_4 + 7\ H_2O$

Chargenbehandlung

Abwasserbehandlungsanlagen können ausgelegt sein als:

- **Chargenbehandlungsanlagen (Standbehandlungsanlagen)** oder
- **Durchlaufbehandlungsanlagen.**

Eine Abwasserbehandlung als **Standbehandlung** (Chargenbehandlung) ist grundsätzlich zu bevorzugen, da eine höhere Prozesssicherheit gegeben ist und die erforderliche Messtechnik (Erkennung des Reaktionsendpunkts) weniger aufwendig ist. Konzentrierte **Prozessbäder** dürfen aus Sicherheitsgründen **ausschließlich** nur in einer Chargenbehandlungsanlage behandelt werden. Durch Einführung abwasserarmer Spültechniken (→ *Kap.10.3*) lassen sich heute große **Spülwasserströme** vermeiden, die früher oft den Einsatz von **Durchlaufentgiftungsanlagen** unumgänglich gemacht haben. Die Tendenz in der Abwassertechnik und auch in der Abwassergesetzgebung weist eindeutig in Richtung Chargenbehandlung.

14 Korrosionsreaktionen

14.1 Korrosionsreaktionen, Korrosionsarten

Korrosion

Korrosion nennt man die Reaktion eines metallischen Werkstoffs mit seiner Umgebung, die eine messbare Veränderung des Werkstoffs bewirkt und zu einer Beeinträchtigung der Funktion des metallischen Bauteils führt (DIN 50 900). In einem erweiterten Sinn gelten auch Alterungserscheinungen von Kunststoffen oder mineralischen Werkstoffen unter Einwirkung chemischer Reaktionen als Korrosion. Folgende Korrosionsbegriffe sind zu unterscheiden:

Korrosionsbegriffe

- **Äußere Korrosion:** Ist eine Korrosion, die von der Oberfläche ausgeht. **Innere Korrosion** ist eine Korrosion im Werkstoffinnern als Folge der Eindiffusion von korrosiven Bestandteilen eines Korrosionsmediums.
- **Korrosionsreaktion**: Beschreibt die chemische oder elektrochemische Reaktion eines **Korrosionsmittels** mit dem Werkstoff. Die Reaktion folgt den Gesetzen der chemischen Thermodynamik und der Kinetik.
- **Korrosionsart**: Beschreibt den Mechanismus der Korrosion, d. h. das Zusammenwirken von Korrosionsreaktion und äußeren Einflussfaktoren (Werkstoffe, Phasengrenze, mechanische Einwirkung, Temperatur u. a.).
- **Korrosionserscheinung:** Beschreibt die messbare Veränderung am Werkstoff oder Bauteil durch die Korrosion (ingenieurmäßige Beschreibung der Korrosion).
- **Korrosionsschaden:** Beschreibt die Beeinträchtigung der Funktion eines Bauteils oder eines ganzen Systems durch Korrosion.

Verschleiss

- **Verschleiss (DIN 50 320):** Nennt man die unerwünschte Veränderung der Oberfläche von Gebrauchsgegenständen durch mechanische Einwirkung. Bei einer **Komplexbelastung** wirken Verschleiss und Korrosion gemeinsam; chemisch gebildete Korrosionsprodukte werden durch Verschleiss mechanisch abgetragen oder verschleissbelastete Bauteile können einer nachfolgenden elektrochemischen Korrosionsreaktion nicht mehr standhalten.

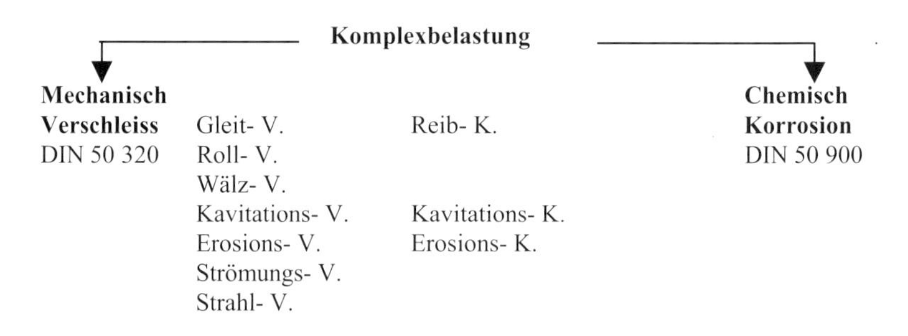

Die **Korrosion** kann man in zwei Grundtypen einteilen:

- **chemische Korrosion** oder
- **elektrochemische Korrosion.**

Chemische Korrosion

Bei der chemischen Korrosion kommt es zu einem gleichmäßigen Angriff eines Korrosionsmittels auf die Metalloberfläche. Beispielsweise korrodieren viele Metalle bei Einwirkung von Chlorwasserstoff (HCl):

$Fe + 2\,HCl \rightarrow FeCl_2 + H_2$

Die chemische Korrosion ist durch ein **gleichmäßiges Potential** auf der Metalloberfläche und damit einen **gleichmäßigen Materialabtrag** gekennzeichnet. Der wichtigste Anwendungsfall der chemischen Korrosion ist die Heissgaskorrosion, z.B. die Verzunderung (siehe unten).

Elektrochemische Korrosion

Die Korrosion an der Atmosphäre, in Wasser und in Salzlösungen ist **überwiegend** elektrochemischer Natur. Die Ursache elektrochemischer Korrosion ist das Vorhandensein von Stellen **unterschiedlichen Potentials** auf einer Metalloberfläche. Das Metall geht unter der Einwirkung eines **Korrosionsmittels** in Lösung, wobei Elektronen vom Ort der Oxidation (Metallauflösung, Anode) über den metallischen Werkstoff zum Ort der Reduktion (Reaktion des Korrosionsmittels, Kathode) wandern (→ *Abb.14.1*). Diese Korrosionsreaktion kann **fortschreiten**, da eine meist wässrige Lösung stets frisches Korrosionsmittel zum Reaktionsort heranträgt und Korrosionsprodukte abtransportiert. Ein hoher Salzgehalt der Korrosionslösung beschleunigt die Korrosion, da dadurch ein während der Korrosion entstehender positiver oder negativer Ladungsträgerüberschuss in der Lösung rasch elektrisch neutralisiert wird. Auch bei der atmosphärischen Korrosion muss ein gewisser Feuchtigkeitsgehalt der Luft überschritten sein. Unterhalb von 60 bis 70% relative Luftfeuchtigkeit schreitet die Korrosion nur langsam voran, es sei denn, die Metalloberfläche ist durch hygroskopische (wasseranziehende) Salze, z.B. Magnesiumsalze, bedeckt. Als Elektrolyt wirken oft Luftbestandteile oder Luftverunreinigungen, z.B. CO_2, SO_2, SO_3, H_2S, HCl. Die von sauren Gasen mit der Luftfeuchtigkeit gebildeten **Säuren** sind in Kombination mit **Luftsauerstoff** ein aggressives Korrosionsmittel.

Säurekorrosion

Sauerstoffkorrosion

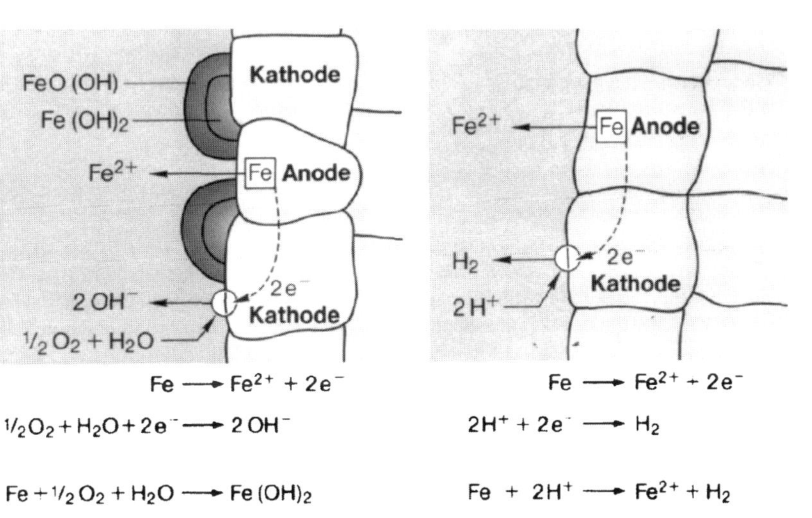

$$2Fe(OH)_2 + 1/2\,O_2 \longrightarrow 2FeO(OH) + H_2O$$

Abbildung 14.1 **Korrosionsreaktionen: Sauerstoffkorrosion** (links) und **Säurekorrosion** (rechts) auf einer Eisenoberfläche (aus: Korrosion/Korrosionsschutz, Fonds der Chemischen Industrie, Frankfurt, 1994)

Voraussetzungen für Korrosion

Notwendige Voraussetzungen für eine elektrochemische Korrosion sind folglich:

- ein korrodierender **Werkstoff**,
- ein **Korrosionsmittel**,
- **Wasser**, Feuchtigkeit bzw. ein anderes polares Lösemittel,
- **Ionen** bzw. Fremdsalze in der Lösung (Ladungsausgleich).

Korrosionsreaktion

Bei elektrochemischen Korrosionsreaktionen sind zwei elektrochemische Teilreaktionen beteiligt, die miteinander gekoppelt sind (Beispiel: Auflösung von Fe in saurer Lösung, → *Abb. 14.1 rechts*):

- **Teilreaktionen**:
  Anodische Teilreaktion (Oxidation): $Fe \rightarrow Fe^{2+} + 2\,e^-$
  Kathodische Teilreaktion (Reduktion) : $2\,H^+ + 2\,e^- \rightarrow H_2$
  Gesamtreaktion: $Fe + 2\,H^+ \rightarrow Fe^{2+} + H_2$
- **Definition**:
  Anode = Ort der Oxidation = Minus–Pol (Elektrolyse: Anode = Plus–Pol)
  Kathode = Ort der Reduktion = Plus–Pol (Elektrolyse: Kathode = Minus–Pol).

Korrosionsmittel

Die in der Praxis wichtigsten Korrosionsmittel sind:

- **Säure**: Säurekorrosion (auch Korrosion nach dem 'Wasserstofftyp') oder
- **Sauerstoff**: Sauerstoffkorrosion (auch Korrosion nach dem 'Sauerstofftyp').

Als weitere Korrosionsmittel kommen grundsätzlich alle wässrigen Lösungen starker **Oxidationsmittel** in Frage z.B.:

- $Fe^{3+} + e^- \rightarrow Fe^{2+}$
- $Cl_2 + 2\,e^- \rightarrow 2\,Cl^-$
- $Cu^{2+} + e^- \rightarrow Cu^+$
- $NO^{2-} + 2\,H^+ + e^- \rightarrow NO + H_2O$
- $CrO_4^{\ 2-} + 8\,H^+ + 3\,e^- \rightarrow Cr^{3+} + 4\,H_2O$
- $ClO^- + 2\,H^+ + 2\,e^- \rightarrow Cl^- + H_2O$
- $Cu^+ + e^- \rightarrow Cu$
- $O_3 + 2\,H^+ + 2\,e^- \rightarrow O_2 + H_2O$

Thermodynamik von Korrosionsreaktionen

Bei der thermodynamischen Berechnung von Korrosionsreaktionen trennt man die auf derselben Metalloberfläche stattfindende Korrosionsreaktion gedanklich in die zwei Teilreaktionen Oxidation und Reduktion, die nun in zwei örtlich getrennten Halbzellen stattfinden sollen (→ *Abb.14.2*). Nach ***Nernst*** gilt für den Zusammenhang mit der freien Reaktionsenthalpie (→ *Kap.13.3*):

$\Delta G = -z\,F \cdot (EK - EA) = -z\,F \cdot EMK = -z\,F \cdot U$ mit E_A, E_K = Elektrodenpotentiale (Ruhepotentiale) der Anode bzw. Kathode

Bei einer freiwillig verlaufenden Reaktion ist ΔG immer negativ, folglich gilt:
$\Delta E = E_K - E_A = EMK > 0$.

Nernstsche Gleichung

Eine Reaktion verläuft **freiwillig**, wenn das Potential der Kathodenreaktion E_K (Reduktion) **positiver** ist als das Elektrodenpotential der Anodenreaktion E_A (Oxidation). Je **größer** der Unterschied der Elektrodenpotentiale ΔE ausfällt, desto **stärker** ist die thermodynamische **Triebkraft** der Korrosionsreaktion.
Für die Elektrodenpotentiale E_A bzw. E_K gilt die *Nernstsche* Gleichung:

$$E_A = E_{0,A} + \frac{RT}{zF} \ln \frac{[a_{ox}]}{[a_{red}]}$$

z = Zahl der ausgetauschten Elektronen
F = 96485 A s mol^{-1} = Faraday–Konstante
a = f. c = Aktivität, f = Aktivitätskoeffizient

Bei der Standardtemperatur T = 298K gelten vereinfachte Gleichungen:

- **Metallelektrode:**
  $E_{Me} = E_{0,Me} + (0{,}059 / z) \cdot \lg [a_{Mez+}]$ für $Me \rightarrow Me^{z+} + z\,e^-$
- **Wasserstoffelektrode** (Partialdruck p_{H2} in Einheiten bar):
  $E_{H2/H+} = E_{0,H2/H+} + (0{,}059 / 2) \cdot \lg [a_{H+}^{\ 2} / p_{H2}]$ für $2\,H^+ + 2e^- \rightarrow H_2$
- **Sauerstoffelektrode** (Partialdruck p_{O2} in Einheiten bar)::
  $E_{OH/O2} = E_{0,OH/O2} + (0{,}059 / 2) \cdot \lg [p_{O2}^{\ 1/2} / a_{OH-}^{\ 2}]$ für $\frac{1}{2}\,O_2 + H_2O + 2e^- \rightarrow 2\,OH^-$

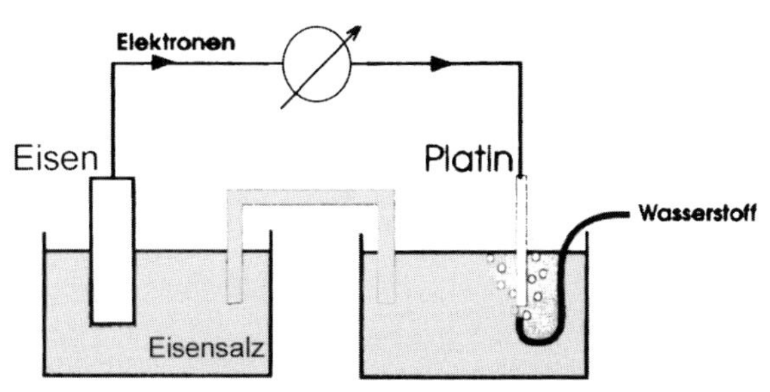

Abbildung 14.2 Die **Säurekorrosion von Eisen** ist direkt messbar, wenn die Teilreaktionen örtlich getrennt ablaufen. Die Messung erfolgt stromfrei, d. h. man legt eine der EMK entgegengesetzte Gegenspannung an oder man verwendet ein hochohmiges Spannungsmessgerät.

Um die Korrosionseigenschaften verschiedener Werkstoffe vergleichen zu können, schaltet man den Werkstoff als Elektrode gegenüber derselben **Bezugselektrode** (→ *Abb.14.2*). In der **elektrochemischen Spannungsreihe** (→ *Tab. 13.6*) sind die Standardpotentiale aufgelistet, die gegenüber der Standardwasserstoffelektrode gemessen werden. Das **Standardpotential** oder **Normalpotential** E_0 ist das Elektrodenpotential im Standardzustand d. h. bei Partialdrücken p = 1 bar (= 0,1 MPa) und Aktivitäten a = 1 mol l^{-1}. **Edle** Metalle besitzen ein positives Standardpotential, **unedle** Metalle ein negatives E_0. In der Praxis verwendet man besser handhabbare Bezugselektroden, insbesondere die Silber/Silberchlorid–Elektrode [Ag / AgCl (s), KCl (3 molar)] mit einem Bezugspotential von $E_{Ag/AgCl} = 0{,}2223$ V.

Aufgabe

Berechnen Sie den Wert der freien Reaktionsenthalpie ΔG, wenn ein Zn–Stab in eine 1 molare Zn^{2+}–Lösung bei pH = 7 eintaucht und der H_2–Partialdruck 10^{-3} bar beträgt ? Wie verändert sich ΔG, wenn die Zn^{2+}–Konzentration kleiner wird (z.B. 10^{-7} mol l^{-1}) oder wenn die Säurekonzentration größer wird (z.B. pH = 0) ?

$\Delta G = -z\,F \cdot [0{,}059 / 2 \cdot \lg (10^{-(7*2)} / 10^{-3}) - (-0{,}76 + 0{,}059 / 2 \lg 1)] =$

$= z\,F \cdot [-0{,}76 + 11 \cdot 0{,}059 / 2] = -2 \cdot 96485 \cdot 0{,}4355 = -84{,}0$ kJ mol^{-1} die Reaktion verläuft freiwillig.

Bei einer Erniedrigung der Zn^{2+}–Konzentration wird ΔG noch negativer, d. h. das Energiegefälle steigt. Die Korrosion wird begünstigt, wenn Zn–Ionen als Reaktionsprodukt ständig abgeführt werden (z.B. durch Strömung, Regenwasser oder Spritzwasser). Wenn die Säurekonzentration größer ist, wird ΔG negativer. Hohe Säurekonzentrationen wirken ebenfalls stark korrodierend.

Gleichgewicht von Korrosionsreaktionen

Das Gleichgewicht einer Korrosionsreaktion ist erreicht, wenn: $\Delta G = 0$. Dann ist auch die elektromotorische Kraft ΔE = EMK = 0; die Korrosionspartner haben ihre Gleichgewichtskonzentrationen erreicht. Die Lage des Gleichgewichts (d. h. der Wert der Gleichgewichtskonstanten K) lässt sich aus den Normalpotentialen E_0 der elektrochemischen Spannungsreihe vorausberechnen, denn es gilt:

$$K = \exp[\, zF / RT \cdot \Delta E_0] = 10^{\frac{z \cdot \Delta E_0}{0{,}059}}$$

Die Lage des Gleichgewichts liegt auf der Seite der **Produkte** (Gleichgewichtskonstante K >1), wenn die Differenz der **Normalpotentiale** des Reduktionsprozesses $E_{0,K}$ abzüglich des Oxidationsprozesses $E_{0,A}$ **positiv** ist: $\Delta E_0 = E_{0,K} - E_{0,A} > 0$.

Beispiel: $Fe + 2\,H^+ \rightarrow Fe^{2+} + H_2$;

$\Delta E_0 = E_{o,H2/H+} - E_{o,Fe/Fe2+} = 0 - (-0{,}44\ V) = 0{,}44$ V.

Ergebnis: K >1, d. h. das Gleichgewicht der Eisenauflösung in Säure liegt auf der Seite der Produkte, die Korrosion findet statt.

Aufgabe

Wie groß ist theoretisch die Gleichgewichtskonzentration an Zn^{2+}, wenn die Säurekorrosion von Zink (Werte, siehe letzte Aufgabe) ins Gleichgewicht gelangt ist?

$\Delta G = 0 \quad = -z\,F \cdot [\,0{,}059/2\ \lg (10^{-(7*2)} / 10^{-3}) - (-0{,}76 + 0{,}059 / 2\ \lg a_{Zn2+})\,]$

$0{,}059 / 2\ \lg a_{Zn2+} \quad = 0{,}76 - 11 \cdot 0{,}059 / 2$; $\lg a_{Zn2+} = 14{,}76$; $\quad a_{Zn2+} = 10^{14{,}76}\ \mathrm{mol\ l^{-1}}$

Die theoretische Gleichgewichtskonzentration ist so hoch, dass sie praktisch nicht erreichbar ist. Die Rechnungen berücksichtigen nicht die **Passivierung** der Zn–Oberfläche durch Oxidschutzschichtbildung.

Aufgabe

Löst sich Gold in Wasser von pH = 10 oder in einer alkalischen CN^-–Lösung der Konzentration $[CN^-] = 0{,}1\ \mathrm{mol\ l^{-1}}$ bei gleichem pH (Gleichgewichtskonstante $K = Au[CN]_2^- / [Au^+] \cdot [CN^-]^2 = 3 \cdot 10^{38}$?

In Wasser mit pH = 10:

Potential der Sauerstoffelektrode bei pH = 10 ($p_{O2} = 1$ bar): E = 1,23–0,59 = 0,64 V

Im Gleichgewicht: $E_{Au/Au+} = 1{,}42 + 0{,}059 \cdot \lg [Au^+] = E_{OH/O2} = 0{,}64$

$\lg [Au^+] = (1 / 0{,}059) \cdot (-0{,}78) = -13{,}22$; Gleichgewichtskonzentration $[Au^+] = \underline{6 \cdot 10^{-14}\ \mathrm{mol\ l^{-1}}}$

Ergebnis: Au löst sich praktisch **nicht** in Wasser (pH = 10).

Bei Zugabe von 0,1 mol l^{-1} CN^-–Lösung löst sich Au als $Au[CN]_2^-$:

Im Gleichgewicht: $E_{Au/Au+} = 1{,}42 + 0{,}059 \cdot \lg [Au^+] = E_{OH/O2} = 0{,}64$

Einsetzen der Gleichgewichtskonstante : $[Au^+] = [\,Au[CN]_2^-\,] / K \cdot [CN^-]^2$;

$E_{Au/Au+} = 1{,}42 + 0{,}059 \cdot \lg [Au[CN]_2^-] / (0{,}1^2 \cdot K)] = E_{OH/O2} = 0{,}64$

$0{,}059 \cdot \lg [Au[CN]_2^-] = (0{,}64 - 1{,}42) + 0{,}059 \cdot \lg (0{,}01 \cdot K)$.

$\lg [Au[CN]_2^-] = -13{,}22 + 36{,}47 = 23{,}25$; Gleichgewichtskonzentration $[Au[CN]_2^-] = \underline{1{,}8 \cdot 10^{23}\ \mathrm{mol\ l^{-1}}}$

Ergebnis: Au löst sich praktisch **vollständig** in alkalischer Cyanidlösung ($[CN^-] = 0{,}1\ \mathrm{mol\ l^{-1}}$, pH = 10).

pH-Abhängigkeit von Korrosionsreaktionen

Die meisten Korrosionsreaktionen sind **pH–abhängig**. An der **Anode** (Oxidation) treten Metallionen aus dem Metallgitter in die Lösung über, wo sie verbleiben oder durch **Hydrolyse** geladene oder neutrale Metalloxide oder Hydroxide bilden. In diesen Fällen ändert sich der **pH–Wert** im Verlauf der Metallauflösung an der Anode:

$Me \rightarrow M^{z+} + z\,e^-$

$Me + z\,OH^- \rightarrow Me(OH)_z + z\,e^-$

$Me + z\,H_2O \rightarrow Me(OH)_z + z\,H^+ + z\,e^-$

$Me + z\,H_2O \rightarrow MeO^{z-} + 2\,z\,H^+ + z\,e^-$

An der **Kathode** (Reduktion) können H^+–Ionen oder elementarer Sauerstoff (O_2) als Oxidationsmittel (**Korrosionsmittel**) wirken. Zuweilen können auch Ionen in hohen Wertigkeitsstufen, z.B. Permanganat (MnO_4^-), Chromat (CrO_4^{2-}) oder Nitrat (NO_3^-) korrodierend wirken. Der **pH–Wert** an der Kathode ändert sich stets im Verlauf der unten genannten Reduktionsprozesse:

$2\,H^+ + 2\,e^- \rightarrow H_2$ Säurekorrosion, (‘Wasserstoffkorrosion‘)

$O_2 + 2\,H_2O + 4\,e^- \rightarrow 4\,OH^-$ Sauerstoffkorrosion

$MnO_4^- + 8\,H^+ + 5\,e^- \rightarrow Mn^{2+} + 4\,H_2O$ Korrosion durch Permanganat.

Pourbaix–Diagramme

Das *Pourbaix*–Diagramm eines Metalls beschreibt das thermodynamische Verhalten eines Metalls in Abhängigkeit vom pH–Wert; insbesondere erlaubt es eine Aussage über die **grundsätzliche Zulässigkeit** einer Korrosionsreaktion in sauerstofffreiem oder sauerstoffhaltigem Wasser. Innerhalb gewisser pH–Bereiche werden auf der Metalloberfläche Hydroxid- bzw. Oxidschichten gebildet. Die Korrosionsreaktion kommt dann zum Erliegen (**Passivität**). Man unterscheidet die Bereiche: **Korrosion, Passivität** und **Immunität** (→ *Abb. 14.3*).

Parallele zur x–Achse

Eine **Parallele zur x–Achse** im Pourbaix–Diagramm entspricht einer Veränderung des pH–Werts bei gleichbleibender Metallionenkonzentration. Bei einem gewissen pH–Wert ist das Löslichkeitprodukt der Hydroxidbildung überschritten und eine Schutzschicht (Passivschicht) bildet sich auf der Werkstoffoberfläche z.B.:

$Zn^{2+} + 2\,OH^- \rightarrow Zn(OH)_2 \qquad L_{Zn(OH)2} = [\,Zn^{2+}\,] \cdot [OH^-]^2$

Eisen verhält sich passiv im pH–Bereich pH >12. **Zink** ist passiv im pH–Bereich 8 bis 12, **Al** im pH–Bereich 4 bis 9. Voraussetzung für ein vollkommenes Erliegen der Korrosion ist jedoch eine absolute Porenfreiheit der Passivschicht. Dies ist insbesondere bei

Fe nicht der Fall. Bei den Metallen Zn und Al kommt es bei höheren pH–Werten (im stark alkalischen Bereich) wieder zur Metallauflösung (→ *Kap. 13.2*). Die Ursache ist Komplexbildung:

$Al(OH)_3 + OH^- \rightarrow Al(OH)_4^- = AlO_2^- \cdot 2\ H_2O$

$Zn(OH)_2 + OH^- \rightarrow Zn(OH)_3^- = HZnO_2^- \cdot H_2O$

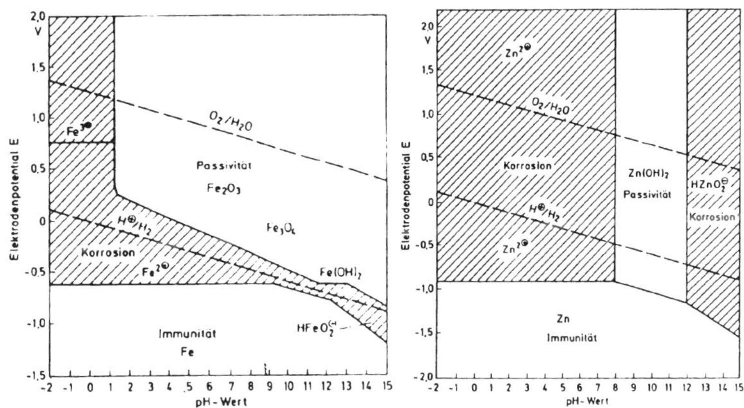

Abbildung 14.3 **Pourbaix–Diagramme** von Fe (links) und Zn (rechts) /nach 70/.

Eine **Parallele zur y–Achse** im Pourbaix–Diagramm entspricht einer Veränderung der Metallionenkonzentration bei konstantem pH–Wert. Bei hoher Metallionenkonzentration ist das Potential positiv (edel); bei Erniedrigung der Metallionenkonzentration wird das Potential negativer (unedler), bis beim Erreichen des Bereichs der Immunität die Metallionenkonzentration auf Null gesunken ist. Dieses Immunitätspotential ist identisch mit dem Wert einer äußeren negativen Schutzspannung, mit der das Metall vor Korrosion geschützt werden kann (Kathodischer Korrosionsschutz, → *Kap. 14.3*). Zusätzlich eingetragen sind die pH–abhängigen Geraden des Reduktionsprozesses, d. h. der Sauerstoff- oder der Wasserstoffelektrode. Eine Reaktion findet nur **freiwillig statt**, wenn das Elektrodenpotential der Metallkorrosion **niedriger** als das Elektrodenpotential des betreffenden Reduktionsprozesses liegt.

Parallele zur y–Achse

Aufgabe

Wie verhält sich eine 10 molare Zn^{2+}–Lösung gegenüber einer Wasserstoffelektrode (ohne Sauerstoff) bei pH = 1, pH = 7 und pH = 10 (Argumentieren Sie mit dem Pourbaix–Diagramm,→ *Abb. 14.3*).

Elektrodenpotential $E_{Zn/Zn2+} = -0{,}76 + (0{,}059 / 2) \cdot \lg 10 = -0{,}73$ V

Bei pH = 1: Zn korrodiert, E_{Zn2+} liegt unterhalb dem H^+ / H_2–Potential.

Bei pH = 7: Zn korrodiert, E_{Zn2+} liegt unterhalb dem H^+ / H_2–Potential.

Bei pH = 10: Zn korrodiert nicht, Zn ist passiv.

Kinetik von Korrosionsreaktionen

Der tatsächliche Ablauf einer Korrosionsreaktion wird durch die **Reaktionsgeschwindigkeit** (Kinetik) bestimmt. Das **Faraday–Gesetz** beschreibt die Kinetik von **elektrolytischen** und **galvanischen** Elementen gleichermassen. Die Korrosion kann als unbeabsichtigtes galvanisches Element betrachtet werden mit dem Unterschied, dass **kein äußerer** Stromfluss messbar ist. Die Kinetik von Korrosionsreaktionen lässt sich deshalb **nicht direkt**, sondern nur indirekt mit Hilfe theoretischer Überlegungen erfassen (M = molare Masse):

$v_{kor} = dm / dtA = (M/zF) \cdot i_{kor}$ **Faraday–Gesetz** für die Korrosion

Faraday–Gesetz

Die **Korrosionsgeschwindigkeit** v_{kor} [g dm^{-2} h^{-1}] ist definiert als Massenverlust dm/dtA pro Zeit- und Flächeneinheit. Diese Abtragsgeschwindigkeit ist nach dem Faraday–Gesetz proportional zur **Korrosionstromdichte** $\mathbf{i_{kor}}$ (i = I / A). $\mathbf{i_{kor}}$ ist nur messbar, wenn

Korrosionsgeschwindigkeit

der Strom über einen **äußeren Leiter** fließt (Fall einer galvanischen Zelle z.B. Batterie oder Akku). Im **Korrosionsfall** ist jedoch **kein äußerer Strom** messbar, i_{kor} lässt sich nur indirekt aus Stromdichte–Potentialkurven ermitteln. Zur Ableitung der theoretischen Zusammenhänge wird zuerst der Fall einer Einfachelektrode und dann der Fall einer Mischelektrode (Korrosionsfall) behandelt.

Einfachelektrode

An einer **Einfachelektrode** (Halbzelle) stellt sich definitionsgemäß nur **ein** Reaktionsgleichgewicht ein, z.B.:

$Zn \rightarrow Zn^{2+} + 2\,e^-$	anodische Teilreaktion (Oxidation; der anodische Strom i_A wird positiv gezählt)
$Zn^{2+} + 2\,e^- \rightarrow Zn$	kathodische Teilreaktion (Reduktion; der kathodische Strom i_K wird negativ gezählt)

Der anodische und kathodische Teilprozess findet stets gleichzeitig an einer Einfachelektrode statt. Die **Gesamtstromdichte** i an der Elektrode ergibt sich als die Summe des anodischen und kathodischen Teilprozesses $i = i_A + i_K$

Ruhezustand

- Im **thermodynamischen Gleichgewicht** (Ruhezustand) ist die anodische und kathodische Teilreaktion gleich schnell. Es lässt sich kein äußerer Stromfluss i messen. An der Elektrode stellt sich das Nernstsche Ruhepotential E_R ein (Index R = Ruhepotential nach der Nernstschen Gleichung).
  Gleichgewicht: Ruhepotential E_R und $i = 0$, weil $i_A = -\,i_K$

Positive Polarisierung

- Wird die Elektrode durch eine **äußere Spannungsquelle** mit einem positiven Potential $E > E_o$ **(Anode)** versehen, dann wird der kathodische Teilschritt behindert. An der Anode stellt sich ein positiver Stromfluss i_A ein. Man beobachtet im obenstehenden Beispiel einen **Zinkabtrag**.
  Anode: Elektrodenpotential $E_A > E_R$ und $i = i_A > 0$.

Negative Polarisierung

- Wird die Elektrode durch eine **äußere Spannungsquelle** mit einem negativen Potential $E < E_R$ **(Kathode)** versehen, dann sind überschüssige Elektronen vorhanden und der anodische Teilschritt wird behindert. An der Kathode stellt sich ein negativer Stromfluss i_K ein. Man beobachtet einen **Zinkzuwachs**.
  Kathode: Elektrodenpotential $E_K < E_R$ und $i = i_K < 0$.

Stromdichte–Potentialkurve einer Einfachelektrode

Durch die Messung der Stromdichte bei veränderlicher Spannung erhält man experimentell die Stromdichte–Potentialkurve einer Einfachektrode nach → *Abb. 14.4.*

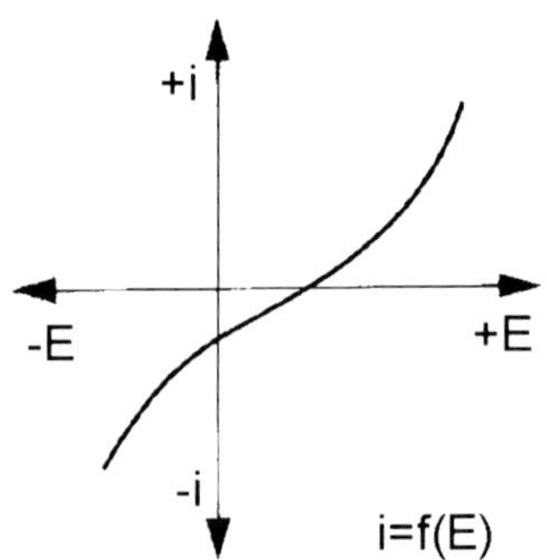

Abbildung 14.4 **Experimentell ermittelter Zusammenhang zwischen Stromdichte und Spannung** bei einer stromdurchflossenen Einfachelektrode. Die Kurve lässt sich messtechnisch mit Hilfe eines Potentiostats gewinnen.

Potentiostat

Ein **Gerät** zur Messung des Verhaltens einer Elektrode unter Stromfluss nennt man **Potentiostat** (→ *Abb. 14.5*). Dieses Gerät besitzt eine regelbare Spannungsquelle, womit die **Messelektrode M** mit positiven oder negativen Potentialen beaufschlagt werden kann. Zur Aufnahme der Stromdichte–Potentialkurve einer stromdurchflossenen Elektrode verwendet man drei Elektroden (**Arbeitselektrode A, Gegenelektrode G, Bezugselektrode B**). Zwischen der Arbeitselektrode A und der **Gegenelektrode G** wird eine Stromdichte i gemessen. Würde die Spannung im **stromdurchflossenen Stromkreis** zwischen A und G gemessen, dann würde sich der gesamte Spannungsverlust aus dem Spannungsverlust an der Arbeitselektrode und an der Gegenelektrode sowie dem Ohmschen Spannungsverlust der homogenen Elektrolytlösung zusammensetzen. Zur Charakterisierung der Korrosionseigenschaften der Arbeitselektrode ist jedoch **nur** der Spannungsabfall an der Arbeitselektrode interessant. Dieser Spannungsbeitrag lässt sich durch Schaltung einer dritten **Bezugselektrode B** bestimmen, die selbst nicht stromdurchflossen ist (z.B. Messung durch ein hochohmiges Spannungsmessgerät). Das variable Elektrodenpotential E wird somit relativ zu einer konstanten Bezugselektrode (meist eine Ag/AgCl–Elektrode) gemessen.

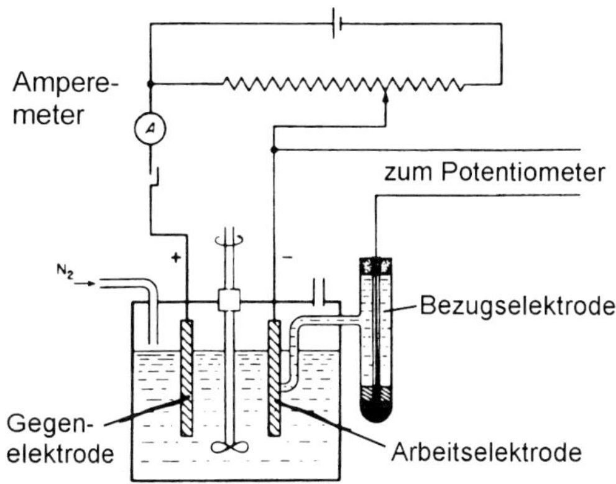

Abbildung 14.5 **Potentiostat** zur Messung der Stromdichte–Potentialkurven von stromdurchflossenen Elektroden /nach 71/.

Überspannung

Die in → *Abb. 14.4* dargestellte, experimentell gemessene Stromdichte–Potentialkurve einer Einfachelektrode besitzt einen **logarithmischen** Verlauf. Die Kurve schneidet die x–Achse beim Nernstschen Ruhepotential E_R. Jede Abweichung vom Ruhepotential wird als **Überspannung** η bezeichnet. Elektroden **unter Stromfluss** besitzen **stets** ein Potential, das vom **Ruhepotential abweicht**. Die Überspannung η entspricht dem Spannungsverlust durch Nichtohmsche Widerstände an den Elektroden. (Nichtohmsche Widerstände ändern ihren Wert mit der Stromdichte; Ohmsche Widerstände nicht, d. h. sie haben eine **lineare** Stromdichte–Potentialkurve). Je höher diese Widerstände ausfallen, desto **korrosionsbeständiger** ist das Metall. Die Überspannung an Einfachelektroden können verschiedene Ursachen besitzen:

- **Diffusionsüberspannung** (Transport der Ionen oder Gasen zur oder weg von der Elektrode durch Diffusion),
- **Durchtrittsüberspannung** (Übergang der Elektronen von der Elektrode auf die Ionen und umgekehrt),
- **Kristallisationsüberspannung** (Einbau der gebildeten Metallatome in das Kristallgitter).

Bei mehreren Elektrodenwiderständen addieren sich diese zum Gesamtwiderstand; **geschwindigkeitsbestimmend** für die Korrosionsgeschwindigkeit ist jeweils der Elektrodenprozess mit dem höchsten elektrischen Widerstand.

Durchtrittsüberspannung für eine Einfachelektrode

Im Korrosionsfall ist die Ursache der Reaktionshemmung in der Regel der **Durchtritt** (Austausch) der Elektronen durch die Phasengrenzfläche zwischen gelösten Ionen und der Metalloberfläche. Je stärker der Durchtritt gehemmt ist, desto korrosionsbeständiger erweist sich das Metall. Aufgrund theoretischer Überlegungen ergibt sich ein exponentieller Zusammenhang zwischen Stromdichte und der sog. **Durchtrittsüberspannung** η_D für eine Einfachelektrode:

$i_A = i_0 \exp[\alpha \cdot (zF/RT). \eta_D]$ anodischer Teilstrom der Einfachelektrode, z.B. $Zn \rightarrow Zn^{2+} + 2\,e^-$

$i_K = -i_0 \exp[-(1-\alpha) \cdot (zF/RT). \eta_D]$ kathodischer Teilstrom der Einfachelektrode, z.B. $Zn^{2+} + 2\,e^- \rightarrow Zn$

$$i = i_0 \left[\exp[\alpha \cdot (zF/RT) \cdot \eta_D] - \exp[-(1-\alpha) \cdot (zF/RT) \cdot \eta_D]\right]$$ **Butler–Volmer–Gl.**

Austauschstromdichte

Die experimentell ermittelte Stromdichte–Potentialskurve nach → *Abb. 14.4* lässt sich somit theoretisch als Summenkurve aus den (theoretischen) anodischen und kathodischen Teilstromdichten $i = i_A + i_K$ zusammensetzen (Butler–Volmer–Gleichung, → *Abb. 14.6 links).* Beim Ruhepotential nach der Nernstschen Gleichung E_R ist der Gesamtstrom gleich Null $i = 0$, d. h. $i_A = -i_K = i_0$. Ein **äußerer Stromfluss** ist im Ruhezustand **nicht messbar**. Bei der Einfachelektrode wird die Korrosion des Zinks (d. h. der anodische Abtrag von $Zn \rightarrow Zn^{2+} + 2\,e^-$) gerade durch die kathodische Reduktion $Zn^{2+} + 2\,e^- \rightarrow Zn$ kompensiert. Ein Stoffumsatz findet folglich nicht statt (**Ruhezustand**). Die anodische Teilstromdichte beim Ruhepotential $i_A = i_0$, (sog. **Austauschstromdichte)** wird sich als das geeignete Maß zur Charakterisierung der Korrosion erweisen, sie ist identisch mit der **Korrosionsstromdichte** nach dem Faraday–Gesetz $i_{kor} = i_0$.

Tafel–Gleichung

Die Austauschstromdichte i_0 ist jedoch **nicht direkt** messbar; eine Bestimmung von i_0 gelingt am einfachsten durch eine Extrapolation der Tafel–Geraden (logarithmische Auftragung lg i gegen E bzw. η) zu der y–Achse durch das Nernstsche Ruhepotential und Auswertung des y–Achsenabschnitts (→ *Abb. 14.6 rechts*), (mit $b = \alpha \cdot RT/zF$, α = reaktionsabhängiger Durchtrittsfaktor $0 < \alpha < 1$):

$\eta_D = b \lg [i / i_0]$ bzw. $\lg i = \lg i_0 + 1 / b \cdot \eta_D$ logarith. Form (Tafel–Gleichung)

Mischelektrode

Im Korrosionsfall finden zwei unterschiedliche Reaktionen auf derselben Metalloberfläche statt (**Mischelektrode**). Der anodische Teilstrom entspricht weiterhin dem **korrosionsbedingten Abtrag** von Zn, der kathodische Stromfluss wird allerdings nun durch die Reduktion des Korrosionsmittels (z.B. Säure oder Sauerstoff) aufgebracht, ein äußerer Stromfluss ist wiederum nicht zu beobachten. Die Überspannung bezeichnet man bei Mischelektroden besser als **Polarisation** η. Man unterscheidet zwei Arten von Mischelektroden:

Polarisation

- Bei einer **homogenen** Mischelektrode laufen Oxidation und Reduktion auf einer **einheitlichen** (homogenen) Metalloberfläche ab.
- Bei einer **heterogenen** Mischelektrode laufen Oxidation und Reduktion auf einer **nicht einheitlichen** (heterogenen) Metalloberfläche oder sogar auf unterschiedlichen Metalloberflächen ab, die jedoch elektrisch verbunden sind und in dasselbe Korrosionsmedium eintauchen (z.B. im Fall der Kontaktkorrosion).

Homogene Mischelektrode

Bei einer **homogenen Mischelektrode** findet z.B. die Oxidation von Zn und die Reduktion von H^+ auf derselben Zn–Oberfläche statt. Die mit einem Potentiostat experimentell ermittelte Stromdichte–Potentialkurve der Mischelektrode (→ *Abb. 14.7*), lässt sich theoretisch durch die Addition der Teilstromkurven der Zn–Einfachelektrode und der H_2–Einfachelektrode zusammensetzen. Da die Zn–Elektrode ein negativeres (unedleres) Potential als die Wasserstoffelektrode besitzt, geht Zink in Lösung, während sich an der Zinkoberfläche Wasserstoff abscheidet. Die Stromdichte–Potentialkurve der homogenen Mischelektrode ergibt sich deshalb als Überlagerung aus dem **anodischen** Ast der **unedleren** und dem **kathodischen** Ast der **edleren** Einfachelektrode.

Ermittlung der Austauschstromdichte

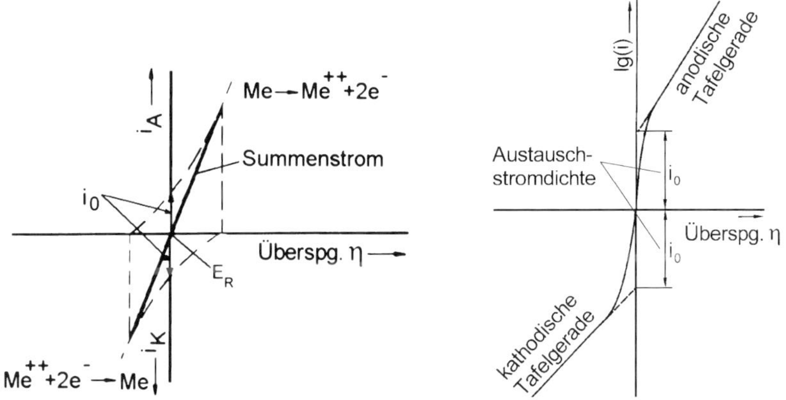

Abbildung 14.6 **Stromdichte–Potentialkurve für eine Einfachelektrode** mit Durchtrittsüberspannung η_D. Die messbare Gesamtstromdichte i ergibt sich als Summe der (nicht messbaren) Teilstromdichten i_A und i_K. Bei stark positiver oder stark negativer Überspannung stimmt die Gesamtstromdichte i mit der jeweiligen Teilstromdichte i_A bzw. i_K überein (links). Die Austauschstromdichte i_0 im Ruhezustand ergibt sich als Extrapolation einer logarithmischen Darstellung lg i / η_D aus dem y–Achsenabschnitt (rechts) /nach 70//.

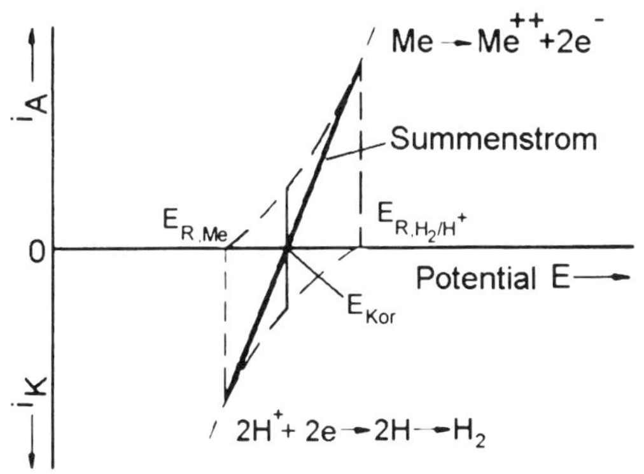

Abbildung 14.7 **Teil- und Summenströme** einer homogenen Mischelektrode eines nicht passivierbaren Metalls (E_{kor} = Korrosionspotential, Mischpotential, siehe unten)

Korrosionspotential bzw. Mischpotential

Auf der Metalloberfläche einer **homogenen** Mischelektrode muss sich definitionsgemäß ein **einheitliches** Potential einstellen. Bei diesem Potential ist die Summe der anodischen und kathodischen Teilstromdichten gleich Null, da im Korrosionsfall kein äußerer Stromfluss beobachtet wird. Das zugehörige Potential nennt man **Korrosionspotential** oder **Mischpotential** E_{kor}, es beschreibt den **stationären Zustand** einer **Mischelektrode**. Im Unterschied zum Nernstschen Ruhepotential $E_{R,Zn}$ (Gleichgewichtszustand) findet beim Mischpotential ein Stoffumsatz statt; das Mischpotential der Zinkelektrode $E_{kor,Zn}$ ist durch die Anwesenheit des Redoxsytems H^+ / H_2 zu positiveren (edleren) Werten verschoben. Die Metalloberfläche erhält also in Abhängigkeit von dem jeweiligen Oxidationsmittel ein bestimmtes Potential E_{kor} zugewiesen: die Metallelektrode wird vom Oxidationsmittel positiv **polarisiert**.

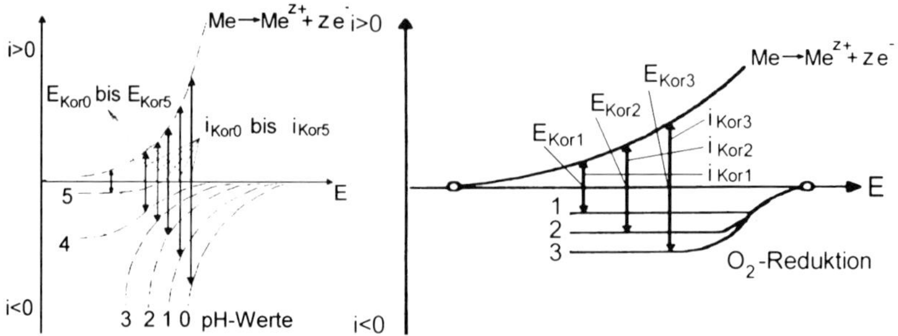

Abbildung 14.8 **Höhere Säuregehalte** (links) und **höhere Sauerstoffpartialdrücke** (rechts) verursachen bei gleichbleibendem Anodenmaterial eine Verschiebung des Mischpotentials und damit höhere Korrosionsstromdichten /nach 72/.

Korrosionsstromdichte

Ein Maß für die Korrosionsgeschwindigkeit einer Mischelektrode ist die nur indirekt bestimmbare anodische Teilstromdichte i_{kor} **(Korrosionsstromdichte)** beim Mischpotential. i_{kor} ist beim Mischpotential wesentlich größer als i_A beim Nernstschen Ruhepotential. Darin drückt sich die verstärkte Korrosion beim Einbringen von Zn in eine Säurelösung anstelle einer Zn–Salzlösung aus. Aus → *Abb. 14.8* ist ersichtlich, dass eine **Erniedrigung** des pH–Werts bei einer Säurekorrosion oder eine **Erhöhung** des Sauerstoffpartialdrucks bei einer Sauerstoffkorrosion das Mischpotential zu positiveren Werten verschiebt. Dies bewirkt eine höhere Korrosionsstromdichte; die Korrosionsgeschwindigkeit steigt. Zur Bestimmung von i_{kor} wird analog der Bestimmung der Austauschstromdichte i_0 bei Einfachelektroden vorgegangen: i_{kor} erhält man aus einer logarithmischen Darstellung der negativen und positiven Teilstromäste der gemessenen Summenkurve und Extrapolation der Tafelgeraden zu einer y–Achse durch das Mischpotential.

Form der Stromdichte–Potentialkurve

Auch ohne **exakte Bestimmung** der Korrosionsstromdichte kann man allein aus der **Form** der Stromdichte–Potentialkurve und dem **Wert** des Mischpotentials wichtige Aussagen über die Korrosionsbeständigkeit des Materials der Arbeitselektrode ableiten:

- Je **steiler** die **Stromdichte–Potentialkurve** verläuft, desto geringer ist die Korrosionsbeständigkeit (die Steigung i / E entspricht einer Leitfähigkeit, d. h. dem Kehrwert eines Korrosionswiderstands, → *Abb.14.9 links*).
- Je **höher** das **Korrosionspotential** (Mischpotential) einer Mischelektrode gegenüber dem Nernstschen Ruhepotential verschoben ist, desto schneller verläuft die Korrosion (→ *Abb. 14.9 rechts*).

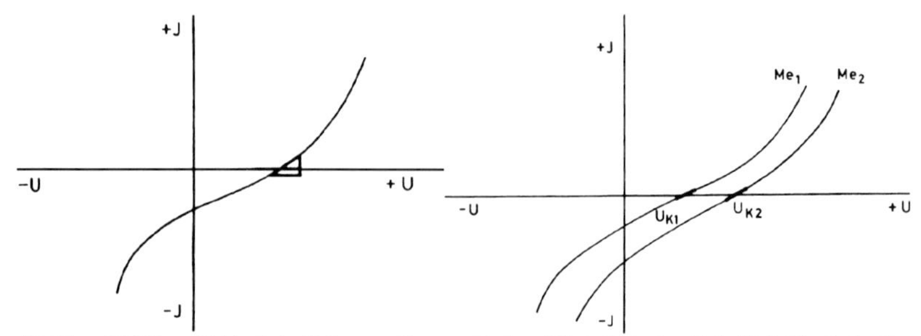

Abbildung 14.9 **Stromdichte–Potentialkurven für verschiedene Mischelektroden Me1, Me2**: Ein flacher Kurvenverlauf bedeutet eine geringe Korrosionsstromdichte, d. h. hohe Korrosionsbeständigkeit (links). Bei gleichem Korrosionsmedium ist das Metall Me2 mit dem postiveren Korrosionspotential das korrosionsbeständigere (rechts).

Kennzeichen einer homogenen Mischelektrode

Die **Kennzeichen** einer Korrosion mit einem homogenen Mischpotential sind zusammengefasst:

- die Oberfläche besitzt ein **einheitliches Mischpotential E_{kor}**,
- Anoden- und Kathodenflächen wandern **in schnellem Wechsel statistisch** über die Metalloberfläche,
- Die Wirkung der Korrosion besteht in einem **gleichmäßigen Flächenabtrag.**

Heterogene Mischelektrode

Bei einer **heterogenen Mischelektrode** findet z.B. die Oxidation von Zn und die Reduktion von H^+ an Stellen mit **unterschiedlichem Potential** auf der Metalloberfläche statt. Unterschiedliches Potential kann sich u. a. durch die unterschiedlichen Materialeigenschaften der Metalloberfläche oder durch den Kontakt zweier Metalle (z.B. Zn und Cu) einstellen. Auf der Metalloberfläche findet man folglich Stellen mit **edlerem** und **unedlerem** Potential. Im Unterschied zur homogenen Mischelektrode gibt es **keine einheitliche** Stromdichte–Potentialkurve der Metalloberfläche, vielmehr ist das Potential des unedleren Metalls E_{unedel} (bzw. des anodischen Teils der Metalloberfläche) zu positiveren Werten und das Potential des edleren Metalls E_{edel} (bzw. der kathodischen Teils der Metalloberfläche) zu negativeren Werten–verglichen mit den Korrosionspotentialen $E_{kor,unedel}$ bzw. $E_{kor,edel}$ der homogenen Mischelektrode–verschoben (→ *Abb. 14.10*).

Stromdichte-Potentialkurve einer heterogenen Mischelektrode

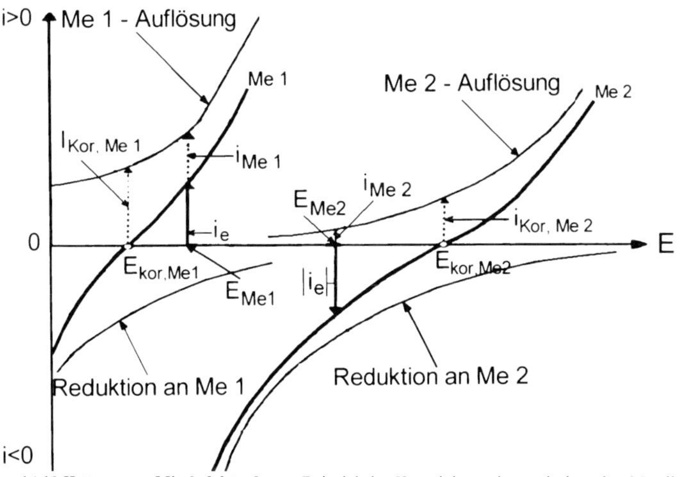

Abbildung 14.10 **Heterogene Mischelektrode** am Beispiel der Kontaktkorrosion zwischen den Metallen Me1 und Me2. Die Kurve Me1 entspricht der Stromdichte–Potentialkurve der homogenen Mischelektode Me1 mi dem Mischpotential $E_{kor,Me1}$. Im Kontakt mit dem edleren Metall Me2 ist das Potential E_{Me1} des unedleren Metalls Me1 zu positiveren Werten verschoben. Die zugehörige Korrosionsstromdichte ist in Kontakt mit Me2 größer als ohne Kontakt: $i_{Me1} > i_{kor,Me1}$ (Opferanode). Die Korrosionsstromdichte von Me2 ist dagegen im Kontakt mit Me1 geringer als ohne Kontakt: $i_{Me2} < i_{kor,Me2}$ (kathodischer Korrosionsschutz).
Die Potentiale von Anode E_{Me1} und Kathode E_{Me2} fallen bei heterogenen Mischelektroden nicht zusammen. Die Potentialdifferenz treibt einen Elektronenstrom im Metall bzw. Ionenstrom i_e durch die wässrige Elektrolytlösung i_e, der allerdings kleiner als der tatsächliche Austauschstrom i_{Me1} bzw. i_{Me2} ist.

Kathodischer Schutz, Opferanode

Vergleicht man die Korrosionsstromdichte $i_{A,unedel}$ bzw. $i_{A,edel}$ der beiden Metalle **ohne** und **mit** Kontakt, so findet man bei dem unedleren Metall eine Beschleunigung der Korrosion, während die Korrosion des edleren Metalls durch den Kontakt zurückgedrängt wird. Das unedlere Metall (bzw. der unedlere Anteil einer Metalloberfläche) stellt dem edleren Metall Elektronen zur Verfügung, wodurch dieses **kathodisch** geschützt ist (das Potential wird negativer). Umgekehrt entzieht das edlere Metall dem unedleren Kontaktpartner Elektronen, weshalb dessen Potential positiver wird. Es wird zur **Opferanode**. Die Stromdichte i_e entspricht dem Strom, der zwischen den Kontaktpartnern und durch die wässrige Lösung transportiert werden muss (→ *Abb.14.10*).

Kennzeichen heterogener Mischelektroden

Die **Kennzeichen** der Korrosion einer heterogenen Mischelektrode sind zusammengefasst:

- Die Oberfläche besitzt ein **heterogenes** Potential (Anoden sind negativer),
- Anoden- und Kathodenflächen sind räumlich voneinander getrennt und **lokalisiert**,
- Die Wirkung dieser Korrosion besteht in einem **ungleichmäßigen** Metallabtrag (Anoden korrodieren schneller, Kathoden sind kathodisch geschützt).

Heterogenitäten

Die **technisch häufigsten** Korrosionsarten beruhen auf heterogenen Mischelektroden durch die Bildung von **mikroskopischen Lokalelementen** auf einer scheinbar homogenen Metalloberfläche. Diese können z.B. durch Verunreinigungen der Werkstoffe (z.B. Cu–Partikel in einem Zn–Werkstoff) entstehen. Da es Heterogenitäten selbst auf einer Einkristalloberfläche gibt, stellt eine gleichmäßige, homogene Korrosion den absoluten Ausnahmefall dar. Der **Regelfall** sind **heterogene Mischelektrodenoberflächen**. Ursachen für das Entstehen von heterogenen Korrosionsbedingungen auf Metalloberflächen sind:

- **Heterogene Metalloberfläche**
  - heterogene Zusammensetzungen der Metalle (Fremdatomeinschlüsse, Lötstellen, Metallkontakte),
  - heterogene Deckschichten (z.B. Dickenunterschiede bzw. Poren, Risse in Oxidschichten, Zunderschichten, organische Beschichtungen)
  - strukturelle Unterschiede im Metall (z.B. Ausscheidungen),
  - Deformation und mechanische Spannungen.
- **Heterogenes Korrosionsmedium**
  - Unterschiede in der Zusammensetzung des angreifenden Mediums,
  - Konzentrationsunterschiede (Belüftungs-, Konzentrationselemente)
- **Heterogene physikalische Bedingungen**
  - Temperaturdifferenzen (z.B. thermoelektrische Korrosion)
  - Verschiedene Strömungsgeschwindigkeiten.

Passivität

Die bisher behandelte Korrosion nennt man **aktive** Korrosion ohne Reaktionshemmung. Unter **Passivität** versteht man eine geringfügige Korrosion, deren Fortschreiten durch die Ausbildung von Passivschichten gehemmt ist. **Passivschichten** sind besonders dünne, häufig lichtmikroskopisch nicht nachweisbare Deckschichten, die nur innerhalb **bestimmter Potentialbereiche** des Metalls auftreten. Passivschichten sind meist **Metalloxide**, die bei der Metallauflösung und anschließender Hydrolyse gebildet werden:

$Me + x\,H_2O \rightarrow Me(H_2O)_x^{n+} + n\,e^-$

$Me(H_2O)_x^{n+} \rightarrow [Me(H_2O)_{x-1}\,OH]^{(n-1)+} + H^+$

$[Me(H_2O)_{x-1}\,OH]^{(n-1)+} \rightarrow [Me(H_2O)_{x-2}\,(OH)_2] + H^+$ (Passivschichtbildung für ein zweiwertiges Metallion Me^{2+})

Heterogene Metalloberflächen

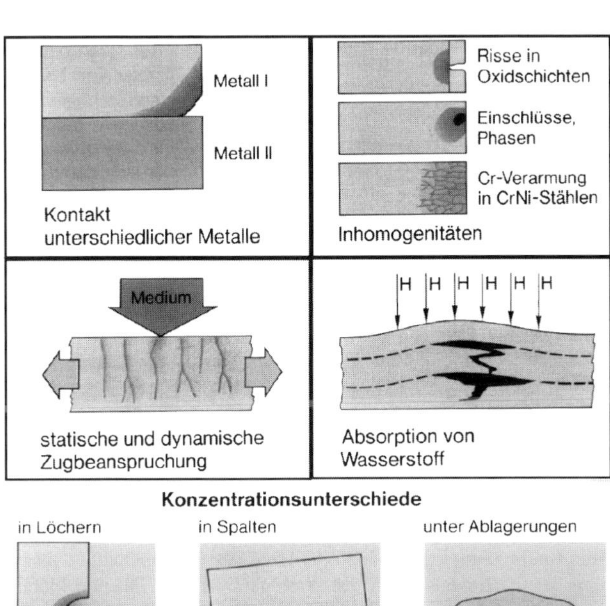

Heterogen Korrosionsmedien

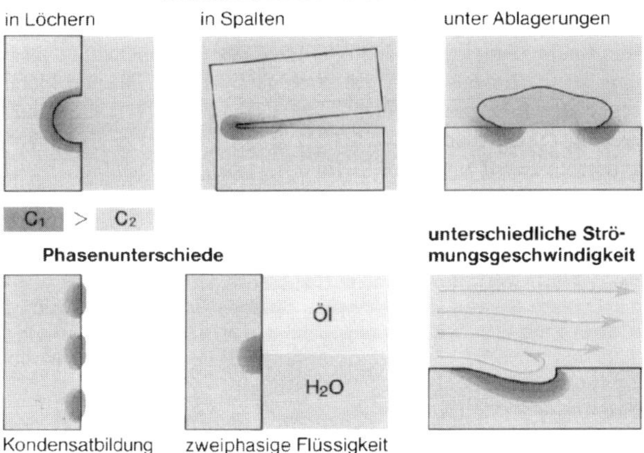

Abbildung 14.11 **Heterogene Metalloberflächen** (oben), **heterogene Korrosionsmedien** (unten), (Quelle: Korrosion / Korrosionsschutz, Fonds der Chemischen Industrie, Frankfurt)

Passivierungspotential

Passivschichten sollen **porenfrei** oder porenarm sein, sie entstehen **spontan** und sind bei Verletzungen **selbstheilend** (stabile Passivität). Der positive Ast der Stromdichte–Potentialkurve eines passivschichtbildenden Metalls (z.B. Fe) ist in → *Abb. 14.12* dargestellt. Bei einer positiven Polarisierung des Metalls gehen Metallionen in Lösung, wobei sich die Oberfläche passiviert. Bei weiterer Steigerung des Potentials über das Passivierungspotential E_{pas} sinkt die Stromdichte auf den geringen Wert der **Passivstromdichte i_p**. Bei noch höherem positiven Potential kommt es wieder zu einem Stromanstieg, der auf weitere Metallauflösung oder auf die Bildung von Sauerstoff (gemäß $2\ H_2O + 4\ e^- \rightarrow O_2 + 4\ H^+$) zurückzuführen ist. Die Stromdichte–Potentialkurve unterscheidet folgende Bereiche sowie die zugehörigen Potentiale:

Durchbruchspotential

- **aktiver Zustand** (bis Passivierungspotential E_{pas}),
- **Übergangsbereich** (zwischen E_{pas} und Aktivierungspotential E_{akt}),
- **passiver Zustand** (zwischen E_{akt} und Durchbruchspotential E_d),
- **transpassiver Zustand** (ab E_d).

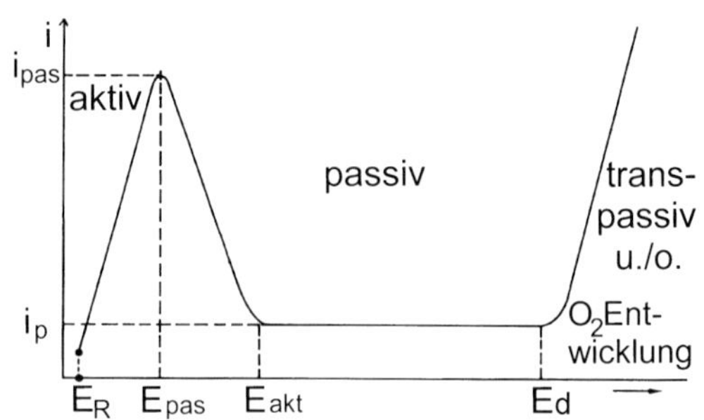

Abbildung 14.12 **Stromdichte–Potentialkurve eines passivschicht-bildenden Metalls** (Passivierungspotential E_{pas}, Aktivierungspotential = 'Flade'–Potential E_{akt}, Durchbruchspotential E_d, Passivierungsstromdichte i_{pas}, Passivstromdichte i_p).

Stabile Passivität

Spontane **stabile Passivität** tritt nur ein, wenn sich das **Mischpotential** des Korrosionssystems im **passiven Bereich** befindet. In diesem Fall ist die Korrosionsstromdichte gering und die Korrosion verläuft langsam. Eine Polarisierung in den passiven Zustand lässt sich durch die Wahl eines geeigneten Korrosionsmittels oder durch ein Zulegieren anderer Metalle erreichen. Nach → *Abb. 14.13* (*links*) erfüllt nur das starke Oxidationsmittel Ox3 die Bedingung einer eindeutigen Lage des Mischpotentials im passiven Zustand. Dies erklärt die Beobachtung, dass sich passivschichtbildende Metalle (z.B. Fe) in stark oxidierenden Korrosionsmedien (z.B. HNO_3) passiv verhalten und nicht korrodieren. Ein Zulegieren unedlerer Metalle (z.B. Chrom, Nickel zu Eisen) setzt die Passivierungsstromdichte herab und verschiebt das Passivierungspotential zu negativeren Werten. In → *Abb. 14.13* (*rechts*) sind vier Edelstahllegierungen mit unterschiedlicher Chromkonzentration dargestellt. Ab der Kurve 2 (Cr–Gehalt >12... 13%) stellt sich das Mischpotential eindeutig im passiven Zustand ein (Bedingung $i_{Ox} > i_{pas}$). Für rostfreie Cr–Ni–Stähle reicht bereits die schwache Oxidationskraft von Wasser zur Passivierung aus.

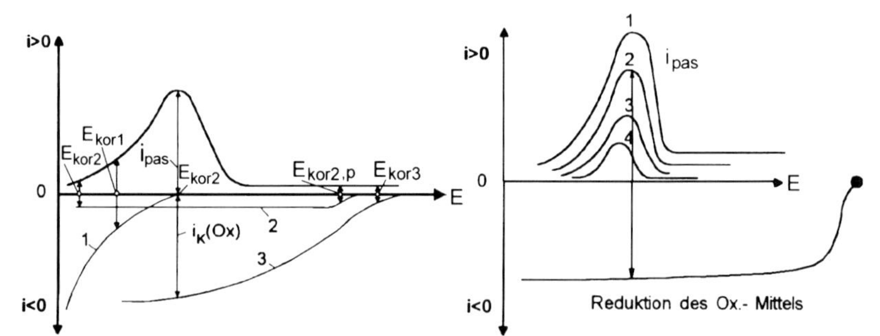

Abbildung 14.13 **Stromdichte–Potentialkurven von** Stahl in **drei Korrosionmedien** mit unterschiedlicher Oxidationsstärke (1 = verdünnte HNO_3, 2 = Sauerstoff, 3 = konzentrierte HNO_3). Nur beim Korrosionmedium 3 wird ein stabiles Mischpotential $E_{kor,p}$ im passiven Zustand gebildet (links).
Stromdichte–Potentialkurven von **vier Werkstofflegierungen** unterschiedlicher Zusammensetzung: ab der Legierungszusammensetzung 2 bilden sich stabile Mischpotentiale im passiven Zustand (Bedingung $i_{Ox} > i_{pas}$, rechts) /nach 72/.

Wasserstoff-, Sauerstoffpolarisation

Die Passivierung bezeichnet eine kinetische Hemmung des **anodischen** Teilschrittes. Als Wasserstoff- oder Sauerstoffpolarisation bezeichnet man demgegenüber die kinetische Hemmung des **kathodischen** Teilprozesses (Wasserstoffentwicklung bzw. Sauerstoffreduktion) an vielen Metalloberflächen. Die Ursache ist u. a. die kinetische Hemmung des Elektronenaustausches zwischen einem Gas und der Metallelektrode sowie

die Behinderung der Diffusion der Reaktionspartner durch das Anhaften feiner Gasbläschen. In der Stromdichte–Potentialkurve macht sich dies durch einen sehr flachen Verlauf der kathodischen Teilreaktion bemerkbar. Dadurch erscheinen Metalle mit hoher Wasserstoff- oder Sauerstoffpolarisation edler d. h. **korrosionsbeständiger**, als ihrer Stellung in der elektrochemischen Spannungsreihe entspricht.
Hohe **Wasserstoffpolarisation** besitzen beispielsweise die Metalle: Quecksilber (1,04 V), Zink (0,75 V), Blei (0,67 V) und Kupfer (0,60 V), weshalb ihre Korrosion in saurer Lösung (hier: 1 m HCl) verzögert ist. Geringere Wasserstoffpolarisation besitzen z.B. Pt platiniert (0,01 V), Au (0,08 V), Ni (0,33V), Fe (0,40 V) und Ag (0,44 V).
Bei der **Sauerstoffpolarisation** findet man eine andere Reihenfolge (hier 1 m KOH): Ni (0,18 V), Au (0,23 V), Ag (0,32 V), Graphit (0, 53 V), Bleidioxid 0,75 V), Blei (0,89V). Die Wasserstoff- und Sauerstoffpolarisation wächst mit zunehmender Stromdichte (die oben angegebenen Werte beziehen sich auf i = 0,1 mA dm^{-2}.

Bei Korrosionsreaktionen ist die Wasserstoff- bzw. Sauerstoffpolarisation in der Regel eine **nützliche** Erscheinung. Sie verzögert die Geschwindigkeit von Korrosionsreaktionen, z.B. würde sich der Zn–Mantel einer Zn–MnO_2–Trockenbatterie ohne die ausgeprägte H_2–Polarisation an Zn rasch auflösen (nicht lagerstabil). Andererseits kann sich die Polarisation/Überspannung bei galvanischen oder elektrolytischen Zellen durch einen Spannungsverlust **störend** bemerkbar machen (→ *Kap.15.2*). Bei der Zn–MnO_2–Batterie ist die Wasserstoffüberspannung an der Kohlekathode störend (Graphit besitzt sowohl eine hohe Wasserstoff- als auch Sauerstoffpolarisation). Man benötigt deshalb die Zugabe eines Depolarisators (z.B. fester Braunstein MnO_2). **Depolarisatoren** nennt man Substanzen, die eine Polarisation aufheben, im oben genannten Fall also Wasserstoff binden.

Praktische Spannungsreihe

Schutzschichtbildung bzw. Wasserstoff- und Sauerstoffpolarisation werden bei der Aufstellung **praktischer Spannungsreihen** berücksichtigt, in denen die Ruhespannungen (Mischpotential) der Metalle in einem **bestimmten** Korrosionsmedium aufgelistet sind (→ *Tab. 14.2*)

Metall	Potential [mV]	Metall	Potential [mV]
Gold	243	Zink 98,5	-284
Silber	149	galv. Chrom	-291
Nickel	46	Stahl St 4	-335
Messing Ms 63	13	AlCuMg	-339
Monel	12	Grauguss GG22	-347
Kupfer	10	GG 18	-455
Neusilber	-1	Al 99,5	-667
V2A	-45	AlMgSi	-785
Titan	-111	galv. Zink	-806
Zinn	-184	Magnesium	-1324
Blei 99,9	-259		

Tabelle 14.2 **Praktische Spannungsreihe** von Metallen und Legierungen in luftgesättigtem Meerwasser, pH 7,5, 25°C, bewegt /nach 73/.

Korrosionserscheinungen

Korrosionserscheinungen beschreiben messbare Veränderungen am Werkstoff, die nach DIN 50 900 unterteilt werden in (→ *Abb. 14.14*):

- **gleichmäßiger Flächenabtrag**
- **Muldenfraß**
- **Lochfraß**
- **fadenförmige Angriffsform (Filiformkorrosion)**

- **selektive Angriffsform** (unterteilt in: interkristalliner Angriff, schichtförmiger Korrosionsangriff, Spongiose bei Gussstahl, Entzinkung)
- **Korrosionsrisse.**

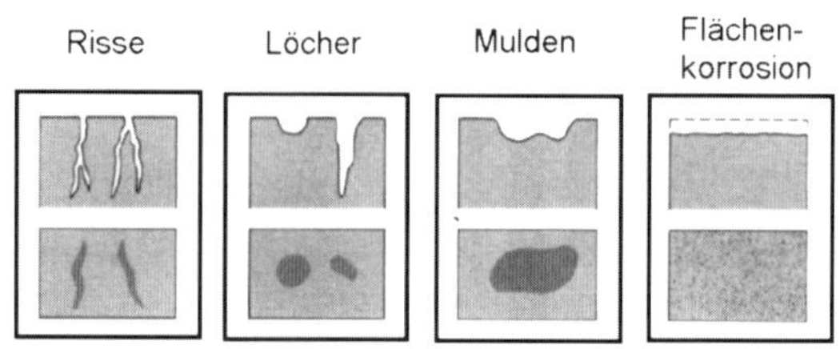

Abbildung 14.14 **Korrosionserscheinungen**: Korrosion macht sich durch Flächenabtrag, Lochkorrosion oder Korrosionsrisse bemerkbar (aus: Korrosion / Korrosionsschutz, Fonds der Chemischen Industrie, Frankfurt 1994).

Ein gleichmäßiger **Flächenabtrag** ist im allgemeinen ungefährlich, da sich der Korrosionsstrom auf eine große Fläche verteilt. Die Flächenkorrosion führt meist nur zu einem nachteiligen Oberflächenaussehen, so dass Schutzmassnahmen eingeleitet werden können, bevor die Sicherheit eines Bauteils gefährdet ist. **Korrosionsrisse** sind besonders gefährlich, da sie oft nur schwer erkennbar sind. Sie entstehen besonders häufig als Folge einer kombinierten mechanischen und chemischen Beanspruchung, z.B. Spannungsrisskorrosion. **Lochfraßkorrosion** ist eine stark lokalisierte Korrosionsart, die insbesondere bei deckschichtbildenden Metallen wie Al, Ti, Cr und chromhaltigen Stählen eine Rolle spielt.

Korrosionsarten

Die Korrosionsarten lassen sich nach unterschiedlichen **Kriterien** ordnen z.B.:
- nach dem **Korrosionstyp**, d. h. nach der Korrosionsreaktion, z.B. Wasserstofftyp, Sauerstofftyp
- nach der **Korrosionsursache**, z.B. Belüftungskorrosion, Kontaktkorrosion
- nach der **Korrosionserscheinung,** z.B. Lochkorrosion, Spaltkorrosion.

Nach DIN 50 900 sind die Korrosionsarten entsprechend ihrer Ursache oder Erscheinung geordnet. Man unterscheidet grundsätzlich (→ *Tab. 14.3*):
- Korrosion **ohne mechanischer Beanspruchung** und
- Korrosion **mit mechanischer Beanspruchung.**

Gleichmäßige Flächenkorrosion

Hochreine Metalle korrodieren langsamer. Jede Form der Inhomogenität beschleunigt die Korrosion. Die Korrosion von Stahl steigt mit zunehmendem Sauerstoffgehalt und zunehmender Temperatur. Dies ist besonders wichtig bei der Erwärmung von Wasser in Druckkesseln, z.B. von Dampfkesseln in der Kraftwerkstechnik. Gleichmäßige Flächenkorrosion nach dem **Wasserstofftyp** kann sein:
- Säurekorrosion, Laugenkorrosion (z.B. bei Al, Zn)
- Taupunktskorrosion,
- Dampfkesselkorrosion
- Bestimmte mikrobiologische Korrosionsformen

Flächenkorrosion nach dem **Sauerstofftyp** beobachtet man bei:
- **Korrosion in neutralem Wasser oder Boden**
- **Atmosphärische Korrosion.**

ohne mechanische Beanspruchung	mit mechanischer Beanspruchung
Gleichmäßige Flächenkorrosion	Spannungsrisskorrosion
Lochkorrosion	Schwingungsrisskorrosion
Spaltkorrosion	Dehnungsinduzierte Korrosion
Kontaktkorrosion	Erosionskorrosion
Belüftungskorrosion	Kavitationskorrosion
Berührungskorrosion	Reibkorrosion
Selektive Korrosion	
Schwitzwasserkorrosion	
Säurekondensatkorrosion	
Stillstandskorrosion	
Mikrobiologische Korrosion	
Anlaufen	
Verzunderung	

Tabelle 14.3 **Einteilung der Korrosionsarten** nach DIN 50 900

Spaltkorrosion, Belüftungskorrosion

Bei Spaltkorrosion oder Belagskorrosion findet man als Korrosionsursache einen unterschiedlichen **Sauerstoffgehalt** auf der Metalloberfläche. Diese **Belüftungskorrosion** verläuft als **inhomogene**, lokale Korrosion. Sie lässt sich bei Stahl folgendermaßen erklären: Die Korrosion beginnt auf der Metalloberfläche erwartungsgemäß am Punkt mit dem **höchsten** Sauerstoffgehalt. Durch die Korrosionsreaktion wird der **pH–Wert** in diesem Bereich zu **alkalischen** Werten verschoben gemäß:
$O_2 + 4\,e^- + 2\,H_2O \rightarrow 4\,OH^-$

Aktiv–Passiv–Elemente

Bei Eisen erfolgt ab einem pH–Wert >12 eine **Passivierung** der Metalloberfläche. Die passiven Teile der Metalloberfläche erhalten nun ein sehr positives Potential (**Kathode**). An Stellen mit einer **niedrigeren** Sauerstoffkonzentration kommt es dagegen nicht zu einer Passivierung. Dort stellt sich ein negativeres Mischpotential ein (**Anode**). Da sich die Elektroden in leitfähigem Kontakt befinden, sind die passivierten Metallflächen mit hoher Sauerstoffkonzentration kathodisch geschützt, während Spalten oder Löcher mit niedriger Sauerstoffkonzentration beschleunigt in Lösung gehen. Dies nennt man **Aktiv–Passiv–Elemente** auf der Oberfläche desselben metallischen Werkstoffs.

Entscheidend für die Korrosionsgeschwindigkeit ist nun der **relative Flächenunterschied** zwischen Anode und Kathode. Im Korrosionsfall muss die anodische und kathodische **Stromstärke I** und **nicht** die **Stromdichte i** gleich groß sein:

Flächenregel

$$I_A = I_K \quad \text{d.h.} \quad i_A = \frac{A_K}{A_A} \cdot i_K \qquad \textbf{(Flächenregel)}$$

Die Korrosionsgeschwindigkeit der Metallauflösung in einem Spalt mit der Fläche A_A wächst deshalb mit zunehmender Fläche A_K der Kathode (**Sauerstoffeinfangfläche**). Derartige Belüftungselemente besitzen **größte praktische** Bedeutung, z.B. findet man verstärkte Korrosion in Spalten, Sacklöchern, unter Verschraubungen, in schwierig zugänglichen Vertiefungen am Fahrzeugunterboden. Allgemein gilt: Stellen mit **vermindertem** Sauerstoffangebot können **verstärkt** korrodieren. Dies gilt für **konstruktionsbedingte Vertiefungen**, die aus der Sicht des Korrosionsschutzes zu vermeiden sind. Neben der Spaltkorrosion passivierbarer Metalle ist insbesondere die Korrosion bei unterschiedlicher Bedeckung (**Belagkorrosion**) von praktischem Interesse. So findet man verstärkte Korrosion bei:

- **Rostablagerungen**
- **Oxidschichten (Anlauffarben, Zunderschichten)**

- **organischen Beschichtungen (Lackierungen)**
- **staubförmigen Ablagerungen.**

Belagkorrosion

Belagkorrosion findet man unter Verkrustungen durch **Schmutz, Rostschichten** oder **beschädigte Lackstellen**. Ungepflegte Metalloberflächen (z.B. Fahrzeugkarosserien) neigen deshalb eher zur Korrosion. Ein **Konzentrationsgefälle** von Sauerstoff in metallischen Rohr- oder Gefässwänden kann die Ursache von Belüftungskorrosion in Rohrsystemen sein. Unter abgelagerten Sandpartikeln in Wasserleitungen wird verstärkte Korrosion beobachtet. Ein Spezialfall ist die Korrosion von abgedeckten Bereichen bei rostfreien Edelstählen. Eine teilweise Abdeckung, z.B. durch eine Ummantelung kann zu einem Aktiv–Passiv–Element führen, wodurch selbst auch säurebeständige Stähle in wässriger Lösung korrodieren können. Auch das **klassische Modell** der Muldenkorrosion durch einen Wassertropfen nach *Evans* lässt sich durch ein Aktiv–Passiv–Element erklären (→ *Abb. 14.15*).

Wassertropfen-modell

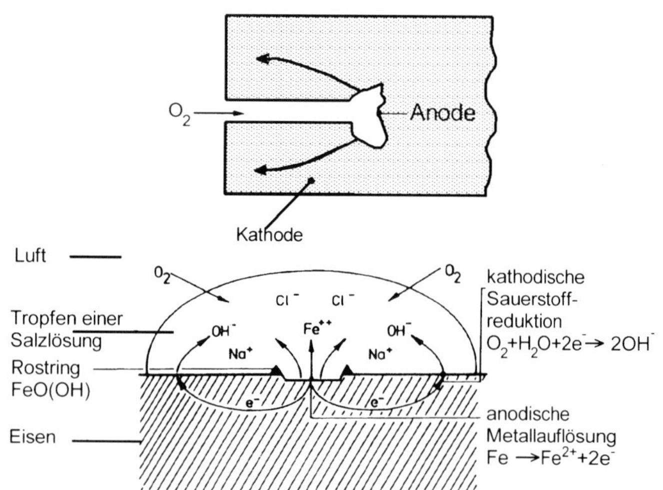

Abbildung 14.15 **Wassertropfenmodell** nach Evans **Belüftungskorrosion** von Eisen unter einem Wassertropfen (unten); Belüftungskorrosion in einer Werkstückspalte (oben): Die Stelle mit der niedrigsten Sauerstoffkonzentration verhält sich als Anode.

Kontaktkorrosion

Die Ursachen von Kontaktkorrosion können sein:

- **Mischbauweise**
- **porenhaltige, metallische Überzüge**
- **heterogene Legierungen** (unterschiedlich edle Legierungsbestandteile).

Die Kontaktkorrosion zweier Materialien (mit gleicher Fläche) wurde bereits in → *Abb. 14. 10* (heterogene Mischelektrode) behandelt. Das unedlere Metall löst sich in der Nähe der Kontaktstelle bevorzugt auf. Eine wichtige Einflussgröße ist das relative Flächenverhältnis der Kontaktwerkstoffe (siehe Spaltkorrosion). Insbesondere wenn **wässrige** Elektrolytlösungen hochkonzentriert sind, können weite Flächen um die Kontaktstelle in die Korrosion einbezogen sein. Im Fall der **atmosphärischen** Korrosion ist dagegen nur ein dünner Feuchtigkeitsfilm vorhanden. Nur eine geringe Fläche im Abstand von wenigen Millimetern um die Kontaktstelle trägt dann zur Korrosion bei, weshalb hier das Verhältnis von Kathoden- zu Anodenfläche weniger entscheidend ist. Folgende **Einflussfaktoren** beschleunigen die Kontaktkorrosion:

- **große Differenz** der Ruhepotentiale der Metalle
- starke **Steigung** der Stromdichte–Potentialkurven
- hohe **Leitfähigkeit** des Elektrolyts,
- großes **Flächenverhältnis** edleres/unedleres Metall

Vermeidung von Kontaktkorrosion

Zur **Vermeidung** oder **Verminderung** von Kontaktkorrosion wird empfohlen:

- **Vermeidung** eines leitfähigen Kontakts zwischen zwei Metallen unterschiedlichen Potentials (z.B. durch elektrische Isolation mit Kunststoffen),
- Ist ein leitfähiger Kontakt zwischen zwei Metallen technisch unvermeidlich, sind Metallpaarungen mit **stark unterschiedlichen** Normalpotentialen zu vermeiden (z.B. nicht Cu–Fe–oder Cu–Al–Kontakte). Dies gilt insbesondere auch für metallische Verbindungstechniken wie Löten oder Schweißen.
- Ist ein leitfähiger Kontakt zwischen zwei Metallen mit stark unterschiedlichem Normalpotential technisch nicht zu vermeiden, soll der unedlere Partner eine möglichst große Oberfläche relativ zu dem edleren Partner aufweisen.

Beispiele für Kontaktkorrosion

Beispiele für Kontaktkorrosion sind:

- **Al–und Zn–Werkstoffe**: Sind durch Kontaktkorrosion mit Cu, Cu–Legierungen, Fe, Ni und Edelstählen gefährdet.
- **Eisenwerkstoffe**: Sind durch Kontaktkorrosion mit Cu, Cu–Legierungen, Ni, Ni–Legierungen, Edelstählen, und Cr gefährdet. Zu beachten ist auch Kontaktkorrosion mit Graphit (Schmiermittel).
- **Unedlere Überzüge**: Erleiden bei Verletzungen Kontaktkorrosion. Sie schützen als Opferanode das Grundmetall, z.B. Sn–oder Zn–Überzüge für Eisen. Bei Zn und Fe ist jedoch eine Potentialumkehr oberhalb 60°C zu beachten. Ab dieser Temperatur geht Eisen bevorzugt in Lösung.
- **Edlere Überzüge**: Schützen das Grundmetall nur, wenn sie vollkommen porenfrei und dicht sind (z.B. Cr–, Cu–, Ni–Überzüge auf Fe).

Lochfraßkorrosion

Lokale Korrosionsformen können zahlreiche Ursachen besitzen, z.B. örtliche Beschädigungen von Schutzschichten, ungleichmässge Zunderschichten oder poröse Korrosionsprodukte, die Feuchtigkeit aufnehmen u. a. Als **Lochfraß** (engl. pitting) bezeichnet man jedoch eine spezifische Korrosionsform **passiver** Metalle (insbesondere Edelstahl und Aluminium), die unter Einwirkung bestimmter **korrosiver Anionen** (meist **Chlorid** oder andere Halogenide) nadelartige Korrosionserscheinungen zeigt.

Rolle der Chloridionen

Der genaue Mechanismus der Lochfraßkorrosion ist nicht bekannt. Derzeit geht man von einer **Lochkorrosionseinleitung** und einer **Lochwachstumsphase** aus. Als Auslöser der Lochfraßkorrosion scheinen Inhomogenitäten der Passivschicht in Frage zu kommen (z.B. mechanische Schädigung, Strukturfehler, Verunreinigungen, Ablagerungen u. ä.). Entscheidend ist nun, ob es zu einem Fortschreiten der Korrosion oder zu einer Repassivierung der Anode kommt. Im Falle eines **Lochwachstumes**, z.B. in chloridhaltigem neutralem Wasser, wandern Chloridionen bevorzugt in die nadelstichartigen Löcher (pits), um die bei der Korrosion entstehenden Fe–bzw. Chromkationen zu kompensieren. Diese Kationen hydrolisieren mit Wasser und bilden unter pH–Wert–Absenkung unterschiedliche Hydroxo–Verbindungen, z.B. :

$$Cr(H_2O)_6^{\ 3+} \rightarrow [Cr(H_2O)_5OH]^{2+} + H^+$$

Mechanismus der Lochfraßkorrosion

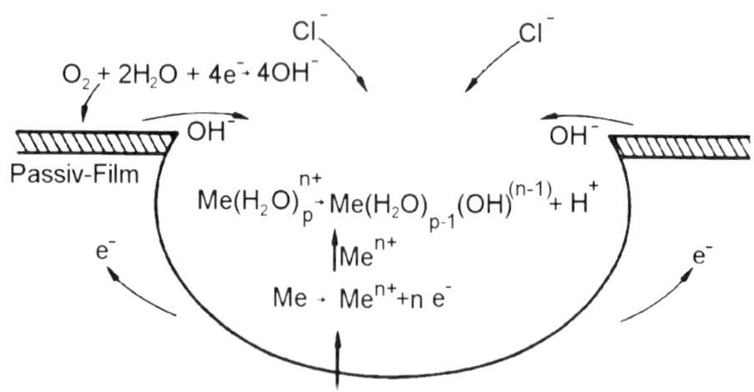

Abbildung 14.16 **Saure–Theorie der Lochfraßkorrosion**

Lochfraßpotential Im Loch wird der pH–Wert also saurer als in der Elektrolytlösung, weshalb die Korrosion fortschreitet. Für diese **Säure–Theorie** (→ *Abb. 14.16*) spricht, dass die Lochkorrosion durch einen höheren pH–Wert zurückgedrängt werden kann (Alkalisieren). Lochfraßkorrosion macht sich bei passivierbaren Stählen durch einen starken Anstieg der Stromdichte beim sog. Lochfraßpotential bemerkbar (→ *Abb.14.17*).

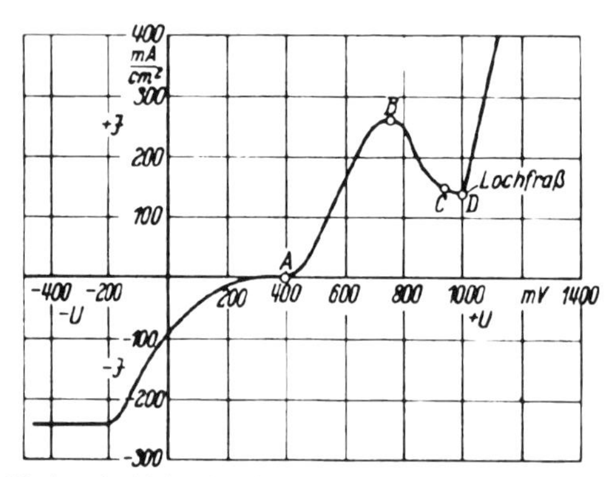

Abbildung 14.17 **Lochfraß** macht sich in **bei passivierbaren Stählen** durch einen schmalen Passivbereich in der Stromdichte–Potentialkurve bemerkbar. Beim Lochfasspotential steigt die Stromdichte stark an /31/.

Maßnahmen gegen Lochfraßkorrosion

Als **Gegenmassnahmen** zur Vermeidung von Lochfraß gelten:

- **Erhöhung des pH–Werts**: Höhere OH^-–Konzentration drängt die Cl^-–Wanderung zurück; eine Alkalisierung ist bei Al jedoch nicht möglich;
- **Kathodischer Schutz** bis in den Bereich des Passivzustandes;
- **Passivierungsstabilisierende Legierungszusätze:** Cr und insbesondere Mo verbessern die Lochfraßbeständigkeit von rostfreien Stählen;
- Zusatz von **chemischen Passivatoren**: Dies sind z.B. oxidierende Substanzen wie NO_2^-, H_2O_2;
- **Verminderung** von **Zugspannungen**: Wärmebehandlungen bauen innere Spannungen ab;
- **Erhöhung** der **Strömungsgeschwindigkeit**: Besserer Elektrolytaustausch verhindert Lochwachstum;
- **Erniedrigung** der **Betriebstemperatur**: oft gibt es eine kritische Lochfraßtemperatur.

Selektive Korrosion

Die meisten technischen Werkstoffe liegen **polykristallin** vor. Von selektiver Korrosion spricht man, wenn in einer Metalllegierung bevorzugt die unedlere Legierungskomponente in Lösung geht, z.B.:

- **Entzinkung** von Messing,
- **Spongiose** von Gusseisen: Korrosion von grauem Gusseisen, wobei Eisen in Lösung geht und Graphit zurückbleibt,
- **Entaluminierung** von Al–haltigen Legierungen,
- **Entnickelung** von Cu–Ni–Legierungen,

Interkristalline Korrosion

Die **interkristalline** Korrosion ist ein Spezialfall der selektiven Korrosion. Hierbei besitzen **Korn** und **Korngrenzen** eines polykristallinen Werkstoffs eine unterschiedliche chemische Zusammensetzung. Durch die selektive Korrosion des unedleren Bestandteils löst sich der Zusammenhalt des Werkstoffgefüges auf. Interkristalline Korrosion tritt häufig bei passivierbaren Werkstoffen (schutzschichtbildende Metalle, z.B. Fe, Cr, Ni, Cu, Al, Zn, Sn) auf, wenn diese zu **Phasenausscheidungen** an den Korngrenzen neigen. Bei austenitischen Cr–Ni–Stählen kann es infolge einer Wärmebehandlung (z.B. Schweißen oder Härten des Edelstahls) oberhalb 600... 750°C zur Ausscheidung edler Chromcarbide an den Korngrenzen kommen:

$$23\,Cr + 6\,C \rightarrow Cr_{23}C_6$$

Cr–Verarmung von Edelstählen

Cr diffundiert im metallischen Werkstoff langsamer als Kohlenstoff. Die ausgeschiedene Cr–Menge kann deshalb aus dem Korninneren nicht nachgeliefert werden, weshalb es in den Randbereichen des Kornes zu einer **Cr–Verarmung** kommt. Die Cr–Konzentration eines Edelstahls kann dadurch an den Korngrenzen unterhalb der kritischen Passivitätsgrenze von 12% Cr sinken. Die Korngrenzen werden dann durch Korrosion angegriffen, das Werkstoffgefüge verliert seinen Zusammenhalt.

Die **Entzinkung** von **Messing** ist ein weiteres Beispiel einer selektiven Korrosion. Sie beruht darauf, dass Zink Elektronen an Kupferionen abgibt und in Lösung geht:

$$Zn + Cu^{2+} \rightarrow Zn^{2+} + Cu$$

Spongiose

Spongiose oder **Graphitisierung** von **Gusseisen** ist eine selektive Korrosion, bei der sich Eisen in Grauguss anodisch löst und in FeOOH verwandelt. Es verbleibt ein Gerüst aus Graphit und einem Phosphideutektikum als Kathode. Die Form des Gegenstands bleibt erhalten, die Festigkeit geht verloren. Der Guss kann mit dem Messer geschnitten werden. Die interkristalline Korrosion schreitet besonders schnell unter der gleichzeitigen Einwirkung von mechanischen **Spannungen** und korrosiver Umgebung voran (interkristalline Spannungsrisskorrosion).

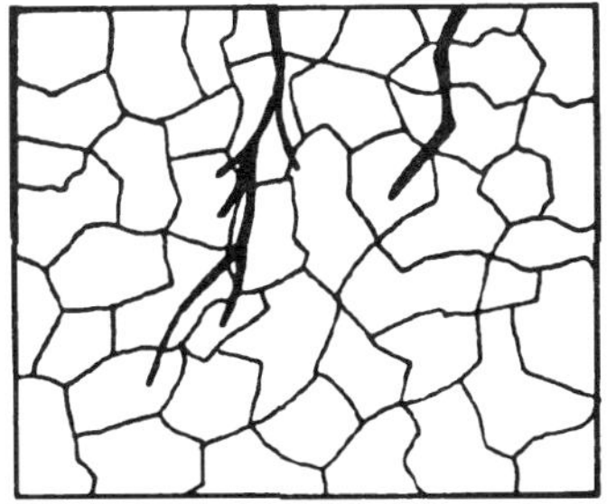

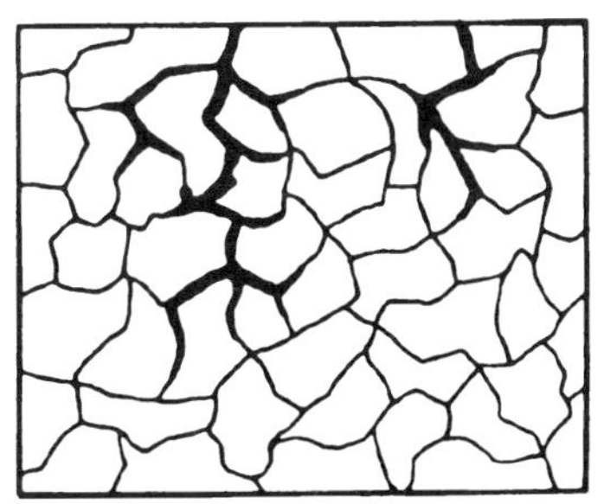

Abbildung 14.18 **Korrosionsrisse** verlaufen transkristallin (links) oder interkristallin (rechts, nach /31/).

Risskorrosion

Risskorrosion ist ein Oberbegriff für Korrosionsarten, bei denen eine Verstärkung der Korrosion infolge von **mechanischen Einwirkungen** zu beobachten ist. Charakteristisch und **gefährlich** ist ein plötzliches Auftreten der Anrisse ohne vorhergehende sichtbare Schädigung. Die Risse verlaufen stets **senkrecht** zur Belastungsrichtung. Die schädigenden Spannungen liegen dabei teilweise weit unter den tabellierten Werten für die **Streckgrenze** oder **Dauerfestigkeit** eines Werkstoffs. Die wichtigsten Risskorrosionsarten sind:

- **Spannungsrisskorrosion:** statische Spannungen, auch innere Spannungen durch Formgebungsprozesse (z.B. beim Kaltwalzen, Tiefziehen, Schleifen, Schweißen).
- **Schwingungsrisskorrosion**: dynamische Spannungswechsel (z.B. durch Bauteilfunktion im Motor oder in Bauwerken).

Spannungsrisskorrosion

Der Mechanismus der Spannungsrisskorrosion verläuft analog der Lochfraßkorrosion, wobei mikroskopische Risse und Kerben jetzt als anodische Auslöser der Korrosion gelten. Nahezu jeder Werkstoff ist durch Spannungsrisskorrosion in **spezifischen Korrosionsmedien** gefährdet (→ *Tab. 14.4*). Die Korrosion kann **inter-** oder **transkristallin** fortschreiten (→ *Abb. 14.18,* → *Abb.14.19*).

Schwingungsrisskorrosion

Bei schwingender Belastung eines Werkstoffes gibt es eine als **Dauerfestigkeit** bezeichnete Kenngröße, unterhalb dessen der Werkstoff selbst höchsten Lastspielzahlen ausgesetzt werden kann, ohne an Festigkeit zu verlieren (**Wöhler**–Kurve). Bei Schwingungsrisskorrosion findet man ein Versagen des Werkstoffs in einem Korrosionsmedium bereits unterhalb der tabellierten Werte der Dauerfestigkeit. Die Schwingungsrisskorrosion hängt meist **wenig spezifisch** vom Korrosionsmedium ab. Einen starken Einfluss besitzt das Werkstoffgefüge. Die Rissbildung verläuft stets **transkristallin**. Weitere Korrosionsarten, die unter **mechanischer Beanspruchung** auftreten, sind:

- **Erosionskorrosion:** Korrosion in Gegenwart von strömendem Wasser, insbesondere turbulentem Wasser, das die Oxidschutzschicht wegspült (z.B. in Wasserpumpen).
- **Kavitationskorrosion:** Korrosion unter dem Einfluss von Kavitationsblasen, das sind Gasblasen unter stark vermindertem Druck im Wasser. Beim Auftreffen von Kavitationsblasen bilden sich hohe Drücke und ein mechanischer Stoffabtrag ist die Folge (z.B. bei Schiffschrauben, Turbinen; nicht auf metallische Werkstoffe beschränkt).
- **Reibkorrosion:** Metalle, Öle und Fettreste sondern an schlecht geschmierten Kontaktstellen in Folge von Oxidation harte Partikel ab, die die Metalloberfläche deformieren (Druckrost, Passungsrost). Es entstehen pastöse Schichten teilweise mit Verhärtungen, wodurch es am Kontaktmetall zu Grübchenbildung kommt. Das Ende ist Bewegungsblockierung (z.B. bei Schrauben, Wellen).

Werkstoff	Spannungsrisskorrosion durch	
	interkristallin	transkristallin
unlegierter Stahl	OH^-, NO_3^-, Amine	
Al, Al–Legierungen	Cl^-, Meerwasser	
Cr–Ni–Stähle	Cl^-, OH^-, CN^-	Cl^-,OH^-, CN^-
α–Messing	feuchtes NH_3, Amine	feuchtes NH_3
β–Messing		feuchtes NH_3
Mg–Legierungen		H_2O, Cl^-

Tabelle 14.4 **Spannungsrisskorrosion** von technisch wichtigen Legierungen in spezifischen Korrosionsmedien

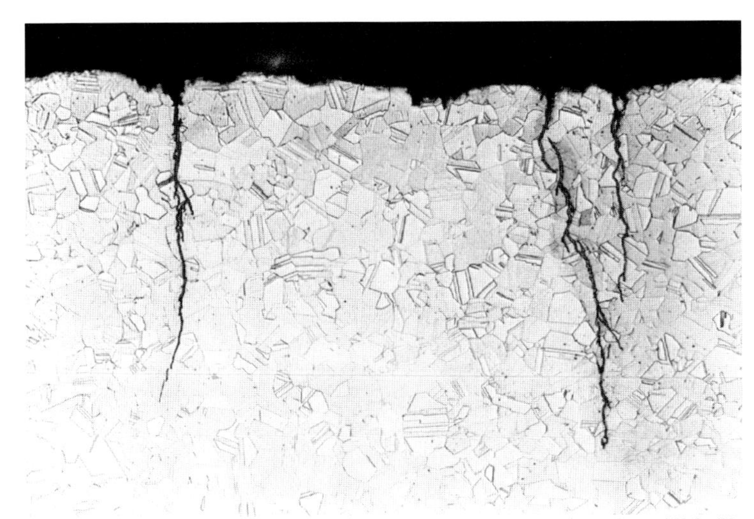

Abbildung 14.19 **Transkristalline Spannungsrisskorrosion** an Messing; geätzt mit NH_4OH und H_2O_2 (Vergrößerung = 200), (nach /31/).

Heissgaskorrosion

Die Korrosion in heissen, oxidierenden Gasen (z.B. Sauerstoff, Schwefeldioxid oder Halogenwasserstoff) ist kein elektrochemischer Prozess, sondern ein Beispiel für die chemische Korrosion. Die Reaktionsprodukte (Zunder) bilden sich an der Grenzschicht zwischen Metall und Atmosphäre. Das Fortschreiten der Heissgaskorrosion kann nach zwei Mechanismen verlaufen:

- **Metallionen** diffundieren durch die Korrosionsschicht von **innen** nach **außen**,
- **Gasionen** diffundieren durch die Korrosionsschicht von **außen** nach **innen**.

Mechanismus der Heissgaskorrosion

Es hat sich gezeigt, dass beide Fälle vorkommen, wobei nicht Atome, sondern **Ionen** und **Elektronen** wandern. Die Ionenwanderung erfolgt aufgrund unterschiedlicher Konzentrationen durch Diffusion über Gitterstörstellen in der Oxidschicht. Im Fall einer **Diffusion von Metallionen** (→ *Abb. 14.20* links) werden an der Grenzfläche zwischen Metall und Metalloxid ein geladenes Metallkation Me^{z+} und z Elektronen gebildet. Da viele Metalloxide Halbleiter sind, können sowohl Elektronen wie auch Metallkationen durch die Oxidschicht zu der Grenzfläche zwischen Metalloxid und Sauerstoff wandern. Dort reduzieren die Elektronen den Sauerstoff zum Oxid, das sich mit dem Metallkation zum Metalloxid verbindet. Die Zunderschicht wächst von **innen nach außen**. Dies ist der Fall bei den meisten technisch relevanten Metallen (z.B. Kupfer, Eisen, Nickel, Kobalt und Zink). Ein Riss kann '**heilen**'. Im Fall einer **Diffusion von Sauerstoffanionen** bilden sich an der Grenzfläche zwischen Metalloxid und Sauerstoff O^{2-}–Anionen und Elektronenfehlstellen (Löcher), die die Metalloxidschicht in Richtung zur Grenzschicht zwischen Metall und Metalloxid durchqueren (→ *Abb. 14.20 rechts*). Die Zunderschicht wächst von **außen nach innen** (z.B. Titan und Zirkon). Ein Riss kann **nicht ‚heilen'**.

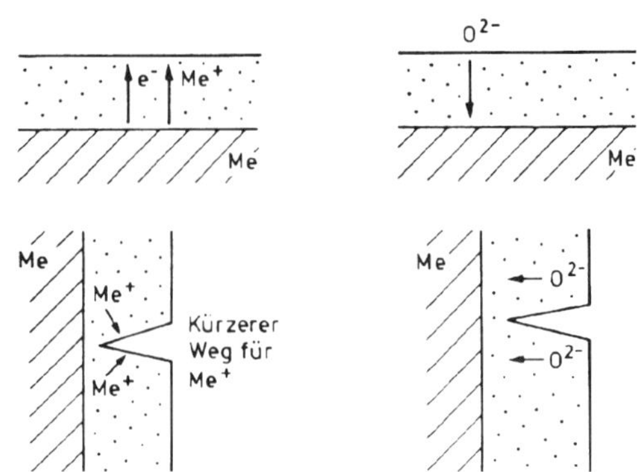

Abbildung 14.20 **Hochtemperaturkorrosion**: Diffusion der Metallkationen von innen nach außen (links) oder Diffusion der Sauerstoffanionen von außen nach innen durch die Oxidschicht (rechts), (nach /31/).

Zunderschichten

Risse oder **Abplatzungen** von Zunderschichten entstehen dann, wenn diese andere mechanische Eigenschaften wie das Grundmetall besitzen und dadurch mechanische oder thermische Spannungen entstehen.

- **Oxidschichten auf Kupfer** bestehen in der Regel aus $Cu(I)_2O$ mit einer geringen Menge an Cu(II)–Ionen, die bei der Oxidbildung von innen nach außen diffundieren (p–Halbleiter). Die Diffusionsgeschwindigkeit von Cu^+–Ionen bestimmt die Oxidationsgeschwindigkeit. Cu–Oxidschichten sind haftfest und müssen durch ein Flussmittel, z.B. vor dem Schweißen oder Löten entfernt werden.
- **Oxidschichten auf Eisen** enthalten Risse und blättern leicht ab. Die Zunderschicht besteht aus einem Schichtsystem mit Fe–Oxiden unterschiedlicher Dichte (FeO, Fe_3O_4 und Fe_2O_3). Bei chromhaltigen Stählen nimmt die Oxidationsgeschwindigkeit mit dem Chromgehalt ab, weil sich an der Phasengrenze Fe / FeO eine Cr_2O_3–Schicht befindet, die die Diffusion von metallischem Eisen in die FeO–Schicht unterbindet (→ *Abb. 14.21*).

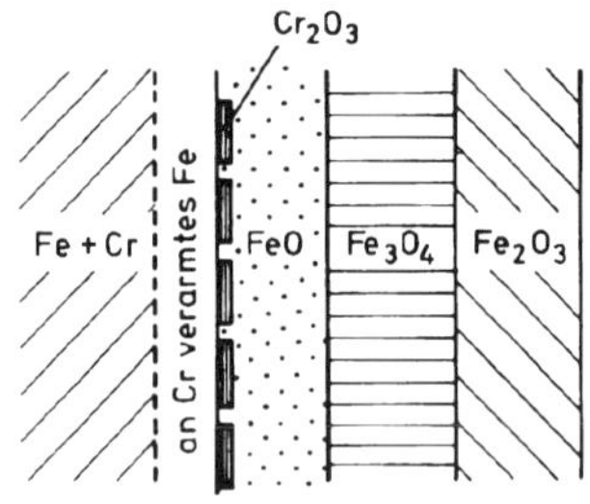

Abbildung 14.21 **Aufbau der Zunderschicht** beim Eisen und Wirkung eines Chromzusatzes auf die Hochtemperaturkorrosion des Eisens /31/.

Thermodynamik der Heissgaskorrosion

Die Reaktionsgleichgewichte von Heissgasoxidationen können mit den thermodynamischen Daten nach → *Tab. 14.5* berechnet werden. Ein Beispiel für die Metalloxidbildung ist die Nickeloxidation gemäß: $Ni + 1/2\ O_2 \rightarrow NiO$.

$$\Delta G = \Delta G_0 + RT \cdot \ln\left(\frac{[NiO]}{[NI] \cdot [p_{O_2}]^{1/2}}\right)$$

Für die Konzentrationen (genauer Aktivitäten) der Festkörper gilt:

$[NiO] = [Ni]$; $\Delta G = \Delta G_0 - 1/2\ RT \cdot \ln [p_{O2}]$

Im Gleichgewichtszustand ist $\Delta G = 0$. Der zugehörige Gleichgewichtspartialdruck entspricht $p_{O2,gl}$. Dann erhält man:

$\Delta G_0 = -RT \ln K = \frac{1}{2} RT \cdot \ln p_{O2,gl}$, Gleichgewichtskonstante $K = p_{O2,gl}^{-1/2}$

Aufgabe

Wie groß ist die Gleichgewichtskonstante der Nickeloxidation und der Sauerstoffpartialdruck im Gleichgewicht bei 1000°C (Annahme: $\Delta G_{0,1273}$ näherungsweise gleich $\Delta G_{0,298}$. Werte nach → *Tab. 14.5*) ?

$\Delta G = 0 = \Delta G_0 + RT \cdot \ln K$

$K = \exp [- \Delta G_0 / RT] = \exp [\ 211{,}7 / (0{,}008314 \cdot 1273)\ ] = \exp [20{,}0] = \underline{4{,}85.10^8}$

$K = p_{O2,gl}^{-1/2}$; $p_{O2,gl} = K^{-2} = \underline{4{,}25.\ 10^{-18}\ bar}$

Ergebnis: Das Gleichgewicht der Nickeloxidbildung liegt praktisch vollständig auf der Seite der Produkte. Bereits bei einem verschwindend kleinen Sauerstoffdruck ist das Gleichgewicht erreicht.

Aufgabe

Ist Nickeloxid bei 1000°C und einem Sauerstoffpartialdruck von $p_{O2} = 10^{-10}$ bar beständig ?

$\Delta G = \Delta G_0 - 1/2 \cdot RT \cdot \ln [p_{O2}]$

$\Delta G = -\ 211{,}7 - 0{,}5 \cdot 0{,}008134 \cdot 1273 \cdot \ln 10^{10} = \underline{-\ 104{,}4\ kJ\ mol^{-1}}$

Ergebnis: $\Delta G < 0$, d. h. NiO ist bei einem Sauerstoffdruck von 10^{10} bar beständig. Erst unterhalb des Gleichgewichtsdrucks $p_{O2,gl} = 4{,}25 \cdot 10^{-18}$ bar wird NiO unbeständig.

Oxid	G^B_{298}[kJ mol^{-1}]	H^B_{298}[kJ mol^{-1}]	S_{298}[J K^{-1}mol^{-1}]
Ag_2O	-11,2	-31,1	-66,5
Al_2O_3	-1582,4	-1675,7	-312,9
Cr_2O_3	-1058,1	-1139,7	-273,6
Cu_2O	-146,0	-168,6	-75,8
CuO	-129,7	-157,3	-92,6
FeO	-245,1	-266,3	-70,9
Fe_3O_4	-1015,5	-1118,4	-345,2
Fe_2O_3	-742,2	-824,2	-275,0
NiO	-211,7	-239,7	-94,0
TiO_2	-852,7	-912,1	-199,3
ZnO	-318,3	-348,3	-100,5
ZrO_2	-1022,6	-1080,3	-193,7
$H_2O_{(fl)}$	-237,2	-285,8	-163,2
$H_2O_{(g)}$	-228,6	-241,8	-44,4

Tabelle 14.5 **Thermodynamische Daten** einiger Oxide, Standardwerte (nach /70/)

14.2 Korrosionsmedien, Korrosion der Werkstoffe

Atmosphärische Korrosion

Die atmosphärische Korrosion ist ein Vorgang, der in einer **begrenzten** Elektrolytmenge vor sich geht. Die Elektrolytschicht hat einen neutralen oder schwachsauren Charakter und ihre Eigenschaften werden weitgehend von der chemischen Zusammensetzung der Atmosphäre und der entstehenden Korrosionsprodukte bestimmt. Die wichtigsten Einflussgrößen sind:

- **Luftfeuchtigkeit,**
- **saure Luftverschmutzungen,**
- **Chloridgehalt der Luft,**
- **Temperatur.**

Relative Luftfeuchtigkeit

Die relative Luftfeuchtigkeit rF ergibt sich als Verhältnis des tatsächlich vorhandenen Feuchtigkeitsgehalts der Luft relativ zur maximal möglichen Feuchtigkeit bei einer gegebenen Temperatur. Mit steigender Temperatur vermag die Luft mehr Feuchtigkeit aufzunehmen. Erreicht die relative Luftfeuchtigkeit den Wert 100% rF, dann kommt es zur Kondensation von Wasser. Kühlt man Luft mit einem bestimmten Feuchtegehalt ab, dann kommt es unterhalb des **Taupunkts** zu einem Auskondensieren von Wasser, das sich als Elektrolytfilm auf den Werkstoffen abscheidet. Bereits unterhalb von 100% rF befindet sich ein dünner **Wasser–Adsorbatfilm** auf der Werkstoffoberfläche. Bei 70% rF findet man einen deutlichen Korrosionsanstieg von Stahl infolge des Wasser–Adsorbatfilmes. Beim Aufbringen einer **Lackierung** muss deshalb auf eine relative Luftfeuchtigkeit **<70 bis 80% rF** geachtet werden.

Taupunkt

Temperatur

Unter mitteleuropäischen Klimabedingungen findet die stärkste Korrosion bei Temperaturen zwischen –5 bis + 25°C statt. Unterhalb von –5° C ist der Wasserfilm gefroren, oberhalb von 25°C ist die relative Luftfeuchtigkeit – von tropischen Gebieten abgesehen – meist relativ niedrig, so dass nur eine geringe Kondensation stattfindet. Für die Sauerstoffkorrosion gilt im sauren Bereich:

$O_2 + 4\ H_3O^+ + 4\ e^- \rightarrow 6\ H_2O$

$E = 1{,}23 + 0{,}059 / 4 \cdot \lg [H_3O^+]^4 + 0{,}059 / 4 \cdot [p_{O2}]$ (p_{O2} in Einheiten bar)

$E = 1{,}23 - 0{,}059\ pH + 0{,}015 \lg [p_{O2}]$

Mit pH = 5 und einem Sauerstoffpartialdruck in Luft $p_{O2} = 0{,}21$ bar erhält man:

$E = 1{,}23 - 0{,}059 \cdot 5 + 0{,}015 \cdot 0{,}678 = 0{,}935$ V

Im allgemeinen gilt dann, dass durch Sauerstoff alle Metalle mit einem Normalpotential <0,935 V korrodiert werden, sofern keine Hemmreaktionen (Polarisation, Deckschichtbildung) auftreten. Dies ist z.B. bei Blei der Fall, das in Industrieatmosphäre eine Deckschicht aus $PbSO_4$ bildet.

Schwefeldioxid

Schwefeldioxid aus schwefelreichen Brennstoffen ist die wichtigste korrosiv wirkende **Luftverschmutzung** (insbesondere in Wintermonaten). SO_2 wird an der Metalloberfläche katalytisch zu **Sulfat** oxidiert:

$SO_2 + O_2 + 2\ e^- \rightarrow SO_4^{2-}$

Mit **Eisenionen** bildet sich ein leicht wasserlösliches $FeSO_4$–Salz, das durch den Regen leicht abgespült wird und keine Schutzschicht bildet. Mit **Cu–Ionen** wird dagegen eine schwerlösliche basische **Patina** $3\ Cu(OH)_2 * CuSO_4$ gebildet, die den Werkstoff vor weiterer Korrosion schützt. **Chloride** in der Luft beschleunigen ebenfalls die Korrosion von Eisen durch Bildung des wasserlöslichen $FeCl_2$. Bei Cu bildet sich wieder eine schwerlösliche Patina $CuCl_2 * 3\ Cu(OH)_2$. **Staub und Schmutz** führen ebenfalls zu Korrosion. **Staubteilchen** adsorbieren die aggressiven Gase und geben diese durch Desorption wieder an die Umgebung ab. Liegt daher ein Staub- oder Rußkorn auf einem ungeschützten metallischen Gegenstand, kann es in der Umgebung des Korns zur Korrosion kommen, obwohl der Partikel selbst nicht korrosiv ist. **Schmutz** wirkt vor allem wegen seines Feuchtigkeits- und Wassergehalts korrodierend auf Metalle. In Einklang damit steht die Beobachtung, dass unter einem Schutzdach abgestellte Fahrzeuge stärker korrodieren, als in unmittelbarer Nähe ungeschützt parkende Fahrzeuge Die im Freien abgestellten Fahrzeuge werden vom Regen abgespült, während auf den anderen Flugstaub liegen bleibt, der zur Korrosion führt.

Korrosivität

Die **Korrosivität** einer Atmosphäre wird in zahlreichen deutschen und internationalen Normen beschrieben (z.B. DIN ISO 12944–2, Jahr 1995). Korrosionsprüfungen für Lacke werden in → *Kap. 17.8* beschrieben.

Wasserkorrosion

Bei der Korrosion in Wasser ist ein **beliebig hoher** Elektrolytvorrat vorhanden. An der Metalloberfläche können mehrere Reaktionen gleichzeitig ablaufen:

- **Korrosion** der Metalle,
- **Schutzschichtbildung**: Reaktion der gelösten Metallionen mit den Bestandteilen des Wassers (Passivschichten, aber auch Carbonatschichten),
- **Inkrustierungen**: Abscheidung der Härtebildner aus dem Wasser.

Einflussgrößen auf die Korrosivität von Wasser

Die wichtigsten Einflussgrößen für die Korrosivität eines Wassers sind:

- **Sauerstoffgehalt,**
- **Kohlensäure** bzw. **pH–Wert,**
- **Konzentration** der **Härtebildner,**
- **Salze** (Chloride, Metallionen),
- **Temperatur.**

Sauerstoffgehalt

Der **Sauerstoffgehalt** in Wasser erhöht sich mit sinkender Temperatur, steigendem Druck und abnehmendem Salzgehalt. Bei Sauerstoffkonzentrationen <0,1 mg l^{-1} erfolgt keine Korrosion nach dem Sauerstofftyp. Für die Schutzschichtbildung auf unlegiertem Stahl oder Zink ist jedoch eine Sauerstoffkonzentration >3 mg l^{-1} notwendig. Zur Schutzschichtbildung auf einem austenitischen Cr–Stahl ist die Anwesenheit von Sauerstoff nicht erforderlich. Zur Passivierung reicht bereits die Oxidationskraft von sauerstofffreiem Wasser. Zu vermeiden sind jedoch unterschiedliche Sauerstoffkonzentrationen auf Edelstahl (Belüftungskorrosion, Spaltkorrosion). Eine spezielle Erscheinungsform der Belüftungskorrosion zeigen Stahlkonstruktionen in stehendem oder fließendem Wasser. Bei der sog. '**Wasserlinienkorrosion**' korrodiert das Metall unterhalb der Wasserlinie, weil sich infolge geringerer Sauerstoffkonzentration ein Belüftungselement ausbildet (→ *Abb. 14.22*, links).

pH–Wert, Sauerstoffkonzentration

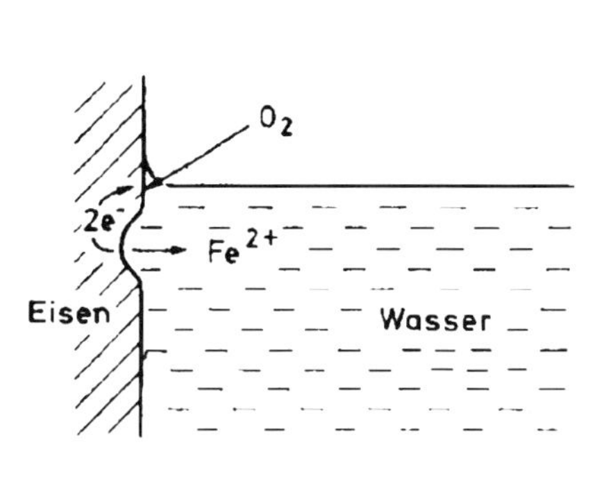

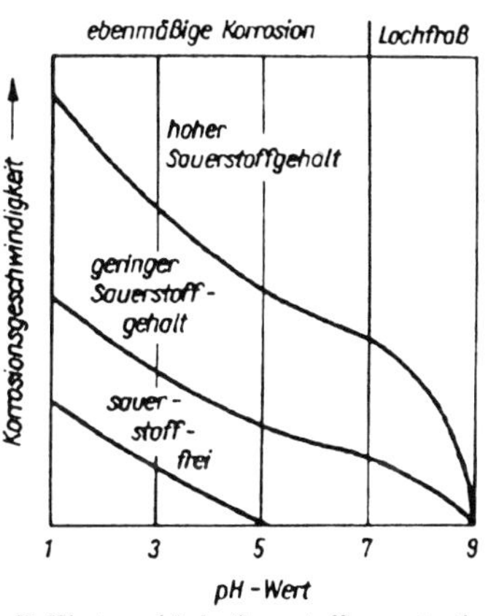

Abbildung14.22 **Wasserlinienkorrosion** (links, /31/); **saure pH–Werte** und **hohe Sauerstoffkonzentrationen** beschleunigen die Korrosion von Stahl in Wasser (rechts).

Die **Aggressivität** eines Wassers wird wesentlich von der Carbonathärte, sowie von den im Wasser gelösten Mengen Kohlensäure und Sauerstoff bestimmt. Ein saurer pH–Wert verbunden mit einer hohen Sauerstoffkonzentration wirkt stark korrodierend (→ *Abb. 14.22 rechts*). Kohlendioxid aus der Luft löst sich in Wasser unter Bildung von **Kohlensäure**. Dadurch sinkt der pH–Wert. **Regenwasser** wirkt deshalb korrosiv:

$CO_2 + H_2O \rightarrow H_2CO_3 \rightarrow HCO_3^- + H^+$

Carbonatgehalt

Bei Kontakt von Regenwasser mit kalkhaltigem Gestein wird der Gehalt an freier Kohlensäure auf einen Gleichgewichtswert reduziert, der pH–Wert stellt sich bei einem alkalischen Gleichgewichts–pH–Wert ein. Das Wasser befindet sich dann im **Kalk–Kohlensäure–Gleichgewicht** (**Calcitsättigung**, Calcit = natürliches $CaCO_3$ mit trigonaler Kristallstruktur) und wirkt weniger korrosiv:

$Ca^{2+} + 2\,HCO_3^- \leftrightarrow CaCO_3 + H_2CO_3$ Kalk–Kohlensäure–Gleichgewicht

Kalk–Kohlensäure–Gleichgewicht

Enthält das Wasser **mehr Kohlensäure** als dem Kalk–Kohlensäure–Gleichgewicht entspricht, wird ausgeschiedener Kalkstein gelöst und dessen rosthindernde Schutzschicht beseitigt. Bei Anwesenheit von Sauerstoff besteht dann auf ungeschützten Eisenoberflächen Korrosionsgefahr. Die gesetzliche **Trinkwasserverordnung** fordert deshalb im Hinblick auf den Korrosionsschutz von Wasserleitungen, dass sich Trinkwasser im Kalk–Kohlensäure–Gleichgewicht befinden muss. Saure Rohwässer müssen durch die Filtration über Marmor ($CaCO_3$) vorbehandelt werden. Ist die Zusammensetzung eines Wassers bekannt, kann mit Hilfe von DIN 50 930 vorausgesagt werden, ob ein Wasser aggressiv ist oder nicht. Die Lage des Kalk–Kohlensäure–Gleichgewichts ist **druck-** und **temperaturabhängig**. Dies hat erhebliche Auswirkungen auf die Korrosion von Trinkwasserleitungen oder Dampfkesseln in der Haus- oder Kraftwerkstechnik.

Wasserleitungskorrosion

Eine große Bedeutung hat die innen- und außenwandige Korrosion von **Wasserleitungsrohren**. Die innenwandige Korrosion wird oft durch **Kontaktkorrosion** infolge einer fehlerhaften Verlegung der Wasserrohre, z.B. mit der unzulässigen Kombination: Kupferrohre mit verzinkten Eisenrohren, ausgelöst. Die wichtigste Ursache der innenwandigen Korrosion ist jedoch **aggressives Wasser**. Bei der metallischen Korrosion entstehen durch den anodischen Vorgang Metallionen und durch den kathodischen Vorgang Hydroxidionen ('Alkaliimpuls'):

$Fe \rightarrow Fe^{2+} + 2\,e^-$; $O_2 + H_2O + 4\,e^- \rightarrow 4\,OH^-$

Die Hydroxidionen führen zur Ausfällung von Rost, andererseits können auch die Carbonationen ausgefällt werden:

$Fe^{2+} + 2OH^- \rightarrow Fe(OH)_2$

$Ca^{2+} + 2\,OH^- \rightarrow Ca(OH)_2$

$Ca(OH)_2 + Ca(HCO_3)_2 \rightarrow 2\,CaCO_3 + 2\,H_2O$

Inkrustierung

Zusammen mit dem Rost bildet sich im Regelfall eine festhaftende **Kalk–Rost–Deckschicht** (Inkrustierung) auf der Rohrinnenwand, die vor weiterer Korrosion schützt. **Ungeschütztes Eisen** erleidet, wenn eine Schutzschichtbildung nicht möglich ist, einen flächenhaften Abtrag. Lagern sich jedoch Fremdteilchen (z.B. Sandkörner oder Rostpartikel im Wasser) auf der Eisenoberfläche ab, so bildet sich ein **Belüftungselement** und punktförmige Korrosion unter den Fremdteilchen (Lochfraß). Chloride führen ebenfalls zu **Lochfraß** und sind insbesondere in weichen Wässern bei Konzentrationen >50 mg l^{-1} wirksam. Schwermetallsalze, insbesondere Cu^{2+}–Ionen wirken korrosionsfördernd auf Stahl oder verzinktem Stahl. Eisen- und Manganionen führen zu Inkrustierungen in Rohrleitungen.

Phosphatimpfung

Zur Bekämpfung (Inhibition) der Eisenkorrosion wird in besonders schwierigen Ausnahmefällen die Zudosierung von Phosphaten (**Phosphatimpfung** ca. 4 mg P_2O_5 l^{-1} Wasser, maximal zulässig: 5 mg l^{-1}) empfohlen. Es bildet sich eine Schutzschicht mit komplexer Zusammensetzung, etwa: $Fe_3(PO_4)_2 + Fe_2O_3$, sofern die Phosphatkonzentration am Wirkort mindestens 2,5 mg P_2O_5 l^{-1} Wasser beträgt. Silikate wirken in ähnlicher Weise unter Bildung einer Eisen–Silikat–Schicht (maximal zulässige Konzentration: 40 mg SiO_2 l^{-1} Wasser).

Außenkorrosion von Wasserleitungsrohren

Die **Außenkorrosion** von Wasserleitungsrohren aus Stahl im Erdboden wird durch Kunststoffumhüllungen vermieden. Korrosionsgefahr besteht bei der direkten Berührung der Rohraußenwand mit Baustoffen, insbesondere Gips. Man sollte deshalb **Gips** nie zum Anheften oder Verfüllen von Rohrleitungen verwenden. Heizungsrohre in Fussböden sollen allseitig in Beton verlegt sein. Auch bei der Verwendung von Schnellzement ist Vorsicht geboten, da dieser Magnesiumchlorid enthalten kann, das als Elektrolyt korrosiv wirkt.

Feuerverzinkte Stahlrohre

Feuerverzinkte Eisenwerkstoffe bilden bereits unterhalb des Kalk–Kohlensäure–Gleichgewichts eine Schutzschicht aus basischem Zinkcarbonat. Fehler in der Zinkauflage können die Ursache für Schäden sein. Schweissstellen sind anfällig für Korrosion. Bei Temperaturen >62°C tritt an schadhaften Stellen eine Potentialumkehr Fe–Zn ein, d. h. Fe ist der unedlere Werkstoff und geht in Lösung. Diese Erscheinung kann durch Phosphatimpfung aufgehoben werden. Eine besondere Korrosionsart ist das Auftreten von **Zinkgeriesel** der Zusammensetzung $Zn_5[OH]_6 \cdot (CO_3)_2$, das als sandähnliches, weisses Produkt mit dem Leitungswasser ausgespült wird. Als Ursache ist vor allem die Wasserbeschaffenheit zu betrachten, wobei die Wässer in diesem Fall eine Carbonathärte von 15 bis 18° KH und einen Nitratgehalt >15 $mg\ l^{-1}$ haben. **Nitrat** beeinflusst das Korrosionsverhalten von Feuerverzinkungsschichten, da diese aus mehreren Phasen bestehen. Die äußerste η (eta)–Phase besteht aus reinem Zink, die weiter innen liegende ζ (zeta)–Phase enthält 6% Eisen. Reicht die ζ–Phase in manchen Fällen bis an die Schichtoberfläche, bildet sich ein Lokalelement zwischen den beiden Phasen aus, die in Gegenwart von Nitrat unterschiedliche Potentiale annehmen. Bei Anwendung von nitratarmem Wasser kommt die Korrosion meist zum Stillstand. Auch eine Phosphatimpfung führt zum Erfolg.

Kupferrohre

Kupferrohre bieten nicht grundsätzlich Schutz vor Korrosion. Man beobachtet nicht selten eine Belüftungskorrosion aufgrund von Sandpartikeln. Auch die Kupferqualität ist entscheidend, da nicht in jedem Fall hochwertiges, phosphordesoxidiertes Kupfer (SF–Cu) verwendet wird.

Warm-, Heisswasserkorrosion

Die Korrosion durch **Warmwasser** (25...65°C) und **Heisswasser** (>65°C) verläuft ähnlich wie die Korrosion durch Kaltwasser, jedoch wesentlich schneller. Häufig beobachtet man in Warmwassersystemen an **Abkühlungsstellen** eine verstärkte Korrosion. Dies ist darauf zurückzuführen, dass sich bei der Erhitzung des Warmwassers im Kessel das Kalk–Kohlensäure–Gleichgewicht verschiebt. Bei höheren Temperaturen fällt $CaCO_3$ aus und der Gehalt an freier Kohlensäure nimmt zu. Bei der Abkühlung des Warmwassers (z.B. nach der Wärmeabgabe an Verbraucher) kann das dieser niedrigeren Temperatur entsprechende Kalk–Kohlensäure–Gleichgewicht nicht mehr oder nur noch durch die Auflösung der $CaCO_3$–Schutzschicht eingestellt werden. Geschlossene Warmwassersysteme (z.B. **Zentralheizungen**) sind im allgemeinen erstaunlich beständig gegen Innenkorrosion, es sei denn, wenn **Sauerstoff** eindringt. In diesem Fall kann es zur Innenkorrosion im oberen Teil der Radiatoren kommen. Die Korrosion von Warmwasserboilern bekämpft man wirkungsvoll durch den kathodischen Korrosionsschutz.

Dampfkesselkorrosion

In einem Wasser–Dampf–Kreislauf (z.B. in einem Wärmekraftwerk) wird das Kesselspeisewasser in einem **Dampferzeuger** mittels eines Wärmeaustauschers durch die heissen Brenngase erhitzt. Dadurch steigt der Druck im Röhrensystem auf bis zu 18 MPa bei einer Dampftemperatur von ca. 530°C. Der überhitzte Wasserdampf gelangt in die **Turbine**, wo er in Richtung des geringeren Drucks strömt und dabei die Turbine antreibt. Die Turbine ist mit einem **Elektrogenerator** zur Stromerzeugung verbunden.

Der Dampf verlässt die Turbine mit einer Temperatur von ca. 30°C bis 40°C und steht nur noch unter minimalem Druck. Da man Dampf nicht pumpen kann, muss er erst wieder zu Wasser kondensiert werden, das erneut in den **Kreislauf** zurückgeschickt wird. Alle wasser- oder dampfberührten Bauteile sind **korrosionsgefährdet**, wobei die Art der Deckschicht eine wichtige Rolle spielt. **Deckschichten** wie in Rohrleitungssystemen sind nicht geeignet, da Kesselstein oder Korrosionsprodukte den **Wärmeübergang** vermindern und die Anlagensicherheit gefährden. Kesselspeisewasser muss in jedem Fall chemisch konditioniert sein, wobei sich zwei Fahrweisen herausgebildet haben:

- **alkalische Fahrweise** oder
- **neutrale Fahrweise.**

Alkalische Fahrweise

H H
N N
H H

Hydrazin

Die alkalische Fahrweise bei pH = 9...10 beruht auf dem Zurückdrängen der Korrosion durch Zugabe von festen (Natronlauge) oder gasförmigen (Ammoniak NH_3, Hydrazin N_2H_4 oder anderen Aminen) **Alkalisierungsmitteln**. Die Verwendung von **Hydrazin** oder anderen Aminen bietet den Vorteil, dass neben der pH–Wert–Regulierung auch Sauerstoff gebunden wird, der in salzhaltigem Wasser korrosionsfördernd wirkt. Hydrazin und seine Salze haben sich als **krebserzeugend** erwiesen (Einstufung: Klasse C 2, im Tierversuch krebserzeugend, Gefahrensymbol T). Anstelle von Hydrazin werden heute meist andere **Aminverbindungen** verwendet. Bei Verwendung von salzfreiem Kesselspeisewasser (Aufbereitung mittels Ionenaustauscher) kann die Zugabe von Alkalisierungsmitteln minimiert werden.

Neutrale Fahrweise

Die neutrale Fahrweise bei pH = 7...8 vermeidet den Einsatz von Hydrazin und ist deshalb vorzuziehen. Bei salzfreiem Speisewasser wirkt Sauerstoff auf Kupfer und Stahl nicht mehr korrodierend, sondern im Gegenteil inhibierend. Dies ist darauf zurückzuführen, dass sich die üblicherweise bei hohem Sauerstoffüberschuss entstehende **Fe_3O_4–Magnetitschutzschicht** in die korrosionsbeständigere **Fe_2O_3–Hämatitschicht** umwandelt. Als Oxidationsmittel werden Sauerstoff oder Wasserstoffperoxid zugesetzt.

Bodenkorrosion

Saure Böden (z.B. Moorböden, Marschen) verhalten sich aggressiv, z. T. aufgrund ihres Gehalts an H_2S. Beim Verschütten von Rohren und Leitungen sollte darauf geachtet werden, dass keine unterschiedlichen Bodenarten mit dem Metall in Berührung kommen. Ansonsten kann sich aufgrund des unterschiedlichen Sauerstoffgehalts der Böden ein **Belüftungselement** ausbilden. Weitere Ursachen für die Außenkorrosion von Rohren im Boden können sein:

- **Bakterien**, die anorganische Mineralien (z.B. Gips) zu sauren Produkten 'veratmen',
- **Streuströme**, die durch Gleichstrom verursacht werden (z.B. Straßenbahn, Schweissanlagen, kathodischer Korrosionsschutz).

Korrosionsverhalten metallischer Werkstoffe

Das Korrosionsverhalten metallischer Werkstoffe hängt unabhängig von dem konkreten Metall oder der Legierung von folgenden allgemein gültigen Einflussgrößen ab:

- **chemische Zusammensetzung, Anwesenheit von Verunreinigungen**
- **Wärmebehandlungen,** Anwesenheit von **inneren Spannungen**
- **Formgebung** und **Oberflächenbehandlung.**

Legieren nichtpassiverbarer Stähle

Die Korrosionsbeständigkeit von Metallen wird durch **Zulegieren** verbessert. Bei **nichtpassivierbaren** Systemen führen folgende Maßnahmen zu einer Verbesserung der Korrosionsbeständigkeit:

- Zulegieren eines **edleren** Metalls (z.B. Zulegieren von Cu zu Ni–Werkstoffen),

- Steigerung der **Reinheit** des Werkstoffes (Verminderung der Zahl von Lokalkathoden bzw. -anoden)
- Zulegieren von Elementen mit **hoher Wasserstoffüberspanung** (z.B. Amalgamieren von Zn, Zulegieren von Mn zu Mg).

Legieren passivierbarer Stähle

Bei **passivierbaren** Systemen führen folgende Maßnahmen zu einer Verbesserung der Korrosionsbeständigkeit:

- Zulegieren von Metallen, die den Übergang in den **passiven** Zustand erleichtern z.B. Cr, Ni, Mo (**wichtigstes** Legierungsprinzip),
- Zulegieren von Elementen mit **geringer Wasserstoffüberspannung**. Diese polarisieren den Grundwerkstoff stark anodisch, wobei dieser in den passiven Zustand übergehen kann.

Korrosionsbeständigkeit durch homogenes Gefüge

Die Korrosionsbeständigkeit von Metallen wird durch eine möglichst **homogene Struktur** verbessert. Die höchste Korrosionsbeständigkeit besitzen meist **homogene Mischkristalle**. Diese erhält man vielfach dann, wenn die Legierung von der Lösungsglühtemperatur rasch abgeschreckt wird. Werkstoffe mit derart übersättigten Mischkristallen besitzen meist eine höhere Korrosionsbeständigkeit als wenn der Werkstoff langsam abgekühlt wird und dabei Ausscheidungen weiterer Phasen auftreten. Dadurch entsteht ein **heterogenes Gefüge** (Dispersionsverfestigung, Ausscheidungshärtung), das durch interkristalline Korrosion gefährdet ist.

Korrosionsbeständigkeit durch Spannungsfreiheit

Bei der **Kaltverformung** entstehen zahlreiche Gitterfehler, die als Inhomogenitäten und damit korrosionsfördernd wirken. **Mechanische Oberflächenbehandlungen** sind ebenfalls sehr kritisch, da sie Gitterfehler und u. U. Fremdatome hinterlassen. Vorteilhaft sind Oberflächen mit möglichst geringen Rauheiten (Belüftungskorrosion). Polierte Oberflächen insbesondere von passivierbaren Metallen sind besonders korrosionsbeständig. Beschädigungen von Passivschichten (z.B. von Edelstahl oder Gusseisen) sind zu vermeiden.

Korrosionsverhalten von Eisen

Eisen korrodiert zuerst zu Fe^{2+}–Ionen und durch weitere Oxidation mit Luftsauerstoff weiter zu dreiwertigem Fe(III):

$$Fe^{2+} + 2\,OH^- \rightarrow Fe(OH)_2$$
$$4\,Fe(OH)_2 + O_2 + 2\,H_2O \rightarrow 4\,Fe(OH)_3$$

Die Korrosion von Eisen verläuft – verglichen mit Elementen mit ähnlichem oder gar unedlerem Normalpotential (z.B. Al, Ti, Zn, Cr) – besonders rasch. Die **Ursachen** sind:

- **geringe** Wasserstoff- oder Sauerstoffüberspannung an Eisen,
- geringe Neigung zur **Passivität**,
- **wasserlösliche** Korrosionsprodukte,
- **korrosionsfördernd**e Wirkung von Rost (Belüftungskorrosion),
- **Lokalkathoden** durch Gefügeinhomogenitäten (z.B. Fe_3C).

Eisen korrodiert nach dem Säuretyp bei pH <4 und nach dem Sauerstofftyp zwischen 4 <pH <9,5. Oberhalb pH >9,5 beginnt die Passivierung und die Korrosionsgeschwindigkeit sinkt extrem (→ *Abb. 14.23*). Auch in stark oxidierenden Säuren (z.B. 50% HNO_3, H_2SO_4) findet man Passivierung.

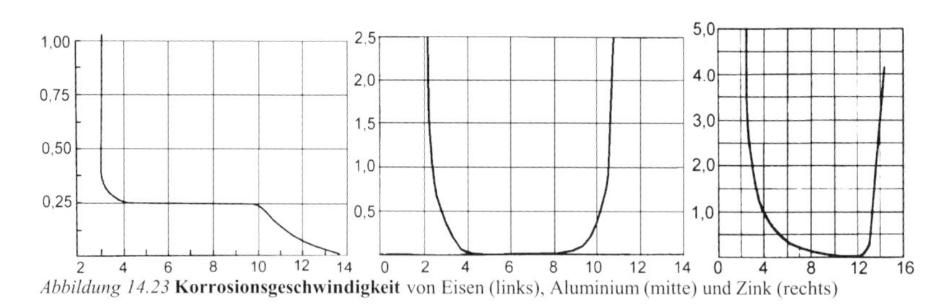

Abbildung 14.23 **Korrosionsgeschwindigkeit** von Eisen (links), Aluminium (mitte) und Zink (rechts)

Salzgehalt des Elektrolyts

Die Korrosion in neutralen Salzlösungen verläuft nach dem Sauerstofftyp. Mit zunehmendem Sauerstoffgehalt steigt die Korrosionsgeschwindigkeit. Chlorid und Sulfat beschleunigen die Korrosion. Bei hohen Anionenkonzentrationen ist die Sauerstofflöslichkeit geringer und die Korrosionsgeschwindigkeit sinkt wieder ab. NO_2^- und CrO_4^{2-} inhibieren den anodischen Prozess. Die kritische Feuchte, bei der auf Fe Elektrolytfilme gebildet werden, liegt bei 60% rF. Verstärkend zur Elektrolytbildung kommen z.B. hygroskopische Stäube aus Luftverschmutzungen oder Korrosionsprodukte hinzu, die Wasser einlagern.

Korrosionsprodukte des Eisens

Alle Korrosionsprodukte des Eisens besitzen ein größeres Volumen (geringere Dichte) als Eisen selbst. Es kommt deshalb beim Rosten zu **Abplatzungen** (z.B. von Lackierschichten). Bei genügender Luftzufuhr findet man ein feuchtigkeitsabhängiges Gleichgewicht: $Fe(OH)_3 \leftrightarrow FeOOH \leftrightarrow Fe_2O_3$ **(Hämatit)**. Die unterschiedlichen **Kristallstrukturen** der entstehenden Korrosionsprodukte sind die Ursache, dass sich bei Eisen keine festhaftende und schützende Passivschicht ausbilden kann.

Legierungszusätze zu Eisen

Die **Legierungselemente** beeinflussen die Korrosionsbeständigkeit von Eisen folgendermaßen:

- **Kohlenstoff:** Liegt meist in den Carbiden vor, was zu Inhomogenitäten und verstärkter Korrosion führt.
- **Nickel**: Verbessert den Korrosionsschutz gegen Säuren, Alkalien und Meerwasser. Eine wesentliche Verbesserung der Korrosionsbeständigkeit erfordert jedoch Ni–Gehalte >25%. Ni wird meist gemeinsam mit Cr legiert.
- **Chrom:** Cr–Legierungen mit einem Cr–Gehalt >12% verhalten sich passiv.
- **Molybdän**: Erweitert den Passivbereich von säurebeständigen Stählen, insbesondere gegenüber Lochfraßkorrosion in chloridhaltigen Medien.
- **Kupfer:** Verbessert in Konzentrationen von 0,2 bis 0,5% die Korrosionsbeständigkeit von niedriglegierten Stählen.
- **Silizium**: Verbessert ab 13% die Säurebeständigkeit durch Ausbildung einer schützenden SiO_2–Schicht. Auch die Zunderbeständigkeit wird gefördert (Si–Zusatz bei hitzebeständigen Legierungen).
- **Stickstoff**: Stabilisiert in austenitischen Stählen die Austenitstruktur. N bildet beim Nitrieren eine harte oberflächennahe Nitrierschicht.
- **Schwefel, Phosphor**: Höhere P–bzw. S–Konzentrationen beschleunigen die Korrosion, verbessern aber oft die Bearbeitbarkeit.

Baustähle

Wetterfeste Baustähle sind niedriglegiert z.B. mit 0,25...0,5% Cu und 0,5...1% Cr. Die Schutzwirkung beruht auf der Einlagerung von wasserunlöslichen basischen Sulfaten, Carbonaten, Silikaten, Phosphaten und Hydroxiden von Cu und Cr in die Rostschicht. Einsatzbereiche sind (z.B. Lichtmaste, Brückenkonstruktionen usw). Nicht geeignet sind Baustähle für Einsatzfälle mit ständiger Feuchtigkeit (z.B. im Erdboden oder Spritzwasserbereich).

Nichtrostende Stähle

Alle nichtrostenden Stähle haben einen Mindestgehalt von 12% Cr (Resistenzgrenze), der eine Selbstpassivierung bewirkt. Nach ihrem Gefügezustand unterscheidet man ferritische (krz–Metallgitter), austenitische (kfz–Metallgitter) sowie ferritisch–austenitische Stähle (Duplex–Stähle). Die höchsten Korrosionsbeständigkeiten weisen austenitische Edelstähle auf, z.B. X 5 CrNi 18 10 (V2A, Einsatztemperaturen -200 bis + 300°C) oder X 5 CrNiMo 17 13 3 (V4A, verbesserte Lochfraßbeständigkeit, Einsatztemperaturen -60 bis +300°C).

Grauguss

Im Grauguss erfolgt die Ausscheidung von Kohlenstoff vorwiegend als **Graphit**. Weitere Ausscheidungen sind Eisencarbid oder Eisenphosphid. Grauguss besitzt ein ausgeprägt heterogenes Gefüge. Das Korrosionsverhalten ist durch folgende Eigenschaften charakterisiert:

- Vorliegen einer oxidischen **Gusshaut**,
- Heterogenität des Gefüges verursacht **viele Korrosionselemente,**
- **Geringere** Empfindlichkeit gegenüber Lochfraß,
- **Unempfindlichkeit** gegenüber Spannungsrisskorrosion,
- Auftreten von speziellen Korrosionserscheinungen (Spongiose).

Die passive Gusshaut verbessert die Korrosionseigenschaften von Grauguss gegenüber oxidierenden Säuren. Es ist deshalb wichtig, dass die Gusshaut unverletzt erhalten bleibt. Wenn die Gusshaut beschädigt wird, sollte sie besser **ganz entfernt** werden, da sich sonst Korrosionselemente zwischen dem Grundmaterial und der Gusshaut bilden können. Obwohl durch die **Vielzahl** der Korrosionselemente zwischen Graphit und dem metallischen Grundkörper eine beschleunigte Korrosion im Vergleich zu Stahl zu vermuten ist, ist das Gegenteil der Fall. Dies ist auf die Gusshaut und auf die Vielzahl an Korrosionselementen zurückzuführen, die einen **flächenhaften** Korrosionsangriff bewirken. Grauguss mit kugelförmigem Graphit (**Globularer Grauguss GGG**) ist korrosionsbeständiger als Grauguss mit lamellarem Graphit (**Lamellengraphit GG**, Vordringen des Korrosionsmediums entlang der Lamellen).

Korrosionsverhalten von Aluminium

Al ist entsprechend seiner Stellung in der elektrochemischen Spannungsreihe ein sehr unedles Element. Al sollte deshalb rasch mit Sauerstoff und Wasser reagieren, was auch geschieht. Durch die Reaktion bildet sich eine beständige **Schutzschicht** aus Oxiden und Oxidhydraten, die eine sehr geringe Leitfähigkeit für Elektronen und positive Ionen besitzt. Die Dicke der Schutzschicht beträgt natürlicherweise 10 bis 50 nm, nach Wärmebehandlungen bis 100 nm. Durch anodisches Oxidieren lässt sich die Dicke der Deckschicht noch wesentlich steigern (**Anodisieren**). In der praktischen Spannungsreihe wird Al deshalb als wesentlich edler eingestuft als dies aufgrund des *Nernstschen* Ruhepotentials zu erwarten ist. Zur Aufrechterhaltung der Passivierung benötigt Al die Anwesenheit von Sauerstoff (Ausheilung von Schädigungen). Die Schutzschicht wird unter folgenden Bestimmungen **zerstört**:

- **Oberhalb** von pH >9 und **unterhalb** von pH <5 löst sich Al auf *(→ Abb. 14.23)*. Al wird deshalb üblicherweise an Luft (z.B. im Bauwesen) nur innerhalb des genannten pH–Bereichs eingesetzt.
- **Bestimmte Ionen** können die Schutzschicht schädigen z.B. Chlorid (Lochfraß) oder Cu–Kationen (Zementation, d. h. Niederschlag von Cu, dadurch Lokalelementbildung).

Reinheit von Aluminium

Allgemein gilt, je **reiner** das Al ist, desto größer ist seine Korrosionsbeständigkeit. Reines Al ist zwar sehr korrosionsbeständig, besitzt jedoch für zahlreiche technische Anwendungsfälle keine ausreichende Festigkeit und muss deshalb legiert werden. Man unterscheidet:

- **nicht aushärtbare Al–Legierungen**: Legierungselemente lösen sich homogen im Metallgitter als Mischkristalle.
- **aushärtbare Al–Legierungen**: Legierungselemente bilden teilweise Ausscheidungen, und damit ein inhomogenes Gefüge.

Aushärtbare/ nichtaushärtbare Al–Legierungen

Je geringer die Zahl der Inhomogenitäten ist, desto besser ist die Korrosionsbeständigkeit. **Nicht aushärtbare** Al–Legierungen sind im allgemeinen korrosionsbeständiger als **aushärtbare** Al–Legierungen. Al und Al–Legierungen lassen sich im Hinblick auf ihr Korrosionsverhalten in **drei** Gruppen einteilen:

- **reines** Al,
- Legierungselemente sind **unedler** als Al (z.B. Mg, Mn)
- Legierungselemente sind **edler** als Al (z.B. Si, Zn, Cu).

Sind die Legierungsausscheidungen **unedler** als Al (z.B. AlMg–Legierung), dann lösen sich diese Ausscheidungen bevorzugt anodisch auf und werden aus dem Gefüge oberflächlich herausgelöst. Die Korrosionsreaktion kommt jedoch danach zum **Stillstand**. Ist dagegen die Al–Matrix **unedler** als die Legierungsausscheidungen, geht Al in Lösung und die Korrosion kann fortschreiten. Insbesondere hochfeste AlCu–Legierungen können sehr **korrosionsanfällig** sein. Eine Mittelstellung nehmen AlSi–Legierungen (Motorenkolben bzw.–zylinder, (→ *Kap. 5.4*) ein. Folgende Abstufung wird beobachtet:

- Al 99,98%, AlMn, AlMg — sehr gute Korrosionsbeständigkeit,
- Al 99,5% — gut Korrosionsbeständigkeit,
- AlMgSi, AlSi — mittlere Korrosionsbeständigkeit,
- AlZnMg — schlechte Korrosionsbeständigkeit
- AlCuMg — sehr schlechte Korrosionsbeständigkeit.

Korrosionsarten bei Al

Folgende **Korrosionsarten** kann man bei Al finden:

- **flächenhafte Korrosion**: Findet man in Säuren und Alkalien. Die atmosphärische Korrosion kommt durch Schutzschichtbildung rasch zum Stillstand.
- **Lochkorrosion**: Hohe Chloridkonzentrationen zerstören die Passivschicht. Bereits geringste Konzentrationen Cu^{2+} = 0,1 ppm können Lochfraß auslösen. Legieren mit Mg bzw. Mn verbessert die Lochfraßbeständigkeit z.B. in Meerwasser.
- **Filiformkorrosion**: Beschreibt eine Korrosionsform unter organischen Beschichtungen, wobei die Korrosionsprodukte als gewundene Fäden von einem gemeinsamen Fadenkopf ausgehen. Die Ursache ist in vielen Fällen hygroskopische salzartige Verunreinigungen (z.B. von Beizbädern).
- **Spalt- bzw. Schwitzwasserkorrosion**: Unterschiedliche Belüftung in konstruktionsbedingten Spalten bewirkt eine Belüftungskorrosion mit weissen Korrosionsprodukten.
- **Interkristalline Korrosion**: Beobachtet man nur bei aushärtbaren Al–Legierungen.
- **Kontaktkorrosion**: Tritt bei Kontakt zwischen Al und Stahl oder Kupfer auf.

Korrosionsverhalten von Zink

Zink gehört zu den unedlen Metallen. Insbesondere an Atmosphäre bei **neutralen** bis **schwach alkalischen** pH–Werten bilden sich schützende Zinkoxid–, Zinkhydroxid–und Zinkcarbonat–Schichten aus. Daraus resultiert eine gute Korrosionsbeständigkeit. Im Vergleich zu Al ist die Deckschicht jedoch weniger beständig, da ZnO halbleitend ist. Weiterhin wird die Zn–Korrosion durch die hohe **Wasserstoffüberspannung** der kathodischen Teilreaktion gehemmt. In Kombination mit Stahl fungiert Zn als Anode und verleiht den Stahlbauteilen einen kathodischen **Korrosionsschutz**. Die **Fernwirkung** dieses Effekts wird im wesentlichen durch den Elektrolytwiderstand begrenzt. Unter atmosphärischen Bedingungen beträgt die Fernschutzwirkung nur einige **Zehntel Millimeter**. Als **Weissrost** bezeichnet man ein voluminöses, schlecht haftendes Korrosionsprodukt des Zn mit der Zusammensetzung $ZnCO_3 \cdot Zn(OH)_2$. Ein **Al–Zusatz** verbessert die Korrosionsbeständigkeit, insbesondere gegenüber sauren Medien (Galfan 5% Al z.B. für das Feuerverzinken von Autokarosserien oder Galvalume 55% Al).

Zn ist im pH–Bereich von pH = 7 bis 12 weitgehend beständig (→ *Abb. 14.23*). Es korrodiert besonders schnell in SO_2–haltiger Atmosphäre (Bildung wasserlöslicher $ZnSO_4$–Salze). Zn korrodiert in sauerstoffhaltigem destilliertem Wasser (z.B. Regen) schneller als in carbonathaltigem Trinkwasser. Hier bilden sich Zinkcarbonat–Schutzschichten. Die Zn–Korrosion beschleunigt sich mit zunehmender Temperatur, insbesondere bei Temperaturen >60°C. Bei diesen Temperaturen findet auch eine Potentialumkehr statt. Zn reagiert bei höheren Temperaturen mit Wasser und überzieht sich mit einer dichten ZnO–Schicht, die edler ist als Stahl. Eine Verzinkung wirkt unter diesen Umständen nicht mehr als kathodischer Korrosionsschutz (deshalb: kein Einsatz von Zn in Heisswassersystemen).

14.3 Korrosionsschutz

Aktiver/passiver Korrosionsschutz

Der Korrosionsschutz wird unterteilt in (→ *Abb. 14.24*):

- **aktiven Korrosionsschutz**

- Werkstoffauswahl, Konstruktion,
- Aufbereitung des Korrosionsmediums (Inhibitoren),
- kathodischer Korrosionsschutz.

- **passiver Korrosionsschutz**

- metallische und anorganische Überzüge,
- organische Beschichtungen.

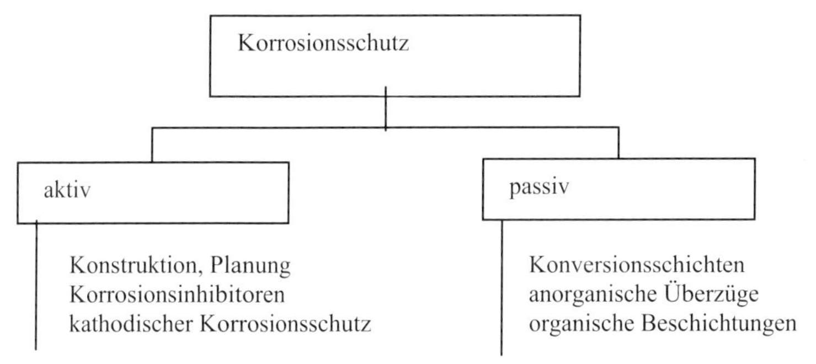

Abbildung 14.24 **Aktiver und passiver Korrosionsschutz**

Die in der Praxis wichtigsten passiven Korrosionsschutzverfahren durch organische Beschichtungen (z.B. Lackierungen, → *Kap. 16.5, 17.8*) und anorganische und metallische Überzüge (→ *Kap. 17.5, 17.6*) werden an anderer Stelle behandelt.

Konstruktiver Korrosionsschutz

Die Maßnahmen des aktiven Korrosionschutzes betreffen Korrosionsschutzmaßnahmen außerhalb der Oberflächentechnik. Sie können hier **nicht vollständig** behandelt werden. Einige Stichworte des **konstruktiven Korrosionsschutzes** sind (→ *Abb. 14.25*):

- Vermeiden von Spalten, rechteckigen Kanten, schöpfende Hohlräumen,
- Beachtung geeigneter Materialpaarungen,
- Fundamentgestaltung bzw. Unterbodenschutz,
- Beschichtungsgerechtes Konstruieren,
- Korrosionsgefahren durch Schweissnähte und Lötstellen.

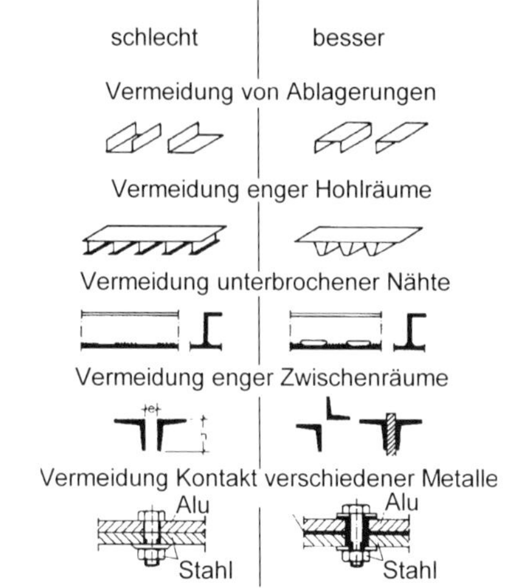

Abbildung 14.25 **Konstruktiver Korrosionsschutz** (aus: Korrosionsschutzfibel, Verband der Lackindustrie, Hannover)

Korrosionsinhibitoren

Korrosionsinhibitoren sind chemische Substanzen, die dem Korrosionsmedium in geringer Konzentration zugesetzt werden und dessen Korrosivität stark zurückdrängen. Einsatzbereiche für Korrosionsinhibitoren sind:

- **Kühlkreisläufen** (z.B. KFZ–Kühlerflüssigkeiten),
- **Kraftstoffe, Motorenöle** und **Bearbeitungsöle** (insbesondere wassergemischte Kühlschmierstoffe),
- **saure Prozessbäder** (Vermeidung von Säurekorrosion, z.B. in Beizbädern).

Die Wirkung von Korrosionsinhibitoren beruht auf zwei Effekten:

- **Zurückdrängung** der korrosiven Wirkung des **Korrosionsmediums**,
- **Passivierung** bzw. **Schutzschichtbildung** auf der **Metalloberfläche**.

Zurückdrängen der Korrosivität des Korrosionsmediums

Ein Zurückdrängen der Korrosivität eines **Prozessmediums** erreicht man durch:

- **Anhebung des pH–Werts**: Im alkalischen Bereich verläuft die Korrosion langsamer. Bei prozessbedingter Säurebildung (z.B. in Motorenölen) können Puffersubstanzen den pH–Wert stabilisieren (Beispiele: Amine, Ethanolamine, Borsäureester).
- **Entfernung von Sauerstoff**: Durch Bindung von Sauerstoff wird die Korrosion zurückgedrängt (Beispiel: Amine). Es besteht jedoch die Gefahr, dass deckschichtbildende Metalle (z.B. Edelstähle) leichter korrodieren. Die Prozesslösung muss deshalb weitgehend salzfrei sein.
- **Entfernung** von **Feuchte, Salzen, Schwefelwasserstoff, Säuren**, z.B. Korrosionsschutz in Mineralölkreisläufen.

Schutzschichtbildung an der Metalloberfläche

Die **Passivierung** oder **Schutzschichtbildung** an der Metalloberfläche erreicht man durch:

- **Adsorption** von **Grenzflächeninhibitoren (physikalische Inhibitoren)**,
- **Reaktion** mit **chemischen Inhibitoren (Passivatoren, Deckschichtbildner)**.

Grenzflächeninhibitoren

Grenzflächeninhibitoren adsorbieren sich durch Van der Waals–Kräfte (z.B. Dipol–Dipol–Kräfte) an der Metalloberfläche (→ *Abb. 14.26*). Moleküle mit **Tensidstruktur** sind oft physikalische Inhibitoren, die einen schwer durch Wasser benetzbaren Film auf der Metalloberfläche ausbilden. Neutrale oder geladene organische Verbindungen mit polaren Eigenschaften besitzen deshalb oft korrosionsmindernde Eigenschaften (Beispiele: Carbonsäuresalze (Seifen), Alkohole, Amine, Amide, wasserlösliche Polymere).

$NaOOC-(CH_2)_8-COONa$ $-CH_2-CH(COONa)-$ $-CH(COONa)-CH(COONa)-$

Na–Sebacat (Salz der Sebacinsäure)   Na–Salze der Polyacrylsäure   Na–Salze der Polymaleinsäure

Chemische Inhibitoren

Chemische Inhibitoren reagieren mit der Metalloberfläche und bilden eine Passivschicht (wenige Nanometer dicke Oxidschicht) bzw. eine voluminösere Deckschicht. Der früher verbreitete Einsatz von **Nitrit**–, **Nitrat**–oder **Chromat**–Anionen als **Passivatoren** beruht auf der beschleunigten Oxidschichtbildung von passivierbaren Edelstählen. Als umweltfreundlichere Passivatoren verwendet man heute besser Molybdate (MoO_4^{2-} bzw. Polymolybdate).

Passivatoren

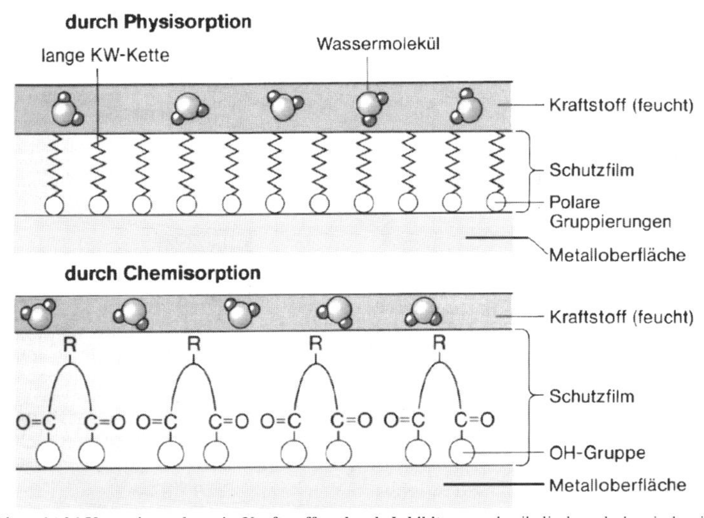

Abbildung 14.26 **Korrosionsschutz in Kraftstoffen durch Inhibitoren**: physikalisch und chemisch wirkende Inhibitoren (aus: Korrosion / Korrosionsschutz, Fonds der Chemischen Industrie, Frankfurt).

Deckschichtbildner

Chemische Deckschichtbildung erfolgt insbesondere mit stickstoff-, schwefel- oder phosphorhaltigen Substanzen. In einem ersten Prozessschritt adsorbieren sich diese Schichtbildner physikalisch auf der Metalloberfläche oder sie sind durch Komplexbildung an die Metalloberfläche gebunden. Im zweiten Reaktionsschritt, meist erst unter dem Einfluss höherer Temperaturen (z.B. beim Betrieb von Motoren) kommt es zur chemischen Schichtbildung (Beispiele: Erdalkaliseifen der Carbonsäuren oder Sulfonsäuren reagieren mit Metalloberflächen zu Metallseifen; Benzotriazole, Imidazole reagieren komplex mit Cu–Oberflächen; Phosphorverbindungen bilden Metallphosphate).

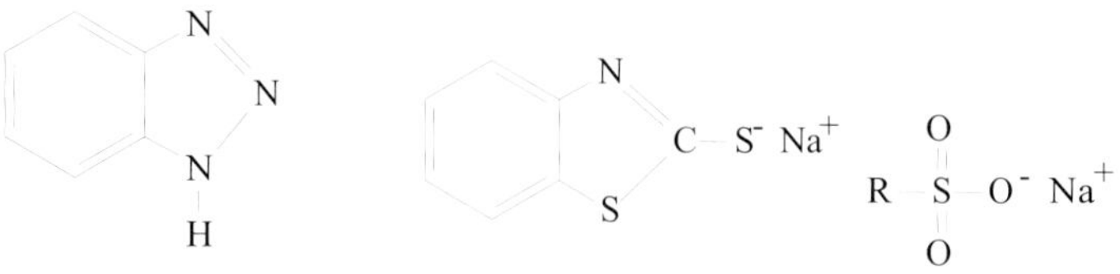

Benzotriazol (Korrosionsinhibitoren für Cu)	Na–Mercaptobenzthiazol	Na–Sulfonat

Korrosionsinhibitoren werden meist nur in **geringen** Konzentrationen zwischen 0,1... 1% zugesetzt. Bei der Auswahl von Korrosionsinhibitoren (insbesondere für Materialkombinationen: Nichteisenmetalle/Buntmetalle) ist darauf zu achten, dass diese in zu hohen Konzentrationen auch Korrosion auslösen können. Ein bekanntes Beispiel ist die Sulfidbildung von Buntmetallen durch aggressive Schwefelverbindungen.

Kathodischer Korrosionsschutz

Durch die kathodische Polarisation eines Metalls lässt sich die Korrosion unterdrücken. Ein kathodische Polarisation wird erreicht *(→ Abb. 14.27)* durch eine leitfähige Verbindung des Schutzobjekts mit:

- einer **Opferanode** (lösliche Anodenmaterialien wie Mg oder Zn) oder
- dem **negativen Pol** eines Stromkreises (nicht lösliche Anodenmaterialien wie Graphit).

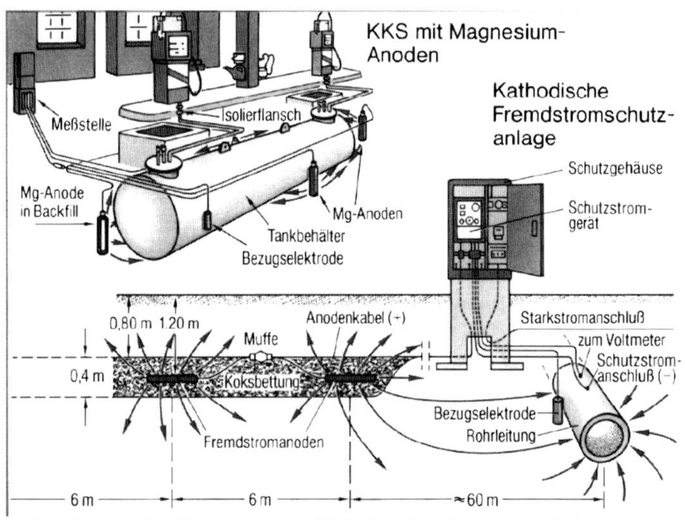

Abbildung 14.27 **Kathodischer Korrosionsschutz** (KKS) eines Erdtanks durch eine Opferanode (oben), Außenschutz eines erdverlegten Rohres durch Fremdschutzstrom (unten), (aus: Korrosion/Korrosionsschutz, Fonds der Chemischen Industrie, Frankfurt, 1994).

Schutzpotential

Voraussetzung für den kathodischen Korrosionsschutz ist ein gemeinsamer Elektrolyt, der die zu schützenden Oberflächen umgibt. Anwendungen sind z.B. Heisswasserboiler, erdverlegte Rohrleitungen, Hochseeschiffe, Offshore–Anlagen. Das kathodische **Schutzpotential** (z.B. -0,85 V für Stahl) muss mindestens das freie Korrosionspotential (z.B. -0,65 bis -0,40 V für Stahl) überschreiten. Der kathodische Schutz beträgt für das Beispiel Stahl dann ca. 300 mV. Eine zu hohe Schutzspannung ist schädlich, da hierbei Wasserstoff entwickelt und ein explosives Knallgasgemisch gebildet werden kann. Aus einem ähnlichen Grund ist der kathodische Schutz von Spannbetonbauwerken verboten (z.B. bei Brücken Gefahr durch mögliche Wasserstoffversprödung).

Kombination passiver/kathodischer Korrosionsschutz

Der kathodische Korrosionsschutz **großer Flächen** wird vorteilhafterweise in Kombination mit einer passiven Korrosionsschutzbeschichtung angewendet, da hierbei nur die Poren und Risse der organischen Schicht kathodisch geschützt werden müssen. Beispielsweise beträgt die Schutzstromdichte bei unbeschichtetem Stahl 10...50 mA m^{-2}, wodurch rasch unwirtschaftlich hohe Stromstärken benötigt werden. In Kombination mit einer organischen Schutzschicht sinkt die Passivstromdichte bei PE–beschichteten Stahlrohren auf 0,005...0,01 mA m^{-2}. Organische Beschichtungen, die in Kombination mit dem aktiven Korrosionsschutz eingesetzt werden, müssen aufgrund der Sauerstoffreduktion an der Kathode alkalibeständig sein (d. h. keine verseifbaren Beschichtungen wie Polyester oder Alkydharze).

15. Elektrochemische Reaktionen

15.1 Elektrochemische Sensoren

Elektrochemische Messprinzipien

Die meisten elektrochemischen Sensoren können folgenden Messprinzipien zugeordnet werden:

- **Konduktometrie,**
- **Potentiometrie,**
- **Amperometrie.**

Konduktometrie

Die Konduktometrie befasst sich mit der Messung der **Leitfähigkeit** von Elektrolytlösungen. Der Stromtransport in Lösungen und Schmelzen (**Leiter 2. Klasse**) wird im Gegensatz zu den Metallen (**Leiter 1. Klasse, Elektronenleitung**) durch **Ionenleitung** bewirkt. Einsatzfälle für die Leitfähigkeitsmessung sind z.B. die Überwachung von:

- **entmineralisiertem Wasser:** z.B. Wasserenthärtung, Reinstwasser, Spülwasser für Oberflächentechnik, Halbleiterherstellung, Textilindustrie,
- **Prozessflüssigkeiten**: z.B. Reinigungsbäder, Galvanikbäder, Kühlwasser
- **Korrosionserscheinungen**: z.B. Kesselspeisewasser in Dampfkraftwerken.

Leitfähigkeitsmessgeräte

Ein Leitfähigkeitsmessgerät (**Konduktometer**) besteht im einfachsten Fall aus zwei im Abstand l befindlichen Elektroden der Fläche A. Nach dem Anlegen einer Spannung fließt ein Strom. Auch für die Ionenleitung in verdünnten Lösungen gilt das **Ohmsche Gesetz**:

$$R = \rho \cdot \frac{l}{A} \; [\Omega]$$

$$L = \frac{1}{R} = \kappa \cdot Z \; \left[\frac{1}{\Omega} = \mathrm{S}\right]$$

R = Widerstand [Ω]
Z = Zellkonstante [cm]
L = Leitfähigkeit [Siemens];
κ = spezifische Leitfähigkeit, Leitwert [S cm^{-1}]

Die ermittelte Messgröße ist die spezifische **Leitfähigkeit κ (Leitwert)**. Sie ist ein Maß für die Art und Konzentration der Ladungsträger (Kationen und Anionen) in einer Elektrolytlösung und erreicht Werte zwischen $3 \cdot 10^{-8}$ S cm^{-1} (Reinstwasser) und 1 S cm^{-1} (Salzlösung). Die gerätespezifische Zellkonstante Z wird durch die Konstruktion der Messzelle vorgegeben, sie muss über den gesamten Messbereich des Konduktometers **konstant** bleiben. Elektrochemische **Sensoren unter Stromfluss** besitzen den grundsätzlichen Nachteil, dass durch elektrochemische Reaktionen an der Sensoroberfläche das Messergebnis zeitlich verändert und dadurch verfälscht wird. Dieser als **Polarisation** bzw. **Überspannung** (→ *Kap. 14.1*) bezeichnete Effekt wird in der Praxis durch den periodischen Wechsel von Anode und Kathode verhindert. Bereits beim Arbeiten mit Wechselspannung der Netzfrequenz 50 Hz und platinierten Elektroden (schwarz) bleibt der Messfehler – insbesondere in wenig konzentrierten Lösungen – vernachlässigbar gering. Eine **Belegung** der Elektrodenoberfläche mit Ölen oder Salzen verfälscht das Messergebnis allerdings erheblich. In Klärwerken mit extrem belasteten und verschmutzten Abwässern arbeitet man mit einer Vier–Elektrodentechnik nach → *Abb. 15.1*. Über zwei Stromelektroden fließt ein konstant gehaltener Strom. Zwischen den zwei Spannungselektroden wird die Spannung mit einem hochohmigen Messgerät bestimmt. Zwischen den Spannungselektroden fließt praktisch kein Strom, es sind deshalb auch keine Messverfälschungen zu befürchten. Ausgewertet wird nach der Formel U = R · I mit I = konst.

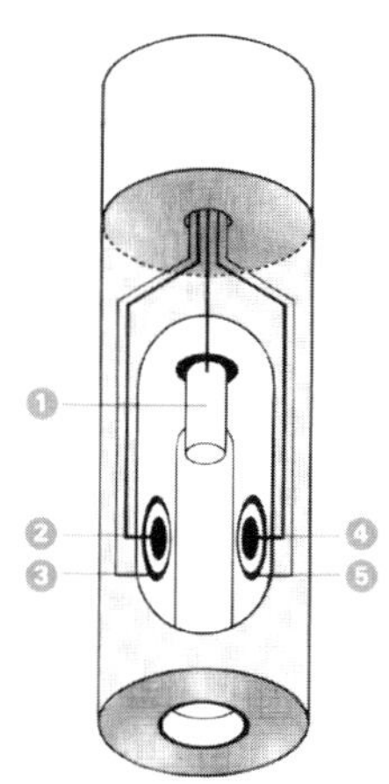

Abbildung 15.1 **Konduktometrische Sensoren**: Zwei–Elektrodenzellen sind in direktem Kontakt mit der Messlösung (*Kohlrauschzellen*) nur für gering verschmutzte Abwässer geeignet. Mit der Vier–Elektrodentechnik kann auch in stark verschmutzten Abwässern (Kläranlagen) sicher gemessen werden (1 = Temperaturfühler, 2 bzw. 4= Stromelektroden, 3 bzw. 5 = Spannungselektroden), (Quelle: Firma WTW, Weilheim).

Potentiometrie

Die Potentiometrie befasst sich mit der Messung von **Potentialdifferenzen** zwischen einer **Messelektrode** (Arbeitselektrode) und einer **Bezugselektrode**. Die Spannungsmessung erfolgt immer **stromfrei** (Kompensationsschaltung), weshalb keine Verfälschung der Messergebnisse durch Elektrodenpolarisation zu befürchten ist. Potentiometrische Sensoren können flexibel vielfältigen Einsatzmöglichkeiten angepasst werden, z.B.:

- **Redoxelektroden, pH–Elektroden, Gassensoren** für saure oder alkalische Gase,
- **ionenselektive Elektroden**, z.B. für Fluorid F^-, Chlorid Cl^-, Cyanid CN^-,
- **Biosensoren**, z.B. für Glucose.

Elektrodenpotential

Das **Elektrodenpotential** der Messelektrode ist nach der *Nernstschen* Gleichung (→ *Kap. 13.3*) **konzentrationsabhängig** und deshalb als Sensoreffekt geeignet:

$E = E_0 + (0{,}059 / z) \cdot \lg [Me^{z+}]$ mit $[Me^{z+}]$ = Konzentration eines Metallkations

$E = E_0 + (0{,}059 / z) \cdot \lg ([Ox] / [Red])$ mit [Ox], [Red] = Konzentration der oxidierten bzw. reduzierten Form.

Die **Messelektrode** wird gegen eine **Bezugselektrode** mit konstantem Potential geschaltet. Die gemessene Spannung im stromlosen Zustand entspricht der Potentialdifferenz zwischen der Messelektrode und der Bezugselektrode. Als Bezugselektrode wird überwiegend die **Ag / AgCl–Elektrode** verwendet, bei der ein Silberstab mit AgCl beschichtet ist oder dieser in einen Vorrat an schwerlöslichem AgCl eintaucht. Als Bezugselektrolyt dient oft eine wässrige 3–molare KCl–Lösung. Bei **Einstabmessketten** ist die Messelektrode und die Bezugselektrode in einer Messzelle vereinigt (→ *Abb. 15.2)*.

Potentiometrische Sensoren

Potentiometrische Sensoren gibt es in verschiedenen **Bauformen**:

- **Metallelektroden** (Elektroden 1. Art),
- **Elektroden 2. Art**,
- **Membranelektroden**.

Redoxelektrode

Die wichtigste **Metallelektrode** ist die **Redoxelektrode** (→ *Abb. 15.2)*. Sie ist im einfachsten Fall eine, meist platinbeschichtete Metallelektrode, an der sich ein Elektrodenpotential einstellt, das dem Mittelwert aller in der Lösung befindlicher Oxidations- und Reduktionsmittel entspricht. Die Redoxelektrode ist deshalb **keine selektive** Elektrode, sondern charakterisiert den in einer Lösung vorliegenden '**Elektronendruck**'. DieAnwendung bezieht sich überwiegend auf die Überwachung und Endpunktkontrolle von Oxidations- und Reduktionsreaktionen (→ *Kap. 13.3*).

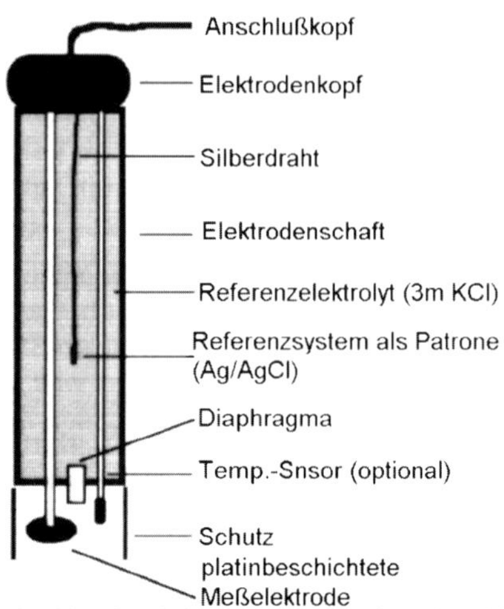

Abbildung 15.2 **Einstab–Redoxelektrode**: platinbeschichtete Messelektrode und integrierte Ag / AgCl–Bezugselektrode (Bezugselektrolyt: 3 m KCl–Lösung, Quelle: Firma Testo, Lenzkirch).

Elektroden 2. Art

Als **Elektroden 2. Art** werden Metallelektroden (Me) bezeichnet, die im Gleichgewicht mit dem schwerlöslichen Niederschlag (MeX) eines Salzes des Elektrodenmetalls stehen. Technisch stellt man die Ag/AgCl–Elektrode einfacher durch anodisches **Chlorieren** eines Silberdrahts her, wobei sich eine AgCl–Deckschicht bildet. Nach der Nernstschen Gleichung ist das Potential dieser Elektrode 2. Art von der einstellbaren Konzentration des Anions Cl^- abhängig (weitere Anwendung: **ionenselektive** Elektrode für Cl^-–Anionen). Elektroden 2. Art sind die wichtigsten **Bezugselektroden** (→ *Tab. 15.1*):

$E = E_0 + (0{,}059 / z) \cdot [\lg Me^{z+}]$ mit dem Löslichkeitsprodukt $L = [Me^{z+}]\cdot[X^{z-}]$

$E = E_{01} - (0{,}059 / z) \cdot [\lg X^-]$ mit $E_{01} = E_{0,Me} + (0{,}059 / z) \cdot \lg L$

Bezugselektroden

Halbzelle	Elektrolyt	Bezugsspannung geg. Standard-H [mV]	Temperatur [°C]	Anwendung
$Hg/ Hg_2Cl_2/ Cl^-$	KCl ges.	242	0...70	Kalomel, heute seltener verwendet
$Hg/ Hg_2SO_4 / SO_4^{2-}$	K_2SO_4 ges.	710	0...70	chloridfrei
$Ag/ AgCl/ Cl^-$	3 m KCl	207	-10...80	Argental,Standard
HgTl/ TlCl	3,5 m KCl	-507	0...150	Thalamid, für heisse Lösungen
$Cu/ CuSO_4$	$CuSO_4$ ges.	320	-	Böden

Tabelle 15.1 **Bezugselektroden**: Ihre Elektrodenpotentiale und Anwendungen.

Membranelektroden, ionenselektive Elektronen

Membranelektroden bilden die **technisch wichtigsten**, potentiometrischen Sensoren. Sie stellen den größten Anteil der sog. **ionenselektiven Elektroden**, dies sind Sensoren, die möglichst nur auf eine einzige Ionensorte empfindlich reagieren. Membranelektroden werden entsprechend ihrem Membranmaterial unterschieden in:

- **Festkörperelektroden** (kristalline Festkörper- bzw. amorphe Glaselektroden),
- **Flüssigmembranelektroden** (flüssige Membranelektroden bzw. halbflüssige Polymer–(Gel)membranelektroden).
- **Spezialmembranelektroden**.

Membranpotential

Das gemeinsame Messprinzip aller Membranelektroden ist, dass die gemessene Potentialdifferenz nicht auf einer Redoxreaktion, sondern auf einen **Ionenaustausch** zurückzuführen ist. Dadurch treten sog. **Membranpotentiale** auf, deren Herkunft am Beispiel der pH–Glaselektrode erläutert wird.

pH-Glaselektrode

Glaselektroden sind die wesentlichen **pH–Messelektroden**. Der Aufbau einer Einstab–Glaselektrode ist in → *Abb. 15.3* dargestellt. Spezielle Glassorten (Li_2O * BaO * SiO_2) quellen an der Oberfläche und bilden hauchdünne Gelschichten, in die H^+–Ionen wandern können (→ *Abb. 15.3 links).* Zwischen der Glasoberfläche und der Elektrolytlösung bildet sich eine pH–abhängige Potentialdifferenz aus, die auf einen **Ionenaustausch** von H^+–Ionen zurückzuführen ist. Diese **Membranpotentiale** U_a, U_i nach → *Abb. 15.3 (rechts)* tr eten sowohl auf der (der Messlösung zugewandten) Glasaußenseite als auch auf der (einer Pufferlösung mit bekanntem pH–Wert zugewandten) Glasinnenseite auf. Auch innerhalb des Elektrodenglases gibt es einen pH-unabhängigen Spannungsabfall, der auf den elektrischen Widerstand des Glases zurückzuführen ist (das Glas ist in diesem Fall kein elektrischer Isolator, sondern ein Li^+–ionenleitender Festkörperelektrolyt). Die potentiometrische Messung erfasst die pH–abhängige Veränderung des Membranpotentials U_a (es fließt kein Strom).

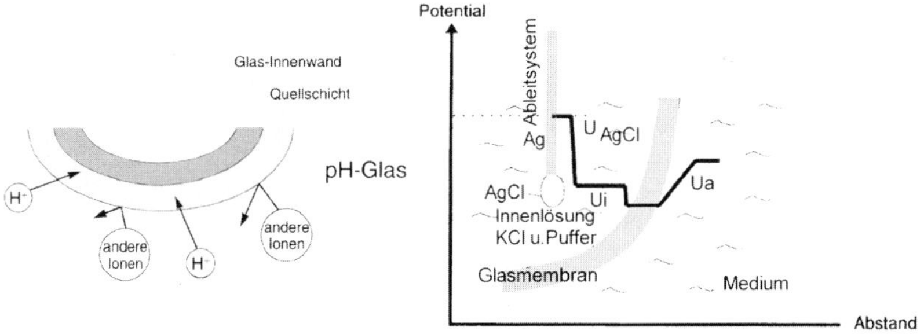

Abbildung 15.3 **pH–Glaselektrode:** Bildung eines pH–abhängigen Membranpotentials durch Eindiffundieren von H^+–Ionen in die Glasoberfläche (links, Quelle: Testo, Lenzkirch); Verlauf des Potentials zwischen Außenelektrolyt und Ag / AgCl–Ableitelektrode (Quelle: Dr. Lange, Düsseldorf).

Einstab–Messelektrode

Im Innern der Glaselektrode befindet sich eine **Pufferlösung** mit definiertem pH–Wert und eine Ableitelektrode, meist eine Ag/AgCl–Elektrode. Bei einem Einstabmesssystem ist eine zusätzliche Ag/AgCl (KCl)–Bezugselektrode integriert, deren Elektrolytlösung über ein **Diaphragma** (Polymermembrane, Glasfritte o. ä.) in leitfähigem Kontakt mit der Messlösung steht. Mess- und Bezugselektrode sind demnach gleich aufgebaut: ihr Potential $U_{Ag/AgCl}$ und ebenso die Temperaturabhängigkeit des Elektrodenpotentials heben sich somit vorteilhafterweise gegenseitig auf. In stark alkalischen Lösungen kann ein sog. **Alkalifehler** auftreten, da Li^+–und Na^+–Ionen ähnliche Diffusionserscheinungen wie H^+–Ionen zeigen. Glaselektroden sind empfindlich für Verschmutzungen jeder Art, z.B. organische Beläge oder Kalkablagerungen. Dies macht sich durch eine schleichende Messwerteinstellung (Dauer >20 Sek.) bemerkbar. Die Elektrode muss dann gereinigt werden (z.B. mit tensidhaltigen Lösungen oder organischen Lösemitteln, Ethanol, Aceton oder in verdünnter HCl bei Kalkablagerungen). Glaselektroden müssen mit Standardpufferlösungen regelmäßig geeicht werden.

Festkörpermembranelektroden

Festkörpermembranelektroden erhält man durch die verallgemeinerte Anwendung des Messprinzips der Glaselektrode auf andere Kationen und Anionen. Im Idealfall sind die Festkörper nur für eine spezifische Kationen- oder Anionenart ionenleitend:

- **Glaselektrode**: pH–Wert, Na^+–Bestimmung (Na^+–ionenleitend),
- **Kristallschnitte:** Einkristall LaF_3 für die Fluorid–Bestimmung (F^-–ionenleitend),
- **Pulverpresslinge:** Ag_2S + AgCl für die Sulfid–Bestimmung (Ag^+–ionenleitend).

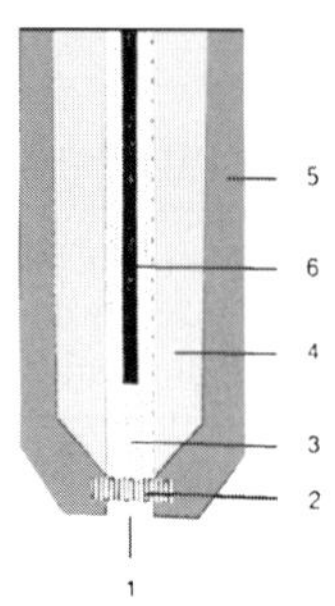

Abbildung 15.4 **Ionenselektive Flüssigmembranelektrode**: Messmedium (1), durchlässige, metallbeschichtete äußere Elektrode (2), innerer Elektrolyt (3), ionenselektive Phase (4), Elektrodenkörper (5), innere Elektrode (6) (/74/).

Flüssigkeitsmembranelektroden

Bei **Flüssigkeitsmembranelektroden** ist die flüssige, **ionenaustauschende** Phase an ein inertes Membranmaterial, meist PVC- oder Silikonkautschuk, adsorbiert oder in dieses als Gel eingebettet (**Gelmembranen**, analog den Weichmachern in Kunststoffen). Der Aufbau einer ionenselektiven Elektrode mit Flüssigmembran ist in → *Abb. 15.4* dargestellt. Flüssigkeits- und Gelmembranen haben eine begrenzte Lebensdauer. In vielen Fällen stören Querempfindlichkeiten zu anderen Kationen und Anionen. Beispiele für organische Ionenaustauscher sind:

- **Cl^-–Bestimmung:** Dimethyldioctodecylammoniumchlorid–Membran,
- **NO_3^-–Bestimmung:** Nickel–Phenanthrolin–Komplex–Membran.

Auch neutrale organische Verbindungen können als ionenaktive Gruppen in Gelmembranen verwendet werden. Der Vorteil dieser als **Ionophore** bezeichneten Gruppen, ist die hohe Selektivität, mit der bestimmte Metallionen durch Komplex- oder durch Einschlussbildung gebunden werden. Der bevorzugte Anwendungsfall ist derzeit die Messung von Kationen in der Medizintechnik (z.B. die K^+–Ionen–Bestimmung im Blut mit Valinomycin–Ionophor).

N
N

1,10 Phenanthrolin

H_3C
CH–CH–COOH
H_3C
NH_2

Valin (Aminosäure, Valinomycin ist ein natürliches Antibiotikum mit Valin als einer Aufbaukomponente)

CHEMFET

Unter der Bezeichnung CHEMFET fasst man spezielle ionenselektive Elektroden zusammen, welche Teil einer Feldeffekttransistorschaltung (FET) sind (→ *Kap. 4.3*). Chemisch sensitive Feldeffekttransistoren (**CHEMFET**) sollen künftig vor allem als **Biosensoren** Anwendung finden. Das Messprinzip des Feldeffekttransistors wird dahingehend variiert, dass das **Gitter (Gate)** über eine ionenselektive Membran mit der Messlösung verbunden und von dieser beeinflusst wird (→ *Abb. 15.5)*. Der Aufbau des Sensors kann durch Einsatz der Dickschicht- oder Dünnschichttechnik miniaturisiert werden. Damit eröffnet sich ein **in vivo**–Einsatz (d. h. Einsatz im lebenden Körper).

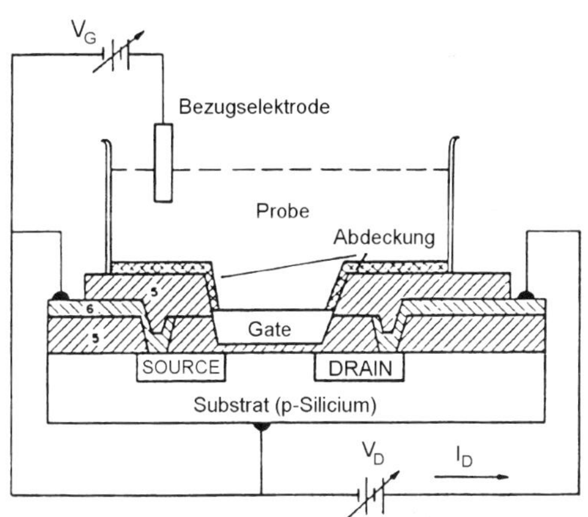

Abbildung 15.5 **Aufbau eines CHEMFET in Dünnschichttechnik**: Das ursprünglich metallische Gate wird durch ein ionenaktives Material ersetzt (aus /75/)

Entsprechend der Messaufgabe findet man folgende **Sensorbezeichnungen**:

- **ISFET** (ionenselektiver FET): Messung von Kationen und Anionen,
- **pH–FET** (pH–sensitiver FET): Messung von H^+–Ionen,
- **ENFET** (enzymatisch aktivierter FET): selektiver Sensor für organische Substanzen,
- **GASFET** (gassensitiver FET): Gassensor mit gasabhängigem Gate.

Besonders **hohe Selektivität** verspricht man sich von enzymatisch aktivierten **ENFET–Biosensoren** auf der Basis von pH–FETs. Dabei verwendet man mit körperspezifischen Enzymen beschichtete Membranen, die eine bestimmte Reaktion mit hoher Selektivität katalysieren. Die dabei auftretende pH–Änderung wird detektiert. Gassensitive **GASFET** können mit metallischen Pd–Membranen als Gatematerial zur Messung von Wasserstoff arbeiten. Gassensoren für saure Gase (CO_2, NO_x) können mit Hilfe von membranbedeckten pH–FETs realisiert werden.

Amperometrie

Die Amperometrie befasst sich mit der Auswertung von **Strom–Spannungskurven** (→ *Kap. 14.1*). Die Spannung ist dabei so gewählt, dass der Stromfluss zwischen einer **Arbeitselektrode** (Messelektrode) und einer **Gegenelektrode** von der Konzentration der Ionen in der Lösung abhängt (**Diffusionsgrenzstrom**). Zum Verständnis dient die Strom–Spannnungskurve in → *Abb. 15.6*. Bei niedriger Spannung fließt im Bereich (1) kein bzw. ein sehr geringer Strom. Erst beim Erreichen einer bestimmten Zersetzungsspannung U_Z ist ein deutlicher Stromanstieg zu beobachten, es findet eine Elektrodenreaktion statt. Im Bereich (2) der Durchtrittsüberspannung ist der Stromfluss durch die Elektrodenreaktionen bestimmt. Im Bereich (3) der Diffusionsüberspannung wird nach Überschreiten eines sog. Halbwellenpotentials $E_{1/2}$ ein Plateau erreicht, bei dem der

Stromfluss durch den diffusionsbestimmten Transport von Ladungsträgern aus der Lösung bestimmt wird. Die **Diffusionsgrenzstromdichte i_{gr}** verhält sich proportional zur **Konzentration c** einer oder mehrerer Ionenarten in der Lösung gemäß:

$$i_{gr} = \frac{z \cdot D}{d} \cdot c$$

z = Ionenladung, D = Diffusionskoeffizient
d = Dicke der Diffusionsgrenzschicht.

Diffusionsgrenzstromdichte

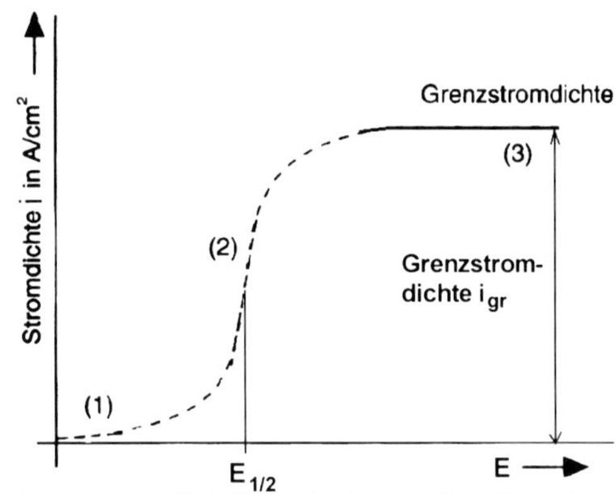

Abbildung 15.6 **Diffusionsgrenzstrom**: Kathodischer Ast der Stromdichte–Potentialkurve unter Hervorhebung des Plateaus des Diffusionsstroms; das Halbstufenpotential $E_{1/2}$ ist typisch für die Art, die Höhe des Diffusionsstroms ist proportional zur Konzentration des potentialbestimmenden Ions an der Kathode.

Amperometrische Sensoren

Bei der Amperometrie wird die **Spannung** im Bereich des Diffusionsgrenzstroms konstant eingestellt. Im Gegensatz zur Konduktometrie und Potentiometrie findet an der Arbeitselektrode (**Edelmetalle, glasartiger Kohlenstoff, Sonderkohle**) ein **Stoffumsatz** statt. Bei den meisten amperometrischen Sensoren ist die Messelektrode als gasdurchlässige Membran ausgelegt (**Clark–Sensor**). Die **konzentrationsabhängige Messgröße** ist der Diffusionsgrenzstrom. Je nach dem Vorzeichen der Spannung an der Arbeitselektrode können Oxidations- oder Reduktionsreaktionen ausgewertet werden. Die Reaktionsprodukte dürfen sich jedoch nicht auf der Oberfläche der Arbeitselektrode **ablagern**. Deshalb werden amperometrische Sensoren im allgemeinen nicht zur Analyse von ionischen Verbindungen eingesetzt. Sie besitzen große Bedeutung als:

- **Gassensoren:** Überwachung von Sauerstoff, Kohlenmonoxid, Schwefelwasserstoff oder anderer giftiger oder brennbarer Gase,
- **Sensoren** für **wassergelösten Sauerstoff, Sensoren** für **Biomoleküle** (z.B. Glucose) in wässrigen Lösungen.

Gelöst–Sauerstoffsensor

Die Messung des wassergelösten Sauerstoffs in Kläranlagen, Gewässern oder in der Getränkeindustrie ist die verbreiteste Anwendung amperometrischer Sensoren. (z.B. Messung des **biologischen Sauerstoffbedarf BSB,** → *Kap. 10.1*) Bei dem in → *Abb. 15.7* dargestellten Gelöst–Sauerstoffsensor befindet sich nach einer gasdurchlässigen **Membran** eine katalytisch aktive Metallkathode, an der die Reduktion des Sauerstoffs zu OH^-–Ionen stattfindet. Diese **Arbeitselektrode** (Gold) und die **Gegenelektrode** (Silber) sind in einen gemeinsamen Elektrolyten (z.B. KCl) eingetaucht. Es finden folgende Reaktionen statt:

$O_2 + 2\,H_2O + 4\,e^-$	→	$4\,OH^-$	Arbeitselektrode (Kathode, Gold)
$4\,Ag + 4\,Cl^-$	→	$4\,AgCl + 4\,e^-$	Gegenelektrode (Anode, Silber)

Der Elektrolyt und die Oberfläche der Gegenelektrode verändern sich aufgrund der Reaktion. Amperometrische Sensoren müssen deshalb im allgemeinen regelmäßig durch

Reinigung der Gegenelektrode und Ersatz der Elektrolytflüssigkeit **gewartet** werden. Eine Verbesserung erzielt man durch einen **Drei–Elektrodensensor**, wobei die dritte Elektrode als Bezugselektrode mit konstantem Potential, d. h. ohne Stromfluss, geschaltet ist (**potentiostatische Schaltung**). Die Referenzspannung stellt eine konstante Bezugsspannung her, wodurch eine verbesserte Messgenauigkeit und Zuverlässigkeit (Anzeige des Wartungszeitpunkts) erhalten wird.

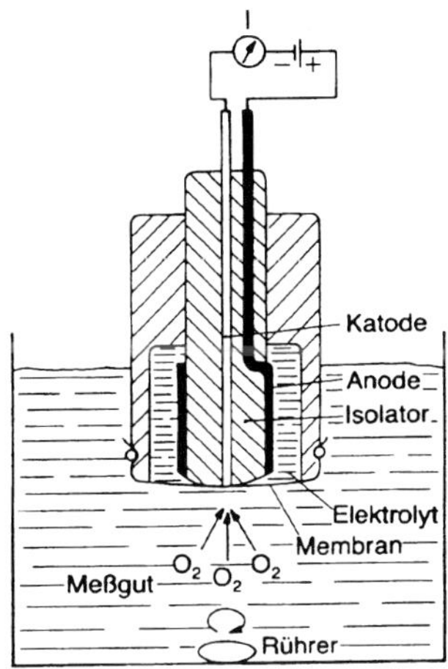

Abbildung 15.7 **Amperometrischer Gelöst–Sauerstoffsensor** nach dem Clark–Prinzip (Zwei–Elektrodensensor, Quelle: WTW, Weilheim)

Amperometrischer Sauerstoffsensor

In → *Abb. 15.8* ist ein amperometrischer **Sauerstoff–Gassensor**, z.B. für die Rauchgasanalyse dargestellt. Der 2–Elektrodensensor besteht aus einer Arbeitselektrode (platiniert) und einer Blei–Gegenelektrode, die in einen gemeinsamen Elektrolyten eingetaucht sind. An der Arbeitselektrode werden OH^-–Ionen gebildet, die zur Anode wandern und dort reagieren gemäß:

$O_2 + 2\,H_2O + 4\,e^- \rightarrow 4\,OH^-$ Arbeitselektrode (Kathode, platiniert)

$4\,OH^- + 2\,Pb \rightarrow 2\,PbO + 2\,H_2O + 4\,e^-$ Gegenelektrode (Anode, Blei)

Die Anodenoberfläche verändert sich aufgrund der Reaktion, wodurch u. U. der Bereich des Diffusionsgrenzstroms verlassen werden kann. Der Sensor muss regelmäßig **gewartet** werden. Elektrolyte können durch Zusatz organischer Polymere zu Gelen versteift werden. Dadurch ergibt sich eine kompakte Bauform; Sensoren dieser Art können lageunabhängig betrieben werden.

Amperometrische Gassensoren für brennbare Gase

Amperometrische Sensoren gehören zu den wichtigsten **Gassensoren** zur Überwachung brennbarer oder giftiger Gase. In → *Abb. 15.8 (unten)* ist ein Drei–Elektrodensensor für die Überwachung von **Kohlenmonoxid** dargestellt. An der CO–gasdurchlässigen Arbeitselektrode findet die Oxidation des CO zu CO_2 statt. Die dabei entstehenden H^+–Ionen wandern zur Gegenelektrode und werden dort für die Reduktionsreaktion mit Sauerstoff verbraucht:

$CO + 2\,H_2O \rightarrow 4\,CO_2 + 2\,H^+ + 2\,e^-$ (Oxidation, Anode)

$O_2 + 2\,H^+ + 2\,e^- \rightarrow 2\,H_2O$ (Reduktion, Kathode)

Der Elektrolyt und die Elektrodenoberflächen bleiben bei den Elektrodenreaktionen unverändert. Die Lebensdauer des Sensores beträgt mehr als zwei Jahre. Für nahezu jedes brennbare oder giftige Gas lässt sich eine spezifische Reaktion finden, die zum Bau eines hochselektiven, amperometrischen Gassensors genützt werden kann.

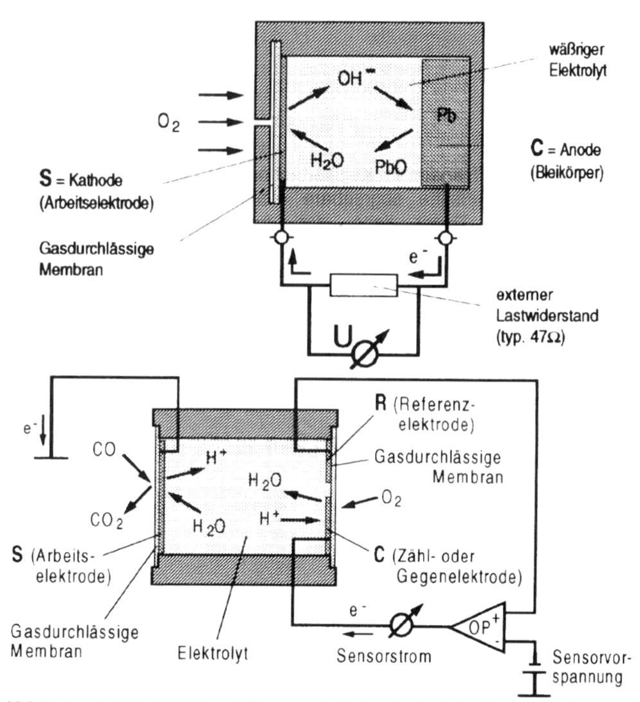

Abbildung 15.8 **Amperometrischer Sauerstoffsensor** (2–Elektroden) mit platinierter Arbeitselektrode und Pb–Gegenelektrode (oben). **Amperometrischer CO–Sensor** (3–Elektroden) mit Frischluft als Zähl- oder Gegenelektrode (unten), (Quelle: Endress + Hauser, Gerlingen).

Glucose–Sensor

Die Glucose–Messung bei **Diabetikern** gehört zu den häufigsten, klinisch durchgeführten Messungen. Ein amperometrischer Glucose–Sensor soll den Patienten zur Eigenüberwachung des Blutzuckerspiegels befähigen. Bei dem modifizierten Clark–Sensor in → *Abb. 15.9* diffundiert **Glucose** (Substrat) und **Sauerstoff** (Cosubstrat) durch eine Membran in den Reaktionsraum, in dem das dort befindliche Enzym **Glucoseoxidase (GOD)** die Oxidation der Glucose zu Gluconsäure katalysiert. Amperometrisch messbar ist erst die Folgereaktion, nämlich die Oxidation von Wasserstoffperoxid an der Pt–Arbeitselektrode:

Glucose + $O_2 \rightarrow$ Gluconsäure + H_2O_2 (Katalyse durch GOD)

$H_2O_2 \rightarrow O_2 + 2\,H^+ + 2\,e^-$ (Katalyse durch GOD, Anode des Sensors)

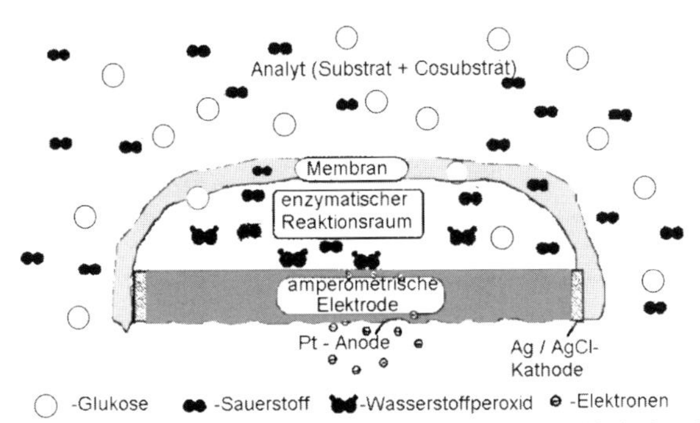

Abbildung 15.9 **Biosensor zur Glucosebestimmung**: Im Reaktionsraum befindet sich das immobilisierte Enzym Glucoseoxidase (GOD). In der zu analysierenden Lösung (Analyt) sind Glucose (Substrat) und Sauerstoff (Co-substrat). Die Pt–Messelektrode und die Ag /AgCl–Bezugselektrode sind gegeneinander elektrisch isoliert (Quelle: Bundesministerium für Forschung und Technologie, Bonn 1996)

15.2 Elektrolytische Zellen, elektrochemisches Abtragen

Elektrolyse

Die Elektrolyse ist die **erzwungene Umkehr** einer freiwillig verlaufenden Redoxreaktion durch Energiezufuhr in Form von elektrischem Strom. Durch Elektrolyse erhält man energiereiche Verbindungen und Elemente (z.B. NaOH und Cl_2) aus energiearmen Verbindungen (z.B. NaCl). Entsprechend → *Abb. 15.10* wandern in einer wässrigen Salzlösung **(Elektrolyt)** positiv geladene Kationen zum Minuspol (**Kathode**) und negativ geladene Anionen zum Pluspol (**Anode**).

Kathode

An der **Kathode** findet immer die **Reduktionsreaktion** statt (positiv geladene Kationen wandern zur Kathode). Je elektrochemisch positiver (**edler**) das Potential des Kations ist, desto eher wird es **reduziert**, z.B. Cu^{2+} wird früher als Zn^{2+} reduziert. Ist die reduzierte Form ein Feststoff, scheidet sich dieser als metallischer Überzug auf der Kathode ab (**Galvanotechnik**): $Cu^{2+} + 2\,e^- \rightarrow Cu$ (Reduktion)

Anode

An der **Anode** findet immer die **Oxidationsreaktion** statt (negativ geladene Anionen wandern zur Anode). Je negativer (**unedler**) das Potential des Anions ist, desto leichter wird es **oxidiert**. Wenn das Anodenmetall selbst oxidierbar ist (z.B. Zn, Fe, Cu) dann wird die Auflösung der Anode zur dominierenden Hauptreaktion. Die Anode ist deshalb stets durch **Korrosion** gefährdet, während die Kathode einen **kathodischen Korrosionsschutz** besitzt. Die gezielte Auflösung des Anodenmetalls macht man sich in der Galvanotechnik (→ *Kap. 17.6*) zunutze. Soll sich die Anode dagegen nicht auflösen, verwendet man Edelmetalle oder elektronenleitende Oxidelektroden, z.B. **platinierte Titanelektroden**, die oberflächlich eine korrosionsbeständige, elektronenleitende TiO_2–Schicht bilden:

$4\,OH^- \rightarrow O_2 + 2\,H_2O + 4\,e^-$ (Oxidation unter Gasbildung)

$Cu \rightarrow Cu^{2+} + 2\,e^-$ (Oxidation unter Anodenauflösung)

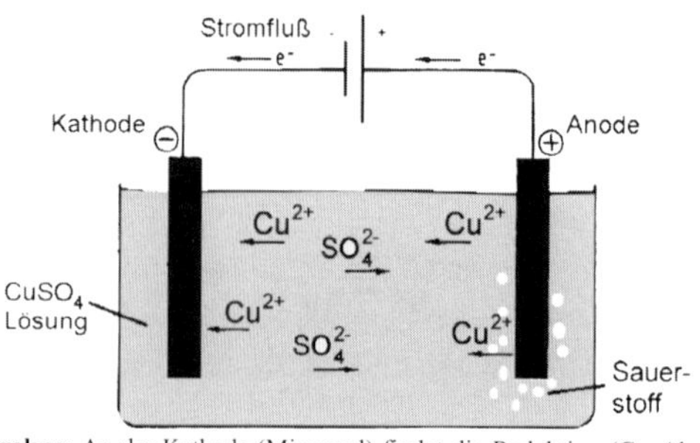

Abbildung 15.10 **Elektrolyse**: An der Kathode (Minuspol) findet die Reduktion (Cu–Abscheidung), an der Anode (Pluspol) die Oxidation (Cu–Auflösung oder Sauerstoffentwicklung) statt.

Faraday–Gesetz

Die kathodische Abscheidung von Metallen aus wässrigen Lösungen von Metallsalzen folgt dem Faraday–Gesetz. Die Masse m der nach einer Zeit t abgeschiedenen Schicht ergibt sich demnach:

$$m = A_e \cdot I \cdot t \cdot \eta$$

$$A_e = \frac{M}{z \cdot F}$$

m = Masse [g], t = Abscheidezeit [sec]
Stromausbeute η [%]; I = Stromstärke [A]
A_e = elektrochemisches Äquivalent
M = molare Masse ; z = Ionenwertigkeit
F = 96485 As mol^{-1} Faradaykonstante

Beschichtungsdauer

Gefragt ist üblicherweise die **Beschichtungsdauer** t zur Herstellung einer bestimmten Schichtdicke d (mit ρ = Dichte des Metalls [g cm^{-3}]):
$t = m / (A_e \cdot I \cdot \eta) = \rho \cdot A \cdot d / (A_e \cdot i \cdot A \cdot \eta) = \rho \cdot d / (A_e \cdot i \cdot \eta)$
Die Beschichtungsdauer t verhält sich demnach proportional zur Schichtdicke und umgekehrt proportional zur Stromdichte i, sie ist nicht abhängig von der Fläche A des zu beschichtenden Gegenstandes. Die Stromdichte ist eine charakteristische Größe für die unterschiedlichen galvanischen Beschichtungsprozesse und beträgt typischerweise zwischen 1...10 A dm^{-2}.

Aufgabe

Ein Stahlblech soll mit Nickel der Schichtdicke d = 10 µm Nickel beschichtet werden. Wie groß ist die Galvanisierdauer bei einer Stromdichte von 1,5 A dm^{-2} und einer Stromausbeute von 98% (molare Masse M = 58,71 g mol^{-1}, Ionenwertigkeit I = +2, Dichte ρ = 8,9 g cm^{-3}) ?
$A_e = 58{,}71\ g\ mol^{-1} / (2 \cdot 96485\ As\ mol^{-1}) = 3{,}042 \cdot 10^{-4}\ g\ A^{-1}s^{-1}$
$t = 8{,}9\ g\ cm^{-3} \cdot 10 \cdot 10^{-4}\ cm / (3{,}042 \cdot 10^{-4}\ g\ A^{-1}s^{-1} \cdot 1{,}5 \cdot 10^{-2}\ A\ cm^{-2} \cdot 0{,}98)$
t = 19 90 s = 33,2 min = 0,55 h

Überspannung

Aus der Faraday–Gleichung folgt, dass die Geschwindigkeit v = m/t der Metallabscheidung proportional zur Stromdichte i ist. i wiederum ist eine Funktion der an den Elektroden anliegenden **Spannung**. Legt man an die Elektroden eine Spannung, die der Differenz der Ruhepotentiale EMK = E_{Red} - E_{Ox} nach der elektrochemischen Spannungsreihe entspricht, dann verläuft die Metallabscheidung nur langsam oder gar nicht, da die Teilvorgänge der Abscheidung gehemmt sind. Man verwendet deshalb eine höhere Elektrolysespannung, die sich als Summe der Beträge der Ruhespannung, Ohmscher Verluste und der **Überspannungen η_k bzw. η_a** an der Kathode bzw. Anode ergibt: $U = EMK + \eta_k + \eta_a + I \cdot R$

Die Überspannung (→ *Kap. 14.1*) bedeutet einerseits einen Verlust an elektrischer Energie, andererseits ermöglicht die besonders hohe Überspannung der Wasserstoff- bzw. Sauerstoffentwicklung an bestimmten Metallelektroden erst die **Abscheidung unedler Metalle**, wie Zn oder Ni aus sauren oder neutralen Elektrolyten. Die Ursachen der Überspannung sind (→ *Kap. 14.1*): **Durchtrittsüberspannung η_d** (der Durchtritt der

Ladungsträger durch eine vor der Elektrode liegende Doppelschicht ist gehemmt, **Diffusionsüberspannung** η_{dif} (der Stofftransport aus der Lösung zur Elektrodenoberfläche ist gehemmt), **Reaktionsüberspannung** η_r (eine chemische Folgereaktion ist gehemmt, z.B. 2 H → H_2) und **Kristallisationsüberspannung** η_{krist} (der Kristallaufbau eines Metalls ist verzögert).

Stromdichte-Spannungskurve

In → *Abb. 15.11* ist der Zusammenhang zwischen Stromdichte und Verlauf der Elektrolysespannung bei einer Wasserelektrolyse dargestellt. Die Elektrolyse benötigt eine Mindestspannung (U = EMK = 1,23 V), die nach der Nernstschen Gleichung für die Wasserstoff- und Sauerstoffelektrode berechenbar ist, wenn die Drücke der entwickelten Gase Wasserstoff und Sauerstoff den äußeren Luftdruck übersteigen. Unterhalb von 1, 23 V fließt nur ein geringer Reststrom, der durch die Diffusion der gebildeten Gase in die Elektrolytlösung bestimmt ist. In alkalischer Lösung gelten folgende Gleichungen für die Gasbildung:

$4\,OH^- \rightarrow O_2 + H_2O + 4\,e^-$ (Anode) $2\,H_2O + 2e^- \rightarrow H_2 + 2\,OH^-$ (Kathode)

Elektrolysespannung

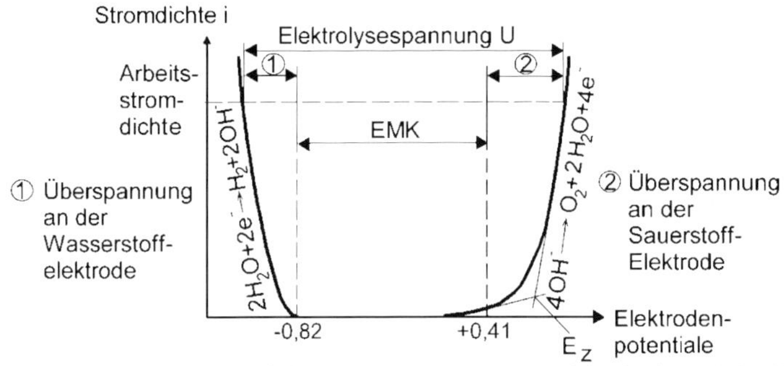

Abbildung 15.11 **Elektrolysespannung** bei einer Wasserelektrolyse (an Pt–Elektroden in **alkalischer Lösung)** bei unterschiedlicher Stromdichte (Strombelastung) Mit steigender Stromdichte nimmt die Elektrolysespannung zu (Ursachen: Überspannungen, Ohmsche Verluste), U_Z = Zersetzungsspannung).

Zersetzungsspannung

Bereits bei sehr geringen Stromdichten muss die Durchtrittsüberspannung aufgebracht werden. Diese entspricht etwa den in *Kap. 13.1* genannten Werten für die Wasserstoff- und Sauerstoffüberspannung (an Pt: H_2–Überspannung ca. 0 V; O_2–Überspannung ca. 0,50 V, **durchtrittskontrollierter** Bereich). Die Elektrolyse beginnt deshalb erst merklich oberhalb einer Zersetzungsspannung ca. U_z = 1,9 V. (siehe auch → *Abb. 15.6*). Nach dem Überschreiten von U_Z steigt die Stromdichte i nahezu linear mit zunehmender Elektrolysespannung an (Bereich des Ohmschen Gesetzes). Im Bereich hoher Zellspannungen geht die Stromdichte i in einen Sättigungswert über (**Grenzstromdichte i_{gr}, diffusionskontrollierter** Bereich). Dieser Bereich ist in → *Abb. 15.11* nicht mehr dargestellt, da er für eine Elektrolyse unwirtschaftlich ist. Der Bereich des Diffusionsgrenzstroms wird jedoch für den Bau **amperometrischer Sensoren** genutzt (→ *Kap. 15.1*).

Technische Elektrolysen

Als Beispiele für technische Elektrolysen werden die elektrolytische Herstellung von Gasen und die Raffination der Metalle dargestellt. Die **technisch wichtigsten** Elektrolysen werden teilweise an anderen Stellen behandelt:

- **großtechnische Synthesen**: Al–(→ *Kap. 5.4*) bzw. NaOH–Herstellung,
- **Oberflächentechnik**: Galvanotechnik (→ *Kap. 17.6*),
- **Akkumulatoren**: Aufladen von galvanischen Zellen (→ *Kap. 15.3*)

Herstellung reiner Gase

Durch Elektrolyse lassen sich die reinen Gase aus wässrigen Lösungen oder Salzschmelzen herstellen. Eine Gasentwicklung kann auch als **unerwünschte** Nebenreaktion, insbesondere bei chloridhaltigen Elektrolyten, auftreten (z.B. bei der Vernickelung mit $NiCl_2$–Elektrolyten). Bei der Elektrolyse von Salzlösungen ist mit der Entwicklung von Gasen entsprechend → *Tab. 15.3* zu rechnen (Arbeitsschutz). Aufgrund der bevorzugten Wasserstoffentwicklung lassen sich die Alkali- bzw. Erdalkalielemente aus wässigen Lösungen nicht elektrolytisch herstellen (nur aus Salzschmelzen). **Chlorid, Bromid** und **Iodid** werden anodisch zu den jeweiligen Elementen oxidiert (Vorsicht Chlorgas!). Sulfat- oder Nitratanionen reagieren an der Anode nicht.

wässriger Elektrolyt	Kathodenreaktion	Anodenreaktion
H_2O	H_2–Entwicklung	O_2–Entwicklung
NaCl	H_2–Entwicklung	Cl_2–Entwicklung
Na_2SO_4	H_2–Entwicklung	O_2–Entwicklung
H_2SO_4	H_2–Entwicklung	O_2–Entwicklung
$CuSO_4$	Cu–Abscheidung	O_2–Entwicklung
$CuCl_2$	Cu–Abscheidung	Cl_2–Entwicklung

Tabelle 15.3 **Gasförmige Elektrolyseprodukte** von wässrigen Salzlösungen (mit Platinelektroden) /76/

Elektrolytische Raffination

Die elektrolytische Raffination zur **Metallreindarstellung** ist vor allem für die Herstellung von Elektrolytkupfer mit einer Reinheit 99,9% Cu bedeutsam (→ *Abb. 15.12*). Das mit Begleitmetallen wie Fe, Ni, Zn, Ag und Au verunreinigte Rohkupfer wird in einem Elektrolyseprozess als **Anode** geschaltet. An der Anode gehen Kupfer und alle leichter als Cu oxidierbaren Metalle als Kationen Fe^{3+}, Ni^{2+}, Zn^{2+} in Lösung. Als wertvoller, ungelöster Anodenschlamm verbleiben die ungelösten Metalle Ag, Au. Als **Kathode** wird ein Reinkupferblech geschaltet, an dem sich Cu^{2+}–Ionen als edelste, in Lösung befindliche Metallkationen abscheiden:

- **Reinkupfer–Kathode:** $Cu^{2+} + 2\,e^- \rightarrow Cu$ Reduktion
- **Rohkupfer–Anode:** $Cu \rightarrow Cu^{2+} + 2\,e^-$ Oxidation

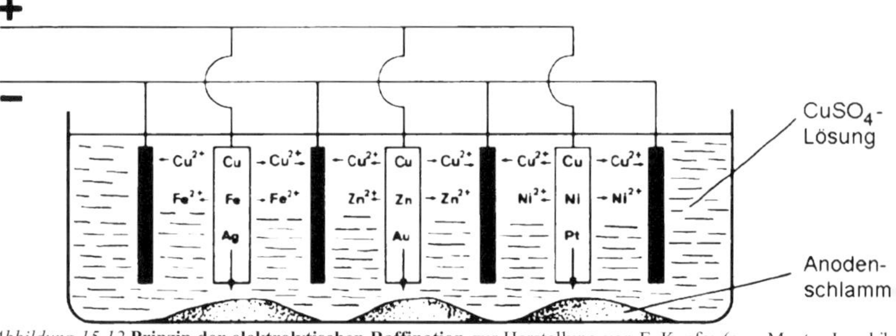

Abbildung 15.12 **Prinzip der elektrolytischen Raffination** zur Herstellung von E–Kupfer (aus: Mentor Lernhilfe Chemie).

Elektrochemisches Abtragen

Bei elektrochemischen Abtragsverfahren sind die Werkstücke grundsätzlich als **Anode** geschaltet. Dadurch lassen sich nicht nur unedle Metalle (z.B. Al, Sn, Fe), sondern auch Edelstähle, Kupfer oder sogar Gold in Lösung bringen. Elektrochemische Abtragsverfahren sind:

- **formabtragend**: Elektrochemisches Senken, Entgraten, Drehen, Schleifen, Ätzen (Sammelbegriff: **ECM = Electrochemical Machining),**
- **oberflächenabtragend**: Elektrochemisches Glänzen (Elektropolieren), Entgraten, Entmetallisieren, Beizen (→ *Kap. 17.1*).

Electrochemical Machining (ECM)

Beim elektrochemischen **Formabtragen** (**ECM**) werden die metallischen Abtragsprodukte durch einen radial anströmenden oder zentral im Gegenkörper zugeführten **Elektrolyt** fortgespült (→ *Abb. 15.13*). Der Arbeitsspalt zwischen Formelektrode und Werkstück ist mit ca. 0,025 mm sehr gering. Im Gegensatz zum Erodieren (siehe unten) oder zu einer mechanischen Bearbeitung ist die ECM–Bearbeitung nicht mit einer thermischen Belastung oder mechanischen Verformung der Oberfläche verbunden. Die Abtragsgeschwindigkeit v [ds/dt] folgt dem Faraday–Gesetz: $v = (M / \rho z F) \cdot i$

Elektroentgraten

Beim elektrochemischen **Oberflächenabtragen** werden hervorstehende Spitzen (z.B. Rauheit oder Grate), bevorzugt abgetragen (**Elektropolieren, Elektroentgraten**).

ECM–Elektrolyte

Als **Elektrolyte** für elektrochemische Abtragsverfahren werden zumeist **hochleitfähige** Salzlösungen verwendet. Die bevorzugte Verwendung von $NaNO_3$ bei Kohlenstoffstählen ist auf die Ausbildung einer erwünschten Passivschicht (aufgrund der anodischen Entwicklung von Sauerstoff) zurückzuführen, die eine gute Abbildungsgenauigkeit ermöglicht (Metallauflösung im Transpassivbereich):

- **Kochsalz (NaCl)**: für Metalle mit sehr stabiler und deshalb störender Oxidschicht (z.B. Titan),
- **Natriumnitrat ($NaNO_3$)**: Bereits bei niedriger Stromdichte bildet sich eine oberflächliche Passivschicht. Nur wenig Metall geht dann in Lösung; die Abtragsrate ist geringer als bei NaCl.
- **Säuren**: beschränkt auf Sonderfälle.

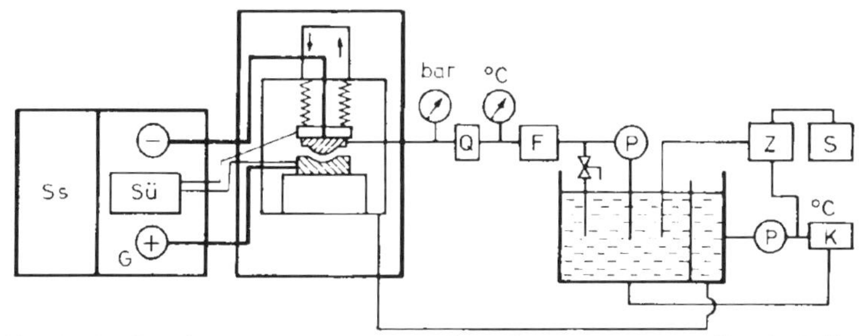

Abbildung 15.13 **Aufbau einer ECM–Anlage:** R = Reduzierventil, P = Pumpe, Z = Zentrifuge, S = Schlamm, K = Kühler, G = Generator, Sü = Spaltüberwachung, Sc = Steuerschrank /76/.

Bei Verwendung der neutralen Salze NaCl bzw. $NaNO_3$ fallen die gelösten Metallionen als Metallhydroxid–Schlamm aus und können dann aus dem Elektrolyt entfernt werden. Bei elektrochemischen Abtragsprozessen muss der Arbeits- und Umweltschutz berücksichtigt werden. Neben dem Abfallproblem aufgrund **Metallschlammbildung** sind Arbeitsschutzprobleme durch die prozessbedingte Veränderungen der Elektrolytzusammensetzung zu beachten. Nitrat wird an der Kathode zu gesundheitsschädlichem **Nitrit** oder NH_3 reduziert, Chrom aus Edelstählen geht an der Anode als giftiges **Chromat** in Lösung. Das kathodenseitig entstehenden **Gase** H_2 bzw. NO_x müssen aus Sicherheitsgründen abgesaugt werden.
Normenhinweis: VDI–Richtlinie 3401: Elektrochemisches Formabtragen

Elektroerosion (EDM)

Die Elektroerosion (**Erodieren, EDM = Electro–Discharge–Machining**) ist ein abbildendes Formgebungsverfahren, bei dem sich eine elektrisch polarisierte Werkzeugelektrode in das Werkstück, das als Gegenelektrode geschaltet ist, abbildet. Dem Mechanismus nach ist die Elektroerosion – obwohl mit negativ und positiv geladenen Elektroden gearbeitet wird – **kein elektrochemisches**, sondern ein **thermisches** Verfahren (hohe Leerlaufspannungen 60...300 V). Man unterscheidet zwei Verfahren:

- **Funkenerosion** (nicht stationäre Entladung),
- **Lichtbogenerosion** (stationäre Entladung).

Funkenerosion

Das meist verwendeten Verfahren der **Funkenerosion** unterteilt man in:
- **Funkenerosives Senken (Senkerodieren,** Gravieren mit Cu- bzw. Graphitformelektroden**),**
- **Funkenerosives Schneiden (Drahterodieren** mit ablaufendem Draht als Werkzeug),
- **funkenerosives Schleifen** (Rundschleifen, Flachschleifen).

Prinzip der Funkenerosion

Das **Werkzeug** wird üblicherweise als Kathode, das **Werkstück** als Anode geschaltet, Werkzeug und Werkstück befinden sich in einem nichtleitenden, flüssigen Dielektrikum (→ *Abb. 15.14*). Zwischen dem Werkstück und dem Werkzeug wird in einem schmalen Bearbeitungsspalt von 0,005...0,5 mm eine elektrische Entladung, die einem Lichtbogen gleicht, gezündet. Aufgrund der dabei erzeugten Hitze wird schmelzflüssiges Metall lokal abgetragen und aus dem Spalt herausgeschleudert. Bei der Funkenerosion wird durch einen impulsartigen Verlauf der Spannung (0,2...500 kHz) der Abtragsprozess mehrere tausend bis hunderttausend mal pro Sekunde aktiviert und wieder abgebrochen.

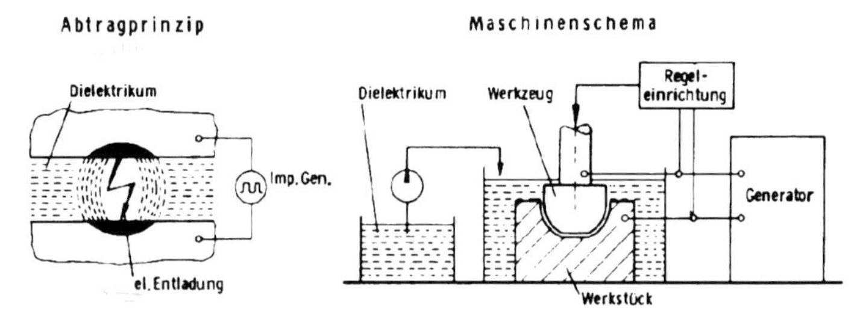

Arbeitsmedium:	Dielektrische Flüssigkeit (Petroleum)	
Werkzeug:	Abbildendes Formwerkzeug mit Verschleiß	
Verschleiß:	Elektrodenwerkstoff	
	Kupfer	Graphit
Schruppen:	<20 %	< 1 %
Schlichten:	< 5 %	< 10 %

Leerlaufspannung:	60 - 300 V
max. Stromdichte:	5 - 10 A/cm^2
Impulsfrequenz:	0,2 - 500 kHz
Bearbeitungsspalt:	0,005 - 0,5 mm
spez. Abtragrate:	ca. 8 mm^3/A · min

Abbildung 15.14 **Funkenerosives Senken**: der Abtragsmechanismus beruht auf einer lokalen Erhitzung des Werkstücks in dem schmalen Entladungsspalt zwischen einer Formelektrode (aus: Fertigungsverfahren, Band 3, VDI–Verlag, Düsseldorf /76/).

Dielektrika

Das Erodieren beruht also im Gegensatz zu den elektrochemischen Verfahren auf **thermischen** Mechanismen. Damit sich die Entladung aufbauen kann, muss die Leitfähigkeit des flüssigen Dielektrikums möglichst **niedrig** sein (Gegensatz Elektrochemie: Leitfähigkeit des Elektrolyts möglichst groß). Als Dielektrika werden eingesetzt:
- **vollentsalztes Wasser**: bevorzugt für das Drahterodieren,
- **Mineralöle bzw. Syntheseöle:** bevorzugt für das Senkerodieren, neuerdings auch Produkte auf Wasserbasis.

Zur Einhaltung der geforderten niedrigen Leitfähigkeit müssen kontinuierlich Metallionen aus dem Dielektrikum meist durch **Ionenaustauscher** entfernt werden. Bei brennbaren Dielektrika ist auf die Einhaltung der Brandschutzbestimmungen zu achten.
Normenhinweis: VDI–Richtlinie 3402: Elektroerosive Bearbeitung

15.3 Galvanische Zellen, Batterien, Akkumulatoren

Primärzellen
Sekundärzellen

Galvanische Zellen sind elektrochemische Stromquellen, die in einer freiwillig verlaufenden Redoxreaktion ihre gespeicherte Energie abgeben. Der Ablauf der Redoxreaktion ist nur möglich, wenn über einen äußeren Verbraucher der Stromkreis geschlossen ist und dann Elektronen fließen können. In der Praxis beobachtet man aufgrund von Korrosionserscheinungen auch ohne äußeren Verbrauch einen minimalen Stromfluss, weshalb galvanische Zellen in der Regel eine begrenzte Lagerdauer besitzen. Man unterscheidet:

- **Primärzellen, Batterien:** Nicht wiederaufladbare Einmal–Zellen, deren Redoxreaktion irreversibel (unumkehrbar) verläuft. Batterien entstehen durch die Hintereinanderschaltung mehrerer galvanischer Primärzellen.
- **Sekundärzellen, Akkumulatoren**: Wiederaufladbare Zellen, deren Redoxreaktion reversibel (umkehrbar) verläuft. Technische Akkumulatoren entstehen durch die Schaltung mehrerer Sekundärzellen.
- **Brennstoffzellen:** Sekundärelemente mit Gasen als Energieträger.

Daniell–Element

Werden zwei Halbzellen mit unterschiedlichem Elektrodenpotential durch einen äußeren Stromkreis miteinander verbunden, so findet eine Redoxreaktion statt. Die ausgetauschten Elektronen können als Stromstärke I gemessen werden. Im Idealfall (stromloser Zustand) entspricht die **Klemmenspannung** U_{Kl} der EMK, also der Differenz der Elektrodenpotentiale der Halbzellen. Eine einfache galvanische Zelle ist das **Daniell–Element** nach → *Abb. 15.15 links*.

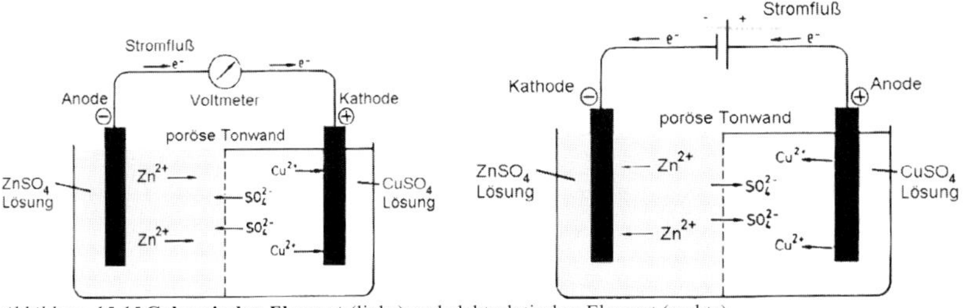

Abbildung 15.15 **Galvanisches Element** (links) und elektrolytisches Element (rechts)

Anode
Minuspol

Als **Anode** wird stets der Ort der Oxidation bezeichnet. Bei galvanische Zellen befindet sich an der Anode ein Elektronenüberschuss, weshalb dieser Pol als **Minuspol** bezeichnet wird (**Gegensatz** zur Elektrolyse, dort Kathode = Minuspol, → *Abb. 15.15 rechts*), z.B.:

$Zn \rightarrow Zn^{2+} + 2\,e^-$ Oxidation, Anode, Minuspol bei galvanischen Zellen.

Kathode
Pluspol

Als **Kathode** wird stets der Ort der Reduktion bezeichnet. Im Falle einer galvanischen Zelle findet man an der Kathode einen Elektronenmangel, weshalb sich hier der **Pluspol** befindet (**Gegensatz** zur Elektrolyse, dort Anode = Pluspol, → *Abb. 15.15 rechts*), z.B.:

$Cu^{2+} + 2\,e^- \rightarrow Cu$ Reduktion, Kathode, Pluspol bei galvanischen Zellen

Das Daniell–Element (Spannung U = 1,1 V) hat keine praktische Bedeutung erlangt, da es nicht lagerstabil ist. Im Prinzip kann es zumindest teilweise wieder aufgeladen werden (hohe Wasserstoff–Überspannung am Zink).

Zellen–Kenngrößen

Jeder Zellentyp ist durch bestimmte **Kenngrößen** charakterisiert. Für die Entladung sowohl von Primär- als auch von Sekundärzellen (Akkumulatoren) sind die grundlegenden Kenngrößen: **Spannung**, **Kapazität** und **Stromstärke** geeignet. Davon abgeleitete Kenngrößen sind, z.B. **Energiedichte**, **Leistungsdichte** und **Entladekennlinie**.

Spannung, Nennspannung

Die **elektrochemische Spannung** kann theoretisch aus der elektrochemischen Spannungsreihe berechnet werden. Die **Ruhespannung** entspricht der Spannung der unbelasteten Zelle, die allerdings je nach Standzeit der Zelle gegenüber dem EMK–Anfangswert geringer ausfallen kann. Die in der Praxis wichtigste Spannungsangabe ist die **Nennspannung U_n**, das ist die **mittlere** Entladespannung während der gesamten Entladezeit bei Raumtemperatur. Sie beträgt bei einer Leclanche–Zelle (Trockenbatterie) U_n = 1,5 V, bei einem Ni/Cd–Akku U_n = 1,2 V. Während der Entladezeit t nimmt die Entladespannung im allgemeinen bis zu einer **Entladeschlussspannung U_e** ab (Entladekennlinie, siehe unten). U_e liegt meist ca. 0,23 V bis 0,33 V unter der Anfangsspannung.

Kapazität, Nennkapazität

Die **Kapazität (C)** bzw. der **Ladungsinhalt [A h]** ist definiert als Produkt der Entladestromstärke I mal der Entladezeit t_e bis zum Erreichen der Entladeschlussspannung:
$C = I \cdot t_e$

Die Kapazität hängt von der Entladestromstärke und der Entladezeit selbst ab. Die wichtigste Kapazitätsangabe ist die **Nennkapazität C_n**, die als diejenige gespeicherte Ladung bezeichnet wird, die während einer Entladung über 5 Stunden mit einem Nennstrom von 0,2 CA (siehe unten) entnommen wird. Die Nennkapazität für eine wiederaufladbare Ni / Cd–Zelle mittlerer Größe beträgt z.B. 600 mA h (Einsatz: Walkman, Mobilgeräte). Zum Vergleich unterschiedlicher Zellen wird die Kapazität auf die Masse oder das Volumen der Reaktanten bezogen (**spezifische Kapazität** bzw. **Ladungsdichte C_s**, Index s = spezifisch).

Stromstärke, Nennstromstärke

Entlade- oder Ladeströme werden oft als **Vielfaches** der Nennkapazität C_n in Einheiten [CA] angegeben, z.B. bei einer Nennkapazität C_n = 4 A h:
I = 1 CA = 4 A, I = 0,1 CA = 400 mA

In dem Beispiel wird bei einer Entladestromstärke I = 1 CA die Nennkapazität C_n in einer Stunde entnommen. Bei der **Entladenennstromstärke I_n**= 0,2 CA wird die Nennkapazität innerhalb einer 5 Stunden währenden Entladezeit entnommen.

Energieinhalt, Energiedichte

Der gesamte **Energieinhalt [W h]** der Zelle ergibt sich nach dem Jouleschen Gesetz als Produkt der Nennkapazität C_n mit der Nennspannung U_n:
$E = C_n \cdot U_n$ bzw. $E_s = C_s \cdot U_n$

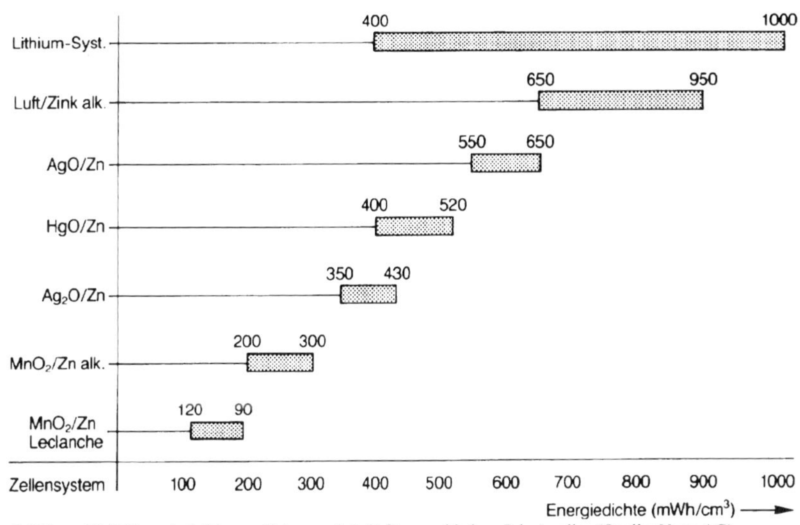

Vergleich der Energiedichten von Primärzellen

Abbildung 15.16 **Energiedichte pro Volumeneinheit** für verschiedene Primärzellen (Quelle: Varta AG)

Zum Vergleich verschiedener Zelltypen wird der Energieinhalt auf die Masse oder das Volumen der Zelle bezogen (**Energiedichte E_s**). In → *Abb. 15.16* ist die Energiedichte E_s pro Volumeneinheit für verschiedene Primärzellen dargestellt. Li–Zellen speichern dementsprechend fünfmal mehr Energie pro Volumeneinheit als eine konventionelle Leclanche–Zelle (Zn–Braunstein–Zelle). Spannung, Kapazität und Energiedichte galvanischer Zellen können über ihre Stellung in der elektrochemischen Spannungsreihe und nach dem Faraday–Gesetz theoretisch berechnet werden. Die tatsächlichen Werte weichen von den theoretisch ermittelten jedoch stark ab; sie werden wesentlich von den **Entladebedingungen**, d. h. von der Höhe der Entladestromstärke bestimmt. Bei hohen Entladestromstärken verringern sich U, C und E, da dabei **innere** Elektrodenmassen aufgrund **langsamer** Diffusionsprozesse schlechter genutzt werden. Um einen Vergleich zu ermöglichen, müssen die Entladebedingungen dazu genannt werden. Die **Nennwerte** (Referenzwerte) beziehen sich in der Regel auf eine 5–stündige Entladung bis zur Entladeschlussspannung (Entladestromstärke 0,2 CA). Beispielsweise erreicht die tatsächliche Energiedichte E_s oft nur 15 bis 25% des theoretisch möglichen Werts.

Entladebedingungen

Neben der Energiedichte kommt der **Leistungsdichte** eine entscheidende Bedeutung zu. Die **Leistungsdichte** bestimmt die **Belastbarkeit** einer Zelle, z.B. die Beschleunigung oder das Steigvermögen eines Elektrofahrzeugs. Als **Leistung P** [W] bezeichnet man das Produkt aus Stromstärke multipliziert mit der mittleren Klemmenspannung (Nennspannung U_n): $P = I \cdot U_n$

Leistungsdichte

Die **Leistungsdichte** ist die auf die Masse oder das Volumen bezogene Leistung [W kg^{-1} bzw. W cm^{-3}]. Nach → *Abb. 15.17* sinkt die Nennspannung einer Leclanche–Zelle (→ *Abb. 15.17 oben)* mit zunehmender Belastung (d. h. Stromstärke) aufgrund zunehmender Diffusionsüberspannung. Den Punkt **maximaler Leistung** P_{max} findet man im Strom–Spannungsdiagramm als denjenigen Punkt, bei dem das Produkt des Ordinatenwerts mit dem Abszissenwert ein Maximum annimmt (maximale Fläche eines Rechtecks).

Maximale Leistung

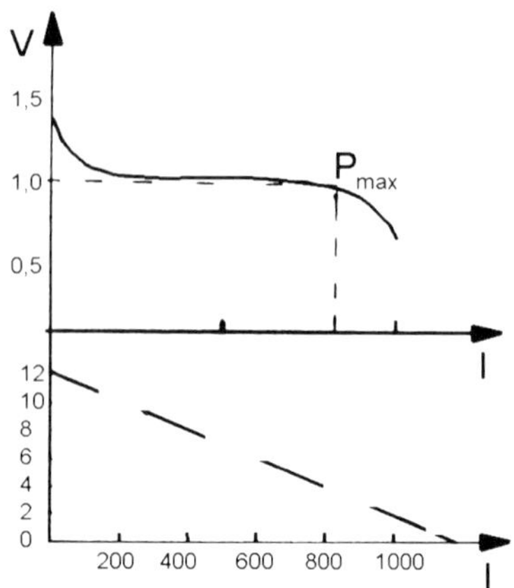

Abbildung 15.17 **Strom–Spannungscharakteristik einer Leclanche–Zelle** (Gewicht 100 g, oben) und einer **12 V–45 A–KFZ–Starterbatterie** (Pb–Akku, Gewicht 14 kg, unten). Mit zunehmender Strombelastung sinkt die Leistung /77/.

Bei allen Energiesystemen ist im allgemeinen die gespeicherte Energie bei hoher Belastung schlechter ausnutzbar. Besonders der Pb–Akku (→ *Abb.15.17 unten*) zeigt eine begrenzte **Leistungsdichte,** die die maximale **Geschwindigkeit** eines Elektrofahrzeugs einschränkt (Die **Energiedichte** limitiert dagegen die **Reichweite** einer Batterieladung /78/).

Entladekennlinie

Als Entladekennlinie bezeichnet man den Verlauf der Klemmenspannung der Zelle bei fortschreitender Entladezeit. Im **Idealfall** sollte die Klemmenspannung U_{kl} bis zur Erschöpung konstant bleiben und dann schlagartig gegen Null absinken. In der **Praxis** sinkt allerdings die Klemmenspannung–insbesondere bei hohen Entladestromstärken–während der Entladedauer, da die Überspannungen zunehmen (→ *Abb. 15.18*). Die Ursachen sind:

- **Zunehmender Verbrauch** der aktiven Masse während der Entladung bedeutet eine Verringerung der effektiven Elektrodenoberfläche, woraus bei gleichbleibendem Gesamtstrom eine höhere Stromdichte und damit eine verminderte Klemmenspannung resultiert.
- **Zunehmende Verlagerung** der Entladereaktion in das Innere der aktiven Masse bedeutet einen erschwerten Stofftransport und dadurch zunehmende Diffusionsüberspannung.

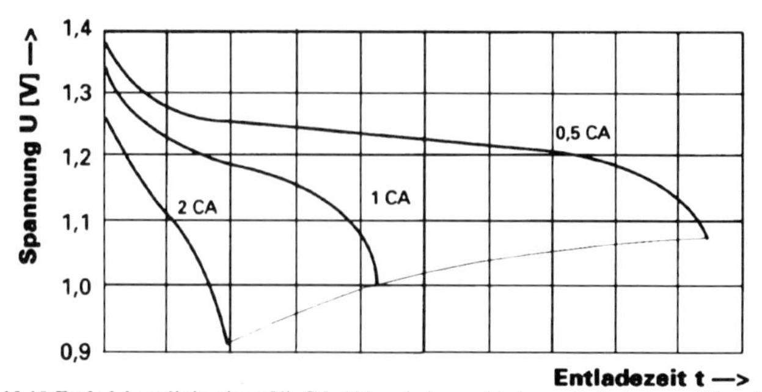

Abbildung 15.18 **Entladekennlinie eines Ni–Cd–Akkus** bei verschiedenen Entladestromstärken (1 CA = 600 mA bei einer Nennkapazität C_n = 600 mA h) (Quelle: Varta AG, Hannover)

Erholen einer Zelle

Die Diffusionsüberspannung macht sich auch beim Effekt des **Erholens** einer entladenen Zelle bemerkbar. Bei rascher Entladung kommt es z.B. in einem Pb–Akku zu einer Verarmung an Säure in den inneren Elektrodenmassen und damit zu einem Abfall der Entladespannung. Ohne Belastung gleichen sich innere und äußere Säurekonzentrationen wieder aus, wodurch sich die Zelle erholt.

Vergleich von Primärzellen

Eigenschaft	Zn/MnO_2	Zink/Luft	Li/MnO_2
Kathode	MnO_2	O_2 (kat)	MnO_2
Anode	Zn	Zn	Li
Elektrolyt	KOH	KOH	org. Elektrolyt
Nennspannung [V]	1,5	1,4	3,0
Energiedichte [$mW\ h\ cm^{-3}$]	300...350	500...800	400...800
Belastbarkeit	hoch	hoch	hoch
Selbstentladung pro Jahr	<3%	inaktiv 3%	<1%
Hg–Gehalt (Umwelt)	<0,3%	<0,9%	Hg-frei

Tabelle 15.4 **Kenngrößen verschiedener Primärsysteme** (Quelle: Varta AG, Hannover)

Primärzellen

Ein Vergleich unterschiedlicher Primärzellen zeigt → *Tab. 15.4*. Primärzellen können unterteilt werden nach wässrigen und nichtwässrigen (organischen) Elektrolyten:

- **wässrige Elektrolyte**
  - saure Elektrolyte $Zn–MnO_2$, Zn–Luft,
  - basische Elektrolyte $Zn–MnO_2$ (alkaline), Zn–Luft, Zn–HgO, $Zn–Ag_2O$,
- **nichtwässrige Elektrolyte (Lithiumzellen)**
  - $Li–MnO_2$, $Li–Bi_2O_3$, $Li–CrO_x$, $Li–SOCl_2$, Li–J, $Li–MoOCl_2$

Zink–Braunstein–Zelle

Die technisch wichtigste Primärzelle (Primärelement) ist die Zink–Braunstein-Zelle (**Leclanche–Zelle**, Trockenbatterie, Monozelle U = 1,5 V). Jede Zelle besteht aus den Grundkomponenten Anode, Kathode und Separator. Entsprechend → *Abb. 15.19* sind dies bei der Zink–Braunstein–Zelle:

- **Anode:** Becher aus hochreinem Zink,
- **Kathode:** Kathodenmasse aus Braunstein MnO_2 (62%), Ruß (8%) und Innenelektrolyt NH_4Cl oder $ZnCl_2$ mit Wasser und Stärke angedickt (30%), Ableitelektrode Kohle,
- **Separator:** Cellulose, Papier, Kunststoff mit Elektrolyt imprägniert.

Saure Zink–Braunstein–Zelle

Die klassische Zink–Braunstein–Zelle enthält als sauren Elektrolyt NH_4Cl. Folgende Reaktionen treten an der Anode und Kathode auf:

$$Zn \rightarrow Zn^{2+} + 2\ e^- \quad \text{(Anode)}$$
$$2\ MnO_2 + 2\ e^- + 2\ NH_4^+ \rightarrow 2\ MnO(OH) + NH_3 \quad \text{(Kathode)}$$
$$Zn^{2+} + 2\ NH_3 \rightarrow Zn[NH_3]_2^{2+} \quad \text{(Folgereaktion)}$$

Da Zink ein unedles Metall ist, sollte sich der Zn–Becher in dem sauren Elektrolyten bereits im unbelasteten Zustand unter H_2–Entwicklung auflösen. Diese Korrosionsreaktion ist aufgrund der **Überspannung** von Wasserstoff an hochreinem Zink zurückgedrängt (→ *Kap. 14.3*). Mit zunehmender Zellentladung finden weitere Kathodenreaktionen statt, bei denen auch **Wasser** gebildet wird. Da die Reaktionsprodukte voluminöser und dünnflüssiger sind als die Einsatzstoffe, neigt die klassische Leclanche–Zelle zum **Auslaufen**.

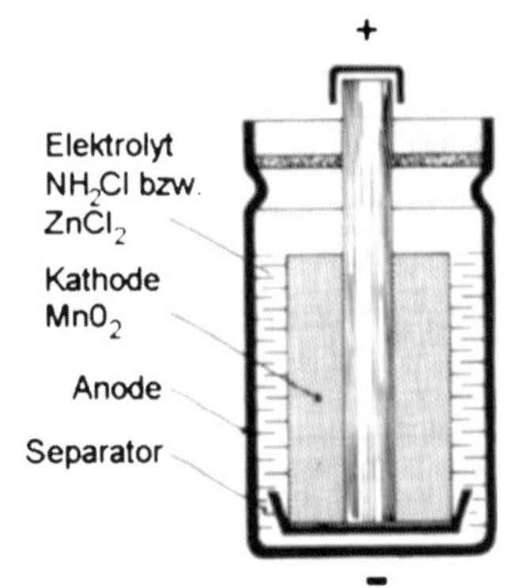

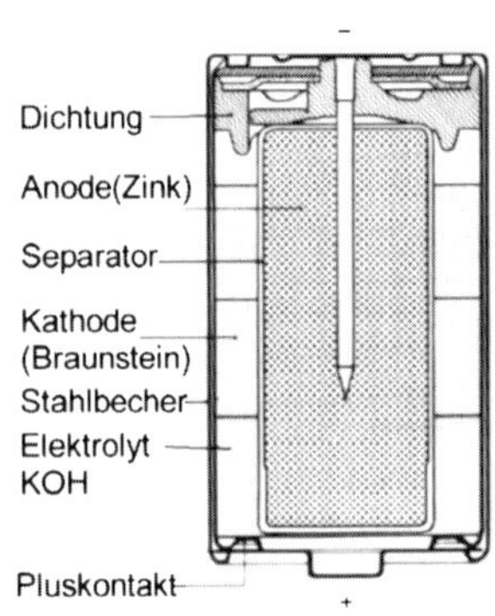

Abbildung 15.19 **Saure Zink–Braunstein–Zelle** (klassisch, links); **alkalische Zn–Braunstein(MnO_2)–Zelle** ('alkaline', rechts). Die Elektrodenanordnung ist invertiert (Quelle: Varta AG, Hannover).

Super Dry

Bei sogenannten **Super Dry Zellen** ist NH_4Cl durch $ZnCl_2$ ersetzt, das ebenfalls saure Eigenschaften besitzt, jedoch stark wasserbindend wirkt.

Alkalische Zink–Braunstein–Zelle

Die alkalische Zink–Braunstein–Zelle (**'alkaline'**) beruht wie die Leclanche–Zelle auf der Materialpaarung Zn–MnO_2, wobei in diesem Fall Zink in pastenförmiger Form eine **innenliegende** Rundelektrode ausbildet (große Oberfläche) und ein **alkalischer** Elektrolyt verwendet wird *(→ Abb. 15.19 rechts)*. Die Lebensdauer einer alkalischen Zn–MnO_2–Zelle ist 30% höher als diejenige einer Leclanche–Zelle. Die **Elektrodenreaktionen** sind:

$Zn + 2\,OH^- \rightarrow Zn(OH)_2 + 2\,e^-$ (Anode)

$MnO_2 + H_2O + e^- \rightarrow MnO(OH) + OH^-$ (Kathode)

Die alkalische Zn–MnO_2–Zelle ist im Gegensatz zur Leclanche–Zelle **auslaufsicher**, da durch die Reaktion Wasser verbraucht wird und das sich auflösende Zn–Material als innenliegende Elektrode ausgebildet ist. Zn ist in alkalischer Lösung jedoch noch unedler geworden, so dass eine Korrosion bereits im unbelasteten Zustand (Lagerung) unter Wasserstoffentwicklung zu befürchten ist. Zur Verhinderung dieser Reaktion wurde dem Zink anfangs bis zu 10% **Quecksilber** (Hg) zur Erhöhung der Überspannung zugesetzt. Inzwischen ist es durch verbesserte Materialauswahl gelungen, den Hg–und Cd–Gehalt in Zn–MnO_2–Zellen vollständig zu reduzieren.

Zink–Luft–Zelle

Luftsauerstoff ist das preiswerteste Oxidationsmittel. Die Luft gelangt durch Luftlöcher in das Zellinnere und wird an einer **inerten Kathode** (Aktivkohle, Nickel) reduziert:

$1/2\,O_2 + H_2O + 2\,e^- \rightarrow 2\,OH^-$ (Kathode, Nickel)

$Zn + 2\,OH^- \rightarrow Zn(OH)_2 + 2\,e^-$ (Anode, Zink)

Zn–Luft–Zellen weisen eine Spannung $U = 1{,}4$ V und eine außerordentlich hohe Energiedichte pro Volumeneinheit auf (5 mal höher als bei der Leclanche–Zelle). Die Zellreaktion wird durch Abziehen einer Klebefolie, die die Luftlöcher verschließt, **aktiviert**. Nach dem Abziehen der Folie ist die weitere Lagerfähigkeit begrenzt, die Zelle sollte innerhalb von max. 500 Stunden entladen werden. Einsatzgebiete sind Hörgeräte (Zn–Luft–Knopfzelle, → *Abb. 15. 20*), Signalelemente und neuerdings auch Elektrofahrzeuge. Bei dem angedachten Einsatz in Elektrofahrzeugen würde die Zinkanode bei einem Energieaufnahmevorgang mechanisch ausgetauscht und zentral wieder aufbereitet werden.

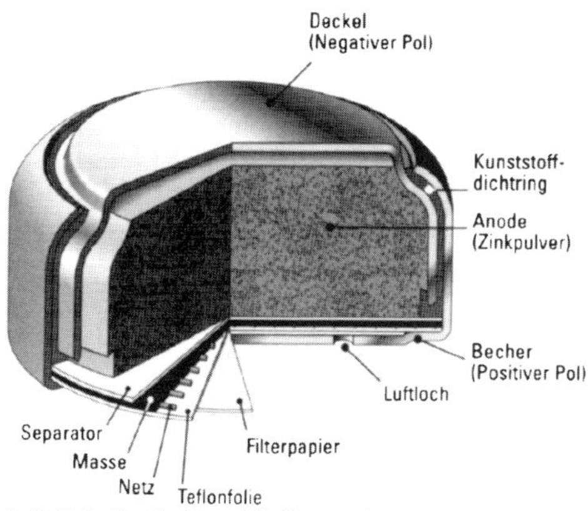

Abbildung 15.20 **Zink–Luft–Zelle** (Quelle: Varta AG, Hannover)

Lithium-Zellen ($Li–MnO_2$–Zelle)

Lithium–Zellen besitzen eine sehr hohe Zellspannung U = 3 V und damit die höchste Energiedichte kommerzieller Primärzellen. Das stark unedle Li–Metall kann jedoch nicht in wässrigen Lösungen eingesetzt werden, da es unter H_2–Entwicklung reagiert. Li–Zellen enthalten einen **nichtwässrigen Elektrolyten**, der aus einem polaren, organischen Lösungsmittel (z.B. Dioxane) und gelösten Li–Leitsalzen (z.B. $Li[BF_4]$ oder $Li[AlCl_4]$) besteht (→ *Abb. 15.21*). Die Anodenreaktion ist immer die Li–Auflösung.

$Li \rightarrow Li^+ + e^-$ (Anode)

Die Kathodenreaktion (Kathode) unterscheidet sich entsprechend dem eingesetzten Oxidationsmittel:

Braunstein	$2\ MnO_2 + 2\ Li$	→	$Li_2O + Mn_2O_3$
Graphitfluorid	$(CF)_n + n\ Li$	→	$n\ LiF + n\ C$
Thionylchlorid	$4\ SOCl_2 + 10\ Li$	→	$8\ LiCl + Li_2SO_4 + 3\ S$
Silberchromat	$Ag_2CrO_4 + 2\ Li$	→	$Li_2CrO_4 + 2\ Ag$

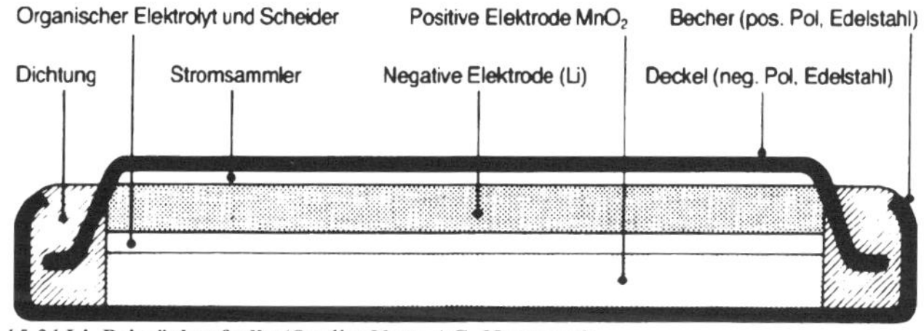

Abbildung 15.21 **Li–Primärkopfzelle** (Quelle: Varta AG, Hannover)

Sekundärelemente, Blei–Akku

Bei einer 12 V–Autostarterbatterie sind 6 Pb / PbO_2–Zellen mit einer Zellspannung von jeweils U = 2 V hintereinandergeschaltet. Die Zellelektroden bestehen aus fein verteilten Massen von Pb bzw. PbO_2, die in eine metallische Bleigitterplatte eingelagert sind. Kathode und Anode sind jeweils durch einen Separator getrennt *(→ Abb. 15.22)*. Als Elektrolyt dient ca. 35%ige Schwefelsäure, die bei dem Entladevorgang verbraucht wird. Bei Pb–Akkus mit flüssigem Elektrolyt lässt sich deshalb der Ladezustand durch eine Dichtemessung (Aerometer) ermitteln. Die Elektrodenreaktionen für den Entladevorgang sind von links nach rechts zu lesen:

$Pb + H_2SO_4 \rightarrow PbSO_4\ (fest) + 2\ H^+ + 2\ e^-$ (Pb–Anode)

$PbO_2 + H_2SO_4 + 2\ H^+ + 2\ e^- \rightarrow PbSO_4\ (fest) + 2\ H_2O$ (PbO_2–Kathode)

Beim Entladevorgang wird nichtleitendes Bleisulfat ($PbSO_4$) auf den Elektrodenoberflächen gebildet. Eine Tiefentladung ist aufgrund übermäßiger $PbSO_4$–Belegung schädlich für den Pb–Akku. Ebenso ist der Pb–Akku empfindlich für eine **Schnellentladung** (hohe Entladestromstärken) oder **Schnellaufladung**. Beim Aufladen werden die Elektrodenmaterialien Pb bzw. PbO_2 und der Elektrolyt Schwefelsäure wieder zurückgebildet. Bei einer weiteren Steigerung der Elektrolysespannung U >2,3 V erfolgt eine Zersetzung des Elektrolyts zu Wasserstoff und Sauerstoff **(Gasen des Akkus).** In der Praxis vermeidet man das Gasen durch Einsatz eines **Ladereglers**, der den Ladevorgang beim Erreichen einer bestimmten Ladeschlussspannung abbricht. Pb–Akkus für den **mobilen** Einsatz in Fahrzeugen sind **verschlossene** Batterien, die keine Wartung benötigen. Der Schwefelsäure–Elektrolyt ist in nichtflüssiger Form als Gel (Gel–Elektrolyt) oder in einem Vlies (Vlies–Separator) gebunden. Gasdichte Pb–Akkus erhält man durch Überdimensionierung einer Elektrode (vergleiche Prinzip des Ni /Cd–Akkus).

Wartungsfreier Pb–Akku

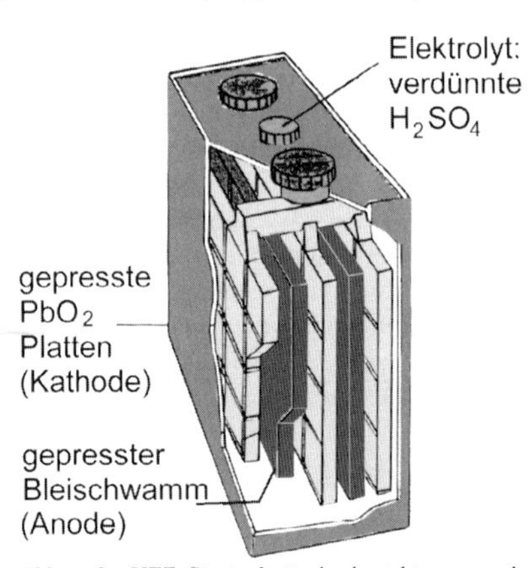

Abbildung 15.22 **Der Pb–Akku als KFZ–Starterbatterie** besteht aus sechs hintereinandergeschalteten Pb/PbO_2–Zellen. Ein elektrisch nichtleitender Separator (nicht dargestellt) trennt Kathoden und Anoden.

Ni/Cd–Akku

Der Ni/Cd–Akku besitzt eine Zellspannung U = 1,36 V und enthält im geladenen Zustand elementares **Cd** als **Anode** und eine **NiO(OH)–Kathode** als Oxidationsmittel. Der Elektrolyt ist KOH–Lösung, wobei kein KOH, sondern Wasser bei der Entladereaktion verbraucht wird. Es finden folgende **reversible** Elektrodenreaktionen statt:

$Cd + 2\,OH^-$	$\rightarrow$	$Cd(OH)_2 + 2\,e^-$	(Anode)
$2\,NiOOH + H_2O + 2\,e^-$	$\rightarrow$	$2\,Ni(OH)_2 + 2\,OH^-$	(Kathode)

Gasdichter Ni/Cd–Akku

Beim Aufladen ohne Laderegler kann an der Cd–Elektrode (Minuspol beim Aufladen) schließlich Wasserstoff entwickelt werden, während an der NiOOH–Elektrode (Pluspol beim Aufladen) nach der Rückbildung des Elektrodenmaterials schließlich Sauerstoff entstehen wird. Die Gefahr durch **Knallgasbildung** beim Aufladen von Akkus (z.B. in Steckdosen ohne Laderegler) wurde durch die Entwicklung **gasdichter** Akkumulatoren beseitigt. **Gasdichte** Ni/Cd–Akkus enthalten eine **Ladereserve** in Form einer **überdimensionierten** Cd–Anode (Minuspol, → *Abb. 15.23*). Ist der Ni/Cd–Akku aufgeladen, bildet sich an der NiOOH–Elektrode schließlich Sauerstoff; an der Cd–Elektrode setzt allerdings keine H_2–Entwicklung ein, da aufgrund der Ladereserve weiterhin überschüssiges $Cd(OH)_2$ zu Cd reduziert wird. Der $Cd(OH)_2$–Überschuss bleibt auch bei **weiterem Aufladen** der Zelle **erhalten**, da der an der NiOOH–Elektrode gebildete Sauerstoff zu der Cd–Elektrode diffundiert und dort $Cd(OH)_2$ zurückbildet. Selbst beim

Überladen des Akkus wird demnach keinesfalls eine H_2–Entwicklung eintreten, jedoch kann der O_2–Druck in der Zelle bis zu p = 0,6 MPa ansteigen.

Ni/MeH–Akku

Aus Umweltschutzgründen ist in neuentwickelten **Ni/MeH–Akkus** die Cd–Elektrode durch ein wasserstoffspeicherndes Metall ersetzt, das beim Aufladen in ein **Metallhydrid** übergeht. Als Gegenpol im aufgeladenen Zustand wird weiterhin eine NiOOH–Elektrode verwendet. Die Elektrodenreaktionen des Entladevorgangs sind von links nach rechts gelesen:

$$MeH \rightarrow Me + H^+ + e^- \quad \text{(Anode)}$$
$$NiOOH + H^+ + e^- \rightarrow Ni(OH)_2 \quad \text{(Kathode)}$$

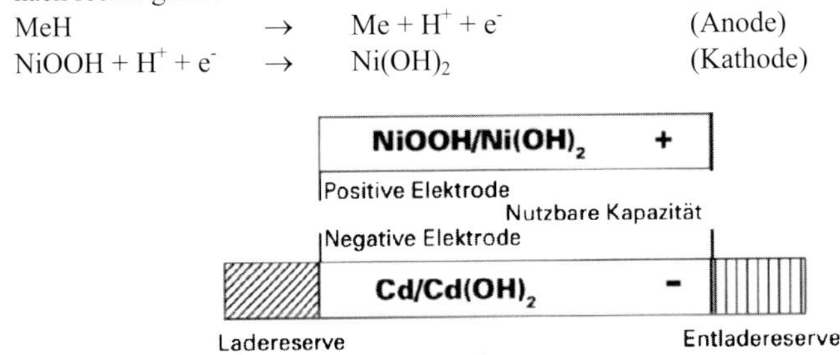

Abbildung 15.23 **Gasdichte Ni–Cd–Zelle**: Durch Überdimensionierung der Cd–Elektrode wird die Möglichkeit einer Knallgasbildung beim Aufladen ohne Laderegler eliminiert (Quelle: Varta AG).

Wasserstoffspeichernde Metalle sind z.B. $LaNi_5$, Mg, FeTi und weitere Titanlegierungen mit Komponenten wie V, Nb, Mn, Cr, Zr, Co. Durch Überdimensionierung der MeH–Anode lässt sich wiederum eine sichere, gasdichte Ni/MeH–Zelle konstruieren (analog → *Abb. 15.23*). Ein Vergleich wiederaufladbarer Sekundärsysteme mit hoher Energiedichte (ohne Pb–Akku) ist in → *Tab. 15.5* enthalten. Dementsprechend ist die Zellspannung von Ni/MeH–Akkus vergleichbar derjenigen von Ni/Cd–Akkus. Ni/MeH– und Li–Ionen–Akkus sind die **umweltverträglichen** Akkusysteme der Zukunft. Ihr wesentlicher Nachteil gegenüber Ni/Cd–Akkus ist die geringere Strombelastbarkeit und die begrenzte Fähigkeit zur Schnellladung.

Eigenschaften	Ni/Cd	Ni/MeH	Li-Ionen
Volumen [ml]	8,25	8,25	8,25
Gewicht [g]	26	25	18
Nennspannung [V]	1,2	1,2	3,6
Kapazität [A h]	700	1000	500
Energiedichte [W h l^{-1}]	102	145	218
Schnellladung [min]	10	60	120
Belastbarkeit [CA]	45	10	4

Tabelle 15.5 **Sekundärzellen**: Technische Kenngrößen für aufladbare Knopfzellen bei gleichem Volumen (V = 8,25 ml), (Quelle: Varta AG, Hannover)

Lithium–Ionen–Akku

Während nicht wiederaufladbare Li–Primärzellen bereits seit 20 Jahren kommerziell verfügbar sind, werden gegenwärtig **wiederaufladbare Li–Ionen–Sekundärzelle**n in den Markt eingeführt. Beim Wiederaufladen konventioneller Li–Zellen würde sich das sehr reaktive Metall Li abscheiden, das mit den verwendeten Elektrolyten reagiert und dabei oxidische Deckschichten bildet. Beim wiederaufladbaren Li–Ionen–Akku besteht im **ungeladenen** Zustand eine Elektrode aus **Graphit** und die Gegenelektrode aus einem Li–Übergangsmetalloxid (**$LiMO_x$**,), z.B. $LiCoO_2$, $LiMn_2O_4$ oder $LiNiO_2$. Im **aufgeladenen** Zustand besteht die Anode aus einer **Li–Kohlenstoff–Einschlussverbindung** (Li_yC_n,) die Li in Form von Li^+–Kationen enthält. Auf dem Weg dieser Einlagerungsverbindung kann auf die problematische Rückbildung von elementarem Li verzichtet werden. Die aufgeladene Gegenelektrode $Li_{1-y}MO_x$ enthält als Kathode das

Übergangsmetall M in einer höheren Wertigkeitsstufe als im ungeladenen Zustand. Der Stromtransport im organischen Elektrolyt erfolgt durch wandernde Li–Ionen (→ *Abb. 15.24*). Die Elektrodenreaktionen der Entladereaktion sind von links nach rechts gelesen:

$Li_yC_n \rightarrow y\,Li^+ + C_n + y\,e^-$ (Anode)

$Li_{1-y}MO_x + y\,Li + y\,e^- \rightarrow LiMO_x$ (Kathode)

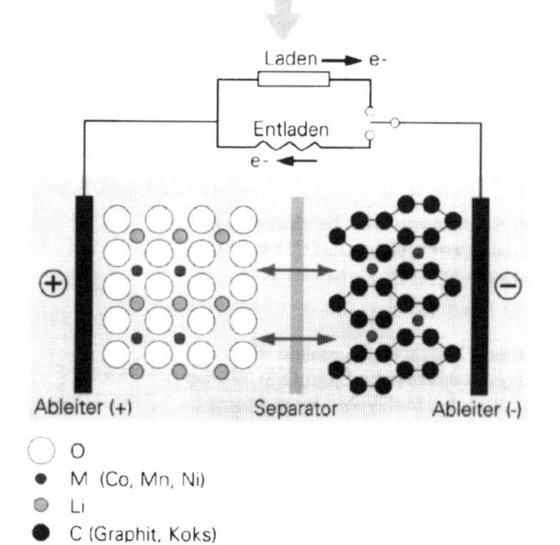

Abbildung 15.24 **Li–Ionen–Akku:** Die Anode besteht im geladenen Zustand aus einer Li–Graphit–Einschlussverbindung, die geladene Kathode aus einem Li–Mischkristalloxid. Vorteilhafterweise werden nur Li–Kationen ausgetauscht (Quelle: Varta AG, Hannover)

Brennstoffzelle

Die **Brennstoffzelle** ist eine **Sekundärzelle**, die mit **gasförmigen** Reaktanten, meist Wasserstoff und Sauerstoff, arbeitet. An der **Anode** wird Wasserstoff oxidiert, an der Kathode wird **Sauerstoff** reduziert, als Reaktionsprodukt entsteht **Wasser**. Die Reaktion entspricht einer **'kalten' Knallgasreaktion**, wobei keine Schadgase (NO_x, CO oder HC) anfallen. Die chemische Energie kann mit einem hohen Wirkungsgrad η = 60 bis 80% in elektrische Energie umgewandelt werden (thermische Kraftanlagen besitzen vergleichsweise geringe Wirkungsgrade von 25 bis 35%). Im Falle eines Brennstoffzellenfahrzeugs dient ein Elektromotor als Fahrzeugantrieb. Die Zellspannung beträgt theoretisch U = 1,18 V. In der Praxis erreicht man Zellspannungen von U = 0,7...1 V. Durch Hintereinander- oder Parallelschalten verschiedener Zellen in Stapeln (Stacks) können höhere Spannungen oder Stromstärken realisiert werden.

Bei Niedertemperatursystemen finden die Entladereaktionen an **edelmetallbelegten**, porösen Elektrodenoberflächen statt, die ein Hindurchtreten zumindest einer Ionensorte, also H^+–Kationen oder O^{2-}–Anionen in den zwischenliegenden Elektrolyten erlaubt. Wandern beide Ionenarten in den Elektrolyten, wird der Elektrolyt durch das entstehende Reaktionswasser **verdünnt**:

H_2	→	$2\,H^+$(diff.) + 2 e^-	(Anodenreaktion)
$1/2\,O_2 + 2\,e^-$	→	O^{2-} (diff., nicht bei PEM–Zelle)	(Kathodenraktion)
$2\,H^+ + O^{2-}$	→	H_2O	(Folgereaktion, Verdünnung)

PEM–Brennstoffzelle

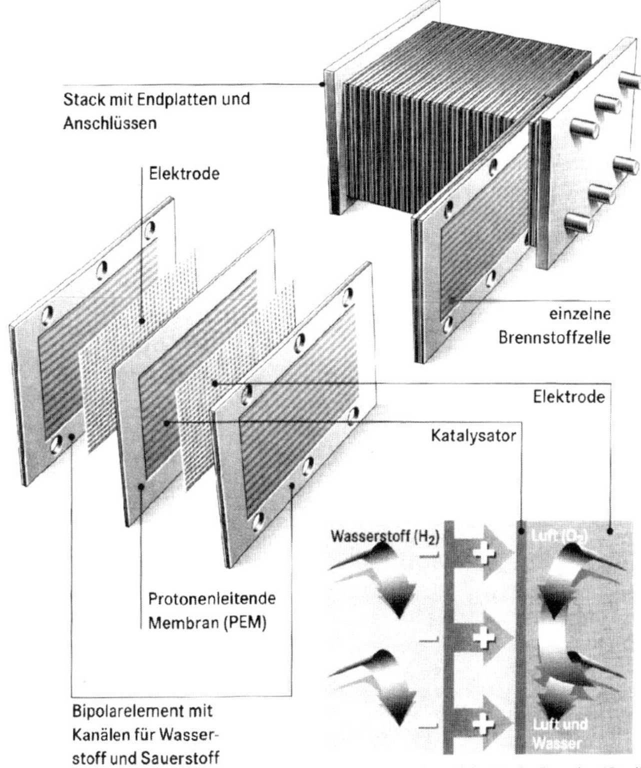

Abbildung 15.25 **PEM–Brennstoffzelle**: Das Reaktionswasser entsteht auf der Kathodenseite (Quelle: Daimler-Chrysler AG, Stuttgart /79/)

In der Praxis verwendet man als Trennmaterial zwischen Elektroden und Elektrolyt einen Separator, der nur für eine Ionenart durchlässig ist. Bei den neuentwickelten **PEM–Brennstoffzellen** besteht der Feststoffelektrolyt aus einer protonenaustauschenden Membran (PEM = Proton Exchange Membrane oder Polymer Elektrolyt Membran), die nur **protonenleitfähig** ist. Die an der Anode gebildeten Protonen passieren die Membran und treten auf der Kathodenseite wieder aus, wo sie mit Sauerstoff zu H_2O reagieren. Das Reaktionswasser entsteht nach → *Abb. 15.25* **auf der Kathodenseite** und kann mit der überschüssigen Luft leicht ausgetragen werden. Leistungsfähige Brennstoffzellen müssen über einen geringen Innenwiderstand (große Elektrodenoberflächen, hohe Protonenleitfähigkeit der PEM–Membran) verfügen. Neben Wasserstoff kommen auch andere Brenngase in Frage, z.B. Methan:

$CH_4 + 2\,H_2O \rightarrow \quad CO_2 + 8\,H^+(\text{diff.}) + 8\,e^-$ (Anodenreaktion)

Hochtemperaturbrennstoffzelle

Neben **Niedertemperatur**–Brennstoffzellen zum mobilen Einsatz, z.B. in Elektrofahrzeugen, befinden sich **Hochtemperatur**–Brennstoffzellen für die stationäre Energieversorgung in der Erprobung. Der Elektrolyt ist jeweils ein Feststoffelektrolyt, der bei hohen Temperaturen für eine bestimmte Ionensorte leitfähig wird. → *Tab. 15.6* enthält einen Vergleich unterschiedlicher Typen von Brennstoffzellen. Im praktischen Einsatz sind Brennstoffzellen bisher nur in der Raumfahrt.

Brenngas/ Oxidationsmittel/ Elektrolyt	Reaktionen an den Elektroden	Anwendungen
Alkalische Brennstoffzelle (AFC, T = 60...90°C)		
H_2 reinst/O_2 reinst/KOH	Kathode: ½ $O_2 + H_2O + 2\,e^- \rightarrow 2\,OH^-$ Anode: $H_2 + 2\,OH^- \rightarrow 2H_2O + OH^-$	Niedertemperatur-brennstoffzelle, Einsatz: Raumfahrt
Membran–Brennstoffzelle (PEMFC, T = 60... 80°C)		
H_2 O_2/Luft /PEM	Kathode: ½ $O_2 + 2\,H^+ + 2\,e^- \rightarrow H_2O$ Anode: $H_2 \rightarrow 2\,H^+ + 2\,e^-$	Niedertemperatur-brennstoffzelle, Einsatz: E-Fahrzeuge
Phosphorsaure Brennstoffzelle (PAFC, T = 160... 220°C)		
Erdgas, Biogas,H_2 /O_2, Luft/H_3PO_4	Kathode: ½ $O_2 + 2\,H^+ + 2\,e^- \rightarrow H_2O$ Anode: $H_2 \rightarrow 2\,H^+ + 2\,e^-$	Mitteltemperaturbrenn-stoffzelle, Einsatz: BHKW
Carbonatschmelzen–Brennstoffzelle (MCFC, T = 620... 660°C)		
Erdgas, Kohlegas,Biogas/O_2, Luft/geschmolzenes Li_2CO_3	Kathode: $O_2 + 2CO_2 + 4\,e^- \rightarrow 2CO_3^{2-}$ Anode: $H_2 + CO_3^{2-} \rightarrow H_2O + CO_2 + 2\,e^-$ $CO + CO_3^{2-} \rightarrow 2\,CO_2 + 2\,e^-$	Hochtemperaturbrenn-stoffzelle, geplanter Einsatz: Kohlevergasung BHKW, Kraftwerk
Oxidkeramische Brennstoffzelle (SOFC, T = 800... 1000°C)		
Erdgas, Kohlegas,Biogas/O_2, Luft/Y_2O_3 stabilisiertes ZrO_2	Kathode: ½ $O_2 + 2\,e^- \rightarrow O^{2-}$ Anode: $H_2 + O^{2-} \rightarrow H_2O + 2\,e^-$	Hochtemperaturbrenn-stoffzelle,geplanter Einsatz: BHKW, Kraftwerk

Tabelle 15.6 **Brennstoffzellen (FC = Fuel Cell)**: Niedertemperatur-, Mitteltemperatur- und Hochtemperatur–Brennstoffzellen (BHKW = Blockheizkraftwerk, A = Alkaline, PEM = Proton Exchange Membrane, PA = Phosphor Acid, MC = Molten Carbonate, SO = Solid Oxide /80/)

Teil IV Industrielle Anwendungen

16 Umweltfreundliche Beschaffung

16.1 Innenräume, umweltfreundliche Produkte

Sick Building Syndrome (SBS)

Die Menschen in den industrialisierten Ländern verbringen im Durchschnitt über 90% der Lebenszeit in **Innenräumen**. Erst in den letzten Jahren wurden Krankheitserscheinungen, die im Zusammenhang mit den Lebensverhältnissen in Wohn- und Büroräumen stehen, genauer untersucht und als '**Sick Building Syndrome (SBS)**' bezeichnet. Nach Angaben der Berufsgenossenschaften weisen ca. 20% der Büroarbeitsplätze – das entspricht fast 4 Millionen Arbeitsplätzen – SBS–Symptome auf. Besonders auffällig ist das gehäufte Auftreten in klimatisierten oder hochwärmeisolierten Gebäuden. Einige Krankheitssymptome sind:

- **Ermüdung**, schwerer Kopf, Kopfschmerzen, Benommenheit, Konzentrationsschwäche,
- **Jucken, Brennen** in den Augen sowie in der Nase, Heiserkeit, trockener Hals, Husten,
- **trockene Gesichtshaut**, gerötetes Gesicht, juckende Kopfhaut, Schuppen, trockene Hände, Hautausschlag,
- **Grippesymptome**, Brustenge, Atembeschwerden.

Nur für wenige Substanzen gibt es **Grenzwerte für die Belastung in Innenräumen**. Zur Beurteilung der Luftqualität in Innenräumen können die Immissionsgrenzwerte (→ *Kap. 9.1*) und mit einem zusätzlichen Sicherheitsfaktor auch die MAK–Grenzwerte (→ *Kap. 8.1*) herangezogen werden.

Ursachen für SBS

Entsprechend einer Untersuchung der Bundesregierung haben sich häufig folgende Ursachen für SBS–Symptome ergeben:

- unzureichende **Lüftungs-** und **Klimaanlagen,**
- **Tabakrauch, Staub, anorganische Gase.**
- **Baumaterialien** (künstliche Mineralfasern, Lösemittel, Holzschutzmittel) und **Baugrund** (Radon),
- **mikrobiologische Verseuchung** durch Milben,

Im folgenden wird insbesondere auf **chemische** SBS–Ursachen eingegangen.

Passivrauchen

Passivrauchen ist eine unfreiwillige Exposition gegenüber Tabakrauch. Nach einer amerikanischen Untersuchung sind in den USA pro Jahr ca. 3000 Todesfälle an Lungenkrebs auf das Passivrauchen zurückzuführen. Dem Passivrauchen waren im gleichen Zeitraum ca. 150 000 bis 300 000 Erkrankungen der unteren Atemwege wie Bronchitis und Lungenentzündung bei Kindern der Altersgruppe bis 18 Monate zuzuschreiben. Passivrauchen ist ein wichtiger Risikofaktor für das Auftreten von Asthma.

Radon

Die natürlich vorkommenden Isotope des Elements **Radon (Rn)** entstehen als Zwischenprodukte des **radioaktiven Zerfalls** der Elemente Uran (U), Thorium (Th) und Actinium (Ac). Das beim Uranzerfall gebildete Radonisotop ^{222}Rn zerfällt mit einer **Halbwertszeit** von 3,8 Tagen unter Außendung von radioaktiven α–Teilchen in das Element Polonium, das selbst instabil ist und sich in weitere radioaktive Nuklide umwandelt. Diese festen Tochternuklide bilden mit Feuchtigkeit und Staub Aerosole und lagern sich in der **Lunge** ab. Radon ist ein seltenes Element und entweicht aus radioaktiven Mineralien, die im Fundament von Gebäuden vorhanden sein können oder durch

Baumaterialien eingeschleppt wurden (z.B. können phosphathaltige Mineralien Uranuren enthalten). Radon ist siebenmal schwerer als Luft und konzentriert sich in Keller- und Erdgeschossen. In Abhängigkeit vom Standort des Gebäudes, den verwendeten Baumaterialien und dem Lüftungszyklus kann durch Radon eine ernstzunehmende Gesundheitsgefährdung (**Lungenkrebs**) eintreten. Die deutsche Strahlenschutzkommission kommt (1992) zu dem Ergebnis, dass:

- **die Inhalation von Radon mehr als die Hälfte** der natürlichen Strahlenbelastung der Bevölkerung in Deutschland verursacht,
- **4...12% der Lungenkrebstodesfälle** in der Bundesrepublik (West) durch Radon bedingt sein könnten,
- **ab einem Richtwert von 250 Bequerel m^{-3}** Maßnahmen zur Begrenzung der Radonkonzentration empfohlen werden.

Anorganische Gase

Gesundheitsgefahren (Atemwegserkrankungen) in Innenräumen durch anorganische Gase gehen u. a. von **Stickstoffdioxid (NO_2)** aus, das aus Gasherden ohne Abzug stammen kann. **Kohlenmonoxid (CO)** wird in Tiefgaragen, Heizungsräumen, Emissionen von Gasherden und Tabakrauch festgestellt. In Wohnräumen wird eine akzeptierbare Raumluftkonzentration von 9 ppm (Wohnräume) und 18 ppm (Küchen) empfohlen. **Kohlendioxid (CO_2)** kann in schlecht belüfteten Räumen bis zu fünfmal höhere Konzentrationen erreichen als im Freien. DIN 1946, Teil 2, empfiehlt die Einhaltung eines CO_2–Richtwertes von 0,1% CO_2 in Innenräumen (maximal: 0,15% CO_2). Der MAK–Grenzwert beträgt 0,5% CO_2. Die **Ozonkonzentrationen (O_3)** in Innenräumen sind in der Regel wesentlich niedriger als in der Außenluft. In der Vergangenheit haben Laserdrucker oder Kopierer, die nicht dem Stand der Technik entsprachen, zu erhöhten Ozonemissionen geführt.

Hausstaub

Hausstaub ist ein heteroges Gemisch von aus der Luft sedimentierten Partikeln. An Hausstaub können sich schwerflüchtige Schadstoffe aus der Innenraumluft (z.B. Emissionen von Holzschutzmitteln) **adsorbieren**. Als gesundheitsrelevante Bestandteile enthält Hausstaub:

- **Fasern,**
- **Milben,**
- **Menschen-** und **Tierhaare,**
- **Schimmelpilze** und
- **Blütenpollen.**

Fasern

Fasern, insbesondere **künstliche Mineralfasern (KMF,**→ *Kap. 8.1*), stellen in Innenräumen meist nur ein Problem bei unverkleidet eingebauten Mineralwolleprodukten dar, z.B. Schallschutz durch abgehängte Decken. Eine Empfehlung des früheren Bundesgesundheitsamtes (BGA) liegt maximal bei 1000 Asbestfasern m^{-3} Luft in Innenräumen.

Hausstaubmilben

Hausstaubmilben haben sich als die **wichtigsten Allergene** in Innenräumen erwiesen. Sie finden sich im Staub von Betten, Polstermöbeln und anderen organischen Materialien. Günstige Umweltbedingungen für Milben sind hohe Luftfeuchtigkeit, Befall mit Schimmelpilzen, Wärme, Hautschuppen und große Mengen an organischem Fasermaterial. Die relative Feuchte in bewohnten Räumen sollte vorzugsweise zwischen 30 und 60% rF betragen, um das Wachstum von krankheits- und allergieauslösenden Organismen zu minimieren. Besondere Aufmerksamkeit muss **Teppichböden** geschenkt werden, da diese bevorzugte Aufenthaltsräume für Milben sind. Zur Schädlingsabwehr (Mottenbefall) sind Teppichböden in der Regel mit gesundheitsschädlichen **Bioziden** imprägniert. Insbesondere 'Naturprodukte‘ (z.B. Wollteppiche) können u. U. stärker chemisch behandelt sein als Produkte aus Kunstfasern. Weitere **allergieauslösende Stoffe** in Innenräumen sind: Menschen- und Tierhaare, saisonal unterschiedlich auftretende Blütenpollen (→ *Abb. 16.1*) und Schimmelpilze. Letztere entwickeln sich bevorzugt in feuchten Wänden, schlecht gepflegten Luftbefeuchtern, alten Schaumgummimatrazen und unhygienischen Abfalleimern.

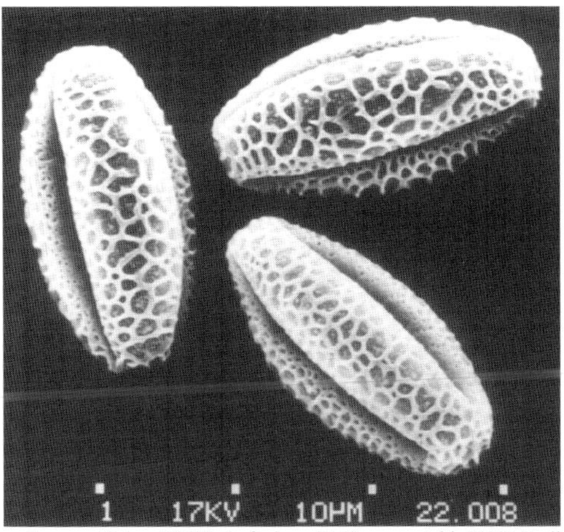

Abbildung 16.1 **Blütenpollen** von Birken (REM–Aufnahme: H. Brennenstuhl, FHTE Esslingen)

Organische Verbindungen

Schädliche organische Verbindungen in der Innenraumluft werden frei als:

- **organische Gase** (z.B. Formaldehyd) und
- **organische Dämpfe VOC** (z.B. Lösemittel, Diisocyanate, Holzschutzmittel, Biozide).

Wesentliche Quellen von organischen Schadstoffen in Innenräumen können insbesondere großflächige Einrichtungsgegenstände, wie Böden und Tapeten, sein:

- **Kunststoffmaterialien**, z.B. Fussböden, Teppichrückenbeschichtung,
- **Holzwerkstoffe**, z.B. Spanplatten, Faserplatten, Holzschutzmittel,
- **Beschichtungen** auf Basis trocknender Öle, z.B. Linoleum, Alkydharzlacke,
- **Farben** und **Lacke**, z.B. Tapeten, Wandanstriche.

Formaldehyd

Die Belastungen durch **Formaldehyd** haben zu einem Innenraum–Richtwert (Bundesgesundheitsamt) von 0,1 ppm = 0,12 mg m^{-3} geführt. Formaldehyd gehört zu den **allergieauslösenden** Substanzen, wobei eher von einer spezifischen chemischen Hypersensibilität und nicht von einer Reaktion des Immunsystems auszugehen ist. Neben den Ausgasungen aus formaldehydhaltigen Harzmaterialien (Pressspanplatten) können unvollständige Verbrennungsreaktionen grundsätzlich Formaldehyd freisetzen, z.B. Tabakrauch oder Emissionen von Gasherden. Die neuen Vergaberichtlinien des Umweltzeichens **Blauer Engel** für emissionsarme Holzwerkstoffe enthalten folgende Anforderungen an umweltgerechte Möbel:

- **Holzwerkstoffplatten** mit **formaldehydhaltigen Bindemitteln**: Formaldehyd <0,05 ppm,
- **isocyanathaltige Bindemittel**: Isocyanate nicht nachweisbar, d. h. Gehalt <0,1 µg m^{-3} Luft,
- **phenolhaltige Bindemittel**: Phenol <14 µg m^{-3} Luft,
- **keine Holzschutzmittel**, keine chlororganischen Verbindungen.

VOC–Emissionen

VOC–Emissionen von Bedarfsgegenständen oder Baumaterialien sind im allgemeinen **komplexe Stoffgemische** mit unangenehmem Geruch. Als Beispiele für VOC–emittierende Bedarfsgegenstände wurden identifiziert:

- **Teppichböden** mit Styrol–Butadien–Latex–Rückenbeschichtung (emittierende Substanzen: Monomere, Abbauprodukte),
- **Teppichböden** oder **Tapeten** aus **PVC** (Weichmacher),
- **UV–härtende Lacksysteme** (Photoinitiatoren),
- **Möbellacke** mit ungesättigten Fettsäuren (Aldehyde).

Produktkennzeichnung

Der Verbraucher oder die Beschaffungsstelle in einer Firma erhält im allgemeinen nur wenige Hinweise über die umweltrelevanten Eigenschaften eines Produkts. Bei den freiwilligen Herstellerangaben handelt es sich eher um werbewirksame Negativdeklarationen wie 'Frei von..., Arm an...'. Nur in wenigen Fällen werden freiwillig konkrete Inhaltsdeklarationen genannt. Umweltrelevante Produktkennzeichnungen erfolgen z.B. nach:

- **gesetzlichen Vorschriften:** Gefahrstoffverordnung (GefStoffV), Lebensmittel- und Bedarfsgegenständegesetz (LMBG) und Wasch- und Reinigungsmittelgesetz (WRMG) oder
- **Umweltzeichen Blauer Engel**, Europäisches Umweltzeichen, RAL–Gütezeichen, DIN–Kennzeichnung.

GefStoffV

Nach der **Gefahrstoffverordnung (GefStoffV)** müssen Gefahrstoffe mit Gefahrensymbolen gekennzeichnet und ausreichend beschriftet sein. In wenigen Ausnahmefällen ist eine Inhaltsdeklaration vorgeschrieben (z.B. 'Enthält Asbest', 'Enthält Benzol'). Eine genauere Deklaration der Inhaltsstoffe ist in dem EG–Sicherheitsdatenblatt gefordert. Als Mengenschwelle zur Deklarationspflicht gilt:

- **>0,1%** des Gesamtgewichts für **krebserregende**, **sehr giftige** und **giftige** Stoffe,
- >1% **für mindergiftige**, **ätzende**, **sensibilisierende** und **reizende** Stoffe.

WRMG

Nach dem **Wasch- und Reinigungsmittelgesetz (WRMG)** müssen die Rahmenrezepturen von Wasch- und Reinigungsmitteln beim Umweltbundesamt (UBA) hinterlegt werden; sie sind dem Verbraucher im allgemeinen nicht bekannt. Die Produkte sind durch Angabe der UBA–Nummer gekennzeichnet.

Blauer Engel

Das Umweltzeichen **'Blauer Engel'** wird vom Umweltbundesamt in Zusammenarbeit mit dem **RAL** (RAL = Reichsausschuss für Lieferbedingungen, heute: Deutsches Institut für Gütesicherung und Kennzeichnung e.V.) verliehen. Bei dem Verfahren werden dem Umweltbundesamt die Rezepturen vertraulich offengelegt. Das Umweltzeichen 'Blauer Engel' gibt es inzwischen für über 75 Produktgruppen mit mehr als 3700 Produkten. Diese umfassen neben Bedarfsgegenständen (Tapeten, Mehrwegflaschen, Haarsprays u. a.) auch Bürogeräte und -materialien (Recyclingpapier, Computer, Kopiergeräte u. a.) sowie Betriebsausrüstungen oder Betriebsstoffe (Heizkessel, Fahrzeuge, Hydraulikflüssigkeiten u. a.). Eine Broschüre mit der **vollständigen Liste** der Blauen–Engel–Produkte und ihrer Hersteller ist erhältlich bei: Deutsches Institut für Gütesicherung und Kennzeichnung e.V., Siegburger Str. 39, 53757 Sankt Augustin. Die Broschüre sollte in keiner Beschaffungsabteilung fehlen.

RAL-Gütezeichen

RAL–Gütezeichen bzw.–Gütesiegel beruhen auf **freiwilligen** Vereinbarungen mehrerer Hersteller einer Produktgruppe (Gütegemeinschaft) mit dem Ziel, dem Verbraucher eine bestimmte Produktqualität zu garantieren. Die Überwachung erfolgt durch ein unabhängiges Fachinstitut in Zusammenarbeit mit dem Deutschen Institut für Gütesicherung und Kennzeichnung. Als Anhaltspunkt für zulässige Inhaltsstoffe in **umweltfreundlichen** Bedarfsgegenständen können die Anforderungen der **DIN EN 71** an die 'Sicherheit von Kinderspielzeug' dienen. Beispielsweise haben die Mitglieder der **'Güte-**

meinschaft Tapete‘ die Anforderungen an eine emissionsarme Tapete in Übereinstimmung mit DIN EN 71 folgendermaßen festgelegt:
- **Schwermetalle** (z.B. Grenzwerte: Ba 500 mg kg^{-1}, Pb 90 mg kg^{-1}, Cr 60 mg kg^{-1} u.a.),
- **Stabilisatoren** (nur Ca–, Zn–, Ba–, keine Pb–oder Cd–haltige PVC–Stabilisatoren),
- **Weichmacher** (nur schwerflüchtige Weichmacher),
- **Vinylchlorid** (darf nicht nachweisbar sein),
- **Lösemittel** (keine chlorierten oder aromatischen Lösemittel),
- **Formaldehyd** (Grenzwert <0,05 ppm in einem Prüfraum).

DIN–Normen

Kennzeichen nach **DIN–Norm** sind z.B. die Kennzeichnung von Kunststoffverpackungen mit den Symbolen PE, PP oder das ISO–Recyclingsymbol.

16.2 Schmieröle und Schmierfette

Schmierstoffe

Schmierstoffe sind Stoffe, die Reibung und Verschleiss aufeinander abgleitender Maschinenteile vermindern. In einem erweiterten Sinne werden auch solche Stoffe zu den Schmierstoffen gezählt, die Wärme- oder Kraftübertragung mit einer Schmierwirkung verbinden. Man unterscheidet:

Schmieröle

- **Schmieröle** (flüssige Schmierstoffe),
- **Schmierfette** (halbfeste Schmierstoffe) und
- **Festschmierstoffe** (feste, meist pulverförmige Schmierstoffe).

Die wesentlichen Anwendungsgebiete für Schmieröle kann man in vier Gruppen einteilen, wobei die Verbrauchsmengen in der folgenden Reihenfolge abnehmen:
- **Motorenöle** (Getriebeöle, Turbinenöle, Kompressoröle),
- **Hydrauliköle** (Maschinenöle, Stossdämpferöle, Bremsflüssigkeiten),
- **Arbeitsflüssigkeiten** (Isolieröle, Wärmeträgeröle, Trennöle, Korrosionsschutzöle)
- **Bearbeitungsöle** (Kühlschmierstoffe, → *Kap. 16.3*).

Verlustschmierung	Umlaufschmierung
Sägekettenöl	Hydrauliköle
Antriebs-, Zahnradkettenöl	Getriebeöle
Nippelschmierung	Kompressoröle
Schalungsöle,Trennöle	Motorenöle
temporäre Korrosionsschutzöle	Kühlschmierstoffe
Ziehschmierstoffe	Turbinenöle
Zweitaktmotorenöle	Elektroisolieröle
Weichenschmierung	Wärmeträgerflüssigkeiten
Drahtseilschmierung	
Schmierung von Druckluftwerkzeugen	

Tabelle 16.1 **Verlustschmierung** und **Umlaufschmierung** (Langzeitschmierung)

Umlaufschmierung

Aus der Sicht des Umweltschutzes ist der Unterschied zwischen Umlaufschmierung und Verlustschmierung relevant. Für Schmieröle in Umlaufsystemen gibt es einen Recyclingkreislauf (Altölverwertung) oder eine geordnete Abfallentsorgung (z.B. Öl–Wasser–Gemische). Im Vordergrund von Umweltüberlegungen stehen Maßnahmen zum **Arbeitsschutz** und zur **Abfallvermeidung** durch Standzeitverlängerung.

Verlustschmierung

Bei **Verlustschmierung** gelangen die Schmieröle in die Umwelt, so dass in diesem Fall die **biologische Abbaubarkeit** und die **gesundheitliche Verträglichkeit** des verwendeten Öls im Vordergrund stehen. Bei der Verlustschmierung ist der Einsatz von natürlichen Grundölen grundsätzlich empfehlenswert.
Schmieröle für **Umlaufsysteme** müssen differenziert betrachtet werden. Im Falle der Langzeitschmierung kann auch der Einsatz eines synthetischen, **biologisch schwer abbaubaren** Öls–bei Einhaltung der erforderlichen Sicherheitstechnik–unter Umweltgesichtspunkten Vorteile erbringen (Abfallverminderung durch Standzeitverlängerung, kein bakterieller Abbau, → *Tab. 16.1*).

Kennzeichnung von Schmierölen

Die Kennzeichnung von Schmierstoffen erfolgt in Übereinstimmung mit **DIN 51502** durch Kennbuchstaben. Die wichtigsten **Kennbuchstaben** sind in → *Tab. 16.2* zusammengefasst.

Mineralöle			
Schmieröl, normal	AN	Getriebeöl	HYP
Umlaufschmieröl	C	elektrische Isolieröle	J
Gleitbahnöl	CG	Kältemaschinen öle	K
Druckluftöl	D	Härte- und Vergüteöle	L
Luftfilteröl	F	Korrosionsschutzöle	R
Formentrennöl	FS	Kühlschmierstoffe	S
Hydrauliköl	H	Luftverdichteröle	V
Motorenschmieröl	HD	Walzöle	W
Schwerentflammbare Hydrauliköle			
Öl–in–Wasser–Emulsion	HFA	wässrige Polymerlösungen	HFD
Wasser–in–Öl–Emulsion	HFB		
Syntheseöle:			
organische Ester	E	Silikonöle	SI
Perfluorflüssigkeiten	FK	Polyglykolöle	PG
synthetische Kohlenwasserstoffe	HC	Sonstige	X
Phosphorsäureester	PH		

Tabelle 16.2 **Kennbuchstaben für Schmieröle**, Sonderöle, schwer entflammmbare Hydrauliköle und Syntheseflüssigkeiten nach DIN 51 502

Kenngrößen von Schmierölen

Technische Anforderungen (z.B. in DIN–Normen oder firmenspezifischen Liefervorschriften) verwenden folgende physikalisch–chemische Kenngrößen zur Charakterisierung von Schmierölen:

- **Viskosität, Viskositätsindex, Fließdruck, Fließgrenze,**
- **Pourpoint, Cloudpoint, Aussehen, Farbe,**
- **Brennpunkt, Flammpunkt, Zündtemperatur, Verdampfungsneigung**
- **Neutralisationszahl (NZ), Gesamtalkalität, Verseifungszahl (VZ), Jodzahl (JZ),**
- **Verkokungsneigung, Asche.**

Viskosität

Die **Viskosität** ist die wichtigste Einzeleigenschaft eines Schmierstoffes. Andere chemisch–physikalische Messgrößen werden an anderer Stelle beschrieben (Flammpunkt/Brennpunkt/Zündtemperatur → *Kap. 8.3*, Pourpoint/ Cloudpoint → *Kap. 12.2*).
Die Viskosität oder **Zähigkeit** ist ein Maß für die innere Reibung in einer Flüssigkeit. Sie ist die Ursache des Widerstands von Flüssigkeiten gegenüber Formänderungen. Zur Definition der Viskosität werden zwei, im Abstand y befindliche Platten betrachtet, zwischen denen sich die viskose Flüssigkeit befindet. Wirkt auf eine der Platten eine **Schubspannung** τ [Schubkraft pro Fläche = N mm^{-2}], so bewegt sich diese mit der Re-

lativgeschwindigkeit v gegenüber der ruhenden zweiten Platte (→ *Abb. 16.2*). Zwischen den Platten tritt ein **Geschwindigkeits-** oder **Schergefälle D** = **dv / dy** bzw. **v / y** für ein lineares Schergefälle [s^{-1}] auf.

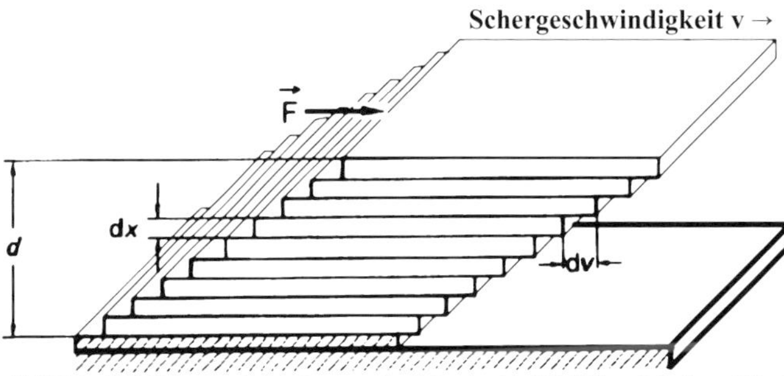

Abbildung 16.2 **Viskosität**: Beim Parallelplattenversuch gleiten im Modell differentiell dünne Flüssigkeitsfilme mit verschiedener Geschwindigkeit übereinander. Das Geschwindigkeitsgefälle D = dv/dx nach dem Weg ist proportional zur Schubspannung τ.

Dynamische-, Kinematische Viskosität

Die **Viskosität** ergibt sich als Steigung (Ableitung) in einem Schubspannung–Geschwindigkeitsgefälle–Diagramm:

- **Dynamische Viskosität:** $\eta = \tau / D$ [Einheit Pa · s, früher: Centipoise 1 cP = 1 mPa · s]
- **Kinematische Viskosität:** $\nu = \eta / \rho$ [Einheit $mm^2 s^{-1}$, früher: Centistokes 1 cSt = 1 $mm^2 s^{-1}$]

Messung der Viskosität

Die Viskosität wird **gemessen** durch: **Rotationsviskosimeter, Kugelfallviskosimeter** (*Stokessches* Gesetz) oder **Auslaufzeit** aus Messbechern, z.B. Engler–Grad (keine gesetzliche Einheit).

Fließkurve, Viskositätskurve

Der Viskositätsverlauf lässt sich graphisch darstellen als:

- **Fließkurve** (Schubspannung–Geschwindigkeitsgefälle–Diagramm) oder
- **Viskositätskurve** (Viskosität–Schubspannung–Diagramm).

Im Idealfall ist die Viskosität nur von Druck und Temperatur, aber nicht vom Geschwindigkeitsgefälle abhängig (**Newtonsche Flüssigkeiten**).

Nichtnewtonsche Flüssigkeiten

Alle Flüssigkeiten, die von diesem Verhalten abweichen, bezeichnet man als **Nichtnewtonsche Flüssigkeiten** (→ *Abb. 16.3*). Bei diesen ist die Viskosität vom Schergefälle abhängig. Dies gilt für:

- **Dilatante Flüssigkeiten**–sie zeigen eine erhöhte Viskosität bei zunehmender Schubspannung, was auf die Ausbildung eines Ordungszustands, z.B. bei der zunehmenden Drehbewegung eines Rotationskörpers, zurückzuführen ist.
- **Strukturviskose Flüssigkeiten**–sie zeigen einen Viskositätsabfall bei zunehmender Schubspannung, was durch die Zerstörung eines Ordnungszustandes unter dem Einfluss einer Bewegung zurückzuführen ist. Motorenöle haben oft einen strukturviskosen Bereich der Fließkurve.
- **Thixotrope** und **rheopexe Flüssigkeiten**–sie zeigen eine veränderte Viskosität je nach Dauer des Scherungsvorgangs. Diese Erscheinung lässt sich durch Hysteresekurven nach → *Abb. 16.3* darstellen. Bei thixotropen Flüssigkeiten vermindert sich die Viskosität scherzeitabhängig, bei rheopexen Flüssigkeiten ver**größ**ert sich die Viskosität auf dem rückführenden Teil der Hysteresekurve. Lacke sind im allgemeinen thixotrope, Motorenöle eher rheopexe Flüssigkeiten.

Thixotropie

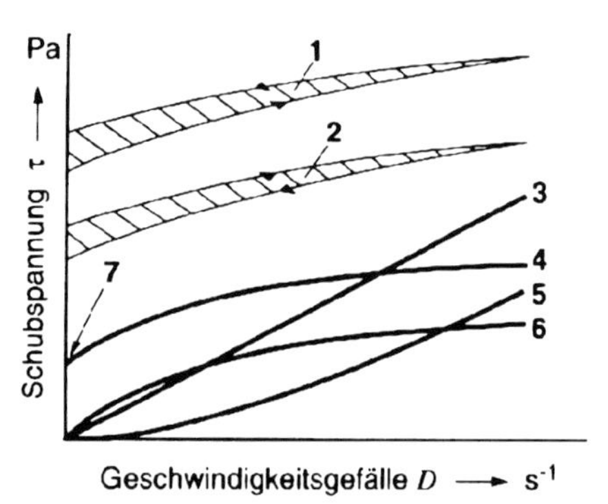

Abbildung 16.3 **Fließkurven** für **1** rheopexe, **2** thixotrope, **3** Newtonsche, **4** plastische, **5** dilatante und **6** strukturviskose Flüssigkeiten (**7** = Fließgrenze), (aus: Kraftfahrtechnisches Taschenbuch, Firma Bosch, Stuttgart /10.)

Druck-, Temperaturabhängigkeit der Viskosität

Für die Abhängigkeit der Viskosität von **Gesamtdruck** und **Temperatur** gilt:

- Die Viskosität **steigt** mit **zunehmendem Druck** (Packungsdichte der Molelüle nimmt zu).
- Die Viskosität **sinkt** mit **zunehmender Temperatur**. In einer logarithmischen Darstellung (lg η gegen T, → *Abb. 16.6*) ergibt sich über einen weiten Temperaturbereich eine Gerade.

Viskositätsindex

Der **Viskositätsindex (VI)** ist eine rechnerisch ermittelte Größe (nach DIN ISO 2909), die die Temperaturabhängigkeit eines Mineralölerzeugnisses charakterisiert. Je größer der VI, desto geringer ist der Einfluss der Temperatur auf die Viskosität. Öle mit einem hohen VI nennt man **Mehrbereichsöle** (s. unten).

Grundöle

Schmieröle können eine sehr unterschiedliche chemische Zusammensetzung aufweisen. Bei jedem Schmieröl unterscheidet man grundsätzlich:

- **Grundöl (Basisöl)** und
- **Additive.**

Das Grundöl bildet die schmierungstechnische **Grundlage** der Schmierstoffs. Die anwendungsspezifischen Additive sollen die Eigenschaften des Grundöls für den jeweiligen Einsatzfall verbessern.
Die wichtigsten technischen Grundöle sind die **Mineralöle**. Für spezielle Schmieröle gewinnen weitere Stoffklassen zunehmend an Bedeutung:

- **mineralische Grundöle (Kohlenwasserstoffe (KW),**
- **natürliche (native) Grundöle,**
- **synthetische (chemische) Grundöle (Synthetische KW, Syntheseöle).**

In verschiedenen Fällen sind auch Mischformen dieser Stoffklassen möglich, z.B. wird ein mineralisches oder biologisches Grundöl mit chemischen Methoden modifiziert und dadurch in seinen Eigenschaften verändert. Im folgenden werden die oben genannten drei Grundöl–Stoffklassen behandelt.

Mineralöle

Mineralöle werden durch **Destillation** >300°C (bzw. schonender durch **Vakuumdestillation)** aus Erdöl gewonnen. Die molare Masse umfasst typischerweise den Bereich von M = 350 bis 700 g mol^{-1}, was Kohlenwasserstoffen (KW) mit Kettenlängen von C_{25}–bis C_{50}–Kohlenstoffatomen entspricht. n–Paraffine besitzen ein schlechtes Kältefließverhalten. Aromatische Kohlenwasserstoffe sind nicht temperaturstabil. Hochwertige Mineralöle weisen deshalb einen möglichst hohen Gehalt an **Iso–Paraffinen** auf.

Verunreinigung	Wirkung
Säuren	Korrosion, schlechte Lagerfähigkeit
Harze, Asphalte	schlechte Lagerungsbeständigkeit, schnelle Alterung, Ablagerungen
Schwefelverbindungen	Korrosion, unangenehmer Geruch, schlechte Lagerungsbeständigkeit
instabile Verbindungen	schnelle Alterung
hochsiedende Paraffine	schlechtes Kältefließverhalten

Tabelle 16.3 **Raffination von Mineralölen**: Unerwünschte Verunreinigungen in Destillaten /55/

Raffination

Die Siedeschnitte (Destillate) enthalten eine Reihe natürlicher Verunreinigungen, die durch **Raffination** (Reinigung) entfernt werden müssen (→ *Tab. 16.3*). Die am Markt erhältlichen Mineralöle bezeichnet man oft nach der Raffinationsmethode:

Raffinatöle

- **Raffinatöle:** Mit Hilfe von Schwefelsäure (**Säureraffination**) werden reaktionsfähige, störende Verunreingungen oxidiert, verharzt und schließlich ausgefällt. Der entstehende **Säureschlamm** muss als Sondermüll entsorgt werden. Als Abschlussbehandlung erfolgt eine Adsorption, insbesondere von störenden Farbstoffen, an **Bleicherde** (Al–, Mg–Silikate, z.B. Bentonite). Dadurch erhält man eine Aufhellung des Öls. Das Verfahren war früher das Standardverfahren, hat aber heute an Bedeutung verloren (stattdessen Oxidation mit Wasserstoffperoxid).

Solventextraktöle

- **Solventextraktöle:** Mit Hilfe spezieller **Extraktionsmittel** können Verunreinigungen, aber auch störende KW–Fraktionen (z.B. die aromatische KW–Fraktion) selektiv entfernt werden (**Lösemittelextraktion**). Die Entaromatisierung ist insbesondere für Schmieröle mit der Gefahr von Hautkontakt oder Inhalation ein Gebot des Arbeitsschutzes (Krebsgefahr).

Hydrocracköle

- **Hydrocracköle:** Mit Hilfe von katalytischen Umsetzungen (**Hydrocracken, Hydrofining**) können reaktionsfähige Verunreinigungen, aber auch aromatische Erdölfraktionen unter hydrierenden (wasserstoffreichen) Bedingungen zu gesättigten, hochwertigen Iso–Paraffinen reduziert werden.
- **Entparaffinierte Öle:** Höhersiedende Paraffine sind bei höherer Temperatur in den Mineralölen gelöst und fallen bei Abkühlung aus (**Eintrübung des Öls, Pourpoint**). Dies schränkt die Winterfestigkeit des Öls ein. Eine Entparaffinierung kann durch fraktionierte Kondensation erfolgen.

Verseifung

$$\begin{array}{l} CH_2-O-C(=O)-R_1 \\ \;| \\ CH-O-C(=O)-R_2 \\ \;| \\ CH_2-O-C(=O)-R_3 \end{array} + 3\,NaOH \xrightarrow{\text{Verseifung}} \begin{array}{l} CH_2-OH \\ \;| \\ CH-OH \\ \;| \\ CH_2-OH \end{array} + \begin{array}{l} R_1-C(=O)-ONa \\ R_2-C(=O)-ONa \\ R_3-C(=O)-ONa \end{array}$$

Fettsäureester (natürliche Öle, Triglyceride) — Glycerin — Na–Seife

Natürliche Öle

Natürliche Öle und Fette gewinnt man aus Pflanzen oder Tierkörpern. Pflanzenöle werden in erster Linie als **Speiseöle** oder als '**Weissöle**' für pharmazeutische oder kosmetische Anwendungen verwendet. **Industrieöle** auf natürlicher Basis haben in jüngster Zeit aus Umweltschutzgründen zunehmend Aufmerksamkeit erhalten, insbesondere Rapsöl (Rüböl) als Schmieröl und RME als Ersatztreibstoff (→ *Kap. 12.3*). Die natürlichen Öle sind Ester (**Triglyceride**) von Glycerin mit langkettigen Fettsäuren (Carbonsäuren). Die Spaltung der natürlichen Öle mit Lauge nennt man **Verseifung**. Diese Umkehrreaktion der Veresterung ist die wichtigste Quelle für die natürlichen **Seifen**:

Fettsäuren

Carbonsäuren, die häufig in Ölen bzw. Fetten vorkommen, sind z.B.:

- **gesättigte Fettsäuren:**

- Tetradecansäure (Myristinsäure) $CH_3–(CH_2)_{12}–COOH$
- Hexadecansäure (Palmitinsäure) $CH_3–(CH_2)_{14}–COOH$
- Octadecansäure (Stearinsäure) $CH_3–(CH_2)_{16}–COOH$
- Eicosansäure (Arachinsäure) $CH_3–(CH_2)_{18}–COOH$

- **ungesättigte Fettsäuren**

- Octadecensäure (Ölsäure) $CH_3–(CH_2)_7–CH = CH–(CH_2)_7–COOH$
- Octadecadiensäure (Linolsäure)
$CH_3–(CH_2)_4–CH = CH–CH_2–CH = CH–(CH_2)_7–COOH$
- Octadecatriensäure (Linolensäure)
$CH_3–CH_2–CH = CH–CH_2–CH = CH–CH_2–CH = CH–(CH_2)_7–COOH$

Technische natürliche Öle

Die wichtigsten **technisch** genutzten, natürlich vorkommenden Öle sind Rapsöl, Leinöl und Sojaöl. Sie sind komplexe Mischungen aus zahlreichen chemisch reinen Ölen:

- **Rapsöl** (erucasäurearm): 63% Ölsäure, 20% Linolsäure, 9% Linolensäure, 4% Palmitinsäure,
- **Leinöl**: 51% Linolensäure, 22% Ölsäure, 17% Linoläure, 5% Palmitinsäure, 4% Stearinsäure,
- **Sojaöl**: 54% Linolsäure, 28% Ölsäure, 8% Palmitinsäure, 5% Linolensäure, 4% Stearinsäure.

Wachse

Pflanzliche oder tierische Fettsäureester, die nicht mit Glycerin, sondern mit einwertigen Alkoholen gebildet werden, bezeichnet man als **Wachse.**

Chemische Beständigkeit

Ein wesentlicher technischer **Nachteil der natürlichen Öle** ist die geringere chemische Beständigkeit im Vergleich zu den Mineralölen. Die erhöhte Reaktionsfähigkeit ist im wesentlichen auf **zwei Reaktionen** zurückzuführen, die bei zunehmender Temperatur beschleunigt ablaufen:

Hydrolyse

- **Hydrolyse (Verseifung)** in wässrigen, alkalischen Lösungen,
- **Verharzung** (Oxidation, bevorzugt der Doppelbindungen, Abbau, Zersetzung).

Natürliche Öle **hydrolisieren** im Gegensatz zu Mineralölen leicht in wässrigen Lösungen. Dies schränkt den Anwendungsbereich ein, andererseits beruht auf dieser **Fettspaltung** die gute **biologische Abbaubarkeit** und die unproblematische Abreinigung in alkalischen Reinigungsmitteln. Beim Waschvorgang in einer alkalischen Waschflüssigkeit findet eine Verseifung der natürlichen Öle statt (siehe Reaktionsgleichung oben). Es entstehen die wasserlöslichen Na–bzw. K–Salze der Fettsäuren (z.B. Na–Stearat = Na–Salz der Stearinsäure). Die **Verseifungszahl (VZ)** eines Schmieröls ist die Masse an KOH [mg], die man benötigt, um 1 g Schmieröl zu verseifen.

Verseifungszahl

Oxidation

Vor allem pflanzliche Öle bzw. Fette enthalten einen hohen Gehalt an **Doppelbindungen** (ungesättigten Fettsäuren, z.B. Ölsäure). Doppelbindungen können insbesondere bei höheren Temperaturen oder bei mikrobiologischer Katalyse (bakterielle Zersetzung) rasch **oxidiert** werden. Dies verleiht den ungesättigten Fettsäuren als Speiseöl eine gute Verdaulichkeit. Die Oxidation **technischer** Öle ist jedoch im allgemeinen nicht **erwünscht** und macht sich durch nachteilige Eigenschaftsveränderungen des Schmierstoffs bemerkbar. Diese sind zurückzuführen auf:

- **Niedermolekulare Oxidationsprodukte** (z.B. Säurebildung) und dadurch ausgelöste Korrosion,
- **Hochmolekulare Verharzungsprodukte** und dadurch ausgelöster Verlust der Schmiereigenschaften.

Verharzung

Die **Verharzung** der Doppelbindungen über Sauerstoffbrücken erfolgt bereits bei Raumtemperatur (Peroxidvernetzung). Die Vernetzung von Ölen kann insbesondere beim **Trocknen** oder beim **Einbrennen** von Lacken technisch beabsichtigt sein. Die Ausscheidung von klebrigen Verharzungen (z.B. in einem Motorenöl) ist für den Motor schädlich. Öle mit hohem Ungesättigtheitsgrad werden als **trocknende Öle**, solche mit einer geringen Zahl an Doppelbindungen als nichttrocknende Öle bezeichnet. Die **Jodzahl (JZ)** [g Jod in 100 g Schmieröl] ist ein Maß für den Doppelbindungsanteil und sollte bei Schmierstoffen möglichst niedrig sein.

Jodzahl (JZ)

CH=CH + O_2 ⟶ CH–CH (–O–, Epoxid) $\xrightarrow{+H_2O}$ CH(OH)–CH(OH)

Bildung niedermolekularer Oxidationsprodukte (Diole)

2 CH=CH + O_2 ⟶ CH–ĊH / O / O / CH–ĊH

Verharzung

CH=CH + J_2 ⟶ CH(J)–CH(J)

Jodzahlbestimmung

Größe	Mineralöl	Pflanzenöl	PEG	Synthet. Ester
Bio–Abbaubarkeit	gering	sehr gut	gut...mäßig	sehr gut
WGK	2	0	0...2	0
Toxizität	mäßig	nicht	gering	nicht
Kosten (Faktor)	1	3	4	6...10
Einsatztemp. (°C)	-22...+120	-25...+ 80	-30...+170	-30...+180
Viskositätsindex	100	200	180	140... 180
Schmierwirkung	gut	sehr gut	gut	sehr gut
Pourpoint (°C)	-24	-27	-54	-39
Wasserlöslichkeit	nicht	nicht	gut	nicht
Mischbarkeit mit KW	ja	ja	nein	ja
Lackverträglichkeit	gut	gut	schlecht	meist gut
Schwefelgehalt (Massen%)	0,3	0,019	-	-

Tabelle 16.4 **Technische Schmieröle**: Vergleich der Eigenschaften von Mineralöl, Pflanzenöl und synthetischen Ölen (WGK = Wassergefährdungsklasse), /nach 60/.

Vergleich von Ölen

In → *Tab. 16.4* werden die Eigenschaften von Pflanzenölen mit Mineralölen und biologisch gut abbaubaren, synthetischen Ölen (Polyethylenglykol, synthetische Ester) verglichen. Hervorzuheben ist die gute **Schmierwirkung** von Pflanzenölen, die in kleinen Mengen als **polare Additive** auch konventionellen mineralischen Schmierölen beigefügt sein können.

Funktionelle Gruppen

Carbonsäuren und Alkohole (Glycerin) sind Beispiele für funktionelle Gruppen. Diese sind häufig wiederkehrende Atomgruppierungen in organischen Molekülen, die eine bestimmte Reaktionsfähigkeit hervorrufen und deshalb einer ganzen **Verbindungsklasse** den Namen geben. Die wichtigsten funktionellen Gruppen in der organischen Chemie sind in → *Tab. 16.5* zusammengefasst.

Verbindung	funkt. Gruppe	Endung	Name
R–OH	–OH (Hydroxyl)	–ol	Alkohole (z.B. Ethanol)
$R–NH_2$	$–NH_2$ (Amino)	–amin	Amine (z.B. Methylamin)
R–O–R	–OR (Alkoxy)	–ether	Ether (z.B. Diethylether)
R–CH = O	–CH=O (Carbonyl)	–al	Aldehyde (z.B. Formaldehyd)
R, R_1–C=O	–C=O (Carbonyl)	–on	Ketone (z.B. Methylethylketon)
R–COOH	–COOH (Carboxyl)	–säure	Carbonsäure (z.B. Essigsäure)
$R–CONH_2$	$–CONH_2$ (Amido)	–amid	Amide (z.B. Essigsäureamid)
R–COOR‘	–COOR' (Alkoxylat)	–ester	Ester (z.B. Essigester)

Tabelle 16.5 **Funktionelle Gruppen** in der organischen Chemie

Synthetische Öle

CH_2–R
|
CH_2
|
CH–R
|
CH_2
|
CH–R
|
CH_3

Tridecan
(R = $–C_8H_{17}$
(Polyalphaolefin)

Synthetische Öle werden aus chemischen Grundstoffen synthetisiert:

- **Synthetische Kohlenwasserstoffe**: z.B. Polyalphaolefine (PAO), Polyisobutene (PIB), Dialkylaromaten,
- **Syntheseöle**, z.B.
  - **organische Ester: z.B.** Adipin-, Sebacinsäureester,
    $R–OC–O–(CH_2–CH_2–O)_n–R'$ Polyglykolester,
  - **Polyglykolether**: z.B. Polyethylenglykol (PEG)
    $H–[-O–CH_2–CH_2–]_n–OH)$ Polyglykolether
  - **Silikonöle** $R–[-O–SiR'_2–O–SiR'_2\text{ -}]_n–OR$,
  - **vollfluorierte** Perfluorkohlenwasserstoffe oder Perfluoralkylether.

Polyalphaolefine (PAO), Polyisobutene (PIB)

Die **wichtigsten** synthetischen Kohlenwasserstoffe sind die **Polyalphaolefine (PAO** = Polymere der α–Olefine) und **Polyisobutene (PIB** = Polymere des Isobutens, z.B. Tridecan). PAO sind flüssige gesättigte Iso–Alkane mit 30...40 C–Atomen, die aus gasförmigem Ethenmonomer durch Polymerisationsreaktionen gezielt synthetisiert werden. PAO und PIB eignen sich als **Leichtlaufmotorenöl**e für extrem lange Ölwechselintervalle bis zu 100 000 km, z.B. für LKW.

Synthetische Ester

Synthetische Ester werden durch eine **Kondensationsreaktion** hergestellt:

$C_8H_{17}OH + HOOC–(CH_2)_8–COOH + C_8H_{17}OH \rightarrow$
i–Octylalkohol Sebacinsäure i–Octylalkohol–2 H_2O

$C_4H_9–CH–CH_2–O–CO–(CH_2)_8–OC–O–CH–CH–C_4H_9$
C_2H_5 C_2H_5

Octylsebacat (synthetischer Ester durch Kondensationsreaktion)

Polyethylenglykole (PEG)

Polyethylenglykole werden durch eine **Additionsreaktion** synthetisiert:

$CH_3–CHOH–CH_2OH$ + $CH_2–CH_2$ (O) + $CH_3–CH–CH_2$ (O) →

1,2 Propylenglykol — Etylenoxid — Propylenoxid

$CH_3–CHOH–CH_2–O–CH_2–CH_2–O–CH_2–CH(CH_3)–OH$

Ethylen-Propylenglykol (Ethylenoxid/Propylenoxid EO/PO-Mischpolymer, Polyalkylenglykol)

Halogenierte Öle

Vollfluorierte **Perfluoralkylether** sind chemisch außerordentlich beständig und werden u. a. als Pumpenöle in Halbleiterprozessen mit toxischen und korrosiven Gasen eingesetzt (Markennamen: Fomblin, Krytox). Die früher als EP–Additive vielfach eingesetzten **Chlorparaffine** haben aus Arbeits- und Umweltschutzgründen praktisch keine Bedeutung mehr (siehe auch **polychlorierte Biphenyle PCB** oder **Terphenyle PCT,** → *Kap. 11.2*).

Einsatztemperaturen

Trotz des vergleichsweise hohen Preises gewinnen synthetische Motorenöle als Grundöle oder Additive zunehmend an Bedeutung. Dies ist vor allem auf den erweiterten Einsatztemperaturbereich zurückzuführen (→ *Tab. 16.6*). Synthetische Öle weisen jedoch oft eine **schlechte biologische Abbaubarkeit** auf. Gut biologisch abbaubar sind synthetische Esteröle auf der Basis modifizierter Naturstoffe oder Polyethylenglykole (PEG) bzw. Glykol–Wassergemische (**Kühlerflüssigkeiten**).

Verbindungsklasse	Einsatztemperatur [°C] dauernd	Einsatztemperatur [°C] kurzzeitig	Flammpunkt [°C]	Pourpoint [°C]
Mineralöle	90...120	130...150	200...300	0...-60
synth. Kohlenwasserstoffe	170...230	200...350	20...350	-20...-60
Carbonsäureester	170...180	220...230	200...350	-30...-50
Polyalkylenglykole	160...170	200...220	200...260	-30...-50
Polyphenylether	310...370	420...480	230...350	20...-20
Phosphorsäurealkylester	90...120	120...150	100...260	-10...-60
Silikone	220...270	310...340	230...330	-10...-100
Perfluoralkylether	230...260	280...300	-	-20...-75

Tabelle 16.6 **Thermische Eigenschaften von Mineralölen** und synthetischen Ölen (nach /81/)

Additive

Entsprechend dem speziellen Anwendungsfall können dem Grundöl unterschiedliche Additive zugesetzt sein. Diese beeinflussen nach→ *Tab. 16.7* die :

- **physikalischen Eigenschaften des Schmierstoffes** (z.B. als VI–Verbesserer, Pourpoint–Verbesserer),
- **chemischen Eigenschaften des Schmierstoffes** (z.B. als Oxidationsinhibitoren, Detergentien),
- **Oberfläche der Reibpartner** (als physikalisch adsorbierte polare Additive oder als chemisch gebundene Hochdruck–Additive).

Die wichtigsten Additive für temperaturbelastbare Öle (z.B. Motorenöle) sind:

- **VI–Verbesserer**, **Pourpoint–Erniedriger**,
- **Reibungs-** und **Verschleissschutzstoffe** (polare Additive, Hochdruck–Additive)
- **Alterungsschutzstoffe** (Oxidationsinhibitoren) und
- **Reinigungsadditive** (Detergents/Dispersants).

Derselbe chemische Zusatzstoff kann u. U. mehrere Additivfunktionen gleichzeitig erfüllen (→ *Tab. 16.7*).

Aufgaben von Additiven

$R-C(=O)-O^- Li^+$

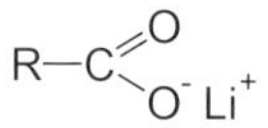

Li–Seife
(R = $-C_{17}H_{35}$ Stearinsäure)

$R-CH_2-OH$

Fettalkohole
R = $-C_{17}H_{35}$ Stearinsäure)

$R_1R_2N-C(=S)-S^-Me^+$

Dithiocarbamate

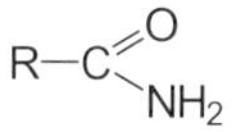

$R-C(=O)-NH_2$

Fettsäureamide
R = $-C_{17}H_{35}$ Stearinsäure)

Additivfunktion	Aufgabe	Beispiele
Additive zur Änderung der physikalischen Eigenschaften des Schmierstoffes:		
VI–Verbesserer	Ausdehnung des Einsatztemperaturbereichs, ehrbereichsöle	Polyolefine, Polystyrole Polymethacrylate, M = 10000...100000 g mol^{-1}
Pourpoint-, (Stockpunkt-), Verbesserer	Verbesserung des Kältefließverhaltens	gleiche Substanzen wie VI–Verbesserer
Additive zur Änderung der chemischen Eigenschaften des Schmierstoffes:		
Oxidationsinhibitoren (Alterungsschutzstoffe, Antioxidantien)	Verhinderung von Oxidation oder Verharzung	Phenole, Amine, S–oder P–Verbindungen
Detergents/Dispersants (Reinigungsadditive, HD–Additive)	Verhinderung, Lösen und Dispergierung fester Ablagerungen	Li–, Mg–, Ca–,Ba–Metallseifen (aschehatig), hochpolymere Methacrylate (nicht aschehaltig)
Haftzusätze (Verdicker)	Verbesserung der Haftung auf dem Werkzeug	Hochpolymere wie bei VI–Verbesserer
Festschmierstoffe (optional)	Verbesserung der Schmierwirkung	PTFE, Graphit Molybdändisulfid
Additive zur Änderung der Metalloberfläche:		
polare Zusätze (Schmierungsverbesserer)	Verbesserung der Schmierungseigenschaften durch Adsorption	natürliche Fette, Fettalkohole, synth. Ester, Ca–Metallseifen
Hochdruckzusätze (extreme pressure, EP–Additive,Verschleissschutzadditive)	Vermeidung von Mikroverschweissungen durch Reaktion mit der Metalloberfläche	geschwefelte Fette und Öle, P–und S–Verbindungen, Zn–Dithiophosphate, Dithiocarbamate, Chlorparaffine (nicht empfehlenswert)
Zusätzliche Additive bevorzugt für wassergemischte Kühlschmierstoffe:		
Korrosionsschutz- (Rostschutz-)mittel	Vermeidung von Kor rosion der Maschinen, Werkzeuge und Werkstücke	Fettsäureamide, Imidazolin- und Benzotriazolderivate (Nitrit: heute verboten)
Konservierungsmittel (Biozide)	Vermeidung von bakteriellem Befall	Formaldehydabspalter, Phenolderivate, N–bzw. S–Heterocyclen (aschefrei)
Entschäumer	Vermeidung von Schaumbildung	Silicone, natürliche Öle Tributylphosphat

Tabelle 16.7 **Additive in Schmierstoffen:** Anwendung für nichtwassergemischte Schmieröle und wassergemischte Kühlschmierstoffe /nach 81a/

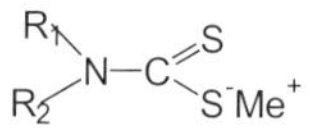

VI–Verbesserer

Bei VI–Verbesserern handelt es sich um **öllösliche Hochpolymere**, z.B. Polymethacrylate oder Polysuccinimide mit hoher molarer Masse. Bei niedriger Temperatur sind die Makromoleküle gefaltet und liegen als kolloide Dispersion vor. Bei höheren Temperaturen **entfalten** sich die Kettenmoleküle und bilden eine homogene Lösung mit dem Grundöl (→ *Abb. 16.4*). Dadurch erhält man eine eindickende Wirkung der VI–Verbesserer bei höheren Temperaturen. VI–Verbesserer erniedrigen oft auch den **Pourpoint** (Fließpunkt) und üben eine dispergierende Wirkung auf Feststoffpartikel aus.

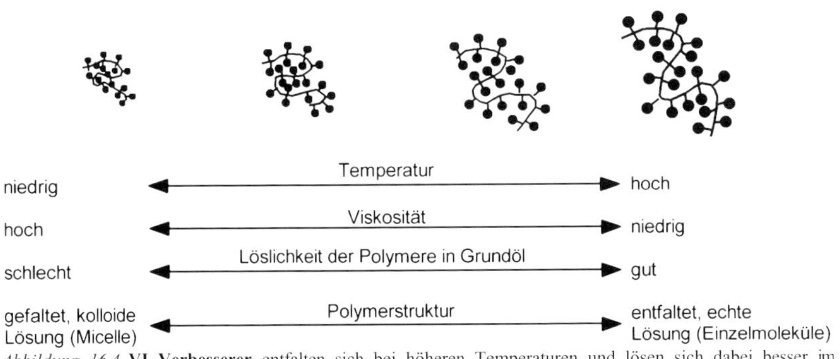

Abbildung 16.4 **VI–Verbesserer** entfalten sich bei höheren Temperaturen und lösen sich dabei besser im Grundöl. Dadurch kommt es zu einem Viskositätsanstieg mit zunehmender Temperatur /nach 81/.

Reibungs- und Verschleissschutzstoffe

Reibungs- und Verschleissschutzstoffe senken die auftretenden Einsatztemperaturen durch **Adsorption** oder **Schutzschichtbildung.** Die Additive bilden:

- **physikalische** oder **chemische Adsorptionsschichten** (polare Additive) oder
- **chemische Reaktionsschichten** (Hochdruckzusätze, extreme pressure (EP–) Additive).

Polare Additive

Reibungsschutzstoffe (Schmierungsverbesserer, Friction Modifier, **polare Additive**) sind adsorptiv an der Metalloberfläche gebunden und wirken dadurch reibungsmindend. Polare Additve können Pflanzenöle oder chemisch modifizierte Naturstoffe sein. Sie haben oft einen ähnlichen chemischen Aufbau wie die Korrosionsinhibitoren nach → *Kap. 14.3.* und besitzen deshalb meist gleichzeitig eine **Korrosionsschutzwirkung.**

EP–Additive

Verschleisschutzstoffe (Anti–Wear–Additive, Fressschutzadditive, **Hochdruckzusätze, EP–Additive**) reagieren mit der Metalloberfläche zu reaktionsträgen Metallphosphaten oder -sulfiden. Dadurch werden der direkte Kontakt zwischen zwei reaktiven Metalloberflächen und frühzeitiger Verschleiss der Bauteile oder Werkzeuge vermieden. Hochdruckzusätze sind oft schwefel- oder phosphorhaltige Stoffe bzw. Öle. **Schwermetall- oder chlorhaltige** EP–Additive werden heute aus Arbeits- und Umweltschutzgründen–so weit technisch möglich–vermieden. Chlorhaltige Verbindungen in einem Motorenöl würden zu einem geringen Teil in den Verbrennungsraum gelangen und könnten als umweltschädliche (CKW, PCB, Dioxine) oder korrodierende Verbindungen (Salzsäure) emittiert werden.

Alterungsschutzstoffe

Alterungsschutzstoffe **(Oxidationsinhibitoren, Antioxidantien)** verhindern die Oxidation des Grundöls, insbesondere bei hohen Einsatztemperaturen. Folgende Parameter spielen bei der Öloxidation eine Rolle:

- **Temperatur**,
- **Sauerstoffgehalt**,
- **Schwermetallkatalysatoren**, (z.B. Metallabrieb,
- **Fremdstoffe,** z.B. Verbrennungsprodukte (Ruß), Alterungsprodukte (verharzte Rückstände, Säuren).

Chemische Verbindungen wirken als Alterungsschutzstoffe, wenn sie eine oder mehrere der folgenden Eigenschaften besitzen:

- **Bindung von Sauerstoff** oder radikalischen Abbauprodukten (Radikalfänger),
- Bindung von **Schwermetallionen** durch Komplexbildung,
- **Neutralisierung** von sauren Abbauprodukten,

- **Passivierung** von Metalloberflächen durch einen Schutzfilm (siehe Schmierungsverbesserer).

Die wichtigsten Alterungsschutzstoffe sind **Antioxidantien** (→ *Kap. 6.1*), dies sind **Radikalfänger** (Amine bzw. stickstoffhaltige Heterocyclen, z.B. Alkylimidazoline), oder **Hydroperoxidzersetzer** (z.B. oxidierbare P–oder S–Verbindungen). Wie im Verlauf der Öloxidation werden analog wie bei Kunststoffen oder Lacken reaktionsfähige Hydroperoxide ROOH gebildet (Mechanismus → *Kap. 6.1*). ROOH werden beispielsweise durch folgende Hydroperoxidzersetzer abgebaut:
$ROOH + (RO)_3P \rightarrow ROH + (RO)_3P = O$ Oxidation zum Phosphorsäureester
$ROOH + RSR \rightarrow ROOH + ROH + R–SO–R \rightarrow 2\ ROH + R–SO_2–R$

Reinigungsadditive

Die Aufgaben der Reinigungsadditive (**Dispergiermittel,** Netzmittel, **DD = Detergent–Dispersants**, HD = Heavy Duty) überschneiden sich teilweise mit den Eigenschaften der Alterungs- und Korrosionsschutzstoffe:

- **Detergierwirkung (Reinigung)**: Reinigung und Ablösung von reaktiven Ablagerungen (z.B. Ölabbauprodukte) auf heissen Metalloberflächen, Verhinderung von Korrosion.
- **Dispergierwirkung (Verteilung)**: Dispergierung von Schmutz und Schlamm in fein verteilter Form, Verhinderung von nichtreaktiven Ablagerungen auf Motorenteilen (→ *Abb. 16.5*),
- **Neutralisation**: chemische Neutralisation saurer Produkte aus der Kraftstoffverbrennung und Ölalterung,

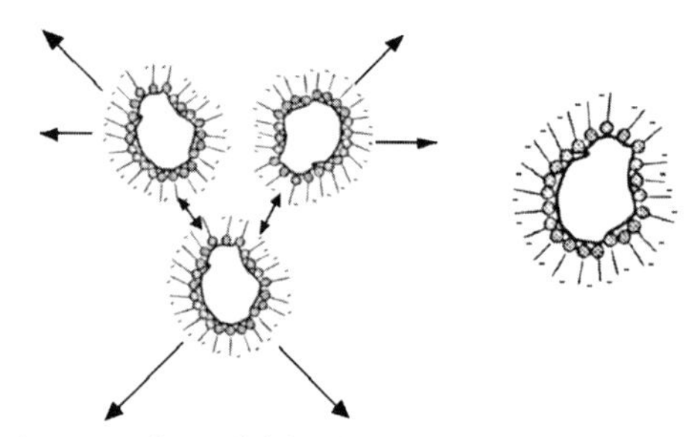

Abbildung16.5 **Dispergierung** von festen Abriebpartikeln durch Dispergieradditive. Diese umhüllen die Feststoffpartikel und verhindern eine Agglomeration durch elektrostatische Abstossung.

Motorenöle

Das komplexe Anforderungsspektrum für ein Motorenöl erfordert in der Regel den Einsatz von additivierten Mineralölen. Der Additivierungsgrad wird durch Kennbuchstaben nach DIN 51502 angegeben. Folgende, sehr unterschiedliche Aufgaben müssen von einem Motorenöl gleichzeitig erfüllt werden:

- **Schmieren**: Gleitlager, Wälzlager, Zahnräder, Kolben/Zylinder,
- **Abdichten**: Kolbenringe im Zylinder,
- **Kühlen**: Abführen der Verbrennungswärme,
- **Schützen und Innenreinigen**: Korrosionsschutz bei hohen Temperaturen und Stillstand.

SAE-Klassen

Motorenöle werden entsprechend ihrer Viskosität in **SAE–Klassen** (SAE = Society of Automotive Engineers) eingeteilt. Man unterscheidet fünf SAE–Sommerklassen und sechs SAE–W–Winterklassen (Kennbuchstabe **W**). Die Sommerklasse wird in der Reihenfolge zunehmender kinematischer Viskosität (bei 100°C) als SAE 20, 30, 40, 50, 60 bezeichnet (die SAE–Klassifizierungszahlen 10, 20, 30 usw. sind willkürlich gewählt). Ein Motorenöl sollte unter **Kaltstartbedingungen** eine **niedrige** Viskosität besitzen, während bei hohen Motortemperaturen unter **Volllast** eher eine **hohe** Viskosität gefordert wird, um einen ausreichenden Schmierfilm zu bilden. Da sich die Viskosität eines Einbereichsöls mit der Motorbetriebstemperatur ändert, verwendet man heute nahezu ausschließlich **Mehrbereichsöle** mit den Bezeichnungen z.B. SAE 10 W–30, SAE 15 W–40 oder SAE 20 W–40. Breitgespreizte Mehrbereichsöle (wie SAE 10 W–40) besitzen bei niedrigen Temperaturen eine möglichst geringe Viskosität (SAE 10 W) und bei höheren Temperaturen eine möglichst hohe Viskosität (SAE 40,→ *Abb. 16.6*). Für Motoren–und Getriebeöle gelten unterschiedliche SAE–Klassifikationen.

Mehrbereichsöle

Der Einsatz von **biologisch abbaubaren** Ölen als Motorenöle für die **Verlustschmierung (Zweitakt–Motoröle)** ist im Einzelfall technisch realisiert worden und teilweise von den Behörden vorgeschrieben, z.B. für Außenbordmotoren auf Binnengewässern.

Biologisch abbaubare Motorenöle

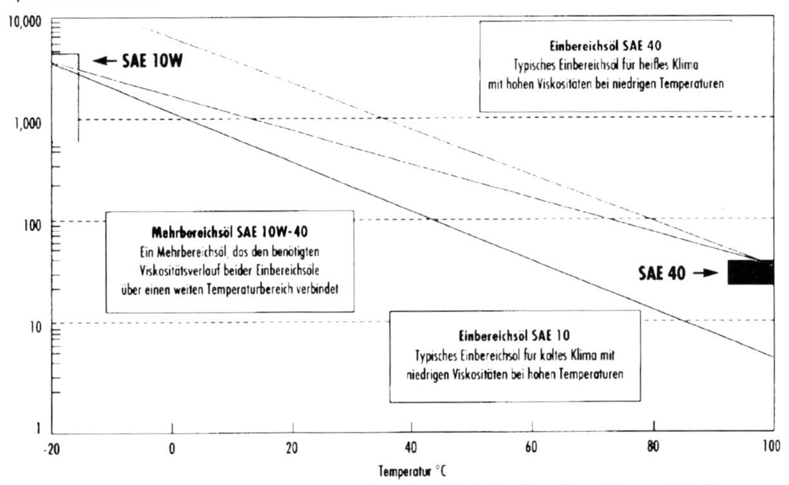

Abbildung 16.6 **Mehrbereichsöle**: Die Viskosität sinkt in logarithmischer Darstellung linear mit der Temperatur. Mehrbereichsöle besitzen eine geringe Temperaturabhängigkeit der Viskosität (hoher VI).

Hydrauliköle

Hydrauliköle finden vor allem in Schwermaschinen und in Fahrzeugen Einsatz. Die wesentlichen **Grundöle** für Hydraulikflüssigkeiten sind:

- **Mineralöle,**
- **Polyethylenglykole,**
- **Silikonöle.**

Bremsflüssigkeiten

In der **Fahrzeugtechnik** sind insbesondere **Bremsflüssigkeiten** auf Basis von Polyethylenglykolen (PEG) oder Mineralölen im Einsatz. Gegenüber Mineralölen haben die PEG den Vorteil der Schwerentflammbarkeit und Temperaturstabilität. Bei der Auswahl von geeigneten **elastomeren Dichtungsmaterialien** (z.B. Bremsschläuchen) ist das unterschiedliche Löslichkeitsverhalten für PEG- und Mineralöl zu beachten. Nach dem Grundsatz 'Gleiches löst Gleiches', sind unpolare (mineralölähnliche) **Gummimaterialien** geeignete Elastomere für die polaren (wasserähnlichen) PEG–Flüssigkeiten. Aufgrund der Wassermischbarkeit nehmen PEG über **Diffusion** durch die Bremsschläuche leicht **Wasser** auf, wodurch der Siedepunkt der Bremsflüssigkeit absinkt. Wird die Bremsflüssigkeit beim Bremsvorgang über ihren Siedepunkt erhitzt, kommt es zur Dampfblasenbildung. Ein Betätigen der Bremse ist dann nicht mehr möglich. Aus diesem Grund werden Bremsflüssigkeiten vorsorglich alle 1 bis 2 Jahre gewechselt.

Biologisch abbaubare Hydrauliköle

Insbesondere für freibewitterte oder mobile Hydraulikanlagen, z.B. Erdbewegungsmaschinen, Kläranlagen, Schleusen, Schiffe, Fahrzeuge der Landwirtschaft, Forstwirtschaft oder des Weinbaus wurden **biologisch abbaubare Hydraulikflüssigkeiten** entwickelt und mit dem **Blauen–Engel**–Umweltzeichen (RAL UZ 79) ausgezeichnet. Weitere Anwendungsgebiete für biologisch abbaubare Hydraulikfüssigkeiten sind im Lebensmittelbereich, bei der Getränkeindustrie oder Zuckerherstellung zu finden.

Kühlerflüssigkeiten

Die Aufgabe der Kühlerflüssigkeit bei Verbrennungsmotoren ist die Abführung der Verbrennungswärme über einen **Flüssigkeits–Kühlkreislauf**, wobei die im Zylinderkopf aufgenommene Wärme über einen Wärmetauscher (Kühler) an die Luft abgegeben wird. Wegen der hohen spezifischen Wärme eignet sich Wasser gut als Kühlerflüssigkeit. Aufgrund der korrosiven Eigenschaften und der mangelnden Kältetauglichkeit wird anstelle von reinem Wasser ein **Wasser–Glykol–Gemisch** mit einem Zusatz von **Korrosionsinhibitoren** (z.B. sauerstoffbindende Salze oder **kupferpassivierende** organische Verbindungen,→ *Kap. 14.3*) verwendet. Man erhält folgende Gefrierpunktserniedrigung:

- **10 Vol% Glykol: -4°C** (Eisflockenpunkt)
- **20 Vol% Glykol: -9°C**
- **30 Vol% Glykol: -17°C**
- **40 Vol% Glykol: -26°C**
- **50 Vol% Glykol: -39°C.**

Arbeitsöle

Arbeitsöle mit nennenswerten Einsatzmengen sind:

- **Haftöle**, z.B. für Sägegatter, Antriebs- und Förderketten, Kabel, Seilzüge, Schienenverkehr,
- **Elektro–Isolieröle**,
- **Formenöle (Schalöle)** und
- **Korrosionsschutzöle** für den temporären Korrosionsschutz.

Insbesondere für die **Verlustschmierung** in **umweltrelevanten Bereichen**, z.B. Schalöle im Baubereich, Sägekettenschmierung für die Waldarbeit, Kompressorflüssigkeiten für landwirtschaftliche Einsatzfälle, werden von den Behörden biologisch abbaubare Öle empfohlen. Biologisch schnell abbaubare Schmierstoffe und Schalöle sind mit dem **Blauen–Engel**–Umweltzeichen (RAL UZ 64) ausgezeichnet. Bearbeitungsöle (**Kühlschmiermittel)** werden in → *Kap. 16.3* behandelt.

Schmierfette

Schmierfette sind **eingedickte** Schmieröle. Gegenüber den Ölen besitzen sie den Vorteil, dass sie von der Reibungsstelle nicht weglaufen. Dadurch können aufwendige konstruktive Maßnahmen zur Abdichtung der Reibstelle entfallen. Schmierfette sind in viel stärkerem Maß als Schmieröle den Einflüssen der Umgebung (Witterung, Staub u. a.) ausgesetzt. Ein Schmierfett besteht aus dem **Grundfett** (**Grundöl** plus einem **Verdickungsmittel**), dem anwendungsspezifische Additive zugesetzt wurden:

- **Grundöl** 70...95%
- **Verdickungsmittel, Verdicker** 3...30%
- **Additive** 0...10%

Verdicker

Als **Grundöle** kommen die bekannten mineralischen, synthetischen und biologischen Öle in Betracht. Für hochwertige Schmierfette werden zunehmend synthetische Grundöle eingesetzt. Als **Verdicker** wirken:

- **Seifen:** Li–, Na–, Ca–, Ba–, Al–Salze höherer Carbonsäuren, Hydroxyseifen, Komplexseifen,
- **organische Verdicker:** Polyharnstoff, PTFE (Teflon), Polyethylen,

- **anorganische Verdicker (Gelfette)**: Bentonite (Tonerde), Aerosile (SiO_2), Graphit, Farbpigmente.

Technische Schmierfette

Standard–Fette enthalten **Metallseifen** als Verdicker. Als Metallseifen verwendet man schwerlösliche Carbonsäuresalze der Erdalkalimetalle und Aluminium. **Komplex–Metallseifen** unterscheiden sich von den einfachen Metallseifen dadurch, dass in einem Molekül mehrere unterschiedliche Seifenreste gebunden sind. Die Fette werden in der Regel nach dem Verdickungsmittel bezeichnet:

	Einsatztemperatur
• **Na–Stearat:** nicht wasserbeständige Fette, $[CH_3-(CH_2)_{16}-COO^-]\,Na^+$	- 20 bis + 110°C
• **Li–Stearat:** hochwertiges Fett, wasserbeständig, Mehrzweckfett $[CH_3-(CH_2)_{16}-COO^-]\,Li^+$	- 30 bis + 130°C
• **Li–Hydroxystearat:** hochwertiges Standardfett, wasserbeständig $[CH_3-(CH_2)_5-CH(OH)-(CH_2)_{10}-COO^-]\,Li^+$	- 40 bis + 130°C
• **Ca–Stearat (Kalkseife):** Standardfett, wasserabweisend, walkfest $[CH_3-(CH_2)_{16}-COO^-]_2\,Ca^{2+}$	- 30 bis + 60°C
• **Al–Komplexseife:** hochwertige Fette, wasserbeständig $[CH_3-(CH_2)_{16}-COO^-]_2\,Al^{3+}[\,^-OOC-CH_3]$	- 30 bis + 150°C

16.3 Kühlschmierstoffe

Aufgaben von KSS

Kühlschmierstoffe (KSS) sind Betriebsstoffe bei der mechanischen Bearbeitung, die sowohl für die **spanende** (Drehen, Fräsen, Sägen, Schleifen, Honen usw.) als auch für die **spanlose** (umformenden) Verformung (Walzen, Ziehen) verwendet werden. Ein Kühlschmierstoff muss die aufeinander abgleitenden Flächen schmieren (Verminderung von Reibung und Verschleiss) sowie die durch die Verformung und Reibung entstehende Wärme abführen (→ *Abb. 16.7*). Ausserdem müssen die gebildeten Metallspäne entfernt werden. Die Aufgaben eines Kühlschmierstoffs sind demnach:

- **Schmieren**
- **Kühlen**
- **Spülen.**

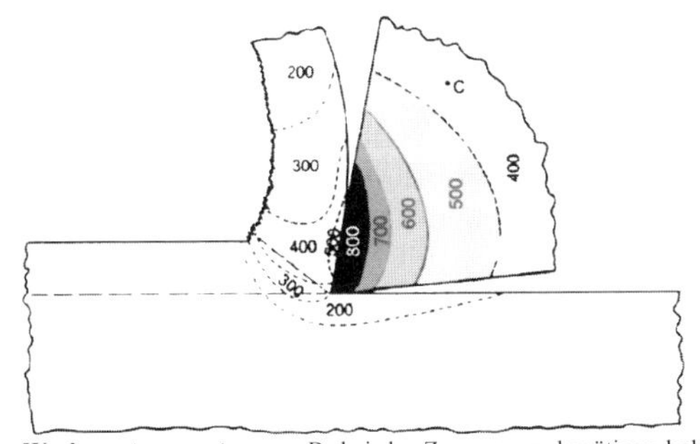

Abbildung 16.7 **Hohe Werkzeugtemperaturen**, z.B. bei der Zerspanung, benötigen hohe Kühlwirkung eines Kühlschmiermittels.

Einteilung der KSS

Die Auswahl eines Kühlschmierstoffes richtet sich in erster Linie nach technischen und ökonomischen Gesichtspunkten (Art des Zerspanungsverfahrens, eingesetzte Werkstoffe, Schnittgeschwindigkeit, Kosten). Bei nicht zu hohen Bearbeitungstemperaturen genügen **nichtwassermischbare** Kühlschmierstoffe. Bei höheren Schnittgeschwindigkeiten oder zähen Werkstoffen wird eine verbesserte Kühlwirkung durch **wassermischbare** Kühlschmierstoffe benötigt. Nach DIN 51 385 unterteilt man Kühlschmierstoffe in:

- **nichtwassermischbare Kühlschmierstoffe** (**nwm–KSS**)
- **wassermischbare Kühlschmierstoffe** (**wm–KSS**)
- **wassergemischte Kühlschmierstoffe** (**KSS–Lösungen**).

Gesundheitsgefahren durch KSS

Die Gesundheitsgefahren durch Aufnahme von KSS über die **Haut** oder die **Atmung** sind gravierend. Dies sind:

- **Hauterkrankungen**, **Allergien**
- **Atemwegserkrankungen** (Asthma),
- **Krebs** (Mesotheliom).

Hauterkrankungen durch KSS

Die Gesundheitsgefahren gehen nicht allein auf die rund 300 bekannten Einsatzstoffe (**Primärstoffen**) in Kühlschmierstoffen, sondern insbesondere auf die im Verlauf des Einsatzes gebildeten **Sekundärprodukte** wie Reaktionsprodukte, Fremdstoffe oder Mikroorganismen zurück. So sind ca. 30% der im Bereich der Maschinenbau- und Metall–Berufsgenossenschaft gemeldeten Fälle von **berufsbedingten Hauterkrankungen** auf Kühlschmiermittel zurückzuführen. Die Ursachen können sein:

- **stark alkalischer pH–Wert** der Emulsionen,
- **entfettende Wirkung** der in KSS enthaltenen Öle,
- **gesundheitsgefährdende Additive**, z.B. Biozide,
- **schädliche Reaktionsprodukte**, z.B. Bakterien, krebserregende Nitrosamine.

Gesetzeslage für KSS

KSS sind grundsätzlich **wassergefährdende Stoffe**. Die Wassergefährdungsklasse (WGK) des Konzentrats wird vom Hersteller angegeben und ist meist WGK = 2 oder 3. Altemulsionen müssen grundsätzlich WGK = 3 (stark wassergefährdend) zugeordnet werden.

Gebrauchte KSS sind oft Öl–Wasser–Gemische, die in der Regel als **besonders überwachungsbedürftige Abfälle** (Sonderabfälle) beseitigt werden müssen (pro Jahr ca 800000 t in Deutschland, Jahr 1992). KSS werden aufgrund ihres Schadstoffgehalts in der Regel nicht recycliert, sondern meist als Ersatzbrennstoff thermisch verwertet. Die **Standzeitverlängerung** für KSS ist ein wichtiges Gebot des produktionsintegrierten Umweltschutzes.

KSS sind in der Regel **Gefahrstoffe**. Es gilt die Ermittlungs- und Überwachungspflicht des Arbeitgebers gemäß GefStoffV.

Umgang mit KSS

Der Arbeitsschutz beim Umgang mit KSS wird zusammenfassend behandelt in:

- **Regeln für Sicherheit und Gesundheitsschutz beim Umgang mit KSS** (Berufsgenossenschaftliche Regel ZH 1/248) und
- **BIA–Report Kühlschmierstoffe** (BIA–Report 7/96, BIA = Berufsgenossenschaftliches Institut für Arbeitssicherheit). In → *Tab. 16.8* sind die wichtigsten Grenz- und Richtwerte für Kühlschmierstoffe enthalten.

Rechts- und Normenhinweise: GefStoffV Anhang IV, Nr. 19
TRGS 611: Verwendungsbeschränkungen für wassermischbare oder wassergemischte KSS, bei deren Einsatz N-Nitrosamine auftreten können; TRGS 552: Nitrosamine; TRGS 150: Hautkontakt mit Gefahrstoffen; ZH 1/248 Regeln für Sicherheit und Gesundheitsschutz beim Umgang mit Kühlschmierstoffen;
DIN 51385, DIN 51520: Schmierstoffe, Kühlschmierstoffe
VDI Richtlinie 3397: Kühlschmierstoffe, Pflege, Entsorgung.

Grenzwerte von KSS

Stoff	Grenz- bzw. Richtwerte	Verordnung/ Empfehlung
organische Bestandteile	10 mg m^{-3} (Luft)	MAK (seit 1996)
Aromatengehalt des Grundöls	>10%	BG
Benzo[a]pyren	0,002 mg m^{-3} (Luft) 50 mg kg^{-1} (KSS)	TRK GefStoffV
Chlorparaffine	Verdacht auf Cancerogenität	MAK/TRGS 500
Diethanolamin (DEA) und andere sekundäre Amine	0,2% (Konzentrat)	TRGS 611
Formaldehyd	0,6 mg m^{-3} (Luft)	MAK
Keimzahl	$<10^6$ KBE	BG
Kobalt, Nickel abhängig vom Werkstoff	0,1 mg m^{-3} (Luft) 0,5 mg m^{-3}	TRK TRK
Kühlschmierstoffe, die Nitrit oder nitritliefernde Verbindungen enthalten	Verdacht auf erzeugendes Potential	MAK, GefStoffV
Monoethanolamin (MEA)	5 mg m^{-3} (Luft)	MAK
N–Nitroso–diethanolamin (NDELA)	1 mg m^{-3} (Luft) 5 ppm (Emulsion)	TRGS 552 TRGS 611, GefStoffV
Nitrit Nitrat	20 mg l^{-1} (Emulsion) 50 mg l^{-1}(Anmischwasser) 50 mg l^{-1} (Emulsion)	TRGS 611 TRGS 611 TRGS 611

Tabelle 16.8 **Wichtige Grenzwerte und Orientierungswerte** für Kühlschmierstoffe BG = Berufsgenossenschaft, TRGS = Technische Regeln für Gefahrstoffe, KBE = Kolonie bildende Einheiten (Quelle: Firma Rhenus Wilhelm Reiners GmbH & Co, Mönchengladbach).

CH_2OH
|
CH_2
|
NH
|
CH_2
|
CH_2OH

Diethanolamin (DEA)

CH_2OH
|
CH_2
|
N—N=O
|
CH_2
|
CH_2OH

N–Nitroso–Diethanolamin (NDELA)

Nichtwassermischbare KSS (nwm–KSS)

Nichtwassermischbare Kühlschmierstoffe sind wasserfreie Schmieröle, wie sie in → *Kap. 16.2* dargestellt wurden. In der Praxis werden nichtwassermischbare Öle, z.B. als Schneidöl, Räumöl, Automatenöl und Honöl bezeichnet. Als Mehrzwecköle gelten sie, wenn sie neben der Zerspanung auch als Maschinenöl oder Hydrauliköl eingesetzt werden können. Verbrauchte Maschinenöle können dann u. U. als Kühlschmiermittel eingesetzt werden (aber nicht umgekehrt). Vor dem Hintergrund verschärfter gesetzlicher Regelungen für wm–KSS und der hohen Entsorgungskosten hat der **Anteil der nwm–KSS** in jüngster Zeit **zugenommen**. Folgende **Vorteile** und **Nachteile** von nwm–KSS gegenüber wm–KSS sind abzuwägen:

Vorteile nwm–KSS:
- geringeres Gesundheitsrisiko,
- niedrigere gesetzliche Überwachungsanforderungen
- höhere Standzeiten,
- geringere Entsorgungskosten.

Nachteile nwm–KSS:
- höhere Beschaffungskosten,
- höhere Brand- bzw. Explosionsgefahr,
- höhere Vernebelung.

Umweltfreundliche Beschaffung von nwm–KSS

Im Vordergrund des Arbeitsschutzes bei nwm–KSS steht ein geringer **Aromatengehalt** des Grundöls (Krebsgefahr) und eine geringe Neigung zur **Vernebelung** bei der mechanischen Bearbeitung. Ein direkter Hautkontakt mit Schmierstoffen sollte generell vermieden werden, da diese **keine hautfreundlichen** Produkte sind – sie unterbinden den Wasseraustausch der Haut nach außen, wodurch eine Quellung von innen stattfindet (Prinzip einer Nachtcreme). Folgende **Anforderungen** sind an nwm–KSS im Rahmen einer umweltfreundlichen/schadstoffarmen Beschaffung zu stellen:

- **aromatenarme** oder **aromatenfreie Grundöle,**
- **verdampfungsarme Grundöle** und **Additive,**
- Zugabe von **Antinebel–Additiven.**

MMKS

Die Minimalmengenkühlschmierung (**MMKS)** stellt hinsichtlich des Schmiermittelverbrauchs einen Kompromiss dar zwischen den Extremen:

- **Trockenbearbeitung** (ohne Kühlschmiermittel),
- **Minimalmengenkühlschmierung (MMKS),**
- **Überflutungsschmierung** (mit Überflutung der Bearbeitungszone).

Bei der MMKS wird die **Schnittkante** des Werkzeugs möglichst zielgenau mit einem feinen Ölnebel bespüht, wodurch im wesentlichen eine Schmierwirkung, jedoch nur eine geringe Kühlwirkung erzielt wird. Dem System nach ist es eine Verlustschmierung, d. h. das Bearbeitungsöl verbleibt auf der Werkstückoberfläche, weshalb sich bevorzugt **biologische** Schmieröle, z.B. Rapsöl, einsetzen lassen. Die **Vorteile** und **Nachteile** der MMKS sind:

Vorteile/Nachteile der MMKS

- **Vorteile:**

- keine Pflege- und Entsorgungskosten für MMKS,
- hautfreundliche und umweltfreundliche Bearbeitungsöle,
- Ölmenge auf den Metallspänen ist gering (Späne sind Wertstoff)
- Korrosionsschutz durch minimalen Ölfilm auf den Werkstücken.

- **Nachteile:**

- geringe Kühlwirkung, niedrige Bearbeitungsgeschwindigkeiten,
- beschränkt auf leicht zerspanbare Werkstoffe, z.B. Aluminium,
- kein Späneabtransport, deshalb beschränkt auf einfache Zerspanoperationen, z.B. Sägen, Fräsen,
- weniger flexibel einsetzbar, z.B. in Bearbeitungszentren,
- Nebelbildung (Grenzwert: organische Luftbestandteile 10 mg m^{-3}).

wm–KSS

Wassermischbare Kühlschmierstoffe erhält man als Kühlschmiermittelkonzentrate. Die Konzentrate bilden mit Wasser eine zweiphasige **Öl–Wasser–Emulsion** (emulgierbare KSS) oder in selteneren Fällen einphasige **Lösungen** (wasserlösliche KSS). Die wesentlichen **Inhaltsstoffe** eines wm–KSS im Gebrauchszustand sind:

- **Wasser** (bei wm–KSS: ca. 90%, bei nwm–KSS: 0%),
- **Grundöl** (bei wm–KSS ca. 6%, bei nwm–KSS: ca. 85%),
- **Emulgator** (bei wm–KSS: ca. 2,5%, bei nwm–KSS: 0%),
- **Additive** (bei wm–KSS: ca. 1%, bei nwm–KSS: 15%).

Ansetzwasser, Grundöl

Das **Ansetzwasser** muss mindestens Trinkwasserqualität haben, besser ist die Verwendung von enthärtetem Wasser. Die wässrig–organische Zusammensetzung der Emulsion, verbunden mit typischen Betriebstemperaturen zwischen 30 und 40°C, bieten ideale **Wachstumsbedingungen** für die Vermehrung von Bakterien, Hefen und Pilzen. Der mikrobiologische Abbau von wm–KSS wird meist durch die Dosierung von Biozid-Additiven bekämpft. Als **Grundöle** werden nahezu ausschließlich Mineralöle verwendet, die weitgehend aromatenfrei sein sollten. Als **Emulgatoren** werden meist anionische Tenside verwendet (→ *Kap. 16.4*).

Emulgator

Additive für wm–KSS

Wichtige **Additive** für Kühlschmierstoffe sind bereits in → *Tab. 16.7* genannt. Bei wm–KSS sind im Unterschied zu nwm–KSS folgende zusätzliche Additive von Bedeutung:

- **Korrosionsschutzmittel**: Rostschutzmittel,
- **Konservierungsmittel**: Biozide,

- **Entschäumer.**

Korrosionsschutzadditive

Aufgrund des hohen Wasseranteils in wassergemischten KSS ist der **Korrosionsschutz** für Werkzeuge und Bauteile von großer Bedeutung. Folgende Faktoren müssen bereits bei der korrosionsgerechten Formulierung des Schmierstoffkonzentrats beachtet werden:

- **elektrische Leitfähigkeit,**
- **komplexbildende Komponenten,**
- **pH–Wert, Pufferkapazität,**
- **Korrosionsinhibitoren** (Rostschutzmittel, → *Kap. 14.3*).

Puffersubstanzen

$B_2O_3 + H_2O \rightarrow B(OH_4)^- + H^+$

Borsäure

Salzartige Rohstoffkomponenten, die sich durch eine hohe **elektrische Leitfähigkeit** auszeichnen, fördern grundsätzlich die Korrosion. Hohe Konzentrationen **komplexbildender** oder **salzbildender** Substanzen können Metalle in Lösung bringen, in niedriger Konzentration können dieselben Stoffe im Gegenteil als **Korrosionsinhibitoren** wirken. Dies gilt insbesondere für das Verhalten von Kupfer gegenüber Stickstoff- (Amine) oder Schwefelverbindungen (Sulfide). Ein **alkalischer pH–Wert** hemmt die Korrosion. Typische Werte pH >9 werden in einem konventionellen KSS durch **Alkanolamine** (z.B. Monoethanolamin) eingestellt. Zur Stabilisierung des pH–Werts **(Pufferkapazität)** werden Borsäure–Verbindungen zugesetzt.

Aminfreie KSS

Die folgenden Nachteile aminhaltiger KSS haben zur aktuellen Entwicklung von **amin-** und **borsäurefreien** Kühlschmiermitteln mit pH <9 geführt:

- Amine sind aufgrund des hohen pH–Werts **hautschädigend**.
- Amine sind gesundheitsschädlich, insbesondere besteht die Gefahr der Bildung **krebserregender Stoffe**.
- Amine fördern das **Bakterienwachstum** und damit den mikrobiologischen Abbau der Emulsion.

Nitrosamine

$R_1{-}NH{-}R_2$

Sekundäre Amine

Die Bildung krebserregender **Nitrosamine** ist besonders wahrscheinlich in Anwesenheit **sekundärer Amine** und dem früher häufig als Korrosionsinhibitor verwendeten **Nitritanion** (NO_2^-, Korrosionsschutz durch Oxidschichtausbildung). Der Einsatz von Nitrit in KSS ist heute verboten (Gefahr der Bildung nitrosierender Verbindungen, GefStoffV, Anhang IV, Nr. 19).

Biozide

$R_3{-}N^+(R_2)(R_4){-}R_1$

quarternäre Ammoniumverbindungen

Antibakterielle Konservierungmittel **(Biozide)** sind grundsätzlich gesundheitsschädlich und sollten deshalb–soweit technisch möglich–vermieden werden. Die wichtigsten Biozide in Kühlschmierstoffen sind **Formaldehyd–Depot–Stoffe**, z.B.:

$ROH + HCHO$	→	$RO{-}CH_2{-}OH$	O–Formale
$RNH_2 + HCHO$	→	$RNH{-}CH_2{-}OH$	N–Formale, Aminale

Als Aminkomponente werden oft N–bzw. S–und N–haltige Heterocyclen verwendet. Andere Biozide sind Alkohol- bzw. Phenolderivate, Salze organischer Säuren insbesondere mit NR_4^+–Kationen. Die oben erwähnte Kombination **Borsäure–Alkanolamin** besitzt auch antibakterielle Eigenschaften (Biozide, Konservierungsstoffe → *Kap. 14.3*).

Umweltfreundliche Beschaffung von wm–KSS

Aus der Sicht des Arbeits- und Umweltschutzes sollte bei der Auswahl eines wassermischbaren Kühlschmierstoffes beachtet werden:

- **aromatenarmes** oder **-freies** Grundöl,
- **Verzicht** auf **chlor-** oder **schwermetallhaltige EP–Zusätze**,
- **weitgehender Verzicht** auf **Aminverbindungen** (Nitrite in KSS verboten),
- möglichst **hautfreundlicher pH–Wert** (pH <9),
- weitgehender **Verzicht** auf Konservierungsstoffe (Biozide).

Sog. **'Bio'–Kühlschmiermittel** in Umlaufschmiersystemen sind bei einer gesamtheitlichen Ökobilanzierung in der Regel nicht umweltfreundlicher als mineralische Produkte.

Fachgerechter Umgang mit KSS

Über den fachgerechten Umgang mit Kühlschmiermitteln informieren zahlreiche Veröffentlichungen der Berufsgenossenschaft /82/. Vorschläge zur Vermeidung oder Verminderung von Gesundheits- und Umweltgefahren beim Umgang mit KSS sind:

- **Vermeidung** (Trockenschmierung) oder **sparsamer Einsatz** von KSS (Minimalmengenkühlschmierung),
- **Vermeidung** von **Luftbelastungen** durch KSS, z.B. durch Maschinenkapselung, Ölabsaugung,
- **Vermeidung** von **Hautkontakt** oder vorbeugender Hautschutz durch spezielle Cremes,
- **Überwachung** von **KSS** durch organisatorische Festlegung von Zuständigkeiten und regelmäßigen Messungen (siehe unten),
- **Pflege** von **KSS** durch standzeitverlängernde Maßnahmen (siehe unten),
- **Information** der Mitarbeiter über den fachgerechten Umgang mit KSS, z.B. durch die Erstellung von Betriebsanleitungen.

Überwachung von wm-KSS

Die Überwachung von Kühlschmiermitteln ist **gesetzliche Auflage** (TRGS 611, ZH 1/248) und gilt als **allgemein anerkannte Regel der Technik** (z.B. VDI–Normen, DIN–Normen). Die regelmäßig durchzuführenden Messungen sind aus → *Tab. 16.9* ersichtlich.

Überwachungsgrößen von wm-KSS

Überwachungsgröße	Prüfmethode	Prüfintervall Einzel-/Zentralanlage	Richtwerte/ Grenzwerte
wahrnehmbare Veränderung	Aussehen, Geruch, aufschwimmende Öle	tägl./tägl.	nach Erfahrung
Ölgehalt	Handrefraktometer, Säurespaltung	–/wöchentl.	übliche Werte: 4...6 Vol%
pH–Wert	pH–Elektrode pH–Papier	wöchentl./ wöchentl.	übliche Werte: pH 8,5 bis 9,5
Keimzahl	vorbereitete Nährböden	bei Bedarf/ monatl.	übliche Werte: 10^4 KBE, Grenzwert: 10^6 KBE
Nitrit Nitrat	Teststäbchen	monatl./wöchentl	Grenzwert 20 mgl^{-1} Grenzwert 50 mgl^{-1}
Biozidgehalt	Titration/Photometer	-/nach Bedarf	Zugabe nach Herstellerempfehlung, maximal 0,2%

Tabelle 16.9 **Überwachungsplan für die Prüfung wassergemischter KSS** gemäß der Richtlinie ZH 1/248 de Berufsgenossenschaft (Juli 1994), (KBE = Kolonien bildende Einheiten)

Standzeitverlängerung von KSS

Die Pflege von Kühlschmierstoffen (**Standzeitverlängerung**) ist ein Gebot des Umweltschutzes und der ökonomischen Vernunft. Die Standzeiten von gut gepflegten KSS sollten in der Regel mindestens **ein Jahr** betragen. Durch eine Standzeitverlängerung von 5 Wochen auf ein Jahr lassen sich die Beschaffungs- und Entsorgungskosten von Kühlschmierstoffen um den Faktor 10 reduzieren. Die fachgerechte Pflege und Überwachung von Kühlschmierstoffen ist in der VDI–Richtlinie 3397 beschrieben. Die wesentlichen Verunreinigungen in KSS sind:

- **Abrieb, Metallspäne, Metallionen**
- **Fremdöl,**
- **Bakterien, Hefen, Pilze.**

Feststoffabtrennung

Für die Entfernung von **Abrieb** und **Metallspänen** werden mechanische Trennsysteme eingesetzt, z.B. Sedimentationsbecken (auch Schrägklärer), Zentrifugen, Magnetabscheider, Schwerkraftbandfilter (auch mit Vakuum oder Druck) oder einfache Kerzen- bzw. Beutelfilter. Gelöste Metallionen lassen sich mit einfachen Trennverfahren kaum entfernen.

Fremdölabtrennung

Die Einschleppung von **Fremdölen,** z.B. aus Maschinenlecks, führt bei nwm–Kühlschmierstoffen zu einer nicht umkehrbaren Vermischung. Eine Trennung ist mit den üblichen mechanischen Trennverfahren nicht möglich. Bei wm–Kühlschmieremulsionen werden Fremdöle teilweise einemulgiert, teilweise schwimmen sie als ölige Schicht auf der Wasseroberfläche. Die aufschwimmende Fremdölschicht kann durch einen sog. **Skimmer** (Schieber, Scheibe, Band) abgeschöpft werden.

Belüftung

Eine einfache Pflegemaßnahme zur Bekämpfung von **anaeroben Bakterien** ist die regelmäßige **Belüftung** der Emulsion durch Umwälzung oder Luftzufuhr. Von einer regelmäßigen Biozidzugabe ist aus Gesundheitsgründen abzuraten. Stattdessen sollten spezielle, bakterienresistente KSS–Formulierungen beschafft werden.

16.4 Reinigungsmittel und Reinigungstechnik

Reinigungsqualität

Die Einflussgrößen Reinigungsqualität, Reinigungskosten und Arbeits- und Umweltschutz können in Konflikt zueinander stehen z.B. verursacht eine hochwertige Reinigung in der Regel höhere Kosten und meist höhere Umweltbelastungen als eine Standardreinigung. Das Ziel eines Reinigungskonzeptes muss es sein, mit einem minimalen Aufwand an Kosten und Umweltbelastungen das erforderliche Reinigungsergebnis zu erreichen. Dieses hängt von den in → *Abb. 16.8* dargestellten Faktoren ab:

- **Werkstücke** bzw. **Verschmutzungen**: Art des Werkstoffs, Art der Verschmutzung, Oberflächenzustand, Schüttgut/ Einzelteile,
- **Reinigungsmittel**: wässrige oder organische oder salzhaltige Reiniger, pH–Wert des Reinigers, Einsatztemperatur, Reinigungsdauer,
- **Anlagentechnik**: Spritz-, Tauch-, Ultraschallreinigung, Druckfluten und
- **Badpflege**: Skimmer, Verdampfer, Mikrofiltration, Ionentauscher, Aktivkohlefilter.

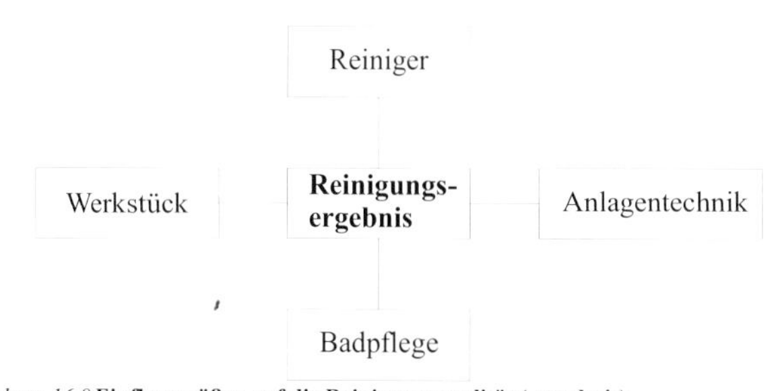

Abbildung 16.8 **Einflussgrößen auf die Reinigungsqualität (-ergebnis)**

Verschmutzungen

Die Art der Verschmutzungen und der Werkstoffe beeinflussen die Auswahl eines geeigneten **Reinigungsverfahrens** und **Reinigungsmittels** wesentlich. Als Folge der mechanischen Fertigung sind die Werkstücke unterschiedlich verschmutzt mit:

- **Rückständen** des **Werkstoffs**: Metallspäne, Abrieb, Graphit, Formsande, Glasfasern,
- **Hilfsmittel** der **Bearbeitung**: Schmierstoffe, Öle, Polierpasten, Trennmittel, Wachse, Kleber, Korrosionsschutzmittel und
- **chemischen Reaktionsprodukten**: Oxide, Rost, Zunder, Härterei-, Schweiss- und Lötrückstände.

Materialverträglichkeit

Bei der Auswahl eines optimalen Reinigungsverfahrens muss auf die Materialverträglichkeit des Reinigungsmittels mit den unterschiedlichen Werkstoffen (z.B. Stahl, Gusseisen, Leicht- und Buntmetalle wie Aluminium, Kupfer, Zink oder Kunststoffe) geachtet werden:

- **Buntmetalle** benötigen in der Regel wässrige Neutralreiniger oder Lösemittelreiniger. Stahl lässt sich dagegen mit einem stark alkalisch Medium u. U. unter Zusatz von Korrosionsschutzmitteln reinigen. Kunststoffe können in lösemittelhaltigen Reinigern quellen.
- **Salzartige (staubartige) Verschmutzungen** werden am besten in wässrigen Reinigern entfernt. Graphit aus der Gussbearbeitung wird durch phosphathaltige Reiniger gut abgelöst. Organische Reiniger (CKW, KW) sind hierfür nicht geeignet.
- **Fette, Wachse** oder natürliche Öle sind im allgemeinen verseifbar. Sie können durch einen alkalischen Reiniger mit Unterstützung tensidischer Komponenten in Lösung gebracht werden.
- **Unpolare organische Verschmutzungen** wie Mineralöle, Klebstoffe, Harze oder Silikonöle können den Einsatz nichtwässriger oder halbwässriger Lösemittelreiniger erforderlich machen.

Einen Überblick über Verschmutzungsarten und empfohlene Reinigungsmittel gibt → *Tab. 16.10.*

Reinigerklassen

Als Reinigungsmittel stehen im wesentlichen drei Stoffklassen zur Auswahl:

- **wässrige** Reiniger und
- **nichtwässrige** Reiniger (chlorierte CKW und nichtchlorierte Lösemittel).

Als Folge gesetzlicher Regelungen (2. BImSchV, FCKW–Halon–Verbotsverordnung) werden–sofern es technisch möglich ist–heute bevorzugt wässrige Reiniger eingesetzt.

Medium Verschmutzung	Wässriger Reiniger	Lösemittel-Reiniger	CKW-Reiniger
Öle, Fette (organisch unpolar)	wenig	gut...sehr gut	sehr gut
Kolophonium, Klebstoffe (organisch polar)	mäßig	mäßig...sehr gut (stark abhängig von Reinigerformulierung)	mäßig...gut
Späne, Staub (anorganisch unpolar)	gut	mäßig...gut	wenig
Salz (anorganisch polar)	sehr gut	mäßig...wenig	wenig

Tabelle 16.10 **Reinigungsmedien im Vergleich**, Grundsatz: Gleiches löst Gleiches (Quelle: Firma Dürr Ecoclean, Filderstadt).

Wässrige Reiniger

Innerhalb der außerordentlichen Produktvielfalt wässriger Reiniger kann man eine Einteilung entsprechend folgender Kriterien vornehmen:

- dem **pH–Wert**: z.B. alkalischer Reiniger, Neutralreiniger, saure Reiniger,

- den **Inhaltsstoffen**: z.B. Lösemittelreiniger, Emulsionsreiniger, chlorhaltige Reiniger, Abrasionsstoff enthaltende Reiniger oder
- dem **Anwendungsfall**: z.B. Desinfektionsreiniger, Hochdruckreiniger, Pflegereiniger.

Im Bereich der Industriereinigung ist eine Einteilung nach dem pH–Wert am gebräuchlichsten (→ *Tab. 16.11*). **Saure** und **alkalische** Reiniger sind salzhaltig und weisen eine hohe elektrische Leitfähigkeit auf (z.B. für die elektrolytische Entfettung). **Neutralreiniger** (pH 8...10) bestehen meist aus rein organischen Komponenten und sind kaum leitfähig.

Inhaltsstoffe von wässrigen Reinigern

Die wichtigsten Inhaltsstoffe von Industriereinigern sind:
- **Tenside**
- **Gerüststoffe (Builder, Salze)**
- **Komplexbildner, Korrosionsschutzmittel (Inhibitoren)**
- **Weitere Additive**

Entsprechend einer Untersuchung /83/ sind im Durchschnitt folgende Inhaltsstoffe in Industriereinigern enthalten:
- **salzhaltige Reiniger** (Durchschnitt aus 15 geprüften Rezepturen): Tenside 18,6%, Ethanolamin 7,7%, organische Säuren 12,4%, sonstige Organika 12,4%, Phosphate 31,2%, Alkali 13,2%, sonst. Anorganika 13,8%.
- **Neutralreiniger** (Durchschnitt aus 18 geprüften Rezepturen): Tenside 31,3%, Ethanolamin 25,7%, organische Säuren 13,2%, Lösungsmittel (z.B. Alkohole) 8,9%, sonstige Organika 2,3%, Korrosionsschutzmittel 18,2%, Anorganika 0,4%.

Klasse	pH	Inhaltsstoffe	Anwendung	Industrie
Stark alkalisch	12...14	Alkali, Silikate Phosphate, Komplexbildner Tenside	Stahl, starke Verschmutzung, hoher Reinigungsanspruch	Galvanik, Email, Bandstahl, Reparaturbetrieb
Schwach alkalisch	9,5...12	Phosphate, Borate, Carbonate, Komplexbildner, Tenside	Leichtmetalle Kupfer, Zink, schwache Verschmutzung, hoher Reinigungsanspruch	Galvanik, Anodisieren, Phosphatieren, Beschichten
Neutral	7...9,5	Tenside, Korrosionsinhibitoren, Lösungsvermittler	Empfindliche Oberflächen, schwache Verschmutzung, Korrosionsschutz	Automobil, Werkzeug, Härten
Schwach sauer	4...6	Saure Salze, Tenside	Stahl, alkaliempfind liche Werkstücke, Reinigen und Phosphatieren	Schienenfahrzeuge, Straßenfahrzeuge
Stark sauer	<1,5	Säuren, Inhibitoren	Metalle, Beizen/Entfetten, Dekapieren	Email, Galvanik

Tabelle 16.11 **Reinigungsmittel**, deren Inhaltsstoffe und Anwendungen

Im folgenden werden die wesentlichen Inhaltsstoffe wässriger Reiniger und ihre Funktion dargestellt:

Tenside

Tenside (Netzmittel, Detergentien) sind langkettige organische Moleküle, die hydrophile (wasserähnliche) und hydrophobe (wasserabweisende, fettähnliche) Eigenschaften besitzen. Man unterscheidet: anionische, nichtionische, kationische und amphotere Tenside. In salzhaltigen Industriereinigern werden (meist) anionische Tenside und in Neutralreiniger nichtionische Tenside eingesetzt. Kationische und amphotere Tenside findet man eher als Spezialtenside bzw. in Haushaltsreinigern oder kosmetischen Cremes /84/.

anionisch

- **anionische Tenside**

$R-C(=O)-O^-Na^+$ $\quad$ $-S(=O)_2-O^-Na^+$ $\quad$ $SO_3^-Na^+$

Alkylcarboxylate (Seifen, z.B. Stearate $R = C_{17}H_{35}$)

Alkansulfonate (z.B. Dodecylsulfonat, $R = C_{12}H_{25}$)

Lineares Alkylbenzolsulfonat (LAS, biologisch gut abbaubar)

nichtionisch

- **nichtionische** Tenside

$R_1-C(R_2)(OH)-[CH_2-CH_2-O]_n-H$

Alkylpolyglykolether (Alkanolethoxylate)

CH_2OH O HO O OH O CH_2OH O HO O OH $O-(CH_2)_n-CH_3$

Alkylpolyglucoside (APG, aus biologischen Rohstoffen, gut hautverträglich)

kationisch

- **kationische Tenside**

quarternäre Ammoniumsalze

Imidazolinderivate (verbessertes Umweltverhalten im Vergleich zu quart. Ammoniumverbindungen)

Kationische Tenside werden weniger als Reinigungsmittel, sondern eher als Weichspüler, Korrosionsinhibitoren, Antistatike oder Desinfektionsmittel eingesetzt.

amphoter

- **amphotere Tenside**

$R_2-N^+(R_1)(R_3)-CH_2-C(=O)-O^-$ $\quad$ $R_2-N^+(R_1)(R_3)-CH_2-S(=O)_2-O^-$

Alkylbetaine (gut hautverträglich)

Alkylsulfobetaine(Einsatz in Spezialreinigern)

Benetzung

Die Tenside erniedrigen die **Oberflächenspannung** von Wasser, dadurch werden die ölartigen Verschmutzungen **benetzbar** und von den hydrophoben Tensidketten eingehüllt (→ *Abb. 16.9*). Da die Tensidlösung eine höhere Affinität zur Metalloberfläche als das Öl besitzt (geringere Grenzflächenspannung), unterkriechen die Tensidmoleküle die ölartige Verschmutzung, die schließlich abgelöst wird. Auf der Metalloberfläche verbleibt ein **monomolekularer** Tensidfilm, wobei sich die hydrophoben organischen Kettenresten in Richtung zur Metalloberfläche und die hydrophilen Kopfgruppen in Richtung zu flüssigen Phase orientieren. Die von Tensidmolekülen umhüllten Öltröpf chen stabilisieren sich in wässriger Lösung; im Fall von anionischen Tensiden aufgrund ihrer elektrostatischen Abstoßung.

Der Reinigungsprozess verläuft demnach über die Stufen:

- **Benetzung** und Ablösung der Verschmutzung,
- **Dispergierung** der Verschmutzung (z.B. durch Emulsionsbildung),
- **Chemische Reaktion** zwischen Reiniger und Verschmutzung (z.B. im Fall von natürlichen Ölen durch Verseifung).

Emulgierende Reiniger

Insbesondere anionische Reiniger stabilisieren die abgelösten Verschmutzungen durch Ausbildung von **Öl–Wasser–Emulsionen** (emulgierende Reiniger, → *Abb. 16.9*). Neutralreiniger können so formuliert werden, dass das abgelöste Öl nicht emulgiert wird, sondern–aufgrund des Dichteunterschieds–an die Badoberfläche treibt und dort abgeschöpft werden kann (**demulgierende** Reiniger). Demulgierende Reiniger erleichtern die Badpflege (z.B. durch Öl–Wasser–Trennung mit Ölabscheider, Skimmer oder Koaleszenzabscheider) und ermöglichen deshalb längere Badstandzeiten. Im allgemeinen ist das Reinigungsergebnis von demulgierenden Reinigern schlechter als bei emulgierenden Reinigern, insbesondere wenn es zu einer Rückbefettung beim Herausheben der Ware kommt. Durch konstruktive Maßnahmen, z.B. Zwangsströmung muss sichergestellt sein, dass das demulgierte Öl ständig von der Badoberfläche entfernt wird.

Demulgierende Reiniger

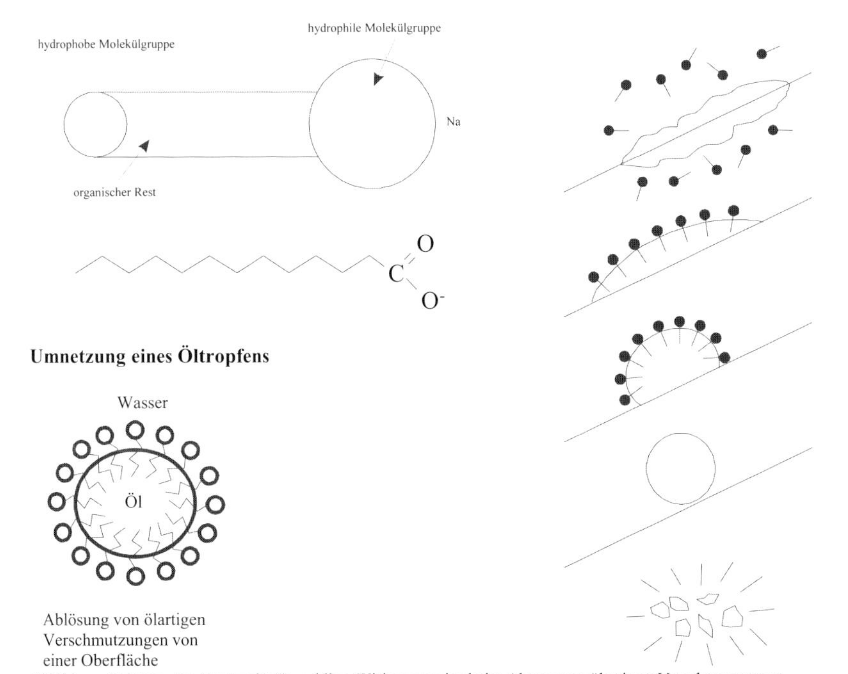

Abbildung 16.9 **Tenside (Netzmittel)** und ihre Wirkungsweise beim Abtrag von ölartigen Verschmutzungen

Adsorption von Tensiden

Nach der Ablösung der Verschmutzung adsorbieren sich die Tenside an der Metalloberfläche und bilden einen korrosionshemmenden Schutzfilm. Vor allem die Salze organischer Säuren (**Seifen**) bilden sehr festhaftende Adsorbate, die u. U. die Weiterverarbeitung in einer mechanischen Fertigung negativ beeinflussen können. Kalkhaltiges Wasser reagiert mit den Seifen zu schwerlöslichen Kalkseifen, die schwierig von Metalloberflächen abzuspülen sind. Moderne anionische und nichtionische Tenside bilden mit den Härtebestandteilen des Wassers keine schwerlöslichen Calcium- oder Magnesiumseifen. Trotzdem sollte die **Wasserhärte** des Ansetzwassers reguliert werden und im allgemeinen zwischen 10...15°d Härte liegen. Beim Einsatz von vollentsalztem Wasser beobachtet man leicht ein **Schäumen**. Insbesondere anionische Reiniger neigen zum Schäumen und werden deshalb für Spritzanwendungen gerne durch Neutralreiniger ersetzt.

Schäumen

Lösungsvermittler

Wasserlösliche Lösungsmittel (z.B. Alkohole, Glykolether) können als **Lösungsvermittler** die Reinigungswirkung der Tenside beim Entfernen von Fetten, Wachsen, Teer, Klebstoffen, Lacken, Farben verstärken. Ihre Wirkung beruht auf einer homogeneren Verteilung schwerlöslicher, micellenbildender Tenside. Feste Lösungsvermittler für pulverförmige Reiniger sind z.B. Sulfonate.

$HO{-}CH_2{-}CH_2{-}OH$
Ethylenglykol

$HO{-}CH_2{-}CH_2{-}O{-}CH_2{-}CH_2{-}OH$
Diethylenglykol

$CH_3{-}CH_2{-}O{-}C_2H_4{-}OH$
Ethylenglykolmonoethylether

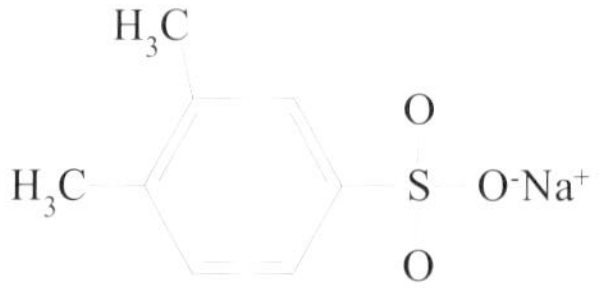

H_3C, H_3C, O, S, O^-Na^+, O
Xylolsulfonat

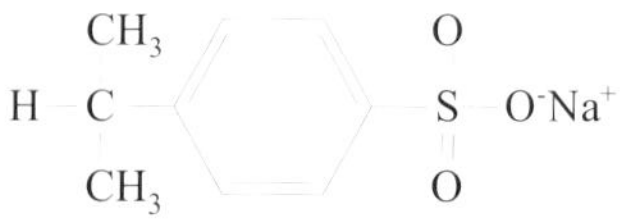

CH_3, H C, CH_3, O, S, O^-Na^+, O
Cumolsulfonat

Builder Gerüststoffe

Unter dem Begriff Builder (Gerüststoffe) fasst man die salzartigen Bestandteile von Reinigern zusammen. Diese Anionen haben alkalische (Hydroxid, Carbonat, Silikate), saure (Hydrogenphosphat) oder neutrale Eigenschaften (ortho–Phosphate, Polyphosphate). Alkalien begünstigen die Spaltung natürlicher Öle (**Verseifung**) und dispergieren Pigmentschmutz. Auch Phosphate sind hervorragende Dispergatoren für Pigmente, insbesondere Graphit /85/. Darüber hinaus binden Phosphate durch **Komplexbildung** die Härtebestandteile des Wassers (Calcium, Magnesium). Die Komplexbildung von Metallkationen durch Phosphate findet auch teilweise an der Metalloberfläche statt und bringt dort chemisch gebundene Metalloxide in Lösung. Phosphate **aktivieren** deshalb die Metalloberfläche. Das Zusammenwirken von Tensiden und Gerüststoffen ist in → *Abb. 16.10* dargestellt.

Phosphate

Die Höchstmenge an Phosphaten ist nur in Haushaltswaschmitteln gesetzlich beschränkt (Phosphathöchstmengen–Verordnung). Dort verwendete Phosphatersatzstoffe sind z.B. Na–Citrat, Na–Gluconat, Polycarboxylate oder Zeolith A (→ *Kap. 4.2*).

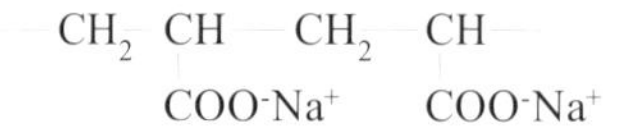

CH_2 CH CH_2 CH
COO^-Na^+ COO^-Na^+
Polycarboxylate: Na–Salze der Polyacrylsäure

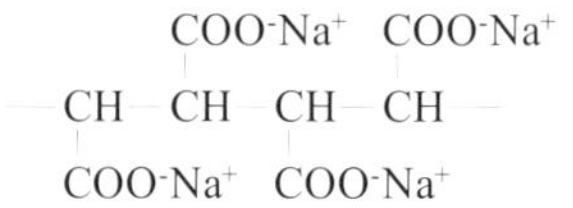

COO^-Na^+ COO^-Na^+
CH CH CH CH
COO^-Na^+ COO^-Na^+
Na–Salze der Polymaleinsäure

Die Konzentration an Phosphaten in Industriereinigern ist nicht gesetzlich beschränkt, da abgearbeitete Reinigungsbäder in der Regel als Sondermüll entsorgt oder einer betrieblichen Abwasserbehandlungsanlage zugeleitet werden. Bei der Einleitung in ein Gewässer (Direkteinleiter 2 mg Phosphor pro Liter) oder in eine Kläranlage (Indirekteinleiter, 15 mg Phosphor pro Liter) muss jedoch die Abwassergesetzgebung (Anhang 40, Abwasserverordnung und ATV Arbeitsblatt 115) beachtet werden. Moderne industrielle Reinigungsanlagen arbeiten zunehmend **abwasserfrei**.

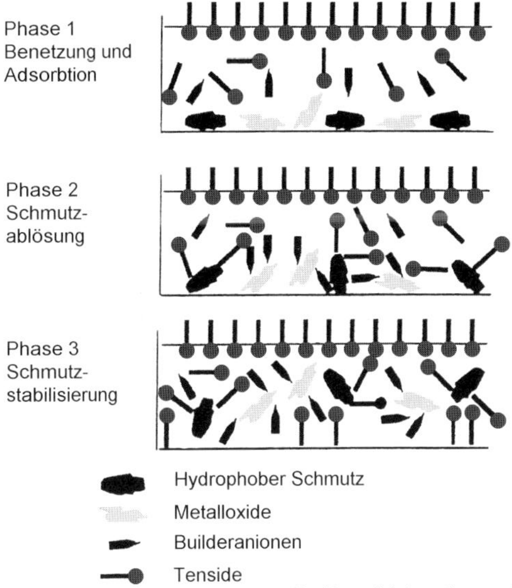

Abbildung 16.10 **Builderanionen** stabilisieren polare Metalloxide und halten diese aufgrund elektrostatischer Abstoßungskräfte in Lösung. Tenside umnetzen hydrophoben Schmutz und setzen die Oberflächenspannung herab /86/.

Komplexbildner

Die Aktivierung der Metalloberfläche durch Ablösung der Metalloxide bzw. im Gegenteil die Verhinderung eines übermäßigen Metallabtrags ist Aufgabe der **Komplexbildner** bzw. ihrer Gegenspieler, der **Inhibitoren** (Korrosionsschutzmittel). Insbesondere in Neutralreinigern übernehmen komplizierte organische Verbindungen die Aufgabe der Komplexbildung, z.B. Alkanolamine, Phosphonate, Gluconate, Citronensäure, EDTA oder NTA. 'Harte' Komplexbildner sollten – soweit technisch möglich – vermieden werden. Insbesondere EDTA, NTA und Phosponate bilden stabile Metall–Komplexe, die in einer Kläranlage nur schwer abgebaut werden können. **Alkanolamine** können **nitrosierbar** sein und dadurch zur Bildung von krebserzeugenden Nitrosaminen beitragen. Weniger umweltbelastende 'weiche' Komplexbildner sind Gluconate (Salze der Gluconsäure) und Citrate (Salze der Citronenensäure).

$H_2N{-}R{-}OH$	$H_2N{-}CH_2{-}CH_2{-}OH$	$R_2{-}NH{-}N = O$
Alkanolamine	Monoethanolamin	Nitrosamine

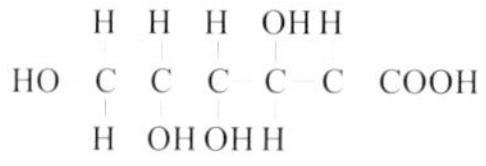

D–Gluconsäure (Gluconate = Salze und Ester der Gluconsäure)

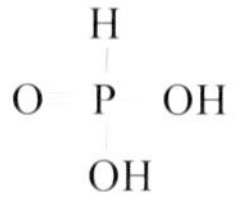

Phosphonsäure (Phosphonate = Salze und Ester der Phosphonsäure)

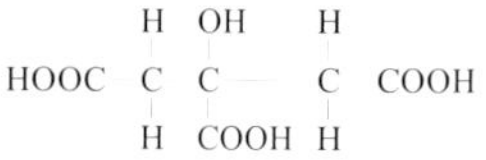

Citronensäure (Citrate = Salze oder Ester der Citronensäure)

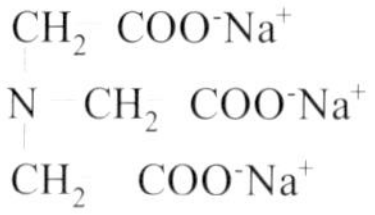

Nitrilotriessigsäure (NTA)

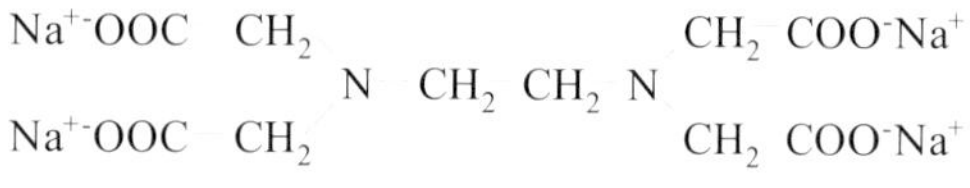

Ethylendiamintetraessigsäure (EDTA)

Ethanolamin/ Carbonsäure

Das System Ethanolamin / Carbonsäure stellt in Neutralreinigern einen leicht alkalischen pH–Wert ein und besitzt korrosionshemmende Eigenschaften /85/. Ethanolamine (insbesondere Diethanolamin, mit Einschränkungen auch Triethanolamin) sind nitrosierbar und können krebserregende Nitrosamine bilden. Analog zu den Kühlschmierstoffen sollte deshalb der Gehalt an sekundären Aminen in Reinigerkonzentraten eine Konzentration von 0,2% nicht übersteigen. Bei der Reinigung von Buntmetallen (Aluminium, Kupfer, Zink) verhindern **Korrosionsinhibitoren** (z.B. Silikate für Aluminium und Zink, stickstoffhaltige Verbindungen für Kupfer) einen übermäßigen Metallabtrag und damit eine Korrosion der Bauteile. Stickstoffhaltige Korrosionsschutzmittel (z.B. Kokosfettamin, Benzotriazole) können gesundheits- und umweltschädlich sein.

Inhibitoren

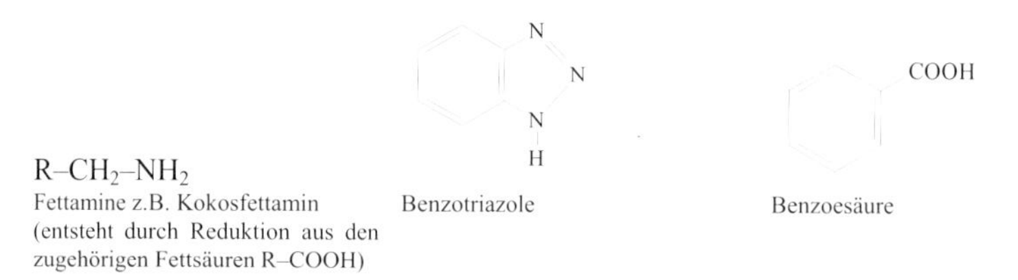

Fettamine z.B. Kokosfettamin (entsteht durch Reduktion aus den zugehörigen Fettsäuren R–COOH)

Benzotriazole

Benzoesäure

Konservierungsstoffe, Desinfektionsmittel

Konservierungsstoffe wie Benzoesäure (gesundheitlich weniger bedenklich) oder Formaladehydabspalter und tertiäre Amine (gesundheitlich bedenklich) können notwendig sein, wenn die Badtemperaturen relativ niedrig sind (ca. 30 bis 40°C). In speziellen Desinfektionsreinigern können folgende Stoffe enthalten sein /84/:

- **Alkohole**: Ethanol, Propanol, Isopropanol,
- **Aldehyde**: Formaldehyd, Acetaldehyd, Glyoxal, Glutaraldehyd,
- **Phenolderivate**: 2- Phenyl- phenol, 4-Chlor- 3-methyl- phenol,
- **Halogene**: Chlor, Na–Hypochlorit, Chloramin T, Polyvinylpyrrolidon–Iod,
- **Ammoniumverbindungen**, kationische u. amphotere Tenside (siehe oben).

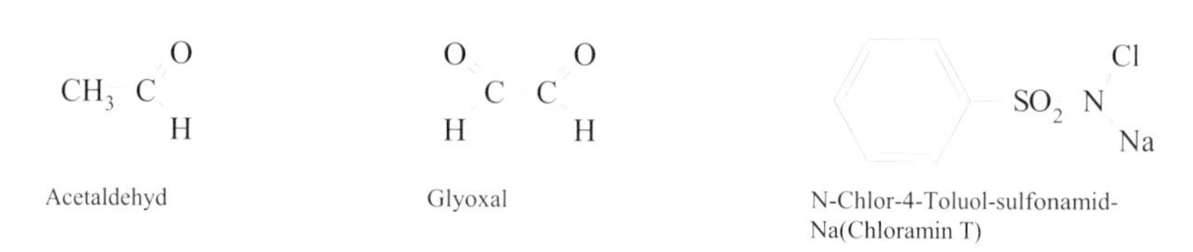

Acetaldehyd

Glyoxal

N-Chlor-4-Toluol-sulfonamid-Na(Chloramin T)

Cl OH H_3C — OH — CH_2 CH N O J_2

4- Chlor- 3-methyl- phenol 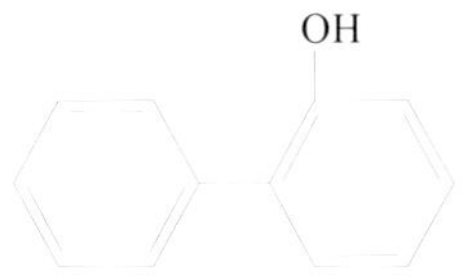 2- Phenyl- phenol
Bestandteile von Sagrotan (Markenname)

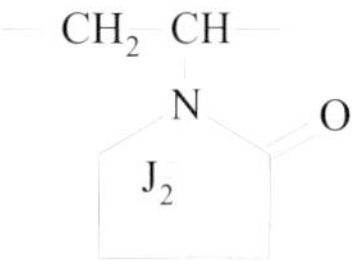

Polyvinylpyrrolidion–Iod ('Aktiv–Iod', hautverträglich)

Gesetzeslage für wässrige Reiniger

Wässrige Reinigungsanlagen sind **nicht genehmigungspflichtig** im Sinne des BImSchG. Sie sind jedoch Anlagen zum Umgang mit **wassergefährdenden Stoffen** und unterliegen deshalb einer **baurechtlichen** Genehmigung (außer Anlagen, die herkömmlicher Art sind oder ein baubehördliches Prüfzeichen besitzen).
Wässrige Reinigerkonzentrate sind im allgemeinen **Gefahrstoffe** (ätzend, mindergiftig) und schwach wassergefährdende Stoffe und müssen dementsprechend gehandhabt und gelagert werden. In der Regel sind keine MAK–Grenzwerte zu beachten.
Abgearbeitete Waschbäder werden gewöhnlich als **besonders überwachungsbedürftige** Öl–Wasser–Gemische entsorgt oder einer innerbetrieblichen **Öl–Wasser–Spaltung** zugeführt (Ultrafiltration, Vakuumverdampfer). Für die Einleitung des Spaltwassers gilt für die metallverarbeitende Industrie ein Abwassergrenzwert von 10 mg Kohlenwasserstoffe pro Liter (Abwasserverordnung, Anhang 40). Ölphase, ebenso wie Skimmeröle können als Altöl verwertet werden (Voraussetzung: keine chlorhaltigen Inhaltsstoffe).

CKW-Reiniger

Zum Zeitpunkt des Auslaufens der Übergangsfrist der 2. Bundesimmissionsschutzverordnung (2. BImSchV) bis Ende 1994 rechnet eine Untersuchung /83/ mit einem bundesweiten Bestand von ca. 4000...5000 CKW–Altanlagen. Die Gesundheits- und Umweltgefahren von CKW sind bekannt:

- **biologisch schwer abbaubar** (Trinkwassergefährdung, WGK 3),
- **hohe Flüchtigkeit** führt zu weiträumiger Verbreitung,
- **Anreicherung** in Fettgeweben (Verdacht auf krebserzeugende Wirkung).

Tri, Per

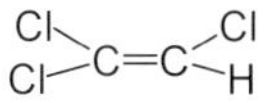

$Cl_2C{=}CClH$

Trichloreth(yl)en (Tri)

$Cl_2C{=}CCl_2$

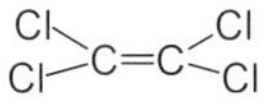

Perchloreth(yl)en (Per)

In jüngster Zeit haben Untersuchungen den Verdacht einer krebserzeugenden Wirkung von **Trichlorethylen** (Tri) und teilweise Perchlorethylen (Per) erhärtet /87/. In den Empfehlungen der MAK-Komission wurden Tri und Per deshalb in die Gefahrenklasse A I (beim Menschen als krebserzeugend nachgewiesen). Die beobachtete krebserzeugende Wirkung von Tri könnte auch von gesundheitsschädlichen Stabilisatoren verursacht werden, die insbesondere bei Tri zum Schutz gegen säurekatalysierten Zerfall zugesetzt werden müssen. Perchlorethylen (Per) besitzt eine verbesserte Eigenstabilität. In → *Tab. 16.12* sind einige umweltrelevante Eigenschaften von CKW–Reinigern aufgelistet.

Dampfentfettung

Tri und Per eignen sich zur **Dampfentfettung,** d. h. das Reinigungsgut wird durch kondensierendes, hochreines Lösemittel effektiv gereinigt. Eine Dampfentfettung ist bei wässrigen Reinigungsmitteln nicht möglich. Bei brennbaren Lösemitteln ist eine Dampfentfettung nur unter Vakuum oder Inertgas möglich (KW–Reiniger bilden bei Normaldruck eine explosionsfähige Dampfphase). Der Vorteil einer Dampfentfettung unter Normaldruck verschafft CKW–Reinigern trotz höherer Kosten und strenger gesetzlicher Auflagen weiterhin einen Markt besonders für hochwertige Reinigungsaufgaben (z.B. Reinigung von sicherheitsrelevanten Gummi–Metall–Verbindungen). Der Einsatz von CKW–Reinigern sollte nur in technisch begründeten Ausnahmefällen erwogen werden.

Eigenschaften von CKW–Reinigern

CKW Eigenschaften	Dichlor methan	Trichlorethen	Perchlorethen
Siedepunkt [°C]	40	87	121
Ozonabbaupotential	nein	nein	nein
Ozonbildungspotential	gering	gering	gering
Recyclierbarkeit	ja	ja	ja
aerob biologisch abbaubar	ja	nein	nein
MAK Grenzwert [ppm]	100	50 (Vorschlag TRK)	50 (Vorschlag TRK)
Krebspotential [EG–Stufe]	3	3 (nach DFG: 1!)	3 (nach DFG: 1!)
BAT–Wert	ja	ja	ja
Wassergefährdungsklasse	2	3	3
Abwassergrenzwert [mg l^{-1}]	0,1	0,1	0,1
TA Luft Klasse	I	I	I

Tabelle 16.12 Umweltrelevante Daten von **CKW–Reinigern**

Gesetzeslage für CKW–Reiniger

CKW–Anlagen sind **nicht genehmigungspflichtig** im Sinne des BImSchG. Sie sind jedoch den Behörden vor der Inbetriebnahme **anzuzeigen**. Dies gilt auch für Altanlagen. Für die Anlagentechnik gelten die Regelungen der zweiten Bundesimmissionsschutzverordnung (**2. BImSchV**):

- Für die Oberflächenreinigung dürfen nur **Tri, Per** und **Dichlormethan** verwendet werden.
- Das Gehäuse von CKW–Oberflächenbehandlungsanlagen muss allseitig geschlossen sein.
- Die CKW–Konzentration in der **Abluft** darf bei Tri und Per 20 mg l^{-1} nicht überschreiten.
- Die CKW–Konzentration an der **Entnahmeschleuse** darf 1 g m^{-3} nicht überschreiten.

CKW–Reiniger sind **Gefahrstoffe** (Carcinogen C 3) und stark wassergefährdend (WGK 3) und müssen entsprechend gehandhabt und gelagert werden. Für den Arbeitsschutz gelten die **MAK–Grenzwerte** (Per: MAK 50 ppm). Die MAK–Kommission hat Tri und Per als kreberzeugenden Stoff gekennzeichnet. Die weitere Verwendung von Tri und Per ist bis zur Klärung strittiger Fragen derzeit noch zulässig. Für den Umweltschutz gelten die Grenzwerte nach **TA–Luft**.

Verbrauchte CKW sind besonders überwachungsbedürftige **Abfälle zur Verwertung** und müssen vom Lieferanten zur Aufarbeitung wieder zurückgenommen werden (HKW–AbfV). In modernen CKW–Anlagen werden die CKW–Bäder durch interne **Destillation** wiederaufbereitet. Der Destillationssumpf (durchschnittlich 70% Öl, 30% CKW) kann vom Lieferanten weiter aufkonzentriert werden. In der Regel werden die Destillationssümpfe als besonders überwachungspflichtige Abfälle (Destillationsrückstände, halogenhaltig) einer Sondermüllverbrennung oder einer thermischen Verwertung in Zementwerken zugeführt. Eine Untersuchung ergab für die Jahre 1990 / 1991, dass nur 5% der eingesetzten CKW–Gesamtmenge als Recyclat in den Fertigungsprozess zurückflоßen. 50% der umlaufenden CKW–Ware verdunstete, 45% verschwand als 'Wirtschaftsgut' in ost- bzw. südeuropäische Länder /83/.

Nichtchlorierte Lösemittel–Reiniger

Nichtchlorierte Lösemittel–Reiniger werden in der industriellen Teilereinigung zunehmend eingesetzt und besitzen ein beträchtliches Innovationspotential. Sie lassen sich in zwei Gruppen einteilen /87/:

- **Kohlenwasserstoffe (KW)**: z.B. aromatenfreie Aliphatengemische, Terpene und
- **sauerstoffhaltige Lösemittel**: z.B. Alkohole, Glykole, Ketone, Ester, Ether und Polyether (Alkoxy–Propanole).

Eigenschaften	Wert
Siedepunkt	180...220°C
Flammpunkt	>55°C (A III)
Ozonabbaupotential	nein
Ozonbildungspotential	ja
Recyclierbarkeit	eingeschränkt
aerob biologisch abbaubar	ja
MAK- Grenzwert	nein
TA Luft [Klasse]	III, 150 mg m^{-3} bei >3 t pro Jahr
EG VOC Richtlinie	100 mg m^{-3} bei >2 t pro Jahr (Entwurf)
TRK gemäß TRGS 404	350 ppm
Wassergefährdungsklasse	1 (schwach wassergefährdend)
Abwassergrenzwert [mg l^{-1}]	10

Tabelle 16.13 Physikalische und umweltrelevante Daten eines typischen **KW–Reinigers**

KW-Reiniger

CH_3, CH, H_3C, CH_3

p–Menthan (Gruppe der Terpene)

KW–Reiniger sind ein Vielstoffgemisch unterschiedlicher Kohlenwasserstoffe mit einem bestimmten Siedebereich (z.B. Testbenzin, Siedebereich 135°C...170°C). KW enthalten herstellungsbedingt einen gewissen Aromatengehalt. Es sollten ausschließlich 'aromatenfreie' KW mit einem Aromatengehalt <1% eingesetzt werden. Entsprechend dem Flammpunkt unterscheidet man A II–Produkte (Flammpunkt <55° C) und A III–Produkte (Flammpunkt <100° C). → *Tab. 16.13* enthält einige physikalische und umweltrelevante Daten eines typischen KW–Lösemittels.

Sauerstoffhaltige Lösemittel–Reiniger

Sauerstoffhaltige Lösemittel sind z.B. Alkohole (Isopropanol), Dialkohole (Glykole) und Polyether. Spezielle Polyether (Alkoxy–Propanole) zeichnen sich vorteilhafterweise aus durch /87/:

- **hohe Lösekraft** für Öle, Fette, Harze und polare Verschmutzungen,
- **Flammpunkt** >55°C (A III) oder sogar Unbrennbarkeit,
- **Produkteinheitlichkeit**, d. h. sie sind ohne Veränderungen destillierbar,
- gesundheitliche **Unbedenklichkeit** und biologische Abbaubarkeit.

Halbwässrige Lösemittel–Reiniger

Bei einem typischen Lösemittel–Reiniger wird mit demselben oder einem anderen Lösemittel nachgespült. Reiniger und Spülbäder werden in der Regel durch Verwendung von **Adsorbern**, die selektiv Öl binden, (z.B. Polypropylen–Nadelfilz) oder durch **Destillation** wieder aufbereitet.
Als **halbwässrigen** Reiniger bezeichnet man Lösemittel–Gemische (meist aus Kohlenwasserstoffen und weiteren Komponenten), die in der Regel mit Tensiden versetzt und somit durch **Wasser abspülbar** sind. Der bevorzugte Anwendungsfall ist die gemeinsame Reinigung von hartnäckigen organischen Verschmutzungen und anorganischen Salzen, z.B. von Lötrückständen. Halbwässrige Reiniger sind meist Mehrstoffgemische mit unterschiedlichen Siedepunkten der Komponenten, diese sind im allgemeinen durch Destillation **nicht** wieder aufbereitbar. Die lösemittelbeladenen Spülbäder müssen in einer Öl–Wasser–Trennungsstufe (Dekanter) regeneriert werden. Das Lösemittel wird meistens verworfen bzw. extern aufbereitet. Die Wasserphase wird nach einer weitergehenden Reinigung mittels Ionentauscher und Aktivkohlefilter erneut als Spülwasser eingesetzt.

Gesetzeslage für nichtchlorierte Lösemittel–Reiniger

Nichtchlorierte Lösemittel, insbesondere der Einsatz in Kleinmengen, sind gesetzlich wenig geregelt. Flüchtige Lösemittel (**VOC = Volatile Organic Compounds**) sind wesentliche Ursachen des Photosmog (Ozonbildung unter Sonneneinstrahlung).
KW–Anlagen sind **nicht genehmigungsbedürftig** im Sinne des BImSchG. Es sind jedoch Anlagen zum Umgang mit wassergefährdenden Stoffen und unterliegen einer bau-

rechtlichen Genehmigung (außer es sind Anlagen herkömmlicher Art oder sie besitzen ein baurechtliches Prüfzeichen).
KW–Anlagen werden aus der Sicht der Arbeitssicherheit durch die **berufsgenossenschaftliche** Richtlinie ZH 1 / 562 (Richtlinien für Einrichtungen zum Reinigen von Werkstücken mit Lösemitteln) reglementiert. Diese fordert für den Umgang mit Lösemitteln mit einem Flammpunkt >40° C keine explosionsgeschützten Einrichtungen, solange die Arbeitstemperatur des Lösemittels <15° C unterhalb des Flammpunktes gehalten werden. Beim Einsatz von Lösemitteln mit einem Flammpunkt <40° C müssen Anlagen und Betriebsräume **ex–geschützt** sein. Das Spritzen oder Sprühen von brennbaren Lösemitteln darf nur unter Schutzgas oder bei einem Vakuum <100 hPa ausgeführt werden, da Aerosole brennbarer Lösemittel explosiv sein können.
Nichtchlorierte Lösemittel sind in der Regel **Gefahrstoffe**, wassergefährdende Stoffe und **brennbare Flüssigkeiten**. Der Umgang und die Lagerung der Stoffe unterliegt der Gefahrstoff–Verordnung und der Verordnung über brennbare Flüssigkeiten (VbF). Aromatenreiche Kohlenwasserstoffe (Aromatengehalt >25%) sind giftig (Symbol T) und Carcinogene der Klasse 2 (im Tierversuch krebserzeugend). Ihr Einsatz ist nur in begründeten Ausnahmefällen gestattet. Die MAK–Kommission hat aufgrund des krebserregenden Potentials von Aromaten für Kohlenwasserstoffgemische keinen MAK–Grenzwert erlassen. Für den Umgang mit aromatenfreien Kohlenwasserstoffen (Aromatengehalt <1%) gilt seit 1992 ein **TRK–Wert** von 350 ppm Kohlenwasserstoffe am Arbeitsplatz (TRGS 404). Für den Umweltschutz gelten die Grenzwerte der **TA–Luft**. Eine Veränderung der Grenzwerte wird durch die **EG–VOC–Richtlinie** erwartet.

Reinigungsverfahren

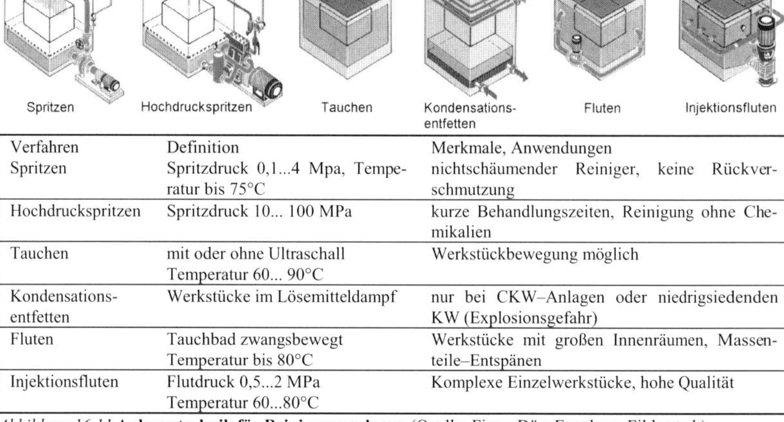

Verfahren	Definition	Merkmale, Anwendungen
Spritzen	Spritzdruck 0,1...4 Mpa, Temperatur bis 75°C	nichtschäumender Reiniger, keine Rückverschmutzung
Hochdruckspritzen	Spritzdruck 10... 100 MPa	kurze Behandlungszeiten, Reinigung ohne Chemikalien
Tauchen	mit oder ohne Ultraschall Temperatur 60... 90°C	Werkstückbewegung möglich
Kondensationsentfetten	Werkstücke im Lösemitteldampf	nur bei CKW–Anlagen oder niedrigsiedenden KW (Explosionsgefahr)
Fluten	Tauchbad zwangsbewegt Temperatur bis 80°C	Werkstücke mit großen Innenräumen, Massenteile–Entspänen
Injektionsfluten	Flutdruck 0,5...2 MPa Temperatur 60...80°C	Komplexe Einzelwerkstücke, hohe Qualität

Abbildung 16.11 **Anlagentechnik für Reinigungsanlagen** (Quelle: Firma Dürr Ecoclean, Filderstadt)

Reinigungsanlagen

Reinigungsanlagen können als Einkammeranlagen (Lösemittelanlagen, einfache wässrige Anlagentypen) oder als Mehrkammeranlagen (aufwendige wässrige Anlagentypen) ausgeführt sein. Anlagentechnisch unterscheidet man die **Anlagentypen** nach → *Abb. 16.11*:

- **Spritzreinigungsanlage,**
- **Hochdruckspritzreinigungsanlage**
- **Tauchreinigungsanlage** (ohne oder mit Ultraschall)
- **Kondensationsreinigungsanlage** (nur bei Lösemitteln)
- **Flutreinigungsanlage**
- **Injektionsflutreinigungsanlage**.

Elektrolytische Entfettung

Ein Spezialgebiet ist die elektrolytische Entfettung durch abwechselndes kathodisches und anodisches Schalten der Werkstücke. Der Schmutz wird hierbei durch die entstehenden Gase (Wasserstoff und Sauerstoff) abgesprengt.

Hochdruckreinigung, Dampfreinigung

Verfahrenstechtechnische Neuentwicklungen betreffen **Hochdruck**–Reinigungsanlagen, die neben der Reinigung auch die Funktion eines teilweisen **Entgratens** (Flitterentgraten, Wasserstrahlentgraten) übernehmen. Derartige Verfahren sind besonders wirtschaftlich zum Reinigen und Entgraten von tiefen Bohrungen, wie sie in der Motoren-, Getriebe- oder Hydraulikfertigung auftreten können. Eine aktuelle Entwicklung ist das **Trocken-** und **Dampfreinigen** ohne Einsatz von Chemie gemäß dem Grundsatz: 'So sauber wie nötig, so wirtschaftlich wie möglich'. Durch eine Beaufschlagung der Werkstücke mit einem hohen Volumenstrom eines Luft/Wasserdampf–Gemisches ließen sich teilweise hervorragende Reinigungsqualitäten erzielen. Vorteilhafterweise entsteht bei der Trockenreinigung aufgrund der Kreislaufführung weder Abwasser noch Abluft. Die ausgetragenen Späne können dem Wertstoffkreislauf zugeführt werden /89/. Hervorzuheben ist jedoch, dass es sich bei der Hochdruckreinigung und bei der Dampfreinigung um eine **Einzelteilreinigung** handelt, wobei für jedes Bauteil ein angepasstes Handhabungssystem entwickelt werden muss.

Aufbereitung von Reinigungsbädern

Im Vergleich zu den früher gebräuchlichen CKW–bzw. FCKW–Reinigungsanlagen müssen wässrige Reinigungsbäder besser überwacht und **aufbereitet** werden. Viele anwendungstechnische Probleme bei der Umstellung von CKW/ FCKW auf wässrige Reinigungsmedien entspringen den unzureichenden Erfahrungen beim Umgang mit den modernen Abwasseraufbereitungstechniken. Die einsetzbaren Aufbereitungstechniken sind u. a.:

- **Grobfiltration (Badrecycling)**: z.B. Beutelfilter, Bandfilter, Magnetabscheider,
- **Öl–Wasser–Trennung (Badrecycling)**: z.B. Ölabscheider, Zentrifuge, Mikrofiltration,
- **Öl–Wasser–Trennung (Badentsorgung)**: z.B. Verdampfer, Ultrafiltration,
- **Spülwasserrecycling**: z.B. Ultrafiltration, Verdampfer, Umkehrosmose, Ionenaustauscher.

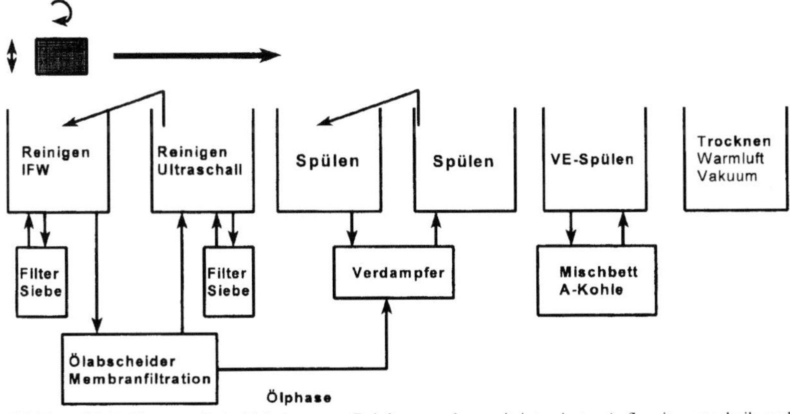

Abbildung 16.12 **Abwasserfreie Mehrkammer–Reinigungsanlage** mit integrierter Aufbereitungstechnik nach dem Stand der Technik (Quelle: Firma Surtec, Trebur).

Abwasserfreie Reinigungsanlage

Wässrige Reinigungsanlagen werden meist **abwasserfrei** betrieben. → *Abb. 16.12* zeigt eine abwasserfreie Mehrkammer–Reinigungsanlage mit einer Aufbereitungstechnik nach dem Stand der Technik /88/.

Überwachung der Reinigungsqualität

Um hohe Oberflächenreinheiten dauerhaft herzustellen, müssen die Reinigungsbäder und die Oberflächenqualität messtechnisch überwacht werden. Zu unterscheiden sind Messverfahren zur Überwachung der:

- **Qualität des Reinigungsbads** und
- **Qualität der Oberflächenreinheit des Bauteils.**

Überwachung der Reinigungsbadqualität

Geeignete Messgrößen zur praxisnahen **Überwachung eines Reinigungsbades** in der Fertigung sind:

- **pH–Wert:** durch Teststäbchen, elektrochemisches pH–Messgerät,
- **Tensidgehalt**: durch Titration (bei anionischen Tensiden) oder durch eine Tensidelektrode,
- **Ölgehalt**: durch Refraktometer, Säurespaltung, IR–Messung.

Der Ölgehalt in einem Waschbad beträgt oft ca. 0,2...0,3 Vol%. Diese Konzentration lässt sich durch die Säurespaltung überwachen (das Refraktometer ist zu ungenau). Durch eine Mikrofiltrationsanlage lässt sich ein maximal zulässiger Ölgehalt konstant einstellen. Die Infrarot (IR)–Messung ist ein genormtes Bestimmungsverfahren (DIN 38 409 H–18) zur Ermittlung des Mineralölgehalts auch in emulsionshaltigen Reinigern (→ *Abb. 16.14 links*).

Überwachung der Spülbadqualität

Geeignete Messgrößen zur praxisnahen **Überwachung von Spülbädern** in der Fertigung sind:

- **Salzgehalt**: durch Leitwertmessung,
- **Trübung**: ölartige und partikelartige Verschmutzungen,
- **Ölgehalt**: durch CSB–Messung mit Photometer oder colorimetrisches Testbesteck

Spülbäder sollen weitgehend salzfrei sein. Eine Aufbereitung des Spülwassers erfolgt durch Umkehrosmose oder Ionenaustauscher. Kalkfreie Oberflächen benötigen Leitwerte kleiner 100 $\mu S\ cm^{-1}$. Organisch verschmutztes Spülwasser kann die Messelektrode belegen und führt dann zu Fehlmessungen. Die CSB–Messung mit einem Photometer setzt labormäßiges Arbeiten voraus. Ein vereinfachter colorimetrischer CSB–Test (Reinigungsmittel–Test, Firma Merck, Darmstadt) hat in Vergleichsversuchen übereinstimmende Messergebnisse mit der klassischen CSB–Messung ergeben.

Überwachung der Oberflächenreinheit

Verfahren zur **Überwachung** der **Oberflächenreinheit** können sehr aufwendig sein. Die einsetzbaren Messverfahren lassen sich einteilen in:

- **praxisnahe** Fertigungstests,
- **analytische** Labormessverfahren.

Fertigungsnahe Reinheitstests

Bei Anwendern besteht ein erheblicher Bedarf an **fertigungsnahen Reinheitstests**. Jedoch gibt es keine allgemein akzeptierten Kriterien für die Beurteilung der Oberflächenreinheit (z.B. DIN–Normen). In der Praxis haben sich nur eine begrenzte Zahl an Reinheitstests als tauglich erwiesen:

- **Restschmutzbestimmung**: Partikelartige Rückstände werden durch einen Filter (7 µm oder 25 µm) gesammelt und ausgewogen.
- **Wassertropfentest:** Das Ausbreiten eines Wassertropfens ist ein gutes Maß für die organische Rückstandsfreiheit einer Metalloberfläche. Gemessen wird der **Kontaktwinkel** (→ *Abb. 16.13*).

- **Elektrochemische Reinheitsmessung**: Die Stromdichte–Spannungskurve hängt vom Reinheitsgrad der Oberfläche ab.

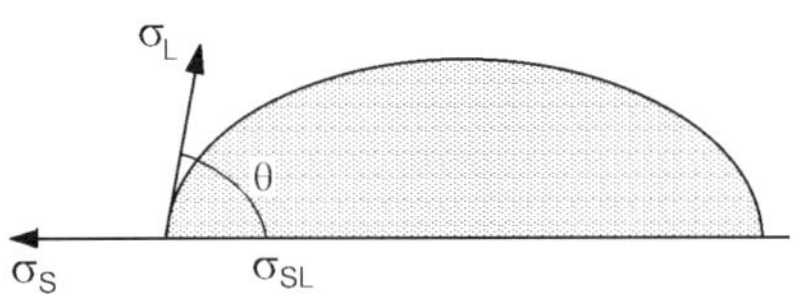

Abbildung 16.13 **Kontaktwinkel**: Ein geringer Kontaktwinkel (Randwinkel) θ von Wasser weist auf eine weitgehend ölfreie Metalloberfläche

Kontaktwinkel

Der Kontaktwinkel θ ist mit der Oberflächenspannung verküpft gemäß:

$\sigma_s = \sigma_{sl} + \sigma_l \cos\theta; \qquad \cos\theta = \dfrac{\sigma_s - \sigma_{sl}}{\sigma_l}$ **Gleichung von *Young***

Eine Flüssigkeit 'spreitet' (ausbreiten) auf einer Festkörperoberfläche (θ = 0, cos θ = 1), wenn die Oberflächenspannung des Festkörpers σ_s größer als die Oberflächenspannung der Flüssigkeit σ_l ist (genauer: die kritische Grenzflächenspannung $\sigma_c = \sigma_s - \sigma_{sl}$) (→ *Tab. 16.14*).

Oberflächenspannung

Festkörper	σ_c [mN m^{-1}]	Flüssigkeit	σ_l [mN m^{-1}]
PTFE	18,5	org. Flüssigkeiten	15...44
Silicone SI	24	Isopentan	14
PE	31	1–Butanol	23,7
PP	32	Ethanol	21,5
PS	33	2–Butanon	24,4
PMMA	39	CN–Lack (fl)	28,6
PVC	39	PUR–Lack (fl)	29,1
Acrylat–Lack	40	Perchlorethen	32,3
PET	43	1,4 Dioxan	32,4
PA	46	Acrylat–Lack (fl)	40,2
Buchenholz	67	Wasser	73

Tabelle 16.14 **Oberflächenspannungen** von Festkörpern und Flüssigkeiten (unter Verwendung von /112/)

Analytische Reinheitstests

Die Messverfahren zur **analytischen Restschmutzbestimmung** können sehr aufwendig sein:

- **IR–und GC–Messung** der Rückstände von Werkstückproben, die in einem reinen Lösemittel gereinigt wurden: Bestimmung von Restöl und Restkorrosionsschutzmittel,
- **Rasterelektronenmikroskopie** mit **EDX–Analyse**: Bestimmung von schweren Elementen mit einer Atommasse M >20. Durch spezielle Techniken sind auch die Elemente C, N, O zugänglich.
- **ESCA–Analyse** (Elektronenspektroskopie für chemische Analyse): Empfindliches (aber auch teueres) Messverfahren für dünne organische Schichten oder Oxidschichten.

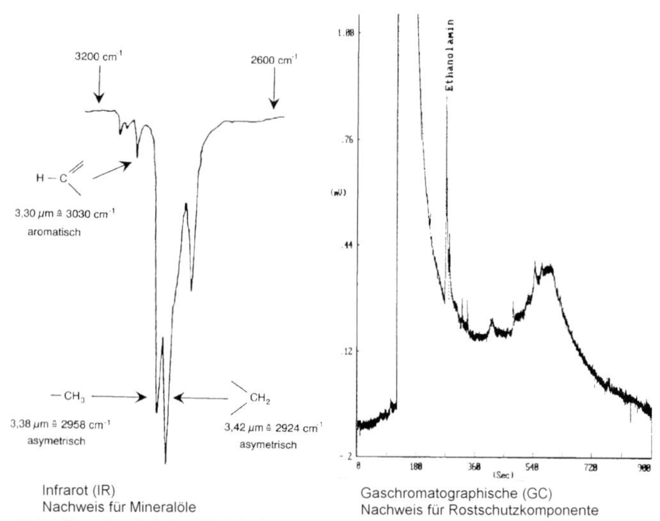

Abbildung 16.14 **Charakteristische IR–Schwingungen von Mineralölen** (links). Das Gaschromatogramm des Rückstands eines mit Ethanol gereinigten Bauteils zeigt Monoethanolamin (rechts). Zur Reinheitsmessung wurde eine bestimmte Anzahl von Bauteilen in einem Lösemittel gereinigt; analysiert wurde die Verschmutzung in dem Lösemittel.

In der *Abb. 16.14 (links)* ist der Nachweis charakteristischer chemischer Gruppen in Mineralölen mittels IR–Spektroskopie dargestellt. *Abb. 16.14 (rechts)* zeigt das Gaschromatogramm (GC) eines mit hochreinem Ethanol nachgereinigten Bauteils. Der Rückstand enthält Monoethanolamin, das als Korrosionsschutzkomponente in den meisten Reinigern enthalten ist und an der Werkstückoberfläche adsorbiert bleibt.

REM mit EDX–Analyse

Die Rasterelektronenmikroskopie (REM) mit EDX–Analyse (**EDX = Energie–Dispersive–Röntgenanalyse**) eignet sich eher zur Identifikation von **partikelförmigem** Schmutz. In → *Abb. 16.15* ist die EDX–Analyse eines wasserunlöslichen, klebrigen Rückstands auf einer Mikrofiltrationsmembran (→ *Kap. 11.3*) dargestellt (Einsatz: Standzeitverlängerung von Reinigungsbäder). Der **harzartige Rückstand** enthält feindisperse Festkörper, die als Eisenhydroxid ($Fe(OH)_3$), Calciumcarbonat (Kalk, $CaCO_3$) und Bariumsulfat ($BaSO_4$) identifizert wurden. Eisen wird im vorliegenden Fall aus einer vorgeschalteten elektrochemischen Entgratstufe in das Reinigungsbad eingeschleppt. Kalk entsteht durch zu hartes Ansetzwasser; Bariumsulfat (Weisspigment bzw. Füllstoff in Lacken) kann von abgelösten Anstrichen stammen.

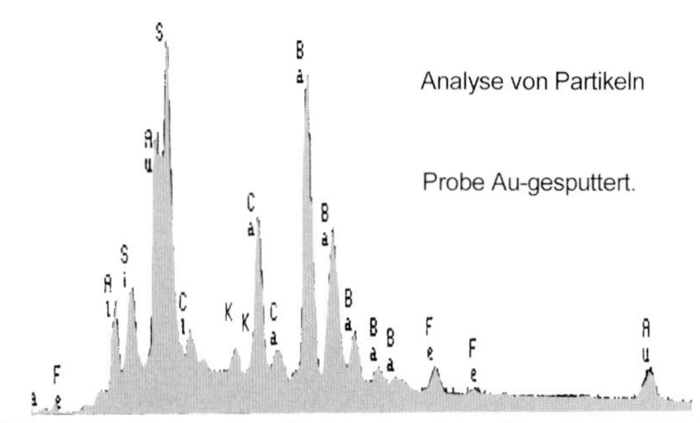

Abbildung 16.15 **EDX–Analyse** des harzartigen Rückstandes auf einer Mikrofiltration (MF)–Keramikmembran

EDX = Energie Dispersive Röntgenanalyse (X- Ray)

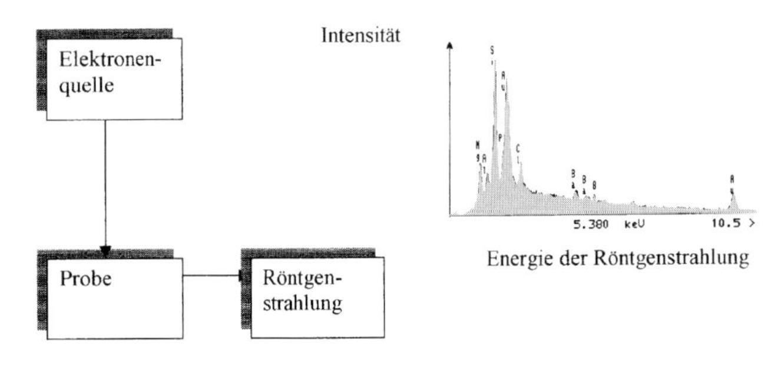

Empfindlichkeit: Nachweistiefe: ca. 1µm (Bulkanalyse),
laterale Auflösung : ca 1 µm

ESCA = Elektronen Spektroskopie für Chemische Analyse

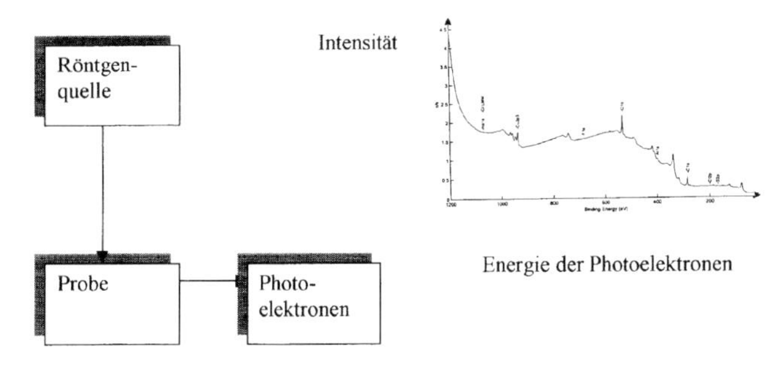

Empfindlichkeit: Nachweistiefe: 1-2 nm (Oberflächenanalyse),
laterale Auflösung : ca. 30µm

Abbildung 16.16 **Vergleich der Messprinzipien der EDX–und ESCA–Analyse**: Bei der EDX–Analyse trifft ein Elektronenstrahl auf die Verschmutzung und regt diese zur Emission einer elementspezifischen Röntgenstrahlung an. Bei der ESCA–Analyse trifft ein hochenergetischer Röntgenstrahl auf die Probe und setzt dabei Photoelektronen frei. Gemessen wird die Geschwindigkeit der Photoelektronen; diese enthalten Informationen über die Art und auch über den Bindungszustand der Elemente in einer Verschmutzung.

ESCA–Analyse

Die ESCA–Analyse ist ein außerordentlich empfindliches Oberflächen–Messverfahren zum Nachweis geringster Oberflächenkontaminationen mit einer Nachweistiefe von circa 1...2 nm. Durch Kombination mit einer Ionenquelle können auch Tiefenprofile erzeugt werden. Hochreine Oberflächen weisen einen geringen Kohlenstoffgehalt auf (Anwendung:→ *Kap. 17.6*) Ein Vergleich der Messprinzipien der EDX–und ESCA–Analyse ist in → *Abb. 16.16* dargestellt.

16.5 Lacke und Lackiertechnik

Lacke

Unter **Lacken** oder **Anstrichstoffen** versteht man flüssige oder feste Zubereitungen, die als wesentliche Komponente ein organisches **Bindemittel** enthalten. Sie bilden nach dem Auftrag auf einem Werkstück einen festhaftenden, porenarmen, weitgehend wasser-, witterungs- und chemikalienbeständigen, außerdem abriebfesten und geschmeidigen **Film** aus. Die meisten Lacke kommen zur Anwendung als:

- **flüssige, homogene Lösung**: das Bindemittel löst sich in einem Lösungsmittel → **Lacke** im engeren Sinn,
- **flüssige, heterogene Dispersion**: das Bindemittel löst sich nicht in dem Lösungsmittel → **Dispersionslacke**,
- **zwei flüssige, reine Stoffe:** das Bindemittel wird vor der Verarbeitung angemischt → **2–K–Reaktionslacke**,
- **festes Pulver** oder **Granulat**: das feste Bindemittelpulver wird auf dem erhitzten Werkstück aufgeschmolzen → **Pulverlacke**.

Einteilung von Lacken

Eine **Einteilung** der Lacke kann aufgrund anwendungstechnischer Gesichtspunkten erfolgen nach:

- dem **Auftragsverfahren**: Spritzlack, Tauchlack, Gießlack u. a.,
- der **Funktion** in einem Beschichtungsaufbau: Grundierung, Füller, Decklack u.a.,
- dem zu **beschichtenden Werkstoff**: Holzlack, Blechlack, Lederlack u. a.,
- dem zu **beschichtenden Objekt**: Autolack, Bootslack, Möbellack u. a..

Unter **chemischen** Gesichtspunkten bietet sich die Einteilung an nach:

- der **Art der Filmbildung**: Einbrennlack, 1–K–, 2–K–Reaktionslack u. a.,
- der Art des **Bindemittels**: Alkyd-, Acryl-, Polyurethanharzlack u. a.
- **dem Feststoffgehalt**: Pulverlack, High–Solid–Lack u. a.

Normenhinweise:
DIN 55 945 Begriffe, Beschichtungsstoffe, DIN EN 971 Begriffe und Definitionen für Beschichtungsmaterialien

Filmbildung

Entsprechend den eingesetzten **Filmbildungsbedingungen** unterteilt man Lacke in:

- **lufttrocknende Lacke**: Trocknungstemperaturen 30...40°C und
- **wärmetrocknende Lacke (Einbrennlacke)**: Trocknungstemperaturen 80...180°C.

Entsprechend dem **Filmbildungsmechanismus** unterteilt man Lacke in:

- **physikalisch trocknende Lacke:** Filmbildung durch Verdunsten eines Lösemittels,
- **oxidativ härtende (trocknende) Lacke**: Filmbildung durch Reaktion mit Sauerstoff,
- **reaktiv härtende (trocknende) Lacke**: Filmbildung durch Reaktion zwischen Bindemittelkomponenten.

Oxidativ und **reaktiv härtende Lacke** fasst man unter dem Begriff **chemisch härtende Lacke** zusammen. Die Bezeichnung **'Trocknung'** sollte in Zusammenhang mit chemisch härtenden Lacken vermieden werden.

Physikalisch trocknende Lacke

Physikalisch trocknende Lacke enthalten nichthärtbare Harze als Bindemittel, die nach dem Verdunsten des Lösemittels einen geschlossenen Polymerfilm bilden. Als Harztypen können im Prinzip alle **thermoplastischen** Polymere (→ *Kap. 6.2*) verwendet werden, sofern sie in einem Lösungsmittel aufgelöst oder aufgeschlämmt werden können. Physikalisch trocknende Lacke sind im allgemeinen Cellulose-, Acryl-, Vinyl-, Chlorkautschuk- oder Cyclokautschuklacke. Aufgrund der fehlenden Vernetzung sind die chemischen und mechanischen Eigenschaften physikalisch trocknender Lacke in der Regel mittelmäßig. Die Trocknungszeiten können sehr lange sein (Ausnahme: Nitrolakke).

Oxidativ härtende Lacke

Oxidativ härtende Lacke enthalten makromolekulare Stoffe, die unter Aufnahme von Luftsauerstoff vernetzen. Es handelt sich meist um **ölhaltige** Bindemittel, z.B. **Öllacke** (Leinöllack) oder **Alkydharzlacke**. Die Vernetzung schreitet über die **Oxidation** der

ungesättigten Doppelbindungen voran (analog der Vernetzung ungesättigter Öle, → *Kap. 16.2*). Die Reaktion erfolgt teilweise bereits bei Raumtemperatur (**lufttrocknend**) oder schneller bei höheren Temperauren (**wärmetrocknend**, ca. 80°C) Die Lakke bilden eine hochwertige Beschichtung (z.B. auf wärmeempfindlichen Bauteilen), bei dauernder Auslagerung in feuchter Umgebung können sie jedoch quellen.

Reaktiv härtende Lacke

Reaktiv härtende Lacke (Reaktivlacke) ermöglichen die Herstellung von harten, abriebbeständigen und chemikalienfesten Beschichtungen auch auf temperaturempfindlichen Materialien. Ihre Beständigkeit beruht auf einer chemischen Vernetzung (lufttrocknend oder wärmetrocknend). Als Bindemittelbasis eignen sich Naturharze oder Kunstharze, dabei handelt es sich im Prinzip um **dieselben** Polymere, wie sie zur Herstellung von **duroplastischen** Formkörpern verwendet werden (→ *Kap. 6.3*). Bei **reaktiv härtenden 2–K–Lacken** wird eine **nicht selbsthärtende**, reaktionsfähige Harzkomponente **kurz** vor dem Lackauftrag mit einer Härterkomponente vermischt. In vielen Fällen ist **kein Lösemittel** notwendig. Nachteilig ist die zeitlich begrenzte Verarbeitungszeit nach dem Mischen (Topfzeit). Häufig in der Praxis eingesetzte **Harzkomponenten** sind z.B. Polyurethan-, ungesättigte Polyester-, Epoxid- oder säurehärtende Harnstoff-, Melamin- oder Phenolharzlacke. **Reaktiv härtende 1–K–Lacke** sind **Einbrennlacke** und bestehen aus **selbsthärtenden** Harzen als Filmbildner, die beim Erreichen einer bestimmten Mindesthärtetemperatur vernetzen (härten). Oft wird ein **flüchtiges** Reaktionsprodukt (z.B. Wasser) abgespalten. 1–K–Lacke bestehen entweder aus einem **einheitlichen** Harz oder aus einer vorgefertigten **Harzmischung**, die im Lagerungszustand inaktiv ist und erst bei höheren Temperaturen aktiviert wird, z.B. Harnstoffharz (Mindesthärtetemperatur 120°C), Melaminharz (120°C), Phenolharz (160°C) bzw. Alkyd/Melamin–Mischharz (80°C), Polyester/ Melamin–Mischharz (110°C), Epoxid/Melamin–Mischharz (150°C) oder Silikonharz (180°C).

Grundkomponenten eines Lacks

Ein Lack besteht im allgemeinen aus den wesentlichen Grundkomponenten (→ *Abb. 16.17*):

- **Bindemittel** (Filmbildner u. Additive),
- **Lösemittel,**
- **Pigmente**
- **Füllstoffe.**

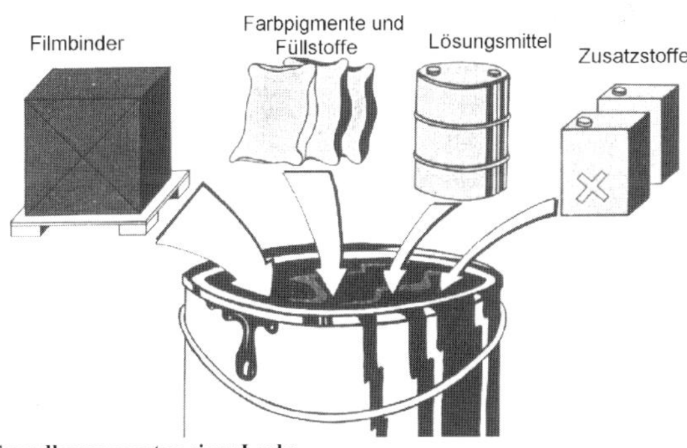

Abbildung 16.17 **Grundkomponenten eines Lacks.**

Bindemittel

Das **Bindemittel** ist der **nichtflüchtige Anteil** eines Beschichtungsstoffes ohne Pigmente und Füllstoffe, aber einschließlich Weichmachern, Trockenstoffen und anderen nichtflüchtigen Additiven. Die Aufgabe des **Bindemittels** ist die Verbindung der Lackbestandteile untereinander (Kohäsion) und mit dem Untergrund (Adhäsion). Das Bindemittel setzt sich zusammen aus dem **Filmbildner** (für die Filmbildung wesentlicher

Bestandteil) und den **Additiven** (Hilfsstoffe zur Modifizierung der Eigenschaften des Films, z.B. Weichmacher). Der Filmbildner kann ein einzelner Stoff (selbsthärtend, 1–K–Lack) oder ein Stoffgemisch (nicht selbsthärtend, 2–K–Lack) sein. Auch flüchtige Bestandteile (Reaktivverdünner), die bei der Aushärtung Bestandteil des Films werden, werden zum Bindemittel gezählt. Als **Festkörpergehalt (FK)** bezeichnet man die Summe aus Bindemitteln, Pigmenten und Füllstoffen.

Lösemittel

Das **Lösemittel** ist meist ein Gemisch aus organischen Kohlenwasserstoffen (Lösemittellacke) oder Wasser (Wasserlacke) bzw. wasserähnlichen Alkoholen oder Ethern, z.B. Propylenglykol (wasserverdünnbare Lacke). Nach dem Verdampfen des Lösemittels verbleibt der nichtflüchtige Anteil des Lackes. Dieser **Festkörpergehalt (FK)** sollte im Hinblick auf möglichst niedrige Lösemittelemissionen hoch sein. Nicht wasserverdünnbare Lacke mit einem hohen Festkörpergehalt werden als **'High–Solid–Lacke'** bezeichnet.

Pigmente

Pigmente sind in dem Lösemittel **unlösliche** Feststoffteilchen, die als Farbmittel oder wegen ihrer korrosionshemmenden oder magnetischen Wirkung verwendet werden. Korrosionsschutzpigmente werden in → *Kap. 17.8* behandelt. **Farbmittel** beeinflussen die optischen Eigenschaften des Lackes. In dem Lösemittel unlösliche Farbmittel bezeichnet man als **Farbpigmente**, lösliche Farbmittel als **Farbstoffe**. In der Regel erwartet man von einem Lack ein hohes Deckvermögen, das nur mit Hilfe von Farbpigmenten erzielbar ist. Farbstoffe sind in Lacken selten vertreten, der bevorzugte Einsatz liegt im Anfärben von Textilien.
Normenhinweis: DIN 55 943 Farbmittel, Begriffe

Füllstoffe

Füllstoffe sind in dem Lösemittel unlösliche meist anorganische Feststoffe und dienen zur Verbesserung der technischen Eigenschaften der Beschichtung, z.B. der Rheologie, Steinschlagfestigkeit, Bearbeitbarkeit (Glanz) u. a.

Gesundheitsprobleme durch Lakke

Die auspolymerisierten Filmbildner in Lacken stellen im allgemeinen kein Gesundheitsproblem dar. Gesundheits- und Umweltgefahren von Lacken gehen im wesentlichen von folgenden Faktoren aus:

- hoher Gehalt an flüchtigen **organischen Lösemitteln,**
- **flüchtige Aushärtungsprodukte** bei Reaktivlacken,
- **gesundheitsschädliche Additive** (bestimmte Weichmacher, Biozide u.a)
- **gesundheitsschädliche Pigmente,**
- **unsachgemäße Verarbeitung** (z.B. Aerosolbildung beim Spritzlackieren, gesundheitsschädliche Stäube beim Abschleifen alter Lackierungen).

Im folgenden werden die Grundbestandteile eines Lackes und ihre Arbeits- und Umweltgefahren detaillierter behandelt.

Filmbildner

Filmbildner sind **flüssige Harze** bzw. in einem Lösemittel **gelöste feste Harze**, die nach einer physikalischen Trocknung oder chemischen Vernetzung (Härtung) einen Polymerfilm ausbilden. Bei Pulverlacken verwendet man feste **Harzgranulate**, die auf dem Werkstück nur aufgeschmolzen oder zusätzlich chemisch vernetzt werden. Filmbildner lassen sich nach der **Rohstoffbasis** einteilen:

- **Naturstoffe**: natürliche Öle, Naturharze,
- **abgewandelte Naturstoffe**: modifizierte Öle, modifizierte Naturharze, Cellulosederivate, Kautschukderivate,
- **Kunstharze**: Polykondensate, Polyaddukte, Polymerisate.

Naturstoffe als Filmbildner

Naturstoffe als Lackrohstoffe sind natürliche Öle (→ *Kap. 16.2*), Naturharze (z.B. Kolophonium, Schellack oder Naturkautschuk) und Cellulose. Die **oxidativ trocknenden Fettöle** ('fette Öle') gehören zu den ältesten Bindemitteln. Sie besitzen einen hohen Anteil an Doppelbindungen im Molekül (>60%). Der bekannteste Vertreter ist **Leinöl**. Häufig verwendet man nicht reines Leinöl, sondern **Leinölfirnis**, dessen Trocknungszeit nur ein Fünftel bis ein Achtel des Leinöls beträgt. Leinölfirnis wird hergestellt, in dem man die Oxide des Mangans, Cobalts oder Bleis mit Leinöl bei 220...240°C mehrere Stunden kocht. Die dabei gebildeten fettsauren Metallsalze katalysieren die oxidative Vernetzung. **Halbtrocknende** Öle (Doppelbindungsanteil 40... 60%) trocknen nur langsam, z.B. Baumwollsaatöl, Sonnenblumenöl oder Sojaöl. Sie werden daher bevorzugt zu Alkydharzen weiterverarbeitet. **Nichtrocknende** Öle (Doppelbindungsanteil <40%) sind z.B. Ricinusöl oder Olivenöl.

Fette Öle

Naturharze

Naturharze sind Pflanzenprodukte mit vernetzbaren Gruppen, z.B. Doppelbindungen, Säuregruppen u. a. Die wichtigsten Naturharze werden als Rückstand der Destillation des harzigen Ausflusses von lebenden Bäumen (**'Balsam'** z.B. Kanadabalsam, Perubalsam) gewonnen. Die flüchtigen Destillate nennt man **Terpentinöl.** Dieses ist ein Gemisch von Terpenkohlenwasserstoffen mit α–Pinen als Hauptkomponente. Terpineol ist ein wesentlicher Bestandteil hochsiedender Holzterpentinfraktionen (Siedepunkt: 190 bis 222°C, Name: 'Pine Oil'). Es wird als hochsiedendes Lösemittel in Einbrennlacken verwendet.

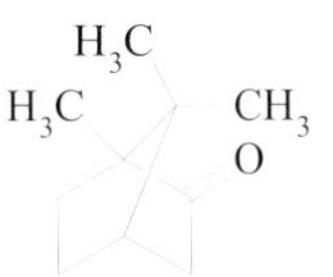

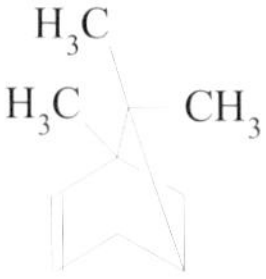

Terpentinöl

Camphen (Campher) α–Pinen α–Terpineol ('Pine Oil')
(Terpentinöl ist ein natürliches Gemisch von Terpenen = Sammelbezeichung für Stoffklasse mit 10 C–Atomen in cyclischer Anordnung)

Modifizierte Naturharze

Naturharze werden technisch im allgemeinen als **modifizierte Naturharze**, mit verbesserten und reproduzierbareren Gebrauchseigenschaften (Glanz, Lichtechtheit, Wasserbeständigkeit) eingesetzt. Gute Ergebnisse erzielt man z.B. durch die Veresterung von Kolophonium (Hauptbestandteil: Abietinsäure) mit Glycerin (Herstellung natürlicher Esterharze).

Naturkautschuk gewinnt man aus dem **Latex** (Milchsaft) einiger tropischer und nichttropischer Gewächse (→ *Kap. 6.3*). Naturkautschuk eignet sich nicht als Bindemittel, da er unlöslich in vielen Lösemitteln und unbeständig gegen Sauerstoff ist. Modifizierter Naturkautschuk oder Synthesekautschuk (z.B. Cyclokautschuk oder Chlorkautschuk) sind dagegen häufig verwendete Lackrohstoffe. Beide Produkte können mit vielen Naturharzen, Kunstharzen oder Ölen vermischt werden und ergeben chemikalienbeständige Beschichtungen für Metalle und anorganisch saugende Untergründe.

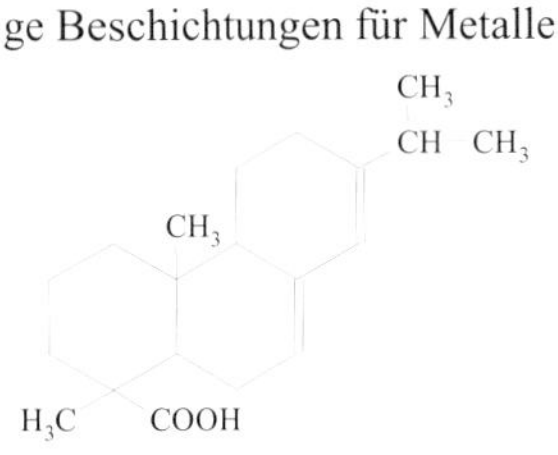

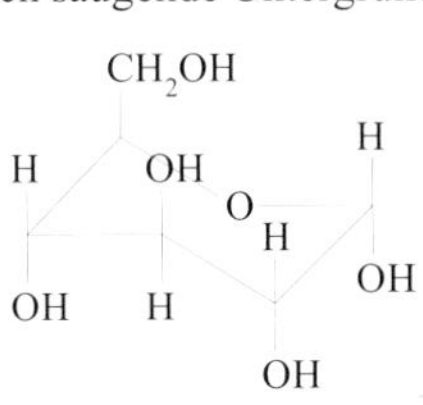

Abietinsäure-(Hauptbestandteil von Kolophonium) α–D–Glucose

Cellulose

Cellulose ist ein Polykondensationsprodukt (Polysaccarid) aus mindestens 1000 Glucose–Bausteinen (Traubenzucker). Es ist das in der Pflanzenwelt am häufigsten vorkommende Kohlenhydrat. Cellulose ist in Wasser oder den üblichen organischen Lösungsmitteln unlöslich, kann aber durch Reaktion der Hydroxylgruppen mit Alkoholen (**Celluloseether**) oder Säuren (**Cellulosester**) in lösliche Verbindungen überführt werden. **Methylcellulose** entsteht als Ether der Cellulose mit Methanol und ist als **'Kleister'** (Tapetenkleister) bekannt. **Celluloseacetat (CA)** ist der Ester von Cellulose mit Essigsäure. **Nitrocellulose (Nitrolack = Cellulosenitrat, CN)** ist der Ester der Cellulose mit Salpetersäure. Nitrolacke sind typische Lösemittellacke und trocknen rein physikalisch. Sie eignen sich besonders für die schnelle Einzelteillackierung. Nachteilig für den Einsatz als serienmäßige Industrielackierung sind die **hohen Lösemittelemissionen** und die leichte **Brennbarkeit**.

Naturharzlacke Biolacke

Modifizierte Naturharze sind die Basis für Naturharzlacke ('Biolacke'). Die Bezeichnung 'Bio', 'Natur' oder 'Öko' kann in Zusammenhang mit Lacken irreführend sein; sie ist in den Vergaberichtlinien für Blaue–Engel–Produkte sogar ausdrücklich verboten. Die in Naturharzlacken (**'Biolacken'**) verwendeten, natürlichen Lösemittel wie Citrusterpene (Citrußchalenöle) oder Terpentin (Baumharzöle) bzw. Bindemittel wie Kolophonium sind keineswegs unkritisch, sondern hautreizende und teils allergieauslösende Stoffe. Deshalb sollten auch bei der Verarbeitung von Naturharzlacken die üblichen **Gesundheitschutzvorkehrungen**, z.B. ausreichende Belüftung, eingehalten werden. Während Naturharzlacke meist einen hohen Anteil an Lösemitteln enthalten, sind **wasserverdünnbare Dispersions–Anstrichstoffe** umweltfreundlicher aufgrund ihres geringen Gehalts an organischen Lösemitteln (→ *Tab. 16.15*).

$CH_3-CH(OH)-CH_2(OH)$

1,2 Propandiol (Propylenglykol)

Lackkomponente	„Biolack"	Lösemittellack	wasserverdünnbare Lacke
Bindemittel	Schellack, Dammar, Kolophonium, Leinöl	Alkydharz	wasserlösliche Acrylatcopolymere
Pigmente	meist anorganische und organische Pigmente		
Lösemittel	Terpentinöl, Citrusterpene, Alkohol	Testbenzin, Xylol	Wasser, Propylenglykol, Propylenglykolether
Lösemittelgehalt	>35%	<60%	<10% (falls mit Umweltzeichen versehen)

Tabelle 16.15 **Inhaltsstoffe von sogenannten 'Biolacken'**, konventionellen Lösemittellacken und wasserverdünnbaren Dispersions–Anstrichstoffen

Kunstharze

Kunstharze sind synthetisch hergestellte, **nichthärtbare** oder **härtbare** Harze. Die Herstellung und Eigenschaften der Kunstharze werden in den → *Kap. 6.2* und *6.3* behandelt. Im folgenden Text werden diese Grundlagen **vorausgesetzt** und eher anwendungsspezifische Hinweise gegeben. Filmbildner auf Kunstharzbasis lassen sich nach der Art ihrer Herstellungsreaktion einteilen in:

- **Polykondensate,**
- **Polyaddukte** und
- **Polymerisate.**

Polykondensate

Wichtige Filmbildner auf der Basis von Polykondensaten sind:

- **gesättigte Polyesterharze (SP), Alkydharze (AK),**
- **ungesättigte Polyesterharze (UP),**
- **Phenol(PF)–, Harnstoff(UF)–, Melamin(MF)–Formaldehydharze,**
- **Silikonharze (SI).**
-

Polyesterharze

Härtbare **Polyester** erhält man durch Polykondensation von Polycarbonsäuren und Polyalkoholen. Bei Verwendung von Alkoholen mit mindestens drei Hydroxylgruppen (z.B. Glycerin) erhält man **hydroxylierte Polyester**, verwendet man Carbonsäuren mit mindestens drei Carboxylgruppen (z.B. Trimellithsäure) erhält man **carboxylierte Polyester**. Polyester mit freien Hydroxylgruppen finden als sog. **Polyol–Komponente** in PUR–oder EP–Harzen Verwendung. Polyester mit freien Carboxylgruppen lassen sich mit Epoxiden in Pulverlacken kombinieren.

COOH
COOH
COOH

O OH O
C O O C

O COOH O
C O O C

Trimellithsäure | hydroxylierte Polyester | carboxylierte Polyester

Alkydharze (AK)

Besonders wichtig sind die **ölmodifizierten Alkydharze** (**AK,** Alkyd = Alcohol + Acid). Man erhält sie z.B. durch gemeinsames Erhitzen von Glycerin, Phthalsäureanhydrid und trocknenden Ölen wie Leinöl. Bei der Umsetzung mit Glycerin werden die natürlichen Öle (Triglyceride) gespalten (Umesterung) und es bildet sich ein Gemisch aus Mono- und Diglyceriden mit freien OH–Gruppen. Die freigewordenen OH–Gruppen werden nun mit Phthalsäure unter Kettenbildung verestert:

OH
HO CH_2 CH CH_2 OH + (O, O, O, C, C) + R C (O, OH) →

Glycerin | Phthalsäureanhydrid | Fettsäuren (aus natürlichen Ölen)

R
C
O O
O CH_2 CH CH_2 O O O O + H_2O
C C

Alkydharz (vereinfachte Struktureinheit, Härtung über die Doppelbindung)

Nach dem Prozentgehalt des Ölanteils unterscheidet man fette, mittelfette und magere Alkydharze. Die **fetten** Alkydharze (Fettsäuregehalt >60%) ergeben lufttrocknende, elastische und wetterbeständige Lacke mit hoher Füllkraft, d. h. Pigmentbindevermögen. Sie eignen sich als Rostschutzfarben. **Mittelfette** Alkydharze mit einem Fettsäuregehalt von 50... 60% sind sowohl luft- als auch wärmetrocknend. Sie vereinigen Glanz, Härte, Schlagfestigkeit und Wetterbeständigkeit und sind daher für Automobillacke geeignet. **Magere** Alkydharze mit einem Fettsäuregehalt <50% sind nur noch als wärmetrocknende Lacke einsetzbar.

Acrylierte AK–Harze

Die Eigenschaften der Alkydharze können durch Kombination mit anderen Harzen z.B. **Harnstoff- und Melaminharzen** weiter verbessert werden. Sehr gute Eigenschaften besitzen beispielsweise **acrylierte Alkydharze**, wobei die Doppelbindungen des Alkydharzes mit Acrylverbindungen gehärtet werden (analog der Styrolhärtung bei ungesättigten Polyestern, → *Kap. 6.3*).

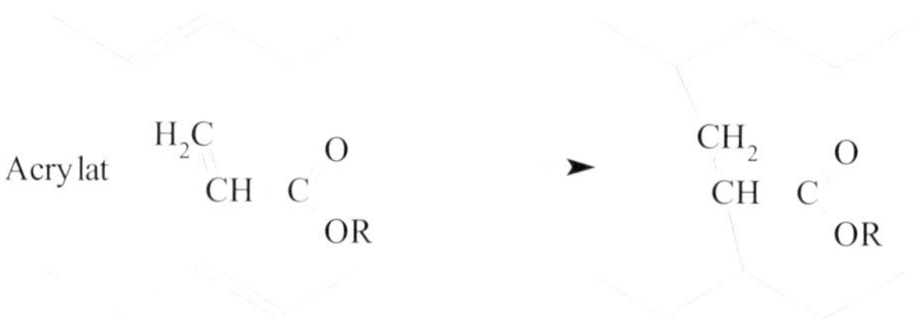

Acrylat H_2C CH C O OR ➤ CH_2 CH C O OR

ungesättigte Fettsäuren eines Alkydharzes acrylierte Alkydharze

Wasserlösliche AK–Harze

Wasserlösliche Alkydharze erhält man, wenn carboxylgruppenhaltige Alkydharze (die mit einem Säureüberschuss polymerisiert wurden) mit Aminverbindungen neutralisiert werden, wobei wasserlösliche Salze entstehen. Eine andere Möglichkeit zur Herstellung von Alkydharzlacken auf Wasserbasis besteht in der Emulgierung von wasserunlöslichen Harzen unter Verwendung von Emulgatoren (Tensiden).

Neutralisierungsmittel:

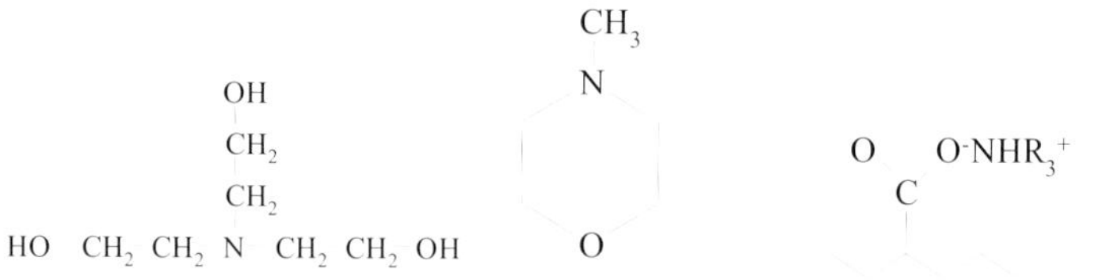

OH CH_2 CH_2 HO CH_2 CH_2 N CH_2 CH_2 OH — CH_3 N O — O $O^-NHR_3^+$ C

Triethanolamin N- Methyl-Morpholin wasserlösliche neutralisierte Polymere

PF–, UF–, MF–Harze

Phenol–, Harnstoff–und Melamin–Formaldehydharze werden in der Lacktechnik bevorzugt als **selbsthärtendes Resolharz** verwendet. Dieses enthält aufgrund der Reaktionsführung bei der Herstellung (alkalisches Milieu, Formaldehydüberschuss) noch reaktionsfähige CH_2–OH–Gruppen (→ *Kap. 6.3*). Diese können mit Mineralsäuren bei Raumtemperatur oder ohne Säurekatalyse bei höheren Temperaturen vernetzen. Vorteilhafterweise erreicht man bereits während der Kondensation eine **innere** Weichmachung, indem man die Phenolkomponente mit langkettigen Alkoholen, z.B. Butanol, umsetzt (veräthert). Phenolharze sind gelb und gilben im Licht weiter. Dagegen gestatten Harnstoff–oder Melamin–Formaldehydharze die Herstellung von weissen, harten und nichtgilbenden Lackfilmen. Mitunter genügen schon geringe Zusätze eines Melaminharzes (Wirkungsweise als **Härter**) zu einem reaktiv härtenden Bindemittel, um Härte, Haftfestigkeit, Wärme- und Witterungsbeständigkeit eines Lacks zu erhöhen. Häufig verwendet man Kombinationen von Alkydharz–Aminoharz im Verhältnis 2 : 1 bis 4 : 1.

Polyaddukte

Wichtige Filmbilder auf der Basis von Polyaddukten sind:

- **Polyurethanharze,**
- **Epoxidharze.**

Polyurethanharze stellen die bekannteste Gruppe der Reaktionslacke dar. Sie besitzen eine **Polyolkomponente**, das ist die sog. **‚Stammkomponente'** (Basisharz) mit zahlreichen OH–Gruppen. Als zweite Komponente wird die sog. **Härterkomponente'** mit zahlreichen Isocyanatgruppen zugemischt. Nach ihren Handelsnamen Desmodur und Desmophen (Firma Bayer) werden PUR–Lacke auch als **DD–Lacke** bezeichnet.

PUR–Harze

2–K–PUR–Harze

OH
HO
R_1 R_2 OH

Polyol–Harze (z.B. Polyester–OH, Polyether–OH, Acryl–OH, Epoxid–OH, Alkyd–OH)

NCO
OCN
R_1 R_2 NCO

Isocyanate

Die Gesundheitsgefahren bei PUR–Lacken gehen von dem Isocyanathärter aus. Obwohl in der Regel wenig bedenkliche, langkettige **Isocyanat–Präpolymere** (→ *Kap. 6.3*) verwendet werden, enthalten diese herstellungsbedingt in geringen Mengen gesundheitsschädliche Diisocyanate. Eine berufsgenossenschaftliche Untersuchung ergab, dass mehr als die Hälfte der Beschäftigten, die mit Isocyanaten arbeiten, an berufsbedingten Atemwegserkrankungen leiden. Weitere Gesundheitsgefahren entstehen durch flüchtige Aushärtungsprodukte bei **blockierten Isocyanaten**. Derartige PUR–Lacke sind 1–K–Einbrennlacke, bei denen die reaktionsfähigen Gruppen soweit **blockiert** sind, dass die Härtung erst oberhalb 160°C eintritt. Die Blockierungsmittel werden bei der Aushärtung wieder freigesetzt, z.B. Methanol, Formaldehyd, Phenol oder Methylethylketoxim /94/.

Gesundheitsgefahren bei PUR–Harzen

Blockierte Isocyanate

$$R-N=C=O \; + \; H-X \;\underset{\text{Deblockierung (100 bis 140°C)}}{\overset{\text{Blockierung}}{\rightleftharpoons}}\; R-\underset{H}{N}-C(=O)-X$$

X = Rest von: prim. Alkohol, Phenol Oxim, Amin u. a

Die wesentliche Verarbeitungsform von PUR–Lacken ist die oben beschriebene Vermischung von Polyol–und Härter–Komponente unmittelbar vor der Lackapplikation (2–K–PUR–Lacke). Es gibt jedoch auch verschiedene Wege zu einkomponentigen PUR–Systemen (1–K–PUR–Lack):

1–K–PUR–Harze

- **blockierte** Polyisocyanate (wie oben beschrieben)
- mit **Luftsauerstoff** aushärtende PUR–Lacke (Urethanöle aus fetten Ölen und Isocyanaten)
- mit **Luftfeuchtigkeit** aushärtende PUR–Lacke (1–K–System mit überschüssigen Isocyanatgruppen, härtet durch Wasseraufnahme, → *Kap. 6.3*)
- **physikalisch** trocknende, lösemittelhaltige PUR–Lacke (durchpolymerisierte und in Lösemittel gelöste Lacksysteme oder wässrige PUR–Lacke).

PUR–Wasserlacke sind meist physikalisch trocknend. Die PUR–Polymere werden durch Einfügen von **salzartigen** Gruppen **wasserlöslich** gemacht, z.B. durch Einfügen von–SO_3^- Na^+–Gruppen in die Diolkomponente. Die Konzentrate liegen im Anlieferungszustand als zweiphasige wässrige Dispersionen vor. Sie werden mit Wasser bis zur vorgeschriebenen Anwendungskonzentration verdünnt, ein Zusatz von Emulgatoren ist nicht notwendig. PUR–Lackfilme sind sowohl hart als auch elastisch und abriebfest. Sie sind beständig gegen Wasser und viele Chemikalien und weisen eine gute Witterungsbeständigkeit auf.

PUR–Wasserlacke

Härter für EP–Harze

Härter	Temperatur	Vernetzung über	Reaktionsprodukt
Amine	kalthärtend (RT)	Epoxidgruppe	EP–NH–R Epoxyamine
Amide	kalthärtend	Epoxidgruppe	EP–NH–OC–R Epoxyamide
Anhydride	heisshärtend T >150°C	Epoxid- und Hydroxylgruppe	EP–O–OC–R Epoxyester
Fettsäuren/ carbox. Polyester	kalthärtend	Epoxid- und Hydroxylgruppe	EP–O–OC–R Epoxyester
Acrylsäure/ Acrylate	kalthärtend	Epoxid- bzw. Hydroxylgruppe	EP–O–OC–AY Epoxyacrylate (Epoxyester)
Isocyanate	kalthärtend T = 15..50°C	Hydroxylgruppe	EP–O–OC–NH–R Epoxyurethan
Phenol-/ Aminoharze	heisshärtend T = 130...160°C	Hydroxylgruppe	EP–O–PF, EP–O–MF Epoxyether
hydroxyl. Acrylharze	heisshärtend	Hydroxylgruppe	EP–O–AY Epoxyether
hydroxyl. Alkydharze	heisshärtend	Hydroxylgruppe	EP–O–AK Epoxyether

Tabelle 16.16 **Härter für Epoxidharzlacke**: Das EP–Stammharz kann über die reaktionsfähige Epoxidgruppe oder über die weniger reaktionsfähigen Hydroxylgruppen gehärtet werden.

EP–Harze

Ausgezeichnete Haftfestigkeit auf Metallen, hohe elektrische Isolationseigenschaften und eine gute Beständigkeit gegen Chemikalien sind vorteilhafte Eigenschaften der **Epoxidharze**. Nachteilig ist die **mangelnde Lichtbeständigkeit**, weshalb EP–Harze bevorzugt für Grundlacke und nicht für Decklacke eingesetzt werden. Die EP–Harze können als Stammkomponente sowohl über die **reaktiven Epoxidgruppen** als auch über die **weniger reaktionsfähigen Hydroxylgruppen** gehärtet werden. Bei den Reaktionen über die Hydroxylgruppen wird meist Wasser frei (Kondensationsmechanismus), wozu höhere Temperaturen erforderlich sind (wärmetrockende 1–K–Reaktivlacke). Eine Ausnahme sind kalthärtende Isocyanathärter, die nach einem Additionsmechanismus reagieren (→ *Tab. 16.16)*.

Gesundheitsgefahren durch EP–Harze

Gesundheitsgefahren gehen bei Epoxidharzen sowohl von dem EP–Stammharz als auch von den verwendeten Härtern (insbesondere Amine oder Isocyanate) aus. EP–Harze enthalten meist gesundheitsschädliche, flüchtige Reaktivverdünner mit reaktiven Epoxidgruppen. Heterocyclische Epoxidharze haben in jüngster Zeit aufgrund einer vermuteten krebserzeugenden Wirkung besondere Aufmerksamkeit gefunden. Das mehrfunktionelle Triglycidylisocyanurat (TGIC) dient insbesondere in witterungsbeständigen Pulverlacken als mehrfunktionelle und damit hochvernetzbare EP–Komponente.

EP–Harze

C
C
O
OH
+ H_2N R
HO R
HO
C R
O

Härter über die EP–Gruppe:
Amine
Alkohole

Carbonsäuren

Härter:über OH–Gruppe

Isocyanate
Phenolharz
Alkydharz

OCN R
HO PF
HO AK

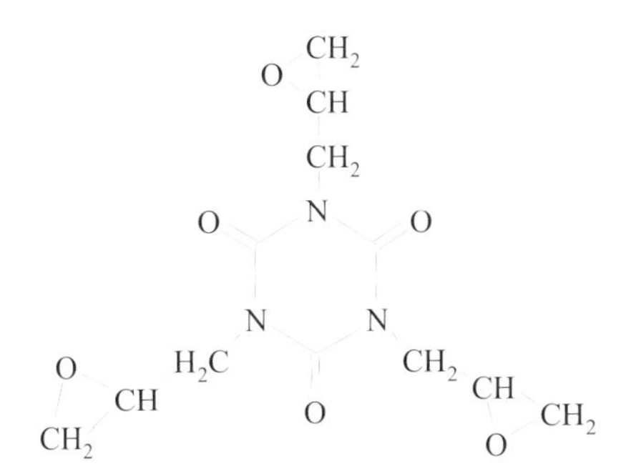

Triglycidylisocyanurat (TGIC)= 1,3,5- Tri- (2,3 epoxypropyl)- isocyanursäure

Polymerisate

Wichtige Filmbildner auf der Basis von Polymerisaten sind:

- **Polyvinylchlorid (PVC), Chlorkautschuk (RUC), Cyclokautschuk (RUI)**
- **Polyvinylacetat (PVAC),**
- **Polyvinylacetal, z.B. Polyvinylformal (PVFM), Polyvinylbutyral (PVB,)**
- **Polyacrylsäureester (AY), Polymethacrylsäureester (PMMA).**

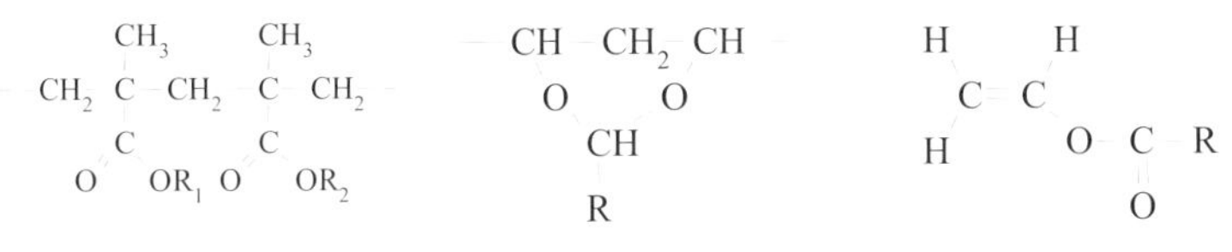

Polacrylester (mit R = Ethyl, Butyl, Hydroxypropyl)   Polyvinylacetal   Vinylacetat

PVC–Harze

PVC–Polymerisate sind besonders preisgünstig. Infolge ihrer schlechten Löslichkeitseigenschaften können die hochpolymeren PVC–Polymerisate nicht als Lackharz verwendet werden. Es eignen sich niedermolekulare Typen, sowie das **nachchlorierte PVC** (PVCC) und Copolymerisate aus Vinylchlorid und anderen Monomeren. Zum Beispiel erreicht man durch Copolymerisation mit Monomeren, die elastische Gruppen tragen, innere Weichmachung, wodurch die dem PVC anhaftende Sprödigkeit verbessert wird.

Additive

Additive sind Zusatzstoffe, die die chemischen, physikalischen oder anwendungstechnischen Eigenschaften eines Lacks verbessern. Mit Ausnahme der Weichmacher, die Anstrichstoffen in einem hohen Anteil beigemischt sein können, beträgt der Additivgehalt in der Regel zwischen 0,1 und 1%. Wichtige Additive sind:

- **Weichmacher,**
- **Trockenstoffe (Sikkative), Antihautmittel (Hautverhinderungsmittel),**
- **UV–Absorber,**
- **Verdickungs-** und **Thixotropierungsmittel,**

Weitere Additive sind: Neutralisierungsmittel, Tenside, Antischaummittel, Antifoulings, Biozide, Korrosionsinhibitoren (für Grundierungen), Verlaufsmittel, Konservierungsmittel und Antioxidantien.

Weichmacher

Weichmacher werden vor allem für hochpolymere Filmbildner (z.B. PVC, Celluloseester und Chlorkautschuk) eingesetzt, während ölhaltige Filme keiner Weichmachung bedürfen. Neben der äußeren Weichmachung (→ *Kap. 6.1*) durch Lösungsmittel mit geringer Flüchtigkeit, wird eher eine **innere** Weichmachung durch gezielte Einpolymerisation von Monomeren mit langen Seitenketten angestrebt.

Sikkative

Trockenstoffe (Sikkative) werden den oxidativ trocknenden ölhaltigen Anstrichstoffen, insbesondere den Alkydharzen, beigemischt. Sie wirken als Katalysatoren, indem sie die intermediär gebildeten Peroxidzwischenstufen zersetzen. Verwendung finden Co–, Pb–, Mn–, Zr–, Ca–, Cer–, Fe–und Zn–Salze von Fettsäuren wie Linolensäure, Abietinsäure, Oktansäure oder Naphthensäuren (Metallseifen). Kobaltseifen trocknen den Lackfilm von der Oberfläche ausgehend, Bleiseifen trocknen von der Metalloberfläche ausgehend. Die Verwendung von Bleisalzen soll minimiert werden (krebserzeugende Wirkung mancher Bleiverbindungen).

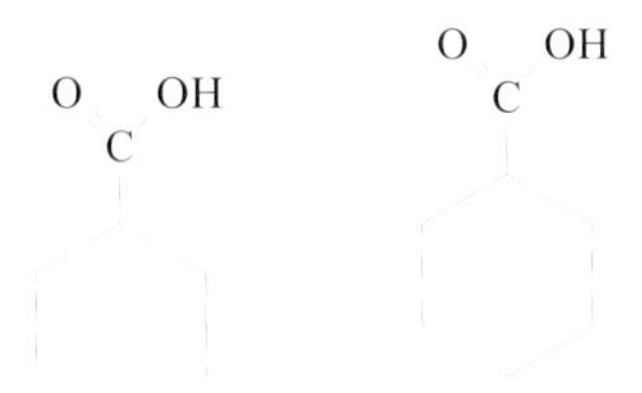

Naphtensäuren (Oberbegriff für Cyclopentan- und Cyclohexansäuren)

Antihautmittel

Antihautmittel sollen die frühzeitige oxidative Trocknung des Lackes während der Lagerung (Hautbildung) verhindern. Es sind leichtflüchtige Verbindungen, die die katalysierend wirkenden Metallkationen der Trocknungsstoffe komplex in Lösung halten /90/ Beim Lackauftrag verdampfen die Antihautmittel.

Hautverhinderungsmittel:

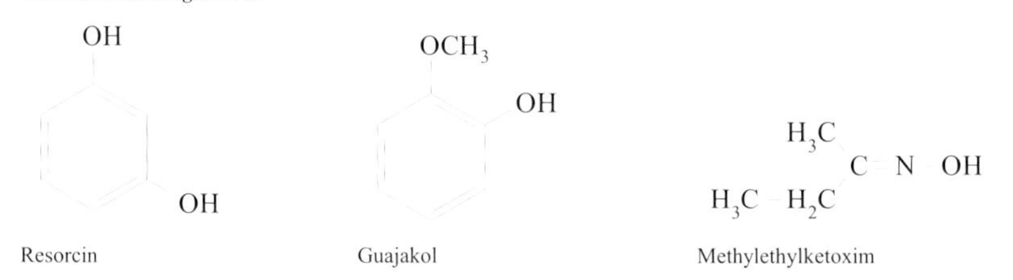

Resorcin Guajakol Methylethylketoxim

UV–Absorber

UV–Absorber absorbieren UV–Strahlung im Wellenlängenbereich zwischen 200 und 400 nm und verhindern somit den photochemischen Bindemittelabbau (Vergilben, Verspröden und **Kreiden**, d. h. das Herauslösen von Pigmenten und Füllstoffen aus der Beschichtung). UV–absorbierende Verbindungen enthalten ausgedehnte Ringsysteme mit konjugierten Doppelbindungen (siehe unten UV–Lacke).

Thixotropierungsmittel

Thixotropierungsmittel beeinflussen das Fließverhalten und verbessern damit den Verlauf des Lackfilms. Unter **Thixotropie** versteht man die Eigenschaft, dass ein Lack bei Anwendung mechanischer Kräfte (z.B. dem Anpressdruck eines Pinsels) mit der Zeit immer dünnflüssiger wird und nach dem Ende der Belastung wieder zu seiner urspünglichen Viskosität zurückkehrt (→ *Kap. 16.2*). Gebräuchlich sind Produkte, die auch als Füllstoffe Verwendung finden, z.B. Kieselsäureprodukte, modifizierte Aluminiumsilikate (Bentonite), hydriertes Ricinusöl, Aluminiumstearat und Polyamid–Verbindungen.

Konservierungsstoffe

Konservierungsmittel müssen bevorzugt bei wasserverdünnbaren, lösungsmittelarmen Lacken zugesetzt werden. Viele Konservierungsstoffe sind gesundheitsschädlich. Konservierungsmittel, Korrosionsinhibitoren und Antoxidantien in Lacken /90/ sind ähnliche Substanzen wie in Kühlschmierstoffen oder Reinigern, → *Kap. 16.3* und → *Kap. 16.4*).

Konservierungsstoffe

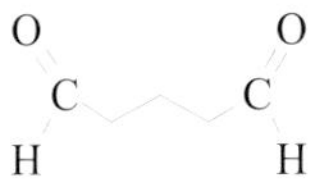

Glutardialdehyd
(Aldehyde als Konservierungsmittel)

Hydrochinon

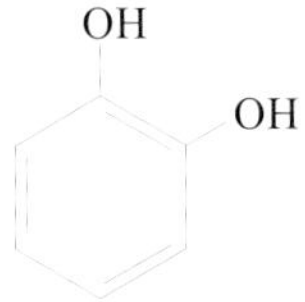

Brenzkatechin

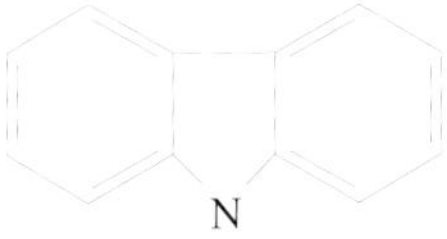

Carbazol

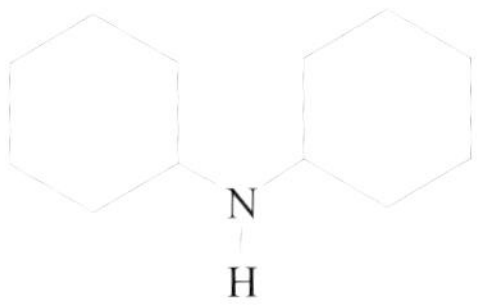

Dicyclohexylamin

(Phenolderivate und Amine als Korrosionsinhibitoren und Antioxidantien)

Lösemittel

Lösemittel haben die Aufgabe, die einzelnen Lackrohstoffe zu lösen und dem Lack die gewünschte Viskosität zu geben. Nach dem Auftragen des Lacks **verdunsten** die Lösemittel, währenddessen sich der Film ausbildet. Nach dem Lösemittel unterscheidet man folgende Lacke:

- **lösemittelverdünnbare Lacke** (Naturharzlacke, Kunstharzlacke),
- **wasserverdünnbare Lacke** (Wasserlacke, Dispersionslacke),
- **lösemittelfreie Lacke** (Reaktivlacke, UV–Lacke, Pulverlacke).

In **lösemittelverdünnbaren** Lacken müssen die Lösungsmittel sorgfältig aufeinander und auf die übrigen Lackkomponenten abgestimmt sein. Beispielsweise kann eine rasche Lacktrocknung mit einem leichtflüchtigen Lösemittel eine rasche Abkühlung der Lackoberfläche verursachen, wodurch Kondenswasserbildung auf dem Lack und damit eine mögliche Eintrübung eintreten kann. Man arbeitet meist mit einem Gemisch von nieder-, mittel-, und hochsiedenden Lösemitteln.

Gesundheitsgefahren durch Lösemittel

Organische Lösemittelemissionen sind die toxikologisch wichtigsten Bestandteile in Lacken und Farben. Sie können eine ernstzunehmende Gesundheitsgefährdung für die Beschäftigten (Reizungen der Augen, Atemwege, Störungen der Magen–Darm–Funktionen, Nerven-, Leber- und Nierenschäden) darstellen und schwerwiegende Umweltschäden (z.B. durch Photosmog) verursachen.

Butylacetat (eines der wichtigsten Lösemittel, Sdp. 126°C)

Butylglykol (Ethylenglykolmonobutylether, Sdp. 171°C)

HO O O CH_3

Butyldiglykol (BDG, Diethylenglykolmonobutylether, Sdp. 230°C)

→ *Tab. 16.17* gibt einen Überblick über die Risikofaktoren bei häufig gebrauchten organischen Lösemitteln.

Risikofaktoren durch organische Lösemittel

Lösemittel	WGK	Gefahren-symbol	MAK ppm	Flüchtigkeit/Flammpunkt [°C]
aliphatische Kohlenwasserstoffe (Anwendung: Lösemittel in Lacken)				
Waschbenzin	1	F	350	leichtflüchtig/-24
Testbenzin	1	F	350	mittelfüchtig/>21
Terpentinöl	3	Xn	100	mittelfüchtig/33
aromatische Kohlenwasserstoffe (Lösemittel in Lacken)				
Toluol	2	F, Xn	50	leichtflüchtig/6
Xylol	2	Xn	100	mittelflüchtig/25
Alkohole (Anwendung: Abbeizer, Verdünner, Reinigungsmittel)				
Methanol	1	F, T	200	leichtflüchtig/10
Ethanol	1	F	1000	leichtflüchtig/13
Isopropanol	1	F	200	mittelflüchtig/13
n–Butanol	1	Xn	100	mittelflüchtig/34
Ester (Hilfslösemittel in lösemittelarmen Lacken)				
Butylacetat	1		100	mittelflüchtig/22
Ethylacetat	1	F	400	leichtflüchtig/-4
Ketone (schnelltrocknende Nitrolacke, Klebstoffe)				
Aceton	0	F	500	leichtflüchtig / -19
Methylethylketon	1	F, Xi	200	leichtflüchtig / - 4
Glykolether (Dispersionlackfarben)				
Butylglykol	1	Xn	20	sehr schwerflüchtig/ 67
Butyldiglykol	1	Xi	100 mgm^{-3}	sehr schwerflüchtig/105
CKW (Abbeizer, Klebstoffe, nicht mehr Stand der Technik)				
Methylenchlorid (Dichlormethan)	2	Xn	100	leichtflüchtig/-
Perchlorethylen (Per)	3	Xn (krebs-verdächtig)	50	mittelflüchtig/-

Tabelle 16.17 **Risikofaktoren einiger organischer Lösungsmittel** in Lacken und Klebstoffen

Normenhinweis:

VDI-Richtlinie 2280: Emissionsminderung flüchtige organische Verbindungen

Festkörperreiche Lacke

Aufgrund der Gesundheits- und Umweltgefahren durch hohe Lösemittelgehalte besteht die Tendenz, auf **lösemittelarme** High–Solid–Lacke oder **wasserverdünnbare** Lacke überzugehen. Die Lackindustrie bezeichnet **festkörperreiche** Lacke als:

- **Medium–Solid–Lacke**: Festkörpergehalt (FK–Gehalt) >55%,
- **High–Solid–Lacke**: FK–Gehalt >65%,
- **Very–High–Solid–Lacke**: FK–Gehalt >85%.

Wasserverdünnbare **Dispersionslacke** mit einem Lösemittelgehalt <10% und festkörperreiche (nichtwassermischbare) **Very–High–Solid–Lacke** mit einem Lösemittelgehalt <15% können das Umweltzeichen 'Blauer Engel' tragen (RAL UZ 12a, Schadstoffarme Lacke, → *Tab. 16.18*).

Blauer Engel-Lacke

Anstrichstoffe	organ. Lösemittelgehalt [%]	Umweltzeichen
Verdünner	100	nein
Bronzen	80	nein
Nitrolacke	70	nein
Kunstharzlacke	50	nein
Naturharzlacke	15...30	nein
High–Solids	10...20	ja, wenn <15%
Dispersionslacke	10	ja, wenn <10%
Dispersionsfarben	3	nein
Pulverlacke	0	ja

Tabelle 16.18 **Typische Lösemittelgehalte** in verschiedenen Anstrichstoffen (Umweltbundesamt, Umwelt-Produkt- Info-Service)

Wasserlacke

Weitgehend lösemittelarm und damit umweltverträglicher sind Wasserlacke d. h. **wasserverdünnbare** Lacke. Derartige Lacke lassen sich auf verschiedene Weise herstellen:

- **Lacke mit wasserlöslichen Bindemitteln,**
- **Hydrogele**
- **Emulsionen**
- **Dispersionen**

Wasserlösliche Lacke

Wasserlösliche Bindemittel lassen sich herstellen, indem **wasserlösliche, salzartige** Gruppen in die hochmolekularen Polymerketten eingebaut werden, z.B. eine Carbonsäuregruppe, die mit Ammoniak oder Aminen neutralisiert ist. Wasserverdünnbare Lakke enthalten in der Regel einen gewissen Anteil wasserlöslicher, **organischer Lösemittel** (Alkohole, Ketone, Glykole oder Glykolether) als Lösevermittler. Wasserlösliche Bindemittel werden vor allem in der elektrophoretischen Tauchlackierung eingesetzt.

Hydrogele

Hydrogele sind kolloidale Lösungen von Bindemitteln mit Teilchengrößen <0,1 µm in Wasser. Die Wasserverdünnbarkeit wird durch Einbau hydrophiler Gruppen in das Polymergerüst erreicht, wodurch sich ein selbstemulgierender Effekt ergibt.

Harzemulsionen bzw.-dispersionen

Harzemulsionen enthalten flüssige Harzpartikel mit Teilchengrößen >0,1 µm, die in der Regel durch einen zusätzlichen Emulgator in der wässrigen Lösung stabilisiert sind. **Harzdispersionen** bestehen aus hochmolekularen, festen Harzpartikeln mit Teilchengrößen >0,1 µm. Die Partikel werden bereits bei der Polymerisation mit hydrophilen Gruppen in der Partikelhülle versehen, die eine Dispergierung in einem wässrigen Medium erleichtern (→ *Abb. 16.18*). Derartige **Dispersionslacke** sind in der Regel hochwertige Acryllacke, die im Innenraumbereich bevorzugt auf hochbeanspruchten Wandflächen und Heizkörpern aufgetragen werden.

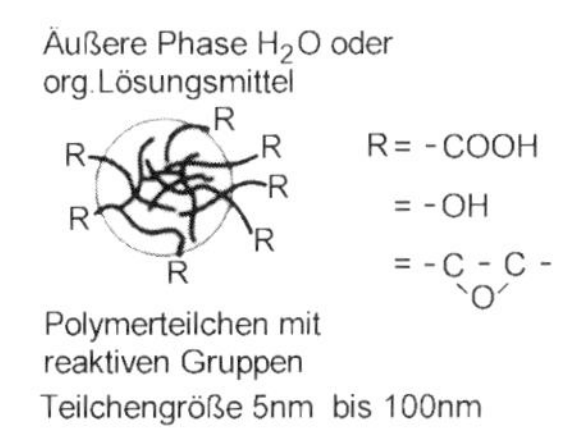

Abbildung 16.18 **Dispersionslacke** (Mikrogele) enthalten kolloide Polymerteilchen mit reaktiven, d.h. vernetzbaren Gruppen an der Oberfläche.

Dispersionsfarben

Die für die Innenraumbeschichtung an Wand und Decke überwiegend eingesetzten **Dispersionsfarben (Latexfarben)** bestehen aus thermoplastischen Kunststoffteilchen, die in Gegenwart von Emulgatoren in Wasser auspolymerisiert wurden. Als Filmbildner werden meist Acryl-, Vinylacetat- oder Styrol/Butadienharze verwendet. Die Filmbildung beruht nicht auf einer chemischen Vernetzung, sondern auf einem Zusammenfließen (Koaleszenz) und anschließenden Verkleben der thermoplastischen Teilchen, wenn das Verteilungsmittel Wasser verdunstet ist. Die Klebrigkeit ist nur oberhalb einer gewissen Mindestfilmbildungstemperatur vorhanden. Um eine Aushärtung des Filmes zu erreichen, werden sog. **Koaleszenz- bzw. Filmbildungshilfsmittel** zugegeben. Dies sind schwerflüchtige Lösemittel, die als temporäre Weichmacher wirken und die minimale Filmbildungstemperatur herabsetzen. Nach der Ausbildung des Anstrichfilms verdunsten die Koaleszenzhilfsmittel nach einiger Zeit. **Dispersionsfarben** können einen Lösemittelgehalt von nur 3% flüchtige Bestandteile enthalten. Vergleichbare, lösemittelverdünnbare Alkydharzanstriche haben einen Lösemittelgehalt von 30...50%.

Lösemittelfreie Lacke

Lösemittelfreie bzw. weitgehend lösemittelfreie Lacke sind vergleichsweise umweltfreundlich. Dies sind:

- **Reaktivlacke, 2–K–Lacke,**
- **Strahlenhärtende Lacke (meist UV–härtende Lacke),**
- **Pulverlacke.**

Strahlenhärtende Lacke

Strahlenhärtende Lacke haben insgesamt noch einen relativ geringen Marktanteil von 2 bis 3% des gesamten Lackverbrauchs. In einzelnen Industriebereichen (z.B. der Holz- oder Papierbeschichtung) wächst die Bedeutung zunehmend; bei Photolacken (z.B. für die Leiterplatten–oder Halbleiterherstellung) ist die UV–Härtung der technologische Kernprozess. Die UV–Lacke besitzen keine verdunstenden Lösemittel (jedoch Reaktivverdünner), sie sind deshalb umweltverträglich und gleichzeitig außerordentlich wirtschaftlich (Aushärtungsdauer im Sekundenbereich). Für die Strahlenhärtung verwendet man:

- **UV–Licht** (Wellenlänge 300...400 nm)
- **Elektronenstrahlen** (mit einigen 100 kV Beschleunigungsspannung).

Komponenten von UV–Lacken

Ein UV–härtender Lack enthält folgende Komponenten:

- **Präpolymere**, ca. 60% (Oligomere, beeinflussen die wesentlichen Filmeigenschaften)
- **mehrfunktionelle Monomere**, ca. 30% (Reaktivverdünner, beeinflussen die Viskosität und den Vernetzungsgrad)
- **Photoinitiatoren** (sind die Auslöser der UV–Härtung),
- **Additive.**

Präpolymere

Die wichtigsten **Präpolymere** sind:

- **Polyesteracrylate** (Einsatz z.B. in Offset–Druckfarben)
- **Epoxyacrylate** (harte, lösemittelbeständige Filme z.B. Parkettbodenbeschichtung)
- **Urethanacrylate** (zähe, flexible, wetterbeständige Filme).

Acrylat–Präpolymere in UV–härtenden Lacken

Reaktivverdünner

Mehrfunktionelle Monomere sind kurzkettige Moleküle mit mehreren Acrylatfunktionen.

O O
C_6H_{12}
O O

difunktionelles Monomer (Hexandioldiacrylat)

Photoinitiatoren

Photoinitiatoren bilden bei kurzzeitiger Bestrahlung mit UV–Licht Radikale, die einen Polymerisationsprozess der Acrylatdoppelbindungen der Präpolymere auslösen (→ *Abb. 16.19* und → *kap. 18.1*). Die mehrfunktionellen Monomere bewirken als Reaktivverdünner eine Vernetzung bei der Filmbildung.

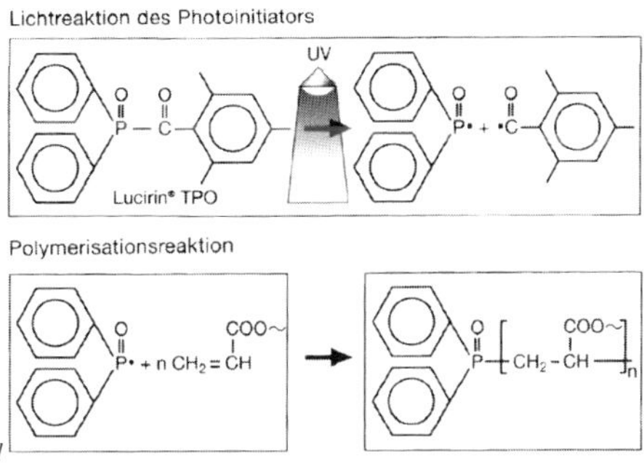

Abbildung 16.19 **UV–härtende Lacke**: Der Photoinitiator zerfällt bei der Bestrahlung mit UV–Licht in Radikale (oben). Diese lösen einen Polymerisationsprozess der Acrylat–Doppelbindungen aus (unten), (Quelle: Firma BASF, Ludwigshafen)

Geruchsprobleme bei UV–Lacken

UV–härtende Lacke weisen aufgrund unvollständiger Aushärtung teilweise Geruchsprobleme auf, insbesondere auf saugenden Untergründen. Die UV–Härtung wird durch Luftsauerstoff behindert (Inhibierung der Polymerisationsreaktion), weshalb teilweise tertiäre Amine als Additive zugesetzt sind. Diese können weitere Geruchsprobleme verursachen.

Pulverlacke

Pulverlacke werden als besonders umweltverträglich betrachtet, da sie keine Lösemittelemissionen verursachen und die Lackpartikel zu 100% aus der Luft wiedergewonnen und im Kreislauf geführt werden können. Pulverlacke unterscheidet man /90/:

- **wärmehärtende Pulverlacke** (Filmbildung durch reaktive Aushärtung eines Basisharzes und Härters),
- **thermoplastische Pulverlacke** (Filmbildung durch physikalisches Aufschmelzen thermoplastischer Polymere).

Reaktive Pulverlacke

Die wichtigsten **reaktiven Pulverlacke** sind:

- **Epoxide** als Basisharz; Härter: COOH–Polyester (EP–SP), Phenolharz (EP) oder Anhydride (EP); Einbrenntemperaturen 120.. 240°C, Emissionen ca. <1 m–% organischer Substanzen und Abspaltprodukte; Anwendung vorwiegend im Innenbereich,
- **COOH–Polyester** als Basisharz; Härter: Trisglycidylisocyanurat (SP–TGIC); Einbrenntemperaturen 160... 220°C, <0,1% Emissionen, Anwendung vorwiegend im Außenbereich,
- **OH–Polyester** als Basisharz: Härter: blockierte Isocyanate (SP–PUR), Einbrenntemperaturen 180...220°C, ca. 2...4 m–% Caprolactam–Emissionen, Anwendung vorwiegend im Außenbereich,

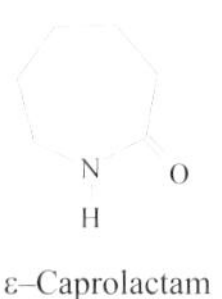

ε–Caprolactam

- **OH–Acrylharz** als Basisharz: Härter Isocyanate (AC–PUR), Einbrenntemperaturen, Emissionen und Anwendung wie oben. Die Aushärtung der Pulverlacke findet in einem der Pulverlackierung (siehe unten) nachfolgenden Aushärtungsprozess statt. Die wesentlichen Gesundheits- und Umweltgefahren entstehen durch dort austretende organische Substanzen und Abspaltprodukte.

Thermoplastische Pulverlacke

Für **thermoplastische Pulverlacke** verwendet man bevorzugt:

- **PE–Harze**: Einbrenntemperaturen 280... 400°C, Emissionen <1% KW,
- **PA–Harze**: 280... 400°C, Emissionen 0,2% Lactame,
- **SP–Harze**: 240...400°C, Emissionen <1% organische Substanzen,
- **PVC–Harze**: 160... 350°C, Emissionen 1 bis 6% Weichmacher.

Anwendungen thermoplastischer Pulverlacke sind: Beschichtung von Drahtwaren, Metallmöbeln, Haushaltsgeräte.

Farbpigmente

Farbpigmente sind **Farbmittel** mit einem hohen Deckungsvermögen; darunter versteht man die Fähigkeit, einen Untergrund nicht mehr durchscheinen zu lassen. Man unterscheidet:

- **anorganische Weiss-** und **Farbpigmente** und
- **organische Farbpigmente**.

Anorganische Pigmente

Wichtige **anorganische Weisspigmente** sind $BaSO_4$ (Barytweiss, Blanc Fixe) und TiO_2 (Rutil, Anatas). Titanweiss ist eine Abmischung aus Titandioxid, Blanc Fixe und Calciumcarbonat. Wichtige **anorganische Farbpigmente** sind die Eisenoxide Eisenoxidgelb (α–FeOOH), Eisenoxidrot (α–Fe_2O_3) und Eisenoxidschwarz (Fe_3O_4). Grüne Pigmentierung erhält man durch Chrom(III)oxidgrün (Cr_2O_3). Chrompigmente, die das 6–wertige Chromat enthalten z.B. gelbes $ZnCrO_4$ (beim Menschen krebserzeugend) bzw. $PbCrO_4$ (krebsverdächtig) sind gesundheitsschädlich und werden nicht mehr verwendet. Lacke mit dem Umweltzeichen **Blauer Engel** dürfen keine Pigmente auf der Basis von **Blei, Cadmium und Chromate** enthalten (Ausnahme: Blei <0,1% als Sikkative). Für den Kontakt mit Lebensmitteln werden ausschließlich die Pigmente Titandioxid und synthetische Eisenoxidpigmente (weitgehend schwermetallfrei) als ungefährlich betrachtet. Weitere Pigmente mit korrosionshemmender Wirkung werden in → *Kap. 17.8* behandelt.

Organische Pigmente

80% der **organischen Farbpigmente** basieren auf Pigmenten mit der sog. **Azogruppe R–N = N–R**. Bei gewissen Azofarben besteht der Verdacht auf ein krebserzeugendes Potential. Die organischen Farbpigmente und Farbstoffe sind überaus vielfältig und können nicht weiter behandelt werden.

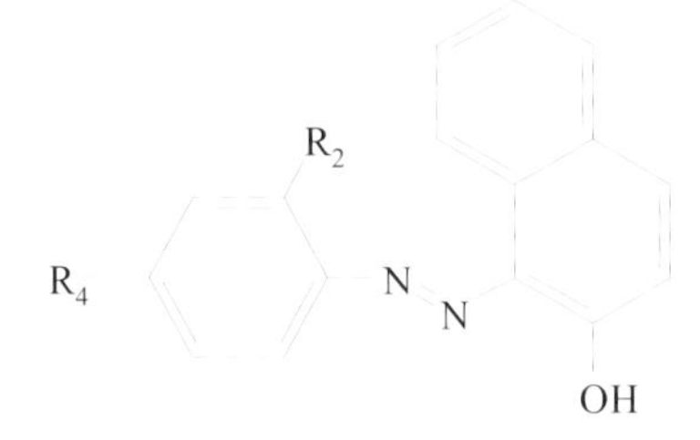

Struktur der β–Naphtol–Pigmente

Füllstoffe

Füllstoffe (früher auch als Extender bezeichnet) sind anorganische oder organische Feststoffe, die in erster Linie die mechanischen Eigenschaften des Lackes verbessern sollen. Manche Füllstoffe erfüllen auch gleichzeitig die Funktion der Farbpigmente. Man unterscheidet:

- **anorganische Füllstoffe** (natürlich, synthetisch) und
- **organische Füllstoffe**.

Zu den meist verwendeten **anorganischen Füllstoffen** natürlicher Herkunft zählen $BaSO_4$ (Schwerspat, Baryt) und $CaSO_4 \cdot 2\, H_2O$ (Leichtspat). Letzteres ist als 'Mineralweiss' merklich wasserlöslich und eignet sich nicht für Außenanstriche. Natürliche $CaCO_3$–Füllstoffe werden aus den Mineralen Calcit (Kreide) oder Dolomit ($CaCO_3$–, $MgCO_3$–Mischmineral) gewonnen. Weitere anorganische Füllstoffe sind: Kaolin (China Clay, Porzellanerde), Bentonit (Tongesteine, Quellton), Talkum, Quarzmehl, Schiefermehl oder Glimmer. Unter den synthetisch hergestellten Füllstoffen sind synthetsche **Kieselsäureprodukte** hervorzuheben. Diese werden u. a. durch Flammenhydrolyse unter Verbrennung von Wasserstoff, Sauerstoff und Siliziumtetrachlorid ($SiCl_4$) hergestellt. **Organische Füllstoffe** sind meist Naturstoffe wie Korkmehl, Kokosschalenmehl und Cellulosefasern.

Lackapplikation

Bei der Lackapplikation unterscheidet man folgende **Auftragsverfahren**:

- **mechanische Auftragsverfahren**: Walzen, Gießen, Tauchen, Laminieren,
- **thermische Auftragsverfahren**: Schmelztauchen, Wirbelsintern,
- **Spritzverfahren**: Hochdruckspritzverfahren, elektrostatisches Spritzen, elektrostatisches Pulversprühen.

Mechanische Auftragsverfahren

Mechanische **Walzverfahren** sind in der Druckereitechnik (Offsetdruck) verbreitet. Das **Siebdruckverfahren** ('Screen Printing') verwendet man auch, um Leiterbahnen, Widerstände oder Schutzschichten in der Dickschichttechnik (→ *Kap. 18.*1) aufzudrukken. **Gießverfahren** werden ebenfalls in der Elektronik eingesetzt, z.B. das **Vorhanggießen** ('Curtain Coating') von Lötstoplacken oder das **Spinbeschichten** ('Spin Coating') zur Aufbringung eines Photoresists auf Si–Wafern. Eine auf den rotierenden Wafer aufgegossene Polymerlösung wird dabei durch hohe Umdrehungszahlen von einigen 1000 U pro min verteilt.

Elektrostatische Tauchlackierung (ETL)

Die **Tauchbeschichtung** ('Die Coating') verwendet man insbesondere in Verbindung mit einer elektrostatischen Schaltung der Werkstücke. Die **elektrostatische Tauchlackierung (ETL)** beruht auf der **Elektrophorese**, d. h. der Wanderung positiv geladener Kationen zur Kathode (**kathodische Tauchlackierung, KTL**) oder negativ geladener Teilchen zur Werkstückanode (**anodische Tauchlackierung, ATL**). Die Werkstücke liegen auf einem elektrischen Potential von ca. 50...400 V, die Gegenelektrode ist in der Regel die metallische Beckenwand. Die elektrostatische Tauchlackierung mit einem KTL–Wasserlack ist das Standardverfahren zum Auftragung der Grundierung (Primer) auf Automobilkarosserien.

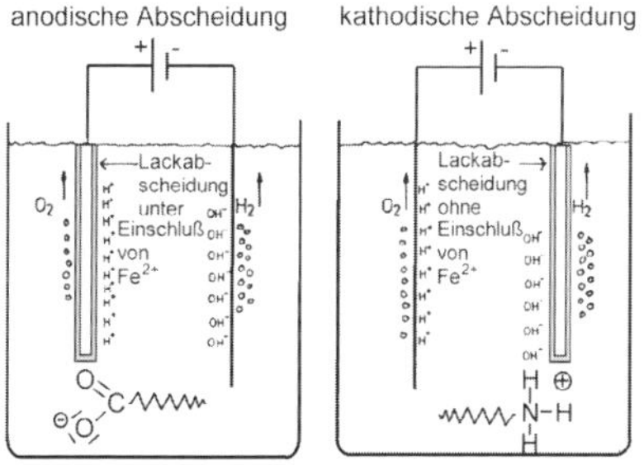

Abbildung 16.20 **Elektrophoretische Tauchlackierung**: Bei der ATL–Lackierung ist der Filmbildner als polymeres Anion $R–COO^-$ enthalten, das an der Anode in den wasserunlöslichen RCOOH–Lackfilm übergeht (links). Bei der KTL–Lackierung ist der Filmbildner als polymeres Kation NHR_3^+ enthalten, das an der Kathode in den wasserunlöslichen neutralen NR_3–Lackfilm übergeht (nnach /91 /).

KTL-Lacke

KTL–Lacke enthalten den Filmbildner in **kationischer** Form, z.B. als quarternäres Ammoniumsalz (→ *Abb. 16.20 rechts*). An den **negativ** geschaltenen Werkstücken wird Wasserstoff gebildet, wobei der pH–Wert lokal an der Elektrode **basisch** wird. Dadurch geht der kationische Filmbildner aus seiner ionischen, **wasserlöslichen** Form in die **ungeladene, wasserunlösliche** Form über. Bei der KTL–Lackierung sind die metallischen Werkstücke kathodisch geschützt, bei der ATL–Lackierung kann dagegen die anodische Metallauflösung eine unerwünschte Konkurrenzreaktion darstellen.

Reaktionen bei der KTL–bzw. ATL–Lackierung

- Vorgänge bei der **KTL–Lackierung** an der Kathode:
  $2\,H_2O \rightarrow H_2 + 2\,OH^- + 2\,e^-$ Wasserelektrolyse an der Kathode; der pH wird alkalischer
  $NHR_3^+ + OH^- \rightarrow NR_3 + H_2O$
  (Lackkomponente, wasserlöslich) (wasserunlöslicher Lackfilm)
- Vorgänge bei der **ATL–Tauchlackierung** an der Anode:
  $2\,H_2O + 4\,e^- \rightarrow O_2 + 4\,H^+$ Wasserelektrolyse an der Anode; der pH wird saurer
  $RCOO^- + H^+ \rightarrow RCOOH$
  (Lackkomponente, wasserlöslich) (wasserunlöslicher Lackfilm)

Pulverlackierung

Die Pulverlackierung ist beschränkt auf **temperaturstabile** Materialien (z.B. Gartenmöbel, Elektrogehäuse u. a.). Aufgrund der Emissionsbeschränkungen für Lösemittel finden Pulverlacke auch zunehmend Anwendung in der Karosserielackierung. Dabei werden folgende Verfahren angewendet:

- **elektrostatisches Pulversprühen (EPS),**
- **Wirbelsintern,**
- **Suspensionbeschichten (slurry powder).**

Elektrostatisches Pulversprühen (EPS)

Beim **elektrostatischen Pulversprühen** wird der Pulverlack durch ein Hochspannungsfeld geblasen und dabei elektrostatisch aufgeladen. Er scheidet sich auf den geerdeten Metallteilen ab, auf die er bei einem anschließenden Erhitzen aufgeschmolzen wird. Das überschüssige Polymerpulver wird in einem Zyklon abgeschieden und wiedergewonnen (→ *Abb. 16.21*).

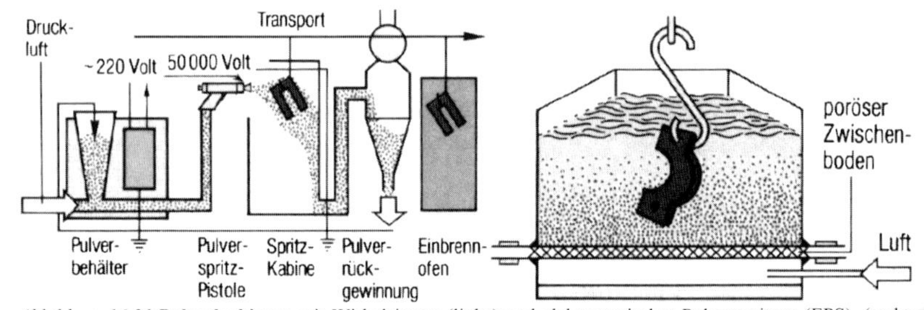

Abbildung 16.21 **Pulverlackieren** mit Wirbelsintern (links) und elektrostatisches Pulverspritzen (EPS), (rechts Quelle: Korrosion/ Korrosionsschutz, Fonds der Chemischen Industrie, Frankfurt 1994).

Wirbelsintern

Beim **Wirbelsintern** wird der auf 200...220°C erhitzte Metallgegenstand in ein mittels Pressluft aufgewirbeltes Pulver eingetaucht, wobei das Pulver auf der Metalloberfläche aufschmilzt und einen dichten Film bildet.

Slurry Powder

Ein **Slurry Powder** ist eine wässrige Polymersuspension (bevorzugt auf der Basis fein verteilter Polyacrylatpulver), die mit konventioneller Spritztechnik appliziert werden kann. Das **Flammspritzen** (Aufschmelzen des Kunststoffpulvers in einer Flamme) hat heute nur noch geringe Bedeutung.

Spritzlackieren
Overspray

Das bevorzugte Verfahren für die industrielle Lackierung ist das Spritzlackieren. Dabei wird der auf eine bestimmte Viskosität eingestellte Lack meist mittels Druckluft durch eine Düse versprüht. Der Lack, der das Werkstück nicht trifft, wird in der Fachsprache als **Overspray** bezeichnet. Die feinverteilten Lackaerosole des Oversprays werden durch Filtermatten (**Trockenabscheidung**) oder einen Wasservorhang (**Nassabscheidung**) aufgenommen. Bei der industriellen Serienlackierung ist die **Nassabscheidung** aufgrund der höheren Arbeitssicherheit und der sicheren Einhaltung der Abluftgrenzwerte verbreitet (→ *Abb. 16.22*).

Nassabscheidung

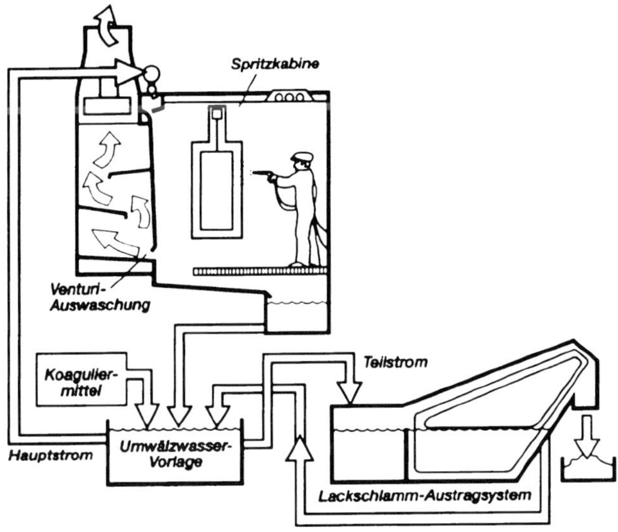

Abbildung 16.22 **Industrielle Serienlackierung** mit Nassauswaschung. Das Overspray wird bei dem konventionellen Verfahren (u. U. durch Zugabe eines Koaguliermittels) ausgefällt und stellt als Lackschlamm ein Entsorgungsproblem dar (Quelle: Firma Eisenmann, Böblingen).

Niederdruck–, Hochdruck–, Airless–, elektrostatisches Spritzen

Je nach dem angewandten Überdruck unterscheidet man **Niederdruckspritzen** (Überdruck 0,02 MPa) und **Hochdruckspritzen** (Überdruck bis ca. 0,5 MPa). Der Lack kann auch ohne Druckluft nur durch mechanische Kompression (**Airless–Spritzen**) aufgebracht werden. Eine Verbesserung des Auftragswirkungsgrads erhält man durch das **elektrostatische Spritzen**, wobei die Lackpartikel infolge Reibungselektrizität bzw. durch ein elektrostatisches Feld aufgeladen werden.

Auftragswirkungsgrad

Ein hoher Auftragswirkungsgrad ist sowohl aus ökonomischer als auch ökologischer Sicht anzustreben. Nach → *Tab. 16.19* liefert beispielsweise das Spritzlackieren mit Druckluft nur einen geringen Auftragsgrad von 20% bis 50%, der sich durch eine elektrostatische Aufladung der Werkstücke verbessern lässt. Das Pulverlackieren ist besonders abfallarm, da es einen Auftragsgrad von nahezu 100% besitzt.

Vergleich des Auftragswirkungsgrads

Auftragsverfahren	Einschränkungen	Auftragswirkungsgrad [%]
Fluten	begrenzte Arbeitsbreite keine schöpfenden Teile	85...95
Gießen	begrenzte Arbeitsbreite,nur ebene Oberflächen	90...98
Spritzen	Luftzerstäubung (Niederdruck)	50...65
	Luftzerstäubung (Hochdruck)	20...50
	Airless–Zerstäubung	20...80
	Elektrostatisches Zerstäuben (kein Faraday–Käfig)	60...90
Tauchen	begrenztes Arbeitsvolumen keine schöpfenden Teil	90...98
Elektrotauchen (ETL, KTL, ATL)	wie bei Tauchen	90...98
Walzen	begrenzte Arbeitsbereiche,nur ebene Flächen	95...98
Coil Coating	wie beim Walzen	95...98
Pulverbeschichten	Wirbelsintern (bevorzugt Kleinteile) Elektrostatische Pulverbeschichtung	80...95

Tabelle 16.19 **Auftragswirkungsgrad** bei industriellen Lackierverfahren /92/

Umweltbelastungen durch das Lackieren

Beim Lackieren treten hohe **Umweltbelastungen** auf durch:

- **Emissionen:** organische Lösemittel ca. 350 000 t a^{-1} (Deutschland 1990)
  Lackpartikel ca. 2 000 t a^{-1}
- **Abfall:** Lackschlämme ca. 200 000 t a^{-1}
  Lackierabfälle ca. 20 000 t a^{-1}
- **Abwasser** Spritzkabinenumlaufwasser, Auswaschwasser (Anhang 40, Abwasserverordnung).

Emissionsbegrenzung für Lackieranlagen

Die **immissionsrechtlichen** Anforderungen an Lackieranlagen sind u. a. in der TA Luft enthalten. Die Emissionsbegrenzung in Lackieranlagen muss dem **Stand der Technik** entsprechen, der u. a. in VDI–Richtlinien festgelegt ist. Für die Fahrzeuglackierung wird zwischen der handwerklichen Fahrzeuglackierung und der Serienlackierung unterschieden. Obwohl die Serienlackierung nur für 15% der Lösemittelemissionen aus Lackieranlagen verantwortlich ist, können die Umwelteinwirkungen lokal beträchtlich sein. Im folgenden Text wird nur die **Fahrzeug–Serienlackierung** (VDI–Richtlinie 3455) betrachtet.
Der Lösemittelgehalt eines Lacks kann den Datenblättern der Lackhersteller entnommen werden. Für die Autoserienlackierung gelten in Deutschland folgende Grenzwerte /93/:

- **35 g Lösemittelemissionen** pro m^2 Karosseriefläche für Lackieranlagen ab Baujahr 1996; dieser Emissionsgrenzwert gilt als Summe für die Gesamtlackierung;
- **40 g pro m^2 für Lackieranlagen** mit Baujahr 1991 bis 1995,
- **45 g pro m^2** für Altanlagen.

Emissionsbegrenzung für Lacktrockner

Für einzelne Automobilwerke wurden weitergehende Grenzwerte vereinbart, z.B. 30 g pro m^2 bei Opel Eisenach oder 1 275 t a^{-1} für das Gesamtwerk Ford Köln. Da auch **Bindemittelbestandteile** oder **Additive** beim Lackauftrag oder bei der Lackaushärtung (Trocknung) freigesetzt werden können, gelten zusätzlich **Emissionsgrenzwerte**, z.B. für Lacktrockner, die in Einheiten kg Kohlenstoff pro m^3 Luft angegeben sind (Messung mit FID, → *Kap. 9.1*):

- **50 mg Kohlenstoff pro m^3** Luft in der Abluft von Lacktrocknern,
- **3 mg Lackpartikel pro m^3** Luft aus Spritzkabinen.

Weiterhin gelten für Einzelsubstanzen die allgemeinen Emissionsgrenzwerte nach der **TA Luft** (→ *Kap. 9.3*) und für den Arbeitsschutz die **MAK–Grenzwerte** (siehe oben und → *Kap. 8.2*). Nach → *Abb. 16.23* werden die Emissionsgrenzwerte aus Lacktrocknern z.B. durch eine **katalytische Nachverbrennung (KNV)** eingehalten (→ *Kap. 9.4*)

VOC–Emissionen durch Lacke

Die Europäische Gemeinschaft hat im März 1999 die **EG–Lösemittel–Richtlinie** verabschiedet, die Anforderungen an Anlagen in über 20 lösemittelverarbeitenden Industrie- und Gewerbezweigen formuliert /93/. Die internationale Umweltschutzgesetzgebung bezieht sich zunehmend auf den **flüchtigen Bestandteil** eines Lackes. Dieser sog **VOC–Gehalt** (VOC = Volatile Organic Compounds) wird als Differenz der Lackgesamtmenge abzüglich dem Festkörpergehalt berechnet. Der Festkörpergehalt kann als Rückstand einer Lacktrocknung bei 110°C nach einer Dauer von 1 h definiert werden. Lackierbetriebe mit einem VOC–Verbrauch >5 bzw. 15 t a^{-1} sollen neben der Einhaltung von Grenzwerten auch zur Führung eines **Lösemittelwirtschaftsplanes** verpflichtet werden, der festgelegte Lösemittelreduktionsziele enthält (Zielvorgabe: maximale Lösemittelgehalte in Lacken 15...30%).

Rechts- und Normenhinweis: TA Luft Kap. 3.3.5.1.1
VDI Richtlinie 3455 Emissionsminderung Anlagen zur Serienlackierung von Automobilkarosserien
VDI Richtlinie 3456 Emissionsminderung Anlagen zur handwerklichen Fahrzeuglackierung.

Katalytische Nachverbrennung

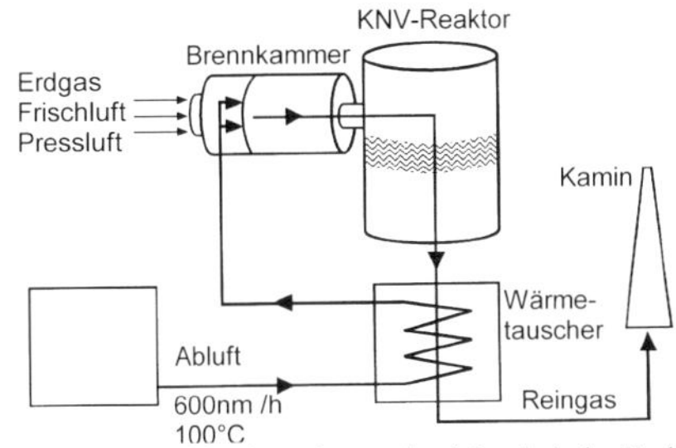

Abbildung 16.23 **Emissionsminderung bei Lacktrocknern** durch katalytische Nachverbrennung der Lösemittel enthaltenden Abgase (Quelle: Firma Eisenmann, Böblingen).

Lackschlämme

Die meisten **Lackschlämme** entstehen bei der industriellen Serienlackierung mit Nassauswaschung. Entsprechend → *Abb. 16.24* setzt sich im Umwälzbecken, gegebenenfalls nach Zugabe eines Koaguliermittels, der Lackschlamm (**Lackkoagulat**) ab. Während ausgehärtete Lackabfälle als Hausmüll/Gewerbemüll entsorgt werden können, sind Lackschlämme **besonders überwachungsbedürftige** Abfälle. Die wesentliche Maßnahme zur Abfallvermeidung ist der Einsatz einer Applikationstechnik mit hohem Auftragswirkungsgrad (siehe oben).

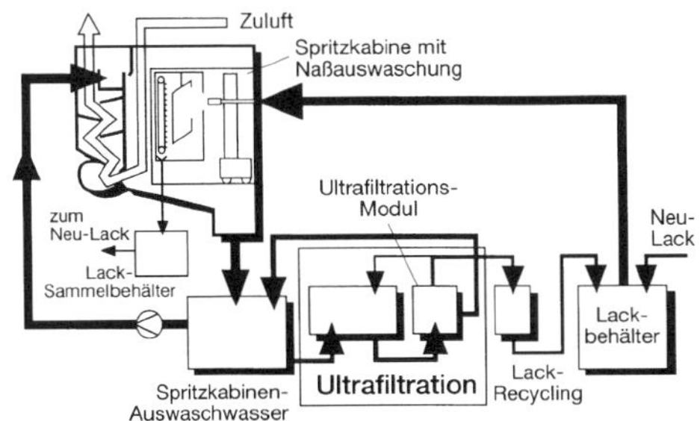

Abbildung 16.24 **Nassauswaschung und Ultrafiltration** von Wasserlack (Overspray), (Quelle: Fa. Eisenmann, Böblingen).

Kreislaufführung durch Ultrafiltration

Eine beträchtliche Abfallverminderung um 80...90% gelingt bei **Wasserlack**–Overspray durch Einsatz der **Ultrafiltration** (→ *Abb. 16.24*). Der im Kabinenwasser verdünnt vorliegende Wasserlack muss durch Entwässerung wieder auf einen Festkörpergehalt von 50...60% aufkonzentriert werden. Um einer Aushärtung vorzubeugen, sollten bei dem Recyclingprozess keine hohen Temperaturen, hohe Scherkräfte oder lange Verweilzeiten (z.B. Totzonen in den Verrohrungen) auftreten. Das Permeat der Ultrafiltration dient als Kabinen- Kreislaufwasser, das Retentat wird an den Lackhersteller zur Neueinstellung zurückgegeben oder dem Neulack in bestimmten Anteilen, z.B. 30%, zugegeben. Das **UF–Recyclingverfahren** ist seit Jahren **Stand der Technik,** insbesondere in der Autoserienlackierung mit Wasserlacken, speziell beim Elektrotauchlackieren (ETL). Die Möglichkeiten einer **externen stofflichen Verwertung** von Lackabfällen – insbesondere bei vermischten Lackabfällen – sind begrenzt (z.B. Dämm- und Dichtmassen als Unterbodenschutz von Fahrzeugen). Die meisten Lackabfälle werden heute als Sondermüll verbrannt oder als Zuschlagsstoff bei der Eisen- oder Zementherstellung verwertet.

Entlackung

Bei der Lackierung werden neben den Werkstücken auch die Aufnahmevorrichtungen (metallische Gehänge, Warenträger) mit beschichtet. Insbesondere unter den Gesichtspunkten einer **Kreislaufwirtschaft** hat auch das Entlacken von **Kunststoffen** (z.B. von lackierten PKW–Stossfängern) eine **neue** Bedeutung erhalten. Entlackungsverfahren sind:

- **chemische Entlackung** (Heissentlackung, Kaltentlackung),
- **thermische Entlackung** (Pyrolyse),
- **mechanische Entlackung** (Sandstrahlen, Hochdruckwasserstahlen, CO_2–Strahlen, Tauchen in flüssigen Stickstoff).

Chemische Entlackung
Heissentlackung

Die **chemische Entlackung** findet in erhitzen, alkalischen oder sauren wässrigen Bädern oder in CKW–freien, organischen Lösemitteln statt. Mit der **Heissentlackung** in ca. 60...90°C heissen, alkalischen Bädern lassen sich eine Vielzahl von Lacken innerhalb einer Behandlungszeit von 15 Minuten bis 24 Stunden von Metalloberflächen ablösen. Aluminium oder verzinkte Oberflächen werden von alkalischen Bädern angegriffen, weshalb auf die Entlackung mit wasserfreien, organischen Lösemitteln ausgewichen wird.

Kaltentlackung

Die **Kaltentlackung** unter Verwendung von CKW–Lösemitteln (Dichlormethan) ist nicht mehr Stand der Technik.

Thermische Entlackung

Bei der **thermischen Entlackung** werden die Lacke bei 400...450°C unter Luftausschluss in einem Kammerofen oder Sandwirbelbett zu einem organischen, brennbaren Mischgas verschwelt (pyrolysiert). Die freiwerdenden Schwelgase müssen in einer thermischen Nachverbennungsanlage (TNV) behandelt werden (→ *Abb. 16.25*). Problematisch ist die Verschwelung von **chlor- oder fluorhaltigen** Lacken (PVC, PTFE), wobei giftige oder umweltschädliche Verbindungen (z.B. Dioxine) entstehen können.

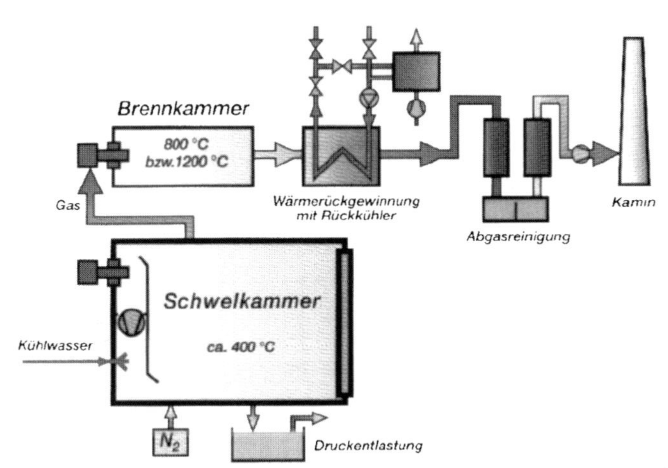

Abbildung 16.25 **Thermische Entlackung durch Pyrolyse** (Quelle: Firma Eisenmann, Böblingen).

Mechanische Entlackung

Die **mechanischen** Entlackungsverfahren sind am umweltfreundlichsten. Das **Strahlentlacken** mit Granatsand, Kunststoffgranulat oder Stahlkies ist gerade im Werkstattbereich sehr verbreitet. Eine vielseitig einsetzbare Alternative ist das **Hochdruck–Wasserstrahlen** mit Spritzdrücken bis 75 MPa. Die Anlagen müssen mechanisch beständig und lärmgekapselt ausgeführt sein. Lackschichten lassen sich von **Kunststoffen** durch Tauchen in **flüssigen Stickstoff** bei–196°C entfernen. Das Verfahren eignet sich zur Trennung aller Materialkombinationen mit unterschiedlichen thermischen Ausdehnungskoeffizienten. Ein neues Entlackungsverfahren ist das Strahlen mit **CO_2–Trockeneiskugeln** (pellets).

In → *Kap. 17.8* sind weitere Informationen über organische Beschichtungen, insbesondere in der Autoserienlackierung enthalten.

17. Oberflächentechnik

Oberflächeneigenschaften

Für zahlreiche Bauteileigenschaften, z.B. **Benetzbarkeit**, **katalytische** Wirkung, **elektrischer** Kontakt, **Lötbarkeit**, **Korrosionsbeständigkeit**, ist der Zustand der Oberfläche bis in Tiefen von wenigen Mikrometern entscheidend (→ *Abb. 17.1*).

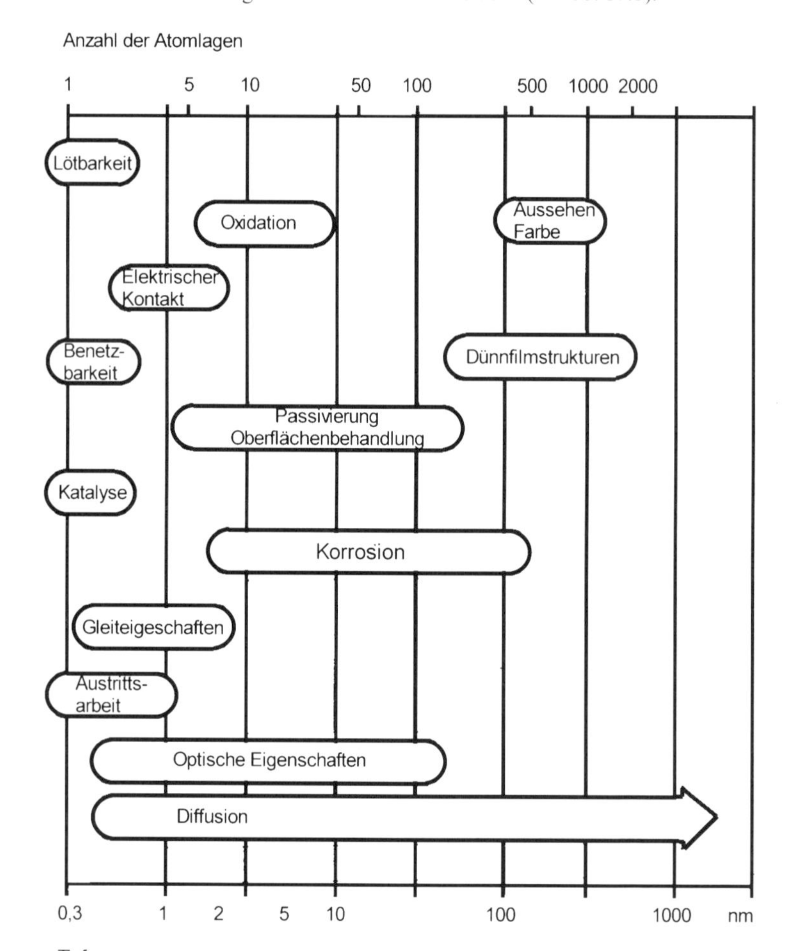

Abbildung 17.1 **Oberflächeneffekte** in Abhängigkeit vom Abstand von der Oberffläche

Oberflächentechnik

Die Oberflächentechnik befasst sich mit der gezielten Herstellung bestimmter Oberflächeneigenschaften, z.B. Korrosionsbeständigkeit, Verschleissbeständigkeit oder optische Gestaltung. Durch Oberflächentechnik soll im allgemeinen **keine Formgebung** von Bauteilen erzielt werden. Bei der Feinbearbeitung ist die Unterscheidung zwischen Formgebung und Oberflächentechnik jedoch nicht immer eindeutig möglich.

Oberflächentechnische Verfahren gehören nach DIN 8580 zu unterschiedlichen Fertigungsverfahren:

- **Hauptgruppe 2, Trennen**: Abtragen, Ätzen, Beizen von Oberflächen u. a.,
- **Hauptgruppe 6, Stoffeigenschaften ändern**: Randschichthärten u. a.,
- **Hauptgruppe 5, Beschichten**: Feuerverzinken, Galvanisieren, Lackieren.

Oberflächen Vorbereiten, Behandeln, Beschichten

In der Oberflächentechnik unterscheidet man die oben genannten Fertigungsverfahren besser in (→ *Tab. 17.1*):
- **Oberflächenvorbereitung** (Trennen, Abtragen),
- **Oberflächen(vor)behandlung** (Stoffeigenschaften ändern, Konversionsschichten)
- **Oberflächenbeschichtung** (Beschichten mit Überzügen und Beschichtungen).

Oberflächenvorbereitung	Oberflächenbehandlung	Oberflächenbeschichtung
Mechanische Vorbereitung		Plattieren, Auftragschweißen
Thermische Vorbereitung	Randschichthärten	Feuerverzinken, Thermisches Spritzen
Chemische Vorbereitung	Phosphatieren, Chromatieren, Anodisieren	Lackieren
Plasmachemische Vorbereitung	Plasmabehandeln, Ionenimplantieren	PVD-/CVD-Verfahren

Tabelle 17.1 Verfahren der Oberflächenvorbereitung, -vorbehandlung und–beschichtung

Fertigungsschritte der Oberflächentechnik

Zahlreiche oberflächentechnische Prozesse z.B. Galvanisieren, Verzinken, Lackieren, Vakuummetallisieren umfassen die Teilschritte: Oberflächenvorbereitung, -vorbehandlung und -beschichtung (→ *Abb. 17.2*)

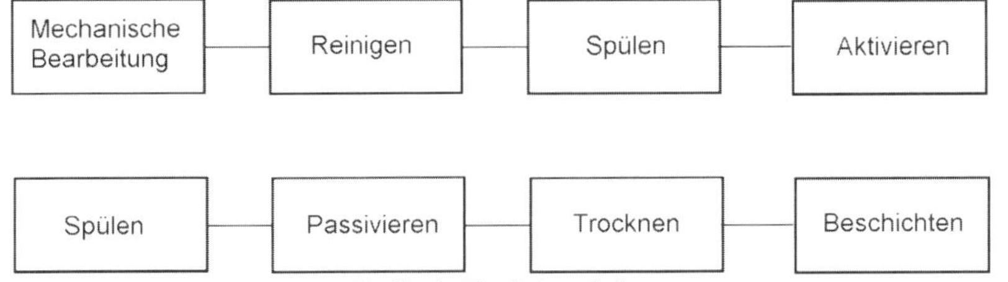

Abbildung 17.2 **Typischer Fertigungsablauf** in der Oberflächentechnik

17.1 Oberflächenvorbereitung durch mechanische Bearbeitung

Oberflächenvorbereitung

Die **Oberflächenvorbereitung** ist die Summe aller oberflächentechnischen Maßnahmen vor dem Aufbringen einer Beschichtung. Im folgenden werden die Verfahren der Oberflächenvorbereitung in folgender Reihenfolge behandelt:
- **mechanische** Vorbereitung: (Gleit-) Schleifen, Bürsten, Polieren, Strahlen,
- **chemische** Vorbereitung: Reinigen, Entfetten, Beizen,
- **thermische** Vorbereitung: Flammstrahlen, reduzierendes Glühen, Flammgrundieren (wird nicht behandelt),
- **plasmachemische** Vorbereitung: Plasmaätzen, Ionenätzen.

Mechanische Vorbereitung

Die mechanische Oberflächenvorbereitung kann zur Formgebung oder zur Herstellung definierter Oberflächeneigenschaften, z.B. zum Entfernen von Fremdstoffen, Beseitigung von fertigungsbedingten Bearbeitungsspuren sowie zur Vorbehandlung auf eine folgende Beschichtung dienen. Eine Abgrenzung zur Formgebung ist nicht immer einfach möglich. Man unterscheidet:

- **Formabtragende** mechanische Verfahren benötigen in der Regel ein **Formwerkzeug** (z.B. eine Schleifscheibe oder eine Formelektrode), das mittels einer definierten Bewegung die Form des Werkstücks herstellt (z.B. Schleifen, Honen, Läppen).

Formabtragend, oberflächenabtragend

- **Oberflächenabtragende** Verfahren besitzen kein Formwerkzeug; die Bewegung eines Bearbeitungsmediums (z.B. einer Schleiflösung) ist nicht genau definiert (z.B. Gleitschleifen, Bürsten, Polieren).

Schleifen, Honen, Läppen

Beim Schleifen, Honen und Läppen steht die **Formgebung**, insbesondere Feinbearbeitung vorgeformter oder vorbearbeiteter Werkstücke, im Vordergrund. Das Ziel ist die Einhaltung enger Maßtoleranzen, die Entfernung oberflächennaher Zerstörungszonen und in verschiedenen Fällen auch die Einstellung einer definierten **Oberfläche**; so erzeugt das Honen von **Motorzylindern** eine günstige Oberfläche mit hohem Schmiertaschenanteil (→ *Abb.17.3*).

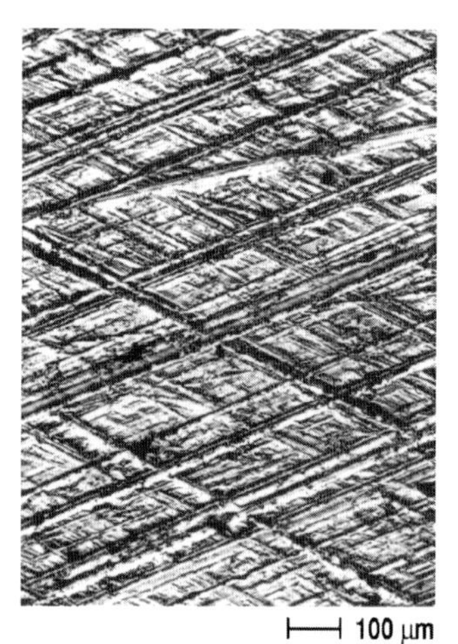

Abbildung 17.3 **Gehonte Oberflächen eines GG–Zylinders** (Quelle: Firma Mahle, Stuttgart).

Die Bearbeitungsverfahren Schleifen, Honen und Läppen unterscheiden sich in der Relativbewegung zwischen Werkstück und Schleifmittel und in der Bindung des Schleifmittels als:

- **starr gebundene** Schleifmittel für das **Schleifen** oder **Honen**: Schleifscheibe, Schleifbänder, Honsteine,
- **lose gebundene** Schleifmittel für das **Läppen**: Schleifpasten, Wachse, Trommelpräparate,
- **lose ungebundene** Schleifmittel (oberflächenabtragend): feste pulverförmige Schleifmittel oder flüssige Schleiflösungen.

Beim Honen oder Ziehschleifen entstehen durch ein schwingendes Werkzeug mit gebundenem Korn die charakteristischen sich kreuzenden Schleifspuren. Beim Läppen gleiten Werkzeug und Werkstück aufeinander ab, dazwischen befindet sich ein lose gebundenes Schleifmittel (Anwendung: Bauteile hoher Formgenauigkeit und Maßtoleranz).

Schleifmittel

Schleifmittel sind in der Regel **Hartstoffe** mit scharfen Kanten. Der härtere Stoff ritzt den weniger harten. Für Härteangaben verwendet man die Eindringhärte (Vickershärte, Knoophärte, Rockwellhärte) oder die Ritzhärte (*Mohssche* Härteskala).

***Mohssche* Härteskala**

Natürliche Schleifstoffe sind:
- **Quarz bzw. Flint** (SiO_2): M.–Härte 7,
- **Bims** (Gemisch SiO_2, Al_2O_3): M.–Härte 7,
- **Naturkorund** (80... 90% Al_2O_3): M.–Härte 9,
- **Schmirgel** (60%Al_2O_3, Fe_3O_4): M–Härte 8..9
- **Naturdiamant** (C): M.–Härte 10.

Künstliche Schleifstoffe sind:
- **Karborundum** (SiC): M–Härte 9... 10,
- **Elektrokorund** (95% Al_2O_3, 3% TiO_2): 9..10,
- **Bor-** (B_4C), **Wolframcarbid** (W_2C): 9,
- **kubisch Bornitrid** (CBN): M.–Härte 9... 10,
- **synthetischer Diamant,** M.–Härte 10

Mohssche **Härteskala**:

1= Talg [$Mg_3(OH)_2(Si_2O_5)_2$]
2 = Gips [$CaSO_4 \cdot 2\ H_2O$]
3 = Kalkspat [$CaCO_3$]
4 = Flussspat [CaF_2]
5 = Apatit [$Ca_5(PO_4)_3F$]
6 = Feldspat [$KAlSi_3O_8$]
7 = Quarz [SiO_2]
8 = Topas [$Al_2(F_2, SiO_4)$]
9 = Korund [Al_2O_3]
10 = Diamant [C]

Gebunde Schleifmittel

Schleifscheiben

Bei **starrer** Bindung werden die **Schleifmittel** mit einem **Bindemittel** vermischt und dann meist ausgehärtet bzw. gebrannt. Es werden folgende **Bindemittel** verwendet (z.B. für Schleifscheiben):
- **keramische Bindemittel**: pulverförmiges Gemisch aus rotem und weissem Ton, Kaolin, Feldspat, weiterhin Quarz und Spezialgläser als Flussmittel,
- **polymere Bindemittel**: bevorzugt Phenolharze, auch in Kombination mit anderen Kunstharzen (Alkydharze, Epoxidharze, Polyamide), Elastomere (meist faserverstärkter Gummi),
- **metallische Bindemittel**: Sintermetalle, z.B. Bronze, Hartmetalle, insbesondere **galvanische Metallschichten** (meist galvanisch Nickel für SiC–oder CBN–Schleifkörner).

Nassschleifen

Beim **Nassschleifen** wird mit geeigneten Kühlschmiermitteln gearbeitet. Gegenüber dem **Trockenschleifen** erhält man niedrigere Bearbeitungstemperaturen und geringere Staubemissionen. Folgende Gesundheits- und Umweltgefahren können beim Schleifen auftreten:
- **Schleifscheibe:** Emissionen von schädlichen Gasen (z.B. Formaldehyd) und Stäuben aus dem Kunstharzbindemittel; Schleifstaub (insbesondere beim Trockenschleifen),
- **Werkstücke:** Emissionen von gesundheitsschädlichem Metallstaub (z.B. bei der Bearbeitung von nickel- oder chromhaltigen Werkstoffen),
- **Kühlschmierstoff:** Aufkonzentrieren von schädlichen Metallionen im Kühlschmierstoff (insbesondere Kobalt beim Schleifen von Hartmetall).

Schleifschlamm

Kühlschmiermittel für das Schleifen (Schleifemulsionen) müssen während der Fertigung kontinuierlich mit den Verfahren nach → *Kap. 10.4* wiederaufbereitet werden. In Deutschland fallen pro Jahr ca. 150 000...200 000 t Schleifschlamm als Rückstand zur Verwertung oder Entsorgung an. Dieser enthält als **Feststoffe** Metallspäne und Schleifmittel sowie zu 40...70 m–% anhaftendes **Restöl** bzw. Emulsion. Eine Rückführung von Schleifschlamm in den Rohstoffkreislauf (z.B. in Stahlwerke) ist im allgemeinen erst ab einem Restölgehalt <1% möglich. Schleifschlämme sind **besonders überwachungsbedürftige** Abfälle, die derzeit vorwiegend thermisch in Verbrennungsanlagen oder Zementwerken verwertet werden. Dadurch gehen große Mengen an Kühlschmierstoff und Stahlspäne dem Rohstoffkreislauf verloren. Neue Recyclingstrategien gehen von einem **Auspressen bzw. Zentrifugieren** des Schleifschlammes auf Restölgehalte <10% aus. Es folgt eine Brikettierung, alkalische Wäsche oder Vakuumverdampfung bis zu Restölgehalten <1% und anschließende Rückführung in Stahlwerke oder -gießereien.

Mechanische Behandlung

Die mechanische Oberflächenvorbereitung, die nicht der Formgebung dient, fasst man nach VDI–Richtlinie 2420 unter dem Begriff **'mechanische Behandlung'** zusammen (Gleitschleifen, Bürsten, Polieren, Strahlen u. a.)

Gleitschleifen

Das Gleitschleifen dient im wesentlichen der **Oberflächenvorbereitung**, z.B. dem mechanischen Entgraten, Entzundern, Einebnen. Das Verfahren wird auch als Finishen, Rommeln, Roto–Finishen, Trommeln, Trowalieren, Vibrieren, Trommel-, Glocken-, oder Vibrationsschleifen bezeichnet. Beim Gleitschleifen werden die Werkstücke in lose ungebundene Schleifkörper **(Chips)** eingebettet und in eine Relativbewegung (Rotation, Vibration) zu diesen versetzt. Die Chips bestehen meist aus keramisch gebundenen Schleifmitteln. Das Gleitschleifen wird überwiegend nass betrieben. Zur Ausbildung bestimmter Oberflächeneffekte, z.B. Glanz, Aufhellungs- bzw. Matteffekte oder auch Passivierung oder Aktivierung der Oberfläche sind die Chips in einer Chemikalienlösung (**Compound**) suspendiert. Compounds können oberflächenaktive Substanzen (Tenside, Phosphate, Borate), Inhibitoren (Nitrite, organische Verbindungen) und Komplexbildner enthalten. Gleitschleifanlagen unterliegen der **Abwassergesetzgebung** (Anhang 40, Abwasserverordnung). Es gilt das Gebot der **Standzeitverlängerung**, z.B. durch Rückgewinnung der Chips in einer Mikrofiltrationsanlage (→ *Kap. 11.3*).

Bürsten

Das **Bürsten** hat das Ziel, entstandene Schleifrisse zu beseitigen. Man verwendet mit speziellen Geweben bestückte Rundbürsten oder Metallspiralen und eine lose gebundenes Schleif- oder Poliermittel, das als Emulsion oder Paste auf die Bürste oder das Werkstück aufgebracht wird.

Polieren

Das **Polieren** soll feinste Schleifrisse, Materialunregelmäßigkeiten und Unebenheiten beseitigen, wobei eine hochglänzende Oberfläche entsteht. Das Polieren wird nicht als Materialabtrag angesehen, sondern durch die eingebrachte Temperatur kommt es zu einer Umwandlung der oberflächennahen Zone vom kristallinen zum amorphen Zustand und zu gleichzeitiger Oxidation bis in eine Tiefe von mehreren Mikrometern. Polierte Oberflächen besitzen dementsprechend ein verändertes elektrochemisches Potential und verbesserte Korrosionsbeständigkeit. Man verwendet wesentlich feinere Poliermittel:

- **Wiener Kalk** (Ca–Oxid + Mg–Oxid, Teilchengröße <1 μm),
- **Tonerde** (Al–Oxid),
- **Polierrot** (Fe(III)–Oxid), **Poliergrün** (Cr(III)–Oxid),
- **Diamant** (in Pasten gebundenes Diamantpulver).

Strahlen

Das **Strahlen** dient hauptsächlich der Reinigung, Entzunderung (**Strahlspanen**), Glättung oder Aufrauung und Mattierung. Das Strahlen wird bevorzugt für **große Bauteile,** z.B. Stahlträger, insbesondere als Vorbereitung vor dem Lackieren verwendet. Das Strahlen kann vorteilhafterweise auch auf der Baustelle ausgeführt werden. Man unterscheidet:

- **trockene** Strahlverfahren: Schleuderstrahlen, Druckluftstrahlen,
- **nasse** Strahlverfahren: Wasserstrahlen, Heisswasser-, Dampfstrahlen.

Trockene Strahlverfahren

Bei den überwiegend eingesetzten trockenen Strahlverfahren stehen die in → *Tab. 17.2* genannten Strahlmittel zur Auswahl. Man unterscheidet nach der Anwendung:

- **reinigende** Strahlmittel: Glaskugeln, Keramikkugeln, Nussschalen, Durchmesser 20...300 µm,
- **spanende** Strahlmittel (Strahlspanen): Schlacke, Granatsand, SiC, Korund, Durchmesser 5...150 µm.

Strahlmittel

Strahlmittel	Lebens-dauer, Umläufe	Strahlmittel-verbrauch [kg m^2]	typische Anwendung
Schmelzkammer-schlacke	1	30...60	Entrosten, Entzundern, Beton
Kupferhüttenschlak-ke	1	30...60	wie oben, Natursteine
Granatsand	3...6	10...20	rostfreie Stähle, NE-Metalle
Sekundärkorund	10...20	5...15	Aufrauhen, Nassstrahlen
Elektrokorund	10...30	3...10	wie Sekundärkorund, Entrosten, Entzundern
Sinter-Bauxit	10...30	3...10	wie Elektrokorund, Feinstrahlen
Glasperlen	10...30	10	Oberflächenverfestigung
Vegetabilien	10...80	10	Entgraten, Entlacken von Al
Kunststoffgranulat	5...200	1...5	Wie Vegetabilien
Keramik	300	1...5	Wie Glasperlen, Ersatzstoff
Hartguss	140...500	0,5...0,8	Oberflächenverfestigung (kugelig)
Stahlguss			
Härtebereich 1	800...1200	0,3	Entrosten, Entlacken
Härtebereich 2	1500...2500	0,2	wie oben, Gussputzen
Härtebereich 3	3000...5000	0,1	wie oben, Schlackeersatzstoff
Stahldrahtkorn	4000...9000	0,03	Oberflächenverfestigung

Tabelle 17.2 **Strahlmittel** und ihre Einsatzfälle; Standzeitverlängerung von Strahlmitteln durch Mehrfachumläufe /95/

Hinsichtlich der verbrauchten Mengen werden folgende Strahlmittel am meisten verwendet:

- **nichtsilikogene Einwegstrahlmittel** auf der Basis von Schlacken,
- **Strahlmittel aus Eisenwerkstoffen**,
- **Strahlmittel aus Elektrokorund**.

Druckluft-, Kugelstrahlen

Das **Druckluftstrahlen** (mit Granatsand, Schlacken, Korund, Stahlguss) ist ein einfaches Verfahren zum Entrosten und Entgraten. Die Aufrauung verbessert die Haftfestigkeit nachfolgender Lackierungen. Das **Kugelstrahlen** (mit Glasperlen, Keramik, kugeliger Stahlguss) dient gleichzeitig auch einer Oberflächenverfestigung, wodurch Härte und Korrosionsbeständigkeit gesteigert werden können.

Arbeitsschutz beim Strahlen

Im Mittelpunkt des **Arbeitsschutzes** steht beim Strahlen der Umgang mit **gesundheitsschädlichen Stäuben**. Im allgemeinen ist eine persönliche Schutzausrüstung vorgeschrieben. **Quarz** ist als Strahlmittel praktisch verboten. Eine weniger gesundheitsschädliche Alternative zu festen Strahlmitteln ist das Entgraten mit **Wasserstrahlen**.

Strahlmittel-abfälle

Pro Jahr fallen in Deutschland ca. 100 000 Tonnen **verbrauchte Strahlmittelabfälle** an. Die Abfälle überschreiten in der Regel nicht die Grenzwerte zur Ablagerung auf Hausmülldeponien. Eine deutliche Abfallverminderung lässt sich durch Einsatz hochwertiger, **bruchfester** Strahlmittel im Umlaufverfahren erreichen. Beim Einsatz derartiger umlaufender **Strahlmittel** ist eine möglichst genaue Abtrennung von erneut einsetzbarem Strahlmittel und abzutrennenden Stäuben (Metallspäne und Bruchstücke des Strahlmittels), z.B. in einem Windsichter, notwendig.

Rechts- und Normenhinweise:
DIN 8201, ISO 11124, ISO 11126 Strahlmittel; TRGS 503: Strahlmittel, UVV VBG 48: Strahlmittel
UVV VBG 119: Gesundheitsgefährlicher mineralischer Staub (für Quarzsand)

Norm–Reinheitsgrade

Korrosionsbeständigkeit unterschiedlich vorbereiteter Oberflächen

Für das Aufbringen organischer Korrosionsschutzbeschichtungen werden bestimmte Norm–Reinheitsgrade vorgeschrieben, die bevorzugt durch Strahlen eingehalten werden (DIN 55928, Teil 4 bzw. DIN ISO 12944, Teil 4). Die Art der mechanischen Bearbeitung beeinflusst im allgemeinen die **Korrosionsbeständigkeit** eines Werkstücks beträchtlich. Gitterfehler, z.B. durch **Kaltverformung**, begünstigen die Korrosion. Unregelmäßige Kristallite bilden an Graten Angriffspunkte für die Korrosion. Bei der **spanabhebenden** Bearbeitung verfestigt sich das Gefüge, wodurch sich die Korrosionsbeständigkeit im allgemeinen verbessert. Das **Schleifen** hat dagegen die Ausbildung eines rissartigen Netzwerkes als Kennzeichen von Zugeigenspannungen und damit niedrige Korrosionsbeständigkeit zur Folge. Bei einer elektrolytischen Behandlung (**Elektropolieren**) oder beim **Kugelstrahlen** werden korrosionsauslösende Risse beseitigt. Bei **erodierten** Oberflächen (→ *Kap. 16.5*). beobachtet man meist einen verbesserten Korrosionsschutz, der u. a. auch auf einen erhöhten Kohlenstoffgehalt an der Oberfläche zurückzuführen ist. Eine Beschichtung erodierter Oberflächen ist jedoch aufgrund der starken Oxidbildung meist problematisch.

Entgraten

Spanende Fertigungsverfahren, wie Drehen, Fräsen, Bohren, Sägen, Räumen, hinterlassen vielfach Metallgrate, die bei der Feinbearbeitung entfernt werden müssen. Für das Entgraten verwendet man folgende Verfahren:

- **mechanisches Entgraten**: Bürsten, Strahlen, Polieren,
- **thermisches Entgraten**: TEM–Entgraten,
- **chemisches Entgraten**: chemisches Glänzen (→ *Kap. 17.2*),
- **elektrochemisches Entgraten**: Elektropolieren (→ *Kap. 16.5*).

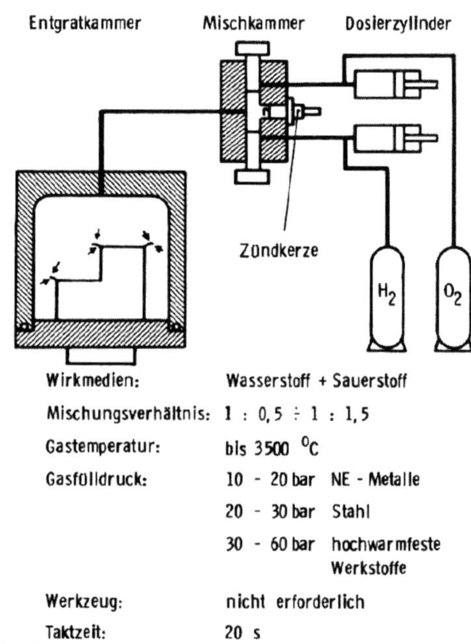

Abbildung 17.4 **Prinzip einer thermischen Entgratanlage (TEM)**, (aus: Fertigungsverfahren, Band 3, VDI Verlag, Düsseldorf /76/).

TEM–Entgraten

Das thermische Entgraten (**TEM = Thermische Entgrat–Methode**, → *Abb. 17.4*) ist eine thermisch–chemische Methode zum Abbrennen von Graten in einer stabilen Entgratkammer, in der ein Mischgas aus Wasserstoff und Sauerstoff zur Explosion gebracht wird (Knallgasreaktion). Durch die bei der Reaktion freiwerdende Wärme (örtliche Temperaturen von 2500...3500°C) oxidiert der Gratwerkstoff in dem überschüssigen Sauerstoff des Mischgases. Ausser Wasserstoff kann auch Erdgas oder Methan als Brenngas zugemischt werden

17.2 Oberflächenvorbereitung durch Beizen

Die Oberflächenvorbereitung durch Reinigen bzw. Entfetten wird in → *Kap. 16.4* behandelt.

Beizen

Das Beizen bewirkt im Gegensatz zum Reinigen eine chemische Veränderung der Werkstückoberfläche. Das Ziel des Beizens ist die Entfernung von **Guss- und Walzhaut, Oxidschichten, Rost** und **Zunder** mittels Säuren und Laugen. Grosse Bauteile (wie Krane, Gasbehälter, Gittermaste) können nur durch mechanische Verfahren (z.B. Abbürsten oder Sandstrahlen) entrostet werden. Kleinere Metallgegenstände werden, insbesondere als Teilprozess in einer nasschemischen Fertigungslinie (Lackieren, Galvanisieren), häufig chemisch in sauren Wirkbädern gebeizt. Dabei unterscheidet man folgende technische Verfahrensvarianten:

Chemisches/ Elektrochemisches Beizen

- **außenstromloses (chemisches) Beizen** (Standardfall),
- **elektrolytisches Beizen** (Werkstück wird als Anode geschaltet, Elektropolieren),
- **Brennen** (Beizen von Kupfer und Cu–Legierungen),
- **Dekapieren** (kurzes Beizen ohne wesentlichen Metallangriff).

Chemische Beizreaktion

Die **chemische Beizreaktion** ist eine Säure–Base–Reaktion:
$Fe_2O_3 + 6\,HCl \rightarrow 2\,FeCl_3 + 3\,H_2O$ Beizreaktion des Oxids (Entrosten)
$Fe + 2\,HCl \rightarrow FeCl_2 + H_2$ Ä tzreaktion des Grundmaterials
→ *Tab. 17.3* gibt einen Überblick über Beizmedien für bestimmte Werkstoffe.

Beizinihibitoren (Sparbeizen)

Als **Nebenreaktion** erfolgt ein Ätzangriff der Salzsäure auf das Grundmaterial (Redoxreaktion). Zur Unterdrückung dieser Reaktion (Folge: Versprödung des Grundmetalls durch Wasserstoffentwicklung, Beizsprödigkeit), können **Beizinhibitoren (Sparbeizen)** zugesetzt werden. Diese Verbindungen sind chemisch identisch mit Korrosionsinhibitoren (stark adsorptiv wirkende organische Substanzen wie Gelatine, Aldehyde, Amine, Chinoline, → *Kap. 14.3*). Weitere Inhaltsstoffe von Beizlösungen können Netzmittel und im Falle von Beizpasten Andickungsmittel sein.

$H_2N{-}CH_2{-}COOH$

Glycin (Hauptbestandteil von Gelatine = Gemisch unterschiedlicher Aminosäuren)

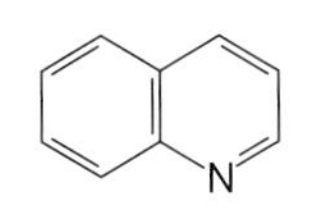

Chinolin

Passivierung

Zur Entfernung von Säureresten, insbesondere aus porenhaltigen Materialien wie Gusswerkstoffen, muss nach dem Beizen gründlich gespült werden. Bei längerer Zwischenlagerung wird eine **Passivierung** (z.B. in 0,2 bis 1% Sodalösung) empfohlen. Als Alternative kann eine abschließende Passivierung in verdünnter Phosphorsäure einen gewissen temporären Korrosionsschutz durch Phophatierung bewirken. Bei der Entrostung **säurebeständiger Edelstähle** (z.B. nach Schweißprozessen) muss die Oxidschicht nach dem Beizen durch eine Passivierung in einem oxidierenden Medium wieder aufgebaut werden.

Beizmedien

Metall	Beizmedium	Konzentration [m%]	Temp. [°C]	Zeit [min]	Bemerkung
Stahl	H_2SO_4	10...20	40...70	10...45	höhere Temperaturen
	HCl	12...24	RT	20...60	übliches Beizmedium
	H_3PO_4	10...20	40...70	20...60	als Vorbehandlung
Gusseisen	H_2SO_4 HF	8...10 5...6	50...70	10...45	Entzundern und Entsanden
Edelstahl (Cr/Ni)	HNO_3 HF	10...20 4...8	40...60		übliches Beizmedium
Edelstahl (verschiedene)	H_2SO_4 HF HNO_3	10 10 40	RT	20...30	silbrige, halbglänzende Oberflächen
Kupfer bzw. Messing	H_2SO_4	5...20	20....60	10...40	ohne Cu–Ätzung
	H_2SO_4 HNO_3 HCl	50 50 10 ml l^{-1}	RT	<30 s	'Brennen' ergibt eine glänzende Oberfläche
	H_2SO_4 H_2O_2	35 50	30...40		umweltfreundlicheres 'Brennen'
Zink	HCl	3...6	RT	10	
	NaOH	5...10	RT	10	schlecht abspülbar
Al, Al–Legierung	NaOH	3...10	40...70	0,5...2	Aufhellung 50% HNO_3, bei AlSi mit HF–Zusatz
Mg, Mg–Legierung	HNO_3 $K_2Cr_2O_7$	20 20 g l^{-1}	80	<10 s	
	H_2CrO_4	15	90...95	1...5	dünne Chromatierung
Nickel	$KMnO_4$ Na_2CO_3	20..90 gl^{-1} 20..90 gl^{-1}	70...95	10...20	
	H_2SO_4 Rochelle-Salz	95 g l^{-1} 95 g l^{-1}	70...80	20...30	für Inconel
	HCl (konz) CuCl	45 g l^{-1} 20 g l^{-1}	80	10...20	für Monel

Tabelle 17.3 **Beizmedien für bestimmte Werkstoffe** (nach /96 /)

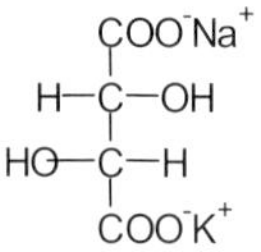

Rochelle–Salz (K, Na–Tartar, Salz der Weinsäure)

Beizen von Stahl und Eisenguss

Normalstahl und Guss wird hauptsächlich mit **Schwefelsäure** (15...30%) oder **Salzsäure** (10...20%), in geringerem Maß auch mit Phosphorsäure oder Gemischen aus diesen Säuren durchgeführt. Die Verwendung von Phosphorsäure hat Vorteile, da schwache H_3PO_4–Lösungen (Gehalt <10%) vorteilhafterweise **nicht kennzeichnungspflichtig** sind. Beim Beizen mit Phosphorsäure wird gleichzeitig eine korrosionsschützende Phosphatierschicht aufgetragen, die einen günstigen **Haftgrund** für eine folgende Lakkierung bildet. Da keine korrosionsfördernden Salzrückstände (z.B. Chlorid bei HCl) auf dem Werkstück zurückbleiben, kann der Spülaufwand weitgehend minimiert werden. In → *Abb. 17.5* ist der Aufbau einer Zunderschicht z.B. auf Schweißnähten dargestellt. Der Beizvorgang löst bevorzugt die gut säurelösliche werkstoffnahe FeO–Schicht, wodurch der Zunder gelockert wird und durch Bürsten oder Hochdruckgeräte entfernt werden kann.

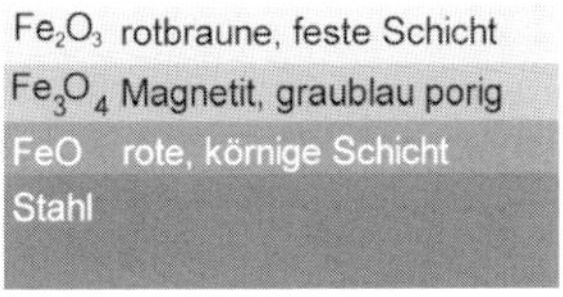

Fe_2O_3 rotbraune, feste Schicht
Fe_3O_4 Magnetit, graublau porig
FeO rote, körnige Schicht
Stahl

Abbildung17.5 **Aufbau von Zunderschichten** auf Schweißnähten

Beizen von nichtrostendem Edelstahl

Die Korrosionsbeständigkeit von nichtrostenden Stählen ist nur bei einem Chromgehalt >12% gegeben. Bei einer Verletzung der Cr_2O_3–Passivschicht kann sich diese an Luft erneut bilden. Nach einer mechanischen Bearbeitung, (z.B. Schleifen, Schweißen) hat sich jedoch oft die Legierungszusammensetzung an der Oberfläche, z.B. durch **Verunreinigungen**, **Gefügeveränderungen**, eingebrachte **Spannungen** oder **Chromverarmung** geändert. Bei den oberflächlich vorhandenen Oxiden wie Zunder oder Anlauffarben handelt es sich überwiegend um Eisenoxide, die die Korrosionsbeständigkeit eines nichtrostenden Stahls verhindern. Eine **fehlerfreie** Passivschicht kann sich nur auf einer metallisch reinen Oberfläche ausbilden. Deshalb müssen **nichtrostende** Stähle **nach** einer mechanischen oder thermischen Bearbeitung gebeizt werden. Eine Standardbeize für nichtrostende Stähle enthält 8% Salpetersäure (HNO_3 65%–ig) und 3% Flusssäure (HF 40%–ig). Salpetersäure ist das oxidierende Reagenz, wobei gasförmiges, giftiges Stickstoffdioxid (NO_2) entwickelt wird:

$$Cr + 6\,H^+ + 3\,NO_3^- \rightarrow Cr^{3+} + 3\,NO_2 + 3\,H_2O$$

Die gelösten Metallionen (z.B. der Elemente Fe, Cr, Ni, Mn) werden durch Fluoridanionen **komplexiert**. **Flusssäure** sollte aus Arbeitsschutzgründen besser durch andere Komplexbildner ersetzt werden. Für spezielle Stähle kommen auch alkalische und oxidierende **Salzschmelzen** (Ätznatron, Natriumnitrat,- nitrit) zum Einsatz. Nach dem Beizen muss der Korrosionsschutz durch eine Passivierung (z.B. Eintauchen in 15...25%–ige HNO_3 oder in chromat- bzw. phosphathaltige Salzlösungen) **wiederhergestellt** werden. Beizmittel für nichrostende Stähle dürfen keine Chloride enthalten (Lochfraßgefahr bei Edelstahl). Es stehen auch **Beizpasten** mit ähnlichen Inhaltsstoffen zur Verfügung.

Beizen von Cu oder Messing (Brennen)

Kupfer und seine Legierungen wie Messing, Bronze oder Monelmetall werden in verdünnter Salzsäure oder Schwefelsäue gebeizt mit dem Ziel, störende Cu_2O–Schichten in Lösung zu bringen (z.B. zum Löten). Ist ein gewisser Cu–Metallabtrag beabsichtigt (Cu–Ätzung), können einer H_2SO_4–Beize Peroxide (Na–Persulfat) zugesetzt sein. Für starken Cu–Abtrag (chemisches Entgraten, optische Effekte: Mattbrennen, Glanzbrennen) verwendet man sehr starke Beizen (sog. **Brennen**), die hochkonzentrierte Säuregemische, meist Schwefelsäure (H_2SO_4) und Salpetersäure (HNO_3) in Kombination mit speziellen organischen Verbindungen enhalten. Aufgrund schädlicher $\mathbf{NO_x}$–Emissionen (Nitrose Gase) wird heute ein Gemisch aus Schwefelsäure und Wasserstoffperoxid bevorzugt. Um Anlaufschichten nach dem Beizen zu vermeiden, taucht man die Kupferbauteile abschließend in komplexbildnerhaltige Lösungen (z.B. Tartrate oder andere Cu–Korrosionsinhibitoren → *Kap, 14.3*). Die wichtigste Anwendung von Kupferbrennen ist das **Ätzen** von Kupfer in der Leiterplattentechnik (→ *Kap. 18.1*).

Beizen von Aluminium bzw. Al–Legierungen

Aluminium wird in der Regel **alkalisch** unter Zugabe von Natriumnitrit bzw. -nitrat als Beschleuniger gebeizt. Dadurch erhält man dekorative, mattglänzende Oberflächen. Eher weisslich erscheinende Oberflächen erzeugt die Zugabe von Natriumfluorid als Komplexbildner:

$Al_2O_3 + 2\,OH^- + 3\,H_2O \rightarrow 2\,Al(OH)_4^-$ Beizvorgang

$Al^{3+} + 6\,F^- \rightarrow AlF_6^{3-}$ Komplexbildung

Weiterverarbeitbare Alu–Karosseriebleche, die genietet oder geschweißt werden sollen, dürfen keine dicke Al_2O_3–Oxidschicht aufweisen. Es wird unter Zusatz von passivierenden Fluortitanat- bzw Fluorzirkonationen (TiF_6^{2-}–bzw. ZrF_6^{2-}) gebeizt (**Beizpassivieren**). Dadurch kann die übliche, jedoch umweltschädliche Nachbehandlung durch Chromatieren entfallen. Bei der Klebevorbehandlung kann Aluminium sauer in Schwefelsäure gebeizt und anschließend anodisiert werden. **Titan** löst sich in einem Gemisch von Natronlauge und Tartratsalzen (Salze der Weinsäure). Die Verklebung von Aluminium – und Titan–Bauteilen ist insbesondere im Flugzeugbau Stand der Technik.

Beizen von Titan

Umweltschutz beim Beizen

Das Beizen ist ein **umweltbelastender** Prozess, da hohe Metallgehalte in Lösung gehen und mit gefährlichen Stoffen gearbeitet wird. Bei zunehmendem Metallgehalt müssen die Beizbäder verworfen werden. Die verbrauchten Beizvolumina können erheblich sein (z.B. wird für das Beizen von 200 t Walzdraht mit einem Verbrauch von 5 t Schwefelsäurebeize gerechnet). Da die meisten Stähle zusätzliche Legierungsbestandteile enthalten, gehen neben Eisen auch giftige **Schwermetallionen,** z.B. Ni^{2+}, Cr^{3+} in Lösung. Aus Kostengründen werden oft unterschiedliche Metallwerkstoffe im gleichen Wirkbad gebeizt, z.B. verzinkte Warenträger bei der Feuerverzinkung von Stahl. Dadurch entstehen als Abfallstoffe **Mischbeizen**, die mit vertretbarem Aufwand kaum wiederaufbereitet werden können. Es wird empfohlen, auf das chemische Beizen weitgehend zu **verzichten** oder **mechanische** Entrostungsverfahren (Strahlen, Bürsten) einzusetzen. Das Beizen wird in gewissem Umfang bereits durch saure Reiniger (Beizentfetter) übernommen.

Beizbadrecycling

Während des Betriebs eines Beizbades nimmt der Gehalt an Säure ständig ab, während die Konzentration der Metallsalze ansteigt. Ab einer bestimmten Metallkonzentration (z.B. Eisen: 160 g Fe^{2+} l^{-1} in einem HCl–Bad, 100 g l^{-1} in einem H_2SO_4–Bad und 25 g l^{-1} in einem H_3PO_4–Bad) nimmt die Beizwirkung unabhängig vom Säuregehalt sehr stark ab. Das Wirkbad muss verworfen oder wieder aufbereitet werden. Die Aufbereitung von Beizbädern durch **standzeitverlängernde** Maßnahmen und die Einführung einer **wassersparenden Spültechnik** ist durch die Wassergesetzgebung vorgeschrieben. Beim Recycling des Wirkbades müssen Metallionen abgetrennt und die Säure/Lauge wiedergewonnen werden. Die **Spülwässer** werden über eine Kaskade mehrfach genutzt und über einen stark sauren **Kationenaustauscher** gereinigt. Bei Einhaltung der Grenzwerte nach Anhang 40, Abwasserverordnung kann in das Abwasser eingeleitet werden.

Recycling von und H_2SO_4– und HCl–Beizen

Zur Regeneration schwefelsaurer Eisenbeizbäder eignet sich das Verfahren der **Kühlkristallisation**. Hierbei nützt man die Eigenschaft, dass gesättigte Eisensulfatlösung beim Abkühlen von 50°C auf 15°C auskristallisiert. Während die abgereicherte Säure in den Prozess zurückfließt, kann das erhaltene Heptahydrat $FeSO_4 * 7\ H_2O$ als Malerfarbe, Gerbereihilfsstoff oder Fällungsmittel der Abwasserreinigung verwertet werden. Die Schwermetallverunreinigungen schränken jedoch die Verwertung ein. In großen Beizereien wird deshalb heute eher mit **Salzsäure** gebeizt (Beizzeit: 30...40 Sekunden), bei der ein geschlossener Wertstoffkreislauf möglich ist. Angereicherte $FeCl_2$/HCl–Lösung wird in einem **Sprührostofen** bei 300°C in Gegenwart von Wasser und Luftsauerstoff versprüht, wobei recyclierte Salzsäure und in Stahlwerken verwertbares Eisenoxid entsteht:

$$2\ FeCl_2 + 1/2\ O_2 + 2\ H_2O \rightarrow Fe_2O_3 + 4\ HCl$$

Recycling von H_3PO_4–Beizen

Kleine Beizmengen werden vorteilhafterweise mit der teuren Phosphorsäure gebeizt. Phosphorsaure Beizbäder müssen unter einem relativ niedrigen Eisengehalt (ca. 10...20

g Fe^{2+} l^{-1}) gehalten werden, wofür z.B. ein stark saurer Kationenaustauscher eingesetzt werden kann (→ *Abb. 17.6, links*). Stand der Technik ist auch ein Beizbadrecycling durch Diffusions- oder Elektrodialyse (→ *Abb. 17.6, rechts*). **Zwingende Voraussetzung** für ein Beizbadrecycling ist in der Regel das getrennte Beizen unterschiedlicher Metalle. **Mischbeizen** sind in der Regel kaum verwertbar. Zur **Entsorgung** wird dann nur noch neutralisiert, wobei die entstehenden schwerlöslichen Hydroxide $Fe(OH)_3$ und $Zn(OH)_2$ abfiltriert und als Sondermüll deponiert werden.

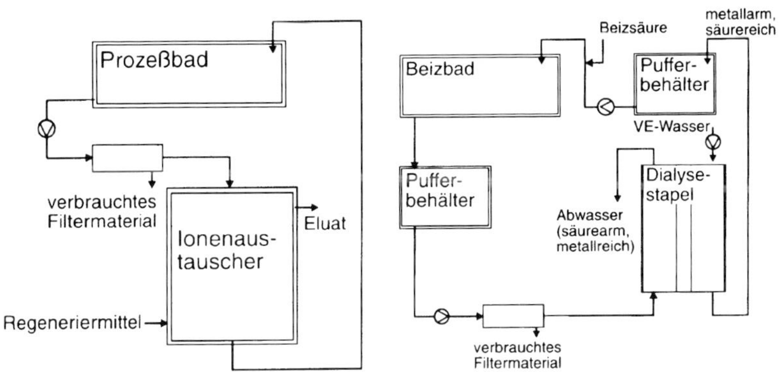

Abbildung 17.6 **Beizbadrecycling** mit Ionentauscher (links) oder Säuredialyse (rechts), (Quelle: ABAG, Fellbach /97/)

Chemisches Ätzen

Das chemische **Ätzen** (Durchätzen, Tiefätzen oder Politurätzen) wird im Gegensatz zum Beizen überwiegend zum **Formteilätzen** eingesetzt. Dabei findet ein gezielter, formgebender Abtrag von Materialien statt, so dass in Verbindung mit Photolacktechniken (**Photoresist**) eine gewünschte Ätzstruktur entsteht. Das chemische Ätzen ist im allgemeinen **isotrop**, d. h. in alle Richtungen gleich schnell (z.B. Kupfer bei der **Leiterplattenherstellung**, → *Kap. 18.1*). Für das Ätzen von Si bzw. SiO_2 in der Halbleitertechnik sind eher **anisotrope** Ätzverfahren von Bedeutung. Geeignete chemische Ätzmedien stehen praktisch für jedes Grundmaterial zur Verfügung (analog → *Tab. 17.3*).

Chemisches Glänzen

Das **chemische Glänzen** ist ein Oberflächenätzverfahren, das insbesondere für die Oberflächenbearbeitung von Aluminium, z.B. zur Herstellung von Lichtreflektoren, verwendet wird. Durch Eintauchen von Al–Bauteilen in konzentrierte schwermetallhaltige Säuremischungen kommt es zu einem kombinierten, gleichzeitigen **Abtrags–Abscheidemechanismus**, der eine Einebnung der Oberfläche bewirkt. Eine typische Glanzlösung für Al besteht aus konz. Phosphorsäure (87%), konz. Salpetersäure (6%), konz. Essigsäure (6%) und Kupfernitrat (1%).

Elektropolieren

Neben den chemischen Beizverfahren besitzen insbesondere **elektrochemische Abtragsverfahren** eine Bedeutung. Bei diesen Verfahren werden die Bauteile als Anode geschaltet. Die Verfahren dienen in erster Linie der Formgebung (ECM, elektrochemisches Entgraten → *Kap. 15.2*). Jedoch lassen sich unter Wirkung des elektrischen Stromes auch Einebnungswirkungen erzielen, z.B. **Elektropolieren** von Edelstählen.

17.3 Oberflächenvorbereitung durch Ionenätzen und Plasmaätzen, Plasmabehandlung

Ionen- und Plasmaverfahren

Herkömmliche Ätzverfahren der Oberflächentechnik beruhen in der Regel auf dem Einsatz aggressiver Chemikalien in wässriger Lösung (→ *Tab. 17.4*). Neben technologischen Problemen (z.B. isotropes Ätzverhalten, Korrosionsprobleme) geben insbesondere Arbeits- und Umweltschutzprobleme zunehmend Anlass, alternative Ätz- und Oberflächenbehandlungsverfahren mit gasförmigen Reaktionsstoffen, sog. **Ionen-** und **Plasmaverfahren**, einzusetzen. Dazu gehören:

- **Ionenätzen, Ionenimplantieren,**
- **Plasmaätzen,**
- **Plasmabehandeln.**

Das Plasmaätzen und das **Ionenätzen** zählt man zu den **abtragenden** plasmachemischen Verfahren. Demgegenüber verfolgen **Plasmabehandlung** und **Ionenimplantation** das Ziel, die Bauteiloberflächen in einer Tiefe von wenigen Atomlagen zu **verändern**.

Verfahren	Abtragen	Verändern	Beschichten
nasschemische Verfahren	Renigen	Härten	Galvanisieren
	Beizen	Phosphatieren	Lackieren
	Ätzen	Chromatieren	
Ionen- und Plasmaverfahren	Plasmaätzen	Gas-/Ionitrieren	Sputtern
	Ionenätzen	Plasmabehandeln	Aufdampfen
		Ionenimplantieren	PVD/CVD

Tabelle 17.4 **Nasschemische sowie Ionen**–und **Plasmaverfahren in** der Oberflächentechnik

Prinzip der Ionen- und Plasmaverfahren

Die Ionen–und Plasmaverfahren (Ionenätzen, Plasmaätzen, Plasmabehandlung) beruhen auf der Einkopplung eines elektrischen Hochspannungsfelds meist in ein **Vakuum** bei Drücken zwischen 0,05 bis 2 hPa. Die dabei gebildete Glimmentladung erzeugt aus einem **Prozessgas** (z.B. Edelgase, Sauerstoff, Wasserstoff, fluorhaltige Gase) inerte oder reaktive Gasionen, welche die eingebrachten Bauteiloberflächen physikalisch abstäuben oder mit ihnen chemisch reagieren. Eventuell entstehende, gasförmige Ätzprodukte verlassen als teilweise gesundheitsschädliches Abgas die Vakuumkammer (insbesondere bei Cl–und F–haltigen Prozessgasen in der Halbleitertechnik).

DC–Glimmentladung

Eine einfache **DC–Glimmentladung** entsteht beim Anlegen einer DC–Hochspannung (DC = Direct Current = Gleichspannung) von ca. 10 kV an zwei Elektroden, die im Abstand von ca. 50 cm in eine Vakuumröhre eingeschmolzen sind (→ *Abb. 17.7*). In einem Druckbereich zwischen p = 0,01 bis 10 hPa beobachtet man eine typische **Leuchterscheinung**, die in Glimmentladungslampen (Betriebsdruck ca. 1 bis 10 hPa) oder in Leuchtstofflampen (Betriebsdruck 0,01 bis 1 hPa) technisch genutzt wird. Die Leuchterscheinung wird von einem als 'viertem' Aggregatzustand der Materie bezeichneten **Plasmazustand** ausgesendet, der positiv geladene Gasionen, freie Elektronen und Lichtphotonen enthält. Die Plasmafarbe ist typisch für die verwendeten Plasmagase (Plasmafarben: Wasserstoff: rosa, Stickstoff: rot, Sauerstoff: gelblich bis fahlblau, Argon: blau).

Plasma als 'vierter' Aggregatzustand

Raumladungen

Ein ungestörtes Plasma ist **elektrisch neutral**, d. h. es enthält eine gleich große Zahl an positiv geladenen Gasionen und Elektronen. In der Nähe der Hochspannungselektroden, an den Behälterwänden oder an eingebrachten Bauteilen ist das Plasma **gestört**. Es entstehen **Raumladungszonen**, die durch elektrisch unterschiedliche **Potentiale** beschrieben werden. Potentialdifferenzen führen zum Auftreten elektrischer Spannungen, unter deren Wirkung geladene Teilchen zu teilweise hohen Energien beschleunigt werden.

Das Plasma kann deshalb als modernes **'Werkzeug'** der Oberflächentechnik zum **'Feinstrahlen'** von Oberflächen mit inerten (Edelgasen) oder reaktiven (Reaktivgasen) Teilchen aufgefasst werden.

Potentialverteilung in einem DC-Plasma

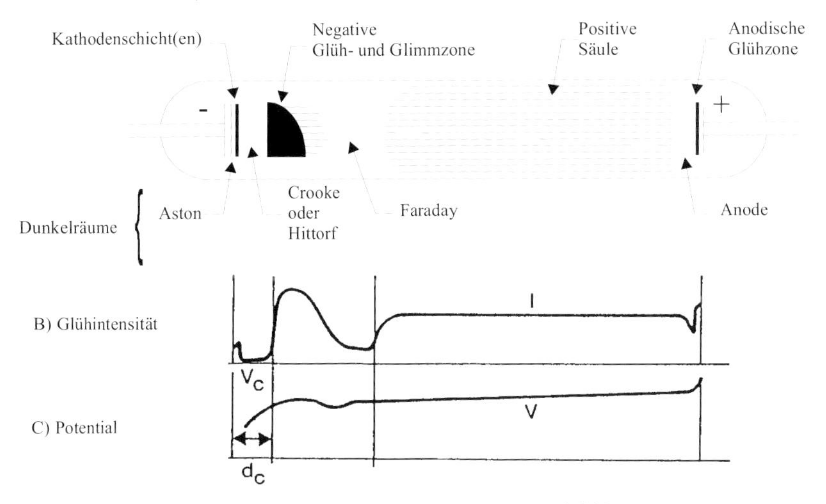

Abbildung 17.7 Teilchen und Potentiale in einer **DC–Glimmenentladung** (nach /98/)

Kathodenfallzone

Entsprechend → *Abb. 17.7* werden Elektronen, die aus der Kathode austreten, beschleunigt und ionisieren in der negativen Glühzone die Atome oder Moleküle des Prozessgases. Die Stossionisation und die Rekombination ist mit der Außendung einer gastypischen Leuchterscheinung verbunden, die sehr energiereiche (bis Vakuum UV–) Lichtfrequenzen enthält. Da die Elektronen eine höhere Beweglichkeit als die schwereren Kationen haben, bildet sich vor der Kathode eine positive Raumladung, aus der Kationen mit hoher Energie (**Kathodenfallpotential**) zur Kathode hinbeschleunigt werden. Die auftreffenden Kationen zerstäuben (**Sputtern**) einerseits das Kathodenmaterial und setzen andererseits Elektronen (Sekundärelektronen) frei, die wiederum den Prozess der Glimmentladung unterhalten. Die positive Säule enthält gleich viele negative Elektronen und positive Ionen; sie ist deshalb weitgehend feldfrei. An der Anode bildet sich ebenfalls ein Potentialgefälle (Anodenfall). Die Beschleunigungsenergie der Elektronen im Anodenfallgebiet reicht jedoch aufgrund ihrer kleinen Masse nicht aus, um das Anodenmaterial zu zerstäuben.

DC–Plasmen
HF–Plasmen

Beim industriellen Einsatz von Niederdruckplasmen werden DC–Entladungen (Gefahr der Ausbildung von Lichtbögen) zunehmend durch **HF**–Plasmaanregungsquellen (HF = Hochfrequenz) ersetzt. Elektrisch **nichtleitende** Substramaterialien erfordern grundsätzlich die Anwendung von Hochfrequenzentladungen. In den wichtigsten industriellen Plasmasystemen ist ein Ausgang der HF–Quelle über einen Kondensator mit der HF–Elektrode in der Vakuumkammer verbunden (**kapazitive Ankopplung**, → *Abb. 17.8*). Die zweite HF–Elektrode ist die Wand der Vakuumkammer, die auf Erdpotential liegt. In dieser Anordnung unterscheidet man drei **Potentialbereiche**:

- **Elektrodenpotential V_C** (Kathodenpotential),
- **Plasmapotential V_P** (Potential des Gasplasmas),
- **Wandpotential V_W** (identisch mit Erdpotential).

Ein **viertes** sog. **Schwebepotential** (Floating Potential V_F) tritt auf, wenn ein elektrisch isoliertes Bauteil in das Plasma eingebracht wird und sich dort elektrisch auflädt.

Potentialverteilung in einem kapazitiv gekoppelten HF–Plasma

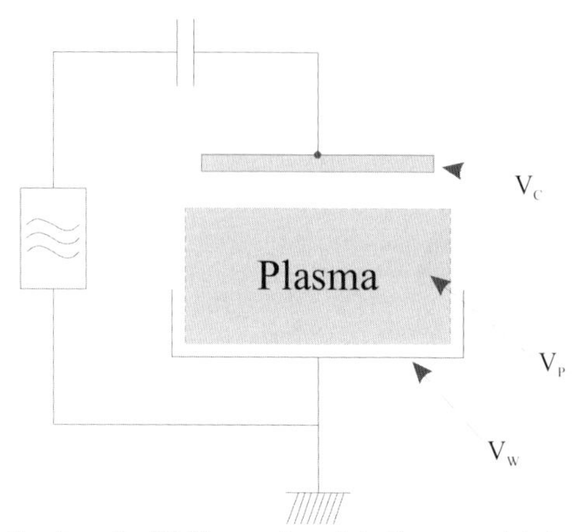

Abbildung 17.8 **Kapazitiv gekoppeltes HF–Plasmasystem** mit der Kammerwand als Anode

Selbstaufladung (self bias)

Bei langsam veränderlichen Hochfrequenzfeldern werden die Anregungselektrode und die Kammerwand abwechselnd zur Kathode oder zur Anode. Übersteigt die Frequenz ca. ν = 100 kHz können die schweren Gaskationen im Plasma dem Wechselfeld nicht mehr folgen, während die leichten Elektronen rasch zur Hochfrequenzelektrode, zur Kammerwand oder zu eingebrachten Bauteilen gelangen können. Die Hochfrequenzelektrode, die geerdete Kammerwand oder elektrisch isoliert eingebrachte Bauteile erhalten deshalb relativ zum Plasmapotential ein **negatives** Potential einstellbarer Höhe, weshalb sie durch positive Gaskationen beschossen werden. Diese zeitlich konstante, negative Selbstaufladung (**self bias potential**) wird auch dann beobachtet, wenn es sich bei den Elektroden- oder Bauteilmaterialien um elektrische Isolatoren handelt. Den Effekt eines Ionenbeschusses der hochfrequenzführenden Elektrode nutzt man bei der **Zerstäubung** von metallisch leitfähigem oder auch elektrisch isolierendem Elektrodenmaterial zu Beschichtungszwecken (**HF–Sputtern**, → *Kap. 17.7*).

Unterscheidungsmerkmale von Plasmaprozessen

Die wesentlichen **physikalischen** und **chemischen Unterscheidungsmerkmale** von Plasmasystemen und Plasmaprozessen werden in der folgenden Reihenfolge behandelt:

- **Geometrische Lage** der Probekörper in der Behandlungskammer und **elektrische Eigenschaften** der Probekörper (elektrisch leitend oder isolierend),
- **Frequenz der Plasmaquelle**,
- **Art der Prozessgase**.

Geometrische Lage der Bauteile

Elektrisch isoliert eingebrachte Bauteile ohne Elektrodenkontakt können sich nur auf das gegenüber dem Plasma negativere **Schwebepotential** (Floating Potential), mit geringen Beschleunigungsspannungen von ca. von 20...30 V aufladen (Plasmabehandlung). Wesentlich **höhere** Beschleunigungsspannungen erhält man dagegen an der hochfrequenzführenden Elektrode. Ihr **Kathodenpotential** wird bestimmt durch die Höhe der angelegten Hochfrequenzspannung und dem Flächenverhältnis zwischen HF–Elektrode und Kammerwand. In der Regel hat die HF–Elektrode eine **kleinere** Fläche als die geerdete Kammerwand, die Elektronen fließen von der kleineren Fläche langsamer ab (auf den Kondensator). Je **kleiner** die Fläche der HF–Elektrode relativ aus Kammerwand, desto **energiereicher** ist der Ionenbeschuss.

Ionenätzen Plasmaätzen

Entsprechend der Position der Behandlungssubstrate in der Plasmakammer unterscheidet man drei Behandlungsfälle (→ *Abb. 17.9*):

- **Ionenätzen (IE = Ion Etching)**: Die Bauteile befinden sich auf der HF–Kathode und sind massivem Ionenbeschuss ausgesetzt;
- **Plasmaätzen (PE = Plasma Etching)**: Die Bauteile befinden sich auf der geerdeten Elektrode und sind einem niederenergetischen Ionenbeschuss ausgesetzt;
- **Plasmabehandlung**: die Bauteile sind elektrisch frei schwebend und sind einem geringen Ionenbeschuss ausgesetzt.

Typische Beschleunigungsspannungen beim **Ionenätzen** erreichen Werte zwischen 500 bis 2000 V (Kathodenpotential). Beim **Plasmaätzen** von geerdeten Bauteilen oder der Kammerwand erhalten die Gasionen Beschleunigungsspannungen von ca. 30 bis 50 V.

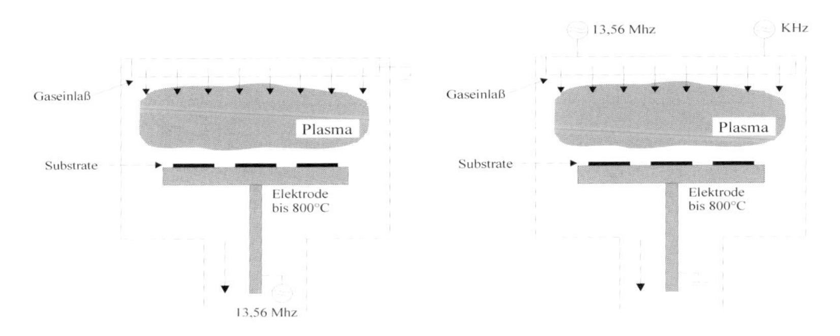

Abbildung 17.9 **Physikalisches Ionenätzen** (Ion Etching **IE**, physikalisches Sputtern, Zerstäuben, links) und **Plasmaätzen** (Plasma Etching **PE**, rechts)

Einfluss der Anregungsfrequenz

Die **Anregungsfrequenzen** der industriell verwendeten Plasmaquellen haben unterschiedliche Vor- und Nachteile und sollten entsprechend dem Anwendungsfall gewählt werden (→ *Tab. 17.5*).

NF–Plasmen

Niederfrequenzplasmen (NF) bilden ein stark negatives Potential (DC–Potential) an der nicht geerdeten Elektrode aus. Dies verursacht einen hohen Ionenbeschuss und hohe Behandlungstemperaturen, wenn metallisch leitfähige Werkstücke als Kathode einer Plasmaentladung geschaltet werden (Anwendung: **Plasmanitrieren**). Weniger erwünscht ist jedoch ein ungewolltes Zerstäuben der Antenne bei einer Plasmabehandlung, wenn mit 40 kHz–Plasmaquellen gearbeitet wird. NF–Plasmen ermöglichen eine relativ gleichmäßige Plasmaverteilung in einem großen Kammervolumen. Dies wirkt sich günstig auf die Plasmabehandlung, z.B. von komplexen Kunststoffformteilen, aus.

RF–Plasmen

Radiofrequenzplasmen (RF) ermöglichen einen genau definierten Ionenbeschuss mittlerer Energie. Die Anregungsfrequenz 13,56 MHz hat breite Anwendung zum Trockenätzen in der Halbleiterfertigung gefunden. RF–Plasmaquellen sind wesentlich teurer und störanfälliger als NF–Plasmaquellen.

MW–Plasmen

Mikrowellenplasmen (MW) insbesondere mit Magnetfeldunterstützung (ECR = Electron Cyclotron Resonance) ermöglichen Plasmen bei sehr niedrigen Drücken. Dadurch lassen sich hohe Ätzraten bei verschwindendem Ionenbeschuss (geringe Strahlenschäden an Halbleiterbausteinen) erzielen.

ECR–Plasmaquellen

Eine ECR–Quelle lässt sich durch Anbringen negativ geladener Extraktionsgitter zu einer Ionenquelle mittlerer Energie (bis 100 kV Beschleunigungsspannung) ausbauen (→ *Abb. 17.10*). Die Mikrowellentechnik ist aufgrund der breiten Kommerzialisierung in den letzten Jahren zunehmend preiswerter geworden.

Vergleich der Plasma–Anregungsfrequenzen

Eigenschaften	NF	RF	MW
Anregungsfrequenz	40 kHz	13,56 MHz	2,45 GHz
Ionisierungsgrad	gering	hoch	sehr hoch
Plasmaerzeugung in niedrigen Druckbereichen bis ca.:	10^{-2} hPa	10^{-3} hPa	10^{-4} hPa
Position der Anregungselektrode im Reaktor	innen	meist innen/ auch außen	nur außen
Ionenbeschuss der Elektrode	sehr groß	geringer	nicht vorhanden
Temperatur- und Strahlenbelastung der Substrate	sehr hoch	gering	sehr gering
Gleichmäßigkeit über das Kammervolumen	sehr gut	gut	weniger gut
Kosten	preiswert	teuer	preiswert

Tabelle 17.5 **Eigenschaften der Plasmaanregungsfrequenzen** (NF = Niederfrequenz <3 MHz; RF = Radiofrequenz zwischen 3 und 900 MHz, MW = Mikrowellen >900 MHz)

MW–Rohrreaktor

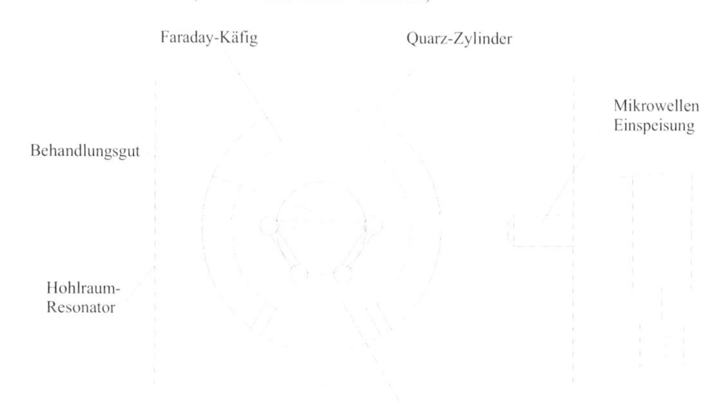

ECR–Ionenquelle

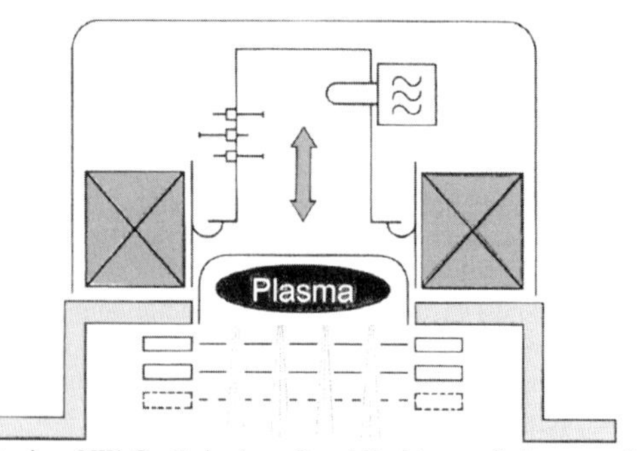

Abbildung 17.10 **Einsatz einer MW–Quelle** in einem Barrel–Reaktor zum Strippen von Fotolack bei der Halbleiterherstellung (oben); eine Mikrowellenquelle mit Magnetfeldunterstützung (ECR–Quellel wird durch Extraktionsgitter zu einer Ionenquelle bis 100 kV Beschleunigungsspannung erweitert (unten), (Quelle: Fa. Technics Plasma, München).

Plasma–Reaktorgeometrien

Die Plasmaquellen werden in Vakuumkammern mit unterschiedlichen **Reaktorgeometrien** eingesetzt:

- **Barrel–Reaktor**: Tunnel–, Rohr–Reaktor, mit induktiver, kapazitiver oder Mikrowelleneinkopplung (→ *Abb. 17.10*),
- **Planar–Reaktor**: Parallel–Platten–Reaktor, meist mit kapazitiver Einkopplung (→ *Abb. 17.9*),
- **Downstream–Reaktor**: das Plasma wird außerhalb der Probenkammer erzeugt (Schutz empfindlicher Substrate vor schädigender Strahlung).

Chemische Gesichtspunkte des Plasmas

Um hohe Ätzraten zu erzielen, werden insbesondere in der Halbleiterherstellung teilweise sehr gesundheits- und umweltschädliche **Plasmaätzgase** eingesetzt (→ *Tab. 17.6*).

Plasmaätzgase

Prozess (Beilspiele)	häufig verwendete Gasmischungen
Metallätzen	
Al	BCl_3 oder Cl_2/BCl_3
Cr	$CF_4 (+ O_2)$
Mo, W	$CF_4 (+ O_2)$, SF_6, NF_3
Siliziumätzen	CF_4 / O_2, CHF_3 / O_2, C_2F_6 / Cl_2
Si–Oxidätzen	CF_4 oder C_2F_6 oder CHF_3
Desmearing	CF_4 / O_2
CVD–Abscheidung (→ *Kap. 17.8*)	
Si–Nitride	$SiH_4 / NH_3 / CF_4$
Si–Oxide	$SiH_4 / N_2O / CF_4$ oder TEOS / $O_3 / C_2F_6 / NF_3$
Polysilizium	TEOS / NF_3 oder SiH_4 / NF_3 oder $SiH_4 / C_2F_6 / O_2$
dotiertes Si	$SiH_4 / B_2H_6 / PH_3 / CF_4$

Tabelle 17.6 **Typische Prozessgase** in der **Halbleitertechnik** (TEOS = Tetraethoxysilan, Tetraethylorthosilikat)

$Si(OC_2H_5)_4$ Tetraethoxysilan (TEOS)

Physikalisches IE

Die Wahl des **Prozessgases** ist entscheidend für den Erfolg einer Ionen- oder Plasmaätzbehandlung. Verwendet man chemisch inerte **Edelgase**, so wirken ausschließlich **physikalische** Abstäubeeffekte. Dieses Ionenätzen (IE = Ion etching) dient z.B. zur Entfernung von Oberflächenoxiden vor einer Vakuumbeschichtung (→ *Kap. 17.7*). Verwendet man chemisch **reaktionsfähige** Gase, z.B. fluorhaltige Gase, so ist zusätzlich mit einer **chemischen Reaktion** im Gasraum oder an den Bauteiloberflächen zu rechnen. Das Ionenätzen (IE) wird durch chemisch reaktionsfähige Prozessgase zum RIE (**RIE** = **Reactive ion etching**) erweitert, in dem sowohl physikalische Sputtereffekte als auch chemische Ätzreaktionen wirken (→ *Abb. 17.11*). Durch die **Anlagenauslegung** (z.B. Anregungsfrequenz) und den **Behandlungsmodus** (Ionenätzen, Plasmaätzen, Plasmabehandlung) kann der Grad des Ionenbeschusses eingestellt werden. Starker Ionenbeschuss ermöglicht hohe Ätzraten, beinhaltet jedoch gleichzeitig die Gefahr einer Zerstörung empfindlicher Werkstücke oder elektronischer Funktionselemente.

Reaktives RIE

RIE–Ätzen von Silizium

Die Reaktionsgase können in der durch die Glimmentladung aktivierten Gasphase zu reaktiven Bruchstücken (Radikalen) zerlegt werden und/oder in Oberflächenreaktionen (Adsorption/Desorption) mit den Werkstücken reagieren. Ein **chemischer Ätzangriff** erfolgt nur, wenn durch die Reaktion des Prozessgases mit dem Bauteilmaterial eine unter Vakuum **flüchtige Verbindung** gebildet wird. Beim Ätzen von Silizium werden bevorzugt fluor- bzw. chlorhaltige Prozessgase eingesetzt, deren gasförmige Ätzprodukte SiF_4 bzw. $SiCl_4$ abgepumpt werden können. Ein gut untersuchter Prozess ist das **RIE–Ätzen** von **Silizium** mit CF_4/O_2–Mischungen, bei dem u. a. folgende Teilreaktionen gefunden wurden:

- **Radikalbildung** in der Glimmentladung (Elektronenstoss), z. B.

$CF_4 \rightarrow \bullet CF_3 + \bullet F$; $CF_4 + 1/2\ O_2 \rightarrow COF_2 + 2.\ F$ (Fluorphosgen, giftig)

- **Adsorption** an die Bauteiloberfläche

$CF_4 + Si \rightarrow Si\bullet\cdot\cdot CF_4$;. $CF_3 + Si \rightarrow Si\cdots CF_3$

- **Oberflächenreaktion** in der Glimmentladung (Lichtphotonen)

$Si\cdots CF_3 \rightarrow \bullet C + \bullet SiF_3$

- **Desorption** und Ablösung von der Bauteiloberfläche

$SiF_3 + \bullet F \rightarrow SiF_4$

- **Folgereaktion** auf der Bauteiloberfläche (meist unerwünscht)

$\bullet C + 4\ \bullet F \rightarrow CF_4$; $x\ CF_2\bullet \rightarrow (CF_2)_X$ teflonartige Vernetzung

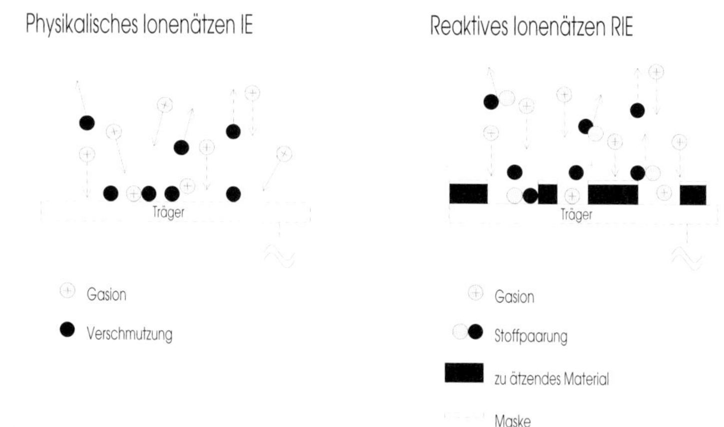

Abbildung 17.11 **Physikalisches Ionenätzen** (IE, links) und **Reaktives Ionenätzen** (RIE, rechts)

Tetrafluormethan (CF_4)

Die teilweise **arglose** Verwendung der vollfluorierter Ätzgase, z.B. CF_4, C_2F_6, SF_6, ohne Abgasreinigung sollte aus Arbeitsschutzgründen (HF–Bildung) und Umweltschutzgründen (**Treibhauseffekt** aufgrund der Langlebigkeit dieser Verbindungen in der Atmosphäre, geschätzte Lebensdauer bis 50 000 Jahre) vermieden werden. In technisch unumgänglichen Fällen ist eine wirkungsvolle Abgasreinigung (thermische Oxidation oder Chemisorption) dringend anzuraten; ein Aktivkohlefilter ist dagegen wirkungslos. Circa 90% des eingesetzten Prozessgases verlässt die Prozesskammer unverändert; im Abgas können zusätzlich reaktionsfähige (und damit giftige) Reaktionsprodukte enthalten sein (bei Sauerstoffplasma: Ozon, Stickoxide, Kohlenmonoxid).

Anwendungen von Plasmen

Die wichtigste Anwendung von Niederdruckplasmen ist das Strukturieren von mikrotechnologischen Bauteilen (Mikroelektronik, Mikromechanik). Derartige formgebende Prozesse können hier nicht behandelt werden. In → *Tab. 17.7* sind verschiedene Anwendungen von Niederdruckplasmen zusammengestellt.

Plasmabehandlung

Die **Plasmabehandlung** gehört zu den kostengünstigsten und produktivsten Verfahren der Plasma–Oberflächentechnik /99/. Die Prozessdrücke liegen im Grobvakuumbereich zwischen 0,05 bis 1 hPa und erfordern keine aufwendige Pump- oder Hochvakuumtechnik. Die Zykluszeiten können relativ kurz sein und betragen je nach Prozesskammervolumen zwischen 30 Sekunden bis 15 Minuten. → *Abb. 17.12* zeigt eine Anlagenskizze zur Plasmabehandlung von Kunststoffformteilen.

Prozess	Prozessgase (Beispiele)	Anregungsfrequenz
Glimmnitrieren/Ionnitrieren, Plasmanitrieren	N_2/H_2, NH_3, Ar	NF
Trockenätzen/ IE, PE, RIE	CF_4, O_2, Cl_2, Ar	RF, MW
Ionenätzen vor der Vakuumbeschichtung	Ar, H_2	NF, RF
Plasmabehandlung von Kunststoffen	Luft, O_2	NF, RF, MW
Plasmalochbohren, Desmearing	O_2, CF_4	RF, MW
Plasmabehandlung zur Reinigung	Luft, O_2, H_2, CF_4	NF, RF, MW

Tabelle 17.7 **Industriell relevante Anwendungen der Plasmaoberflächentechnik** (NF = Niederfrequenz, RF = Radiofrequenz, MW = Mikrowellen)

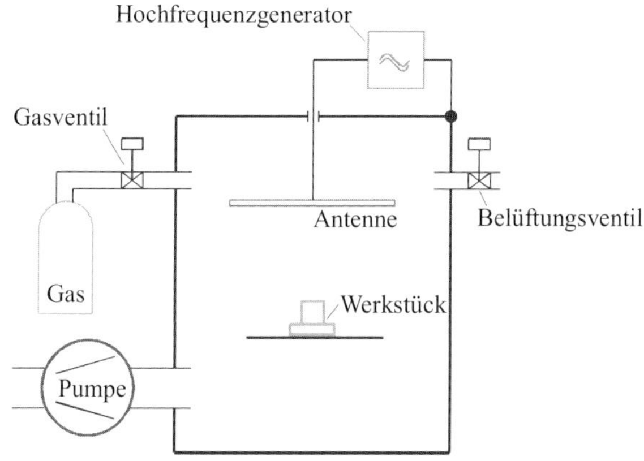

Abbildung 17.12 **Prinzipskizze** einer **industriellen Plasmabehandlungsanlage** für Kunststoffteile (Quelle: Firma Diener Electronic, Nagold).

Kunststoffaktivierung

Das wesentliche Anwendungsgebiet der Plasmabehandlung ist derzeit die **Vorbehandlung** (Aktivierung) von Kunststoffen vor dem Metallisieren, Lackieren, Kleben oder Bedrucken. Durch die Aktivierung im Sauerstoffplasma werden hydrophobe Kunststoffe (z.B. Polyethylen PE, Polypropylen PP, Polystyrol PS) besser benetzbar. Die Benetzbarkeit äußert sich in einem verringerten Kontaktwinkel (→ *Kap.16.4*), einer höheren Haftfestigkeit von Lackierungen und verbesserten Zugfestigkeit von Verklebungen. In vielen Fällen kann auf die Applikation eines **Haftprimers** verzichtet werden. Weitere Anwendungsbeispiele sind die verbesserte Haftung von Bedruckungen auf Elektronikteilen oder die Verbesserung der Körperverträglichkeit von medizinischen Kunststoffteilen. Durch eine Plasmabehandlung unter stark reaktiven Bedingungen kann sogar PTFE–Kunststoffteile (Markenname: Teflon) soweit plasmageätzt werden, dass sie gut lackierbar und verklebbar sind (→ *Abb. 17.13*).

Plasamaktivierung von PTFE

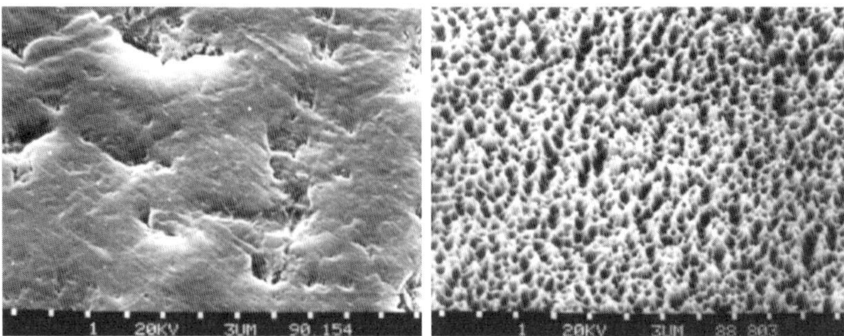

Abbildung 17.13 **Plasmabehandlung von Kunststoffen**: durch eine Plasmabehandlung können selbst reaktionsträge Kunststoffe wie PTFE aktiviert und dadurch lackierbar und verklebbar werden (links: PTFE ohne Plasmabehandlung, rechts: mit Plasmabehandlung /100/).

Ionenimplantation

Die Ionenimplantation wird in der Halbleiterfertigung für die **Dotierung** von Siliziumwafern mit Fremdatomen wie Bor und Phosphor eingesetzt. Bei dem Verfahren werden Gas- oder Metallionen mit Hilfe eines Plasmas erzeugt und auf einer Beschleunigungsstrecke mit elektrischen und magnetischen Feldern auf teilweise hohe Energien beschleunigt (5...200 kV, → *Abb. 17.14*). Bei **niedrigen Energien** dominieren **Ätzprozesse** (Verwendung für hochreine Ätzprozesse bei sehr niedrigen Drücken 10^{-6} hPa). Bei **höheren Energien** (>5 kV) werden sowohl Veränderungen der Gitterstruktur des Werkstoffes (z.B. Aufbau von Gitterspannungen) oder auch die Bildung neuer Phasen (z.B. TiN bei der Bestrahlung von Titan mit Stickstoff) beobachtet. In zahlreichen Veröffentlichungen wurden Veränderungen der Härte, des Reibungs- oder Adhäsionsverhaltens von metallischen, keramischen oder polymeren Werkstoffen nach einer Bestrahlung, z.B. mit Stickstoff- oder Kohlenstoffionen beschrieben.

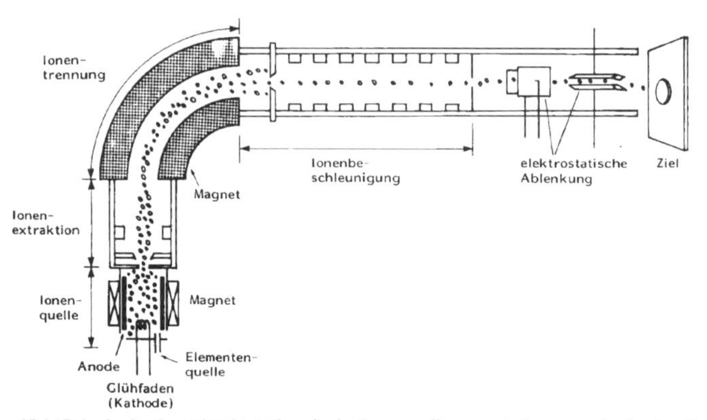

Abbildung 17.14 **Prinzip der Ionenimplantation**: in der Ionenquelle erzeugte Ionen werden in dem Umlenkmagnet nach der Masse (Verhältnis e/m) selektiert und anschließend durch hohe elektrische Felder beschleunigt.

17.4 Oberflächenbehandlung durch Konversionsschichten (Phosphatieren, Chromatieren, Anodisieren)

Konversionsschichten

Eine **Umwandlungs-** oder **Konversionsschicht** entsteht durch die **chemische** oder **elektrochemische Reaktion** zwischen der Metalloberfläche und den reaktiven Bestandteilen einer flüssigen Behandlungslösung. Im Unterschied zu einer Oberflächenbe schichtung werden bei Konversionsschichten die Reaktionsprodukte in die aufwachsende Schicht eingebaut. Die Reaktion kommt ohne **thermische** oder **elektrolytische** Aktivierung der Metalloberfläche rasch von selbst zum Stillstand, so dass die Schichtdicken üblicherweise gering sind und zumeist im Bereich weniger Nanometer bis Mikrometer liegen. Wesentlich höhere Schichtdicken werden durch eine **anodische** Schaltung der Werkstücke (Anodisieren) erzielt. Nicht zu den Konversionsschichten zählen **Diffusionsschichten**, wie sie beim Randschichthärten mit Schichtdicken bis in den Bereich mehrerer Zehntel Millimeter hergestellt werden. Ebenfalls von den Konversionsschichten abzugrenzen sind anorganische nichtmetallische **Überzüge** (z.B. durch Plasmaspritzen, Emailieren), die **ohne Beteiligung** des Grundmaterials aufgetragen werden. In → *Tab. 17.8* sind chemische und elektrochemische Verfahren zur Veränderung von Metalloberflächen zusammengestellt.

Übersicht Oberflächenbehandlungsverfahren

Verfahren/Werkstoff	Al	Cu	Mg	Messing	Ag	Stahl	Zn
Anlassen						x	
chemisches Färben	x	x	x	x	x	x	x
Brünieren						x	
Anodisieren		x	x				
Phosphatieren	(x)					x	x
Chromatieren	x		x		x	x	x

Tabelle 17.8 **Anorganische nichtmetallische Konversions- und Diffusionsschichten** und ihr Einsatz (Quelle: VDI Richtlinie 2420)

Anlassen

Beim Anlassen verliert der Stahl je nach Anlasstemperatur und Anlassdauer seine ursprüngliche Sprödigkeit und gewinnt größere Dehnbarkeit und Elastizität. Während des Anlassens entstehen ab 200°C in gesetzmäßiger Reihenfolge bestimmte Anlassfarben, die auf die Bildung dünner Eisenoxidschichten (Fe(II),Fe(III)–Oxid = Fe_3O_4 Eisenhammerschlag) zurückzuführen sind (→ *Tab. 17.9*). Bestimmte **Anlassfarben** können aus dekorativen Gründen gewünscht sein, z.B. Rasierklingen (gelb), Dolche (blau).

Anlassfarbe	Anlasstemperatur [°C]	Anlassfarbe	Anlasstemperatur [°C]
Blank	<200	Purpurrot	bis 275
Hellgelb	bis 220	Violett	bis 285
Gelb	bis 230	Kornblumenblau	bis 295
Braun	bis 245	Hellblau	bis 310
Braunrot	bis 255	Graublau	bis 340
Rot	bis 265	Metallgrau	bis 360

Tabelle 17.9 **Anlassfarben von Stahl** in Abhängigkeit von der Anlasstemperatur

Chemisches Färben

Das **chemische Färben** von Metallen in Anwesenheit von **oxidierenden** Salzen (Na–Nitrat $NaNO_3$, Na–Persulfat $Na_2S_2O_8$) ermöglicht die Bildung teilweise farbiger Metalloxide bereits bei niedrigeren Temperaturen. Oxidierende Salze mit Eigenfarbe, z.B. Chromate, Molybdate oder Permanganate ermöglichen eine Erweiterung der Farbmöglichkeiten. Beispiele sind:

- **Stahl** mit $NaNO_3$, NaOH bei 100...140°C: schwarze Färbung (siehe Brünierung),
- **Kupfer** mit Na–Persulfat bei 90...100°C: schwarze Färbung des Cu(II)oxids,
- **Aluminium** mit Na–Permanganat bei 20...100°C: braune Färbung durch MnO_2,
- **Al, Zn** mit Chromaten bei Raumtemperatur: gelbe, grüne oder braune Färbung (Chromatieren).

Das Brünieren und Chromatieren ist eine Form des chemischen Färbens, wobei der verbesserte Korrosionsschutz das primäre Ziel ist.

Brünieren

Unter **Brünieren (Schwarzoxidieren**) versteht man die Erzeugung grauer bis schwarzer Eisenoxidschichten, z.B. auf Blechen (**Schwarzblech**), Werkzeugen, Fahrradketten u. a. mit dem Ziel, die Korrosionsbeständigkeit der Bauteile und die Aufnahmefähigkeit für Öle zu verbessern. Brünierschichten sind relativ verformungsbeständig, jedoch nicht polier- oder lötfähig. Das Tauchbrünieren geschieht in einer siedend heissen alkalischen Lösung (T = 130...140°C), die einen hohen Gehalt an oxidierenden Salzen (Nitrite, Nitrate, Phosphate) enthält. Die Brünierschicht ist nur 0,5...1,5 µm dick und besteht überwiegend aus Fe_3O_4 (**Magnetit**). In vielen Fällen findet eine Nachbehandlung in wasseremulgierbaren Korrosionsschutzmitteln (T = 80...90°C) oder Auskochölen (T = 110...120°C) statt. Brünierbäder können eine Standzeit von mehreren Jahren erreichen.

Phosphatieren

Das Phosphatieren ist das meist verwendete Vorbehandlungsverfahren zur Verbessung des **Korrosionsschutzes** von **Stahl** und **verzinktem Stahl**. Es beruht auf der Erzeugung einer nichtleitenden, passivierenden Phosphat–Konversionsschicht. Aufgrund der geringen Schichtdicke und der porenhaltigen Struktur ist ein ausreichender Korrosionsschutz erst in Kombination mit einer nachfolgenden Lackierbeschichtung gegeben. Phosphatierschichten bilden einen günstigen Untergrund für haftfeste Lackierungen (Teilprozess bei der Autoserienlackierung). Sie enthalten **'Schmiertaschen'** für Haftöle, wodurch eine gewisse Schmierwirkung, z.B. für Umformprozesse oder als Einlaufbeschichtung, erreicht wird. Die Phosphatierung dauert nur wenige Sekunden und erzeugt typische Schichtdicken von 1 bis 4 µm. Man unterscheidet:

- **Alkali- bzw. Eisenphosphatierung (nichtschichtbildende** Phosphatierung, für einfache Korrosionsanforderungen),
- **Zinkphosphatierung (schichtbildende** Phophatierung, für höherwertigen Korrosionsschutz).

Eisenphosphatierung

Die Eisenphosphatierung wird auch als **nichtschichtbildende** Phophatierung bezeichnet, da die Prozesslösungen nur lösliche Alkaliphosphatsalze (NaH_2PO_4) enthalten. Die zum Schichtaufbau benötigten Kationen werden aus dem zu phosphatierenden Metall herausgelöst. Unter Einwirkung der sauren Phosphatsalze geht Eisen oberflächlich in Lösung. Aufgrund der gleichzeitig stattfindenden Reduktion von H^+ wird der pH–Wert zu höheren Werten (alkalisch) verschoben:

$Fe + 2\,H^+ \rightarrow Fe^{2+} + H_2$

Mechanismus der Eisenphosphatierung

Durch den Verbrauch von H^+–Ionen wird das untenstehende Phosphorsäuregleichgewicht so beeinflusst, dass mehr Phosphationen gebildet werden. Dadurch wird lokal das Löslichkeitsprodukt der **schwerlöslichen** Eisenphosphate $Fe(II)_3(PO_4)_2$ und $Fe(III)PO_4$ überschritten, die als haftfester Niederschlag auf der Metalloberfläche ausgefällt werden. Daneben entstehen schwerlösliche Eisenoxide (Fe_2O_3, Fe_3O_4), die in unterschiedlicher Zusammensetzung gemeinsam mit den Fe–Phosphaten die amorphe, **nichtkristalline** Eisenphosphatierschicht bilden:

$H_2PO_4^- \leftrightarrow H^+ + HPO_4^{2-} \leftrightarrow 2\,H^+ + PO_4^{3-}$ Phosphorsäuregleichgewicht

$3\,Fe^{2+} + 2\,PO_4^{3-} \rightarrow Fe_3(PO_4)_2$

Die Vorteile der Eisenphosphatierung sind der Verzicht auf zusätzliche Schwermetalle und die Möglichkeit, im Behandlungsbad Tenside einzusetzen. Vorteilhafterweise lässt sich dann das Reinigen/Beizen und Phosphatieren **in einem Arbeitsgang** durchführen. Die Behandlungszeiten betragen 2 bis 4 min bei 40...70°C Badtemperatur. Die erhaltenen Schichtdicken sind gering (<1 µm); der Korrosionsschutz ist begrenzt, für zahlreiche Anwendungsfälle jedoch ausreichend (insbesondere als Lackiervorbehandlung).

Neben der Tauchphosphatierung lässt sich die Phosphatierschicht auch im Spritzverfahren aufbringen.

Zinkphosphatierung

Die Zinkphosphatierung bietet im Vergleich zur Eisenphosphatierung einen höherwertigen Korrosionsschutz. Sie ist das **meist genutzte** Vorbehandlungsverfahren für Stahl und verzinkten Stahl in der Automobilindustrie (Phosphatierung von Autokarosserien). Die Zinkphosphatierung wird auch als **schichtbildende** Phosphatierung bezeichnet, da die Prozesslösungen die schichtbildenden Kationen (Zn^{2+}, Ca^{2+}, Mn^{2+}) und zusätzlich Phosphorsäure bzw. Phosphatsalze bei einem genau eingestellten pH–Wert enthalten. Beim Eintauchen eines Stahl- bzw. Zinkbauteils in das Phosphatierbad gehen Eisen- bzw. Zinkionen in Lösung, wobei H^+–Ionen verbraucht werden. Der pH–Wert wird an der Oberfläche zu alkalischen Werten verschoben. Dadurch wird das Reaktionsgleichgewicht der Abscheidung von Zink–Eisenphosphat nach rechts verschoben. Bei der Stahlphosphatierung finden folgende Reaktionen statt:

Mechanismus der Zinkphosphatierung

$Fe + 2\,H^+ \rightarrow Fe^{2+} + H_2$

$Fe^{2+} + 2\,Zn^{2+} + 2\,H_2PO_4^- \rightarrow Zn_2Fe(PO_4)_2 + 4\,H^+$ Schichtbildung

Entsprechend dem Reaktionsgleichgewicht fällt Zinkphosphat aus, die freiwerdenden Ionen des Grundmaterials werden in die Konversionsschicht eingebaut (→ *Abb. 17.15*). Die **feinkristallinen** Zink–Phosphatierschichten besitzen typische Schichtdicken von 1...4 µm und haben folgende chemische Zusammensetzung:

- **auf Stahl**: $Zn_2Fe(PO_4)_2 \cdot 4\,H_2O$ (Phosphophyllit)
- **auf Zink**: $Zn_3(PO_4)_2 \cdot 4\,H_2O$ (Hopeit).

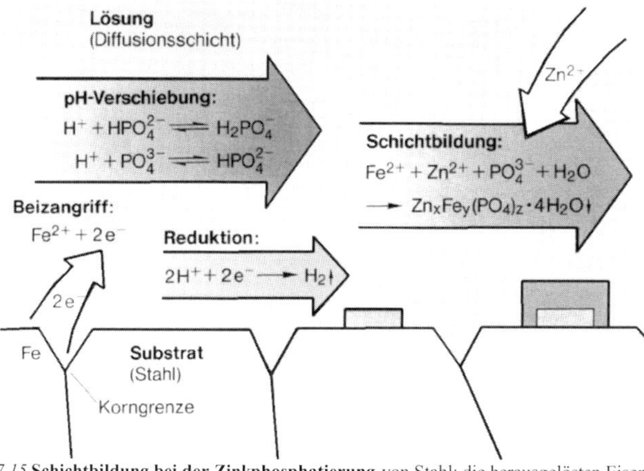

Abbildung 17.15 **Schichtbildung bei der Zinkphosphatierung** von Stahl: die herausgelösten Eisenionen werden in die Phosphatierschicht eingebaut. In der Praxis werden zur weiteren Verbesserung des Korrosionsschutzes zusätzlich Mn^{2+}– und Ca^{2+}–Ionen zugesetzt (Quelle: Korrosion/ Korrosionsschutz, Fonds der Chemischen Industrie Frankfurt, 1994).

Trikationverfahren

Insbesondere Zinkphosphatierungen auf verzinkten Oberflächen erwiesen sich als nicht ausreichend korrosionsbeständig. Verbesserungen wurden durch Einführung des **Tri–Kation–Verfahrens** erzielt, wobei in der Phosphatierlösung neben Zinkionen zusätzlich Calcium- (oder Kupfer- bzw. Nickel-) und Manganionen vorhanden sind, die in die Phosphatierschicht eingebaut werden.

Phosphatierung von Al–Bauteilen

Korrosionsbeständige **Verzinkungen** auf Stahlteilen enthalten oft einen beträchtlichen **Al–Anteil** (z.B. Galfan 5% Al, Galvalume 55% Al). Die Phosphatierlösung muss in diesen Fällen Fluorid–Anionen (SiF_6^{2-}, BF_4^-) enthalten, die abgelöste Al–Ionen komplex in Lösung halten. Mit mangandotierten, fluoridhaltigen Tri–Kation–Bädern lassen sich gute Ergebnisse bei einer gleichzeitigen Phosphatierung von Stahl, verzinktem Stahl und Aluminium erzielen. Ein bisher nicht befriedigend gelöstes Problem ist die Phosphatierung von **Vollaluminiumkarosserien**, das heute als **Ersatz** für das umweltschädliche Chromatieren gefordert wird.

Beschleuniger

$NH_3(OH)]_2\ SO_4$
Hydroxyl-ammoniumsulfat

Phosphatierlösungen benötigen oxidierende **Beschleuniger**, die das entstehende Wasserstoffgas abfangen sollen (Wasserstoff stört das Schichtwachstum). Als Beschleuniger sind meist gesundheitsschädliche Nitrit–Anionen im Einsatz, die bei verschiedenen Automobilherstellern durch Wasserstoffperoxid oder Hydroxylammoniumsulfat ersetzt sind. Neben Beschleunigern sind meist auch **Schichtverfeinerer**, z.B. Calciumphosphate oder eine geringe Menge an Polyphosphate im Einsatz, die feinkristalline, dünne und damit biegefeste Phosphatierschichten bilden.
Normenhinweis: DIN 50942 Phosphatieren, Verfahrensgrundsätze, Prüfverfahren

Karosserievorbehandlung

Die Karosserievorbehandlung **vor dem Lackieren** findet in einer mehrstufigen Vorbehandlungslinie statt, wie sie in → *Abb.17.16* dargestellt ist. Nach dem Reinigen erfolgt eine **Aktivierung** der Metalloberfläche durch Aktivierungsmittel auf der Basis von Titanphosphaten, $[Na_4TiO(PO_4)_2 \cdot (0...7)H_2O]$ wodurch ein feinkristallineres Aufwachsen der nachfolgenden Phosphatierschicht erreicht werden soll. Für die **Phosphatierung** verwendet man in jedem Fall fluoridhaltige Phosphatierbäder, da schmelztauchverzinkte Karosserieoberflächen stets Aluminium enthalten. Fluorid bindet freigesetzte Al–Ionen, die bereits in geringen Konzentrationen ein Beizbad vergiften würden. Mit Na–Ionen wird der schwerlösliche Komplex Kryolith (Na_3AlF_6) ausgefällt, der als Schlamm abgezogen wird. Traditionell wird der Phosphatierung eine **Nachspülung** mit Produkten auf Chromat–Basis nachgeschaltet. Aufgrund der Schädlichkeit von Chromaten besteht die Tendenz, auf chromatfreie Nachspülungen (Basis Fluorzirkonat) oder organische Haftvermittlungsschichten (Primer) überzugehen oder die Nachspülung ganz entfallen zu lassen.

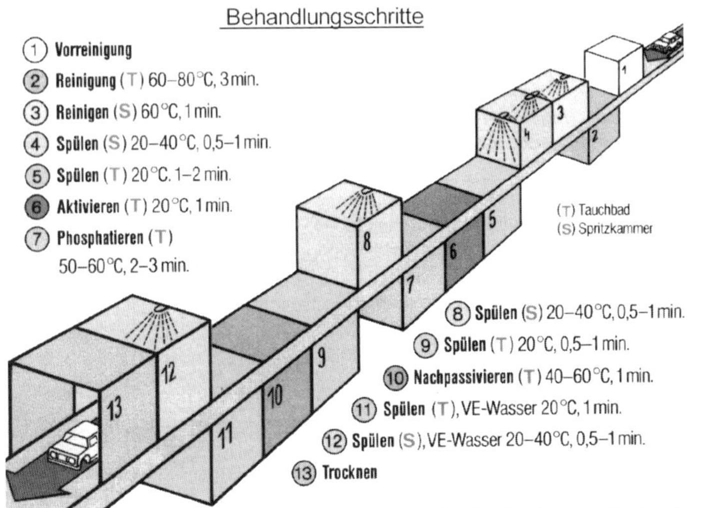

Abbildung 17.16 **Karosserie–Vorbehandlung vor dem Lackieren**: Die Vorbehandlung vor dem Lackieren umfasst als wesentliche Prozessschritte das Aktivieren, Phosphatieren und Passivieren von Metalloberflächen. In Europa gibt es ca. 140 derartiger Vorbehandlungslinien (Quelle: Korrosion/ Korrosionsschutz, Fonds der Chemischen Industrie, Frankfurt, 1994).

Chromatieren

Das Chromatieren bietet als Vorbehandlungsverfahren für **Aluminium** und **verzinkten Stahl** einen ausgezeichneten Korrosionsschutz auch ohne nachfolgende Lackierung, z.B. für Baubeschläge und Elektronikgehäuse. Die technischen Chromatierverfahren beruhen in der Regel auf dem Einsatz von giftigen (krebserregenden, sechswertigen) **Chromatanionen** CrO_4^{2-}, weshalb der Arbeits- und Umweltschutz besonders zu beachten ist. Wenn technisch möglich, sollen Chromatierverfahren durch Phosphatierverfahren **ersetzt** werden (insbesondere bei verzinktem Stahl). Die Schichtdicke von Chromatierschichten ist sehr gering, wobei der Farbton der Schichten von ihrer Dicke und dem Chromatgehalt abhängt /101/:

- **Transparent**: Schichtdicke <0,05 µm, Cr(VI)–Gehalt <10 mg m^{-2}
- **Blau**: Schichtdicke 0,05...0,08 µm, Cr(VI)–Gehalt 10...25 mg m^{-2},
- **Gelb**: Schichtdicke 1,0...1,1 µm, Cr(VI)–Gehalt 100...250 mg m^{-2},
- **Grün**: Schichtdicke 1,2...1,3 µm, Cr(VI)–Gehalt 300...350 mg m^{-2}.

Chromatier-reaktion

Chromatierlösungen können neben Chromatsalzen noch Salpetersäure, Fluoride und einen Beschleuniger (z.B. Vanadium-, Molybdänsalze oder rotes Blutlaugensalz, $K_3Fe(CN)_6$) enthalten. Die Reaktion beginnt mit einem sauren Beizangriff auf das Aluminium: $2\ Al + 6\ H^+ \rightarrow Al^{3+} + 3\ H_2$

Die Fluoride halten Aluminiumionen als AlF_6^{3-}–Komplex in Lösung. Der nascierende (entstehende) Wasserstoff reduziert Chromat(VI)–Ionen zu Cr(III)–Ionen, die mit Wasser schwerlösliche Chromhydroxide $[Cr(OH)_3]$ bilden:

$2\ H_2CrO_4 + 3\ H^+ + 3\ H_2 \rightarrow Cr^{3+} + Cr(OH)_3 + 5\ H_2O$

$H_2CrO_4 + Cr(OH)_3 \rightarrow Cr(OH)_3 \cdot CrO_3 \cdot H_2O$ Chromatierschicht

Gelbchromatierung

In die entstehende **Chromatierschicht** werden neben Cr(III)oxiden auch Chrom(VI)oxid (CrO_3), Aluminiumoxid (Al_2O_3) und Beschleuniger eingebaut. Je nach Schichtdicke haben Gelbchromatierschichten ein hellgelb bis goldbraun irisierendes Aussehen (Einbau von gelb gefärbten Chrom(VI)–Ionen).

Grünchromatierung

Transparentchromatierung

Neben dem Gelbchromatieren gibt es die **Grünchromatierung** (sie enthält grünes Cr(III)phosphat durch Zugabe von Phosphorsäure) und die **Transparentchromatierung**, die gut schweißbar ist. Das Chromatieren kann auch in alkalischer Lösung ausgeführt werden. Neue **chromatfreie Konversionsverfahren** beruhen auf der Bildung schwerlöslicher Zirkon- oder Titanverbindungen, die sich vor allem im Lebensmittelsektor (z.B. Oberflächenschutz von Alu–Dosen) bewährt haben:

$ZrF_6^{2-} + 4\ Al(OH)_3 \rightarrow ZrF_2 \cdot [AlO(OH)_2]_4^{2-} + 4\ HF$

Anodisieren

Aluminium **passiviert** sich an Luft durch die Ausbildung einer dünnen Al_2O_3–Schutzschicht. Das Anodisieren (**anodische Oxidation, Eloxieren** = <u>el</u>ektrolytisch <u>ox</u>idiertes <u>A</u>luminium) ist ein elektrochemisches Verfahren zur Verstärkung der natürlichen Oxidschichtdicke um einen Faktor 100, wodurch der **Korrosionsschutz** von Aluminium verbessert wird. Folgende Schichtdicken lassen sich erzielen:

- natürliche Oxidschicht nach einem Tag: 0,003 µm,
- natürliche Oxidschicht nach einem Jahr : 0,03 bis 0,1 µm,
- Oxidschicht nach Einwirkung spezieller chemischer Bäder: 1,5 bis 3 µm,
- Oxidschicht nach anodischen Oxidationsverfahren: 3 bis 60 µm,
- Oxidschicht nach Hartanodisierverfahren: bis 300 µm.

Anodisiermedien

Die meist verwendete **GS–Anodisierung** (GS = Gleichstrom–Schwefelsäure) wird in 20% Schwefelsäure bei Raumtemperatur (Kühlung) durchgeführt. Das Al–Werkstück ist als **Anode** einer Gleichstromelektrolyse geschaltet, als Kathode dienen rostfreie

Stahlelektroden (Spannung 12...30 V, Stromdichte 0,5...2 A dm^{-2}). Der anodisch entwickelte Sauerstoff bildet auf dem Al–Werkstück eine dichte und widerstandsfähige Al_2O_3–Schicht. An der Kathode entsteht Wasserstoffgas. Die Behandlungszeit dauert 5...90 min. Alternative Verfahren sind: GX = Gleichstrom–Oxalsäure, GSX–Gleichstrom–Schwefelsäure–Oxalsäure, GCr = Gleichstrom–Chromsäure, WX = Wechselstrom–Oxalsäure. Die Oxidschichten besitzen entsprechend der verwendeten Säure (Oxalsäure: gelblich; Chromsäure: grau) und der eingesetzten Legierungselemente unterschiedliche Eigenfarben.

Integralfärben

OH O C OH O=S=O OH

Sulfosalicylsäure (3-Carboxy- 4- Hydroxy-Benzol-sulfonsäure)

Beim **Integralfärben** (Einstufenfärben) erfolgt eine Einfärbung der aufwachsenden Eloxalschicht bereits während des Anodisierens (mittels Zugabe spezieller Säuren wie Maleinsäure bzw. sulfonierter organischer Säuren, z.B. Sulfosalicylsäure). Die Einfärbung mit den Farbtönen silber, grau, bronze, schwarz wird auf feinverteilte freigesetzte Al–Partikel bzw. Legierungselemente zurückgeführt. Integralgefärbte Al–Bauteile sind lichtecht und werden bevorzugt im Außenbereich, z.B. als Al–Fenster-, und Al–Türenprofile eingesetzt.

Hartanodisieren

Beim klassischen Anodisieren werden Schichtdicken von 10...20 µm erreicht. Beim **Hartanodisieren** wird nach dem GS–Verfahren, jedoch mit einer Prozesstemperatur <5°C gearbeitet, um besonders dicke (Schichtdicke >30 µm) und widerstandsfähige Aluminiumoxidschichten zu erhalten (Anwendung: verschleissbeständige Al–Kolben).

Porenstruktur

Während der Elektrolyse wächst die Schicht zu 2/3 in das Material hinein und zu 1/3 **über** das ursprüngliche Metallniveau hinaus. Die Oxidschicht wirkt elektrisch **isolierend**, wird jedoch während des Anodisierens vom Strom immer wieder durchschlagen. Dadurch kommt es zur Ausbildung eines typischen Zweischichtaufbaus (→ *Abb. 17.17 rechts*). Neben einer oberflächennahen, dichten **Sperrschicht** (barrier layer) wird eine äußere **Porenstruktur** erzeugt, die eine geringere Härte und Abriebbeständigkeit besitzt.

Verdichten
Einfärben

Das Schließen der Poren erfolgt durch Eintauchen in heisses entsalztes Wasser, in Dampf oder in Metallsalzlösungen (Acetate, Borsäure). Bei diesem **Verdichten** findet eine chemische Reaktion zwischen der Anodisierschicht und dem Wasser statt, die unter Volumenzunahme verläuft. Vor dem Verdichten kann die mikroporöse Oxidschicht durch Eintauchen in anorganische (z.B. Fe(III)–Ammoniumoxalat, Gelb- bis Bronzefärbung) oder organische **Farbstofflösungen** eingefärbt werden (adsorptive **Tauchfärbung**, z.B. für farbige Al–Bauprofile oder schwarz gefärbte Optikkomponenten). Der gesamte Anodisierprozess folgt dem Fließbild nach→ *Abb. 17.17* (links).

Einsatz von Anodisierschichten

Im Innenbereich wird eine Anodisierschichtdicke von 10 µm, im Außenbereich eine Schichtdicke von 20 µm empfohlen. Eloxiertes Al schützt das Trägermetall zuverlässig vor **atmosphärischer Korrosion** im pH–Bereich von 4,4 bis 8,3. Bei Belastung durch Chloride sinkt die Korrosionsbeständigkeit, weshalb Alu–Felgen mit zusätzlichen organischen Beschichtungen versehen sind. Anodisierte Al–Teile sind gut **lackierbar**, beim **Umformen** von lackierten Al–Blechen kann es aufgrund der Sprödigkeit der Oxidschicht jedoch zu Haftungsproblemen kommen. Sollen Al–Bauteile, insbesondere für Karosserieanwendungen **geschweißt** werden, dürfen keine dicken Oxidschichten vorhanden sein. Anstelle des Anodisieren müssen diese Al–Teile vor der Weiterverbeitung gebeizt und passiviert (mit TiF_6^{2-}, ZrF_6^{2-}) bzw. chromatiert werden. Das Anodisieren sollte aus **Umweltschutzgründen** stets dem Chromatieren von Al (siehe oben) vorzezogen werden.

Anodisierprozess

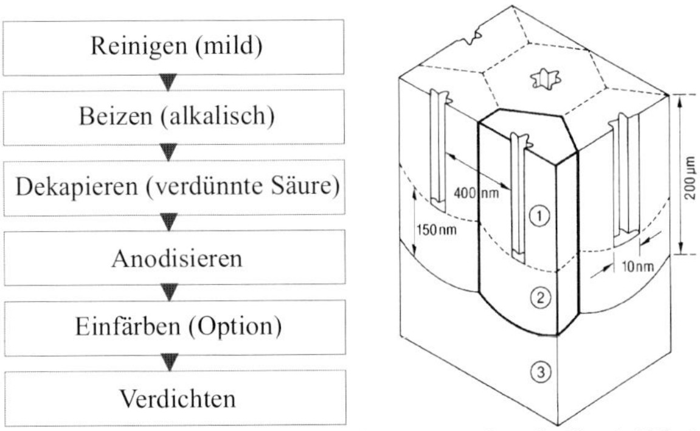

Reinigen (mild)
▼
Beizen (alkalisch)
▼
Dekapieren (verdünnte Säure)
▼
Anodisieren
▼
Einfärben (Option)
▼
Verdichten

400 nm
150 nm
200 µm
10 nm
①
②
③

Abbildung 17.17 **Fertigungsablauf** beim Anodisieren (links), **Porenstruktur** der Eloxalschicht (rechts), (1 = poröse äußere Schicht, 2 = dichte Sperrschicht, 3 = Grundmetall)

Recycling von Anodisierbädern

Anodisierbäder reichern sich mit Al–Ionen an und müssen ab einem Gehalt von ca. 20 g Al^{3+} l^{-1} verworfen werden. Verfahren zur Standzeitverlängerung von Anodisierbädern (Abtrennung der Metallionen unter Rückgewinnung der Säure) sind Ionenaustauscher, Säuredialyse und die Elektrodialyse *(→ Abb. 11.10)*.

17.5 Metallische Überzüge durch thermische Verfahren: thermisches Spritzen, Feuerverzinken

Abscheidung metallischer Überzüge

Für die Erzeugung metallischer Schichten kennt man zahlreiche Verfahren (DIN 8580) die in der folgenden Reihenfolge behandelt werden:

- **aus dem festen Metallzustand**: mechanische und thermische Verfahren, wie Plattieren, Alitieren (Al), Sherardisieren (Zn),
- **aus dem flüssigen Metallzustand**: Schmelztauchverzinken, - verzinnen,
- **aus dem gelösten (ionisierten) Zustand**: Galvanisieren (elektrochemisch), stromlose Metallabscheidung (chemisch) (→ *Kap. 17.6*),
- **aus dem gasförmigen Zustand**: Vakuummetallisieren (→ *Kap. 17.7*).

Thermisches Spritzen

Thermische Spritzverfahren dienen meist dem **Verschleissschutz** oder Korrosionsschutz von Bauteilen. Die als Pulver oder Draht vorliegenden Beschichtungsstoffe (Metalle, Hartstoffe, keramische Stoffe und teilweise auch Kunststoffe) werden in einer energiereichen Wärmequelle aufgeschmolzen und in Form feiner Tröpfchen auf die meist kalte (<200°C heisse) Werkstückoberfläche aufgesprüht. Die auftreffenden Tröpfchen bilden eine im allgemeinen poröse Schicht, die meist durch mechanische **Verklammerung** (keine metallische Verschweissung oder Diffusion) auf der Oberfläche haftet. Vorteilhafterweise können thermische Spritzschichten vor Ort (Beschichtung auf der Baustelle, Reparaturfall) aufgebracht werden. Man unterscheidet folgende thermische Spritzverfahren:

- **Flammspritzen,**
- **Detonationsspritzen (D–Gun),**
- **Lichtbogenspritzen,**
- **Plasmaspritzen, Vakuumplasmaspritzen.**

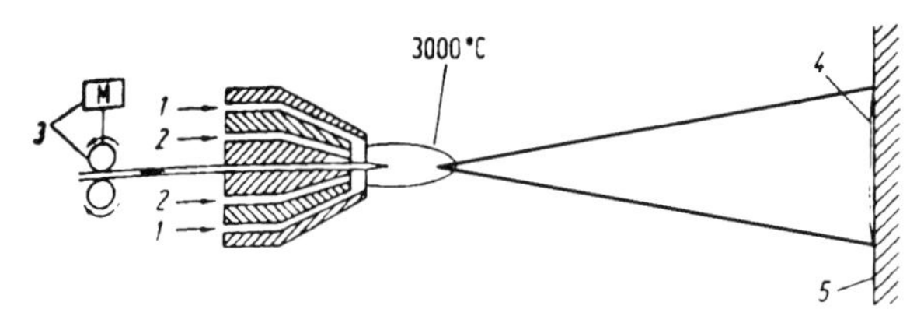

Abbildung 17.18 **Flammspritzverfahren**: 1 Pressluft zum Zerstäuben, 2 Acetylen–Sauerstoff–Gemisch, 3 Draht-Vorschubeinrichtung, 4 Schicht, 5 Werkstück, T <250°C (aus: Oberflächen- und Dünnschichttechnologie, Springer Verlag, Berlin, /102/).

Flammspritzen

Beim älteren **Flammspritzverfahren** wird das Beschichtungsmaterial als Draht oder Pulver einer Brenngas–Sauerstoff–Flamme als Wärmequelle zugeführt (→ *Abb. 17.18*). Als Brenngase dienen Ethin (Acetylen), Propan oder Wasserstoff. Die Pulverpartikel unterliegen auf ihrem Weg zum Substrat einer mehr oder weniger starken Oxidation. Hauptanwendungen des Flammspritzens sind: Zn–, Al–Schichten als Korrosionsschutz auf Stahlkonstruktionen (Duplexschicht mit folgender Lackierung).

Detonationsspritzen

Beim **Detonationsspritzen** wird das mit dem Beschichtungspulver vermischte C_2H_2/O_2–Brenngas in einem einseitig verschlossenen Rohr zur Detonation gebracht. Die erreichbaren Temperaturen sind mit 4500 K wesentlich höher als beim Flammspritzen.

Lichtbogenspritzen

Beim **Lichtbogenspritzen** halten zwei aus dem Beschichtungsmaterial bestehende Drähte einen Lichtbogen aufrecht. Die durch einen Vorschub bewegten Drähte schmelzen bei Temperaturen zwischen 4000...10 000 K kontinuierlich ab und werden in Tröpfchenform durch Druckluft in Richtung Substrat beschleunigt. Das Verfahren ist auf metallische, in Drahtform herstellbare Schichtmaterialien (z.B. Al, Zn) beschränkt, es liefert jedoch relativ dichte Schichten für Korrosionsschutzanwendungen.

Plasmaspritzen

Das **Plasmaspritzen** hat unter den thermischen Spritzverfahren die größte Bedeutung erlangt. Der Plasmabrenner enthält eine wassergekühlte, stabförmige Wolframkathode und eine als Ringdüse ausgebildete Kupferanode. Der Elektrodenraum wird mit einem inerten Gas, meist Argon, gespült. Durch Hochfrequenz wird zwischen den wassergekühlten Elektroden ein stromstarker Gleichspannungslichtbogen gezündet. Dadurch entsteht eine große Volumenausdehnung des Gases, das als **Plasmastrahl** gemeinsam mit dem eingebrachten Beschichtungspulver die Düse verlässt. Die Plasmatemperatur liegt zwischen 5 000...30 000 K, so dass praktisch alle hochschmelzenden, metallischen oder nichtmetallischen Materialien verarbeitet werden können. Obwohl das inerte Plasmagas eine Oxidation weitgehend verhindert, können insbesondere bei der Abscheidung von stark **sauerstoff-** oder **stickstoffaffinen** Elementen (z.B. Ti, Ta) oder **Superlegierung (**MCrAlY, mit M = Co, Ni, Fe), Sauerstoffeinschlüsse, Porositäten und ungenügende Haftfestigkeit auftreten. In diesem Fall wird das Plasmaspritzen unter Vakuum (ca. 80 hPa, **VPS = Vakuum–Plasmaspritzen**) ausgeführt. Durch eine Hilfsspannung zwischen Werkstück und Plasmabrenner in Höhe von 80...100 V wird der Plasmastrahl auf das Werkstück gelenkt.

Einsatz thermischer Spritzschichten

Thermische Spritzschichten für den **Verschleissschutz** sind z.B.:

- **Metallschichten:** Mo, Hartmetalle (Stellite), Bronze, NiAl, NiCrSiB, NiCr für Lager, Synchronringe, Ventile in Kolbenmotoren,
- **Keramikschichten:** Al_2O_3, TiO_2, Cr_2O_3, Y_2O_3 auf Wellenschutzhülsen, Kolbenringen, Walzen bzw. Fadenführer für die Textil- und Faserindustrie,
- **Cermetschichten:** W_2C/Co, Cr_2O_3/NiCr, ZrO_2/NiAl für Brennkammern, Strahltriebwerke, Reaktorkomponenten.

Superlegierung MCrAlY

Thermische Spritzschichten für den Schutz von Gasturbinen vor **Heissgaskorrosion** bei >1000°C bestehen aus der Superlegierung MCrAlY (mit M = Co, Ni, Fe). Die Schutzwirkung beruht auf der Ausbildung eines Oxidfilms der Zusammensetzung Al_2O_3, Cr_2O_3 und $Co(Cr,Al)_2O_4$–Spinell. Geringe Zusätze von Yttrium verbessern die Hochtemperaturstabilität.

Auftragsschweißen

Das Auftragsschweißen (**Schweissplattieren**) kann als eine Form des thermischen Spritzens betrachtet werden, wobei jedoch im Unterschied zum thermischen Spritzen das Beschichtungsmaterial und auch eine dünne Oberflächenschicht des Werkstücks während des Auftrags geschmolzen vorliegt. Die Schichtdicken sind beträchtlich und reichen bis 1...10 mm. Die Verfahren zum Aufschmelzen des aufzutragenden Pulvers oder Drahts stimmen mit den Verfahren des thermischen Spritzens überein (→ *Abb.17.19*).

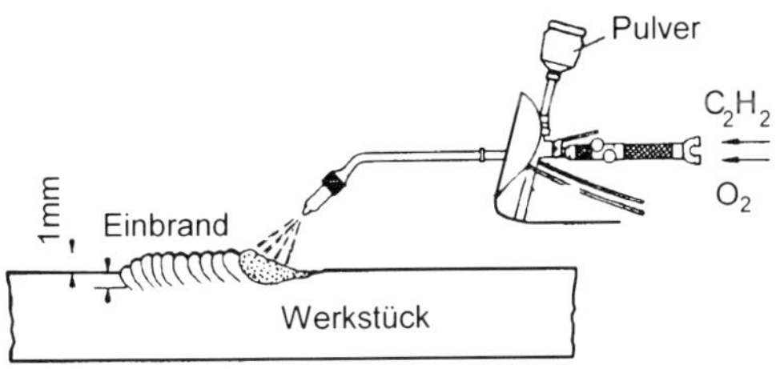

Abbildung 17.19 **Flammen–Auftragsschweißen**: Gas–Pulver–Verfahren (aus: Oberflächen- und Dünnschichttechnologie, Springer Verlag, Berlin, /102/).

Lichtbogenschweißen

Für das Lichtbogenschweißen existiert eine Reihe von Verfahrensvarianten (→ *Abb. 17.20*):

- **Wolfram–Inertgas(WIG)–Auftragsschweißen**: nicht abbrennende Metallelektrode, Inertgas: Argon,
- **Metall–Inertgas(MIG)–Auftragsschweißen**: abbrennende Metallelektrode, Inertgas: Ar + He,
- **Metall–Aktivgas(MAG)–Auftragsschweißen**: Aktivgase CO_2 bzw. Ar/CO_2 oder $Ar/CO_2/O_2$ verändern die Eigenschaften der Auftragsschicht.

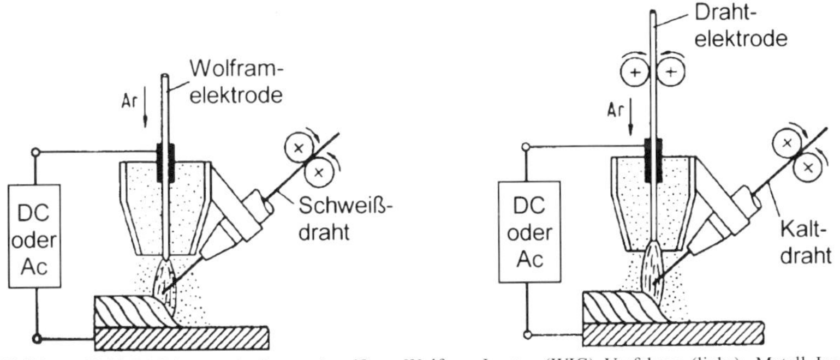

Abbildung 17.20 **Lichtbogen–Auftragsschweißen**: Wolfram–Inertgas(WIG)–Verfahren (links); Metall–Inertgas(MIG)–Verfahren (rechts, aus: Oberflächen- und Dünnschichttechnologie, Springer Verlag, Berlin, /102/).

Anwendungen des Auftragsschweißens

Das Auftragsschweißen wird insbesondere zur Verschleissverbesserung von hochbeanspruchten Maschinenteilen in der **Bauindustrie** (Baggerzähne, Kettenglieder, Bergbaumaschinen), bei der **Hartzerkleinerung** (Kegelbrecher-, Backenbrecherteile) und in der **Hüttenindustrie** (Hochöfenteile, Walzen für Stahlwerke) verwendet. Die Schichten sind meist Edelstähle mit eingelagerten Hartstoffen auf Basis von W–Carbid, Cr–Carbid, Ni–Cr–Borid.

Plattieren

Unter Plattieren versteht man das mechanische Aufbringen relativ dicker Metallschichten (Dicke 1...10 mm) auf ein zuvor gereinigtes Grundmetall. Plattierungen werden durchgeführt, um die mechanischen Eigenschaften des Grundmetalls, z.B. hohe Festigkeit und gute Verformbarkeit, sowie die Korrosionsbeständigkeit zu verbessern. Das Verfahren wird in großem Umfang in der Halbzeugindustrie eingesetzt, z.B. für:

- **ein-** oder **doppelseitige Plattierung** auf **Stahlblech** mit Al, Mo, Ta, Ti, Zr oder rostfreiem Cr–Ni–Stahl,
- **Plattierungen auf Gusseisen** mit Cu und Stahl,
- **Innen-** und **Außenplattierung** von Rohren und Zylindern,
- **Verbundmetalle** für die Elektroindustrie, z.B. Cu auf Al.

Plattierverfahren

Entsprechend der Verbindungstechnik zwischen den Metallpartnern unterscheidet man:

- **Walzplattieren**: Aufwalzen bei Schweisstemperatur, auch unter erhöhtem Druck (**Pressschweißverbindung**), z.B. rostfreier Stahl auf Eisen; bei stark unterschiedlichen Schmelzpunkten der Verbindungspartner wird nur unter Druck gewalzt (**Kaltwalzen**).
- **Gießplattieren:** Aufgießen des geschmolzenen Auflagemetalls auf den Grundwerkstoff (oder umgekehrt) und anschließendes Walzen des entstandenen Verbundkörpers.
- **Sprengplattieren**: Verbinden zweier Metalle durch eine oberflächlich aufgetragene Sprengladungsschicht, die einseitig gezündet wird. Die sich ausbreitende Explosionsfront sprengt verbindungshemmende Oxidschichten ab und ermöglicht eine wellenförmige Verzahnung zwischen Grund- und Überzugsmetall (Beispiel: Titan auf Stahl).
- **Punktplattieren**: Trägerwerkstoff und Überzug werden durch Punktschweißen verbunden.

Stückverzinkung

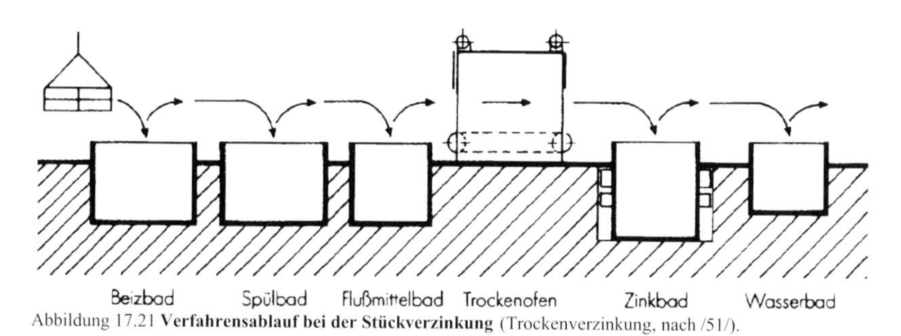

Abbildung 17.21 **Verfahrensablauf bei der Stückverzinkung** (Trockenverzinkung, nach /51/).

Schmelztauchen

Schmelztauchverfahren beruhen auf dem Eintauchen des sorgfältig gereinigten Trägermetalls in ein Bad des **geschmolzenen** Überzugsmetalls. Das Verfahren ist auf Überzugsmetalle mit niedrigem Schmelzpunkt beschränkt, insbesondere **Zn, Sn** und **Al**. Im Schmelzbad bildet Stahl als Trägerwerkstoff mit dem Überzugmetall stets eine **Legierungsschicht**, die für die Haftfestigkeit verantwortlich ist. Das wichtigste Schmelztauchverfahren ist das Feuerverzinken, das als **Stückgutverzinkung** (diskontinuierlich) oder als **Bandverzinkung** (kontinuierlich) betrieben wird. In → *Abb. 17.21* ist der Verfahrensablauf für die Stückverzinkung nach dem **Trockenverfahren** dargestellt.

Feuerverzinken

Flussmittel beim Feuerverzinken

Die metallischen Werkstücke werden gründlich entfettet und meist mit verdünnter Salzsäure gebeizt. Es folgt eine Aktivierung der Metalloberfläche in einem **Flussmittelbad (Fluxen)**, das meist eine wässrige Lösung von Zinkchlorid ($ZnCl_2$) und Ammoniumchlorid (NH_4Cl) bei 60°C enthält. Die Flussmittelwirkung beruht auf der Abspaltung von Salzsäure:

$$NH_4Cl \rightarrow NH_3 + HCl$$

HCl und NH_3 aus Beiz- und Fluxbädern sind arbeitsschutzrelevante Emissionen beim Feuerverzinken. **Raucharme** Flussmittel mit einer niedrigeren Abtragsrate besitzen einen geringeren NH_4Cl–Gehalt und bestehen im wesentlichen aus $ZnCl_2$, KCl und LiCl. Das Flussmittel wird in einer Heizzone auf das Werkstück aufgetrocknet. Da das Verzinkungsgut jetzt in trockenem Zustand in das 445...465°C heisse Zinkbad eingebracht wird, spricht man von **Trockenverzinken**. Bei dem weniger häufig angewendeten **Nassverzinken** wird das Verzinkungsgut durch eine auf dem Zinkbad schwimmende Flussmittelschicht getaucht.

Trocken–Nassverzinkung

Normenhinweis:
VDI Richtlinie 2579 Emissionsminderung Feuerverzinkungsanlagen

Hartzink

Beim Eintauchen des Werkstücks in das Zinkbad bildet sich durch **Diffusion** an der Stahloberfläche eine eisenreiche **Hartzink–Legierungsschicht**, deren Dicke von der Badtemperatur und Tauchdauer sowie von der chemischen Zusammensetzung des Zinkbades und des Grundwerkstoffs abhängt. Im Extremfall kann der **gesamte** Zinküberzug aus einer **harten** und **spröden** Fe–Zn–Hartzinkschicht bestehen, die eine verringerte Haftung auf dem Grundmaterial besitzt. Die Ausbildung dicker Hartzinkschichten wird besonders bei Stählen mit einem sehr niedrigen Si–Gehalt (0,03...0,12% Si) oder einem sehr hohen Si–Gehalt (>0,3% Si) beobachtet. Die Zusammensetzung und Eigenschaften von Feuerverzinkungsschichten ändern sich ausgehend vom Grundmaterial wie folgt (→ *Abb. 17.22*):

- γ–**Schicht** : Grenzschicht Fe_5Zn_{21}, 20...28% Fe, stark haftend,
- δ–**Schicht**: Palisadenschicht, $FeZn_7$, 7...11% Fe, hart, spröde, schlecht haftend,
- ζ–**Schicht**: Legierungsschicht, $FeZn_{13}$, 6% Fe, spröde, schlecht haftend,
- η–**Schicht**: Deckschicht Reinzink, zäh.

Zn–Bäder enthalten im allgemeinen einen Zusatz von **0,05...0,2% Al**, der sich hemmend auf das Wachstum der Fe–Zn–Legierungsschicht (Hartzink) auswirkt. Aufgrund der Affinität des Al zu Fe bildet sich nämlich zu Beginn der Reaktion eine Al–Fe–Legierungsschicht, wodurch die Ausbildung einer Hartzinkschicht verzögert wird. Feuerverzinkungen enthalten also immer einen **gewissen Al–Gehalt**. Bei relativ dünnen Schichtdicken kann das Auftreten der Hartzinkschicht dadurch oft ganz vermieden werden.

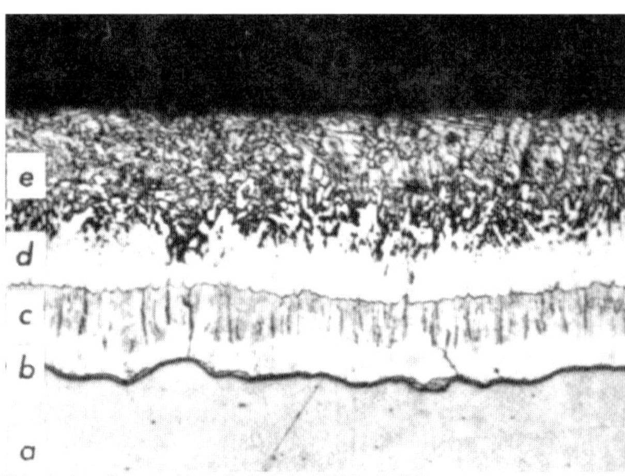

a Stahlgrundwerkstoff,
b γ–Grenzschicht,
c δ–Palisadenschicht,
d ζ–Legierungsschicht,
e η–Rein–Zinkschicht

Abbildung 17.22 **Querschliff** durch einen feuerverzinkten Stahl St 37 (V 350 : 1); /31/

Korrosionsschutz durch Bandverzinkung (Coil–Coating)

Im Mittel rechnet man mit einer **jährlichen Abtragungsrate** von Feuerverzinkungsschichten in Höhe von: 2 $\mu m\ a^{-1}$ auf dem Land, 4 $\mu m\ a^{-1}$ in der Stadt und 8 $\mu m\ a^{-1}$ in Industrieumgebung. Besonders hochwertige Korrosionsschutzsysteme auf Zn–Basis werden teilweise für Bandstahl (Coil Coating) gefordert. Für das Coil Coating stehen folgende Beschichtungsalternativen zur Verfügung:

- **Feuerverzinkung, Duplexsysteme**: Zn–Schichtdicke meist 10...20 µm, teilweise Chromatierung und anschließende Lackierung (Duplexsysteme),
- **galvannealed Schichten**: thermisch nachbehandelte, feuerverzinkte Zn–Fe–Legierungen; besitzen eine hochwertigere Verbindungstechnik,
- **hochaluminiumhaltige**, feuerverzinkte Stahlbleche: 5...55% Al–Gehalt: Markennamen Galvan, Galvalume, Aluzink,
- **elektrolytische Verzinkung**: Schichtdicke 10 µm, auch Legierungen: Zn–Ni, Zn–Fe oder Zn–Co.

Bei Karosserieblechen für die Autoindustrie wird die früher übliche Feuerverzinkung zunehmend durch eine Zinkphosphatierung mit anschließender organischer Behandlung ersetzt.

Korrosionsschutz durch Stückverzinkung

Der Korrosionsschutz für **Verzinkungsstückgut** am Fahrzeug, z.B. Montageelemente, Schrauben, Federn, Armaturen, Rohrleitungen, Betätigungsgestänge, muss sehr hochwertig sein, da eine folgende **Lackierung nicht vorgesehen** ist. Für die **Verzinkung von Stückgut** werden überwiegend folgende Beschichtungsalternativen genützt:

- **Feuerverzinkung:** Nachbehandlung durch Chromatierung,
- **elektrolytische Zn–Legierungen**: Zn–Ni (11% Ni) oder Zn–Co (1% Co),
- **zinkstaubhaltige organische Beschichtung:** Einbrennlack mit Einbrenntemperatur 180°C,
- **Zn**– und **Al–Partikel** sowie **Chromsalze:** wässrige Dispersion mit organischem Bindemittel, Aufsintern bei 300°C (**Dacromet–Verfahren**),
- **galvanische Aluminierung** aus nichtwässrigen Elektrolyten (nur wenig realisiert).

Aluminierung

Für die Aluminierung verwendet man ein **flüssiges** Aluminiumbad bei einer Temperatur von 680°C, das einen Zusatz von 8...10% Silizium enthält. An der Stahloberfläche bildet sich eine Al–Fe–Si–Legierungsschicht, die weniger spröde als eine reine Al–Fe–Schicht ist. Al–beschichtete Stahlbleche findet man in Abgassystemen von Automobilen, als Ofenrohre, in Koch- und Heizgeräten, in Ölbrennern, Wärmetauschern und Verbrennungsanlagen.

Umweltschutz beim Feuerverzinken

Die Feuerverzinkung sowie die chemische Vorbehandlung sind umweltbelastende Prozesse. Sie unterliegen der Abwassergesetzgebung (Anhang 40 Abwasserverordnung) und damit dem Grundsatz der Abfallvermeidung. Jährlich fallen in Deutschland ca. 60 000...70 000 t abgearbeitete Beizbäder (Altbeizen) aus Feuerverzinkereien als besonders überwachungsbedürftige Abfälle an. Eine wesentliche Maßnahme zur Abfallvermeidung ist die Vermeidung von Fe–Zn–Mischbeizen (z.B. Abbeizen von verzinkten Warenträgern in Fe–Beizbädern). **Fe–Zn–Mischbeizen** sind nur schwer zu verwerten, während reine Metallbeizen leichter wieder aufbereitet oder der jeweiligen Metallgewinnung zugeführt werden können (→ *Kap. 17.2*).

Altfluxe

Verbrauchte Flussmittelbäder (Altfluxe) reichern sich mit Eisenionen an und müssen nach einer gewissen Standzeit von ca. 5...6 Jahren verworfen werden. Zur **Aufbereitung** wird das Bad durch Zugabe von NH_3 oder NH_4OH auf einen pH = 3...5 eingestellt und dann Sauerstoff oder Wasserstoffperoxid zudosiert, um die enthaltenen Fe(II)–Ionen zur Fe(III)–Wertigkeitsstufe zu oxidieren. Fe(III)–Ionen fallen bei dem pH–Wert als schwerlösliche Eisenhydroxidflocken aus, die als Feststoff abgetrennt werden. Dieses Recycling wird auch von Flussmittellieferanten angeboten /103/.

Hartzinkrückstände

Weitere besonders überwachungsbedürftige Reststoffe sind eisenreiche **Hartzink–**Rückstände, die sich im Verzinkungsbad an den Wänden bilden oder aufgrund des höheren spezifischen Gewichtes zu Boden sinken und von dort regelmäßig entfernt werden müssen.

Zinkasche

Spezifisch leichte **Zinkasche** sammelt sich an der Oberfläche des Zinkbades als Reaktionsprodukt des heissen Zinkbades bzw. der geringen Al–Komponente mit Luftsauerstoff und eingeschleppten Flussmitteln. Zinkasche besteht im wesentlichen aus Zinkoxid, Zinkchlorid und wenig Al–Oxid. Hartzink und Zinkasche werden als Wertstoff der Zinkgewinnung zugeführt.

17.6 Metallische Überzüge aus wässrigen Elektrolyten: galvanisches und chemisches Metallisieren

elektrochemische/chemische Metallisierungen

Für die Abscheidung von Metallisierungen aus ionisch aufgebauten **Elektrolyten** unterscheidet man:

- **elektrochemische Überzüge, Metallisierungen** (mit Außenstrom, Galvanotechnik),
- **chemische Überzüge, Metallisierungen** (außenstromlos, autokatalytisch).

In → *Tab. 17.10* sind Beispiele für elektrochemische und chemische Metallisierungen zusammengestellt für die Anwendungsbereiche:

- **dekorative Schichten,**
- **Korrosionsschutzschichten,**
- **funktionelle Schichten** (Verschleissschutz, Elektrotechnik, Verbindungstechnik).

Metallisierungsprozess

Die chemische oder elektrochemische Metallisierung in wässrigen Elektrolyten ist ein komplexer Beschichtungsprozess und besteht im allgemeinen aus mehreren Einzelschritten, z.B.:

- **Vorbehandlung**: mechanische Vorbehandlung, Entfetten, Beizen, Dekapieren, Aktivieren, (Aufhellen),
- **Hauptbehandlung**: Leitschicht aufbringen, z.B. für Leicht- und Sondermetalle oder Kunststoffe, danach Abscheidung der gewünschten Metallschicht,
- **Nachbehandlung:** Trocknen, mechanische Nachbehandlung, Chromatieren, Qualitätskontrolle,
- **Entmetallisieren**: Warenträger, Herstellung von Ätzstrukturen.

Schichtsysteme	dekorative Schichten	Korrosionsschutz	Verschleissschutz	Elektrotechnik	Verbindungstechnik
Blei		+			+
Blei-Zinn. Leg.		+	+	+	+
Chrom	+	+	+		
Gold	+	+		+	+
Kupfer	+			+	+
Nickel (galv)	+	+	+	+	+
Nickel (chem)	+	+	+		+
Silber	+			+	+
Zink		+			
Zn/Co, Zn/Fe, Zn/Ni		+			
Zinn		+		+	+

Tabelle 17.10 **Chemische und elektrochemische Metallisierungen**: Übersicht und Anwendungsgebiete

Galvanotechnik

In der Galvanotechnik werden die zu beschichtenden Bauteile stets **kathodisch** geschaltet. Die Anode besteht meist aus dem abzuscheidenden Metall in Reinform (→ *Abb. 17.23*).

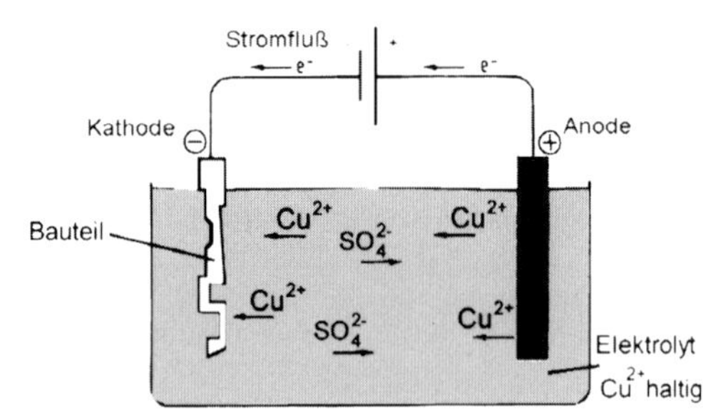

Abbildung 17.23 **Prinzipskizze der galvanischen Verkupferung** eines Bauteils.

Faraday-Gesetz

Für die Galvanotechnik gilt das **Faraday–Gesetz**, wonach die Geschwindigkeit der Metallabscheidung m/t proportional zur Stromdichte i ist (→ *Kap. 15.3*):

$$\frac{m}{t} = \eta \cdot A_e \cdot i$$

$i = I / A$ = Stromstärke pro Fläche,
$A_e = M / zF$ = elektrochemisches Äquivalent,
$F = 96485$ As mol^{-1} = Faraday–Konstante,
η = Stromausbeute.

Galvanisierspannung

Die Stromdichte ist eine Funktion der **Spannung** an den Elektroden und des Badwiderstands. Um akzeptable Abscheideraten zu erzielen, muss eine Galvanisierspannung gewählt werden, die höher liegt als dem Ruhepotential der Nernstschen Gleichung entspricht. Dieser Spannungsmehrbetrag muss zur Überwindung des Widerstands durch

Elektrodenreaktionen (Überspannung) und Ohmscher Verluste im Elektrolyt aufgebracht werden. Typische Galvanisierspannungen liegen im Gültigkeitsbereich des Ohmschen Gesetzes nach → *Abb. 15.11* und betragen ca. 2...5 V.

Elektrolytkomponenten

Das Prozessbad (Elektrolytlösung) enthält meist folgende **Komponenten**:

- **Lösungsmittel**: nahezu ausnahmslos Wasser,
- **Metallsalze:** enthält das abzuscheidende Metallkation (z.B. $CuSO_4$, $NiCl_2$),
- **Leitsalze:** erhöhen die elektrische Leitfähigkeit, minimieren die Ohmschen Verluste (z.B. H_2SO_4, NaOH, Na_2SO_4),
- **Komplexbildner:** regeln die freie Metallkonzentration (z.B. Cyanid CN^-, Fluoroborat BF_4^-, Sulfamat $H_2N–SO_3^-$)
- **Additive (**z.B. Netzmittel, pH–Regler, Glanzbildner).

Metallsalze

Die im Elektrolyt enthaltenen **Metallsalze** scheiden sich als galvanische Schicht ab. Enthält der Elektrolyt mehrere Metallkationen, wird das edlere Metall bevorzugt abgeschieden. Eine galvanische Abscheidung von Legierungen ist nur möglich, wenn die Metallkationen ein ähnliches elektrochemisches Potential besitzen bzw. durch chemische Komplexbildung erhalten. Die Anionen der Metallsalze, z.B. Chloride, können einen härtenden Effekt auf die Galvanikschicht haben oder die Anodenlöslichkeit beeinflussen. Citrate und Tartrate verbessern als ‘Weichmacher‘ die Duktilität.

Leitsalze

Leitsalze können Säuren, Laugen oder neutrale Salze sein. Ihre Hauptaufgabe ist die Erniedrigung des Zellenwiderstands und damit der Ohmschen Spannungsverluste.
Normenhinweis: VDI–Richtlinie 2420 Blatt 4: Metallische Überzüge, Galvanische Verfahren

Komplexbildner

Die Wirkung der Komplexbildner ist äußerst vielseitig und oft nicht vollständig aufgeklärt. Die Auswahl der geeigneten Komplexbildner gehört zum wesentlichen ‘Know How‘ eines Elektrolytherstellers. Durch die Komplexbildner lässt sich die freie Metallionenkonzentration steuern. Diese beeinflusst das Potential nach der Nernstschen Gleichung und die Geschwindigkeit der Metallabscheidung. Beispielsweise lässt sich das edle Potential von Gold (Standardpotential: +1,42 V) durch Zugabe von Cyanid–Komplexbildnern bis zu sehr unedlen Werten (E = -0,6 V in 1 molarer CN–Lösung) verschieben. Weiterhin ermöglichen Komplexbildner auch eine alkalische Arbeitsweise von Galvanikbädern; ohne Komplexbildner würde im alkalischen pH–Bereich üblicherweise eine Ausfällung der Metallkationen eintreten.

Makrostreuvermögen

Unter **Makrostreuvermögen** versteht man die Fähigkeit eines Elektrolyten, gleichmäßig dicke Schichten auch auf geometrisch unregelmäßig geformten Bauteilen abzuscheiden. Komplexbildnerhaltige Elektrolyte besitzen meist eine bessere Makrostreufähigkeit, da die Geschwindigkeit der Schichtabscheidung aufgrund der geringeren freien Metallionenkonzentration langsamer ist. Unter **Einebnung** versteht man im Gegenteil eine ungleichmäßige Abscheidung, wodurch eine Glättung von Unebenheiten im Makrobereich erzielt werden soll (Einebnungsmittel z.B. mehrwertige Alkohole).

Einebnung

Netzmittel

Netzmittel, z.B. Tenside verbessern die Benetzbarkeit des Werkstücks, verhindern Porenbildung, verfeinern das Kornwachstum und verbessern die Schichthaftung.

Mikrostreuvermögen

Unter **Mikrosstreuvermögen** versteht man die Fähigkeit eines Elektrolyten, gleichmäßig dicke Schichten auch auf mikroskopisch kleinen Oberflächenunebenheiten abzuscheiden. Dadurch wird die Oberflächentopographie genau nachgebildet. Anwendungstechnisch wichtiger ist jedoch das Gegenteil, nämlich die Glättung von Oberflächenunregelmäßigkeiten im Mikrobereich durch **Glanzzusätze**. Die Funktionsweise der **Glanzbildner** beruht oft auf der Steigerung der Überspannung durch Passivierung der Metalloberfläche. Die Glanzbildner (meist Inhibitoren, z.B. Thioharnstoff, Butindiol), adsorbieren sich bevorzugt an erhabenen Stellen der Metalloberfläche; sie werden teilweise flächenhaft in den Überzug eingebaut.

Glanzbildner

$$\begin{array}{c} CH_2OH \\ | \\ C \\ ||| \\ C \\ | \\ CH_2OH \end{array}$$

2-Butin-1,4-diol

Galvanisch Zink

Das galvanische Verzinken ermöglicht gegenüber dem Feuerverzinken eine definierte Einstellung der **Schichtdicke**: es entstehen keine Grate; Gewinde oder Bohrungen werden nicht verstopft. Galvanische Zn–Schichten gewinnen insbesondere in der Automobilindustrie zunehmend Marktanteile, wobei hochkorrosionsbeständige **Zn–Legierungsschichten** (ZnNi, ZnCo, ZnFe) besonderes Interesse finden. Man unterscheidet folgende Elektrolyte:

Zn–Elektrolyte

- **alkalische cyanidhaltige** bzw. **cyanidfreie Zn–Elektrolyte:** typische Inhaltsstoffe cyanidhaltiger Zn–Bäder sind $Na_2[Zn(CN)_4]$, Na_2ZnO_2, NaCN, NaOH, Stromdichte 1...8 A dm^{-2},
- **schwach** bzw. **mäßig saure Zn–Elektrolyte:** pH = 2,5...5,5, typische Inhaltsstoffe eines Zn–Sulfatbades sind $ZnSO_4$, Schwefelsäure, Borsäure (H_3BO_3), Stromdichte 1...10 A dm^{-2}.

Cyanidhaltige Galvanikbäder sollten aus Umweltschutzgründen – soweit technisch möglich – vermieden werden. In keinem Fall darf in ein cyanidhaltiges Bad Säure gelangen (Entwicklung giftiger **Blausäure**). Cyanidische Zn–Bäder zeichnen sich vorteilhafterweise durch eine gute Streufähigkeit und Glanzbildung aus. Eine geringere Streufähigkeit und eher matte Niederschläge ergeben **mäßig saure** Zn–Bäder. Aufgrund der hohen Abscheidegeschwindigkeit eignen sie sich für weniger dekorative Verzinkungen von Drähten, Bändern und Rohren. Als Nachbehandlung wird Zn häufig chromatiert (Farbgebung). Einen gegenüber reinen Zn–Schichten verbesserten Korrosionsschutz erhält man neuerdings mit **Zn–Legierungsschichten**, z.B. ZnSn (mit 80 m–% Sn), ZnCo (mit 0,8...1 m–% Co), ZnFe (mit 0,6 m–% Fe), ZnNi (mit 6...8 m–% Ni), ZnTi (mit 1,5 m–% Ti). Die Legierungselektrolyte sind in der Regel **cyanidfrei**.

Galvanisch Kupfer

Kupfer ist edler als Eisen, weshalb ein Kupferüberzug auf Eisen und Stahl bei Gegenwart von **Poren** zu Lochfraßkorrosion führt. Man wendet die galvanische Verkupferung hauptsächlich als **Unterkupferung** in Verbindung mit einer nachfolgenden Vernickelung oder Verchromung an. Gegenüber diesen Überzugsmetallen ist Cu edler und vermittelt somit dem Grundmetall einen echten Korrosionsschutz. Kupfer ist weich und kann vor dem Vernickeln nachbearbeitet, z.B. poliert werden. Man verwendet überwiegend folgende Elektrolyte:

Cu–Elektrolyte

- **alkalische cyanidhaltige** oder **cyanidfreie Cu–Elektolyte:** Inhaltsstoffe eines cyanidhaltigen Cu–Bades sind $Na[Cu(CN)_2]$, NaCN, NaOH, Stromdichte 1...6 A dm^{-2},
- **saure Cu–Elektolyte:** Inhaltsstoffe eines sauren Cu–Bades sind $CuSO_4$, Schwefelsäure, Glanzzusatz, Netzmittel, Stromdichte 5...8 A dm^{-2}.

Zementation

Da Kupfer beträchtlich edler als Eisen, Zink oder Aluminium ist, scheidet es sich auf unedleren Grundmaterialien bereits beim Einhängen der Gegenstände in das Bad als schwammige, schlecht haftende Schicht ab (**Zementation,** siehe unten). In diesen Fällen (z.B. Unterkupferung von zu verchromenden Stahlteilen) müssen **cyanidische** Cu–Bäder verwendet werden. **Saure** Kupferbäder werden u. a. als polierbares Glanzkupfer für dekorative Korrosionsschutzbeschichtungen oder als galvanische Cu–Leiterbahnen bei der Leiterplattenherstellung eingesetzt.

Galvanisch Nickel

Ni–Elektrolyte

O
$H_2N-S-OH$
O

Amidoschwefelsäure (Sulfamate = Salze und Ester der Amidoschwefelsäure)

Nickel weist eine relativ gute Beständigkeit gegenüber dem chemischen Angriff durch verdünnte Säuren, Laugen oder Wasser auf. Es wird für Korrosionsschutzzwecke oder dekorative Zwecke eingesetzt. Von einem dauernden Hautkontakt mit vernickelten Gegenständen (z.B. billiger Modeschmuck) wird heute aufgrund der **allergieauslösenden** Wirkung von Ni abgeraten. Der wichtigste Elektrolyt für galvanisch Nickel ist der *Wattssche* Ni–Elektrolyt. Sehr spannungsarme und harte Ni–Überzüge erhält man mit einem Ni–Sulfamat–Elektrolyt:

- **schwachsaurer *Wattsscher* Ni–Elektrolyt:** Inhaltsstoffe sind $NiSO_4$, $NiCl_2$, Borsäure, Glanzzusätze, pH = 3...5, Stromdichte 0,5...10 A dm^{-2}.
- **Sulfamatbad**: Inhaltsstoffe sind Nickelsulfamat $Ni(NH_2SO_3)_2$, $NiCl_2$, Borsäure, pH = 3,5...4,2, Stromdichte 2...15 A dm^{-2}.

Doppelnickel
Glanznickel
Mattnickel

Nickel ist meist edler als das Grundmetall. Korrosionsbeständige Ni–Überzüge sollen deshalb genügend dick, porenarm und geschlossen sein. Ein häufig beschrittener Weg zu einem kathodischen Korrosionsschutz ist die Abscheidung einer Doppel–Nickel–Schicht (**Duplex–Vernickelung**). Durch einen variablen Zusatz von **Glanzbildnern** (schwefelhaltige Verbindungen) lassen sich **Matt-**, **Halbglanz-** und **Glanzvernickelungen** erzeugen, wobei sich ein zunehmender Glanzzusatz als potentialerniedrigend (unedel) erweist. Als Doppel–Nickel bezeichnet man die Kombination einer **unedlen** Glanznickel–**Deckschicht** mit einer **edleren**, weniger schwefelhaltigen Mattnickel–**Grundschicht** (→ *Abb. 17.24*). Im Korrosionsfall geht die Glanznickelschicht in Lösung, während die Mattnickelschicht kathodisch geschützt bleibt.

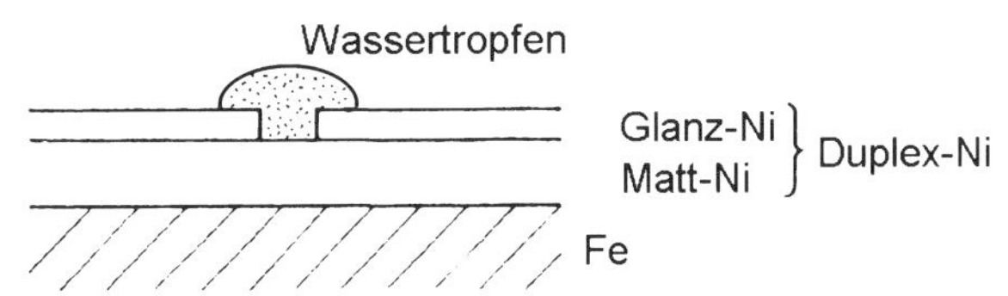

Abbildung 17.24 **Kathodische Schutzwirkung** der Doppel–Nickelschicht (mit einer Pore im Glanznickel /29/).

Ni–Komplexe

Elektrolyte für galvanisch Nickel sind frei von harten Komplexbildnern, weshalb Abwässer oder Abfälle aus diesen Bädern in reiner Form relativ unkompliziert verwertet oder entsorgt werden könnn. Eine Vermischung der Ni–Teilströme insbesondere mit cyanidhaltigen Abwässern ist zu vermeiden, da Ni sehr **stabile Ni–Cyanidkomplexe** bildet und dann die Ni–Grenzwerte nicht mehr eingehalten werden können. Ni–Abwässer dürfen **kein EDTA** enthalten (Anhang 40, Abwasserverordnung).

Galvanisch Chrom

Obwohl Chrom unedler ist als Eisen, verleiht es einen guten Korrosionsschutz in neutralen oder leicht sauren Medien, weil es an Luft praktisch eine passive Deckschicht aus Chromoxid bildet. Diese **Passivierungsschicht** kann von Chloriden durchdrungen werden, weshalb eine Verchromung gegenüber Salzsäure, aber auch gegenüber **Streusalz** nicht beständig ist. Die ausgeprägte Passivschichtbildung ist auch die Ursache, weshalb Chromanoden beim galvanischen Beschichtungsprozess (Bildung der elektrisch isolierenden Chromoxidschicht an der Anode) nicht verwendet werden können und durch **Bleianoden** ersetzt sind.

Cr–Elektrolyte

Die galvanische Abscheidung erfolgt aus Chromelektrolyten, die Chrom als giftiges **Chromatanion** (CrO_4^{2-}) in der sechswertigen Oxidationsstufe und eine Säure (bevorzugt Schwefelsäure oder organische schwefelhaltige Säuren) enthalten. Das Anion muss vor der Abscheidung an der Kathode zunächst reduziert werden, wodurch ein zusätzlicher Stromverbrauch auftritt. Die **Stromausbeute** bei der Verchromung ist im Vergleich zu anderen galvanischen Abscheideverfahren sehr gering und beträgt nur ca. 30%. An der Kathode scheidet sich viel Wasserstoff ab, der beim Entweichen aus dem Bad giftige Chromsäure (H_2CrO_4) mitreisst. Die Badoberfläche muss deshalb mit Kunststoffkugeln abgedeckt und mit einer **Absaugung** versehen sein; dem Bad werden oft **schaumhemmende** Fluortenside zugegeben. Unterschiedliche Cr–Beschichtungen sind im wesentlichen auf eine unterschiedliche Badführung zurückzuführen:

- **Glanzchrom**: hoher CrO_3–Gehalt, geringer Säuregehalt, niedrige Badtemperatur von 30°C, niedere Stromdichte 10 A dm^{-2}.
- **Hartchrom:** niedriger CrO_3–Gehalt, höherer Säuregehalt, hohe Badtemperatur von 55...60°C, höhere Stromdichte 40 A dm^{-2}.

Glanzchrom

Glanzchrom scheidet man aus optischen Gründen mit einer Schichtdicke von nur ca. 0,3 µm auf dem Schichtaufbau Grundmetall–Kupfer–Nickel–Chrom ab, da Nickel **nicht anlaufbeständig** ist (Oxidbildung). Der Korrosionsschutz und die Glanzbildung müssen von der unten liegenden ca. 20...40 µm dicken Ni–Duplexschicht aufgebracht werden. Da bei Cr–Schichten das Auftreten von Mikrorissen oder Mikroporen praktisch nicht zu vermeiden ist, hat es sich als günstiger erwiesen, bewusst **mikrorissige Chromschichten** herzustellen (ca. 700 Risse pro cm^2). Dadurch lässt sich die Korrosionsstromdichte und damit die Korrosionsgeschwindigkeit je Riss vermindern (→ *Abb. 17.25*). Mikrorissiges Chrom erhält man durch Einstellung der Arbeitsparameter, z.B. niedrige Elektrolyttemperaturen, niedrige Stromdichten, Zugabe von Katalysatoren.

Mikrorissiges Cr

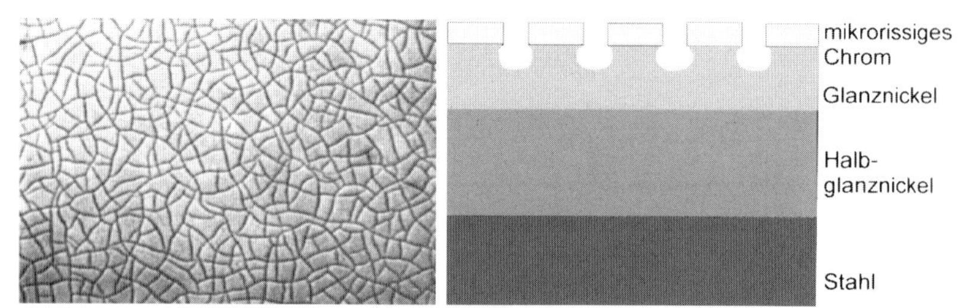

Abbildung 17.25 **Mikrorissiges Chrom**: Korrosion bei der Schichtfolge Halbglanznickel, Glanznickel, mikrorissiges Chrom (rechts /nach 104/). Der Korrosionsstrom verteilt sich auf viele Risse (links /31/).

Hartchrom

Hartverchromungen werden direkt auf dem Grundmaterial mit einer Schichtdicke von 20...400 µm abgeschieden. Die Härtesteigerung wird auf den Einbau von Cr–Hydriden zurückgeführt. Eine Hartverchromung dient zur Steigerung der Härte und Verschleissbeständigkeit von Werkzeugen und Bauteilen. Kunststoffe verkleben auf verchromten Flächen nicht (Anwendung: Hartverchromen von Pressformen und Spritzgießwerkzeugen).

Cr–Bad–Recycling

Für das Recycling von Chrom–Prozessbädern und Abreichern von Spülwässern haben sich **Ionenaustauscher** bewährt. Da Chromat negativ geladen ist, wird zur Chromatabreicherung (Kreislaufführung der Spülbäder) mit Anionenaustauschern und bei der Abtrennung von Fremdkationen (Kreislaufführung des Prozessbades) mit Kationenaustauschern gearbeitet (→ *Abb. 17.26*).

Galvanisch Gold

Nahezu 75% der galvanischen und chemischen Goldschichten werden inzwischen für Elektronikzwecke (Leiterplatten, Steckerkontakte u. a.) produziert. Der restliche Anteil von 25% dient dekorativen Zwecken (Uhren, Schmuck, Brillen). Aus Kostengründen sind die Schichtdicken üblicherweise sehr gering und liegen meist <0,5 µm. Goldelektrolyte enthalten Gold stets in komplexer Form als:

Au–Elektrolyte

- **cyanidhaltige Au–Elektrolyte**: Inhaltsstoffe $K[Au(I)(CN)_2]$ oder $K[Au(III)(CN)_4]$,
- **sulfidhaltige** oder **chloridhaltige Au–Komplexe:** saure oder alkalische Bäder, wenig gebräuchlich.

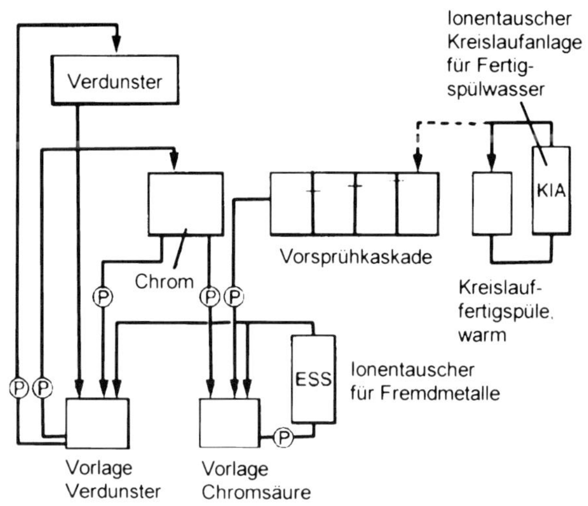

Abbildung 17.26 **Recycling** eines **Chrom–Prozessbades** mit einem Kationenaustascher (ESS = Selektivionenaustauscher) und Kreislaufführung der Spülwässer mittels eines Anionenaustauschers (KIA = Kreislaufionenaustauscher, nach /105/).

Die in der Regel eingesetzten $K[Au(I)(CN)_2]$–haltigen Elektrolyte arbeiten im sauren oder neutralen pH–Bereich und enthalten kein freies Cyanid. Sie werden für Elektronikzwecke als **Bondgold** (Reinheit: >99,9% Au) oder als **Kontaktgold** (Reinheit: >99,5% Gold, härtende Zusätze: Co, Ni, Fe 0,1...0,5%) eingesetzt. Für **dekorative** Goldschichten werden oft ganz bestimmte Goldfarbtöne (24 Karat = 100% Feingold, 12 Karat 50% Feingold, 1 Karat = 4,17% Feingold) verlangt, die durch Zumischung von Legierungselementen (Ag, Cu, Cd, Zn mit Anteilen von 5...50%) erzielt werden. Derartige Legierungsabscheidungen sind nur aus cyanidischen Au–Elektrolyten mit einem hohen Gehalt an freiem Cyanid möglich, die alkalisch (pH >9) eingestellt sein müssen.

Au–Rückgewinnung

Goldbäder und Spülwässer werden allein schon aus ökonomischen Gründen sorgfältig mittels Elektrolyse und **Kationenaustauscher** gereinigt, die anschließend zur Goldrückgewinnung **verascht** werden.

Chemische Metallisierungen

Mit chemischen (**außenstromlosen**) Metallisierungsverfahren lassen sich auch **komplexe** Bauteile (Bohrungen, Sacklöcher u. a.) gleichmäßig beschichten. Es gelingen auch Metallisierungen auf **nicht elektrisch leitfähigen** Basismaterialien, z.B. Kunststoffen. In der Praxis sind im wesentlichen chemisch Nickel–, Kupfer–, Zinn–, Silber– und Gold–Metallisierungen von Bedeutung. Die metallische Abscheidung beruht im Gegensatz zur gebräuchlichen **elektrochemischen** Metallabscheidung auf einer **chemischen** Reduktion der Metallionen. Als Reduktionsmittel kommen in Frage:

- **das zu beschichtende Metall selbst (Zementation, Sudverfahren)**,
- **ein externes Reduktionsmittel (autokatalytische Reduktion)**.

Zementation, Sudverfahren

Eine **Zementation** findet immer dann statt, wenn ein **edleres** Metall auf ein **unedleres** Grundmaterial aufgebracht werden soll, z.B. die chemische Vergoldung von vernickelten Oberflächen, etwa vergoldete Bondpads für Leiterplatten:

$2\,Au^{+} + Ni \rightarrow Ni^{2+} + 2\,Au$

Je größer der Potentialunterschied der Metalle ist, desto schneller verläuft die Reaktion. Bei rascher Abscheidung erhält man jedoch oft schwammartige, wenig haftfeste Metallisierungen. Sudverfahren lassen sich u. a. einsetzen für: **Cu** auf Fe bzw. **Cu** auf Al bzw. **Zn** auf Al, Mg,Ti bzw. **Ag** auf Cu bzw. **Au** auf Cu, Ag, Ni, oder Edelstahl. Technisch eingesetzt werden Sudverfahren im wesentlichen für die **chemische Versilberung** (Spiegel) oder **Vergoldung** mit geringen Schichtdicken <1 µm. Die Reaktion kommt nach der Bedeckung der Oberfläche des unedlen Metalls langsam zum Stillstand, wobei diese Zeit durch erhöhte Badtemperaturen von 50...95°C verzögert werden kann. Es lassen sich auch dickere Sudmetallschichten herstellen, allerdings entsteht hier der gravierende Nachteil, dass das unedle Metall nach der Bedeckung seiner Oberfläche durch das edlere Metall nur noch durch Lochfraßporen an die Oberfläche gelangen kann.

Tauchvergoldung Sudgold

Die Tauchvergoldung (Sudgold) ist ein technisch relevantes Verfahren um Au–Schichten auf chemisch Nickel abzuscheiden. Die minimale Au–Auflage (gold flash, gold strike, d. h. Sudgold mit einer Schichtdicke <0,1 µm) dient nur als Anlaufschutz zur Verhinderung der Ni–Oxidation (NiO würde die Löt- und Bondbarkeit beeinträchtigen). Der wichtigste Tauchgoldelektrolyt für die Abscheidung auf chemisch Nickel arbeitet mit: $K[Au(CN)_2]$, Ammoniumcitrat, Ammonium–EDTA, pH–Wert 6...7, Temperatur 90°C.

In → *Abb. 17.27* ist die übliche Schichtfolge für vergoldete Leiterplattenoberflächen zum Bonden mit Al–Draht (**Ultraschallbonden)** dargestellt. Die Ni–Zwischenschicht ist als Diffusionssperre notwendig, da das Kupfersubstratmaterial ansonsten rasch in die Goldschicht diffundieren würde. In der Elektronik werden teilweise auch **Ni/Pd/Au–Schichten** angeboten, da Pd eine noch geringere Diffusionsneigung als Ni hat.

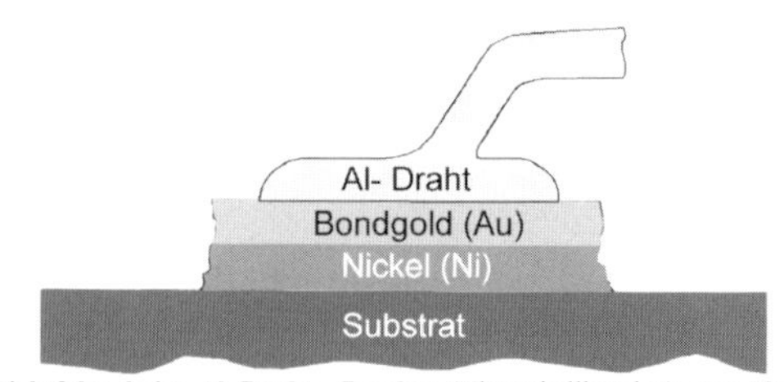

Abbildung 17.27 **Schichtfolge beim Al–Draht—Bonden** (Ultraschallbonden) zum Verbinden von elektronischen Bauelementen mit vergoldeten Leiterplattenanschlüssen (pads) /nach 104/.

Autokatalytische Reduktion

Für die meisten chemischen Abscheidungen wird ein externes **Reduktionsmittel** (Red) zugesetzt. In der Regel sind Metallionen und Reduktionsmittel bereits vorgemischt in einem Badkonzentrat enthalten. Chemische Metallisierungsbäder sind deshalb **metastabile** Systeme mit einer begrenzten Standzeit (Wochen bis Monate), weshalb sie technologisch **anspruchsvoller** und **kostenintensiver** als galvanische Prozesse sind.

Die Schichtdicken chemischer Metallisierungen werden deshalb oft auf das technisch notwendige Mindestmaß beschränkt und anschließend **galvanisch nachverstärkt**.

Normenhinweis:
VDI–Richtlinie 2420 Blatt 5, Metallische Überzüge, Chemische Verfahren

Aufgabe der Komplexbildner

Chemische Metallisierungsbäder neigen zu **unkontrollierter** Metallabscheidung. Dies ist jedoch nur in Ausnahmefällen (Herstellung eines Silberspiegels auf komplexen Werkstücken, Galvanoformung) erwünscht. Der Ablauf einer spontanen Reaktion wird durch Zugabe von **Komplexbildnern** und **Stabilisatoren** verzögert. Die Reaktion muss so gesteuert werden, dass sie nur an bestimmten, katalytisch wirkenden Metalloberflächen einsetzt und sich selbst durch die wachsende Metallschicht beschleunigt (**autokatalytische** Wirkung der gebildeten Metallschicht):

$Red \rightarrow Red^{z+} + z\,e^-$ $\qquad Me^{z+} + z\,e^- \rightarrow Me$ (autokatalytische Wirkung)

Chemische Metallisierungen als Mischelektrode

Die Vorgänge bei einer chemischen Metallabscheidung lassen sich mit Hilfe der Stromdichte–Potentialkurve einer Mischelektrode veranschaulichen. Wie im Korrosionsfall (→ *Kap. 14.1*, → *Abb. 14.7*) finden zwei unterschiedliche Reaktionen (Oxidation des Reduktionsmittels und Reduktion des Metallions) auf derselben Metalloberfläche statt. Nach → *Abb. 17.28* muss das Ruhepotential $E_{R,Red}$ des Reduktionsmittels in jedem Fall unedler als das Ruhepotential des Metalls $E_{R,Me}$ sein. Die Potentialdifferenz sollte jedoch auch nicht zu groß sein, da ansonsten eine zu heftige Reaktion und dadurch ausgelöste schlechte Schichthaftung auftritt. Das starke Reduktionsmittel Na–Hypophosphit (Normalpotential–1,57 V in alkalischer Lösung) ist deshalb ein geeignetes Reduktionsmittel für die Abscheidung von unedlem Ni. Für das edlere Cu ist jedoch ein schwächeres Reduktionsmittel wie Formaldehyd (Normalpotential–1,11 V in alkalischer Lösung) geeigneter. Alle Faktoren, die einen steileren Kurvenverlauf des anodischen oder kathodischen Teilastes der Stromdichte–Potentialkurve hervorrufen (z.B. höhere Metallionen- oder Reduktionsmittelkonzentrationen, geeigneter pH–Wert, Abwesenheit anorganischer oder organischer Inhibitoren u. a.) beschleunigen die chemische Metallabscheidung.

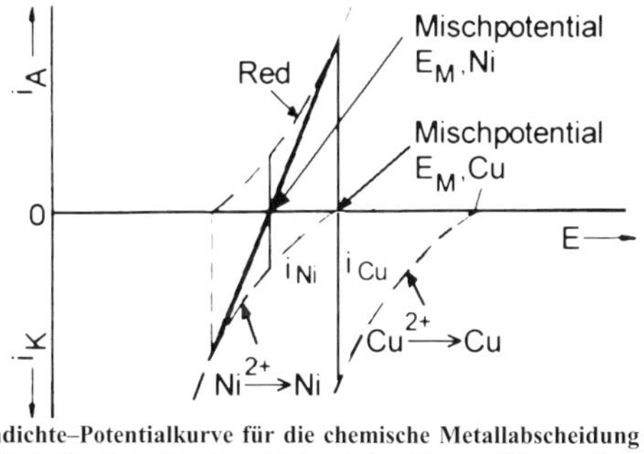

Abbildung 17.28 **Stromdichte–Potentialkurve für die chemische Metallabscheidung** von Ni oder Cu mit einem Reduktionsmittel (Red). Der Potentialunterschied zwischen $E_{R,Red}$ und $E_{R,Me}$ sollte nicht zu groß sein, da andernfalls ein zu steiler Verlauf der Summenkurve und somit eine zu rasche Metallabscheidung und daraus folgende schlechte Schichthaftung resultiert.

Chemisch Ni Dispersionsschichten

Abscheidelösungen für chemisch Nickel sind meist **komplexer** aufgebaut als Elektrolyte für galvanisch Nickel. Die Badkomponenten verbrauchen sich während der Reaktion und müssen deshalb überwacht und nachdosiert werden. Die möglichen Komponenten eines chemisch Nickel–Elektrolyten sind in → *Tab. 17.11* zusammengestellt. Bei sogenannten **Ni–Dispersionsschichten** werden inerte Füllstoffe (z.B. reibungsarmes

PTFE oder verschleissbeständiges SiC) dem Elektrolyten hinzugefügt, die bei der chemischen Abscheidung in die aufwachsende Ni–Schicht eingebaut werden.

Inhaltsstoffe von autokatalytischen Metallisierungsbädern

Bestandteile	Funktion	Beispiel
Nickelionen	abzuscheidendes Metall	$NiCl_2$, $NiSO_4$, Ni–Acetat
Hypophosphit	Reduktionsmittel	Na-Hypophosphit
Komplexbildner	verhindern hohe Ni-Konzentrationen durch Komplexbildung (Stabilisierung)	Mono- bzw. Dicarbonsäuren, Hydroxycarbonsäuren, Amine, Pyrophosphate
Stabilisatoren	verhindern Zersetzung der Lösung durch Komplexierung katalytisch wirkender Metallkeime	Thioharnstoff, bestimmte Schwermetallionen
Beschleuniger	aktivieren Hypophosphit-Ionen und beschleunigen die Abscheidung	Säureanionen, Fluoride, Borate
pH-Regulatoren, Puffersubstanzen	Regulieren den pH-Wert, stabilisieren den pH-Wert	Säuren, Laugen, Na-Salze der Carbonsäuren
Netzmittel	verbessern die Benetzbarkeit	ionische und nichtionische Tenside

Tabelle 17.11 **Chemische Metallisierungen**: Mögliche Inhaltsstoffe eines Chemisch Nickel–Bades.

Autokatalytische Oberflächen

Katalytisch aktive Metalloberflächen für die chemisch Nickel–Abscheidung sind Ni, Co, Rh und Pd. Unedle Metalle wie Fe und Al können ebenfalls chemisch vernickelt werden, da sich aufgrund von Zementation katalytisch wirkende Ni–Keime abscheiden. **Edlere** Grundmetalle (z.B. Cu, Ag) bedürfen einer **Vorbehandlung**. Für die chemische Vernickelung hat sich **Hypophosphit ($H_2PO_2^-$)** als Reduktionsmittel durchgesetzt (nur in wenigen Fällen wird $NaBH_4$ eingesetzt). Die Ni–Reduktion verläuft über die Bildung von an der Metalloberfläche adsorbierten Wasserstoffatomen (H_{ads}) als Zwischenstufe:

Reationsablauf

$H_2PO_2^- + H_2O \rightarrow H^+ + HPO_3^{2-} + 2\,H_{ads}$ (adsorbiert an Metallfläche)
$Ni^{2+} + 2\,H_{ads} \rightarrow Ni + 2\,H^+$

$H_2PO_2^- + Ni^{2+} + H_2O \rightarrow HPO_3^{2-} + Ni + 3\,H^+$ (Gesamtreaktion)
$H_2PO_2^- + H_{ads} \rightarrow P + H_2O + OH^-$ (Nebenreaktion)

Nickelphosphid

Adsorbierte Wasserstoffatome vereinigen sich in einer Nebenreaktion zu molekularem Wasserstoff, weshalb die chemisch Ni–Abscheidung nur mit einer begrenzten Ausbeute abläuft. Als weiteres Nebenprodukt der Nickelabscheidung wird Phosphor gebildet und als **Nickelphosphid (NiP_x)** mit einem Anteil von bis zu 10% P in die chemisch Nickel–Schicht eingebaut. Mit dem P–Gehalt lassen sich die Schichteigenschaften, z.B. Härte und Verschleissbeständigkeit steuern. Bei der Reaktion sinkt der pH–Wert. Sobald der pH unter den Sollwert von pH = 4,3...4,6. absinkt, werden Regenierlösungen mit Natronlauge, Nickelsulfat und Na–Hypophosphit zugegeben. Die Reaktionstemperatur beträgt ca. 93...95°C.

```
      O       O
      ||      ||
MeO — P — O — P — OMe
      ||      ||
      O       O
```

Pyrophosphate = Diphosphate

Für Nickel genügen relativ schwache Komplexbildner (z.B. Carbonsäuren wie Weinsäure, Citronensäure) oder anorganische Verbindungen wie Ammoniumsalze oder Pyrophosphat.

Chemisch Cu

Die außenstromlose, chemische Verkupferung hat eine große Bedeutung als primäre Leitschicht für die Metallisierung von Kunststoffen, z.B. **Durchkontaktierung** von Bohrlöchern in der Leiterplattenfertigung. Auch bei der **Verchromung** von **Kunststoffformteilen** (z.B. für Zierbauteile oder Sanitärarmaturen), wird chemisch Kupfer als

Grundschicht innerhalb eines Schichtaufbaus Kunststoff–Kupfer–Nickel–Chrom gewählt. **Herkömmliche** chemisch Kupfer–Bäder verwenden Cu^{2+}–Lösungen mit starken Komplexbildnern (meist EDTA oder NH_3) und überwiegend Formaldehyd (HCHO) als Reduktionsmittel. Für eine hohe Schichthaftung ist die **Vorbehandlung** der Polymeroberfläche entscheidend, die nach einem mehrstufigen Aktivierungsprozess erfolgt:

Kunststoffmetallisierung

- **Aufrauhen** der Polymeroberfläche durch oxidierende Stoffe, z.B. Chromschwefelsäure oder Permanganat,
- **Sensibilisieren** mit Sn(II)–Lösungen, die adsorptiv auf der aufgerauhten Oberfläche haften,
- **Aktivieren** durch Behandeln mit Pd(II)–Lösung, Pd–Keime scheiden sich ab, Sn(II) wird zu Sn(IV) oxidiert,
- **Entfernen** der Sn(IV)–Hydroxide, zurückbleibt eine Pd–Aktivierungsschicht,
- **Abscheidung** von chemisch Kupfer auf den Pd–Keimen (Badparameter: pH = 12..13, Temperatur 22...28°C).

Die adsorbierte Pd–Aktivierungsschicht und die darauf abgeschiedenen Kupferkeime beschleunigen das Wachstum der chemisch Kupfer–Schicht **autokatalytisch** gemäß:

$Cu^{2+} + HCHO + 3\ OH^- \rightarrow Cu + HCOO^- + 2\ H_2O$ ($HCOO^-$ = Formiat, Salz der Ameisensäure)

Nebenreaktion: $HCHO + OH^- \rightarrow CH_3OH + HCOO^-$

Die Pd–Aktivierungsschicht setzt sich auf der Leiterplatte allerdings nicht nur in den Bohrlöchern, sondern auch auf den Cu–Leiterbahnzügen ab. Diese wenig haftenden Schichten müssen vor einer galvanischen Verstärkung durch **Mikroätzen** oder Hochdruckspülen entfernt werden. Aufgrund der hohen Kosten des mehrstufigen Fertigungsprozesses sowie der schädlichen Einsatzstoffe EDTA und Formaldehyd finden zunehmend **Direktmetallisierungsverfahren (DMS)** Anwendung, bei denen die chemische Reduktion von Kupfer entfällt. Bei diesen Verfahren kann eine Pd/Sn–Aktivierungsschicht abgeschieden und anschließend das unedle Sn gegen das edlere Kupfer ausgetauscht (Zementation) werden. Diese Cu–Schicht lässt sich direkt galvanisch verstärken. Ein weiteres Direktmetallisierungsverfahren arbeitet mit einer Leitschicht auf der Basis von elektrisch leitfähigen Polymeren (z.B. Polyacetylen, Polypyrrol, Polyanilin, Polythiophen) die direkt mit Kupfer galvanisch verstärkt wird.

Direktmetallisierung (DMS)

Leitfähige Polymere

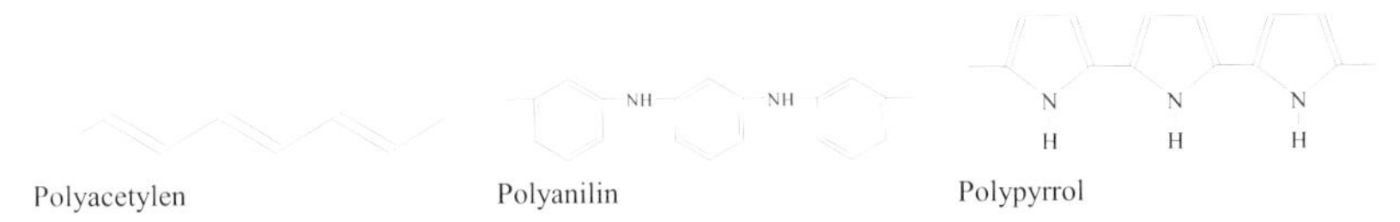

Polyacetylen Polyanilin Polypyrrol

Starke Komplexbildner wie **EDTA** sind abwassertechnisch problematisch, da Schwermetalle aus diesen Lösungen oft nicht bis zu den geforderten Grenzwerten ausgefällt werden können. Die Metallkomplexe müssen vor einer Fällung **oxidativ zerstört** werden, wozu folgende Alternativen zur Verfügung stehen (→ *Kap. 13.3*):

Zerstörung von Komplexbildnern

- **Oxidation mit NaOCl** (problematisch wegen AOX–Grenzwert),
- **Oxidation mit Caroat** (Tripelsalz 2 $KHSO_5$. $KHSO_4$. K_2SO_4),
- **Oxidation mit Ozon oder H_2O_2**, teilweise mit UV–Aktivierung,
- **anodische Oxidation**.

Pro Jahr fallen in Deutschland ca. 100 000 t **besonders überwachungsbedürftige** Galvanikschlämme zur Beseitigung an. Die Abfälle entstehen bei der herkömmlichen Abwasserbehandlung durch Neutralisation und Simultanfällung aller Metallionen aus Spülbädern und verworfenen Prozessbädern, die – gegebenenfalls nach einer Entgiftung

Galvanikschlamm

von Cyanid, Nitrit und Chromat – durch Zusammenführen der Teilströme erhalten werden (→ *Abb. 17.28*). Die **vermischten** Metallhydroxide bzw. -sulfide können jedoch wirtschaftlich kaum noch getrennt oder verwertet werden.

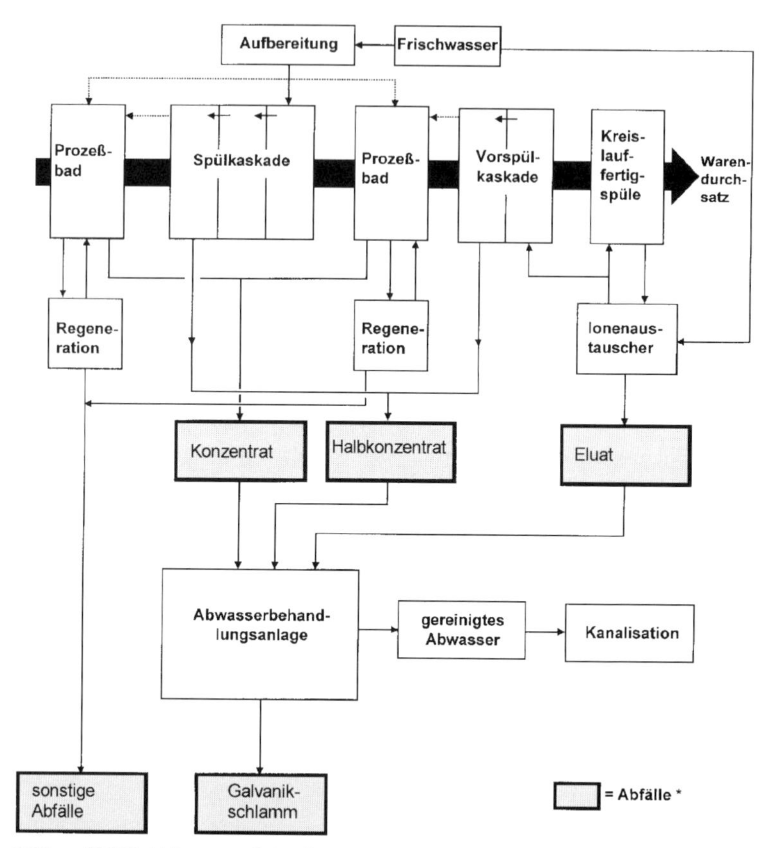

Abbildung 17.28 **Entstehung von Galvanikschlamm** aus den Prozessbädern und Spülwässern eines Galvanikbetriebs. Bei der herkömmlichen Abwasserbehandlung werden die Teilströme vermischt und gemeinsam neutralisiert und gefällt (Simultanfällung, aus: Galvanotechnik, Abfallberatungsagentur ABAG, Fellbach, 1995 /83/).

Recycling-techniken in der Galvanotechnik

Galvanotechnische Betriebe unterliegen den Regelungen der Abwassergesetzgebung (Anhang 40, Abwasserverordnung), die eine **Abwasser-** und **Abfallminimierung** durch Recycling von Prozessbädern und eine Spülwasserkreislaufführung fordert. Diese Anforderungen lassen sich am ehesten durch einen separaten Wertstoffkreislauf für jedes Galvanikbad erfüllen. → *Tab. 17.12* gibt einen Überblick über Wertstoffrückgewinnungstechniken in der Galvanotechnik.

Verfahren	Verfahrenscharakteristik	Anwendung
Verdunster, Verdampfer	Physikalisch: Verdunsten, Verdampfen	Konzentrieren von Spülwässern, Wertstoffrückführung aus Sparspülen
Ultrafiltration	Physikalisch: Trennung durch Membrane	CSB-Senkung, Schlamm-Feinfiltration
Umkehrosmose	Physikalisch: Trennung von Ionen durch semipermeable Membranen unter Überwindung des osmotischen Drucks	Spülwasserrecycling, Aufkonzentrierung von Halbkonzentraten z.B. Sparspülen
Elektrodialyse	physikalisch/elektrochemisch: Trennung von Ionen durch eine semipermeable Membran in einem elektrischen Feld	Regeneration saurer Prozessbäder
Elektrolyse	physikalisch/elektrochemisch: Abscheiden gelöster Metallionen an Elektroden unter Wirkung eines elektr. Feldes	Metallrückgewinnung in fester Form, selektives Badrecycling durch Metalltrennung
Ionenaustauscher	Physikalisch/chemisch: Abtrennen aufgrund von Adsorption/Ionenaustausch an Adsorberharzen	Rückgewinnung von Bunt- und Edelmetallen, selektive Reinigung von Chromsäure-, Chromatierungs-, Beiz- und Eloxalbädern
Extraktion	physikalisch/chemisch: Selektives Abtrennen von Metallsalzen mit einem nicht wassermischbaren Lösungsmittel	Abwasserreinigung von schwermetallhaltigem Abwasser
Kristallisation	physikalisch/chemisch: Ausfällen eines gelösten Stoffes nach Abkühlen	Abtrennung von Metallsalzen, z.B. nach Eindampfen

Tabelle 17.12 **Verfahren zur Wertstoffrückgewinnung in der Galvanotechnik**: durch Konzentrieren (Abtrennung des Lösungsmittels) und Regenerieren (Abtrennung von Fremdstoffen).

17.7 Metallische Überzüge aus der Gasphase: Vakuumbeschichtungen, PVD–/ CVD–Verfahren

Dünnschichttechnologie

Vakuummetallisierungen haben insbesondere für die Herstellung dünner Schichten auf **hochwertigen** Bauteilen eine Bedeutung erlangt. Unter **Dünnschichttechnologie** (→ *Tab. 17.13*) versteht man die Abscheidung hochreiner Schichten mit Schichtdicken zwischen 0.1 und 10 µm, üblicherweise mit vakuumtechnischen und plasmachemischen Methoden (→ *Kap. 17.3*). Die Verfahren der Dünnschichttechnologie wurden für die **Halbleiterfertigung** zur Herstellung von mikrometerfeinen Metall- oder Isolatorschichten entwickelt. Darüber hinaus haben sich in jüngster Zeit zahlreiche weitere Anwendungsfälle ergeben, z.B. die Herstellung von Spiegeln und Reflektoren, Compact–Disks (CD), Sensoren, Katalysatoren oder Hartstoffschichten auf Werkzeugen. Eine Übersicht praktisch eingesetzter Schichtsysteme ist in → *Tab. 17.13* zusammengestellt. Ein wesentlicher Vorteil – insbesondere von PVD–Schichten – ist die Möglichkeit, eine nahezu unbegrenzte Vielzahl von **Legierungen** ohne Berücksichtigung ihrer metallurgischen Mischbarkeit oder elektrochemischen Abscheidepotentiale herzustellen.

Anwendungsbeispiele für Dünnschichttechnik

Funktion	Anwendungsgebiet	Schichtbeispiele
mechanisch	Verschleissschutz	TiN, TiC, TiCN, TiAlN
	Schmierstoff	MoS_2
chemisch	Korrosionsschutz	MCrAlY, Al_2O_3
dekorativ	Farbe, Glanz	Au–Legierungen, TiN, TiAlN
elektrisch	Elektronik	Al, Au, Cu, YBaCu–Oxide
	Halbleiter	α–Si, SiO_2, GaAs
optisch	Spiegel,Lichtbrechung	SiO_2, TiO_2, Ag, Al

Tabelle 17.13 **Dünnschichttechnik**: Schichtsysteme und Anwendungen

Bei der Abscheidung von dünnen Schichten (Schichtdicke <10 μm) aus der Gasphase unterscheidet man:

- **PVD–Verfahren** (Physical Vapor Deposition),
- **CVD–Verfahren** (Chemical Vapor Deposition).

PVD–Verfahren

Bei PVD–Verfahren wird das metallische oder keramische Beschichtungsmaterial durch **physikalische** Verfahren (Verdampfen, Zerstäuben) in die Gasphase überführt, während bei CVD–Verfahren eine gasförmige, **chemische** Verbindung als Ausgangsstoff verwendet wird. Folgende PVD–und CVD–Verfahren sind technisch relevant und werden teilweise im folgenden Text beschrieben:

PVD–Verfahren	**CVD–Verfahren**
- Aufdampfen	- thermisches CVD
- Lichtbogen(Arc) Verdampfen	- Plasma–CVD
- Ionenplattieren	- Plasmapolymerisation.
- Zerstäuben, Sputtern.	

Aufdampfen

Thermisches Verdampfen

Elektronenstrahlverdampfen

Die meisten PVD–Prozesse werden in Vakuumanlagen bei Drücken zwischen 10^{2} bis 10^{-7} hPa durchgeführt; CVD–Prozesse erfolgen zwischen 10 hPa und Normaldruck. In vielen Fällen wird ein inertes oder reaktives Prozessgas zugeführt. Eines der ältesten PVD–Verfahren ist das **Aufdampfen** von Metallschichten im **Hochvakuum** bei Drükken um $10^{-6}...10^{-7}$ hPa. Das Verdampfungsgut wird mit einem **widerstandsbeheizten** Verdampfer, oder besser, einem **Elektronenstrahl** verdampft (→ *Abb.17.29*). Aufgrund des verwendeten Hochvakuums und der Abwesenheit von Prozessgasen erhält man Schichten **hoher Reinheit**, die mit gleichmäßiger Schichtdicke und **geringer Temperaturbelastung** auf komplex geformte Bauteile aufgebracht werden. Der Nachteil einer begrenzten Schichthaftung kann durch Erhöhung des Ionisierungsgrads des Metalldampfes, z.B. durch ein elektrisch geladenes Gitter, verbessert werden. Legierungsschichten können durch gleichzeitiges Verdampfen aus mehreren Tiegeln hergestellt werden. Typische Anwendungsfälle sind die Metallisierung von **Gläsern** (z.B. Sonnenbrillen) oder von **Kunststoffen** (z.B. EMV–Abschirmschichten in Elektronikgehäusen, EMV = elektromagnetische Verträglichkeit).

Ionenplattieren

Das Ionenplattieren ist ein Sammelbegriff für PVD–Verfahren zur Erzeugung besonders hoher Schichthaftung mit den folgenden Kennzeichen:

- **physikalische Verdampfung** des Beschichtungsguts,
- **hoher Ionisierungsgrad** im Dampfzustand (Plasma),
- **Ionenbeschuss** der zu beschichtenden Werkstücke (Substrate).

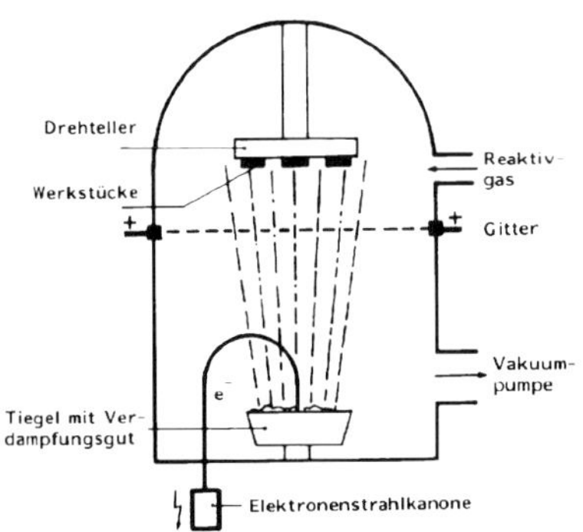

Abbildung 17.29 **Aufdampfen** mit einem **Elektronenstrahlverdampfer**: Zur Erhöhung der Ionisierung ist ein zusätzliches, elektrisch geladenes Gitter geschaltet.

Ein hoher Ionenbeschuss der Werkstücke **vor** der Beschichtung (**Ionenätzen**, meist durch Argonionen oder Metallionen, → *Kap. 17.3*) verbessert die Reinheit und Oxidfreiheit der Metalloberfläche und sichert eine gute Schichthaftung. Ein Ionenbeschuss **während** der Beschichtung unterdrückt stengeliges Schichtwachstum und ermöglicht eine **Verdichtung** der Schichten. Zum Ionenplattieren zählen **Aufdampfverfahren**, bei denen der Metalldampf auf seinem Weg von der Verdampferquelle zu den Werkstücken durch eine DC–oder HF–**Glimmentladung** (niedrige Stromstärken, hohe Spannungen) ionisiert wird (→ *Abb. 17.29* siehe oben). Besondere Bedeutung für die Werkzeugbeschichtung mit **Titannitrid** und anderen Hartstoffen hat das Ionenplattieren unter Verwendung von stromstarken **Bogenentladungen** gefunden. Die Bogenentladung (hohe Stromstärken, niedrige Spannung) verdampft das Beschichtungsmaterial und ionisiert es dabei. Als wesentliche Verfahrensvarianten werden praktisch eingesetzt:

Bogenentladungen

- **Niedervolt–Bogen** (Balzers–Verfahren),
- **nichtstationärer, thermischer Bogen** (Arc–Verfahren),
- **Hohlkathoden–Bogen**.

Niedervoltbogen

Beim **Niedervolt–Bogen** (→ *Abb. 17.30*) wird durch eine Glühkathode ein Elektronenstrahl erzeugt, der auf das positiv geladene Beschichtungsmaterial als Gegenelektrode gelenkt wird. Das **Verdampfungsgut** (z.B. Titan) wird dabei verflüssigt und nach einer Überführung in die Gasphase durch Elektronenstoss **ionisiert**. Die ionisierten Metallkationen werden in Richtung auf die zylindrisch um den Elektronenstrahl angeordneten, **elektrisch negativ geladenen** Werkstücke beschleunigt (**Biasspannung** = negative Hilfsspannung an den Werkstücken zur Unterstützung des Ionenbombardements). Beim Kondensieren des Metalldampfes auf den Werkstücken reagiert dieser mit einem zusätzlich eingelassenen Prozessgas.

Die chemische Reaktion findet erst auf der Metalloberfläche und nicht in der Gasphase statt, da sich die Teilchen infolge des niedrigen Arbeitsdrucks $p = 10^{-3}...10^{-2}$ hPa nur selten treffen. Für die Abscheidung von TiN wird Stickstoff N_2, für TiC wird Methan (CH_4) oder Acetylen (C_2H_2) als Prozessgas verwendet:

PVD–TiN, TiC

$2\,Ti + N_2 \rightarrow 2\,TiN$ bzw. $Ti + C_2H_2 \rightarrow 2\,TiC + H_2$

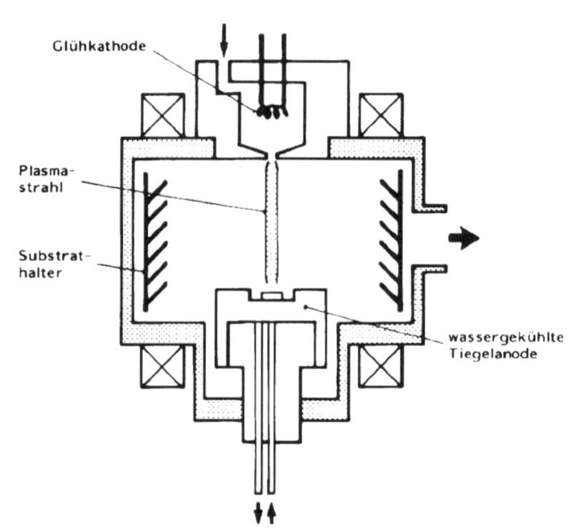

Abbildung 17.30 **Niedervoltbogen**: Die Substrathalter sind in der Regel mit einer negativen Hilfsspannung (Biasspannung) versehen.

Arc–Verfahren

Beim nichtstationären (wandernden) **thermischen Bogen (Arc–Verfahren)** wird durch einen impulsartigen Kurzschluss zwischen einer Hilfsanode und dem Verdampfungsgut (Target) als Kathode ein Lichtbogen gezündet, der statistisch auf dem Target wandert und dieses dabei abträgt (**random arc**, auch ein mit Magnetfeldern geführter Lichtbogen ist möglich: **steered arc**). Die blitzartige Energiezufuhr bewirkt eine Sublimation des Beschichtungsmetalls aus dem festen direkt in den gasförmigen Zustand. Arc–Targets können deshalb in jeder beliebigen Lage betrieben werden, wodurch Gleichmäßigkeitsprobleme von Vakuumbeschichtungen, insbesondere im Fall komplex geformter Bauteile, verbessert werden. Nachteilig für eine hochwertige Beschichtung ist beim Arc–Verfahren die Freisetzung partikelförmiger Metalltröpfchen (**droplets**). Optimale Haftfestigkeiten von TiN–Schichten erhält man bereits bei niedrigen Beschichtungstemperaturen zwischen 400°C und 500°C.

Sputtern

Der Begriff 'Sputtern' bezeichnet die **Zerstäubung** eines Metall- oder Keramiktargets durch den Beschuss mit hochenergetischen Edelgasionen. Diese entstehen beim Anlegen eines elektrischen Hochspannungsfeldes von ca. 1000 V in einer Edelgasatmosphäre (meist Argon) unter vermindertem Druck von ca. 10^{-3}...10^{-2} hPa. Die Argonkationen bombardieren mit hoher Energie das negativ geladene Metalltarget und zerstäuben dieses überwiegend in Metallatome (→ *Abb. 17.31*, links).

Magnetron–Sputtern

Durch die Anordnung eines Magnetfeldes (**Magnetron**) hinter dem Target werden die Elektronen auf Halbkreisbahnen über der Targetoberfläche gezwungen (→ *Abb. 17.31*, rechts). Dadurch erhält man einen höheren Ionisationsgrad und um einen Faktor 5 bis 10 höhere Abstäuberaten. Da dadurch weniger thermische Elektronen zu dem Substrat gelangen, vermindert sich dessen Temperaturbelastung bis nahezu **Raumtemperatur** (typische Beschichtungstemperaturen: 20...200°C).

HF–Sputtern

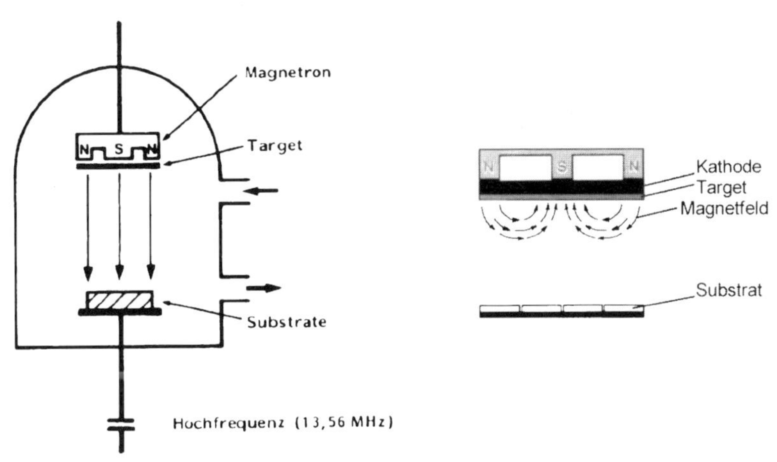

Abbildung 17.31 **Anlagenprinzip einer Sputteranlage** (links): Die Werkstücke sind an eine Hochfrequenzquelle ν = 13,56 MHz angeschlossen. Es können deshalb auch isolierende Schichten (z.B. SiO_2, Si_3N_4, Al_2O_3) abgeschieden werden. **Feldlinienverlauf** bei einem Magnetron (rechts): die Elektronen werden auf Kreisbahnen gezwungen, wodurch sich eine höhere Ionisierung ergibt.

Das Sputterverfahren mit mehreren oder segmentierten Sputtertargets gestattet die Herstellung beliebiger Legierungen. Es ist das **Standardverfahren** zur Herstellung **mikroelektronischer** Metallschichten (Cu, Al). Durch Zumischung weiterer Prozessgase (N_2, C_2H_2) lassen sich auch reaktive Prozesse durchführen (TiN, TiAlN). Da der Zerstäubungsmechanismus ein gerichteter Prozess ist, lassen sich komplexe Geometrien nur schwer beschichten. Die meist planaren Substrate (Siliziumwafer) befinden sich nur ca. 50...100 mm von der zerstäubten Kathode entfernt. Aufgrund der geringeren Ionisierung sind die erzielbaren Haftfestigkeiten der Schichten geringer als beim Ionenplattieren. Durch Anlegen einer **Hochfrequenz (HF)-** Spannung an das Target und/oder an die Substrate lassen sich auch **elektrisch isolierende** oder **halbleitende** Schichten (Al_2O_3, SiO_2, amorphes α–Si) zerstäuben und/oder abscheiden. Gesputterte Si–Schichten sind **amorph** und besitzen nicht dieselben Halbleitereigenschaften wie kristallines Si (z.B. α–Si für amorphe Dünnschicht–Solarzellen).

IBAD

Die Vakuumbeschichtung kann auch mit einer zeitlich parallelen oder nachfolgenden Ionenbehandlung kombiniert werden. Dadurch lassen sich Schichten hoher Haftfestigkeit auf thermisch instabilen Materialien (z.B. Papier) abscheiden.

In → *Abb. 17.32* sind folgende Verfahrensvarianten dargestellt:

- **Vakuumbeschichtung** (Aufdampfen, Sputtern u. a.)
- **Ionenimplantation** (→ *Kap. 17.3*),
- **Ionenstrahlmischen** (Implantation in eine bestehende Beschichtung, z.B. auch Galvanikschicht),
- **Ionenstrahlunterstützte Beschichtung** (IBAD = Ion Beam Assisted Deposition, Implantation während einer Gasphasenbeschichtung).

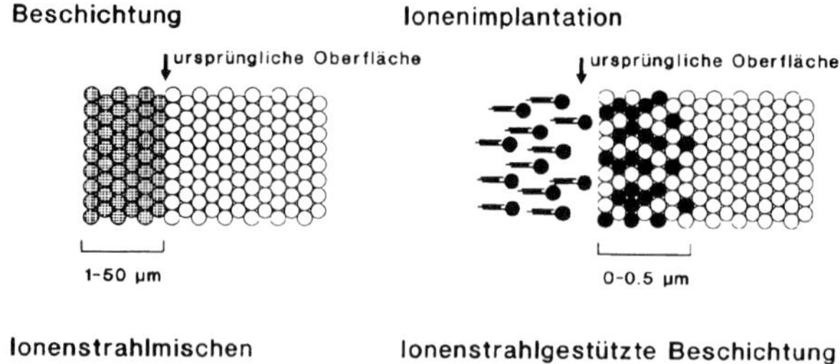

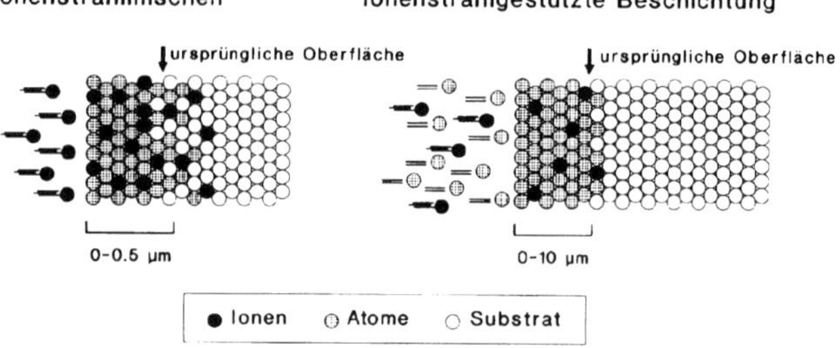

Abbildung 17.32 **Ionenimplantation, Ionenstrahlmischen und Ionenstrahlunterstützte Beschichtung (IBAD** = Ion Beam Assisted Deposition), (Quelle: Prof. Wolf, Universität Heidelberg /106/).

CVD–Verfahren

Bei CVD–Verfahren tritt das Beschichtungsmaterial als **gasförmige** Verbindung in den Beschichtungsraum ein. Die Prozessdrücke sind vergleichsweise hoch und reichen von 10 hPa bis zu Atmosphärendruck. In vielen Fällen werden ein oder mehrere Reaktivgase zugemischt. Eine Reaktion findet bevorzugt an den **erhitzten** Werkstückoberflächen statt. Die Prozessgase sind in der Regel sehr reaktionsfähig und deshalb meist **giftig** und **umweltschädlich**. Bei der Herstellung von TiN–bzw. TiC–Beschichtungen nach dem thermischen CVD- Verfahren (→ *Abb. 17.33*) arbeitet man bei Beschichtungstemperaturen von 800...1000°C und Drücken von 10...200 hPa. Bei der Reaktion entsteht hochkorrosives **Chlorwasserstoffgas**, das abgepumpt und neutralisiert werden muss. Die Zuleitungen müssen absolut wasserfrei sein, da Titantetrachlorid ($TiCl_4$) sehr **hydrolyseempfindlich** ist. Mit analogen Reaktionsgleichungen bilden sich Si_3N_4–bzw. SiC–Schichten aus brennbarem Silan (SiH_4) als Ausgangsverbindung:

CVD–TiN, TiC

$2\,TiCl_4 + N_2 + 4\,H_2 \rightarrow 2\,TiN + 8\,HCl$	Titannitrid
$TiCl_4 + CH_4 + H_2 \rightarrow TiC + 4\,HCl + H_2$	Titancarbid, Zugabe von H_2 verhindert die Bildung von freiem C
$TiCl_4 + 2\,H_2O \rightarrow TiO_2 + 4\,HCl$	Titandioxid, unerwünschte Nebenreaktion

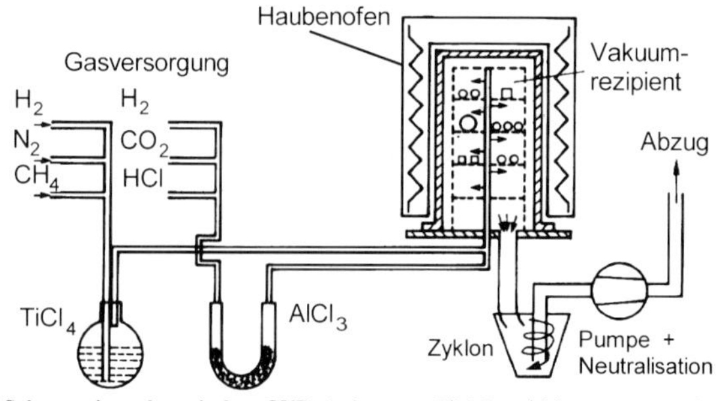

Abbildung 17.33 **Schema einer thermischen CVD–Anlage** zur TiN–Beschichtung von Werkzeugen.

Werkzeug–Beschichtung

Nach dem thermischen CVD–Verfahren werden jährlich Millionen von Hartmetall–**Wendeschneidplatten** mit TiN, TiC bzw. Mehrlagenschichten auf der Basis $TiN/TiC/Al_2O_3$ beschichtet. Sollen hohe Prozesstemperaturen vermieden werden, kann die Gasatmosphäre durch eine Glimmentladung (Plasma) aktiviert (ionisiert) werden. Die Abscheidetemperaturen sinken bei diesem **Plasma–CVD–Verfahren**, z.B. bei TiN auf 500°C. Eine weitere Absenkung der Prozesstemperaturen gelingt durch Einsatz metallorganischer Verbindungen (**MO–CVD**), z.B. Ti–organische Verbindungen. Das Gefahrenpotential von MO–CVD–Prozessen (Brennbarkeit, krebserzeugende Gefahren) wächst jedoch mit zunehmender Reaktivität der Einsatzstoffe. Ein Vergleich der Eigenschaften und Kosten für dünne Verschleissschutz–Beschichtungen ist in → *Tab. 17.14* zusammengestellt.

Plasma–CVD, MO-CVD

Vergleich PVD–CVD

Verfahren	Härte [HV]	Schichtdicke [µm]	Prozesstemperaturen [°C]	relative Kosten
Gas-Nitrieren	1000...1200	<20	350...600	1
Plasmanitrieren	1000...1200	<20	350...600	1...2
Hartverchromen	800	5...10	<100	4...5
CVD-TiN	2200	5...10	700...1000	20
CVD-TiC	2800	4...8	900...1100	20
PVD-TiN	2400	<5	350...500	22

Tabelle 17.14 **Vergleich der Eigenschaften von Hartstoffschichten** für die Werkzeugbeschichtung

CVD–Schichten

CVD–Verfahren sind die **Standard–Verfahren** zur Abscheidung nichtleitender bzw. halbleitender Schichten wie SiO_2, Si_3N_4 bzw. α–Si in der Halbleiterfertigung. Folgende Schichten wurden nach dem CVD–Verfahren hergestellt:

- **Metalle und Halbleiter:** Al, Au, B, C, Cr, Co, Cr, Cu, Mo, Nb, Ni, Pb, Pd Pt, Si, Sn Ti, V, W,
- **Boride:** TiB_2, ZrB_2,
- **Carbide:** B_4C, Cr_3C_2, Cr_7C_3, Mo_2C, SiC, TiC, VC, W_2C,
- **Nitride:** BN, Si_3N_4, TaN, TiN, VN, ZrN,
- **Oxide:** Al_2O_3, SiO_2, SiO_xN_y, SnO_2, TiO_2,
- **Silizide:** MoSi, Ti_2Si.

CVD–Verfahren

Die wichtigsten **Reaktionstypen** für CVD–Abscheidungen sind:

- **Reduktion** der Metallkomponente, Beispiel: TiN–bzw. TiC–Abscheidung, Reaktionsgleichungen siehe oben,
- **Oxidation** der Metallkomponente, Beispiel: Abscheidung von Oxidschichten
- $2\ AlCl_3 + 3/2\ H_2O \rightarrow Al_2O_3 + 3\ HCl$,
- **Pyrolyse** (Zerfall) der Metallkomponente, Beispiel: Nickelsynthese nach dem Mond–Verfahren (sehr giftige Ausgangskomponente, Reaktionstemperatur 150°C $Ni(CO)_4 \rightarrow Ni + 4\ CO$

CVD–Diamantsynthese

Hot filament Methode

In → *Abb. 17.34* ist die **Heissdraht**–CVD–Abscheidung (**hot filament**) von reinen kristallinen Diamantschichten bei Temperaturen um 800°C dargestellt. Es können eine Vielzahl kohlenstoffhaltiger Ausgangssubstanzen eingesetzt werden, in jedem Fall muss jedoch ein hoher Überschuss Wasserstoff beigemischt werden, um ein Aufwachsen von graphitischem Kohlenstoff zu unterdrücken.

Organische Komponenten für die Diamantsynthese

Kohlenwasserstoffe	C_nH_m
Ethylalkohol	C_2H_5OH
Isopropylalkohol	$(CH_3)_2CHOH$
Aceton	$(CH_3)_2CO$
Diethylether	$C_2H_5OC_2H_5$
Essigsäuremethylether	CH_3COOCH_3
Acetaldehyd	CH_3CHO
Trimethylamin	$(CH_3)_3N$

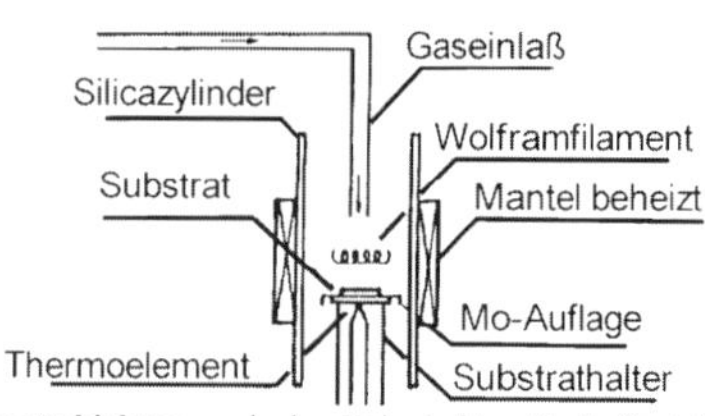

Abbildung 17.34 **Herstellung von kristallinen Diamantschichten** nach der Heissdrahtmethode (hot filament) aus einer Vielzahl kohlenstoffhaltiger Ausgangssubstanzen. Es muss mit Wasserstoffüberschuss gearbeitet werden.

17.8 Organische Beschichtungen

Passiver Korrosionsschutz

Organische **Beschichtungen** (Lackierungen) stellen gemeinsam mit metallischen **Überzügen** (Galvanikschichten) die überwiegende Mehrzahl der passiven Korrosionsschutzschichten (→ *Kap. 14.3*) dar. In → *Tab. 17.15* sind Maßnahmen des passiven Korrosionsschutzes und ihre spezifischen Einsatzstoffe zusammenfassend dargestellt.

Autoserienlackierung

Eine wichtige Anwendung von organischen Beschichtungen ist die Serienlackierung von Autokarosserien. Der gesamte Lackierprozess umfasst eine umfangreiche Vorbehandlung (Entfetten, Phosphatieren, → *Kap. 17.2*) und eine komplexe Lackiertechnik (→ *Kap. 16.5*), die an anderer Stelle dargestellt sind. Hochwertige Korrosionsschutzsysteme für Autuokarosserien bestehen aus mehreren Beschichtungen:

- **Grundbeschichtung (Grundierung, Primer)**
- **Kantenschutz**
- **Zwischenbeschichtung (Füller)**
- **Deckbeschichtung (Basislack + Klarlack).**

Grundbeschichtung

Primer

Die **Grundbeschichtung** (Grundierung) erbringt eine gute Haftfestigkeit auf dem Grundmaterial. Sie enthält meist einen hohen Anteil an Korrosionsschutzpigmenten. Der Pigmentgehalt fällt im allgemeinen in Richtung zur Deckbeschichtung. Grundbeschichtungen werden im englischen Sprachgebrauch als **Primer** bezeichnet. **Shop Primer** (deutsch: Fertigungsbeschichtung) sind Grundbeschichtungen, die im Werk (shop) aufgebracht werden. Sie sollen den Stahl für eine gewisse Zeit vor Korrosion schützen und schweißbar sein. Im Deutschen wird der Begriff Primer (besser: **Reaktionsprimer** oder Washprimer) für eine haftungsvermittelnde Beschichtung auf schwierig zu beschichtenden Werkstoffen, z.B. Aluminium verwendet. Für Grundierungen von Autokarosserien werden heute nahezu ausschließlich wasserverdünnbare KTL–Lacke eingesetzt, die im Verfahren der **kathodischen Tauchlackierung (KTL)** aufgebracht werden (→ *Kap. 16.5*).

Zusammenstellung der Vorbehandlungs- und Beschichtungsverfahren

Prozess	Prozesscharakteristik	Einsatzstoffe	WGK
Trennen/Vorbereiten			
Reinigen	Tauchreinigung mit Ultraschall, Spritzreinigung	Tenside, Laugen, Kohlenwasserstoffe, CKW	0, 1, 2, 3
Gleitschleifen	Mechanischer Abtrag durch Schleifkörper (Chips) und Schleifmittel (Compunds)	Schleifkörper (Chips, z.B. SiC, Al_2O_3), Tenside, Korrosionsschutzmittel, Komplexbildner	0, 1
Beizen/Ätzen	chemisches Beizen z.B. von Metallen, u.U. mit anodischer Schltaung	Säuren, Laugen, Salze (Nitrat, Nitrit), Tenside	1, 2
Brennen	Beizen mit stark oxidierenden Säuren ggf. mit thermischer Unterstützung	konz. Salpetersäure, Schwefelsäure	1, 2, 3
Anorganische nichtmetallische Konversionsschichten und Überzüge			
Phosphatieren	Korrosionsschutz durch eine Phosphatschicht	phosphorsäurehaltige Lösungen	0, 1
Brünieren	Braun- und Schwarzfärben von Stahlteilen mit Salzen	hochkonzentrierte alkalische Lösungen, Salze (Nitrit)	1, 2
Chromatieren	korrosionshemmende Chromatierschichten auf Stahl, Zn und Al	Chromsalze, Säuren, Fluoride	1, 2, 3
Anodisieren	Korrosionsschutz für Aluminium	Schwefelsäure, Oxalsäure, Chromsäure	1, 2
Emaillieren	Aufbringen nichtmetallischer Schichten durch Tauchen und Einbrennen keramischer Glasuren	Entfettungsbäder, Beizmittel, Emailstoffe	0, 1
metallische Überzüge			
Galvanisieren	Metallische Schutzüberzüge, elektrolytisch oder chemisch (stromlos)	wässrige Salzlösungen der Metalle Cu, Zn, Cr, Ni, Anionen z.B. Cyanide	1, 2, 3
Feuerverzinken	Zinkschichten aus flüssigem Metall	flüssiges Zink	1
Vakuumbeschichten	PVD-/CVD-Schichten, Al-, TiN-, TiCN- Beschichten	Metalle, Inertgase (z.B. Ar) oder Reaktivgase (z.B. N_2, CH_4)	-
organische Beschtungen			
Lackieren	Organische Schutzschichten durch Spritzen, Tauchen u.a.	Lacke, Lösemittel, Beizen	0, 1, 2, 3

Tabelle 17.15 **Oberflächentechnische Verfahren** und verwendete Einsatzstoffe (WGK = Wassergefährdungsklasse).

Kantenschutz
Füller

Der **Kantenschutz** soll kritische Flächen wie Kanten, Schweißnähte sicher vor Korrosion schützen. Die Zwischenbeschichtung (**Füller**) dient eher zur Sicherung der mechanischen Eigenschaften des Lackes (z.B. Steinschlagfestigkeit, Schleifbarkeit) und zum Ausgleich von Unebeneinheiten im Grundmaterial (z. B Kratzern). Aus Umweltschutzgründen werden zunehmend wasserverdünnbare Füllerlacke eingesetzt. Bei besonders fortschrittlichen Lackierverfahren ist es gelungen, auf den Füller vollständig zu verzichten (siehe unten).

Basislack

Der Füllerlack und der **Basislack** enthalten die Farbpigmente für den gewünschten Farbton der Beschichtung. Bei **Metallic–Lackierungen** sind Alu–oder Glimmer–Blättchen in den Basislack eingearbeitet. Seit dem Jahr 1987 werden wasserverdünnbare Basislacke (Lösemittelanteil 9...14%) serienmäßig eingesetzt. Die äußere **Klarlack**–Schicht enthält keine Pigmente oder Füllstoffe, die eventuell durch Witterungseinflüsse herausgelöst werden könnten. Wichtige Additive in einem Klarlack sind Lichtschutzmittel, die die darunterliegenden Farbpigmente vor dem Vergilben schützen. Seit dem Jahr 1992 werden wasserverdünnbare Klarlacke serienmäßig in der Karosserielackierung (Opel, Werk Eisenach) eingesetzt. Andere Automobilhersteller folgten mit Pulver–Klarlack (BMW) und Powder Slurry–Klarlackierungen (Daimler Benz, → *Abb. 17.35*). Basislack und Klarlack werden oft gemeinsam als **Decklack** bezeichnet. Die **Trockenschichtdicke** ist die gemessene Dicke einer Beschichtung, die nach dem Härten auf der Oberfläche verbleibt.

Klarlack

Decklack, Trockenschicht-dicke

Integriertes Lakkierkonzept mit Pulver–Slurry–Klarlack

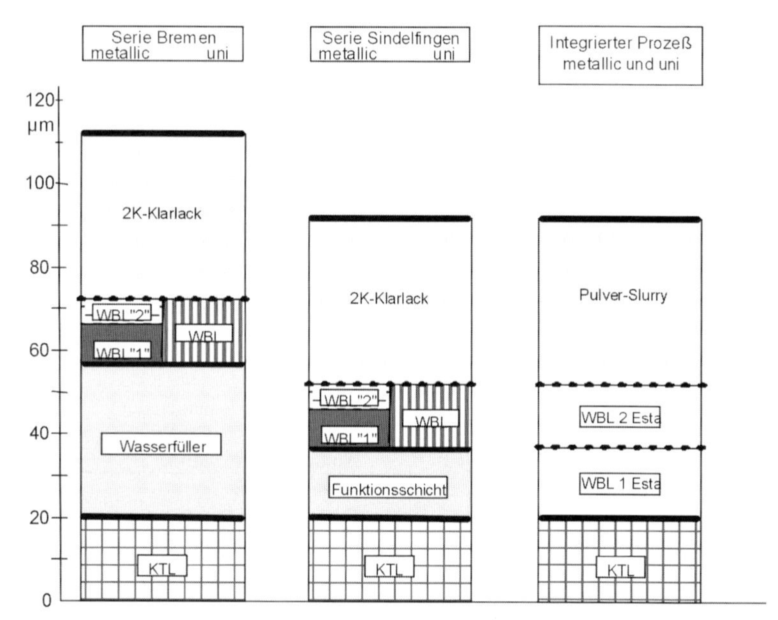

Abbildung 17.35 **Vergleich des Lackaufbaus** bei dem mehrfach ausgezeichneten **integrierten Lackierkonzept** für die Daimler Benz A–Klasse (Säule rechts) mit **konventionellen Lackierkonzepten** (Säulen links und mitte): Nach der kathodischen Tauchlackierung (KTL) werden zwei Schichten Wasserbasislack (WBL) mit Elektrostatikunterstützung (ESTA) und anschließend ein Pulver–Slurry aufgetragen. Zwischen dem Auftrag der einzelnen Schichten wird nur zwischengetrocknet. Das Einbrennen und Vernetzen der Schichten erfolgt gemeinsam erst am Prozessende (Vorteil: Energieeinsparung). Auf der y–Achse ist die Trockenschichtdicke aufgetragen. (Quelle: DaimlerChrysler AG, Stuttgart)

Standardlackierungen für Autokarosserien

In → *Tab. 17.16* sind einige eher konventionelle Lacksysteme für die Automobillackierung zusammengestellt. Die Bindemittel und ihre Eigenschaften werden in → *Kap. 16.5* behandelt.

Lackaufbau/ Schichtdicke	Bindemittel	Lösemittel	Pigment/ Füllstoffe	Additive, Festkörper(FK)
Grundbeschichtung				
KTL 20...30 µm	EP PUR	Wasser, geringe Anteile wassermischbarer org. Lösemittel	überwiegend anorganische Pigmente und Füllstoffe	Tenside FK 20%
Füller				
lösemittelhaltig ca. 35 µm	SP MF UF EP	Aromaten, Alkohole	anorganische oder organische Pigmente bzw. Füllstoffe	Netzmittel (keine Silikone) FK 60%
Wasserfüller ca 35 µm	wasseverdünnbare Harze	Wasser, geringe Anteile wassermischbarer, organischer Lösemittel	wie oben	wie oben
Basislack				
lösemittelhaltig ca 40...50 µm	AK MF	Ester, Aromaten, Alkohole	anorganische oder organische Farbpigmente	Netzmittel FK 30...40%
wasserverdünnbar 9...30 µm	wasseverdünnbare SP, MF, PUR	Wasser, Anteile wassermischbarer organischer Lösemittel	wie oben, Metallic-Lackierungen: Alu- oder Mica-Blättchen	Netzmittel (silikonfrei)
Klarlack				
lösemittelhaltig 40...50 µm	AY MF	Aromaten, Ester, Alkohole	keine	Verlaufs-, und Lichtschutzmittel FK 45%
high-solid 40...50 µm	2K-AY-PUR	Ester, Aromaten	keine	wie oben FK 58%

Tabelle 17.16 **Konventionelle Karosserielackierungen** (FK = Festkörpergehalt, AY = Acryl, AK = Alkyd-, EP = Epoxid-, SP = Polyester-, MF = Melamin-, PUR = Polyurethanharze), (Quelle: Kraftfahrzeugtechnisches Taschenbuch, Firma Bosch)

Korrosionsschutzpigmente

Pigmente dienen bevorzugt der Farbgebung, insbesondere zum Erzielen eines ausreichenden Deckvermögens einer Beschichtung. In Zusammenhang mit der Korrosion sind Korrosionsschutzpigmente von Bedeutung. Sie werden unterteilt in:

- **aktive** Korrosionschutzpigmente: Inhibierung der Korrosionsvorgänge an der Grenzfläche Metalloberfläche/Beschichtung,
- **passive** Korrosionsschutzpigmente (**Barrierepigmente, Sperrpigmente**): Sperrwirkung von blättchenartigen Pigmenten.

Aus Umweltschutzgründen sind die früher maßgeblichen Korrosionsschutzpigmente auf der Basis von **Blei-** und/oder **Chromat**verbindungen nahezu vollständig vom Markt verschwunden. Die wichtigsten Korrosionsschutzpigmente sind heute:

- Zinkstaub
- Zinkphosphat, Zinkoxid
- Eisenoxid, Eisenglimmer
- Titandioxid.

Zinkstaub

Zinkstaub ist ein blaugraues Pulver mit Korngrößen zwischen 2...10 µm. Die Korrosionsschutzwirkung ist auf den kathodischen Schutz der Metalloberfläche zurückzuführen. Außerdem verstopfen die Korrosionsprodukte des Zinks (Zinkhydroxide, Zinkcarbonate) eventuelle Poren in der Beschichtung. Aufgrund der Reaktionsfähigkeit von Zinkstaub muss auf eine sorgfältige Auswahl des Bindemittels geachtet werden. Bevorzugt werden Epoxid–Bindemittel, Epoxidesterharze oder Alkylsilikate eingesetzt. Grundbeschichtungen mit Zinkstaub müssen rasch mit einer Folgebeschichtung versehen werden um eine Oxidation zu Weissrost zu vermeiden.

Zinkphosphat

Zinkphosphat ist neben Zinkstaub das wichtigste aktive Korrosionsschutzpigment. Die Wirkung beruht auf einer Phosphatierung der Eisenoberfläche.

Zinkoxid

Zinkweiss besteht zu 99% aus ZnO und kann einen geringen Restgehalt an Pb enthalten (ab eine Pb–Gehalt >0,5% ist ein Produkt als giftig einzustufen). Zinkoxid ist korrosionshemmend, da es basisch wirkt und dadurch saure Schadstoffe oder Korrosionsprodukte neutralisiert. Ein Bleigehalt wirkt korrosionsmindernd aufgrund der Bildung unlöslicher Bleiseifen (insbesondere von Alkydharzen). Zinkweiss wird in gewissem Maße in Grundbeschichtungen, jedoch nicht in Deckbeschichtungen eingesetzt. Ebenfalls an Bedeutung verloren haben Lithopone, ein Gemisch aus Zinksulfid und Bariumsulfat.

Titanoxid

Das wichtigste Weisspigment ist Titandioxid, das chemisch sehr beständig ist (außer gegen konz. Schwefelsäure oder Flusssäure). Es ist das wichtigste Weisspigment in Deckbeschichtungen. Es besitzt keine aktive Korrosionsschutzwirkung. Titanweiss ist ein weisses Farbpigment, das jedoch bis zu 80% Füllstoffe enthalten kann.

Eisenoxid

Eisenoxidpigmente sind passive Korrosionschutzpigmente. Sie sind chemisch weitgehend beständig und sind als Eisenoxidrot (Fe(III)–oxid), Eisenoxidgelb (FeOOH) und Eisenoxidschwarz (Fe(II)O. $Fe(III)_2O_3$) im Handel. Eisenglimmer sind plättchen- bis schuppenförmige, grau–schwarze Pigmente, die eine Barrierewirkung besitzen.

Blei und Bleiverbindungen

Blei und Bleiverbindungen sind bekanntermaßen fruchtschädigend. Sie stören die Blutbildung und können Nierenerkrankungen hervorrufen. Pb–haltige Pigmente müssen deshalb mit dem Gefahrensymbol 'T' gekennzeichnet werden. $PbCO_3$ und $PbSO_4$ sind nach der GefStoffV verboten. Das früher bekannteste orangefarbene Rostschutzpigment Bleimennige ($Pb_3O_4 = 2\ PbO \cdot PbO_2$) darf heute nur noch für Reparaturlackierungen verwendet werden. Chromate sind als beim Menschen bekanntermassen krebserzeugend ($ZnCrO_4$) oder krebsverdächtig ($PbCrO_4$) eingestuft.

Korrosionschutzwirkung durch organische Beschichtungen

Die Schutzwirkung einer organischen Beschichtung beruht auf den Faktoren (→ *Abb. 17.36*):

- **Sperrwirkung der Beschichtung**, d. h. Abtrennung korrosionsfördernder Stoffe, z.B. Salze von der Metalloberfläche,
- **Erhöhung des elektrolytischen Ohmschen Widerstands** innerhalb der Beschichtung. Hierfür ist die Adhesion der Beschichtung auf dem Metallsubstrat wichtig.
- **Beeinflussung der kathodischen und/oder anodischen Teilreaktion** auf der Metalloberfläche durch aktive Korrosionsschutzpigmente.

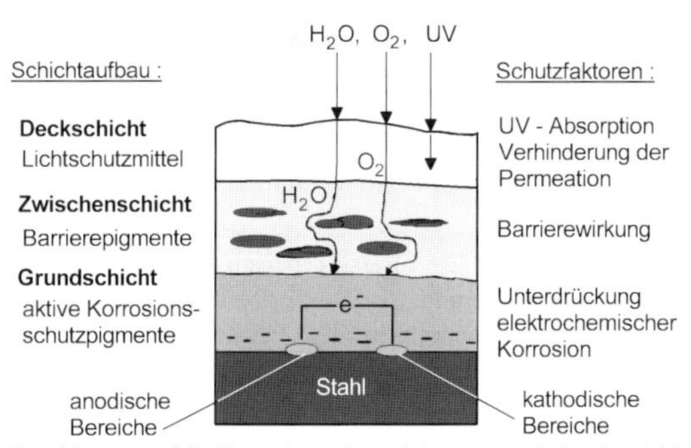

Abbildung 17.36 **Einflussfaktoren** auf die **Korrosionsschutzwirkung organischer Beschichtungen**

Im Gegensatz zu metallischen Überzügen sind organische Beschichtungen teilweise für das Korrosionsmedium durchlässig, insbesondere können Sauerstoff und Wasser bis zur Metalloberfläche vordringen. Dagegen werden Salze gut zurückgehalten. **Metallische Überzüge** sind dagegen weitgehend dicht. Als wesentlicher Korrosionsmechanismus dominiert hier der fehlende Schutz an Fehlstellen (Poren) oder Verletzungen. Bei **organischen Beschichtungen** unterscheidet man:

- Korrosion an **nicht intakten** Beschichtungen (Fehlstellen).
- Korrosion an **intakten** Beschichtungen

Korrosion bei nicht intakten Beschichtungen

Bei **nicht intakten Beschichtungen** wird der Korrosionsvorgang durch die Verletzung der Beschichtung bestimmt. Nach → *Abb. 17.37* geht Eisen im Zentrum der Verletzung anodisch in Lösung. Durch Hydrolyse bildet sich an der Anode ein saurer pH–Wert, wodurch die Korrosion fortschreitet. Am Randbereich der Verletzung wird Sauerstoff reduziert, ein alkalischer pH–Wert ist die Folge. Der alkalische pH–Wert schädigt das Bindemittel und führt zu Enthaftungen des Lackes. Im Bereich der Kathode kommt es zu Rostbildung und dadurch zum Abplatzen der Beschichtung.

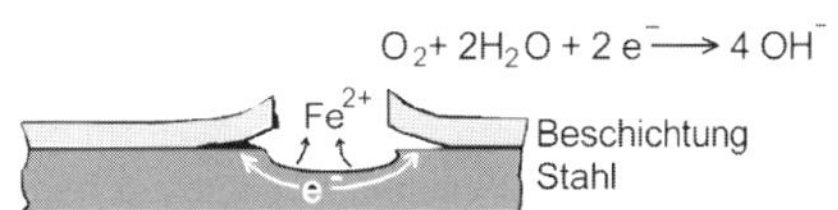

Abbildung 17.37 **Mechanismus** der **kathodischen Unterwanderung** einer **nicht intakten** Beschichtung auf Stahl: An der Kathode (Porenrand) kommt es zur Bildung von OH–Ionen, die die Haftung der Beschichtung zur Grundmaterial schädigen /nach 94/.

Korrosion bei intakten Beschichtungen

Auch bei **intakter** Beschichtung kommt es stets zu einer gewissen Korrosion an der Metalloberfläche. Die Korrosionsschutzwirkung einer intakten organischen Beschichtung hängt nach → *Abb. 17.36* grundsätzlich von folgenden Faktoren ab:

- die **Permeabilität** des Lacksystems,
- dem Zustand und den Vorgängen an der **Grenzfläche Metalloberfläche/ Lackierung**.

Permeabilität des Lacksystems

Die **Permeabilität** eines Lacksystems hängt u. a. von folgenden Faktoren ab:

- Art des **Bindemittels**, Art der **Barrierepigmente**
- **Schichtdicke**
- **Druckdifferenz/Konzentrationsdifferenz** zwischen Korrosionsmedium und Metalloberfläche (Verstärkung durch osmotischen Druck),
- **Abbau** und **Alterung**.

Eine Beschreibung der Permeation liefert die Diffusionsgleichung. Die Menge m eines permeirenden Stoffes pro Zeiteinheit t ist bestimmt durch:

$$\frac{m}{t} = \frac{P \cdot F \cdot \Delta p}{d}$$

F = Fläche, d =Schichtdicke, P = Permeationskoeffizient
Δp = Druck- bzw. Konzentrationsgefälle,

Der **Permeationskoeffizient P** ist charakteristisch für ein bestimmtes Lacksystem (Bindemittel, Barrierepigmente) und für den permeirenden Stoff. Die Permeation von Wasser ist besonders hoch und bedeutsam. Die Permeation von Ionen ist gering. Befinden sich hohe Salzkonzentrationen an der Metalloberfläche, so wird die Konzentrationsdiffusion durch den osmotischen Druck beschleunigt (→ *Abb. 17.38*).

Mindestschicht-dicke

Die Korrosionsschutzwirkung hängt meist von einer gewissen **Mindestschichtdicke** ab, damit durchgehende Poren zur Metalloberfläche ausgeschlossen sind. Mehrschichtige Lacksysteme erweisen sich korrosionsbeständiger als Einfachschichten gleicher Schichtdicke. Zu hohe Schichtdicken können aufgrund von mangelnder Adhesion problematisch sein. Bei Freibewitterung können hohe Schichtdicken auch zu langsamerer Austrocknung des in der Beschichtung eingelagerten Wassers und damit zu rascherer Korrosion führen.

Grenzfläche Metall/Lackierung

Der Zustand und die Vorgänge an der **Grenzfläche Metalloberfläche/Lackierung** wird stark beeinflusst von den Faktoren:

- Art des **Lackbindemittels** und **Haftung** auf der Metalloberfläche,
- **Verunreinigungen** an der Metalloberfläche, **Salzgehalt**,
- Art des zu **beschichtenden Werkstoffes** und sein Oberflächenzustand,
- **aktive Korrosionsschutzpigmente,**
- **Abbau** und **Alterung**.

Schichthaftung

Eine hohe **Haftfestigkeit** der Beschichtung verbessert den Korrosionschutz, da der Korrosionsstrom zwischen kathodischen und anodischen Stellen der Metalloberfläche behindert wird. Die Haftfestigkeit wird bestimmt durch die **mechanische** Aufrauhung der Metalloberfläche und die **chemischen** Bindungskräfte (Reinheit bzw. Oxidfreiheit der Metalloberfläche). Polymere mit polaren Gruppen zeigen im allgemeinen eine höhere Haftfestigkeit zu Metalloberflächen als unpolare Polymere (→ *Abb. 17.38 links*). Der Hafteffekt wird meist um so besser, je länger die Polmerkette ist (höhere mittlere molare Masse).

Salzgehalt

Bei einem **hohen Salzgehalt** an der Metalloberfläche infolge von Verunreinigungen kommt es zu einer osmotischen Wanderung von Wasser und Aufbau eines osmotischen Druckes unterhalb der Beschichtung. Es folgen Rissbildung und Abplatzungen *(→ Abb. 17.38)*.

Werkstoffeinfluss

Der zu **beschichtende Werkstoff** hat einen großen Einfluss auf die Auswahl des Beschichtungssystems:

Stahl

Stahl wird im Maschinenbau oder in der Serienlackierung vor dem Beschichten in der Regel gebeizt. Beim Stahlbau überwiegt das Strahlen bis zu dem Oberflächenvorbereitungsgrad Sa 2 ½. (nach DIN ISO 12 944). Vorbehandelte Oberflächen sollen umgehend lackiert werden. Ab einem Salzgehalt von ca. 50 mg Salz m^{-2} Oberfläche ist mit Blasenbildung aufgrund eines osmotischen Druckes zu rechnen. Lassen sich Rostrückstände, z.B. bei der Reparaturlackierung auf Baustellen nicht vollständig entfernen, ist in jedem Fall auf eine Oberflächenwäsche zu achten um den Salzgehalt zu minimieren.

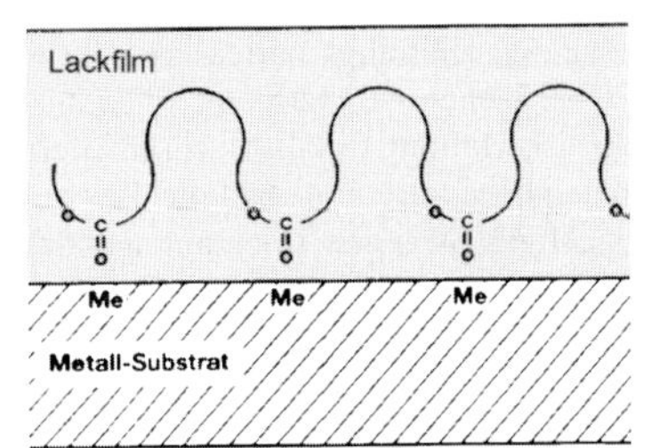

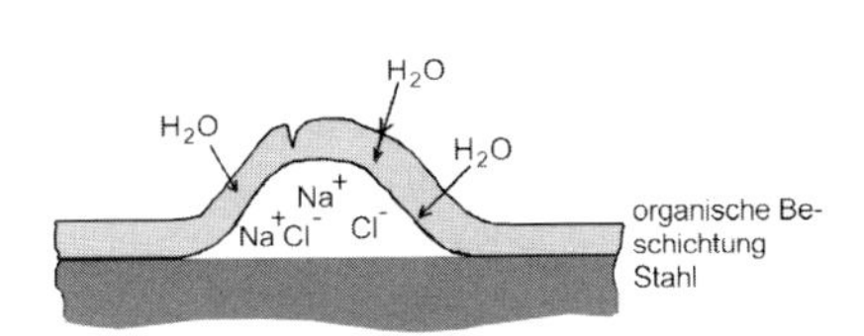

Abbildung 17.38 **Polare Gruppen** (z.B. Carboxylgruppen von Polyestern) zeigen meist eine **höhere Haftung** zu Metalloberflächen aufgrund von Dipolkräften (links) /107/. Haftungsverlust von organischen Beschichtungen durch Aufbau eines **osmotischen Drucks** unterhalb von **intakten** Beschichtungen bei hohen Salzkonzentrationen infolge schlecht vorbereiteter Werkstückoberflächen (rechts) /nach 72/

Zink

Eine organische Beschichtung auf **Zink** und **verzinktem Stahl** nennt man **Duplex–System**, da es sich um zwei unabhängige Korrosionsschutzsysteme handelt: Zink schützt Stahl kathodisch, während die organische Beschichtung das Zink schützt. Damit lässt sich eine sehr hohe Schutzdauer von 50...100 Jahre erreichen. Verzinkte Oberflächen müssen besonders gut vorbereitet werden, um leicht wasserlöslicher Weissrostbildung vorzubeugen. Die Zinkoberfläche wird deshalb in der Regel phosphatiert oder chromatiert. Es dürfen keine löslichen Salzrückstände aus der Oberflächenvorbehandlung oder aus dem Flussmittel der Verzinkung zurückbleiben. Zink darf keinesfalls mit Beschichtungskomponenten (Bindemittel, Pigmente oder Lösemittel), die **saure** Bestandteile enthalten, in Kontakt kommen. Dies ist z.B. bei Alkydharzen der Fall. Als Korrosionsschutzpigmente eignen sich alle Anionen, die mit Zink schwerlösliche Salze bilden, z.B. Phosphate oder Carbonate.

Ursache	Wirkung	Erscheinung/Schaden
Wechselwirkung mit UV–Strahlung und Wasser, z.B. atmosphärische Belastung	Zerstörung von Makromoleküle, Auswaschung von Bruchstücken der org. Matrix u. Pigmenten	Glanzverlust, Kreidung, Verfärbung, Rissbildung
Temperaturbelastung, Temperaturwechsel	Veränderungen im Polymergefüge, Übergang vom glas- in kautschukelastischen Zustand u. umgekehrt	Veränderung der mechanischen Eigenschaften, innere Spannungen, Rissbildungen, Enthaftung mit Unterrostung
Einwirkung von Wasser, Säuren, Laugen, Chemikalien	Gesteigerte Wasseraufnahme und Quellung, Verseifung von Esterbindungen, Reaktionen mit Pigmenten	Völliger Verlust von Kohäsion und Adhesion, Blasenbildung, Enthaftung und folgende Unterrostung
Permeation korrosionsauslösender Substanzen (H_2O, O_2, SO_2)	Zerstörung von Bindungen zwischen Substrat und organischer Matrix	Unterrostung und Durchrostung
Applikation von Beschichtungen auf fettige, verschmutzte und korrodierte Substrate	Mangelhafte Benetzung, keine oder geringe Bindungen zwischen Substrat und Beschichtung	Abblättern, vorzeitige Unterrostung und Durchrostung

Tabelle 17.17 **Abbau und Alterung** von organischen Beschichtungen: Ursachen und Wirkungen (Korrosionserscheinungen und Korrosionsschäden), (nach / 72/).

Aluminium

Aluminium–Oberflächen sind sehr korrosionsbeständig, allerdings haften organische Beschichtungen relativ schlecht; auf anodisierten Oberflächen ist überhaupt keine ausreichende Haftung zu erzielen. Zur Verbesserung der Haftung wird Al chromatiert, phosphatiert oder besser mit Titanaten oder Zirkonaten behandelt. Eine Möglichkeit zur Aufrauhung der Al–Oberfläche ist auch ein vorsichtiges **Sweepen** (nichtabtragendes Strahlen). Die Filiformkorrosion von Al lässt sich durch eine Zinkstaubgrundierung vermindern.

Korrosion durch Abbau und Alterung

Abbau und Alterung bewirken fast immer eine Verschlechterung der Eigenschaften eines Lacksystems. In den ersten ein bis drei Jahren nach dem Lackauftrag beobachtet man jedoch oft eine Verbesserung der Korrosionseigenschaften, was auf einer Nachvernetzung beruht. Einige Zusammenhänge zwischen Ursache und Wirkung von Abbaureaktionen sowie den auftretenden Alterungserscheinungen und Korrosionsschäden sind in → *Tab. 17.17* zusammengestellt.

Normen für Korrosionsschutz von Stahlbauten

Die wichtigsten **allgemeinen Normen** für den Korrosiosschutz von Stahlbauten sind :
- **DIN 55 928 Teil 1 bis Teil 9 (1991, veraltet)** und
- **DIN ISO 12 944 Teil 1 bis Teil 8 (1995).**

Gültig ist die internationale ISO–Norm (DIN ISO 12 944), die sich in folgende Abschnitte gliedert:

DIN ISO 12 944

- **Teil 1: Allgemeine Einleitung**
  Schutzdauer: kurz 2 bis 5 Jahre; mittel 5 bis 15 Jahre; lang über 15 Jahre
- **Teil 2: Einteilung der Umgebungsbedingungen**
  C1 unbedeutend, C2 gering, C3 mäßig, C4 stark, C5–I sehr stark (Industrie), C5–M sehr stark (Meer), Im1 im Süsswasser, Im2 im Meerwasser, Im3 im Boden.
- **Teil 3: Gestaltungsmerkmale** (konstruktiver Korrosionsschutz)
- **Teil 4: Arten von Oberflächen und Oberflächenvorbereitung**
  (Oberflächenvorbereitungsverfahren und Oberflächenzustand durch Beizen, Strahlen u. a. Der Text enthält einen umfangreichen Bezug zu nationalen und internationalen Normen auf dem Gebiet der Oberflächenvorbereitung)
- **Teil 5: Beschichtungssysteme** (siehe unten)
- **Teil 6: Laborprüfungen zur Leistungsermittlung** (siehe unten)
- **Teil 7: Ausführung und Überwachung der Beschichtungsarbeiten**
  (Qualitätssicherungsaspekte).

Normgerechte Beschichtungssysteme

DIN ISO 12 944 (Teil 5: Beschichtungssysteme) enthält Beispiele für den Aufbau von Beschichtungssystemen für die jeweiligen Korrosionsklassen und Schutzdauer. Aus den zahlreichen Tabellen der Norm kann man allgemein folgende Regeln entnehmen:
- Die Schutzdauer steigt mit zunehmender Beschichtungsdicke
- Beschichtungssysteme auf Basis von EP und PUR sind AK–oder PVC–Harzen überlegen,
- Zinkstaubgrundschichten haben eine längere Lebensdauer als Zn–Phosphatiergrundschichten,
- Barrierepigmente wie Al–Blättchen oder Eisenglimmer erhöhen die Schutzdauer im Vergleich zu Farbpigmenten,
- Die Schutzdauer ist wesentlich abhängig vom Reinheitsgrad der Oberfläche vor der Beschichtung.

Normgerechte Laborprüfverfahren

DIN ISO 12 944 (Teil 6: Laborprüfungen) nennt mehrere Laborverfahren zur Durchführung von Korrosionstests:
- Chemische Beständigkeit (nach ISO 2812–1 = DIN EN 2812–1),

- Eintauchen in Wasser (nach ISO 2812–2 = DIN EN 22812–2)
- Kondensation von Wasser (nach ISO 6270)
- Heisser Salzsprühnebel (nach ISO 7253 = DIN 53167)

Diese Korrosionstests sind entsprechend den vorgesehenen Korrosionsanforderungen (Korrosionsklassen) mit unterschiedlicher Versuchsdauer auszuführen (näheres siehe DIN ISO 12 944). Die getesteten Musterplatten werden nach folgenden Prüfverfahren beurteilt:

- **Blasengrad** (nach ISO 4628–2 = DIN 53209),
- **Rostgrad** (nach ISO 4628–3 = DIN 53210),
- **Grad der Rissbildung** (nach ISO 4628–4 = DIN ISO 4628–4),
- **Grad des Abblätterns** (nach ISO 4628–5 = DIN ISO 4628–5),
- **Gitterschnitt** (nach ISO 2409 = DIN EN ISO 2409).

Beurteilungskriterien

Die Probeplatten müssen vor und nach dem Alterungstest folgende **Beurteilungskriterien** erfüllen:

- **vor** der künstlichen Alterung	- **nach** der künstlichen Alterung über
Blasengrad 0	Blasengrad 0
Rostgrad Ri 0	Rostgrad Ri 0
Grad der Rissbildung 0	Grad der Rissbildung 0
Grad des Abblätterns 0	Grad des Abblätterns 0
Gitterschnitt besser 2	Gitterschnitt besser 2

Der bekannte Gitterschnitt zur Prüfung der Haftfestigkeit von Lackierungen ist mit den Gitterschnittmustern nach → *Abb. 17.39* genormt.

Gitterschnitt

Gitterschnitt-Kennwert	Beschreibung
 Gt 0	Die Schnittränder sind vollkommen glatt. Kein Teilstück des Anstriches ist abgeplatzt
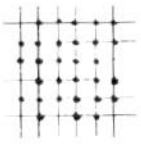 Gt 1	An den Schnittpunkten der Gitterlinien sind kleine Splitter des Anstriches abgeplatzt; abgeplatzte Fäche etwa 5 % der Teilstücke
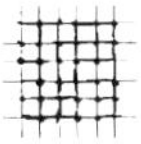 Gt 2	Der Anstrich ist längs der Schnittränder und/oder an den Schnittpunkten der Gitterlinien abgeplatzt; abgeplatzte Fläche etwa 15 % der Teilstücke
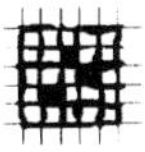 Gt 3	Der Anstrich ist längs der Schnittränder teilweise und ganz in breiten Streifen abgeplatzt und/oder der Anstrich ist von einzelnen Teilstücken ganz oder teilweise abgeplatzt; abgeplatzte Fläche etwa 35 % der Teilstücke
 Gt 4	Der Anstrich ist längs der Schnittränder in breiten Streifen und/oder von einzelnen Teilstücken ganz oder teilweise abgeplatzt; abgeplatzte Fläche etwa 65 % der Teilstücke
Gt 5	Abgeplatzte Fläche mehr als 65 % der Teilstücke

Abbildung 17.39 **Muster zur Beurteilung des Gitterschnitts** von Lackierungen nach DIN EN ISO 2409.

18. Elektronikfertigung

Baugruppen

Die Elektronik- und Halbleiterfertigung und neuerdings auch die Fertigung **mikromechanischer** Bauelemente ist durch eine äußerst innovative Prozesstechnologie gekennzeichnet. Entsprechend der zunehmenden Integrationsdichte elektronischer Schaltfunktionen unterscheidet man drei Fertigungstechnologien (→ *Tab. 18.1*) zur Herstellung elektronischer Baugruppen:

- **Leiterplattentechnik,**
- **Hybridtechnik (Dickschichttechnik),**
- **Integrierte Schaltungstechnik (IC = Integrated Circuits, Si–Planartechnik).**

Merkmale	Leiterplattentechnik	Hybridtechnik	Integrierte Schaltungstechnik (IC)
Basismaterial	organischer Träger (Harz–Glas–Komposit)	Keramik/ Glas	Halbleiter (vorrangig Si)
Integrations-dichte	niedrig	mittel	hoch
typ.Struktur-breiten	150...350 μm	100...260 μm	Im Bereich nm
Vorteile	übergeordnetes Verbindungselement für alle aktiven und passiven Baugruppen; Massenprodukt: 91% Marktant.	robuste Ausführung, gute Wärmeleitung, Spezialptodukt: 9% Marktanteile	höchster Integrationsgrad (Funktionen pro Fläche), Spezialprodukte (ASICs)
Nachteile	eingeengter Temperaturbereich	begegrenzte Fläche; teuer; Realisierung von Teilfunktionen	komplexe Fertigungs-Technik, hoher Investitionsaufwand

Tabelle 18.1 **Merkmale der drei wichtigsten Baugruppentechnologien** (Quelle: Fuba Printed Circuits, Gittelde)

Die zahlreichen innovativen Prozessentwickungen in der Elektronikfertigung können im vorliegenden Text nicht vollständig behandelt werden. Vielmehr wird auf die chemischen Prozesse bei der Leiterplattenherstellung und Bestückung und die verwendeten Einsatzchemikalien abgehoben.

18.1 Leiterplattenherstellung, Bestückung

Multilayer

Einlagige bzw. zweilagige Leiterplatten bestehen aus einem elektrisch isolierenden **Basismaterial (Laminat)**, das einseitig bzw. beidseitig mit elektrischen Cu–Leiterbahnen versehen (kaschiert) ist. Mehrlagige Leiterplatten (**Multilayer**) für komplexe Anwendungen (z.B. für Computerprozessoren) enthalten zumeist 4...10 innenliegende Leiterbahnen. Nach → *Abb. 18.1* wird eine Leiterplatte mit zwei innenliegenden Leiterebenen und den beiden Cu–Außenlagen als **6–Lagen–Multilayer** bezeichnet. Zur Herstellung eines mechanisch stabilen Verbundkörpers werden zwischen einseitig oder beidseitig Cu–laminierten Kernlagen aushärtbare Zwischenlagen (**Prepregs**) eingeschoben. Nach dem Übereinanderschichten von Leiterebenen und Prepregs in der gewünschten Reihenfolge wird der Multilayer–Verbund erhitzt und unter Druck ausgehärtet.

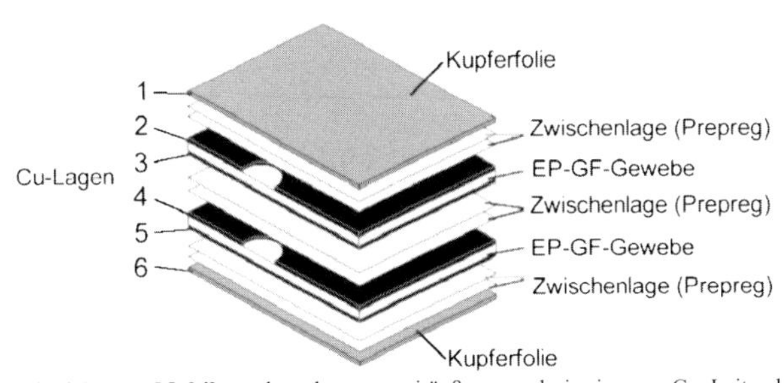

Abbildung 18.1 Ein **6–Lagen–Multilayer** besteht aus zwei äußeren und vier inneren Cu–Leiterebenen. Die Cu–Leiterebenen sind auf Laminatmaterial (Verbund aus Kunstharz mit einem Trägermaterial z.B. Glasgewebe) aufgewalzt. Zwischengelegte Prepreg–Lagen (teilgehärtete Harz–Faserverbundmaterialien) härten beim abschließenden Verpressen und verbinden den Mehrlagenverbund.

Basismaterialien

Leiterplatten können **starr** oder **flexibel** (Folien) sein. Die wichtigsten Basismaterialien für einseitige oder doppelseitige Leiterplatten sind:

- **starre organische Schichtpressstoffe**
  - Harz: Phenol–Formaldehyd, Epoxid, Polyester,
  - Trägermaterial: Hartpapier, Glasgewebe, Aramidgewebe,
- **flexible organische Folien**
  - Folienmaterial: Polyimid, Polyester, Polytetrafluorethylen,
- **Keramiken**
  - überwiegend Aluminiumoxid.

Starre, organische Schichtpressstoffe

Die überwiegend eingesetzten **starren organischen Schichtpressstoffe** sind Verbundmaterialien und bestehen aus einem polymeren Harz und einem gewebeartigen Trägermaterial. In der Praxis sind im wesentlichen **drei Verbundsysteme** eingeführt, die sich durch unterschiedliche mechanische, thermische und elektrische Eigenschaften auszeichnen:

- **Phenol–Formaldehydharz + Hartpapier** (PF–CP, FR2),
- **Epoxidharz + Hartpapier** (EP–CP, FR3),
- **Epoxidharz + Glasgewebe** (EP–GC, FR4).

FR2, FR3, FR4

Die Bezeichnungen **PF–CP**, **EP–CP** und **EP–GC** sind in der deutschen Norm DIN 40802 festgelegt (Metallkaschierte Basismaterialien für gedruckte Schaltungen). Die wesentlich gebräuchlicheren Bezeichnungen **FR2, FR3** und **FR4** beruhen auf einer amerikanischen Liefervorschrift (NEMA = National Electrical Manufacturers Association, USA). Diese Liefervorschrift enthält keine Angaben über die chemische Natur des Basismaterials. Vielmehr werden Anforderungen für mechanische, thermische oder chemische Belastungstests formuliert /108/. FR4–Basismaterialien zeichnen sich demnach durch hohe Biegefestigkeit, einen niedrigen thermischen Ausdehnungskoeffizienten und geringe dielektrische Verluste aus. Es sind die gebräuchlichen Basismaterialien für hochwertige, professionelle Anwendungen (Messtechnik, Computer, Verkehrstechnik). Als FR4 dürfen neben **EP–GC** auch Laminate auf der Basis von **Polyimid–Glasgewebe** oder –**Aramidgewebe** (Vorteil: kein Bohrerverschleiss) bezeichnet werden.

Harze für Leiterplatten

Die wichtigsten **Harze für Leiterplatten** sind langkettige Epoxid–Präpolymere aus der Polyaddition von Epichlorhydrin und Bisphenol A (→ *Kap. 6.3*). Diese festen Voraddukte sind teilgehärtete Präpolymere (Harze im B–Zustand), die reaktive Hydroxyl–und Epoxidgruppen enthalten und deshalb weiter vernetzbar sind. Die Endaushärtung erfolgt bei Leiterplatten bevorzugt mit dem tetrafunktionellen **Aminhärter Dicyandiamid** (Festkörper, Smp. 212°C) /108/:

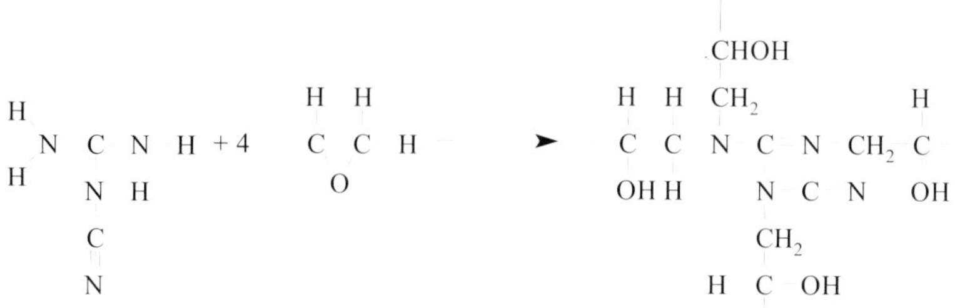

H N C N H + 4 H H C C H O ➤ CHOH H H CH_2 H C C N C N CH_2 C OH H N C N OH CH_2 H C OH
H N H
C
N

Dicyandiamid (Aminhärter) Epoxid–Präpolymer dreidimensional vernetztes (endgehärtetes) EP–Harz (Vernetzung jeweils über eine NH–Gruppe mit beweglichem H–Atom)

Eine weitere Steigerung des Glasübergangspunkts von Tg = 120...130°C → 150...180°C gelingt durch Verwendung von anderen mehrfunktionellen Aminen (z.B. Melamin) oder tetrafunktionellen (höher vernetzbaren) Epoxiden, z.B.:

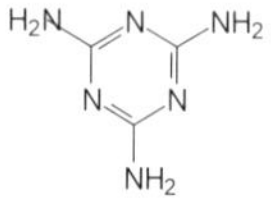

H_2N N NH_2 N N NH_2

Melamin = 1,3,5- Triazin-2,4,6 triamin

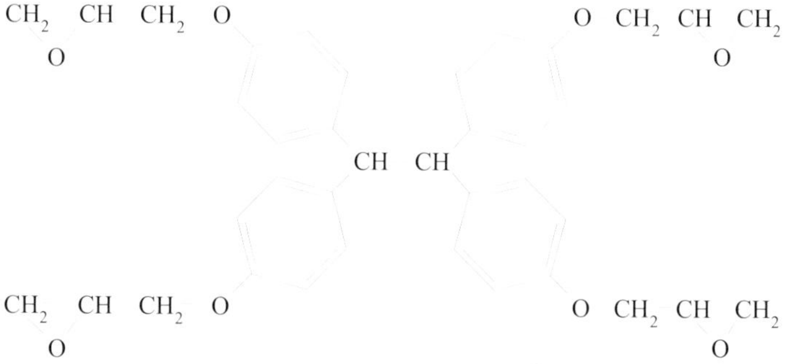

CH_2 CH CH_2 O O CH_2 CH CH_2
O O
CH CH
CH_2 CH CH_2 O O CH_2 CH CH_2
O O

Tetrafunktionelles Epoxid–Monomer für Leiterplatten mit höherem Glasübergangspunkt Tg = 150...180°C

Flammschutzmittel

Die **Harzkomponente** muss **flammhemmend** ausgeführt sein. Dies erreicht man bei Epoxidmaterialien durch Bromierung der Ausgangsverbindungen, z.B. durch Verwendung eines gewissen Anteils an Tetrabrombisphenol A. Im Brandfall können aus Leiterplatten korrosive und gesundheitsschädliche **HBr–Dämpfe** entweichen (→ *Kap. 6.1*). Aus diesem Grund besteht die Forderung nach einem halogenfreien Basismaterial, das u. a. durch Zumischung von Füllstoffen wie roter Phosphor erhalten wird.

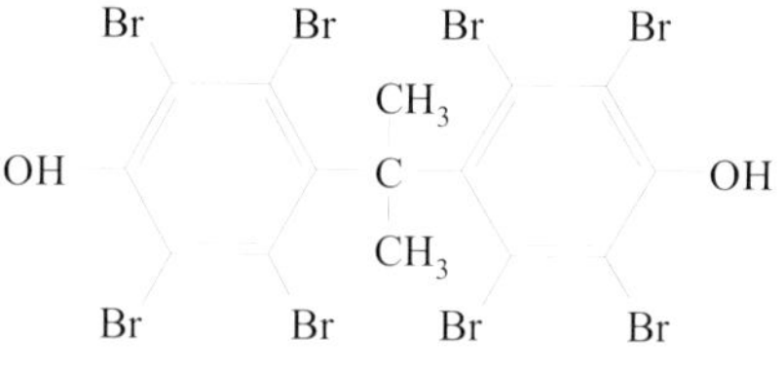

Br Br Br Br
CH_3
OH C OH
CH_3
Br Br Br Br

Tetrabrombisphenol A [= 4,4'-(1-Methylethyliden)- bis(2,3,5,6- tetrabromphenol)]

Neben flammhemmenden Stoffen können die Leiterplattenbasismaterialien weitere **Additive** z.B. Füllstoffe wie $BaSO_4$ oder Al_2O_3 und Farbstoffe enthalten.

Eigenschaften von Basismaterialien

In → *Tab. 18.2* sind die Eigenschaften verschiedener Basismaterialien für Leiterplatten und weiterer elektronischer Einsatzmaterialien zusammengestellt.

Werkstoff	Glasübergangstemperatur Tg	thermischer Ausdehnungskoffizient [10^{-6} K^{-1}]	Wärmeleitfähigkeit [W $m^{-1}K^{-1}$]	relative Kosten
Phenolharz-Hartpapier	70...105	15...25	0,1...0,2	niedrig
Epoxidharz-Hartpapier	125	12...20	0,1...0,2	niedrig
Epoxidharz-Glas	125	12...16	0,1...0,2	normal
Epoxidharz-Aramidfaser	125	6...7	0,1...0,2	hoch
Polyimid-Glasfaser	220...240	12...14	0,35	hoch
Polyimid-Aramid	220...240	5...7	0,13	hoch
PTFE-Glas	75	20...24	0,26	sehr hoch
Polymere				
Polyester (teilkr.)	69	30	0,2	
Polyamid (feucht, teil.)	5	100...150		
PTFE (teilkr.)	-20	10...12	0,99	
Polyethylen (teilkr.)	-95	200		
Polyimid (amorph)	217	20...30	0,15	
Epoxid (amorph)	125	50...60		
Metalle				spez.Widerstand [10^{-6} Ω cm^{-1}]
Cu		17	390	1,55
Al		24	240	2,55
Ag		20	418	1,49
Au		14	312	2,06
Ni		13	92	6,14
SnPb40		24	35	
Keramiken/Halbleiter				
Silizium		3,8	163	
SiO_2		0,4	1,4	
Al_2O_3		5...7	20...25	
AlN		2...3	140...170	

Tabelle 18.2 **Basismaterialien der Elektronik**: Die Glasübergangstemperatur Tg entspricht der maximalen Einsatztemperatur des Materials; unterschiedliche thermische Ausdehnungskoeffizienten der Materialien führen zu thermischen Spannungen (insbesondere für die Verbindungstechnik bedeutsam); für die Schaltung hoher Ströme bzw. für hochintegrierte Schaltungen benötigt man Materialien mit hoher Wärmeleitfähigkeit (Quelle: teilweise aus /110/)

Prepreg

Prepreg–Folien für mehrlagige Leiterplatten bestehen aus epoxidharzgetränktem (imprägniertem) Gewebematerial, das teilgehärtet ist (Harze im **B–Zustand**). Der übereinander geschichtete Stapel von Prepregs und Kupferlagen wird ohne weitere Hilfsstoffe bei Temperaturen von 175...180°C und Drücken von ca. 1,5 MPa (teilweise im Vakuum) verpresst, wobei die Harze irreversibel aushärten (Harze im **C–Zustand**, → *Kap. 6.3*). Die Dicke der ausgehärteten Prepreg–Isolationsfolien beträgt ca. 30...100 µm.

Cu–Kaschierung

Die **Cu–Kaschierung** besteht aus einer einseitig oder doppelseitig aufgebrachten, meist 5, 17,5, 35 oder 70 µm dünnen Kupferfolie (meist Elektrolytkupfer, E–Cu, Reinheitsgrad >99,8% Cu). Zur Verbesserung der Haftung zum organischen Trägermaterial dient ein sog. 'Treatment' der Cu–Folie, dafür verwendet man z.B. eine elektrolytisch abgeschiedene Messingschicht oder chemisch erzeugtes Cu–Oxid mit anschließender Chromatierung. Die so behandelte Cu–Folie kann mit oder ohne Verwendung weiterer Klebstoffe auf das ausgehärtete Trägermaterial aufgewalzt (**laminiert**) werden.

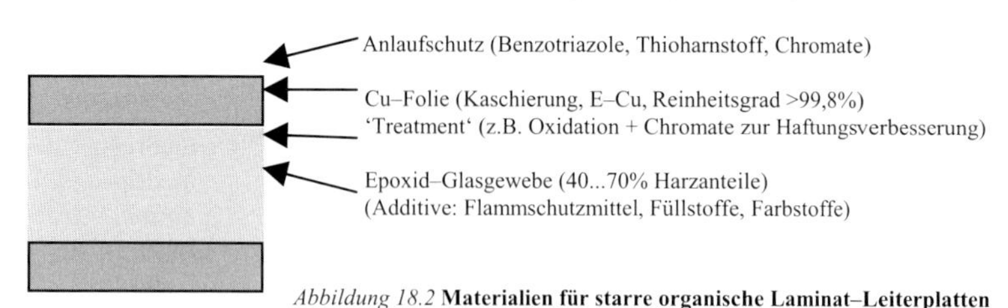

Abbildung 18.2 **Materialien für starre organische Laminat–Leiterplatten**

Flexible organische Folien

Für **mobile** Anwendungen (Gewichtseinsparung) werden zunehmend flexible **Polymerfolien** als Basismaterial verwendet, die einseitig oder beidseitig mit einer 35 μm dünnen Kupferfolie kaschiert sind. Die wichtigsten Polymerfolienmaterialien sind (→ *Kap. 6.2*):

- **Polyimid** (Markenname: Kapton, Foliendicke 25 μm, → *Kap. 6.2*) und
- **Polyethylenterephthalat (PETP)** (Markenname: Mylar, Foliendicke 38 μm).

Fertigungstechnologie für Leiterplatten

Die Fertigungstechnologie von Leiterplatten wird in zahlreichen deutschen und internationalen Normen beschrieben. Einen Überblick gibt die **VDI–Richtlinie 3710** Fertigung von Leiterplatten (Stand 1993). Für die **Fertigung** von Leiterplatten kennt man unterschiedliche Verfahren:

- **subtraktiv:** das Leiterbild wird aus einer aufgewalzten Kupferfolie (Kupferkaschierung) herausgeätzt,
- **additiv:** das Leiterbild wird durch eine chemische oder galvanische Verkupferung aufgebracht,
- **subtraktiv/additiv:** Mischformen der subtraktiven und additiven Arbeitsweise.

Subtraktivverfahren

Die **Subtraktivtechnik** wird in der Serienfertigung in Deutschland zu über 95% angewendet. Der Arbeitsablauf zur Herstellung von Leiterplatten nach dem Subtraktivverfahren unterscheidet sich für die:

- **Innenlagen** und
- **Außenlagen**.

Innenlagen

Im Mittelpunkt der Herstellung von **Innenlagen** steht ein Photoprozess (→ *Abb.18.3*), bei dem der Leiteraufbau durch Maskierung mit einem Photoresist und anschließendem chemischen Ätzen freigelegt wird. Analog den Begriffen in der konventionellen Reprographie spricht man von einem **Negativ–Prozess**, wenn der Entwicklungsschritt mit einer Hell–Dunkel–Umkehr verbunden ist. Beispielsweise ist die konventionelle Silberhalogenid (AgX)–Photographie ein Negativ–Prozess. Auch die Herstellung des Cu–Leiterbilds auf Leiterplatten folgt in der Regel einem Negativ–Prozess, in dem die belichteten (hellen) Stellen des Photoresists nicht entwickelt werden (d. h. zurückbleiben, dunkel bleiben). Die einzelnen Prozesschritte werden im Text erläutert.

Negativ–Prozess

Photodruck

Für die Übertragung des Leiterbildes von einer Vorlage (**Layout**) auf die Kupferoberfläche werden drucktechnische Verfahren in Kombination mit einem folgenden Ätzprozess verwendet. Die bei der Leiterplattenherstellung angewendeten Druckverfahren sind:

- **Siebdruck**: Normalleitertechnik mit Leiterstrukturen >0,3 mm,
- **Photodruck**: Feinleiter- bis Mikroleitertechnik, Leiterstrukturen <0,3 mm.

Fertigungsablauf bei der Innenlagenherstellung

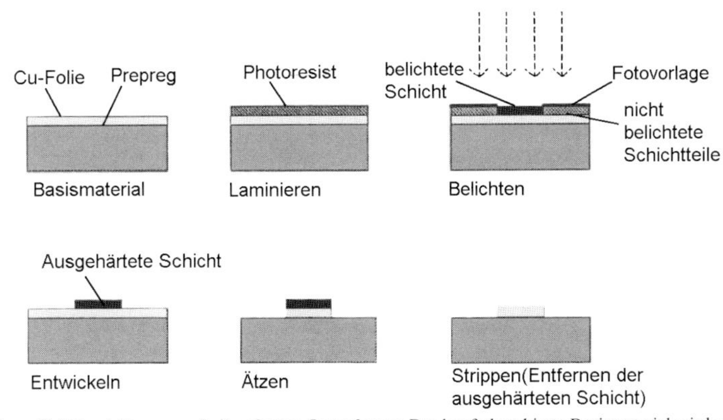

Abbildung 18.3 **Herstellung von Leiterplatten–Innenlagen**: Das kupferkaschierte Basismaterial wird mit einem negativ arbeitenden Trockenfilm–Photoresist laminiert und dann belichtet. Als Fotovorlage (Belichtungsmaske) dient z.B. ein konventioneller AgX–Film. Der belichtete Photoresistanteil wird nicht entwickelt und verbleibt als Ätzresist während dem Cu–Ätzen. Da die belichteten Stellen nicht im Entwickler gelöst werden, spricht man von einem negativ arbeitenden Photoprozess /111/.

Für die heute gebräuchliche **Feinleitertechnik** bevorzugt man die photolithographische Strukturübertragung. Dabei wird das Strukturbild mittels Belichtungsschablonen (**Photomaske, Photoschablone**) auf eine **lichtempfindliche** organische Schicht übertragen, die als **flüssiger** Photolack durch Gießen oder Tauchen bzw. als **feste** Photolackfolie (Feststoffresist, Trockenresist) durch Laminieren auf der Kupferoberfläche aufgebracht wird. Zum Leiterbahnaufbau werden heute nahezu ausschließlich feste, negativ arbeitende **Trockenresiste** verwendet. Die Photolackverarbeitung einschließlich des Entwickelns muss unter **Gelblicht** ablaufen. Beim Belichten entsteht ein Farbumschlag, wobei das Leiterbild sichtbar wird.

Trockenresist

Eine Trockenresistfolie besteht nach → *Abb. 18.4* aus einer 25 µm dünnen transparenten Polyethylen–Schutzfolie, der photosensitiven Schicht und einer 25 µm dünnen transparenten Polyester–Schutzschicht. Die PE–Schutzfolie wird vor dem Laminieren entfernt. Das Photopolymer wird durch die UV–durchlässige Polyester–Schutzfolie mit UV–Licht der Frequenz 340...420 nm belichtet. In den UV–belichteten Stellen wird eine Photo polymerisation ausgelöst.

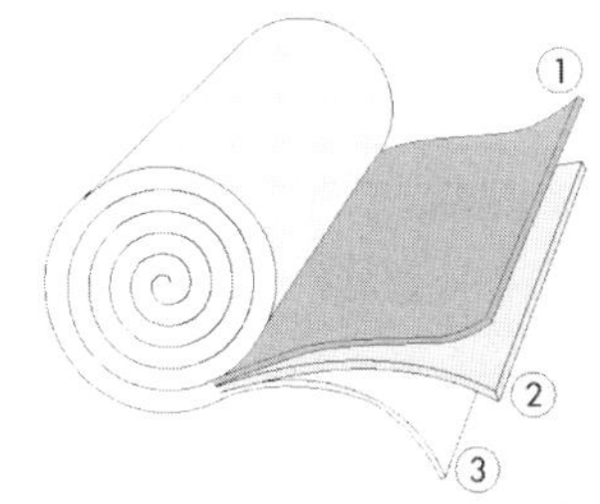

Abbildung 18.4 **Trockenresistfolie**: 1 = PE–Schutzfolie (25 µm), 2 = photosensitive Schicht (25...75 µm), 3 = PET–Abdeckfolie (25 µm, O_2–Ausschluss), (Quelle: Agfa, Mortsel, Belgien).

Photopolymerisation

Startrekation ist in vielen Fällen die Lichtabsorption eines UV–angeregbaren Photoinitiators I → I * und anschließende Wasserstoffaufnahme von einem Coinitiator R–H, wobei ein reaktionsfähiges Radikal R. entsteht:

$$\text{(O, O-Ringsystem)} = I \xrightarrow{\text{UV Licht}} I^*$$

Benzophenon — Photoinitiator I — UV–angeregter Photoinitiator I*

$$R{-}N(R'){-}CH_2{-}R' + I^* \longrightarrow R{-}N(R'){-}\dot{C}H{-}R' + IH^*$$

Coinitiator (R–H) — Radikalstarter (R.•)

$$2\; CH_2{=}C(R'){-}C({=}O){-}O{\sim\sim}CH_2{-}COOH + \text{Radikal } R\bullet \longrightarrow R{-}C(R')(COO{\sim\sim}CH_2COOH){-}CH_2{-}C(R')(COO{\sim\sim}CH_2COOH){-}CH_2^{\bullet}$$

Acrylat–Präpolymere (enthält -COOH–Gruppen, die in einem alkalilöslichen Entwickler löslich sind

vernetztes Acrylatpolymer (belichteter säurebeständiger Photoresist als Ätzresist oder Galvanoresist; das Polymer ist im Entwickler nicht mehr löslich)

Hemmung durch Luftsauerstoff

Die radikalische Polymerisation wird durch Anwesenheit von Luftsauerstoff gehemmt, da die Radikalstarter $R\bullet + O_2 \rightarrow ROO\bullet$ dann zu weniger reaktionsfähigen Peroxidradikalen umgesetzt werden. Die Photoresiste können dann nicht ausgehärtet und klebrig sein. Die Oxidation wird durch die aufliegende Polyesterfolie verhindert. Nach der Belichtung des Photoresists wird die PET–Abdeckfolie entfernt (→ *Abb. 18.5*).

Entwickeln

Entschichten (Strippen)

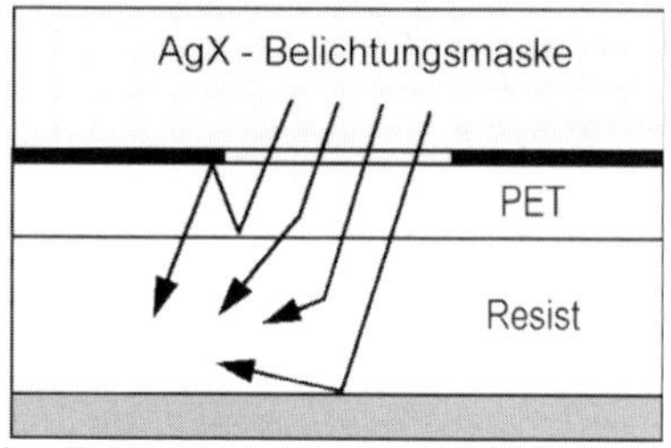

Abbildung 18.5 **Belichtung eines Trockenresists** durch eine AgX–Belichtungsmaske. Der PET–Film sorgt für den Ausschluss von O_2, da dieser die Photopolymerisation stört. Nach der Belichtung muss die PET–Folie entfernt werden (Quelle: Agfa, Mortsel, Belgien).

Der vom UV–Licht **nicht belichtete** Photoresist wird durch eine chemische Prozesslösung (**Entwickler**, meist alkalische 1%-ige Sodalösung) rasch gelöst (entwickelt). Die belichteten Stellen verbleiben als Maske auf dem Substrat und dienen als **Ätzresist** für die Freilegung des Cu–Leiterbildes meist mittels saurer Cu–Ätzmittel. Zum Abschluss des Strukturierungsvorgangs muss die **polymerisierte** Photoresistmaske mit höher konzentrierten alkalischen Prozessflüssigkeiten (z.B. 2...4% NaOH bzw. KOH, pH = 11...14) wieder entschichtet (**gestrippt**) werden.

Cu–Ätzmittel

Für das Ätzen von **Kupfer** verwendet man saure oder alkalische (ammoniakalische) Ätzmittel:

- **saure Ätzmittel**
  - $Fe(III)Cl_3$ / HCl–Mischung (abnehmende Bedeutung):
    $2\ FeCl_3 + Cu \rightarrow 2\ FeCl_2 + CuCl_2$
  - $Cu(II)Cl_2$/HCl–Mischung (nicht für die Metallresist–Technik):
    $CuCl_2 + Cu \rightarrow 2\ Cu_2Cl_2$ (schwerlöslich)
    $Cu_2Cl_2 + 4\ HCl \rightarrow 2\ CuCl_3^{2-} + 4\ H^+$ (Komplexbildung; lösliches, nicht ätzendes $CuCl_3^{2-}$)
  - H_2O_2/H_2SO_4–Mischung (wichtigste Ätzmischung /111a/):
    $Cu + H_2O_2 \rightarrow CuO + H_2O$;
    $CuO + H_2SO_4 \rightarrow CuSO_4 + H_2O$
  - Persulfat $Na_2S_2O_8$ bzw. $K_2S_2O_8$/ H_2SO_4–Mischung (Mikroätzen):
    $Cu + Na_2S_2O_8 \rightarrow Na_2SO_4 + CuSO_4$
- **alkalische Ätzmittel** (überwiegend für das Metallresistverfahren)
  - ammoniakalische $Cu(II)Cl_2$ bzw. $CuSO_4$–Lösung:
    $[Cu(NH_3)_4]^{2+} + Cu \rightarrow 2\ [Cu(NH_3)_2]^+$

Recycling von Ätzlösungen

Die Leiterplattenfertigung unterliegt der **Abwassergesetzgebung** (Anhang 40, Abwasserverordnung), die **Standzeitverlängerung** von Prozessbädern und eine abwasserarme **Spültechnik** fordert (→ *Kap. 10.3*). Für das derzeit wichtigste Ätzmittel einer stabilisierten $\mathbf{H_2O_2/H_2SO_4}$–Mischung lässt sich ein besonders einfacher Recyclingprozess realisieren. Beim Abkühlen unter 17°C fällt überschüssiges $CuSO_4$ aus, so dass sich durch **Kühlkristallisation** ein konstanter $CuSO_4$–Gehalt einstellen lässt.

Für das **Ätzmittel** $\mathbf{CuCl_2}$ ist ein Recyclingprozess in einer separaten Regeneriereinheit beschrieben. Aus dem Ätzprodukt CuCl wird durch Oxidation mit salzsaurem H_2O_2 das Ätzmittel $CuCl_2$ zurückgebildet:

$$2\ CuCl + H_2O_2 + 2\ HCl \rightarrow 2\ CuCl_2 + 2\ H_2O$$

Bei der Ätzreaktion entstehen ständig zusätzliche Cu(I)–Ionen, die nach dem Recyclingschritt als vermehrtes Ätzmittel zur Verfügung stehen. Konstante Ätzbedingungen lassen sich nur einhalten, wenn eine Ausschleusung von überschüssigem Kupfer vorgesehen ist. Man verwendet dafür die Elektrolyse, wobei jedoch die Entstehung von Chlorgas an der Anode der Elektrolysierzelle zu beachten ist. Eine chlorfreie Elektrolyse lässt sich durch **Membranelektrolyse** (Anionenaustauschermembran trennt Anoden- und Kathodenraum) oder durch die *in → Abb. 18.6* dargestellte **Austreibung** von Salzsäure durch Schwefelsäure erzielen. Gasförmiger Chlorwasserstoff (HCl) wird in einem Kondensator aufgefangen und in den Prozess zurückgeführt, der flüssige $CuSO_4$–haltige Rückstand lässt sich unter Rückgewinnung von elementarem Kupfer problemlos elektrolisieren.

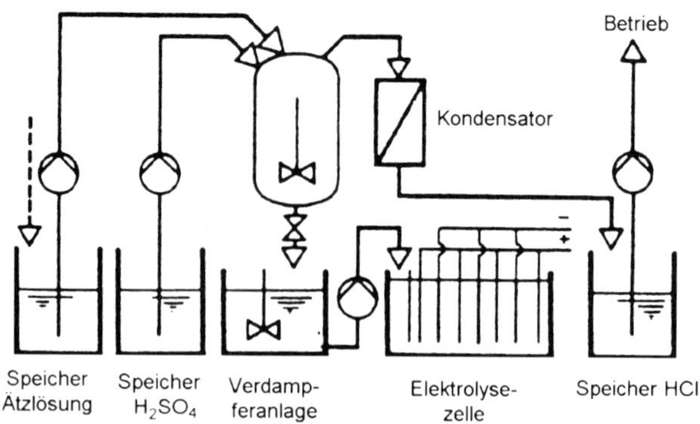

Abbildung 18.6 **Ausschleusung von $CuCl_2$–Ätzlösung**: Regenerierung von HCl durch Austreibung mittels H_2SO_4 /nach 53/

Außenlagen

Die gefertigten Leiterplatten–Innenlagen werden mit Prepreg–Zwischenlagen versehen und zusammen mit kupferkaschierten Basismaterial–Außenlagen zu einem Multilayer–Verbund gepresst und unter Wärme ausgehärtet. Die Strukturierung der Leiterplatten–Außenlagen (→ *Abb. 18.7*) ist jedoch komplizierter als die Herstellung von Innenlagen, da in diesem Fertigungsprozess zusätzlich die Multilayer–Leiterebenen elektrisch verbunden und lötfähige Anschlussflächen (Pads) hergestellt werden müssen.

Fertigungsablauf für Außenlagen

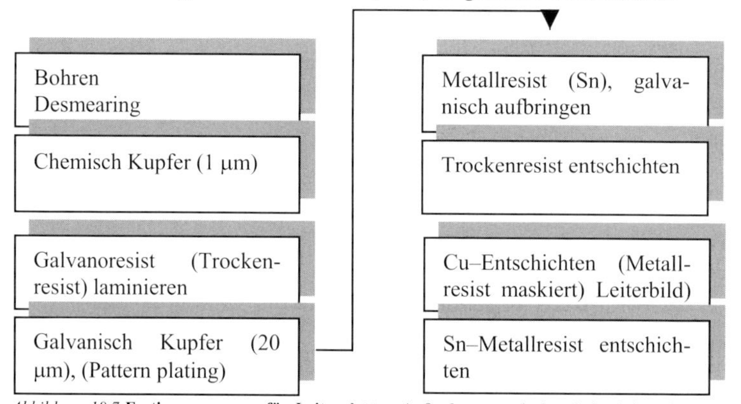

Abbildung 18.7 **Fertigungsprozess für Leiterplatten–Außenlagen** nach dem Subtraktivverfahren. Die einzelnen Prozessschritte werden im Text behandelt.

Lochbohren

Zur Herstellung elektrischer Kontakte zwischen den Außen- und Innenlagen bzw. zwischen der Ober- und Unterseite der Leiterplatte müssen Durchgangslöcher oder Sacklöcher angebracht werden. Zum Lochbohren stehen folgende Alternativen zur Verfügung:

- **mechanisches Bohren** (mit Hartmetallbohrern),
- **Laserbohren,**
- **Plasmalochbohren** (für Folienmaterial).

Plasmalochbohren

Das **Plasmalochbohren** ist das geeignete Verfahren zum Lochbohren in dünne, kupferkaschierte **Polymerfolien** (Vorteil: **gleichzeitige** Herstellung von mehreren Tausend Löchern). Beim sog. ***Dycostrate***–Verfahren wird die Lage der Durchkontaktierungen mit Hilfe eines Photolackprozesses auf dem Substrat festgelegt. Die dünne Kupferauflage wird an den Durchkontaktierungsstellen chemisch abgetragen, während die innenliegende Polymerfolie mit Hilfe eines oxidierenden Plasmaprozesses (Prozessgas: Sauerstoff/CF_4) freigeätzt wird (→ *Kap. 17.3*). Es lassen sich flexible Leiterplatten im Mikrostrukturbereich mit typischen Leiterabständen von ca. 50...100 µm und Lochdurchmessern von ca. 75 µm herstellen. Eine fast noch größere Bedeutung hat das Laserlochbohren erlangt.

Desmearing

Ein klassischer Anwendungsfall des Plasmaätzens (Ätzgas O_2/CF_4) ist die Entfernung (**Desmearing**) von Rückständen (smear) des mechanischen Bohrens in glasfaserverstärkten Epoxidleiterplatten. Ohne dieses Rückätzen (**Back Etching**) könnten Harzrückstände einen elektrischen Kontakt zwischen den angeschnittenen Kupfer–Innenlagen und der nun folgenden Durchmetallisierung verhindern.
Die alternativen, **wässrigen** Ätzverfahren zur Lochwandreinigung arbeiten mit stark oxidierenden Substanzen, z.B.:

- **alkalische $KMnO_4$–Lösung** (umweltverträgliche Einsatzchemikalie, mittlere Ätzraten),
- **Schwefelsäure** (stark ätzende, hochkonzentrierte 90%-ige Säure, hohe Ätzraten),
- **Chromsäure** (krebserregende Einsatzchemikalie, hoher Spülwasserbedarf, nicht mehr Stand der Technik).

Durchkontaktieren

Unter dem Durchkontaktieren (**Durchmetallisieren**) versteht man die Herstellung elektrisch leitfähiger Verbindungen zwischen den verschiedenen Kupferlagen in Multilayern. Hierzu muss eine dünne elektrische Leitschicht (ca. 1 µm), bevorzugt auf den Innenwänden der Bohrlöcher aufgebracht werden. Aufgrund des nichtleitenden Grundmaterials kommt nur eine **chemische** Metallabscheidung in Frage (→ *Abb. 18.8 links)*. Die wichtigsten Verfahren der chemischen Metallisierung werden in → *Kap. 17.6* behandelt:

- **chemische Verkupferung** und
- verschiedene **Direktmetallisierungsverfahren**.

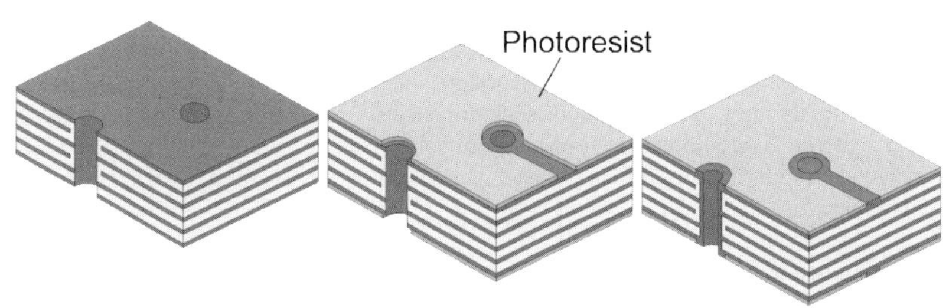

Abbildung 18.8 **Prozessschritte der Außenlagenfertigung (I)**: Durchmetallisieren einer gebohrten Leiterplatte mit chemisch Cu (links); Photolackprozess (der Trockenresist dient als Galvanoresist, Mitte); galvanische Verstärkung mit Cu, bis eine Mindestschichtdicke von 20 µm auch in den Bohrungen erreicht ist (Pattern plating, rechts); (Quelle: Agfa, Mortsel, Belgien).

Galvanoresist, Ätzresist

Nach der chemischen Metallisierung findet ein Photostrukturierungsprozess statt. In diesem Fall besitzt der entwickelte **Photoresist** die Funktion eines **Galvanoresists.** Allgemein können Photoresiste folgende Aufgaben wahrnehmen:

- **Ätzresiste** (Ätzreserven, Ätzschutzmaske) decken die Bereiche ab, auf denen später die Leiterstruktur entstehen soll,
- **Galvanoresiste** (Galvanoschutzmaske) decken die Bereiche ab, auf denen keine Leiterstrukturen entstehen sollen,
- **Lötstoplacke** decken die Bereiche ab, auf denen nicht gelötet wird.

Für Galvanoresists verwendet man analoge Trockenresistfolien wie für Ätzresiste.

Galvanische Verstärkung (Pattern plating)

Nach dem Aufbringen eines Galvanoresists wird die freiliegende Kupferfläche nach → *Abb. 18.8 (rechts)* in sauren Cu–Bädern galvanisch (→ *Kap. 17.6*) bis zu Gesamtschichtdicken von mindestens 20 µm Cu verstärkt; dabei wird das gewünschte Leiterbild erzeugt (**Leiterzugaufbau**). Da die Metallabscheidung nur auf den vom Photoresist nicht abgedeckten Cu–Teilflächen stattfindet, spricht man auch von '**Pattern plating**' (plating = galvanisch beschichten; ein alternatives Verfahren nennt man 'Panel plating', da hier die gesamte Kupferkaschierung galvanisch aufgekupfert wird).

Sn–Metallresist

Beim traditionellen Leiterplattenherstellungsverfahren (**Metallresist**–Verfahren) folgt nun eine ca. 5 µm dicke galvanische Verzinnung (→ *Kap. 17.6*) als metallischer Ätzschutz (→ *Abb. 18.9 links*). Nach dem Entschichten ('Strippen') des Photoresists wird

Cu–Entschichten

die Cu–Außenkaschierung mit ammoniakalischer Cu(II) Cl_2–Lösung großflächig abgeätzt; es verbleibt das durch den Sn–Metallresist abgedeckte Leiterbild (*Abb. 18.9 Mitte*).

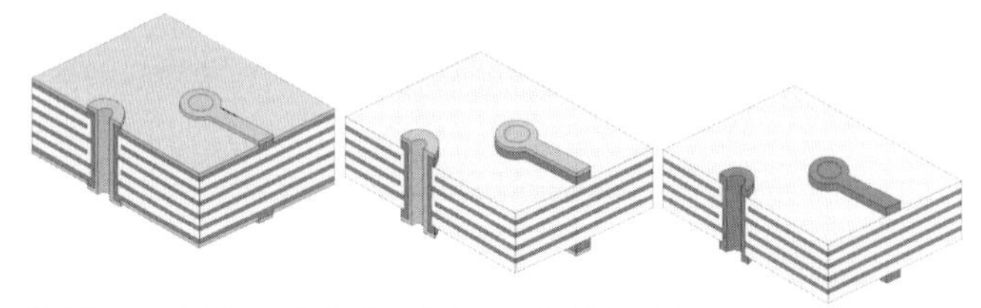

Abbildung 18.9 **Prozessschritte der Außenlagenferigung** (II): Galvanische Abscheidung eines Sn–Metallresists (ca. 5 µm, links); Entschichten (Ätzen) der Cu–Kaschierung, Freilegung des Leiterbilds (Mitte); Entschichten des Sn–Metallresists (rechts), (Quelle: Agfa, Mortsel, Belgien).

Sn–Entschichten

Für das abschließende Entschichten des Sn–Metallresists (Metallstrippen, Ätzen, → *Abb. 18.9 rechts*) verwendet man Lösungen auf der Basis von Fluoroborsäure (HBF_4) / H_2O_2 / HF bzw. salpetersaure Lösungen.

Sn–Pb–Metallresist

Anstelle von Sn kann auch alternativ eine Sn–Pb–Legierungsschicht als Metallresist verwendet werden, die nicht entschichtet wird, sondern als lötfähige Schicht auf der Leiterplatte verbleibt. Diese Verfahrensvariante spielt in der Großserienfertigung jedoch keine Rolle, da diese Sn–Pb–Schicht nachteiligerweise das gesamte Leiterbild bedeckt. Beim späteren Bauteillöten käme es zum Aufschmelzen der Sn–Pb–beschichteten Leiterzüge auch unterhalb der Lötstopmaske, woraus Enthaftungen und Abplatzungen folgen können.

Unterätzung

Ätzreaktionen sollen in der Regel gerichtet (**anisotrop**) wirken. Die Folge eines ungerichteten (isotropen) Ätzangriffs sind Unterätzungen, darunter versteht man z.B. die Aushöhlung der Cu–Schicht unter einem Sn–Metallresist(→ *Abb. 18.10*). Je größer die Schichtdicke der abzuätzenden Cu–Schicht ist, desto größer wird die Unterätzung. Die Herstellung besonders feiner Strukturen erfordert deshalb möglichst geringe Cu–Schichtdicken. Dies stellt insbesondere auch Anforderungen an die Dicke der Cu–Kaschierung von Leiterplatten /112/:

- Normal–Leitertechnik: Leiterstrukturen <0,5 mm, Cu–Kaschierung Dicke 25...35 µm;
- Fein–Leitertechnik: 0,15...0,3 mm, Cu–Kaschierung Dicke 17,5...25 µm;
- Feinst–Leitertechnik: 0,1...0,15 mm, Cu–Kaschierung Dicke 12...17,5 µm;
- Mikro–Leitertechnik: 0,05...0,1 mm, Cu–Kaschierung Dicke 5...12 µm;

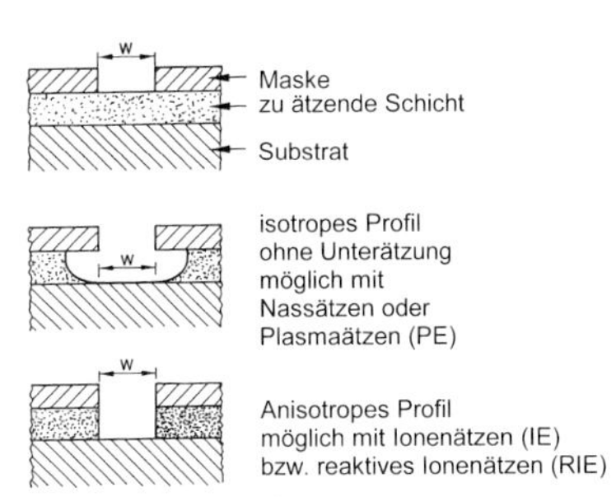

Abbildung 18.10 **Unterätzen**: Mit nasschemischen Ätzverfahren werden meist isotrope Ätzprofile errreicht. Für das anisotrope (gerichtete) Ätzen von Halbleitern bzw. Metallen nutzt man eher Ionen- und Plasmaverfahren (→ *Kap. 17.3*)

Finishkette

In der sog. Finishkette wird ein organischer Lötstoplack aufgetragen, der die Leiterzüge vor Witterungseinflüssen und Korrosion schützt. Durch einen Photolackprozess werden die elektrischen Anschlussflächen (Pads) freigelegt und mit einer lötfähigen Beschichtung versehen (→ *Abb. 18.11*).

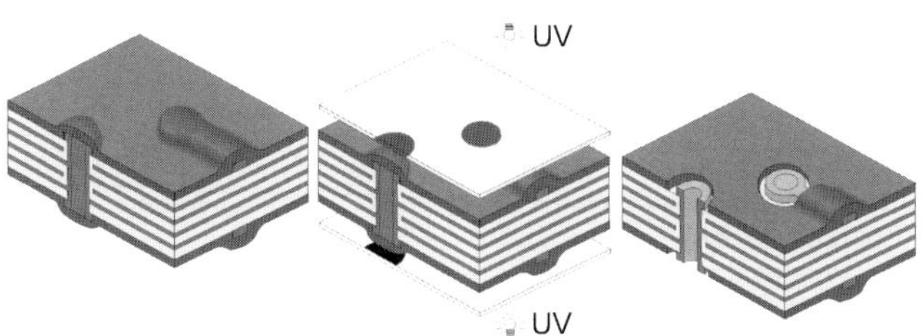

Abbildung 18.11 **Prozessschritte der Außenlagenfertigung (III)**: Finishkette mit Aufbringen einer Lötstopmaske (links), Photosstrukturierung der Lötstopmaske (Mitte), Freilegen der Anschlusspads, Aufbringen einer lötfähigen Beschichtung auf den Anschlusspads (rechts), (Quelle: Agfa, Mortsel, Belgien).

Lötstoplack

Der Lötstoplack wird in der Regel als flüssiger photosensitiver Epoxidharzlack im Vorhanggießverfahren (**Curtain coating**) aufgebracht. Dabei wird die fertigbearbeitete Leiterplatte rasch durch einen Lackvorhang geschoben (→ *Abb. 18.11 links*). Bei dem Lötstoplack handelt es sich in der Regel um einen modifizierten Epoxidharzlack mit reaktionsfähigen Doppelbindungen. Beim **Belichten** vernetzen die Doppelbindungen durch Photopolymerisation, was den Vorgängen beim negativ arbeitenden Feststoffresist entspricht:

Belichten des Lötstoplacks

$$\sim CH{=}CH \sim \underset{\diagdown O \diagup}{CH{-}CH_2} \qquad \xrightarrow{+\,R\cdot} \qquad \sim \overset{R}{\overset{|}{CH}}{-}CH \sim \underset{\diagdown O \diagup}{CH{-}CH_2}$$

$$\sim CH{=}CH \sim \underset{\diagdown O \diagup}{CH{-}CH_2} \qquad\qquad\qquad \sim CH{-}\dot{C}H \sim \underset{\diagdown O \diagup}{CH{-}CH_2}$$

UV–härtbarer Epoxid–Lötstoplack mit Doppelbindungen

Durch UV–Belichtung vernetzen die Doppelbindungen. Die Epoxid–Gruppen vernetzen erst bei der Endaushärtung unter Wärme

Entwickeln des Lötstoplacks

Die nicht belichteten Stellen polymerisieren nicht aus und können mit einer Entwicklerflüssigkeit (meist auf organischer Basis, z.B. Butyldiglykol, BDG) herausgelöst werden (→ *Abb. 18.11 Mitte*). Die freigelegten Anschlusspads bilden die späteren Lötkontakte.

Endaushärten des Lötstoplacks

Der Lötstoplack wird anschließend bei höheren Temperaturen (ca. 180°C) endgehärtet, was einer Vernetzung der Epoxidgruppen z.B. mit Aminhärtern (analog siehe Basismaterialherstellung) entspricht.

Desoxidieren

Die freiliegenden Cu–Lötpads sind durch die Wärmebehandlung im allgemeinen oxidiert und mit organischen Rückständen verschmutzt. Sie müssen zur Verbesserung der Lötbarkeit **desoxidiert** und **gereinigt** werden, z.B. durch Mikroätzen mit einer H_2O_2/H_2SO_4–Mischung. Der Abschluss der Finishkette bildet die Aufbringung einer korrosionsbeständigen und lötfähigen Oberfläche auf den Cu–Pads (→ *Abb.18.11 rechts*).

Lötbarkeit

Lötbarkeit ist die Eigenschaft einer Metalloberfläche, von Lot (meist Sn–Pb–Legierungen) **benetzt** zu werden. Die Benetzung ist ein komplexer Vorgang, der von physikalischen und chemischen Effekten beeinflusst wird. Im allgemeinen tritt die Benetzung eines Festkörpers durch eine Flüssigkeit nur ein, wenn der Energiezustand (**Oberflächenenergie**) der neu gebildeten, flüssigen Oberfläche niedriger liegt als die **Oberflächenenergie** des abgedeckten Festkörpers. Ursachen einer schlechten Benetzung und Lötbarkeit können u. a. sein:

- **blanke, polierte Oberflächen**: Diese haben eine geringe spezifische Oberfläche (Ursache der Benetzungsprobleme: Oberflächenvergrößerung),
- **organische Verschmutzungen**: Fette, Silikone, Fluorverbindungen weisen sehr geringe Oberflächenenergien auf (Ursache: Oberflächenspannung nimmt zu),
- **Metalloxide**: insbesondere stabile, sehr dichte Metalloxide (CuO, Al_2O_3, TiO_2, Cr_2O_3) verhindern einen metallurgischen Kontakt zwischen dem Grundmetall und dem Lot (chemische Ursache).

Cu–Oxide

Cu–Oberflächen **oxidieren** in trockener Umgebung (bei niedrigen Temperaturen) langsam, bei höheren Temperaturen schneller bevorzugt zu rotbraunem **Cu(I)–Oxid** (Cu_2O). Bei weiterer Oxidation (insbesondere mit starken Oxidationsmitteln wie NaClO) wird schwarzes **Cu(II)–Oxid** (CuO) gebildet (Schwarzoxidieren von Kupfer). In feuchter Umgebung bildet sich ein **wasserhaltiges** Kupferoxid, das sich wesentlich schwieriger löten lässt als reines Cu_2O. → *Abb. 18.12* zeigt den Vergleich der ESCA–Tiefenprofile (→ *Kap.16.5*) einer frisch geätzten und einer gealterten Cu–Oberfläche. Die Oxidschicht reicht bei der gealterten Probe (trockene Luft, 4 h, 155°C) bis in eine Tiefe von ca. 7 nm.

Lötbare Oberflächen

Cu–Oberflächen müssen zur Erhaltung der Lötbarkeit während der Lagerung geschützt werden. Es kommen folgende Behandlungen zur Anwendung:

- **Heissverzinnen** (HAL = Hot Air Levelling),
- **chemisch** aufgebrachte **Sn**–Oberflächen,
- **chemisch** oder **galvanisch** aufgebrachte **Ni–Au**–Oberflächen bzw. andere Edelmetalle (z.B. Pd),
- **organische Schutzschichten** oder Passivierungen.

Heissverzinnung (HAL = Hot Air Levelling)

Die **Heissverzinnung** ist das wichtigste Verfahren zu Erhaltung der Lötbarkeit in der Leiterplatten-Massenproduktion. Nach einem **Fluxen** (Entfernen von Metalloxid mit sauren, tensidhaltigen Flussmitteln) werden die Leiterplatten meist in eutektische 63%Sn–37%Pb–Legierung eingetaucht (Zeit: ca. 2...10 sec., Temperatur ca. 250°C) und danach mit Pressluft abgeblasen. Die Heissverzinnung ist über längere Zeiträume lagerfähig und gut lötbar. Es lassen sich keine exakten Schichtdicken einstellen. Die **Schichtdickengleichmäßigkeit** ist für die SMT–Technik nicht immer ausreichend. Das sichere Ausblasen der **Durchkontaktierungen** wird bei zunehmend geringeren Lochquerschnitten immer schwieriger.

ESCA–Tiefenprofile von frisch geätzten und gealterten Cu–Oberflächen

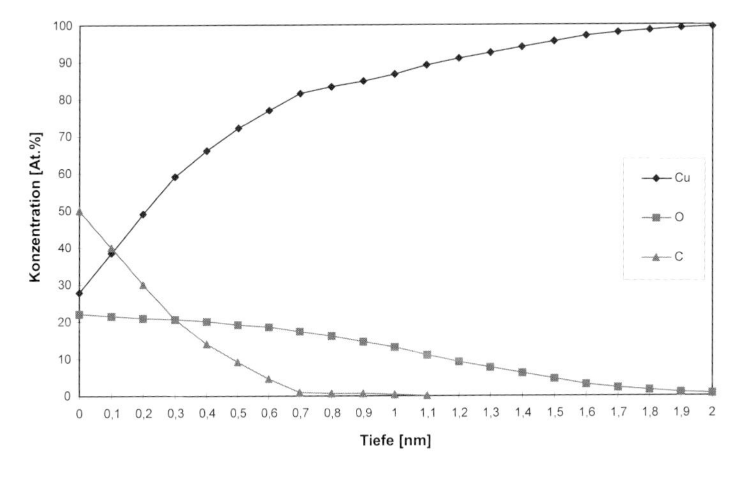

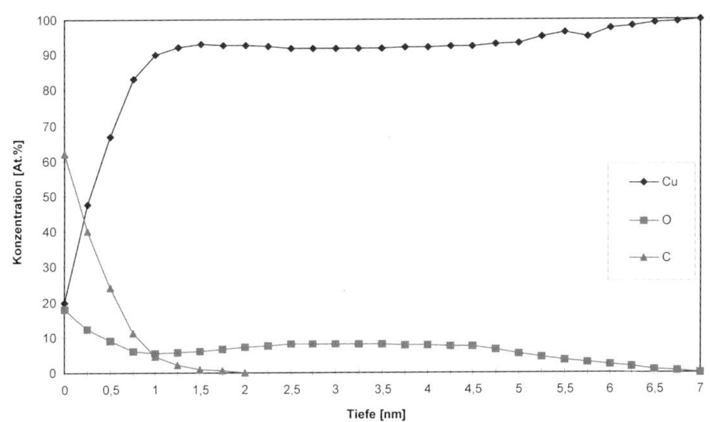

Abbildung 18.12 **ESCA–Tiefenprofile** einer frisch geätzten (oben) und einer gealteren (unten) Cu–Oberfläche. Bei der gealterten Probe reicht das Cu–Oxid bis in eine Tiefe von ca. 7 nm, weshalb derartig dicke Oxidschichten nicht lötbar sind. Bei praktisch allen Proben findet man einen ca. 1 nm dünnen C–haltigen Adsorbatfilm an der Oberfläche.

Chemisch Ni–Au

Eine **chemische Beschichtung** mit einer 2...5 µm dicken **Nickelschicht** mit einer sehr dünnen Goldauflage (Schichtdicke <0,1 µm) findet zunehmend Einsatz, insbesondere zum Schutz hochwertiger Leiterplatten (→ *Kap. 17.6*). Die Ni–Schicht dient als **Diffusionssperre**, da Au und Cu sehr leicht ineinander diffundieren. Die Au–Deckschicht ist sehr korrosionsbeständig, sie löst sich allerdings augenblicklich in dem flüssigen Lot (**Diffusionsgeschwindigkeit** von Au in flüssigem Pb–Sn–Lot: **5 µm s^{-1}**). Die Lötverbindung wird deshalb im wesentlichen zwischen der Ni–Diffusionssperre und dem Sn–Pb–Lot hergestellt. Lötfehler durch mangelnde Benetzbarkeit werden oft durch eine unter der Au–Deckschicht liegende NiO–Passivschicht verursacht.

Organische Lötschutzschichten

Organische Lötschutzschichten oder **Passivierungen** müssen einen porenfreien Schutzfilm, insbesondere auf Kupferoberflächen, bilden. Sie sind wasserabweisend und korrosionsbeständig, schmelzen jedoch bei Löttemperatur unter Desoxidation der Cu–Oberfläche. Im einfachsten Fall sind Lötschutzlacke kolophoniumhaltige Harzsysteme. Im Gegensatz zu den Lötschutzlacken bringen Passivierungsstoffe (**Benzotriazole, Imidazole**) einen geringen Teil der Cu–Oberfläche in Lösung, wobei die gelösten Cu–Ionen in die Schutzschicht eingebaut werden (Konversionsschicht, → *Abb. 18.13*).
Bei höheren Temperaturen und Anwesenheit von Sauerstoff können organische Verbindungen jedoch leicht verharzen, weshalb ein **zweiseitiges** Löten unter Luft bei organischen Passivierungsschichten problematisch ist.

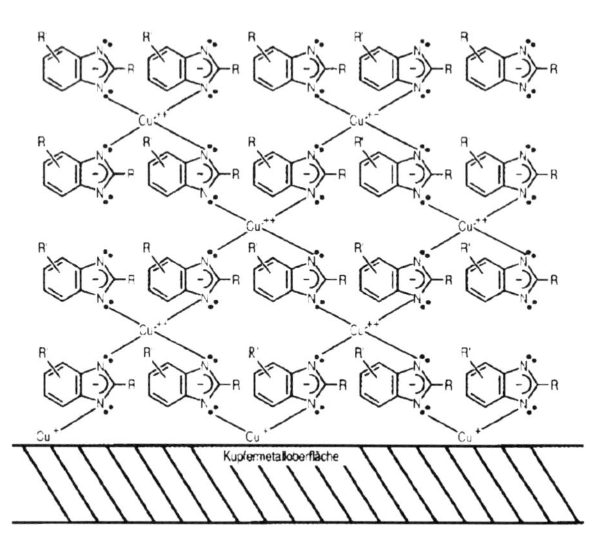

Abbildung 18.13 **Aufbau einer ENTEK Plus Imidazol–Kupferschutzschicht** mit einer Schichtdicke von 0,2... 0,5 μm (Quelle: Firma Fuba, Gittelde).

Aufbau- und Verbindungstechnik

Die Aufbau- und Verbindungstechnik in der Elektronik befasst sich mit der Herstellung komplexer Baugruppen durch Verbinden (**Kontaktieren**) der Komponenten: **Leiterplatte** und **elektronische Bauelemente**.
Nach dem zumeist automatisierten **Bestücken** der Leiterplatte werden die Bauelemente mit dem Schaltungsträger verbunden. Die wesentlichen Verbindungstechniken für die Leiterplattentechnik sind:

- **Löten,**
- **Kleben** (mit leitfähigem Kleber),
- **Schweißen**,
- **Bonden**.

Weichlöten

Das **Weichlöten** ist die vorherrschende Verbindungstechnologie bei der Leiterplattenbestückung (Weichlöten: Löttemperatur <450°C, Hartlöten: Löttemperatur >450°C).
Optimale Lötergebnisse erfordern hochwertige Lote mit den **Inhaltsstoffen**:

Inhaltsstoffe von Weichloten

- **Lotmetall** (Metallegierungen meist aus Sn und Pb, auch In, Bi, Ag),
- **Flussmittel** (Bindemittel, Aktivatoren),
- **Additive**.

Lot–Legierungen

Gebräuchliche **Metallegierungen** für Weichlote sind (nach DIN 1707) z.B.:

- **L–Sn63Pb37** (L = Lot, Sn–Gehalt 63%, Rest Pb, Schmelzpunkt 183°C, für Wellen- und Reflowlöten)
- **L–Sn 63Pb35Ag2** (Sn–Gehalt 63%, 2% Ag, Rest Pb, Schmelztemperatur 178°C, speziell für die Hybridtechnik mit Ag–Leitpasten).

Diffusion beim Löten

Beim Kontaktieren mit flüssigem Lot kann es zu einer erheblichen **Diffusion** des Grundmaterials in das Lot kommen. Dadurch werden u. U. spröde intermetallische Phasen gebildet. Besonders hohe Diffusionsgeschwindigkeiten in Sn–Pb–Legierung besitzen die Metalle **Au, Ag** und teilweise **Cu** (→ *Abb. 18.14*). Ni, Pt und Pd wandern dagegen langsam und bilden Diffusionssperren beim Löten. Die Diffusion lässt sich auch durch **Zulegieren** eines geringen Gehalts der diffundierenden Komponente zu dem Lot zurückdrängen, z.B. von 2% Ag zum Lot Sn63PbAg2 für das Löten von Ag–Leitpasten.

Flussmittel, Harzkomponente

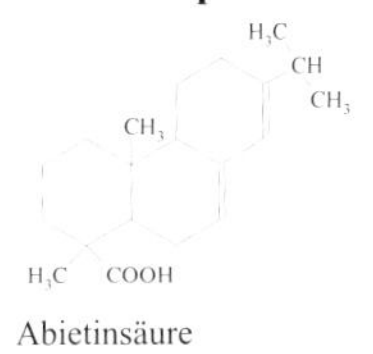

Abietinsäure

Flussmittel enthalten ein Bindemittel (Harz) und Aktivatoren. **Harze** schützen die Metalloberfläche und die metallischen Lotinhaltstoffe vor Oxidation während des Lötvorgangs und späterer Korrosion. Bei Lotpasten werden das Auslaufverhalten und die Klebefähigkeit massgeblich durch die Harzkomponente beeinflusst. Das wichtigste Harz ist **Kolophonium**, dies ist ein aus Pinienharz gewonnener Naturstoff, der zu 95% Abietinsäure enthält.

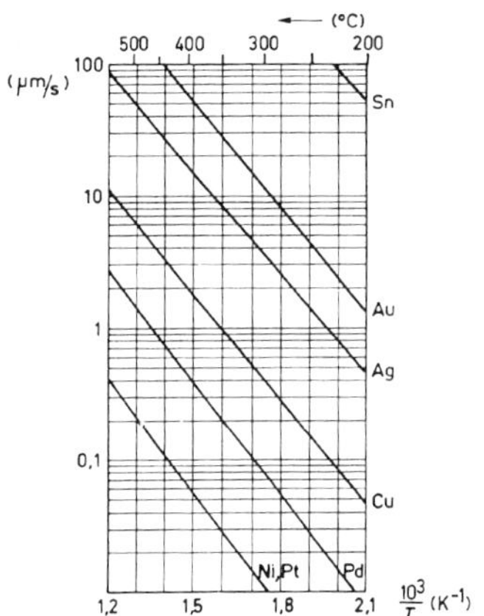

Abbildung 18.14 **Diffusionsgeschwindigkeit verschiedener Metalle** in Sn60Pb40–Lot als Funktion der Temperatur (aus /113/).

Aktivatoren

Aktivatoren haben die Aufgabe, Oxidschichten von der Leiterplattenoberfläche und von den metallischen Lotinhaltstoffen zu entfernen. Lotpasten mit besonders feinen Lotkugeln besitzen eine große spezifische Oberfläche und sind sehr oxidationsempfindlich. Einer Steigerung des Aktivatorgehalts sind jedoch Grenzen gesetzt, da Aktivatorrückstände im allgemeinen elektrisch leitfähig und korrosionsfördernd sind (Kurzschlussgefahr). Heutzutage werden für Standardanwendungen bevorzugt **No–Clean–Flussmittel** mit einem geringen Aktivatorgehalt (**RMA** = Rosin mild activated) bevorzugt, deren Rückstände auf der Leiterplatte verbleiben können. Das früher übliche Abwaschen von Flussmittelrückständen mit **FCKW** ist heute verboten, die Verwendung von wässrigen Spülprozessen ist bei der SMD–Montage von massenelektronischen Produkten aus Kostengründen nicht üblich. RMA–Flussmittel werden vorteilhafterweise unter Schutzgas **(Stickstoff)** verarbeitet.

Aktivatoren bringen die oberflächliche Cu_2O–Schutzschicht in Lösung. Die wichtigsten Aktivatoren sind:

- **halogenidhaltige Salze:** NH_4Cl, $ZnCl_2$, $SnCl_2$, organ. Ammoniumsalze,
- **organische Carbonsäuren**: Monocarbonsäuren, Dicarbonsäuren, Hydroxycarbonsäuren.

Halogenidhaltige Aktivatoren

Halogenidhaltige Salze wie NH_4Cl setzen intermediär Salzsäure frei. Auch hygroskopische Salze, wie $ZnCl_2$, können in Anwesenheit von Wasser oder Alkoholen sauer reagieren. Cu_2O kann mit verdünnten Säuren einfach entfernt werden, wobei ein wasserlösliches Cu(II)–Salz entsteht:

NH_4Cl	$\rightarrow$	$NH_3 + HCl$	Freisetzung von Salzsäure
$ZnCl_2 + H_2O$	$\rightarrow$	$ZnO + HCl$	$ZnCl_2$ ist hygroskopisch
$Cu_2O + 2\,HCl$	$\rightarrow$	$CuCl_2 + Cu + H_2O$	Cu(I)–Oxid disporportioniert
$Cu_2O + H_2SO_4$	$\rightarrow$	$CuSO_4 + Cu + H_2O$	

Die stark aktivierende Wirkung von Chloridanionen beruht vermutlich auf der Bildung von Komplexanionen der Art $CuCl_4^{2-}$, $CuCl_3(H_2O)^-$, $CuCl_2(H_2O)_2^{2-}$ usw. Derselbe Effekt dürfte beim **'Anlaufen'** von Cu bei Kontakt mit Handschweiß ebenfalls wirksam sein. Chloridhaltige Flussmittel sind korrosionsfördernd und sollten nach dem Löten entfernt werden.

Carbonsaure Aktivatoren

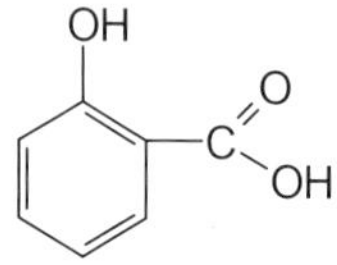

OH
C=O
OH

Salicylsäure

Organische Säuren sind die wichtigsten Aktivatoren in RMA–Flussmitteln, die meist auf der Lötstelle verbleiben. Beispiele für geeignete Säuren sind:

- **Monocarbonsäuren:** Benzoesäure,
- **Dicarbonsäuren:** Malonsäure, Bernsteinsäure, Glutarsäure, Adipinsäure,
- **Hydroxycarbonsäuren:** Milchsäure, Salicylsäure,
- **Tricarbonsäuren:** Citronensäure.

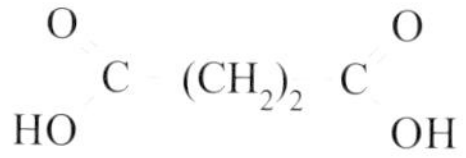

O O
C $(CH_2)_2$ C
HO OH

Bernsteinsäure

Der Aktivierungsgrad wird nach DIN 8511 entsprechend → *Tab. 18.3* bezeichnet.

Flussmittelbezeichnung

Flussmittelbezeichnung	amerikanische Bezeichnung	Bestandteile	Wirkungsweise	Reinigung
F-SW 25	RA	organische Halogenverbindungen	aggressiv	notwendig
F-SW 26	RA/RMA	natürliche Harze mit organischen, halogenhaltigen Aktivatoren	leicht aggressiv	zu empfehlen
F-SW 31	R	natürliche Harze (Kolophonium), ohne Aktivatoren	sehr mild	nicht notwendig
F-SW32	RMA	natürliche Harze mit organischen Aktivatoren	mild	nicht notwendig

Tabelle 18.3 **Flussmittelbezeichnung nach DIN 8511** (F = Flussmittel, SW = Schwermetall, Weichlot, R = Rosin, RA = Rosin activated, RMA = Rosin mild activated)

Lötverfahren

Die wichtigsten Lötverfahren in der Elektronikfertigung sind:

- **Reflowlöten** und
- **Wellenlöten (Schwalllöten)**
- **andere Lötverfahren (z.B. Dampfphasenlöten).**

Reflowlöten

Beim **Reflowlöten** wird mittels Siebdruck eine **Lotpaste** aufgebracht, die aufgrund ihrer Klebrigkeit die SMD–Bauteile auf den Lötpads fixiert (→ *Abb.18.15*). Die Lotpaste enthält eine homogene Mischung aus Metallpulver, Flussmittel, Lösungsmittel und weiteren Additiven. Die Lösungsmittel beeinflussen die Druckbarkeit der Lotpaste beim Siebdruck und verdampfen in der Vorheizzone. Thixotropieadditive vermindern die Klebrigkeit (Viskosität) der Lotpaste beim Auftrag mittels Rakel und Metallschablone. Zum Aufschmelzen der Lotpaste (Herstellung der Lötverbindung) verwendet man IR–Strahlung, Heissluft (Konvektion, auch mit Stickstoff) oder flüssigen Medien (Dampfphasenlöten = Vapor Phase Soldering, VPS).

Wellenlöten

Beim **Wellenlöten** wird das Flussmittel vor dem Lötprozess aufgetragen (**Fluxen**). Die Lötverbindung entsteht beim Transport der Leiterplatte über eine flüssiges Lot enthaltende Lotwelle. Im heissen Lotbad sammeln sich metallische Verunreinigungen, insbesondere führen Au–Gehalte über 2% zu spröden Lotverbindungen (Au–Verunreinigungen durch abgelöste vergoldete Leiterplattenoberflächen). Das Wellenlöten eignet sich insbesondere zur Verbindung gesteckter Bauteile mit der Leiterplatte, seine Bedeutung nimmt ab.

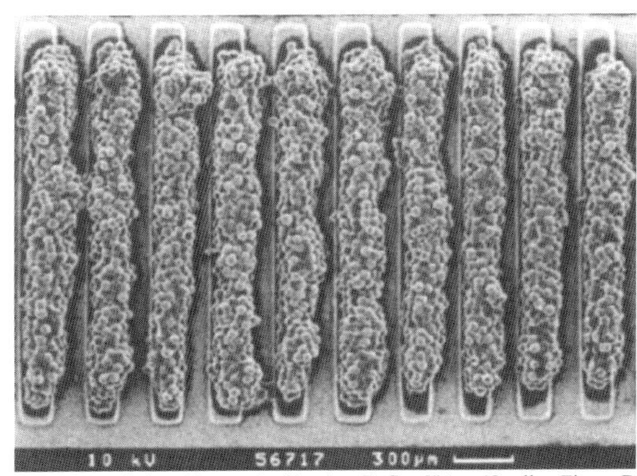

Abbildung 18.15 **Lotpasten auf Anschlusspads für das Reflowlöten** (Quelle: Firma DaimlerChrysler AG, Frankfurt)

Siebdruckverfahren

Das Siebdruckverfahren hat aufgrund der mangelnden Genauigkeit zwar seine Bedeutung für die Leiterplattenherstellung verloren. Es gibt jedoch weiterhin Anwendungen im Bereich der Elektronikfertigung und zwar das Auftragen von:

- **Lotpasten** für das Reflowlöten,
- **Leitpasten** bzw. **Widerstandspasten** in der Dickschichttechnik.

Beim Siebdruck werden folgende **Druckwerkzeuge** eingesetzt:

- **Drucksiebe** oder
- **Metallschablonen.**

Drucksiebherstellung

Ein **Drucksieb** wird hergestellt, indem ein Kunststoff- oder Stahlsieb mit einer lichtempfindlichen Emulsion versehen und danach mit Hilfe einer Photovorlage belichtet wird. Nach der Aushärtung der belichteten Fläche werden die unbelichteten Leiterstrukturen chemisch herausgelöst. Bei **Metallschablonen** wird das Layout durch rasterartiges **Laserlochbohren** direkt auf eine dünne Metallfolie übertragen. Eine zweite Möglichkeit ist das **chemische Ätzen** der Siebstrukturen aus einer photolithographisch strukturierten Metallfolie. Durch die Siebmaschen oder Löcher der Metallschablone werden nun mittels einer **Rakel** spezielle **Siebdrucklacke** gedrückt (→ *Abb. 18.16*).

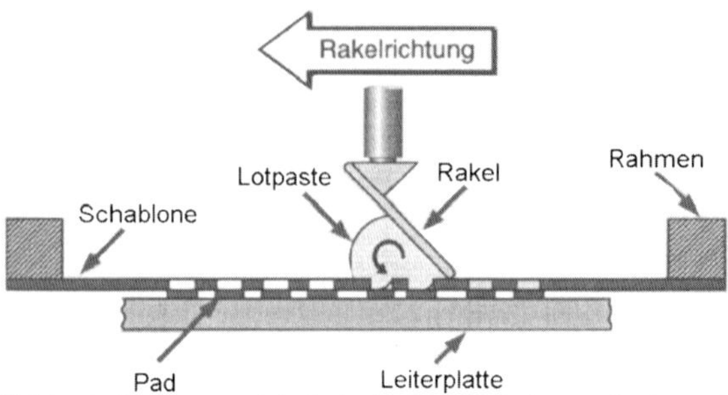

Abbildung 18.16 **Siebdruck**: Die Lotpaste wird mittels einer Rakel und einem strukturierten Drucksieb bzw. einer Metallschablone aufgetragen (Quelle: DaimlerChrysler, Frankfurt)

Siebdrucklacke

Bei den **Siebdrucklacken (Resiste)** handelt es sich meist um luft- oder ofenhärtende sowie UV–härtende Lacksysteme, die nach dem Auftrag in einen teilgehärteten Zustand überführt werden. In diesem anpolymerisierten Zustand sind die Resiste gegen saure oder schwach alkalische Ätz- oder Galvanisierbäder im Bereich pH = 1...10 beständig. Zum Abschluss des Strukturierungsvorgangs werden die Siebdruckresiste meist im alkalischen Bereich pH = 11...14 mit 3...5%-iger Natronlauge oder mit organischen Lösemitteln wieder entschichtet (**gestrippt**). **Vollständig ausgehärtete** Lacke können ohne Beschädigung der Leiterplatte nicht mehr entfernt werden.

SMD–Bauteile, SMT–Technik

Die **traditionelle** Verbindungstechnik erfolgt durch das Einstecken und Verlöten der Bauteilanschlüsse (**pins**) in die Leiterplattenlöcher (Pin–in–Hole, PIH). **Steckbare** Bauteile werden zunehmend durch **aufsetzbare** SMD–Bauteile (**SMD** = Surface Mount Devices) ersetzt. Diese Technik nennt man Oberflächenmontage (**SMT** = Surface Mount Technology). Oft findet eine **Mischbestückung** steckbarer und aufsetzbarer Bauelemente statt.

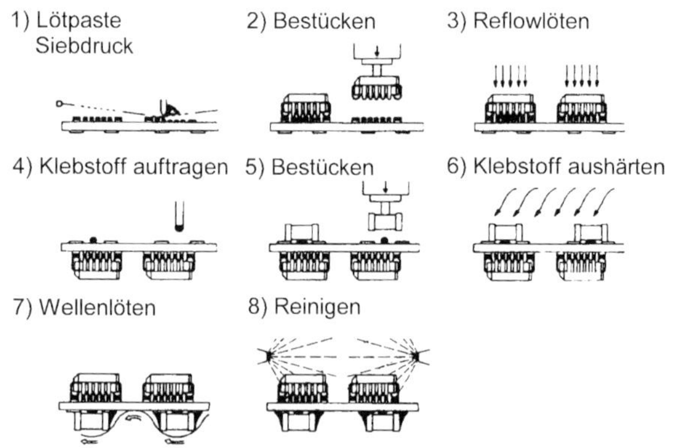

Abbildung 18.17 **SMT–Bestückung einer doppelseitigen Leiterplatte**: der erste Lötprozess erfolgt nach dem Reflowverfahren, die Leiterplattenrückseite wird nach dem Wellenlötverfahren gelötet. Eine Reinigung ist optional.

In → *Abb. 18.17* ist die Bestückung einer doppelseitigen Leiterplatte nach der SMT–Technik dargestellt. Eine Leiterplattenseite wird meist mit einem Reflowprozess gelötet, während die zweite Seite mit einem Wellenlötprozess kontaktiert wird, wobei während die zweite Seite mit einem Wellenlötprozess kontaktiert wird, wobei gesteckte Bauteile und SMD–Bauteile gemeinsam verarbeitet werden (SMD–Bauteile sind mit einem Kleber fixiert).

Bonden

Unter Bonden versteht man allgemein das **Kontaktieren** von integrierten Halbleiterbauelementen (Chips) auf Leiterplatten. Folgende Bondtechniken sind von Bedeutung:

- **Chipbonden:** nichtleitende Befestigung des Chips ('Die') auf der Leiterplatte, meist durch Kleben ('Die Bonding')
- **Drahtbonden:** mit Al- oder Golddraht ('Wire Bonding'),
- **Reflowbonden:** identisch mit Reflowlöten.

Drahtbonden

Bei Drahtbondverbindungen werden dünne Metalldrähte auf die teilweise erwärmte Bondoberfläche mit einer definierten Bondkraft aufgepresst und meist mit Ultraschallunterstützung verschweißt. Dem Verbindungsmechanismus liegt eine Mikroverschweißung zugrunde: Dabei werden die Oberflächen zunächst auf atomare Distanzen angenähert, wobei die Atome in Wechselwirkung treten. Es folgt ein Elektronenaustausch über die Grenzflächen und somit eine metallische Bindung. Voraussetzung für die Mikroverschweißung sind optimal gereinigte Bondstellen und Bonddrähte. Die gebräuchlichsten Verfahren sind:

- **Golddrahtbonden** (Ball–Wedge, Thermosonic–Bonden): mit Golddraht, Dicke meist 25 μm, Substraterwärmung >120°C, Ultraschallunterstützung, reagiert besonders kritisch auf Oberflächenverunreinigungen;
- **Aluminiumdrahtbonden** (Wedge–Wedge, Ultrasonic–Bonden) mit Al–Dünndraht, meist 25 bzw 33 μm oder Al–Dickdraht für Leistungselektronik, 0,1...0,3 mm, teilweise ohne Substraterwärmung, mit Ultraschallunterstützung).

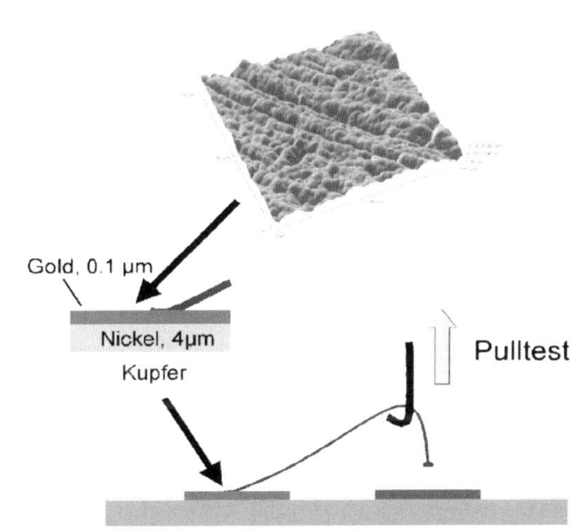

Abbildung 18.18 **Drahtbondtechnik**: Beim Drahtbonden wird ein Chip mittels einem dünnen Metalldraht (Al- oder Au–Draht) mit einer Ni–Au–beschichteten Kontaktflächen einer Leiterplatte verschweisst. Die AFM–Aufnahme (AFM = Atomic Force Microscopy) zeigt die Rauheit der Leiterplattenoberfläche. Die Belastbarkeit von Bondverbindungen wird mit einem zerstörenden Zugtest (Pulltest) geprüft (Bild: Dr. V. v. Arnim, FHTE Esslingen)

Chip on Board (COB)

Bondverbindungen mit Al–Draht lassen sich zwischen hochreinen Bondpads mit Aluminium-, Silber- oder Goldauflage herstellen. Während die Chipoberfläche üblicherweise Al–metallisiert ist, hat sich auf der Leiterplatte das Schichtsystem Ni–Au als bondbare Oberfläche weitgehend etabliert. In → *Abb. 18.18* ist ein golddrahtgebondeter Chip dargestellt, der direkt mit einer Ni–Au–Leiterplatte verbunden ist. Bei dieser sog. **Chip on Board (COB)–Technik** wird der Chip auf die Leiterplatte geklebt, anschließend gebondet und zum Abschluss mit einer schützenden polymeren Vergussmasse (Glob Top) überschichtet.

Neuere Verbindungstechnologien

Das Kontaktieren von integrierten Halbleiterbauelementen (**Chips**) auf der Leiterplatte stellt derzeit die größte Herausforderung für die Verbindungstechnik dar. In den meisten Fällen werden die Si–Chips mit einem schützenden Kunststoffgehäuse umgeben (**gehäuste** Chips) und über metallische Anschlüsse (Beinchen) mit der Leiterplattenebene kontaktiert. Aufgrund der zunehmenden Integrationsdichte der Si–Bauelemente wird die Zahl der Anschlüsse pro IC–Bauelement immer größer, das Anschlussraster (**pitch**), d. h. der Abstand der Bauteilanschlüsse dagegen immer geringer. Bei einem Anschlussraster <0,635 mm spricht man von **Fine–Pitch**, bei <0,3 mm von **Ultra–Fine–Pitch**. Abnehmende Anschlussraster stellen immer höhere Anforderungen an die Löt- oder Bondtechnik (‘Technologietreiber‘).

Neben einfachen, **gehäusten** Chips finden deshalb zunehmend weitere IC–Bauformen Einsatz z.B.:

- **Multi Chip Moduls (MCM):** mehrere Si–Chips befinden sich auf einer Si–Hauptplatine, die kontaktiert wird.

Ungehäuste Chips

- **Ungehäuste (‘nackte‘) Chips**, z.B. Flip Chip (FC), Tape Automated Bonding (TAB).

Entwicklungstendenzen für ungehäuste Chips

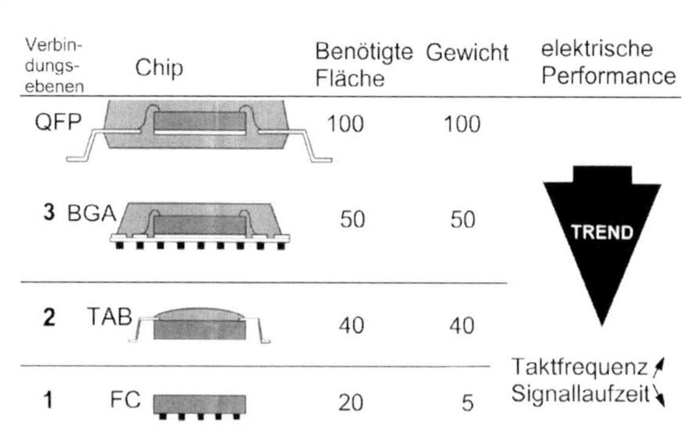

Abbildung 18.19 **Miniaturisierung IC–Bauformen**: Traditionelle IC–Bauelemente besitzen metallische Anschlussbeinchen (QFP = Quad Flat Pack); bei BGAs befinden sich die Anschlusskontakte unterhalb des Bauteils (BGA = Ball Grid Array). Maximale Platzeinsparung (relativ zu QFP = 100) erzielt man durch ungehäuste Chips (z.B. TAB = Tape Automated Bonding, FC = Flip Chip), Quelle: Daimler-Chrysler AG, Frankfurt)

Flip Chip (FC)

Das Drahtbonden ist ein **sequentieller** und damit zeitaufwendiger Vorgang. Moderne Entwicklungen gehen dahin, **simultan** zu bonden. Beim **Flip–Chip**–Verfahren wird ein mit Anschlusshöckern (**bumps**) versehener Chip mit der Anschlussseite nach unten, d. h. blind auf dem Schaltungsträger abgesetzt und danach reflowgebondet (→ *Abb. 18.19*; Problem: genaue Positionierung). Beim Reflowbonden kommt es immer stärker auf die Herstellung **hochreiner** Anschlussoberflächen (keine organischen Verschmutzungen auf den Bondpads der Bauteile oder der Leiterplatte) und auf den Verzicht von **Flussmitteln** an. Zur Vorbehandlung der Metallkontakte von Leiterplatte und Bauteilen wird mit Erfolg eine Plasmabehandlung eingesetzt.

Literatur und Quellennachweise

Teil I

/1/ Antonietti, M.: Spektrum der Wissenschaft, Sonderausgabe Digest Moderne Chemie (1994) 110.
/2/ Pongratz, K., Schiebisch, J., Ehrenstein, G.W.: GIT 11 (1996) 1138.
/3/ Orth, H.: Technische Chemie für Ingenieure, Wissenschaftliche Verlagsgesellschaft, Stuttgart, 1974.
/4/ Staab, J.: Industrielle Gasanalyse, Oldenbourg Verlag, München, 1994.
/5/ Hein, H., Kunze, W.: Umweltanalytik, VCH, Weinheim, 1994.
/6/ Lindner, E.: Chemie für Ingenieure, Lindner Verlag, Karlsuhe, 1989.
/7/ Trueb, L.F.: Die Chemischen Elemente, Wissenschaftliche Verlagsgesellschaft, Stuttgart, 1996).
/8/ Chemische Rundschau, 35 (1994).
/9/ Bargel, H.J., Schulze, G.: Werkstoffkunde, VDI–Verlag, Düsseldorf, 1994.
/10/ Kraftfahrtechnisches Taschenbuch, Firma Bosch, VDI–Verlag, Düssel-dorf 1995.
/11/ Richly, W.: Mess- und Analyseverfahren, Vogel Verlag, Würzburg, 1992.
/12/ Oehme, F.: Chemische Sensoren, Vieweg Verlag, Braunschweig, 1991.
/13/ Römpps Chemielexikon, Thieme Verlag, Stuttgart, 1996.
/14/ Ball, P.: Chemie der Zukunft – Magie oder Design ?, VCH, Weinheim, 1996.
/15/ Scheipers, P., Biese, V., Bleyer, U., Bosse, M.: Chemie, Vieweg Verlag, Braunschweig, 1990.
/16/ Berufsgenossenschaftliches Institut für Arbeitssicherheit, Chemische und Biologische Einwirkungen am Arbeitsplatz, E. Schmidt Verlag, Bielefeld, 1994.
/17/ Schüth, F.: Chemie in unsere Zeit 1 (1995) 42.
/18/ Gugel E., Leimer, G.: Chem. Ing. Tech. 691 (1997), 55.
/19/ Jendritzka, D.J.: Technischer Einsatz neuer Aktoren, Expert Verlag, Renningen, 1995.
/19a/ Cooke, M.J.: Halbleiter Bauelemente, Hanser Verlag, München, 1993.
/20/ Wiersum, S.: Das Sensor–Kochbuch, IWT Verlag, Bonn, 1994.
/20a/ Hirsch, A.: Chemie in unserer Zeit 28, 2 (1994) 79.
/21/ Bauer, H. Lasertechnik, Vogel Verlag, Würzburg, 1991.
/22/ Kästner, P.: Halbleiter–Technologie, Vogel Verlag, Würzburg, 1980.
/23/ Dickert, F.: Chemie in unserer Zeit, 26, 3 (1992) 138.
/24/ Rampf, H.: Mentor Lernhilfe Chemie, Mentor Verlag, München, 1991.
/25/ Fachkunde Metall, Europa–Lehrmittel Verlag, Haan–Gruiten, 1992.
/26/ Vermeidung von Abfällen, Gießereialtsande, Abfallberatungsagentur ABAG, Fellbach, 1992.
/27/ Maier, K.: Galvanotechnik, 87, 5 (1996) 155.
/28/ Wilhelm, M., Razim, C.: Eisen und Stahl, 114, 10 (1994) 59.
/29/ Abrahamson, D.: Nature 356 (1992), 484
/30/ Gnauck, B., Fründt, P.: Einstieg in die Kunststoffchemie, Hanser Verlag, München, 1991.
/30a/ Hellrich, W., Harsch, G., Haenle, S.: Werkstoff–Führer Kunststoffe, Hanser Verlag, München, 1996.
/31/ Orth, H. Korrosion und Korrosionsschutz, Wissenschaftliche Verlagsgesellschaft, Stuttgart, 1974.
/32/ Ewe,T.: Bild der Wissenschaft 8 (1995) 46.
/33/ Argumentarium PVC, Verband der Kunststoffindustrie, Frankfurt, 1993.
/34/ Kettemann, B.U., Melchiorre, M., Münzmay, T., Raßhofer, W.: Kunststoffe, 85, 11(1995) 1947.
/35/ K.H. Rentel, J. Gmehling, E. Lehmann: Stoffbelastungen in der Gummiindustrie; Schriftenreihe der Bundesanstalt für Arbeit, Dortmund, 1991.
/36/ Umweltmagazin 6 (1995) 74.
/37/ Franck, A., Biederbick, K.: Kunststoff–Kompendium, Vogel Verlag, Würzburg, 1990.

Teil II

/38/ Ames, B.N., Gold, L.S.: Angew. Chemie, 102 (1990) 1225.
/39/ Berufsgenossenschaft Chemie, Sichere Chemiearbeit 11(1994)
/40/ Der Spiegel, 10 (1994).

/41/ Elstner, E. F.: Der Sauerstoff, Biochemie, Biologie, Medizin, BI Wissenschaftsverlag, Mannheim 1990.
/42/ Deutsche Forschungsgemeinschaft (Hrsg), MAK– und BAT–Werte Liste, VCH, Weinheim, 1997.
/43/ Orth Umwelt 6 (1981) 467.
/44/ Forst, D., Kolb, M., Roßwag, H.: Chemie für Ingenieure, VDI–Verlag, Düsseldorf, 1993.
/45/ Hauptverband der Gewerblichen Berufsgenossenschaften, BIA Report 1/1995, E. Schmidt Verlag, Berlin, 1995.
/46/ B. Birgersson, B., Sterner, O., Zimerson, E.: Chemie und Gesundheit, VCH, Weinheim, 1990.
/47/ Heintz, A., Reinhardt, G., Chemie und Umwelt, Vieweg Verlag, Braunschweig, 1996.
/47a/ Lammel, G., Wiesen, P.: Nach. Chem. Tech.Lab. 44, 5 (1996) 477.
/48/ Löffler, F.: Chem. Ing. Tech. 67, 12 (1995) 1608.
/48a/ Holzbaur, U., Kolb, M., Roßwag, H.: Umwelttechnik und Umweltmanagegement, Spektrum Verlag, Heidelberg, 1996.
/49/ Fleischhauer, W., Falkenhain, G. Angewandte Umwelttechnik, Cornelsen Verlag, Berlin, 1996.
/50/ Gräf, R.: Taschenbuch der Abwassertechnik, Hanser Verlag, München, 1998.
/51/ Bundesministerium für Umwelt, Naturschutz und Reaktorsicherheit: Mindestanforderungen an das Einleiten von Abwasser in Gewässer, Bundesanzeiger Verlag, Köln, 1993.
/52/ Hartinger, L.: Handbuch der Abwasser- und Recyclingtechnik, Hanser Verlag, München, 1991.
/53/ Winkel, P.: Wasser und Abwasser, Leuze Verlag, Saulgau, 1992.
/54/ Ripperger, S.: Mikrofiltration mit Membranen, VCH, Weinheim, 1992.
/55/ Hörath, H.: Gefährliche Stoffe und Zubereitungen, Wissenschaftliche Verlagsgesellschaft, Stuttgart, 1995.

Teil III

/56/ Kortüm, G.: Einführung in die Chemische Thermodynamik, Vandenhoeck, Göttingen, 1981.
/57/ Philipp, B., Stevens, P.: Grundzüge der Industriellen Chemie, VCH, Weinheim, 1987.
/58/ Handbuch Feuerungstechnik, Kopf Verlag, Waiblingen, 1997.
/59/ Warnatz, J., Maas, U., Dibble, R.W.: Verbrennung, Springer Verlag, Berlin, 1997.
/60/ Bartz, W., u.a.: Handbuch für Betriebsstoffe für Kraftfahrzeuge, Expert Verlag, Renningen, 1982.
/61/ Bild der Wissenschaft, Heft 10 (1995).
/62/ Lindner, E., Hoinkis, J.: Chemie für Ingenieure, VCH, Weinheim, 1997.
/63/ Union zur Förderung von Öl- und Proteinpflanzen, Bonn, 1995.
/64/ Kraftfahrzeuggewerbe Fachkunde, Verlag Gehlen, 1988.
/65/ Kasedorf, J.: Vergaser- und Katalysatortechnik, Vogel Verlag, Würzburg, 1993.
/65a/ Chu, W.F.: Technisches Messen, 56, 6 (1989) 255.
/66/ Engler, B.: Chem. Ing. Techn. 63, 4 (1991) 298.
/67/ Chemische Rundschau 4 (1994).
/68/ Holleman, A.F., Wiberg, E.: Lehrbuch der anorganischen Chemie, De Gruyter, Berlin 1995.
/69/ Hoffmann, R.: Chemie für die Galvanotechnik, Leuze Verlag, Saulgau, 1988.
/69a/ Korrosion und Korrosionsschutz, DIN Taschenbuch 219, Beuth Verlag, Berlin, 1994.
/70/ Gellings, P.J.: Korrosion und Korrosionsschutz, Hanser Verlag, München, 1981.
/71/ Wedler, G. Physikalische Chemie, DeGruyter, Berlin 1976.
/72/ Schulz, W.D., Paul,P.: Vorlesungen über Korrosion und Korrosionsschutz von Werkstoffen, TAW Verlag, Wuppertal, 1996.
/73/ Baumann, K.H.: Korrosionsschutz für Metalle, VEB Grundstoffindustrie, Leipzig, 1988.
/74/ Bechtold,F. Pfab, W., Fenzlein, P.G.: Technisches Messen, 56, 6 (1989) 264.
/75/ Oehme, F. u.a. : Chemische Sensoren heute und morgen, Expert Verlag, Renningen 1994.
/76/ König, W.: Fertigungsverfahren, Teil 3, VDI–Verlag, Düsseldorf.
/77/ Hamann, C.H., Vielstich, W.: Elektrochemie, VCH, Weinheim, 1998.
/78/ Allmendinger, T.: Chem. Ing. Techn. 63, 5 (1991) 428.
/79/ Klaiber, T.: Chem. Ing. Techn. 67, 10 (1995) 1295.

/80/ BINE Infoservice, Fachinformationszentrum Karlsruhe, 1992.

Teil IV

/81/ Bartz, J.: Tribologie+ Schmierungstechnik 4 (1993) 248.
/81a/ Bartz, J. Additive für Schmierstoffe, Expert Verlag, Renningen, 1994.
/82/ Kühlschmierstoffe, Sonderausgabe der Maschinenbau- und Metall- Berufsgenossenschaft, Düsseldorf, 1993; BIA Report 7/1996 Kühlschmierstoffe.
/83/ Umweltbundesamt: Metalloberflächenbehandlung mit CKW, KW und wässrigen Reinigern, Texte 65 (1994).
/84/ Montag , A.: Bedarfsgegenstände, Behrs Verlag, Hamburg, 1997.
/85/ Kresse, J. (Hrg): Säuberung technischer Oberflächen, Expert Verlag, Renningen, 1988.
/86/ Morlok, F.: Galvanotechnik 82 (1992) 4209.
/87/ Adams, H.N.: Galvanotechnik 86, 6 (1995) 1781.
/88/ DGO: Metalloberfläche, 46, 8 (1992) 358.
/89/ Alvarez, A.: JOT 5 (1997), 40.
/89a/ Zorll, U.: Römpp Lexikon, Lacke und Druckfarben, Thieme Verlag, 1998.
/90/ Baumann, W., Muth, A.: Farben und Lacke, Springer Verlag, Berlin, 1997.
/90a/ Saatweber,D.: Metalloberfläche 45 (1991) 3.
/91/ Glasurit Handbuch, Lacke und Farben, Vincentz Verlag, Hannover, 1984.
/92/ Umweltbundesamt, Vermeidung und Verwertung von Lackschlämmen, Texte 22 (1995).
/93/ May, T.: Umweltmanagement im Lackierbetrieb, Vincentz Verlag, Hannover, 1997.
/94/ Ruf, J.: Organischer Metallschutz, Vincentz Verlag, Hannover, 1993.
/95/ Stieglitz, U.: JOT 10 (1996) 62.
/96/ Rituper, R.: Metalloberfläche 52 (1998) 10.
/97/ ABAG Projektbericht Galvanotechnik, Abfallberatungsagentur, Fellbach 1995.
/98/ Franz, G.: Oberflächentechnologie mit Niederdruckplasmen, Springer Verlag, Berlin, 1994.
/99/ Fessmann, J.: Metalloberfläche 46 (1992) 83.
/100/ Eisenlohr, J., Fessmann, J.: JOT, 4 (1998)
/101/ Gaida, B., Aßmann, K.: Technologie der Galvanotechnik, Leuze Verlag, Saulgau, 1996.
/102/ Haefer, R.A.: Oberflächen- und Dünnschichttechnologie, Springer Verlag, Berlin, 1987.
/103/ ABAG Projektbericht: Aufbereitung von Altfluxen aus Feuerverzinkereien, Abfallberatungsagentur, Fellbach 1995.
/104/ Jehn, H.(Hrg): Galvanische Schichten, Kontaktstudium Band 406 , Expert Verlag, Renningen, 1993.
/105/ Schwering, H.U.: Maschinenmarkt 101, 21 (1995) 41.
/106/ Wolf, G.K.: MatWer 24, 3/4 (1993) 73.
/107/ Schmitthenner, M.: Farbe und Lack 5 (1998) 56.
/107a/ Reichl, H.: Hybridintegration, Hüthig Verlag, Heidelberg 1986.
/108/ Handbuch der Leiterplattentechnik, Bd. 1, Leuze Verlag, Saulgau,1989.
/109/ Habenicht, G. Kleben, Springer Verlag, Berlin, 1998.
/110/ Hanke, H.J.: Baugruppentechnologie der Elektronik, Verlag Technik, Berlin, 1994.
/111/ Gemmert, B., Wistuba, E., Neumann, H.J.: Adhesion 5 (1998) 21.
/111a/ Weis, A.: Galvanotechnik, 81, 10 (1990) 3669.
/112/ Krause, W. Fertigung elektronischer und mikromechanischer Baugruppen, Hanser Verlag, München, 1996.
/113/ R.J. Klein Wassink, Soldering In Electronics, Electrochemical Publications, Ltd., 1989.

Stichwortverzeichnis

Das Stichwortverzeichnis enthält zahlreiche im Text fett gedruckte Stichworte.

A

B

C

D

E

F

G

L

M

N

O

P

Q

R

S

T

Ü

V

W

X

Z